U0812031

绿色矿山研究与实践

陈　浮　邓久帅　毕银丽　王凤林　吴海军　苏海霞　主编

地质出版社

·北　京·

内 容 简 介

本书汇集了近年来与绿色矿山相关的油气、煤炭、黑色金属、有色金属、稀有及贵金属、化工矿山、非金属矿山等的勘查与测绘、资源高效开发、矿产资源综合利用、环境保护与节能减排、土地复垦与生态重建、清洁生产、矿山安全与应急管理、矿山智能化与管理等领域的最新成果，对各个项目的成果背景、研究现状、成果简介、主要科学技术内容、研究趋势做了系统全面的介绍。本书共分 7 章 71 节，包括绪论、地质勘探篇、矿山开采篇、矿物加工篇、安全防护篇、环境保护篇、生态修复篇。

本书内容丰富、涉及较广，便于读者从不同的角度快速地了解近年来绿色矿山研究与实践的最新情况、最新成果和最新发展态势，可作为政府部门、高等学校及中等专业学校、企业管理人员、工程技术人员及相关专业师生的参考用书。

图书在版编目（CIP）数据

绿色矿山研究与实践／陈浮等主编. —北京：地质出版社，2021.6

（绿色矿山系列丛书）

ISBN 978-7-116-12714-2

Ⅰ. ①绿…　Ⅱ. ①陈…　Ⅲ. ①矿山建设-无污染技术
Ⅳ. ①TD2

中国版本图书馆 CIP 数据核字（2021）第 121230 号

LÜSE KUANGSHAN YANJIU YU SHIJIAN

责任编辑：程　静
责任校对：李　玫
出版发行：地质出版社
社址邮编：北京海淀区学院路 31 号，100083
电　　话：（010）66554528（邮购部）；（010）66554533（编辑部）
网　　址：http：//www. gph. com. cn
传　　真：（010）66554686
印　　刷：北京地大彩印有限公司
开　　本：889mm×1194mm　1/16
印　　张：27. 75
字　　数：850 千字
版　　次：2021 年 6 月北京第 1 版
印　　次：2021 年 6 月北京第 1 次印刷
定　　价：198. 00 元
书　　号：ISBN 978-7-116-12714-2

（版权所有·侵权必究；如本书有印装问题，本社负责调换）

《绿色矿山研究与实践》

编委会成员/作者名录（按姓氏笔画顺序排序）

于清军	凡　东	马金录	马雄德	王　欣	王　亮	王　阁	王　猛
王　琳	王　越	王　雷	王长龙	王文苗	王存飞	王先广	王向宏
王宇翔	王洋洋	王振伟	王振彪	王玺瑞	王海燕	文志杰	邓久帅
邓建英	卢　西	帅　欢	冯德润	邢英梅	朱玉芹	朱臣武	朱光有
朱红青	朱裕振	竹　涛	任　义	刘　虎	刘　勇	刘　颖	刘　源
刘子龙	刘池阳	刘国磊	刘佳佳	刘晓丽	刘景勇	许权辉	孙中岩
孙世国	苏丽娟	杜高翔	杨　逾	杨立峰	杨永均	杨志勇	杨松科
杨洪英	杨聪俐	李　军	李　明	李　辉	李　晶	李　磊	李世美
李地元	李兴安	李育彪	李宗翔	李海港	李喜林	吴丽丽	吴伯增
何东升	何斌全	沈立军	宋召法	张　杰	张　晖	张　毅	张广超
张开拓	张巨峰	张立辉	张向东	张春华	张荣虎	张洪亮	陈　帆
陈　浮	陈　璐	陈天镭	陈志勇	陈绍杰	陈秋松	邵建峰	武海鹏
范立民	林　春	林卫星	金　勇	金树军	周　权	周子龙	周孟然
周智勇	周新华	郑旭卿	郑晓亮	郑维军	赵光明	赵春波	赵黄健
郝宪杰	胡　映	胡明振	胡振霖	钟　文	段二红	侯文江	姜振学
神文龙	祝　青	祝　强	姚邦华	姚勇征	秦　婧	袁　永	徐　斌
徐耀辉	郭　涛	黄　帅	黄　进	黄　雷	黄兴龙	黄明明	曹根富
常江华	崔　凡	梁　欢	董　良	韩老虎	韩贵琳	程　详	曾　杰
曾庆鲁	谢世勇	楚绪海	赖　浩	蔡立梅	谭　波	潘　磊	戴家生
魏英楠	魏桢伦						

前　　言

习近平总书记指出："我们既要绿水青山，也要金山银山。宁要绿水青山，不要金山银山，而且绿水青山就是金山银山。"生态文明是人类文明发展的一个新的阶段，是在更高层次上实现人与自然、环境与经济、人与社会和谐崭新的文明形态和思想观念。自党的十八大以来，生态文明建设上升到前所未有的高度，我国矿业领域生态文明建设持续推进，绿色矿山建设作为矿业领域生态文明建设的重要内容和有效抓手，得到各级部门的高度重视。全国绿色矿山名录的公布，标志着我国绿色矿山建设正式进入名录管理时期，也是对"绿水青山就是金山银山"科学论断在矿业领域生动实践的阶段性总结。生态兴则文明兴、生态衰则文明衰，生态文明建设是中国特色社会主义事业的重要内容，关系人民福祉，关乎民族未来，事关"两个一百年"奋斗目标和中华民族伟大复兴中国梦的实现。

生态文明建设就是要把可持续发展提升到绿色发展高度，把生态环境保护摆在更突出的位置，树立保护环境就是保护生产力的新经济发展观，为后人"乘凉"而"种树"，不给后人留下遗憾而是留下更多的生态资产；就是要遵守清洁生产和清洁利用的原则，构造安全、健康、清洁、环保、资源节约的生产与生活环境，践行人与自然和谐共生的新生态自然观。绿色代表生态，代表人类生产活动与自然的和谐。而绿色矿山是生态文明建设在矿业领域的重要实践，是山水林田湖草矿气生命的共同体，是生态与产业的结合体，是系统性全过程的思维，是一个体系建设，是一种路径的选择。具体来讲，"绿色矿山"是指在矿产资源开发全过程中，实施科学有序开采，对矿区及周边生态环境扰动控制在可控制范围内，实现环境生态化、开采方式科学化、资源利用高效化、管理信息数字化和矿区社区和谐化的矿山。

绿色矿山与传统矿山从理念上、经济结构上都是有区别的。传统的矿山开发重点考虑怎样把资源从矿体中剥离出来，而绿色矿山建设则是资源高效、节约、精准的开发利用与环境保护、治理并重，产业模式已发生重大改变。在绿色矿山的建设和资源开发利用过程中，矿产资源的设计、开发、利用贯穿"减量化、再利用、再循环"的理念，生态环境资源也贯穿再开发利用和循环利用，而这些理念和实践正是循环经济的特征。可以说，建设绿色矿山就是建设矿山的循环经济体，绿色矿山的建设使矿山企业从单一的采矿模式转变为多元化、综合性的资源化开发和利用的产业链，具有较强的抗风险能力。

在贯彻生态文明建设、绿色发展、统筹山水林田湖草系统治理等多重要求下，国家对绿色矿山和绿色矿业发展示范区建设做出了全面部署。国家、地方、行业、团体和企业出台了一系列关于绿色矿山建设和评价评估的政策文件、管理条例、标准及规范，一整套规范绿色矿山建设的制度体系逐渐形成。为促进绿色矿山建设及相关的技术服务行业的科技创新、科技进步，中关村绿色矿山产业联盟设立了“绿色矿山科学技术奖”（国科奖社证第0265号）。评审出的获奖项目全面反映了绿色矿山建设和绿色矿业发展领域理论与实践方面取得的最新成就，代表了绿色矿山建设的先进水平和发展趋势，为总结推广好绿色矿山建设的经验和做法，加强行业内各单位之间的交流，宣传取得的最新研究成果，全力推进绿色矿山建设模式创新和水平提升，努力促进矿山企业发展方式的加快转变，大力提升绿色矿业发展质量和效益，在2020年业已出版《绿色矿山技术发展与应用》的基础上，我们决定在2021年出版《绿色矿山研究与实践》一书。

本书共分7章71节，包括绪论、地质勘探、矿山开采篇、矿物加工篇、安全防护篇、环境保护篇、生态修复篇。本书总结了近年来与绿色矿山相关的油气、煤炭、黑色金属、有色金属、稀有及贵金属、化工矿山、非金属矿山等的勘查与测绘、资源高效开发与矿产资源综合利用、环境保护与节能减排、土地复垦与生态重建、清洁生产、矿山安全与应急管理、矿山智能化与管理等领域的最新成果，对各个项目成果背景、研究现状、成果简介、主要科学技术内容研究趋势做了系统全面的介绍。

本书在撰写过程中，得到了项目成果完成单位和应用单位以及各级部门的大力支持，根据中关村绿色矿山产业联盟发布的编写本书的有关通知，他们精心提供了项目成果的相关资料，在此向对他们的热情帮助和支持表示衷心感谢！本书所列编委会成员及作者名录来源于项目完成单位或应用单位提供的信息，还有很多做过贡献的作者未能收录，在此对广大作者和做过贡献的人员表示深深的敬意和真诚感谢！本书参考使用的国内外文献和项目成果数量众多，文献标注如有疏漏或项目成果所属领域归类不当或对成果内容编排不合理的，特表歉意，在此向提到和未提到的作者和相关单位表示衷心感谢！

在编写过程中得到自然资源部有关司局、枣庄鑫金山智能装备有限公司、世邦工业科技集团股份有限公司、河南黎明重工科技股份有限公司、中国矿业大学（北京）矿山生态修复研究院、北京绿海盛源服务认证有限公司等单位的大力支持，谨在此表示真诚感谢并致以崇高敬意！

由于编者水平所限，书中的不妥之处，望读者不吝指正！

目　　录

第1章 绪　　论

1.1 绿色矿山的兴起与发展

保护生态环境、应对气候变化、维护能源资源安全（彭苏萍等，2020），是全球面临的共同挑战（Yu et al. 2020）。坚持绿色发展，已逐步成为世界各国共识（于昊辰等，2020）。党的十九大明确指出，建设生态文明是中华民族永续发展的千年大计，关系人民福祉，关乎民族未来。因此，必须从节约资源、保护生态环境、推崇绿色低碳（岳光溪等，2018），从能源开发、产业结构、生产方式等多个维度着手（谢和平等，2018），以保护大自然的生态环境、保障人民日益增长的美好生活需求。

绿色矿山是山水林田湖草矿气生命共同体，是生态与产业的结合体，是系统性全过程的思维，是一个体系建设，是生态文明建设重要组成部分，是生态文明建设在矿业领域的实践，是一种路径的选择。但有关绿色矿山的概念和内涵，不同学者有不同解读（邓久帅等，2018）。矿山开采对区域生态环境影响较大，是制约矿山可持续发展的重要因素之一；而矿山生态学是一门将矿山生产与生态环境作为一个大系统来研究人类在矿山生产圈内对环境影响的规律性科学。从采矿对环境影响规律看，矿山生态建设不仅是破坏后的重建，还包括采前的规划和开采过程中的生态保护；矿山生态建设以系统工程的方法贯穿于采矿全过程，旨在建设一个良性（健康）的矿山生态系统，其理论基础是工业生态学。绿色矿山概念是由中国学者提出并赋予内涵，刘建兴（2014）认为绿色矿山概念是在矿山生态学和绿色经济理念基础上的进一步突破和发展创新，即试图克服经济发展和环境保护之间的尖锐矛盾、适应今后现实发展的需要而提出。钱鸣高等（2008）认为绿色矿山包含科学采矿的内涵，而科学采矿是指既能最大限度地高效开采出矿产品而又保证安全和保护环境的开采技术。其在论述科学开采的概念中，指出科学开采要实行矿产品完全成本化的思路，在此基础上构建资源与环境协调的绿色开采技术体系。汪云甲（2005）认为矿区的绿色开发是将矿区资源与环境作为一个整体，考虑各种自然资源，实现矿区资源的综合、立体、协调的开发利用，是一个开放的复杂大系统，是一种立体综合协调开发，需解决大量基础理论、技术工艺、系统优化及政策法规等方面问题。黄敬军（2009）将绿色矿山的基本内涵概括为确立矿山资源环境一体化、突出生态园林矿山、强化经营绿色的理念，认为绿色矿山是一种全新的矿山发展模式，是解决矿山可持续发展的最佳途径，其本质是循环经济的倡行者。刘建兴（2014）认为绿色矿山的概念内涵不仅包含资源合理开发利用和环境预防与治理的传统问题内容，更有绿色、可持续创新导向下实现矿山循环经济与低碳经济的深刻内涵；绿色矿山建设的意义不仅仅是对矿山当前高强度资源开发、低层次环境管理的规范或修复，更有对矿山系统本身可持续发展的战略考虑，如探索与完善无废、绿色开采技术，减量而高效使用矿山自然资本，强化与激励资源的综合利用与环保产业链的研发。为保持政策的前瞻、适用和连续性，实现绿色矿山建设目标，无论是理论和实践，都应避免片面性、简单化，有必要深入解析绿色矿山概念涉及的系统性问题。王亮等（2018）认为绿色矿山是在矿产资源开发过程中保证基本达到或不低于未开发前的生态环境标准的矿山。绿色矿山就是在资源开发过程最大限度地与生态保护相协调的一种矿产资源开发模式。具体来说，绿色矿山就是一个为社会提供所需原材料，同时只留下洁净的水、清新的空气、恢复自然状态的土地和健康的生态系统的矿山。其具备以下几个特征：一个核心：绿色开采；一个难点：综合利用（技术、成本、空间、安全、环境）；二个基本点：减人提效、减排增值；二个元素：资源、环境（生态环境）；三个效益：经济效益、生态效益、社会效益；四个特点：全过程（全生命周期）、系统性（相对于传统的功能性，成体系）、新效果（产业转型和绿色发展）、新理念（恢复生态系统）；八个要素：山水林田湖草矿气；四个动力与制约因素：社会责任、经济性评估、循环经济、科技创新；十个过程：内控因素、矿区绿化美化、清洁生产综合利用、生态修复、热能等能源利用、地质环境保护、节能降耗、达标排放、数字化建设、生态产业发展；五个过程：勘察、规划设计、矿井建设、生产运营、闭坑。柳晓娟等（2020）学者将这些解读概括为两类代表性观点：一类是强调资源节约与环境友好，认为绿色矿山是在矿山环境扰动量小于区域环境容量前提下，实现矿产资源开发最优化和生态环境影响最小化；另一类则强调资源环境与经济社会协调发展，认为绿色矿山应在强调环境保护的同时，不排斥经济发展，即矿山经济体系“绿色化”或生态化，使矿山生态系统与矿山开发所形成的经济系统保持一定的协调性。2018 年，自然资源部发布《非金属矿行业绿色矿山建设规范》等 9 项行业标准。这些标准从创新、协调、绿色、开放、共享的发展理念出发，明确了绿色矿山的基本内涵。绿色矿山是指在矿产资源开发全过程中，实施科学有序的开采，对矿区及周边生态环境扰动控制在可控范围内，实现矿区环境生态化、开采方式科学化、资源利用高效化、企业管理规范化和矿区社区和谐化的矿山。结合当前新形势和新的发展要求，绿色矿山应是以生态文明战略为统领，以发展绿色经济及实现资源效益、生态效益、经济效益和社会效益的协调统一为目标，以依法办矿、规范管理、安全生产为前提，以资源高效利用、环境保护、节能减排和社区和谐为核心，以科技创新为保障的一种全新的矿山建设和经营模式。

毋庸置疑，矿山在我国社会经济发展中扮演着能源保障角色与重要战略支撑地位（杨宇等，2020）。在工业文明转向生态文明的时代背景下，绿色矿山建设是矿山可持续发展的方向，也是经济社会可持续发展的重要组成部分。

国家层面十分重视绿色矿山建设，并以此为基础发布了多个重要文件。在 2018 年发布的《中华人民共和国宪法修正案》中，首次将生态文明写入宪法，绿色矿业发展驶上快车道。当前国家级绿色矿山可划分为两类：一是以矿山企业的技术力为主导的，包括资源的综合利用、技术创新和节能减排；另一类是以矿山企业的责任心为主导的，包括依法办矿、规范管理、环境保护、土地复垦、社区和谐和企业文化。从点上看，截至 2020 年底，全国绿色矿山名录库中纳入 1253 家矿山企业，其中有 2019 年遴选和原国家级绿色矿山试点单位 953 家，2020 年新遴选绿色矿山 301 家。从面上看，2017 年发布的《国土资源部办公厅关于开展绿色矿业发展示范区建设的函》（国土资厅〔2017〕1392 号）要求，各地须选择基础良好、特色突出的地区推动示范区建设。2020 年，《关于补充完善绿色矿业发展示范区建设有关情况的函》（自然资源矿保函〔2020〕19 号）发布，绿色矿业发展示范区的建设工作有序开展。2020 年，国家发改委、自然资源部印发《全国重要生态系统保护和修复重大工程总体规划（2021—2035 年）》，其中超过一半的重大工程规划都将矿山生态修复列为重点工程之一。

新时代绿色矿山建设被赋予新的使命，要求更严，标准更高（于昊辰等，2020）。创建绿色矿山示范区，能够有效地提高矿产资源的开发利用率，规范经营管理模式，保护生态环境，实现经济、社会和生态的和谐统一（郭冬艳等，2020）。可见，绿色矿山建设已然成为绿色发展的关键前提，矿山必须要注重绿色发展。

1.2 中国绿色矿山建设状况分析

2010 年，国土资源部印发《关于贯彻落实全国矿产资源规划发展绿色矿业建设绿色矿山工作的指导意见》，明确了国家级绿色矿山的建设基本条件，包括依法办矿、规范管理、资源综合利用、技术创新、节能减排、环境保护、土地复垦、社区和谐、企业文化等 9 个方面。要求矿山企业在矿山资源开发利用时符合国家的法律法规、产业政策和矿产资源开发规划，采用先进的生产技术包括技术创新，推进资源综合利用，推进绿色开采、绿色生产、绿色储存和绿色运输，并给社会提供绿色产品。在资源的可持续方面，要求必须实施严格的矿山环境恢复治理与土地复垦工作，执行环境保护“三同时”制度，节能减排，减少“三废”排放，有效保护矿区及周边环境；编制矿山环境保护与治理恢复方案并严格实施；重视矿山地质灾害防治工作；优化矿区环境，绿化覆盖率达到可绿化区域面积的100%；要求严格按照《土地复垦方案》复垦土地，因地制宜，尽可能优先复垦为耕地或农用地，恢复土地的自然和生产功能，实现资源（土地）的持续利用。

2012年6月14日，国土资源部提出要在2015年之前建设600个以上试点矿山，形成标准体系及配套支持政策措施；要求在2015—2020年，全面推广试点经验，实现大中型矿山基本达到绿色矿山标准、小型矿山企业按照绿色矿山条件规范管理、基本形成全国绿色矿山格局的总体目标。

2017年5月，国土资源部、财政部、环境保护部、国家质检总局、银监会、证监会联合印发《关于加快建设绿色矿山的实施意见》，明确了绿色矿山建设的3个建设目标：一是基本形成绿色矿山建设新格局。新建矿山全部达到绿色矿山建设要求，生产矿山加快改造升级，逐步达到要求。树立千家科技引领、创新驱动型绿色矿山典范，实施百个绿色勘查项目示范，建设50个以上绿色矿业发展示范区，形成一批可复制、能推广的新模式、新机制、新制度（郭冬艳等，2020）。二是构建矿业发展方式转变新途径。创新资源节约集约和循环利用的产业发展新模式和矿业经济增长的新途径，加快绿色环保技术工艺装备升级换代，加大矿山生态环境治理力度，大力推进矿区土地节约集约利用和耕地保护，引导形成有效的矿业投资等。三是建立绿色矿业发展工作新机制。研究建立国家、省、市、县四级联创、企业主建、第三方评估、社会监督的绿色矿山建设工作体系，健全绿色勘查和绿色矿山建设标准体系，完善配套激励政策体系，构建绿色矿业发展长效机制。

2018年，自然资源部发布九大行业绿色矿山建设规范，这是目前全球发布的首个国家级绿色矿山建设行业标准，为发展绿色矿业、建设绿色矿山提供技术和管理支撑，也标志着我国的绿色矿山建设已经步入“有法可依”的新阶段。九项规范包括：《非金属矿行业绿色矿山建设规范》（DZ/T 0312—2018）、《化工行业绿色矿山建设规范》（DZ/T 0313—2018）、《黄金行业绿色矿山建设规范》（DZ/T 0314—2018）、《煤炭行业绿色矿山建设规范》（DZ/T 0315—2018）、《砂石行业绿色矿山建设规范》（DZ/T 0316—2018）、《陆上石油天然气开采业绿色矿山建设规范》（DZ/T 0317—2018）、《水泥灰岩绿色矿山建设规范》（DZ/T 0318—2018）、《冶金行业绿色矿山建设规范》（DZ/T 0319—2018）、《有色金属行业绿色矿山建设规范》（DZ/T 0320—2018）。九项规范旨在以促进资源合理利用、节能减排、保护生态环境和矿地和谐为主要目标，最终实现资源开发的经济、生态和社会三大效益协调统一。同时，通过标准制定，充分调动矿山企业的积极性与行业自律性，促使矿山企业将资源高效利用、生态环境保护、矿地和谐一体等外在要求转化为企业发展的内在动力，自觉承担清洁生产、节能减排、生态修复等企业责任，以实际行动带动地方经济社会发展。

近年来，中共中央、国务院以及各部委对相关行业、企业的活动设立“红名单”、“白名单”、“黑名单”，以完善守信激励和失信惩戒机制。绿色矿山名录是从守信激励角度，由自然资源管理部门将完成绿色矿山建设任务的矿山企业，通过一定程序予以记载，奖励并督促其履行义务，并在绿色矿业发展服务平台予以公示的行政监管措施。绿色矿山名录并不是新设审批事项，也不采取传统的评审认定方式，而是采用“国家、省、市、县四级联创、企业主建、第三方评估、社会监督”的方式来推进。绿色矿山名录作为红名单，将从正面示范、积极引导全国矿业绿色发展。2011—2014年，我国先后开展了四批国家级绿色矿山建设试点工作，2019年和2020年又进行了两次全国遴选，当前共有1253个大、中、小型矿山企业被列入国家级绿色矿山建设试点。“十三五”期间，受到生态文明考核和环保督查压力，各地政府都提出了较高的绿色矿山建设规划目标，矿山企业的积极性也很高。

（1）绿色矿山空间分布格局

2020 年 5 月 14 日，自然资源部办公厅印发《关于做好 2020 年度绿色矿山遴选工作的通知》（自然资办函〔2020〕839 号），开展绿色矿山遴选；2021 年 1 月 11 日，自然资源部发布第 2 号公告，共有 1253 家矿山纳入全国绿色矿山名录，其中 301 家矿山为 2020 年新遴选，952 家为 2019 年遴选和原国家级绿色矿山试点单位。

省份分布来看，数量前 10 位的省份为：河南 92 家、山东 89 家、安徽 81 家、山西 83 家、河北 75 家、湖南 65 家、浙江 64 家、湖北 69 家、内蒙古 67 家、广东 60 家。将 29 个省份划分四个区域，分别是东部地区（北京、天津、河北、上海、江苏、浙江、福建、山东、广东、海南）、中部地区（山西、安徽、江西、河南、湖北、湖南）、西部地区（内蒙古、广西、重庆、四川、贵州、云南、西藏、陕西、甘肃、青海、宁夏、新疆），以及东北地区（辽宁、黑龙江、吉林）。经统计，东部地区 347 家占 34.7%；中部地区 436 家，占 34.8%；东北地区 102 家，占 8.0%；西部地区 368 家，占 29.4%。总体看来，中部地区数量最多，其次是西部地区，最后是东部地区，且由于东北地区仅涵盖 3 个省份，故相比其他区域相对较少。

（2）绿色矿山建设特征分析

第一，区域分布上。29 个省份中，13 个省份绿色矿山占全国绿色矿山总数的比例高于本省矿山总数占全国矿山总数的比例；16 个省份的绿色矿山占全国绿色矿山总数的比例低于本省矿山总数占全国矿山总数的比例，且主要分布在西部地区。西部地区是绿色矿山建设的重点和难点地区，其区域战略地位重要、矿产资源相对丰富，但是经济社会发展相对滞后，生态环境较为脆弱，矿山企业普遍存在设备简陋、经营粗放、破坏和浪费资源及污染环境等严重问题，这在一定程度上制约了绿色矿山建设进展。建议今后进一步加强对西部地区绿色矿山建设的引导和支持力度，既要因地制宜积极探索和发展各具特色的绿色矿山和绿色矿业发展模式，又要从宏观上形成促进西部地区矿业绿色发展的制度机制。

第二，矿种分布上。煤矿、贵金属矿产和有色金属矿产的绿色矿山建设成效显著，相应比例高于全国平均占比。非金属矿绿色矿山建设相对滞后，目前名录内非金属绿色矿山占比 38%，远低于 70.9%的全国非金属矿山占比。而相关研究表明，与能源、金属矿产相比，非金属矿产开发利用对环境的影响相对较低。因此，应加大调研力度，摸清非金属矿绿色矿山的建设难点和重点，在此基础上，补足短板，发挥优势，对非金属矿的绿色矿山建设给予更多理念引导和技术支持，提高绿色矿山建设进度。

第三，矿山规模上。以 2019 年为例，全国所有持证矿山中，大中型矿山比例为 17.9%，小型及以下矿山比例为 82.1%。而名录中大中型矿山占到 90.9%，小型绿色矿山仅为 9.1%，小型矿山绿色矿山建设任重道远。相比于小型矿山，大中型矿山的经济实力更强，科技创新投入更多，可通过夯实企业建设的硬件和软件来提升绿色矿山建设水平。而受到人力、资金、技术等因素制约，小型矿山绿色矿山建设难度大，需要从理念宣传、开源节流、精细管理、政策协同等多途径进行引导，同时需要以问题为导向，抓住环保达标、资源节约等核心环节和优先事项，在实践中不断探索小型矿山绿色矿山建设模式和建设路径。

1.3 绿色矿山科学技术奖及技术进展情况

为促进绿色矿山建设及相关的技术服务行业的科技创新、科技进步，中关村绿色矿山产业联盟设立了“绿色矿山科学技术奖”（国科奖社证第 0265 号）。绿色矿山科学技术奖每年评选一次，分为科技进步奖、自然科学奖、绿色矿山重大工程奖以及青年科技奖 4 种类型，主要对油气、煤炭、黑色金属、有色金属、稀有及贵金属、化工矿产、非金属矿产等矿类的地质勘探技术和装备、资源高效开发技术和装备、矿产资源综合利用技术和装备、环境保护与节能减排技术和装备、矿山土地复垦与生态重建技术和装备、安全生产技术与装备、矿山应急管理技术与装备、信息化与矿山管理技术和装备等方面的科技创新和科技进步进行奖励。评审出的获奖项目全面反映了绿色矿山建设和绿色矿业发展领域理论和实践方面取得的最新成就，代表了绿色矿山建设的先进水平和发展趋势。

首批绿色矿山科技奖结果揭晓于2018年。“首届中国绿色矿业发展大会暨‘一带一路’绿色产业发展高层论坛”在北京召开，论坛上2017年度“绿色矿山科学技术奖”结果也随之揭晓。其中，“测井定量评价水淹层关键技术及工业应用”等12项成果获绿色矿山科学技术奖一等奖，“盐矿采卤用腔一体化关键技术与应用”等23项成果为绿色矿山科学技术奖二等奖，“倬方越野轻便勘探技术与装备”等34项成果为绿色矿山科学技术奖三等奖。颁奖典礼上，中国工程院院士苏义脑及科技部奖励办相关领导为我国绿色矿山事业做出突出贡献的获奖单位和个人颁发了《绿色矿山科学技术奖》。

2019年，第二届绿色矿业发展大会暨2018年度绿色矿山科学技术奖颁奖大会在重庆召开，会议以“绿色融入矿业发展、科技推动产业升级”为主题，奖项评审会由苏义脑院士、彭苏萍院士等专家组成领导小组，评审会分煤炭组、金属非金属组、地质勘查与生态修复组以及绿色矿业重大工程组4个小组。评审过程中专家严格把关，经过逐项打分、综合评议等过程，评选出了一批高质量的项目和技术。

标准引领建设绿色智能矿山，绿色赋能推动矿业创新发展。2020年9月，以“标准引领，赋能绿色”为主题的第三届（2020年）全国绿色矿业发展大会在成都召开。会议旨在贯彻落实国家六部委《关于加快建设绿色矿山的实施意见》，推进九个行业国家绿色矿山建设规范的实施，全面推动我国矿业绿色高质量发展，提高矿产资源节约和综合利用水平。会议期间还举办了绿色矿山科技创新和煤炭高质量发展论坛，并举行了“2019年度绿色矿山科学技术奖”颁奖仪式，对在绿色矿山建设方面涌现出的先进典型进行了表彰。

2021年元月，2020年度绿色矿山科学技术奖拟获奖项目正式公示。本届共有70项获奖成果，其中一等奖24项、二等奖43项、三等奖3项。将2020年度绿色矿山科学技术奖获奖项目进一步划分为地质勘探、矿山开采、矿物加工、安全防护、环境保护、生态修复共6个部分，具体如下。

（1）地质勘探

以山东科技大学为第一单位、张广超为第一获奖人，研发了深厚表土薄基岩大采高采场矿压规律与围岩控制关键技术，揭示了覆岩运动规律及应力位移场演化特征，为深埋薄基岩大采高采场矿压控制提供科学指导。以中国石油大学（北京）为第一单位、姜振学为第一获奖人，研发了川南五峰—龙马溪组页岩气富集机理及评价关键技术，该技术在中石油长宁页岩气示范区推广应用，支撑新增探明储量$3612.2\times10^8m^3$，产生直接经济效益11.69亿元，有力推动了四川盆地页岩气勘探开发进程。以江西省地质勘查基金管理中心为第一单位、王先广为第一获奖人，完成了江西省新余市渝水区石竹山—上高县樟木桥矿区硅灰石矿普查报告，查明了区内矿体的分布、规模、产状和矿石质量，实现了找矿重大突破与科技创新，并取得了显著的社会经济效益。以中国矿业大学（北京）为第一单位、崔凡为第一获奖人，研究了煤矿构造精细解释及“三气”储层地质统计学反演原理和技术，进一步揭示了煤层气储层弹性和参数之间的关系，提出了煤层气多要素综合预测的方法，为井位部署和煤层气的高效开发提供技术支撑。以河南理工大学为第一单位、刘佳佳为第一获奖人，探析了真三轴不同层理含瓦斯煤体渗流特性及现场应用，成果通过在焦作、平顶山等矿区应用，提高了采掘出煤量，3年内新增销售额5652.98万元，新增利润1.6237亿元，新增税收2435.66万元，取得了显著的社会效益。以中国石油天然气股份有限公司勘探开发研究院为唯一单位、张荣虎为第一获奖人，研究了塔里木盆地库车坳陷新区地质创新认识、关键技术与天然气重大发现，相关成果取得3项重要创新认识、研发3项关键技术，形成自有知识产权并在中国石油塔里木油田分公司得到成功应用，提出东秋9（中秋1）风险井位并获高产工业油气流，实现了秋里塔格构造带的重大战略突破，具有显著的经济和社会效益。

（2）矿山开采

以中国石油天然气股份有限公司勘探开发研究院为唯一单位、朱光有为第一获奖人，围绕深层油气成因与成藏理论前沿和油气示踪“卡脖子”技术难题开展攻关，研究了深层含硫化氢油气田油气成因机理与硫化氢分布规律，取得重要创新并获得重大经济效益。以河南理工大学为第一单位、神文龙为第一获奖人，聚焦残采面优化布置和动压煤巷围岩稳定控制两个核心科学问题，开展了动压煤巷围岩稳控与资源枯竭矿井增储关键技术研究，为保障衰老矿井残煤安全回收提供理论支撑。以清华大学为第一单位、刘晓丽为第一获奖人，研发了水岩耦合机理及煤矿地下水库水资源保护关键技术，旨在实现利用煤矿采空区构建地下水库进行矿井水储存，实现矿井水的零排放与安全高效利用。以北方工业大学为第一单位、孙世国为第一获奖人，研发了复合开挖工程优化控制关键技术，相关成果在抚顺矿业集团有限公司、紫金矿业和东明矿业有限责任公司等企业得到了应用，经济和社会效益显著。以安徽理工大学为第一单位、赵光明为第一获奖人，研发了深部低渗透高瓦斯煤层软岩保护层采矿与卸压瓦斯共采关键技术，相关成果已在淮北矿业股份有限公司芦岭、孙疃、许疃、祁南煤矿，淮南潘三煤矿成功应用，其中芦岭煤矿被保护煤层瓦斯预抽率达 80%以上，煤层瓦斯含量降达 82%以上，解放煤炭资源 140×10^4t，减少钻孔工程量 80×10^4m，减少安全投入 5315.2 万元。以中国矿业大学为第一单位、袁永为第一获奖人，研发了高瓦斯综放面迎采掘巷无煤柱煤与瓦斯共采技术，相关成果应用提高了高瓦斯综放面煤炭资源采出率、降低了瓦斯灾害事故发生概率、高效利用了煤层瓦斯资源、降低了温室气体排放、实现高瓦斯煤层煤与瓦斯安全高效绿色共采的目标，具有广阔的推广应用前景。以中煤科工集团西安研究院有限公司为唯一单位、常江华为第一获奖人，研发了分体式坑道岩心钻机及配套高效取心工艺技术研究，在陕西、福建、云南、四川、湖南、甘肃、青海等地 20 多个单位进行了工程示范和推广应用，累计产生经济效益 8087.32 万元，为矿山安全高效开采地质信息获取、危机矿山老矿区的接替资源勘查提供了装备保障，经济效益和社会效益显著。以煤科集团沈阳研究院有限公司为唯一单位、王洋洋为第一获奖人，研发了煤矿多系统融合“一张图”与快速联动技术装备及应用，相关成果已在龙煤集团新疆分公司、龙煤集团鸡西分公司、龙煤集团双鸭山分公司等国内骨干煤炭企业成功应用，满足煤矿安全生产、“自动化减人”及“减员增效”的需要。以山东省煤田地质规划勘察研究院为唯一单位、黄兴龙为第一获奖人，研发了鲁西南含煤区页岩气资源调查与评价关键技术及应用，查明工作区页岩气资源生储地质条件与富集成藏规律；初步评价鲁西南含煤区页岩气资源潜力，为全面评价山东省页岩气资源和进一步勘查提供依据。以山西潞安集团余吾煤业有限责任公司为第一单位、黄勇为第一获奖人，完成了 U 型工作面上隅角悬管瓦斯抽放工艺与装备研发，该引流装置在余吾煤业现场应用过程中取得良好效果，可使上隅角瓦斯浓度降低 17%左右，并减少了现场瓦斯超限次数，进一步设计了封堵、抽采双功能增强型卸压充气胶囊。以赤峰山金红岭有色矿业有限责任公司为第一单位、于清军为第一获奖人，研发了厚大稳固矿体盘区房柱交替上升局部不接顶充填采矿技术，实现了深部厚大矿石资源安全高效开采，为我国同类有色矿山厚大破碎矿体开采提供了一种先进、安全可靠、经济效益好的采矿技术。以山东黄金矿业股份有限公司新城金矿为第一单位、宋召法为第一获奖人，研发了深井缓倾斜薄矿脉精细化采矿技术，经过在矿区-830m 中段-815m 水平进行实际采场试验，最后实现了试验采场的采矿贫化率 4.9%，采矿损失率 4.4%，试验采场综合生产能力 582.7t/d。以河北飞瀑环保科技有限公司为第一单位、王振彪为第一获奖人，研究了爆破消尘器在露天深孔爆破中的应用，该成果已成功应用于露天矿山的爆破烟尘消除领域，并开始向城市拆除爆破消尘、隧道爆破消尘领域扩展。以中国石油天然气股份有限公司勘探开发研究院为第一单位、王欣为第一获奖人，研究了致密储层改造核心技术突破及工业化应用，通过优化单方液体成本下降 30%～40%，累计节约费用 2.9 亿元，支撑剂类型和用量优化，单方成本下降 0.12 万元，累计节约费用 8.1 亿元。

（3）矿物加工

以武汉理工大学为第一单位、李育彪为第一获奖人，研究了基于晶面各向异性的铜钼硫化矿海水浮选分离机理，利用丰富的海水代替淡水资源进行耗水量大的铜钼硫化矿浮选分离过程，旨在节约淡水资源、保护环境，为矿山企业利用富含高浓度离子的海水、苦咸水和选矿回水浮选分离硫化矿提供科学依据，并最终为创建绿色矿山提供新思路、新理论及新技术。以湖南柿竹园有色金属有限责任公司为第一单位、何斌全为第一获奖人，研发了柿竹园复杂多金属矿采选协同清洁高效利用关键技术，项目的研发及产业化应用成功盘活复杂低品位多金属资源数亿吨，产生了巨大的经济效益，近三年新增销售额3.45亿元，新增利润近2.03亿元。以海南山金矿业有限公司为第一单位、杨洪英为第一获奖人，研发了难选低硫复杂含金矿石全组分高效回收关键技术，并在海南山金和海南金惠环保节能有限公司成功应用，形成了创新理论—创新技术—创新工程的全创新链，开创了绿色矿山生产新模式，使得海南山金成为黄金无尾矿山。以武汉工程大学为第一单位、何东升为第一获奖人，开展了中低品位胶磷矿高效利用基础研究，开发的雾化增效预浮选装备，大幅提升传统浮选工艺的作业效率，促进企业降本增效，提高了矿产资源利用率。以西北大学为第一单位、黄雷为第一获奖人，研究了大型走滑断裂带形成演化与油气富集效应，理论成果有效指导了近几年来渤海海域郯庐断裂带内部和以东多个大中型油气田发现，同时得到全球范围的应用推广。以平煤神马集团为第一单位、祝青为第一获奖人，研究了基于精确定位技术的无轨胶轮车智能运输管理系统应用，通过精准的定位技术、GIS地图实时显示技术和信息化智能管控调度技术，解决车辆位置精准定位、行车速度实时监控、信号闭锁智能管控、人车运输精准调配、候车等车精准播报及车辆档案电子管理等问题。以煤科集团沈阳研究院有限公司为第一单位、王雷为第一获奖人，研发了永磁式矿山装备动态智能调控技术，实现低速大转矩启动、温升不超限、调速过程精准顺畅、软启动及多机均衡智能化程度高等功能，最终研制出永磁式矿山装备调控技术及装备，保障电机系统高效、可靠、节能运行。以达州利森水泥有限公司为第一单位、冯德润为第一获奖人，开展了石灰石破碎及长皮带输送改造，该成果建成后年均可节省石灰石运输费用2986.20万元，全投资财务内部收益率25.49%，静态总投资回收期4.40a，风险较小、回报较高，取得较好的经济效益与社会效益。

（4）安全防护

以煤科集团沈阳研究院有限公司为第一单位、王雷为第一获奖人，研发了煤矿立井井筒及其装备健康状态监测与预警系统，相关成果依托淮南矿业（集团）有限责任公司顾桥煤矿、淮北矿业股份有限公司许疃煤矿、中煤特殊凿井有限责任公司安徽路桥分公司、安徽恒源煤电股份有限公司钱营孜煤矿等开展的产学研合作项目得以推广应用。以中南大学为唯一单位、王雷为第一获奖人，研究了采空区大规模坍塌的灾变机理与风险评估方法，获得了采空区围岩承载及灾害传递的时空演化规律，创新空区群系统失稳的灾变理论，提出了空区大规模坍塌灾害风险评估方法，可为矿山设计和灾害防治提供理论依据，保障开采安全，实现矿山绿色开采。以中国矿业大学（北京）为第一单位、吴丽丽为第一获奖人，研发了煤矿深部采矿软岩大变形巷道波形钢腹板支架支护关键技术，该成果与山东深博巷道支护技术有限公司等多家单位进行技术装备开发合作，在多个煤矿推广应用效果良好，可为今后新型支护结构的发展提供技术支持和科学依据。以赣州有色冶金研究所为第一单位、谢世勇为第一获奖人，完成了国家标准《钨矿山地下采矿安全生产规范》，该标准自实施以来，已在我国钨矿山地下开采企业广泛应用，得到了江西下垄钨业有限公司、江西铁山垅钨业有限公司、江西浒坑钨业有限公司、江西荡坪钨业有限公司、江西盘古山钨业有限公司等我国主要钨矿山生产企业的普遍认可，有效遏制了重特大安全事故的发生，获得了显著的社会效益。以神华神东煤炭集团有限责任公司为唯一单位、王存飞为第一获奖人，研发了神东矿区特大采高超长走向综采工作面防灭火技术，该成果在神东煤炭集团补连塔煤矿22307、22308、22309、22310、12511、12512等多个7m、8m超大采高综采工作面的实践应用都取得了理想效果。在神东寸草塔煤矿、柳塔煤矿等各矿井特大采高超长走向综采工作面得到广泛应用，应用效果非常理想。以南京北路智控科技股份有限公司为第一单位、元志云为第一获奖人，完成了基于 UWB 技术的矿井单轨吊运输管理系统的应用与研究，项目成果已经在 10 多个井工矿井规模化使用，监管效果明显，大幅度提高了煤矿辅助运输管理水平。以煤科集团沈阳研究院有限公司为唯一单位、朱臣武为第一获奖人，完成的数字化矿山及分布式协同演练平台，目前已经有鸡西、双鸭山、内蒙古、山西等分布全国各地的多个应用场地采用该套系统，为社会提供安全可靠、可低成本重复使用的煤矿培训手段，节省了安全培训演练投资和能源消耗，经济和社会效益显著。以辽宁工程技术大学为唯一单位、苏丽娟为第一获奖人，完成的深部矿井大断面硐室支护减震控制关键技术研究，项目研究成果在地下工程的工程应用中取得了显著的社会效益，具有广阔的推广应用前景。以辽宁工程技术大学为第一单位、张春华为第一获奖人，完成了煤自燃参数测试实验装置及火灾系统防控技术研究，建立了长距离巷道煤柱自燃火灾预警与防控方法，综合利用气体束管监测，背景 CO 浓度态势研判和煤柱表面测温，实现早期辨识和预警发火危险区域，进而采取针对防灭火性措施。以徐州中矿数字化矿山技术研究所为第一单位、刘景勇为第一获奖人，完成的基于精确测风的矿井智能通风关键技术研究与应用，可有效变革矿井通风管理体制、减少通风安全事故、提高通风管理的工作效率，具有较好应用前景。以中国矿业大学（北京）为第一单位、郝宪杰为第一获奖人，研发的大采深巷道破碎围岩变形破坏特征与及时支护控制技术，丰富和发展了大采深巷道破碎围岩变形破坏特征各向异性的基础研究，为大采深巷道支护研究提供理论支撑，不仅可以推广到集团其他类似矿井，还可应用到全国其他矿井，为我国煤炭资源安全生产提供重大科技支撑，推广应用前景十分广阔。

（5）环境保护

以中国矿业大学（北京）为第一单位、王海燕为第一获奖人，研发的煤巷掘进全周期粉尘在线监测及多级细水雾分源降尘技术，分析了掘进工作面粉尘分布及运移规律，经理论研究、现场实践和检验，探索出一套矿井的高效降尘方案。以中国矿业大学（北京）为第一单位、竹涛为第一获奖人，完成的石化行业 VOCs 多级耦合关键控制技术与应用，成果已应用于北京俱融集团有限公司等 3 家公司，并建立了相应的示范工程 6 项，VOCs 脱除率可达到 90%以上，且设备能耗低，适合规模化应用。近三年产生经济效益 20970 余万元，社会和环境效益显著。以江苏山宝集团有限公司为第一单位、王宇翔为第一获奖人，研发的 SCM 干法制砂工艺及装备技术，该技术入选了自然资源部《矿产资源节约与综合利用先进适用技术目录》，并且已于 2018 年顺利投产一套 SCM 干法制砂楼，机制砂产能可达 120t/h 以上。以中国地质大学（北京）科学研究院为唯一单位、韩贵琳为第一获奖人，完成的传统与非传统稳定同位素示踪矿山废水来源，研究成果在相关领域产生了重要的影响，在 C、S、O 等传统稳定同位素矿山环境应用的基础上，拓宽了 Cu、Zn 等非传统稳定同位素在有色金属矿山环境问题研究中的应用途径；同时也为更大尺度的地表碳的“源-汇”过程提供了数据支撑；还开发了基于 K 同位素的钾盐尾矿监测理论体系。以辽宁工程技术大学为第一单位、李喜林为第一获奖人，完成的多场耦合作用下废弃煤矿地下水污染机理及污染修复关键技术研究，该技术形成了废弃煤矿地下水污染控制和一体化修复关键技术，在辽宁阜新矿区、河北秦能三矿、宁夏积家井矿区、黑龙江鸡东煤矿等地进行了应用，取得了显著的经济效益、环境效益和社会效益。以中国黄金集团内蒙古矿业有限公司为第一单位、玉君为第一获奖人，完成的乌山一期 SAB 流程提高磨矿产品细度研究及工程化应用，该技术当前增加效益 1288.64 万元/a，选矿厂三个系列现已全面推广，预计增加效益 5154.56 万元/a，经济效益十分显著。以华北科技学院为第一单位、徐斌为第一获奖人，完成的矿山煤-水-电-材产业链生态工业园建设研究，章村矿在实现扭亏转盈后，累计投入达 5000 多万元用于安全设施建设，对章村矿生态工业园可持续发展水平进行了评价，为煤炭行业生态工业园建设与评价研究提供参考。以河北工程大学为第一单位、王长龙为第一获奖人，完成的典型固废活性增强及建材化关键技术研究与应用，完成了尾矿作为骨料和矿物掺合料在预拌混凝土、干混砂浆、免烧砖等产业的大宗化关键技术研究与应用，尾矿作为提供主要化学组分或校正组分在硅酸钙板、蒸压加气混凝土、发泡陶瓷、陶粒等产业的高附加值利用关键技术研究与应用，尾矿综合利用共性关键检测技术研究及建材制品环境安全评价。以应急管理部国家自然灾害防治研究院为第一单位、黄帅为第一获奖人，完成的地震作用下尾矿坝抗液化的绿色高性能加固材料研究及产业化应用，解决了尾矿基绿色高性能加固材料的制备、硬化机理及长期性能调控技术。以天津壹鸣环境科技股份有限公司为第一单位、郭涛为第一获奖人，完成的电极熔融法全资源回收垃圾焚烧飞灰关键技术与设备研发，相关成果已在天津建成示范工程，实现了理论实践化、技术工程化、废物资源化的研发目标。以中国地质大学（北京）为第一单位、杜高翔为第一获奖人，完成的利用氧化镁制备纳米氢氧化镁及其应用研究，利用机械力化学法将氧化镁转化为氢氧化镁，并通过原位改性法获得高品质的高分散纳米级氢氧化镁，并进行了两方面的应用，一个是利用氢氧化镁处理氨氮废水，另外一个是利用氢氧化镁作为阻燃剂填料。以新疆天池能源有限责任公司为唯一单位、杨志勇为第一获奖人，完成的高密度运输车辆动态调度及精细化管理体系研究，该项目有效地解决了新疆天池能源南露天煤矿、将军戈壁二号露天煤矿生产作业设备安全管控不到位问题，安全事件发生率降低50%以上，确保煤矿运输安全有效地进行；高效的调度使得设备使用率和煤炭开采效率提高8%~15%。

（6）生态修复

以中国矿业大学为第一单位、陈浮为第一获奖人，完成的CO_2驱替开采生态环境影响监测与评估技术研究，相关成果已经成功应用到国家能源投资集团有限责任公司（神华）煤制油分公司深部咸水层二氧化碳地质封存、燃煤电厂烟气CCUS全流程示范工程和中石化重大先导试验低渗透油藏二氧化碳驱提高采收率、延长石油集团碳捕集和驱油封存一体化示范、苏州市城市组织碳排放监测四个大型工程中，保障了这些工程的顺利、安全、环保运行，完善了这些工程的环境风险监管体系，提升了这些工程的示范效果。以中煤浙江生态环境发展有限公司为唯一单位、戴家生为第一获奖人，完成的基于岩石土壤植物微生物四位一体边坡复绿技术的研究，提出了“边开采、边治理、边返还”的矿山环境治理“三边模式”，该模式获得中国煤炭工业协会2020年煤炭企业管理现代化创新成果三等奖；大煤山项目作为首次推广应用项目，是从“政府治、企业治”向“社会治”的延伸，也是浙江长兴首个“三边模式”矿山治理项目，复绿边坡$12\times10^4m^2$。以兰州有色冶金设计研究院有限公司为唯一单位、陈天镭为第一获奖人，完成的生态型尾矿库系统实施方法的专利群，该成果在陕西八一铜矿高危尾矿库的加高扩容工程中成功应用，整改后降水排渗效果明显且很好地降低了浸润线的高度，保证了大坝的稳定性，避免了溃坝的危险，保证了尾矿库的稳定性，还大大增加了库容，延长了20年的服务年限。以辽宁工程技术大学为第一单位、杨逾为第一获奖人，完成的绿色矿山建设与生态修复关键技术研究及工程应用，该成果在平安矿成功应用，实现了安全生产与环境保护双赢，取得了良好的经济效益和社会效益，研究成果对相似条件的老旧矿区开展绿色矿山建设和矿区生态环境修复具有重要的借鉴意义。以辽宁工程技术大学为第一单位、杨逾为第一获奖人，完成的绿色矿山建设与生态修复关键技术研究及工程应用，该成果已经被安徽省矿山生态修复工程所利用，充分体现出该科研项目以问题和需求为导向，科研直接为生产实际服务，科研成果快速转化为生产力，为矿山生态环境的源头保护、开发过程生态环境监管和末端修复提供了理论与技术依据。以河北水文工程地质勘察院为唯一单位、周智勇为第一获奖人，完成的矿山环境恢复治理遥感调查监测关键技术研究，该成果极大提升了新疆北部地区矿山环境遥感监测体系业务化水平，提高了遥感与GIS的服务效果，成果的应用推动了省级矿山环境动态监测体系的建立，在自然资源“十四五规划”等方面应用前景广阔。以长江大学为唯一单位、徐耀辉为第一获奖人，完成的石油烃及衍生物-重金属复合污染的环境修复研究，该成果已在广东省韩江三角洲（汕头市、普宁市、揭阳市），广东清远，湖北大冶进行了实地应用，评价了矿山尾矿及其受影响区域的生态风险，建立了适用于当地地质背景、地形地貌、气候条件的修复治理方法，有力地推动了我国石油烃及衍生物-重金属复合污染的环境修复科学技术方面的进步。以河北太行华信建材有限责任公司为唯一单位、董良为第一获奖人，完成的无土喷播快速复绿技术在矿山生态修复中的研究与应用，该技术成本可降低30%~50%，并且有效地利用废弃物，实现资源化综合利用，被引入公司所在地峰峰矿区区委区政府实施的露天矿山深度综合治理中，并被写入河北省人民政府办公厅《关于转发河北省矿山综合治理攻坚行动方案的通知》（冀政办字［2020］75号）中。

本书通过对上述各项目成果背景、研究现状、成果简介、主要科学技术内容研究趋势做系统全面的介绍，以期更好地总结、宣传、推广2020年度绿色矿山建设的经验做法与最新研究成果，为绿色矿山建设献上绵薄之力。

参考文献

卞正富，许家林，雷少刚.2007. 论矿山生态建设［J］. 煤炭学报，32（1）：13-19.

曹献珍.2011. 国外绿色矿业建设对我国的借鉴意义［J］. 矿产保护与利用，（5）：19-23.

陈浮，于昊辰，卞正富，等.2021. 碳中和愿景下煤炭行业发展的危机与应对［J］. 煤炭学报.

陈忠岳，温国栋，罗挺.2020. 新时期我国绿色矿山建设的内涵与成效［J］. 建筑工程技术与设计，（15）：2016.

邓久帅，王亮，等.2020. 绿色矿山技术发展与应用［M］. 北京：地质出版社.

郭冬艳，孙映祥，陈丽新.2020. 关于编制绿色矿业发展示范区建设方案的思考［J］. 中国矿业，29（7）：57-60.

黄敬军.2009. 论绿色矿山的建设［J］. 金属矿山，（4）：7-10.

鞠建华.2020. 构建中国绿色矿山建设的支撑体系［J］. 中国矿业，29（1）：13-15.

寇婷.2019. 新常态下中国绿色矿山建设政策与格局［J］. 现代矿业，35（5）：9-11.

黎博翼，涂龙.2020. 推进绿色矿山建设工作与实践［J］. 价值工程，39（20）：162-163.

栗欣.2014. 国家级绿色矿山模式研究［M］. 北京：地质出版社.

刘建兴.2014. 绿色矿山的概念内涵及其系统构成研究［J］. 中国矿业，（2）：48-51.

刘丽萍，侯华丽，刘建芬.2015. 对我国绿色矿山建设与发展的思考［J］. 中国国土资源经济，28（7）：18-21+25.

柳晓娟，侯华，郭冬艳.2020. 新时期我国绿色矿山建设的内涵与成效［N］. 中国矿业报，2020-03-04（2）.

彭苏萍，毕银丽. 2020. 黄河流域煤矿区生态环境修复关键技术与战略思考［J］. 煤炭学报，45（4）：1211-1221.

钱鸣高，缪协兴，许家林.2006. 资源与环境协调（绿色）开采及其技术体系［J］. 采矿与安全工程学报，23（1）：1-5.

钱鸣高，缪协兴，许家林，等.2008. 论科学采矿［J］. 采矿与安全工程学报，25（1）：1-10.

汪云甲.2005. 论矿区资源绿色开发的资源科学基础［J］. 资源科学，（1）：14-19.

王亮.2018. 怎样理解绿色矿山建设三大主旋律［N］. 中国黄金报，2018-11-09（2）.

谢和平，王金华，王国法，等.2018. 煤炭革命新理念与煤炭科技发展构想［J］. 煤炭学报，43（5）：1187-1197.

杨宇，于宏源，鲁刚，等.2020. 世界能源百年变局与国家能源安全［J］. 自然资源学报，35（11）：2803-2820.

于昊辰，卞正富，陈浮.2020. 矿山土地生态动态恢复机制：基于LDN框架的分析［J］. 中国土地科学，34（9）：86-95.

岳光溪，周大力，田文龙，等.2018. 中国煤炭清洁燃烧技术路线图的初步探讨［J］. 中国工程科学，20（3）：74-79.

Yu Haochen，Bian Zhengfu，Mu Shouguo，et al. 2020. Effects of Climate Change on Land Cover Change and Vegetation Dynamics in Xinjiang，China［J］. International journal of environmental research and public health，17（13）：4865.

第 2 章　地质勘探篇

2.1　川南五峰-龙马溪组页岩气富集机理及评价关键技术

2.1.1　项目背景

我国天然气供给形势日益严峻，制约了国民经济快速发展。北美页岩气革命改变了全球油气供应格局（黎江峰等，2021）。页岩气作为一种清洁的化石资源，成为重大战略接替资源。美国在 1997 年至 2003 年间实现了海相页岩气的技术突破，到 2010 年产量达到 $1379\times10^8m^3$，为我国指明了方向。我国页岩层系分布广泛，页岩气勘探开发潜力巨大。尤其我国四川盆地五峰—龙马溪组海相页岩分布稳定、有机碳含量高、热成熟度高、脆性好、纳米孔隙发育，是主要产层。但是，与美国相比，我国的地质条件更为复杂，地层时代老，埋藏深度大，热演化程度高，多期构造叠加改造强烈，页岩气保存和成藏富集条件复杂，美国页岩气成藏和富集地质理论及开发关键技术难以复制（张姗，2020）。因此，加大我国四川盆地海相页岩气勘探开发力度，实现四川盆地海相页岩气快速增储上产，以有效缓解目前日益突出的天然气供需矛盾，保障国家能源安全，已成为迫在眉睫的重大课题（戴金星等，2020）。

2.1.2　成果简介

研发了基于流体注入的页岩孔隙全孔径表征和基于大视域图像识别的页岩组分孔隙结构定量表征 2 项关键技术，实现了不同组分多尺度孔隙发育特征及其贡献定量评价；创新了基于孔体积和比表面积双因素耦合的页岩储集能力评价方法，实现了页岩储集能力定量评价；揭示了海相页岩生烃过程中孔隙大量形成的两个“窗口期”，建立了海相页岩润湿性与孔隙耦合演化模型，深化了海相页岩成储机理；揭示了页岩气关键要素匹配的成藏效应，建立了不同演化阶段的页岩气差异富集模式，支撑了南方海相页岩气选区和甜点优选。成果取得国家授权发明专利 20 件，出版学术专著 1 部，发表 SCI/EI 论文 40 篇（其中 TOP 期刊论文 15 篇，ESI 全球前 1%高被引论文 7 篇），总被引 1862 次。成果在中石油长宁页岩气示范区推广应用，支撑新增探明储量 $3612.2\times10^8m^3$，产生直接经济效益 11.69 亿元，有力推动了四川盆地页岩气勘探开发进程。

2.1.3　详细内容

本成果创新性地联合使用 CO_2/DFT 模型、N_2/QSDFT 模型、MICP/Washburn 模型定量表征页岩储层孔径分布，指明每种方法可靠区间，进而对孔径重叠区间采用加权平均法处理，实现了页岩全孔径孔隙结构的定量表征。通过 QEMSCAN 获得页岩组成成分的定量分布，通过均质单元面积分析页岩组成成分的自相似性，明确了不同尺度页岩样品整体属性的代表参数，阐明了页岩组成成分的定量空间分布特征；借助 FIB-SEM 和图像处理软件 ImageJ 提取出每种成分的定量孔径分布，形成了基于大视域图像识别的页岩基质孔隙结构定量表征技术。将归一化的孔体积与比表面积作为评价指标，采用双因素法建立了页岩游离气和吸附气储集能力评价图版，并对不同地区、不同层位的海相页岩储集能力进行了评价（图 2.1.1）。该方法为页岩储层定量评价和优选提供了科学依据，对新勘探区块的勘探潜力评价具有重要意义。

通过结合热模拟样品（$R_o<2.5\%$）和自然演化样品（$R_o>2.5\%$）孔隙结构表征结果，查明了

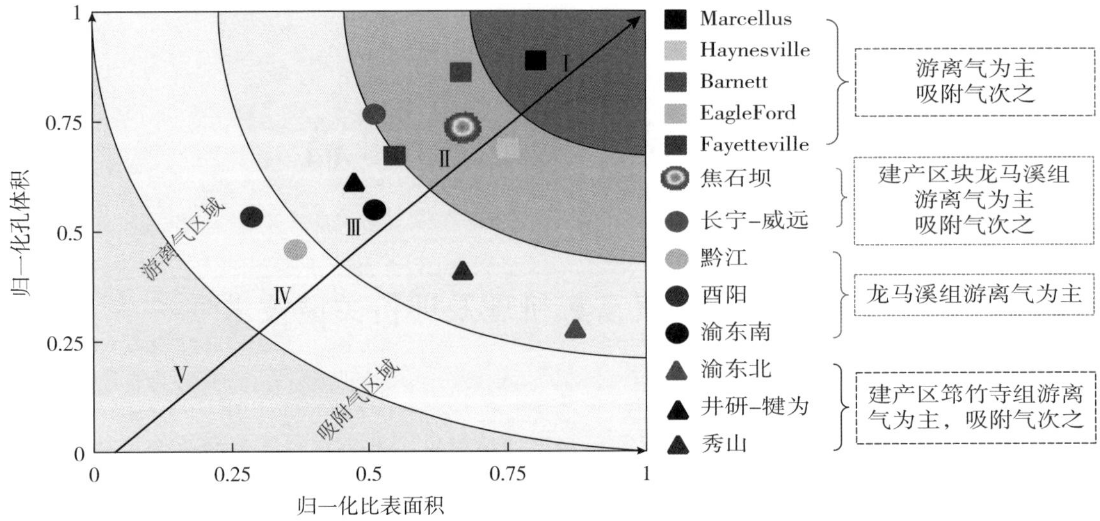

图 2.1.1　国内外典型页岩气区块储集能力评价图

海相页岩孔隙结构演化过程，并且明确了孔隙演化过程中的两个最佳匹配期。对应 R_o 值分别为 1.5%~1.8%，2.5%~3.2%。因此，干酪根生气高峰结束时期（滞留烃开始裂解期）、原油裂解生气高峰期是孔隙发育的两个最佳“窗口期”。总结了“四阶段”润湿性演化模式。阶段Ⅰ：热成熟度为 0.5%~1.3%，页岩样品润湿性以偏亲水性为主；阶段Ⅱ：热成熟度为 1.3%~2.0%，无机孔隙减少，而有机质孔隙由于热裂解生气作用大量增加，表现为混合润湿性；阶段Ⅲ：热成熟度为 2.0%~3.0%，此阶段有机质孔的发育程度明显优于无机孔隙，多表现为偏亲油性；阶段Ⅳ：热成熟度大于 3.0%，有机质孔和无机孔由于压实作用大量减少，页岩表现为中性润湿（图 2.1.2）。

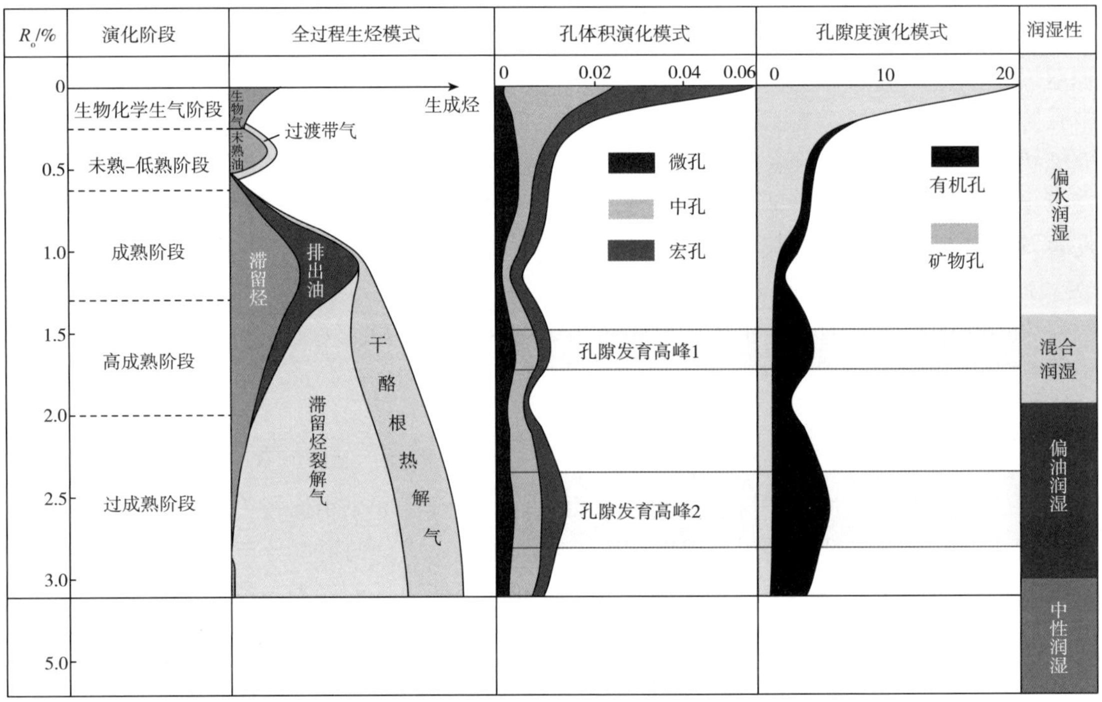

图 2.1.2　页岩生烃全过程润湿性与孔隙耦合演化模型

结合不同构造样式与地层抬升幅度，建立了同一埋深不相邻的正向构造和负向构造及不同埋深相邻正向构造和负向构造页岩气含气性演化模式（图 2.1.3）。基于生气、储气、保存各单一控藏要素演化过程分析，建立了四川盆地及周缘页岩气区块不同构造背景及构造样式条件下典型井“生-储-保”时空演化综合匹配模式，有力地指导了长宁页岩气高效开发。

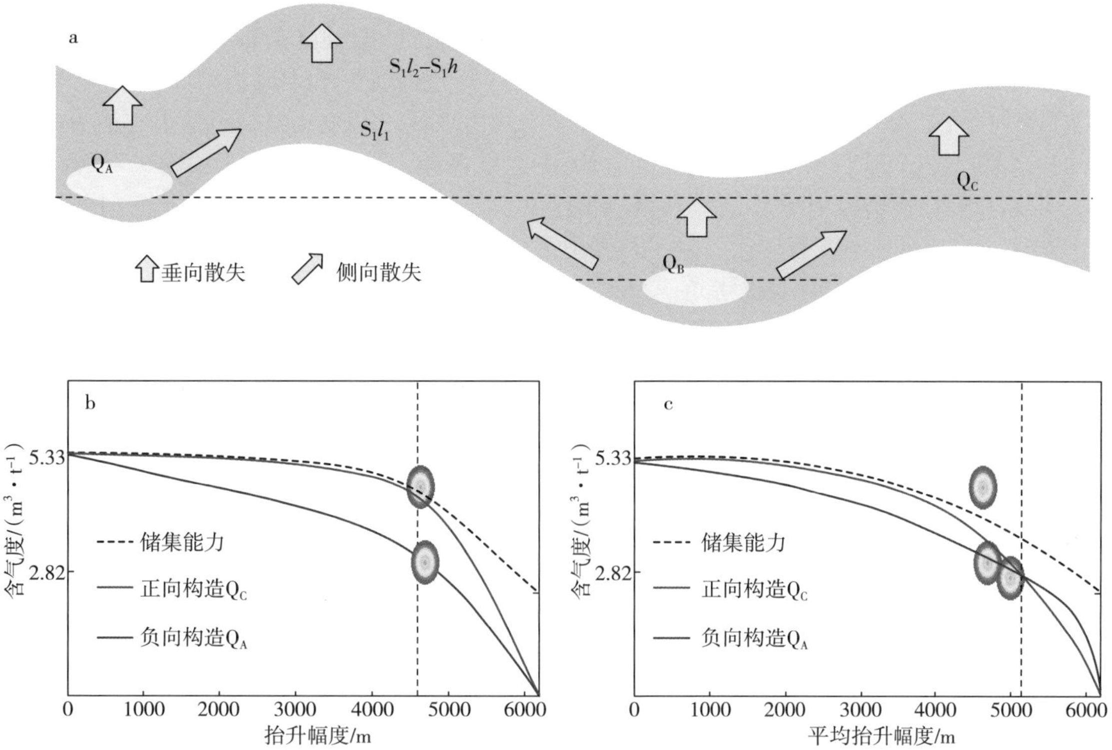

图 2.1.3　不同构造样式页岩气藏含气性差异演化过程

a—不同构造样式页岩气藏地质模型；b—相同埋深不同构造含气性演化；c—相邻郑负向构造含气性演化

2.1.4　本节小结

该成果深化了业界共识且能够广泛适用于我国油气地质的四川盆地海相页岩气成藏富集地质理论，研发了页岩储层相关表征与评价技术。通过在中国石油天然气股份有限公司西南油气田分公司的勘探开发实践中推广应用，取得了重大勘探开发成效，创新成果应用以来支撑新增页岩气探明储量 3612.2×10^8m^3，为四川盆地页岩气增产稳产做出了重要贡献。近三年产生的直接经济效益达 11.69 亿元。相关成果获授权发明专利 20 件，出版专著 1 部，发表论文 SCI/EI 论文 40 篇。创新成果有效推动了我国四川盆地的页岩气勘探开发进程。

2.2　江西省新余市渝水区石竹山-上高县樟木桥硅灰石矿普查

2.2.1　项目背景

（1）落实国家生态文明建设，实现江西省新余市绿色崛起

2015 年 4 月，中共中央、国务院《关于加推进生态文明建设的意见》提出发展绿色矿业，加快推进绿色矿山建设；2015 年 9 月，中共中央、国务院印发《生态文明体制改革总体方案》要求树立绿水青山就是金山银山的理念。新余市以铁矿、煤矿资源产业而“立市”，几十年来为江西经济社会发展做出了巨大贡献。因后备资源不足，2013 年“国务院关于印发《全国资源型城市可持续发展规划（2013—2020 年）》的通知”（国发〔2013〕45 号）将新余市列为资源衰退型城市，急切需要新的接替资源，实现绿色发展、绿色崛起。

（2）筛选绿色矿产，选定绿色勘查区

硅灰石是战略性新兴矿产，属天然绿色、低碳排放矿物工业原材料，陶瓷工业的节能原料（可节省燃料消耗约60%），还是高性能工程复合材料的增强填料。世界硅灰石资源储量约 8×10^8t，主要分布在中国、印度、加拿大、墨西哥、美国、俄罗斯等国。我国硅灰石矿产丰富，集中分布于辽宁、吉林、江西、云南和青海。截至 2017 年底，江西已查明硅灰石 1415×10^4t，位居中国第三位；主要集中分布于赣西蒙山地区，此外在赣北瑞昌武山地区，赣东北上饶市铁山、铅山县陈坊等地亦有部分伴生硅灰石矿体产出（欧阳友和，2020）。赣西蒙山地区是我国重要的硅灰石矿生产基地之一，早在 20 世纪 90 年代蒙山岩体外接触带已发现了月光山、曹坊庙、味塘、里村、林场、下坑里、鸭婆坑等 10 余处硅灰石矿床，除了月光山为大型外，其余矿床规模均以中小型为主，此后一直未取得硅灰石找矿新进展（成绪光，2020）。

前人一直认为蒙山岩体南侧为高角度侵位，2013—2015 年，江西省国土资源厅《江西省分宜县洞村煤矿普查》项目，ZK1802 孔、ZK1403 孔揭示的二叠系乐平组底部均具有角岩化，其下覆地层茅口组中均发现了多层硅灰石矿体，其中 ZK1802 孔揭露硅灰石矿体真厚度 13.49m，硅灰石平均矿物含量 65.95%，矿体类型为热变质型。表明蒙山岩体南侧茅口组下部可能存在隐伏岩体，但是隐伏岩体的分布范围、侵位高度、侵位角度均不明，硅灰石矿体的赋存位置待查明，控矿的关键因素亦不明。2016—2018 年江西省地质勘查基金管理中心组织实施了《江西省新余市渝水区石竹山-上高县樟木桥硅灰石矿预、普查》项目，投入勘查资金 2916 万元，共施工 36 个钻孔，累计总进尺约 2.3×10^4m，实现了找矿重大突破，并取得了一系列理论创新与社会经济效益。

2.2.2 成果简介

《江西省新余市渝水区石竹山-上高县樟木桥硅灰石矿普查》为江西省国土资源厅矿产勘查项目（项目编号 20160046），投入经费 2916 万元，施工 36 个钻孔，总进尺约 2.3×10^4m，大致查明了区内矿体的分布、规模、产状和矿石质量，实现了找矿重大突破与科技创新，并取得了显著的社会经济效益。

（1）践行绿色勘查理念，突破以往勘查思路，探获世界最大硅灰石矿床

突破前人一直认为的蒙山岩体南侧为高角度侵位的观点，践行绿色勘查理念，以“一位多孔”钻探为主要勘查手段，应用“脉面层体”就矿找矿模型开展立体透明化探测，探获 333+334 类硅灰石矿石量 11033×10^4t、矿物量 6955×10^4t、硅灰石平均含量 63.04%；其中，333 类矿石量 5357×10^4t，矿物量 3478×10^4t（相当 34.8 个大型），平均品位 64.09%（赣国土资储备〔2018〕12 号），相当于全国新增硅灰石保有储量 21%，全世界新增 4%，刷新了世界硅灰石矿床资源量规模纪录，改变了中国乃至世界硅灰石矿资源分布格局。

（2）剖析关键控矿因素，创建“石竹山式”找矿模式

石竹山成矿岩体为以黑云母花岗岩为成矿提供热源和硅源，茅口组下部似层状-透镜状硅质条带、燧石结核灰岩，能为硅灰石的形成提供钙源和硅源；乐平组炭质泥岩屏蔽热能及成矿流体；含硅质灰岩上部的大致顺层同倾角伸展滑脱断裂及其次级裂隙系统能够让 CO_2 快速逃逸，促使硅灰石的形成。

（3）新发现接触交代矽卡岩型硅灰石矿体，拓展了硅灰石找矿空间、找矿思路和找矿方向

新发现了层控热接触变质型和接触交代矽卡岩型硅灰石矿体，其中接触交代矽卡岩型硅灰石矿体为蒙山地区首次发现的新类型硅灰石矿体，并共伴生锡、铜矿。

（4）成果应用显著，实现找矿新突破

应用“石竹山式”找矿模式，新探获新余市渝水区石山-上高县摇篮窝超大型硅灰石矿、上高县院坑-新余市渝水区新村大型硅灰石矿、透辉石矿。

（5）社会经济效益显著

石竹山硅灰石矿床潜在经济价值超百亿元，硅灰石矿的开发在新余市已有较好基础，南方硅灰

石有限公司已形成 5 大系列产品，其中 4000～6000 目超细粉项目正在建设中，投产后超细粉产品将填补国内空白并达到国际领先水平。

石竹山及周边大型-超大型硅灰石矿的发现，巩固了新余“矿业立市”资源优势地位，为硅灰石产业链条的延伸提供良好条件。硅灰石资源优势和科技创新产品研发基础，为新余市建设以硅灰石为原料的新型产业集群，促进新余市高质量跨越式发展，实现绿色崛起提供资源保障。

2.2.3　详细内容

（1）践行绿色勘查理念，突破以往勘查思路，探获世界最大硅灰石矿床

突破前人一直认为蒙山岩体南侧为高角度侵位的观点，通过区域地质调查与重力、电磁法勘查等绿色勘查手段，提出蒙山地区南侧岩体为低角度侵位，其南侧具有寻找硅灰石矿的潜能，以绿色勘查技术重点开展隐伏硅灰石矿的勘查工作。历经三年，探获 333+334 类硅灰石矿石量 11033×10^4t、矿物量 6955×10^4t、硅灰石平均含量 63.04%；其中，333 类矿石量 5357×10^4t，矿物量 3478×10^4t（相当 34.8 个大型），平均品位 64.09%（赣国土资储备〔2018〕12 号），相当于全国新增硅灰石保有储量 21%，全世界新增 4%，刷新了世界硅灰石矿床资源量规模纪录，改变了中国乃至世界硅灰石矿资源分布格局。

（2）查明关键控矿因素，创建“石竹山式”找矿模式，研究成果国际领先

创建了“石竹山式”“岩体+含硅质碳酸盐岩+伸展滑脱断裂+盖层（炭质泥岩屏蔽）”的找矿模式（图 2.2.1）。硅灰石形成的化学反应过程为 $CaCO_3+SiO_2 \rightarrow CaSiO_3+CO_2$，此反应除需要硅、钙外，还需要足够的热源，并让生成 CO_2 气体快速逃逸。石竹山成矿岩体以黑云母花岗岩为主，次为黑云母二长花岗岩，能为硅灰石的形成提供热源、流体与硅质源。矿区茅口组下部灰岩内稳定的似层状-透镜状硅质条带、燧石结核，能为硅灰石的形成提供钙源和硅源。上覆乐平组炭质泥岩屏蔽热能及成矿流体。伸展滑脱断裂及其次级裂隙系统能够让 CO_2 快速逃逸，促使硅灰石的形成。

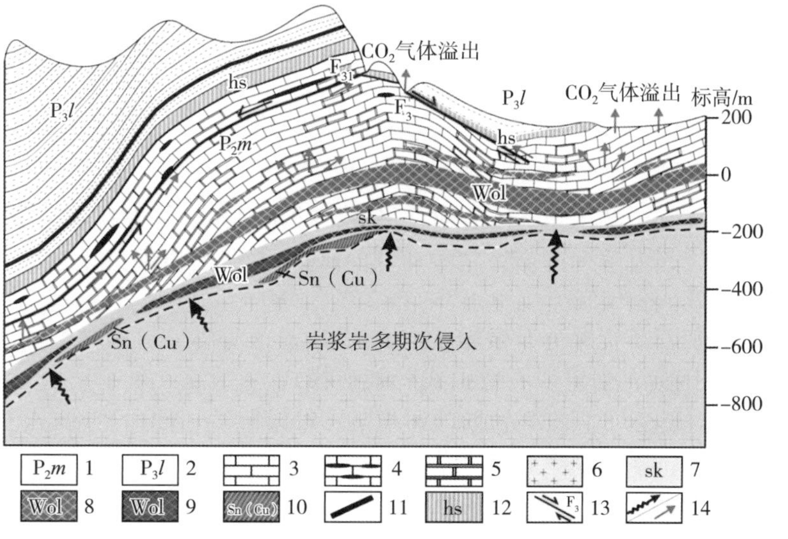

图 2.2.1　石竹山硅灰石矿成矿模式图

1—茅口组；2—乐平组；3—灰岩；4—含燧石条带灰岩；5—大理岩；6—蒙山岩体；7—矽卡岩；8—热变质型硅灰石矿体；9—接触交代矽卡岩型硅灰石矿体；10—矽卡型锡（铜）矿体；11—煤层；12—角岩化带；13—断层及其编号；14—岩体热量传导方向/CO_2 气体逃逸方向

（3）新发现接触交代矽卡岩型硅灰石矿体，拓展了硅灰石找矿空间、找矿思路和找矿方向

在石竹山矿区新发现了层控热接触变质型和接触交代矽卡岩型硅灰石矿体，其中接触交代矽卡岩型硅灰石矿体为蒙山地区首次发现的新类型硅灰石矿体（图 2.2.2），并共伴生锡、铜矿体。深

化了区域成矿规律的认识，拓展了江西硅灰石矿的找矿空间，为今后的找矿新突破明确了找矿思路和找矿方向。

（4）成果应用显著

应用“石竹山式”找矿模式，在蒙山地区新探获新余市渝水区石山-上高县摇篮窝超大型硅灰石矿和上高县院坑-新余市渝水区新村大型硅灰石矿、透辉石矿。

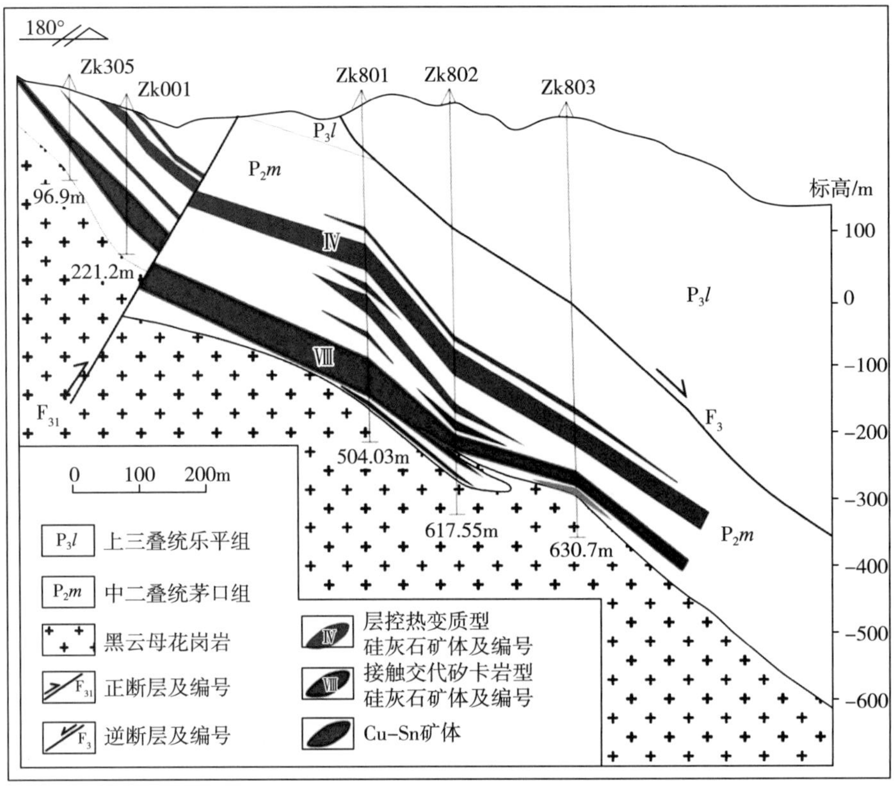

图 2.2.2 石竹山矿区 8 号勘探线剖面图

（5）社会经济效益大

初步估算石竹山硅灰石矿潜在经济价值超百亿元，硅灰石矿的开发在新余市已有较好基础，南方硅灰石有限公司已形成 5 大系列产品，其中 4000～6000 目超细粉项目正在建设中，投产后超细粉产品将填补国内空白并达到国际领先水平。

石竹山世界最大硅灰石矿及周边大型-超大型硅灰石矿的发现，巩固了新余“矿业立市”资源优势地位，新余市政府以硅灰石资源优势和科技创新产品研发基地为依托，进行硅灰石产业链专项规划，为新余市建设以硅灰石为原料的新型产业集群，促进新余市高质量跨越式发展，实现绿色崛起提供资源保障。

2.2.4 本节小结

本项目厘定了石竹山硅灰石矿床类型为热变质型与接触交代型矽卡岩型硅灰石矿，创建了“岩体+碳酸盐岩+伸展滑脱断裂+盖层（炭质泥岩屏蔽）”的找矿模式，发现了规模大、延伸稳定、厚度大、品位高的优质硅灰石矿。经原江西省国土资源厅储量评审备案（赣国土资储备〔2018〕12 号），石竹山矿区 333+334 类硅灰石矿石量 11033×10^4t、矿物量 6955×10^4t（相当 69.5 个大型）、硅灰石平均含量 63.04%；其中，333 类矿石量 5556×10^4t，矿物量 3561×10^4t，平均品位 64.09%。

石竹山硅灰石矿的发现，刷新了世界硅灰石矿床资源量规模纪录，改变了中国乃至世界硅灰石矿资源分布格局。矿床的发现为新余市硅灰石产业的发展提供了资源保障，具有巨大的社会经济效益。成果应用效益显著，运用“石竹山式”成矿模式在蒙山岩体的东部和北部地区开展硅灰石、透辉石找矿工作，新探获了江西省新余市渝水区石山-上高县摇篮窝超大型硅灰石矿和江西省上高县院坑-新余市渝水区新村大型硅灰石矿、透辉石矿。

2.3　库车坳陷新区地质创新认识、关键技术与天然气重大发现

2.3.1　项目背景

秋里塔格构造带位于库车前陆盆地冲断带与前缘隆起带交汇部位，东西长 300km，南北宽 10～25km，勘探面积 5200km^2，是“十二五、十三五”塔里木盆地天然气增储上产的重要新区新领域（谢会文等，2020）。第三次全国油气资源评价揭示，研究区天然气资源量 14286×10^{8}m^3，石油 2.83×10^{8}t。截至 2014 年 3 月，探明率不足 10%，持续勘探研究近 30 年没有取得重大油气发现。工区内二维地震测网密度为 1km×2km～4km×8km，三维地震面积为 1300km^2，每百平方千米钻井数不足 0.2 口。

前期勘探重点集中于西秋里塔格构造带，完钻的秋参 1、西秋 1、秋探 1、佳木 1 井相继失利。通过对秋里塔格构造带东西各段进行整体对比，认为东秋里塔格构造带发育古近系—白垩系优质区域储盖组合，处于油气运聚的指向区，成藏条件十分有利，油气勘探地质条件更为优越（史超群等，2020）。后经反复论证，决定将研究重心从西秋里塔格构造带转移到东秋里塔格构造带上来。经系统梳理后发现，秋里塔格构造带白垩系油气勘探面临 3 个关键性问题：构造特征及变形样式不清楚、储层成因及发育特征不明确、油气成藏模式及富集规律不深入，急需突破原有理论认识，研发关键技术，以期获得重大突破。

该项目由中国石油天然气股份有限公司勘探开发研究院承担，先后依托中国石油天然气股份公司重大科技项目《塔里木盆地库车坳陷成藏条件与有利目标评价》（2013—2018 年），《塔里木盆地库车坳陷中生界沉积储层研究及有利区带评价》（2012—2015 年）、《塔里木盆地重点领域地质评价与目标研究》（2014—2015 年），国家油气重大专项《重点前陆冲断带储层改造机制及地质评价》（2016ZX05003—001）、《大型气田成藏机制、富集规律与勘探新领域》（2016ZX05007—003），针对塔里木盆地库车坳陷秋里塔格构造带油气成藏条件及有利目标，联合塔里木油田分公司、东方地球物理公司，历时 7 年开展地震处理解释、构造地质建模、沉积储层预测、成藏条件分析和有利目标优选等方面的攻关研究。

2.3.2　成果简介

《库车坳陷新区地质创新认识、关键技术与天然气重大发现》研究成果取得 3 项重要创新认识，研发 3 项关键技术，形成一批自有知识产权，在中国石油塔里木油田分公司得到成功应用，提出东秋 9（中秋 1）风险井位并获高产工业油气流，实现了秋里塔格构造带的重大战略突破，具有显著的经济和社会效益。

主要创新点有以下三个方面：

1）研发了叠前去噪、多种静校正互补、非对称走时叠前时间偏移 3 大特色技术，成功解决了二维地震老资料存在的信噪比低、自动剩余静校正效果差、偏移不到位等问题；提出古近系—新近系双盐滑脱构造样式新认识，发现中秋-东秋构造带叠瓦冲断叠置，首次建立了东秋 8 主断裂下盘构造模型，发育四种构造样式，其中中秋地区发育断层传播褶皱模式较为有利，明确了新的勘探方向，为选准目标奠定了基础；发表论文 5 篇。

2）研发了超深层砂岩储层性质沉积-构造-成岩一体化预测技术，基于原始沉积参数（粒度、分选、泥质含量和硅质颗粒含量）定储层基本孔隙度、构造挤压（最大古应力、裂缝孔隙度、裂

缝有效性）定储层构造挤压效应、成岩强度（溶蚀量、胶结物含量）定常见成岩效应，形成了超深层储层综合定量预测方法；构建了超深层盐滑脱弱构造挤压带优质储层成因模式，储层受膏盐岩滑脱弱构造挤压、长期浅埋弱埋藏压实控制，物性好，规模大，解决了超深层难以预测规模优质砂岩储层性质的关键问题；获授权发明专利7件，开发软件权3项，出版专著2部，发表论文11篇，制定企业标准1件。

3）研发了超深层油气源、油气性质及源储盖配置综合评价预测方法，明确了油气主要来源于下伏地层三叠系烃源岩，以凝析气藏为主，逆断层下盘断裂-膏盐岩配置封闭性好，保存条件优越；提出了中秋构造带发育双膏盐岩层垂向封盖、逆冲断裂纵向输导复合控藏新模式，落实了一批大型构造圈闭，优选有利圈闭面积300km^2；获授权发明专利9件，开发软件权2项，发表论文4篇。

上述成果共计获授权发明专利16件，软件著作权5件，出版专著2部，发表论文20篇（其中SCI和EI收录13篇），制定企业标准1件，已获中国石油天然气股份有限公司勘探发现特等奖、中国石油天然气股份有限公司勘探开发研究科技进步一等奖、中国石油天然气股份有限公司塔里木油田分公司科技进步特等奖。自2019年起，该项成果可实现年产天然气$12\times10^8m^3$，新增销售产值12亿元，新增利税3240万元，稳定高效开发10年。

2.3.3 详细内容

（1）地震处理技术攻关、构造建模及圈闭落实

库车坳陷秋里塔格构造带地震老资料亟须解决的难题是关键部位成像不清晰，具体原因为噪音干扰、静校正和偏移不到位。去噪问题采用的关键技术为叠前去噪技术，利用炮域、检波点域分别去噪，并且针对不同岩性去噪采用了不同参数。静校正问题集成了层析法、初至波剩余静校正、最大能量法剩余静校正、地表一致性剩余静校正等多种静校正互补技术，而偏移不到位问题则采用非对称走时（GPU）叠前时间偏移技术解决。2014年累计完成了秋里塔格构造带20条的二维地震测线叠前时间、深度偏移处理和精细解释工作，长度约935km，同时对东秋里塔格构造带二维地震数据进行重新处理，结合构造物理模拟和构造变形理论，证实主断裂下盘发育叠瓦冲断构造。

东秋8井区地表地质条件复杂，发育巨厚的古近系—新近系膏盐岩地层，使得二维地震资料品质、成像效果较差，构造圈闭难以落实。因此，为了进一步落实东秋8下盘构造圈闭特征，扩大油气勘探成果，在原有二维地震资料基础上，部署了东秋8三维地震。以地震剖面解释结果为基础，对三维研究区内的盐下层、盐层和盐上层构造特征进行了综合研究分类，分别建立了三者的构造地质模型。根据地质模型可以发现，该构造具有明显的“三位一体”的特征，即早期存在的古构造对后来的新地层起着重要的控制作用。深部大断裂发育的位置所对应的盐层也具有明显的增厚或者减薄现象，而盐层的薄厚又制约着地层的变形与滑脱作用，三者之间是一个密切联系的整体。本次三维地震解释，在东秋8井下盘，西南方向约13km处，新发现一个断层转折褶皱圈闭（9号圈闭）。东秋9号圈闭位于东秋8井西南部断裂下盘的第一排断片上，为一个断层夹持的短轴断背斜，地震剖面上南北倾显示清楚，尤其是北倾更清楚，东西倾比较清楚，圈闭面积为24km^2，圈闭幅度为325m，高点埋深-4550m（图2.3.1）。该构造圈闭聚集条件极为有利，若有良好的油气供给，就有可能成藏。研究成果直接提升了中秋-东秋地区的整体认识，推动中秋1（即东秋9圈闭）风险探井的钻探实施。

（2）超深层规模优质储层成因模式及分布预测

前陆盆地储集层演化规律通常是指导油气勘探开发的重要依据之一，而影响碎屑岩储集层性质的因素很多，包括砂岩的原始沉积组构（如分选性、粒度、磨圆度、泥杂基含量、刚性颗粒含量等）、成岩作用强度（如埋深、热演化成熟度、胶结、溶蚀等）及构造逆冲挤压。在盆地勘探的早—中期阶段，这些参数往往不易获取，如果从动态模拟的角度考虑，则缺乏必要的、足够的资

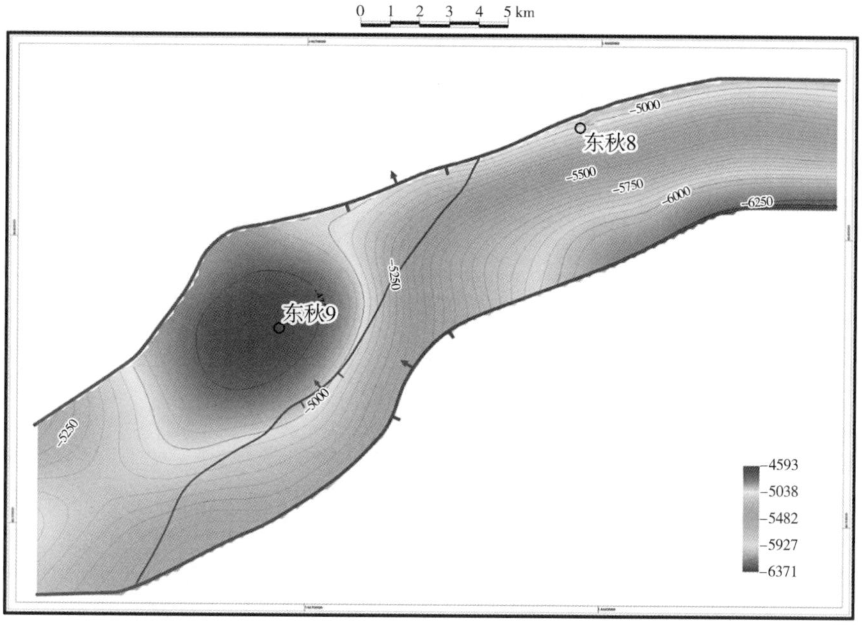

图 2.3.1　东秋 8 下盘东秋 9 号圈闭白垩系顶面构造图

料。利用已知的储集层地质参数建立孔隙度的数学预测模型，如孔隙度和分选性、颗粒大小及成分之间的相关模型，孔隙度-深度相关模型等，这些模型能够反映研究区内物性变化的规律，以区别于其他具有不同地质条件的地区和含油气盆地，达到对未知地区进行预测的目的。基于上述考虑，以塔里木盆地库车坳陷白垩系巴什基奇克组储集层为例，利用岩心、测井、化验分析及微观薄片鉴定资料，构建了沉积、成岩与构造一体化的孔隙度预测模型，探索出一种预测前陆盆地（尤其是低密度钻井区）残余原生孔隙型储集层孔隙度的新方法：通过分析孔隙度与砂岩原始沉积组构、埋深、热演化成熟度及古构造挤压力的关系，建立最佳的综合数学模型，预测砂岩储集层孔隙度随沉积环境、成岩演化及构造挤压变化的变化规律。储层孔隙度的计算公式为：

$$\varphi_C = \varphi_0 - j\Delta\varphi_B - k\varphi_T$$

式中：$\Delta\varphi_B=\varphi_0-\varphi_B$；$\varphi_C$ 表示目标储层的预测孔隙度；φ_0 表示原始沉积体的砂岩孔隙度；$\Delta\varphi_B$ 表示埋深作用下目标储层的孔隙度减孔量；φ_T 表示构造作用下目标储层的孔隙度减孔量；j 表示埋深作用下的减孔系数；k 表示构造作用下的减孔系数。

与东部断陷-坳陷盆地高地温背景下砂岩致密化机理（强热压实、强胶结、高黏土矿物）不同，库车前陆冲断带超深层有效储层历经早期长期浅埋藏、中—晚期膏盐岩顶篷构造及异常高压流体减缓垂向埋藏热压实、晚期构造侧向挤压、多期溶蚀增孔作用，形成基质孔隙与缝网体系共同发育的储集及渗流空间。其中，顶篷构造、多期溶蚀作用及构造挤压具有其独特性，是形成有效储层的关键因素，也是天然气储层大面积发育的核心动力地质背景。研究表明，库车前陆冲断带超深层白垩系规模有效储层展布主要受控于微相岩相、表生溶蚀及构造挤压作用。白垩系沉积时，天山造山带已经隆升，来自南天山的河流携带了大量的碎屑物质向南出山口以后，由于地势变缓，水体能量减弱，碎屑物质得以大量沉积并快速入湖，由北向南沉积相总体表现为冲积扇、扇三角洲或辫状河-辫状河三角洲沉积体系，其中研究区以辫状河（扇）三角洲前缘水下分流河道微相砂体为主体，占砂岩总厚度的 70%以上，达 200~260m。砂岩硅质碎屑含量高、分选磨圆好，储层原始孔隙度高。其后，储层经历了早中期长期浅埋、晚期快速深埋的特殊埋藏演化过程。在长期浅埋阶段（130~20Ma），储层埋深始终处于 2000m 以内，表生溶蚀作用及弱埋藏压实保留大量原生孔隙；中晚期埋藏阶段（20~5Ma）构造挤压形成膏盐岩顶篷构造，之下形成可容空间，产生垂向弱压实区，基质孔隙得到持续保护；在晚期快速深埋阶段（5~0Ma），盐下侧向构造挤压应力（70~

90MPa）在顶篷构造之下集中释放。强构造挤压应力一方面以成排成带逆冲背斜、断块构造的形成而消散，另一方面以砂岩内部构造成岩效应而消散。库车坳陷克拉苏冲断带深层白垩系巴什基奇克组储层类型自西向东变化较明显，博孜地区以残余原生粒间孔隙型储层为主，大北-克深地区以裂缝-孔隙型储层为主，秋里塔格构造带以残余粒间孔型储层为主（图 2.3.2）。平面上，白垩系巴什基奇克组储层孔隙度分布区间为 3%～15%，有效厚度为 40～250m，其中克拉苏构造带储层孔隙度为 3%～10%，有效储层厚度为 40～200m，秋里塔格构造带储层孔隙度为 8%～15%，有效储层厚度为 150～240m（图 2.3.3）。

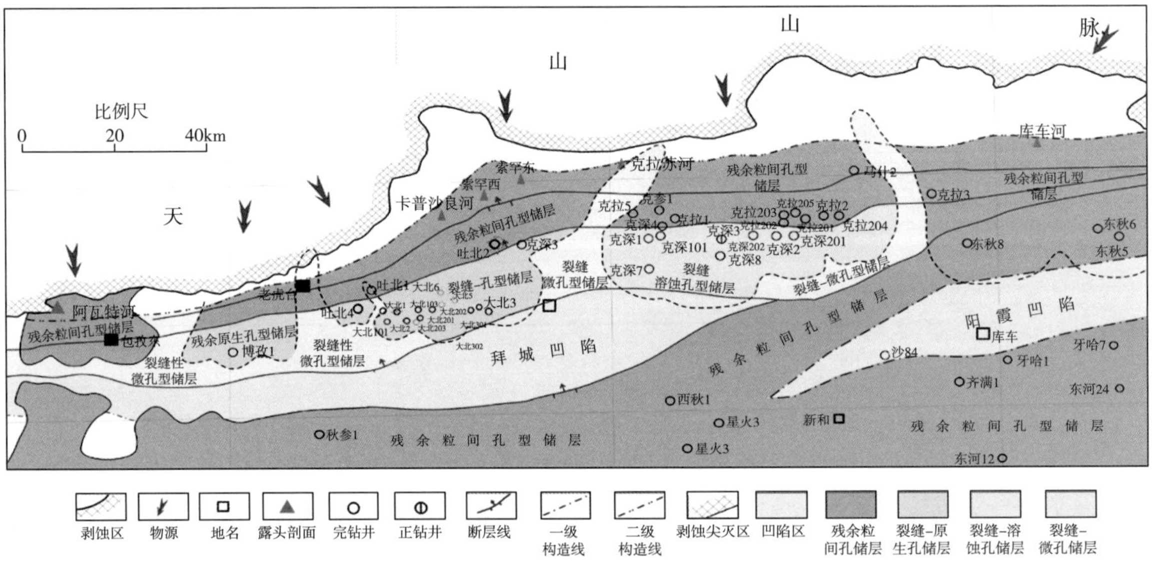

图 2.3.2　库车坳陷中部白垩系巴什基奇克组主要储层类型分布图

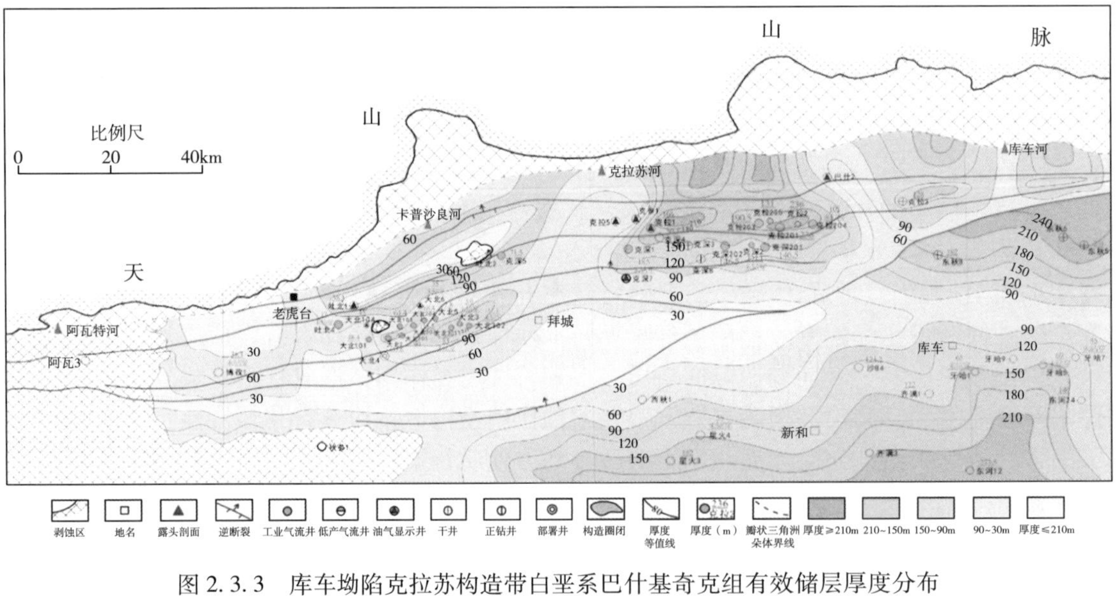

图 2.3.3　库车坳陷克拉苏构造带白垩系巴什基奇克组有效储层厚度分布

（3）源储盖空间配置、圈闭形成及油气成藏模式

秋里塔格构造带毗邻库车坳陷三叠系、侏罗系两套烃源岩生烃中心，源岩厚度达 480～1040m，分布面积为 $14\times10^3km^2$，有机质含量平均为 1.63%～3.78%，成熟度 R_o 大于 1.6%，最大生气强度（350～400）$\times10^8m^3/km^2$，最大生油强度（160～200）$\times10^4t/km^2$，为油气的持续充注成藏奠定了物质基础。区域上主要存在两套储盖组合，一套是古近系库姆格列木群砂岩与中新统吉迪克组膏盐岩

构成的储盖组合，另一套为白垩系巴什基奇克组砂岩与上覆古近系膏盐岩构成的储盖组合。其中，白垩系巴什基奇克组以细砂岩为主，砂体呈由北向南的朵体状展布，纵向叠置，横向连片分布，平均孔隙度为 8%~14%，厚度大，储集性能好；上覆盖层为古近系库姆格列木群膏盐岩，分布面积 $12\times10^3 km^2$，厚度最大达 4200m，封盖能力强，是一套区域性的优质盖层，进而构成区域性优质储盖组合，是库车坳陷同时也是秋里塔格构造带形成大型油气田的重要条件。受前中生代古隆起、膏盐岩、冲断变形的影响，秋里塔格构造带垂向上具有明显的分层变形特征，盐上发生整体构造变形，发育大型褶皱，出露至地表。中秋-东秋两段位于古隆起以北，发育逆冲叠瓦冲断构造，属于克拉苏冲断东延部分，发育多排断裂及逆冲断片。盐下构造差异决定了圈闭类型不同，西秋-佳木段发育断鼻、断块圈闭群和地层、岩性圈闭，东秋-中秋段发育大型背斜、断背斜构造。研究表明，秋里塔格构造带油气来源于库车坳陷侏罗系、三叠系两套主力烃源岩，区域北倾逆冲深大断裂均切穿三叠系、侏罗系、白垩系构成油气运聚的主要通道，圈闭在康村组沉积期基本形成雏形，西域期定型，与烃源岩大规模生排烃期同步。因此，油气运聚与构造形成时空关系匹配良好，利于在东秋 9 圈闭中高效聚集成藏（图 2.3.4）。

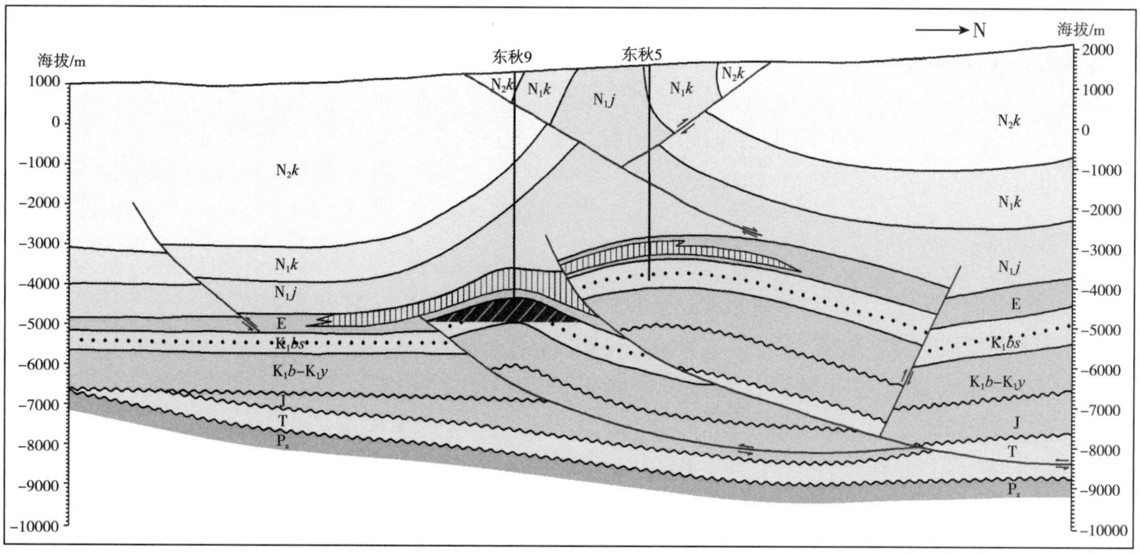

图 2.3.4 库车坳陷秋里塔格构造带东秋 9 圈闭预测油气藏剖面图

2.3.4 本节小结

研究成果针对秋里塔格构造带白垩系油气勘探如何实现重大突破开展了多年研发和持续攻关，在盐下断裂特征与构造样式、超深层优质储层成因及分布模式、油气成藏模式及富集规律等三方面取得大量创新性进展，科技查新表明上述成果认识在国内外相关文献中属首次公布，成功指导了中秋 1 论证部署、钻探突破及秋里塔格构造带整体加快勘探，获近十年中国石油风险勘探重大油气突破，新发现一个千亿方油气藏，在塔里木油田公司勘探实践中也取得了巨大经济实效。该项研究成果和技术对油气行业降低高风险区勘探风险，实施油气精细勘探、高效勘探起到重要的推动作用：一是思路的转变，依靠新思想构建新模式，依托老资料新处理寻找构造新样式，推动新三维地震资料的部署和圈闭落实；二是技术的进步，首次集成了超深层储层性质的综合定量预测方法体系，形成了超深流体性质和来源的预测方法；三是认识的深入，填补了行业在复杂逆冲推覆断裂带的构造-储层地质理论空白，提升了对超深层油气成藏条件综合认识的技术含量。以戴金星院士为组长的鉴定委员会认为该成果总体达到国际先进水平，其中盐下复杂冲断构造建模技术达到国际领先水平，建议加速成果的推广应用。

2.4 “三气”储层构造解释及地质统计学反演原理和技术研究

2.4.1 项目背景

淮南矿区煤炭开采地质条件复杂，现有生产矿井均为高瓦斯和煤与瓦斯突出矿井。瓦斯抽采、排风和煤与瓦斯共采等技术，一直作为淮南矿区保障煤矿生产安全的必要措施，并能在一定程度上对煤层气进行开发利用。为进一步推进煤层气这种清洁、高效能源的利用规模，国务院强调对有条件的矿区应推进大规模煤层气开发的力度，达到变害为宝、保障煤矿的安全生产，改善能源结构和保护环境，并切实提升煤炭生产经济效益的目的（白优，2016）。但大规模煤层气开发在勘探和生产的各环节仍面临诸多技术挑战，尤其是基于地震勘探技术的煤层气储层预测，和传统的煤层及井田构造勘探相比在资料处理方法、井震标定、正反演过程、属性分析和裂缝分析以及应力预测等方面具有极大的不同（王刚等，2020）。因此，利用叠前、叠后联合反演技术加强煤层气储层预测、烃类检测研究、裂缝研究，对现阶段煤层气的开发可以提供有力的技术保障，并对淮南矿区未来煤层气的大规模生产具有重大支撑意义。

因此，本研究通过对淮南张集矿西三采区的三维地震区块（5.98 km^2）开展煤层气储层叠前叠后联合反演、针对薄煤层的叠后地质统计学反演、烃类检测以及裂缝预测，明确有利储层发育区，寻找煤层气“甜点”，总结煤层气有利目标的优选方法，为煤层气地质储量和井位部署提供技术支撑。

2.4.2 成果简介

本研究针对“三气”储层构造解释及地质统计学反演存在的难点和技术挑战，开展了煤层气储层相关岩石物理建模参数、地震多属性构造分析方法、储层断裂发育规律、储层地质建模技术、煤层气 AVO 特征和煤层气含量影响参数等方面的研究。本研究是建立在国家自然科学基金、淮南矿业集团直管科研项目的支持下，针对张集煤矿西三采区三维地震区块的地质、钻探、地震、测井等方面的勘探及生产资料情况，在岩石物理分析及 CRP 道集优化处理的基础上，开展了井震精细标定、地震正演及 AVO 属性分析，研究了储层、流体等井震响应关系，分析了煤层气储层断裂与煤层气分布的规律，通过建立高分辨率地质模型，研究并优化了反演参数，开展了“叠前-叠后高精度联合反演”，分析并总结煤层气烃类检测方法，提出了煤层气储层发育有利区预测方法，在此基础上进行多要素综合评价，优选各关键要素，确定了有利区域的“甜点区”。该研究进一步揭示了煤层气储层弹性和参数之间的关系，提出了煤层气多要素综合预测的方法，为井位部署和煤层气的高效开发提供技术支撑。本研究主要包括以下内容和特点。

（1）煤层气储、储层测井岩石物理分析

利用岩石物理分析，对矿区现有的测井数据进行了环境校正，通过岩石物理建模建立了储层弹性与岩性、物性等参数的关系。

（2）煤层气储层 AVO 烃类检测

通过叠前道集正演研究，针对煤层气进行 AVO 特征与地震响应关系研究，优选合理的反演参数，对研究区进行了 AVO 烃类检测。

（3）煤层气储层特征及烃类分布规律分析

针对煤层气储层，优选有效反演方法对满覆盖面积为 5.98 km^2 的研究区，进行叠前叠后联合反演，并结合岩相流体分析的方法，预测了煤层气储层特征及烃类分布规律。

（4）煤层气储层构造精细解释

针对地层裂缝体系，利用包括加强型相干及曲率等裂缝预测属性进行裂缝的定性预测方法，分析了研究区煤层气储层破碎带分布情况。结合高精度的叠前统计学反演弹性参数预测成果，分析了煤层及顶底板的脆性指数。

（5）煤层气储层评价要素分析

在包括煤层顶底板在内的煤层气地层精细解释基础上，研究了煤层气储层的岩性、煤层厚度、含气性、脆性指数等重要参数，揭示了煤层气含量和储层参数的关系。

（6）煤层气分布“甜点”综合预测

在综合分析的基础上，与未来开展施工的西三采区地面瓦斯抽采孔进行交互验证，根据现有叠前反演成果及 AVO 属性等预测结果，对有利煤层气储层的分布开展空间刻画，落实煤层气地层有利目标，圈定了煤层气分布“甜点”。

研究成果发表论文 7 篇，其中 SCI 或者 EI 检索 6 篇。获得授权发明专利 4 项。项目成果和成功经验已应用到淮南矿业集团张集煤矿，社会经济效益显著，其中，2018 年至 2020 年，为张集煤矿取得经济效益约 2540 万元。

2.4.3　详细内容

本项目针对张集煤矿西三采区三维地震区块的地质、钻探、地震、测井等方面的勘探及生产资料，在岩石物理分析及 CRP 道集优化处理的基础上，开展井震精细标定、地震正演及 AVO 属性分析，达到破碎带预测，落实储层、流体等井震响应关系的目标。通过建立高分辨率地质模型，研究并优化反演参数，开展“叠前-叠后高精度联合反演”，发掘煤层气储层发育区，分析并总结煤层气烃类检测方法，在此基础上进行多要素综合评价，优选各关键要素均为有利的区域确定为“甜点区”，为井位部署和煤层气的高效开发提供技术支撑。总结有如下创新点和关键技术。

（1）创新点

1）基于岩石物理模型和叠前统计学反演方法，预测了煤层气储层弹性参数，揭示了煤层气储层弹性与和岩性、物性、含气性、脆性的关系。

2）基于煤层顶底板在内的煤层气地层精细解释成果，研究了煤层气储层的含气性、煤厚、脆性指数、裂缝和含气富集区、构造、地层高分辨率地质模型等评价要素，确定了各要素在煤层气有利区域中的评价原则。

3）基于地震多属性解释、AVO 烃类检测和叠前地质统计学反演成果，综合预测了煤层气储层破碎带（裂隙、裂缝和断层）分布情况，揭示了煤层气的分布规律，明确了煤层气烃类的分布特征和煤层气地层有利目标，圈定了煤层气“甜点”区域，形成了煤层气储层预测的技术流程。

（2）关键技术

1）测井岩石物理分析。煤层是煤层气产出和储存的场所，煤储层及其围岩的地球物理性质既是选择最佳煤层气综合测井方法的依据，也是正确进行煤层气储层地球物理测井资料处理与解释的基础。由于煤层成分的特殊性，其在测井曲线上的特征响应一般为：低密度、低自然伽马、中子补偿孔隙度高、声波时差值高、电阻率值高等。常规测井评价关注深度域精细的储层岩性、物性、含油性特征，面向定量地震解释测井评价关注深度域和时间域储层及非储层特征，成果需符合储量计算和岩石物理建模要求。但针对现有的测井资料存在着储层未解释总孔隙度；泥岩矿物组、泥岩孔隙度、页岩气储层 TOC 有机碳含量未解释等问题，需要对其进行岩石物理建模，重建规律性强、质量可靠的横波曲线，满足叠前反演及岩石物理规律分析要求。本研究首先选择资料较齐全的测井作为标准井，基于地层岩性致密，没有明显变化特点，采用模式匹配的方法，对密度、声波资料较齐全的其他井的自然伽马、声波、密度等曲线进行一致性检查和校正处理。校正前后对比结果如图 2.4.1 所示，经过优化后，各测井的测井曲线一致性得到明显的改善。

2）煤层构造精细解释技术。本研究采用地震剖面解释和地震多属性分析的方法对研究区的构造进行精细解释。地震剖面解释中利用单井和多井联合标定技术，建立煤系地层与地震反射层的对

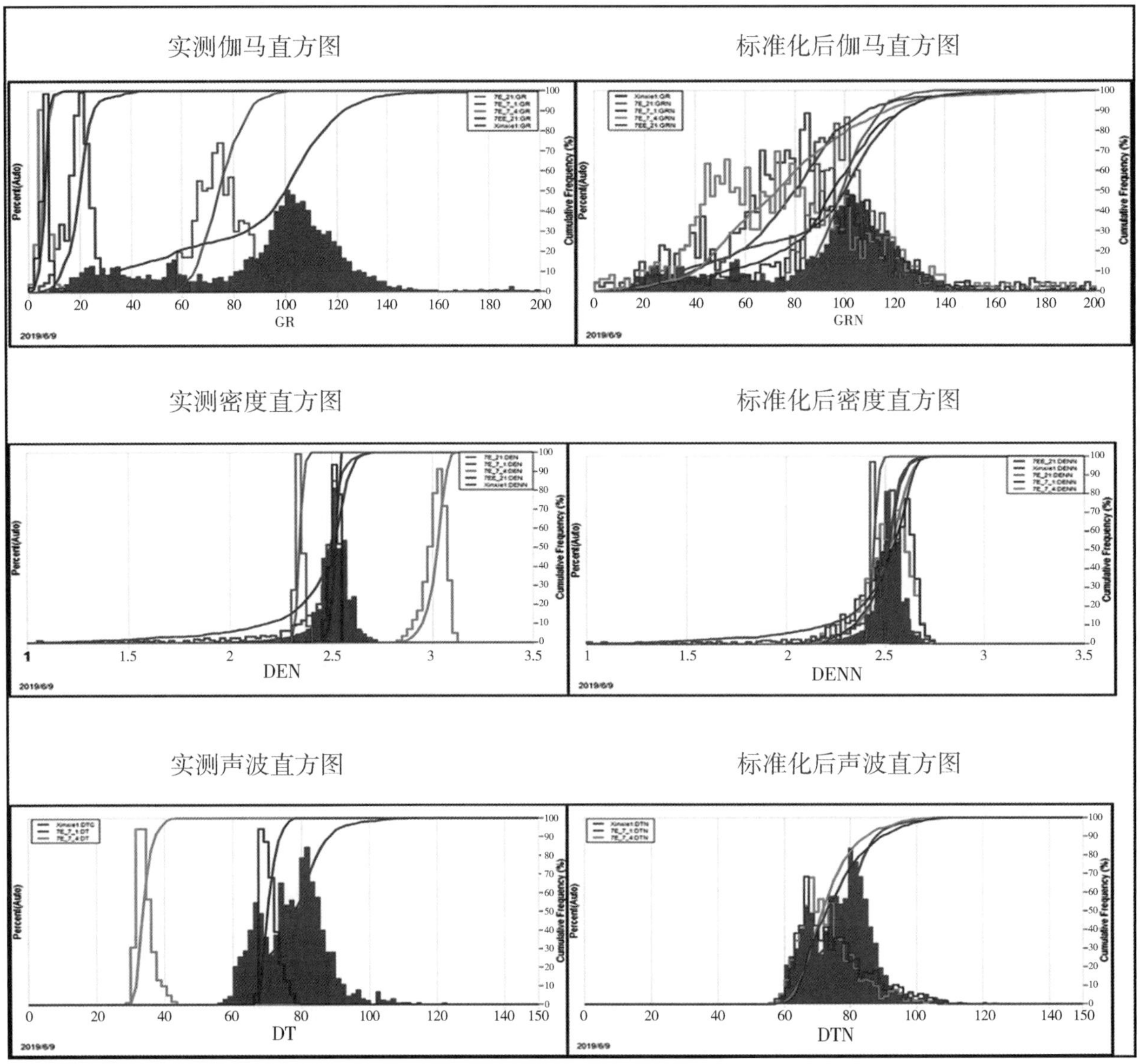

图 2.4.1　测井曲线标准化前后对比

比关系，为进一步的解释工作奠定了坚实的基础。在层位标定的基础上，根据张集三维区地质特点，区域构造解释选取目前最新的立体构造解释方法——断层展布法。研究过程中，通过各类属性对比发现权重最高的属性就是相干属性和曲率属性，这两个属性在定性获取易破碎带或者裂缝区具有一定优势，可以较为客观地展布破碎带的分布范围。当脆性岩石弯曲时会产生裂缝，开启性裂缝与不同曲率测量值间的相应关系却是非常复杂的，它们之间的关系与岩石的岩性、岩石中原来存在的断层和裂缝、古应力状况，孔隙压力和当前的应力状况等因素有关。地震数据衍生的曲率（或者曲率体）图是展示当前地下构造的一种精确图件。线性增强相干体反映的是一定时窗范围内波形的相似程度。地层横向连续或地层岩性变化较小区域的波形变化不大，相干性强；在地层发生断裂或岩性边界附近，波形差异明显，相干性变差，不连续性增强。基于体曲率与线性增强相干方法技术，综合利用线性增强相干体、曲率体结合构造地质构造特点开展研究区构造及破碎带分析，同时可利用探地雷达工作面内滚动探测更高精度预测的构造位置结果，对地震解释成果进行验证及校正，获取更加精确的构造解释成果，为煤层气“甜点”预测提供重要的参考依据。图 2.4.2 显示的是构造精细解释的过程。

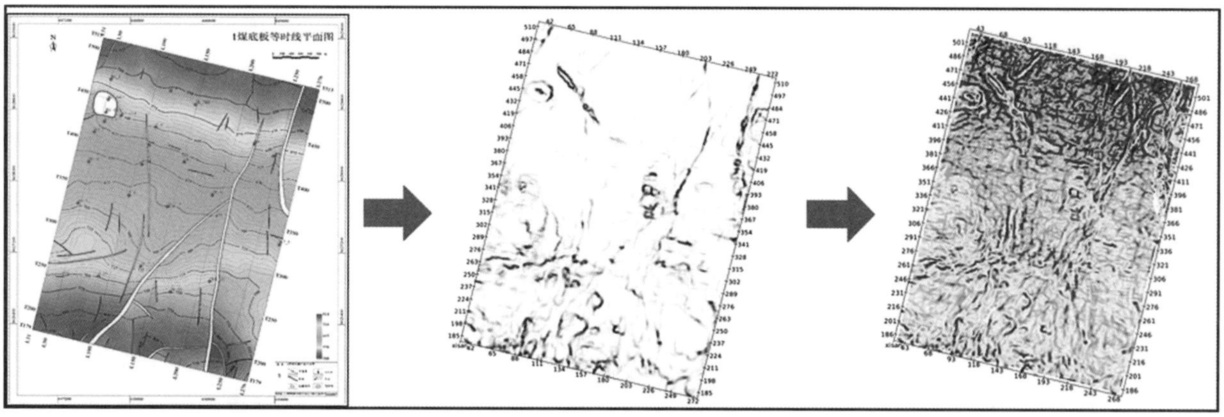

图 2.4.2 断裂系统逐步解释图

3）高分辨率地质统计学反演技术。基于地质统计学反演原理，充分应用测井资料、地质统计资料，在很好地与地震资料匹配基础上，生成横向上连续的高分辨率阻抗模型和岩性体。解决低于地震分辨率的薄层问题以及单地震属性叠置的岩性多解性问题。通过对目标煤层的地震层位追踪获取煤层层位的位置学习，结合已知的钻孔的岩性信息统计结果，构建精细地质框架模型。综合测井、三维地震等信息分析地质统计学反演参数（概率密度函数和变差函数等），最后采用马尔科夫链蒙特卡洛算法同时生成高分辨率的岩石弹性参数体，并通过合成地震记录来控制单个岩相实现是否符合实际的地震数据。这个工作流程在整个三维数据体内进行迭代，其中马尔科夫链-蒙特卡洛算法的应用保证了模型每个网格节点的扰动是随机的，而模型和地震数据的匹配是全局优化的。与常规的地震反演相比，常规方法无法精确预测煤层以及煤层顶底板岩性，预测的结果仅仅是反映顶底板及煤层的综合地震响应，其分辨能力远低于煤层开采的需要；精细薄煤层反演的煤层分辨能力可以达到 1m 左右，可以有效解决煤层厚度以及顶底板岩性的预测问题，一定程度上还可以对煤层内部夹矸的分布进行预测（图 2.4.3）。

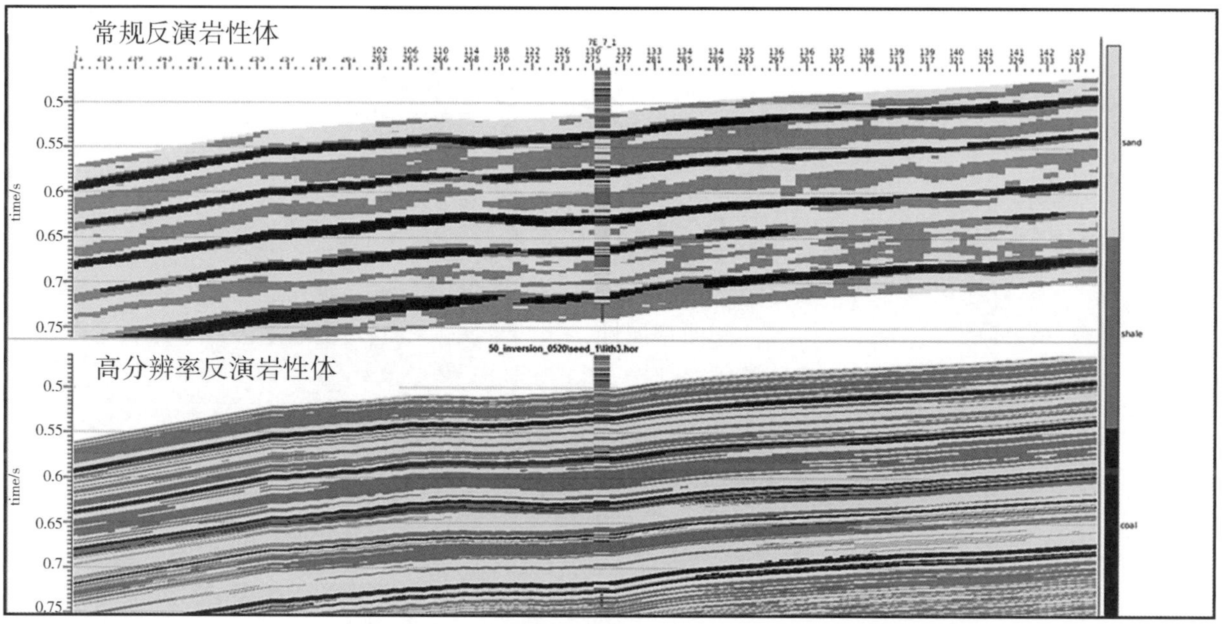

图 2.4.3 常规煤层预测反演与高精度煤层预测反演对比图

4）AVO 烃类检测技术。AVO 响应受储层的纵、横波速度及密度的影响，煤层气的含量影响到煤储层的纵、横波速度及密度。煤层气含量影响因素主要与自身因素（煤阶、煤级、煤组分）、外界条件（埋深、温度、压力、构造、水文）有关。在外界条件一致下，煤层气含量主要与自身因素有关。煤阶一样，煤级越低，灰分越多，灰分影响煤的密度，越多其密度越高。同时灰分越多，减少了储层内表面积，降低了煤的吸附能力，导致含气量降低。因而含气量越低，密度越大。本研究基于研究区地质资料，采用正演的方法先后研究了 AVO 属性与储层不同含量、不同含气储层之间的关系，基于 AVO 分析对 AVO 属性异常区域进行了划分，确定煤层气有利区的划分依据，为后续煤层气“甜点”预测提供参考依据。

5）煤层气“甜点”综合预测。针对上述煤层气影响因素和已有的岩石物理分析成果，本研究对煤层气储层的岩性、煤层厚度、含气性、脆性指数等重要参数进行了反演研究，获取煤层气含量与各参数之间的影响程度，再基于地质统计学反演的高精度煤层厚度、顶底板岩性预测成果，以及 AVO 属性煤层气有利区预测成果，分析各参数在煤层气“甜点”预测的优选程度，采用定性-定量的研究体系进行有利甜点目标圈定，达到综合预测煤层气储层的目的（图 2.4.4、图 2.4.5）。

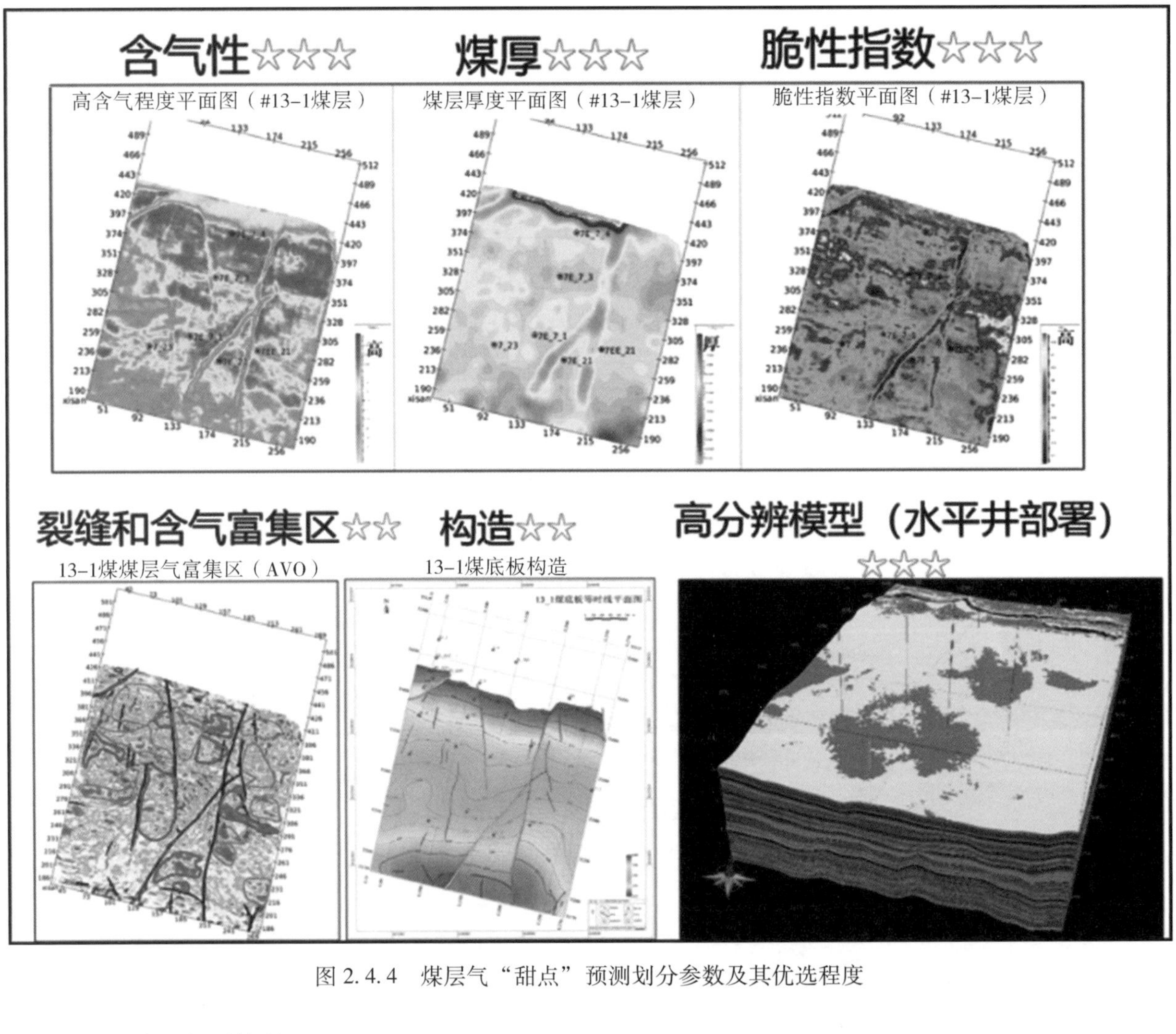

图 2.4.4　煤层气“甜点”预测划分参数及其优选程度

（3）项目应用情况

本研究成果采用了岩石物理建模，建立了储层及流体岩石物理模型。针对煤层气储层条件，对地震道集数据、部分叠加技术参数和流程进行了优化，结合 AVO 正演研究，形成了一套利用 AVO 烃类检测技术预测煤层气储层的目标方法。同时，运用叠前、叠后联合反演结合岩相流体分析的方法，对煤层气储层特征及烃类分布规律进行了预测，并利用包括加强型相干及曲率等裂缝预测属性进行裂缝的定性解释，进而分析和预测了研究区的破碎带分布情况。通过包括煤层顶底板在内的煤层气地层精细解释，研究了煤层气储层的评价要素，并在综合分析的基础上，根据现有叠前反演成果及 AVO 属性等预测结果，对有利煤层气储层的分布开展空间刻画，落实了煤层气地层有利目标。最终通过煤层气储层综合分析研究，圈定了煤层气分布“甜点”。为煤层气的精确预测和未来煤层气开采的井位部署提供了参考依据，同时降低了煤层气的预测、开发、利用成本，能够产生较大的经济、社会和安全效益，产生效益约 2000 万元，经济与社会效益显著。

通过与采区内钻井、测井等成果资料对比、分析，具有较高的吻合性，根据验证和应用情况表明：本次研究成果在张集矿区取得了理想的应用效果，建议广泛推广应用。

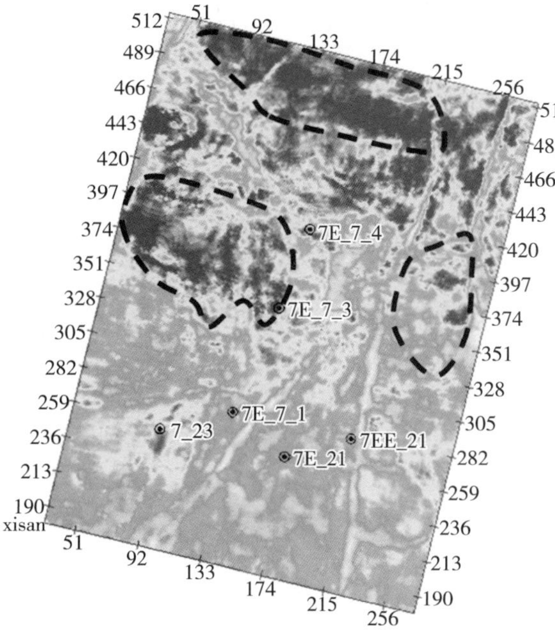

图 2.4.5　研究区 1#煤层气甜点区域预测结果（黑色虚线圈定区域）

2.4.4　本节小结

该研究以张集煤矿西三采区三维地震区块（5.98 km²）的地质、钻探、地震、测井等方面的勘探及生产资料为基础，以岩石物理、地震多属性构造解释、地震正演及 AVO 属性分析、叠前地震地质统计学反演技术探明了煤层气储层破碎带分布情况，预测了煤层气储层弹性参数，揭示了储层弹性和岩性、物性、含气性、脆性等关系，发掘煤层气储层发育区，分析并总结煤层气烃类检测方法，在此基础上进行多要素综合评价，优选各关键要素均为有利的区域确定为“甜点区”，形成了煤矿区煤层气预测评价方法，从而对煤成气开发的井位部署进行支持和建议。

研究成果对于矿区煤层气的预测，明确了煤层气烃类的分布特征，揭示了煤层气分布与储层属性、参数、构造等多要素之间的关系，提高了煤层气预测的精度，为未来煤层气开采提供了井位钻探依据，对提高矿井的经济效益，保障安全生产，具有重要的现实意义和较高的理论价值，具有良好的推广应用前景。

2.5　真三轴不同层理含瓦斯煤体渗流特性及现场应用

2.5.1　项目背景

煤炭是我国的主要能源，虽然目前一次性能源结构进行了调整，但煤炭仍然占一次性能源的 70%以上。根据国家发改委能源所预测，直到 2020 年我国的发展能源战略将仍然以煤炭为主体（王双明，2020）。近十年来，随着经济的快速增长，煤炭的需求量也增长迅速，2003—2016 年我国煤炭产量由 16×10^8t 增加到 33.6×10^8t，煤炭的年产量增加了 110%。

随着煤矿开采深度和开采规模的不断增加，煤层瓦斯含量和压力都呈明显增大趋势，导致矿井瓦斯排放量也迅速增加（宋志波，2020）。根据有关部门统计，我国矿井瓦斯排放量占世界瓦斯排放总量的 30%，我国每年煤矿排放到大气中的瓦斯量达 194×10^8 m³，排放的大量瓦斯造成了严重的环境污染。如果可以对煤层中的瓦斯进行有效的抽采并进一步加以利用，既可以降低煤矿瓦斯灾害，降低煤层瓦斯含量和压力，也可以“变害为宝”，真正实现环境保护、安全生产和新能源供应的煤炭工业良性循环可持续健康发展（熊鹏辉等，2017）。煤是一种具有孔隙介质系统、煤基质中的微孔系统和裂隙系统组成的孔隙-裂隙双重介质，煤层瓦斯运移具有多尺度特性，即瓦斯在煤孔隙裂隙系统中发生渗流，也可以在煤基质微孔系统中发生吸附解吸（张翔，2020）。

煤和煤体中瓦斯之间具有复杂的耦合关系，一方面煤体瓦斯压力的下降会引起有效应力的增加，进而引起煤体变形，导致煤体渗流能力的降低，相反，瓦斯压力的增加会引起有效应力的降低，使煤体更易于破坏，同时也消弱了煤的强度，最终导致突出灾害的发生；另一方面瓦斯解吸使煤基质收缩变形导致煤体渗流能力增加，相反，瓦斯吸附使煤基质膨胀导致煤体渗流能力降低，瓦斯吸附会在煤体原生或次生裂纹尖端产生附加拉应力，使煤层的应力分布更不均匀，更容易破坏，而煤矿开采过程中的煤体变形和瓦斯流动均是在流固耦合作用影响下进行的（王亮等，2020）。

由于受载煤体的三向应力受到煤层赋存情况、煤层倾角等地质条件，以及构造运动等力学扰动的影响而有明显差别，所处的应力条件一般为三向不等压状态。另外，瓦斯抽采、煤层开挖等采动行为也会使应力重新分布导致局部应力集中，其应力环境同样为三向不等压状态，即真三轴应力状态（最大主应力 σ_1>中间主应力 σ_2>最小主应力 σ_3）。而载荷煤体的渗流试验通常采用单轴（$\sigma_1>\sigma_2=\sigma_3=0$）或伪三轴（$\sigma_1>\sigma_2=\sigma_3$）进行，其实验环境属于简单应力状态，所反映的应力状态仅是实验受载煤体中的一个特例，这与现场实际情况是不符合的，大多数情况下，煤层中的瓦斯运移，以及煤体的破坏和变形，是在复杂应力条件下进行的（裴柏林等，2015；王鹏飞，2018）。

与此同时，由于我国成煤过程的不均匀性、煤体孔隙裂隙发育、煤体本身层理构造和煤体卸压程度的不同，直接影响着煤体力学变形特征，最终导致不同层理方向上煤体裂隙演化扩展特征和渗流特性有明显差别。目前，针对真三轴条件下不同层理构造（垂直、平行和斜交层理）对受载煤体渗流特性影响的研究迫在眉睫，尤其是不同载荷过程对受载煤体裂隙贯通变形机制和渗透率演化规律的影响也尚未清楚。

综上所述，开展真三轴条件下受载煤体渗流特性研究，建立真三轴条件下渗流特性与最大主应力、中间主应力、最小主应力、有效应力和不同层理构造之间的定性与定量关系，以及不同载荷过程的应力变化对煤体裂隙贯通变形机制的影响就自然地摆在科技工作者面前。

2.5.2 成果简介

本项目所属科学技术领域为矿井安全生产领域。该项目在真三轴不同层理含瓦斯煤体渗流特性及现场应用方面取得了较大突破，整体技术达到国际领先水平。项目取得的技术指标如下：提高本煤层顺层钻孔抽采率，有效预防煤与瓦斯突出事故的发生，自 2015 年 1 月起，进行基于真三轴不同层理受载煤体渗流特性的本煤层顺层抽采优化试验，结果表明顺层钻孔与层理面夹角对瓦斯抽采效果的影响比较明显，在钻孔布置工程量相同的前提下，抽采 180d 过程中斜交钻孔平均混合流量比平行钻孔大 3.0m^3/min，斜交钻孔平均瓦斯纯量比平行钻孔大 2.0m^3/min，斜交钻孔的瓦斯抽采效果明显好于平行钻孔，在煤层瓦斯抽采钻孔布置时应尽量使钻孔方向与层理面垂直，以期达到最佳的瓦斯抽采效果。项目在实施过程中，共出版专著 3 部，发表论文 27 篇（SCI/EI 检索 19 篇，CSCD 及核心 8 篇），授权发明专利 14 项，实用新型专利 4 项，另有 4 项发明专利处于实审中。

形成的研究成果通过在焦作、平顶山等矿区应用，在保障煤矿安全生产的前提下，本技术所产生的经济效益主要由提高煤层瓦斯抽采产量产生的利润、缩短钻孔抽采时间降低的成本和减少的防突成本三部分组成。项目提高了采掘出煤量，3 年内新增销售额 5652.98 万元，新增利润 1.6237 亿元，新增税收 2435.66 万元。研究成果的应用，有效保证了本煤层瓦斯抽采效果，消除了工作面突出危险性，防治工作面回采过程中瓦斯超限事故的发生，并且使瓦斯抽采最大化，促进了煤矿的绿色开采和环境保护，取得了显著的社会效益。

2.5.3 详细内容

项目采用理论分析、实验研究、模拟研究和现场应用相结合的研究方法，从细观微观角度分析煤体受载前后裂隙微观结构及不同层理煤样受力前后形态特性的差异，开展真三轴载荷含层理煤体的渗透率实验研究，构建真三轴条件下渗流特性与最大主应力、中间主应力、最小主应力、有效应力、不同层理构造之间的定性与定量关系，建立考虑 Klinkenberg 效应、瓦斯压力压缩变形、吸附膨胀和有效应力影响的真三轴载荷煤体渗透率动态演化模型及煤岩损伤与渗流耦合模型，并进行煤岩损伤与渗流特性的数值模拟及现场应用。

项目“真三轴不同层理含瓦斯煤体渗流特性及现场应用”的主要科技创新体现在取得三大理论突破、形成了一套关键技术工艺，解决了现场工程难题。

（1）理论突破之一

项目开展了真三轴载荷不同层理煤体的渗透率实验研究，构建真三轴条件下渗流特性与最大主应力、中间主应力、最小主应力、有效应力、不同层理构造之间的定性与定量关系。

不同层理煤样的渗透率随着应力的加载而变化，载荷的变化直接影响着煤样的渗透率大小。不同层理煤样均随着有效应力的增加而降低，且在有效应力加载的初期渗透率变化比较大，之后随着有效应力的增加变化逐渐缓慢，不同层理煤样的渗透率与有效应力之间呈指数函数关系，不同层理煤样渗流特性的试验结果与 Gash、日本学者的研究结果基本吻合。图 2. 5. 1 为不同层理煤样应力加载过程的渗透率变化规律。分析图 2. 5. 1 可知不同层理方向对煤样渗透率有重要的影响，垂直层理煤样加载初期的渗透率为 0. 0181mD，加载到末期煤样的渗透率降低到了 0. 00384mD，渗透率降低了 78. 9%；平行层理煤样加载初期的渗透率为 0. 1352mD，应力加载到末期煤样的渗透率降低到了 0. 00635mD，渗透率降低了 95. 3%，垂直层理煤样加载初期的渗透率仅为平行层理的 13. 5%；斜交层理煤样加载初期的渗透率为 0. 0822mD，加载末期煤样的渗透率降低到了 0. 00739mD，渗透

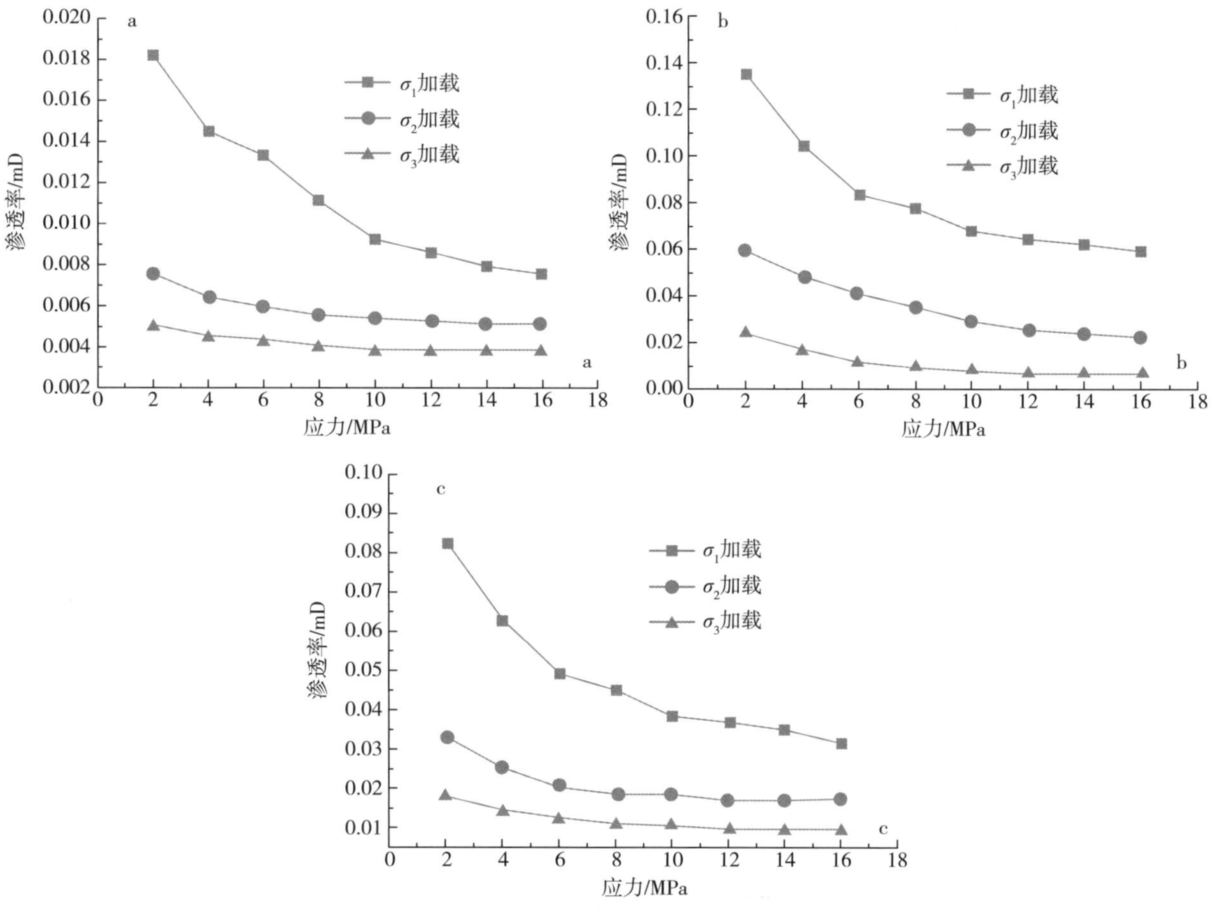

图 2. 5. 1　不同层理煤样应力加载过程的渗透率变化

a—垂直层理；b—平行层理；c—斜交层理

率降低了90.9%，垂直层理煤样加载初期的渗透率仅为斜交层理的22.2%，研究结果表明层理方向对煤样渗流特性有重要的影响，以往大多学者在进行渗透率试验时忽略层理的影响是不合理的。

不同层理煤样的渗透率与最大主应力、中间主应力和最小主应力均呈指数函数关系，在最大主应力加载初期垂直层理煤样的裂隙更容易压缩闭合，此阶段渗透率的降低幅度最大为74.1%，平行层理和斜交层理煤样渗透率的降低幅度分别为58.8%、67.4%；中间主应力加载阶段垂直、平行和斜交层理煤样渗透率降低幅度分别为16.9%、27.8%、21.3%；最小主应力加载阶段垂直层理煤样的渗透率降低幅度最小仅为9.0%，平行层理和斜交层理煤样渗透率的降低幅度分别为13.4%、11.3%。不同层理煤样最大主应力加载时，此阶段属于应力加载初期会使煤样的孔隙裂隙迅速压密，因此该应力加载阶段的降低幅度始终最大，而平行层理煤样最大主应力加载阶段的降低幅度相对小一些，是由于最大主应力加载方向与煤样的层理裂隙面方向平行，此阶段的加载并不容易使层理裂隙面完全闭合，不同层理煤样试验加载中间主应力和最小主应力对煤体渗透率的影响均不相同，研究结果进一步表明了以往渗流试验时将中间主应力和最小主应力简化相等围压是不合理的。

（2）理论突破之二

根据载荷煤体的损伤变形和渗流特性，可知受到采动或抽采的影响后，煤体发生了复杂的应力-应变过程，煤体孔隙率是不断变化的，其变化也是随着应力-应变发生变化的动态过程。首先从孔隙率的定义出发，构建了载荷煤体的孔隙率动态演化模型，分析了孔隙率与有效应力的关系，推导出基于孔隙率的有效应力方程，在考虑瓦斯吸附膨胀变形和瓦斯压力压缩变形的基础上，构建了真三轴载荷煤体的渗透率动态演化模型；以本构方程、应力平衡微分方程和几何方程为基础，建立煤岩损伤应力场控制方程；以连续性方程、气体状态方程和煤体瓦斯含量方程为基础，建立瓦斯渗流场控制方程，通过联立应力场和渗流场控制方程，实现应力场和渗流场等多物理场耦合。

1）煤体的变质程度、煤体中瓦斯的吸附膨胀、瓦斯压力等因素对渗透率的影响，首先是对煤体孔隙率的作用造成的，煤体孔隙率的大小对渗透率有重要影响，在考虑煤体受到载荷后的变形主要由瓦斯吸附膨胀变形和瓦斯压力压缩变形组成的基础上，构建了载荷煤体的孔隙率动态演化模型，其表达式为：

$$\varphi = 1 - \frac{1-\varphi_0}{1+\varepsilon_v}\left[1 + \frac{3a\rho_s RT}{E_0 V_m}\ln(1+bp) - K_Y(p-p_0)\right] \tag{2.5.1}$$

2）瓦斯压力的升高或降低会导致煤骨架有效应力和煤体渗透率的变化，而煤体渗透率的改变也会导致煤体中瓦斯压力的重新分布。在分析受载煤体损伤变形过程主要存在三种变形的基础上，结合建立的孔隙率动态演化模型，得到基于孔隙率动态变化特征的有效应力公式：

$$\sigma' = \sigma - \left\{1 - \frac{1-\varphi_0}{1+\varepsilon_v}\left[1 + \frac{3a\rho_s RT}{E_0 V_m}\ln(1+bp) - K_Y(p-p_0)\right]\right\}p \tag{2.5.2}$$

3）根据煤体渗透率和孔隙率立方关系，建立孔隙率与渗透率之间的联系，依据本构方程理论的应力-应变方程，得到受载煤体体积应变表达式，最终建立真三轴载荷煤样的渗透率演化模型：

$$\frac{k}{k_0} = \left\{\frac{1}{\varphi_0} - \frac{(1-\varphi_0)\left[1 + \frac{3a\rho_s RT}{E_0 V_m}\ln(1+bp) - K_Y(p-p_0)\right]}{\varphi_0\left(1 + \frac{3a\rho_s RT}{E_0 V_m}\ln(1+bp) - \frac{\left(\frac{(\sigma_1+\sigma_2+\sigma_3)}{3} - \left(\frac{1-K}{K_m}\right)p\right)}{K}\right)}\right\}^3 \tag{2.5.3}$$

4）以本构方程、平衡微分方程和几何方程为基础，建立煤岩骨架的变形场方程；以连续性方程、气体状态方程和煤体气体含量方程为基础，建立抽采钻孔周围煤体渗流场控制方程；结合真三轴受载煤体渗透率动态演化模型，建立抽采钻孔周围煤体的流固耦合模型，其表达式为：

$$\left\{\begin{array}{l} \dfrac{k}{k_0} = \left\{\dfrac{1}{\varphi_0} - \dfrac{(1-\varphi_0)\left[1 + \dfrac{3a\rho_s RT}{E_0 V_m}\ln(1+bp) - K_Y(p-p_0)\right]}{\varphi_0\left(1 + \dfrac{3a\rho_s RT}{E_0 V_m}\ln(1+bp) - \dfrac{\left(\dfrac{(\sigma_1+\sigma_2+\sigma_3)}{3} - \left(\dfrac{1-K}{K_m}\right)p\right)}{K}\right)}\right\}^3 \\ G\sum_{j=1}^{3}\dfrac{\partial^2 u_i}{\partial x_j^2} + \dfrac{G}{1-2\nu}\sum_{j=1}^{3}\dfrac{\partial u_j}{\partial x_j \partial x_i} - \dfrac{(3\lambda - 2G)}{3k_s}\dfrac{\partial p}{\partial x_i} + a\dfrac{\partial p}{\partial x_i} + F_i = 0 \\ 2\left[\varphi + \dfrac{p(1-\varphi)}{K_s} + \dfrac{ab\rho_0}{(1+bp)^2}\right]\dfrac{\partial p}{\partial t} - \nabla\left[\dfrac{k_g}{\mu_g}\left(1+\dfrac{b}{p}\right)\nabla p^2\right] + 2(1-\varphi)p\dfrac{\partial \varepsilon_v}{\partial t} = Q_p \end{array}\right. \tag{2.5.4}$$

（3）理论突破之三

利用 RFPA^{2D}-Flow 模拟软件，针对预制垂直、平行和斜交层理煤样在加载过程中的裂隙演化规律、声发射特征和气体渗流压力场进行研究，并将模拟结果和实验结果进行对比分析。

通过对预制垂直、平行和斜交层理煤样在加载过程中的裂隙演化规律、声发射特征和气体渗流压力场进行了研究，不同层理煤样随着层理面的演化特性和经历的阶段具有一些相同的特征，不同层理煤样在加载的过程中经历了孔隙、裂隙压密阶段、弹性阶段、初始损伤及扩展阶段、裂隙贯通阶段。在加载的过程中，裂隙、裂纹主要发生在预制层理面周围，随着应力的不断加载，煤样内的裂隙、裂纹越来越发育，破坏区域也越来越大，最终使煤样完全破坏。但是不同层理煤样随着预制层理面的裂隙演化最终形态有较大差别，不同层理煤样裂隙演化规律、声发射特征和气体渗流压力场如图 2.5.2~图 2.5.4 所示。

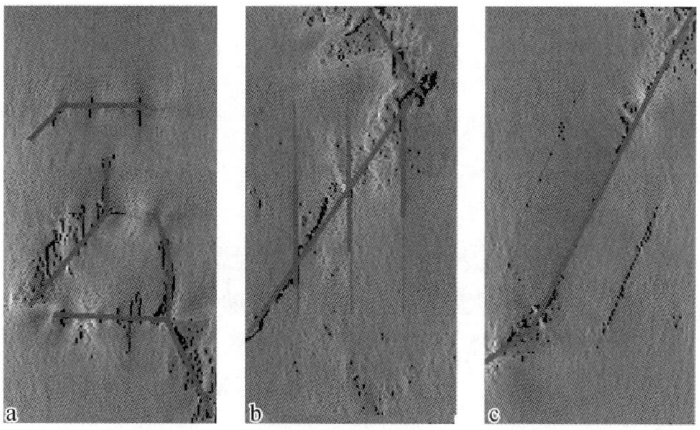

图 2.5.2　不同层理煤样加载过程裂隙演化规律

a—垂直层理；b—平行层理；c—斜交层理

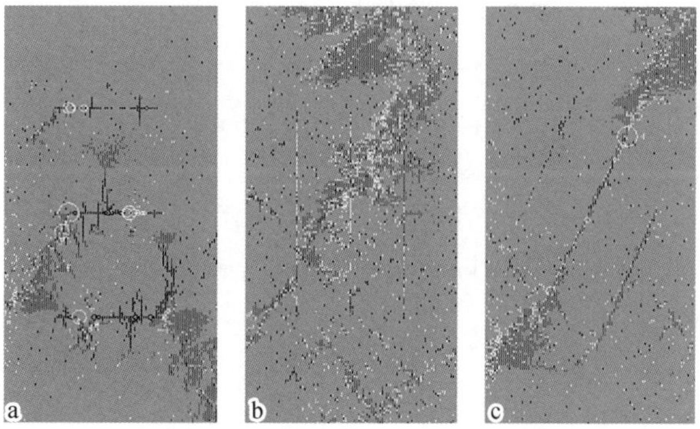

图 2.5.3　不同层理煤样加载过程声发射图

a—垂直层理；b—平行层理；c—斜交层理

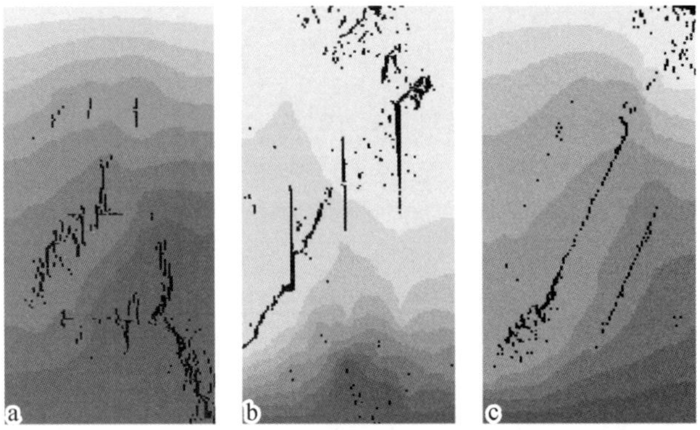

图 2.5.4　不同层理煤样加载过程气体渗流压力场
a—垂直层理；b—平行层理；c—斜交层理

分析图 2.5.2~图 2.5.4 可知，不同层理煤样在应力加载的过程中均处于剪切状态，垂直、平行和斜交层理煤样均以剪切破坏为主。在加载的过程中，裂隙、裂纹主要发生在预制层理面周围，且煤样的损伤变形和裂隙的贯通也主要分布于层理面附近。声发射图中垂直层理煤样的抗压、抗拉破坏主要出现在预制层理裂隙面附近，在煤样经历压密阶段、弹性阶段直到煤样破坏的塑性阶段，声发射信号逐渐增加，且声发射信号主要在层理裂隙面的两端和周围增加，但平行层理煤样此阶段没有出现明显的抗压破坏；斜交层理煤样的 3 条预制层理中间 1 条的破坏最明显，声发射信号在这条层理裂隙面上的分布也最多，斜交层理煤样完全破坏的模拟结果与试验结果基本吻合。

不同层理煤样的气体渗流压力场均随着应力场的变化而变化，在应力加载的初期，煤样中的气体比较稳定均匀的渗流，煤样中气体渗流压力场梯度曲线接近于直线，随着应力的加载煤样出现零星的裂纹，在裂纹出现的地方气体渗流压力场梯度曲线发生明显变化，气体渗流压力场随着裂隙的变化而不断变化，呈凹凸不平的波浪状分布，煤样出现明显破坏时，其气体渗流压力场变化更加明显，尤其是在出现新裂隙的区域。

（4）技术突破之一

结合构建的抽采钻孔周围煤体的多物理场流固耦合模型，然后利用 Comsol 模拟软件进行数值模拟研究，并结合现场的实际情况进行工程应用，根据前期的研究成果，形成不同层理构造条件下的瓦斯抽采参数最优模式，最终达到最佳的瓦斯抽采效果。

通过对河南焦煤能源有限公司中马村煤矿 29031 工作面本煤层顺层钻孔抽采负压和抽采钻孔间距的模拟研究，确定该工作面顺层钻孔抽采负压为 15kPa，有效抽采半径为 3.2m，钻孔间距为 6m，在工作面进风顺槽和回风顺槽分别向煤体中心区域布置平行钻孔，钻孔直径为 94mm，钻孔长度为 60~70m，将钻孔联网进行抽采，具体布置方式如图 2.5.5 所示。

在确定 29031 工作面抽采负压为 15kPa，钻孔间距为 6m 的基础上，对该工作面进行瓦斯抽采，抽采 180d 过程中混合流量由初期的 42.40m^3/min 下降到 36.88m^3/min，抽采瓦斯浓度由初期 16.92%下降到 10.52%，抽采瓦斯纯量由初期的 7.16m^3/min 下降到 3.58m^3/min，抽采效果十分明显，抽采混合流量在 140d 左右出现迅速增加，但抽采瓦斯浓度和纯量反而下降，分析原因可能是抽采钻孔进入空气造成的，具体抽采变化量如图 2.5.6 所示。

进一步分析顺层钻孔与层理面夹角对瓦斯抽采效果的影响该矿 29031 工作面的层理比较明显，层理方向与煤层底板呈 30°左右，根据真三轴含层理煤体渗流特性试验结果可知，平行层理煤样的渗透率最大，但相对于顺层钻孔瓦斯抽采而言，钻孔方向与层理方向垂直时，瓦斯抽采效果最佳（即瓦斯顺着层理方向更易于汇入抽采钻孔）。

为了进一步验证顺层钻孔与层理面夹角对瓦斯抽采效果的影响，分别在 29031 工作面布置钻孔直径为 94mm，长度为 60~70m 的平行钻孔（呈 30°斜交于层理面）和斜交钻孔（呈 90°垂

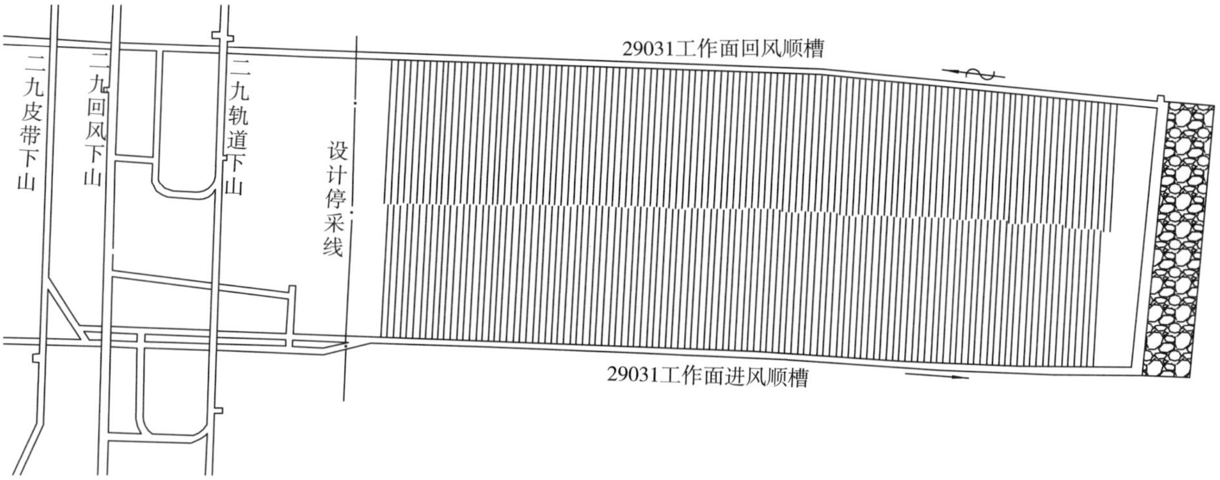

图 2.5.5　29031 工作面本煤层顺层钻孔布置示意图

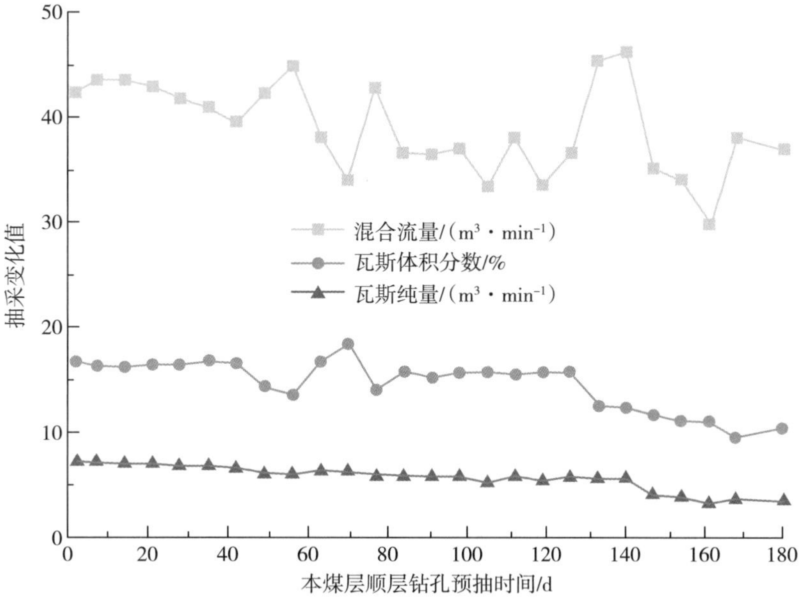

图 2.5.6　29031 工作面本煤层顺层钻孔瓦斯抽采变化量

直于层理面)，在前期确定最优抽采负压、钻孔间距等参数的前提下，对 29031 工作面顺层平行钻孔和斜交钻孔的抽采效果进行对比分析。抽采 180d 过程中抽采混合流量、瓦斯纯量如图 2.5.7 所示。

分析图 2.5.7 可知，顺层钻孔与层理面夹角对瓦斯抽采效果的影响比较明显，在钻孔布置工程量相同的前提下，抽采 180d 过程中斜交钻孔平均混合流量比平行钻孔大 3.68m^3/min，斜交钻孔平均瓦斯纯量比平行钻孔大 1.97m^3/min，斜交钻孔的瓦斯抽采效果明显好于平行钻孔，这与真三轴不同层理煤体渗流特性的试验结果基本吻合。因此，在煤层瓦斯抽采钻孔布置时应尽量使钻孔方向与层理面垂直，以期达到最佳的瓦斯抽采效果。

2.5.4　本节小结

项目采用理论分析、实验研究、模拟研究和现场应用相结合的研究方法，从细观微观角度分析煤体受载前后裂隙微观结构及不同层理煤样受力前后形态特性的差异，开展真三轴载荷含层理煤体的渗透率实验研究，构建真三轴条件下渗流特性与最大主应力、中间主应力、最小主应力、有效应

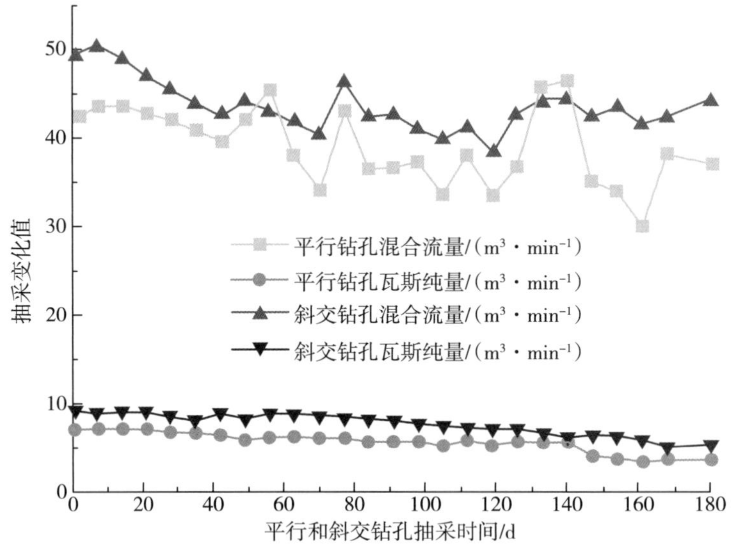

图 2.5.7 平行和斜交钻孔瓦斯抽采变化量

力、不同层理构造之间的定性与定量关系，建立考虑 Klinkenberg 效应、瓦斯压力压缩变形、吸附膨胀和有效应力影响的真三轴载荷煤体渗透率动态演化模型及煤岩损伤与渗流耦合模型，并进行煤岩损伤与渗流特性的数值模拟及现场应用，研究成果对优化瓦斯抽采设计具有重要的指导意义。

2.6 山东省禹城市李屯地区富铁矿绿色勘查关键技术与典型示范

2.6.1 项目背景

富铁矿是我国紧缺的战略性资源，大型富铁矿仅有辽宁辽阳弓长岭铁矿、海南石碌铁矿、山东莱芜张家洼铁矿等，国内现存储量不足 10×10^8t，长期依赖进口（张招崇等，2021）。2015 年山东省煤田地质规划勘察研究院首次在山东省齐河—禹城地区厚覆盖层下发现厚度 119.67m、全铁品位 56.75%的富磁铁矿，取得地质找矿重大新发现，得到自然资源部高度重视，部省联合设立了“齐河—禹城富铁矿国家级整装勘查区”（沈立军等，2020）。

李屯普查区位于整装勘查区北部，地处黄河下游冲积平原，地形较平坦，区内大面积为基本农田。为进一步扩大找矿成果，区内相继实施了多期勘查项目，为切实保护当地生态环境，项目实施过程中积极响应自然资源部号召，坚持绿色勘查工作理念，联合多家单位近百名专业技术人员开展协同技术攻关，建立了一套适于华北平原厚覆盖区的绿色勘查技术体系，在取得良好勘查成果的同时有效保护了当地生态环境，形成了一系列可复制、能推广的经验，项目被自然资源部列为全国绿色勘查示范项目。

2.6.2 成果简介

项目针对华北平原厚覆盖区下富铁矿深部找矿方法及绿色勘查技术进行了深入研究与实践，建立了基于重、磁、震多元地球物理的深部探测体系，在找矿方法与找矿成果方面均取得了重大进展；形成了适于厚覆盖区的绿色勘查技术体系，有效保护了当地生态环境。主要创新成果为：

1）建立了厚覆盖区深部找矿方法技术体系，在铁矿勘查中首次应用二维地震和广域电磁探测，实施了基于“重-磁-电-震”多元地球物理方法的“空-地-井”立体协同勘查，形成了厚覆盖区“重磁联合反演+电震层界约束+钻探深部验证”找矿方法体系。

2）实现了微弱地学信息异常的有效提取和增强，研究和开发了微弱地学信息异常的有效提取和增强技术和系统，基于三维地质建模的地质-地球物理信息融合技术，突破了多元地质信息叠合识别。

3）形成了绿色高效钻探技术体系，包括钻孔结构优化和套管护壁技术、高效钻头优选、钻探参数优选、提高钻速的生物聚合物环保泥浆体系、防斜快打钻具优选、深孔液动锤冲击回转钻探提速技术、高效取心技术等，提高了钻进效率，缩短了环境影响时间。

4）建立了“泥浆不落地”工艺技术体系，应用可重复利用的钢结构泥浆箱、清水箱和循环槽，钻机底部、泥浆材料区、备用发电机房等污染重发区进行防渗处理，废泥浆经固化处理后交由专业环保公司处理，防止土壤和浅表水污染。

2.6.3　详细内容

（1）总体技术思路

牢固树立“综合勘查”“绿色勘查”理念，以既满足生态环境保护要求又达到地质勘查目的为目标，将生态环境保护贯穿于勘查活动全过程、各环节，做到同部署、同实施、同检查、同考核，形成可复制、能推广的经验和机制。依靠科技和管理创新，最大限度地避免或减轻勘查活动对生态环境的扰动和影响。

在成矿规律综合研究的基础上，开展以多元地球物理勘探为主的空-地-井立体协同勘查，通过以信息融合技术支撑的地质物探数据联合解释和高精钻探取样验证，采用绿色高效钻探技术和“泥浆不落地”工艺，建立了绿色勘查技术体系，实现了地质找矿和生态环保“两不误”协调发展。

在传统勘查方法的基础上，更加重视不同勘探工程与各种技术方法之间的协同性和绿色环保性，在空间域与时间域上实现了信息高度融合，避免了传统勘查方法的局限性，整体上提升了铁矿勘查技术水平，实现了短周期、低投入、高精度、绿色和谐的勘查效果，使得勘查工程部署更有科学性和针对性，有效提高了资源勘查的经济效益和社会效益。

本项目绿色勘查技术体系取得了一系列可复制、能推广的工作经验（厚覆盖区“重磁联合反演+电震层界约束+钻探深部验证”找矿方法体系、多元信息综合协同勘查找矿新模式、绿色高效钻探技术体系、“泥浆不落地”工艺技术体系等），已在多家单位铁矿普查和页岩气勘探项目中得到推广应用，在完成地质勘查目的的同时，有效保护了当地生态环境。

（2）技术方案与创新成果

1）首次在本区域勘查中应用了广域电磁探测等技术手段，形成了厚覆盖区“重磁联合反演+电震层界约束+钻探深部验证”找矿方法体系，提高了见矿率，节约了勘查成本，起到了节能增效的作用。

①系统研究富铁矿成矿模式、成矿规律与找矿标志，开展了富铁矿找矿绿色勘查典型示范工程，实现了找矿重大新突破，揭示了铁矿资源巨大潜力，开辟了煤下找铁的新方向，获山东省十大地质成果。

系统研究了不同时期区域构造展布规律、组合模式及对矿产的控制作用；系统研究了岩浆岩成矿的专属性，岩浆岩交代过程中元素的运移与富集机制，岩浆侵入对区域成矿作用的影响；系统研究了富铁矿成矿规律、找矿标志，在李屯磁异常深部石炭纪—二叠纪地层与闪长岩体接触带附近发育接触交代型磁铁矿。在李屯普查区共圈定磁铁矿体 5 个，累计估算推断铁矿石资源量 2148.2×10^4t，矿床平均品位 TFe 为 55.95%、mFe 为 50.65%。

②首次在本区域勘查中应用了广域电磁探测等技术手段，形成了厚覆盖区“重磁联合反演+电震层界约束+钻探深部验证”绿色勘查找矿方法体系。

本次绿色勘查工程部署遵循“协调有序、经济合理、优势互补、无损最优、生态保护”的基本原则，根据研究区地质与地球物理方法试验研究，梳理了不同地球物理方法在找矿过程中的作用与效果，同时，由于地球物理勘探具有多解性。加强了地球物理勘探方法技术条件可行性研究，开展多元地球物理方法融合找矿工作，取长补短、互相补充、互相验证，尽量排除各种干扰因素形成的异常，提高找矿效果。首次在本区域勘查中应用了广域电磁探测等技术手段，形成了厚覆盖区“重磁联合反演+电震层界约束+钻探深部验证”绿色勘查找矿方法体系。基本确定了化极后的 ΔT 异常中心、总梯度模极大值、局部空地残差磁异常、局部高重力异常、三维反演后的局部高磁化率位置、电阻率过渡带、地震时间剖面中的眼球状异常为该区重要地球物理找矿标志。

2）研究和开发了微弱地学信息异常的有效提取和增强技术和系统，建立了该地区基于地球物理探测信息融合技术的深部铁矿找矿模型，形成了多元信息综合协同勘查找矿新模式。

a. 自主研发了具有自主知识产权的三维地质建模软件系统和地质与地球物理综合三维建模软件系统。三维地质建模软件系统基于钻孔信息、地层、矿体厚度等数据建立三维网格化数据，建立矿体实体模型和地层界面模型。充分利用钻孔资料对地球物理反演模型进行约束和校正。通过利用现有钻孔资料对重磁反演模型进行约束校正、反复迭代，最终达到更加接近实际的反演结果。同时，利用实际钻孔测井的波速和密度信息为地震速度模型的建立提供准确资料；同时利用钻孔揭露的地层资料对地震进行约束反演，实现了地质与地球物理信息的高度融合。

b. 针对深部地震弱信号，研发了基于改进的广义 S 变换时变反褶积方法。针对深部地质体反射波能量弱、主频降低的问题，通过改进常规广义 S 变换方法，提高了地震信号时频分辨率。广义 S 变换域时变反褶积方法具有较好的分辨能力，同时有效恢复深部反射，使得地震记录的各反射层得到恢复，提高了地震分辨率。

c. 研发了厚覆盖层下深部磁异常弱信号提取与增强技术。利用垂向一阶、二阶导数、总梯度模及归一化标准差等几种处理方法，较准确地圈定了高磁性岩体的侵入范围，分离出高磁背景下的微弱矿致异常，为项目实施的钻孔布置提供了重要参考依据。

d. 建立了以多元地球物理方法有效组合为主的协同勘查找矿模式。从齐河-禹城地区实际找矿问题出发，分析总结研究区区域地质背景及成矿规律，构建区内典型矿床、矿体地质模型以及构造空间和矿体地球物理物性模型，通过物性参数统计结合已知的矿区地质情况，对构造、矿体地球物理模型进行模拟论证和不同地球物理方法应用，由已知到未知，并对结果进行相应的综合分析研究。在地质理论先导和依托下，通过不同地球物理方法不同参数的特点，解决不同的地质问题，总结并提出齐河—禹城富铁矿多元地球物理勘探方法有效组合，即地球物理勘探模式（图 2.6.1）。

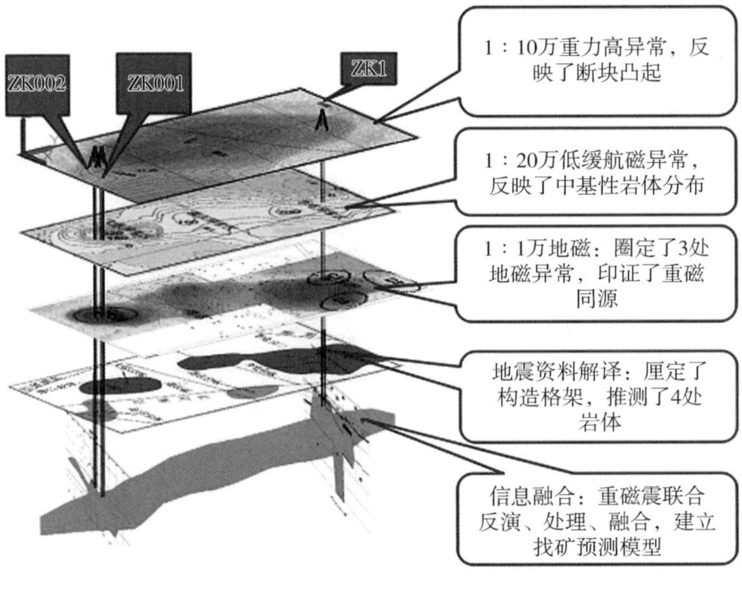

图 2.6.1　多元地球物理方法融合模式图

在李屯地区的铁矿勘查中，通过分析重力异常、航磁异常、地磁异常、地震解译等单因素地球物理信息，印证了重磁同源，将原航磁异常分解为三处地磁异常，结合地震解疑成果，圈定了四处岩体，实现钻孔精准验证，2019 年施工的两个钻孔全部见矿，远远超过全国深部铁矿勘查约 10% 的钻孔见矿率，大大节省了钻孔数量，节约了勘查资金，取得了较好的技术经济效益。

3）形成了绿色高效钻探技术体系，提高了钻进效率，缩短了环境影响时间。

坚持技术创新，积极推广应用绿色高效钻探技术（钻孔结构优化和套管护壁技术、高效钻头优选、钻井参数优选、提高钻速的生物聚合物环保泥浆体系、防斜快打钻具优选、深孔液动锤冲击回转钻井提速技术、高效取心技术等），套管封隔第四系和新近系，减弱了第四系砂层孔隙含水层和石炭系—二叠系砂岩裂隙含水层之间串层污染，有效缩短了泥浆浸泡井壁时间，实现了优快钻进，环保泥浆的使用有效减少了对地下水的负面影响。绿色高效钻探技术体系包括。钻探现场铺设人工草坪，表层剥离 30cm 熟土与泥浆池、清水池开挖生土，分开存放在表土堆场（图 2.6.2），用防尘网遮盖，复垦时分别进行回填。

图 2.6.2　铁矿钻探施工现场

4）推广应用了“泥浆不落地”工艺技术体系，钻探场地内污染重发区进行防渗处理，废泥浆交由专业环保公司处理，防止土壤和地下水污染。

a. 项目开展前：专门编制了环境影响评价报告，对主要勘查手段进行了环境影响因素识别，以针对性采取措施，最大限度地减轻了对生态环境的扰动和影响；针对临时用地类型为永久性基本农田的情况，编制了土地复垦方案，有效指导了完工后土地恢复治理工作（图 2.6.3）。

图 2.6.3　铁矿钻探土地恢复治理后效果

b. 采取“泥浆不落地”工艺，应用可重复利用的钢结构泥浆箱、清水箱和循环槽（图 2.6.4），钻机底部、泥浆材料区、备用发电机房等污染重发区进行防渗处理，防止土壤和浅表水污染。废泥浆经固化处理后交由专业环保公司处理。

图 2.6.4　钻探工程钢板制循环槽、浆液池、清水池

c. 采取喷雾、洒水、铺设人工草皮、遮盖防尘网方式进行降尘处理。使用工业用电代替常规柴油机动力，避免产生了废气、油污和噪声。钻机距周边最近村落距离较远，噪声、震动对村民影响甚微，但依然通过使用液压钳等低噪声机械，安装隔音围挡、场棚、橡胶包裹铁锤敲击岩心管等多种措施进行降噪。

d. 项目全程进行土壤、噪声、水质定期监测和管护。对施工区土壤质量进行定期监测，分析土壤重金属及有效磷、速效钾等，确保在管护期内恢复原土壤质量和土地功能；进行噪声检测，确保采取降噪措施后设备声音不扰民；对施工前后场地周边水井进行水质检测，结果显示对周边地下水影响甚微，达到了绿色勘查目的。

（3）应用情况

课题研究成果主要应用于厚覆盖区深部找矿和基本农田区地质勘查。

我国成矿地质条件有利，矿床类型齐全，资源比较丰富，储量约 210×10^{8}t，但平均品位仅 34%，远低于世界平均水平，其中富铁矿（铁含量≥50%）储量仅为 1.89×10^{8}t，占比 0.9%。随着我国工业化和城镇化的迅猛发展，国产铁矿石特别是富铁矿石远远不能满足需求，大量依赖进口，铁矿石对外依存度长期维持近 90%，富铁矿石几乎全部依赖进口，对国家经济安全构成了严重威胁。因此，立足国内，发现和探明一批大型富铁矿，提高铁矿资源保障程度，是一项迫在眉睫的重大任务，对于国家战略资源储备具有重要意义。课题建立了厚覆盖区深部富铁矿找矿预测模型，形成了厚覆盖区“重磁联合反演+电震层界约束+钻探深部验证”找矿方法体系，有利于推进山东齐河—禹城国家级整装勘查区的地质找矿工作，对相似地区的富铁矿勘查具有重要的借鉴意义，有望实现新的找矿突破。

十八大以来，以习近平同志为核心的党中央把生态文明建设纳入“五位一体”总体布局，强调必须树立和践行“绿水青山就是金山银山”的理念。国家对地勘行业也提出了“地质勘查与环境保护要协调发展”的新要求，绿色勘查成为新时代坚持生态文明战略、实现找矿突破的必由之路。本项目绿色勘查技术取得的一系列可复制、能推广的工作经验，已经多家单位铁矿普查和页岩气勘探项目中得到推广应用，有效保护了当地生态环境，推广前景较为广阔。

2.6.4　本节小结

课题坚持地质找矿与生态保护相协调的工作原则，做到绿色勘查与矿产勘查工作同部署、同实施、同检查、同考核，兼顾地质、经济、技术、环境要素，形成了适于华北平原厚覆盖区的绿色勘查技术体系，对土地、水、空气、动植物保护等采取了针对性措施，工程完工后进行了严格的恢复治理，注重和谐勘查，达到了绿色勘查目的，取得了一系列可复制、能推广的工作经验，这对相似地区地质勘查工作具有重要的参考意义。

我们将始终牢记总书记殷切嘱托，自觉践行“绿水青山就是金山银山”的科学论断，坚持不懈地推进生态文明建设，走出一条以绿色发展为导向的高质量发展之路。

参考文献

白优. 2016. 浅谈煤层气的开发利用现状及前景［J］. 石化技术，23（4）：77.

成绪光. 2020. 赣西蒙山地区硅灰石矿床类型探讨及意义［A］. 江西省地质学会. 江西地学新进展 2020-江西省地质学会第十次会员代表大会暨江西省地质学会 2020 年学术年会论文集［C］. 江西省地质学会：江西省地质学会，8.

戴金星，董大忠，倪云燕，等. 2020. 中国页岩气地质和地球化学研究的若干问题［J］. 天然气地球科学，31（6）：745-760.

黎江峰，周娜，吴巧生. 2021. 中国天然气资源安全分析［J］. 中国矿业，30（4）：10-14.

欧阳友和. 2020. 我国硅灰石矿产资源及勘查开发现状和发展建议［J］. 山东国土资源，36（12）：26-31.

裴柏林，张遂安，郝杰，等. 2015. 真三轴应力作用下煤样三维渗透率与地应力耦合关系研究［J］. 中国煤炭，41（11）：31-36.

沈立军，朱裕振，高志军. 2020. 山东齐河-禹城富铁矿区李屯岩体地质特征初探［J］. 山东国土资源，36（2）：23-29.

史超群，张慧芳，周思宇，等. 2020. 塔里木盆地库车坳陷克拉苏构造带-秋里塔格构造带白垩系巴什基奇克组深层、高产储层特征及控制因素［J］. 天然气地球科学，31（8）：1126-1138.

宋志波. 2019. 煤矿井下瓦斯排放技术及其效果评价研究［J］. 能源与节能，（5）：133-134.

王刚，魏聚瑞，杨曙光. 2020. 我国煤层气地质特征与工程技术适应性进展［J］. 煤炭技术，39（7）：45-48.

王亮，郑思文，赵伟，等. 2020. 淮北煤田煤与瓦斯突出灾害差异性和控制因素研究［J］. 煤炭科学技术，48（10）：75-83.

王鹏飞. 2018. 真三轴应力作用下煤体瓦斯渗流试验及数值模拟［D］. 青岛：山东科技大学.

王双明. 2020. 对我国煤炭主体能源地位与绿色开采的思考［J］. 中国煤炭，46（2）：11-16.

谢会文，罗浩渝，章学岐，等. 2020. 秋里塔格构造带盐下构造层变形特征及油气勘探潜力［J］. 新疆石油地质，41（4）：388-393.

熊鹏辉，索根喜，孙晨光，等. 2017. 煤矿瓦斯“零排放”工程示范及标准研究［J］. 中国煤层气，14（6）：3-5.

张姗. 2020. 美国页岩气发展现状及对我国页岩气开发的启示［J］. 中国能源，42（6）：21-24+41+47.

张翔. 2020. 含瓦斯煤失稳破坏及渗流特征试验与模拟研究［J］. 矿业研究与开发，40（10）：102-107.

张招崇，李厚民，李建威，等. 2021. 我国铁矿成矿背景与富铁矿成矿机制［J］. 中国科学：地球科学，51（6）：827-852.

第3章　矿山开采篇

3.1　深层含硫化氢油气田油气成因机理与硫化氢分布规律

3.1.1　项目背景

我国深层油气资源丰富，深层石油和天然气资源分别约占剩余油和气资源量的40%和60%，是未来重要勘探领域（贾承造等，2015）。但是深层意味着地层老、高温高压、有机无机相互作用强烈，这对油气影响如何，特别是：

1）深层油气成熟度高、次生蚀变强烈、性质复杂、相态多样，常规生物标志化合物信息丢失，无法判识深层油气来源，是国际难题，制约了深层资源潜力评价和油气勘探。

2）高温高压条件下油气相态转化机制是什么？深层烃类相态除了受热力学因素控制外，有机无机作用也有重要影响，常常含有剧毒硫化氢，针对深层复杂温压系统，需要开展高温高压模拟，探讨油气相态转化机制。

3）深层高温高压条件非均质介质下油气充注成藏的动力学机制与硫化氢成因机理是什么？深部输导层非均质性强，油气运移路径难以表征，聚集不完全受圈闭控制，富集区分布预测难。需要借助多学科交叉研究，综合研判油气运移路径、渗流扩散形式、运聚效率和聚集成藏过程，查明油气富集主控因素。

针对上述重大科学和实际问题，项目组在国家重大专项和中国石油勘探与生产分公司科技项目的支持下，专注于探索盆地深部油气生成、相态转化和充注成藏关键理论技术问题，通过加强先进实验技术交叉创新，围绕深层高温高压条件下油气藏油气相态、油源识别及运移路径和富集区带定量表征技术研发、硫化氢成因预测等，开展一系列具有独创性的实验方法、模拟实验和分析测试，解决制约盆地深部油气勘探的关键地质难题，对推动深部油气勘探持续发展具有重大科学意义和勘探价值。

3.1.2　成果简介

中国深层油气资源占剩余油气资源量的50%以上，是重要接替领域，主要分布在西部碳酸盐岩古老层系（金之钧，2011），其特点是：缝洞型油气藏埋藏深、油气成熟度高、相态复杂多样，富含硫化氢，显著区别于国外如墨西哥湾深水盆地等中新生代碎屑岩层系的整装油藏（李献华等，2008；林畅松等，2011；卢双舫等，2012）。如何确定深层油气的来源、成藏与富集分布规律，是制约深层勘探的关键难题，特别是复杂油气成因来源示踪与成藏过程恢复及定年技术，成为我国“变革性技术关键科学问题”重点专项支持的科学前沿领域之一。十余年来，在国家重大专项等支持下，围绕深层油气成因与成藏理论前沿和油气示踪“卡脖子”技术难题开展攻关，取得重要创新并获得重大经济效益，为保障国家能源安全和西部经济社会发展做出了贡献（刘文汇等，2013）。

主要科技突破点：

1）发明了高成熟有机质中超痕量单体化合物超高纯度分离富集方法及单体化合物同位素测试技术系列；发明了石油全组分色谱定量分析和杂原子及大分子化合物组成分析技术，为复杂地区油源对比和资源评价开辟了新方法，攻克了行业内渴望解决的卡脖子技术难题，实现了技术跨越，取得重大应用效果。

2）发现了系列新型化合物，揭示了深层油气相态转换的地球化学机制，建立了油气生成与成藏时间的精确定年新方法，恢复了多期构造变革控制下油气成藏调整改造过程，阐明了油气富集分布规律，指导了高产高效井位部署（罗晓容等，2016；庞雄奇等，2015）。

3）揭示了TSR作用下硫化氢形成机理和原油裂解成气的动力学机制；发现硫代降金刚烷系列新型化合物可以指示TSR蚀变程度；查明了硫化氢分布规律，建立了预测方法并被推广应用，为含硫油气田安全勘探提供了科学依据（彭平安等，2008）。

3.1.3 详细内容

中国原油和天然气对外依存度分别高达70%和45%，贯彻落实习近平总书记关于大力提升勘探开发力度、保障我国能源安全的重要指示精神，急需加大油气勘探科技创新和关键技术攻关。深层油气资源占剩余资源量的50%以上，是重要接替领域。我国超深层资源主要分布在西部碳酸盐岩古老层系，时代老、埋藏深、油气成熟度高、相态复杂多样、富含硫化氢；不同于国外中新生代大型碳酸盐岩台地孔隙型整装构造油藏，中国深层缝洞型油气藏群成藏机制复杂，勘探难度大（邱楠生等，2010；孙龙德等，2013）。在国家重大专项等支持下，围绕深层油气成藏理论前沿和油气示踪“卡脖子”技术难题开展攻关，研究成果指导了一系列油气勘探发现和年产3000×10^4t国家示范工程建设，取得了重大经济效益。

1）发明了高成熟有机质中超痕量单体化合物超高纯度分离富集方法及单体化合物同位素测试技术系列，发明了石油全组分色谱定量分析技术和大分子及杂原子化合物分析技术，为复杂地区油源对比和资源评价开辟了新方法，攻克了行业内渴望解决的卡脖子技术难题，实现了技术跨越，取得重大应用效果（魏国齐等，2014）。

a. 针对深层高成熟油常规生标信息丢失，无法判识油气成因与来源的国际难题，基于甲基化和脱甲基化的分离原理（杨海军等，2020），发明了石油和烃源岩中超痕量单体化合物超高纯度分离富集方法及单体化合物同位素测试技术，使测定单体化合物同位素成为可能。发明了甾烷、藿烷分离及其单体烃同位素分析方法，建立了系列示踪石油来源、运移和成藏过程的生物标志化合物精细分离及其单体烃同位素分析技术体系，为中西部叠合盆地等复杂地区的油源对比和充注方向、原油裂解气定量评价等提供了有效的技术手段（赵文智等，2017），实现了油气地球化学指导深层复杂油气田高效勘探的规模推广应用。

b. 开发了全二维气相色谱功能，建立了凝析油、生物标志化合物、金刚烷等石油全组分色谱定量分析方法（钟宁宁等，2004），解决了长期以来质谱定量方法不准确、组分相互干扰等的世界难题，尤其是生排烃全组分定量分析方法；解决了传统技术无法将轻烃计入生烃总量的难题，为准确评价烃源岩残留烃量和油气资源量奠定了坚实的基础，解决了高成熟凝析油油源对比、资源潜力评价等世界难题，为深层勘探部署提供了有力的技术支持。发明了石油中大分子及杂原子化合物的分子组成分析技术，从分子水平揭示了碳酸盐岩烃源岩及原油中含硫、氮、氧及金属有机化合物的分子组成，鉴定出一系列新型生物/分子标志化合物，发展了石油化学基础理论。

c. 建立了以硫代金刚烷、多硫化合物（R_1SnR_2）及单体同位素等识别深层油气的标志物体系，为复杂地区油源对比开辟了新方法，确定了塔里木盆地海相原油主要来自寒武系烃源岩（朱光有等，2009；Zhu et al.，2018c），明确了寒武系的勘探地位（邹才能等，2014）。发现下寒武统TOC高达19%的优质烃源岩层。依据采样实验，结合正演模拟烃源岩地震反射，刻画了烃源岩边界及厚度，其上发育优质白云岩储层和蒸发岩盖层，成藏条件优越，勘探潜力巨大，是盆地重大接替领域，新增有利勘探面积$5\times10^4km^2$，深层天然气资源量扩大3.7倍；提出寒武系盐下、盐上两大风险领域，台内滩、缓坡滩及台缘滩三种目标类型与四个勘探区带，为5口风险井论证和上钻提供了科学依据。提出逼近烃源岩的勘探模式，参与指导部署的寒武系风险井-轮探1井获重大油气发现，开辟了新的勘探层系和领域。

2）发现了系列新型分子化合物，揭示了深层油气相态转换的地球化学机制，建立了油气生成与成藏时间的精确定年新方法，恢复了多期构造变革控制下油气成藏调整改造过程，阐明了油气富集分布规律，指导了高产高效井位部署。

a. 发明了傅里叶磁质谱+高分辨质谱联用技术，发现了系列新型化合物，并在国际上首次提供了质谱图（Chen et al.，2019）（4 个六氢噻吩、118 个冰烷、65 个叁至伍笼金刚烷、46 个多硫代金刚烷、82 个硫醇化合物、10 个多硫硫醚、2 个蒎烷、2 个芳香含氮化合物）（图 3.1.1）。

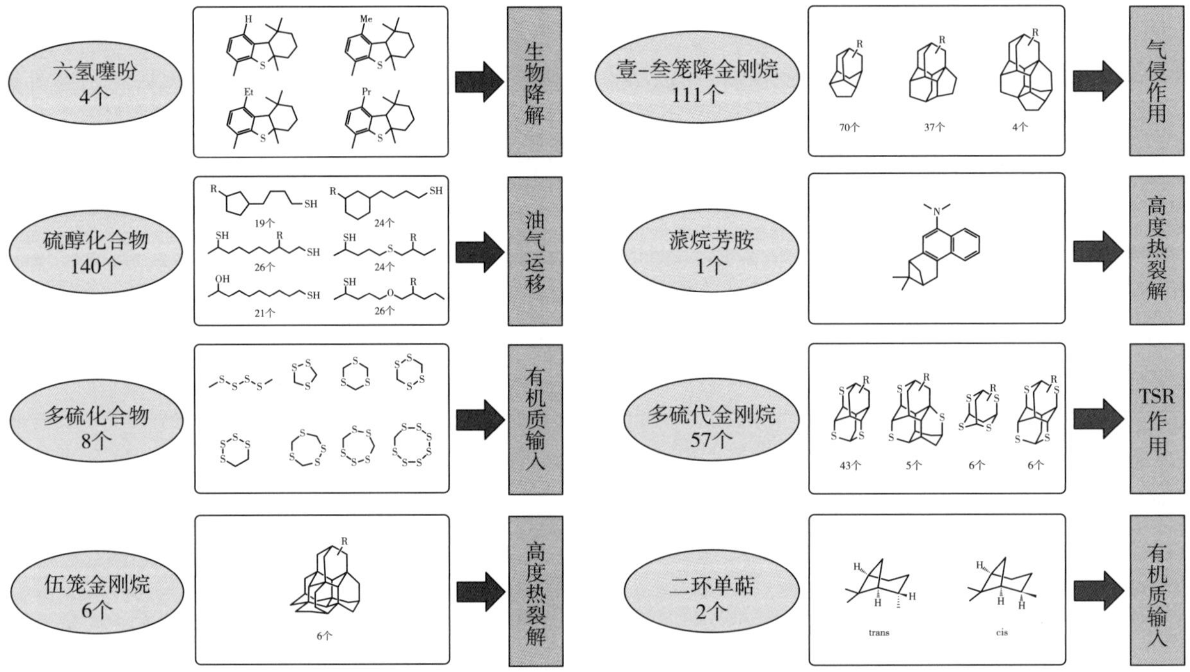

图 3.1.1　首次在原油中发现的 8 个系列新型化合物及其功能

b. 发现系列新化合物分别指示了油气次生作用或母源，依据原油中特殊化合物组成，建立了深层油气相态预测方法和图版，可快速准确识别油气相态，替代传统 PVT 相图等方法确定油气藏相态。该技术已成功在塔里木盆地、准噶尔盆地、四川盆地和渤海湾盆地等多个油田投入使用。同常规方法比，具有快速、早期定性的特点。塔里木盆地古生界油气的复杂性，与成藏后遭受的生物降解、气侵分馏、高温热裂解、TSR 等次生改造密切相关（Cheng et al.，2017；Wang et al.，2011）（图 3.1.2）。塔里木盆地早期成藏抬升浅埋、后期快速深埋，油气叠加了浅埋和深埋两大类地球化学作用，代表了全球特殊而复杂的地质与地球化学过程。

c. 建立了油气生成时间精确确定新方法，发现原油裂解影响 Re-Os（铼-锇）同位素体系的封闭性（Sperling et al.，2015；Sun et al.，2005），提出了高演化焦沥青 Re-Os 同位素等时线年龄指示了原油裂解和天然气生成的时间，发展了油气成藏同位素年代学的理论，论文发表在 *Geology*（Zhu et al.，2017）上；并将其应用于碳酸盐岩油气成藏的研究，开辟了碳酸盐岩油气成藏直接定年的新途径。

运用 Re-Os 同位素成藏定年、自生伊利石 K-Ar 测年数据，厘定出塔里木盆地海相油气三期充注成藏过程（Wang et al.，2015；Zhang et al.，2014），重构了盆地在加里东运动、海西运动和喜马拉雅运动等重大构造变革作用控制下，油气充注成藏演化历程。油气次生调整过程分别发生在海西早期、海西晚期、喜马拉雅晚期，其中海西早期构造抬升导致古油藏破坏，形成干沥青；二叠纪末的构造运动，使奥陶系油藏高部位遭受生物降解；晚喜马拉雅期气侵，对油藏进行气洗改造，形

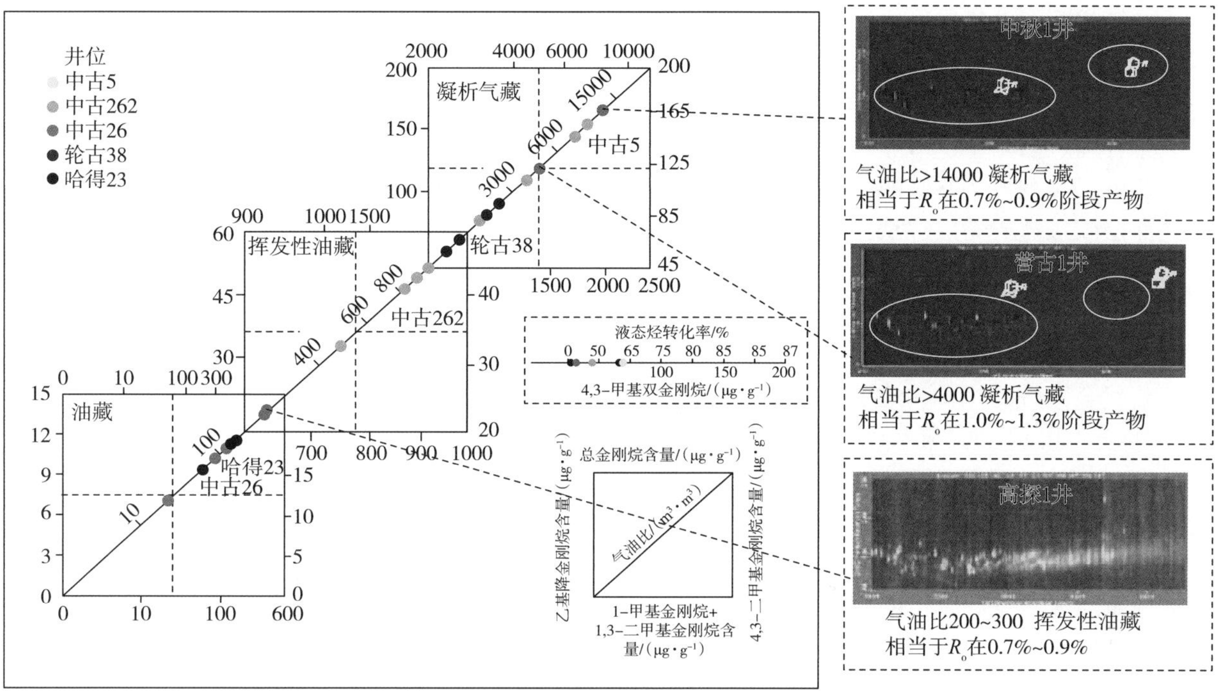

图 3.1.2　特殊化合物参数值划分油气藏相态图版

成凝析气藏或气藏；未遭受气侵影响的古油藏则在较低地温梯度下得以保存，成为全球罕见的超深层油藏。其中，生物降解主要发生在塔北地区；晚喜马拉雅期气侵作用，对塔中和塔北东部地区晚海西期形成的油藏进行气侵改造，形成次生凝析气藏；TSR 主要发生在寒武系（Wang et al.，2014）（图 3.1.3）。

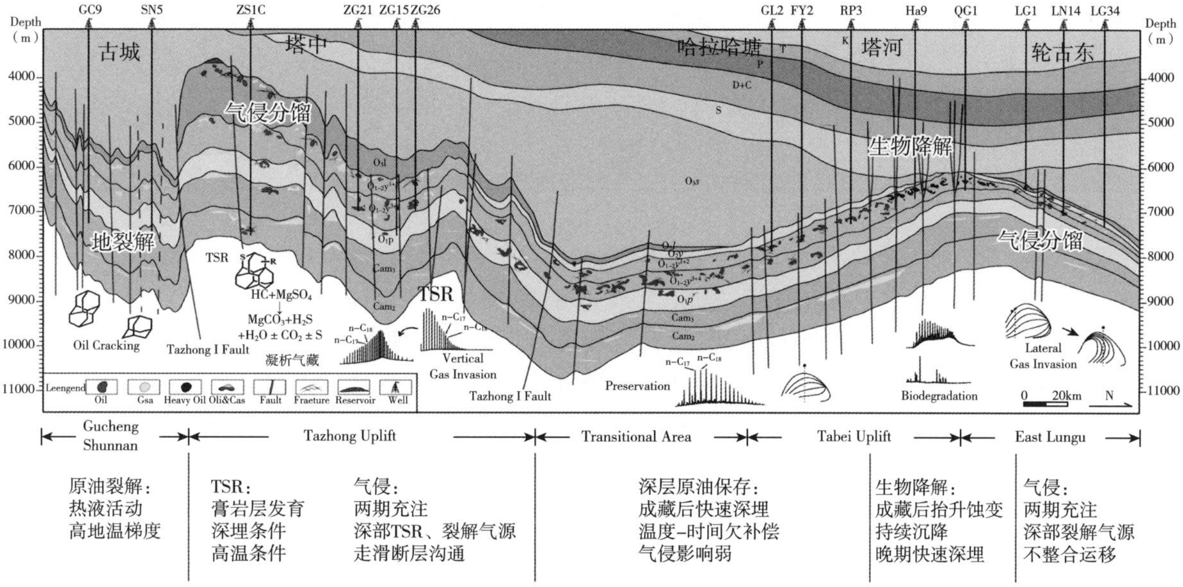

图 3.1.3　塔里木盆地多相态油气藏与多种次生地球化学蚀变作用示意图

揭示了油气相态分布规律和多相态油气藏成因机制。晚喜马拉雅期深层裂解气沿着断裂向上运移，在构造高点聚集成藏，断裂带附近油气最富集，提出了沿断裂带打高部位缝洞体的勘探思路（Weng et al.，2015），为一批高产井的确定提供了科学依据，使高产高效井成功率大幅度提高到 78%以上。

系统研究了油气次生地球化学过程和油气藏调整改造与相态机制，恢复了油气成藏演化历史，揭示了油气富集成藏规律，大幅度提高了钻井成功率。

3）揭示了 TSR 作用下硫化氢形成机理和原油裂解成气的动力学机制；发现硫代降金刚烷系列新型化合物可以指示 TSR 蚀变程度（Wu et al.，2017；Zhu et al.，2016b）；查明了硫化氢分布规律，建立了预测方法并被油田推广应用，为含硫油气田安全勘探提供了科学依据。

深层碳酸盐岩储层常赋存硫化氢，在勘探开发中存在安全隐患，通过 200 余项科学实验，揭示了硫化氢的形成机理与控制因素。

a. 运用高精度全二维气相色谱质谱仪，在塔里木和四川盆地海相凝析油中首次发现热稳定性极高的硫代金刚烷系列新型化合物，识别鉴定出 31 个硫代单金刚烷和 20 个硫代双金刚烷类化合物。硫代金刚烷是烃类和地层硫酸盐发生有机-无机相互作用下，硫酸盐中的无机硫键合到有机化合物而成，指示了深层硫酸盐热化学还原反应（TSR）的发生，为油气演化提供了精准信息（Zhang et al.，2014）。其中，ZS1C 井中硫代金刚烷类化合物含量高、种类丰富，单硫代和双硫代金刚烷系列均可检测到 3 笼，三硫代及四硫代金刚烷系列检测到 2 笼（图 3.1.4），共 267 个化合物（总含量达 27955μg/g）（Zhu et al，2016a；Zhu et al.，2018d）。在塔中 83 井奥陶系 5660m 埋深的油气藏发现了 2-硫代金刚烷化合物，提出其来自深部原油裂解产物的输入，预测深层稳定区存在大规模凝析油和裂解气，参与部署的深层风险探井-中深 1 井获高产油气流，证实了预测的可靠性。

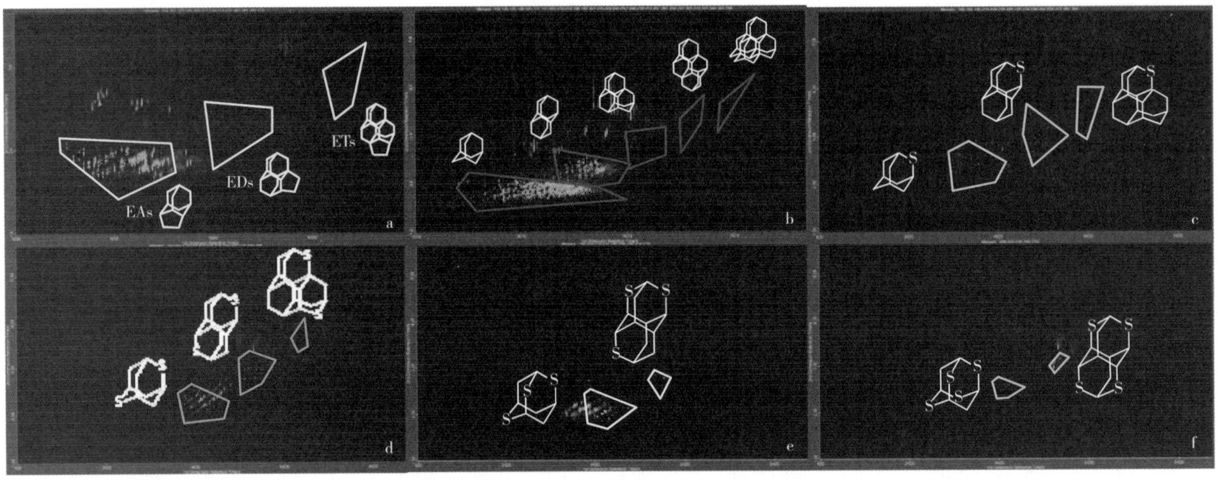

图 3.1.4　中深 1C 原油全二维点阵图

a—乙基降金刚烷化合物（1~3 笼）；b—金刚烷系列类化合物（1~5 笼）；c—单硫代金刚烷化合物（1~3 笼）；d—双硫代金刚烷化合物（1~3 笼）；e—三硫代金刚烷化合物（1~2 笼）；f—四硫代金刚烷化合物（1~2 笼）

b. 通过原位激光拉曼技术与热模拟研究，发现油藏中启动 TSR 反应最直接的氧化剂是硫酸盐接触离子对（CIP），并非游离的 SO_4^{2-} 或者初始的 HSO_4^-；弱酸性环境难以引发 Na_2SO_4 或 K_2SO_4 与烃类的 TSR 反应（Zhu et al.，2015b）。影响 TSR 启动温度的因素，除了原油组分特征、原油中不稳定含硫化合物和硫酸盐类型外，地层水中含盐类型及盐度是重要因素，高盐度地层水有利于 TSR 发生，会大幅度降低反应所需的温度门槛。发现 TSR 作用显著降低原油裂解的温度门槛，裂解实验发现，TSR 体系的产气量比非 TSR 体系高出 2 倍，TSR 促使天然气提前生成（Zhu et al.，2015a）。溶蚀模拟实验发现，TSR 产生的 H_2S、CO_2 溶解于地层水后，形成酸性流体与碳酸盐岩储层间的有机-无机相互作用是导致储层溶蚀的主因。储层溶蚀程度取决于 TSR 反应强度，氧化还原反应的发生，将引起地层水酸度和 CO_2 含量增加，SO_4^{2-} 浓度降低，进而驱动碳酸盐岩和膏盐溶蚀作用持续进行；而储层溶蚀将维持地层水中 SO_4^{2-} 浓度并引起盐度增加，进而促进 TSR 进行。从碳、硫同位素数据，证实碳酸盐岩地层中油-水-矿物之间的相互关联过程（Zhu et al.，2018d；Zhu et al.，2019b）。

c. 论证了四川盆地安岳大型气田、塔里木盆地塔中和轮古东凝析气田的气源及硫化氢为TSR成因。安岳气田H_2S形成时间在侏罗纪—早白垩世；H_2S含量低主要是由于地层水中SO_4^{2-}被耗尽而终止了TSR反应。根据组分与碳、硫同位素次生蚀变程度，推断震旦系发生了中等强度的TSR，H_2S含量曾经在5%～10%，但大部分被地层水中重金属离子吸收，形成次生黄铁矿，其硫同位素值与H_2S的硫同位素值相近，证实硫源相同（Zhu et al.，2013；Zhu et al.，2018b）。塔里木盆地TSR主要发生在寒武系，晚期到达最高温度，TSR反应程度没有四川盆地彻底。论证安岳等大型气田的气源以及古油藏在燕山期裂解而成气藏的演化历程，建立了古老克拉通盆地深层天然气成藏模式（Zhu et al.，2018a）。

建立了一套识别硫化氢成因的方法技术，解决了硫化氢分布预测难题。包括硫同位素判识、碳同位素判识、储层岩石学判识、生标判识等（Zhu et al.，2019a）。另外，硫酸盐的分布、储层类型与成岩演化、埋深与高温过程等，对准确判识TSR强度、预测H_2S含量具有重要作用。H_2S成因识别方法已被油田应用推广，有效防范了安全事故的发生，为高含H_2S大气田的勘探提供了科学依据。

总之，建立了深层油气成因与成藏系列新技术方法体系，解决了超深层碳酸盐岩勘探的卡脖子关键技术，形成了海相油气成藏理论，在指导油气勘探中发挥了重要作用，鉴定委员会认为，该成果达到国际领先水平。

3.1.4 本节小结

中国深层油气资源占剩余油气资源量的50%以上，是重要接替领域，主要分布在西部碳酸盐岩古老层系（Zhu et al.，2020；Zhu et al.，2019c），其特点是：缝洞型油气藏埋藏深、油气成熟度高、相态复杂多样，显著区别于国外如墨西哥湾深水盆地等中新生代碎屑岩层系的整装油藏。如何确定深层油气的来源、成藏与富集分布规律，是制约深层勘探的关键难题，特别是复杂油气成因来源示踪与成藏过程恢复及定年技术，成为我国“变革性技术关键科学问题”重点专项支持的科学前沿领域之一。十余年来，在国家重大专项等支持下，围绕深层油气成因与成藏理论前沿和油气示踪“卡脖子”技术难题开展攻关，取得重要创新并获得重大经济效益，为保障国家能源安全和西部经济社会发展做出了贡献。

主要科技创新点：

1）发明了高成熟有机质中超痕量单体化合物超高纯度分离富集方法及单体化合物同位素测试技术系列；发明了石油全组分色谱定量分析和杂原子及大分子化合物组成分析技术，为复杂地区油源对比和资源评价开辟了新方法，攻克了行业内渴望解决的卡脖子技术难题，实现了技术跨越，取得重大应用效果。

2）发现了系列新型化合物，揭示了深层油气相态转换的地球化学机制，建立了油气生成与成藏时间的精确定年新方法，恢复了多期构造变革控制下油气成藏调整改造过程，阐明了油气富集分布规律，指导了高产高效井位部署。

3）揭示了TSR作用下硫化氢形成机理和原油裂解成气的动力学机制；发现硫代降金刚烷系列新型化合物可以指示TSR蚀变程度；查明了硫化氢分布规律，建立了预测方法并被推广应用，为含硫油气田安全勘探提供了科学依据。

3.2 动压煤巷围岩稳控与资源枯竭矿井增储关键技术

3.2.1 项目背景

近年来，随着国家对煤炭资源需求量增加，煤矿企业开采强度逐渐加大，导致许多矿井尤其是中东部矿井煤炭资源可采储量急剧衰减，甚至一些矿井因资源枯竭相继退出煤炭行业。为延长资源枯竭型矿井服务年限，争取企业转型及员工就业安置时间，许多矿井通过布置残采面回收井田范围内遗留煤柱，以实现矿井退出煤炭行业前的平稳过渡。但是，与常规回采面相比，残采面面临采掘系统复杂、采动扰动严重、矿压显现剧烈等多种不利因素，决定煤巷围岩稳定的应力场、位移场及裂隙场发生了显著变化，给安全生产带来了严重挑战，已有的矿压理论很难指导现代化矿井的安全、高效、智能、绿色生产。

为此，该项目聚焦动压煤巷围岩稳定控制和残采面优化布置两个核心科学问题，在揭示强采动扰动下煤岩体强度劣化及锚注改性规律的基础上，研究动压巷道围岩和残采面覆岩稳定机理与控制技术，详查井田范围内残煤可采储量，圈定残采面最优布置边界，配套研发残采面大角度转采、掘采工作面过空巷、密闭墙移位以及采动灾害监测等安全生产保障技术，构建动压煤巷围岩稳控与资源枯竭矿井增储关键技术体系，为保障衰老矿井残煤安全回收提供理论支撑。

3.2.2 成果简介

该成果属于矿山工程技术学科领域，聚焦残采面优化布置和动压煤巷围岩稳定控制两个核心科学问题，开展了动压煤巷围岩稳控与资源枯竭矿井增储关键技术研究，成果简介如下：

1）分析了强采动应力扰动下工程煤岩体峰后强度劣化的响应规律，研发了损伤煤岩锚注加固动静态加载测试平台，测试了锚固方式、锚注参数、锚固构件匹配等因素对损伤煤岩力学参数、承载性能、裂隙闭合等多场行为的改性规律，提出了损伤煤岩再造承载层控制理念。

2）提出了强采动残采面无煤柱护巷布置理念，研究了多循环加卸载路径下沿空巷道围岩应力跃迁效应及非线性变形破坏特征，揭示了煤柱尺寸、锚固支护，巷旁支护、巷内支护等关键参数对煤巷围岩承载能力恢复及其稳定性的影响规律，开发了基于围岩卸压和锚注支护的强动压巷道柔刚耦合支护技术体系。

3）建立了残采面覆岩多边“铰-固-支”力学结构模型，分析了采场覆岩冒落带和裂隙带演化的时变特征，研究了不同边界条件下覆岩活动对采场矿压显现的影响规律，量化了地质因素（采高、倾角等）和开采参数（面长、速度等）与顶板下沉及支架受力间的内在关系。

4）确定了残采面回采巷道布置及生产系统，圈定了残采面最优布置边界；提出了残采面沿空巷道围岩支护与采场顶板稳定控制技术，开发了残采面大角度转采、掘采工作面过空巷、密闭墙快速移位以及采动灾害在线监测等安全生产辅助技术。

3.2.3 详细内容

动压煤巷围岩稳控与资源枯竭矿井增储关键技术主要涉及：采动煤岩体损伤行为特征与围岩再造承载层技术、强采动残采面无煤柱护巷布置与柔刚耦合支护技术体系、残采面覆岩多边“铰-固-支”力学特性与矿压控制参数确定方法以及动压煤巷稳控与资源枯竭型矿井优化增储技术体系，成果简图如图 3.2.1 所示。

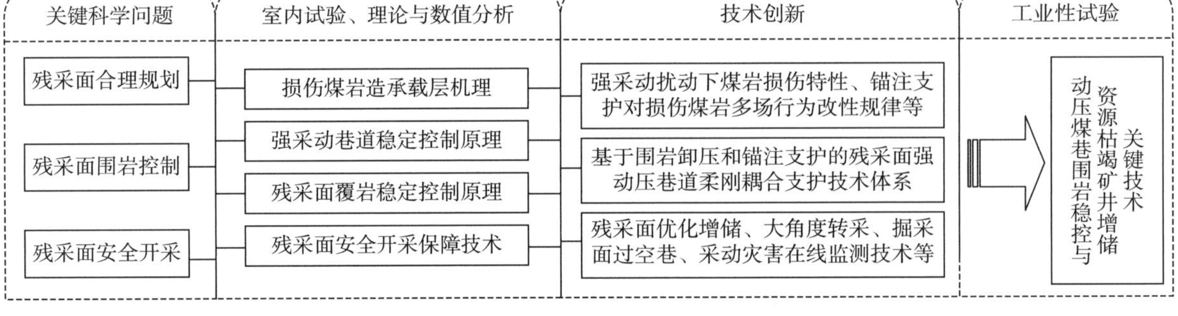

图 3.2.1 科技成果简图

（1）采动煤岩体损伤行为特征与围岩再造承载层技术

分析了强采动应力扰动下工程煤岩体峰后强度劣化的响应规律，研发了损伤煤岩锚注加固动静态加载测试平台，测试了锚固方式、锚注参数、锚固构件匹配等因素对损伤煤岩力学参数、承载性能、裂隙闭合等多场行为的改性规律，揭示了锚注支护与损伤煤岩强度恢复间的内在联系，提出了损伤煤岩再造承载层控制理念，为控制残采面围岩大变形奠定了理论基础。

1）强开采扰动煤岩体力学参数衰减模型与煤岩体强度劣化物理力学本质。

依据原位采动支承应力演化特征设计了室内试验应力加卸载路径，将煤岩试样加载至设计峰后目标点后卸载，获取不同损伤程度的初始损伤岩样，采用多级围压多次峰值屈服破坏试验方法测定了损伤煤岩试样物理力学参数，选取塑性剪切应变作为损伤变量，推导了塑性参数与损伤煤岩力学参数间的关联表达式，建立了强开采扰动煤岩体力学参数衰减模型，对数值模拟软件进行了二次开发，为分析残采面围岩大变形提供了研究基础。

2）锚注支护对损伤煤岩多场行为的改性规律与损伤煤岩再造承载层控制。

研发了损伤煤岩锚注加固动静态加载测试平台，测试了锚固方式、锚注参数、锚固构件匹配等因素对损伤煤岩力学参数、承载性能、裂隙闭合等多场行为的改性规律，建立了动静加载条件下损伤煤岩体力学本构方程，量化了锚注支护与损伤煤岩强度恢复间的内在联系，推导了回采巷道锚注支护围岩应力分布及变形破坏的理论解析式，研究了多循环加卸载路径下锚注煤岩体力学响应规律，提出了损伤煤岩再造承载层控制理念，为控制残采面围岩大变形奠定了理论基础。

（2）强采动残采面无煤柱护巷布置与柔刚耦合支护技术体系

提出了强采动残采面无煤柱护巷布置理念，建立了残采面沿空巷道围岩结构力学模型，研究了多循环加卸载路径下沿空巷道围岩应力跃迁效应及非线性变形破坏特征，研究了沿空掘巷煤柱尺寸、锚固支护，沿空留巷巷旁支护体性能、巷内支护等关键变量参数对沿空巷道松动煤岩体承载能力恢复及其稳定性的影响规律，开发了基于围岩卸压和锚注支护的强动压巷道柔刚耦合支护技术体系。

1）残采面沿空巷道覆岩结构力学模型与动载扰动沿空巷道大变形机理。

建立了残采面沿空巷道覆岩结构力学模型，提出了覆岩承载结构失稳断裂准则，分析了影响覆岩断裂诱发动载向沿空巷道传递的主要因素及其作用规律，揭示了采动侧顶板活化型动载形成机制及其诱发沿空巷道大变形机理，开发了沿空巷道围岩动载响应阈值求解算法，依据动载作用强度划分为轻微扰动型、中等扰动型和剧烈扰动型，为研究沿空巷道控制技术提供了理论基础。

2）考虑矸石压缩效应的沿空掘巷力学模型与“矸石-煤柱-支护”承载体系对沿空掘巷稳定的协同控制机理。

建立了考虑矸石压缩效应的沿空掘巷力学模型，基于动载扰动下沿空巷道大变形机制，研究了“矸石-煤柱-支护”承载体系对沿空掘巷围岩稳定的协同控制效应，分析了矸石压缩下沉、煤柱尺寸、支护方式及强度等因素对沿空掘巷覆岩稳定及变形破坏的扰动规律，探究了影响沿空掘巷稳定的关键因素及其作用规律，揭示了残采面沿空掘巷围岩大变形控制机理，提出了护巷煤柱尺寸、掘巷时机、锚注支护技术等核心参数的确定方法。

3）提出了厚煤层沿顶掘进超高巷道切顶留巷方法，揭示了沿空留巷稳定控制原理。

针对回采面平行大巷布置特殊开采条件，提出了一种厚煤层沿顶掘进超高巷道切顶留巷方法，该方法原理为：巷道沿顶掘进，工作面回采前对巷道卧底并辅以必要的切顶卸压和主动支护，将超高断面巷道保留下来作为残采面回风顺槽使用，揭示了超高沿空留巷稳定原理，开发了相应的控制技术。该方法不仅可实现一巷两用，同时可有效回收残采面端头三角煤，提高工作面产量。

4）基于围岩卸压和锚注支护的残采面强动压巷道柔刚耦合支护技术体系。

基于高应力巷道卸压控制理论，建立了残采面沿空巷道与硐室巷内卸压分析模型，提出了卸压效果的评价指标及卸压程度的分类方法，揭示了巷内卸压（钻孔、切缝、开槽等）与巷道围岩强度衰减、能量耗散的耦合作用规律，进一步探究了巷道卸压期间锚注支护结构受力的动态响应规律，开发了基于围岩卸压和锚注支护的残采面强动压巷道柔刚耦合支护技术体系，提出了高强让压支护、巷内卸压、二次锚注支护时机及参数的确定方法。

（3）残采面覆岩多边“铰-固-支”力学特性与矿压控制参数确定方法

建立了残采面覆岩多边“铰-固”支力学结构模型，分析了采场覆岩冒落带和裂隙带演化的时变特征，研究了不同边界条件下覆岩活动对采场矿压显现的影响规律，量化了地质因素（采高、倾角等）和开采参数（面长、速度等）与顶板下沉及支架受力间的内在关系，推导了考虑开采参数影响的支护阻力函数方程式，提出了残采面矿压控制关键技术及参数确定方法。

1）残采面覆岩多边“铰-固-支”结构力学模型与残采面覆岩失稳的理论判据。

建立了残采面覆岩多边“铰-固-支”结构力学模型，分析了采场覆岩冒落带和裂隙带演化的时变特征，提出了考虑矸石承载的砌体梁结构滑落失稳和回转变形失稳的理论判据，研究了残采面开采高度、煤层倾角、倾斜长度和推进速度等因素对采场矿山压力显现的影响规律，量化了地质因素和开采参数与顶板下沉、煤壁破坏间的内在关系，揭示了残采面覆岩砌体梁结构变形失稳机理。

2）基于矸石承载的残采面围岩-支架力学分析模型与考虑开采参数影响的支架工作阻力确定方法。

考虑采空区矸石在覆岩给定变形压力作用下的应力恢复特征，推导了矸石压缩承载的时变表达式，将其应用于残采面覆岩多边“铰-固”支结构力学模型，研究了残采面支架-围岩相互作用关系，以及影响采场支架受力的主要因素及其作用规律，分析了残采面开采参数对顶板下沉、支架受力的动态扰动效应，提出了考虑开采参数影响的残采面支架工作阻力确定方法，为残采面开采设备选型提供了理论依据。

（4）动压煤巷稳控与资源枯竭型矿井优化增储技术体系

详查了试验矿井井田范围残煤可采储量，基于循环地质钻孔探测技术圈定了残采面最优布置边界，规划了残采面回采巷道布置及生产系统；基于理论研究，提出了残采面沿空巷道围岩支护与采场顶板稳定控制技术，配套研发了残采面大角度转采、掘采工作面过空巷、密闭墙快速移位以及采动灾害在线监测等安全生产辅助技术，形成了资源枯竭型矿井优化增储与围岩稳控技术体系。

1）基于循环钻孔探测的残煤回收增储技术：依据工作面实际开采条件，采用循环地质钻孔探测技术探测煤层赋存情况，提出对工作面进行延伸增储理念，合理确定了单循环探测进尺、钻孔数量及钻孔方位角；对于残采面，利用地质钻孔圈定了工作面最优布置边界，最大程度提高了工作面可采储量，规划了残采面回采巷道布置及生产系统。

2）残采面大角度转采技术：针对不规则残采面布置条件，开发了残采面大角度转采技术，建立了转采期间支架倾倒、滑动和扭转失稳判别条件，优化了工作面单循环进尺调斜角度，提出了残采面覆岩顶板稳定控制技术及管理方案，有效减小了工作面搬家次数。

3）掘采面安全过空巷技术：针对残采面及回采巷道过空巷问题，研发了一种无机双液灌注一体空巷密闭技术，分析了空巷围岩稳定与充填体相互作用关系，以及充填材料性能及注浆参数对空巷密闭效果的影响规律，提出了空巷密闭关键参数的确定方法。

4）密闭墙快速移位技术：为合理回收大巷煤柱，尽可能增加残留煤柱可采储量，研发了一种密闭墙快速移位技术，该技术利用新型防火、防水发泡材料在设计位置构筑临时密闭墙体，密封邻近工作面采空区，为永久密闭墙构建与残采面布置提供施工及安全保障条件。

5）残采面采动灾害在线监测技术：结合残采面与采空区防治瓦斯、煤自燃和水等需求，研发了一种集成矿井灾害监测系统的防冲击密闭装置，该装置能够快速密闭采空区，实现工作面及采空区灾害因子收集、分析和预警，且具有良好的防火、防爆性能，保障了残采面安全生产。

在揭示强采动扰动下煤岩体强度劣化规律及锚注支护作用原理的基础上，提出了强采动残采面无煤柱护巷布置理念，研究了动压巷道围岩大变形和残采面覆岩稳定控制机理及关键技术，详查了井田范围内残煤可采储量，圈定了残采面最优布置边界，配套研发了残采面大角度转采、掘采工作面过空巷、密闭墙移位以及采空区灾害监测等安全生产辅助技术，形成了资源枯竭型矿井优化增储与围岩稳控技术体系。研究成果在焦煤公司下属多个矿井、众维煤业公司、鹤壁中泰矿业公司、徐矿集团张双楼矿、阳泉南庄煤炭公司等现场进行了工程应用，累计多采原煤 434.79×10^4t，新增产值 21.44 亿元，利润 8.19 亿元，取得了显著的经济社会效益，具有广阔的推广应用前景。

3.2.4　本节小结

1）分析了强采动应力扰动下工程煤岩体峰后强度劣化的响应规律，研发了损伤煤岩锚注加固动静态加载测试平台，测试了锚固方式、锚注参数、锚固构件匹配等因素对损伤煤岩力学参数、承载性能、裂隙闭合等多场行为的改性规律，提出了损伤煤岩再造承载层控制理念。

2）提出了强采动残采面无煤柱护巷布置理念，研究了多循环加卸载路径下沿空巷道围岩应力跃迁效应及非线性变形破坏特征，揭示了煤柱尺寸、锚固支护，巷旁支护、巷内支护等关键参数对煤巷围岩承载能力恢复及其稳定性的影响规律，开发了基于围岩卸压和锚注支护的强动压巷道柔刚耦合支护技术体系。

3）确定了残采面回采巷道布置及生产系统，圈定了残采面最优布置边界，提出了残采面沿空巷道围岩支护与采场顶板稳定控制技术，开发了残采面大角度转采、掘采工作面过空巷、密闭墙快速移位以及采动灾害在线监测等安全生产辅助技术。

3.3　水岩耦合机理及煤矿地下水库水资源保护关键技术

3.3.1　项目背景

我国是一个煤炭资源大国，在以往的开采作业中，为了保障井下安全，矿井水的处置方法是进行处理后外排到地表，大量矿井水从井下排出造成了水资源极大的损失，使原本匮乏的水资源更为短缺。据统计，我国每年仅因煤炭开采而产生的矿井水约为 80×10^8t，而利用率仅为 25%左右，煤炭开采中损失的矿井水资源相当于我国每年工业和生活缺水量的 60%，且因矿井水成分复杂，外排污水在一定程度上造成了土壤盐碱化，使得矿区及周边环境出现沙漠化、荒漠化倾向。西部生态脆弱区水资源短缺的现实与能源需求之间的矛盾已成为我国煤炭工业科学发展的重要问题，因此保护和利用好矿井水是西部生态脆弱地区煤炭开发的重要课题。煤矿开采过程中的环境问题，特别是水资源问题，已成为影响国家能源安全，制约我国大型能源基地建设和煤炭资源开发战略西移的关键因素。

地下水库作为一种利用地下空间实现对水资源人工调蓄的设施，具有调蓄量大、不占用地面空间等优势，因此被认为是一种有效的、发展前景广阔的水资源调蓄手段。针对煤矿开采过程中的水资源保护问题，结合地下水库的概念，中国工程院院士顾大钊等（顾大钊，2015）提出了在煤矿采空区建立地下水库的设想，采取“导-储-用”的手段，对煤炭开采过程中所产生的矿井水等地下水资源实施保护与利用，即在掌握开采对水资源运移影响规律的基础上，将含水层的地下水疏导至采空区进行储存，并建设相应的水处理和抽采利用工程，对矿井水进行高效利用，达到疏导后矿井水不外排，避免蒸发损失的目的，实现地下水保护利用。地下水库的设想实现了煤炭开采过程中水资源的保护和再利用，实现了地下水质的净化，避免了井下外排污水对环境的污染，这也是“绿色开采”“绿色矿山”理念的核心思想。研究采动岩体渗流特性和水岩耦合作用机制，利用采空区储存地下水，建立地下分布式水库工程，为我国西部有效控制和保护地下水资源提供理论依据（刘晓丽等，2019；梁涛等，2019）。本项目可为煤矿地下水库水资源保护技术的实施提供理论和技术支撑。

3.3.2 成果简介

本项目所属科学技术领域为环境保护与节能减排和岩土力学与岩土工程的交叉，具体技术目标是利用煤矿采空区构建地下水库进行矿井水储存，实现矿井水的零排放与安全高效利用。为实现上述目标，项目开展了一系列科学与技术研究，主要内容概括为以下三部分：

1）研究了煤矿采动影响下采空区形成和演变过程，并根据多孔介质渗流特性类型将采空区及顶底板围岩体划分为：低孔隙度致密岩石、多孔介质岩体、单裂隙和多裂隙岩体、演变裂隙岩体等，研究了多介质环境下的渗流流态：从低渗透非达西流、达西流，到高渗透非达西流。提出了多介质环境渗流特性表征模型和宏细观多尺度数字岩体模型，为研究渗流-应力耦合作用奠定了基础。

2）建立了多尺度水岩耦合系统的渗流-应力作用过程演化理论与数学模型，开展了开采扰动条件下水岩耦合作用机制研究，开发和设计了水岩耦合相似材料及大尺度水岩耦合物理模型试验平台（长×宽×高＝8m×4m×2m），并利用该模型试验平台模拟“开采扰动-顶板岩层破坏-渗流通道变化-承压含水层破坏-采空区涌水”等全过程，研究了采动影响下承压水流对应力场和渗流场变化的影响。通过模型试验验证了数学模型的有效性，为研究实际采空区储水（煤矿地下水库）工程中的关键技术问题提供了支撑。

3）发展了煤矿地下水库水资源保护的新模式，利用上述水岩渗流-应力耦合模型及大尺度水岩耦合物理模型试验，系统研究了煤矿地下水库工程建设的一系列技术难题，包括库容确定、煤柱-人工复合坝体设计方法及稳定性评价方法、煤矿地下水库整体稳定性评价方法、水质保障方法等。

项目主要特点：以矿井水零排放与安全高效利用为研究导向，将采矿工程、安全科学、岩石力学、渗流力学等多学科方向有机交叉融合，研究方法立足实际工程背景，遵循工程学科理论-试验-数值主流范式，涵盖二维至三维、静力至动力、科学至工程等多元分析角度。研究成果在国家能源集团神东煤炭大柳塔煤矿、国家能源集团神东煤炭上湾煤矿等地下水库示范工程建设中得到了应用和推广。

3.3.3 详细内容

（1）总体思路

针对煤矿采空区的介质结构特点，采用室内大尺度模型试验、渗流-应力耦合理论分析及连续-非连续变形数值方法相结合的方法，研究了采动影响下采空区的形成过程及采空区与围岩的多流态渗流演化规律，提出了采空区与围岩的多尺度和多介质特性及达西-非达西多流态表征模型；在此基础上，分析了不同渗流规律的水岩渗流-应力耦合作用，建立了多尺度水岩耦合系统的渗流-应力作用过程正反分析数学模型，用于分析采空区储水特性及储水空间变化规律；基于上述成果，发展了煤矿地下水库水资源保护的新模式，即利用采空区储存和净化矿井水，达到矿井水安全高效利用的目的，利用上述水岩渗流-应力耦合模型及大尺度水岩耦合物理模型试验，系统研究了煤矿地下水库工程建设的一系列技术难题，包括库容确定、煤柱-人工复合坝体设计方法及稳定性评价方法、煤矿地下水库整体稳定性评价方法、水质保障方法等。

主要技术路线如图 3.3.1 所示。

（2）研究内容

1）采空区及围岩的多介质特性及渗流流态。

采动影响下，煤层顶底板发生渐进破坏，采空区逐渐形成与扩大。此时采空区及其围岩体近场的强扰动区（冒落带、裂隙带、弯曲下沉带）到远场的微扰动带（弹性变形带）和未扰动带（完整岩体），介质类型从低孔隙度致密岩石、多孔介质岩体、到单裂隙和多裂隙岩体介质，跨多介质环境，渗流流态从低渗透非达西流、达西流，到高渗透非达西流。对多介质环境中渗流流态进行识

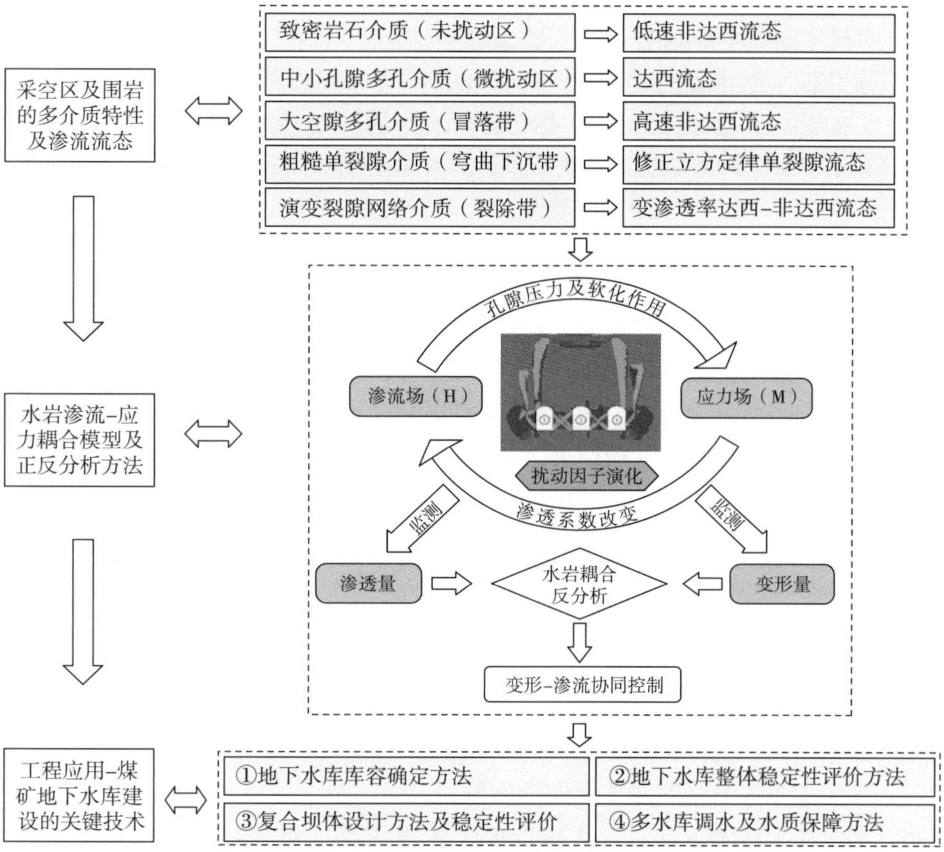

图 3.3.1　技术路线图

别是水岩渗流场-应力场耦合研究的关键。

针对这一问题，项目系统研究了多介质环境中的渗流规律，提出了多介质环境渗流特性表征模型，为渗流-应力耦合分析奠定了基础。主要内容包括：

a. 致密岩石介质低速非达西渗流特性与模型。针对致密岩石微孔隙与微界面，充分考虑介质中水或水气赋存状态，提出了有效体积扩散动力学的概念和双流速流动模型，推导了一套描述广域努森数下流体的运动方程，建立了扩展 Naiver-Stokes 方程组，求解出了微圆管和微平板中流体流动的解析解。进而提出了适用于致密岩石介质所有流动域的本质渗透系数修正公式，并据此建立了基于吸附性气体脉冲衰减的实验室渗透率测试方法。

b. 多孔岩土介质达西-非达西多流态渗流特性与模型。自主研制了多孔介质试验平台，针对多种不同多孔介质构形（不同级配天然河砂、不同半径球形颗粒、不同形状颗粒、不同排列方式颗粒等），试验研究了颗粒尺寸、颗粒形状、颗粒排列方式等对渗流过程的影响，并采用扩展的 Naiver-Stokes 方程对复杂孔隙流动进行了模拟，基于此，建立了具有广泛适用性的多孔介质渗流方程，揭示了多孔岩土介质达西-非达西多流态渗流特性。

c. 岩体演变裂隙网络达西-非达西多流态渗流特性与模型。基于立方定律平板流模型，推导出二维和三维粗糙裂隙渗透系数中经验参数的具体形式，明确了其物理意义；建立了大尺度水岩作用模型试验，通过模拟开采扰动，再现了裂隙网络形成与演变的全过程，据此推导了演变裂隙网络的渗透张量表达式；基于大量现场高压注水试验，发现了采空区及围岩四种达西-非达西渗流流态，提出了多流态判识准则。

2）水岩渗流-应力耦合模型及正反分析方法。

借助岩土扰动态概念模型（DSC），提出了基于室内试验监测的岩土体扰动态表征方法，通过试验揭示了静动力组合条件下的水动力响应规律，进而建立了水岩渗流-应力耦合分析的控制方程，并提出了其多尺度演化的分析方法。主要内容包括：

a. 静动力组合条件下的水动力响应规律。研制了配合分离式霍普金森压杆（SHPB）使用的节理液体施加装置，实现了节理液体压力的实时获取，分别针对硬岩和软岩制作了充液节理，采用SHPB施加冲击荷载，模拟了应力波与充液节理岩体相互作用过程，用于模拟矿震等动力载荷下地下水库安全特性。

b. 水岩渗流-应力关联分析的控制方程。针对采空区及围岩体赋存的复杂环境，系统分析了水岩系统中的基本物质运动及其内在联系性，揭示由此引发的能量转换与参数的变异。通过关联分析，建立了耦合控制方程，并提出了有限元数值解耦求解及其水岩参数反分析方法，据此分析了各变量对整个耦合系统演化的影响。

c. 多尺度水岩耦合过程演化规律。为揭示渗流场和应力场的场变量及参数的尺度效应，建立实验室内微细观研究与工程应用之间的联系，构建了多尺度数字岩体模型，提出了尺度间信息的融汇和传递特征，研究了岩体结构多尺度间的内在关系。结合数值模拟手段，研究了岩体力学和水力学特性、渗流-应力耦合效应及其影响因素。建立了耦合场多元关联关系（公式）库，以用于采空区与围岩的参数评价，在一定程度上解决了岩体宏观参数测不准的难题。

3）工程应用——煤矿地下水库建设的关键技术。

提出了煤矿地下水库水资源保护模式，完善了煤矿地下水库建设的技术体系，并将上述理论与数值计算研究成果应用于煤矿地下水库建设，研发了系列煤矿地下水库建设关键技术，包括地下水库容确定方法、煤柱-人工复合坝体设计与稳定性评价方法、地下水库整体稳定性评价方法、多水库调水及水质保障技术等。部分关键技术内容如下：

a. 煤矿地下水库库容确定方法。煤矿地下水库库容（储水水位与水量的关系）确定是评价其储存的水资源量的基础，也是保障煤矿地下水库安全施工与运维的关键，项目通过研究开采扰动全过程，提出基于采空区储水空间计算方法，并揭示了储水空间在水岩渗流-应力耦合条件下的变化特征。在此基础上，通过对采空区精细分区，建立了储水水位与水量的关系曲线，用于确定水库库容。提出了特征水位（最小库容，正常库容，校核库容，最大库容）的概念，完善了基于模型试验、现场试验及理论与数值计算的库容确定方法。

b. 煤柱-人工复合坝体设计与稳定性评价方法。煤矿地下水库的挡水建筑物为安全煤柱与人工混凝土坝体组成的煤柱-人工复合坝体，其安全性的决定因素包括安全煤柱、人工混凝土坝体以及煤柱与混凝土之间的连接部位三部分结构的稳定性。本项目提出了综合考虑安全煤柱完整性、矿山地质条件、地应力、水库库容等煤柱-人工复合坝体设计原则，在此基础上，提出了复合坝体运维条件下的稳定性评价和计算方法。

c. 煤矿地下水库整体稳定性评价方法。煤矿地下水库的整体稳定性包括特征库容条件下水库的稳定性、地震动下的水库稳定性以及防渗系统的稳定性等方面。项目通过数值计算、振动台试验等手段，对其进行了深入细致的研究，通过与地表高坝大库的稳定性对比，提出了煤矿地下水库整体稳定性评价方法。

d. 多水库调水及水质保障技术。根据采空区位置的不同，可建立分布式地下水库（多个具有水力联系的水库）。通过对分布式地下水库之间进行水资源调度，不但可为水库运行安全提供应急调水安全保障，也为水质提升提供和分质利用（不同水质需求的水资源储存与利用）提供保障。

（3）主要创新点

1）针对采空区及顶底板围岩体介质特性，提出了多介质环境渗流特性表征模型，并研究了其低渗透非达西流、达西流，到高渗透非达西流的多介质渗流特性；提出了宏细观多尺度数字岩体模型，实现了多介质环境渗流特性数值求解。

2）建立了多尺度水岩耦合系统的渗流-应力作用过程演化数学模型，揭示了开采扰动条件下水岩耦合作用机制；开发和设计了水岩耦合相似材料及大尺度水岩耦合物理模型试验平台，精细模拟了“开采扰动-顶板岩层破坏-渗流通道变化-承压含水层破坏-采空区涌水”全过程，揭示了采动影响下承压水流对应力场和渗流场变化的影响。

3）发展了煤矿地下水库水资源保护的新模式，提出了煤矿地下水库工程的稳定性保障方法，包括库容确定方法、煤柱-人工复合坝体设计方法及稳定性评价方法、煤矿地下水库整体稳定性评价方法、水质保障方法等。

3.3.4　本节小结

“水岩耦合机理及煤矿地下水库水资源保护关键技术”项目的开展实施，与当前国家西部生态脆弱区水资源短缺与煤炭能源开发背景相契合，实现了传统煤炭开采过程中水资源的保护与再利用，有效减少了井下污水外排对生态环境的影响，充分彰显绿色矿山发展理念，对于区域地质环境与生态保护具有重要的科学意义与应用价值。

研究成果获国家授权发明专利 20 项以上，软件著作权 5 项以上，发表国内外高质量学术论文 50 余篇。以中国工程院院士彭苏萍为组长的中关村绿色矿山联盟专家委员会认为，本项目对应研究成果属于国内首创，其中多介质环境渗流模型及煤矿地下水库水资源利用技术达到国际先进水平。

项目整体或部分技术成果成功在国家能源集团神东煤炭大柳塔煤矿、国家能源集团神东煤炭上湾煤矿、呼伦贝尔东明矿业有限责任公司、中国水利水电第五工程局有限公司华中分公司、河南省城乡建筑设计院有限公司、北京华宇天地科技开发有限公司、成都新伟岩土工程有限公司等多家单位得以应用，工程应用场地辐射全国多地。在现有工程应用基础上，将在更多地下岩土工程进一步推广和应用。

3.4　复合开挖工程优化控制关键技术研究

3.4.1　项目背景

我国有各类矿山近 10 万座，受矿产资源赋存条件限制存在着不同的开采方式或不同组合接续开采方式；井工转露天开采是指许多地方民营小矿山整合过程中直接在地下采空区上方进行露天开采、建设高陡边坡工程，或露天矿山下部先期已进行了井工矿开采后续露天矿延深开采的安全生产问题。矿山复合接续方案的实施既要求露天矿动态剥采过程中边坡工程的持续稳定和安全，又要求坡角尽可能大以回收更多资源，由此将产生以下几个方面的学术问题：

其一是露天剥采作用是如何扰动和破坏地下采区围岩稳定性，在露天矿持续剥采扰动作用下覆岩和边坡体的变形是如何演化和发展的？露天开采和井工开采不同的空间位置关系，其耦合作用的异同点差别有多大？边坡产生失稳破坏有哪些特点？滑坡规模如何界定？变形的破坏范围对周边的环境影响有多大？

其二是在一个或多个采空区上建设边坡工程应如何设计？能否通过优化与协调剥采顺序等技术手段减小或控制边坡的变形等一系列技术问题？

其三是边坡破坏能否改变以往的点变形预测方式，实现体破坏辨识与预测？为此本项目开展这三个方面关键技术问题的研究，以便为同类矿山的安全生产服务。

从应用前景来看，该项目主要涉及资源回收、协调开采安全与环境安全等问题。目前许多矿区存在此类问题且十分突出，尤其是井工矿回采结束，残余矿产资源需要继续开采回收时，井采区上部边坡体及环境安全问题无法保证，严重地制约着矿产资源的回收。本项目的研究成果将为矿山边坡体的安全评价、开采矿山的边坡设计及资源的合理划分、开采境界的优化设计等提供技术方法，也可应用于高速公路、铁路工程、水利水电等类似工程。

3.4.2 成果简介

井工转露天复合开采是在地下采空区覆岩的破坏区内建设高边坡工程，并求动态开采条件下露天高陡边坡不产生破坏性滑坡，且坡角能达到最大，同时又要保证露天矿剥采过程中边坡状态持续稳定和安全。主要存在的问题是井工转露天开采除对露天边坡稳定性的影响外，还诱发周边环境的剧烈变形与破坏，因此需要弄清楚其综合开采影响下边坡体的滑移变形机制、建立相应的安全评价方法及其防控措施等。本项目通过室内试验、理论分析、数值仿真和现场实测分析等综合手段进行了系统研究，主要创新性成果如下：

1）针对煤矿典型井工转露天开采，以及非煤矿山井采区嵌套在露天采场中间条件下露天矿延深协调开采条件下边坡稳定性与剧烈破坏问题，首次揭示了常规型井工转露天边坡“三效应”耦合演化机制、分区影响属性及其对环境安全影响规律；提出并建立了嵌套型井工转露天开采井采区顶板安全厚度界定、采空区安全清除和高边坡安全控制与协调剥采技术体系，以及协调剥采控制方法，为采空区安全处理与露天矿延深开采提供了理论基础和技术保障。

2）针对井工转露天复合叠加作用机制，修正了井采区存在条件下边坡稳定性评价方法，创建了复杂荷载与工程环境条件下边坡稳定性精细化评价体系，解决了局部安全与整体同时评价、计算结果的可靠性及非唯一性问题。

3）基于智能监测大数据资料、岩体强度判别准则及变形滚动预测技术方法，建立了三维实体滑坡预测预警方法。

3.4.3 详细内容

（1）井工转露天开采边坡岩体滑移机制的研究

1）井工转露天边坡岩体活化机制及其剧烈变形属性。

井工矿转露天开采其破坏模式可概括成如图 3.4.1 所示。在图 3.4.1a 中，位于井采区主断面两侧上覆边坡体，受井采区二次活化诱发的滑移影响方向相反，位于上山一侧的井采区开采后，井采区活化诱发边坡移动指向井采区、而下山侧的滑移方向诱使边坡加速滑移；随着露天矿采掘的延深和推进，坡角和坡高增大，边坡轮廓将由初始的 E 线逐渐推进到 F 线，最终将推至 M 线，井采区存在将产生三个方面的作用：其一是井采区存在使得边坡岩体本身的应力场分布完全不同于单独露天开采；其二为沿井采区走向主断面两侧（即上山侧与下山侧）的岩体开采量不等，上山方向一侧开采量多，下山一侧开采量少或基本不变，使得井采区整个上覆岩体产生了不均平衡的滑移力，破坏力系之间的平衡条件，导致原平衡体系再活化；其三是随着露天矿的继续采掘，原井采区上山方向一侧承载区的岩柱体（$K_1K_2K_3K_4$）逐渐减小（图 3.4.1a）且临空面增大，因而岩柱体抗载荷的能力减小，由此导致边坡体受到“两增一减”的作用，即边坡本身的下滑应力增大、原井采区上覆岩体的滑移力增大，而边坡体本身坡脚处的抗载能力减弱；与单一露天开采相比多了“一增一减”的影响，因而边坡岩体的变形量增大，潜在滑坡的概率增大。

2）揭示了老井采区覆岩体二次活化移动模式及其与露天延深关系。

从移动特征来看，井工采动活跃期与露天开采诱发的二次活化期，地面移动方式有本质性不同。为了对比移动特征上的差别，将同一测点、同一监测期、水平移动量与下沉量之比定义为水平移动系数，水平移动系数大小反映了岩体移动方式上的差别。如果水平移动系数小，说明岩体移动主要以下沉为主，反之则以水平移动为主。因此，可用水平移动系数这一概念来表征和对比同一测点不同时期、不同测点同一时期或不同时期、不同监测区岩体移动方式上的差别。统计结果是井工开采期间地表水平移动系数为 0.34，说明地表以下沉为主。而在同一区域，1979 年至 1986 年间的水平移动系数均值为 1.37；1989 年至 1996 年该区域的水平移动系数均值为 1.65。露天开采诱发二次活化后水平移动系数与原井工采动期水平移动系数的比值大于 4；说明了移动方式产生了较大的差别，二次活化是以水平移动为主。产生这些差别的主要原因，一是随着露天开采延深和坡角增大，露天边坡一侧的临空面增大，使得井采区上覆岩体两侧的约束机制产生了根本性的变化，再加上边坡体自身的滑移变形，两者的叠加作用导致向露天坑内滑移量增大并诱发境界外地面剧烈变形；且随着坡高和坡角越大相应的变形也越大（图 3.4.1b），这是导致二次活化后地面持续剧烈变形的主要影响因素，并对周边环境安全产生严重的影响。

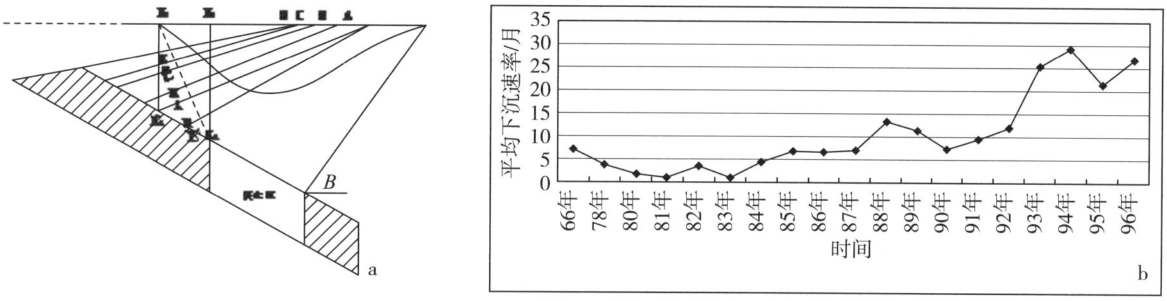

图 3.4.1　井工矿转露天开采活化机理及剧烈变形特点

a—露天开采诱发老采区活化机制；b—老采区活化导致边坡剧烈滑移演变规律

（2）创建了井采区存在条件下边坡稳定评价新方法

1）基本原理。

在井工与露天复合采动影响下，边坡岩体除受露天开挖所产生的应力变化及各种环境工程条件的改变所产生的影响之外；由于边坡岩体还位于地下采动影响域之内，因此边坡岩体内的力学性态还要受到井工采动效应的影响。根据地下采区水平应变沿任意方向的导数（式 3.4.1）、竖直应变对深度的导数（式 3.4.2），以及边坡稳定性评价理论计算式为（式 3.4.3）。

$$\frac{\mathrm{d}\sigma}{\mathrm{d}\rho} = E\Big[\frac{\mathrm{d}\varepsilon_x}{\mathrm{d}x}c_y\cos^2\varphi + \varepsilon_y i_x\cos\varphi\sin^2\varphi/w_{\max} + (\varepsilon_x i_y + u_x k_y)\cos^2\varphi\sin\varphi$$

$$+ \frac{\mathrm{d}\varepsilon_y}{\mathrm{d}y}c_x\sin^2\varphi + \varepsilon_x i_y\sin\varphi\cos^2\varphi/w_{\max} + (\varepsilon_y i_x + u_y k_x)\sin^2\varphi\cos\varphi\Big] \tag{3.4.1}$$

$$\frac{\mathrm{d}\sigma_j}{\mathrm{d}z} = E\Big[k_x c_y\cos^2\varphi + k_y c_x\sin^2\varphi + \frac{i_x i_y}{w_{\max}}\sin2\varphi\Big]/\tan^2\beta \tag{3.4.2}$$

式中：β 为岩层移动角；γ 为岩体容重；α_i 为单元体底边中点法线与重力线之间的夹角；ε_i 为单元体中任意点的水平应变值；ε_{ij} 为单元体中任意点的竖直应变值；C、φ、E 分别为岩体凝聚力、内摩擦角和弹性模量。

$$F = \sum_{i=1}^{n}\frac{\tan\varphi\Big[\gamma\cos\alpha_i + E\dfrac{1}{m}\sum_{j=1}^{m}\dfrac{\mathrm{d}\varepsilon_j}{\mathrm{d}z}\cos\alpha_i + E\dfrac{\mathrm{d}\varepsilon}{\mathrm{d}\rho}\sin\alpha_i\Big] + C/\sum_{j=1}^{m}\Delta z_{ij}}{\gamma\sin\alpha_i + E\dfrac{1}{m}\sum_{j=1}^{m}\dfrac{\mathrm{d}\varepsilon_j}{\mathrm{d}z}\sin\alpha_i + E\dfrac{\mathrm{d}\varepsilon}{\mathrm{d}\rho}\cos\alpha_i} \tag{3.4.3}$$

2）创建了大数据系统边坡稳定性精细化评价体系。

基于 GIS 技术和模糊物元等理论方法，结合边坡岩体裂隙分布、风化蚀变程度、结构类型、坡角和坡高五个因素创建了边坡稳定性大数据区划方法，解决了边坡稳定状态的界定与区划问题。基于广义极限平衡、有限元和大系统多目标规划等理论方法，通过构建微小单元大数据系统创建了考虑加固与震动荷载等多工况下边坡稳定性精细化评价大数据体系，解决了边坡极限平衡法中计算精度低且评价结果非唯一，以及露天延深开采过程中滑移面精准确定与加固方案一体化的设计问题，实现了智能评价与治理方案的优化设计，减少重复加固的巨大浪费。

(3) 提出并设计了嵌套型井工转露天开采安全控制技术及其优化开采方案

1) 安全顶板厚度确定。

通过不同计算方法所得安全顶板厚度如表 3.4.1 所示。所以由经验法和解析法得出的安全顶板厚度取各种计算方法所得的平均值 19 m。

表 3.4.1　不同计算方法所得安全顶板厚度表

计算方法	安全顶板厚度/m
厚跨比法	16.25
荷载传递线交汇法	17.85
结构力学梁理论法	21.67
普氏压力拱法	19.9
空场长宽比法	24.5
K.B 鲁别捏兹法	14.48

2) 采空区治理方案。

结合紫金山金铜矿目前采空区的分布，采空区处理可供选择的方案有：方案一，充填法处理采空区；方案二，崩落法处理采空区；方案三，绕开地下采空区。通过表 3.4.1 的比较，综合考虑施工、生产及其他各方面因素，方案三的各项优点较为突出。为此，紫金山金铜矿采空区处理方案为：采用绕开地下采空区的方法处理采空区，按照正常的露采计划，当开采到 628 m 标高时，停采顶板上部的矿石，而按露采境界线逐步剥离边坡，使上部边坡都成为到界边坡，直至露采坑底标高达到 460 m，然后回采隔离矿块矿柱。

(4) 高精度边坡变形预警体系创建

1) 三维实体预测模型系统的构建。

基于映射理论方法，变形值是位置坐标的函数，即变形值是因变量，初始坐标（x，y）是自变量。变形函数曲面反映了变形值在空间区域上变化的特征（图 3.4.2），从而可以揭示了不同区域变形规律。根据监测点变形值，拟合一个数学曲面方程，用该曲面来反映边坡体空间分布的变化情况。由于变形值在边坡平面上变化较大，因此选用三次曲面对监测点历史变形值进行拟合。通过拟合可以获得边坡三维实体表面一系列动态变形模型，任何一个模型都属于某个时刻的静态模型，因此，边坡曲面模型是各个时刻变形值的数学模型；通过分析各个时刻的演变规律来预测滑坡的可能性，从而达到三维实体预测预警的目的。

图 3.4.2　边坡三维实体变形图

a—实测图；b—三维图；c—局部变形对比

2) 三维岩体破坏判别体系的构建。

最大剪应力准则。基于岩体抗剪强度判断准则：$\tau_{cm} \leqslant [\tau_{cm}]$，即可进行边坡岩体安全性的判断。

最大正应力准则。最大正应力强度理论也称为朗肯理论，这种强度理论认为材料破坏取决于绝对值最大的正应力。因此，对于作用于岩体的三个主应力，只要有一个主应力达到岩体的单轴抗压强度 R_c 或单轴抗拉强度 R_t，岩体便被破坏。

最大正应变准则。实验表明，某些材料受压时在平行于受力方向产生张裂性破坏。据此，提出最大正应变强度理论，认为材料破坏取决于最大正应变，材料发生张性破坏的原因是由于其最大正应变达到或超过一定的极限应变（确保材料不破坏所能承受的最大应变）所致。所以，只要变形岩体中任一方向的最大正应变达到其单轴压缩或单轴拉伸破坏时的应变值（极限应变）时，岩体便被破坏。

3.4.4 本节小结

本成果可应用于复合开采边坡稳定性分析，也可用于高速公路、铁路工程、水利水电等类似工程。研究成果获得发明专利 18 项，实用新型专利已授权 5 项、软件著作权 1 项，编写行业标准 4 部。成果在抚顺矿业集团有限公司、紫金矿业和东明矿业有限责任公司等企业得到了应用，经济和社会效益显著。

3.5 松软裂隙煤层瓦斯抽采钻孔高效封孔与利用关键技术及装备

3.5.1 项目背景

（1）成果背景

我国煤矿瓦斯灾害严重，煤与瓦斯突出是煤矿生产中较为常见也是危害最大的一种现象，严重制约着煤矿的安全高效生产（付建华等，2007），大量瓦斯排放造成严重的环境污染，同时煤层瓦斯也是国家能源战略的重要组成部分。煤层瓦斯抽采是主要的解决技术手段，具有安全、能源综合利用、环保多重效应，其高效开采与利用对国家能源安全战略具有重要的影响。瓦斯抽采是控制瓦斯灾害、实现瓦斯能源综合利用的重要手段。同时瓦斯抽采效果与矿井的安全生产密切相关（程远平等，2009）。但随着矿井开采强度增大、延伸速度加快、开采深度急剧增加，导致瓦斯抽采困难。常规瓦斯抽采方法已不能满足当前形势需要。因此，开展强化瓦斯抽采技术研究是实现瓦斯能源综合利用的重要手段。

卸压抽采是强化瓦斯抽采的重要手段，近年来，“水力化”卸压强化瓦斯抽采及防治瓦斯灾害得到了广泛应用（李晓红等，2008；Lu et al.，2010；卢义玉等，2011；刘勇等，2010），如水力冲孔、水射流割缝及水力压裂等，其中水力压裂近几年得到广泛试验性推广（乌效鸣等，1997；张国华等，2007）。但我国多数高瓦斯突出煤层为低渗煤层，在采取相关增透措施后，瓦斯抽采率和抽采浓度长期受制于较低的封孔质量和利用率，使煤层瓦斯抽采与利用一直处于较低水平，钻孔封孔质量和利用率成为制约煤层瓦斯高效抽采与利用的技术瓶颈。突破封孔质量和钻孔修复的关键技术对国家能源战略具有重要意义。

（2）研究现状

煤炭是我国能源的主体。中国是世界上最大的煤炭生产国，但由于我国 95% 的煤矿需要进行地下作业开采，受各种复杂的煤层地质赋存条件等客观因素影响，煤矿灾害非常严重。煤矿灾害已经成为威胁国家能源安全的重要影响因素，严重制约国家经济的持续增长与和谐发展（潘德祥等，1998）。由于煤炭的需求量始终居高不下，不得不延长了部分老矿井的服务年限，同时加大了矿山开采的力度与强度，这使得我国现存的多数矿井已经进入了深部开采阶段。而深部开采面临着地应力增大，煤层透气性变差、瓦斯输送距离增长等种种问题（俞启香，1992；Schmidt et al.，1997；Flores et al.，1998）。深部煤层的情况对于瓦斯的封存十分有利，因此诸如瓦斯封存状态好、瓦斯含量高、采深及地应力大和煤岩在高应力作用下更易失稳等各种因素，使部分在浅部开采情况下没有突出危险的矿井和煤层开始出现动力现象（何继善，1999；Wu et al.，2004）。为此，国家煤矿安全监察局和地方行业部门不断出台政策，要求突出煤层采掘工作面实现超前区域性消除突出危险措施。同时，在西南地区，由于煤层松软，地应力较大，顺层钻孔时当钻杆退出之后，极易形成垮孔，从而严重影响瓦斯抽采效率（卢义玉等，2010；李晓红等，2008）。而钻机一旦移动，就难以再回到原来的位置，对孔困难，无法修复失效孔。目前遇到瓦斯抽放孔失效的情况，尚无有效解决方法，一般采用重新钻孔的方式，在经济上产生极大的浪费。

另一方面，影响瓦斯抽采效果的关键因素是封孔质量（李季，2011；Lin et al.，2009）。然而，我国约有 2/3 的瓦斯矿井抽采钻孔封孔密封质量达不到抽采要求，大量煤矿瓦斯抽采浓度甚至低于 30%（王兆丰等，2005）。抽采浓度过低造成瓦斯难以利用而只能排入大气，其温室效应是二氧化碳的 20 多倍，对臭氧层的破坏是二氧化碳的 7 倍（周福宝，2012）；低浓度瓦斯还易导致煤体局部区域富氧，引起煤自燃或抽采管路瓦斯燃爆灾害，成为煤矿生产过程中的安全隐患。因此，对封孔质量进行有效改善迫在眉睫。

针对以上问题，项目围绕煤层瓦斯高效开采与利用的关键技术难题，为突破瓦斯抽采可靠封孔和长效利用的技术瓶颈，在国家、省部级及企业合作项目的资助下，经过 6 年的研究与技术应用，创新性揭示了巷道-钻孔双重卸压下围岩裂隙演化规律，发明了基于气体漏失量法的抽采钻孔合理封孔深度原位测定技术及装备，研制了以钻屑为基料的新型煤基浆液绿色封孔材料，首创了裂隙煤体注浆变质量渗流模型，揭示了注浆封孔堵漏降渗机制，研发了自进式旋转钻头无损修复钻孔技术及装备，突破了瓦斯抽采钻孔技术瓶颈，通过技术及装备集成开展了工业试验和推广应用，有效提高了瓦斯抽采效果，为煤层瓦斯的高效开采与利用提供理论基础和技术支撑，对煤矿安全科技进步具有重要的推动作用。

3.5.2 成果简介

本项目所属科学技术领域为矿山安全领域，项目针对瓦斯抽采率和抽采浓度长期受制于较低封孔质量和利用率的问题，在国家自然科学基金、河南省科技创新人才计划等课题的资助下，经过 6 年的研究与技术应用，形成了“2 项创新理论、1 种新型注浆材料、2 项关键技术及装备”的煤基浆液高效封孔与自进式钻头修孔关键技术装备体系，并在河南、山西等主要煤炭企业推广应用。项目研究取得的主要创新成果如下：

1）基于受载含瓦斯煤微纳米工业 CT 动态扫描技术，定量表征了煤体全应力应变过程中的裂隙动态演化特征及渗流规律；创新性地揭示了巷道-钻孔双重卸压下围岩裂隙演化规律，发明了抽采钻孔合理封孔深度原位测定技术及装备（图 3.5.1）。

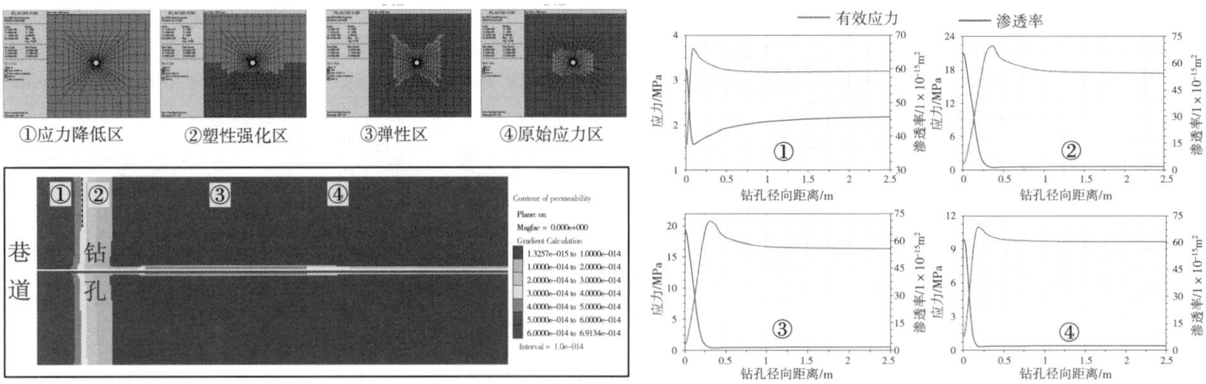

图 3.5.1 巷道-钻孔双重卸压下围岩裂隙演化及渗透率变化曲线

2）基于“相似相溶”的原理，研制了以钻孔煤屑为基料的新型绿色封孔材料；研究了不同组分浆液的流动性能、固结时间和强度等特性，揭示了浆-煤固结劣化机制，得到了性能优良的煤基浆液配比。

3）研究了裂隙煤体注浆裂隙演化和浆液流动的耦合关系，综合考虑应力、浆液流动扩散、浆液颗粒迁移沉积等对煤体裂隙的封堵作用，首创了裂隙煤体注浆变质量渗流模型，阐明了煤体注浆浆液流动扩散规律，揭示了注浆封孔堵漏降渗机制，优化了煤层瓦斯抽采钻孔封孔注浆参数。

4）发明了自进式旋转钻头修复瓦斯抽采钻孔技术及装备（图 3.5.2），形成了多种复杂封孔条件钻孔无损修复技术及装备体系，攻克了坍塌失效钻孔无损循环修复技术瓶颈，延长了抽采钻孔的使用寿命（图 3.5.2）。

5）项目形成了封孔深度原位快速测定、自进式旋转钻头钻孔修复等技术装备，实现了瓦斯抽采钻孔精准高效封孔和无损修复技术及装备集成，研究成果在河南、山西、重庆等煤炭企业推广应用，取得重大经济和社会效益，具有广泛的推广应用前景，对煤矿安全科技进步具有重要的推动作用（图 3.5.3）。

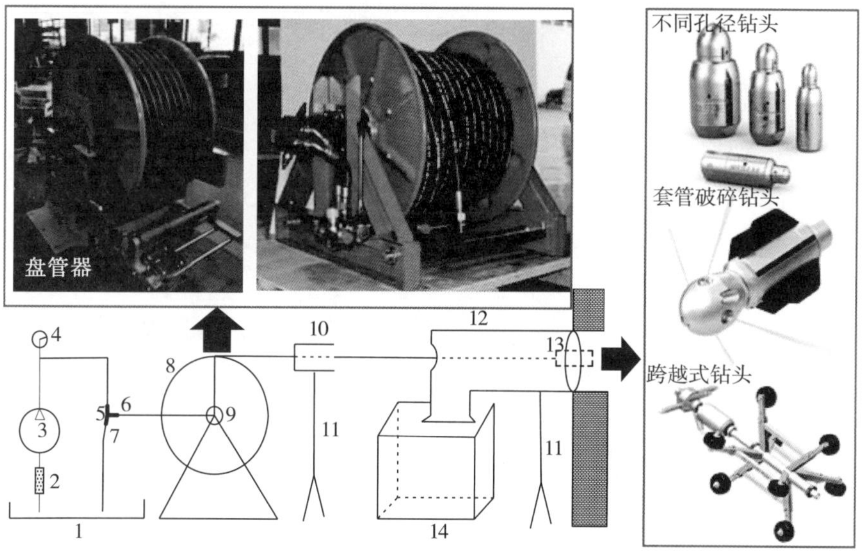

图 3.5.2　多类型复杂条件钻孔修复技术及装备体系

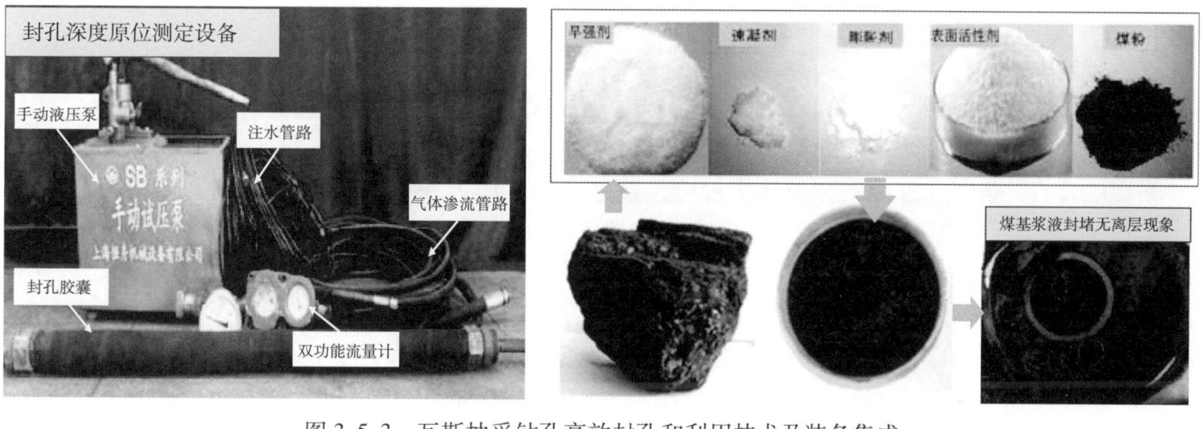

图 3.5.3　瓦斯抽采钻孔高效封孔和利用技术及装备集成

3.5.3　详细内容

（1）总体研究思路

项目围绕煤层瓦斯高效开采与利用的关键技术难题，为突破瓦斯抽采可靠封孔和长效利用的技术瓶颈，在国家、省部级及企业合作项目的资助下，经过 6 年的研究与技术应用，创新性揭示了巷道-钻孔双重卸压下围岩裂隙演化规律，发明了基于气体漏失量法的抽采钻孔合理封孔深度原位测定技术及装备，研制了以钻屑为基料的新型煤基浆液绿色封孔材料，首创了裂隙煤体注浆变质量渗流模型，揭示了注浆封孔堵漏降渗机制，研发了自进式旋转钻头无损修复钻孔技术及装备，突破了瓦斯抽采钻孔技术瓶颈，通过技术及装备集成开展了工业试验和推广应用，有效提高了瓦斯抽采效果，为煤层瓦斯的高效开采与利用提供理论基础和技术支撑，对煤矿安全科技进步具有重要的推动作用。项目总体研究思路如图 3.5.4 所示。

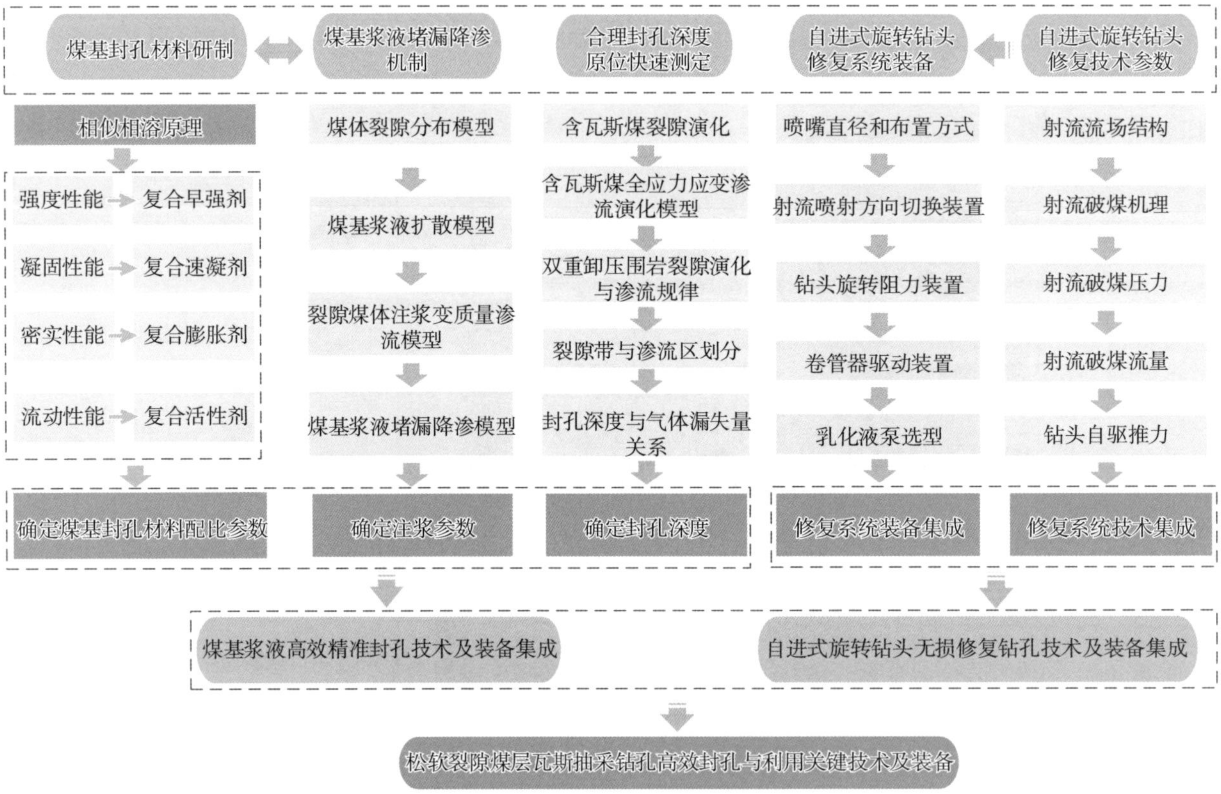

图 3.5.4　项目研究技术路线图

（2）主要科技创新

1）揭示了巷道-钻孔双重卸压下围岩裂隙演化规律，研发了抽采钻孔合理封孔深度原位测定技术及装备。本创新点属于矿山安全学科（440.75）。

a. 揭示了受载煤体裂隙演化及渗流规律，建立了基于应力和损伤效应的煤体渗透率演化模型。

基于受载含瓦斯煤微纳米工业 CT 动态扫描技术，研究了受载煤样裂隙的动态演化特征，实现了煤样三轴加载全应力应变过程中的裂隙动态演化特征及渗流规律的定量表征（图 3.5.5），揭示了受载含瓦斯煤全应力应变渗流演化规律，建立了基于应力和损伤效应的煤体渗透率演化模型，为准确揭示巷道-钻孔双重卸压下围岩裂隙演化规律奠定了理论基础。

b. 创新性揭示了巷道-钻孔双重卸压下围岩裂隙演化规律。

针对目前研究中局限于单一巷道或钻孔条件导致抽采钻孔围岩裂隙分布规律不清的状况，创新性研究了巷道与钻孔的双重卸压作用，首次阐明了巷道与钻孔双重卸压条件下围岩裂隙分布规律和渗流特征，将围岩划分为完全渗流区（应力降低区）、过渡渗流区（塑性强化区）、渗流屏蔽区（弹性区）和原岩渗流区（原始应力区），为确定瓦斯抽采钻孔合理封孔深度奠定了理论基础。相关研究结果如图 3.5.6 所示。

c. 发明了抽采钻孔合理封孔深度原位快速测定技术及方法。

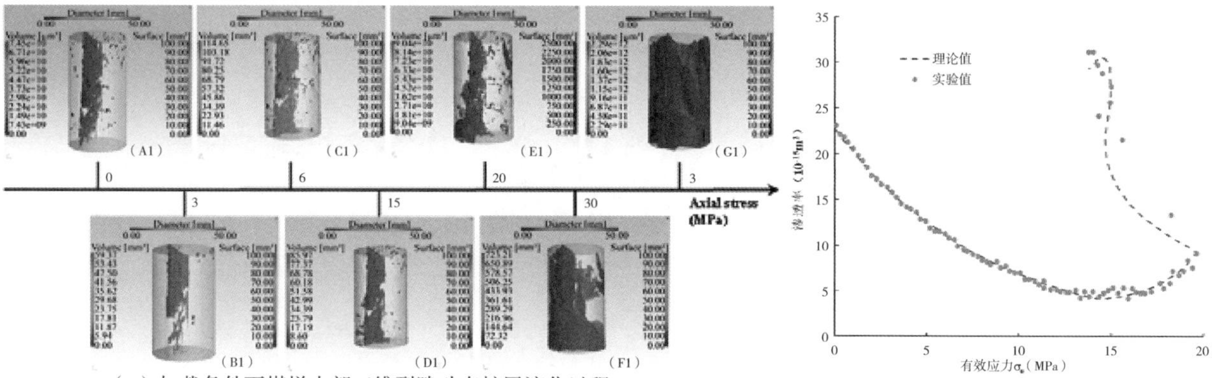

（a）加载条件下煤样内部三维裂隙动态扩展演化过程　（b）煤体渗流率实验结果与理论计算结果对比

图 3.5.5　受载煤体裂隙动态演化特征及渗流变化规律

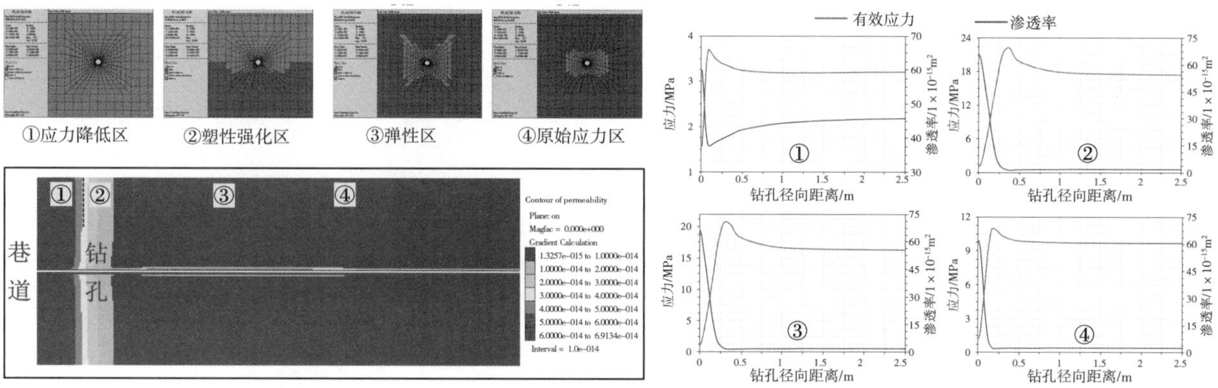

图 3.5.6　巷道-钻孔双重卸压下围岩裂隙演化及渗透率变化曲线

依据巷道-钻孔双重卸压作用下围岩分区及渗透率分布规律，提出以气体漏失量法测定抽采钻孔漏气通道和卸压带宽度的方法，攻克了抽采钻孔漏气通道无法直接测定的技术难题；揭示了钻孔恒压注气条件下气体漏失规律，得到了钻孔气体漏失量与不同钻孔深度的裂隙发育特征及卸压带宽度的关系；发明了基于钻孔气体漏失量的卸压带宽度测定装备，形成了瓦斯抽采钻孔合理封孔深度的原位快速测定成套技术，技术原理及测定结果如图 3.5.7 所示。

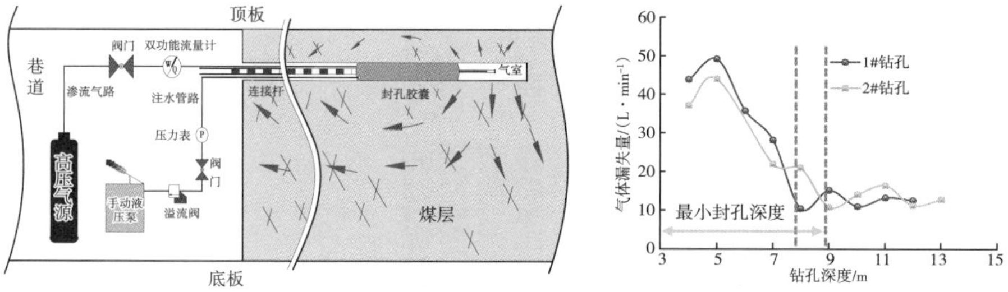

图 3.5.7　钻孔气体漏失量法合理封孔深度的原位快速测定技术原理及测定结果

2）研制了以钻屑为基料的绿色煤基浆液封孔材料。本创新点属于矿山安全学科（440.75）。

项目针对瓦斯抽采钻孔封孔领域缺乏绿色高效封孔材料的瓶颈，基于“相似相溶”的原理，首次提出并研制了以钻孔煤屑为基料的新型绿色封孔材料，研究了不同组分浆液的流动性能、固结时间和强度等特性，得出浆液接触角对界面孔隙率的影响规律，揭示了浆-煤固结劣化机制，得到了具有良好膨胀性、高渗透性、适宜固结强度和固结时间的煤基浆液配比。以煤屑作为封孔材料，物理与化学性质与孔壁相同，煤基浆液亲煤性强，固结后变形系数与原始煤体变形系数一致，避免动压形成新生裂隙，实现钻孔密实封堵，如图 3. 5. 8 所示。

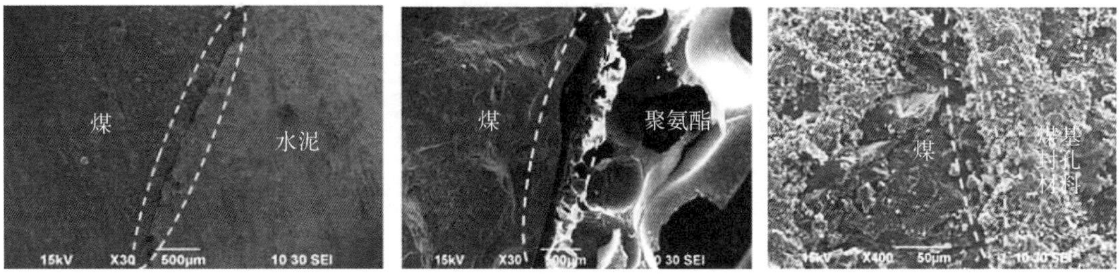

图 3. 5. 8　显微观测下不同封孔材料与煤的固结效果比对

传统的水泥基封孔材料与煤体的长期固结性能较弱，导致受压后离层形成漏气通道；高分子材料在固结过程中易发生腐蚀、中毒、发热、火灾及环境污染，国家煤监局将禁止煤矿井下使用。利用煤屑作为封孔材料基料，封孔性能优越，绿色安全环保，降低了封孔和运输成本，该技术在河南能源化工集团、华晋焦煤等国内知名煤炭企业广泛推广应用，取得了良好的经济社会效益，相关产品随着国家产业政策调整将进一步扩大市场占有率，填补国内外瓦斯抽采领域新型绿色封孔材料的空白。

3）首创了裂隙煤体注浆变质量渗流模型，阐明了煤体注浆浆液流动扩散规律，揭示了注浆封孔堵漏降渗机制。本创新点属于矿山安全学科（440. 75）。

a. 首创了裂隙煤体注浆变质量渗流模型，阐明了煤体注浆浆液流动规律。分析了裂隙煤体注浆裂隙演化和浆液流动的耦合作用，建立了考虑注浆孔隙压力的煤体注浆变形本构模型及浆液流动扩散方程；综合考虑应力、浆液流动扩散、浆液颗粒迁移沉积等对于煤体裂隙的封堵作用，构建了裂隙煤体注浆变质量渗流模型，为揭示注浆封孔堵漏降渗机制奠定了理论基础。

b. 首次揭示了煤基浆液注浆封孔堵漏降渗机制。研究了煤基封孔材料的浆液流动特性，利用微纳米工业 CT 对注浆裂隙煤样进行扫描重构得到初始裂隙分布模型；在浆液流动理论模型和实验测定的基础上，研究了不同注浆参数下裂隙煤体煤基浆液变质量流动扩散规律，揭示了煤基封孔材料注浆封孔堵漏降渗机制，优化了煤基浆液钻屑回填注浆封孔参数；注浆堵漏后煤样渗透率由初始的 185. 4mD 降低到 7. 9mD，堵漏特性提高了 23. 5 倍，如图 3. 5. 9 所示。

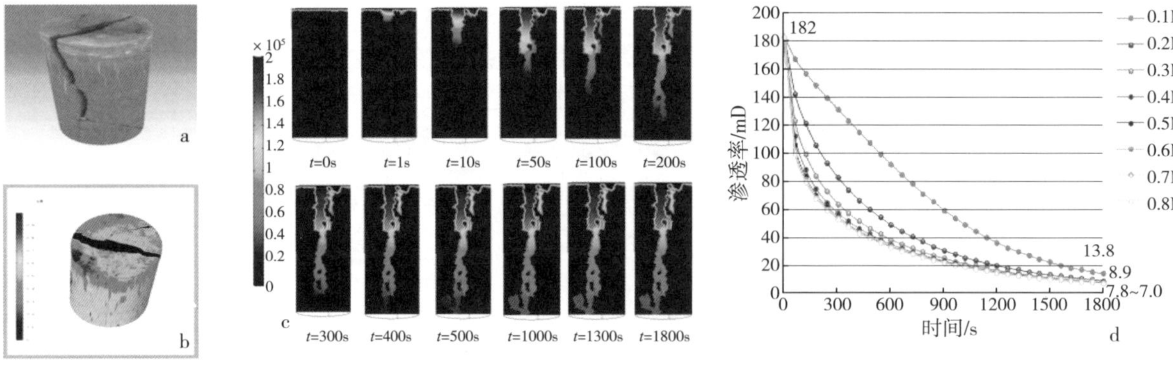

图 3. 5. 9　裂隙煤体注浆浆液扩散及堵漏降渗规律变化曲线

a—裂隙煤样；b—煤样的 CT 重构；c—不同时刻注浆浆液扩散云图；d—注浆煤样渗透率变化曲线

4）发明了自进式旋转钻头修复瓦斯抽采钻孔技术及装备，攻克了坍塌失效钻孔无损循环修复技术瓶颈。本创新点属于矿山安全学科（440. 75）。

a. 发明了瓦斯抽采钻孔自进式旋转修复钻头。传统钻孔修复多采用原方位重新钻孔、孔口注水注气等技术，严重破坏了封孔装置，且无法有效修复深部钻孔。针对上述瓶颈，发明了自进式旋转钻头（图 3. 5. 10），钻头后方装设的后置喷嘴形成的水射流提供钻头前进推力，沿抽放管进入钻孔深部；前方装设的前置喷嘴形成的水射流，破碎坍塌煤渣，随返水沿抽放管排出孔外。通过调节水压实现前置和后置喷嘴的启闭，使钻头推进力和破煤冲击力最大化。钻头通过抽放管道进入钻孔深部，实现了钻孔全程无损修复。

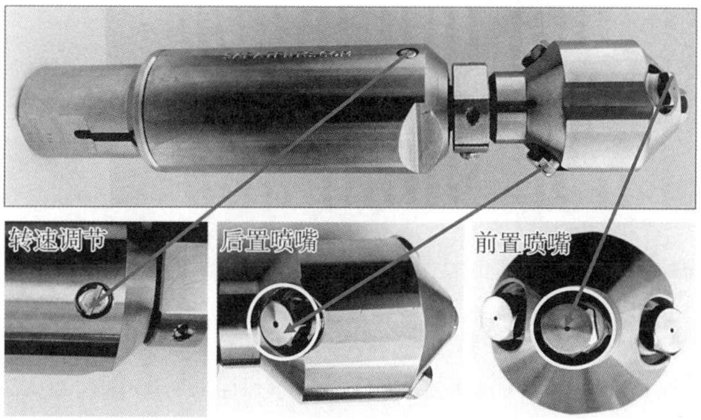

图 3. 5. 10　自进式旋转钻头图

b. 发明了多类型复杂条件钻孔修复技术。针对水力造穴、水力冲孔和全程套管等不同条件钻孔，研制了孔穴跨越钻头克服钻头因孔穴无法深入钻孔的难题；研制了套管破碎钻头克服因套管变形、钻孔闭合无法高效清障的难题；研制了组合封孔技术，即封孔时预留钻头自进管道，解决套管外壁坍塌煤渣无法清除的难题。该技术体系能够解决目前大部分各种条件坍塌钻孔修复难题，且技术体系装备简单，仅由高压水泵、卷管器、扶正器和自进旋转钻头组成，井下运输方便，可以对失效钻孔进行多次循环修复，解决了瓦斯抽采钻孔利用率低的技术瓶颈，图 3. 5. 11 所示。

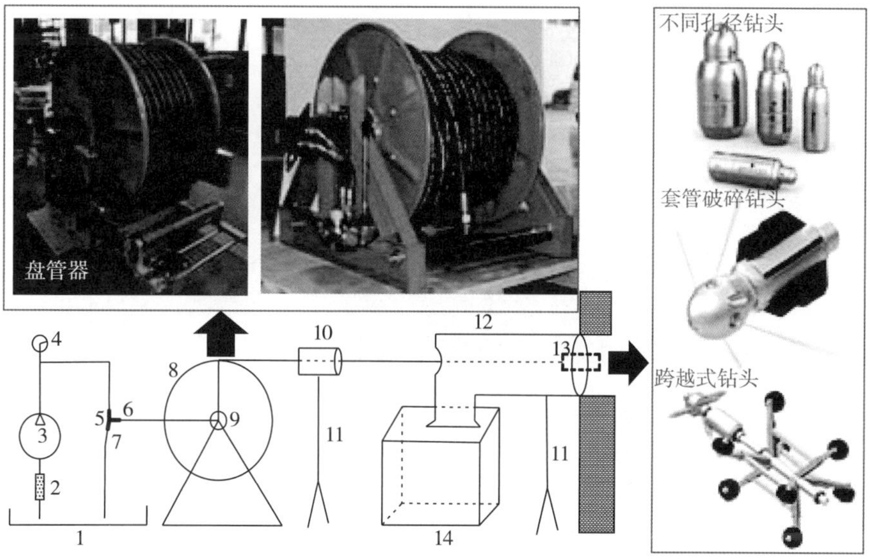

图 3. 5. 11　多类型复杂条件钻孔修复技术及装备体系

5）瓦斯抽放钻孔高效封孔与利用技术及装备的集成和应用。本创新点属于矿山安全学科（440. 75）。

a. 实现了瓦斯抽放钻孔高效封孔与利用技术及装备的集成。针对国内外缺乏煤层瓦斯抽采钻孔精准高效封孔和修复技术的瓶颈，本项目集成了“2 项创新理论、1 种新型注浆材料、2 项关键技术及装备”，以巷道-钻孔双重卸压下围岩裂隙演化规律和裂隙煤体注浆浆液变质量流动扩散规律创新理论为基础，以新型绿色煤基浆液封孔材料的制备为突破，研发了合理封孔深度原位快速测定技术、煤基浆液封孔技术和自进式旋转钻头钻孔修复技术装备，如图 3. 5. 11、图 3. 5. 12 所示，实现了瓦斯抽采钻孔高效封孔和利用技术及装备的集成。

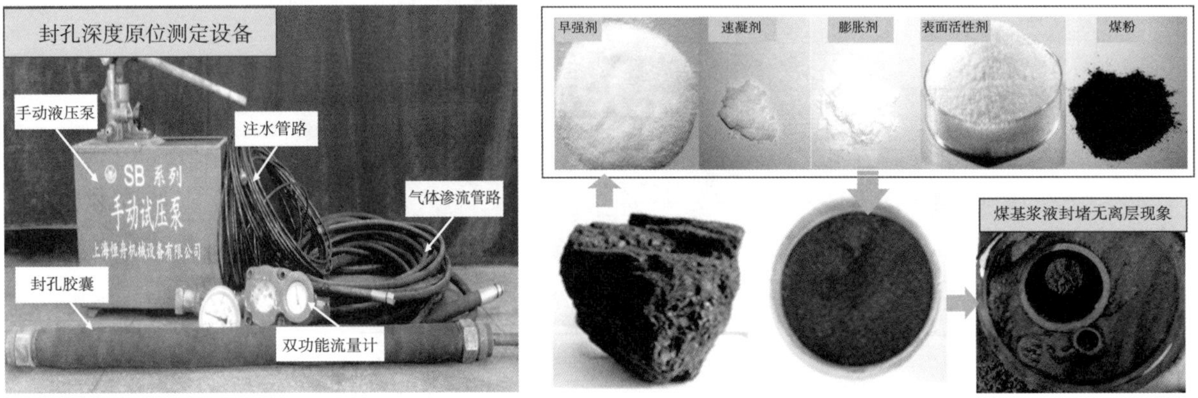

图 3. 5. 12　瓦斯抽采钻孔高效封孔和利用技术及装备的集成

b. 实现了研究成果推广应用。项目研究成果在义煤集团新义矿业有限公司、河南焦煤能源有限公司九里山矿、鹤壁煤电股份有限公司第八煤矿等 3 个合作单位应用，并在华晋焦煤有限责任公司、重庆松藻煤电有限责任公司逢春煤矿、重庆松藻煤电有限责任公司渝阳煤矿等 3 个单位推广。相比传统封孔技术，瓦斯抽采浓度提高了 1. 48 倍，瓦斯抽采纯量提高了 1. 87 倍，如图 3. 5. 13 所示。项目成果近 3 年新增销售额 4. 8 亿元，新增利润 2. 3 亿元，取得了重大的经济和社会效益，具有广泛的推广应用前景，对煤矿安全科技进步具有重要的推动作用。

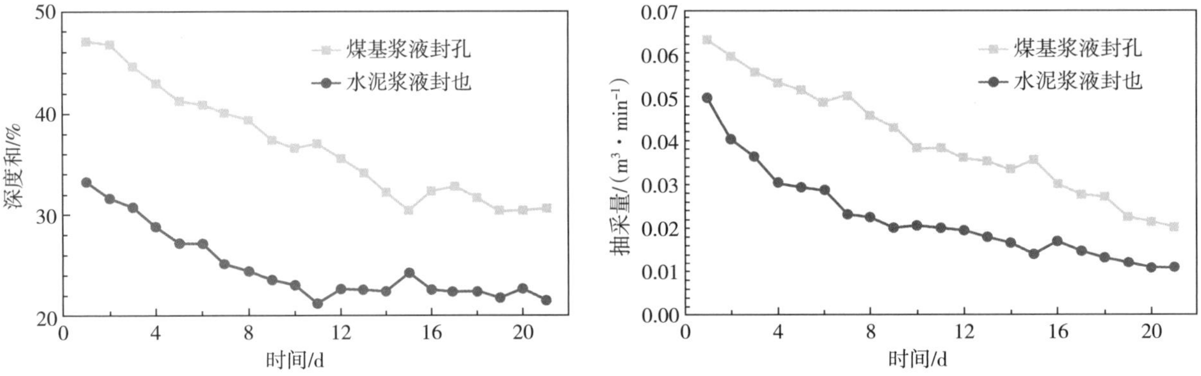

图 3. 5. 13　瓦斯抽采浓度和抽采纯量对比

3. 5. 4　本节小结

通过本项目的研究，取得了良好的社会效益和经济效益，主要表现在：

1）项目直接来源于煤矿生产的重大科技需求，直接服务于煤矿生产，致力于提高钻孔质量以及钻孔修复，满足降低成本，提高经济效益的市场需求。项目研究实施提高了瓦斯灾害的治理水平，为松软裂隙煤层瓦斯抽采提供了有益的借鉴。同时，项目突破了瓦斯抽采钻孔技术瓶颈，有效提高了瓦斯抽采效果，为煤层瓦斯的高效开采与利用提供理论基础和技术支撑，对煤矿安全科技进步具有重要的推动作用，项目具有良好的社会效益和广泛的推广价值。

2）项目形成了一整套促进煤层瓦斯高效开采利用关键技术和设备。通过项目研究成果的应用示范及推广可以显著提高我国煤矿安全的技术装备水平，有效控制重特大事故的发生，减少人员伤亡、维护煤炭职工的职业健康，培养和锻炼一批煤炭企业的技术人才，社会效益不可估量。

3）通过推广应用研究成果，极大地提高了矿井采掘速度和劳动生产率，节省了大量的防治费用，实现了“绿色、高效、安全、经济”开采，为企业带来了良好的经济效益。

4）项目根据我国煤矿的灾害特点，自主创新开发的先进理论方法体系，在国内和国际市场上都具有很强的市场竞争力。

3.6 深部低渗透高瓦斯煤层软岩保护层开采与卸压瓦斯共采关键技术

3.6.1 项目背景

经济社会发展巨大的资源消耗使得浅部煤炭资源逐渐枯竭，深部资源开发成为新常态，提升深部资源获取能力，已成为必然趋势，刻不容缓。理论与实践证明，保护层卸压开采结合瓦斯抽采是实现低渗透高瓦斯煤层（群）煤与瓦斯共采的有效方法。然而，进入深部开采后，煤炭资源赋存的条件复杂，地应力增大，煤层瓦斯压力和瓦斯含量较浅部煤层大，而煤层透气性进一步降低，各因素耦合共生相互影响，造成传统煤层保护层开采方式遭遇巨大挑战，致使煤和瓦斯双资源开采难度加大，严重制约我国煤矿在新形势下的发展步伐。因此迫切需要寻求一种解决此类开采条件下区域性瓦斯治理难题的技术措施，并探索相关机理。

在开采传统煤层保护层不具备条件，不开采保护层又难以实现区域性防突效果的技术背景下，创新设计的理念，首次提出深部低渗透高瓦斯煤层（群）软岩保护层工作面区域瓦斯治理新技术。项目中，软岩保护层特指开采岩性相对较软的岩层，如泥岩，作为解放突出煤层而优先开采。软岩保护层开采方式的提出，是深部低渗透高瓦斯煤层煤炭资源和煤层气安全共采的一种新型开采方法。

目前，国内学者从现场试验、理论和数值的角度，研究了薄或中厚煤层作为保护层的开采实践，已形成一套成熟的理论技术体系。由于选择软岩层作为保护层开采的工程实例，国内乃至世界上均为罕见，尚无软岩保护层开采的相关工程实践报道。因此，迫切需要探索煤层增透新技术，针对深部低渗透高瓦斯煤层（群）没有适宜煤层作为保护层开采的技术条件，围绕软岩保护层开采采动空间煤岩体破坏及瓦斯运移富集规律的两个科学问题，深入开展深部高瓦斯低渗透煤层相关的基础理论研究，创建“岩-煤-气-防”四位一体资源开发新模式，以满足深部矿井现场瓦斯治理工作的需要，形成基于软岩保护层开采的煤气共采关键技术体系，提升安全开采技术水平。项目对于软岩保护层开采与卸压瓦斯共采关键技术的研发，是对目前现有的保护层开采卸压基本理论及煤气共采的进一步丰富和发展，可实现深部煤炭与煤层气绿色、安全、协同共采的目标。

3.6.2 成果简介

针对深部低渗透高瓦斯煤层煤气共采技术难题，从采掘工程源头卸压，开发软岩保护层卸压技术，提出软岩保护层工程设计方法，围绕软岩保护层开采采动空间煤岩体破坏及瓦斯运移富集规律两个科学问题，如何解决矿井深部低渗透高瓦斯煤层卸压增透、软岩保护层开采、煤层卸压瓦斯高效抽采三大技术难题，构建深部低渗透高瓦斯煤层软岩保护层协同开采方法，开发软岩工作面综合机械化开采关键技术，创建“岩-煤-气-防”四位一体深部煤气资源开发新模式是煤与瓦斯共采领域急需攻克的技术瓶颈。

项目从2014年开始进行理论和技术的研究，研究工作开展了5年，取得了四项创新成果：①提出了深部低渗透高瓦斯煤层软岩保护层卸压开采的技术思想，研发了基于软岩保护层开采的卸压增透技术，创建了“岩-煤-气-防”四位一体资源开发新模式；②研发了软岩保护层工作面回采关键技术，提出了以综合机械化开采为主爆破辅助采岩为辅的生产工艺，建立了矸石后连续化系统，形成了一套适用于岩石工作面综合机械化开采工艺技术体系；③提出了内外双梯形台带覆岩破断-裂隙演化模型和瓦斯渗流理论模型，揭示了软岩保护层开采覆岩采动裂隙与卸压瓦斯运移规律，形成了卸压瓦斯在覆岩采动裂隙场内的运移及富集耦合响应机制；④构建了软岩保护层井上、下联合立体区域瓦斯抽采技术，研发了地面压裂预抽+软岩保护层开采+立体卸压瓦斯抽采防突方法，提出了针对软岩保护层开采瓦斯富集区时空协调抽采方法，形成了相配套的三维卸压瓦斯抽采技术体系，建立了深部低渗透高瓦斯煤层软岩保护层开采条件下煤气共采工程示范。

研发的技术是解决我国深部低渗透高瓦斯煤层开采难题的有效途径之一，可实现多重目标：①深部低渗透高瓦斯煤层煤与瓦斯灾害控制；②提高瓦斯有效抽采效率；③深部低渗透高瓦斯煤层煤与瓦斯共采。技术成果在深部低渗透高瓦斯煤层开采方面具有广阔的应用前景，已在淮北矿业股份有限公司芦岭、孙疃、许疃、祁南煤矿，淮南潘三煤矿，取得成功应用，获得显著的经济、社会和环境效益。以芦岭煤矿为例，达到的技术经济指标：①软岩工作面正规循环作业，推进度 70m/月；②被保护煤层瓦斯预抽率达 80%以上，残余瓦斯压力<0.3MPa，煤层瓦斯含量降达 82%以上；③解放煤炭资源 140×10^4t，减少钻孔工程量 80×10^4m，减少安全投入 5315.2 万元。

3.6.3 详细内容

研究团队聚焦深部低渗透高瓦斯煤层煤气共采技术难题，围绕软岩保护层卸压开采煤气共采相关理论、技术等关键要素开展了系统研究，形成如下 4 项创新成果。

（1）创新成果一

提出了深部低渗透高瓦斯煤层软岩保护层卸压开采的技术思想，研发了基于软岩保护层开采的卸压增透技术，创建了“岩-煤-气-防”四位一体资源开发新模式（图 3.6.1、图 3.6.2）。

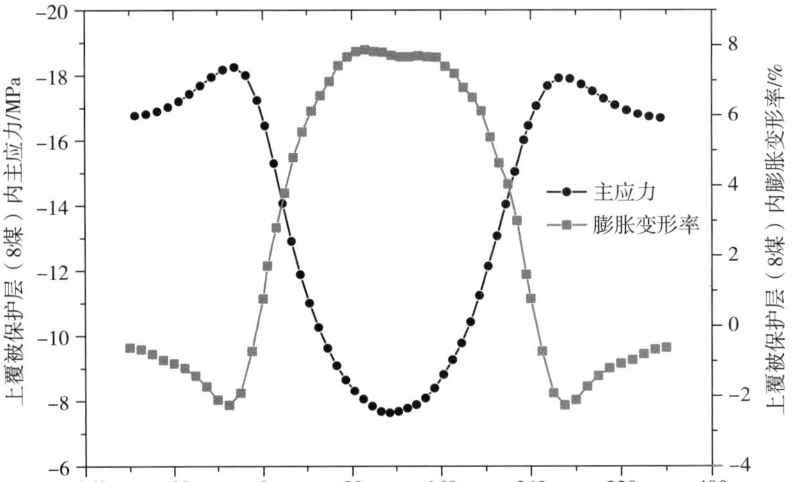

图 3.6.1 软岩保护层开采可行性分析

（据程详等，2018）

特殊煤层（群）赋存条件下，针对首采关键保护层的合理选择，在下部选择适宜的岩层首先开采，利用采空区卸压的时效特性对上部煤层实施卸压开采。由此提出深部低渗透高瓦斯煤层软岩保护层卸压开采的技术思想，即从采掘工程源头出发，选择适合的矿体连续开采，形成采空大范围连续时效卸压区，在卸压的时效周期内开展采掘活动及灾害防控。在研究掌握卸压开采采动应力的动态分布规律及岩层破坏规律的基础上，揭示了保护层开采的卸压增透机制，如图 3.6.1～图 3.6.3 所示。

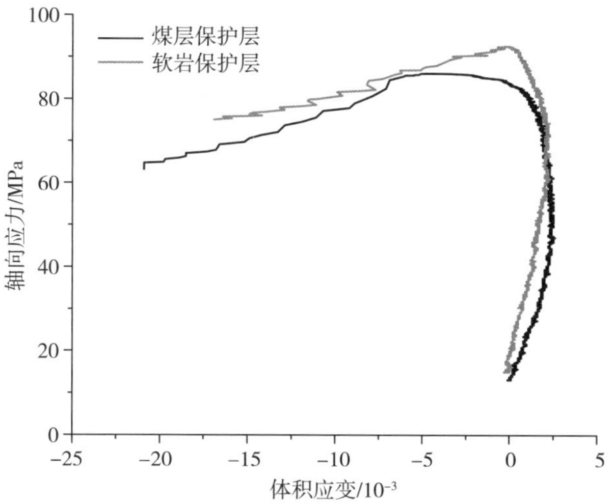

图3.6.2　软岩保护层开采方式采动效应
（据程详等，2019）

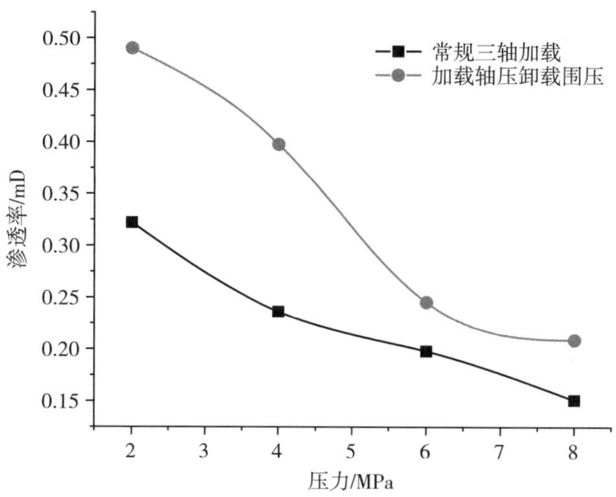

图3.6.3　卸压开采煤体渗透率曲线
（据程详等，2019）

采用瞬变电磁探测、深基点位移法、数值分析、物理相似模拟实验等综合研究手段，以芦岭煤矿Ⅲ11软岩工作面地质条件为工程背景，研究软岩保护层开采覆岩采动裂隙带演化特征，揭示了软岩保护层卸压开采上覆岩层裂隙发育过程的时空演化规律，如图3.6.4~图3.6.7所示。

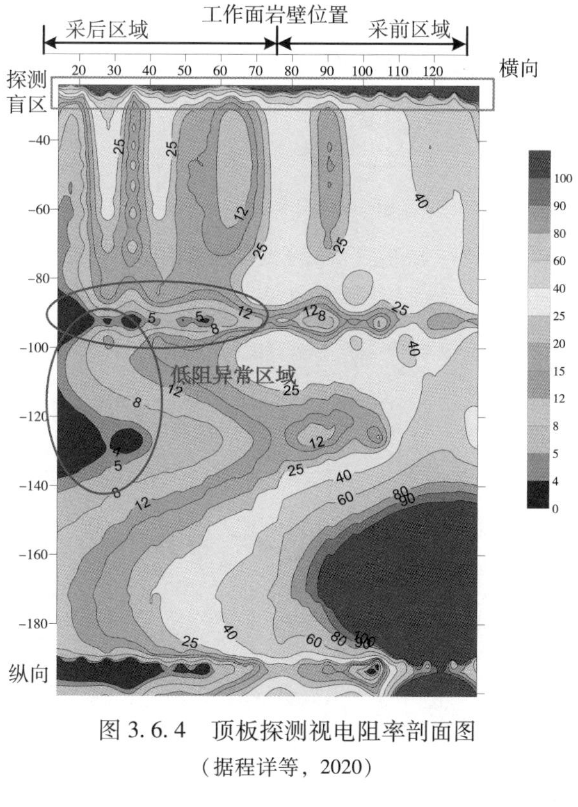

图3.6.4　顶板探测视电阻率剖面图
（据程详等，2020）

科学选择软岩层位和厚度，通过中部软弱岩层的开采对上、下煤层形成充分有效的卸压，首次提出了含高岭石黏土（泥岩）作为保护层开采的区域瓦斯治理方案，如图3.6.8所示，创新了我国复杂工程地质条件的软岩保护层卸压开采模式。

从技术、经济及安全角度分析不同保护层开采效果，提出保护效果评价方法；创建了“岩-煤-气-防”四位一体的深部煤炭资源开采新模式，如图3.6.9所示，实现了煤-瓦斯-有益矿产资源共采。

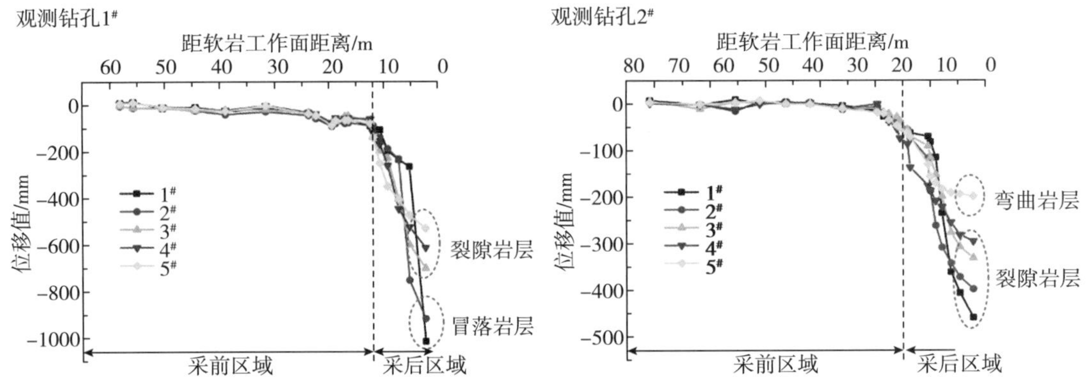

图 3.6.5　深基点位移测试结果

（据程详等，2020）

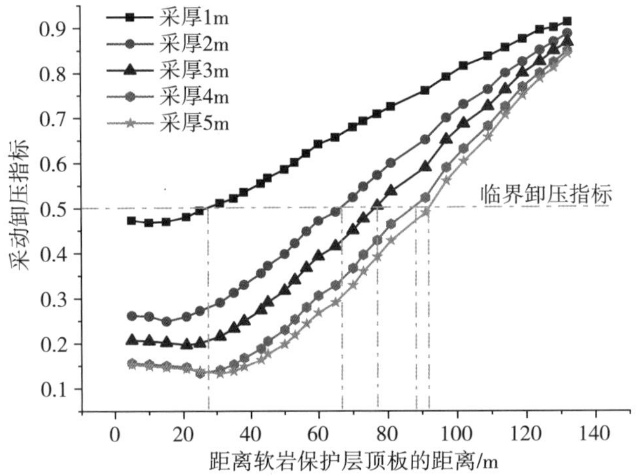

图 3.6.6　软岩保护层不同开采厚度采动应力卸压程度值变化曲线

（据 Cheng et al.，2020）

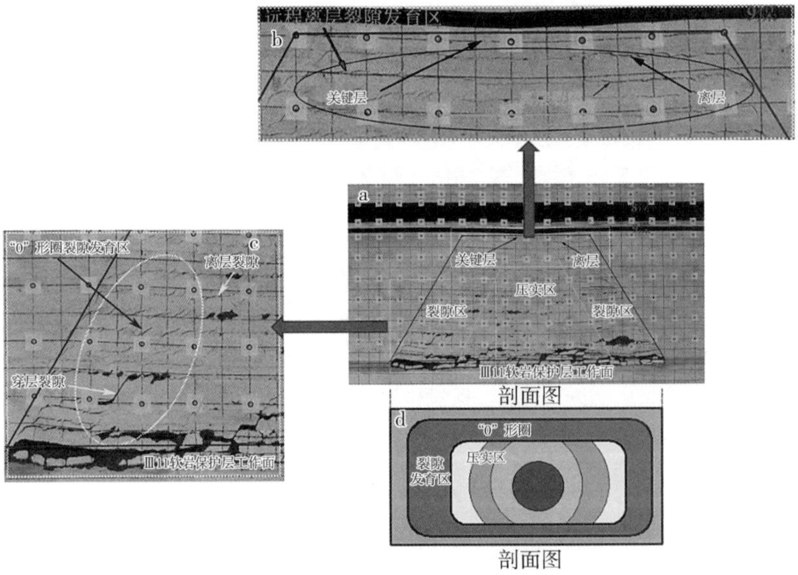

图 3.6.7　软岩保护层开采裂隙演化特征

（据 Cheng et al.，2018）

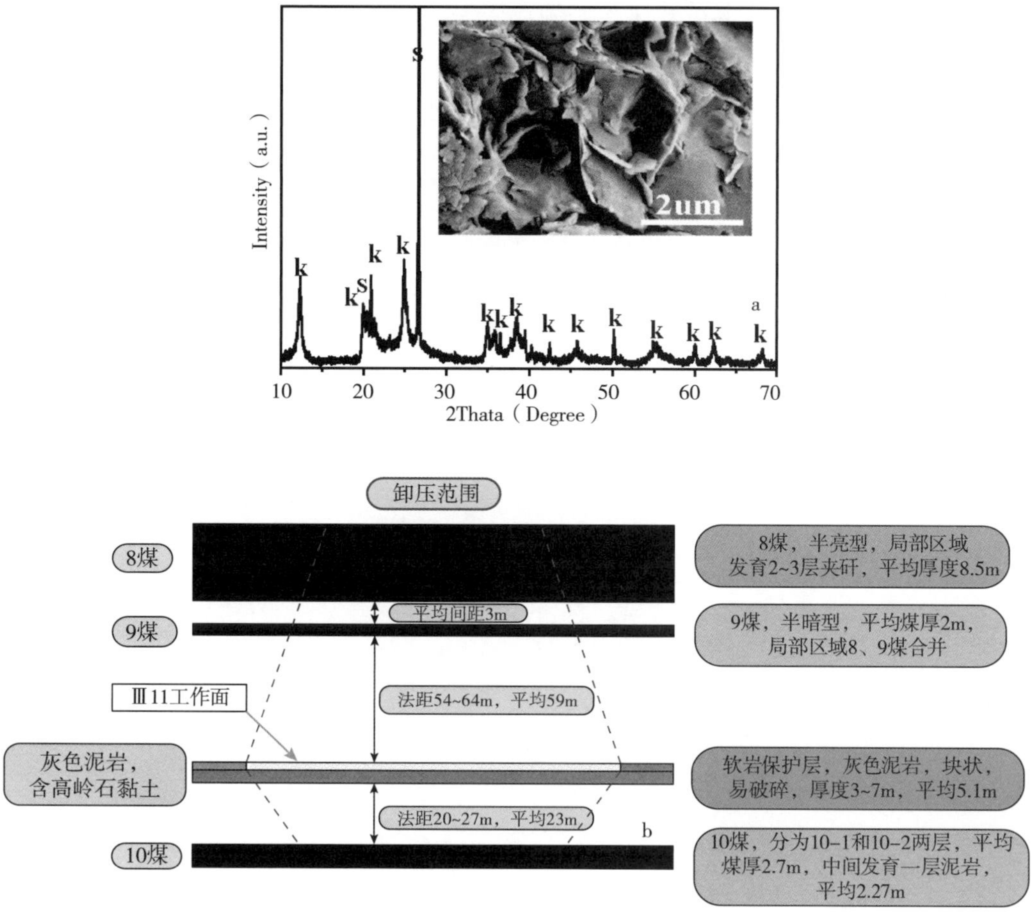

图3.6.8　Ⅲ1采区软岩保护层选择示意图

（据Cheng et al.，2020）

a—泥岩XRD图谱及内部微观结构；b—软岩保护层开采方案

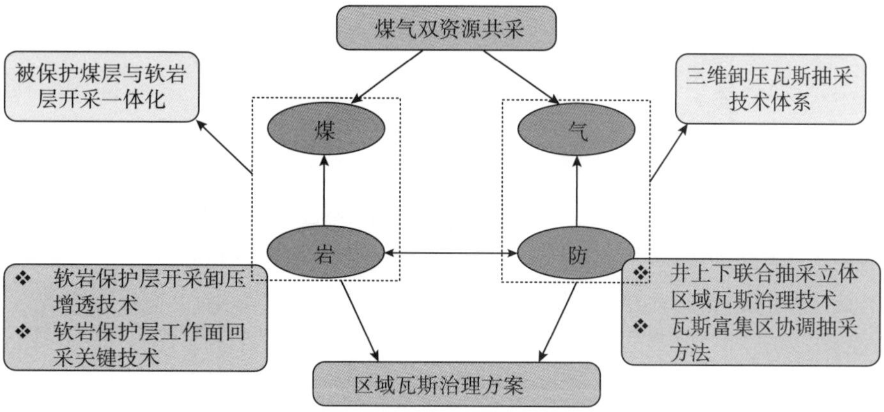

图3.6.9　“岩-煤-气-防”深部资源开采新模式

（2）创新成果二

研发了软岩保护层工作面回采关键技术；提出了以综合机械化开采为主爆破辅助采岩为辅的生产工艺，建立了矸石后连续化系统，形成了一套适用于岩石工作面综合机械化开采工艺技术体系。

软岩工作面回采矿体与传统煤层保护层工作面回采的煤在物理力学特征方面截然不同。鉴于目前国内外无软岩综采回采实践，研发软岩保护层工作面回采关键技术：定量考察了不同开采因素

（开采厚度、层间距、面长）对上覆被保护层卸压效果的影响规律，如图 3.6.10 所示，实现软岩工作面开采技术参数优化设计。

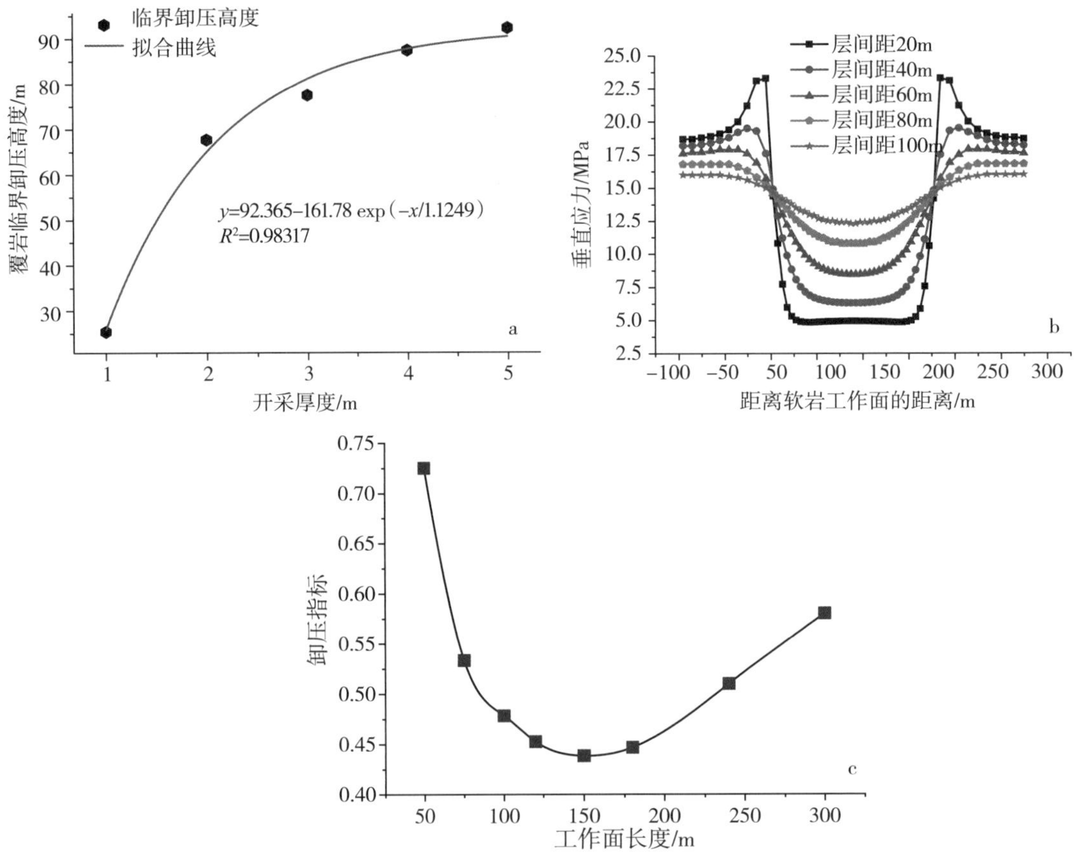

图 3.6.10　软岩保护层不同开采技术参数被保护层卸压效果

（据 Cheng et al.，2020）

a—开采厚度；b—层间距；c—工作面面长

构筑了软岩保护层工作面综采设备选型方法，设计了岩石保护层工作面卸压开采专用综采设备，实现了首采软岩保护层工作面三机配套；开发了适合于软岩保护层工作面的生产工艺，形成综合机械化开采配合爆破辅助采岩的生产工艺，如图 3.6.11 所示。揭示了软岩保护层工作面开采矿山压力显现规律，阐明了不同保护层开采方式矿压显现异同（支承压力峰值偏大，峰值距离工作面的距离偏小），如图 3.6.12 所示；优化主运系统-建立矸石后连续化系统，通过新建皮带排矸系统，实现连续运输，矸石直接出井，提高软岩综采工作面开采效率和矿井煤质。研发的五项关键技术，形成了一套适用于软岩工作面综合机械化开采工艺技术体系，实现了安全高效开采。

（3）创新成果三

提出了内外双梯形台带覆岩破断-裂隙演化模型和瓦斯渗流理论模型，揭示了软岩保护层开采覆岩采动裂隙与卸压瓦斯运移规律，形成了卸压瓦斯在覆岩采动裂隙场内的运移及富集耦合响应机制。

根据相似模拟试验结果，基于关键层理论，提出了使用内外双梯形台带模型分析覆岩裂隙动态演化过程，如图 3.6.13 所示；概化煤体具有相同尺寸的孔隙和裂隙系统结构，简化为孔-裂隙双重介质物理模型，如图 3.6.14 所示，建立考虑煤层外载应力、有效应力及吸附膨胀效用共同控制下煤样的孔隙率模型，根据孔裂隙平板模型，得到煤体渗透率模型；并采用 $FLAC^{3D}$ 数值模拟软件，根据建立的渗透率模型，利用 Fish 语言二次开发，分析得到覆岩分带渗透率分布

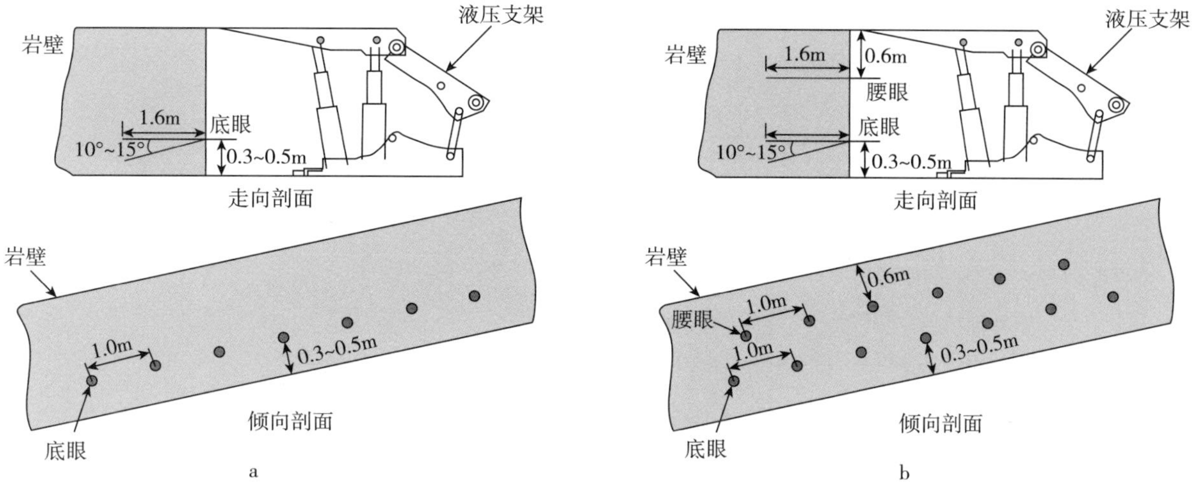

图 3.6.11　爆破辅助采岩生产工艺

（据 Cheng et al.，2020）

a—单排眼布置；b—三花眼布置

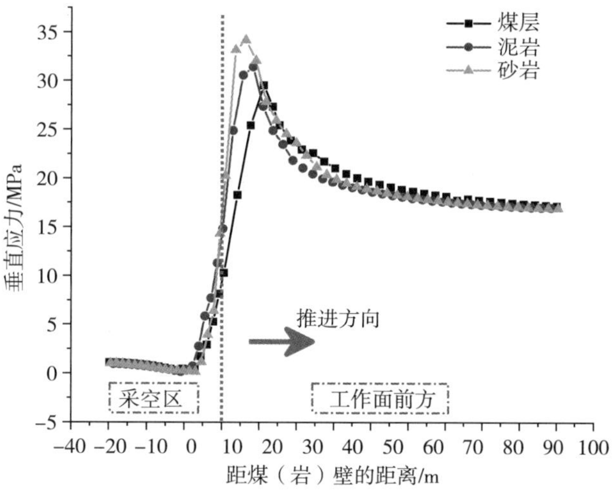

图 3.6.12　不同保护层开采方式矿压显现特点

（据程详，2019）

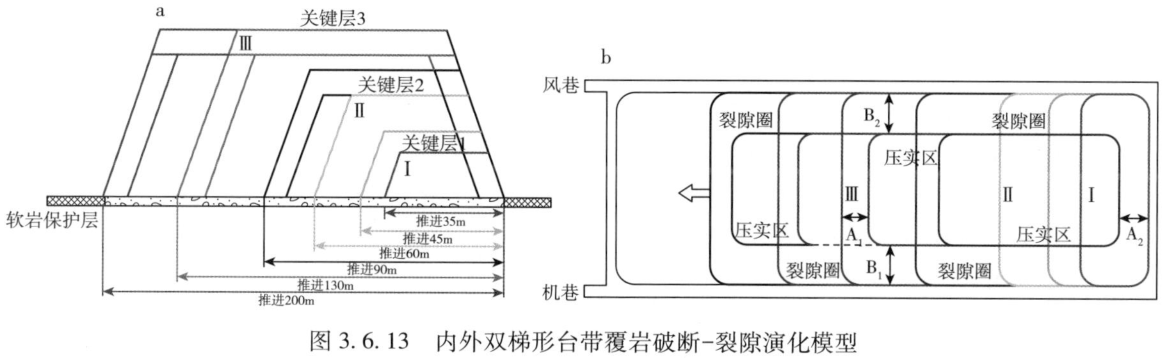

图 3.6.13　内外双梯形台带覆岩破断-裂隙演化模型

（据程详，2019）

a—采动裂隙走向演化；b—采动裂隙平面演化

特征，如图 3. 6. 15 所示，整个裂隙带渗透率分为裂隙发育区、部分压实区及充分压实区，各区域渗透率依次减小，指导卸压瓦斯抽采。

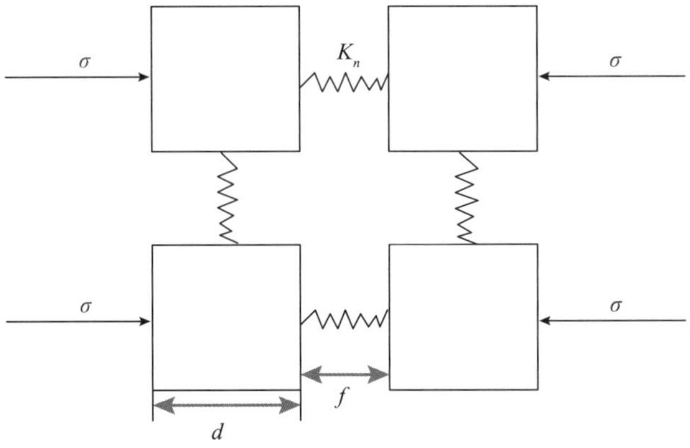

图 3. 6. 14　煤的双重孔隙介质物理模型

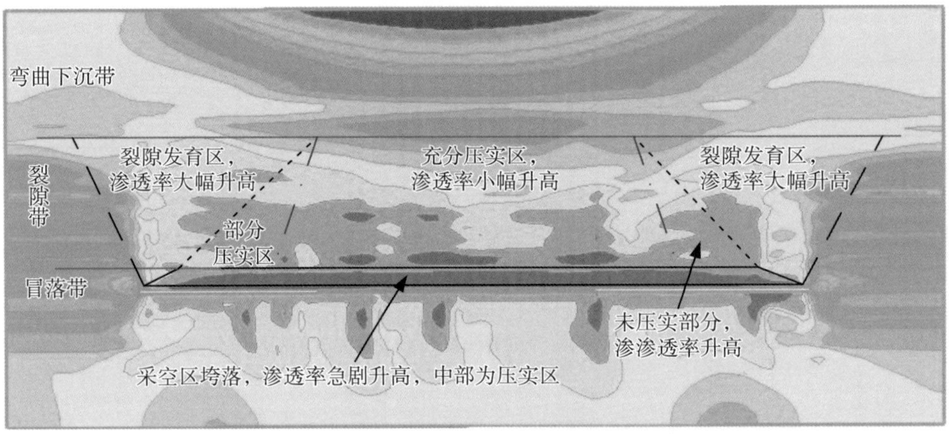

图 3. 6. 15　采空区覆岩分带渗透率分布特征

明确了软岩保护层开采过程卸压瓦斯来源特点（邻近层卸压瓦斯涌出），构建覆岩采动裂隙与卸压瓦斯运移耦合计算模型，揭示了软岩保护层开采覆岩采动裂隙场内卸压瓦斯运移规律，如图 3. 6. 16 所示；分析卸压瓦斯运储过程，阐明采动裂隙场与瓦斯流动场的耦合关系，为采动应力、裂隙演化及瓦斯运移、储集的一个动态平衡过程，如图 3. 6. 17 所示。

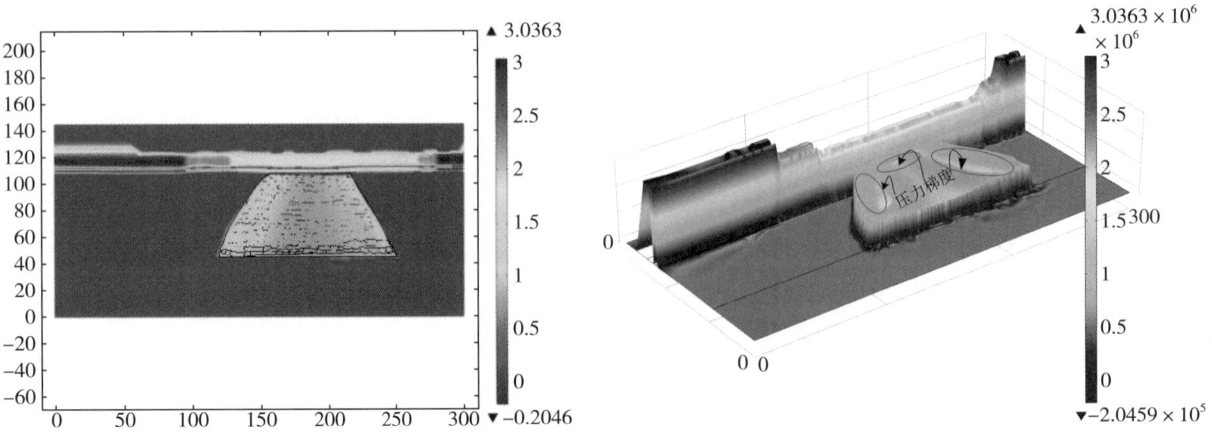

图 3. 6. 16　卸压瓦斯运移在采动裂隙场内运储特征
（据程详，2019）

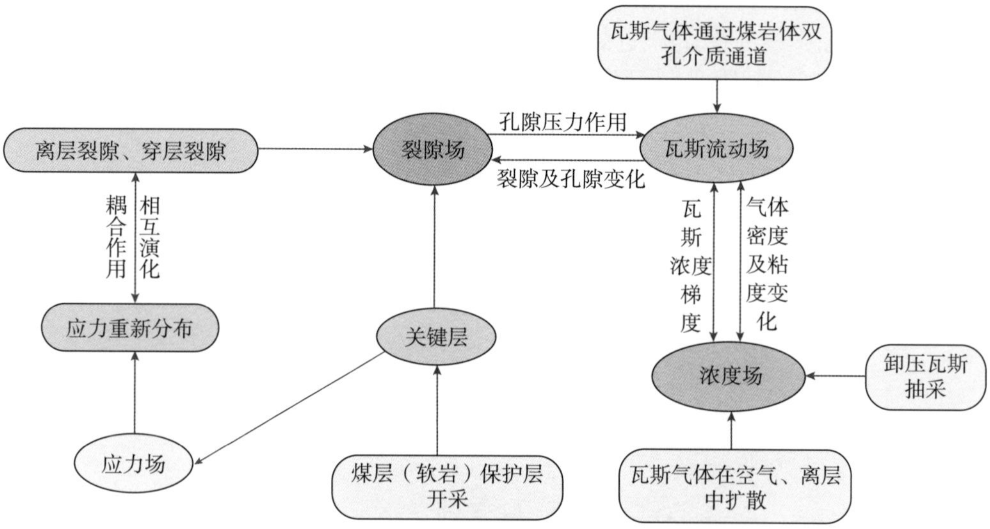

图 3.6.17　采动裂隙场与瓦斯流动场耦合规律

（据程详，2019）

（4）创新成果四

构建了软岩保护层井上、下联合立体区域瓦斯抽采技术，研发了地面压裂预抽+软岩保护层开采+立体卸压瓦斯抽采防突方法，提出了针对软岩保护层开采瓦斯富集区时空协调抽采方法，形成了相配套的三维卸压瓦斯抽采技术体系，建立了深部低渗透高瓦斯煤层软岩保护层开采条件下煤气共采工程示范。

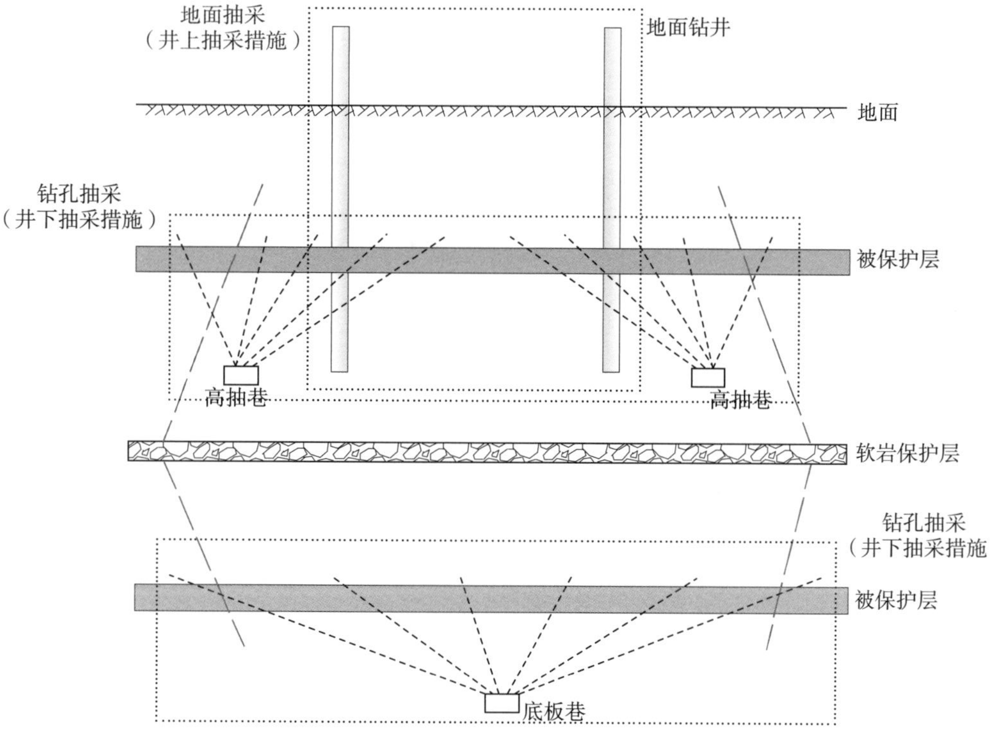

图 3.6.18　软岩保护层立体区域瓦斯抽采技术

为实现深部低渗透高瓦斯煤层没有合适煤层作为保护层开采时煤气共采，提出软岩保护层开采卸应力、瓦斯的双重卸压防突理念；构建了软岩保护层井上、下联合立体区域瓦斯抽采技术，如图

3.6.18 所示，主要为：对于被保护煤层，首先采用地面钻井预抽技术，降低煤层内部瓦斯含量和瓦斯压力，削弱突出危险性，采用软岩保护层开采后的卸压增透技术，实现被保护煤层卸压，煤层透气性增加，大量卸压瓦斯解吸，利用全方位的卸压瓦斯抽采措施，实现消突，保障回采安全。

基于井、上下抽采防突的关键是形成相互贯通裂隙网，结合软岩保护层开采特点，研发了深部低渗透高瓦斯煤层条件下地面压裂预抽+软岩保护层开采+立体瓦斯抽采防突方法，如图 3.6.19 所示；揭示了地面压裂预抽瓦斯导流通道的构建机制，基于软岩保护层开采后上覆采动裂隙场演化特征，优化了地面采动井布置，地面钻井可以采前压裂预抽、采中卸压抽采和采后采空区抽采钻井服务于瓦斯治理的采前、采中和采后的整个过程，达到利用的最大化，实现“一井三用”。

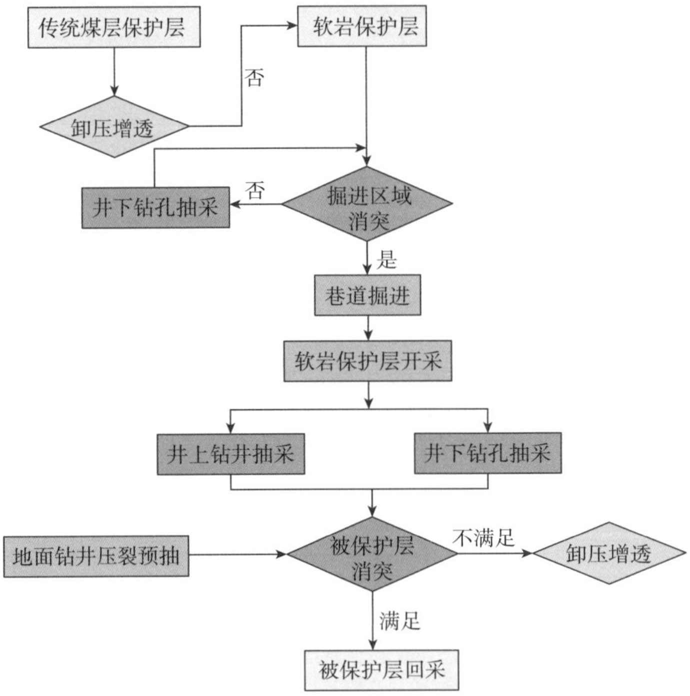

图 3.6.19　软岩保护层开采防突方法

提出了针对软岩保护层开采瓦斯富集区时空协调抽采方法（地面采动井、拦截钻孔、穿层钻孔和采空区埋管四大类卸压瓦斯抽采措施，实现时间连续、空间全覆盖和功能互补），如图 3.6.20

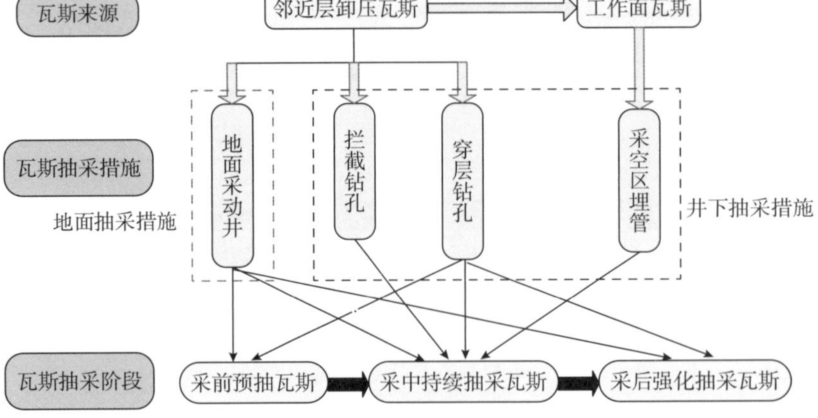

图 3.6.20　软岩保护层开采瓦斯富集区时空协调抽采方法

（据程详，2019）

所示；根据Ⅲ11软岩工作面周边巷道布置的情况及卸压瓦斯来源、卸压瓦斯富集区的特点，形成了相配套的三维卸压瓦斯抽采技术体系，如图3.6.21所示，配套980m^3/min地面永久抽采系统两套、480m^3/min井下移动抽采系统四套，最大限度地开采瓦斯资源，同时配套相适应的发电机组，最大程度的利用抽采瓦斯资源，建立了深部低渗透高瓦斯煤层软岩保护层开采条件下煤气共采工程示范，如图3.6.22所示。

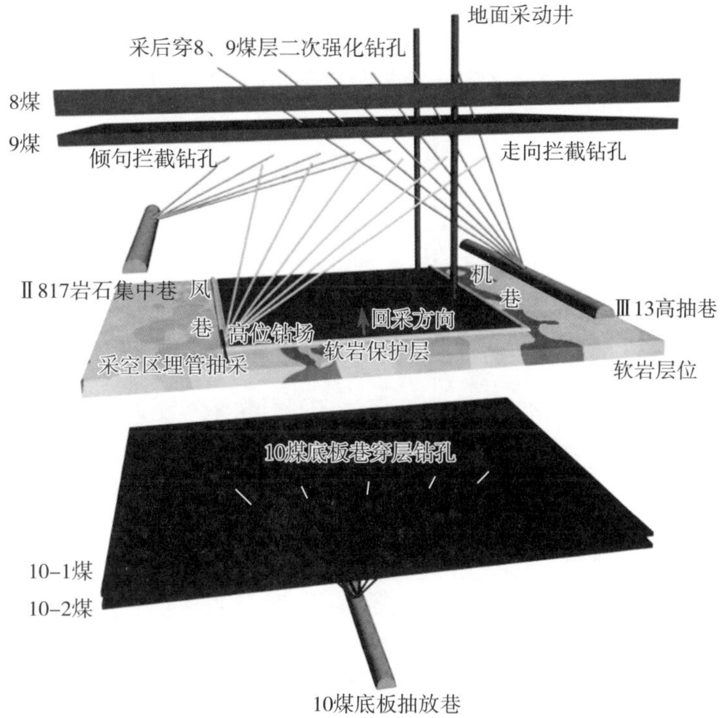

图3.6.21　三维卸压瓦斯抽采

图3.6.22　软岩保护层开采煤气共采工程示范

国内同类研究主要针对传统煤层或半煤岩保护层开采技术条件，尚未有针对软岩保护层开采的相关报道。由于软岩保护层相对于传统煤层保护层，开采矿体不同，导致回采工艺、采动卸压力学效应、矿山压力显现、覆岩裂隙场内卸压瓦斯来源、运移特征及卸压瓦斯抽采等关键技术有所差异。尚无软岩保护层开采的工程实践，无可参考的经验可循。对比国内外技术先进性见表3.6.1所列。

3.6.4　本节小结

项目经过多年的产、学、研联合攻关，研究成果创新了深部低渗透高瓦斯煤层区域瓦斯治理新技术，是解决我国深部高瓦斯低渗透煤层开采的有效途径之一，尤其适合无合适煤层作为保护层开采的技术条件。研究区的瓦斯地质条件、煤层赋存条件在安徽淮北矿区乃至全国范围内都具有代表性，成果推广应用符合国家产业政策、生态政策、技术政策，满足国家对于矿井安全生产的目标和要求，在具有类似地质条件矿区的瓦斯治理工程中具有很强的推广前景。

表 3.6.1　国内外技术先进性对比

成果	国外	国内	本项目	比较
软岩保护层开采的卸压增透技术	未见报道	突出煤层群开采时较多选择煤层（薄或中厚）作为保护层开采	提出深部低渗透高瓦斯煤层软岩保护层卸压开采技术思想，研发软岩保护层卸压增透技术	填补国内外保护层开采实践的空白
研发软岩工作面专用综采设备	未见报道	煤层工作面综采设备选型及三机配套	考虑开采矿体物理力学特性，构建了软岩工作面专用综采设备选型方法，实现了软岩工作面三机配套	创新应用，现场使用效果好
软岩工作面回采工艺	未见报道	综合机械化采煤	提出综合机械化采岩为主，爆破落岩为辅的回采工艺	创新应用，现场使用效果好
软岩工作面回采矿山压力显现规律	未见报道	煤层工作面开采矿压显现规律	理论与现场实测揭示软岩工作面开采矿压显现规律，指导软岩巷道支护设计	填补国内外空白
软岩保护层开采防突方法	地面预抽	煤层保护层开采+井下卸压瓦斯抽采	研发了地面压裂预抽+软岩保护层开采+立体卸压瓦斯抽采防突方法	国内外首创
软岩保护层卸压瓦斯治理模式	地面抽采	卸压瓦斯治理模式仅适用于煤层作为保护层开采的技术条件	提出了针对软岩保护层开采瓦斯富集区时空协调抽采方法，形成了相配套的三维卸压瓦斯抽采技术体系	国内外首创

3.7　高瓦斯综放面迎采掘巷无煤柱煤与瓦斯共采技术

3.7.1　项目背景

煤炭是我国的主体能源，长期在一次能源消费结构中占比70%左右，预计至2030年仍将保持占比50%，因此未来相当长一段时期内煤炭作为我国主体能源的地位不会改变。近年来，伴随采煤工艺的发展与采掘装备水平的提高，我国矿井的开采强度与开采深度均不断增大、回采速度不断提高、工作面接替速度不断加快，提高煤炭资源回收率，实现煤炭资源安全绿色高效开采，是驱动煤炭企业长远发展的有效途径。

综合机械化放顶煤开采是目前广泛应用的一种厚煤层开采工艺，与常规综采工艺相比，具有产量高、能耗低、适应性强、安全性好、巷道掘进率低以及搬家次数少等显著优点，但相较于大采高综采工艺仍存在煤尘大、采出率低、回采工序复杂等问题。大量开采实践表明，应用综放工艺开采高瓦斯低渗透性厚煤层时，由于单位时间内出煤量增加将导致瓦斯绝对涌出量较大，采用传统“U”型通风系统时工作面上隅角及回风巷瓦斯超标问题严重，这也成为制约综放开采工艺在高瓦斯矿井中推广应用的主要原因。同时，许多高瓦斯矿井受资源赋存条件限制或面临边界煤体开采以及无法应用跳采工艺的其他情况时，只能依次接替开采邻近综放面。传统掘巷技术要求等待采空区内垮落岩体压实稳定后再开掘邻近综放面的回采巷道，周期一般为3~6个月，显然无法保证邻近综放面的正常接续，制约矿井高产高效。基于邻近高瓦斯综放面开采所面临的上述难题，提出了迎采掘巷无煤柱煤与瓦斯共采技术体系，不仅可有效解决瓦斯治理难题，提高煤炭资源采出率，保证邻近高瓦斯综放面快速接续，同时对于实现矿井煤与瓦斯高效绿色共采具有重要意义。

山西高河能源有限公司为设计生产能力 6.00Mt/a 的特大型煤矿，矿井目前主采平均厚度为 6.08m 的 3#煤层，属高瓦斯低渗透性煤层，采用综合机械化放顶煤工艺开采，垮落法管理顶板。由于井田上方村庄密集，为避免开采引起地表沉陷，矿井无法布置大型采区及边界上山。矿井以往开采经验表明，采用“U”型、双“U”型通风系统均无法解决上隅角瓦斯积聚难题，而由于不具备布置边界上山条件无法实现工作面“Y”型通风。为有效解决瓦斯治理难题，提出在两邻近工作面间采用“Y+L”型巷道布置+“W”型巷道布置的接续开采模式，不仅可预抽煤层瓦斯、在两工作面内均实现两进一回通风，同时真正实现了邻近综放面无煤柱开采。由于为保证邻近综放面快速接续，必须在“Y+L”型综放面回采期间应用迎采掘巷方式布置“W”型综放面回采巷道，巷道围岩稳定性将受到采掘应力的耦合影响，围岩变形量大、支护困难问题突出，因此，开展高瓦斯综放面迎采掘巷无煤柱煤与瓦斯共采技术研究对于高河能源安全高效绿色开采具有重要的科学意义和应用价值。

3.7.2　成果简介

我国厚煤层资源储量丰富，约占探明储量的 47.7%，每年地下开采厚煤层产量约占全国煤炭总产量的 40%~50%。随开采深度增加，煤层瓦斯含量也将逐步增大、透气性系数逐步降低，瓦斯灾害问题将成为制约厚煤层高产高效开采的瓶颈问题，巷道维护、采掘接替等问题也不断涌现。此外，山西高河能源煤层开采面临以下难题：掘巷期间煤层绝对瓦斯涌出量较大，受通风方式影响，掘进速度较慢；工作面产量高、推进速度快、开采强度大，工作面接续紧张；邻近工作面间一般留设宽度为 30~50m 的护巷煤柱，降低工作面采出率，优质煤炭资源浪费严重；为解决上隅角瓦斯超限难题，一般需增大工作面供风量，导致矿井乏风瓦斯浓度较低，无法进行有效利用，增大温室气体排放量；在开采该采区最后一个工作面时，需迎采掘巷，通风方式变为 Y+W 型，巷道受多重扰动影响而难以维护。

山西高河能源有限公司为设计生产能力 6.00Mt/a 的特大型煤矿，矿井目前主采平均厚度为 6.08m 的 3#煤层，属高瓦斯低渗透性煤层，采用综合机械化放顶煤工艺开采，垮落法管理顶板。由于井田上方村庄密集，为避免开采引起地表沉陷，矿井无法布置大型采区及边界上山。矿井以往开采经验表明，采用“U”型、双“U”型通风系统均无法解决上隅角瓦斯积聚难题，而由于不具备布置边界上山条件无法实现工作面“Y”型通风。为有效解决瓦斯治理难题，提出在两邻近工作面间采用“Y+L”型巷道布置+“W”型巷道布置的接续开采模式，不仅可预抽煤层瓦斯、在两工作面内均实现两进一回通风，同时真正实现了邻近综放面无煤柱开采。由于为保证邻近综放面快速接续，必须在“Y+L”型综放面回采期间应用迎采掘巷方式布置“W”型综放面回采巷道，巷道围岩稳定性将受到采掘应力的耦合影响，围岩变形量大、支护困难问题突出，因此，开展高瓦斯综放面迎采掘巷无煤柱煤与瓦斯共采技术研究对于高河能源安全高效绿色开采具有重要的科学意义和应用价值。

（1）主要研究内容

1）高瓦斯综放面迎采掘巷时空效应研究；

2）留巷侧迎采巷道合理掘进方式选择；

3）高瓦斯综放面迎采巷道护巷煤柱合理尺寸研究；

4）迎采巷道围岩稳定性控制技术与合理支护参数研究；

5）高瓦斯综放面覆岩采动裂隙演化规律研究；

6）高瓦斯综放面瓦斯综合治理技术体系；

7）煤与瓦斯高效共采协调方式研究。

技术路线图如图 3.7.1 所示。

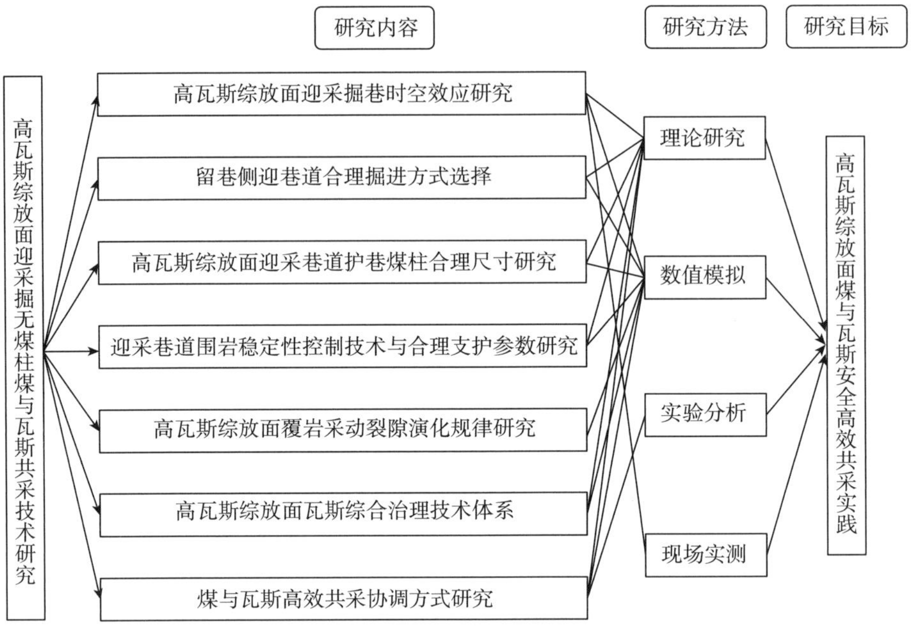

图 3.7.1 技术路线图

（2）主要创新点

1）研究了迎采掘巷时空效应与拱体协同承载支护技术；

2）研发了高瓦斯综放面迎采掘巷无煤柱煤与瓦斯共采技术；

3）构建了高瓦斯综放面瓦斯综合治理技术体系；

4）集成应用了煤与瓦斯协调共采技术体系。

针对高河能源有限公司 W4302 综放面特定条件，研究了回风巷的合理掘进方式、护巷煤柱宽度和支护参数，构建了 W 型通风综放面瓦斯综合治理技术体系，研究了采煤与瓦斯抽采的合理匹配关系，实现了高瓦斯综放面无煤柱煤与瓦斯共采。

（3）创新性技术成果

1）揭示了厚煤层综放面留巷、高抽巷密集布置的复杂应力环境下迎采巷道围岩应力场的时空演化特征，确定高瓦斯综放面留巷侧迎采掘巷的煤柱宽度、支护参数和加强支护方案。

2）提出了高瓦斯综放面迎采掘巷无煤柱开采方法，即预留宽煤柱迎采掘巷，布置 W 型通风综放面顺序接替，并带采预留宽煤柱，实现综放面无煤柱快速接替回采，采掘接替时间缩短 15 个月，采出率提高 12.6%。

3）揭示 W 型通风综放面瓦斯浓度的三维分布特征，得到顶板高抽巷布置对综放面采空区瓦斯流场分布的影响规律，确定 W 型通风综放面高抽巷的合理位置。

4）集成应用“地面抽采+顺层钻孔抽采+高抽巷抽采+‘W’型通风”的瓦斯治理技术体系，通过氧化发电方式高效利用煤层瓦斯资源。

主要性能指标为：实现高河能源公司高瓦斯综放面煤与瓦斯安全高效共采，确定迎采巷道合理掘进方式与护巷煤柱合理宽度，优化迎采巷道支护参数，研究综放面覆岩采动裂隙演化规律，提出高瓦斯综放面瓦斯综合治理技术体系，分析采煤机合理割煤速度、采放比、放煤步距及放煤方式，实现煤与瓦斯高效共采。

研究成果首先应用于山西高河能源公司 W4301、W4302 工作面。目前已积极在余吾煤业有限公司、李村煤矿、常村煤矿、屯留煤矿进行推广应用，显著提高了高瓦斯综放面煤炭资源采出率、降低了瓦斯灾害事故发生概率、高效利用了煤层瓦斯资源、降低了温室气体排放、实现高瓦斯煤层煤与瓦斯安全高效绿色共采的目标，具有广阔的推广应用前景。

3.7.3　详细内容

本项目研发了高瓦斯综放面迎采掘巷无煤柱煤与瓦斯共采技术体系，形成了“迎采巷围岩控制→综放面瓦斯治理→无煤柱高效回采→低浓度瓦斯利用”的系统性成果，对于实现高瓦斯综放面煤与瓦斯安全高效绿色共采、推动煤炭行业技术升级均具有重要的现实意义。

（1）研究了迎采掘巷时空效应与拱体协同承载支护技术

背景和难题：迎采巷道处于综放面留巷、高抽巷多巷密集开挖的复杂应力环境中，在采掘应力的耦合影响下，巷道围岩变形量大、支护困难问题突出，为此需确定留巷侧护巷煤柱的合理宽度，开发迎采巷道围岩稳定性控制技术。

关键技术：

1）研究了留巷侧护巷煤柱的合理宽度。探究了高瓦斯综放面留巷侧围岩应力场时空演化规律，揭示了迎采掘巷时空效应（图 3.7.2），理论分析护巷煤柱合理宽度范围，研究护巷煤柱宽度变化对留巷、迎采巷道围岩稳定性及“W”型综放面瓦斯流场运移规律的影响（图 3.7.3），综合确定护巷煤柱的合理宽度。

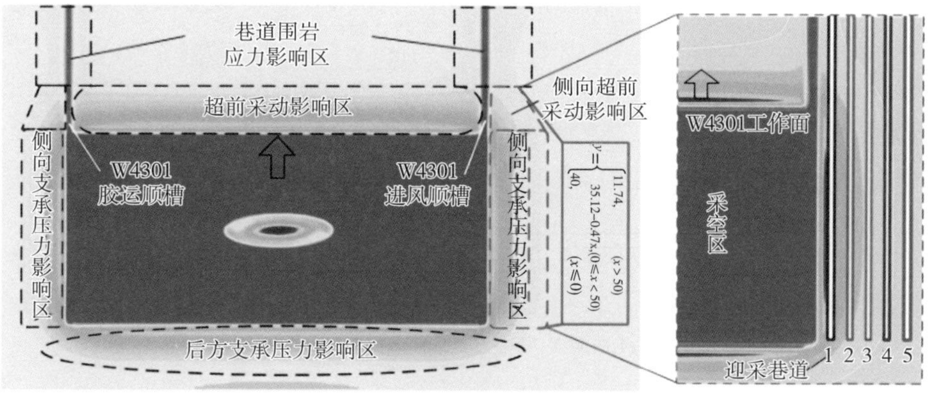

图 3.7.2　留巷侧迎采掘巷的时空效应研究

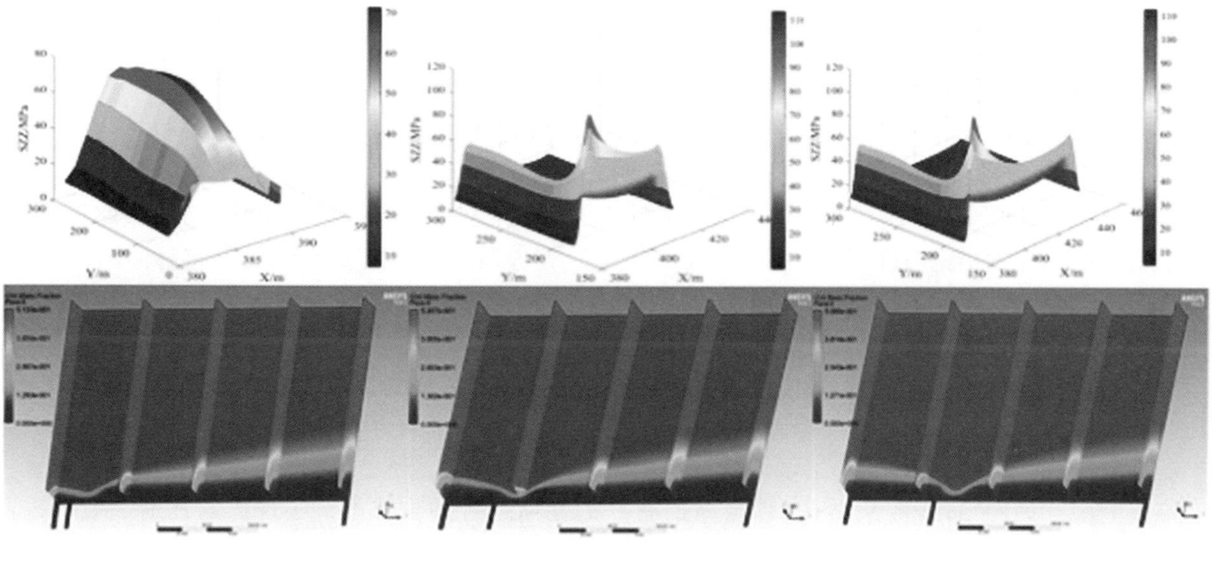

图 3.7.3　留巷侧护巷煤柱合理宽度确定

2）开发了迎采巷道拱体协同承载支护技术。提出了迎采巷道围岩稳定性控制方法与支护设计原则，基于普氏理论及锚杆支护作用机理，建立迎采巷道围岩“冒落拱—内层锚固平衡拱—外层锚固平衡拱”协同支护模型（图 3.7.4），探讨支护参数变化对迎采巷道围岩稳定性的影响，制定临时、永久及补强支护方案，最终实现迎采巷道围岩的长时稳定控制。

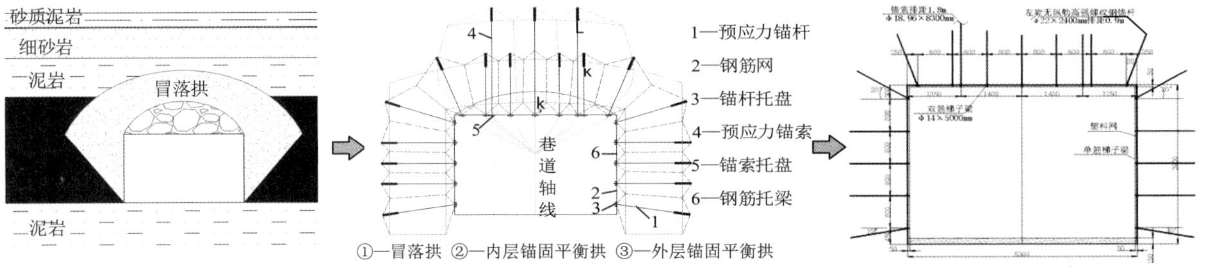

图 3.7.4　迎采巷道拱体协同承载支护模型与永久支护方案

3）发明了迎采巷道超前支护钢梁安撤新方法。为确保回采期间迎采巷道超前支护范围内围岩稳定性，降低钢梁安撤作业劳动强度，提高支护作业速度与安全性，发明了超前支护钢梁安装和回撤的新方法，即采用固定滑轮和钢丝绳快速安撤钢梁（图 3.7.5）。该方法实施后，超前支护作业时间缩短 1/3。

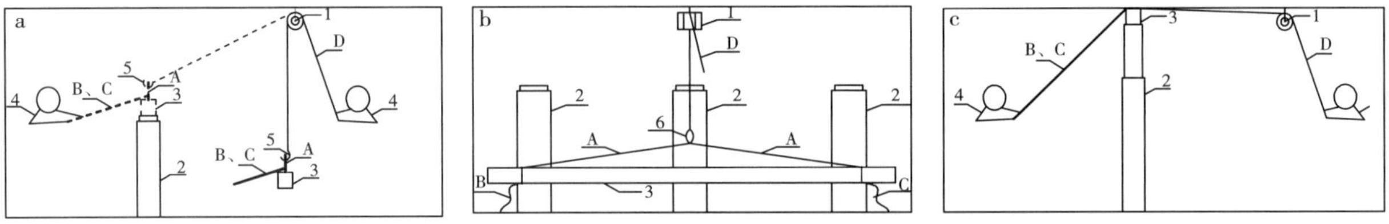

图 3.7.5　工作面超前支护钢梁安撤方法

a—沿工作面走向剖面；b—沿工作面倾向剖面；c—立柱升起

（2）研发了高瓦斯综放面迎采掘巷无煤柱煤与瓦斯共采技术

背景和难题：高瓦斯综放面开采普遍面临煤炭资源回收率整体较低、上隅角及回风巷瓦斯超限严重的问题，需要解决邻近高瓦斯综放面通风系统的构建与调整、无煤柱煤与瓦斯高效共采技术研发两大关键问题。

关键技术：

1）提出了邻近高瓦斯综放面通风系统的构建与调整策略。按照“少巷道、多回采、先抽放、后回采、增通风、降瓦斯”的高瓦斯煤层开采理念，基于矿井不具备布置边界上山条件无法实现综放面“Y”型通风的客观事实，系统性提出邻近高瓦斯综放面通风系统的构建与调整策略：①首先回采的 A 工作面借助 B 工作面运输巷构成“Y+L”型通风系统（图 3.7.6）；②接替回采的 B 工作面借助以沿空留巷方式保留下来的 A 工作面进风巷构成“W”型通风系统（图 3.7.7），即两工作面均实现了两进一回通风。

2）构建了高瓦斯综放面无煤柱煤与瓦斯共采技术体系。为提高综放工作面采出率，防止矿井瓦斯灾害，高效利用煤层瓦斯资源，提出了无煤柱煤与瓦斯共采新方法：①预留宽煤柱迎采掘巷，“W”型综放面顺序接替“Y+L”型通风综放面后，带采预留宽煤柱，实现无煤柱顺序接替开采；②集成应用“地面钻孔+顺层钻孔+顶板高抽巷”的瓦斯综合抽采技术，实现煤与瓦斯高效共采。上述技术体系在高河矿推广应用后，综放面采出率提高了 12.6%，采掘接替时间缩短 15 个月。

（3）构建了高瓦斯综放面瓦斯综合治理技术体系

背景和难题：高瓦斯综放面长期面临上隅角及回风巷内瓦斯易积聚难题，制约矿井高效开采，

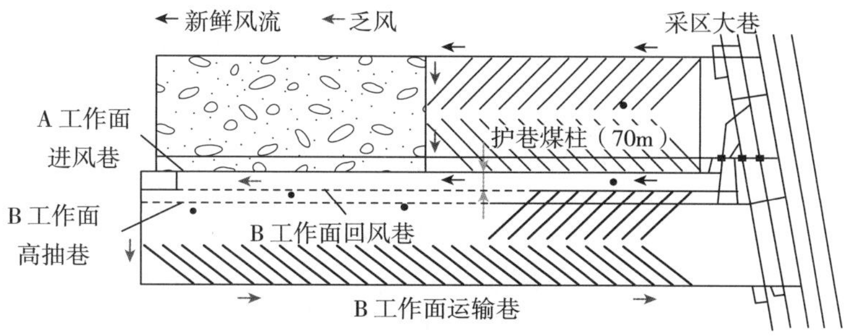

图 3.7.6　首采 A 工作面“Y+L”型通风系统

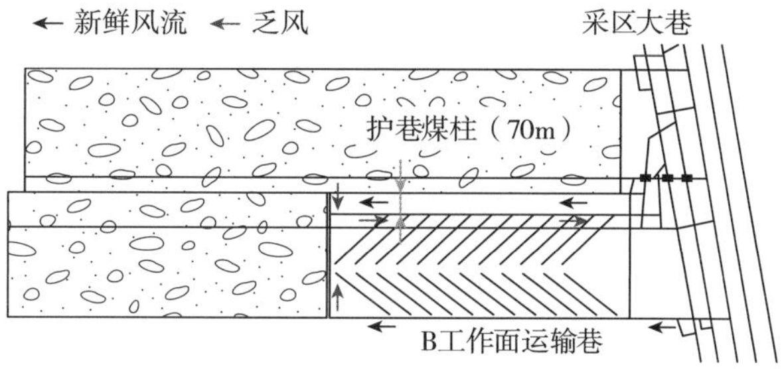

图 3.7.7　接替 B 工作面“W”型通风系统

增大煤层瓦斯抽采强度、加大工作面新鲜风流、实现工作面两进一回通风是解决上述问题的有效途径，为此，需开发高瓦斯综放面瓦斯综合治理技术。

关键技术：

1）揭示了高瓦斯综放面覆岩采动裂隙的演化规律。基于 UDEC、$FLAC^{3D}$、FLUENT 数值模拟平台与物理模拟研究了综放面开采期间覆岩裂隙场、应力场及位移场演化规律（图 3.7.8、图 3.7.9），分析工作面长度、推进速度等开采参数对覆岩瓦斯运移通道的影响。

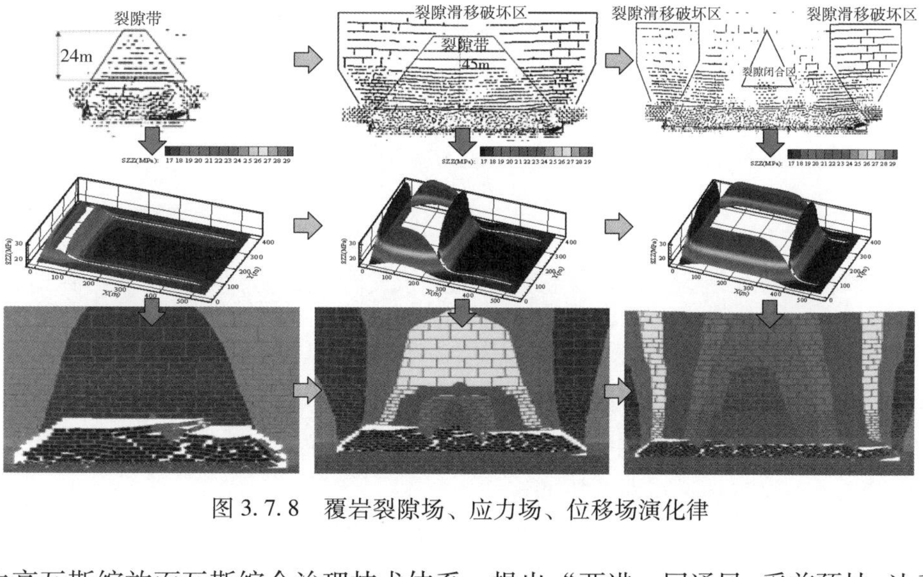

图 3.7.8　覆岩裂隙场、应力场、位移场演化律

2）建立高瓦斯综放面瓦斯综合治理技术体系。提出“两进一回通风+采前预抽+边采边抽”的瓦斯治理模式，探究了“W”型通风综放面瓦斯的三维分布特征（图 3.7.10），得到顶板高抽巷布置对综放面采空区瓦斯流场分布的影响规律（图 3.7.11），确定了“W”型通风综放面高抽巷的合理位置，优化了地面抽采井布置参数。

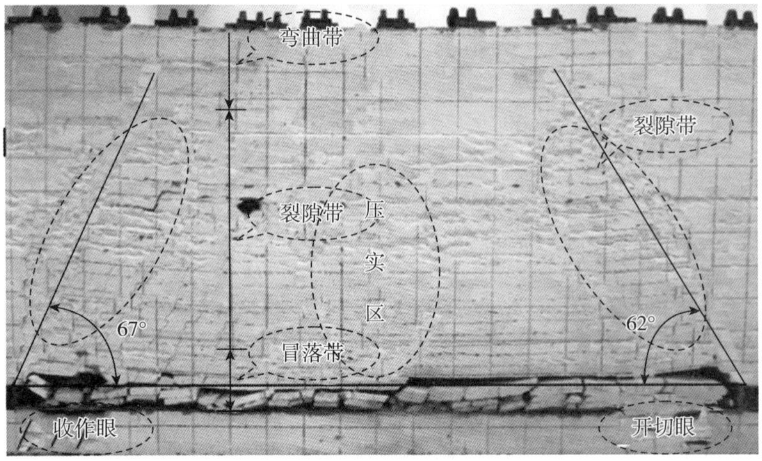

图 3.7.9　物理模拟覆岩裂隙及三带分布

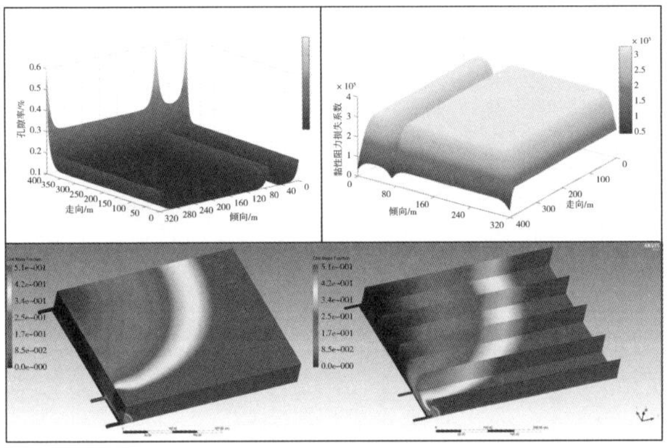

图 3.7.10　采空区瓦斯流场分布特征

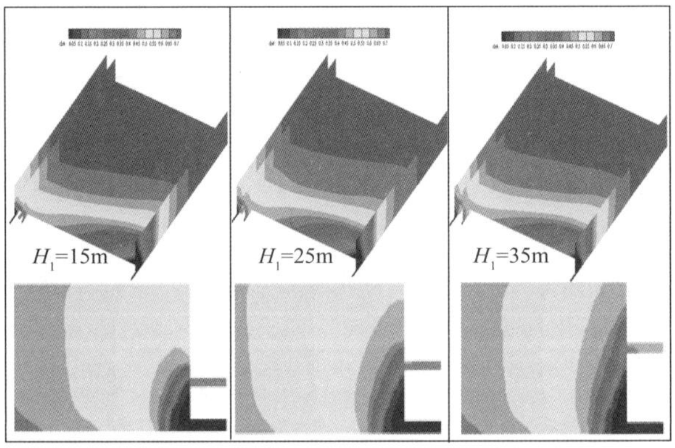

图 3.7.11　高抽巷位置变化对瓦斯流场分布的影响

（4）集成应用了煤与瓦斯协调共采技术体系

旁证材料：发表论文 3 篇：仰斜综放开采顶煤运移规律及合理放煤参数研究、高瓦斯超长综放工作面开采应用与实践、特厚煤层仰采综放工作面过断层应力分布与围岩控制，发明专利 2 项：高瓦斯采煤工作面自动调控输送负荷的方法（ZL201310121936.5），一种仰采工作面端头设备万向辅助推移装置及方法（ZL201810248355.0）。

背景和难题：确定割煤速度、放煤步距、采放比等综放开采工艺参数，确保抽采瓦斯高效利用是实现高瓦斯综放面煤与瓦斯高效协调绿色开采的有效途径，为此，开展了煤与瓦斯高效协调共采方式研究，研发了低浓度瓦斯高效利用技术。

关键技术：

1）提出了煤与瓦斯协调共采的“三匹配”原则。即采煤机割煤速度与瓦斯涌出量的匹配、工作面产量与风量的匹配及抽采管路回撤距与工作面推进速度的匹配，研究了综放面“三匹配”应满足的关系，实现了采煤与抽采瓦斯的协调统一。

2）确定了煤与瓦斯高效协调共采方式。分析了高瓦斯综放面瓦斯涌出量与割煤速度动态函数关系（图 3.7.12），基于三机实验平台探究刮板机运量与割煤速度的随动关系（图 3.7.13），确定多因素限度条件下采煤机合理割煤速度，根据数值模拟与物理模拟实验综合确定综放面的合理采放比、放煤步距及放煤方式（图 3.7.14），揭示工作面产量与瓦斯抽采量内涵关系，确定抽采瓦斯管路的合理回撤距离。

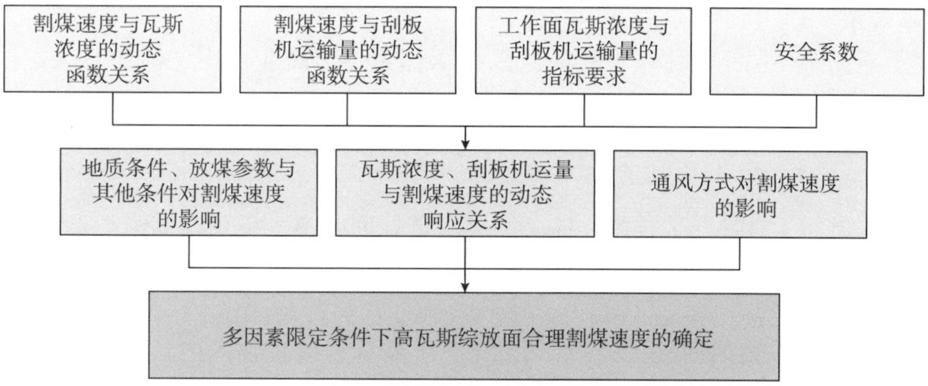

图 3.7.12　高瓦斯综放面采煤机合理割煤速度确定

图 3.7.13　工作面三机实验平台

3）开发了低浓度瓦斯高效利用技术。集成应用了“地面钻孔预抽+顺层钻孔预抽+顶板高抽巷边采边抽”的瓦斯综合抽采技术体系，将所抽采的瓦斯经管道运输至地面氧化电站，在回风井内安装乏风收集系统，所收集乏风同样经管路运输至氧化电站，低浓度抽采瓦斯与乏风掺混后进行氧化发电（图 3.7.15），最大限度的利用煤层瓦斯资源、降低瓦斯排放量。

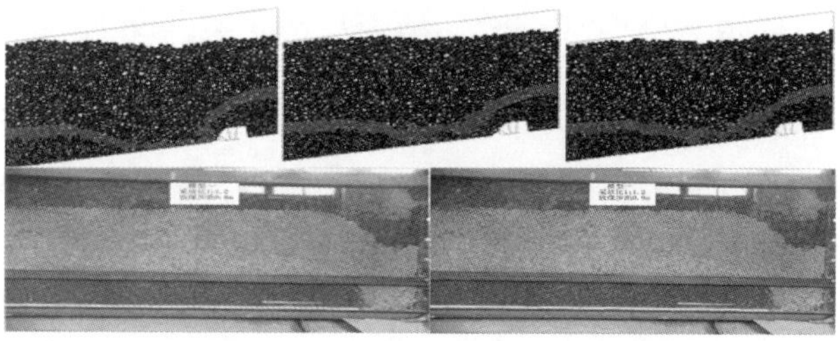

图 3.7.14　模拟优化开采工艺参数图

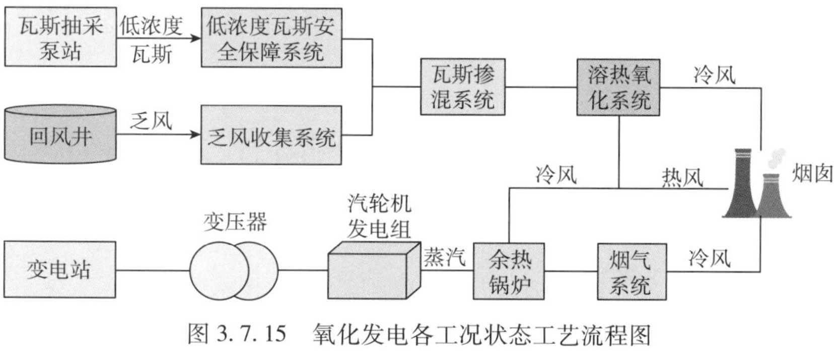

图 3.7.15　氧化发电各工况状态工艺流程图

(5) 实施效果

1) 构建了高瓦斯煤层无煤柱煤与瓦斯共采技术体系，为高瓦斯煤层高效开采起到示范作用，开创了高瓦斯煤层安全绿色开采新模式，形成了具有潞安集团特色的“高瓦斯”煤层开采技术体系，实现了高瓦斯煤层开采技术的转型升级，将为我国的高瓦斯煤层安全高效绿色开采起到积极的示范作用。

2) 高瓦斯综放面无煤柱开采技术，提高了煤炭资源回收率，项目在高河能源有限公司成功进行了工程应用，将综放面采出率提高了12.6%，大大提高了企业的经济效益，同时将邻近综放面的采掘接替时间缩短了15个月。

3) “采前预抽+边采边抽+两进一回通风系统”瓦斯综合治理技术的集成应用，可有效解决上隅角及回风巷瓦斯易积聚难题，保证高瓦斯工作面安全回采，预防了瓦斯问题导致的安全事故，保证矿井开采的产量与进度，进一步提高了煤炭企业在瓦斯灾害防治方面的安全技术水平，有助于打造煤炭企业新形象。

4) 通过将抽采的低浓度瓦斯与回风井乏风掺混后进行氧化发电，一方面高效利用了煤层瓦斯资源，增加了企业的经济效益，另一方面有效降低了温室气体的排放量，实现了煤炭企业绿色开采。

3.7.4 本节小结

本项目应用于煤炭开采领域，尤其涉及工作面采动影响条件下迎采掘巷、无煤柱开采技术以及高瓦斯综放工作面煤与瓦斯安全高效开采。项目针对高瓦斯综放面快速接续、提高煤炭资源回收率、加强高瓦斯综放面瓦斯治理、实现煤与瓦斯安全高效共采等问题，提出了高瓦斯综放面迎采掘巷无煤柱煤与瓦斯共采技术方案，采用理论分析、数值模拟、实验室模拟、现场实测等综合的研究方法，针对迎采掘巷时空效应，迎采巷道合理掘进方式选择、护巷煤柱合理尺寸、迎采巷道围岩稳定性控制技术与合理支护参数、综放面覆岩采动裂隙的演化规律、高瓦斯综放面瓦斯综合治理技术体系、煤与瓦斯高效共采设备与工序协调方式等内容进行了系统研究。

项目提出了高瓦斯综放面迎采掘巷无煤柱开采方法，确定高瓦斯综放面留巷侧迎采掘巷的煤柱宽度、支护参数和加强支护方案，实现综放面无煤柱快速接替回采，集成应用“地面抽采+顺层钻孔抽采+高抽巷抽采+‘两进一回’通风”的瓦斯抽采技术体系，将乏风与抽采瓦斯掺混后氧化发电，实现煤与瓦斯高效抽采与利用，研究成果具有创造性、先进性，技术可靠，达到了国际先进水平。

本项目研究成果可推广应用于国内开采高瓦斯低渗透性煤层的矿井。对于提高煤炭资源采出率、降低瓦斯灾害事故发生概率、高效利用煤层瓦斯资源、降低温室气体排放、实现煤与瓦斯高效绿色共采等方面均具有重要意义。

此外，本项目获5项授权发明专利、2项实用新型专利授权，发表论著14篇。项目自2018年在高河能源有限公司现场应用以来，有效提高了煤炭资源采出率，降低了矿井瓦斯灾害风险，目前已积极在潞安集团下属的余吾煤业有限公司、李村煤矿、常村煤矿、屯留煤矿等进行推广应用。截至2019年，高河能源有限公司通过提高煤炭资源采出率、抽采瓦斯氧化发电，创造直接经济效益5.3亿元，开创了高瓦斯厚煤层安全高效绿色开采新模式，被国家安全生产专家组成员周心权等专家鉴定为“达到国际先进水平”。成果对解决高瓦斯矿井安全生产技术难题，促进煤与瓦斯安全绿色共采具有积极意义。

3.8 三软低透煤层穿层钻孔-割缝-掏槽一体化技术装备研究及应用

3.8.1 项目背景

随着矿井开采深度和强度的不断增加，井下的地质条件和技术条件也越来越复杂，煤层埋藏深度的增加带来一系列的煤层瓦斯地质条件的变化，比如地应力增大、煤层及围岩的透气性降低以及瓦斯压力等增大。使得矿井面临的灾害日益严重，特别是煤与瓦斯突出矿井，瓦斯灾害时刻威胁着矿工的生命和安全生产。

开采保护层、预抽煤层瓦斯等可以有效释放煤层中的地应力和瓦斯潜能，改变煤体本身的性质，达到消除煤层区域突出危险性的目的，尤其是保护层开采，它是防治煤与瓦斯突出最经济、最有效的区域性措施。但我国大部分高瓦斯矿区煤层具有低透气性和易流变性特征。突出煤层在没有开采保护层的条件下，应采用预抽煤层瓦斯进行消突。但我国九成以上的突出矿井所开采的煤层透气性系数仅 4×（10^{-2}~10^{-3}） m^2/（MPa^2・d)，属于低透煤层，而且进入深部开采后这一特性愈发显得凸现出来，使得钻孔施工工艺及瓦斯抽采难度进一步加大，煤层瓦斯抽采率较低，值得注意的是，预抽瓦斯需要耗费大量时间和工程量抽采，消突效果不佳，造成采掘接替紧张，严重制约生产。因此，针对高瓦斯煤层增透措施进行研究，对煤层安全高效的开采具有十分重要的意义。

钻孔直径是影响穿层钻孔预抽瓦斯效果的主要因素，本项目所研究的钻冲割技术就是达到卸压增透、增大预抽钻孔直径的有效手段之一。钻冲割破煤的实质是水射流动能、煤体弹性能和瓦斯压力的相互作用，并由此引起作用范围内煤体小型突出的破坏过程。一方面水体对钻孔四周煤体进行剥蚀，煤体在瓦斯压力梯度和射流冲击的作用下喷出，形成较大的孔洞或缝槽。这些自由面的周围应力得到有效的释放，集中应力向深部转移。另一方面，煤层透气性大大增加使得瓦斯能量得到充分的释放，进而达到了消除煤层突出危险性的目的。

3.8.2 成果简介

本项目属于煤矿瓦斯防治领域。

本项目将层钻孔与水力掏槽技术相结合，提出了一种穿层连续水力掏槽卸压增透技术，通过底板岩巷穿层钻孔进行水力冲孔造槽，提高了煤层透气性和抽采效率。同时，研发了适用于煤矿井下的穿层钻孔钻-割-掏一体化钻头设备和钻机装备，简化了普通钻头退钻更换扩孔钻头的繁琐工艺，有助于煤屑的排除与小钻头钻孔的保直钻进，为快速抽采、快速消除突出、快速掘进提供技术保障。

本项目在郑煤集团大平煤矿21部煤柱面、1409底抽巷进行了成功应用，取得了良好效果。水力掏槽卸压增透技术的实质是水射流动能、煤体弹性能和瓦斯压力的相互作用，并由此引起作用范围内煤体小型突出的破坏过程。一方面水体对钻孔周围煤体进行剥蚀，煤体在瓦斯压力梯度和射流冲击的作用下喷出，形成较大的槽硐及缝槽，最终槽硐连接成巷，形成的巷使得周围应力得到有效的释放。另一方面，煤层透气性大大增加使得瓦斯能量得到充分的释放，通过穿层钻孔抽采瓦斯，进而达到了煤层卸压增透防突、消突的目的。

3.8.3 详细内容

国内很多学者很早前就开始了钻冲割技术理论和应用的研究，逐步形成了一系列的水力化防突措施，如煤层注水、水力挤出、水力冲刷、水力割缝、水力扩孔等，在一些矿区得到了很好的效果。但是由于工艺复杂、适应条件单一、技术难度大等弊端，所以存在着安全隐患和效率低等问题，使这些治理措施没能得到大规模推广和应用。

经过大量的现场试验和理论分析，发现这些水力化措施存在一定的局限性，而钻冲割是以保护岩柱或煤柱作为安全屏障，向有自喷能力的突出危险煤层钻孔，并向孔内注入承受一定压力的水，利用喷嘴切割和高压水射流的冲击，破坏钻孔周围煤体中应力和瓦斯的平衡，使其处于不稳定状态，在人为地有控制的条件下释放突出能量的局部防突措施。大量煤体和瓦斯的排出会在钻孔周围形成一定的卸压区，使得钻孔周围煤体得以充分卸压，煤层透气性系数大幅度增高，促进瓦斯解吸和排放，煤层和围岩中的弹性潜能和瓦斯膨胀能得以大幅度地释放，煤的塑性和湿度得以提高，其防止煤和瓦斯突出的能力得到大幅度的增强，从而起到综合防突的作用。

（1）存在问题

钻冲割作为一种卸压增透强化抽放措施，用来消除工作面的突出危险性，效果十分显著，但由于应用时间较短，人们对它的认识还不深入，依然存在很多问题。

1）钻冲割以前用于石门揭煤措施，现在用于掩护巷道掘进和消除工作面的突出危险性，其消突机理还不是很明确，还没有成熟的工艺措施，更没有形成一套完善的专用机械设备，目前使用的冲孔钻机是常用的地质钻机，它的性能不能完全满足冲孔的实际需要，限制了钻冲割作用的发挥和推广应用；

2）钻孔倾角、孔洞直径大小和煤体软硬程度对钻冲割卸压范围的影响及其之间的相互关系，不是很清楚；

3）冲出煤量的多少对水力扩孔有效影响半径的影响，对冲孔钻孔周围煤体是否卸压充分及冲孔钻孔之间是否会因卸压不充分而导致应力集中，这些都不是很明确，需要进行进一步的深入研究。

（2）项目内容及技术路线

针对郑煤集团低渗透突出煤层的具体特点，在大平煤矿试验研究实施水力化卸压增透技术，主要内容包括以下几个方面：

1）钻冲割措施的现场试验及历史资料分析；

2）通过高压水射流破煤理论分析钻冲割不同的喷嘴口径与水压、流量以及水射流出口压力与破煤能力之间的关系；

3）建立钻冲割措施的力学模型，利用理论分析、现场考察和计算机数值模拟相结合的方法得到不同的孔径和出煤量大小对钻冲割有效影响半径的影响以及钻冲割过程中煤体的破坏机制。

项目采用的技术路线如图 3.8.1 所示。

（3）创新性内容

1）研制变孔射流增压钻头，达到低压水源高压破煤效果，进行水力扩孔设备选型；研究符合矿用的钻-扩-冲一体化工艺，省去退钻杆换钻头环节和程序；使用多级冲孔技术，防止冲孔时大煤量堵塞钻孔造成喷孔现象和瓦斯超限现象。

2）通过现场实测、理论研究和数值模拟相结合的方式，确定水力钻冲割防突措施过程中高压水射流对煤体的破坏机理，钻冲割过程中，考察了不同试验孔出煤量大小及瓦斯涌出量的变化情况，在数值模拟的基础上对钻冲割有效影响半径进行了实测，为矿井布孔方案提供了重要依据。

（4）工艺技术

针对普通钻头进行穿层钻孔水力冲孔时需先施工先导孔，然后退出钻具、更换大钻头进行扩孔与水力冲孔作业，研发出适用于煤矿井下的穿层钻孔钻-割-掏一体化钻头设备和钻机装备，该设备集大钻头与小钻头一体化，且大钻头与小钻头中间由一小段钻杆连接，简化了普通钻头打钻之后需退钻、更换大钻头进行扩孔作业这一繁琐工艺，有助于煤屑的排除与小钻头钻孔的保直钻进。

在水力冲孔过程中面临以下问题，第一，如何提高通过使用特制的变孔射流增压钻头，达到低压水源高压破煤效果，有效解决硬煤难冲问题。第二，如何实现钻冲一体化，省去退钻杆换钻头环节和程序。第三，如何多级冲孔，防止冲孔时大煤量堵塞钻孔造成喷孔假象和瓦斯超限现象。第四，如何考察单孔出煤量及卸压效果，提供单孔泄煤量考核的依据。本课题对以上问题进行研究，以解矿井水力冲孔过程中的问题，为快速抽采、快速消除突出、快速掘进提供技术保障。

1）建立穿层连续水力掏槽措施的力学模型，进行理论分析及数值模拟。研究穿层连续水力掏槽泄压增透理论，将水力掏槽技术与穿层钻孔技术相结合，通过底板岩巷穿层钻孔进行水力冲孔造槽，最终连槽成巷，将传统的钻抽瓦斯转变为巷抽瓦斯，研究出一种三软低透煤层穿层水力掏槽卸压增透技术，建立穿层连续水力掏槽措施的力学模型；采用合适的数值模拟软件，定量分析在采取措施过程中，槽硐周围及控制范围内的应力变化情况，并通过对不同尺寸参数下的模型进行解算，以理论上得出穿层连续水力掏槽卸压增透的影响范围及穿层连续水力掏槽措施合理技术参数。

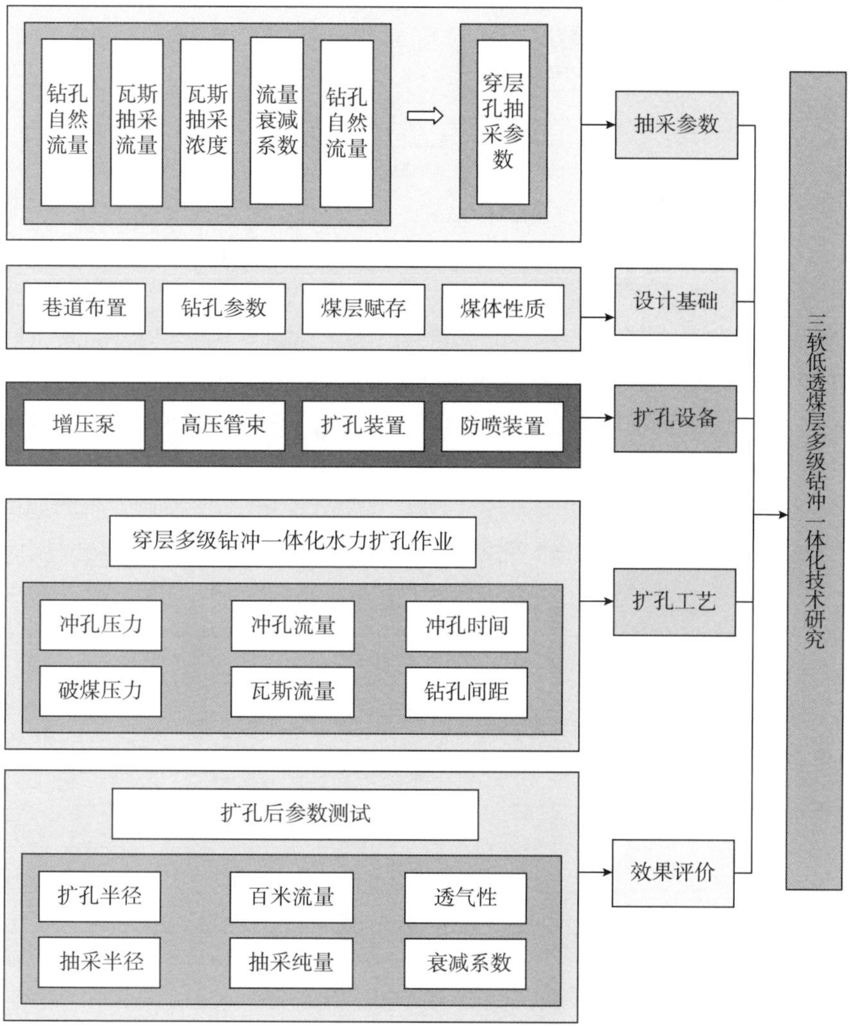

图 3.8.1 项目技术路线

2）研制变孔射流增压钻头，达到低压水源高压破煤效果，进行水力扩孔设备选型；研究符合矿用的钻-扩-冲一体化工艺，省去退钻杆换钻头环节和程序；使用多级冲孔技术，防止冲孔时大煤量堵塞钻孔造成喷孔现象和瓦斯超限现象。

3）现场试验考察槽硐半径及有效影响半径，确定合理水力掏槽间距。通过考察冲出煤量的大小、煤层瓦斯压力（含量）、钻孔瓦斯流量、相邻抽放孔的湿润程度和煤体水分的变化，并结合监控抽放瓦斯浓度和抽采量的变化，确定水力掏槽的槽硐半径和有效影响半径

（5）钻冲割技术设备

1）乳化液泵及乳化液箱。乳化液泵型号选用 BRW315/31.5，额定流量为 315L/min，额定压力为 31.5MPa，额定功率 250kW 与乳化液泵相连的是 FRx2500 型辅助乳化液箱，额定容量为 2500L，公称流量 315L/min，蓄能器充气压力 22MPa。

2）钻机和高压胶管。所用钻机型号为：ZDY-4200S 液压钻机，与乳化液泵相连的连接管采用内径 φ25mm、耐压 25MPa 钢丝缠绕胶管，将胶管的另一头与 63.5mm 钻杆尾端连接，连接处采用快速接头和 U 型卡加固。

乳化液泵与冲孔地点距离一般较远，大致在几十米到几百米之间，每个钻场冲孔结束后，会在下一个钻场实施冲孔，乳化液泵与冲孔地点的距离也会随之加大，而且这段距离不是平直的，所以在高压胶管上的压力损失是比较大的，为此大平煤矿在钻冲割期间为了保证冲孔水射流压力稳定和

方便控制，在距冲孔点 8m 处装置一台机械调压回流装置，通过阀门手动调动水流压力与流量，冲孔期间钻机尾部压力与流量根据出煤情况一般控制 5~9MPa 和 120~160 L/min 之间。

高压胶管的压力损失可用下述公式计算：

$$\Delta p = \frac{59.7q^2}{D^5 Re^{0.25}} \tag{3.8.1}$$

式中：D 为软管内径，mm；q 为体积流量，L/min；Re 为雷诺数，对水取 $11165q/D$。

高压胶管的内径一般为：8mm、16mm、25mm 和 32mm。本次钻冲割采用的高压胶管内径是 25mm，不同内径的压力损失计算见表 3.8.1，从表 3.8.1 中可以看出，当体积流量一定时，压力的损失随着胶管的内径的减小而增大，当流量为 150L/min，内径为 16mm 时，压力损失为 0.071MPa/m，即百米压力损失为 7.1MPa。当内径增加到 25mm 时，压力损失为 0.009MPa/m，即百米压力损失为 0.9Mpa。从而可以看出，流量体积一定时，选择内径为 25mm 的高压胶管的压力损失要比选择内径为 16mm 的压力损失小 6.9 倍。因此，在钻冲割时，由于流量较大，采用内径为 25mm 的高压胶管还是比较合理的，其压力损失为 0.009MPa/m。在实际钻冲割期间，在接头拐弯处、管路变径处和接头连接处都会有漏水现象的存在，所以实际的损失要远远大于计算值。

表 3.8.1 管路压力损失与内径的关系

内径 D / mm	体积流量 q / ($L \cdot min^{-1}$)	系数	雷诺数 Re	压力损失 ΔP / (MPa · m)
32	150	59.7	52336	0.003
25	150	59.7	66990	0.009
16	150	59.7	104672	0.071
8	70	59.7	97694	0.505
5	70	59.7	156310	4.708

本次试验，乳化液泵与冲孔地点相距 200m 左右，即压力损失在 1.8MPa 左右。但在实际的冲孔过程中，乳化液泵实际工作压力稳定在 10MPa，在回流装置处不采取任何增压的情况下，多功能压力变上显示的压力仅为 5MPa，实际压力损失要比计算值要大 3.2MPa，通过机械增压后压力可以调高到 6~9MPa 之间，同时由于乳化液泵流量大、钻机处的流量能控制在 120~160 L/min 之间，满足钻冲割理论要求，所以在钻冲割过程中由于乳化液泵体积大、重量大、系统复杂等缺点，不方便移动，增设增压回流装置是十分必要的。

3）低浓度甲烷传感器。在回风巷中安装有由煤炭科学研究总院重庆分院生产的智能低浓度甲烷传感器作为探头 T_1，用来监控瓦斯浓度的变化。

4）双功能高压水表。为了测定钻冲割期间，水压变化和流量为监测水压和流量在钻冲割期间的变化，在距迎头 5m 处安装了 SGS 型双功能高压水表（图 3.8.2）：BH GB/T778.1~3-1996 N2.5 DN20 PN1 ΔP=0.1MPa 精度：0.01、0.001、0.0001，压力表量程为 0~25MPa，在其旁边连接型号为 QJ16 的球形截止阀。

图 3.8.2　双功能高压水表

5）安全阀。安全阀的作用是安全报警，即当机组溢流阀或其他因素出现意外，乳化液泵压力超过排出压力的 1.10~1.25 倍或 1.08~1.10 倍时，高压液体就会克服安全阀弹簧的预计压力，打开阀芯，报警降压。

6）钻冲一体化喷头体。理论上选用 1φ5.0 的喷嘴和 10~15MPa 的乳化液泵压力是合适的。在进行钻冲割试验时，为了能过找到适合于大平煤矿的乳化液泵压力和喷嘴，在试验中试用过不同乳化液泵压力及不同型号的喷嘴，在乳化液泵压力为10MPa、增压回流装置为4~6MPa时选用过1φ5+2φ3.0、2φ5.0＊90的喷嘴，在冲孔过程中憋孔现象严重，不能均匀出煤，经常造成瓦斯超限，钻场瓦斯浓度过高，无法进行钻冲割。在乳化液泵压力为10MPa、增压回流装置为4~9MPa时，喷嘴型号选用1φ5.0，出煤量稳定，基本没有出现憋孔现象。当将增压回流装置调至7~9MPa，使用1φ5.0、1φ1.8+2φ4.0、1φ1.8+2φ5.0、2φ5.0＊90的喷头，期间，出煤均不稳定，憋孔严重，冲孔无法顺利进行。由于大平煤矿172107工作面2#煤煤质较软，且煤层厚度大，平均6.3m，在选用所以2φ5.0＊90喷嘴时，无法切割上部煤体，出煤量少，达不到冲孔要求。在选择乳化液泵压力为10MPa，钻机后增压回流装置压力控制在4~6MPa之间，喷嘴型号为1φ5.0进行钻冲割，是比较合适的。大平煤矿钻冲割技术所采用的喷头及喷嘴如图3.8.3所示。

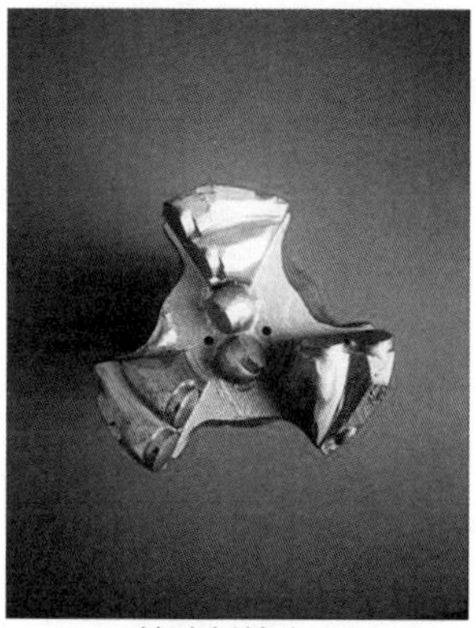
钻冲割钻头

喷嘴实物

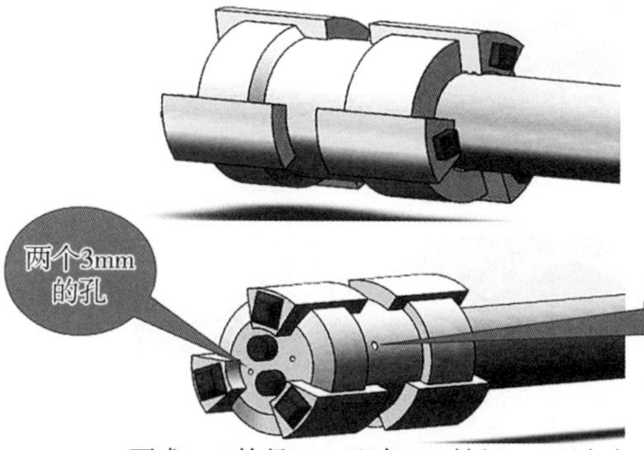

图3.8.3 大平煤矿采用的钻冲割钻头功能等效图

7）防喷装置。钻冲割防突技术措施在实施过程中，由于瓦斯较大或冲孔憋孔往往会导致局部瓦斯超限与喷煤水和瓦斯等情况，为防治瓦斯超限与煤水瓦斯喷出伤人，结合大平煤矿实施工作面的实际条件，改进研制了防喷装置，如图3.8.4所示。

对冲孔钻孔从孔口进行扩孔，深4m，下入套管，使用快干水泥或矿用树脂进行固孔；冲孔时，采用螺栓将防喷装置和套管对接，再使用排渣管将防喷装置和煤、水、气分离箱相连，分离出的气体连接到抽放管抽走，煤渣从箱底清理出来装袋，水排出水箱。

（6）钻冲割系统

钻冲割系统一般是由乳化液泵、水箱、钻机、高压胶管、多功能流量表、增压回流装置、防喷装置和喷头等组成，本次试验采用了压滤机，压滤机可以将从钻孔里冲出来的煤水分离，以至于不会让煤水流进巷道。如图3.8.5所示。

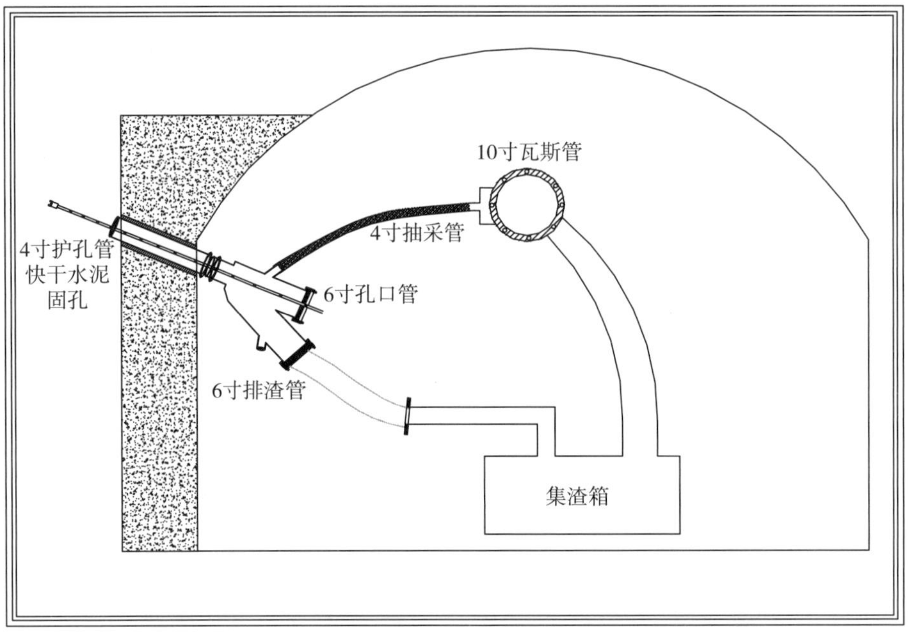

图 3.8.4　防喷装置示意图

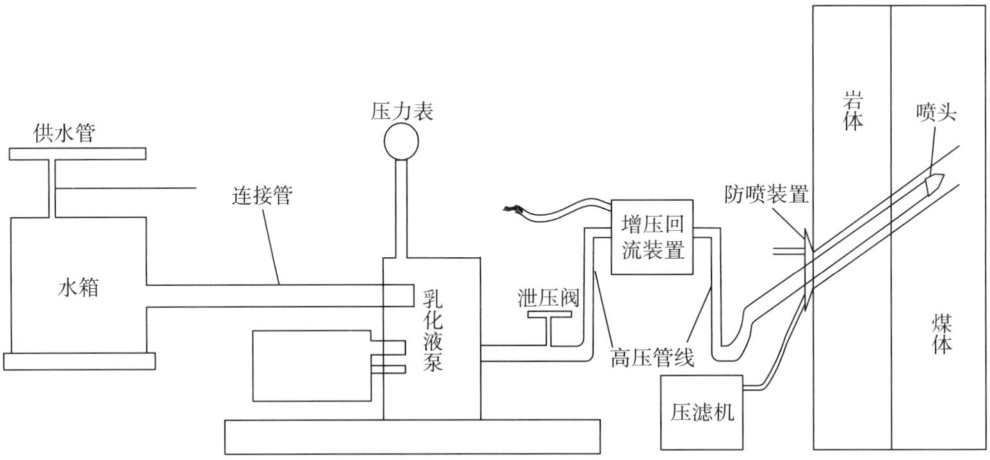

图 3.8.5　钻冲割系统布置示意图

（7）钻冲割工艺流程

钻冲割前，预先测定施工钻孔周围煤体中的瓦斯压力、瓦斯含量、煤层透气性系数等参数。在实施钻冲割过程中要时刻注意观察并记录附近钻孔的瓦斯压力、瓦斯流量和瓦斯浓度的变化情况。待冲孔工作结束后对钻孔进行封孔注浆，然后连接到瓦斯抽放管路上进行抽放。钻冲割工艺流程如图 3.8.6 所示。

（8）应用情况

本项目针对煤层条件和槽硐位置，根据水力掏槽的水射流特征和扩孔半径、排渣及定向要求，采用理论设计、实验室和现场试验的研究方法，研制合适的水力掏槽喷嘴；结合矿井的瓦斯赋存情况及生产条件，选择配套的泵、排水、排煤粉、高压胶管和钻机等设备，形成水力掏槽配套装备系统。分析煤层顶底板岩性、力学性质等因素，研制钻冲一体化设备、工艺。

本项目在大平煤矿 21 部煤柱面、1409 底抽巷进行了成功应用，取得了良好效果两个工作面提前 3 个月完成瓦斯治理，节约人工 9072 个，节约资金 272.2 万元，节约材料费 360 万元，提前出

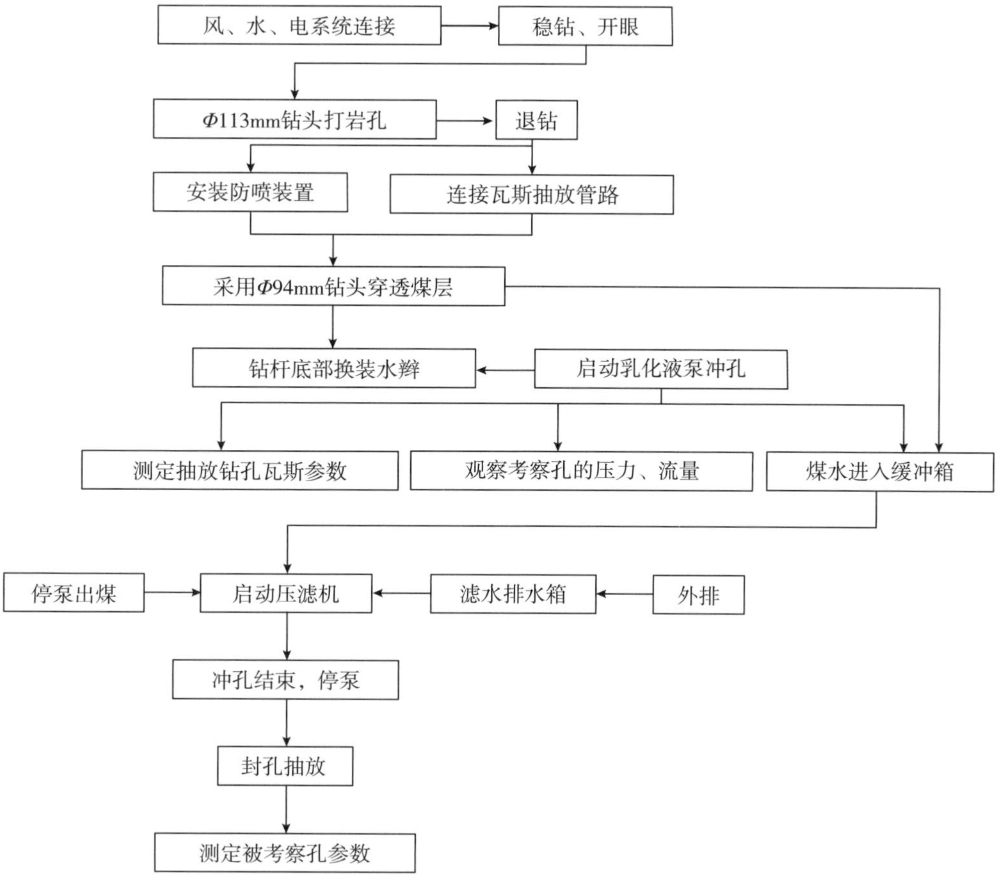

图 3.8.6　钻冲割工艺流程图

煤 3 个月，出煤量达到 21×10^4t，按照吨煤 500 元，实现效益 1.05 亿元。

该技术施工方便、安全、可靠，可以在集团乃至全国范围内类似地质条件矿井进行推广。

3.8.4　本节小结

通过三软低透煤层穿层连续水力掏槽卸压增透技术，能够对松软低透高瓦斯突出煤层的突出灾害防治和安全生产工作提供有益帮助，为国内同类型其他煤矿煤层增透防突、消突科研技术推进提供参考价值。

3.9　分体式坑道岩心钻机及配套高效取心工艺技术研究

3.9.1　项目背景

我国矿产资源经过多年的勘探和开发，浅部资源逐渐减少，部分老矿区急需加强深部找矿工作，寻找接替资源，延长矿山寿命。开展地质深部找矿的攻深扫盲、摸底探边工作，对地质矿产资源的可持续开发具有重要意义。坑道勘探可避开上部采空区，相对于地表勘探能节省大量的钻探工作量，沿矿床层带多角度钻孔，实现金属矿山的边探边采，是一种经济、高效的勘探手段。

目前部分矿山进口了国外坑道岩心钻机，如 Atlas 公司的 Diamec 系列钻机，宝长年公司的 LM 系列钻机等，这类钻机具有结构先进、效率高、性能可靠的优点，但其重量大，搬迁困难，售价昂贵，限制了其在国内的大规模推广应用。国内部分矿山还在使用老旧的立轴式钻机，钻进效率低且安全性差，也有部分钻机厂家开发了全液压坑道岩心钻机，以青岛前哨 KD 系列、中地装备 XDQ

系列高转速全液压岩心钻机为代表，但普遍存在以下三方面问题：

1）钻进能力小、效率低，难以满足坑道内水平孔钻孔施工深度 500 m（垂直孔 600 m）的需求，不利于深部找矿；

2）重量大，在恶劣运输条件下移动搬迁困难，进一步解体拆装难度大，需要专业装配人员参与，增加了钻探的周期、难度和成本；

3）缺乏近水平孔效率高的绳索取心钻具，存在钻具内管下放不到位，打捞速度无法控制的问题。

国内矿山安全高效开采地质信息获取及危机矿山老矿区的接替资源勘探亟须钻进能力大、工艺适应性强、可靠性高、易于搬迁运输的国产全液压岩心钻机。中煤科工集团西安研究院有限公司在陕西省战略性新兴产业重大产品（群）项目“轻量化坑道中深孔岩心钻机研制及配套工艺技术研究”（编号：2016KTCQ01-73）的资助下，展开了相关研究，成功研制了 ZDY1200G、ZDY1000G 型全液压轻量化坑道岩心钻机及配套机具，大幅度提高了国产装备的竞争力。

3.9.2 成果简介

成果属于地质勘查领域，依托陕西省战略性新兴产业重大产品（群）项目（2016KTCQ01-73），对钻机部件轻量化、高转速动力头、控制系统及取心钻具四方面开展科研攻关，研制了 ZDY1200G、ZDY1000G 型全液压坑道岩心钻机及配套钻具，可满足钻孔角度-90°~+90°的安全、高效取心钻进需求。以下为主要研究内容及特点。

（1）首创了国内轻量化坑道岩心钻机

钻机采用模块化设计，利用快连结构，实现快速拆解，解体部件最大质量 292.5kg，降低了搬迁运输难度。给进机身、提升架、底座采用铝合金替代碳钢材料，部件重量降幅均超 55%；两位操作人员可在 50min 内对钻机完成快速拆解或组装。

（2）发明了钻孔角度自适应润滑的全方位施工动力头

配油套及液压马达泄油作为润滑油源，根据钻孔角度自适应控制润滑油量分配，经箱体孔道实现动力头全方位施工轴承的强制润滑和冷却；夹持器前及动力头后双扶正装置，可有效降低钻杆振动，减少回转阻力，提高孔壁质量、减少卡瓦和钻杆的磨损。

（3）创新研发了基于先导联动功能的高效钻机液压系统

采用自适应的负载敏感系统，无节流及溢流损失。利用恒压变量泵恒压力与流量自适应的特点，降低了系统能耗。起下钻回路采用液压先导联动，操作简单，卡夹联动响应速度快，可有效防止大角度钻孔时掉钻事故。

（4）开发了安全、高效、适应近水平孔施工的绳索取心钻具及成套工艺技术

采用张簧张开弹卡、机械定位的复合定位机构，弹卡定位可靠；取心绞车随动实现打捞器下放速度可控，打捞效率高；快换水路系统可实现常用钻进工况的迅速切换，具备缓冲功能的通缆式水接头保障了施工过程中的设备和人员安全。

在陕西、福建、云南、四川、湖南、甘肃、青海等地 20 余个单位进行了工程示范和推广应用。云南省沧源县铅锌矿 KZ19-1301 号钻孔深度达到 512.68m，KZ19-1302 号钻孔最大单日进尺 98.7m，创该地区绳索取心钻进最高单日进尺纪录。中国煤炭工业协会组织专家对项目进行科技成果鉴定，整体达到国际先进水平。

该成果累计产生经济效益 8087.32 万元，为我国矿山安全高效开采地质信息获取，危机矿山老矿区的接替资源勘查提供了装备保障，经济效益和社会效益显著。

3.9.3 详细内容

针对岩心钻机搬迁运输困难、工艺适应性差、效率低的难题和现实需求，项目组对钻机轻量

化、回转系统、控制系统、取心钻具等方面进行科研攻关。总体思路为：采用轻型结构及模块化设计思想，研制了主要部件由高强度铝合金材料制成且可实现快速拆装的 ZDY1200G、ZDY1000G 型轻量化坑道钻机；采用配油套及液压马达泄油作为润滑油源，设计了可满足全方位施工的动力头；基于先导联动原理，开发了高效钻机液压系统；基于复合定位、取心绞车随动及水路快速切换系统综合控制，开发了安全、高效、适应近水平孔施工的绳索取心钻具，实现了全方位取心钻孔施工。项目主要研究内容及关键技术如下：

（1）钻机总体设计

全液压坑道岩心钻机由主机、泵站、操纵台、液压系统几部分构成，其中主机包括给进机身、动力头、提升架、底座等，是钻机的主要执行机构，泵站是钻机的动力源，液压系统元件集成于主机、泵站和操纵台上（授权发明专利 ZL201810214641.5），通过操纵台实现对钻机的控制，主机和泵站质量占钻机总重量的 85%以上，是钻机搬迁需要主要考虑的部分。

图 3.9.1　ZDY1200G 型岩心钻机构成

1—操纵台；2—主机；3—泵站

1）钻机轻量化。钻机轻量化主要从两方面入手，一方面采用新型轻质合金材料替代碳钢，减轻部件平均密度；另一方面对主要功能部件进行结构优化，减少材料使用量。

a. 轻型材料选用及加工。通过对钛合金、碳纤维和铝合金等轻质材料的对比调研，结合材料加工性能和成本，针对坑道钻机给进机身、提升架和底座对强度要求高、刚度要求适中的工作受力特性，采用 H38 状态下的 5052 高强度铝合金替代碳钢材料。使用 5052 铝合金材料试制了给进机身样件，并对其进行了加工工艺和受力试验研究，如图 3.9.2 所示。研究结果表明，5052 铝合金材料热焊接性能较好，不仅能够进行 90°折弯，而且屈服强度能够达到 210 MPa，同时具有良好的可切削性，是坑道钻机进行轻量化的理想选择。

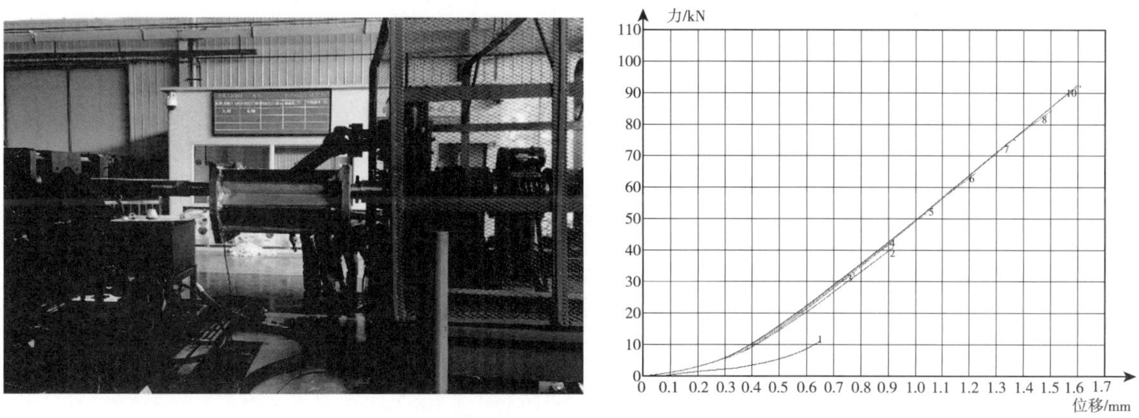

图 3.9.2　样件受力试验

经材料替代后，给进机身重量减轻 55%（图 3.9.3），底座重量减轻 67%，提升架重量减轻 70%。

b. 功能部件优化。设计了箱体型铝合金给进机构，采用双杆双级双作用油缸将机身所受拉力转化为压力，改善了局部受力；采用有限元拓扑设计方法，分析动力头托板受力状态并对结构进行了优化改进，从整体结构上减少材料使用量，实现轻量化目的。

钻机的动力系统由两个小泵站组成（图 3.9.4），降低了搬迁重量，浅孔作业只需一个泵站即可进行工作。为解决两个泵站同时工作时，两个油箱液面高度不同步，造成油液溢出的难题，系统设计了吸油多泵共用连通、回油比例分配的油路，在两台泵站高差控制在 150 mm 以内均不会出现溢流现象。两个主泵排量不同，合流后供回转，为了使两个泵的响应一致，利用 AMESim 软件建立了系统动态模型，分析压力流量特性和匹配参数特性，通过优化 LS 反馈管路，匹配补偿参数，使双泵动态响应一致，提高了液压系统的效率和性能。

图 3.9.3　铝合金给进机身

图 3.9.4　双泵站调试

2）快速拆卸模块化结构。ZDY1200G 岩心钻机采用模块化设计，利用快速连接结构实现易拆装。回转器与拖板、夹持器与支座、给进机身与底座、提升架与给进机身之间均设计了销轴式、铰链式快装结构，并可自动定位，只需简单培训，两个工人 50 分钟内可完成整机的拆装。钻机主机、泵站、操纵台三部分最大解体质量 292.5kg，降低了搬迁运输难度，钻场布局灵活。

（2）大能力高转速回转系统

回转系统包括大通孔高转速动力头和钻杆扶正装置，主要为孔底取心钻进提供转速和扭矩，降低钻杆振动，提高成孔深度和钻孔质量。

1）动力头。通过加大钻机功率、提高动力头能力（转速、扭矩）的方式来提高钻效是最为直接的方法。动力头主轴最大转速 1000r/min，高速轴最大转速 2800r/min，主轴及高速轴两端轴承润滑难题是钻机实现 0~360°全方位施工和转速提高的技术瓶颈。高转速钻机轴承润滑不到位易过热甚至烧结；箱体油液润滑过高，齿轮扰油发热、噪音问题严重，同时降低系统效率。

为解决高速轴及主轴两端轴承飞溅式润滑不到位和油浸式润滑扰油发热的问题，设计了动力头自适应润滑装置（受理发明专利 201810203123.3）如图 3.9.5 所示。将卡盘配油套的泄油密封于箱体前端，通过细长孔道对主轴轴承进行强制润滑。将配油套及液压马达泄油作为润滑油源，根据钻孔角度自适应控制润滑油量分配，流量分配规律与钻机钻进角度呈线性相关，实现流量分配的精确控制，经箱体孔道完成动力头全方位施工轴承的强制润滑和冷却。

2）扶正装置。动力头主轴通孔直径 100 mm，可满足 B、N、Q 系列的取心钻具的使用要求，并满足在复杂地层条件下，上级钻杆作为下一级钻进套管施工多级钻孔的工艺。为避免高速回转

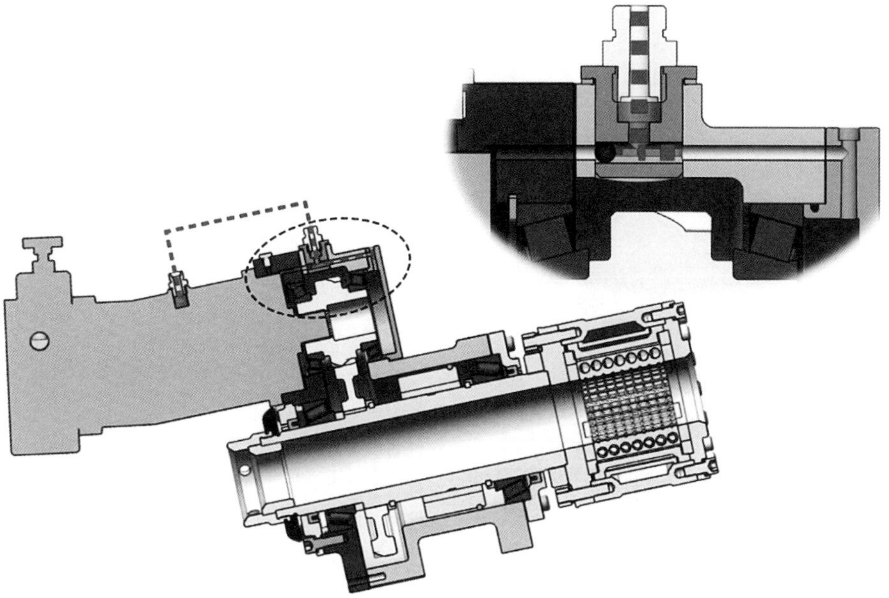

图 3.9.5　斜孔轴承润滑示意图

时，因钻杆磨损、孔内钻屑分布不均等因素影响，产生强烈的振动，设计了前后两个扶正装置（图 3.9.6）（授权发明专利 ZL201710942967.5、ZL201610536886.0），可有效降低高转速工况下钻杆振动，减少回转阻力，提高了孔壁质量、减少夹持器和钻杆的磨损。

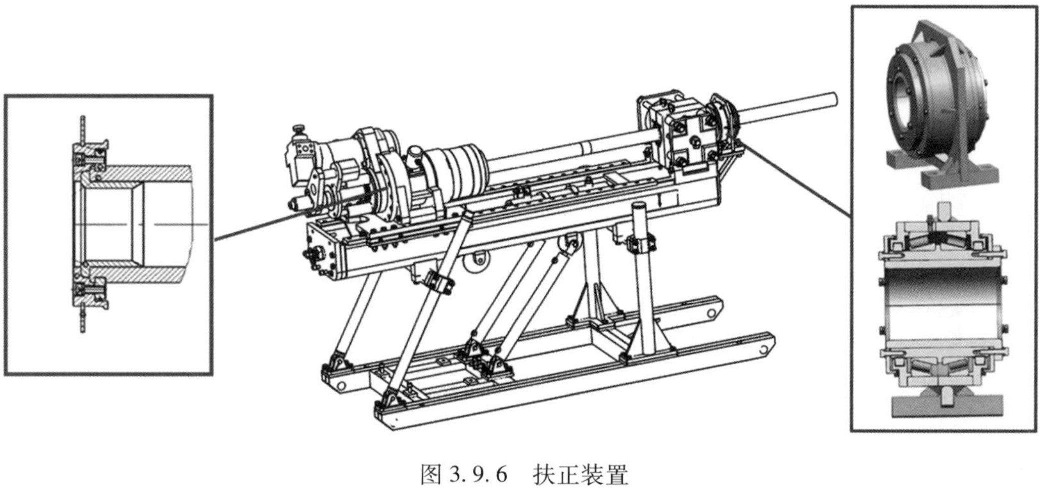

图 3.9.6　扶正装置

（3）高效钻机液压系统

钻机液压系统采用三泵系统，两个负载敏感泵并联作为主泵，一个恒压变量泵作为副泵（图 3.9.7）。动力头回转及快速给进需要大流量主泵供油，采用自适应的负载敏感系统，速度调节方便，无节流及溢流损失，减少了系统发热。副泵控制加减压钻进，卡盘及夹持器的控制油源均取自副泵，可保证卡盘及夹持器的快速可靠动作，防止卡盘与夹持器的启动速度不一致导致掉钻，充分利用了恒压变量泵具有恒压力，流量自适应的特点，降低了系统能耗（受理发明专利 201711272846.0）。

设计液压先导回路实现卡盘及夹持器联动控制，先导控制压力取自主要执行机构，只需提供较小的控制压力及流量信号，避免了常规钻机辅助回路控制油源来自主执行回路，通常为保证辅助回路动作，需调节主执行机构背压，且由于卡盘泄露，影响主执行机构能力的问题，保证了辅助回路动作及执行力的可靠性，提高了响应效率（图 3.9.8）。

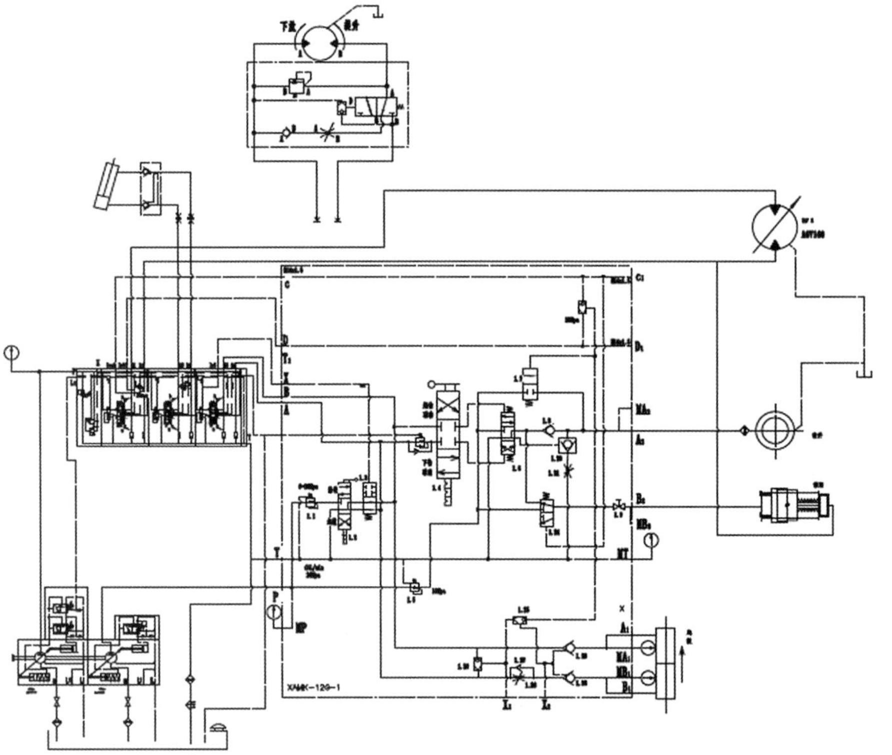

图 3. 9. 7　液压系统原理图

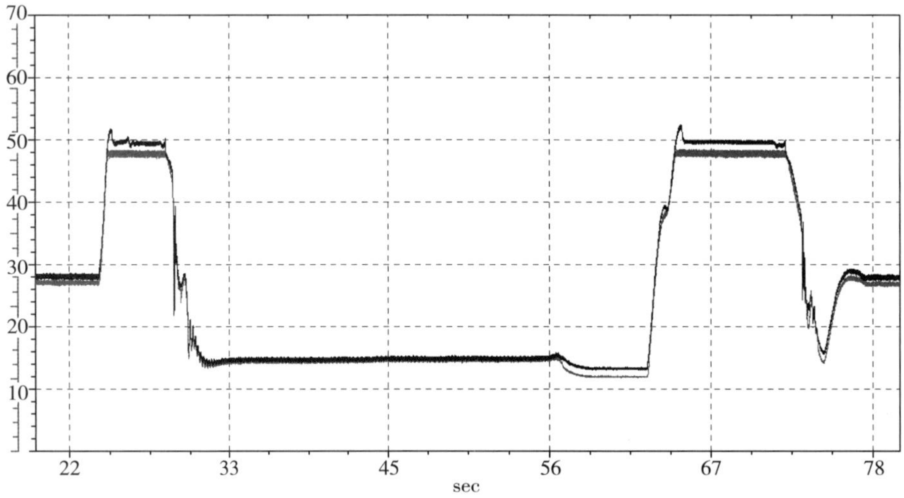

图 3. 9. 8　先导联动系统响应曲线

（4）水平绳索取心钻具

采用张簧张开弹卡、机械定位的复合定位机构，防止震动移位失效发生，保证钻进过程中弹卡始终处于张开状态，定位可靠，解决绳索取心钻具在近水平孔施工中存在的定位不可靠、震动脱卡的问题（图 3. 9. 9）。绳索取心绞车具备随动功能，垂直孔或下斜孔，打捞器下放速度可调，防止泥浆漏失后钻具失速损坏，提高安全性；水平孔及上斜孔施工时，打捞器下放需求绞车具有主动下放功能，平衡自重，防止失速，与泥浆泵配合提高下放速度。液压油内循环，减少沿程背压，减少油液发热，在保障钻具安全的同时提高了下放打捞效率（受理发明专利 201610780381. 9）。

设计了适应多角度的快速切换水路系统（图 3. 9. 10），可实现正常钻进、输送打捞器、提升内

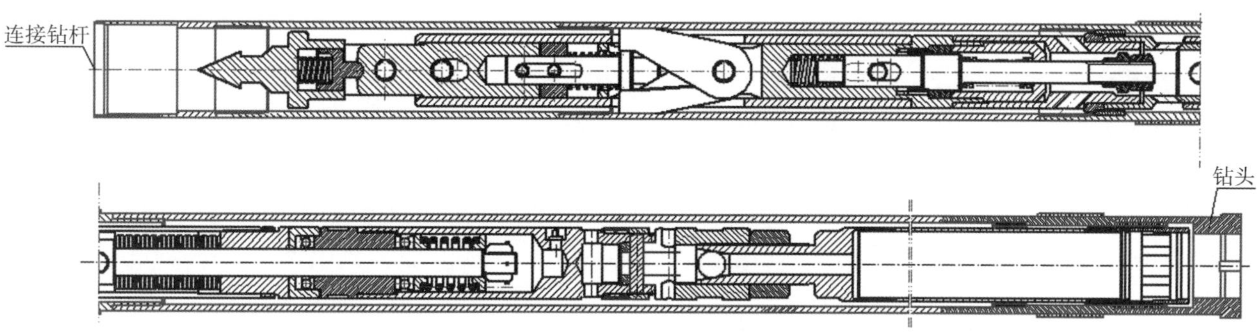

图 3. 9. 9　绳索取心钻具结构图

管三种主要工况的水路切换，轻便、省时、省力。并通过节流阀控制内管钻具下放速度，防止加速下坠损坏钻具，并实现内管匀速提升。通缆式水接头缓冲结构可对快速捞出的内管钻具进行缓冲，延长钻具使用寿命。

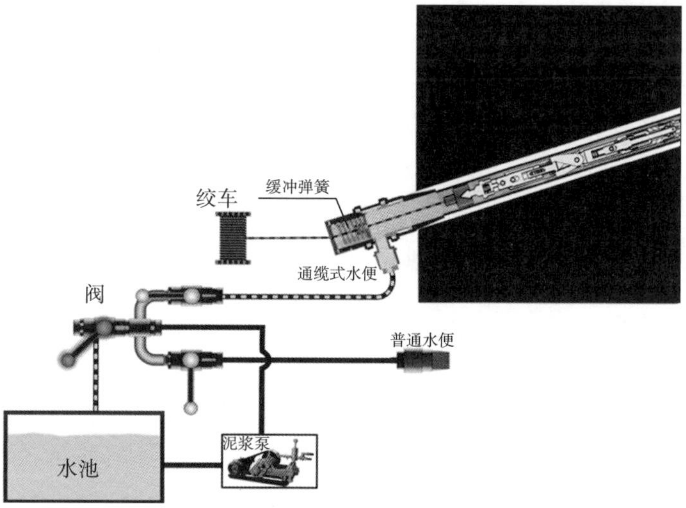

图 3. 9. 10　适应多角度的快速切换水路系统

（5）推广应用情况

项目成果形成的 ZDY1200G、ZDY1000G 型成套装备及近水绳索取心钻具、取心随动绞车、水路快速切换系统共推广销售 51 台套，实现销售收入 2175. 32 万元。在陕西、山东、河北、福建、云南、四川、黑龙江、湖南、甘肃、青海等地 20 余个单位多个金属矿山进行应用，累计施工坑道取心钻孔 72800 余米，工程创收 5911. 9 万元。典型应用如下：

2020 年，四川省金钻地质勘探公司在川藏铁路康定至甘孜段隧道线路侧方勘察中，施工了深度 330m 的 30°上扬孔，是该公司在川藏铁路施工的首个上扬孔。

2019 年，云南宏旭钻探工程有限公司在临沧市沧源县铅锌矿坑道勘探施工中，KZ19-1301 号钻孔深度达到 512. 68m，KZ19-1302 号钻孔最大单日进尺 98. 7m，创该地区绳索取心钻进最高单日进尺纪录。

2018 年，项目组在陕西省旬阳县塌洞沟汞锑矿完成钻孔 2 个，终孔深度 325. 1 m 与 377. 3m，岩心采取率分别为 82. 3%和 97. 2%。水平取心钻具无故障使用寿命达到 243 小时。

该成果推广应用过程中，钻机搬迁便捷、经济钻速高；大能力高转速动力头运行平稳，振动小，成孔质量高；先导联动控制功能响应快，联动可靠，操作简单，带节流功能的快速切换水路系统可实现钻具下放、打捞速度的控制，工艺适应强，大幅度减轻了工人劳动强度。

3.9.4 本节小结

该成果形成的成套技术与装备主要应用于深部资源勘查等领域，钻进能力大、重量轻、操作简单，搬迁运输便捷，降低了工人劳动强度，提高了勘探效率，为矿山安全高效开采地质信息获取、危机矿山老矿区的接替资源勘查提供了装备保障，有助于我国实施矿山绿色、可持续开发。同时，可扩展其应用于隧道前期地质勘查孔的施工，解决因前期工程勘察不明的地质问题而引起工程变更，影响工期，导致投资预算的大量超出，助力国家经济发展和民生工程建设，社会效益显著。

3.10 煤矿多系统融合“一张图”与快速联动技术装备及应用

3.10.1 项目背景

2010年至2011年，国家安全监管总局组织制定了《金属非金属地下矿山安全避险“六大系统”安装使用和监督检查暂行规定》和《煤矿井下安全避险“六大系统”建设完善基本规范》（安监总煤装〔2011〕33号）。

安全监控系统、人员定位系统、应急广播通信系统是煤矿井下安全避险“六大系统”的三大子系统，是安全生产管理者进行风险防范与安全控制及实现“自动化减人”的重要手段，是绿色矿山建设、抢险救灾与应急救援的重要支撑。

传统存在的问题主要包含以下几个方面：

（1）李天俊在“KJ95N型煤矿安全监控系统在红会一矿的应用”（李天俊等，2012）一文中指出，传统的煤矿安全监控系统采用主从式通信技术，采用轮询的方式由主站向从站轮询数据，往往从站数量较多，因此轮询时间长、巡检周期长，一旦瓦斯超限，异地断电时间长，联动时间长，给煤炭的安全生产及人身安全带来隐患。

（2）刘鹏在“基于TDLAS的矿用激光甲烷传感器设计”（刘鹏等，2019）中指出，传统的红外及热催化原理传感器易受交叉气体影响，误差较大。且传统的甲烷传感器等设备为模拟量传输，存在抗干扰性差、易冒大数、精度低、传输距离短、防护等级低等诸多问题，误报警、误断电、误联动等情况频频发生。

（3）随着巡检周期指标的提升，煤矿安全监控系统数据量相应增大，庞大的数据量给存储、统计分析及查询展示也带来了压力，如何在保证数据趋势完整性的基础上对数据进行清洗、压缩，成了首要解决的关键性问题（王洋洋，2020）。

（4）传统的矿井应急广播通信系统为音频模拟量信号，传输距离近，抗干扰性差，音质差，噪音大（徐炜，2014）。

（5）安全监控、人员定位、应急广播等各系统之间相互独立，具有各自的软件平台、各自的模拟设备状态图，各系统之间成为“信息孤岛”，不仅占用过多的资源及建设成本，也不能有效融合及联动，在瓦斯超限报警时不能共享资源，高效快速、自动智能地通过其他系统发出撤离信号，造成人员及财产的不必要损失（周海坤，2018）。

2016年底，国家煤矿安监局关于印发《煤矿安全监控系统升级改造技术方案》的通知。国内煤炭行业各个厂家积极研发新一代的多网融合系统，但如何实现井下气体环境参数的精准采集、快速采集、纯数字化传输及存储数据、在统一的GIS平台上动态展示安全监控、定位及广播等系统数据，并实现多网多系统融合及快速应急响应成为国内煤炭行业科研人员的研究热点与研究方向。

3.10.2 成果简介

项目研究了无主式CAN总线通信技术及以太网通信技术，设计了基于CAN总线的无主式通信协议；研究了Socket网络通信技术及多线程多任务异步处理技术、旋转门数据压缩存储技术、TD-

LAS激光检测技术及GIS技术等，融合了项目单位瓦斯治理、防灭火治理等专业，形成的一套安全监控、定位、语音广播、供电等多系统融合、技术先进、性能稳定、安全可靠、兼容性高、服务到位的平台式解决方案。

为此，项目研发了新的基于CAN现场总线的无主式通信技术的KJ999X煤矿安全监控系统及KT219矿用广播通信系统，并结合原有KJ405T（A）煤矿人员管理系统，进行了深入研究，实现了多系统的有机融合、快速联动。

项目为首次展开基于CAN现场总线的无主式通信技术结合UDP的Socket网络通信技术研究，并将该技术成果成功应用在井下，达到国际先进水平。本项目实现了多个创新：

1）设计了无主式CAN通信协议，结合基于UDP协议的Socket技术、多线程处理技术，实现高并发的数据采集及存储；

2）传感器设备即插即用，使用方便；

3）实现井下传输信道合一，有利于多系统网络传输，并实现了多种组网方式；

4）设计了新型的瓦斯抽采管路浓度检测装置，采集更加准确、快速；

5）研究了改进型旋转门数据压缩算法并成功应用于煤矿安全监控系统。

项目成果符合AQ6201—2019标准、CAN总线2.0B标准和TCP/IP标准的要求，适于大、中、小各类矿井使用。

本项目承载了煤科集团沈阳研究院有限公司在煤矿安全领域多年的研究成果，共申请8项国家专利，其中授权6项，基于本项目取得软件著作权8项，发表核心期刊论文17篇（EI检索1篇），撰写著作2部，制定（修订）国家标准1项、行业标准5项、企业标准29项，取得防爆证27项、安标证29项。本项目的成功研制及应用，使安全监测监控技术有了较大提高，并取得了巨大的社会效益及经济效益，具有长远的应用前景。

成果已在龙煤集团新疆分公司、龙煤集团鸡西分公司、龙煤集团双鸭山分公司等国内骨干煤炭企业成功应用。用户一致反映该项目运行稳定，性能良好，符合国家和行业标准要求，满足煤矿安全生产、“自动化减人”及“减员增效”的需要。

3.10.3　详细内容

（1）科学技术内容

针对煤矿监控系统、人员定位及广播系统中存在的抗干扰性差、巡检周期长、异地断电时间长、通信距离短、各系统信息独立等缺点，升级应急广播通信系统，着重以煤矿安全监控系统为主体进行升级，提出了无主式CAN现场总线的通信技术，以太网通信为骨干，分支为CAN现场总线传输，组成井下全数字通信网络，研究UDP协议的Socket通信技术，采用多进程多任务处理技术对数据进行高并发采集，运用改进的旋转门数据压缩存储技术对数据进行清洗、压缩、存储，运用GIS技术，通过统一的数据接口将安全监控、定位及广播等多系统的数据进行“一张图”展示，最终形成一整套多系统融合联动技术与装备，具体研究内容如下：

1）CAN现场总线无主式通信方式研究。项目大量调研国内外监控系统的系统架构及应用技术，探索传统安全监控系统弊端，研究传统安全监控系统的弊端产生的缘由，研究基于CAN现场总线的无主（多主）式通信方式，提出适用于煤矿、基于CAN现场总线的无主式通信设计理念，设计一套基于CAN总线的无主式通信协议，硬件设备通过采用统一的CAN通信控制电路、统一的PCB走线、统一的波特率、多种阻抗匹配，提升系统稳定性，最终解决抗干扰性差、巡检周期长、异地断电时间长、联动延时长的难题。

2）系统架构及单机产品设计。分析并研究煤矿行业需求及《煤矿安全监控系统升级改造技术方案》等相关要求，提出一整套解决方案，设计煤矿安全监控系统架构，以无主式CAN总线+以太网为骨干，依据制定的CAN无主式通信协议，设计高可靠性安全监测监控分站、各类型传感器、断电器等智能装备，完成应用层、传输层、感知层及执行层整个系统架构的设计及开发。

3）TDLAS 检测技术的激光甲烷传感器研究。研究可调谐半导体激光（TDLAS）光谱吸收检测技术，研制新型的激光甲烷传感器，提高对甲烷浓度的监测精度；研究 ZigBee 无线通信技术，实现工作面甲烷传感器与监控分站之间的无线通信，解决常规催化式甲烷传感器测量精度低、误报警的难题。

4）高并发数据采集技术。研究 UDP 传输的 Socket 网络通信技术、多线程多任务异步处理技术，确定数据采集方案，设计数据采集的多线程任务，实现无主、高并发的数据采集功能，提高数据采集及存储效率，为多系统的融合联动奠定基础。

5）数据压缩存储算法的研究。针对煤矿井下传感器点数多、数据存储量大的问题，研究了适用于煤矿的旋转门压缩数据算法理论，对传统的旋转门算法进行优化，结合实际应用对监测数据进行压缩存储，缓解了系统数据处理压力，同时有效保证了数据的完整性与可靠性。

6）GIS 技术的多系统融合技术研究。研究 GIS 展示技术，设计多系统融合的通信接口完成各系统之间的数据交互，探索各设备之间的联动逻辑关系，设计多系统融合关联报警展示的工作流程，研究各系统设备之间的关联方法，设计安全监控系统、人员定位、应急广播系统、视频监控等多系统融合联动平台，实现矿井多系统数据“一张图”的动态展示，彻底解决“信息孤岛”、手动发送紧急撤离指令的问题，实现煤矿多系统应急联动的智能化。

（2）技术方案

首先进行项目调研，分析目前煤矿安全监控系统、人员管理系统及应急广播通信系统中存在的问题，制定项目的整体方案，研究数字 IP 广播通信技术，研制 KT219 矿用广播通信系统，确定以无主式 CAN 总线+以太网的总体网络架构，制定一整套无主式 CAN 通信协议，研制 KJ999X 煤矿安全监控系统，网络传输层采用 UDP 协议，运用 Socket 通信技术结合多进程多任务处理技术实现井下环境参数的高并发、快速采集，运用 GIS 技术，通过统一的数据接口将安全监控、定位及广播等多系统的数据进行“一张图”动态展示，同时研究本安电气检验方法及规范，最终形成一整套多系统的融合联动技术与装备，技术路线如图 3. 10. 1 所示。

（3）硬件功能特点

1）煤矿安全监控子系统中安全监控分站、传感器、执行器均采用无主式 CAN 通信传输，传感器采集数据、状态信息主动上发，有效保证数据的实时性，大大缩短巡检周期、断电时间。

2）安全监控子系统均通过电磁兼容检验，并达到 A 级标准，抗干扰性强、系统更加稳定。

3）分站智能化、硬件兼容、一站多用：同一安全监控分站可实现普通分站、单风机闭锁分站、双风机闭锁分站、瓦斯抽放分站、突出预警分站、火灾预警分站等应用功能。仅通过软件配置即可。

4）传感器智能化、传感器设备即插即用、智能识别、设备重号识别、智能警示：无须记录设备地址、类型、量程，设备上电后，所有信息由中心站软件智能识别。若出现重号，可通过操作中心站软件进行修改。

5）状态变化、立即执行：传感器状态发生变化，可立即向中心站发出该状态信息，无须中心站访问，大大提高了系统响应时间。

6）智能分级报警、关联显示：可实现四级及以上报警级别的配置和响应，以及传感器之间的异地关联显示功能。

7）采用通讯数据块编码，可实现无主工作方式，数据收发方式灵活，可实现点对点、一点对多点及全局广播等多种传输方式；可将 DCS 结构中主机的常规测试与控制功能分散到各个智能节点，节点控制器把采集到的数据通过 CAN 适配器发送到总线，或者向总线申请数据，主机便从原来繁重的底层设备监控任务中解放出来，进行更高层次的控制和管理功能，比如故障诊断、优化协调等。

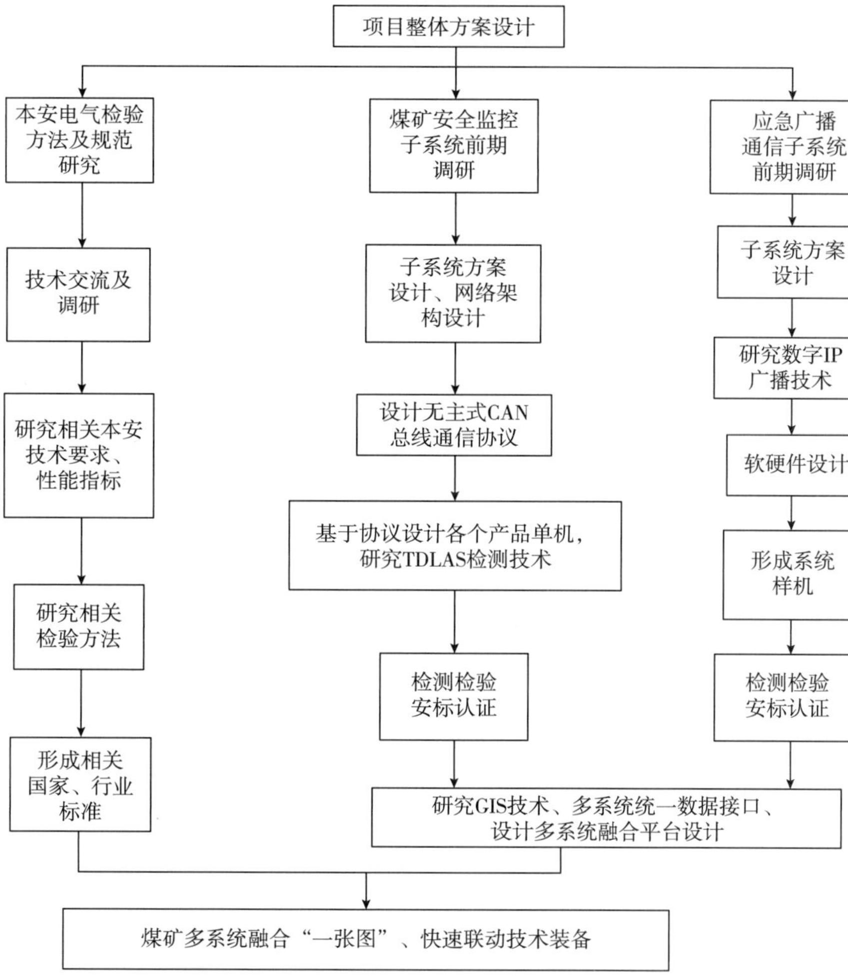

图 3.10.1　项目技术方案

8）采用非破坏性基于优先权的总线仲裁技术，具有暂时错误和永久性故障节点的判别及故障节点的自动脱离功能，使系统其他节点的通信不受影响；同时 CAN 具有出错帧自动重发功能，可靠性高。

9）不关闭总线即可任意挂接或拆除节点，增强了系统的灵活性和可扩展性。

10）采用统一的标准和规范，使各设备之间具有较好的互操作性和互换性，系统的通用性好。

11）通信方式灵活。可以多主方式工作，网络上任意一个节点均可以在任意时刻主动地向网络上的其他节点发送信息，而不分主从。可以点对点、点对多点及全局广播方式发送和接收数据，本地断电时无需经过分站处理及控制，时间更短。

12）激光甲烷传感器采用可调谐半导体激光（TDLAS）光谱吸收检测技术，瓦斯浓度测量精确、性能稳定可靠。

13）分站自主性、适应性强：由安全监控分站、传感器及执行器组成的工作单元可独立工作。当中心站与分站失去联系时，分站具有记忆原定义功能，如风、电、瓦斯闭锁功能和瓦斯、电闭锁功能等。

14）报警与分级分区控制功能完备：可实现中心站程控、手动控制及异地控制，分站就地断电及分站分级、分区域断电功能。就地断电时间小于 2 秒。具有声光、语言报警、报警联动及对井下局部或全矿井进行语音播报等功能，还具有远程维护功能。

15）独特的断电状态回传功能：本系统设计有断电状态回传功能，在执行远程断电的同时回传被控设备的供电状态。设备构成简单，无须另设线路，可有效解决人为破坏断电控制的难题。

16）瓦检仪校验数据上传技术：系统可自动识别传感器与瓦检仪数据，并自动进行对比，超出偏差自动通知中心站值班人员进行数据的校正。避免造成假数据和传感器的失效现象。

17）急广播分站采用 IP 数字网络技术，取代传统的音频信号传输，抗干扰性强，音质高，失真度低。

18）广播系统可实时监测每个广播分站的状态，分站之间、分站与调度中心实现全双工拨号对讲。

19）广播系统支持 SIP 协议，可实现与调度系统、无线通信系统的有机融合。

（4）系统融合平台特点

1）采用 WIN32 编程技术，以 Visual C#为编程环境，为用户提供高效、稳定、快捷的实时监测数据采集、管理、传输和分析功能。

2）采用 UDP 协议的 Socket 网络通信技术、多线程多任务异步处理技术，具备无主数据高并发采集功能，数据采集效率远高于同行业。

3）具有大数据分析和处理功能。结合沈阳研究院在瓦斯治理、防灭火治理方面几十年的理论研究和实践经验，设计了瓦斯预警模型、火灾预警模型，实现了瓦斯涌出预警报警与火灾预警报警功能。

4）以监控系统软件为主体，提供 TXT、FTP、Socket 等多种软件融合接口，与人员定位系统、语音广播系统、电力监控系统、视频监控系统等进行地面融合，实现不同系统之间应急联动。

5）安全监控、定位、广播等设备状态模拟图在一个 GIS 平台上展示，各设备采集数据直观显示，可根据煤矿地测 CAD 文件直接导入地图，设备添加、删除等管理更加方便，数据显示更加直观（图 3.10.2）。

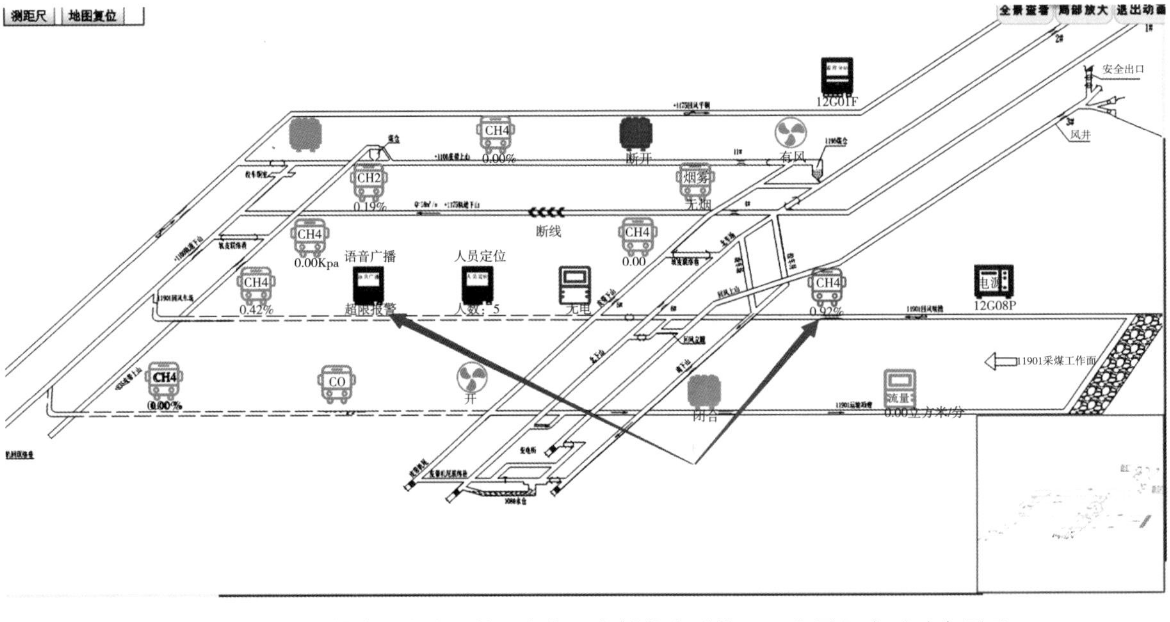

图 3.10.2　GIS 技术的安全监控、定位、广播等多系统“一张图”实时动态展示

3.10.4　本节小结

项目利用无主式 CAN 现场总线通信技术，结合 UDP 协议的 Socket 通信技术与多线程多任务异步处理技术，实现了煤矿井下传感器数据的高并发、快速采集，监控分站、传感器、执行器等无主式上传数据，有效降低巡检周期、异地断电时间及联动响应时间；提出了适用于煤矿安全监控系统

的旋转门数据压缩算法，实现了数据的定时补充、实时统计，有效保证了数据的可靠性及完整性；开发了基于GIS技术的煤矿安全监控、人员管理及广播多系统融合联动平台，实现了煤矿多系统融合的“一张图”动态展示。

经中绿盟专家委员会鉴定，项目整体技术达到国际先进水平。

3.11　鲁西南含煤区页岩气资源调查与评价关键技术及应用

3.11.1　项目背景

2012年3月国家发改委、财政部、国土资源部、国家能源局联合发布了《页岩气发展规划（2011—2015年）》，计划在“十二五”期间基本完成全国页岩常规油气资源开发利用，页岩气已经摆在了国家能源战略十分重要的位置。山东省政府高度重视，成立了页岩气开发工作协调小组，并在山东省国土资源厅成立了办公室。为全面完成《山东省页岩气调查评价实施方案（2013—2014年）》提出的全省页岩气资源调查评价的任务，特在全省优选了7个页岩气调查评价区块，部署相应的地质调查工作，并进行各个区块承担单位优选工作。根据《山东省国土资源厅关于优选省级整装勘查区矿产勘查项目承担单位的公告》和《山东省国土资源厅关于优选页岩气调查评价项目承担单位的通知》的有关要求，通过优选，山东泰山地质勘查公司（山东省煤田地质局）成为项目承担单位，山东省煤田地质规划勘察研究院牵头组织实施。2013年9月30日，山东省国土资源厅以“关于下达2013年度省级整装勘查区地质勘查项目和页岩气调查评价项目计划的通知”（鲁国土资发〔2013〕1170号）给予批准。并同时下达了山东省地质勘查项目任务书（鲁勘字（2013）5号），项目名称：鲁西南含煤区页岩气资源潜力调查评价；承担单位：山东泰山地质勘查公司；项目经费2087万元。

本次工作旨在通过物探、钻探、测试、化验等手段详细了解上古生代地层中含炭泥页岩分布特征，基本查明研究区页岩气资源生储地质条件与富集成藏规律；初步评价鲁西南含煤区页岩气资源潜力，圈定页岩气资源成矿有利区，为全面评价山东省页岩气资源和进一步勘查提供依据。

3.11.2　成果简介

《鲁西南含煤区页岩气资源调查与评价关键技术及应用》依托于山东省国土资源厅以“鲁国土资字［2013］1170号”文下达的《鲁西南含煤区页岩气资源潜力调查评价》项目，该项目目的任务为查明工作区页岩气资源生储地质条件与富集成藏规律；初步评价鲁西南含煤区页岩气资源潜力，为全面评价山东省页岩气资源和进一步勘查提供依据。工作区位于山东省西南部，行政区划包括菏泽市和济宁市大部分及枣庄市、泰安市部分区域，极值地理坐标为：东经114°50′~117°15′，北纬34°35′~36°00′，面积约19000km^2。完成的主要工作量：1∶25万地质编图19000km^2，1：5万地质编图1500km^2；开展二维地震测线325.8km，实施二维地震物理点8088个；实施曹页参1井钻孔改造工作，钻探深度2084.48m；实施鱼页参1井，钻探深度2303.04m；开展测试2658项次。

在充分运用物探、钻探、测试等勘查手段的基础上，结合对区内以往勘查资料的全面收集和研究，详细了解上古生代地层中含炭泥页岩分布特征，通过研究认为工作区内石炭—二叠系山西组和太原组地层中发育有累计厚度较大的泥页岩层段，是区内页岩气的主要储集层位；属于低孔低渗储层。基本查明了工作区页岩气资源生储地质条件与富集成藏规律，圈定页岩气资源Ⅰ类有利区1个，Ⅱ类有利区4个，远景区5个，并计算了区域内潜在资源量，为指导本区页岩气资源开发提供了依据。

针对鲁西南含煤区页岩气赋存机理、成藏规律进行研究，创新开展有机储层物探识别，研究符合本区地质特征的页岩气评价理论体系。通过施工手段、技术水平、生产装备的提升为资源评价成果的质量提供保障，辐射带动页岩气产业和技术创新能力的提高。

3.11.3 详细内容

（1）取得的主要成果

按照鲁西南含煤区页岩气资源调查评价的总体工作部署，本次工作主要从页岩气相关物探钻探资料收集整理、页岩气参数提取、页岩气物探反演技术的应用、页岩气控制因素图件及成果图件编制、资源预测及成果编制等五个方面开展。以资料收集和资料分析为基础，结合物探、钻探、化验测试等手段提取的页岩气参数，重点以上古生界沉积盆地为主，深入开展盆地分析，初步优选页岩气成矿条件有利的重点地区；对重点地区分析并总结富含有机质页岩的时空分布规律，获取地质评价基本参数（包括 TOC、Ro、有机质类型、热解分析、含气性、岩石矿物组合和结构），总结泥页岩生烃潜力、储集性、保存条件等页岩气地质特征。开展典型页岩气藏解剖，系统总结页岩气富集条件；探索建立页岩气选区评价和资源潜力评价参数标准，提出页岩气远景区。技术原理及路线如图 3.11.1 所示。

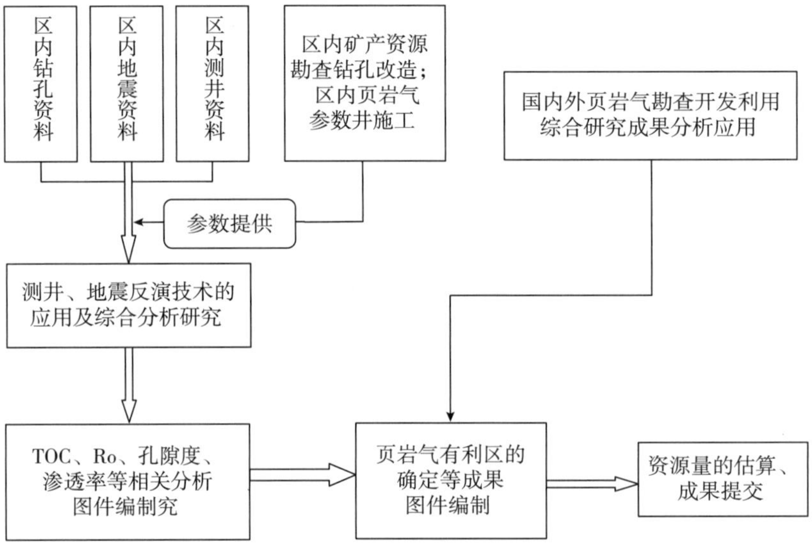

图 3.11.1 技术路线图

通过本项目的实施，综合利用物探、钻探、测井、录井、化验测试、综合研究的方法对陆相-海陆过渡相沉积盆地页岩气资源调查评价关键参数及方法、标准取得了新的认识，在此基础上形成了油气地质研究、物探、钻井、测井、录井、化验测试“六位一体页岩气勘查理念”，在页岩气勘查技术理论方面取得了重大创新。

在“六位一体页岩气勘查理念”的指导下，本次工作确定了鲁西南含煤区石炭—二叠系山西组、太原组为页岩气赋存主要层位，获取了含气性特征、泥页岩的物性特征和地球化学特征等，编制了页岩气评价因素图件并对全区页岩气资源潜力进行了初步评价，圆满地完成了地质设计要求的各项地质任务。并取得资源评价经验成果如下：

1）首次提出并证实了“六位一体页岩气勘查理念”在鲁西南石炭—二叠煤系地层页岩气勘查中的实用性。

通过六位一体勘查技术，成功在鲁西南石炭—二叠煤系地层获得页岩气发现，特别是在鱼页参 1 井中，单位体积含气量平均达到 0.84m^3/t，实现了在含煤地区的首次发现（图 3.11.2），也是华北地区继沁水盆地、鄂尔多斯盆地、南华北盆地太康隆起等海陆过渡相地层发现页岩气以来的又一重大发现。

2）鲁西南页岩气资源调查评价的关键层段应为山西组和太原组。

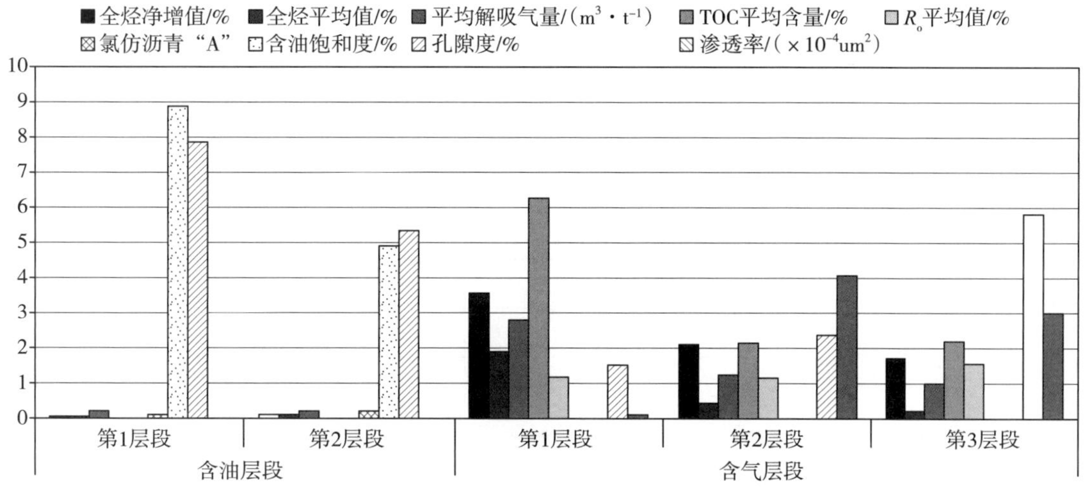

图 3.11.2　鱼页参1井有利层段基础参数因素图

通过完成页岩气参数井的实施及近期施工的煤炭钻孔页岩气测井、综合录井、采样测试等工作，除完成地层详细对比外，系统建立了页岩气储集层的地化剖面，获取了物性参数，通过分析认为，鲁西南地区山西组、太原组为主要页岩气含气层段。

3）对鲁西南含煤区页岩气储存规律进行分析。

依据收集和本次开展的页岩气勘查工作获取的页岩气相关资料，全面地对鲁西南地区的页岩气赋存条件进行了系统评价，分析目的层赋存状态，获取页岩气潜在目的层的含气性特征，泥页岩的物性特征和地球化学特征。通过现场解析数据，对数据进行建模，测井反演等方式，获得了鲁西南地区部分钻井含气性数据，并通过平面作图的方式，进行了含气性分布规律的总结，按照山东省页岩气选区标准，结合勘查程度，进行了远景区圈定及等级划分。

4）首次提出了鲁西南含煤区科学的页岩气资源评价体系。

从已有研究资料出发，结合既定优选标准和鲁西南含煤区实际地质情况，确定本次页岩气资源评价体系。根据鲁西南地区石炭—二叠纪海陆过渡相页岩气地质特点和影响因素，基于页岩分布、地球化学特征及含气性特征研究，选取有机碳含量、泥页岩埋深、泥页岩厚度、有机质成熟度、构造复杂程度等主要因素的控制，作为本次页岩气评价过程中的关键参数。并对本区施工参数井获取的各项成果资料综合分析基础上，结合参数井各项地化参数及测井反演数据，创新性提出含气量与TOC的线性相关性（$y=0.1417x+0.1041$），以此为基础研究本区含气性的平面分布规律，此评价模型可为其他地区的页岩气资源潜力评价提供指导依据（图3.11.3）。

5）对鲁西南含煤区进行页岩气资源量估算

借鉴全国页岩气资源潜力评价标准，结合山东省页岩气主要研究层位特点，制定符合山东省页岩气评价特点的选区标准，并根据此标准，预测了济宁-鱼台凹陷Ⅰ类远景区，页岩气潜在原地资源量 $1856.31\times10^8m^3$，资源丰度为 $4.53\times10^8m^3/km^2$。成武凹陷Ⅱ类远景区，页岩气潜在原地资源量 $2344.67\times10^8m^3$，资源丰度为 $3.19\times10^8m^3/km^2$。可作为下步页岩气的主要找矿靶区，并对其进行了详细的分析研究（图3.11.4）。

6）提出了多手段、多学科、多专业结合的资源评价思路。

在充分收集资料和深入分析研究的基础上，通过施工二维地震、钻探、化验测试、岩心观察、元素扫描等多种手段，以“六位一体页岩气勘查理念”为指导，获取页岩气基本参数；采用多学科研究相结合、科研与生产相结合的技术路线，研究区域地质背景、地球物理特征、盆地演化、储层物性、储层有机地化特征、富有机质页岩的厚度、埋深、盖层特征等影响页岩气赋存的各种参数。如煤地质学与油气地质学的紧密结合、地质学与地球物理相结合、煤岩学与煤地球化学结合、

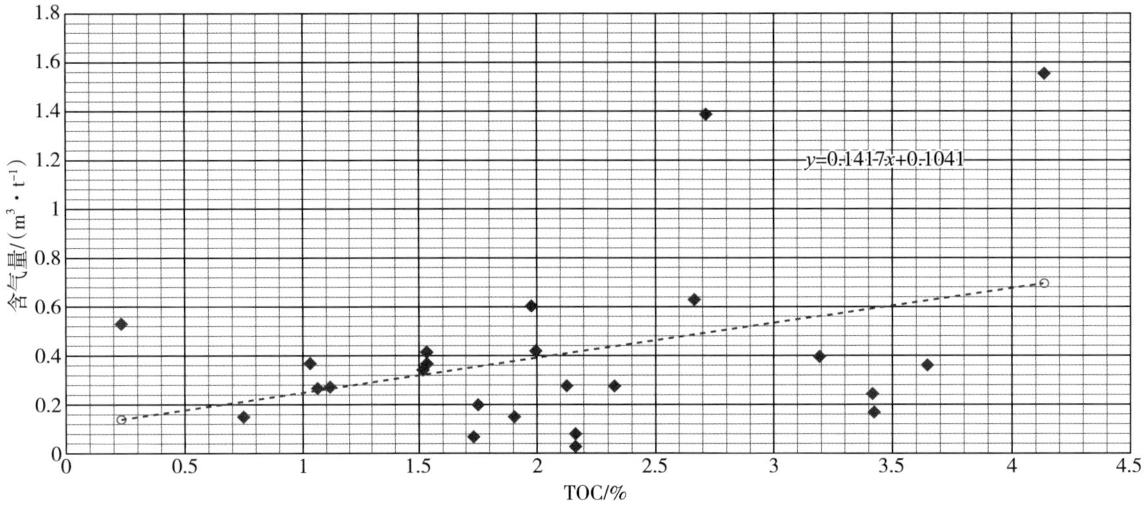

图 3.11.3　鲁西南含煤区含气量与 TOC 线性关系图

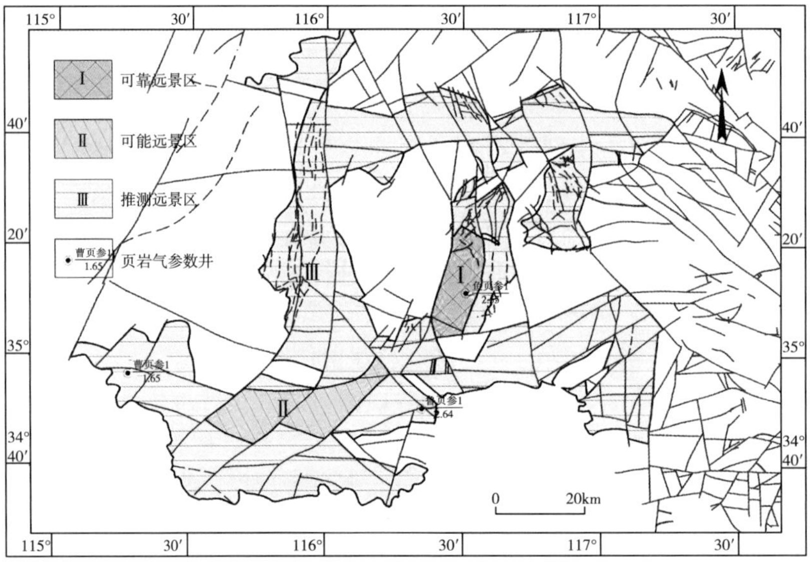

图 3.11.4　鲁西南页岩气目标区优选图

盆地分析与构造演化结合，紧紧围绕项目的总体目标，分析影响页岩气赋存的主要地质因素，为今后的勘查开发提供依据。

7）实现了鲁西南煤系地层页岩气绿色勘查。

首次在鲁西南地区实现了页岩气绿色勘查，人工震源物探施工、钻井工程泥浆不落地等技术手段的使用有效地实现了绿色勘查，并牵头制定了山东省煤田地质局《油气钻探项目井场管理规范（暂行）》、《安全生产施工现场管理奖惩办法（暂行）》、《山东省煤田地质局地质勘查项目质量管理办法》等项目管理办法。

从美国页岩气勘探开发实践到我国南方海相页岩气开采实践来看，页岩气资源开发可以取得可观的经济效益。只要找到一套适合陆相-海陆过渡相沉积体系页岩气勘查开发方法，部署页岩气资源开发战略，必将取得巨大的经济效益和社会意义。

鲁西南含煤区页岩气重大发现是“六位一体勘查理念”在陆相-海陆过渡相页岩气资源勘查方面一次成功的实践应用。该勘查理念的可行性具有极大的推广应用意义，对今后我国陆相-海陆过渡相沉积盆地尤其是含煤系地层页岩气资源勘查具有重要的推广价值和指导意义。

对于目前我国正处于经济结构转型的关键时期，逐步淘汰落后产能，加快建设绿色环保工业，各行业对天然气需求远大于供应，以此为契机，开展页岩气勘查评价工作无论对国家建设或者地勘行业自身转型都发展意义长远。

（2）主要创新点

1）提出了多手段、多学科、多专业结合的资源评价思路，综合采用物探、钻井、录井、测井、化验、综合研究的“六位一体勘查理念”在煤系地层开展页岩气资源潜力调查、可行性评价及经济社会效益分析；

2）对参数井录井、测井资料进行分析研究，对重点层段岩心样品开展化验测试，同时开展工作区老井测井资料重新解释，系统建立了鲁西南煤系地层页岩气储集层的地化剖面，优选页岩气有利含气层段；

3）通过现场解析数据，对数据进行建模，测井反演等方式，获得了鲁西南地区部分钻井含气性数据，并通过平面作图的方式，进行了含气性分布规律的总结，按照山东省页岩气选区标准，结合勘查程度，进行了远景区圈定及等级划分。

（3）与当前国内外同类研究、同类技术的综合比较

国内外对我国鲁西南含煤区页岩气赋存条件、资源潜力评价等开展的专项研究比较少，仅见少量以少量矿区进行了泥页岩特征分析的研究论文和学术报告，本项目进行了科技查新，查新结论为：在检索范围内，除本项目研究人员的研究成果外，国内未见有与该查新课题研究内容相同的文献报道。

本项目与国内外其他页岩气资源潜力调查评价项目比较，具有以下优势：

1）本区有丰富的资料基础。

本区1：20万区调工作、物探工作和各个阶段的勘查工作，项目实施工程中，收集到了鲁西南含煤区所有勘查区的勘查资料及已有矿井的生产资料，为本次页岩气资源调查评价积累了良好的资料基础。

2）综合勘查理念实现突破性进展。

通过资料收集以及物探、钻探、测井、录井、现场试验、样品化验测试、分析研究等综合勘查手段，全面地对鲁西南地区的页岩气赋存条件进行了系统评价，分析目的层赋存状态，获取页岩气潜在目的层的含气性特征，泥页岩的物性特征和地球化学特征。通过现场解析数据，对数据进行建模，测井反演等方式，获得了鲁西南地区部分钻井含气性数据，进行了含气性分布规律的总结及页岩气赋存有利区及远景区圈定。在项目实施过程中，逐步形成并完善了“物、钻、录、测、验、研”六位一体勘查理念，形成了勘查技术优势。“六位一体”的综合勘查理念在后续的页岩气资源调查评价工作中逐步推广，对后续工作具有重要的指导意义。

3）建立了规范合理的页岩气资源评价体系。

综合分析对影响页岩气赋存的各种地质因素，包括有机碳含量、泥页岩埋深、泥页岩厚度、有机质成熟度、构造复杂程度等主要因素作为本次页岩气评价过程中的关键参数。并对本区施工参数井获取的各项成果资料综合分析基础上，结合参数井各项地化参数及测井反演数据，建立了含气量与有机碳的相关性模型，并以此为进行页岩气资源潜力调查评价工作，推动了页岩气勘查技术进步。

（4）应用情况

本项目成果为非常规油气地质综合研究理论与实践成果，既有理论意义又具有应用价值和指导作用，先进的页岩气资源评价体系可以指导资源勘查开发工作，主要应用前景表现在以下几个方面：

1）推动山东省页岩气资源勘查评价技术进步。本项目为山东省页岩气资源调查评价工作划定

的7个调查评价区块之一，本项目的顺利实施，在省内地勘单位中起到技术带头作用，为同期开展的省内其他区块页岩气资源调查评价工作提供了技术指导和经验总结，进一步加快推动全省页岩气勘查评价理论创新和技术进步，为推动全省页岩气勘查开发起到不可或缺的作用。

2）本次资源调查评价工作取得的成果，为《山东省页岩气调查评价实施方案》的完成提供了依据，对政府决策、资源规划、企业应用方面起到重要作用。

3）通过本次资源调查评价工作，为山东省页岩气勘查开发奠定了基础，一定程度的可以缓解山东省能源供应危机，对提高能源储备，推进能源山东建设做出贡献。

4）在全国打响山东省页岩气勘查评价技术品牌，带动整个行业技术发展，拉动山东省地勘行业转型发展、工程建设等相关行业和领域的发展，增加就业和税收，促进经济的可持续发展。

3.11.4 本节小结

本课题综合利用物探、钻探、测井、录井、化验测试、综合研究的方法，对陆相-海陆过渡相沉积盆地页岩气资源调查评价关键参数及方法、标准取得了新的认识，在此基础上形成了油气地质研究、物探、钻井、测井、录井、化验测试“六位一体页岩气勘查理念”，在页岩气勘查技术理论方面取得了重大创新，达到国内领先水平。

在“六位一体”勘查理念指导下，本次工作确定了鲁西南含煤区石炭系—二叠系山西组、太原组为页岩气赋存主要层位，获取了含气性特征，泥页岩的物性特征和地球化学特征等，对全区页岩气资源潜力进行了初步评价，对后续资源开发具有重要意义，也推动了页岩气勘查技术进步。

3.12 U型工作面上隅角悬管瓦斯抽放工艺与装备研发

3.12.1 项目背景

随着世界经济的飞速发展，近年来各国对能源的需求量日益增加。目前对新能源的研究日新月异，但仍处于起步阶段，从保障国家能源稳定供应、维护国家能源安全的角度考虑，我国以煤炭为主体的能源结构不会改变，煤炭依然是我国能源结构的主要组成部分（赵敏等，2017）。众所周知，我国的煤炭资源十分丰富，目前仍占我国一次性能源消费的50%以上。改革开放以来，许多大型煤矿建立了“一矿一线两面”的高效开采模式，加大工作面产量的同时瓦斯问题也日益凸显，事故时有发生。在发生过的特重大事故中，瓦斯窒息、瓦斯爆炸和煤与瓦斯突出等瓦斯事故造成的煤矿死亡人数多年占据首位，从2013年至2017年共发生218起瓦斯事故，占煤矿事故总数11.21%，死亡人数共计1138人，占煤矿事故总数30.18%（蒋星星等，2019）。煤矿瓦斯灾害造成了极其严重的人员伤亡、经济损失和社会影响。

瓦斯在煤和岩石中的存在形式有游离和吸附两种，在矿井开采的过程中会源源不断地涌出，回采工作面瓦斯涌出包括三部分，即落煤瓦斯涌出、煤壁瓦斯涌出及采空区瓦斯涌出。采空区瓦斯涌出又由三部分构成，即围岩瓦斯涌出、回采丢煤瓦斯涌出及邻近层瓦斯涌出（赵波等，2012）。采空区瓦斯涌出约占工作面总瓦斯涌出量的40%~60%，对于近距离多煤层开采的矿井，其所占比重更高，可见，对采空区瓦斯的治理是矿井瓦斯灾害防治的重要内容。目前我国大部分采煤工作面的通风方式是“U”型通风，“U”型通风是回采工作面中最简单的通风方式，在生产中有利于工作面的布置和管理（李德参等，2018）。但是由于采空区漏风的影响，上隅角作为漏风“汇”，极易造成瓦斯积聚，所以上隅角瓦斯治理是瓦斯抽采工作中的重中之重，目前上隅角瓦斯治理的主要方法有设置上隅角风帘、设置采空区风障、埋管或悬管抽采和高位钻孔抽采等。上隅角悬管抽采法使用十分广泛，其具有治理效果更为彻底、成本相对较低的优点，但由于其布置和抽采工艺不合理等原因也会造成抽采效率低下。因此，上隅角悬管抽采瓦斯治理能力有待进一步提高。

3.12.2　成果简介

本项目研究了工作面回采过程中覆岩裂隙发育情况，以余吾煤业N1206工作面为例，建立了三维有限元FLAC3D和二维离散元UDEC数值模型，明确了覆岩回采过程中应力、位移、裂隙和孔隙率动态发育规律，划定应力集中区域，得出在采空区四周（主要为开切眼处和工作面处）孔隙率最大、采空区重新压实区孔隙率最小。建立了N1206工作面、进回风巷及采空区FLUENT数值模型，确定了工作面回采过程中采空区、上隅角及上覆岩层裂隙中瓦斯的动态分布、运移及积聚规律，划定了瓦斯汇集区域，明确上隅角瓦斯超限是由较低的压力和紊流造成，拟合得到了工作面采空区的漏风、工作面风流、工作面回采对瓦斯运移的影响规律。优化了悬管抽采瓦斯的设计参数，开发了引流装置，并开展了悬管引流装置的现场测试，该引流装置在余吾煤业现场应用过程中取得良好效果，可使上隅角瓦斯浓度降低17%左右，并减少了现场瓦斯超限次数，进一步设计了封堵、抽采双功能增强型卸压充气胶囊，应用于采空区上隅角悬管瓦斯抽放，瓦斯治理效果进一步提高。

3.12.3　详细内容

（1）煤层覆岩应力、位移规律研究

基于FLAC3D软件对回采过程中的应力、应变开展数值模拟研究。

在垂直应力分布方面，随着工作面的回采，上覆岩层沿走向和倾向的垂直应力变化规律一致。垂直应力云图表明上覆岩层垂直应力呈现“压力拱”型，“压力拱”向上发育，采空区两侧集中应力最大（图3.12.1）。

在垂直位移分布方面，随着工作面的回采，煤层上部覆岩发生较大的下沉，其区域随回采不断增大，在中心部分垂直位移变化量最大，呈现拱桥形状，煤层下部出现较小的底鼓现象，范围也随回采增加而增加，煤层四周围岩的垂直位移变化较小（图3.12.2）。

（2）覆岩裂隙场演化规律研究

基于UDEC软件对覆岩裂隙场演化规律开展研究。在上覆岩层裂隙分布规律方面，得出工作面回采工程中，工作面回采侧上覆岩层裂隙发育（拉伸）、工作面回采前方新的裂隙发育、原工作面回采侧覆岩裂隙发育区垮落、压实、裂隙闭合（挤压）过程。根据裂隙分布情况可大致划分三带，以余吾煤业N1206工作面为例，冒落带高度约为17 m，裂隙带高度约为65 m，在此高度以上的岩层为弯曲下沉带。数值模拟三带高度与现场实测数据一致，验证了模拟的准确性（图3.12.3）。

在采空区覆岩孔隙率分布规律方面，得出余吾煤业N1206工作面在开切眼侧和工作面侧孔隙率最大分别为0.24、0.35，而采空区中部由于覆岩重新压实，孔隙率降至0.1。以二维向三维转化，四周孔隙率较大而中间孔隙率较小，符合“O”形圈理论。

（3）工作面采空区瓦斯运移分布规律及上隅角瓦斯浓度影响因素研究

依据现场实际条件，通过Fluent软件建立了采空区物理模型，确定了采空区各区的多孔介质参数以及瓦斯源，对采空区瓦斯运移方程进行了推导，通过现场实际测试，对模拟结果进行了验证。

在工作面采空区瓦斯运移分布规律方面，在走向方向上，随着采空区的深入，瓦斯浓度逐渐升高。在倾斜方向上，回风侧瓦斯浓度高于进风侧，且回风侧瓦斯梯度大于进风侧。在高度方向上，高处瓦斯浓度高于低处。整体而言，进风隅角处瓦斯浓度最低，与之相对应的回风侧采空区深部瓦斯浓度最高。采用“U”型通风的工作面上隅角易积聚瓦斯，主要原因是漏风和风流“汇”的影响，使得上隅角位置的静压和风流速度较低，瓦斯无法随风流进入回风巷，造成瓦斯积聚。

在上隅角瓦斯浓度影响因素方面，工作面风量对上隅角瓦斯浓度影响分为两个阶段，风量在3325 m^3/min以下时呈现线性关系，随着工作面风量的增加，上隅角瓦斯浓度降低，在3325 m^3/min以上时呈现非线性关系，随着风量的增加上隅角瓦斯浓度先增加后降低。但风量达到3500 m^3/min时与3325 m^3/min上隅角瓦斯浓度相差不大，证明无限增加风量并不能更好控制上隅角瓦斯浓度。

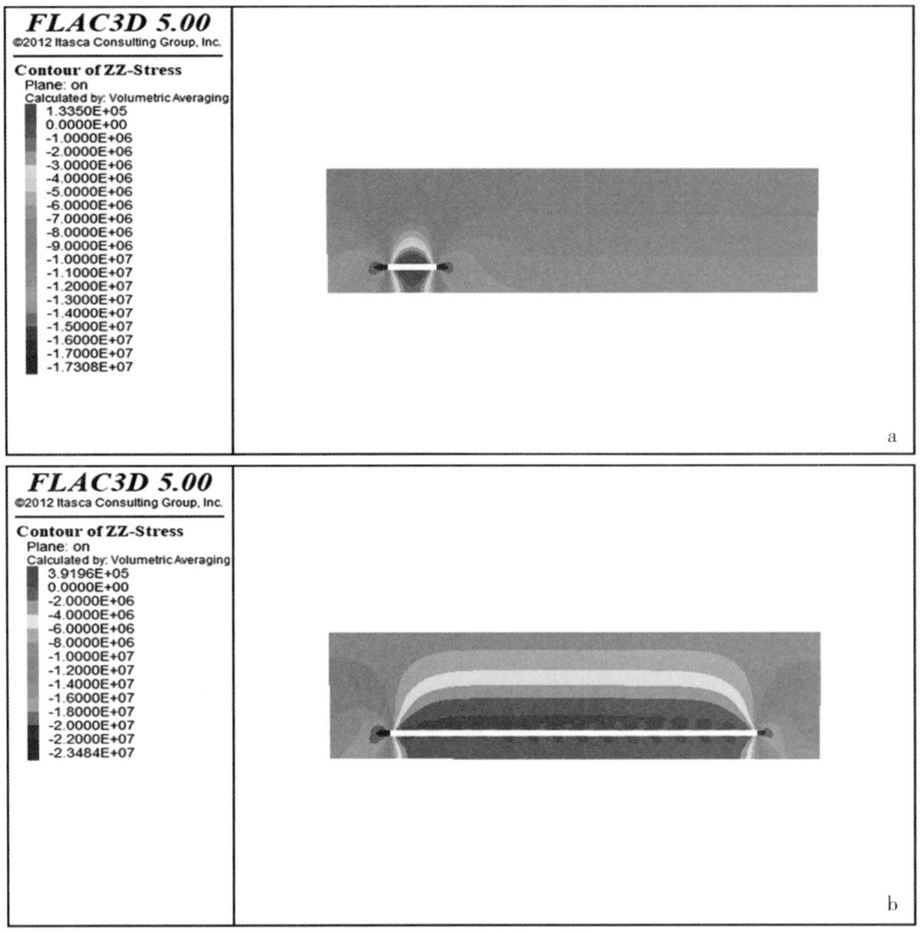

图 3.12.1　走向剖面垂直应力分布

a—回采 40m 时垂直应力分布；b—回采 300m 时垂直应力分布

采空区漏风与上隅角瓦斯浓度呈现三次方程的关系，随着采空区漏风的增加，上隅角瓦斯浓度先降低后上升，然后再次下降和上升，表明漏风的增加会将采空区高浓度瓦斯吹向工作面，合适地控制漏风是控制上隅角瓦斯浓度的关键因素。落煤会使上隅角瓦斯浓度快速提升，产量不变的情况下，落煤对上隅角瓦斯浓度的提升范围在 0.33%~0.56%范围内，变化趋势稳定，提升百分比在 240%到 400%之间，这表明合理控制落煤时间，对控制工作面上隅角瓦斯浓度至关重要。

（4）上隅角悬管瓦斯抽放工艺与装备

利用 Fluent 数值模拟的方法，通过对比分析，对悬管的布置方式及工艺进行研究，提高悬管抽采效率。得出当悬管管路埋深在 1~3 m 时，上隅角瓦斯控制效果随着埋深的增加而明显增加，上隅角瓦斯浓度明显降低，达到 3 m 时抽采管路内的瓦斯浓度由 1.2%上升至 1.8%左右，上隅角瓦斯浓度由 3.2%降低至 1.2%，抽采效果较明显。当埋深在继续增加时，上隅角瓦斯浓度出现略微回升，抽采管内瓦斯浓度继续增加。综合考量得出悬管埋深在 3 m 时较为理想。如图 3.12.4 所示。

抽采负压优化范围为 6kPa~10 kPa，得出随着负压的增加，上隅角瓦斯浓度基本呈现线性下降，6 kPa 时上隅角瓦斯浓度约为 1.4%，增加到 8kPa 后上隅角瓦斯浓度降低至 1.2%，负压为 10 kPa 时上隅角瓦斯浓度降低至 1.1%左右。这是由于负压增大，抽采纯量得到了提升，增加了抽采效果，降低了上隅角附近的瓦斯浓度。经优化方案实施后，上隅角瓦斯浓度由未抽采时的 4%降到了抽采时的 1.1%，与《煤矿安全规程》规定的“上隅角瓦斯浓度低于 1%”的要求相差不大，但煤矿规定上隅角瓦斯浓度在 0.8%会出现断电，所以本研究进一步设计了上隅角悬管抽采瓦斯引

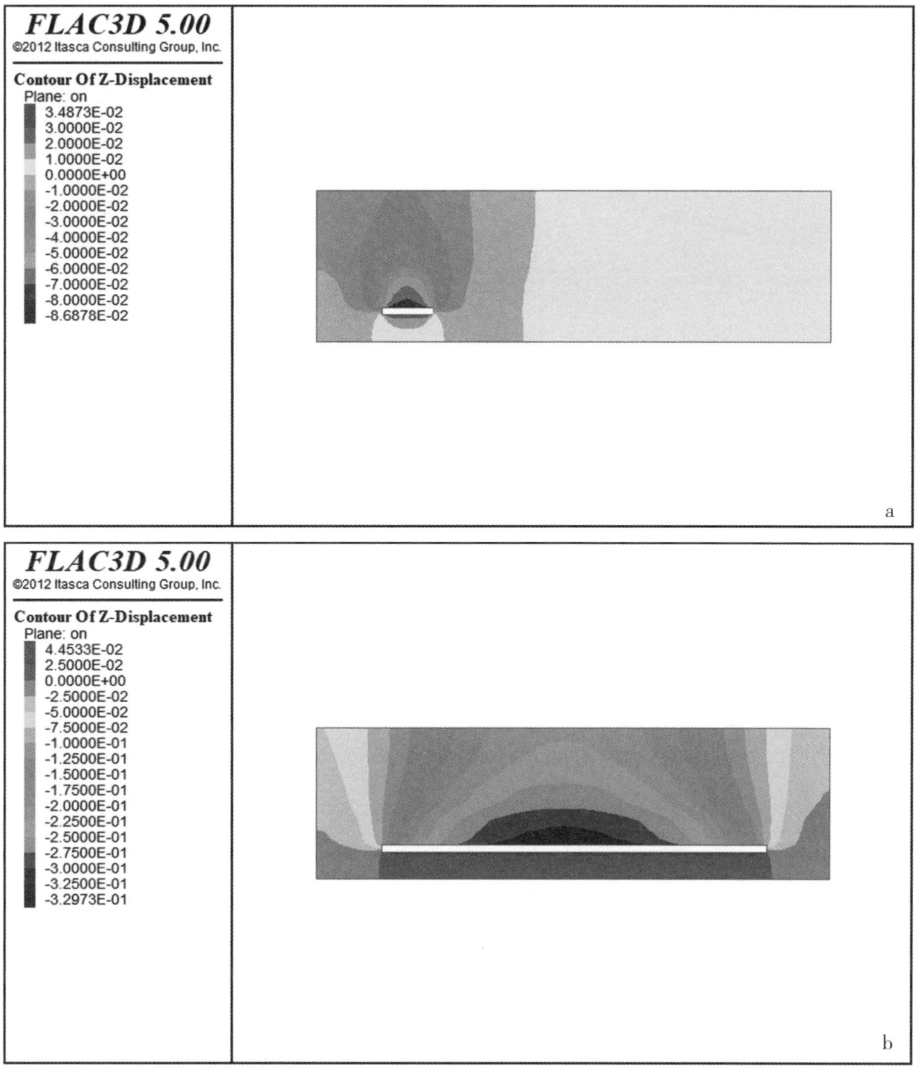

图 3.12.2 走向剖面垂直位移分布图

a—回采 40m 时垂直位移分布；b—回采 300m 时垂直位移分布

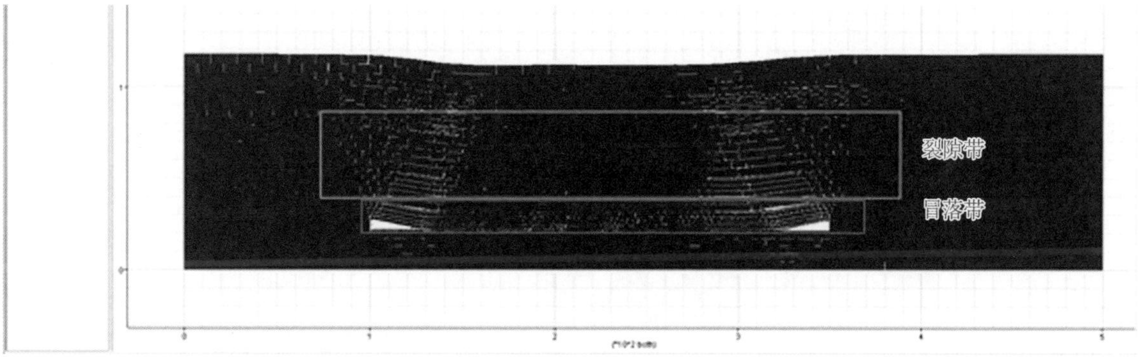

图 3.12.3 走向剖面根据裂隙图划分三带

流装置，引流装置作用为通过在悬管口前端加装引流装置，人为扩大悬管口面积，增加引流口与高浓度瓦斯接触的范围，从而提高埋管抽采时的瓦斯流量和浓度。研究首先根据文献和经验确定引流装置外形为伞状，将伞状引流装置的长度分别设置为 0.2 m、0.4 m、0.6 m；开口角度分别设置为

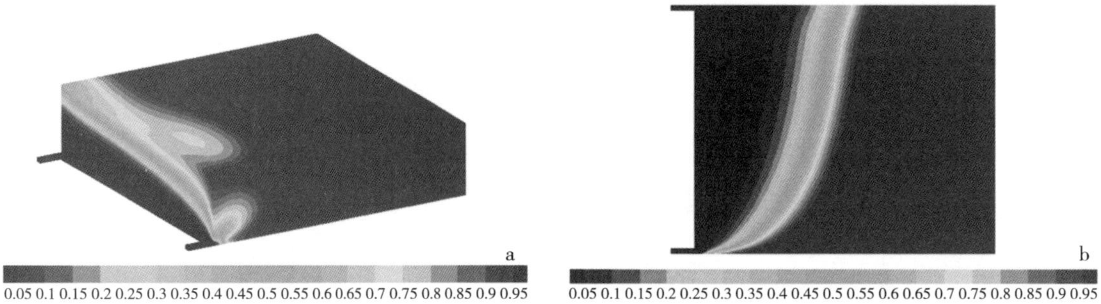

图 3.12.4　抽采管路埋深为 3m 时采空区瓦斯分布

a—采空区瓦斯分布三维图；b—距底板 3.5m 剖面图

10°、20°、30°、40°。由于现场条件的限制，当引流装置的长度与开口角度组合使得引流口直径超过 0.86 m 时，可将之视为上隅角封堵，不在本次研究考虑范围内，引流装置使用示意图见图 3.12.5。不同引流装置的作用效果主要从三方面进行考察，即管口附近高瓦斯浓度区域、上隅角瓦斯浓度及抽采管中抽采的瓦斯纯量。综合考量在长度为 0.4 m、开口角度为 30°时三方面效果最佳，上隅角瓦斯浓度为 0.58%（图 3.12.5）。

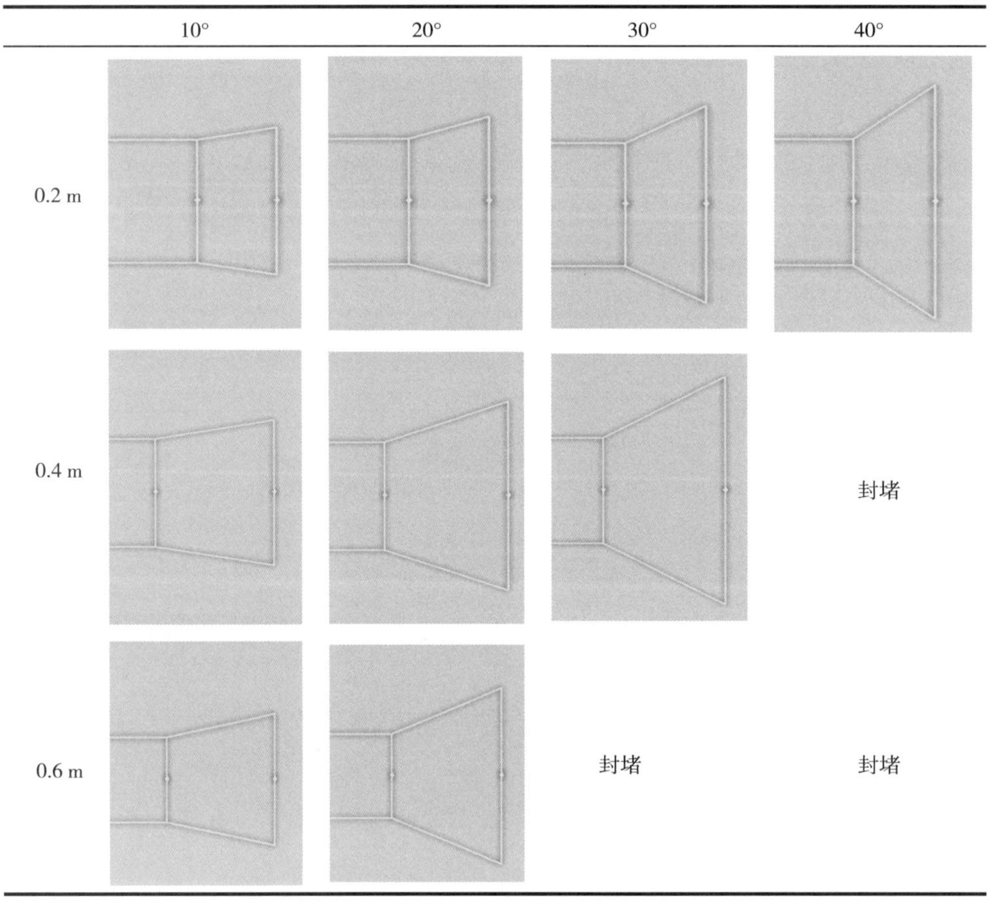

图 3.12.5　引流装置使用示意图

利用引流装置后提高了悬管抽采时的瓦斯流量和浓度，但伞型引流装置埋入采空区中施工难度较大不易维护，研究设计半伞状和 1/4 伞状引流装置拟降低施工和维护难度。利用 Fluent 分别对三种形状的引流装置引流效果进行对比，将引流装置安装在悬管抽采口处，与悬管管路相连接，为保证对比的合理性，不同引流装置的引流口面积保持相同，开口角度和长度也保持相同。

图3.12.6为引流装置内速度矢量图，引流装置内速度矢量图分为三个区域，瓦斯平稳进入引流口、瓦斯速度加快、瓦斯速度在悬管口附近达到最大。半伞状引流装置由于直径的增大，在连接处才形成中速区域，且在连接处出现了部分紊流，由于半伞状引流装置不能与抽采管完全连接，管中中速区域范围较大。1/4伞状引流装置也在连接处才形成中速区域，同样在引流装置与抽采管连接处出现紊流区域，管中也存在少量中速区域，但可以完全连接。通过比较，伞状优于1/4伞状优于半伞状。

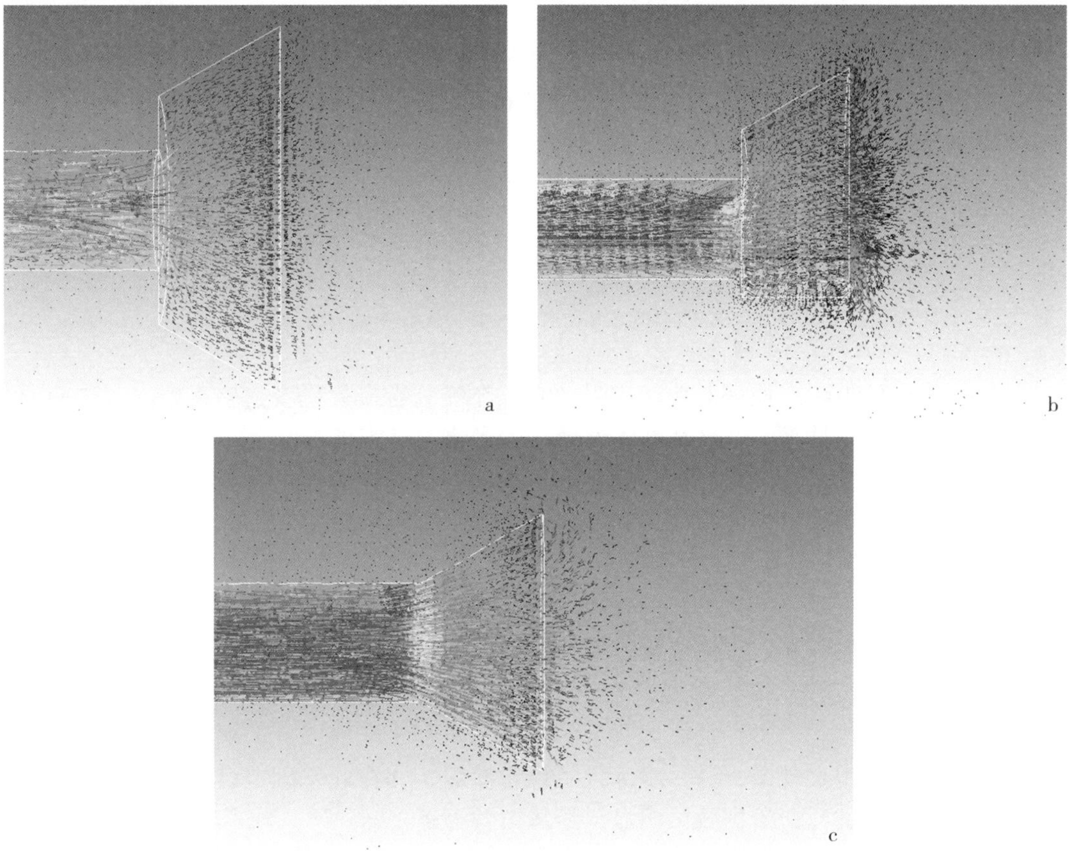

图3.12.6　引流装置形状对应的速度矢量图
a—伞状引流装置；b—半伞状引流装置；c—1/4伞状引流装置

进一步通过对上隅角瓦斯的治理效果进行比较，发现在其他因素相同条件下，加装伞状引流装置后上隅角瓦斯浓度降到0.58%，加装半伞状引流装置时上隅角瓦斯浓度约为1.1%，与不加装引流装置效果相差不大，1/4伞状引流装置上隅角瓦斯浓度为0.75%，与伞状相差较小，综合推荐使用1/4伞状引流装置。引流装置外圆半径0.86 m，内圆半径0.63 m，可使上隅角瓦斯浓度降低32%左右。

（5）现场实施效果

根据现场实际情况，选择以PA66骨架加装帆布组成引流装置，这样既利于引流装置的成型，又利于引流装置在采空区中的维护，降低成本，防止落煤等造成的损害。最终确定使用1/4伞状引流装置，引流装置长度0.4 m，开口角度为30°，1/4伞状外圆半径0.86 m，内圆半径0.63 m。现场安装于N1206工作面上隅角，试验时间为11月17日到11月27日。

现场使用过程中，在未使用引流装置的情况下，上隅角瓦斯浓度的最高值在0.8%附近浮动，而在安装引流装置之后，上隅角瓦斯浓度的最高值出现下降最后稳定在 0.66%左右，使上隅角瓦斯浓度的最高值降低约 17%。未使用引流装置时，回风中瓦斯浓度最高值在 0.74%附近浮动，使用引流装置后回风中瓦斯浓度最高值持续下降至 0.43%，效果明显。如图 3.12.7 所示。

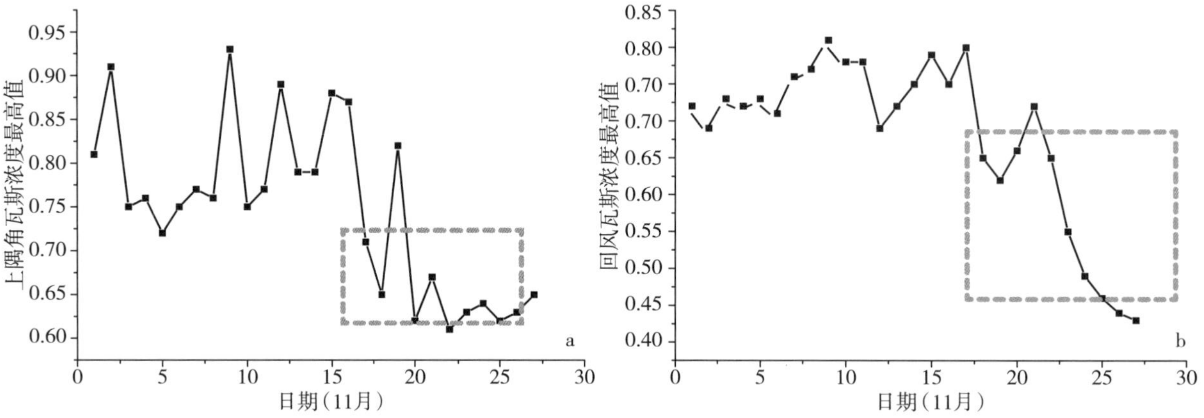

图 3.12.7　瓦斯浓度数据图

a—上隅角瓦斯浓度；b—回风瓦斯浓度

研究进一步设计的封堵、抽采双功能增强型卸压充气胶囊最大程度封堵瓦斯向工作面的外溢路径，同时可通过胶囊导管抽采采空区瓦斯，有效缓冲了来自外界的压力和形变影响，减小了瓦斯抽采装置受到破损的可能性，当某个充气胶囊达到压力极限而破损卸压后，其他离散胶囊可增压填充空隙，进而保证了瓦斯治理工作的持续性和稳定性。

3.12.4　本节小结

本项目采用现场资料收集、理论分析、数值模拟以及现场试验多手段结合的研究方法，以余吾煤业 N1206 工作面为例，建立覆岩物理模型，研究了煤层覆岩应力、位移、裂隙和孔隙率动态发育规律，建立了采空区物理模型和瓦斯运移数学模型，研究了采空区、上隅角及上覆岩层裂隙中瓦斯的动态分布、运移及积聚规律，进一步优化了悬管参数，并在此基础上设计了上隅角瓦斯抽采悬管引流装置，经现场测试瓦斯治理效果明显，经济效益显著。

3.13　工业固废资源置换与煤炭无害化开采关键技术及应用

3.13.1　项目背景

在我国一次能源结构中，煤炭长期占有主导地位。高速发展的国民经济，拉动煤炭行业的开采强度不断急速加大，同时也出现了安全生产和生态环境两大无法回避的问题。

我国煤炭资源分布的重要特点是煤矿“三下”压煤比较普遍，据对国有重点煤矿的不完全统计，仅生产矿井“三下”压煤量就达数百亿吨。基于环境保护与煤矿企业可持续发展的要求，研究“三下”煤炭开采的技术方法与途径，充分采出巨量的“三下”煤炭资源，对煤炭行业具有十分重要的经济与社会效益。为此，我国著名采矿工程专家钱鸣高院士提出了“绿色开采”的理念——创新开采技术，防止生态破坏，坚持走“开发利用”与“维护生态”相协调的绿色开采之路，使煤炭行业最大限度地实现“低开采、高利用、少废弃”的可持续发展目标，真正建立起煤炭工业的绿色生态体系。以充填开采为重点内容的减沉开采技术，是绿色开采技术体系中最重要的核心技术之一。

实现无煤柱充填开采的关键，首先是要在继续深化工程理论研究的基础上，在充填技术（包括充填工艺、充填装备，特别是充填材料方面）上取得重大突破，走出高技术、高效益、低成本之路。近十年以来，山东理工大学、淄博九合矿业有限公司、中国矿业大学等单位一直高度关注煤矿充填开采技术，并致力于攻克充填开采技术难题。通过长期研究形成了以粉煤灰、尾砂、风积沙、赤泥等固体废弃物等为主体的高强、易输送、稳定、低成本的膨胀性浆体材料；针对高效充填工艺中的浆体制备工序，开发出混料、给料、制浆体化浆体制自工艺与装备，实现了浆体材料的连续、高产制备，能耗低、投资少、安全环保；针对充填采煤方法存在的充填材料用量大、工作面推进速度慢和生产成本高等问题，研究发明了“连续梁桥式多墩柱同步充填方法”。实现了利用固体废弃物置换煤炭资源的同时，减少或杜绝煤炭资源开发过程中的环境破坏，实现“无害化”开采。

工业固体废弃物资源置换与煤炭无害化开采关键技术有效地解决了充填开采工作面“材料用量大、充填成本高、采煤效率低”的三大关键技术难题，并在多家煤矿取得了很好的应用效果，获得了各企业的大力推广。

3.13.2　成果简介

“固体废弃物资源置换与煤炭无害化开采关键技术”项目，属于固体废弃物处理和矿业高效开发及环境保护和节能减排科技领域。该项目不仅能用固体废弃物置换不可采的煤炭资源，还能控制采煤引起的地表沉陷，是解决煤矿“三下”压煤和固体废弃物处理的主要技术手段。

该项目通过长期研究形成了以粉煤灰、尾砂、风积沙、赤泥等固体废弃物等为主体的高强、易输送、稳定、低成本的膨胀性浆体材料；针对高效充填工艺中的浆体制备工序，开发出混料、给料、制浆体化浆体制自工艺与装备，实现了浆体材料的连续、高产制备，能耗低、投资少、安全环保；针对充填采煤方法存在的充填材料用量大、工作面推进速度慢和生产成本高等问题，研究发明了“连续梁桥式多墩柱同步充填方法”。实现了利用固体废弃物置换煤炭资源的同时，减少或杜绝煤炭资源开发过程中的环境破坏，实现“无害化”开采。

1）确定了粉煤灰、尾砂、风积沙、赤泥等固体废弃物为基料制作浆体膨胀复合材料的配方，建立了该浆体材料及其充填体的性能指标体系。

2）研发了制浆工序的自适应给料方法，基于涡旋流场形成的负压，实现了“负压重力”的吸入式给料，可以自适应调节粉料的流量，使浆体浓度处于动态自平衡，保持浓度稳定。

3）研发了复合粉料的涡旋式制浆方法，利用给水压能在制浆器中形成液—固两相涡旋负压流场，使颗粒发生随机的位置变化，实现了浆料的充分混合，替代了传统的机械式搅拌，保持浓度稳定。

4）研究分析了充填墩柱群的承载机理，合理确定了墩柱的几何结构、墩柱群的间排距，保证了墩柱的稳定性，有效地控制了关键层的稳定及地表沉降。

5）针对矿井不规则块段区域开采要求，研究提出了短壁冒落区嗣后充填开采方法，确定了合理的开采设计方法和工作面参数，提高了回采率，地表沉降控制效果明显。

该技术具有材料来源广泛、材料用量少、充填成本低、效率高三大突出优势，能够有效促进我国矿山充填开采的技术进步，使煤矿开采从单纯的资源索取到科学置换，最大限度地采出煤炭资源，减少或避免开采沉陷，保护生态环境，消除矸石堆积，减少建筑垃圾，实现煤炭资源开采与生态环境保护一体化。

3.13.3　详细内容

本项目的研究目标是在对各类材料进行科学实验和工业应用实验的基础上，通过充填材料的最佳配方研究、适应性研究、材料性能研究，筛选、组合出原料广泛、性能优良的充填料（图 3.13.1）。原料广泛是指能够使用粉煤灰、尾砂、风积沙、赤泥、建筑垃圾等硅质废弃物，只需使用石灰、石膏、水泥等普通建筑用材，即可配比成高强度浆体膨胀复合材料。性能优良是指浆体膨胀复合材料具有良好流动性、固水早强性、膨胀接顶性、较高抗压性、长期稳定性等性能，并具有一定的抗水、抗冻、抗热、抗腐效果和抗碳化能力。

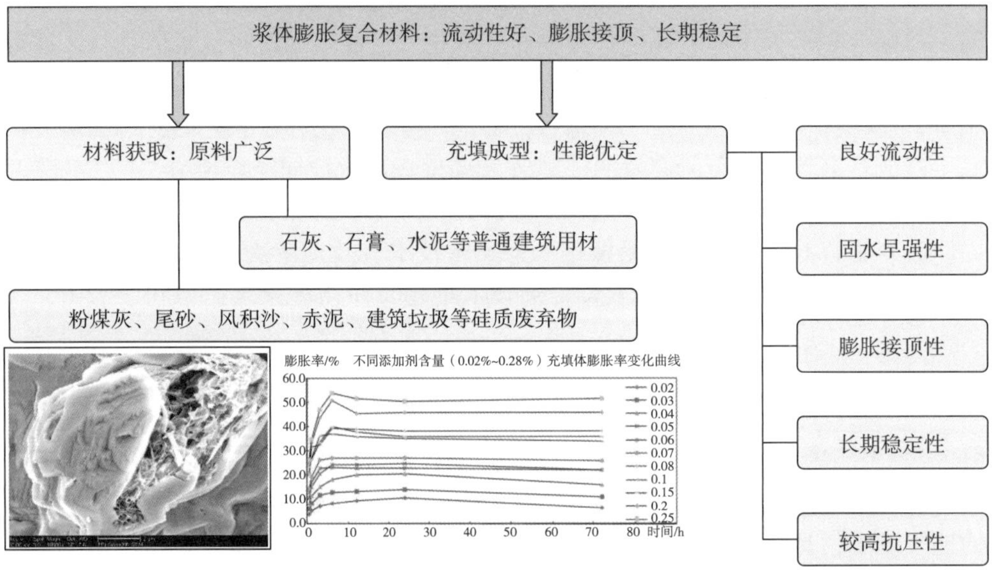

图 3. 13. 1　浆体膨胀复合材料的研究目标体系

研究石膏含量、水泥含量、石灰含量、添加剂含量以及粉煤灰浓度对充填体强度的影响，确定粉煤灰、石膏、石灰、水泥等主要原料的最佳配比，为充填采煤技术提供了经济有效的高强度浆体膨胀复合材料。该材料的主要特点：①良好的流动性，扰动状态下浆体黏度在 1.206×10^{-3}Pa·s 以下，具有近似水的流动性（图 3. 13. 2a），采用管道自流输送可达 6h~10h 以上；②较快的胶凝性，浆体在 3h~5h 达到承载强度，12h 单轴抗压强度达到 0. 8MPa 以上；③适度的膨胀性，其膨胀率在 5%~8%之间可控（图 3. 13. 2b）；④固化时间及强度可控性，材料的固化凝结时间和所形成的充填体强度，可据充填要求进行调节和控制；⑤足够的稳定性，充填体具有“硅胶、铝胶包裹钙矾石”的稳定结构（图 3. 13. 2c），标准碳化试验深度 24mm 以下，呈现出较强的抗碳化能力（图 3. 13. 2d）。

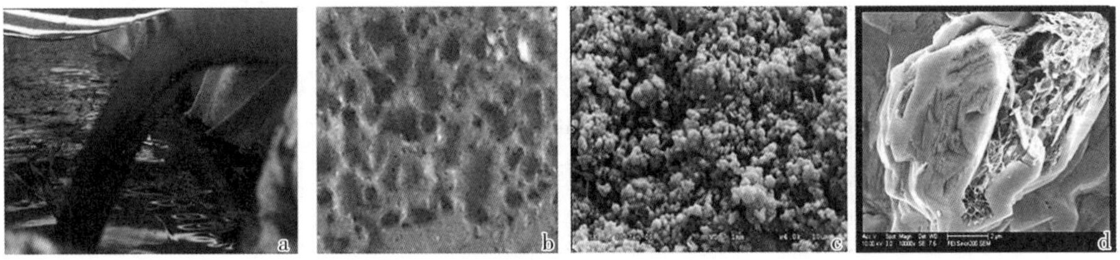

图 3. 13. 2　高强度浆体膨胀复合材料

a—自流输送现场照片；b—加入膨胀剂表现特征；c—碳化后的钙钒石；d—硅胶铝胶包裹钙矾石结构

目前充填料浆制备与输送方面的许多制约因素阻碍了充填采煤技术的大范围推广应用：

1）装备落后，充填料浆制备与输送，包括物料计量配送、粉料混合、制浆、浆体输送等很多环节，基本上是采用分体设备按“离散”方式工作，料浆制备与输送过程不连续，制浆产量低；

2）成本较高，传统充填站需要许多大型机械装备，建设投资一般在 2000 万元以上，连同充填过程中的材料、运输、电力、人员等方面的成本，折算到吨煤综合充填成本已超过 100 元/t 以上；

3）工艺复杂，充填浆体制备与输送系统复杂，工艺链长，操作场地占用较大，人力占用和能源消耗较大，安全环保隐患增加，难以形成煤炭开采的主战场。

本项目提出了微细粉料的弥漫式混合方法（图 3.13.3）、复合粉料的涡旋式制浆方法，发现了浆体浓度的自适应控制规律，研发了浆体膨胀复合材料充填料浆的自助化制备工艺和装置，为充填采煤技术提供了连续性制浆系统。该制浆装置的主要特点：①制浆能力强，日制浆量 4000t，年制浆能力 120×10^4t，单台制浆装置可满足年产 480×10^4t 煤矿井的充填采煤要求；②混料种类多，实现 4 种粉料混合，满足 1 种基体材料+3 种辅助材料的混粉要求，有利于提高浆体质量和充填体强度；③制浆连续性，关键部件（混料器、储料仓、离心制浆器、浆体输送管道）连接在一起，浆体制备为连续流程，满足了充填采煤连续生产的需要；④制浆与输送一体化，省去了操作复杂的计量工序与转运工序，生产流程的工艺链短，节省充填站投资（本装置只需 500 万元，传统装置 2000 万元）；⑤制浆与输送自助化，浆体制备与输送环节利用剩余风能、水压势能、位置势能工作，不需要额外动力。

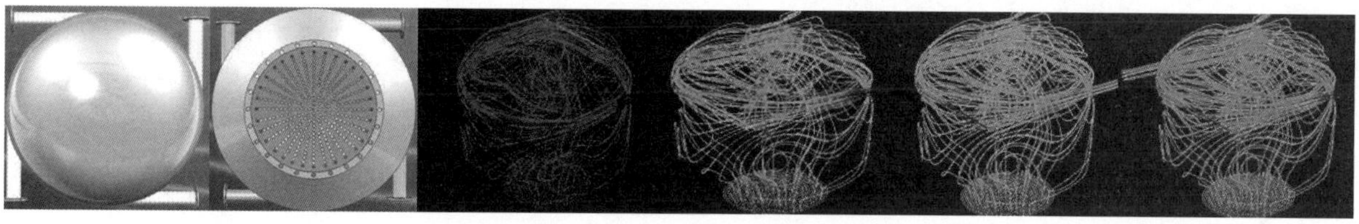

图 3.13.3　混料器结构与粉料颗粒体积分数与运动轨迹（粉煤灰、石灰、石膏、水泥）

在高强度浆体膨胀复合材料、充填料浆自助化制备工艺与装备、充填墩柱高效制备工艺与装备等前期成果的支持下，开发了长壁多墩柱同步充填开采技术。该技术的主要特点：①长壁工作面采完后，在后方灌注浆体墩柱，凝固后这些墩柱可以支撑住上覆岩层载荷，从而有效控制住覆岩的移动变形，最终到达控制地表沉降的目的（图 3.13.4）；②实现了多墩柱同步充填，快速形成各自相对独立的墩柱群，满足高产煤井连续生产的需求（图 3.13.5）；③根据多墩柱同步充填法控制开采沉陷的机理，建立的板柱结构力学模型，为充填墩柱的单体几何结构和群体空间布局的优化设计奠定了基础；④采空区所需的充填量仅占煤炭采出空间的 30%以下，与采空区全部充填采煤相比，充填总量减少了约三分之二，有效降低了充填成本，且能够将开采沉陷程度控制在建筑物 I 级损害等级内。

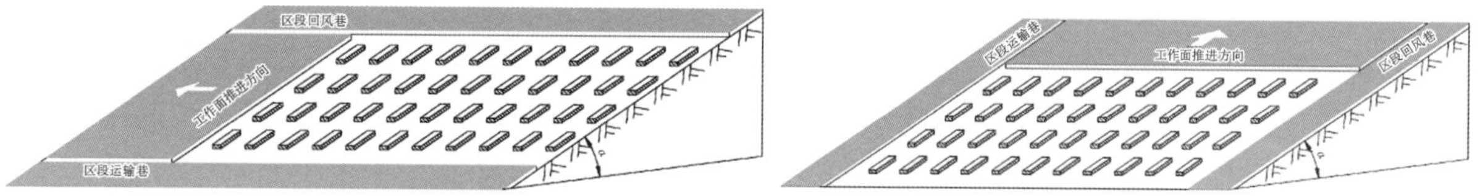

图 3.13.4　长壁多墩柱同步充填开采方法（走向长壁、倾向长壁）

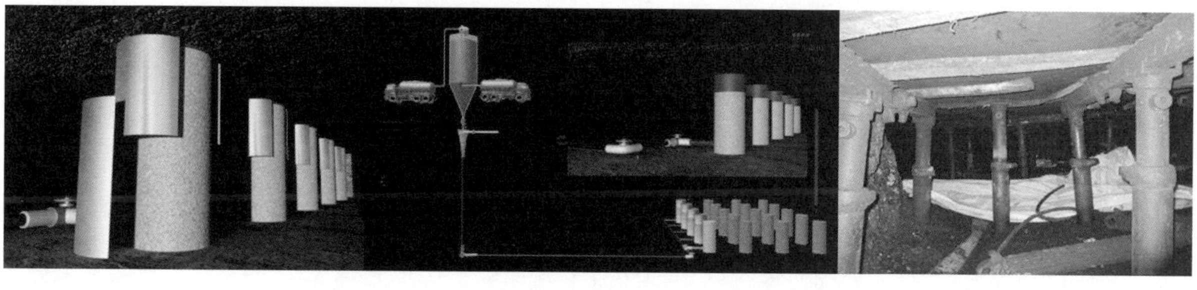

图 3.13.5　多充填墩柱同步成型过程模拟与实景图

3.13.4　本节小结

该项目为固体废弃物资源置换和充填采煤提供了技术方案和配套工艺及装备，具有固体废弃物利用率高、充填成本低、采煤效率高等突出优势，有效促进了我国固体废弃物资源置换和煤炭资源无害化开采的技术进步，使煤炭开采方式从单纯的资源索取转换为科学置换，最大限度地采出煤炭资源、处理固体废弃物、减少或避免开采沉陷，保护了生态环境，实现煤炭资源开采与生态环境保护的一体化。项目研发期间共取得发明专利10项，实用新型专利5项，出版专著2部，发表论文20余篇。

该项目从2011年起在淄博王庄煤矿有限公司进行初步工业应用试验，已安全采出“三下”压煤298×10^4t优质焦煤，获得经济效益25.1亿元。2019年，淄博王庄煤矿进入首批国家级绿色矿山名录。自2011年起，该项目成果在多家矿山企业推广应用，累计置换“三下”煤炭资源1360多万吨，创造产值68亿元、利税7亿元。

该技术在煤矿和非煤矿山应用取得了明显的减沉效果，提高了资源回收率，社会和经济效益显著，推广应用意义重大。经鉴定，该研发成果技术体系达到国内领先水平。

3.14 厚大稳固矿体盘区房柱交替上升局部不接顶充填采矿技术研究

3.14.1 项目背景

红岭铅锌矿位于内蒙古赤峰市巴林左旗林东镇北部约92km处，矿区交通方便。矿区内矿体形态呈似层状，具有分支复合、膨大缩小现象，有夹石分布，但总体较连续。矿山开采形式为地下开采，经多次改扩建后目前实际采选生产能力为5000t/d，主要产品为锌精矿、铁精矿、铅精矿（含银）、铜精矿。矿山在过去20多年实行小规模地下开采，采用平底结构的浅孔留矿法和分段空场法开采浅部厚度相对较小矿体，生产可靠，符合矿山实际，但开采后的空区并未充填，导致了地表出现多处塌陷，造成了生态环境的破坏。如继续采用空场采矿法回采，矿区公路及部分建构筑物将面临塌陷的风险。

同时随着矿山开采规模和矿石开采总量不断增加，产生尾砂数量不断增长。大量尾砂不仅占有土地，使土地酸化，还增加了尾矿库管理成本。且由于早期开采导致地表堆放有大量废石以及井下掘进开拓产生大量废石，占用大量土地，可能造成二次污染，与红岭铅锌矿建设“绿色矿山”的发展目标相违背。如何有效利用矿山排弃的尾砂及工业废石，变废为宝，是矿山急需解决的问题。因此，有必要针对矿山开采现状，对采矿工艺加以改进，用充填技术实现资源安全高效回收。可利用采矿和选矿工序所产生的废料（废石、尾矿等）作为充填骨料，全部回填采空区，避免采空区塌陷，破坏地表环境，达到采矿无害化，回采高效化的目标。

有鉴于此，赤峰山金红岭有色矿业有限责任公司与中南大学高校等合作，结合红岭矿区开采现状及空区分布情况，开展厚大稳固矿体盘区房柱交替上升局部不接顶充填采矿新工艺研究，探讨实现高效利用碎石和尾砂的充填采矿方法及空区治理方案，实现矿体的高效、安全、经济回采，达到矿山尾砂及碎石与空区资源互补，建设无废害绿色矿山的目的。

3.14.2 成果简介

该项目通过系统研究，结合目前国内外急倾斜厚大矿体开采技术研究现状以及红岭铅锌矿厚大矿体特点，该项目提出了一系列急倾斜厚大矿体充填开采理论与实践方法，为我国绿色矿山提供了成功案例和宝贵经验。厚大稳固矿体盘区房柱交替上升局部不接顶充填采矿方法工艺确保了采充平衡，减少固废排放量，同时优选的采矿方法能够适应矿体赋存条件，机械化效率高，能够确保矿山产量要求，实现了低固废安全高效开采质的跨越；通过低固废高效稳定充填系统及配套工艺研究，优化了井下管网参数和地表充填系统，将固废物得到有效利用，能够满足稳定高效充填要求，达到低固废以及绿色开采的矿山目标。本项目已获得授权实用新型专利25项，在国内外权威期刊上发表代表性科技论文18篇。研究成果在该矿推广应用3年，实现了深部厚大矿石资源安全高效开采，研究成果通过了专家组鉴定，厚大稳固矿体盘区房柱交替上升局部不接顶充填采矿技术整体达到了国际先进水平，为我国同类有色矿山厚大破碎矿体开采提供了一种先进、安全可靠、经济效益好的采矿技术。

3.14.3 详细内容

项目研究从2017年11月起，至2018年11月基本完成相关研究内容并进行相关工业试验。工业试验从2018年12月份开始，2020年10月底结束，通过参试双方的共同努力，试验取得了满意的效果，达到了安全高效开采的预期目标，盘区房柱交替上升局部不接顶充填采矿法试验期间采出矿量206250t，得到采矿贫化率4.9%，采矿损失率仅为3.4%，生产能力达1200t/d的经济技术指标，为矿山带来显著的经济效益。2018年12月开始到2020年10月底，该项目所研究的方法与理论逐步推广运用至矿山全部采场进行生产，为企业带来约15593.5万元的经济效益。

（1）地质工程调查及矿区三维虚拟可视化

为评价红岭矿区厚大矿体开采的安全性，了解矿体及围岩的稳固情况，对开采区域矿体及其上下盘具有代表性的矿岩进行了现场块石取样。针对赤峰山金红岭铅锌矿地质条件和岩石力学实验，采用多种分级方式对矿体周围岩体质量进行分级，如结构面数字识别系统ShapeMetriX 3D（图3.14.1）。并利用3DMine作为虚拟可视化技术的基本建模工具，建立包含矿区地表、巷道、矿体等的三维模型（图3.14.2），直观地展示地下巷道与地形地貌、巷道与矿体的关系，可用于分析矿区工程之间的空间关系，提高设计的准确性和合理性，指导正确施工等。

（2）盘区房柱交替上升局部不接顶充填采矿法研究

结合红岭铅锌矿深部厚大倾斜矿体的地质条件与特征，该类矿体概括起来具有以下开采技术特点：

1）矿体倾角大。红岭铅锌矿矿体倾角在60°~70°，属急倾斜矿体，矿体倾角大。

2）矿体厚度厚。红岭铅锌矿南西翼矿体的厚度平均40m左右，按照矿体厚度分类，属中厚矿体。薄矿体的开采在布置矿块时，一般沿走向进行布置。

3）稳固性较好。矿体及围岩较为稳固，根据探矿以及穿脉巷道情况，成巷情况良好，仅局部区段节理裂隙发育，因此在考虑采矿方法时可灵活掌握。

4）生产效率及生产能力要求高。矿山综合矿石生产规模较大，要求采场有较高的出矿能力，因此有必要采用高效率的采矿方法，以减少用工，提高效率，增大能力，达到建设规模。

5）地面环境复杂。矿区地表有村公路，必须使用充填采矿法或嗣后充填来控制地表沉陷影响。

根据红岭铅锌矿厚大矿体开采技术特点，预选了5种采矿方法，分别为：盘区房柱交替上升局部不接顶充填采矿法（图3.14.3）、应力拱连续开采上向水平分层充填采矿法、上向水平进路充填采矿法（沿走向）、预控顶上向双层进路充填采矿法、踏步式上向水平分层充填采矿法。针对红岭铅锌矿南西翼矿体的开采现状及发展要求，首先构造未确知测度评价模型，确定各评价指标的未确知测度值；其次利用信息熵理论确定了采矿方法评价指标的权重；然后用置信度准则进行判别评价分级；最后，测定优越度进行优选决策。在此参考有关研究的采矿方案选择的影响因素，同时结合矿山实际生产要求，选取8项因素作为评价指标，即盘区生产能力、炸药单耗、矿石损失率、矿石贫化率、千吨采切比、充填循环管理、矿体的适应程度、作业安全程度，分别用X1，X2，X3，X4，X5，X6，X7，X8表示。其中对盘区生产能力X1、炸药单耗X2、矿石损失率X3、矿石贫化率X4、千吨采切比X5、采用理论估计值进行评价，最终根据优化结果识别，应选用盘区房柱交替上升局部不接顶充填采矿法。如图3.14.3所示。

该方案将矿体划分为盘区，采场垂直矿体走向布置，沿走向交替划分一步采场和二步场，采场长度为矿体厚度。矿块的回采顺序是先回采一步后回采二步。详见图3.14.2。在盘区内划分为矿房矿柱，先采矿房后采矿柱。具体开采顺序如下：先进行一步采的施工，采用分层采法，连续开采三个分层，每层回采高度为2.5m，最大控顶高度为4.0m，第三层回采完进行接顶充填；然后进行

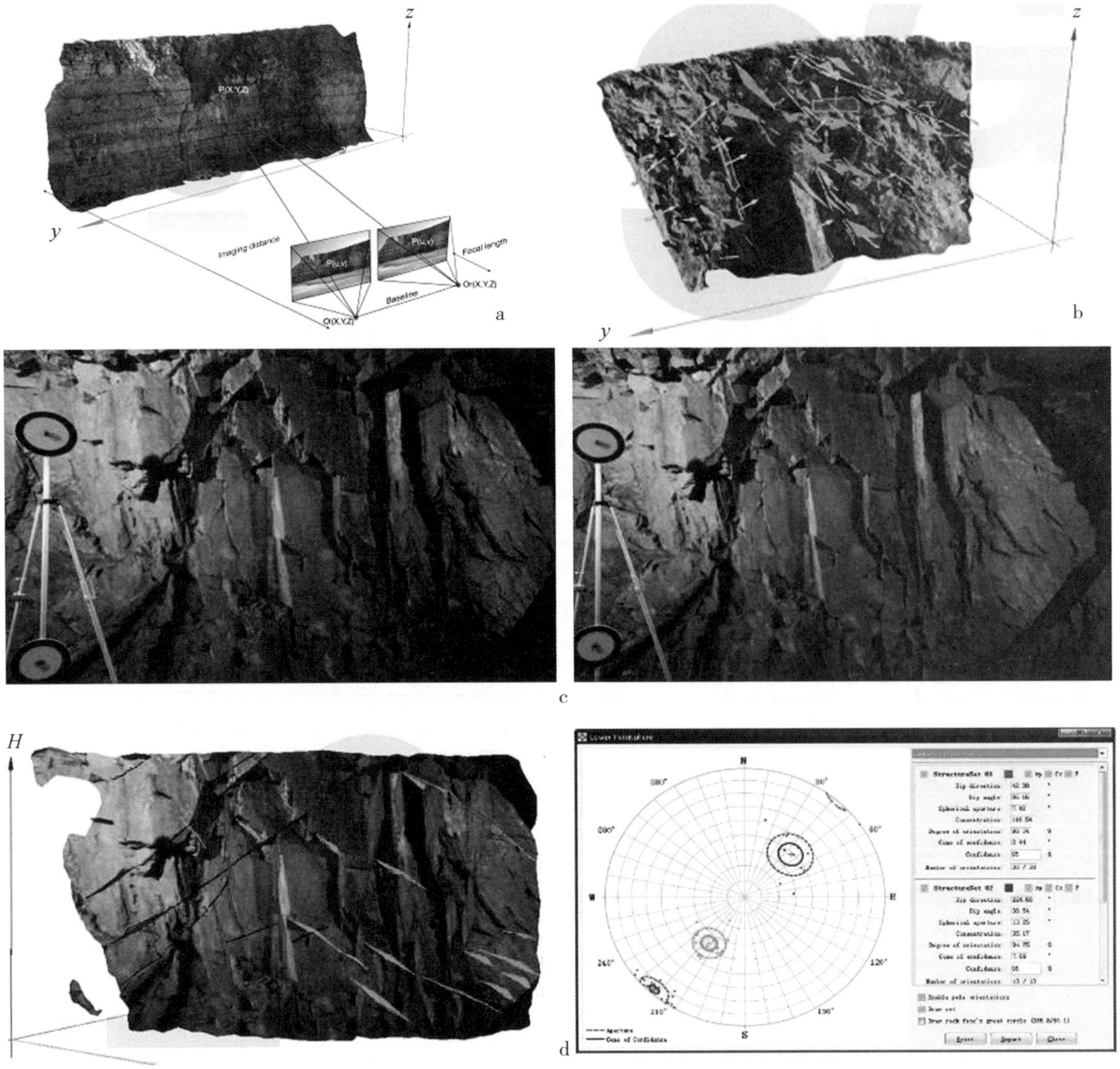

图 3.14.1　3GSM 测试过程示意图

a—立体图像合成原理图；b—结构面识别图；c—获取测点 1 的左、右视图；d—测点 1 节理统计情况及赤平极射投影图

二步回采，采用分层采法，二步矿房开采连续六个分层，即超出一步开采三个分层，第六分层回采结束后进行接顶充填；然后转为一步矿房的分层开采，以此类推，直至整个中段开采结束。

（3）回采顺序工艺优化与数值模拟

根据上述研究，针对盘区房柱交替上升局部不接顶充填采矿法开采顺序进行模拟研究，通过对一步采场开采初期、中后期、开采结束三个时期模拟结果分析（图 3.14.4、图 3.14.5，因篇幅有限仅展示采场横剖面水平位移、应力）对盘区整个开采过程中，充填体与围岩的位移、应力等的变化规律有了基本的认识。

数值模拟方法是进行矿山开采顺序优化最为有效的研究方法，通过对盘区房柱交替上升局部不接顶充填采矿法开采顺序的研究，对围岩及采场顶底板的应力、位移等的变化规律及其与矿体开挖顺序的关系已基本认识。在此基础上，提出了三套开采方案，供优化选择，其具体开采方案为：采场底柱高度 5.0m，其余分层高度 3.3~3.4m，一步采场宽 10.0m，二步采场宽 10.0m，一步采超前二步采如下设计分层数。方案一：一步采超前二步采 8 个分层高度；方案二：一步采超前二步采 6 个分层高度；方案三：一步采超前二步采 4 个分层高度。通过两个开采时期三套开采方案的最大主

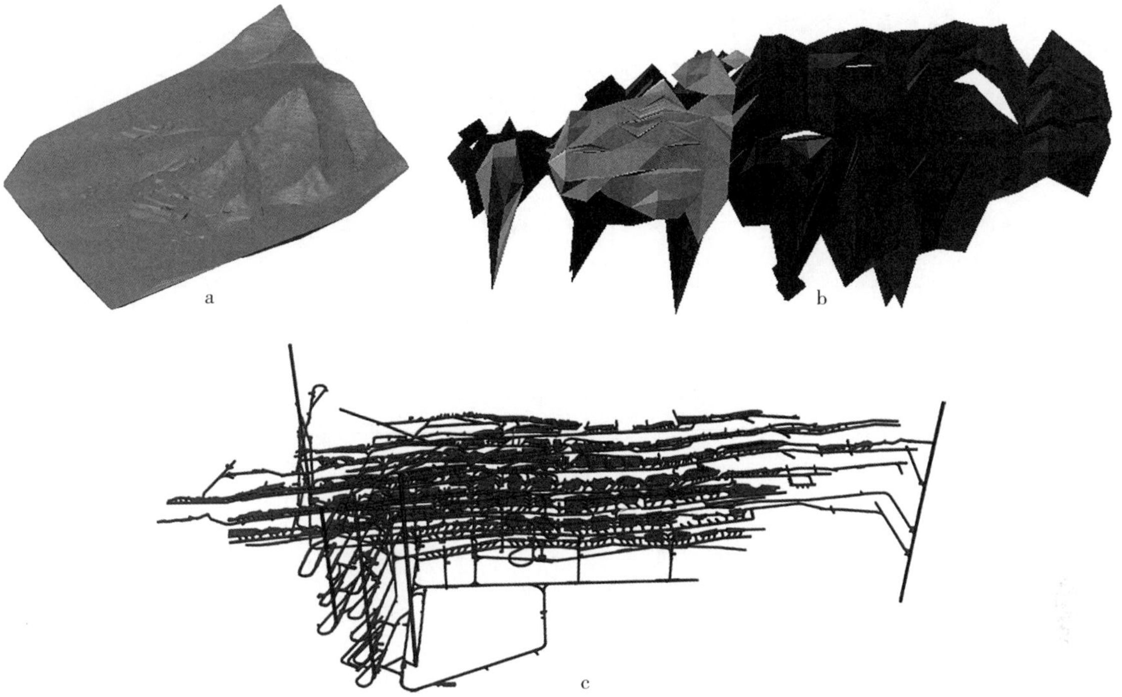

图 3.14.2 矿区三维虚拟可视化

a—地表实体模型；b—矿体实体模型；c—最终巷道效果图

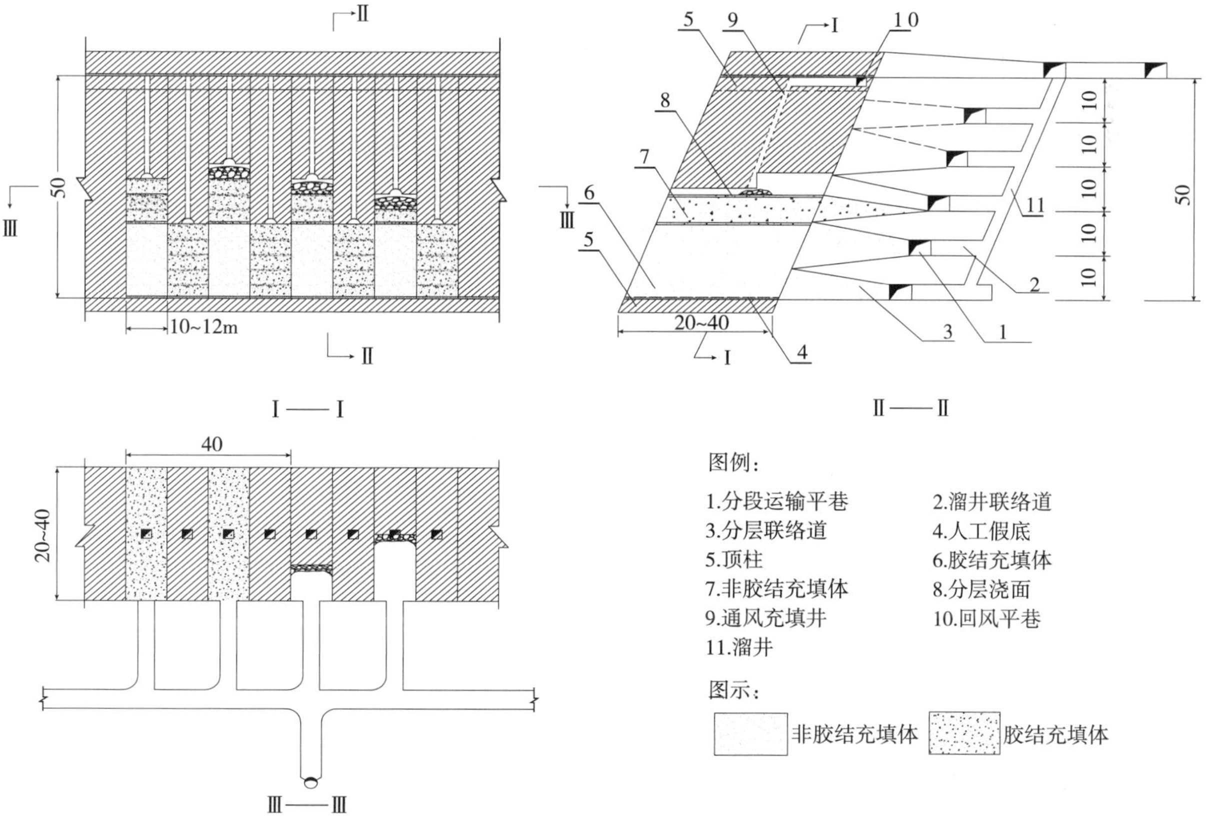

图 3.14.3 盘区房柱交替上升局部不接顶充填采矿法

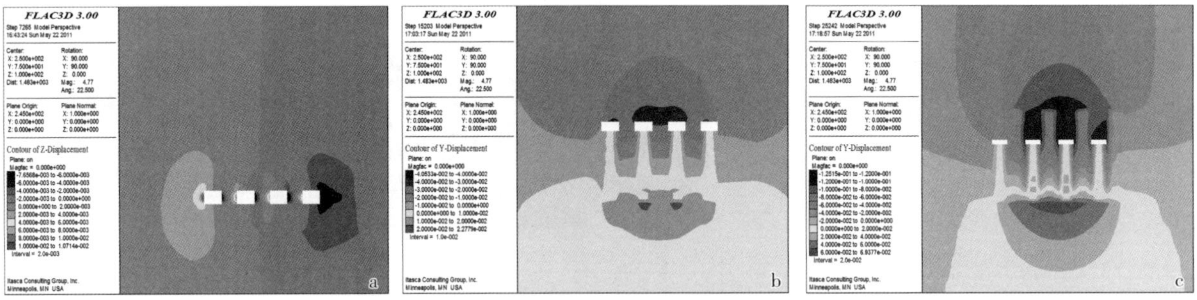

图 3.14.4　横剖面水平位移图

a—开采初期；b—开采中后期；c—开采结束

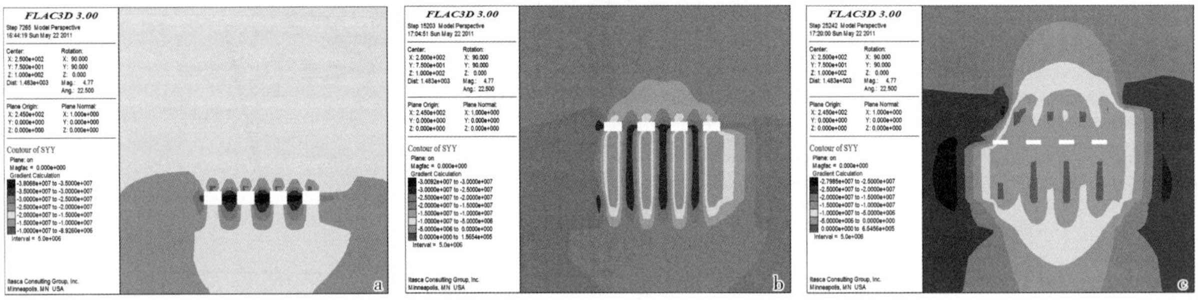

图 3.14.5　横剖面水平应力图

a—开采初期；b—开采中后期；c—开采结束

应力、位移的对比分析，最终选定的最优开采方案为方案二，一步采场超前二步采场六个分层，即适合现有采场结构参数的一二步采场回采步距为 20.0m，约为 6~7 个分层。

（4）分级尾砂胶结充填体力学试验及充填系统规划

红岭铅锌矿矿石必须经研磨后选矿，故矿山有尾砂和堆存尾砂的尾矿库。尾砂可用于采空区充填，故采空区充填骨料主要为尾砂。考虑到全尾砂充填工艺要求较高以及矿山实际情况，本次设计以分级尾砂为主。同时，将对尾砂产出率及矿山充填用量进行计算，若分级尾砂产率不足以满足矿山充填所需，则考虑利用由于井下开采所产生的废石（先堆存于地表）进行废石胶结充填，来缓解充填能力不足带来的影响。充填料由分级尾砂、水泥及水三部分组成。各组分分别经备料、存储、供料、计量后进入搅拌设备搅拌，制备成符合设计要求的充填料浆，采用自流输送充填料浆，经充填钻孔及井下管道充入采场，凝固后形成充填体。充填系统实物图如图 3.14.6 所示。

考虑到分级尾砂作为充填骨料，由于其刚好满足现阶段的生产需求，无剩余能力去治理已有空区，随着矿山采矿方法的变更，采矿效率得到提升，分级尾砂充填站充填能力将不能满足未来矿山发展需求。红岭矿业公司面临分级尾砂充填站充填能力不足，人工钢筋混凝土假底材料下放困难，分级水砂充填接顶效果、强度不理想等问题。因此，利用井下掘进废石（现地表已有部分堆存），设计了一套废石充填系统（图 3.14.7），并优化相应工艺，以配合分级尾砂胶结系统，最终实现红岭铅锌矿充填工作的顺利进行。

根据充填方案的要求：充填骨料主要选用采矿废石，通过装载机运输至甲带给料机的钢结构接料斗，有甲带给料机（变频控制）直接送至颚式破碎机进行一次破碎，粒径控制在 80mm 以下；破碎后的碎石通过皮带输送机输送至粗粉磨机进行粗磨破碎，成品的 10mm 以下碎石由磨机下方皮带输送至成品碎石缓存堆场。充填时，缓存在成品碎石缓存堆场内的成品碎石由装载机给料到缓存堆场旁边的配料站，经骨料计量机构计量后由皮带输送机输送到搅拌机内。尾砂浆流进入浓密机顶，持续数小时进砂，该过程不断溢流，使浓密机内的浓度提高到 70%以上，使得浓密机内砂浆

图 3. 14. 6　红岭铅锌矿充填系统内部结构及全貌图

的浓度控制在 70%～72%。在充填时，经计量后，泵送至搅拌机内。

（5）厚大矿体开采工业试验

根据红岭铅锌矿深部矿床开采技术条件，结合国内外经验，提出了房柱交替式盘区上向分层充填采矿法回采方案，经公司领导和矿山技术人员多次讨论，确定在 805m 中段 2-7 线盘区采场进行工业试验。通过试验采场采准设计，工业试验指标统计标定，试验方案改进等研究，试验取得了较好的效果。采切工程主要包括盘区斜坡道、下盘脉外分段平巷、分层联络巷、回风天井及溜矿井，采准工程布置如图 3. 14. 8 所示。

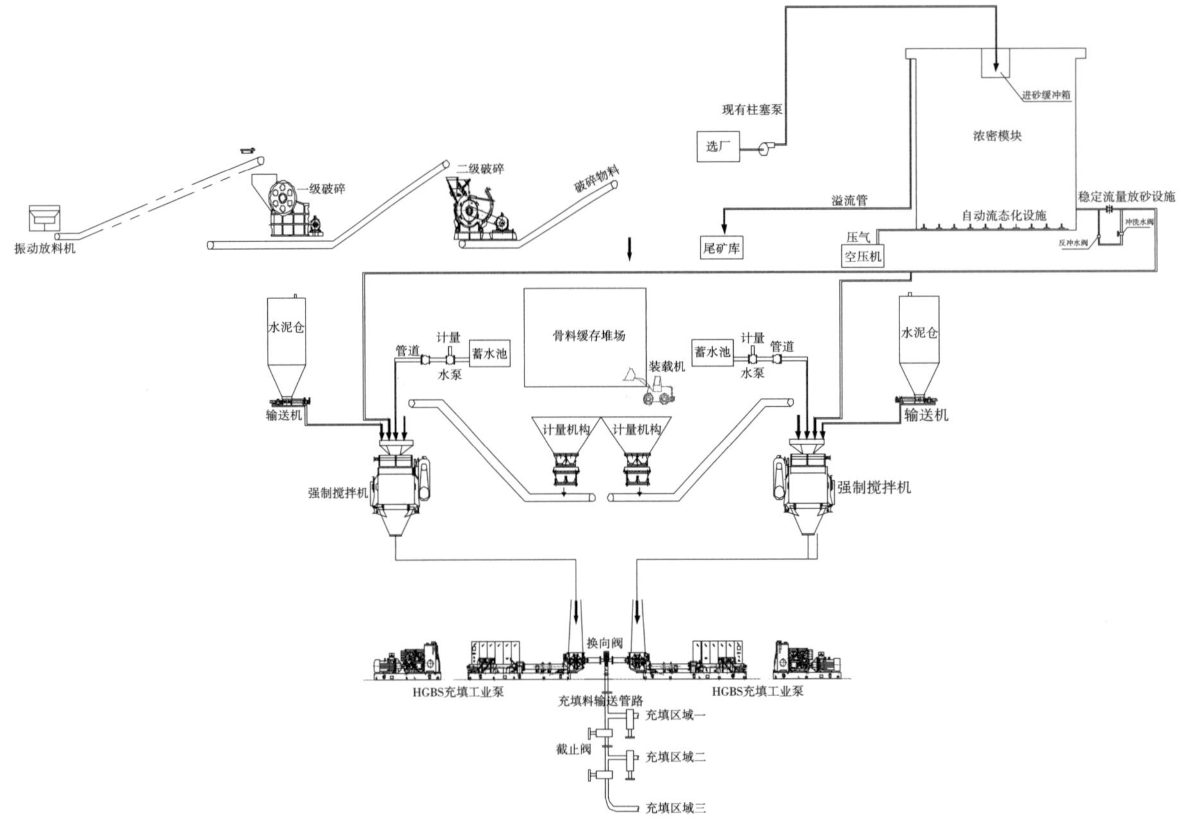

图 3. 14. 7　废石充填系统总体工艺流程图

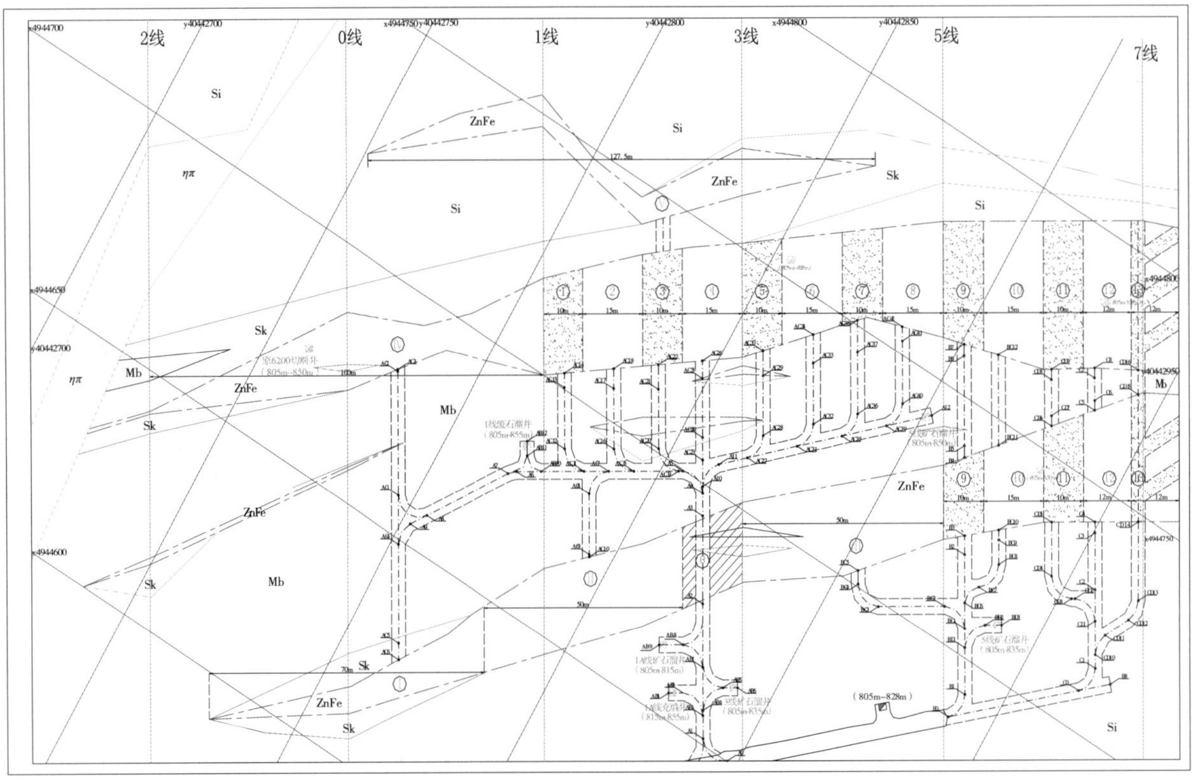

图 3. 14. 8　805m 中段 2—7 线盘区采准设计

试验期间采出矿量206250t，得到采矿贫化率4.9%，采矿损失率仅为3.4%，生产能力达1200t/d的经济技术指标，为红岭矿带来显著的经济效益。与原有的分段空场法及浅孔留矿采矿法相比（贫化率为8.92%，损失率10.5%），贫化损失率显著降低，实现了急倾斜极厚大矿体的高强度、低贫损和低成本开采。

鉴于盘区房柱交替上升局部不接顶充填采矿的优势，矿山决定在红岭矿推广应用新工艺技术。从2017年12月开始到2020年10月底，新方法累计采出矿石量为335×10^4t，新增经济效益为15593.5万元。

3.14.4 本节小结

盘区房柱交替上升局部不接顶充填采矿法综合技术研究果具有技术经济指标先进、可操作性和实用性强、采场生产能力大、作业效率高、综合成本低等显著优点，较好地解决了赤峰山金红岭有色矿业有限责任公司深部急倾斜厚大矿体高效开采的综合技术难题。同时，内蒙古地区有着丰富的矿产资源，是国内矿产资源未得到有效开发利用的少数省份之一，随着国民经济的高速发展和西部大开发战略的实施，各种有色、黑色金属及非金属矿产资源，特别是厚大矿体的地下开采矿山，该采矿方法具有较好的推广应用价值。

随着我国矿产资源消耗量的不断增加，国内需求持续增长，迫使业界采用大规模开采工艺，以增加产量，平衡需求，在矿山开采业大力推行大规模高效率联合采矿成为大势所趋，特别是对于复杂工程地质条件下的低品位厚大矿体的开采，高原高寒地区矿产资源的有效开发，基于机械化配套作业的大规模高效采矿技术，将日益受到重视。因此，本成果在有色、黑色、稀有及非金属矿床开采中，具有较好的推广应用前景。

3.15 深井缓倾斜薄矿脉精细化开采技术

3.15.1 项目背景

新城金矿矿区内上盘断裂带紧覆矿体之上，且上盘岩层极为破碎，一经揭露即发生冒落，矿体倾角同为30°~40°。深部矿体走向长仅180m左右，呈透镜状，中间厚，两端薄。矿体品位分布极不均匀，矿体平均品位2.67g/t。目前，新城金矿的生产规模日渐扩大，开采深度越来越深。随着-680m中段采场陆续回采结束，-730m及以下中段矿体厚度变小，夹石增多，矿体不连续且品位较低，可采矿量较少，矿山现有的采掘铲运设备不具备使用条件，极大地制约了回采工作的顺利进行，回采难度增加，生产效率降低。此外，深部矿体分支复合情况严重，矿脉厚度不稳定，常规方法开采势必会造成资源的损失与贫化，且矿体上盘距离焦家断裂带距离较近，受其地质构造影响，在巷道掘进过程与采场回采过程中顶板可见明显失稳现象，随开采深度不断下降，这一情况将会俞显严重，需投入更多的支护成本，由此造成采矿成本上升。新城金矿原采矿方法为上向进路充填采矿法，受一步采场充填泄水影响，随着二步采场逐渐进入上分段开采，两帮均为充填体，充填体泄水时产生向下拉力，加之渗出的充填废水泥化围岩内部发育的节理裂隙充填物，致使二步采场围岩逐渐恶化。与此同时，在胶结充填料浆充入采场脱水过程中，料浆离析带走胶结水泥和细粒级尾砂，污染采场作业环境，给井下排水排泥造成影响，同时水泥的流失也会影响充填体的强度。

目前，深部矿体在开采时主要面临的问题有：

1）深部资源量不足，矿体沿走向短，且分支复合严重，开采难度增大；

2）受断裂带构造影响，顶板稳定性渐差，支护工作繁重；

3）受矿体赋存条件制约，生产效率难以满足日益增长的生产能力要求；

4）二步采场受一步采场充填滤水渗流影响严重，围岩安全问题突出。V#矿体岩石性质复杂、裂隙发育。随着二步采场逐渐进入中上分段开采，二步采场围岩条件将逐渐恶化；

5）充填料浆水泥离析流失，影响充填强度，污染井下环境。

鉴于V#矿体随埋深下降，分支复合情况严重，矿体总体呈多脉状，分支多、矿脉厚度不稳定的特点。常规方法开采势必会造成资源损失与贫化，且据地质报告内容，深部矿石品位负变情况不甚乐观。因此需将资源的损失与贫化控制在合理的范围内，确保生产效率与资源回收率的动态平衡，保证矿山效益与持续发展。

因此，为满足新的生产规模和形势，保证矿山持续有序高速发展，有必要对新城金矿深部多分支破碎矿体采矿方法进行专门研究，提高采场生产能力、稳定性和采矿作业效率，实现新城金矿断裂带下倾斜多分支破碎矿体安全、高效、低贫损、低成本开采。

3.15.2 成果简介

1）对深部矿岩进行物理力学参数测试，得出了-830m、-930m等深部中段矿岩体抗压强度、弹性模量、泊松比、波速、内聚力等力学参数。

2）采用测线法对新城金矿深部岩体节理裂隙进行调查，得到整个调查区域共用测线法调查节理613条。通过对测量数据进行分类整理并运用Mathematica软件进行数据处理，绘制得到相应的节理裂隙图表，为岩体质量分级及岩体力学参数计算提供依据。

3）使用经参数修正的岩体地质力学分类（IRMR）法对矿区深部岩体进行质量分级，得到深部-830m中段的上盘围岩为Ⅳ级岩体，矿体和下盘岩体均为Ⅲ级岩体；-930m中段的上盘围岩为Ⅴ级岩体，矿体为Ⅳ级岩体，而下盘岩体则为Ⅲ级岩体。

4）针对新城金矿深部倾斜多分支破碎矿体赋存条件，基于不同岩体质量分级结果，进行科学规划开采。研究提出了对于分级质量在Ⅴ级的岩体，采用进路法进行开采，对于脉状多分支破碎矿体，采用上盘进路下盘分层联合采矿法进行开采。

5）对深部采场进路的破坏机理和模式进行统计分析，结合生产经验，确定采场用锚杆加穿带联合支护，破碎区域用锚网支护或锚网加穿带联合支护，并依据工程类比法选定、确定了支护参数。

6）通过一系列物理化学分析实验对充填材料及料浆特性进行研究，得到了新城金矿充填材料的容重、密度和比重，尾砂主要成分有黑云母、斜长石、石英、绿泥石、方解石、拉长石等。通过尾砂渗透试验可知，新城金矿分级尾砂平均渗透系数为0.00128cm/s。由尾砂沉降试验知，分级尾砂沉降性明显优于全尾砂，适合采用高浓度输送，不仅更可靠稳定，且可减少井下脱水和排水量等。进行不同浓度尾砂、不同配比的流变特性参数的流变特性试验，可知分级砂的黏度随着质量浓度增加变化不大，新城水泥黏度>充填C料黏度>全尾砂黏度。

7）针对矿区充填体特性进行试验研究。通过试验可知新城金矿尾砂试块单轴抗压强度随着灰砂比的增大和养护天数的增多而逐渐增大。通过试验可知，添加分子量为1800万的聚丙烯酰胺絮凝剂可以显著提高沉沙速度，同时通过采用震动放砂措施，可以显著改善放砂效果，提高放砂浓度。进行单轴压缩条件下充填体的损伤本构模型建立和试验，得到充填体压缩状态下的损伤演化方程和损伤本构方程，结合固结试验可知在固结压力较小时，充填体内部已经形成结构会被破坏，导致充填体强度降低。并通过电镜试验，得到了不同固结压力下的充填体微观结构的密度和分布情况。

8）经过在矿区-830m中段-815m水平进行实际采场试验，最后得到试验采场的采矿贫化率：4.9%，采矿损失率：4.4%，试验采场综合生产能力：582.7t/d的经济技术指标。

3.15.3 详细内容

（1）矿区岩石力学实验

通过调研国内外岩体质量评价方法，对其进行综合系统地对比分析，结合新城金矿的矿区实际工程情况，选取RMR法作为岩体质量评价的基础，在此基础上进行对RMR分类法修正改进，考虑地应力对岩体稳定性影响，建立IRMR分类法。建立适合新城金矿深部工程实际的岩体质量与稳定性评价体系，为采场结构参数及采矿工艺优化提供科学依据。计算结果见表3.15.1。

表3.15.1 新城金矿矿岩体质量IRMR评价结果

-830m中段上盘围岩质量评价结果								
R_1	R_2	R_3	R_4	R_5	R_6	R_7	总分	岩体等级
6.7	13.0	9.0	14	12	-10	-9	35.7	Ⅳ
-830m中段矿体质量评价结果								
R_1	R_2	R_3	R_4	R_5	R_6	R_7	总分	岩体等级
7.9	15.8	11.2	18	14	-5	-7.8	54.1	Ⅲ
-830m中段下盘围岩质量评价结果								
R_1	R_2	R_3	R_4	R_5	R_6	R_7	总分	岩体等级
7.9	15.0	11.2	17	14	-5	-7.0	53.1	Ⅲ
-930m中段上盘围岩质量评价结果								
R_1	R_2	R_3	R_4	R_5	R_6	R_7	总分	岩体等级
7.1	5.12	8.0	10	10	-10	-11.7	18.52	Ⅴ
-930m中段矿体质量评价结果								
R_1	R_2	R_3	R_4	R_5	R_6	R_7	总分	岩体等级
7.9	7.32	11.2	12	12	-5	-9.2	36.22	Ⅳ
-930m中段下盘围岩质量评价结果								
R_1	R_2	R_3	R_4	R_5	R_6	R_7	总分	岩体等级
7.9	9.07	11.2	16	12	-5	-8.4	42.77	Ⅲ

从IRMR法质量分级结果可知，新城金矿深部-830m中段的上盘围岩为Ⅳ级岩体，矿体和下盘岩体均为Ⅲ级岩体；-930m中段的上盘围岩为Ⅴ级岩体，矿体为Ⅳ级岩体，而下盘岩体则为Ⅲ级岩体。

新城金矿随着浅部Ⅰ#矿体逐渐开采结束，矿区目前主采对象为深部Ⅴ#矿体。与Ⅰ#矿体相比，其开采技术条件更为复杂，顶板破碎。根据地质资料，深部Ⅴ#矿体处于焦家断裂带下，围岩不稳固，节理裂隙发育。矿体呈似层状，两翼分支、复合现象明显。目前，矿区主采中段为-830m中段，由于开采深度较大，地压显现剧烈，这也进一步加剧了矿岩体的破碎程度。此外，采矿任务较重，井下爆破作业频繁，其产生的爆破震动也很容易造成进路的失稳破坏。因此，基于矿区岩石力学试验的矿区岩体质量分级结果，开展矿区深部采场及巷道支护方案与参数的研究设计，从而保障矿山安全高效地进行生产。

（2）脉状多分支矿体采矿方法选择

根据对新城金矿深部矿体采矿方法的研究以及国内外相近矿体的开采现状，对于深部脉状多分支矿体的开采，原则上只能使用充填采矿法。同时由于上盘矿体距离断裂带较近，应尽量减小矿房暴露面积，因此采用上向进路法较为合理。

综上考虑，初定四种采矿方法：

方案1：上盘进路下盘进路联合采矿法；

方案2：上盘进路法下盘分层联合采矿法；

方案3：脉外上向进路法；

方案4：预控顶双层上向进路充填采矿法。

四种采矿方法如图3.15.1、图3.15.2、图3.15.3、图3.15.4所示。

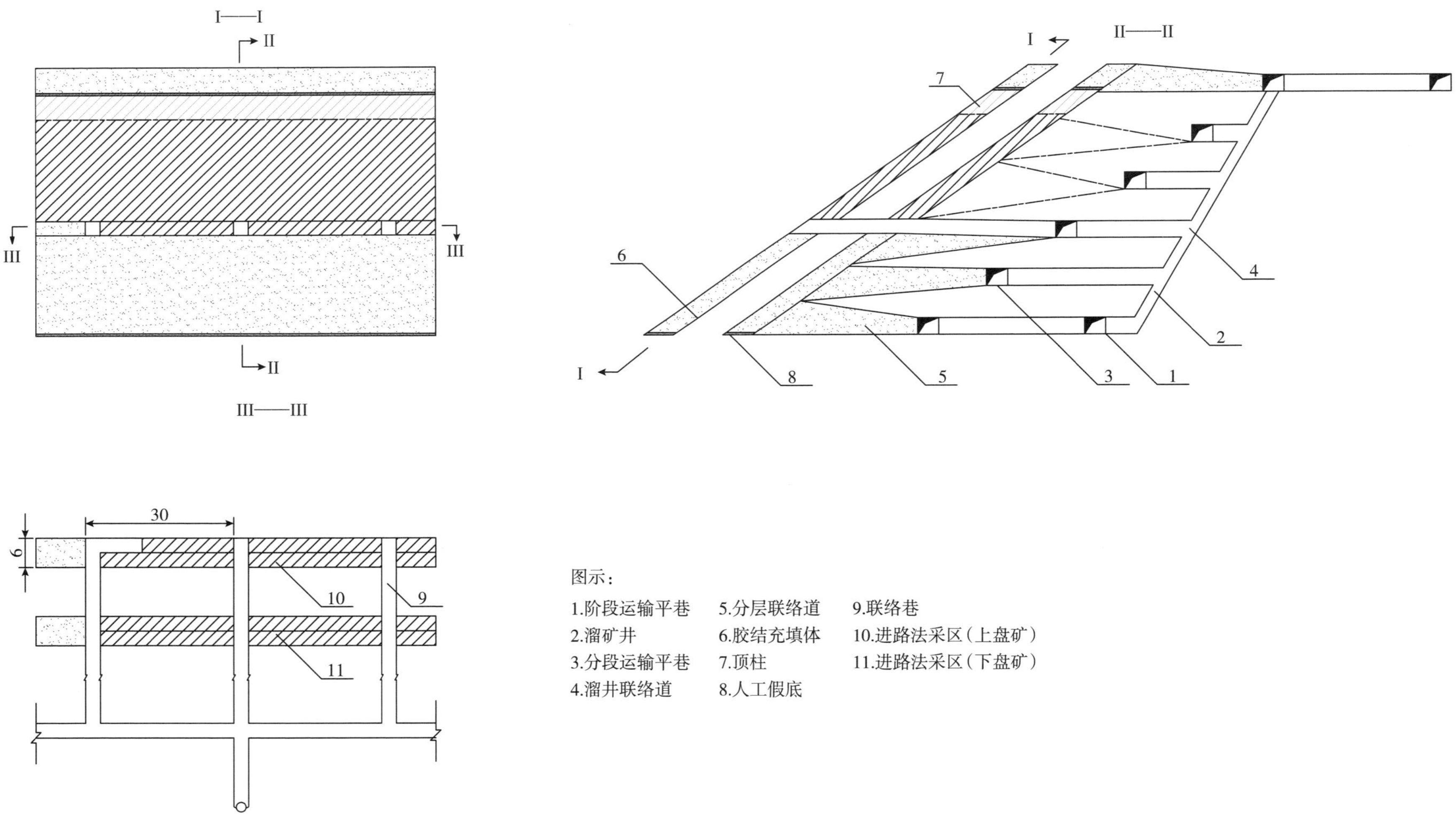

图示：

1.阶段运输平巷　5.分层联络道　9.联络巷
2.溜矿井　6.胶结充填体　10.进路法采区（上盘矿）
3.分段运输平巷　7.顶柱　11.进路法采区（下盘矿）
4.溜井联络道　8.人工假底

图 3.15.1　上盘进路下盘进路联合采矿法

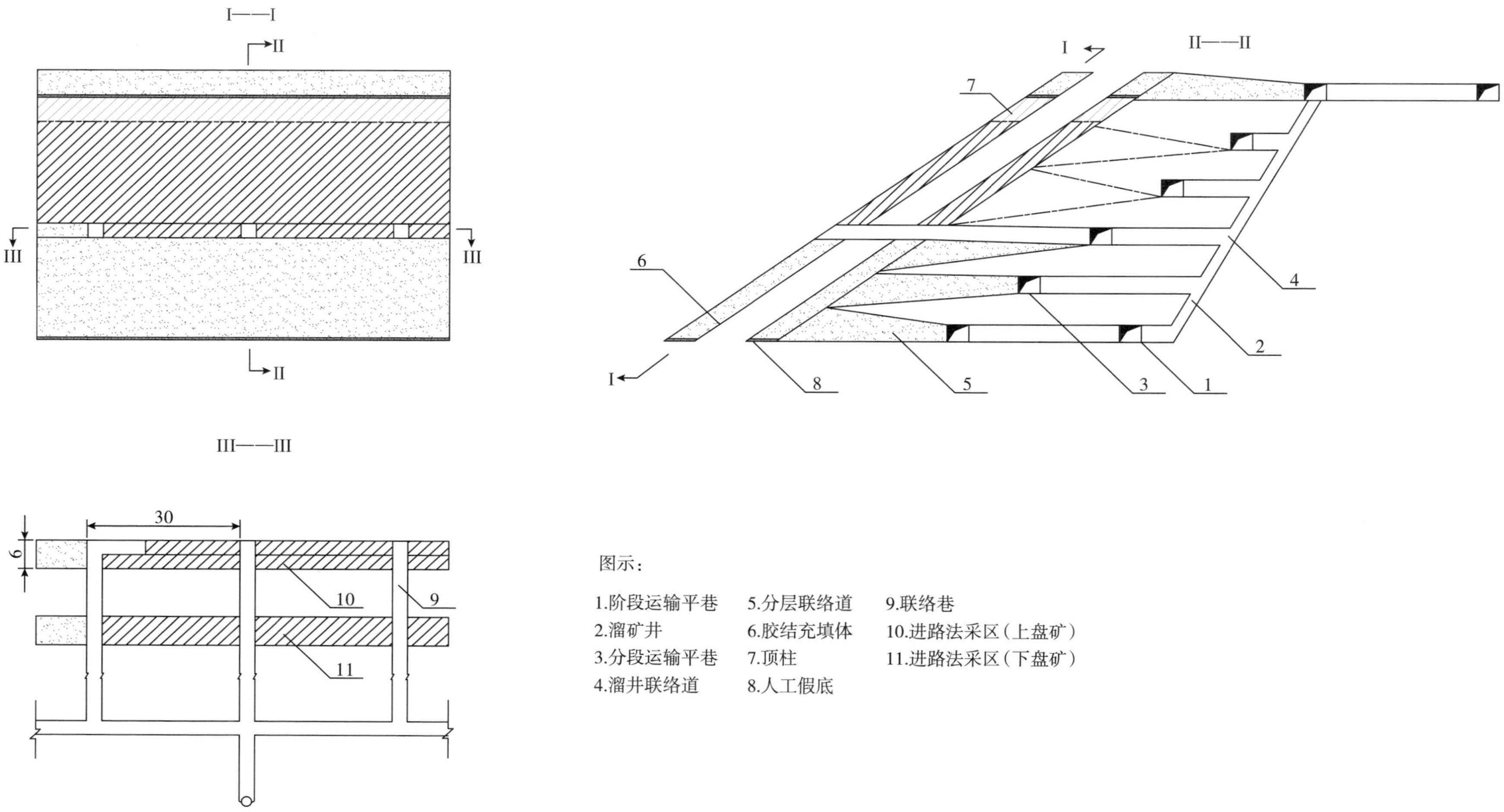

图示：

1.阶段运输平巷　5.分层联络道　9.联络巷
2.溜矿井　6.胶结充填体　10.进路法采区（上盘矿）
3.分段运输平巷　7.顶柱　11.进路法采区（下盘矿）
4.溜井联络道　8.人工假底

图 3.15.2　上盘进路下盘分层联合采矿法

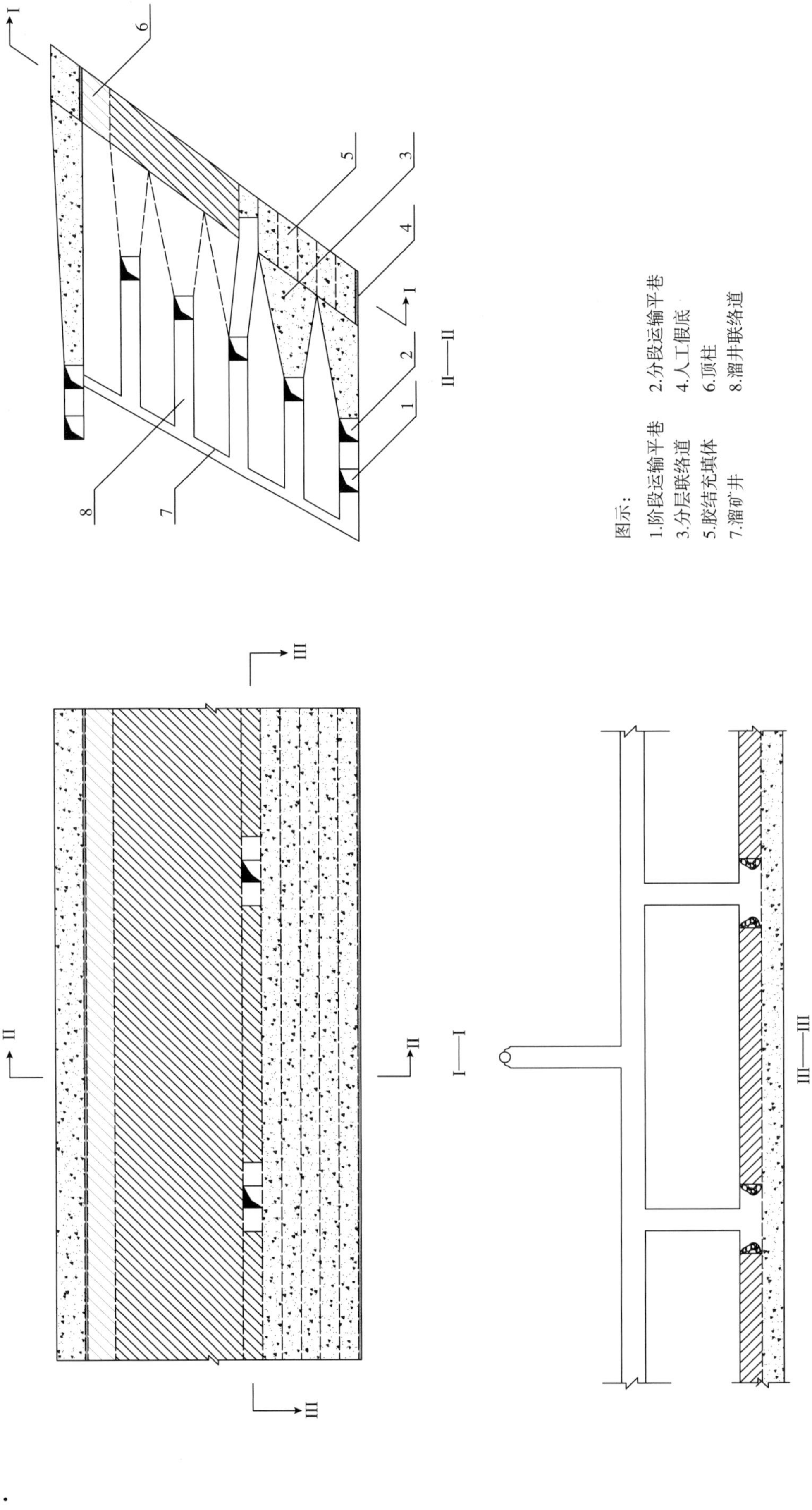

图 3.15.3 脉外上向进路法

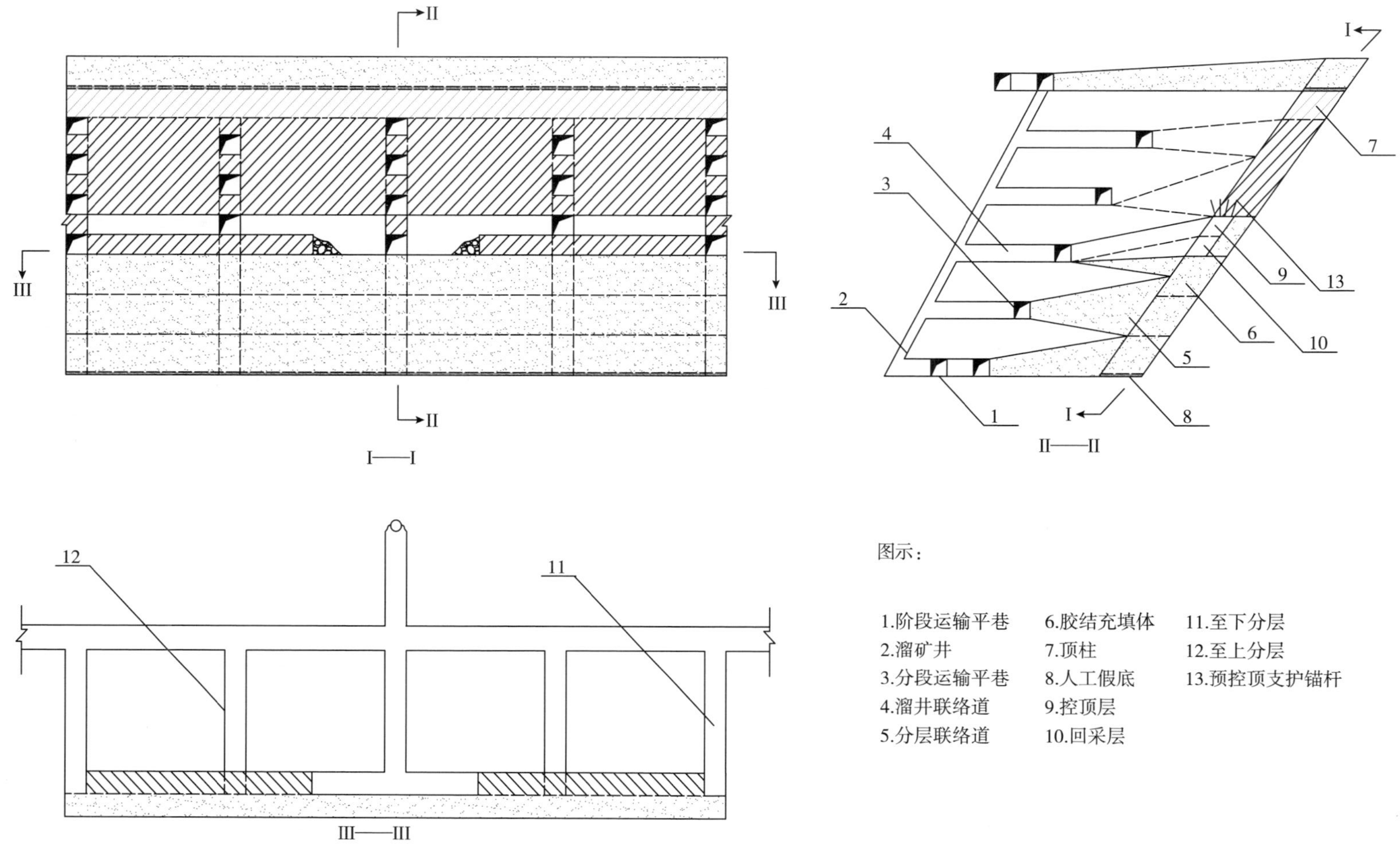

图 3. 15. 4　预控顶上向双层进路充填采矿法

针对新城金矿深部脉状多分支矿体的开采，根据岩石力学研究内容，上盘矿体矿岩质量分级接近V级岩体，因此上述四种方法对于上盘矿体均采用上向进路法，能够降低采场暴露面积，确保断裂带下的安全回采，对于下盘矿体，岩体质量介于III级与IV级之间，可以考虑使用上向水平分层采矿法进行回采。

由四种方法对比可以看出，四种方案的采准巷道基本相同，采切比相同，由于矿体厚度不大，因此四种方案的损失率和贫化率也相差不大，但是当下盘使用上向水平分层进行开采时，由于大型机械化设备的进场，使得生产能力得到显著提高，提高了近3倍，综上，应采用上盘进路法、下盘分层法进行开采。

（3）精细化回采工艺优化

通过对回采过程中爆破这一工序中爆破自由面的优化设计，针对三种不同的爆破自由面：①以一步采场充填体做爆破自由面，落矿方向偏向充填体一侧；②以掏槽眼做爆破自由面炮眼布置；③底板尾砂眼做爆破自由面炮眼布置，进行经济与技术层面的对比分析，确定了以底板尾砂眼做爆破自由面进行布孔的最优工艺，同时为提高充填质量，控制地压，提出了一种提高采场充填接顶效果以及充填体平整度工艺；提出了一步采采场充填体防坍塌技术，在靠近二步采采场的一帮或两帮铺设土工布和金属网片，胶结充填后，金属网片和土工布与胶结充填体形成类似钢筋混凝土的结构，胶结充填体的整体性和强度提高；改用网格钢架式复用板墙，减轻工人劳动强度，节省木工材料；提出预留楔形点柱的新工艺，有效控制了矿石的损失贫化率。

（4）充填材料及充填体特性研究

测定新城金矿不同浓度、不同配比料浆的黏度、稠度等流变参数，为高浓度料浆管道自流输送提供理论依据。一般来说，固体质量浓度小于70%的矿山尾砂充填料属于非牛顿流体，为了评定和比较层流状态下各种固液混合流体的特性，对于非牛顿体来说，采用“表观黏度”和“有效黏度”来评价流动的难易程度。而常用的流变模型有Newton纯黏性流模式、Bingham塑性流模式、Casson塑性流模式、Hershel-Bulky、Ostwald结构黏性流体和Steiger-Ory伪塑性流模式六种。

为了测出新城金矿不同浓度尾砂、不同配比的流变特性参数，作为新城金矿尾砂配比、提高料浆浓度的重要依据。采用软固体测试仪分别对矿区充填材料进行流动性能测试。由于实验组数众多。为了简化实验，采用原有基础加料的方式进行。即，先进行低质量浓度的料浆的测试，然后称量一下料浆充填材料多出的质量加入，搅拌均匀后再次测试。由于尾砂充填料浆具有剪切变稀的特性，经过搅拌多次的料浆，质量浓度较低时，可能会降低料浆的黏度和屈服应力。如图3.15.5所示。

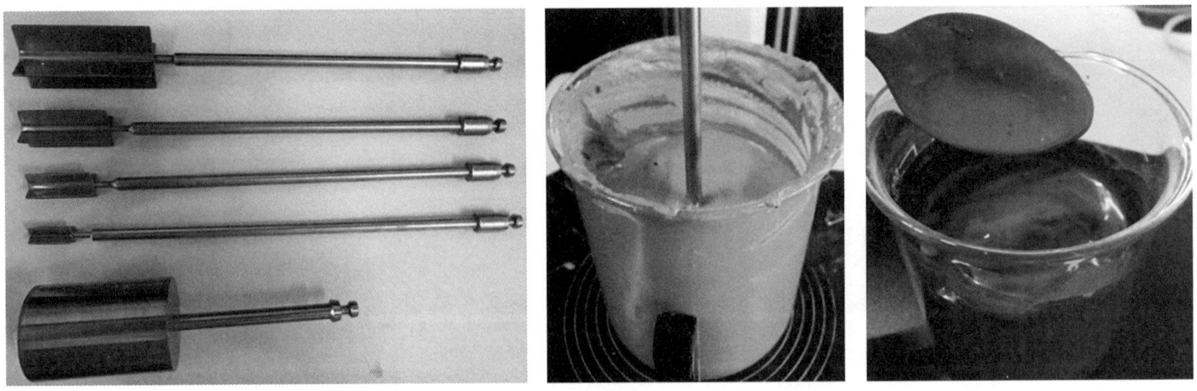

图3.15.5　料浆流变模型以及黏度屈服应力测试实验

通过分析灰砂比、龄期与浓度对充填体强度的影响，得到的回归模型进行不同灰砂比及浓度下的充填体强度预测，并将拟合值与试验值进行对比，分析差值，以掌握不同配料的充填体强度变化趋势。

（5）高浓度自流输送技术

当进行充填时，打开放砂管的夹管阀，借助仓内造浆喷嘴高压水的喷射作用放出砂浆。通过安装在放砂管直管段上的 γ 射线浓度计检测充填浓度，电磁流量计计量充填砂浆的流量。尾砂浆首先流入 Φ2000mm 高浓度搅拌槽内。当全尾砂充填时，搅拌均匀的尾砂浆，直接由采矿充填管送至作业面。当尾砂胶结充填时，尾砂与水泥仓定量给入的水泥在搅拌槽内混合搅拌均匀制成灰砂浆后，经采矿充填管供井下充填。水泥量的调节，是通过双管螺旋给料机和电子秤自动控制，新城金矿尾砂+C 料胶结充填工艺流程如图 3. 15. 6 所示。

料浆的最低工作流速要比临界流速高出 10%~20%。结合新城金矿尾砂粒径分布特性和一步二步采场以及胶结接顶充填对料浆浓度的不同，可以计算出料浆的临界流速应在 3. 0~4. 5m/s。依据新城金矿充填站的充填能力，综合考虑矿山生产能力的潜在提高可能性，经过充填管道计算与同类矿山井下充填管道使用情况调查，最后在主要输送段中选用外径 125mm 的钢管。为充填管安装和架设方便，同时节约成本，在充填管接近充填下料端位置，改用聚乙烯塑料管。通过综合技术经济比较，新城金矿充填管选用无缝钢管。

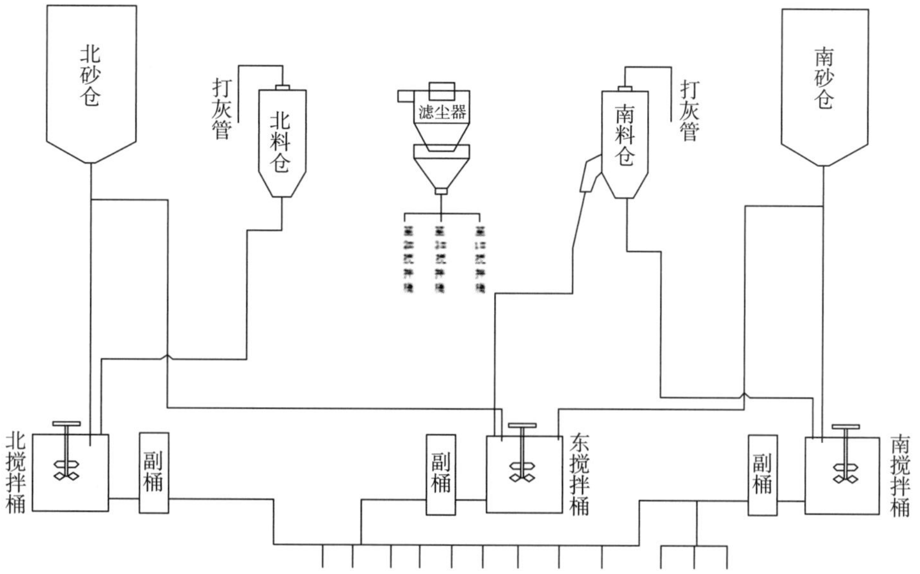

图 3. 15. 6 新城金矿充填工艺流程示意图

3. 15. 4 本节小结

通过新城金矿技术人员与重庆大学等研究人员等对新城金矿深部脉状多分支倾斜破碎矿体的实际生产情况以及开采技术条件进行深入调查与了解，就新城金矿目前的开采现状、地质条件、地质储量、生产能力等进行了总结与分析，由此提出项目的研究目标：选择合适的采矿方法对新城金矿深部脉状多分支倾斜破碎矿体进行安全、高效回采，并就其关键技术进行研究。

1）深部矿岩物理力学参数测试：得出了-830m、-930m 等深部中段矿岩体抗压强度、抗拉强度、弹性模量、泊松比、波速、内聚力、内摩擦角等力学参数。

2）深部矿岩体节理裂隙调查：采用测线法对新城金矿深部岩体节理裂隙进行调查，整个调查区域共用测线法调查节理 613 条。通过对测量数据进行分类整理并运用 Mathematica 软件进行数据处理，绘制得到相应的节理裂隙图表，为下一步岩体质量分级及岩体力学参数计算提供依据。

3）矿区深部岩体质量分级：在准确测量矿体和围岩的物理力学参数之后，结合矿区节理裂隙调查情况，使用经参数修正的岩体地质力学分类（IRMR）法，得到了新城金矿深部岩体质量

IRMR 评价结果。

4）结合新城金矿深部脉状多分支倾斜破碎矿体的地质条件，基于未确知测度理论对提出的四种采矿方法进行优选，确定上盘进路下盘分层联合采矿法作为深部脉状多分支倾斜破碎矿体的主要采矿方法；但同时考虑到深部矿体围岩稳定性的劣化，在深部质量分级为 V 级的岩体或围岩不稳固时，采用上向进路法进行开采；对于较薄的多分支脉状矿体，通过经济技术对比，参考岩石质量分级结果，最终选择上盘进路法下盘上向水平分层的开采方案。

5）充填材料及料浆特性研究。通过一系列物理化学分析实验，得到了新城金矿充填材料的容重、密度和比重。通过尾砂渗透试验可知，新城金矿分级尾砂渗透系数为 0.00145~0.00120，平均渗透系数为 0.00128cm/s。由尾砂沉降试验结果可知，分级尾砂沉降性明显优于全尾砂，基于矿区尾砂沉降性能较好，若采用两相流输送临界流速较大，对管道磨损加剧，且易发生堵管事故，因而采用高浓度输送，更可靠稳定，且可减少井下脱水和排水量等。

6）充填体特性研究。通过对不同灰砂比、浓度及养护时间的胶结充填体试块进行抗压试验，观察其不同配比和不同材料组成条件下充填体试样的强度变化情况，可知新城金矿尾砂试块单轴抗压强度随着灰砂比的增大和养护天数的增多而逐渐增大。通过添加分子量为 1800 万的聚丙烯酰胺絮凝剂可以显著提高沉沙速度，同时通过采用震动放砂措施，可以显著改善放砂效果，提高放砂浓度，从而保障高浓度条件下料浆输送的平稳性为高浓度。

3.16 爆破消尘器在露天矿山爆破中的应用

3.16.1 项目背景

伴随爆破，对周围环境产生六大危害效应：爆破振动、爆破个别飞散物、爆破冲击波、爆破噪声、爆破毒气、爆破烟尘。其中前五大危害已经能够解决，目前唯一没有解决的是爆破烟尘危害。因爆破烟尘瞬间产生并迅速弥漫，浓度高、范围大，使其难以控制，成为世界性难题（H·W·威尔德等，1985）。

矿山露天开采爆破过程中会产生大量的烟尘，对环境造成严重污染。10t 级爆破可以产生粒径 10μm 以下的呼吸性烟尘就达 530kg 以上，局部烟尘浓度达 2000mg/m^3，大气污染超标 13000 倍（刘坚等，2017）。环保部门随时可以借此处罚，因矿区周边的爆破烟尘影响引发的诉讼也时有发生，该状况愈演愈烈。爆破烟尘是爆破行业之殇，是社会之痛。在全社会环保意识不断增强的今天，爆破烟尘的危害愈发突出出来，并逐步成为制约爆破的最重要的危害效应。可以预见，如果 10 年内不能解决爆破烟尘问题，整个爆破行业将走入末路。

基于爆破消尘的重要意义，有很多的科学家、工程师、企业等投入大量人力物力进行研究。研究主要集中在水封炮孔、炸水、水炮、抑尘车等，在建筑拆除爆破中还采用了管网排架喷水消尘、泡沫浸楼消尘，甚至采用直升机洒水消尘，但都效果甚微（李文军等，2018；管仁生等，2017）。目前个别矿山企业采用了抑尘车，也叫压尘车，也是无奈的体现，效果不理想却投资巨大。市场、社会都期待着一种能彻底解决爆破烟尘问题的技术的诞生。

石家庄铁道大学王振彪团队经二十余年的努力，研发成功了爆破消尘器，并于 2015 年取得国家发明专利。该专利独辟蹊径，气态工作介质从周围环境吸取能量，通过气液相变，以分子内能形式储存在工作介质中，进而产生高压，用于推动水雾状喷射，喷射距离达到 90m 以上，完全能满足爆破烟尘消除的需要。其特点：喷射距离远、水雾覆盖范围大、消尘效果好、成本低、现场可操作性好、安全性好（张月芹等，2014）。

为把发明专利形成产品并被市场接受，王振彪教授团队成立了飞瀑环保科技有限公司，并与邯郸金隅太行水泥有限公司等多家企业展开了科技合作，研究工作还得到了石家庄铁道大学、山东科技大学等高校的支持（马红柯，2016）。其中与邯郸金隅的合作重点在露天矿山爆破烟尘的消除。

邯郸金隅太行、金隅鼎鑫、河北瑞能爆破公司、河北宇丰爆破公司、河北宏达爆破公司、河北盛联爆破公司等，无偿提供试验场地，并无偿提供人员、设备、试验耗材等的支持；山东科技大学王海亮教授专门成立课题组，对爆破消尘效果进行评价测量研究；石家庄铁道大学配备多名大学生、研究生开展产学研活动，并支持参加国际大学生创新创业竞赛。

3.16.2　成果简介

本技术已成功应用于露天矿山的爆破烟尘消除领域，并开始向城市拆除爆破消尘、隧道爆破消尘领域扩展。

本爆破消尘器是利用低温液态二氧化碳、液氮等在密闭容器中常温气化产生高压，实现射程达 90 m 以上的水雾喷射，通过远程控制喷射的水雾，将爆破产生的烟尘实现同步覆盖，进而实现爆破烟尘的消除。该技术不用电、不烧油，是有别于使用空压机、水泵等机械式消尘技术的革命性突破，原创性技术。

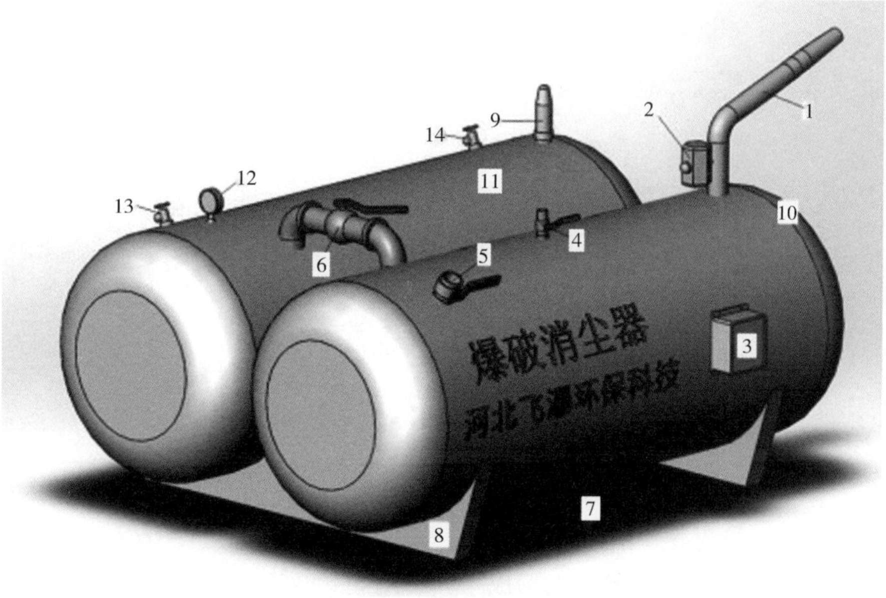

图 3.16.1　爆破消尘器

该技术已获国家发明专利，并经多个矿山、隧道、建筑爆破拆除等现场使用，证明对爆破烟尘有良好抑制消除效果。相对现有的水封炮孔、现场炸水、雾炮车、抑尘车等在喷射距离、水雾覆盖范围、消尘效果、成本、现场可操作性、安全性等方面有不可比拟的优势。该技术不用电、不烧油却能实现大功率水雾喷射，所需能量从周围环境中获得，产生的工作压强 3MPa，就可以实现 90m 以上的水雾喷射，即能满足露天爆破、城市拆除爆破、地下工程爆破的爆破消尘需要，将来还可用于高层灭火、城市喷泉景观等方向。经过近一年的使用、改进，该技术已渐臻完善，目前已在 6 家露天矿山、一项公路工程、一项隧道、一项拆除爆破施工中推广应用，获业内高度赞誉。相信会在全国范围内迅速推广开来，一个无尘爆破的时代很快就要来临（图 3.16.1）。

3.16.3　详细内容

（1）爆破消尘器工作原理简介

装置由水罐和气罐两部分组成，气罐充气态工作介质，从环境中吸收热量，产生高压，高压作用到水罐的水中，远程打开喷水阀门，即可实现高速远程喷射。喷射过程中，赋存在工作介质中的内能迅速转化为水射流的喷射动能，自身完成准绝热膨胀过程。因高速喷射，造成水流拉断，实际实现的是水雾状喷射，对爆破烟尘的消除有利。工作过程为物理过程，影响因素有气体性质、气体摩尔数、压强变化、喷口大小及形状、管路，还有气体、环境、罐体等温度变化对喷射过程呈现非线性影响。爆破消尘器的蓄能与喷射为异步进行，不同于用空压机提供动力的抑尘车以及由电机提供动力的水泵等同步提供能量的装置，巧妙避开了同步时超高功率的困难。工作能量取自周围环境，不用电、不烧油，没有二次污染，使该项技术成为真正环保且节能的技术。

（2）水雾消尘机理

1）水雾覆盖爆破烟尘，降低爆炸产生的高温。烟尘温度降低，扩散性减弱，为水雾就地消尘创造条件。实践发现爆破烟尘的扩散速度明显降低，尤其是向上飘散的烟尘几乎不再产生，烟尘被水雾所压制（图 3.16.2）。

图 3.16.2　水雾覆盖爆破烟尘

2）因水雾颗粒细小，部分气化，使局部空气湿度呈饱和状。以烟尘颗粒为凝结核，空气中的水分子冷凝在颗粒上，并在烟尘颗粒表面形成水膜，水膜颗粒互相靠近，通过液桥力结合在一起，形成大颗粒而沉降在爆区附近。要求烟尘颗粒具有亲水性才能实现消尘。石灰岩、花岗岩、铁矿石等大多数粉状颗粒具有亲水性，对煤矿等憎水性烟尘，可以通过在水中添加微量物质的方式改善其亲和性，进而实现消尘。

3）爆破消尘器喷射出的水雾，拥有大量的细小水颗粒，比表面积非常巨大。与烟尘颗粒充分混合接触，水颗粒可以俘获烟尘颗粒，每一次的俘获，因烟尘颗粒的亲水性，都会在烟尘颗粒外表形成水膜，再通过液桥力去俘获更多的烟尘颗粒。逐渐形成大颗粒后沉降在爆区附近，进而实现消尘。

4）水雾最终落于爆堆及附近，将爆堆均匀润湿，减少粉尘的二次扬起，减少爆破清渣时的粉尘。喷射的水雾被高效利用了。

（3）专利情况

通过自研、与其他企业及高校产学研合作，完成授权发明专利 4 项、授权实用新型专利权 4 项，授权发明公布专利 2 项，共计已达 10 项专利。合作高校有石家庄铁道大学、山东科技大学，合作企业有邯郸金隅太行水泥有限公司、河北宇丰爆破工程有限公司、河北盛联爆破工程有限公司、河北瑞能爆破工程有限公司、邢台友联众兴建材有限公司、中国交通建设股份有限公司、青岛第一市政工程有限公司、青岛市西海岸轨道交通有限公司等。

（4）试验改进

露天矿山的特点是爆破规模大、范围大、烟尘量大且扩散速度快、风向影响大、地形条件影响布设。针对矿山特点，经过大量的试验，完善了现场应用的工艺流程、应用技巧，提升了爆破消尘效果和效率。制定了《爆破消尘器使用说明书》《爆破消尘器使用操作规程》《爆破消尘器使用记录本》《爆破消尘器企业标准》等。

改进爆破消尘器，完成了“无线遥控器”（专利号 2020210978. x），“一种高压旋转喷水枪”（专利号 2020211017. x），“远程喷头”（专利号 202021053017. 0），“高能量间歇式喷射装置”（专利号 202021048504. 8），四项专利申报。通过改进，爆破消尘器更加适合于露天矿山的现实应用条件，为设备定型、应用推广创造了条件。

（5）爆破消尘器应用案例

1）邯郸金隅太行水泥有限公司，2020 年 3 月开始使用爆破消尘器，是第一个试用爆破消尘器正式用于露天矿山开采爆破消尘的企业。4 台套爆破消尘器，用于 8t 级爆破工程，每次爆破消尘都有录像资料以及使用记录、消尘技术分析、总结（图 3. 16. 3）。

图 3. 16. 3　爆破消尘器用于露天矿山开采爆破消尘

2）邢台友联众兴建材有限公司因爆破烟尘问题被迫停产，2020 年 7 月 11 日正式购买 4 台 FS-1 型爆破消尘器之后，顺利复产。爆破消尘器消尘效果显著，受到高度赞扬（图 3. 16. 4）。

图 3. 16. 4　FS-1 型爆破消尘器

3）跟随邢台友联，附近的邢台胜和华建材有限公司也购买了 2 台爆破消尘器，调试时无风喷射距离达到 118m（图 3. 16. 5）。

图 3.16.5　FD-1 型爆破消尘器

4）河北盛联爆破工程有限公司购买了 2 台爆破消尘器，第一家以爆破公司身份购买消尘器，为矿山提供消尘爆破作业。解决了高边坡爆破消尘问题。

5）石家庄曲寨水泥有限公司购买了 FD-1 型爆破消尘器 4 台，应用效果良好。为其通过绿色矿山验收创造了条件。

6）河北宇丰爆破工程有限公司在井陉矿区物流通道公路路基爆破工程中成功应用了爆破消尘器。6 台同时使用，消尘率接近 100%。该爆破工地成为公司的示范观摩基地（图 3.16.6）。

图 3.16.6　河北宇丰爆破工程有限公司示范观摩基地

7）左权金隅水泥有限公司已经有 2 台爆破消尘器运抵现场。

8）青岛地铁爆破掘进中在用爆破消尘器，以提高进度。山东科技大学王海亮教授带领他的课题组正在进行烟尘测试研究，为将来制定相关标准做准备。

9）爆破消尘器成功应用到了河北宏达爆破工程有限公司的烟囱爆破拆除消尘中，取得好效果，为爆破消尘器应用到城市建筑爆破烟尘消除准备好了条件。

10）承德京城矿业有限公司、河钢司家营铁矿、唐山三友等多家矿山企业已经有合作意向。预计今后将迎来爆发性的推广应用。

3.16.4 本节小结

爆破烟尘遮蔽了蔚蓝的天空、污染着清新的空气。任由爆破烟尘自由弥漫的露天矿山如何能担当绿色矿山的盛名！

爆破消尘器是一项原创性的专利技术，解决的是爆破烟尘这一世界性难题，是爆破行业痛点、社会痛点问题。一经问世，得到了爆破行业的关注，受到了业内的高度评价，并且在迅速推广中。爆破消尘器专门解决爆破烟尘难题，无尘爆破时代即将来临。

3.17 致密储层改造核心技术突破及工业化应用

3.17.1 项目背景

通过水平井分段压裂技术突破，北美实现了非常规油气效益开发，从而使得美国从油气进口国，变成了出口国，实现了能源独立，改变了世界的能源格局。近年致密油气产量在美国总油气中的产量已达到了60%以上。我国也具有丰富的非常规油气资源，是重要的战略接替，但在产量的占比较低，不足1%。如果能够实现效益开发，则大幅度助力国家能源安全（张士诚等，2014）。由于致密油气储层，储层渗透性极差，开发必须采用强化手段，在地层形成裂缝或裂缝网络，改善油气流渗流条件。从某种程度上，致密油气藏也可称之为“人造油藏”。我国致密油储层压裂改造始于2011年，主要参照国外成功经验——水平井多段压裂改造工艺（Yew et al.，1997）。经过前期探索、试验，在多个区块已取得突破，见到了工业油气流，初步形成了配套的工艺技术，但技术总体尚处于起步和探索阶段。由于我国致密储层属陆相沉积环境，较北美的海相沉积环境，储层渗透性能和岩石力学非均质性更强，严重制约了规模效益开发（Zou et al.，2016；Gao et al.，2019）。攻关前储层压裂改造技术面临四个问题，一是有的井压裂施工非常成功，但压裂效果仍不尽人意，表明压裂改造储层“甜点”分布和改造前储层评估研究仍有待进一步深入（温志庆等，2009）；二是压裂改造工艺主要采用了水力喷射、滑套封隔器和速钻桥塞分段工艺，随着技术的发展，大位移长水平井的改造及低油价下对高效改造工艺的强烈需求，有必要进行高效分压工具、工艺的应用研究；三是改造材料，虽然不同区块初步形成了配套的压裂液体系，但经过前期试验仍需进一步完善改进，以提高性价比和简化配制要求。为了进一步提高改造的储层体积SRV和裂缝复杂程度，支撑剂亟须加快低密度、小粒径产品的应用研究和现场试验；四是压裂规模和参数仍需针对具体井层进一步优化，前期的探索试验，实现了“千方砂、万方液、大排量”的大规模改造，表明了装备、施工和组织能力已达一个新水平，但施工规模、施工参数、材料体系等仍需进一步经室内研究和现场试验优化（徐加祥等，2019；杨立峰等，2018）。

3.17.2 成果简介

本成果属于油气藏储层改造技术领域，以鄂尔多斯、松辽和准噶尔等盆地致密储层为研究对象，开展了裂缝模拟、工艺和材料优化等方面的研究，在核心技术方面取得突破：

1）建立了一套考虑天然裂缝、层理等弱面的大型物模模拟实验方法，系统研究发现了层理存在要想压裂过程形成垂直裂缝提高纵向压开程度，则需要较常规储层压裂更高施工净压力的事实。

2）构建了一套借助四参数随机生长模拟和正态分布随机函数构造复杂迂曲裂缝的方法，开发了迂曲裂缝内支撑剂运移模拟技术，揭示了迂曲裂缝内支撑剂运移明显短于光滑裂缝的规律。

3）提出了一套水平井段分级评价标准，形成了考虑大规模体积改造特点的全耦合高效压裂优化设计新方法和“极限限流射孔+暂堵”工艺参数优化设计新方法两套新的优化设计方法。

4）开发了 VTI 应力剖面分析、复杂裂缝模拟、压后返排等 3 套软件。

5）形成了石英砂选型、滑溜水配方和用量优化等低成本改造材料优化和应用技术，实现降本不减效。

成果工业化应用效果显著：

1）有力支撑了目标区块的大幅度提高单井 EUR：鄂尔多斯盆地水平井应用 89 口，控制油藏程度由早期 50%提升至 90%，初期单井日产量由 10t 提高到 18t 以上，EUR 由 1.8×10^4t 提高到 2.6×10^4t；

2）有效助力了提高水平井压后自喷期和产量：在松辽盆地致密油应用 112 口，自喷率 100%，自喷周期达 300 天以上，是常规压裂 6 倍以上；新疆油田应用 262 口，其中吉木萨尔现场应用 40 口，单井首年平均日产油突破 27t 以上，较勘探评价阶段提高近一倍，实现了吉木萨尔 13.14×10^4t 产能建设。在玛湖投产 222 口，建成产能 333.9×10^4t，单井首年平均累产达到 1.02×10^4t，平均日产达到 28.3t。

3）成本投入降低超 10 亿元：通过优化单方液体成本下降 30%～40%，累计节约费用 2.9 亿元，支撑剂类型和用量优化，单方成本下降 0.12 万元，累计节约费用 8.1 亿元。

3.17.3 详细内容

（1）五方面的核心技术突破

1）建立了一套考虑天然裂缝、层理等弱面的大型物模模拟实验方法，系统研究发现了层理存在要想压裂过程形成垂直裂缝提高纵向压开程度，则需要较常规储层压裂更高施工净压力的事实。深化了致密储层裂缝扩展机理，为施工参数优化、压后效果评估提供了理论基础。

目标区域的致密储层有别于常规储层的特别特征是层理发育，部分区域含有天然裂缝。目前对于针对垂向上含层理的储层，缝高延伸的规律研究仍不深入。

大物模实验以水泥样品为实验载体，利用多层滤网进行浇筑构建层里面，通过滤网目数控制层理胶结强度，模拟实际地层。采用正交设计的方法，以垂向水平地应力差、排量/黏度、层理三因素为研究对象（图 3.17.1），采用三因素三水平的正交设计表格（表 3.17.1），每类因素的数值选取以现场尺度为基础进行相似性设计确定，三层应力独立加载。

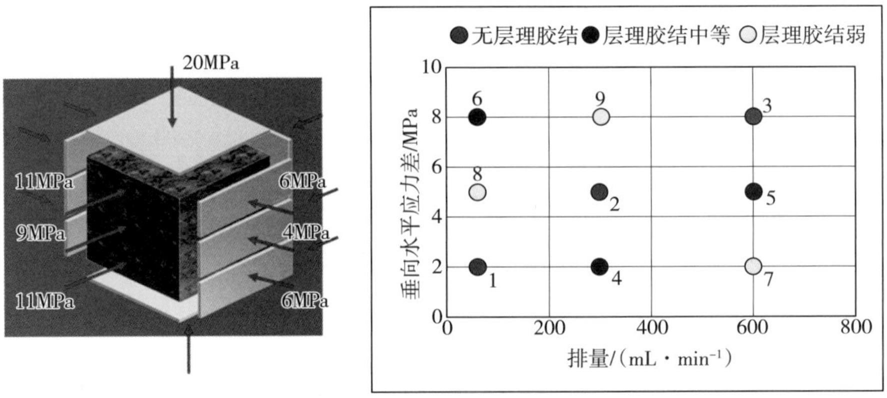

图 3.17.1 应力加载示意图及 9 组实验方案正交设计

研究共完成 10 组针对人工样品的大尺度压裂实验，前 9 组分别利用含 2 条水平层理的岩样开展正交设计实验，最后一组实验样品含有更多层理面（共计 8 条），且层理面具有一定的倾斜度。

实验结束后在井筒两侧沿着最大水平主应力方向进行切片，可以对裂缝扩展高度进行直接测量，并利用三维激光扫描技术对切片裂缝拼接最终建立全三维数字模型。实验条件及结果如表 3.17.1 所示。

表 3.17.1　实验条件及结果

实验编号	胶结强度	施工排量 / (mL · min^{-1})	层间水平应力差 / MPa	井筒附近缝高 / mm
1	强	60	2	520.00
2	强	300	5	540.00
3	强	600	8	553.50
4	中	300	2	535.30
5	中	600	5	527.75
6	中	60	8	523.25
7	弱	600	2	510.00
8	弱	60	5	480.90
9	弱	300	8	458.50
10	中	400	0	830.00

实验结果揭示了当裂缝高度达到层理面时，存在的三种相互作用结果：穿过、止裂（层理剪切或张开）和偏移扩展；同时正交分析结果表明在正应力构造模式下，层理面胶结强度是影响缝高延伸的最重要因素。层理胶结强度和水平应力差对缝高影响为负相关关系，施工排量为正相关。实验条件下影响裂缝高度扩展的因素，层理胶结性能>施工排量>层间水平应力差。同时发现了层理存在需要较常规储层压裂更高施工净压力的事实。

2）构建了一套借助四参数随机生长模拟和正态分布随机函数构造复杂迂曲裂缝的方法，开发了迂曲裂缝内支撑剂运移模拟技术，揭示了迂曲裂缝内支撑剂运移明显短于光滑裂缝的规律。为正确认识非均质储层支撑裂缝生长规律，提供了新思路和新手段。

实际压裂过程中形成的裂缝是不光滑的，有的在近井筒出现严重的扭曲和分支化，裂缝的扭曲对支撑剂空间运移和分布产生明显的影响，但目前商业化软件和科研中，尚未对这种影响进行量化分析。为了研究这种影响，课题组开展了复杂裂缝内支撑剂运移机理研究。

a. 建立了一种借助四参数随机生长模拟和正态分布随机函数构造复杂迂曲裂缝的方法，建立了复杂裂缝情况下不同裂缝长度、角度和迂曲度条件下所构建的三级裂缝网络。

b. 建立了裂缝与基质耦合流动模型，对于迂曲裂缝中的流体，其运动方程可以用 Navier-Stokes 方程表示如下：

$$\frac{\partial(v_1\rho_1)}{\partial t} + \rho_1(v_1 \cdot \nabla)v_1 = \nabla \cdot [-p_{fl} + \mu(\nabla v_1 + (\nabla v_1)^T)] + \rho_1 g \tag{3.17.1}$$

对于基质中流体的流动，采用达西方程进行描述：

$$\nabla \cdot \rho_1\left[-\frac{k}{\mu}(\nabla p_{ml} + \rho_1 g \nabla H)\right] + \rho_1 S\frac{\partial p_{ml}}{\partial t} = -\rho_1\alpha_B\frac{\partial \varepsilon_{vol}}{\partial t} \tag{3.17.2}$$

支撑剂随携砂液的流动而在迂曲裂缝中运移，属于固液两相流动，采用牛顿第二定律对支撑剂颗粒在携砂液中的运动规律进行描述：

$$\frac{\mathrm{d}m_p v_p}{\mathrm{d}t} = F_D + F_g + F_{ext} \tag{3.17.3}$$

c. 开展了缝内支撑剂运移模拟，并初步取得以下认识：①由缝迂曲度越大，支撑剂运移距离越短（图 3. 17. 2）。②改变泵注程序可以提高支撑剂支撑效率：先注低密度低砂比携砂液，后注高密度高砂比携砂液能提高支撑剂在复杂缝内的支持效率（图 3. 17. 3）。③大排量、小粒径能够大幅度提高支撑剂运移距离，粒径较排量对运移距离的影响更大（图 3. 17. 4）。

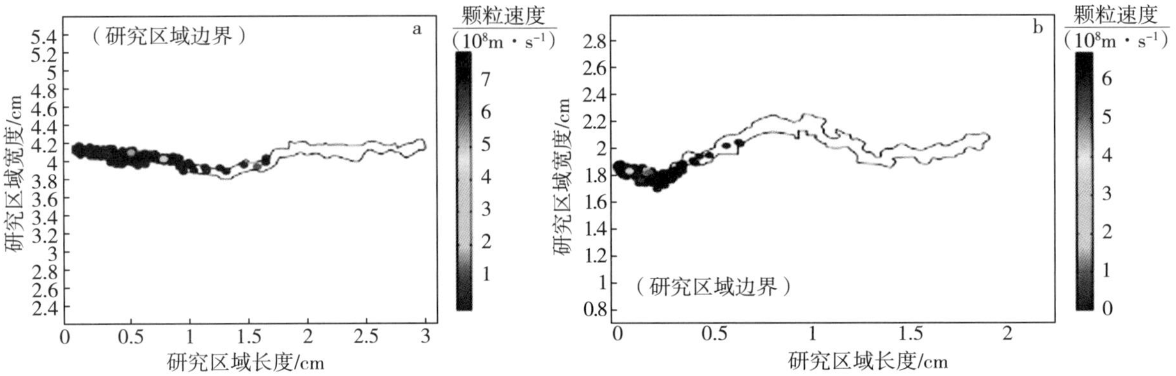

图 3. 17. 2　迂曲度对支撑剂运移距离的影响

a—迂曲度 1. 15；b—迂曲度 1. 35

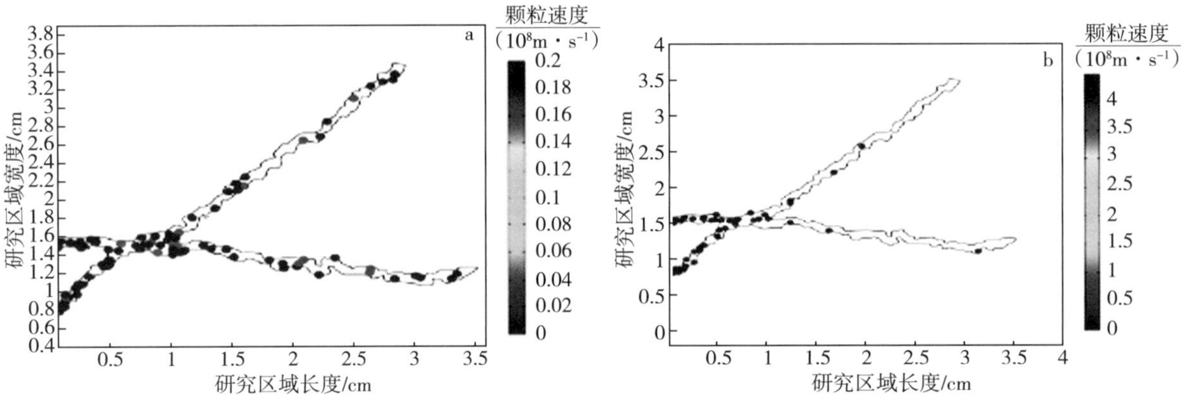

图 3. 17. 3　泵注程序对支撑剂运移的影响

a—低砂比低密度+低砂比的高密度支撑剂；b—低砂比高密度+高砂比的低密度支撑剂

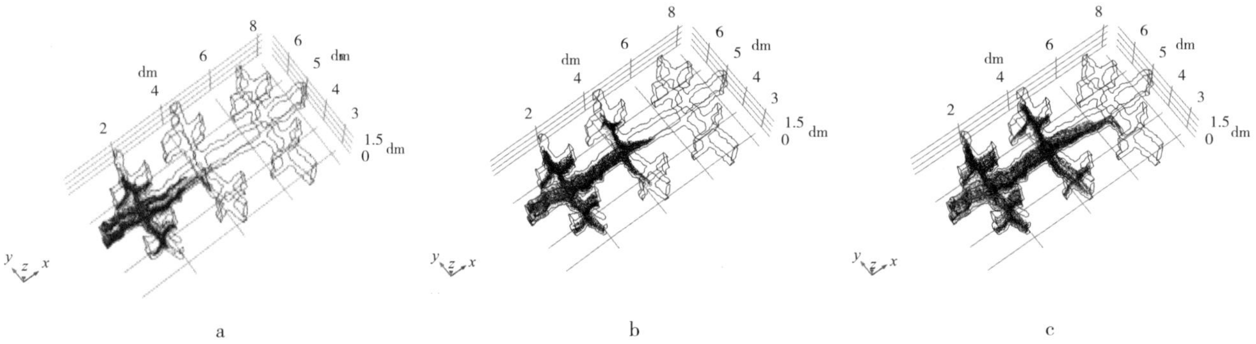

图 3. 17. 4　粒径对支撑剂在复杂缝网中运移的影响

a—40 目；b—70 目；c—100 目

3）提出了一套水平井段分级评价标准，形成了考虑大规模体积改造特点的全耦合高效压裂优化设计新方法和“极限限流射孔+暂堵”工艺参数优化设计新方法两套新的优化设计方法，为施工参数和工艺优化提供了技术手段，为提高压裂效果打下坚实基础。

a. 水平井段分级评价标准。

多参数九宫格分类阈值法：高效压裂技术关键在于水平段可压性判断。传统方法依据时差、伽马单因素判识地质甜点，准确性较低。本研究在抽象段内物性模型、厘定多参数九宫格分类阈值的基础上（图 3. 17. 5 左），模拟布缝方式对产量影响，量化了水平井段非均质情况不同布缝方式对压裂效果的影响，建立了水平段品质分级评价标准，提升水平段优质井段的压裂精度。利用该方法相邻两口井，压裂参数相近，单井初期产量提高 3. 4t/d，一年累计产量提高 770t，累产提高 14%（图 3. 17. 5 右）。

综合品质		储层品质 Ⅰ	储层品质 Ⅱ	储层品质 Ⅲ
工程品质	A	$\Phi_e \geqslant 5\%$ $S_o \geqslant 70\%$ $\sigma_h \leqslant 30MPa$ $B_1 \geqslant 50\%$	$3 \leqslant \Phi_e < 5\%$ $50 \leqslant S_o < 70\%$ $\sigma_h \leqslant 30MPa$ $B_1 \geqslant 50\%$	$\Phi_e < 5\%$ $S_o < 50\%$ $\sigma_h \leqslant 30MPa$ $B_1 \geqslant 50\%$
工程品质	B	$\Phi_e \geqslant 5\%$ $S_o \geqslant 70\%$ $30 < \sigma_h \leqslant 34MPa$ $40 \leqslant B_1 < 50MPa$	$3 \leqslant \Phi_e < 5\%$ $50 \leqslant S_o < 70\%$ $30 < \sigma_h \leqslant 34MPa$ $40 \leqslant B_1 < 50MPa$	$\Phi_e < 5\%$ $S_o < 50\%$ $30 < \sigma_h \leqslant 34MPa$ $40 \leqslant B_1 < 50MPa$
工程品质	C	$\Phi_e \geqslant 5\%$ $S_o \geqslant 70\%$ $\sigma_h > 34MPa$ $B_1 < 40MPa$	$3 \leqslant \Phi_e < 5\%$ $50 \leqslant S_o < 70\%$ $\sigma_h > 34MPa$ $B_1 < 40MPa$	$\Phi_e < 3\%$ $S_o < 50\%$ $\sigma_h > 34MPa$ $B_1 < 40MPa$

备注：Φ_e有效孔隙度；S_o含油性；σ_h最小水平主应力；B_1脆性指数

综合品质好　综合品质中等　综合品质差

图 3. 17. 5　致密油工程一体化分级评价标准表

b. 考虑非均质储层大规模体积改造特点的全耦合高效压裂优化设计新方法。

致密储层水平井分段压裂通常采用大规模（单井 10000～50000m^3）大排量（10～14m^3/min）改造模式。与传统小规模压裂不同，大规模液体造缝和滤失会导致近缝饱和度场、压力场发生明显改变，而饱和度场和压力场的改变影响裂缝扩展及压后产能评价（图 3. 17. 6）。传统的体积改造压裂设计是利用局部网格加密方法将压裂模拟的静态裂缝预置到储层中，再模拟压裂的注入过程，更新压前的流体场后进行产能模拟，人为地将压裂与生产的过程割裂开，并未考虑饱和度场和压力场变化的影响（图 3. 17. 7）。本研究基于有限元算法，在应力应变的本构关系中考虑有效应力，建立应力场与渗流场的关系，迭代计算裂缝渗透率与孔隙度的变化值，建立了地质力学和油藏流动全耦

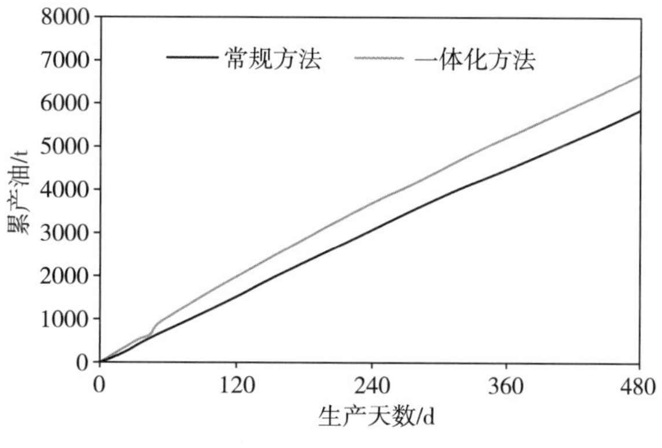

图 3. 17. 6　西 233 不同评价方法对比井累产油曲线

合模型计算流程（图 3. 17. 8），提出建立一种新的优化设计方法，实现了压-注-排-采一体化全过程高效耦合模拟，为非常规水平井分段压裂优化设计提供新手段。利用该方法，建立了官东 1701H 井致密油藏及地质力学数值模拟模型，与传统方法模拟的储层的饱和度场和压力场相比，其压力场的变化更符合实际物理过程（图 3. 17. 9），同时优化了设计参数，现场应用取得较好效果。

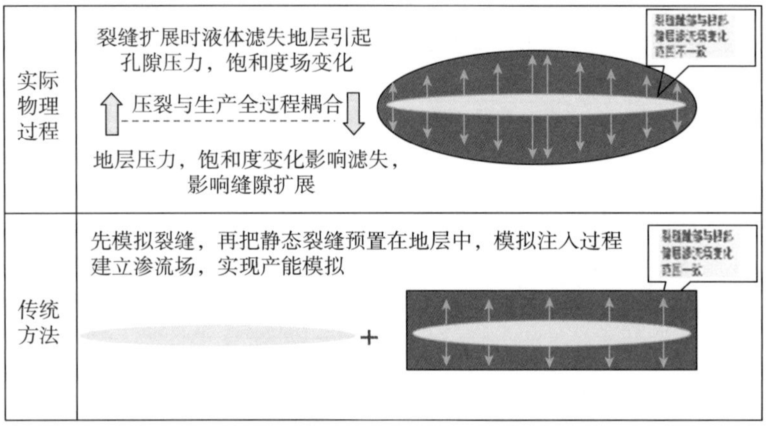

图 3. 17. 7　传统压裂设计方法流程示意图

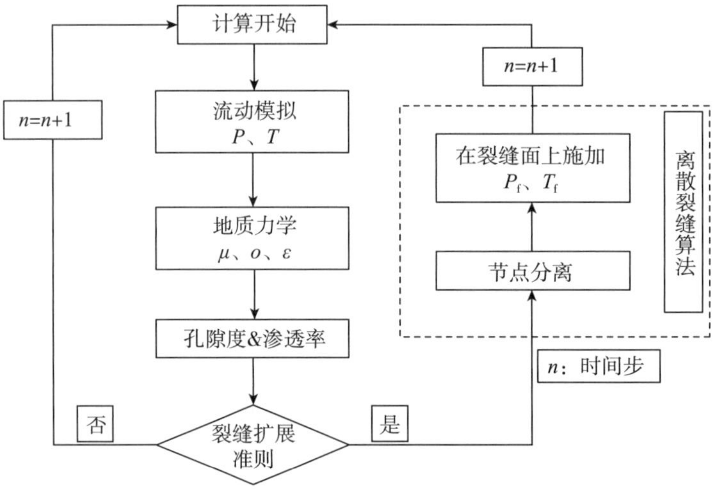

图 3. 17. 8　水力压裂全耦合模型计算流程

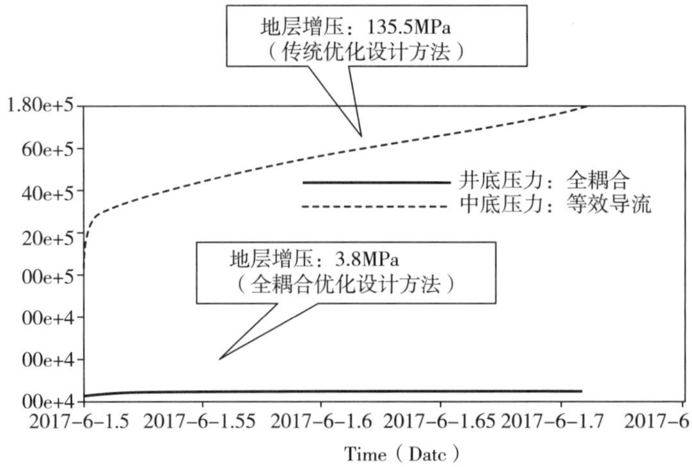

图 3. 17. 9　地层压力对比结果

c. “极限限流射孔+二次暂堵”工艺参数优化设计新方法。

针对水平井分段压裂部分簇可能进液少或不能开启情况，研究了极限限流射孔提高裂缝开启效率影响因素，建立了投球暂堵压裂数值模拟方法。模拟实例发现，当簇数、孔数、排量匹配可保证裂缝均匀开启，当压裂规模一定，簇数增多，裂缝长度减小，但裂缝面积增加（图 3. 17. 10，实例中提高了 26%），当暂堵时机和参数合适时，可以使裂缝扩展更均匀，明显提高裂缝总面积（图 3. 17. 11，实例中提高了 70%）。该方法在新疆玛湖前期试验 12 口井 331 段 1132 簇施工，单井砂量 1670～3330m^3，单井液量 23985. 6～57661m^3，压后焖井 10～50d，开井 1～3d 见油，较邻井少 3～5d，开井压力和产量较邻井分别增加 1～3MPa 和 15t/d。

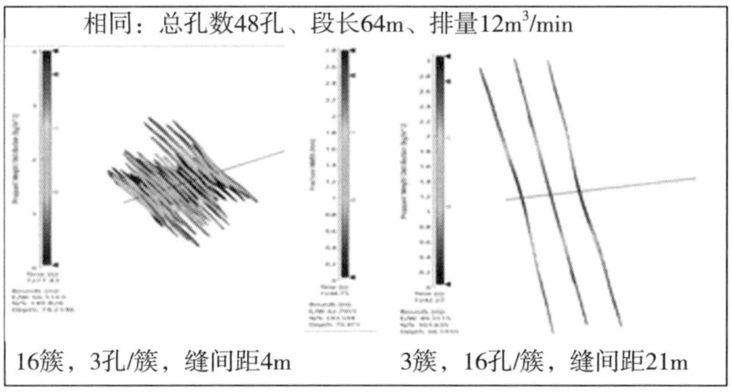

每段簇数/簇	3	8	16
支撑缝长/簇	291	234	130
净压力/簇	1.4	2.6	4.5
进液量/簇	320	120	60
总裂缝面积m^2	43808	46325	55304

图 3. 17. 10　多簇射孔模拟结果图

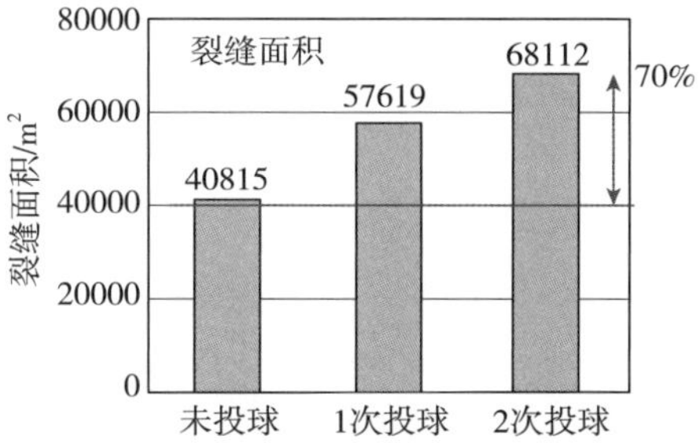

图 3. 17. 11　多次投球暂堵模拟的裂缝面积对比图

4）开发了 VTI 应力剖面分析软件、考虑层理和天然裂缝影响的复杂裂缝模拟软件、压后返排软件等 3 套软件，为非均质性强的致密储层改造提供了优化设计手段。

a. 针对非常规储层各向异性比较明显的特征，传统基于各向同性（ISO）模型的地应力剖面计算方法从理论上带来显著误差（图 3. 17. 12），开发了基于 VTI（横观各向同性）模型的声波测井地应力剖面计算程序（图 3. 17. 13），提高地应力计算精度，VTI 模型向下兼容传统各向同性模型算法，薄层识别率更高。

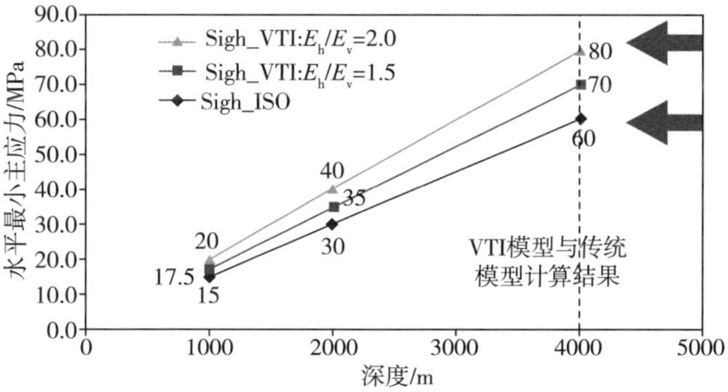

图 3. 17. 12　1VTI 模型与 ISO 模型计算结果比较

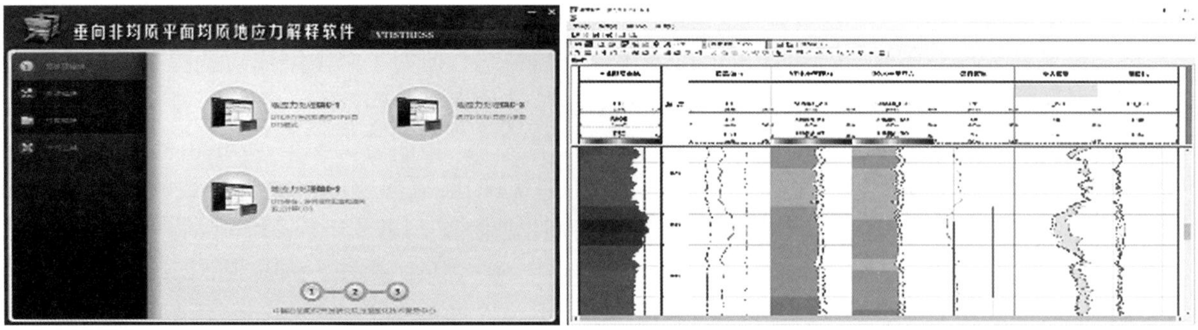

图 3.17.13　地应力剖面计算软件

b. 建立了层状地层水平井多段多簇压裂裂缝扩展数值模型，研究了复杂裂缝网络的形成机理，开发了考虑层理和天然裂缝影响的复杂裂缝模拟软件（图 3.17.14、图 3.17.15），取得了一些认识：高排量、高黏度有利于水力裂缝穿过层理；“密集切割压裂”促进分支裂缝扩展，提高 SRV。

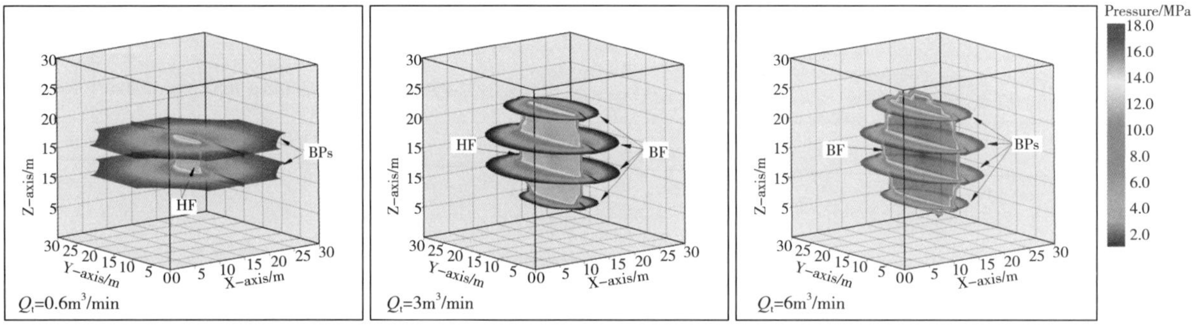

图 3.17.14　注入排量对裂缝形态的影响

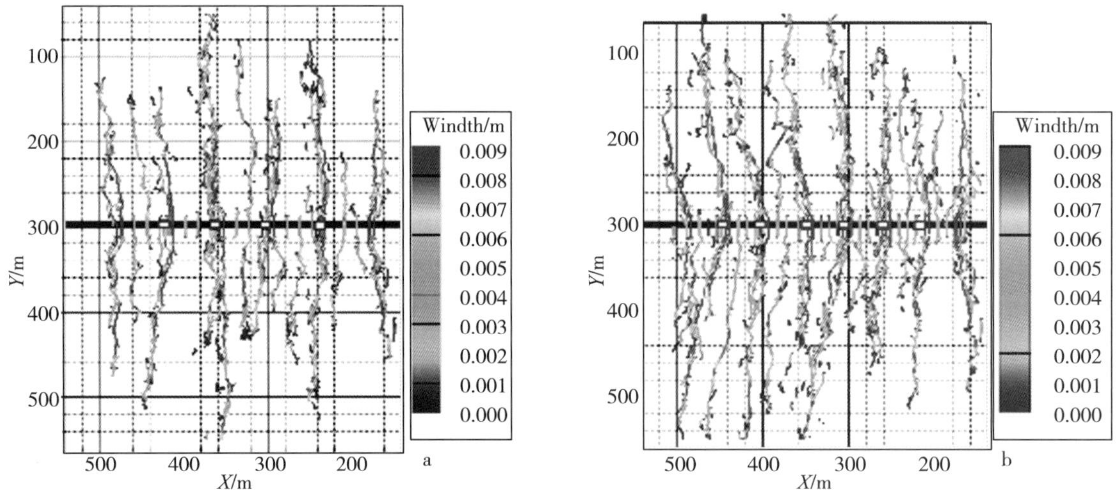

图 3.17.15　段间距、簇间距对复杂缝网形态的影响

a—段间距 70 m，簇间距 15 m，共 5 段；b—段间距 45 m，簇间距 10 m，共 7 段

c. 建立了考虑渗吸滞后、裂缝闭合、应力敏感的油水两相三重介质返排模型，明确了压裂液在地层中的分布规律，编制了返排优化设计软件，认识到压后随着压裂液向基质深处不断滤失，裂缝内能量逐步降低，当渗吸达到平衡时，为开井返排最优时机。

5）形成了石英砂选型、滑溜水配方和用量优化等低成本改造材料优化和应用技术，实现降本不减效。

a. 建立可模拟不同生产阶段作用于支撑剂上有效应力的长期导流能力实验评价方法，科学论证致密储层体积改造高效实施技术中石英砂替代陶粒可行性。分析了水平井支撑剂受力过程，以吉木萨尔上甜点水平井 J172 _ H 井为例（图 3.17.16），自喷时作用在支撑剂上的有效压力为 24.08~25.93MPa，转抽后，增高至 42.74MPa。因此创新性将长期导流能力实验的加载速率调整为两个阶段，模拟该过程（图 3.17.17）。结果表明，在第一阶段导流能力保持在 16.83D · cm 以上，满足自喷阶段的导流能力需求；抽汲阶段模拟时，闭合应力提高至 40MPa 时，108h 前仍然保持在 3D · cm 以上（图 3.17.18），表明石英砂可基本满足致密储层体积改造高效实施技术需求。

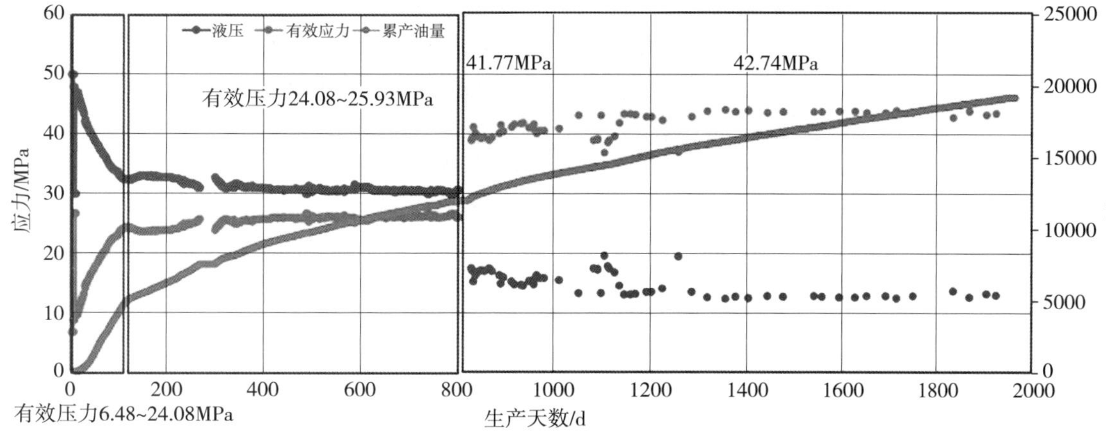

图 3.17.16　J172 _ H 井生产历史及作用于支撑剂上的有效压力计算结果

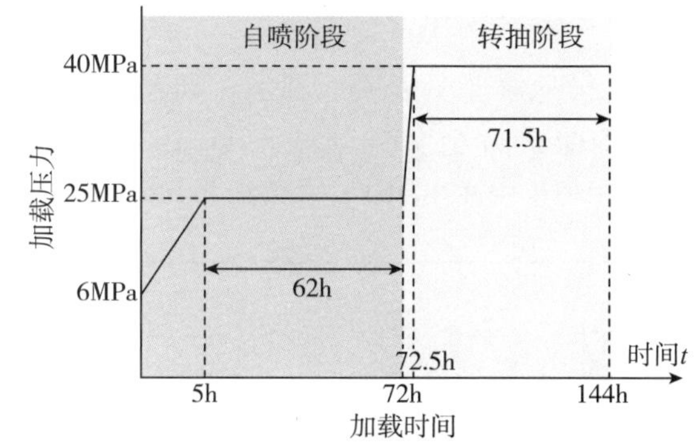

图 3.17.17　长期导流能力实验方案示意图

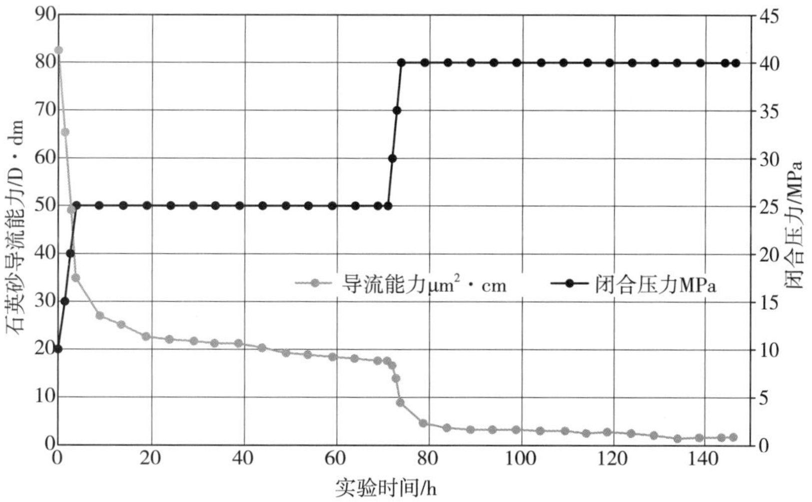

图 3.17.18　长期导流能力实验结果图

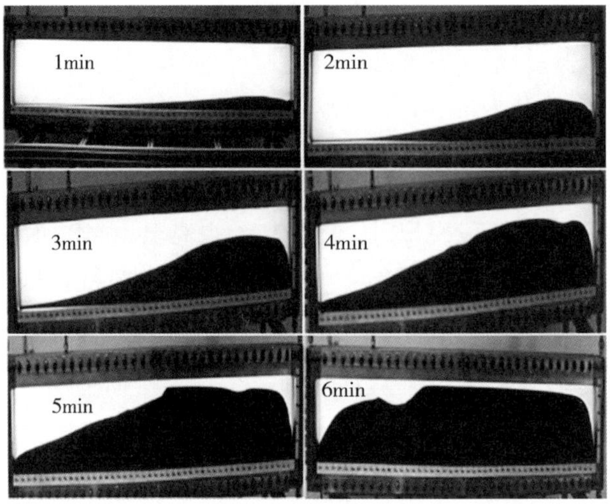

图 3.17.19　滑溜水携 20/40 目石英砂照片

b. 平行板物模携砂实验表明（图 3.17.19），采用低黏液高排量段塞式注入也能保证石英砂砂体的连续性，石英砂较陶粒沉降速率更慢，运移距离更远，且滑溜水携砂以砂堤形式逐级铺置，动态缝宽即是支撑缝宽。

c. 长庆油田石英砂替代陶粒先导性试验 13 口井 52 层，投产初期与对比井效果相当，单井在加砂规模相当条件下节约 21 万元。新疆油田在风南 4、玛 131 井区实施 9 口水平井试验，累计节约支撑剂成本 1908 万元，平均单井成本降低 212 万元。

（2）成果应用效果

1）大幅度提高了单井 EUR：微地震监测表明，鄂尔多斯盆地西 233、庄 183 的示范区应用 89 口井，裂缝控制油藏程度由早期 50%提升至 90%（图 3.17.20、图 3.17.21），水平井初期单井日产量由 10t 提高到 18t 以上，单井 EUR 由 1.8×10^4t 提高到 2.6×10^4t。

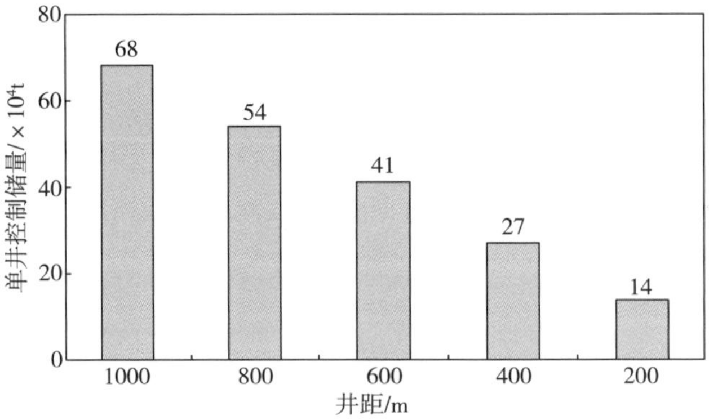

图 3.17.20　1500m 水平段不同井距井控储量

2）显著提高自喷期和压后产量：在松辽盆地致密油水平井应用 112 口，自喷率 100%，平均自喷周期达 300d 以上，是常规压裂 6 倍以上；新疆油田现场应用 262 口，其中在吉木萨尔现场应用 40 口，单井一年期平均日产油突破 27t 以上，较勘探评价阶段提高近一倍（图 3.17.22），实现了吉木萨尔 13.14×10^4t 产能建设。助力玛湖 222 口水平井投产，建成产能 333.9×10^4t，单井投产首年平均累产达到 1.02×10^4t，平均日产达到 28.3t。

3）成本投入降低超 10 亿元：通过简化滑溜水压裂液配方、滑溜水用量优化（图 3.17.22），单方液体成本下降 30%～40%，累计节约费用 2.9 亿元，通过支撑剂类型优化（图 3.17.23），采用石英砂替代陶粒，单方成本下降 0.12 万元，累计节约费用 8.1 亿元。

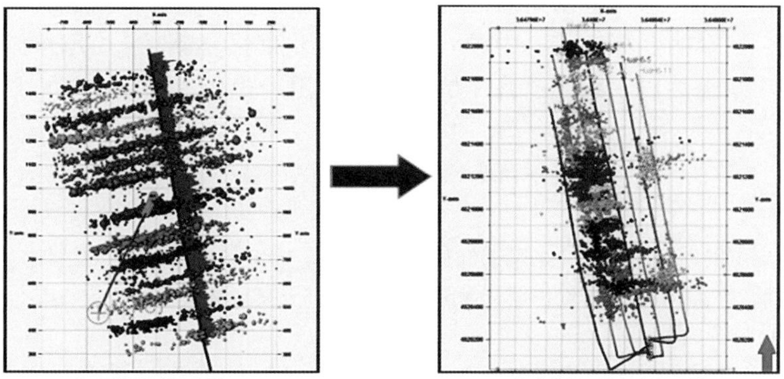

大井距分段压裂　　　　小井距细分切割压裂

图 3.17.21　页岩油体积压裂缝控程度变化（微地震监测）

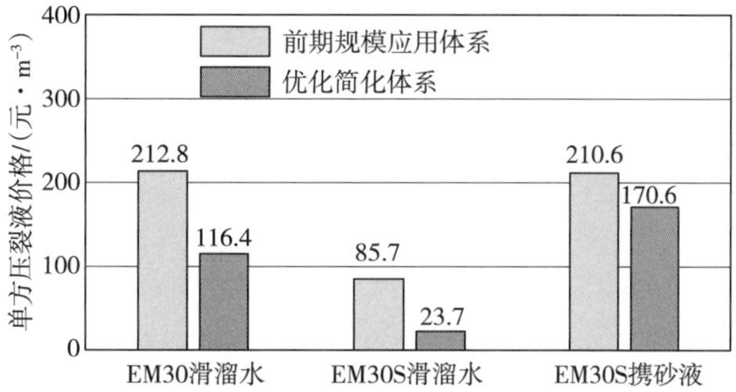

图 3.17.22　压裂液优化前后价格对比

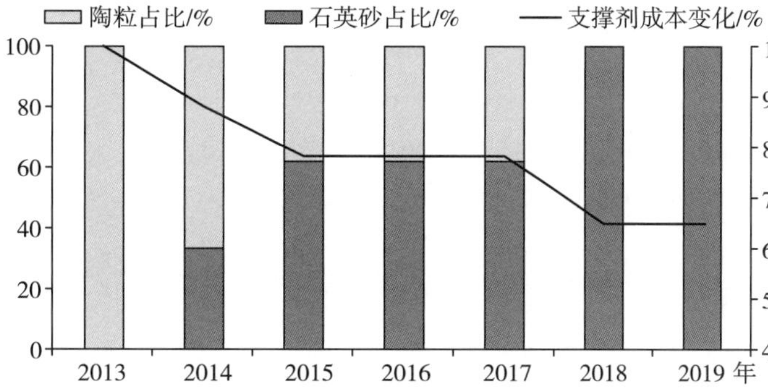

图 3.17.23　石英砂近年用量占比

新的技术体系，对致密油示范区的效益开发起到了关键性的作用，对类似的区块储层改造，起到了强有力的示范应用作用，具有广阔的推广应用前景。

3.17.4　本节小结

该成果以鄂尔多斯、松辽和准噶尔等盆地致密储层为研究对象，开展了裂缝模拟、工艺和材料优化等方面的研究，在物模模拟实验方法、裂缝扩展模拟、支撑剂运移模拟、水平井段分级评价标准、全耦合高效压裂优化设计、工艺参数优化设计方法等核心技术方面取得突破，编写、开发了 VTI 应力剖面分析、复杂裂缝模拟、压后返排等 3 套软件，形成了石英砂选型、滑溜水配方和用量优化等低成本改造材料优化和应用技术，实现降本不减效。现场应用，有效助力了油田的高效开发和减产。新的技术体系，对致密油示范区的效益开发起到了关键性的作用，对类似的区块储层改造，起到了强有力的示范应用作用，具有广阔的推广应用前景。

本成果除署名作者外，参与成果研发的还有中国石油勘探开发研究院付海峰、石阳、高睿、莫邵元、刘哲、王臻、何春明、郑伟等，中国石油大学（北京）马新仿、邹雨时等教授和相关学生，吉林油田的许建国、新疆油田丁艳艳、鲁文婷，长庆油田唐梅荣、杜现飞、白晓虎，辽宁石油化工大学徐加祥。

参考文献

程详 . 2019. 深部强突出煤层软岩保护层开采采动卸压力学效应及应用［D］. 淮南：安徽理工大学，1-167.

程详，赵光明，李英明，等 . 2018. 软岩保护层开采卸压增透效应及瓦斯抽采技术研究［J］. 采矿与安全工程学报，35（5）：1045-1053.

程详，赵光明，李英明，等 . 2020. 软岩保护层开采覆岩采动裂隙带演化及卸压瓦斯抽采研究［J］. 采矿与安全工程学报，37（3）：533-542.

程详，赵光明，孟祥瑞，等 . 2016. 深部低渗透强突出煤层群首采下保护层确定和效果考察［J］. 中国安全生产科学技术，12（10）：18-23.

程远平，付建华，俞启香 . 2009. 中国煤矿瓦斯抽采技术的发展［J］. 采矿与安全工程学报，26（2）：127-139.

付建华，程远平 . 2007. 中国煤矿煤与瓦斯突出现状及防治对策［J］. 采矿与安全工程学报，（3）：253-259.

顾大钊 . 2015. 煤矿地下水库理论框架和技术体系［J］. 煤炭学报，40（2）：239-246.

管仁生，孟海利，薛里，等 . 2017. 爆破粉尘捕捉吸附技术试验研究［J］. 铁道建筑，（1）：68-71.

国家安全生产监督管理总局，国家煤矿安全监察局 . 2006. 煤矿安全技术专家会诊“资料汇编”［Z］.

H・W・威尔德，左砚 . 1985. 爆破产生粉尘的抑制方法及其认识［J］. 江苏煤炭科技，（1）：61-65.

何继善，吕绍林 . 1999. 瓦斯突出地球物理研究［M］. 北京：煤炭工业出版社.

贾承造，庞雄奇 . 2015. 深层油气地质理论研究进展与主要发展方向［J］. 石油学报，36：1457-1469.

蒋星星，李春香 . 2019. 2013—2017 年全国煤矿事故统计分析及对策［J］. 煤炭工程，51（1）：101-105.

金之钧 . 2011. 中国海相碳酸盐岩层系油气形成与富集规律［J］. 中国科学 D 辑，41：910-926.

李德参，何有巨 . 2018. 高抽巷和斜切钻孔联合抽采上隅角瓦斯技术［J］. 煤炭科学技术，46（S2）：122-125.

李季 . 2011. 煤矿硬质聚氨酯泡沫封孔安全性能实验研究［D］. 北京：中国地质大学.

李天俊，王勇 . 2012. KJ95N 型煤矿安全监控系统在红会一矿的应用［J］. 工矿自动化，38（10）：100-102.

李文军，张晓华，柯升，等 . 2018. 露天石灰石矿山爆破降尘技术应用研究［J］. 工程爆破，24（5）：72-77.

李献华，王选策，李武显，等 . 2008. 华南新元古代玄武质岩石成因与构造意义：从造山运动到陆内裂谷［J］. 地球化学，37：382-398.

李晓红，卢义玉，赵瑜，等 . 2008. 高压脉冲水射流提高松软煤层透气性的研究［J］. 煤炭学报，33（12）：1386-1390.

梁涛，刘晓丽，王思敬 . 2019. 采动裂隙扩展规律及渗透特性分形研究［J］. 煤炭学报，44（12）：3729-3739.

林畅松，李思田，刘景彦，等 . 2011. 塔里木盆地古生代重要演化阶段的古构造格局与古地理演化［J］. 岩石学报，27：210-218.

刘坚，李泽华，白和强，等 . 2017. 露天矿爆破粉尘排放量影响因素分析及试验研究［J］. 爆破，34（4）：169-174.

刘鹏，王洋洋 . 2019. 基于 TDLAS 的矿用激光甲烷传感器设计［J］. 仪表技术与传感器，（7）：19-21.

刘文汇，王杰，陶成，等 . 2013. 中国海相层系油气成藏年代学［J］. 天然气地球科学，24：199-209.

刘晓丽，曹志国，陈苏社，等 . 2019. 煤矿分布式地下水库渗流场分析及优化调度［J］. 煤炭学报，44（12）：3693-3699.

刘勇，卢义玉，李晓红，等 . 2010. 高压脉冲水射流顶底板钻孔提高煤层瓦斯抽采率的应用研究［J］. 煤炭学报，35（7）：1115-1119.

卢双舫，马延伶，曹瑞成，等 . 2012. 优质烃源岩评价标准及其应用：以海拉尔盆地乌尔逊凹陷为例［J］. 地球科学-中国地质大学学报，37：535-544.

卢义玉，葛兆龙，李晓红，等 . 2010. 脉冲射流割缝技术在石门揭煤中的应用研究［J］. 中国矿业大学学报，39（1）：55-58+69.

卢义玉，刘勇，夏彬伟，等 . 2011. 石门揭煤钻孔优化分析及应用［J］. 煤炭学报，36（2）：283-287.

罗晓容，张立宽，付晓飞，等 . 2016. 深层油气成藏动力学研究进展［J］. 矿物岩石地球化学通报，35：876-889.
马红柯 . 2016. 会宝岭铁矿采场爆破粉尘浓度分布及运移规律模拟研究［D］. 淮安：安徽理工大学.
潘德祥，梁国利 . 1998. 煤矿瓦斯抽放现状及其展望［J］. 河北煤炭，（03）：28-30.
庞雄奇，汪文洋，汪英勋，等 . 2015. 含油气盆地深层与中浅层油气成藏条件和特征差异性比较［J］. 石油学报，36：1167-1187.
彭平安，刘大永，秦艳，等 . 2008. 海相碳酸盐岩烃源岩评价的有机碳下限问题［J］. 地球化学，37：415-422.
邱楠生，汪集旸，梅庆华 . 2010. （U-Th）/He 年龄约束下的塔里木盆地早古生代构造-热演化［J］. 中国科学 D 辑，40：1669-1683.
孙龙德，邹才能，朱如凯，等 . 2013. 中国深层油气形成、分布与潜力分析［J］. 石油勘探与开发，40：641-649.
王洋洋 . 2020. 基于旋转门算法的数据压缩在煤矿安全监控系统中的应用［J］. 煤矿安全，51（1）：115-117.
王兆丰，刘军 . 2005. 我国煤矿瓦斯抽放存在的问题及对策探讨［J］. 煤矿安全，（3）：29-32+44.
魏国齐，谢增业，白贵林，等 . 2014. 四川盆地震旦系—下古生界天然气地球化学特征及成因判识［J］. 天然气工业，34：44-49.
温志庆，罗明良，李加娜，等 . 2009. 压裂支撑剂在裂缝中的沉降规律［J］. 油气地质与采收率，（3）：100-103.
乌效鸣 . 1997. 煤层气井水力压裂与计算原理及应用［M］. 武汉：中国地质大学出版社，8-85.
徐加祥，丁云宏，杨立峰，等 . 2019. 压裂支撑剂在迂曲微裂缝中输送与分布规律［J］. 石油学报，40（6）.
徐炜 . 2014. 矿用 IP 网络广播终端硬件设计［J］. 工矿自动化，40（7）：16-18.
杨海军，陈永权，田军，等 . 2020. 塔里木盆地轮探 1 井超深层油气勘探重大发现与意义［J］. 中国石油勘探，25：62-72.
杨立峰，田助红，朱仲义，等 . 2018. 石英砂用于页岩气储层压裂的经济适应性［J］. 天然气工业，38（5）：71-76.
俞启香 . 1992. 矿井瓦斯防治［M］. 徐州：中国矿业大学出版社.
张国华，魏光平，侯凤才，等 . 2007. 穿层钻孔起裂注水压力与起裂位置理论［J］. 煤炭学报，32（1）：52-55.
张士诚，郭天魁，周彤，等 . 2014. 天然页岩压裂裂缝扩展机理试验［J］. 石油学报，35（3）：496-503.
张月芹，张卫国 . 2014. 爆炸水雾降尘效率的研究［J］. 科技与企业，（16）：360-361.
赵波，杨胜强，路培超，等 . 2012. 综采工作面瓦斯涌出及其防治技术分析［J］. 煤炭技术，31（2）：77-79.
赵敏，杨伟红，王国平，等 . 2017. 我国煤炭资源的战略储备研究［J］. 中国矿业，26（10）：90-92.
赵文智，魏国齐，杨威，等 . 2017. 四川盆地万源-达州克拉通内裂陷的发现及勘探意义［J］. 石油勘探与开发，44：659-669.
钟宁宁，卢双舫，黄志龙，等 . 2004. 烃源岩生烃演化过程 TOC 值的演变及其控制因素［J］. 中国科学 D 辑：地球科学，34：120-126.
周福宝 . 2012. 瓦斯与煤自燃共存研究（I）：致灾机理［J］. 煤炭学报，37（5）：843-849.
周海坤 . 2018. 高并发煤矿安全监控数据采集系统的设计［J］. 煤矿安全，49（6）：85-87+91.
朱光有，张水昌 . 2009. 中国深层油气成藏条件与勘探潜力［J］. 石油学报，30：793-802.
邹才能，杜金虎，徐春春，等 . 2014. 四川盆地震旦系—寒武系特大型气田形成分布、资源潜力及勘探发现［J］. 石油勘探与开发，41：278-293.
Cheng Meng，Li Chao，Chen Xi，et al. 2017. Delayed Neoproterozoic oceanic oxygenation：Evidence from Mo isotopes of the Cryogenian Datangpo Formation［J］. Precambrian Res，1.
Cheng Xiang，Zhao Guangming，Li Yingming，et al. 2018. Researches of fracture evolution induced by soft rock protective seam mining and an omni-directional stereo pressure-relief gas extraction technical system：a case study［J］. Arabian Journal of Geosciences，11：326.
Cheng Xiang，Zhao Guangming，Li Yingming，et al. 2020. Key technologies and engineering practices for soft-rock protective seam mining［J］. International Journal of Mining Science and Technology，30：889-899.
Chen Weiyan，Zhang Yijie，Zhu Guangyou，et al. 2019. Provenance of newly discovered Upper Ordovician black rock units in the West Kunlun Orogen，China：Constraints from detrital zircon U-Pb chronology and whole-rock geochemistry［J］. Geological Journal，3514.
Flores，Romeo M. 1998. Coalbed methane：From hazard to resource［J］. International Journal of Coal Geology，35（1-

4): 3-26.

Gao Rui, Wang Xin, Yang Zhen, et al. 2019. Application of Dilation-Recompaction Model in Fracturing Optimisation in Tight Oil Reservoir [J]. International Petroleum Technology Conference.

Lin Baiquan, Wu Haijin, Zhang Lianjun, et al. 2009. Integrative outburst prevention technique of high-pressure jet of abrasive drilling slotting [J]. Procedia Earth and Planetary Science, 1 (1).

Lu Yiyu, Liu Yong, Li Xiaohong, et al. 2010. A new method of drilling long boreholes in low permeability coal by improving its permeability [J]. International Journal of Coal Geology, 84 (2): 94-102.

Schmidt, Hans. 1997. Process for liquefaction of natural gas [J]. Applied Thermal Engineering, 17 (4).

Sperling Erik A, Wolock Charles J, Morgan Alex S, et al. 2015. Statistical analysis of iron geochemical data suggests limited late Proterozoic oxygenation [J]. Nature, 523: 451-454.

Sun Yongge, Chen Zhenyan, Xu Shiping, et al. 2005. Stable carbon and hydrogen isotopic fractionation of individual n-alkanes accompanying biodegradation: evidence from a group of progressively biodegraded oils [J]. Org. Geochem, 36: 225-238.

Wang Huitong, Weng Na, Zhang Shuichang, et al. 2011. Comparison of geochemical parameters derived from comprehensive two-dimensional gas chromatography with time-of-flight mass spectrometry and conventional gas chromatography-mass spectrometry [J]. Science China Earth Sciences, 54 (12): 1892-1901.

Wang Meng, Zhu Guangyou, Ren Limin, et al. 2015. Separation and Characterization of Sulfur Compounds in Ultra-deep Formation Crude Oils from Tarim Basin [J]. Energy & Fuels, 29: 4842-4849.

Wang Tieguan, Song Daofu, Li Meijun, et al. 2014. Natural gas source and deep gas exploration potential of the Ordovician Yingshan Formation in the Shunnan-Gucheng region, Tarim Basin [J]. Oil Gas Geol, 35: 753-762.

Weng Na, Wan Shan, Wang Huitong, et al. 2015. Insight into unresolved complex mixtures of aromatic hydrocarbons in heavy oil via two-dimensional gas chromatography coupled withtime-of-flight mass spectrometry analysis [J]. Journal of Chromatography, 1398: 94-107.

Wu Caifang, Qin Yong, Zhang Xuliang. 2004. Application of The Third Theory of Quantificationin Coal and Gas Outburst Forecast [J]. Joumal of Coal Science and Engineering, 10 (2): 60-65.

Wu Guanghui, Xiao Yang, Bonin Bernard, et al. 2017. Ca. 850 Ma magmatic events in the Tarim Craton: age, geochemistry and implications for assembly of Rodinia supercontinent [J]. Precambrian Research.

Yew C H. 1997. Mechanics of hydraulic fracturing [J]. Developments in Petroleum Science, 210 (7): 369-390.

Zhang Shuichang, Huang Haiping, Su Jin, et al. 2014. Geochemistry of Paleozoic marine oils from the Tarim Basin, NW China. Part 4: Paleobiodegradation and oil charge mixing [J]. Org. Geochem, 67: 41-57.

Zhao Guangming, Meng Xiangrui, Cheng Xiang, et al. 2017. Investigations into the Impacts on Coal-Rock Body Gas Pressure Release Exercised by Selection of Different Mining Parameters for Soft Rock Protective Seam [A]. Proceedings of 36th International Conference on Ground Control in Mining (China 2017) -The Theory and Technical Progress on Ground Control in Mining, Xu Zhou: China University of Mining and Technology Press, 10: 121-138.

Zhu Guangyou, Chen Feiran, Wang Meng, et al. 2018c. Discovery of the Lower Cambrian high-quality source rocks and deep oil and gas exploration potential in the Tarim Basin [J]. AAPG Bull, 102 (10): 2123-2151.

Zhu Guangyou, Li Tingting, Zhao Kun, et al. 2019b. Excellent source rocks discovered in the Cryogenian interglacial deposits inSouth China: Geology, geochemistry, and hydrocarbon potential [J]. Research, 333: 105455.

Zhu Guangyou, Milkov Alexei V, Zhang Zhiyao, et al. 2019a. Formation and preservation of a giant petroleum accumulation in superdeep carbonate reservoirs in the southern Halahatang oil field area, Tarim Basin, China [J]. AAPG Bulletin, 103: 1703-1743.

Zhu Guangyou, Ren Rong, Chen Feiran, et al. 2017. Neoproterozoic rift basins and their control on the development of hydrocarbon source rocks in the Tarim Basin, NW China [J]. J. Asian Earth Sci, 150: 63-72.

Zhu Guangyou, Wang Huitong, Weng Na. 2016a. TSR-altered oil with high-abundance thiaadamantanes of a deep buried Cambrian gas condensate reservoir in Tarim Basin [J]. Mar. Pet. Geol, 69: 1-12.

Zhu Guangyou, Wang Meng, Zhang Bin. 2016b. Identification of polycyclic sulfides hexahydrodibenzo thiophenes and their implications for heavy oil accumulation in ultra-deep strata in Tarim Basin [J]. Mar. Pet. Geol, 78: 439-447.

Zhu Guangyou, Wang Tongshan, Xie Zengye, et al. 2015b. Giant gas discovery in the Precambrian deeply buried reservoirs in the Sichuan Basin, China: Implications for gas exploration in old cratonic basins [J]. Precambrian Res, 262: 45-66.

Zhu Guangyou, Weng Meng, Zhang Ying, et al. 2018d. Higher Ethanodiamondoids in Petroleum [J]. Energy Fuels, 32: 4996-5000.

Zhu Guangyou, Weng Na, Wang Huitong, et al. 2015a. Origin of diamondoid and sulfur compounds in the Tazhong Ordovician condensate, Tarim Basin, China: implications for hydrocarbon exploration in deep - buried strata [J]. Mar. Pet. Geol, 62: 14-27.

Zhu Guangyou, Yan Huihui, Chen Weiyan, et al. 2020. Discovery of Cryogenian interglacial source rocks in the northern Tarim, NW China: Implications for Neoproterozoic paleoclimatic reconstructions and hydrocarbon exploration [J]. Gondwana Research, 80: 370-384.

Zhu Guangyou, Zhang Shuichang, Su Jin, et al. 2013. Alteration and multi-stage accumulation of oil and gas in the Ordovician of the Tabei Uplift, Tarim Basin, NW China: Implications for genetic origin of the diverse hydrocarbons [J]. Mar. Pet. Geol, 46: 234-250.

Zhu Guangyou, Zhang Ying, Wang Meng, et al. 2018b. Discovery of high-abundance diamondoids and thiadiamondoids and severe TSR alteration of Well ZS1C condensate, Tarim Basin, China [J]. Energy Fuels, 32 (7): 7383-7392.

Zhu Guangyou, Zhang Ying, Zhang Zhiyao, et al. 2018a. High abundance of alkylated diamondoids, thiadiamondoids and thioaromatics in recently discovered sulfur-rich LS2 condensate in the Tarim Basin [J]. Org. Geochem, 123: 136-143.

Zhu Guangyou, Zhang Zhiyao, Zhou Xiaoxiao, et al. 2019c. The complexity, secondary geochemical process, genetic mechanism and distribution prediction of deep marine oil and gas in the Tarim Basin, China [J]. Earth-Science Rev, 198: 1-28.

Zou Yushi, Ma Xinfang, Zhang Shicheng, et al. 2016. Numerical investigation into the influence of bedding plane on hydraulic fracture network propagation in shale formations [J]. Rock Mech Rock Eng, 49 (9): 3597-3614.

第4章　矿物加工篇

4.1　基于晶面各向异性的铜钼硫化矿海水浮选分离基础研究

4.1.1　项目背景

钼是一种重要稀有金属，具有高强度、高熔点、耐腐蚀、耐研磨等优点，而铜在一定程度上标志着一个国家的工业发展水平，两者都是国民经济发展不可缺少的重要金属。铜钼硫化矿是铜和钼的主要来源，以辉钼矿（占世界钼产量99%）和黄铜矿（占世界铜储量70%）为主，主要通过浮选分离富集。由于黄铜矿和辉钼矿都有较好的天然可浮性，其浮选分离这个世界性难题仍未得到较好解决。因此，研究铜钼硫化矿高效浮选分离方法，对我国社会经济发展具有重要现实意义。

传统的铜钼硫化矿浮选分离技术主要是铜钼混浮，再抑铜浮钼。但是，该工艺需要添加大量抑制剂，流程复杂、生产成本高，且会产生大量有害废水，违背了“绿水青山就是金山银山”的发展理念。此外，浮选前的细磨作业流程产生大量具有各向异性的黄铜矿和辉钼矿晶面（图4.1.1和图4.1.2），这些晶面的氧化速率及与浮选药剂的作用机理并不相同，导致不同的浮选效果。因此，基于黄铜矿和辉钼矿的各向异性晶面开展浮选分离基础研究，有利于推进铜钼硫化矿浮选分离技术及应用的可持续发展，具有重要科学意义。

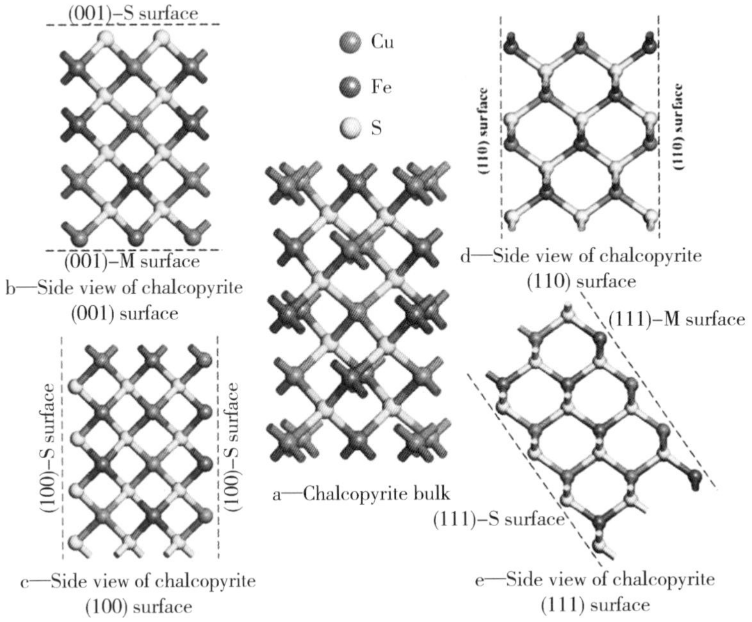

图4.1.1　黄铜矿晶体典型晶面示意图

另一方面，浮选1 t矿石通常需耗水3~7 m^3，随着淡水资源的逐渐匮乏和工业废水排放标准的逐渐提高，越来越多选矿厂不得不使用含大量离子的循环水、苦咸水，甚至海水进行选矿作业。其中，海水约占全球水资源的97%，使用海水代替淡水进行矿物浮选分离具有重要应用前景。我国

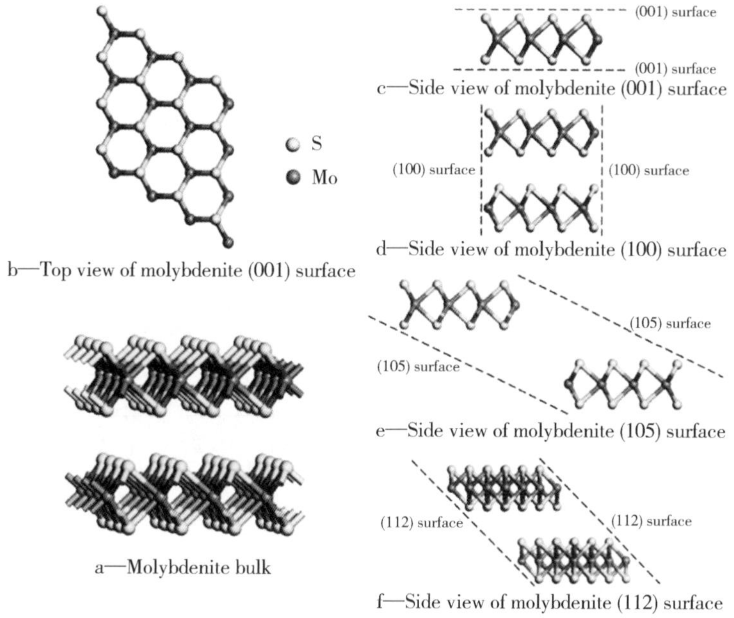

图 4.1.2　辉钼矿晶体典型晶面示意图

岱山铅锌矿、三山岛金矿，智利 Las Luces、Sierra Gorda 等离海较近的大型铜钼硫化矿山，使用海水进行浮选作业都取得了较好的选矿指标。但是，浮选过程中，部分矿物溶解导致浮选矿浆中离子溶度增加，且海水中存在大量“难免离子”，在碱性浮选条件下，还会产生亲水性胶体沉淀吸附在矿物表面或黏附在气泡表面，严重恶化浮选分离效果。

综上所述，基于黄铜矿和辉钼矿的晶面各向异性，开展海水对铜钼硫化矿浮选分离的基础研究，有利于揭示海水体系中铜钼硫化矿的浮选分离机理、拓展铜钼硫化矿浮选分离新路径，对节约淡水资源、保护矿山环境、提高资源利用效率等都具有重要现实意义，所得到的研究成果将会在海水、苦咸水和选矿回水浮选分离硫化矿的基础理论及应用方面产生积极意义，对绿色矿山建设具有重要现实意义。

4.1.2　成果简介

本项目属于硫化矿浮选分离基础研究领域，研究内容主要是基于第一完成人主持的多项国家级项目及大量前期基础研究工作所展开。主要基于黄铜矿与辉钼矿的各向异性晶面性质差异，针对海水浮选过程中“难免离子”对黄铜矿与辉钼矿典型晶面的影响、碱性矿浆中胶体沉淀颗粒对黄铜矿与辉钼矿界面性质的影响、分散剂对黄铜矿与辉钼矿界面调控机理等，开展了大量基础研究，主要研究内容如下：

1）运用同步辐射技术及密度泛函理论，研究黄铜矿和辉钼矿各向异性晶面性质、与 O_2 和 H_2O 的氧化机理、与药剂的作用机理。

2）研究海水浮选铜钼硫化矿矿浆中常见“难免离子”对黄铜矿和辉钼矿浮选的影响机理、亲水性沉淀颗粒对铜钼硫化矿浮选的影响机理、分散剂对亲水性沉淀颗粒与铜钼硫化矿浮选分离的影响机理。

3）研究超声波、微波、海水浸泡、氧化等不同预处理方式对黄铜矿和辉钼矿表面性质的影响机理、对铜钼硫化矿浮选分离的影响机理。

本项目利用丰富的海水代替淡水资源进行耗水量大的铜钼硫化矿浮选分离过程，旨在节约淡水资源、保护环境，为矿山企业利用富含高浓度离子的海水、苦咸水和选矿回水浮选分离硫化矿提供科学依据，并最终为创建绿色矿山提供新思路、新理论及新技术。

4.1.3 详细内容

（1）提出了黄铜矿新鲜解理面原子重组及非均相氧化机理，建立了基于同步辐射技术的黄铜矿原位微纳米高精度检测方法，基于密度泛函理论计算从原子/分子水平揭示了黄铜矿典型晶面与 H_2O 和 O_2 的原位反应机理

黄铜矿在空气或矿浆中表面易氧化，其生成物会对浮选分离产生显著影响。以往针对表面生成物的研究大多采用诸如 XPS、FTIR 等技术，其检测区域往往大于单个颗粒，收集的是众多黄铜矿颗粒表面的理化信息，揭示的是大量黄铜矿颗粒表面的氧化、药剂吸附等“综合效应”。但是，黄铜矿往往解理不完全，在空气或矿浆中反应生成复杂的表面。有关黄铜矿不同解理面在空气或矿浆中的反应机理并不明确，表面氧化物的空间分布如何？均相还是非均相反应？不同解理面与空气或矿浆中 H_2O、O_2 等的反应机理有何不同？这些在以往的研究中都未涉及，导致黄铜矿表面氧化物的生成路径、空间分布及机理不清楚，影响其浮选分离过程。因此，研究黄铜矿颗粒不同解理面或晶面的反应活性差异具有重要科学意义。

项目组运用具有 X 射线光电子能谱与成像功能的高分辨率同步辐射技术 Scanning Photoelectron Microscopy（SPEM）研究了真空环境（压强 10^{-8}Pa）中新鲜破碎黄铜矿的表面形貌及物化性质（图 4.1.3），并将此表面暴露在纯 O_2 气氛中（压强 10^{-4}Pa）。结果发现：表面 Fe 氧化生成 Fe-O 化物，S^{2-} 氧化生成 S_2^{2-} 和 S_n^{2-}，但并不生成 S-O 化物。进一步暴露此表面在 O_2/H_2O 气氛中，除生成 Fe-O/OH 外，还生成了 S-O 化物，但 Cu 位点不参与氧化还原反应。此外，黄铜矿表面由于破碎作用而具有不同解理面，这些新鲜解理面表面原子由于断键作用而重组，与 O_2 和 H_2O 反应存在一定差异，且氧化产物非均相分布。该研究通过原位非同位素试验，提出了黄铜矿表面 S-O 化合物的电化学形成机制，证明了 H_2O 是黄铜矿表面氧化生成 S-O 化物的必备介质，揭示了黄铜矿新鲜解理面与 O_2 和 H_2O 的原位非均相反应机理，建立了基于同步辐射技术的硫化矿原位微纳米高精度检测方法。

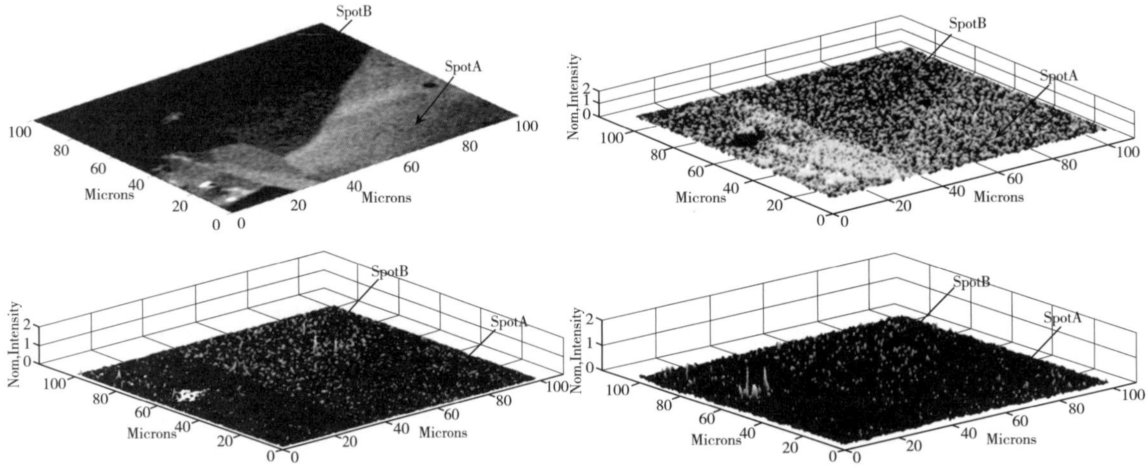

图 4.1.3 真空中黄铜矿破碎解理面及重组后硫物质空间分布图

黄铜矿断裂褶皱解理面实际上具有不同晶面，基于密度泛函理论可以计算黄铜矿各晶面的氧化机理，但以往的研究绝大部分只关注了黄铜矿（001）面，其他晶面的报道较少。项目组详细计算了典型晶面（（112）-S、（112）-M、（102）、（312）、（001）-S、（001）-M，（S 代表硫，M 代表金属））的性质差异、重组及氧化机理（图 4.1.4）。通过计算各晶面的表面能、断键密度等，从理论上证明了（112）面是最稳定晶面、（001）面是最活跃晶面，其中-M 面比-S 面更容易与

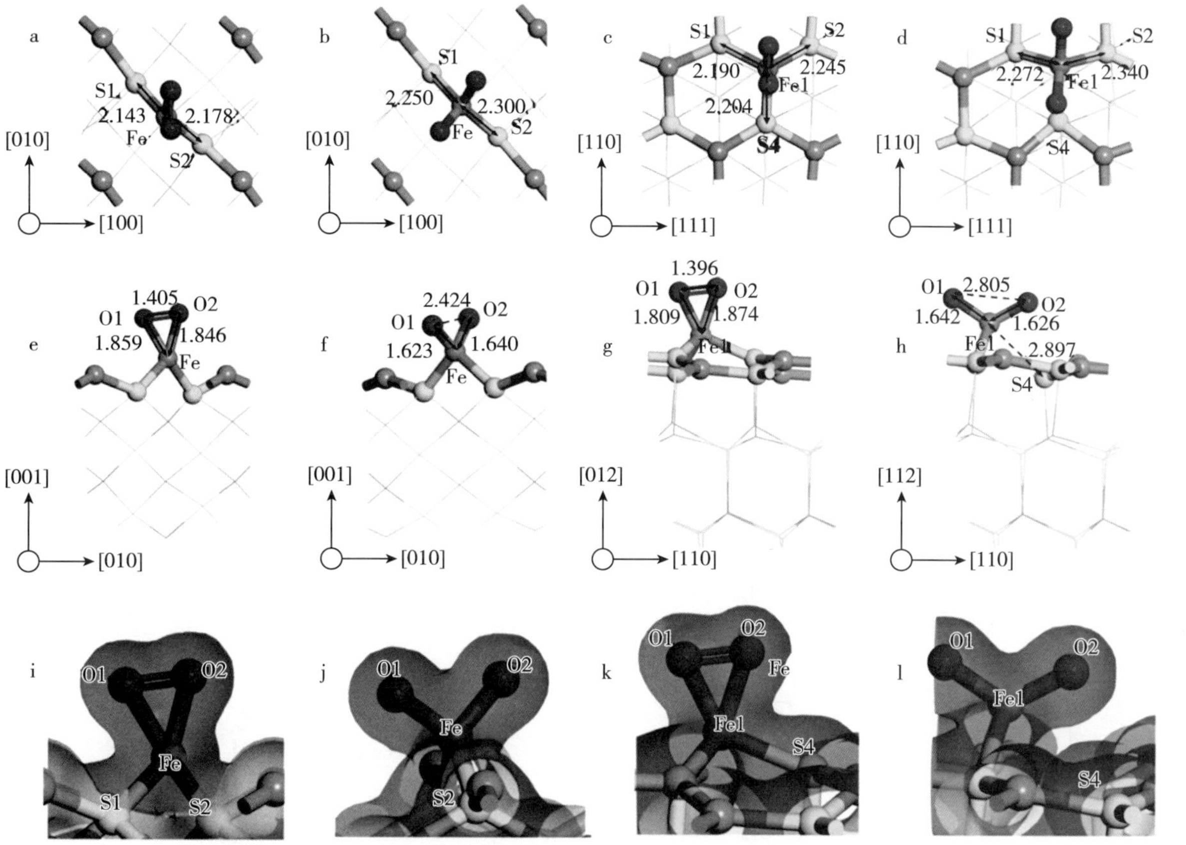

图 4.1.4　O_2 分子与解离 O 原子在黄铜矿（001）和（112）面的作用机理

O_2 分子反应，态密度分析进一步揭示了参与反应的主要是 Fe 3*d* 轨道与 O 2*p* 轨道，最终生成 Fe-O 化合物（图 4.1.4）。O_2 分子能将-S 面中的 S^{2-} 氧化生成 S_2^{2-} 和 S_n^{2-}，但并不生成 S-O 化合物。但是，当存在高活性解离 O 原子时，可生成 S-O 化合物。当黄铜矿暴露在 H_2O 分子环境中，H_2O 分子无法直接吸附在疏水的-S 面，但可吸附在亲水的-M 面，生成 Fe-O 化合物。而当黄铜矿同时暴露在 O_2 和 H_2O 环境中（如浮选矿浆体系），黄铜矿优先与 O_2 反应，而 H_2O 能进一步促进氧化反应。该研究系统地研究了黄铜矿的各向异性晶面性质，创新性地从理论上证明了最稳定与最活跃晶面，从原子/分子水平揭示了 O_2 和 H_2O 对黄铜矿典型晶面的原位氧化机理。

（2）揭示了矿浆中常见“难免离子”对黄铜矿浮选的影响机理、深化了分散剂对黄铜矿浮选的调控机制

项目组系统地研究了常见一价及二价阳离子（Na^+、K^+、Ca^{2+}、Mg^{2+}）对黄铜矿浮选的影响。结果表明：一价离子 Na^+、K^+增强了矿浆起泡性，二价离子 Ca^{2+}、Mg^{2+}在硫化矿弱碱性浮选条件下生成亲水性 $CaCO_3$、Mg（OH）$_2$ 等沉淀吸附在黄铜矿表面，形成稳定水化膜，阻碍捕收剂吸附，从而显著抑制黄铜矿浮选。进一步的量化研究结果表明：黄铜矿的抑制作用主要来自矿浆中的 Mg^{2+} 离子，而非 Ca^{2+}离子。

因此，高效消除 Mg^{2+}离子抑制硫化矿浮选是选矿回水或海水能否广泛应用的关键。项目组研究发现，黄铜矿在浮选条件下表面荷负电，亲水性 Mg（OH）$_2$ 胶体颗粒表面荷正电，两者之间的吸引力导致 Mg（OH）$_2$ 颗粒罩盖在黄铜矿颗粒表面，降低黄铜矿浮选回收率。通过添加硅酸钠、六偏磷酸钠等分散剂，可以显著提高黄铜矿在含“难免离子”矿浆中的浮选回收率，并取得了以下研究成果：

1）揭示了黄铜矿浮选过程中硅酸钠对亲水性沉淀抑制作用的消除机理：硅酸钠可吸附在 Mg

$(OH)_2$ 胶体表面，使其动电位由正变负，将其与黄铜矿之间的作用力由吸引力转变为排斥力，显著减少其在疏水性黄铜矿表面的罩盖；

2）量化了六偏磷酸钠提高黄铜矿浮选回收率的两个机理：

①通过静电引力吸附在 $Mg(OH)_2$ 胶体表面，使其动电位由正变负，降低 $Mg(OH)_2$ 胶体在黄铜矿表面的罩盖（主要机理），增加黄铜矿表面疏水性；

②六偏磷酸钠在矿浆中溶解后，与 Mg^{2+} 等离子络合形成可溶性化合物（次要机理），减少沉淀生成及在黄铜矿表面的附着。

（3）量化了矿浆中“难免离子”抑制辉钼矿浮选的强弱关系，揭示了分散剂对亲水性沉淀颗粒的调控机制，创新性地提出了辉钼矿浮选抑制受亲水性沉淀物结晶度控制的新思路

选矿回水或海水中的“难免离子”会对辉钼矿浮选产生一定影响，但机理并不完全透彻。项目组详细地研究了常见“难免离子”对辉钼矿浮选的影响，揭示了这些离子对辉钼矿浮选的抑制机理：Na^+、K^+促进辉钼矿氧化，生成 MoO_4^{2-}、$HMoO_4^-$ 等亲水性荷负电物质，降低辉钼矿表面疏水性并增加其与气泡之间的排斥力，抑制其浮选；而 Mg^{2+}、Ca^{2+} 则生成荷正电的亲水性 $Mg(OH)_2$、$CaMoO_4$ 等物质吸附在辉钼矿表面，抑制其浮选。详细的浮选动力学研究则进一步量化了四种“难免离子”抑制辉钼矿的强弱关系：$Mg^{2+}>Ca^{2+}>K^+>Na^+$（图 4.1.5），为含“难免离子”矿浆中硫化矿的浮选动力学研究奠定了基础。

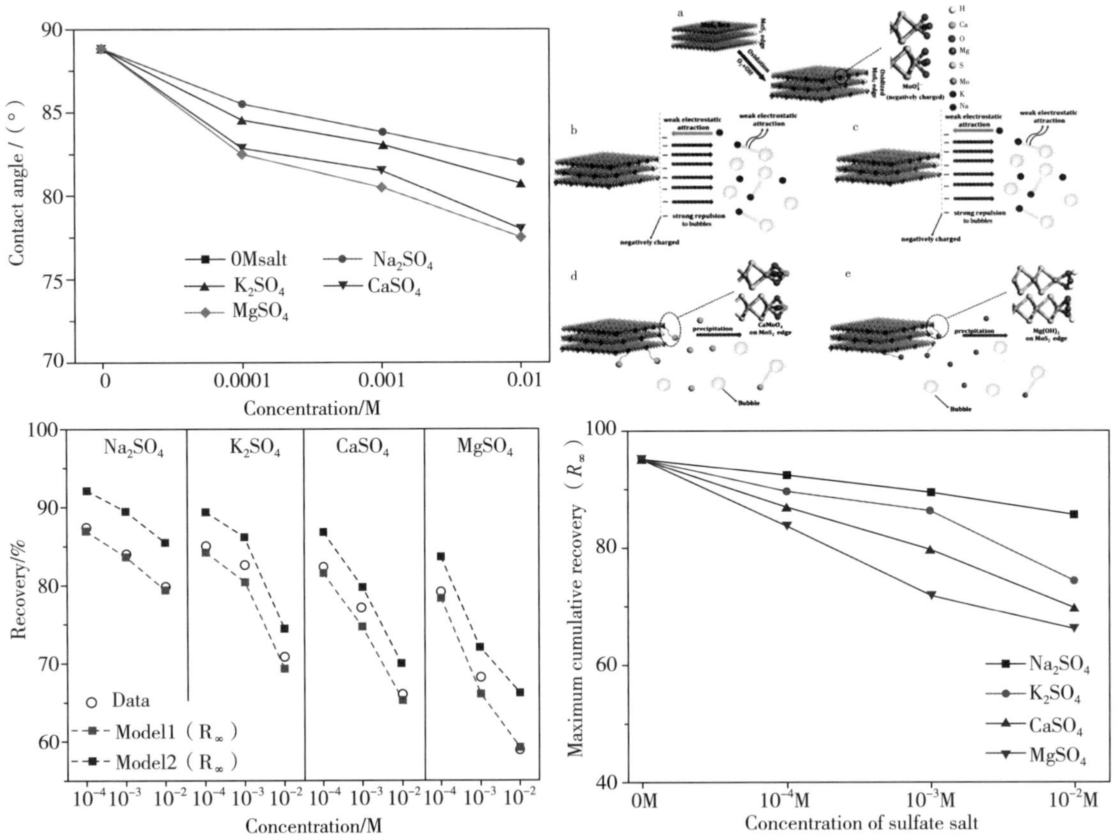

图 4.1.5 “难免离子”对辉钼矿浮选的影响机理及动力学模型预测

通过添加分散剂可将辉钼矿与沉淀颗粒之间的作用力由吸引力转变成排斥力，有效阻止亲水性沉淀颗粒的吸附，能显著提高辉钼矿浮选回收率。但是，以往的研究报道中，这些沉淀颗粒的晶体结构性质对辉钼矿浮选的影响并未引起足够的重视。

项目组进行了详细的热力学计算，结果表明：在海水浮选辉钼矿矿浆控制 pH = 10 时，可生成

0.002 mol/L $CaCO_3$ 和 0.046 mol/L Mg（OH）$_2$ 沉淀。但在实际浮选过程中，$CaCl_2$ 矿浆中并无 $CaCO_3$ 沉淀生成，而 $MgCl_2$ 矿浆中则有 Mg（OH）$_2$ 沉淀生成。进一步对沉淀晶体性质进行研究后发现：海水中生成的 Mg（OH）$_2$ 沉淀颗粒结晶度低（晶粒尺寸 5 nm），而 $MgCl_2$ 矿浆中生成的 Mg（OH）$_2$ 沉淀结晶度高（晶粒尺寸 25 nm），表明海水复杂的溶液组成影响了 Mg（OH）$_2$ 的结晶过程，而结晶度不同的 Mg（OH）$_2$ 沉淀颗粒对辉钼矿的抑制效果也存在一定差异。因此，提出了辉钼矿浮选受亲水性沉淀物结晶度影响的新思路，有利于通过控制矿浆条件调控“难免离子”对矿物浮选的抑制作用。

（4）揭示了黄铜矿与辉钼矿海水氧化预处理浮选分离机理、建立了基于氧化预处理的铜钼浮选分离方法

项目组研究了超声处理、微波处理、海水浸泡和 H_2O_2 氧化等预处理方式对黄铜矿、辉钼矿海水浮选的影响，如图 4.1.6 所示。在 pH = 10 条件下进行混合矿物海水浮选分离实验，结果表明：经超声和微波处理后，黄铜矿与辉钼矿无法有效分离，而海水浸泡和 H_2O_2 氧化处理均能实现黄铜矿和辉钼矿的浮选分离，且 H_2O_2 氧化处理后浮选分离效果更佳。相较于传统的硫化钠、氰化物、诺克斯等有毒有害抑制剂，H_2O_2 价格低廉、环境友好，且“抑铜浮钼”效果优良，具有广泛的工业应用前景。虽然海水浸泡“抑铜浮钼”效果不如 H_2O_2，但其操作简便，几乎没有额外成本，尤其是对于我国沿海、淡水缺乏地区，该技术的进一步推广应用对铜钼硫化矿高效分离、环境保护、节约淡水等领域都具有巨大的工业价值和现实意义。

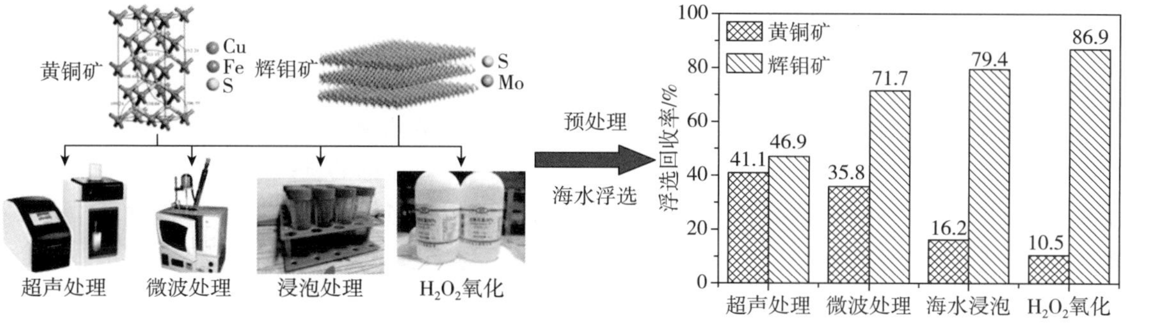

图 4.1.6　黄铜矿、辉钼矿氧化预处理技术路线图及浮选回收率

4.1.4　本节小结

本项目围绕铜钼硫化矿的海水浮选，针对黄铜矿与辉钼矿的各向异性晶面性质、“难免离子”对黄铜矿与辉钼矿典型晶面的影响、胶体沉淀颗粒对黄铜矿与辉钼矿界面性质的影响及海水预处理浮选分离铜钼硫化矿等开展大量基础研究，在该领域理论创新方面做出突出贡献，取得多项创新性研究成果，得到国内外广大科研工作的广泛认可和正面评价、引用。

本项目研究成果初步建立了基于同步辐射技术与密度泛函理论的表界面性质分析方法，从原子/分子水平阐明了黄铜矿典型晶面性质差异，系统地揭示了矿浆中“难免离子”对黄铜矿及辉钼矿表面性质的影响机理，初步建立了镁沉淀物结晶度与硫化矿浮选抑制的量化关系，深化了硅酸钠与六偏磷酸钠消除“难免离子”抑制硫化矿浮选的作用机制，为矿浆中“难免离子”对硫化矿浮选分离的调控机理研究提供了新思路，有助于推进选矿回水、苦咸水或海水在硫化矿浮选中的广泛应用，具有非常重要的现实及科学意义。

此外，国内外在铜钼硫化矿海水预处理浮选分离领域尚处于空白，除项目组外，国内外尚无其他研究团队报道有关基于晶面各向异性的铜钼硫化矿海水浮选分离理论及技术，项目组在此研究领域内处于国际领先水平。本项目创新了黄铜矿和辉钼矿预处理技术，开创了海水预处理铜钼硫化矿，推动了铜钼硫化矿的无抑制剂浮选分离理论及实践的发展，有利于含高电解质的海水、苦咸水

及选矿回水在铜钼浮选分离中的推广运用，促进了矿产资源及水资源的高效综合利用，并最终为实现绿色矿山起到重要现实意义。

4.2 中低品位胶磷矿高效利用基础研究

4.2.1 研究背景

我国磷矿资源储量位居世界前列，但资源禀赋差，大部分是沉积型磷块岩矿床，含磷矿物以胶磷矿为主、共生稀土等战略性伴生资源。这类矿石中石英、白云石等脉石矿物与磷矿物胶结在一起呈极细粒嵌布，难以解离，选矿难度较大。因此，我国磷矿的开发利用对选矿技术依存度很高。近年来，随着磷矿资源高速消耗，富矿和易选矿资源急剧减少，对中低品位难选胶磷矿及伴生资源的高效利用技术研究已迫在眉睫，研究磷矿资源的工艺矿物学特征，进而深化和拓展磷矿资源高效利用的新理论、新技术和新装备，对我国磷矿资源的可持续发展具有重要意义。

4.2.2 成果简介

针对我国中低品位磷矿资源稀缺性日渐显现的挑战，围绕中低品位胶磷矿亟待解决的基础理论问题开展深入研究：

1）基于MLA工艺矿物学自动定量分析系统，联用断层扫描和同步辐射等测试手段研究磷矿石的工艺矿物学特性，重点分析MgO、SiO_2、Fe_2O_3和Al_2O_3等主要杂质元素和氟、碘、稀土等微量元素的赋存规律，建立了基于MLA技术的胶磷矿矿物学信息系统。

2）通过浮选药剂分子模拟设计，量化浮选药剂的键合基团的活性强度，定向合成中低品位难选磷矿的新型浮选药剂，采用现代分析手段检测浮选药剂与磷矿物的界面反应的能量变化，深度阐明了磷矿浮选过程中界面化学的微观反应机理，拓展磷矿高效浮选的基础理论。

3）研制开发了磷矿粉球团烧结新工艺，采用水溶性黏结剂DS，不需要细磨磷矿粉，达到-5mm粒度后直接预混合冷压球团，不需要造粒，使磷矿粉球团工艺的物料适应性更强，工艺流程更简化，同时优化调控磷矿粉球团烧结工艺参数。

4）研制开发了磷酸法同步浸取磷矿中磷和稀土的新工艺，磷浸出率可达98%以上，稀土浸出率达96%以上，为实现磷和稀土的高效富集提供工艺参数和科学依据。

5）研制了“雾化增效预浮选装备”，显著提高浮选药剂的溶解性和分散性，克服了冬季低温条件下浮选药剂溶解性差的不足，磷矿石入选品位可降低2%，磷元素回收率提升2%，达到节能减排、降本增效的目的，提高了磷矿资源的整体利用率。

4.2.3 成果内容

（1）工艺矿物学

通过对我国多地区磷矿的工艺矿物学研究，从理论上和微观层面上对矿石的性质进行全面分析与研究，为我国磷矿资源开发利用提供了理论依据，可据此制定合理的技术方案和工艺流程。

1）运用MLA矿物自动检测技术手段和Material Studio模拟软件对云南地区低品位磷矿进行赋存状态和晶体结构剖析（图4.2.1），结果表明，磷矿为钙质磷块岩，P_2O_5含量为20.53%，主要杂质元素MgO含量为7.83%，SiO_2含量为3.18%，属于典型低品位磷矿石。矿石中磷灰石以胶态隐晶质-泥晶状的形式产出，局部重结晶，粒度范围为50~100μm，主要呈不规则状产出的胶磷矿-白云岩胶结物，少量呈细小团粒分散于石英集合体中间。

氟磷灰石，属六方晶系，化学式为［$Ca_{10}(PO_4)_6F_2$］，晶体结构的基本特点为：Ca离子和O离子多面体呈三方柱状，以棱和角顶相连呈不规则的链，沿c轴延伸，链间以［PO_4］联结，形成平行c轴的孔道，F离子在通道呈链阵填充，且其坐标高度可变，并伴有缺席的无序-有序组织

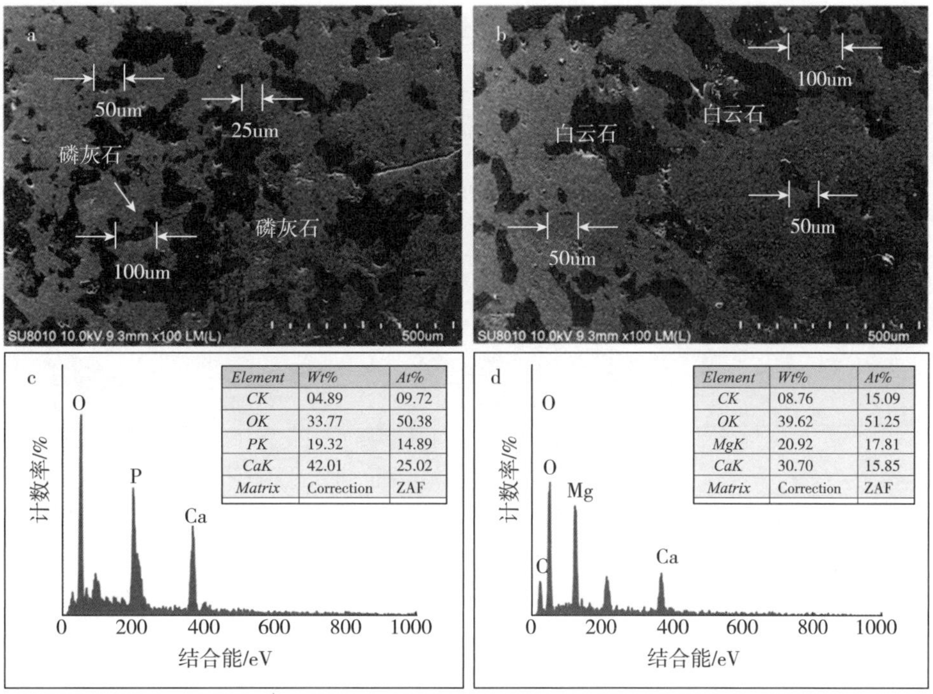

图 4.2.1　云南某地区磷块岩的扫描电子显微照片

(图 4.2.2)。Ca-F 配位八面体角顶的 Ca，也与其邻近的 4 个［PO_4］中的 6 个角顶上的 O 离子相连，常呈短柱、短柱状、厚板状或板状晶形。

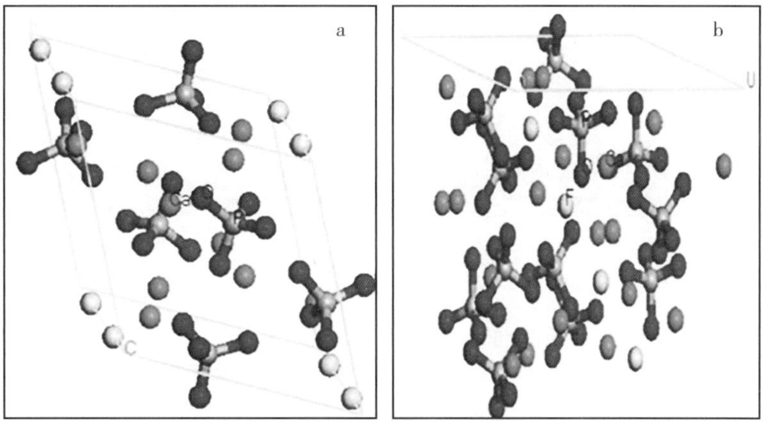

图 4.2.2　氟磷灰石的晶体结构模型

2）运用 XRF、XRD 和 MLA 矿物自动检测技术等手段，对湖北地区伴生稀土磷矿选矿精矿进行元素赋存特性研究，分析了该矿物的化学成分、矿物组成、稀土元素的赋存状态等理化特征。结果表明，稀土元素 Ce、Nd、Sm 主要赋存在独居石中，Gd、La 全部赋存在独居石中，Dy 则全部赋存在磷灰石矿物中，Pr 全部赋存在磷灰石和独居石的复合矿物中，Y 主要赋存在易解石中。独居石是含有稀土元素最多的矿物。磷灰石与稀土矿物相互交生，独居石主要呈稀疏星散浸染状充填于黑云母、萤石和赤铁矿等脉石矿物的粒间、边缘及孔洞中，多数粒度过于细小而与脉石构成极为复杂的镶嵌关系（图 4.2.3）。

3）运用 MLA、EDS、SEM、ICP-MS 等测试手段，对贵州织金某含稀土磷矿进行了工艺矿物学研究，重点考查矿石性质、主要矿物嵌布特征和稀土元素赋存特征等（图 4.2.4）。研究结果表

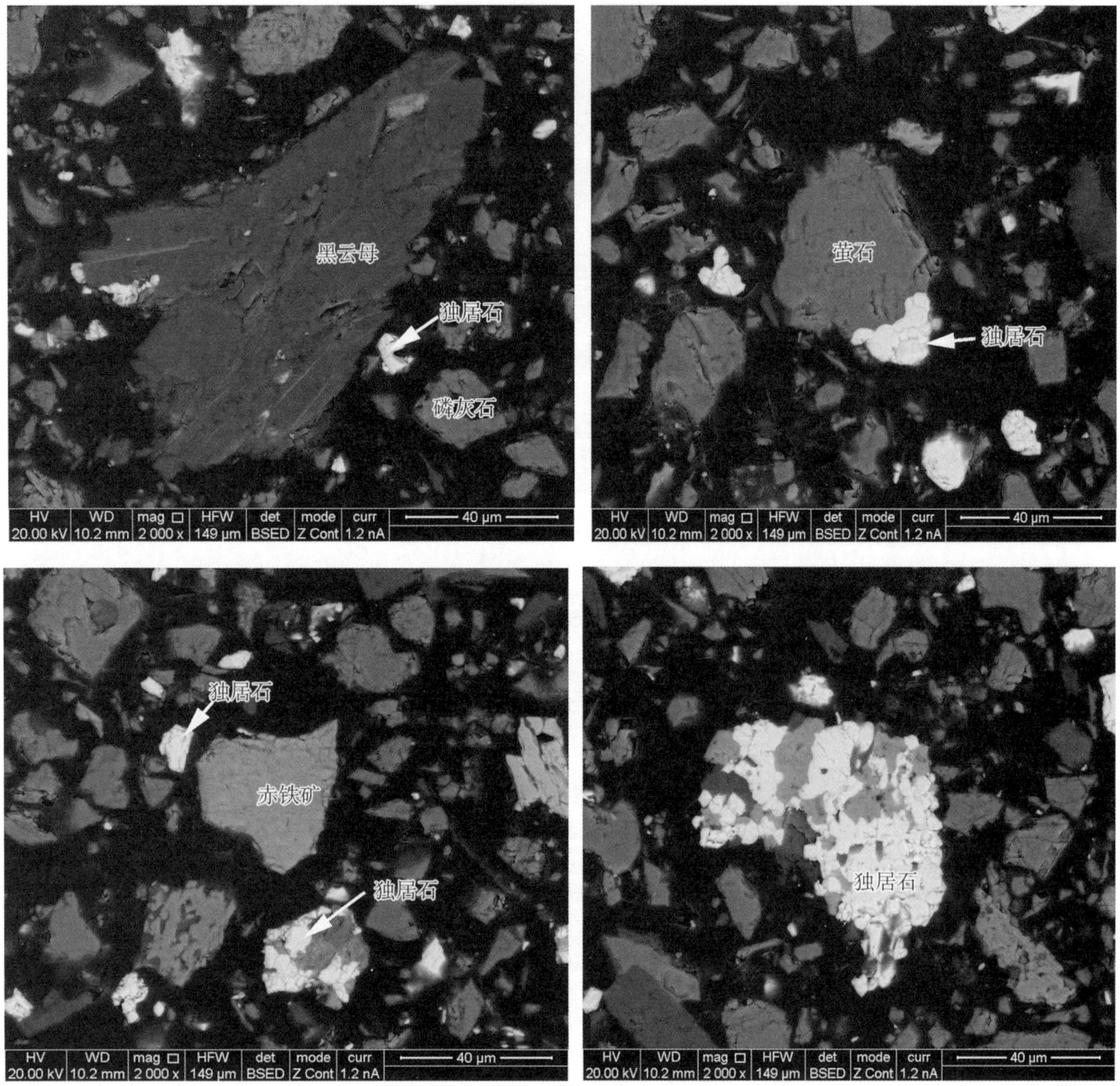

图 4.2.3　独居石典型颗粒形貌

明，矿石中具有回收价值的元素是磷和稀土，其氧化物含量分别为 20.18%和 0.07%；主要的有用矿物是磷灰石，含量为 40.86%；磷灰石与白云石、石英、黄铁矿等脉石矿物紧密共生伴生，方解石存在于磷灰石、白云石集合体边缘；稀土元素全部赋存于方解石中，含稀土元素方解石单体解离度为 60.71%。

（2）磷矿浮选界面化学

针对我国磷矿工艺矿物学的新特征，通过对传统捕收剂进行分子模拟计算和官能团修饰，研发了专属性强的新型捕收剂，并阐明药剂分子与矿物界面的作用机制，建立了“固-液-气”三相反应机理模型，为指导浮选药剂分子设计及浮选过程微化学环境调控提供了依据。

1）阴离子捕收剂。本团队对一种饱和脂肪酸棕榈酸进行结构修饰和功能基团的衍生，从浮选药剂分子设计理论出发，强化亲固基团的选择性和亲水基团的极性，合成了一种新型磺酸基脂肪酸阴离子捕收剂，同时具备高选择性和强捕收性的特点。

通过红外光谱对其结构进行表征，阴离子捕收剂 α-磺酸基棕榈酸钠的 FT-IR 图如图 4.2.5 所示。由谱带 a 和谱带 b 可知，棕榈酸磺化后，谱带中在 719 cm^{-1} 处出现了新的吸收峰，属于 C-S 的伸缩振动峰，又在 1220 cm^{-1} 处和 1169 cm^{-1} 处出现了$-SO_3$ 的反对称伸缩振动和对称伸缩振动谱

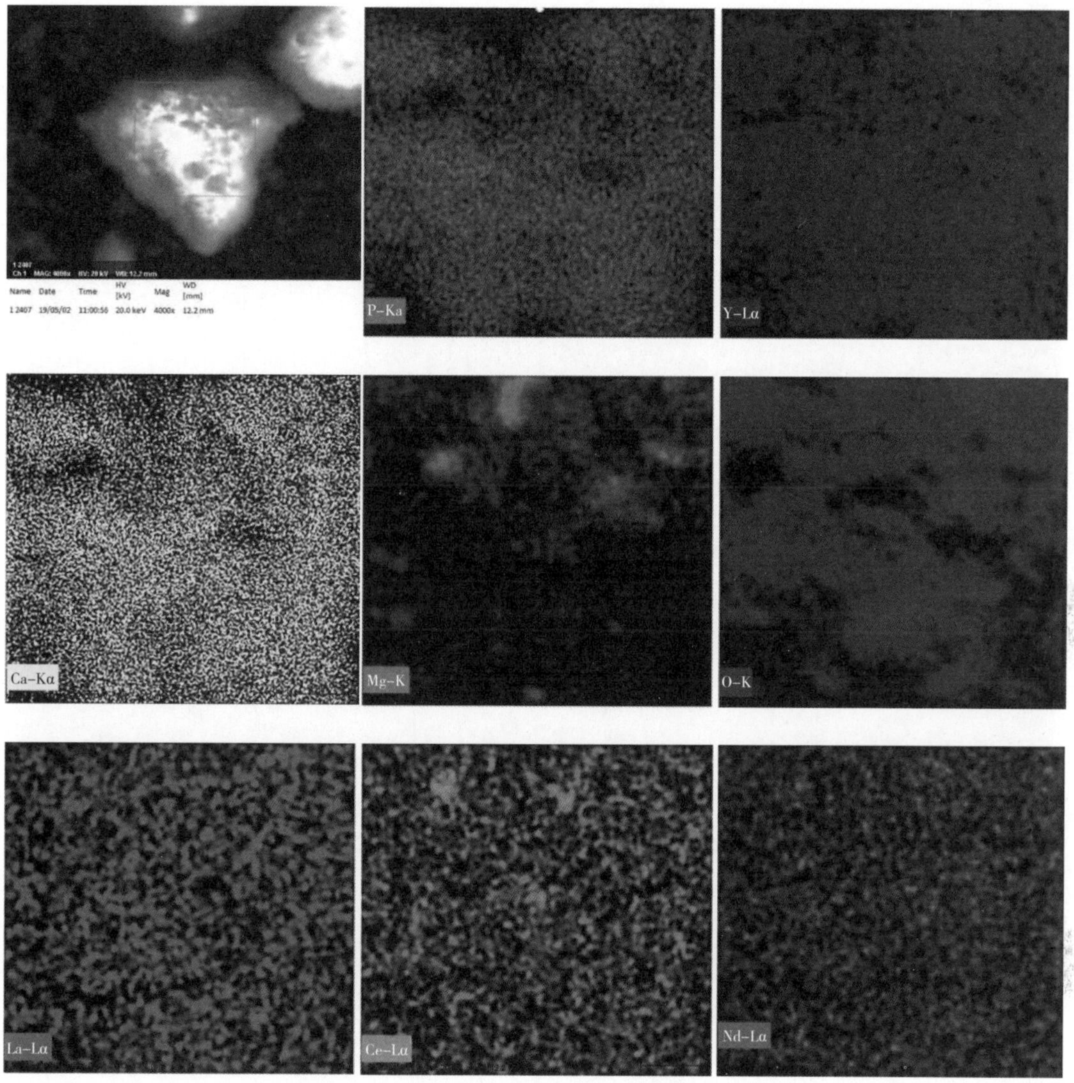

图 4.2.4　贵州某地区磷块岩 EDS 照片及面扫描谱图

带，在 661 cm^{-1} 处出现了 S=O 的伸缩振动谱带，验证了目标产物中存在磺酸基。

核磁共振的方法作为解析物质质子结构的有效手段，具有高效、准确、量化等特点。为了更好地判断合成固体的分子结构，我们对合成的产物 α-磺酸基棕榈酸钠进行了 ^{1}H-NMR 分析，结果如图 4.2.6 所示。

根据 α-磺酸基棕榈酸钠的分子结构，对其自旋系统进行分析，解析目标产物为 α-磺酸基棕榈酸钠，其分子式为 $CH_3(CH_2)_{13}CH(SO_3Na)COONa$。

通过改变矿浆 pH 分别考察氟磷灰石和白云石在油酸（OA）和 α-磺酸基棕榈酸钠（SPA）体系中的可浮性，浮选回收率结果如图 4.2.7 所示。当 pH=3.5~6.5 的酸性条件下，α-磺酸基棕榈酸钠对氟磷灰石和白云石的捕收能力稍弱于油酸，但对两种矿物的分选性是明显优于油酸。当 pH=4.9 时，α-磺酸基棕榈酸钠体系中氟磷灰石与白云石的回收率相差高达 54.88%。由此可知，α-磺酸基棕榈酸钠作为捕收剂具有选择性强的优点，对氟磷灰石和白云石的分离效果显著，推测其在实际矿物浮选中具有潜在分选性。

2）阳离子捕收剂。本团队通过研究阳离子捕收剂烯胺对石英矿物的浮选行为，测定和评价浮选泡沫性能，探讨浮选泡沫形成、稳定与破灭的动态影像，阐明了烯胺在石英表面的作用机理。研究结果表明，阳离子捕收剂烯胺浮选体系中，石英的回收率随着 pH 的增大而急剧升高，然后趋于

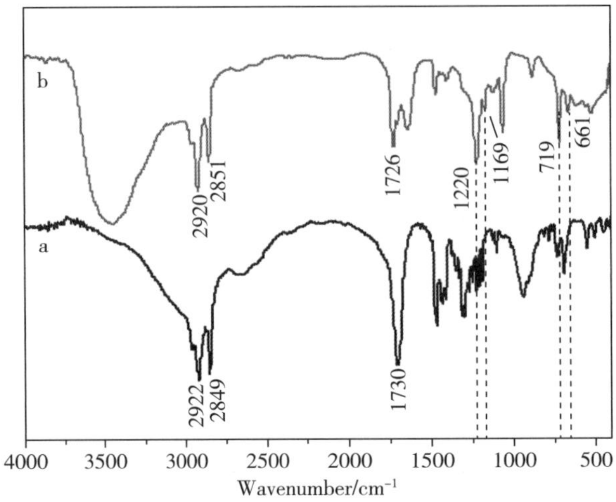

图 4.2.5　棕榈酸（a）和α-磺酸基棕榈酸钠（b）的 FT-IR 图谱

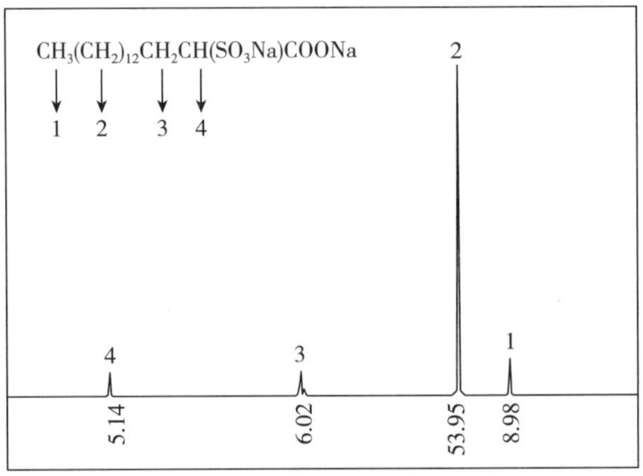

图 4.2.6　α-磺酸基棕榈酸钠的 1H-NMR 谱图

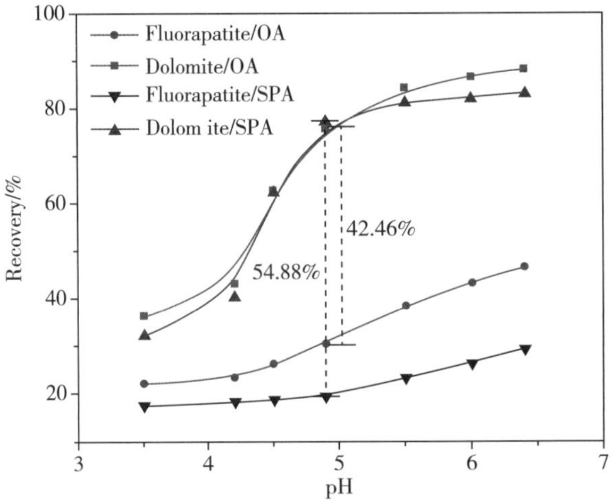

图 4.2.7　氟磷灰石和白云石在不同 pH 下的可浮性

稳定，再陡降。当 pH 在 2.0~6.0 时，烯胺具有良好的石英回收能力，并达到约 94%的最高回收率；在 6.0~8.0 的 pH 范围内，石英的回收率变化很小；在 pH 大于 8.0 时，随着 pH 的进一步增大，石英的回收率逐渐降低，而在 pH 达到 10.0 之后，下降趋势最为明显（图 4.2.8）。因此，石英浮选 pH 区间为 6.0~8.0，适宜捕收剂浓度为 50mg/L。

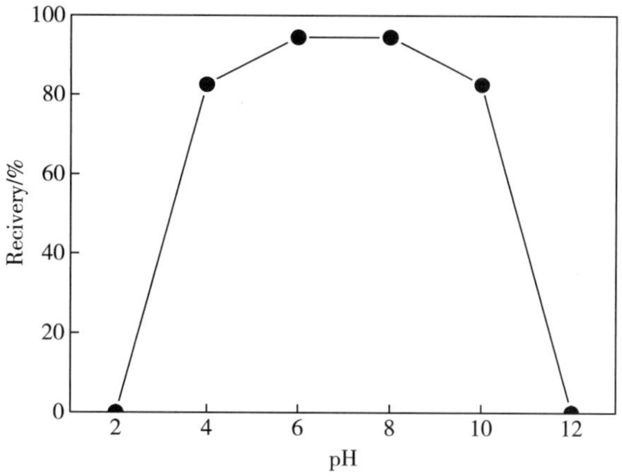

图 4.2.8　石英在不同 pH 下的可浮性（药剂浓度为 50mg/L）

捕收剂作用前后石英的 Zeta 电位如图 4.2.9 所示，自然条件下，当介质 pH 大于 2.3 时，石英的表面带负电。当加入捕收剂烯胺后，石英表面的 ζ 电位由负变为正，说明烯胺吸附于石英表面并改变石英表面的电性。当 pH = 10.0 时，石英的 ζ 电位从−41.8mV 变为 44 mV，主要是因为在弱酸性和中性的介质中，烯胺水解产生了 RNH_3^+ 或 $RNH_2 \cdot RNH_3^+$ 而吸附于石英表面，从而导致石英表面的 ζ 电位发生正移。而在碱性介质中，当 pH = 11.4 时，烯胺主要是以胺分子的形式，溶液中 RNH_3^+ 的浓度降低，OH^- 的浓度升高，石英的正电导率变弱，负电荷的量增加，由此导致电位降低。

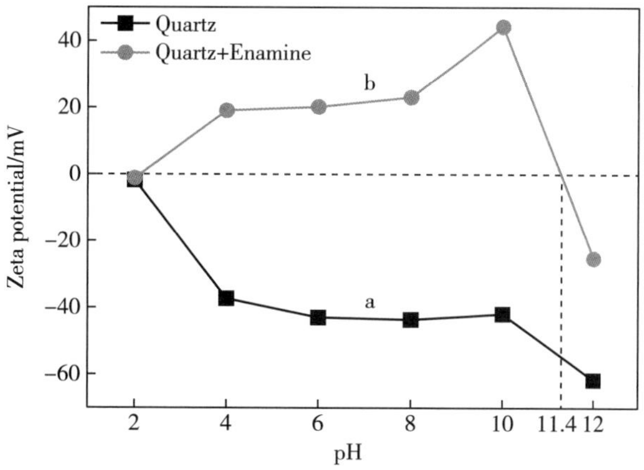

图 4.2.9　捕收剂作用前后石英的 Zeta 电位

由此推测，烯胺和石英相互作用的吸附模型描述如下：当烯胺浓度很低时，它以单体形式存在，并且一些烯胺分子依靠静电力作用在石英表面上（图 4.2.10a）。随着烯胺浓度的增加，烯胺分子以单层吸附状态黏附在石英表面（图 4.2.10b），导致溶液的表面张力急剧下降。当烯胺的量达到临界胶束时当浓度为 10 mg/L 时，一些烯胺分子与聚合物碳链的缔合中心形成胶束状聚集体，从而增加了石英的表面覆盖率（图 4.2.10c）。当烯胺浓度持续增加时，一些些烯胺的吸附形式发生逆转，并通过疏水相互作用与单层吸附在石英表面结合形成相反的方向吸附，而胶束状聚集体一起生长并通过缔合形成半胶束吸附（图 4.2.10d）。当烯胺浓度较高时，溶液中会形成完整稳定的胶束结构，烯胺在固液界面的吸附达到饱和。最后，烯胺在石英表面的接触角减小，石英的疏水性降低，回收率略有下降（图 4.2.10e）。

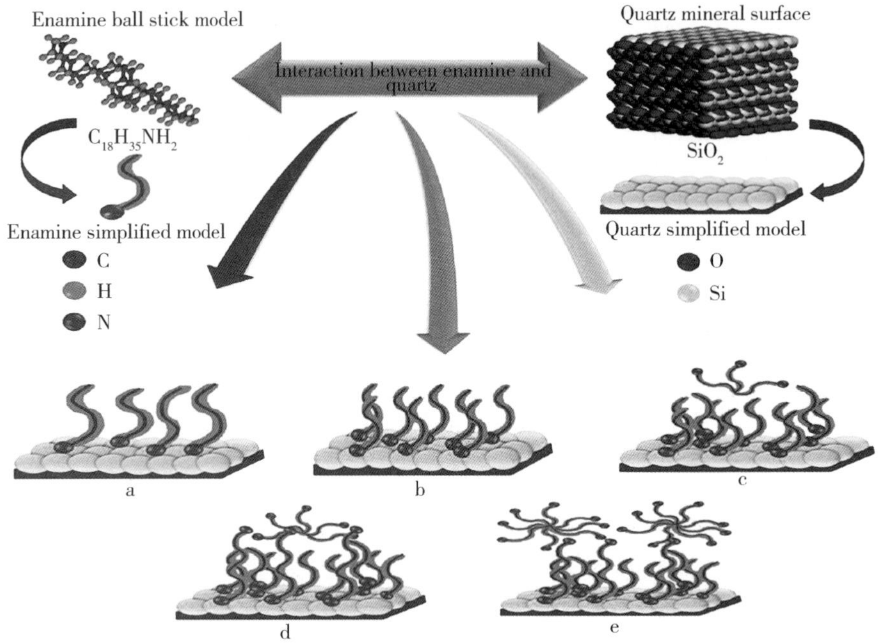

图 4.2.10　捕收剂烯胺在石英表面的吸附模型图

（3）磷矿粉球团烧结新技术

研制了一种专用于黄磷生产的磷矿粉冷压球团的方法。通过自主研发的低成本、高黏性、水溶性特种黏结剂 DS，获得了-5mm 磷矿粉冷压成球优化工艺参数，既降低了能耗，节约生产成本，又减少黄磷生产过程中磷渣和泥磷的排放量。采用现代测试技术手段分析了球团在预热、焙烧过程中微观结构变化规律，以及黏结剂高温热化学性能，揭示了球团成球过程机理。

根据磷矿的理化性质及热重分析等表征手段：①磷矿粉粒度粗，不能直接用于压球，需采用-1mm 以下磷矿粉。磷矿粉压球的适宜的条件为：黏结剂 DS 用量 0.3%、添加水 8%、烘干温度 100℃、烘干时间 80min，球团抗压强度为 1120N 个。球团焙烧温度 1000℃、焙烧时间 35min 条件下，球团抗压强度为 1387N。②磷精矿的粒度组成，可直接用于压球和造球。磷精矿压球的适宜条件为：黏结剂 DS 用量为 0.5%、添加水 8%、烘干温度为 100℃、烘干时间为 80min 条件下球团抗压强度为 1053N；球团焙烧温度 1000℃、焙烧时间 35min 的条件下球团抗压强度 1423N。磷精矿造球的适宜的条件为：膨润土用量 2.5%、添加水 6%、预热温度 100℃、预热时间 20min、球团焙烧温度 1100℃、焙烧时间 20min 的条件下，成品球抗压强度为 1045N。

磷矿粉和磷精矿球团烧结的烧结温度对球团内部的形貌影响显著，焙烧温度的升高和焙烧时间的增长都能使球团内部孔隙率降低、孔隙变小、熔融状态物质增多从而促进了球团性能的增强。其中，相同条件下压球成品球的孔隙率小于造球成品球的孔隙率，导致压球成品球的强度是高于造球成品球的。

磷矿粉颗粒较粗导致颗粒之间孔隙较大。由图 4.2.11 中可以看出，球团内部有熔融再凝固物质、新物质生成结晶或原有物质熔融再结晶；当焙烧温度到 1100°C 时，球团内部熔融再凝固增多，结晶体增多；当焙烧温度为 1200°C 时，球团表面基本没有单独颗粒物存在，颗粒之间被熔融物质包裹，孔隙率达到最低，孔隙减小，达到球团强度最高。

磷精矿压球球团相对于造球球团，个体偏大，相同焙烧条件下，压球球团焙烧结果要比造球球团差，因此压球球团焙烧温度和焙烧时间相对较高。由图 4.2.12 可以看出，随着焙烧温度的上升，

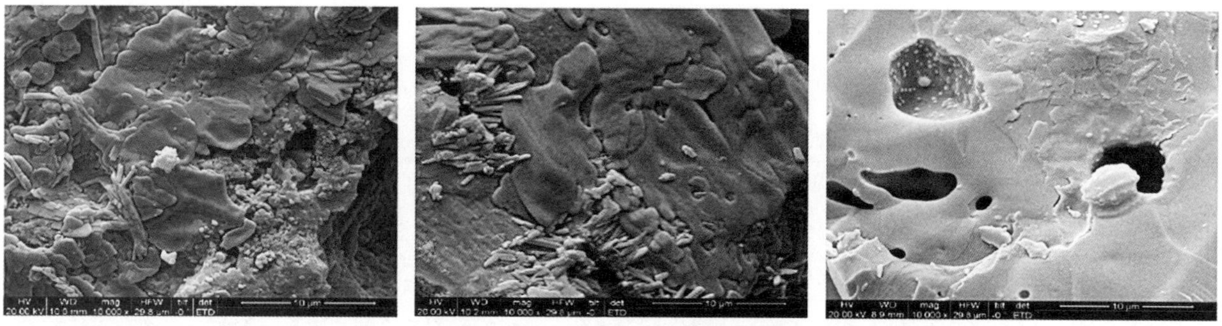

图 4.2.11　磷矿粉压球球团 900°C、1100°C 和 1200°C 焙烧 35min 微观形貌

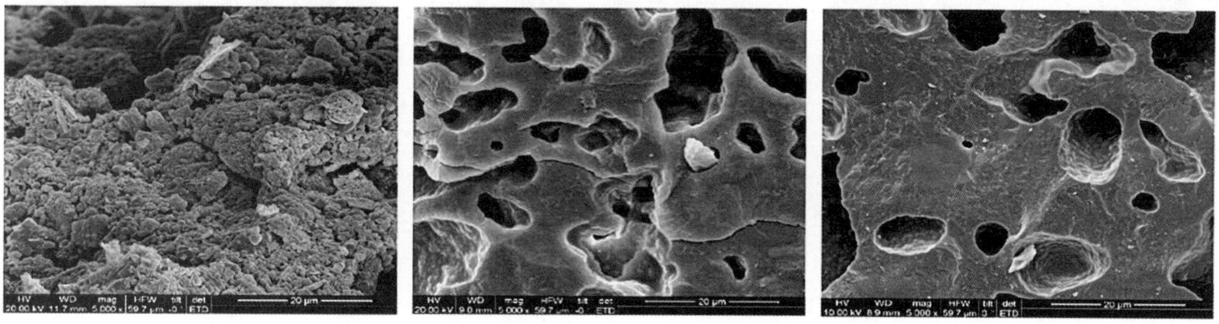

图 4.2.12　磷精矿压球球团 900°C、1100°C 和 1200°C 焙烧 35min 微观形貌

球团孔隙率降低，孔隙形状由不规则变成圆形或椭圆形；当焙烧温度为 900°C 时，球团主要还是以颗粒相互粘粘为主，熔融再凝固现象较少，随着温度的上升，颗粒所占比例减小，熔融再凝固和半凝固再凝固物质增加，球团性能提高。

（4）混酸法对含稀土磷矿岩的浸出规律研究

工业湿法磷酸的主流方法是硫酸法，但当采用硫酸分解含稀土磷矿时，半数以上稀土因吸附和共晶作用流向磷石膏中，从磷石膏中回收稀土工艺过于复杂，经济不合理。硝酸法和盐酸法虽可高效浸出磷和稀土，但浸出过程中均引入了外来杂质，副产物硝酸钙或氯化钙处理成本高，同时对设备腐蚀极为严重，难以实现工业应用。

本团队采用磷酸直接分解含稀土磷矿提取稀土，对磷酸分解磷原矿工艺影响因素进行了研究，并研究了浸出过程热力学和动力学以及浸出过程中矿石物相形貌演变，为磷酸法应用于含稀土磷矿综合利用提供工艺与理论支撑，具有重要的实际和理论价值。

1）磷酸法浸出含稀土磷矿中稀土元素，当磨矿细度-0.074mm 占 61.1%、磷酸浓度为 25%、液固比 12：1、温度 55℃、浸出时间 120min 时，磷浸出率可达 98%以上，稀土浸出率达 96%以上。不同浸出条件下，磷和总稀土浸出率呈现出相同的变化趋势，且磷浸出率略高于总稀土浸出率；而相同的浸出条件下，稀土 Y_2O_3、La_2O_3 浸出率高于稀土 CeO_2、Nd_2O_3。

2）研究磷酸法浸出含稀土磷原矿动力学及物相形貌演变，对浸出渣的几种主要元素进行面能谱扫描分析，如图 4.2.13 所示，浸出渣中绝大部分矿物是石英，其次是黄铁矿，还有极少部分未反应完全的磷灰石。残余磷灰石有部分以独立颗粒存在，还有一部分附着在石英表面，可能是由于与石英胶结共生的磷灰石反应残渣。F 元素与 S、Fe 元素分布一致，表明氟磷灰石中 F 元素溶出后，附着于黄铁矿表面；Mg 元素与硅元素分布相近，白云石溶解后，Mg 在石英表面生成了不溶性物质。

磷酸浸出含稀土磷矿过程中同时发生着多种复杂化学反应，从热力学角度分析，含稀土磷矿进

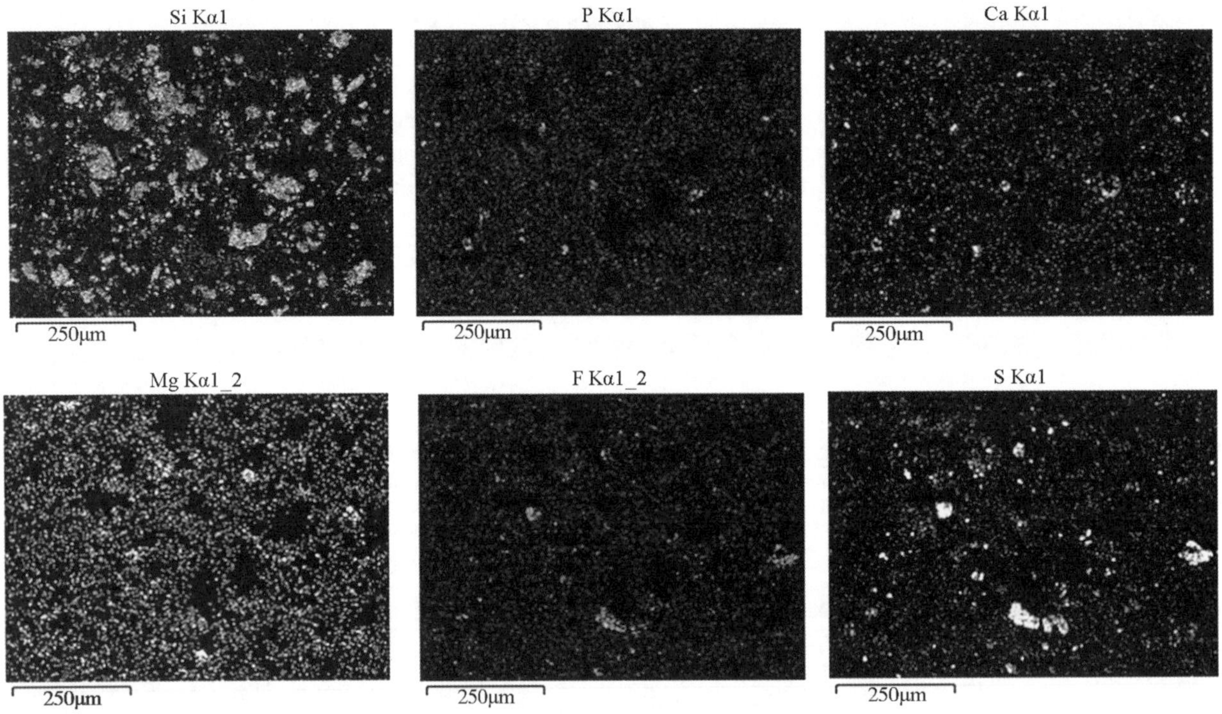

图 4.2.13　浸出渣主要元素面扫描分析

入磷酸体系后，主要与含量较高的白云石和氟磷灰石反应，生成 Ca（H_2PO_4）$_2$ 和 Mg_3（PO_4）$_2$ 等物质，其在 55℃条件下发生的反应如下：

$$Ca_5(PO_4)_3 + 21H^+ + 7PO_4^{3-} = 5Ca(H_2PO_4)_2 + HF(g);\ \Delta_rG^\theta(55℃) = -688.317kJ/mol$$

$$3CaMg(CO_3)_2 + 24H^+ + 8PO_4^{3-} = 3Ca(H_2PO_4)_2 + Mg_3(PO_4)_2 + 6H_2O + 6CO_2(g);\ \Delta_rG^\theta(55℃) = -1157.99kJ/mol$$

磷矿加入磷酸溶液中后，白云石优先与磷酸发生剧烈反应，生成 Ca（H_2PO_4）$_2$、Mg_3（PO_4）$_2$ 和 CO_2；同时氟磷灰石与磷酸反应生成 Ca（H_2PO_4）$_2$，反应过程中氟磷灰石与白云石晶格中以类质同象形式赋存的稀土与磷酸反应生成磷酸稀土。在低浓度磷酸作用下，部分磷酸稀土会以沉淀形式存在，导致稀土浸出率较低，而在高浓度磷酸作用下，稀土主要以 RE^{3+} 或 $REH_2PO_4^{2+}$ 形式扩散入溶液中，此时稀土浸出率较高，磷酸浓度为 15%时，稀土浸出率仅为 50%；而磷酸浓度为 25%时，稀土浸出率可达 96%。

从浸出动力学角度分析，稀土浸出动力学符合内扩散控制模型，稀土释放入浸出液过程中会先透过生成物所形成的 Ca（H_2PO4）$_2$ 固体薄膜。稀土浸出率受温度影响变化较小，温度为 35℃时，稀土浸出率为 93%；而温度为 55℃时，稀土浸出率为 96%。

从浸出渣物相形貌角度分析，浸出前 30min 白云石已基本反应完全，而大部分氟磷灰石也在前 30min 与磷酸反应，反应 120min 后，浸出渣中仅剩极少部分磷灰石未反应。从稀土浸出结果可以看出，反应时间为 30min 时，稀土浸出率已达到 93%；而反应时间为 120min 时，稀土浸出率为 96；在反应 30min 后，稀土浸出率仅提升 3%。

（5）矿物浮选智能化装备

基于矿浆流体力学、浮选药剂胶体化学理论基础，研发了雾化增效预浮选装备。该装备通过将矿浆、药剂分别高效分散雾化，随后在柱体内部空间充分混合、接触并发生固-液吸附作用，以强化矿物与药剂作用效果，进而提高浮选效率。该装备应用于湖北三宁公司，浮选效率明显提升，相近浮选指标条件下，矿石入选 P_2O_5 品位可降低约 2%；浮选药剂消耗量由 2000 吨/年下降至 1400

吨/年；减少浮选机、泵等设备电耗 1500kW/年；磷元素回收率提高 2%，即一年增加 1 万吨 P_2O_5 产量，节能减排、降本增效效果显著。

雾化增效预浮选装备可大幅提升传统浮选工艺的作业效率，促进企业降本增效，进而提高矿产资源利用率。技术的整体方案具有很强的技术延展性，在实现工艺增效的基础上，可以通过物联网技术与人工智能技术的开发接口和生功能进行迭代升级，进一步推动企业的智能化管理升级。

4.2.4　本节小结

对中低品位胶磷矿矿石的化学组成、矿物组成、结构构造、元素的赋存状态、矿物嵌布粒度、矿物的解离特性开展系统研究，构建了工艺矿物学特性数据库，为此类型矿石分选技术开发与选矿生产流程优化提供了理论指导；基于药剂分子设计理论，对捕收剂进行结构修饰和功能基团的衍生，实现了捕收性能强化，丰富了浮选药剂结构研究的内涵和实际；开发的雾化增效预浮选装备，大幅提升传统浮选工艺的作业效率，促进企业降本增效，提高了矿产资源利用率。

4.3　大型走滑断裂带形成演化与油气富集效应

4.3.1　项目背景

大型断裂带往往控制着相邻盆地的形成与演化，探讨其“断-盆”演化耦合关系是认识盆地演化史、盆内能源矿产分布特征以及探讨地球动力学系统的关键，也是当今地球科学领域和油气勘探领域重要的科学命题。具多应力复合的大型走滑断裂带内部往往伸展、挤压和走滑等多种应力-应变体系共存、且在空间上复杂多变，其对相邻盆地的控制-改造作用具有分段性、分期性，控藏模式也更为复杂，其研究难度明显要大，目前国内外针对此方面的研究均极为薄弱。

中国大型走滑断裂带控盆-控藏的典型实例为郯庐走滑断裂带。该断裂带北北东向贯穿渤海海域东部，在石油地质、构造地质和区域地质研究中均具有重要意义。在渤海湾盆地数十年的油气勘探中，尽管人们已经认识到郯庐走滑断裂带对盆地演化-改造及油气富集具有重要的影响，但对其基本特征、控盆-控藏过程与机理认识依然不明确，诸如该大型走滑断裂带在盆地内的展布规律和演化史如何？对盆地的发育起到何种程度的影响？对盆地的控制-改造过程与机理为何？对盆地内油气的富集具有何种影响，是利还是弊？这些问题在油气勘探研究中长期悬而未决，严重制约了盆地内油气勘探的进展。究其原因，是因为目前国内外在这种复杂走滑断裂带控盆-控藏研究中，无论是理论还是方法上整体薄弱，而使得在这一具体实例问题的认识与解决上无成熟程式可借鉴与参考。

鉴于以上背景，开展复杂走滑断裂带控盆-控藏效应的研究，无论是对科学理论问题的解决，还是基于生产实践问题的需求都迫在眉睫。本项目正是在以上背景下设立开展，旨在通过以郯庐断裂带为典型代表的大型复杂走滑断裂带的精细解剖，在查明走滑断裂带盆地内变形特征和发育演化基础上，明确其在渤海湾盆地演化中的作用以及对油气赋存的控制，揭示复杂走滑断裂带控盆-控藏机理，建立相应模式，指导渤海和其他具类似构造特征地区的油气勘探。

4.3.2　成果简介

本项目以我国东部著名的郯庐走滑断裂带和油气最富集的渤海海域为解析对象，对走滑断裂构造变形与演化及其对盆地演化与油气成藏的控制过程与机理等进行了系统研究。主要取得了以下多项重要的创新认识。

1）大型走滑断裂带构造特征与演化方面。首次提出张扭带内存在有别于传统认识的“花状构造”新类型，构建了张扭带内构造变形新模式；创新走滑断裂带演化史的研究方法，成功约束了郯庐断裂带的新生代演化史。

2）大型走滑断裂带控盆过程与机理方面。建立郯庐走滑断裂带的分段控盆模式，识别出与断裂带走滑活动方式-强度变化响应的盆地关键构造转折事件，提出郯庐走滑断裂带并非渤海湾盆地东部边界的新认识；提出新的盆地反转模式-“同裂陷期构造反转”，明确该类反转构造是同裂陷期走滑活动改造盆地的重要形式。

3）大型走滑断裂带控藏效应方面。建立差异性走滑控藏模式，提出断裂晚期活动强度与构造组合样式联合控制油气宏观富集规律、“走滑挤压背斜控圈-伴生伸展断层控运”是张扭走滑断层控藏的重要方式、凸起带内走滑活动具有长期累积的控藏效应，首次提出郯庐断裂带以东小型边缘凹陷富油气概念与模式。

成果发表论文50余篇，其中SCI论文21篇，包括《AAPG Bulletin》论文5篇；Nature指数期刊论文1篇；出版专著1部，获国家发明专利7项。论文发表以来，被《Nature Communications》等国际知名刊物和中国科学院院士等国内外知名专家团队多次重点引用，20篇代表性论著共被引用500余次，SCI他引150余次，其中单篇最高SCI他引33次。研究成果为大型走滑断裂带控盆-控藏这一科学问题提供了详细的研究范例，并完善了相关理论认识；理论成果有效指导了近几年来渤海海域郯庐断裂带内部和以东多个大中型油气田发现，同时得到全球范围的应用推广。

4.3.3 详细内容

通过10余年的持续攻关研究，项目主要取得了以下创新性成果。

（1）查明郯庐走滑断裂带在渤海湾盆地（海域）的展布和演化规律及动力学成因背景，建立了断裂带在盆内“双枝延伸、早伸展-晚张扭”的发育模式

本项目在充分吸收前人已有研究成果基础上，重点攻关现有研究中存在的薄弱环节，利用渤海海域沿郯庐断裂带发育的完整新生代沉积地层，充分提取其对同期构造事件的记录信息，对郯庐断裂带渤海段的展布、演化及其区域动力学背景进行了详细研究，取得以下关键成果。

1）厘定新生代郯庐断裂带在渤海的分布，提出中生代古走滑断层控制下“双枝延伸、南北贯穿发育”的展布模式，解决了断裂带在陆-海过渡区延伸展布认识上长期存在的争议问题。

在郯庐断裂带渤海段整体展布特征研究基础上，针对尚存争议的区段开展了重点分析，认为新生代郯庐断裂呈两分支断层向北延伸，分别与下辽河坳陷陆区已确认的郯庐断裂带两分支断层及依兰-伊通、敦化-密山两断层相接。断裂带向南与山东境内两组走滑断裂相接，整体形成双枝发育、南北贯穿的特征。

2）创新研究方法、精细约束了郯庐断裂带新生代演化史，并明确其与西太平洋板块俯冲活动相关的区域动力学演化背景。

走滑构造在空间上往往复杂多变，正因如此，走滑断裂带活动演化史的准确约束成为构造地质和区域地质研究中的棘手问题。在郯庐断裂带演化史的研究中，限于露头资料分布的局限性，以往仅通过断裂带陆上露头区开展中生代走滑的年代学研究，对于其新生代演化史的研究缺乏精细化约束；且多期叠加复杂构造变形的特征也极大地增加了新生代演化史恢复的难度。

本项目在研究中创新研究方法，利用沿走滑断层发育的受阻弯曲和释压弯曲等特殊部位可以敏感的记录走滑带构造体制变换这一特性，系统解剖了沿郯庐断裂带渤海段发育的17个此类构造的几何学、运动学特征及其构造演化，明确了郯庐断裂带新生代右旋走滑活动始于~40Ma，整体具有“早伸展-晚张扭”的演化特征，并厘定出断裂带演化中构造体制转换的多个关键时间点（~40Ma、~25Ma、~12Ma、~5Ma），首次系统约束了以多期叠加复杂构造变形为特征的郯庐断裂带新生代演化史。进一步的区域动力学分析发现郯庐断裂带新生代演化与西太平洋板块俯冲方向的多次变化（~40Ma、~25Ma，~12Ma和~5Ma）相吻合，揭示新生代右旋走滑活动由西太平洋板块相对欧亚板块俯冲方向在40Ma左右的变化引起，之后，欧亚板块与太平洋边缘（包括菲律宾海板块）之间的动力学调整是引起在25Ma，12Ma和5Ma期间右旋走滑活动强度等变化的原因。

（2）发现并解释张扭走滑断裂带内部的特殊构造变形样式，首次提出走滑带中存在三类“花状构造”的新认识，建立张扭走滑带构造变形新模式

对郯庐走滑断裂带内构造变形进行了精细解析，首次提出渤海发育的以正断层和背斜组合为特征的“特殊花状构造”（复合花状构造）的新解释及意义。前人对此类特殊构造的解释多强调背斜与分支正断层形成的独立性和先后性，认为整个构造是多期构造变形叠加的结果，代表了构造反转事件。本研究通过对断裂带内多样本的几何学、运动学的精细解析，提出新的成因模式：认为复合花状构造中的分支正断层和背斜发育于同一期构造变形，为单期构造变形的结果，可看作张扭带内走滑相关挤压变形的典型构造样式。继而提出张扭走滑带内还存在有别于传统认识的正、负两类花状构造的第三类花状构造，同样可作为走滑构造的标志性构造样式。

项目通过对断裂带内发育的三类花状构造（正花状、负花状、复合花状构造）系统对比研究，明确了张扭带内包括挤压构造在内各类构造的展布与变形特征，系统建立了张扭带内构造变形所特有的发育模式。

（3）厘定新生代郯庐走滑断裂带与渤海湾盆地（海域）演化的耦合关系，建立走滑断裂带“分段-多期-改造主导”的控盆模式

项目在对新生代郯庐走滑断裂带展布、演化及内部构造变形精细研究的同时，对渤海湾盆地海域的新生代演化史进行了详细研究，继而对两者的耦合关系进行重点分析，最终获得复杂走滑断裂带控盆的系列创新认识。

1）系统揭示渤海湾盆地（海域）新生代演化的关键构造演化事件，提出在统一区域动力学背景下，大型走滑断裂带通过活动方式的多期次变化调整控制（或影响）盆地演化中的重大变革。明确提出渤海湾盆地始新世末期的构造事件以及新近纪-第四纪裂后坳陷期的构造活化事件，为盆地演化中的关键构造事件。首次系统揭示沙三末期（始新世末）构造事件的存在及重大意义，认为该期构造事件是盆地在裂陷期的一次重要的构造转折期，对盆地演化、盆内油气生成、聚集成藏都起到至关重要的影响。渤海湾盆地海域在新近纪-第四纪裂后坳陷期存在断层密集活动和快速沉降为表现形式的强烈构造活化现象，而明显有别于典型的裂谷盆地在裂后坳陷期构造活动微弱的特征。本项目系统分析了这一裂后构造活化的基本特征、成因机制及两种构造表现形式的相互作用关系等。明确提出，郯庐走滑断裂在~40Ma 右旋走滑的启动与盆地始新世末期的构造事件具有统一的动力学背景，并且前者对后者亦表现出明显的局部构造的控制作用；郯庐走滑断裂带在 12Ma 和 5Ma 以来走滑强度的变化，对应盆地构造活化事件，两者具有一致的区域动力学背景。

2）详细解译郯庐断裂带在渤海的分段性特征，建立分段控盆模式。系统研究了郯庐断裂带在渤海的分段性发育特征，认识到该断裂带对渤海海域古近纪盆地发育的控制影响具从南向北依次变晚的趋势，其控制形式也由南段的伸展为主变为中段的伸展兼走滑及北段的走滑为主；至新近纪期间右旋走滑活动明显，其中中段活动性最强，北段最弱。相应提出了三段差异控盆模式。南段具带内“双轨控凹”模式，中段表现为两分枝断层分控旁侧多个堑垒结构的模式，北段具右行右阶雁行凸起带发育模式。以上差异性控盆模式的提出为进一步研究断裂带内油气的差异性富集规律提供了理论依据与基础。

3）系统恢复渤海海域始新世原盆面貌，创新提出沙三期“泛渤中大坳陷”概念，提出郯庐断裂带并非渤海湾盆地东部边界的新认识。基于始新世末构造事件的确定，进一步系统恢复渤海湾盆地（海域）始新世的原始盆地面貌，首次发现渤海海域的多个凸起并非早先认识到的继承性古隆起，而是在沙三段主力烃源岩发育期之后，随着始新世末构造事件的发生才反转形成。综合研究提出，渤中地区在沙三段沉积期为一个较现今范围更为广阔泛渤中大坳陷，周围有秦南、沙南、埕北、黄河口、渤东、庙西等凹陷与之广泛沟通。在原盆恢复基础上，对郯庐断裂带以东存在新生代断陷的研究，发现现今断裂带以东仍发育一些小型的新生代半地堑。明确提出郯庐断裂带没有控制古近纪渤海湾盆地，并非盆地的东部沉积边界。通过明确郯庐断裂带与盆地演化的关系，更新了断

裂带以东边缘凹陷带构造演化的认识，指出了这些地区具有较好的油气勘探潜力。

4）提出盆地反转的新模式——“同裂陷期盆地反转”，并明确这一反转模式是同裂陷期走滑活动控制-改造盆地演化的重要方式。系统研究了裂陷背景下张扭带内挤压变形对同裂陷期盆地的强烈改造作用，提出盆地反转新模式，即走滑活动下的“同裂陷期盆地反转”；详细阐述了该类型盆地反转的特征、机理与意义，提出这类反转是同裂陷期走滑构造对盆地改造影响的重要方式和表现形式，并控制了构造区内油气差异富集规律。该新模式强调区域伸展和盆内局部挤压反转的同期发生，不同于以往构造反转研究中认识的伸展-挤压交替发生过程，这可为走滑改造型盆地的演化和动力学解释以及区域构造研究提供新的研究思路。

（4）系统揭示郯庐走滑断裂带对油气富集的控制效应，建立差异性走滑控藏模式，有效指导油气勘探

基于郯庐断裂带构造变形与演化的深度解析、渤海湾盆地（海域）新生代演化规律与油气富集规律的系统研究，提出了该大型走滑断裂带的控藏规律与模式。

1）提出“断裂晚期活动强度与构造组合样式”控制油气宏观富集规律。认识到断裂带晚期活动在新近系产生的伴生断层是油气由深层向浅层运移的重要通道，直接控制油气的富集程度；裂后坳陷期加速沉降为浅层区域性盖层发育提供保证，构成了新近系有效的油气运移-封堵圈闭条件；晚期构造活动调整地下流体场和压力场，为油气的立体运移聚集提供了有效动力。进一步根据断裂带浅层断层发育程度与发育模式，相应建立了4类不同类型的油气聚集模式：①深凹区浅层悬挂断层油气聚集模式；②斜坡区浅层“复y字”式断层油气聚集模式；③凸起区浅层树状断层油气聚集模式；④断裂带浅层贫断层油气聚集模式。

2）明确凹陷内“走滑挤压背斜控圈-伴生伸展断层控运”是张扭带内构造油藏的基本模式。走滑相关挤压背斜是渤海海域油气富集重要场所。提出这类大型走滑断裂带内有利成藏的构造组合均表现为“挤压背斜控圈和伸展断层控运”的模式。特别提出，复合花状构造作为本研究提出的新的花状构造类型，具有最有利的成藏条件。复合花状构造中发育着与正花状构造相类似的背斜，有利于形成良好的圈闭；发育的大量分支正断层有利于油气运移；其发育于盆地伸展沉降的背景，往往位于或靠近烃源岩发育区，可以保证构造内具有良好的油气充注条件。这些特点使得复合花状构造较正花状构造更易于油气充注成藏。

3）提出边缘凹陷富油气概念与模式。基于始新世末构造事件的系统研究分析和原盆恢复研究成果，提出盆地现今郯庐断裂带以东的一些边缘凹陷在沙三段烃源岩发育期并非边缘凹陷，对庙西凹陷等重点凹陷从凹陷结构、演化、油气地质条件等方面进行了重点解剖，提出这些边缘凹陷是具有较大生烃潜力的盆内断陷，并建立了相应的油气成藏模式。

4.3.4 本节小结

该项目通过对大型郯庐走滑断裂带与渤海湾盆地（海域）的详细解剖，形成的系列创新认识，有效推动了大型走滑断裂带形成演化及控盆-控藏效应相关科学问题的理论认识；同时对渤海海域近几年的油气勘探发现起到重要的理论指导作用。

1）首次提出将正断层和背斜组合为特征的“复合花状构造”作为张扭带内挤压变形的标志性构造，并将其归为与传统认识中的正、负两类“花状构造”并列的一类构造样式，提出了花状构造新的分类方案，即正花状构造、负花状构造和复合花状构造，并构建了张扭带内构造模型，明确该类构造的富油气性。相关认识为走滑断裂带内富油气构造的有效预测起到重要的指导意义，也极大地丰富了走滑构造理论。

2）创新大型走滑断裂带演化史研究方法，利用沿走滑断层发育的受阻弯曲和释压弯曲等特殊部位可以敏感的记录走滑带构造体制变换这一特性，首次明确了郯庐断裂带新生代活动演化史。详细的构造演化史为区域地质研究和成藏研究提供了重要的约束，同时也为国内外其他类似存在多期

构造转换的大型走滑断裂带构造演化史恢复提供了可借鉴的方法，

3）提出的盆地构造反转新模式——“同裂陷期构造反转”，不同于传统的裂后反转模式，新模式强调区域伸展和盆内局部挤压反转的同期发生的过程，为走滑改造型盆地的演化和动力学解释以及区域构造研究提供新的研究思路。

4）郯庐断裂带一直被视为渤海湾盆地的东部边界，本项目创新提出郯庐断裂带在盆地发育鼎盛时期并非盆地边界，断裂带以东仍发育系列箕状断陷，具较好勘探潜力，有效地指导了断裂带以东边缘凹陷这一新领域的油气勘探。

4.4 柿竹园复杂多金属矿采选协同清洁高效利用关键技术及应用

4.4.1 项目背景

随着我国新型工业化、信息化、城镇化、农业现代化进程持续快速推进，未来相当长时期内，矿产资源的刚性需求仍将保持高位运行，新兴战略性矿产需求将加速增长，复杂低品位矿产资源已成为资源开发主体，矿山清洁、高效、集约化利用是矿业可持续发展必然趋势。

湖南柿竹园矿是我国重要战略资源保障基地，也是全国首批“矿产资源综合利用示范基地”，其矿产资源丰富，矿物品种多达 143 种，拥有矿石资源储量 3.90×10^8t（其中三氧化钨 70.8×10^4t、锡 58.7×10^4t、钼 12.7×10^4t、铋 29.7×10^4t、伴生萤石 7699×10^4t、石榴子石近 2×10^8t），被誉为“世界有色金属博物馆”。然而，多金属矿体先期采用空场法回采留下大量待处理采空区影响了Ⅰ、Ⅱ矿带的开采利用，露天、井下低品位矿柱群资源协同开采难度巨大，由于资源的复杂性和技术的局限性，主体有色金属开采，伴生战略性金属回收及尾废处理与资源化利用面临严峻的挑战，急需采矿技术的改革以保障难采优质原料的利用，并借助选矿技术的升级以提高矿石的综合利用率。目前柿竹园钨多金属矿存在以下问题：

1）在矿山先期的开采过程中，井下 315m×313m 富矿段形成 $360\times10^4m^3$ 的空区群，累计暴露面积达 $6.0\times10^4m^2$，最大连续暴露面积已达 $8100m^2$；空区内留有的矿柱资源量达 2935×10^4t，受空区及采动影响的Ⅱ矿带低品位资源达 1.25×10^8t。传统采矿技术难以支撑空区条件下复杂多金属矿的集约化开采的需求。

2）矿物种类 140 多种，共伴生关系复杂，虽然基本实现了钨、钼、铋等主金属回收，但萤石回收率不足 50%，伴生锡石、石榴子石等基本没有回收，资源浪费严重；

3）Ⅰ、Ⅱ矿带主金属品位低，没有高效低成本的采矿及高回收率的选矿技术，难以实现低品位资源经济高效开发利用；

4）每年选矿废水近千万吨，环境压力大。

这些问题也已成为我国复杂低品位多金属资源清洁、高效开发利用面临的共性问题。结合柿竹园多金属矿现状，解决多金属资源“集约化利用”和“清洁生产”两大核心问题，增强企业的可持续发展能力和核心市场竞争力。

4.4.2 成果简介

针对上述难题，该项目在“十二五”国家支撑计划项目支持下，针对柿竹园多金属资源的“集约化利用”和“清洁生产”两大核心问题，通过采选联合，选冶联合，开发了复杂多金属资源清洁高效利用成套关键技术，为复杂多金属资源的清洁、高效综合利用提供了示范。主要技术特点如下：

1）针对特大空区环境下矿柱群及周边矿体开采安全条件差、生产效率低和资源回采率低等难题，发明了矿柱群关联采区设计方法，开发了立体分区超大规模协同控制崩矿技术和井下盘区崩落与露天组合台阶并行开采技术，实现安全高效作业和采区强化开采目标，从根本上解决了高危矿柱群多金属资源的开采技术难题，矿石回采率>95%，贫化率<5%。

2）针对共伴生矿物资源，开发了高钙伴生萤石盐酸剥离活化-高效浮选技术、微细锡石纳米胶体捕收剂强化浮选技术，萤石、锡石回收率分别提高15%、12%，实现了伴生萤石、锡石的资源化高效利用，盘活复杂低品位多金属资源1.52亿t。

3）针对多金属资源开发利用引发的环境问题，开发了选矿废水分质处理与分级循环利用技术和难处理有机物固相转化分离-高级氧化深度处理技术，实现选矿废水的高效处理和低成本回用。

本项目的研发及产业化应用成功盘活复杂低品位多金属资源数亿吨，产生了巨大的经济效益，近三年新增销售额3.45亿元，新增利润近2.03亿元。

4.4.3 详细内容

针对柿竹园复杂多金属矿资源的“集约化利用”和“清洁生产”两大核心问题，在低品位及难采矿柱资源的协同开发、多金属资源高效分离、废水的低成本处理和循环利用等方面开展了系统性研究和技术攻关，形成了采矿、选矿、水处理利用三位一体的多金属资源清洁高效利用成套技术，实现了多金属资源的集约化利用。为南岭成矿带复杂多金属资源的清洁、高效综合利用提供了示范，对于我国战略新兴产业的发展和绿色矿山建设具有重要意义。

（1）创新点一

针对特大空区环境下矿柱群及周边矿体开采安全条件差、生产效率低和资源回采率低等难题，发明了矿柱群关联采区设计方法，开发了立体分区超大规模协同控制崩矿技术和井下盘区崩落与露天组合台阶并行开采技术（图4.4.1），消除了空区安全隐患，实现安全高效作业和采区强化开采目标，从根本上解决了高危矿柱群多金属资源的开采技术难题。

1）基于智能微震监测与关联指标分析模型，发明了矿柱群关联采区设计方法，解决了互为集合的矿柱群分区结构设计与大体积空区地压控制难题。房柱法开采后留下的矿柱为棋盘柱、连续顶、矿柱群互相联系制约，牵一动十、结构力学体系十分复杂。如何将互为集合的矿柱和空区分解为独立的采区，成为矿柱群分区协同开采首先需要解决的关键问题。本项目建立了空区群与矿柱群结构力学体系关联分析模型，基于智能微震地压监测，以矿柱稳定性关联、空区协同性关联和技术匹配性关联的三要素进行分区设计。相邻采区回采后稳定性降低而不能再安全开采的矿柱，相互连通不能独立实行有效处理的空区，能满足装备技术参数与安全作业要求的矿柱，被划分为一个协同开采的采区，攻克了不确定、不规则和多维约束条件下矿柱群分区结构设计及复杂高危空区地压控制难题。

一个独立的矿柱群回采区，水平面积达1.0万~1.5万m^2，垂直高度90~160m，往往由几个至几十个空间关系复杂的分层回采单元组成，一次爆破装药规模达数百吨，雷管上万发，崩矿规模上百万吨，要实现采区内超大规模一次协同控制爆破，技术难度大。本项目研究开发了立体分区超大规模协同控制崩矿技术，爆破单元内按16%~20%。

2）开发了立体分区超大规模协同控制崩矿技术和多向组合双线同径微差起爆网络系统，解决了大采区内数百吨炸药一次崩矿时，多分区协同挤压的微差时间控制和特大规模起爆网络可靠连接问题，消除空区安全隐患，实现了矿柱群安全强化开采。

的Kb系数在采区的立体范围内错开布置切割工程，再以小补偿空间协同爆破形成自拉槽；在多面临空区条件下以自拉槽为自由面爆破，根据研究建立的爆破阻力模型，按照等阻力原则设计孔网参数和分配药量，在大空区多面临空条件下实行分区间微差协同挤压崩矿，有效地控制了爆破振动和崩矿块度。针对大采区极其复杂的非线性起爆顺序和特大规模的起爆网络，研发了多向组合双线同径微差起爆网络系统，将同径的双线传爆索敷设至各爆区，通过井下通道将160m高阶段内几个至几十个独立的分区连接到一个起爆网络系统中，单次最大网络雷管数达到19046发；解决了几十个爆区、上万个炮孔一次起爆的微差时间控制和网络可靠连接难题。应用技术成果，成功实施了

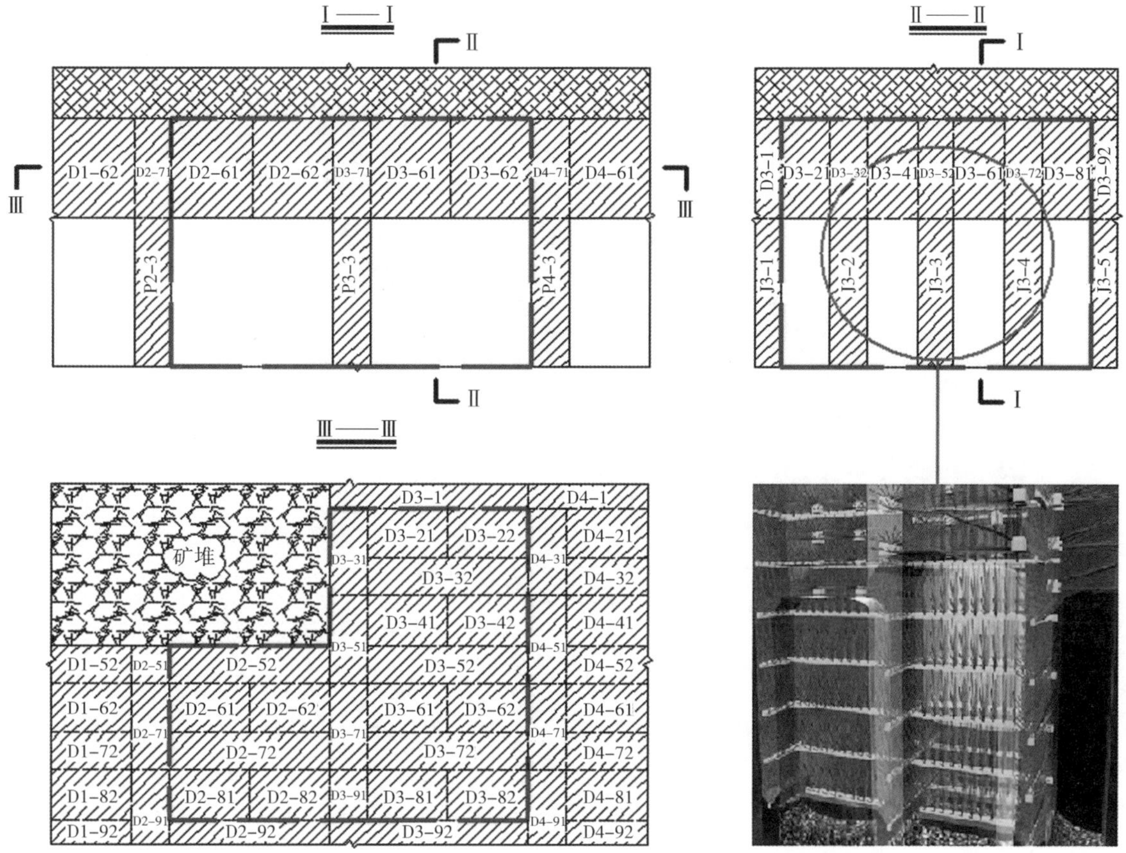

图 4.4.1　井下立体分区协同开采方案

装药量 821t 的世界上井下最大规模钻孔爆破，单次回采崩矿量 188.6 万 t、处理空区 54 万 m^3，矿柱回采大块产出率 3.6%，盘区生产能力 2150t/d。

3）开发了井下盘区崩落与露天组合台阶并行开采技术（图 4.4.2），解决了空区强制崩落其顶板垮塌透地表后，塌陷区内及周边矿体难以回采的技术难题，露天基建剥离量小，投产快开采强度大，实现了多金属矿的均衡生产和高效利用。崩落法回采矿柱协同处理空区后直接垮透地表，井下与地表直接贯通没有安全隔离层，塌陷区内及周边矿体的回采难度大；地表塌陷区周边形成了陡峭的高陡边坡，露天生产作业安全隐患大。基于多软件耦合数值分析技术，分析了无安全隔离层条件下井下盘区崩落与露天台阶并行开采岩体变形演化特征，揭示了并行开采时露天台阶边坡与井下崩落开采耦合作用机理，确定了井下盘区崩落开采推进顺序与步距、露天台阶下降速度，为塌陷区内及周边矿体在露天开采提供了理论依据。井下分盘区将空场法留下的矿柱和顶柱采用深孔崩落法，高中段集中强化开采，全盘机械化作业；露天开采以塌陷区为中心由内向外，台阶组合式逐步扩采；露天作业台阶与井下盘区采场之间无隔离层，上下采区协同并行推进。针对塌陷区周边高危陡峭的岩体，研发了定向抛掷硐室爆破高效剥离法，采用集中药包方形布置、药包耦合装药、主副双起爆体等关键技术，定向抛掷率达到 63%，治理高陡边坡隐患的同时控制地表废石混入，废石源头减量控制。应用技术成果，矿石回采率>95%，贫化率<5%，单位面积生产效率 30.43t/m^2。

（2）创新点二

针对复杂共伴生矿物资源，优化主金属选矿工艺流程，开发了高钙伴生萤石盐酸剥离活化-高效浮选技术、微细锡石纳米胶体捕收剂强化浮选技术，实现伴生萤石、锡石的资源化高效利用，盘活复杂低品位多金属资源数亿吨。

1）基于萤石与含钙复杂脉石矿物界面性质和可溶性差异，发明了含酰胺基氢键耦合协同的

图 4.4.2　露天与井下开采方案

CYP 系列捕收剂，开发了含钙脉石矿物盐酸剥离活化-高效浮选分离新技术，解决了伴生萤石矿物与含钙复杂脉石矿物浮选高效分离的难题。萤石矿物表面活性质点 Ca^{2+} 被大量硅酸根离子等亲水基团吸附，导致萤石被强烈抑制，萤石可浮性显著降低。采用盐酸酸洗剥离解吸萤石矿物表面吸附的浮选药剂，解决萤石矿物表面被水玻璃等药剂“污染”而被强烈抑制的难题，改善或恢复萤石的可浮性；基于浮选电位调控及矿物表面药剂吸附与解析原理，通过浮选矿浆电位精准调控，分步抑制含钙矿物、硅酸盐及石英等脉石矿物；剥离方解石表面吸附的捕收剂，形成新鲜矿物表面，有利于抑制剂在方解石新鲜表面的吸附，显著提升抑制效率，最终实现萤石与脉石的高效分离；通过活性官能团组装，开发了 CYP 系列耐低温萤石捕收剂，解决传统脂肪酸捕收剂不耐低温、流动性差、选择性低等问题，实现萤石低温（最低至 10℃）高效浮选。该技术成果在柿竹园公司多金属选厂工业化应用，萤石回收率提高 15 个百分点以上，为 7000×10^4t 伴生萤石资源的高效回收提供示范。

2）发明了金属有机配合物胶体捕收剂浮选药剂新体系，开发了微细锡石强化浮选新技术，钨锡同步混合浮选，通过选冶联合实现了柿竹园多金属矿体锡石回收“零”的突破。通过金属离子与有机配体的配位调控分子组装，设计开发了铅基多配体有机配合物胶体捕收剂（图 4.4.3），实现黑钨矿、白钨矿、锡石三种典型氧化矿的同步浮选富集；通过胶体捕收剂调控微细锡石表面粗糙度，强化表面疏水性和微细锡石疏水团聚，实现锡石的高效浮选；通过 Al^{3+} 定向调控硅酸胶粒的自组装，形成 Al-SiO_3 多聚物，极大地改善其对方解石的选择性抑制能力，实现钨锡矿物与含钙脉石矿物的高效浮选分离；通过选冶联合优化产品结构，锡石尽可能地进入钨精矿，在钨冶炼过程中实现锡石的综合回收，锡石综合回收率提高至 12%以上。

（3）创新点三

围绕金属矿选矿废水循环利用过程中的共性问题，探明各类废水中可溶性组分、有机物、固体悬浮物与矿物间的界面相互作用规律，形成选矿废水分质处理与分级循环利用的新技术原型，开发了难处理有机物固相转化分离-高级氧化深度处理技术，实现选矿废水的高效处理和低成本回用，助力矿山清洁生产。

1）针对选矿废水的复杂性及不同分选工艺对水质不同要求，提出选矿废水的“分质处理与分级循环利用”学术思想和技术路线。多金属矿选矿工艺流程复杂，产生废水的环节多，不同环节

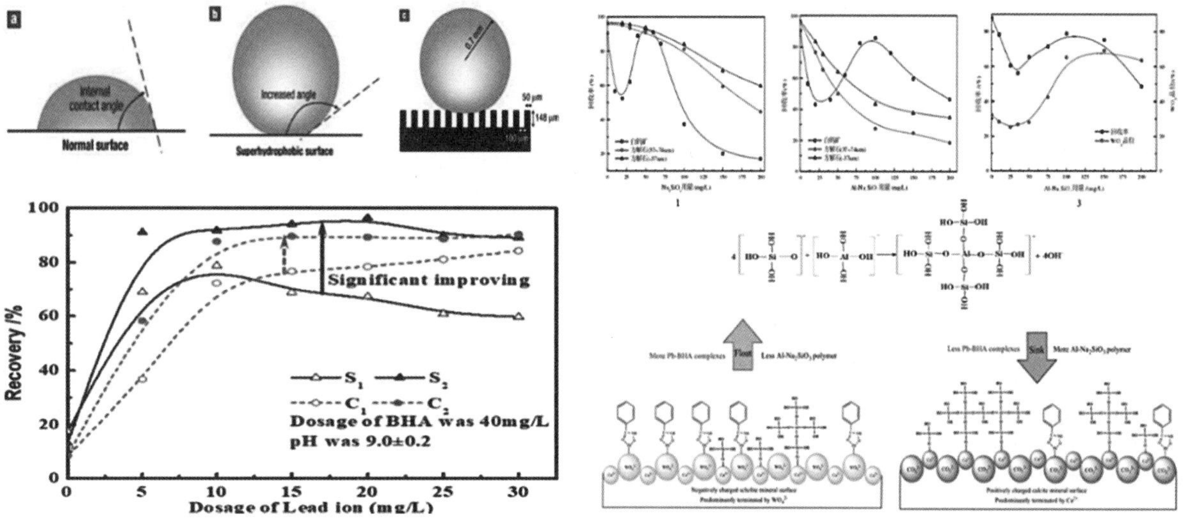

图 4.4.3　金属有机配合物胶体捕收剂（左）和 Al-SiO_3 多聚物抑制剂（右）

的废水中污染物种类、浓度各不相同，其净化回用难度远高于单一金属矿选矿废水。通过系统的基础研究，揭示了不同回水对不同矿物浮选和选别效果的影响规律：不同选矿废水对于不同选矿环节的影响差异较大，不同环节的废水可按一定原则进行合并，进行分质适度处理，分级按质进行不同用途的回用。进而提出了选矿废水的“分质处理与分级回用”思想，依据这种思想建立了柿竹园多金属矿水质水量调配系统。硫化矿选矿废水循环率达 80%，黑白钨混合浮选精矿浓缩水直接返回粗选作业，实现残余捕收剂的高效循环利用，捕收剂消耗量降低 25%。

2）针对高 COD 选矿废水，发明了新型铁基水处理剂，开发了难处理有机物固相转化分离-高级氧化深度处理技术，实现了脂肪酸、羟肟酸类有机药剂的高效低成本净化。针对柿竹园选矿工艺中采用的苯甲羟肟酸铅金属有机配合物捕收剂和脂肪酸系列捕收剂，开发了具有强螯合能力的新型铁基复合水处理剂，通过新型铁基水处理剂实现高浓度有机物的络合沉淀，将可溶性有机物净化难转化为固体悬浮物的净化问题；通过矿物表面电性调控，强化尾矿中矿物颗粒与废水中微细颗粒的异相凝聚，实现废水中的高浓度有机物的低成本净化，净化效率达 70%以上；通过次氯酸钠高级氧化技术实现残余 COD 的深度净化，净化尾水 COD 降低至 60mg/L，水处理成本降低 50%以上。

（4）创新点四

建立采矿-选矿-冶炼多专业协同生产模式，实现多金属矿产资源的节约化利用和高效清洁生产。

1）采选深度融合，基于选矿技术的发展灵活调整采矿作业界限，延长矿山服务年限。黑白钨混合浮选新技术大幅简化钨矿浮选工艺流程，对复杂低品位矿石适应能力更强，钨综合回收率进一步提升，因此原有的复杂难选矿石（低品位矿石、地表矿等）纳入采矿作业范围；高钙伴生萤石高效浮选技术实现了伴生萤石资源的综合利用，以萤石为主体围岩、废石成为采矿的重要采区之一，大幅提高了柿竹园多金属矿山服务年限。

2）选冶深度融合，基于冶炼技术的发展优化产品结构，大幅提高资源回收率。近年来中度钨精矿碱法萃取冶炼技术和硫磷混酸协同分解冶炼技术取得重大突破，对钨精矿品位要求从 65%降低至 30%左右，通过调整钨精矿产品结构，钨综合回收率大幅提升，且锡石在钨精矿中富集；萤石 90%精粉制酸技术的突破盘活了高钙伴生萤石资源，通过浮选技术控制精矿产品中硅、硫含量，90%品位萤石制氢氟酸，70%～85%品位萤石作钢铁冶金辅助原料，实现高钙伴生萤石的资源化利用。

上述研究成果贯通了采矿、选矿、冶炼产业链，建立矿山多专业协同生产模式，形成了复杂多金属资源清洁高效利用成套技术，实现了多金属资源的集约化利用，为南岭成矿带乃至全国矿产资源的高效开发利用提供了借鉴与示范。相关成果得到孙传尧院士、王运敏院士、邱显扬教授和德国Martin教授等国内外专家的高度评价，采选技术达到国际领先水平，近三年新增利润3.94亿元。

4.4.4 本节小结

与当前国内外同类研究及技术相比，该项目突破了复杂多金属矿集约化利用的技术瓶颈，打破专业界限，贯通采矿、选矿、废水利用产业链，通过采选联合、选冶联合，实现复杂多金属矿产资源的集约化利用，项目技术成果及指标综合分析：

1）针对特大空区环境下矿柱群及周边矿体开采，采用矿柱群关联采区设计方法和立体分区超大规模协同控制崩矿技术，采区回采高度达160m高，成功实施了装药量821t的世界上井下最大规模钻孔爆破，单次最大网络雷管数达到19046发，单次回采崩矿量188.6万t、处理空区54万m^3，矿柱回采大块产出率3.6%，盘区生产能力2150t/d。

2）井下盘区崩落与露天组合台阶并行开采技术为国内外首创，矿石回采率>95%，贫化率<5%，单位面积生产效率30.43t/m^2，开采强度大，实现了多金属矿的均衡生产和高效利用。

3）含钙脉石矿物盐酸剥离活化-高效浮选分离新技术在柿竹园公司多金属选厂工业化应用，萤石回收率提高15个百分点以上。

4）微细锡石强化浮选新技术，钨锡同步混合浮选，通过选冶联合实现了柿竹园多金属矿体锡石回收“零”的突破，在钨冶炼过程中实现锡石的综合回收，锡石综合回收率提高至12%以上。

5）难处理有机物固相转化分离-高级氧化深度处理技术，实现选矿废水的高效处理和低成本回用，废水回用率80%以上，浮选药剂用量降低20%，废水中的高浓度有机物净化效率达70%以上净化尾水COD降低至60mg/L，水处理成本降低50%。

本项目的研发及产业化应用成功盘活复杂低品位多金属资源数亿吨，近三年新增销售额3.45亿元，新增利润近2.03亿元。该项目也被专家评定为：“项目整体技术达到国际先进水平，其中矿柱群立体分区控制开采、伴生萤石和锡石回收等技术达到国际领先水平”。该项技术成果对复杂难采多金属矿乃至全国矿产资源的集约化利用具有极大地借鉴意义，推广应用前景广阔。

4.5 难选低硫复杂含金矿石全组分高效回收关键技术研究与应用

4.5.1 项目背景

海南山金矿业有限公司（以下简称：海南山金）为采、选、冶一体化黄金矿山企业，位于海南省乐东县。在海南省打造国际旅游岛和自由贸易区的国家政策背景下，禁止使用氰化工艺，同时尾矿库不新增、不置换。海南山金原采用重选-全泥氰化工艺，尾矿库已爆满，新建尾矿库不批，企业到了生死存亡的危急关头。海南山金先后与多家科研单位合作，尝试了全浮选工艺及氰化尾矿除氰等方法，均没有达到预期效果，未能从根本上解决问题。在此背景下，海南山金与东北大学积极合作，开展绿色新技术联合科技攻关，以矿石的基因工艺矿物学特征研究和尼尔森选矿机分选理论研究为基础，研发适合海南国际旅游岛的绿色高效提金新工艺，实现尾矿综合利用，建成国内首座绿色无尾矿山。

4.5.2 成果简介

在海南省打造国际旅游岛和自贸区的国家政策背景下，海南山金原生产工艺（重选-全泥氰化）与海南省发展完全相背，按照规定禁止氰化工艺，同时尾矿库不新增、不置换，企业将被迫停产。在此危急关头，海南山金与东北大学积极合作，开展产学研联合技术攻关。以矿石基因理论研究和尼尔森选矿机分选理论研究为指导，提出了两段磨矿两段尼尔森重选-浮选柱浮选机联合浮选的梯级回收金理论，研发出世界首创的贫硫化物复杂含金矿石全组分高效回收关键技术，并在海南山金和海南金惠环保节能有限公司（以下简称：海南金惠）成功应用，形成了创新理论-创新技术-创新工程的全创新链，开创了绿色矿山生产新模式，使得海南山金成为国内首家黄金无尾矿山。创新研究成果如下：

1）通过对贫硫化物金矿工艺矿物学研究，查明了金矿物赋存状态，发现金矿物分为粗中粒和微细粒两大群。首次计算了尼尔森选矿机各富集环中的反冲水流速，建立了富集准数X，并利用Weibull公式拟合得到了各富集环中矿物的富集质量模型。

$$X=\frac{D^2(\rho_s-\rho_w)r\omega^2NA}{18\mu Qn}$$

首次逐环研究了尼尔森选矿机中重矿物的富集机理，提出了表面富集、置换富集和淘析富集三种富集机理，查明了富集准数与富集机理、精矿形貌和分选效果之间的关系，创新完善了尼尔森选矿机重选理论。

2）根据金矿物特征，首次提出了两段磨矿两段尼尔森选矿机重选-浮选柱、浮选机联合浮选强化回收金技术。贫硫难浮金矿金品位6.08g/t，两段尼尔森重选获得精矿平均品位1540.76g/t，金回收率达63.35%。重选尾矿经过一次浮选柱粗选、两次浮选柱精选和两次浮选机扫选的柱机联合工艺可获得金品位81.61g/t的精矿，金回收率30.2%。全流程金总回收率93.55%，选矿指标优越。

3）采用高配比浮选尾矿制砖技术，实现了浮选尾矿的全部资源化利用，尾矿变废为宝，节省了尾矿库用地，消除了尾矿库隐患，建成了国内首家绿色无尾矿山。

目前，该项目在海南山金和海南金惠已经实现工业化应用，生产运行安全可靠，生产指标稳定，技术重现性好、成熟度高。海南山金项目建设总投资3709万元，全流程金回收率高达93.55%，年利税为1.682亿元。项目成功后，彻底甩掉氰化工艺，海南山金面貌一新。与此同时，节省了新建尾矿库一次性投资5500万元，减少尾矿库年运行成本500余万元。海南金惠日产砖可达60万块，年利润为2772万元。项目整体生产稳定、指标优越，具有显著的经济、社会和生态效益。

该项目取得了丰硕的研究成果，形成创新理论发表论文12篇，其中国际顶级期刊*Minerals Engineering*上发表学术论文3篇，申请发明专利2项。该项目形成了从工艺设计、工艺开发以及装备研制的一整套成熟技术，市场竞争力强。经鉴定，该项目达到国际领先水平，在国内外石英脉型金矿中具有广阔的应用和推广前景。对行业科技进步具有积极的推动作用。

4.5.3 详细内容

（1）创新理论研究

1）贫硫化物不均匀颗粒包裹型金矿石研究。原矿石工艺矿物学研究：本项目采用先进的分析测试手段，对海南山金原矿石及全流程矿石，进行工艺矿物学研究，旨在查清该金矿石的工艺类型、矿物组成、金矿物粒度分布、赋存状态及嵌布特征等关键问题，形成系统、全面的工艺矿物学理论，为该矿石选矿工艺的选择提供可靠的理论依据。研究表明：该金矿石金品位6.08g/t，含硫0.60%，其载金矿物主要为石英、云母和绿泥石。金的赋存状态为包裹金、粒间金和裂隙金，其质量分数分别为48.37%、43.24%和8.39%。金矿物粒度分布广且不均匀，粗粒金、中粒金、细粒金和微粒金质量分数分别为32.69%、18.04%、23.52%和25.75%，图4.5.1（A~C）所示分别为不同粒级范围的金矿物照片。根据工艺矿物学研究，发现该金矿贫硫化物、金颗粒微细、脉石矿物包裹体，属于低硫难浮选不均匀颗粒包裹体型金矿石。

2）首次得出尼尔森选矿机富集环中矿物富集质量模型。尼尔森选矿机富集锥为锥形结构，各富集环半径差异较大，矿物颗粒在各富集环中受到的离心作用各不相同，矿物颗粒在各富集环中的

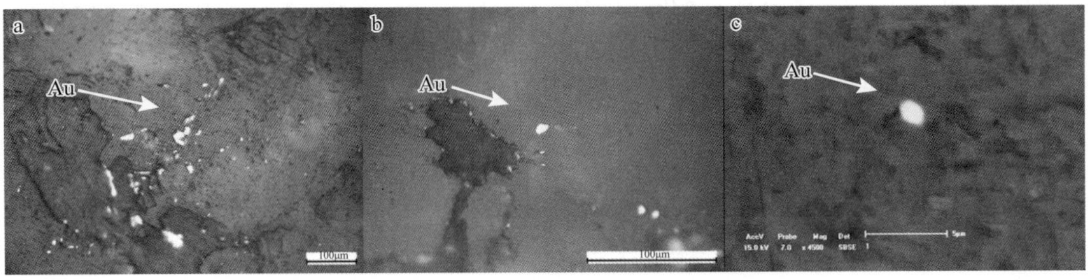

图 4.5.1　各粒级金矿物形貌图

运动特征也不相同。因此，以富集环为研究对象，逐环研究矿石颗粒的分选特征并建立富集模型具有重要的意义。本研究通过理论推导得出矿物颗粒的沉降速度和反冲水流速，并将两者的比值定义为富集准数（X），如式（4.5.1）：

$$X = \frac{D^2(\rho_s - \rho_w)r\omega^2 NA}{18\mu Qn} \tag{4.5.1}$$

式中：D 为颗粒直径；r 为旋转半径；ω 是旋转角速度；ρ_w 和 ρ_s 分别为水和颗粒的密度；μ 为水的黏度；A 为富集环侧面积；Q 为反冲水流量；n 为富集环中的反冲水孔数量；N 为富集锥反冲水孔总数量。

通过该富集准数将各个操作参数有机联系起来，通过研究发现，不同条件下各富集环中回收的物料质量首先随着富集准数 X 值的增大而迅速增大，之后增加速率逐渐减小并趋近为零，富集环中回收物料质量达到最大值后保持不变。利用 Weibull 公式拟合得到各富集环中富集物料的质量模型如式（4.5.2）：

$$M = \sum_{i=1}^{5} m_i = \sum_{i=1}^{5} a_i - b_i \exp\left[-c_i\left(\frac{D^2(\rho_s - \rho_w)r_i\omega^2 NA_i}{18\mu Qn_i}\right)^{d_i}\right] \tag{4.5.2}$$

式中：a 代表各富集环中回收物料的最大质量；b、c 和 d 为模型参数。该富集质量模型的建立，对工业生产中操作参数的选择以及富集效果的预测具有重要的指导意义。

3）首次提出尼尔森重选表面富集、置换富集和淘析富集机理。首次逐环研究了不同操作条件下尼尔森选矿机中重矿物富集机理，并探究了操作参数与富集机理和尼尔森选矿机分选效果之间的关系。结果表明，高比重矿物的富集机理与富集准数（X）的大小有关，X 值较大、适中和较小时对应的富集机理分别为表面富集、置换富集和淘析富集，对应的精矿形貌分别如图 4.5.2～图 4.5.4 所示。当富集机理为表面富集时，过载现象最早发生，各富集环中的高比例矿物的粒度分布相近且与原料相似；当富集机理为置换富集时，过载现象延迟出现，高比例矿物颗粒取代低比例矿物颗粒在富集环中富集，形成较厚的高比例矿物精矿层；当富集机理为淘析富集时，相比其他两种富集机理，过载现象最晚发生，高比例矿物的粒度最粗，此时由于分选床层高度流态化，大量细颗粒高比例矿物在尾矿中流失，实际生产中应避免出现。

（2）创新技术研究

1）两段磨矿两段尼尔森重选新技术。根据矿石基因特点，本着“早收快收”和“减少药剂”的原则，开展尼尔森选矿机重选试验研究，首先通过条件试验研究，得出了尼尔森重选最优条件为：磨矿细度-74μm 占 75%～80%，重力值 60G，反冲水压 16 kPa，矿浆浓度 40%。在此基础上，进行两段磨矿两段尼尔森选矿机重选回收金试验研究，试验流程如图 4.5.5 所示。

新技术结果表明：当第一段磨矿细度为-74 μm 占 45%时，所得淘洗精矿 1 品位可达 7852.12 g/t，中矿 1 品位 88.49 g/t，一段尼尔森重选精矿中回收了大量的粗中粒金及少量细粒金，一段尼尔森重选金回收率为 49.78%，图 4.5.6 所示为淘析精矿 1 中的粗、中粒单体金。

第二段磨矿细度达到-74 μm 占 75%时，二段尼尔森重选对应的淘洗精矿 2 品位 3014.21 g/t，

图 4.5.2　表面富集钨精矿形貌图

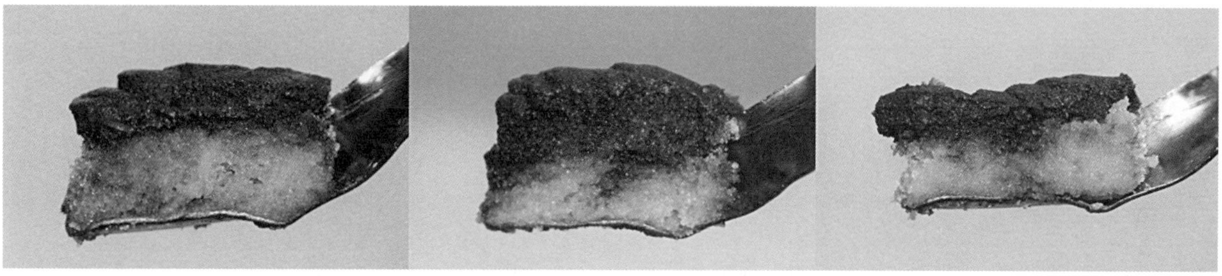

图 4.5.3　置换富集钨精矿形貌图

图 4.5.4　淘析富集钨精矿形貌图

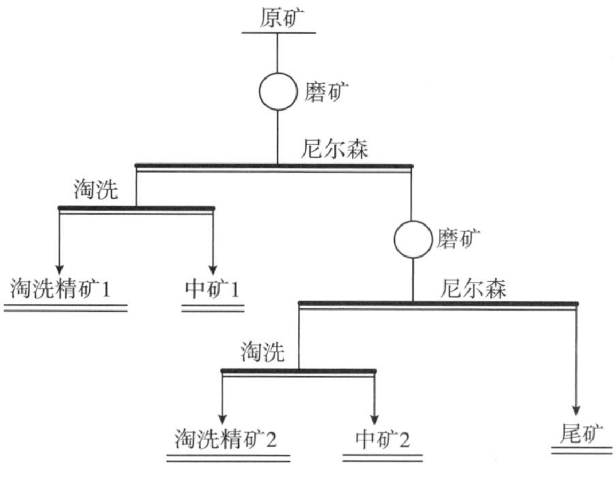

图 4.5.5　原矿石两段磨矿两段重选试验流程图

中矿 2 品位 56.49 g/t，第二段尼尔森重选金回收率为 21.26%。淘洗精矿 2 中未发现肉眼可见金，体视镜下观察可发现少量细颗粒金，在扫描电子显微镜下可发现金的连生体颗粒，如图 4.5.7 所示。

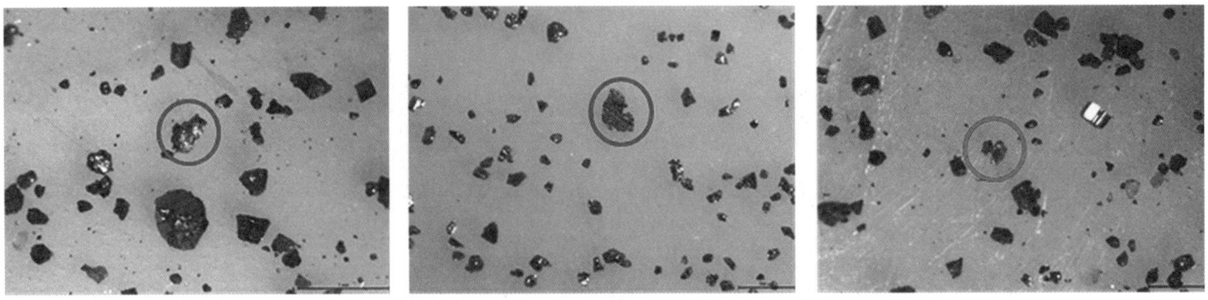

图 4.5.6　一段尼尔森重选精矿石中的粗、中粒金

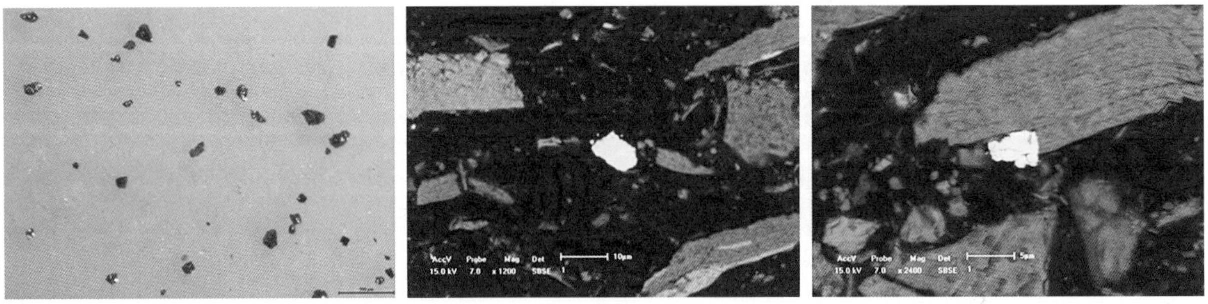

图 4.5.7　二段尼尔森重选精矿石中的中、细粒金

2）尼尔森重选尾矿浮选柱、浮选机联合浮选新技术。按照矿石基因特性研究，本矿石贫硫化物、脉石矿物包裹比例高。利用浮选柱泡沫层更稳定，减少波动的优势，研发柱机联合浮选新技术，利用柱机联合浮选技术回收尼尔森选矿机重选尾矿中的微细粒金矿物。首先采用实验室浮选机对重选尾矿样品进行 pH 试验、水玻璃用量试验、硫酸铜用量试验、捕收剂种类及用量试验、浮选时间试验和浮选矿浆浓度试验等浮选条件试验，确定最优浮选条件为：中性条件、水玻璃用量 200 g/t、硫酸铜用量 100 g/t、异戊基黄药用量 200 g/t、浮选时间 5 min 和浮选矿浆质量分数 40%。在条件试验所得最优水平下，进行浮选柱浮选试验，确定出浮选柱浮选的最优条件为 26.58 kg/h、充气量 0.10 m^3/h 和循环压力 0.1Mpa。最后通过精选试验、扫选试验等开路浮选试验和闭路浮选试验，确定出最优浮选流程为浮选柱一次粗选两次精选和浮选机三次扫选的浮选流程。

3）高配浮选尾矿制备墙体环保红砖新技术。由于海南省环保政策严苛，执行“尾矿库不新建、不置换”政策，对地下水限制很严。为了彻底消除尾矿给企业带来的安全风险，适合建设海南国际旅游岛和自由贸易区的国家战略发展规划，项目组积极研发尾矿综合利用新技术，以浮选尾矿和采矿废石为原料，进行高配浮选尾矿制砖试验研究，开发出了高配比浮选尾矿制砖技术，实现了浮选尾矿的资源化综合利用，建成了无尾绿色矿山。

4）贫硫化物复杂含金矿石全组分高效回收成套关键技术。本研究以工艺矿物学和尼尔森重选机理研究为指导，在大量条件试验、开路试验以及闭路试验的基础上，提出了两段磨矿两段尼尔森重选新技术、尼尔森尾矿浮选柱浮选机联合浮选新技术和高配浮选尾矿制备墙体环保红砖新技术。通过工业验证试验研究，形成了贫硫化物复杂含金矿石全组分高效回收成套关键技术，并在海南山金和海南金惠成功实现工业化应用，创造经济效益、环境效益和社会效益全面提升的模式。

（3）项目实施效果

本项目研究成果“贫硫化物复杂含金矿石全组分高效回收关键技术”，已经在海南山金和海南金惠实现工业化应用。2018 年海南山金利用该技术进行设计建厂，2019 年 9 月 13 日投料试生产，并一次性试车成功，于 9 月 18 日正式达产。新选厂投产运行至今，技术指标平稳，产品质量优越。原矿金品位 6.08g/t，两段重选金精矿产率 0.25%，精矿品均品位 1540.76g/t，重选金回收率可达

63.35%；浮选精矿产率 2.25%，浮选精矿品位 81.61g/t，浮选金回收率可达 30.2%，全流程金回收率 93.55%，各项指标均高于设计指标。应用该技术处理金矿石，最终尾矿经鉴定达到一般固废一类标准，满足国家环保要求，适合海南国际旅游岛生态政策，使企业起死回生。

海南金惠环保节能有限公司以海南山金的尾矿资源为依托，采用天然气焙烧工艺，建成高配比尾矿制砖生产线，日产砖可达 60 万块，尾矿月需求量 22500 吨，废石月需求量 13500 吨。产品质量执行《烧结多孔砖（砖块）和多孔砌块》（GB 13544—2011）国家标准的技术指标要求和粉煤灰执行 JC/T409 的规定，产品质量达到要求。高配比浮选尾矿制砖技术的应用，实现了废弃物资源化综合利用，环保节能、绿色建材，符合国家产业政策，利国利民，具有良好的经济效益、环境效益和社会效益。

4.5.4　本节小结

针对海南山金矿业有限公司面临的严峻问题，海南山金与东北大学积极开展产学研科技合作，开展联合技术攻关。东北大学通过矿石基因理论研究，查明了金矿物赋存状态。首次提出了尼尔森选矿机富集准数，建立了各富集环中矿物的富集质量模型，提出了三种尼尔森选矿机分选机理，丰富了尼尔森重选理论。本项目在工艺矿物学和尼尔森选矿机分选机理研究的基础上，首次创新性研发出两段磨矿两段尼尔森重选-浮选柱、浮选机联合浮选的绿色提金新工艺，充分回收了粗、中、细粒金矿物，尾矿用于烧制红砖，整体工艺技术先进，创新性强。

项目成果“贫硫化物复杂含金矿石全组分高效回收关键技术”已在海南山金和海南金惠环保节能有限公司实现工业化应用，生产运行安全可靠，生产指标稳定，技术重现性好、成熟度高，开创了绿色矿山生产新模式，使得海南山金成为国内首家黄金无尾矿山，形成了创新理论-创新技术-创新工程的全创新链。项目整体生产稳定、指标优越，具有显著的经济、社会和生态效益。该项目形成了从工艺设计、工艺开发以及装备研制的一整套成熟技术，市场竞争力强，引起同行的高度关注，先后有 20 多个黄金企业来现场参观学习和技术交流，2020 年 10 月《中国矿业报》头版报道了该技术。经专家鉴定，一致认为该项目成果整体技术经济水平居国际领先水平，该创新技术在同类矿山具有广泛推广应用价值。

4.6　基于精确定位技术的无轨胶轮车运输管理系统应用与研究

4.6.1　项目背景

（1）任务来源

本项目根据《煤矿安全规程》第三百九十二条第六条要求：胶轮车在运行中应当符合下列要求：运送人员必须使用专用人车，严禁超员；运行速度，运人时不超过 25km/h，运送物料时不超过 40km/h；同向行驶车辆必须保持不小于 50m 的安全运行距离；严禁车辆空挡滑行；应当设置随车通信系统或者车辆位置监测系统；严禁进入专用回风巷和微风、无风区域。煤矿井下巷道窄、视线受限，行车状况复杂，为保证车辆运行安全，提高效率，需要对井下辅助运输车辆进行监测和调度控制，进行交通管制以保证运行畅通。为保证煤矿安全，有效保护车辆，在安全规程规定下，胶轮车必须安装机车车辆卡及车辆调度设备；车辆管理系统是针对井下防爆车辆辅助运输系统设计的具有车辆监测、车辆通信调度管制功能的系统。

（2）国内研究现状

国内部分厂家根据煤矿安全规程要求，综合性或针对性的解决煤矿井下车辆定位、车辆速度监测、信号闭锁问题，基本上可以解决煤矿安全规程中所要求的内容，但无法解决和提高煤矿井下无轨胶轮车的运输效率。

根据国内在用无轨胶轮车运输管理系统的调研情况，目前国内主要采用的技术有以下几种：

1）基于 RFID 区域定位技术的矿井交通控制。基于 RFID 区域定位技术开发的无轨胶轮车运输管理系统是参考煤矿井下人员定位系统的工作原理，实现对井下车辆定位和交通运输管控，在辅运巷道、路口安装定位读卡分站和红绿灯，胶轮车上固定安装 RFID 定位卡，通过不同位置的读卡分站返回的车辆信息判断车辆所在位置，对井下红绿灯进行控制，达到信号闭锁和车辆调控的目的。但由于 RFID 定位技术只是执行一个读卡信息判断，无法实现车辆实时位置的精准跟踪，同时 RFID 读卡分站与车辆卡之间存在一个读卡周期的问题，该技术在煤矿井下实际应用后发现，车辆到达闭锁区域或路口，由于读卡周期问题造成对车辆位置判断时间严重滞后，频繁出现响应不及时的问题，造成红绿灯信号切换不及时，车辆在闭锁巷道区间出现了堵塞、拥堵等情况，必须由车辆长距离倒车来解决，造成了大量的时间和能源的浪费。因此，基于 RFID 区域定位技术的矿井交通控制系统不适用于煤矿井下无轨胶轮车运输管理，无法从技术方面完美支撑解决煤矿胶轮车运输管控的问题。

2）基于 RFID 区域定位+PLC 控制的矿井交通控制。基于 RFID 区域定位技术+PLC 控制技术是一种综合性的解决方案，在辅运巷道安装定位分站，胶轮车上安装 RFID 定位卡，通过读卡信息在地图上显示车辆的行驶位置。同时在路口及闭锁区间出入口安装红绿灯、PLC 控制器，车辆到达相应位置时通过触发传感器，由 PLC 控制红绿灯进行状态切换，达到信号闭锁和交通管控的目的。以上实现方式虽然可以解决胶轮车信号闭锁的问题，但由于定位技术是基于 RFID 区域定位，只能实现车辆大致区域的定位，无法在 GIS 地图上准确显示车辆位置，存在大量的信号盲区造成无法执行精准的车辆调度。同时，单纯采用 PLC 控制技术进行区间闭锁，无法做到整体的连锁控制，在不同矿井的适用性较差，一矿一方案，不具备广泛推广。因此，基于 RFID 区域定位+PLC 控制的矿井交通控制解决方案，可以解决少数矿井需要行车区间闭锁问题，对于辅运压力较大的矿井，无法解决其运输压力和提高运输效率的问题，但不具有广泛的推广价值。

3）基于 UWB 精准定位技术实现车辆定位和交通管控。超宽带（Ultra Wide Band，UWB）技术是一种无线载波通信技术，它不采用正弦载波，而是利用纳秒级的非正弦波窄脉冲传输数据，因此其所占的频谱范围很宽（图 4.6.1）。UWB 技术具有极强的穿透能力，可在室内和地下进行精确定位，其定位精度可达厘米级。基于 UWB 超宽带技术搭配 TDOA 定位测距算法，利用 UWB 技术的特性，在煤矿井下封闭空间可使其定位精度达到 1m。使用 UWB 技术解决煤矿井下胶轮车定位的问题，其定位精度不仅可以解决胶轮车位置实时跟踪的问题，同时其所提供的精准车辆位置信息，可以为提高井下运输效率和功能拓展提供判断依据。

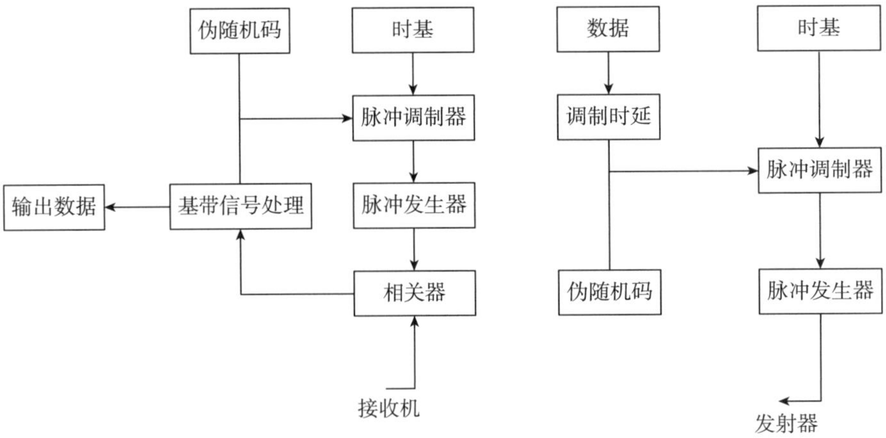

图 4.6.1　UWB 工作原理

4.6.2　成果简介

本项目面向国内采用无轨胶轮车辅助运输的煤矿。适用于在井下运送人员，运输设备与货物的无轨胶轮车进行运输管理。项目成果已经在 60 多个大中型矿井大规模使用，监管效果明显，大幅度提高了煤矿胶轮车运输系统的管理水平、煤矿安全和经济效益。目前在无人驾驶方面还处在实验阶段，需进一步优化方案，通过现场的应用不断对产品技术指标和功能进行优化，更好地为用户服务，提升工作效率，逐步实现煤矿进行生产从“少人化”向“无人化”的目标转变。

与此在智能运输管理系统上开展的《矿井可视化精准定位无轨胶轮车管理系统的研究与应用》，在2019年度晋能集团科学技术评比中荣获三等奖，2020年被中国煤炭工业协会认定为国际先进水平。

4.6.3　详细内容

本项目研究目标是基于超宽带（Ultra Wide Band，UWB）精准定位测距技术及TDOA时间差定位算法，通过灵活应用多媒体显示技术、视频监控技术、语音广播通信技术、人员定位技术等，结合煤矿井下现有技术条件，并参考地面智慧公交系统的设计理念，研究一套满足《煤矿安全规程》及其他相关规定的基础上，并符合煤矿井下辅助运输环境条件和交通管控规则，实现了基于GIS地图的车辆精准定位、红绿灯闭锁控制（区间闭锁、路口闭锁）、实时速度监测、车辆到站提醒、候车人数监控、候车视频监控、车辆入井合法管控及车辆运输管理等，提高了煤矿井下车辆运输工作效率及行车安全，降低了车辆空车运行的频率，并将传统车辆管理升级为电子化管理。

（1）系统架构

系统主要由管理服务器、本安通信定位融合基站、矿用本安型精确定位器、车辆标识卡、本安LED显示屏、隔爆兼本安电源、井下本安型红绿灯、井口智能识别装置、隔爆计算机及本安型显示器、系统软件及配套线缆辅材等组成（图4.6.2）。

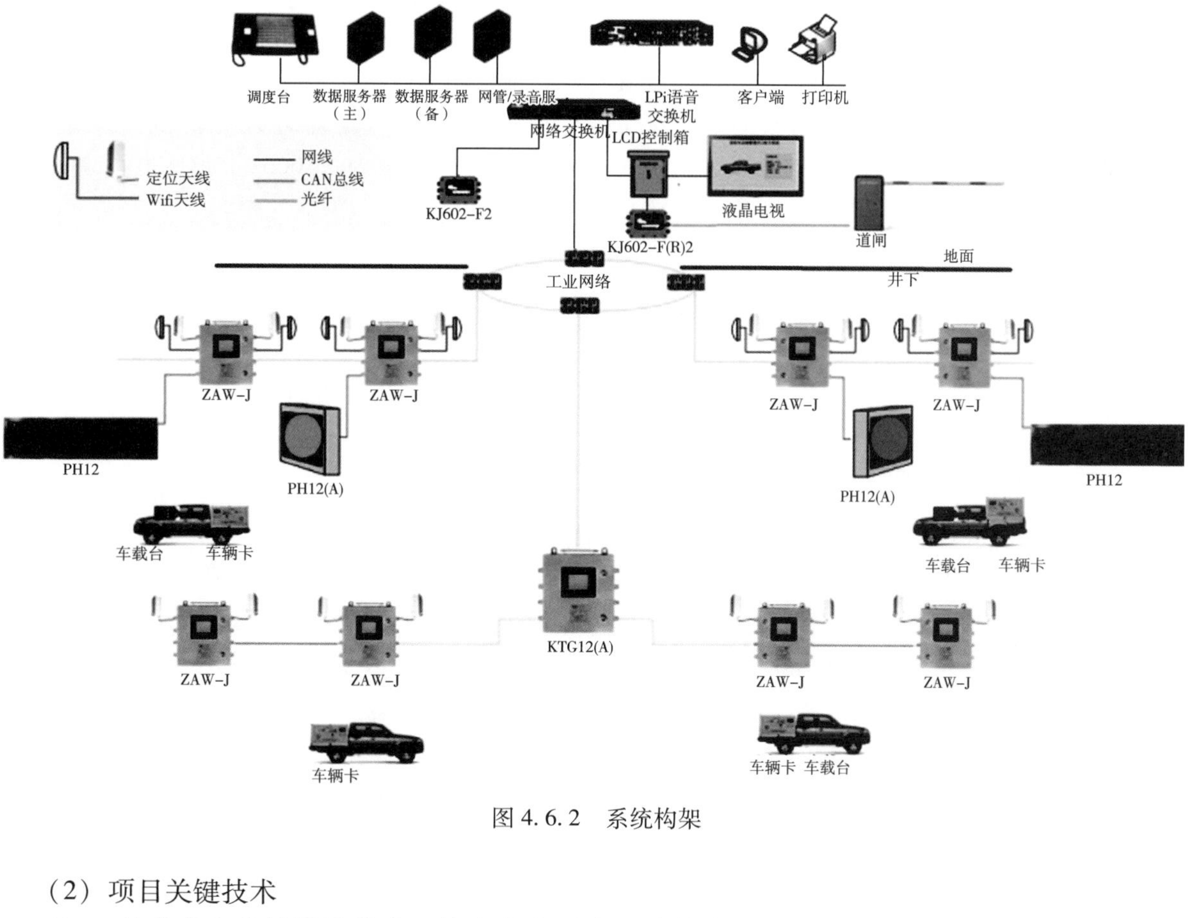

图4.6.2　系统构架

（2）项目关键技术

1）一体化融合分站设计技术。综合考虑到实现胶轮车运输智能管理，涉及利用精准定位技术，实现对井下车辆的实时位置跟踪；同时考虑到后期升级扩展车辆和地面实现双向数据传输，例如传输车载视频、车辆状态信息及车辆调度任务等信息，涉及无线数据传输技术，顾本次设计采用具有 UWB、WIFI 两种无线信号及红绿灯控制模块的融合分站，实现井下车辆精准定位及无线数据传输。

2）本质安全型电路设计技术。本安型是本质安全型的简称，即在其内部的所有电路都是本质安全电路的电气设备，是目前煤矿井下设备的最安全评价标准之一。本安型设备除了其安全性能外，更具有体积小、重量轻等特点，方便在煤矿井下运输、安装、维护。电子类设备其工作电流低，可以按照煤矿本质安全型检验标准进行电路设计和器件选型，满足煤矿安全需求、安装维护需求。

3）井下移动目标精确定位技术。煤矿井下定位技术至今已经经历了两次技术上革新，第一代只具备 27 区域定位功能，根据定位分站的位置判断移动目标处于该基站的周围；第二代在原有的基础上升级了双向呼叫功能，但是依然只能做到区域定位。

针对智能化矿山发展的需要，针对煤矿井下巷道条件，区域定位无法获取移动的精确位置，在遭遇应急救援时或者生产指挥时，地面调度人员无法对井下车辆/人员做出精确指挥，存在潜在的风险。

本次项目研究采用基于 UWB 精确定位技术，通过测算信号的飞行时间，实现精确计算井下煤矿移动目标的准确位置，静止定位精度为 0. 2m。

4）跨电压等级的电源设计。信息化系统的正常供电是保障系统正常运行的重要手段。而井下电源的停送电和维护占据较大工作量。传统的电源有接入变压器 AC660V、AC380V、AC127V 的三组输入端子（图 4. 6. 3），分别将矿井交流电源接入，然后变压器进行隔离、降压、整流、滤波、稳压从而输出设备所需要的电压，不仅电源电路结构复杂、隔爆外壳大而笨重、对变压器要求较高，也给用户接线工作带来不便。

矿井使用交流电源 AC660V、AC380V、AC127V 所带负载变化很大，交流电源 AC660V、AC380V、AC127V 不稳定，波动范围经常超过±20%，而传统的变压器输入允许电压动范围在±20%，由于传统变压器存在磁饱和的特性，所以现有矿井下交流电源 AC660V、AC380V、AC127V 波动太大会经常造成电源设备内的变压器损坏甚至于烧毁的情况。

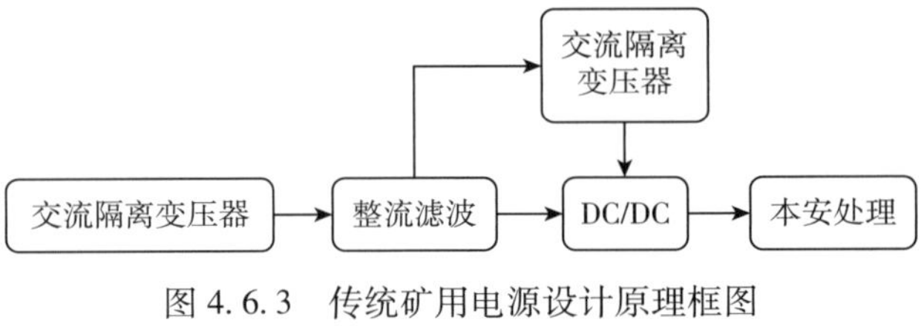

图 4. 6. 3　传统矿用电源设计原理框图

单端反激开关电源采用的是稳定性很好的双环路反馈的控制系统，所以它可以通过开关电源的 PWM 迅速调整脉冲占空比，从而在每一个周期内对前一个周期的输出电压和低级线圈充磁峰值电流进行有效调节，达到稳定输出电压的目的。这种反馈控制电路的最大特点是：在输入电压和负载电流变化较大时，具有更快的动态响应速度，自动限制负载电流，补偿电路简单（图 4. 6. 4）。

（3）与国内同类技术比较

1）国内同类解决方案：①基于视频解决井下胶轮车运输管理的问题，存在井下网络不稳定，视频对上传带宽要求高等问题：井下灯光黑暗，识别车辆信息经常出现错误；井下摄像头覆盖距离有限，投入成本较高。②基于 ZigBee 技术解决井下胶轮车运输管理的问题，ZigBee 技术是一种短距离、低功耗的无线通信技术。具有低功耗、低成本、低速率、近距离、短时延、高容量、高安全等优势，目前被国内大多数厂家作为新一代煤矿人员定位技术使用。但是 ZigBee 信号基于场强，具有线性特点，覆盖距离 100~200m，通过信号调节可使精度达到 30m，无法达到人员及车辆的位

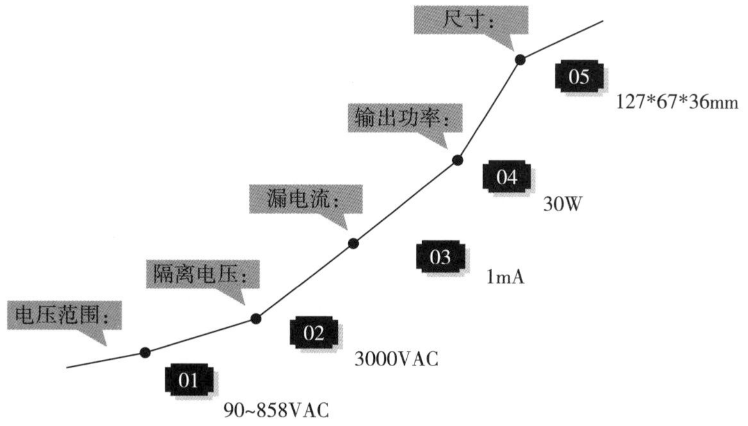

图 4.6.4　超宽输入电压模块特点

置精确定位，目前使用在对位置精度要求不高的系统中。

2）我们的解决方案：系统基于 UWB 精确定位和 GIS 地图实时更新技术实现了车辆的位置定位、实时测速、红绿灯控制、区间闭锁、井口道闸控制、到站提醒、弯道预警等功能。系统结合智能车载终端、系统 APP 能够完成车辆的申请、派车、行车调度、行车记录与监控、车辆任务管理、行车里程与维保等智能化管理功能。系统还可以根据矿井的管理需要增加市场化运行管理模块，全方位提升胶轮车的运输安全与效率。①车辆的精确定位：可以实时监控、查询车辆位置，对井下辅助运输车辆进行监测和调度控制，进行交通管制以保证运行畅通，保证车辆运行安全，提高效率。②红绿灯闭锁管理：针对井下巷道特点，设立避让区间，安装红绿灯，进行交通管制以保证运行畅通，保证车辆运行安全，提高效率。③车辆超速告警：可通过精确定位，实现车辆超速告警，并形成统计报表。④车载通信：胶轮车与地面无障碍通信，方便调度室指挥、调度工作；当遇到突发情况时，可实现紧急呼叫，为紧急救援提供保障。

（4）技术突破及技术创新点

1）通过应用 UWB 精准定位技术，通过采集和计算井下胶轮车实时位置信息、行驶速度，利用多媒体信息发布技术，在井下每个候车点安装具备语音播报和文字显示的本安型 LED 显示屏，实现井下候车站提前播报车辆到站的信息。

2）通过井下人员精准定位系统实时采集井下每个候车点候车人数，并利用视频监控对候车点进行人数统计分析，实现井下所有候车点的候车人数统计，地面车辆调度人员能够根据候车人数准确调度车辆快速解决人员运输，提高井下运输工作效率。

3）通过应用 UWB 精准定位技术采集井下每辆胶轮车的实时位置信息，利用数据分析技术设定井下特殊的交通规则，当前车辆经过十字、丁字路口及闭锁区间行驶时，系统根据其他车辆行驶位置作为判断依据灵活控制红绿灯状态，减少车辆经过红绿灯或单行区间的等待时间，形成“一路绿灯”的煤矿井下交通规则，提高井下的运输效率。

4）系统结合 GIS 技术，通过 GIS 能显示井下车辆的位置、行进方向等信息，实现机车位置及速度的实时显示，提高机车调度效率；采用超宽带（UWB）无线定位技术，精度高，车辆标识卡识别速度快，范围控制精确；系统集成度高，针对煤矿实际情况，集成车辆定位和车辆通信于一体，通过 1 台分站实现车辆精确定位和无线通信信号覆盖，实现机车位置定位和机车调度通信；根据用户业务流程及管理要求，可生成多种告警和预警，防患于未然，为井下辅助运输安全提供管理依据。采用人工控制优先，当系统主机发出调度控制命令时，根据逻辑关系以调度控制命令优先。系统预留多种扩展接口，除实现无轨胶轮车日常调度管理外，还可实现无轨胶轮车里程、车辆保养及全生命周期管理功能。

（5）关键设备研究成果

1）本安型一体化融合分站。本安型一体化融合分站是井下重要的无线设备，由终端或控制中心传来信号，信号通过基站的射频调制波发射或以太网电接口，构成无线或有线链路进行数据传输。同时具备标识卡读取功能，获取到车辆信息来进行分析处理，通过以太网传输到井上计算机等设备。

2）矿用本安型显示屏。矿用本安型显示屏基于 CAN 总线传输，接入到控制分站中，根据软件系统发出的控制指令，显示文字内容及发布语音提示。

3）矿用隔爆兼本安型计算机。矿用隔爆兼本安型计算机选用工控机主板，通过键盘进行控制，输出信号在显示屏上显示；主板输出的以太网电接口、RS485 和 USB 接口等隔爆信号经过本安隔离，转换为本安接口输出。

4）矿用浇封兼本安型显示器。矿用浇封兼本安型显示器是煤矿井下安全监控系统中对主要生产环节、重要设备及关键岗位进行实时图像监视的关键设备。

5）车辆标识卡。车辆标识卡具有唯一性的地址编码，可以作为车辆的身份编码，安装在无轨胶轮车上，可实现对车辆的位置实时定位。

6）矿用本安型显示屏。矿用本安型显示屏接收 CAN 总线的命令，使信号牌发出相应信号声光提示。

4.6.4 本章小结

随着煤矿的生产能力逐步提升，胶轮车作为煤矿井下主要的辅助运输工具，在人员、物料、设备等运输方面十分重要，如何保障运输安全有效，可通过精准的定位技术、GIS 地图实时显示技术和信息化智能管控调度技术，解决车辆位置精准定位、行车速度实时监控、信号闭锁智能管控、人车运输精准调配、候车等车精准播报及车辆档案电子管理等问题。因此，建设一套现代化的煤矿井下无轨胶轮车运输管理系统对于煤炭企业降低生产总成本，提高企业盈利水平和竞争力具有十分重要的意义。

4.7 永磁式矿山装备智能调控传动技术

4.7.1 项目背景

煤炭及非煤矿山、石油石化等领域矿山装备长期服役于高低温、高粉尘等恶劣工况下，整体运行故障率高、效率低、能耗大。一方面由于当前传动调速系统多采用液力耦合器、变频器等装置，湍动能损失大、可靠低、谐波干扰严重，造成电机系统效率低、故障率高；另一方面，针对皮带机、刮板机等恒转矩负载多为直起直停，重载冲击易导致电机过载，电流浪涌时间长，能耗大；在多机驱动场合，系统调控能力不足，电机互为负载，降低了整个电网功率因数，单台电机易烧毁。因此，攻克电机传动调速系统效率低、多机驱动协同调控能力差、智能化程度不足等难题，提升电机系统运行效率及电网功率因数，实现矿山装备高效、可靠、节能运行十分必要。

而永磁调速技术以磁场为媒介实现电机到负载的非接触传动，具有传动效率高、可靠性高、节能降耗等优点，解决了传统传动调速技术中液力耦合器湍动能损失大、变频器谐波干扰严重等问题，满足重大工程装备领域节能、高效、可靠调速需求。

但永磁调速技术目前多应用于离心式负载节能调速，应用于恒转矩负载电机系统调速时仍存在磁场、机械、热场、控制等多学科难点。攻克多物理场分析难点研制出永磁式矿山装备调速技术，既能够克服传统调速技术不足之处，还可通过智能化软启动与多机均衡调控实现恒转矩负载高效、可靠、节能运行，并以精准调速保证离心式负载流量调节，避免机械阀门节流损失，大幅提升节能效果及装备使用寿命，响应国家节能减排政策号召。

4.7.2　成果简介

“永磁式矿山装备动态智能调控技术”属于能源行业节能技术领域，通过智能调控系统调节铜导体与永磁体之间的气隙精确控制电机到负载的转矩转速传递，具有高效、高可靠、节能等优点。

该技术适用于煤炭及非煤矿山领域及石油石化、电力、钢铁等非煤领域矿山装备电机系统传动调速场合。针对矿山领域皮带机、刮板机等恒转矩装备，通过软启动及多机均衡智能调控，解决了直起直停及多机驱动单台电机过载等引发的电机烧毁、减速器断轴、皮带滚筒磨损等故障，同时提高电网功率因数克服电能损耗大等问题。针对风机、水泵等离心式负载可实现按需调速，解决机械阀门节流调节损失及“大马拉小车”电机高配难题，节能效果显著。该技术为推进机械传动行业向节能、高效、智能化转型提供重要技术支撑（图 4.7.1）。

成果形成永磁式智能调控装备产品 40 余种，授权发明专利 3 项，取得安标证 10 余项，制定行业标准 4 项，登记软件著作权 10 余项，发表论文 10 余篇，其中 SCI/EI 论文 6 篇。研发成果应用于陕西、山西、山东、内蒙古等 80 余家矿山企业，累计实现经济收入 1.2 亿元。该技术整体处于国际先进水平，在恒扭矩煤机智能调控、防爆封闭旋转高效散热等方面处于国际领先水平。

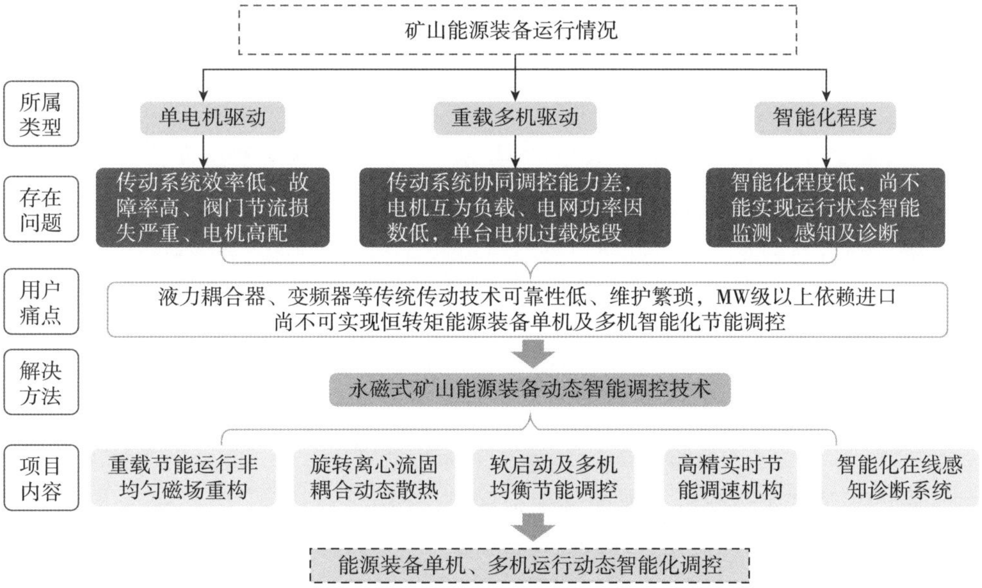

图 4.7.1　成果形成背景

4.7.3　详细内容

永磁式矿山装备动态智能调控技术涉及电磁、热力学、机械结构、智能调控等多个学科，其运行过程中普遍存在着电磁、温度、机械等多个物理场，多物理场处于相互交叠、相互作用的动态变化中。同时，智能调控又与多物理场模型变化息息相关，因而需要对多物理场数学模型及智能调控策略进行详细分析。

（1）非均匀磁场数学模型分析

基于永磁调控装备工作原理，建立磁场解析分析物理模型如图 4.7.2 所示。将永磁调控装备分为永磁体（区域 1）、气隙（区域 2）与铜盘（区域 3）。

由图 4.7.2 所示的永磁调控装备解析分析物理模型可知永磁体沿径向方向磁化，因此得到永磁体剩余磁化强度分布，如式 4.7.1 所示。正负号表示 N 极与 S 极磁化方向相反，永磁磁极间无磁化。

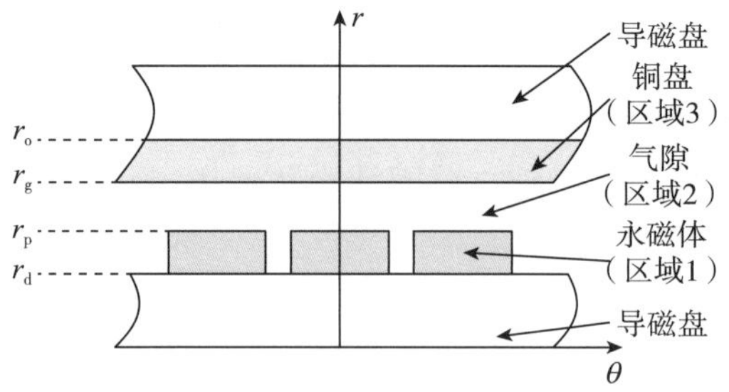

图 4.7.2　永磁调控装备磁场分析物理模型

$$M(\theta)=\begin{cases}1 & N\text{极}\\ -1 & S\text{极}\\ 0 & \text{极间}\end{cases} \tag{4.7.1}$$

在极坐标系下对永磁体磁化强度分布函数进行傅里叶展开得到式 4.7.2。

$$M(\theta)=\sum_{n=1,\ 3,\ 5\cdots}^{\infty}\frac{4}{n\pi}\sin\left(\frac{n\pi\alpha_p}{2}\right)e^{-jnp\theta} \tag{4.7.2}$$

式中：α_p 为极弧系数；p 为极对数。

由永磁体剩磁密度与磁化强度之间的关系，可得永磁体在 r 方向的剩余磁化强度为

$$M_r=\frac{B_r}{\mu_0} \tag{4.7.3}$$

式中：B_r 为永磁体剩磁密度；μ_0 为空气磁导率。

基于永磁体的剩余磁化强度及其分布可求得永磁体在 θ 处的剩余磁化强度的傅里叶展示式。

$$M_r(\theta)=\sum_{n=1,\ 3,\ 5,\ \cdots}^{\infty}\frac{4B_r}{n\pi\mu_0}\sin\left(\frac{n\pi\alpha_p}{2}\right)e^{-jnp\theta} \tag{4.7.4}$$

极坐标系下永磁体内的磁矢位 A_1 满足泊松方程，如式 4.7.5 所示。

$$\frac{\partial^2 A_1}{\partial r^2}+\frac{1}{r}\frac{\partial A_1}{\partial r}+\frac{1}{r^2}\frac{\partial A_1^2}{\partial\theta^2}=-\mu_r J_M \tag{4.7.5}$$

式中：μ_r 为永磁体相对磁导率；J_M 为永磁体模拟面电流密度。

永磁体模拟面电流密度与其剩余磁化强度之间的关系如式 5.7.6 所示。

$$J_M=\nabla\times M_r \tag{4.7.6}$$

在气隙求解域，永磁调控装备气隙处的磁矢位 A_2 满足拉普拉斯方程，如式 4.7.7 所示。

$$\frac{\partial^2 A_2}{\partial r^2}+\frac{1}{r}\frac{\partial A_2}{\partial r}+\frac{1}{r^2}\frac{\partial A_2^2}{\partial\theta^2}=0 \tag{4.7.7}$$

在永磁调控装备的铜导体区域，由于永磁体旋转，旋转磁场在铜导体区域产生涡流，因此，铜导体区域的磁矢位 A_3 满足泊松方程，如式 4.7.8 所示。

$$\frac{\partial^2 A_3}{\partial r^2}+\frac{1}{r}\frac{\partial A_3}{\partial r}+\frac{1}{r^2}\frac{\partial A_3^2}{\partial\theta^2}=-\mu_0 J \tag{4.7.8}$$

式中：J 为磁场在铜导体区域产生的电流密度。

在永磁调控装备的铜导体区域，电流密度 J 与电场 E 之间的关系如式 4.7.9 所示。

$$J=\sigma E \tag{4.7.9}$$

式中：σ 为铜盘电导率。

由法拉第电磁感应定律可求得磁场变化与电场之间的关系如式 4.7.10 所示。

$$\nabla\times E=-\frac{\partial B}{\partial t}=-\frac{\partial(\nabla\times A)}{\partial t} \tag{4.7.10}$$

由此，式 4.7.8 可改写为：

$$\frac{\partial^2 A_3}{\partial r^2} + \frac{1}{r}\frac{\partial A_3}{\partial r} + \frac{1}{r^2}\frac{\partial A_3^2}{\partial \theta^2} = -\mu_0 \sigma \frac{\partial A_3}{\partial t} \tag{4.7.11}$$

结合永磁体、气隙与导电铜板的磁矢量拉普拉斯方程、泊松方程与边界条件，可求得永磁调控装备不同求解域内的磁矢量。求解域内的磁密应满足 $B = \nabla \times A$，结合式 4.7.5、式 4.7.7 与式 4.7.11 可求得气隙与铜导体盘中的径向磁密、切向磁密分布分别如式 4.7.12 与式 4.7.13 所示。

$$\begin{cases} B_{gr} = \sum_{n}^{\infty} \frac{-jnp}{r} A_2 e^{-jnp\theta} \\ B_{g\theta} = -\frac{\partial}{\partial r}\sum_{n}^{\infty} A_2 e^{-jnp\theta} \end{cases} \tag{4.7.12}$$

$$\begin{cases} B_{cr} = \sum_{n}^{\infty} \frac{-jnp}{r} A_3 e^{-jnp\theta} \\ B_{c\theta} = -\frac{\partial}{\partial r}\sum_{n}^{\infty} A_3 e^{-jnp\theta} \end{cases} \tag{4.7.13}$$

在得到磁密分布的基础上，求得作用在永磁调控装备铜导体盘上的驱动力如式 4.7.14 所示。

$$F = -\frac{1}{\mu_0}\int_{S_{cu}} [B_{cr}(r_g, \theta) B_{c\theta}^*(r_g, \theta)] \,\mathrm{d}s \tag{4.7.14}$$

式中：S_{cu} 为永磁调控装备磁通面积。

以一台永磁体安装直径为 Φ500mm 的永磁调控装备为例进行数值计算，保持永磁调控装备的其他尺寸参数不变，设定铜盘的厚度为不同值，可以得到以下几组计算结果：可以看到，随着铜盘厚度的增加，永磁调控装备的传递转矩有所增加，但当铜盘的厚度超过 6mm 后，其转矩增长率开始降低，代表此时永磁调控装备铜盘厚度的影响达到了一个极限值。如果继续增加铜盘的厚度，则会使造成材料的浪费。

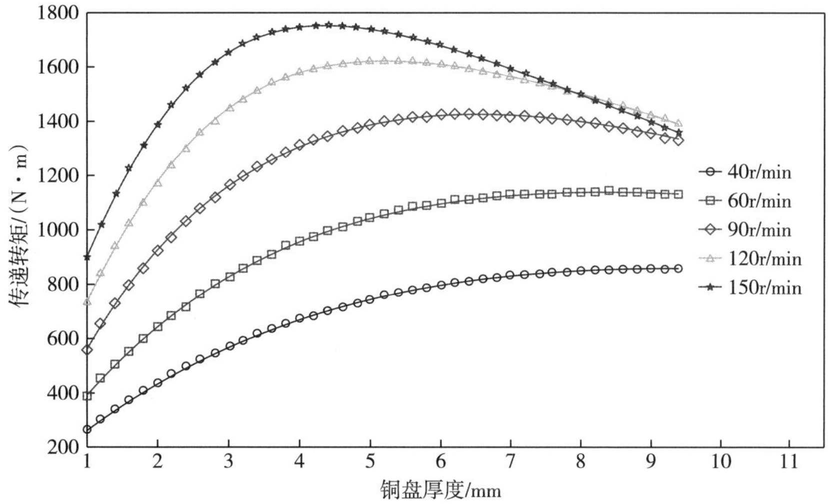

图 4.7.3　不同铜盘厚度对永磁调控装备运行性能的影响

（2）非稳态流固耦合散热数学模型分析

1）温度场计算传热方程。永磁调控装备的温度场计算目的是得到各个节点处的温度值进而求得永磁调控装备的温度分布特性。由傅里叶导热定律可知，单位时间内物体单位面积内的传递热量与物体的温度梯度成正比，即：

$$q = -\lambda gradT \tag{4.7.15}$$

式中：q 为热流强度；λ 为物体的导热系数；T 为温度。

根据定量守恒定律，物体单元体内产生的热量与其表面传入与散出的热量代数和相等，由此，可得物体三维空间中的导热微分方程：

$$\lambda_x \frac{\partial^2 T}{\partial x^2} + \lambda_y \frac{\partial^2 T}{\partial y^2} + \lambda_z \frac{\partial^2 T}{\partial z^2} + q_v = 0 \tag{4.7.16}$$

式中：λ_x、λ_y、λ_z 分别为物体在 x、y、z 方向的导热系数；q_v 为热源体密度。

2）边界条件。物体的导热微分方程描述了物体在三维空间的温度分布特性，但针对具体的导热问题，还需根据具体的实际物理模型与物理变量确定问题的边界条件。在永磁调控装备温度计算中，常用的边界条件主要有以下三类：

第一类边界条件为温度边界条件，已知物体边界面的温度，其数学表达式如式 4.7.17 所示。

$$T|_{S_1} = T_c \tag{4.7.17}$$

式中：S_1 为物体的边界面；T_c 为物体边界面的温度常值或温度函数。

第二类边界条件为热流密度边界条件，已知物体边界面上的热流密度，其数学表达式如式 4.7.18 所示。

$$-\lambda \frac{\partial T}{\partial n}\bigg|_{S_2} = q \tag{4.7.18}$$

式中：S_2 为物体边界面；q 为热流密度函数或热流密度常值。

第三类边界条件为热交换边界条件，已知边界面上的对流热交换数值或函数，其数学表达式如式 4.7.19 所示。

$$-\lambda \frac{\partial T}{\partial n}\bigg|_{S_3} = \alpha(T - T_f) \tag{4.7.19}$$

式中：S_3 为物体边界面；T_f 为物体周围流体的温度。

基于传热方程与边界条件，得到永磁调控装备三维稳态温度场计算的混合边值问题：

$$\begin{cases} \lambda_x \dfrac{\partial^2 T}{\partial x^2} + \lambda_y \dfrac{\partial^2 T}{\partial y^2} + \lambda_z \dfrac{\partial^2 T}{\partial z^2} = -q_v \\ T|_{s_1} = T_c \\ \dfrac{\partial T}{\partial n}\bigg|_{S_2} = -\dfrac{q}{\lambda} \\ -\lambda \dfrac{\partial T}{\partial n}\bigg|_{S_3} = \alpha(T - T_f) \end{cases} \tag{4.7.20}$$

基于变分原理，得到式 4.7.20 的等价变分表达式，如式 4.7.21 所示。

$$\begin{aligned} Q(T) = {} & \frac{1}{2}\int_v \left[\lambda_x \left(\frac{\partial T}{\partial x}\right)^2 + \lambda_y \left(\frac{\partial T}{\partial y}\right)^2 + \lambda_z \left(\frac{\partial T}{\partial z}\right)^2 \right] \mathrm{d}V \\ & - \int_v T q_v \mathrm{d}V + \frac{1}{2}\int_{S_3} \alpha(T - T_f)\, dS = \min \end{aligned} \tag{4.7.21}$$

式中：V 为温度求解域的物体体积。

求取泛函 Q 的极值时，$\partial Q/\partial T = 0$，得到式 4.7.22。

$$LT = I \tag{4.7.22}$$

式中：T 为求解域内节点温度的分布矩阵；L 为总体系数矩阵；I 为总体右端向量。

通过对上述方程组进行求解即可得到求解域的温度分布特性。基于涡流损耗计算公式得到铜盘热损耗值并作为热源赋给铜盘，进而输入散热系数进行计算，得到温度场分布。如图 4.7.4 所示，设定热损耗值为 5kW，该传递功率下散热片最高温度为 58.67oC，温度值完全在安全范围内，可满足要求。

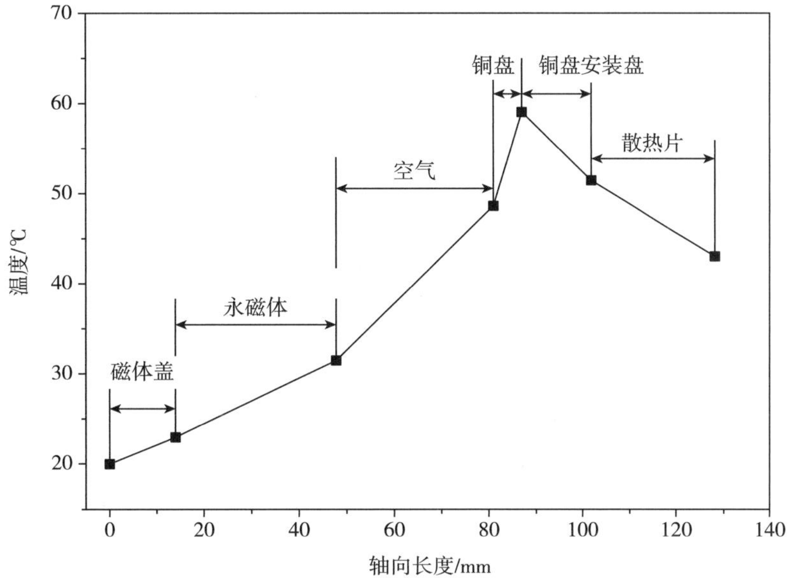

图 4.7.4　温度分布数据图

（3）直行程多点定位调速曲线数学模型分析

由永磁传动调速原理可知，外力驱动调速操纵柄带动调速外套在调速内套上转动，进而带动磁盘轴向移动，因此需要在调速内套上设计调速沟槽以起到导向作用，设计类似于螺纹线的运行轨迹将圆周运动转化为轴向移动，调速沟槽所形成的螺旋线实际上起到一个斜楔作用，调速沟槽受力分析如图 4.7.5 所示：

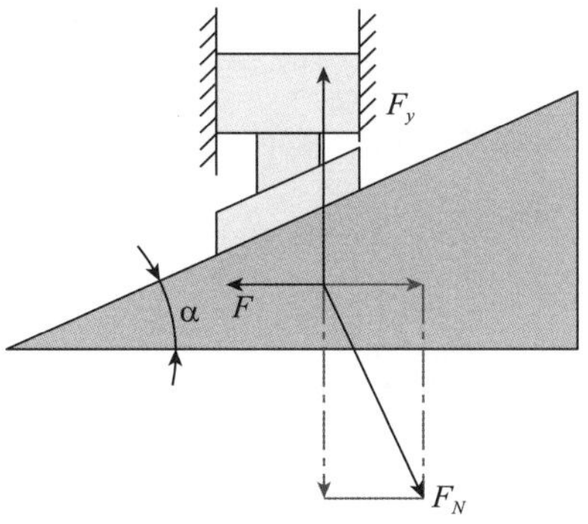

图 4.7.5　调节气隙基本原理

对红色斜楔进行受力分析，得到关系式：

$$F = F_y \tan\alpha \tag{4.7.23}$$

式中：F 为推动斜楔运动的力；F_y 为轴向运动需要克服的力；α 为沟槽曲线倾斜角度。

调速外套在调速内套上轴向运动过程中，需要克服摩擦力以及永磁体盘与铜盘之间的轴向力，这里仅考虑静态下的情况，忽略摩擦力的影响。

由于气隙越小，上式中的轴向力 F_y 越大，因此，保证在小气隙状态下，α 越小，调速所需的外力 F 越小，增力效果越明显，反之，当气隙值增大时，轴向力越来越小，α 值可以相应增大。为了保证调速机构的稳定性，需要设计一种随着气隙逐渐增大，角度 α 逐渐增大的速曲线，这样能够保证在较大轴向力作用下使用较小驱动力完成调速功能，基于此种原理，本文设计了一种基于正弦函数的调速曲线设计形式，如图 4.7.6 所示：

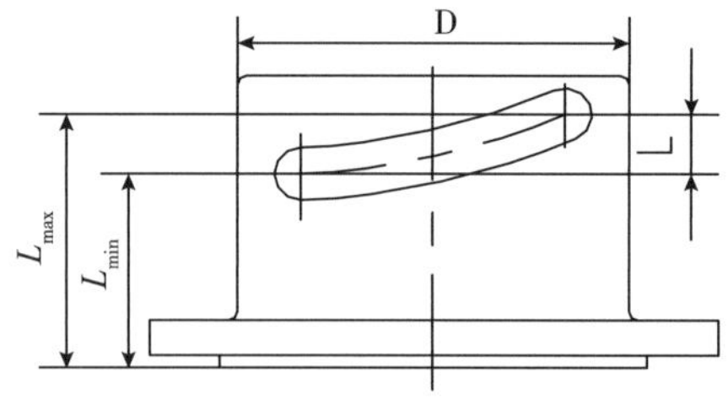

图 4.7.6　调速沟槽设计

图 4.7.6 所示沟槽形式，其中 L_{min} 位置对应装置内部最小气隙，L_{max} 位置对应装置内部最大气隙，可见气隙逐渐增大过程中，斜楔角度是逐渐增大的，最小气隙时，沟槽曲线的增力效果显著，外部驱动力只需要提供较小的力即可克服内部较大的轴向力。该沟槽曲线如图 4.7.7 蓝色曲线所示，函数方程为：

$$y = L \cdot \sin \frac{2}{D}\left(x - \frac{\pi D}{4}\right) \tag{4.7.24}$$

式中：L 为沟槽轴向距离，如图 4.7.6 所示，且 $L = L_{max} - L_{min}$；D 为调速内套外径，如图 4.7.6 所示。

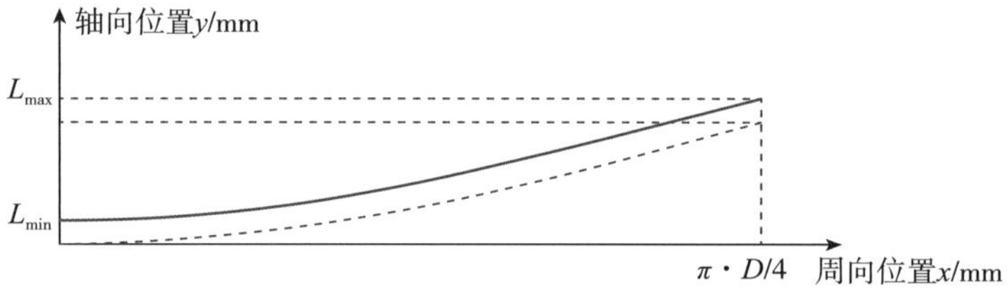

图 4.7.7　沟槽曲线

为了让 y 值与永磁调控装备的间隙值对应，将曲线向上平移 L_{min}，如图 4.7.7 所示的红色实线，其方程为：

$$y = L \cdot \sin \frac{2}{D}\left(x - \frac{\pi D}{4}\right) + L_{min} \tag{4.7.25}$$

基于正弦函数的调速曲线设计，在气隙调节时能够将旋转运动转化为磁盘的轴向移动，同时具有良好的增力效果，保证了调速机构的稳定性，为永磁调控装备实现更多的调速功能打下良好基础。

（4）恒转矩负载软启动调控模型分析

如图 4.7.8 所示为永磁调控装备传递转矩和转差转速之间的关系。其中，s 为永磁调控装备的转差率，s_N 为永磁调控装备的额定转差率，s_m 为永磁调控装备的最大转差率，T_N 为永磁调控装备的额定转矩，T_{max} 为永磁调控装备的最大传递转矩。

由于 T、n、g 之间的关系较为复杂，所以将调速型永磁调控装备的曲线在其传递转矩最大点处分为两个部分。

由于永磁调控装备的传递特性在 B 区域是一个单调变化的连续曲面，设定永磁调控装备的传递转矩在此区域的数学方程为：

$$T = f(n,\ g) \tag{4.7.26}$$

式中：T 为永磁调控装备可以传递的转矩；n 为永磁调控装备输出端转速；g 为永磁调控装备的气隙大小。

对于永磁调控装备来说，其传递转矩只与气隙大小及转差转速大小有关。通过对不同气隙不同

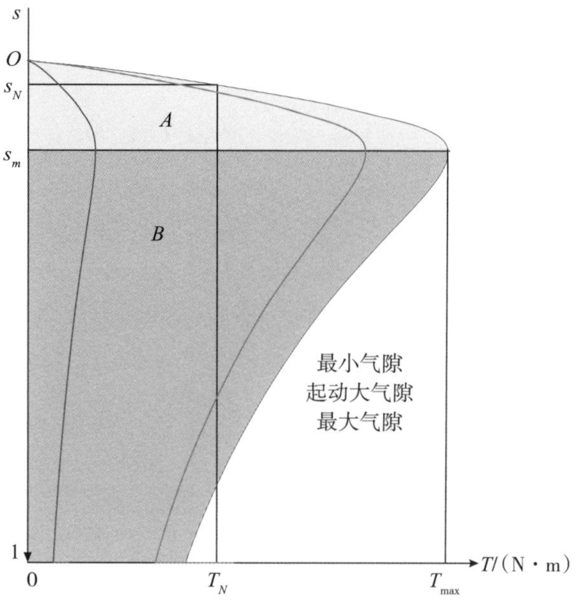

图 4.7.8 永磁调控装备的传递转矩示意图

转差转速的耦合求解，可以求得永磁调控装备在不同运行状态下的传递转矩。

在带式运输机启动后，使用电动执行器对永磁调控装备的气隙进行调节。随着永磁调控装备气隙的减小，其传递转矩 T 随着增加，直到永磁调控装备输出端开始动作，控制装置记录此时永磁调控装备的气隙大小，通过特性方程可以求出本次启动过程中负载转矩 T_1。根据旋转运动系统的牛顿第二定律有：

$$T - T_1 = J\frac{\mathrm{d}\omega}{\mathrm{d}t} = \frac{\pi J}{30}\frac{\mathrm{d}n}{\mathrm{d}t} = C_p\alpha \tag{4.7.27}$$

式中：ω 为永磁调控装备输出端角速度，单位为 rad/s；n 为永磁调控装备输出端转速，单位为 r/min；J 为带式运输机辊筒的转动惯量；α 为永磁调控装备输出转速加速度；C_p 为和带式运输机有关的常数。

将永磁调控装备的数学模型带入到上式中可以得到：

$$f(n,\ g) - f(0_+,\ g_0) = C_p\alpha \tag{4.7.28}$$

式中：g_0 为带式运输机开始动作时永磁调控装备的气隙。此时永磁调控装备传递转矩为带式运输机本次启动时的负载转矩。

将上式对 t 求导，可以得到：

$$C_p\frac{\mathrm{d}\alpha}{\mathrm{d}t} = \frac{\partial f(n,\ g)}{\partial n}\cdot\alpha + \frac{\partial f(n,\ g)}{\partial g}\cdot\frac{\mathrm{d}g}{\mathrm{d}t} \tag{4.7.29}$$

如果在带式运输机动作后对永磁调控装备的气隙不作调整，即$\frac{\mathrm{d}g}{\mathrm{d}t}=0$，上式变为：

$$C_p\frac{\mathrm{d}\alpha}{\mathrm{d}t} = \frac{\partial f(n,\ g)}{\partial n}\cdot\alpha \tag{4.7.30}$$

$$\alpha = C_1 e^{\int\frac{1}{C_p}\frac{\partial f(n,\ g)}{\partial n}\mathrm{d}t} \tag{4.7.31}$$

在带式运输机启动前，可以设定带式运输机的软启动时间 t，由软启动时间求得软启动的理想平均转速加速度为：

$$\alpha_1 = n_1/t \tag{4.7.32}$$

式中：α_1 为理想平均转速加速度；n_1 为电机的额定转速。

永磁调控装备的气隙依靠角行程电动执行器进行控制，气隙调节为匀速，即$\frac{\mathrm{d}g}{\mathrm{d}t}=C_g$。则有如下公式：

$$\frac{\mathrm{d}\alpha}{\mathrm{d}t}=\frac{1}{C_p}\frac{\partial f(n,\ g)}{\partial n}\alpha+\frac{C_g}{C_p}\frac{\partial f(n,\ g)}{\partial g} \tag{4.7.33}$$

理想情况下，皮带以恒定加速度 α 进行软启动，即$\frac{\mathrm{d}\alpha}{\mathrm{d}t}=0$，避免皮带机重载冲击。但由于在软启动过程中难以实现匀加速启动，加速度变化率$\frac{\mathrm{d}\alpha}{\mathrm{d}t}$越小，对皮带冲击也越小。此时设$\frac{\mathrm{d}\alpha}{\mathrm{d}t}$为一极小值，即$\frac{\mathrm{d}\alpha}{\mathrm{d}t}=\varepsilon$，当 $\varepsilon\to 0$ 时则有：

$$\alpha=\frac{C_P\varepsilon-C_g\dfrac{\partial f(n,\ g)}{\partial g}}{\dfrac{\partial f(n,\ g)}{\partial n}}\approx\frac{-C_g\dfrac{\partial f(n,\ g)}{\partial g}}{\dfrac{\partial f(n,\ g)}{\partial n}} \tag{4.7.34}$$

式中：$\frac{\partial f(n,\ g)}{\partial g}<0$，$\frac{\partial f(n,\ g)}{\partial n}>0$，可以得出 $\alpha=C_g h(n,\ g)$。

其中：

$$h(n,\ g)=\frac{-\dfrac{\partial f(n,\ g)}{\partial g}}{\dfrac{\partial f(n,\ g)}{\partial n}} \tag{4.7.35}$$

$$g=H(n,\ \alpha) \tag{4.7.36}$$

为验证永磁调控装备软启动性能，搭建了永磁调控装备测试平台，并进行了多组软启动性能验证实验。提取软启动过程数据图如图 4.7.9 所示，电机带着永磁调控装备输入端旋转，为电机额定转速 1500r/min，当负载随着气隙减小时，转速逐渐升高，在控制策略调控作用下，可实现逐步缓慢启动，启动曲线成 S 型光滑曲线，启动时间约为 25s，启动加速度可控制在 $0.25\mathrm{m/s^2}$ 以下，真正实现负载软启动，避免直起直停导致的电机瞬时冲击电流过大而过载烧毁等故障，有效保护电机。

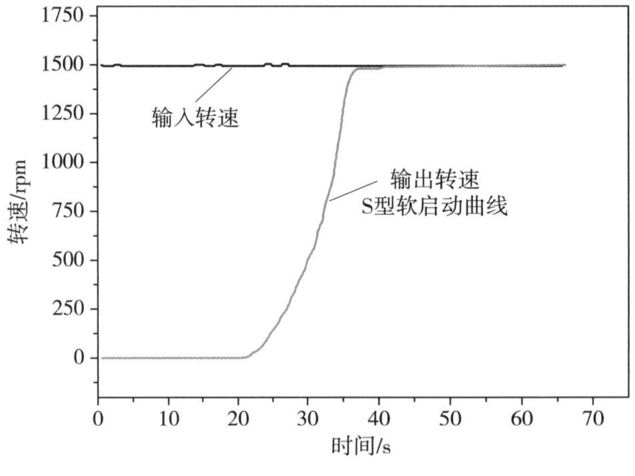

图 4.7.9　软启动特性曲线

（5）恒转矩负载多机均衡调控模型分析

由于永磁调控装备本身的机械特性与异步电机相似，为一组非单调曲线，因此在某一恒转矩负载条件下存在两个交点，存在不稳定因素，因此需要使用调节气隙的手段来限制因转速上升导致的转矩增加幅度。有实验表明，通过磁场分析计算，可以得到永磁调控装备内部等效磁场磁路、磁场方程及转矩-转差曲线。因此，通过 Maxwell 进行磁场仿真计算，可以得到大量数据，这样就可以通过 MATLAB 拟合出输出转矩 T、气隙 g 以及转差 s 三者之间的关系：

$$T=f_1(g,\ s) \tag{4.7.37}$$

对于某一时刻 t，转速尚未变化，若下一时刻 t' 对永磁调控装备气隙修正量为 Δg，结合公式（式 4.7.37），有：

$$T_{t'}=f_1(g_t+\Delta g,\ s_t) \tag{4.7.38}$$

对于电机端，转矩变化量为：

$$\Delta T=\frac{T_{t'}-T_t}{\eta} \tag{4.7.39}$$

式中：η 为电机效率。

电机的基本方程及电磁转矩方程为：

$$\dot{U}_1=-\dot{E}_1+(R_1+jX_{1\sigma})\dot{I}_1 \tag{4.7.40}$$

$$\dot{E}_2=(\frac{K_iR_2}{s}+jK_iX_{2\sigma})K_eK_i\dot{I}_1 \tag{4.7.41}$$

$$\dot{I}_1=-\dot{I}_2+\dot{I}_m \tag{4.7.42}$$

$$\dot{E}_1=k_e\dot{E}_2=-\dot{I}_m(R_m+jX_m) \tag{4.7.43}$$

$$T_i=\eta_mT_e=\eta_mC_T\Phi_mI_2\cos\varphi_2 \tag{4.7.44}$$

式中：U_1 为定子电压；E_1、E_2 分别为定子、转子的感应电动势；I_1、I_2 分别为定子、转子的相电流；R_1、R_2 分别为定子、转子电阻；$X_{1\sigma}$、$X_{2\sigma}$ 分别为定子、转子每相漏电抗；k_e、k_i 分别为电机的电压比和电流比；$\dot{I}_m$ 为励磁电流；R_m、X_m 为励磁电阻、电抗；T_e 为电磁转矩；T_i 为输出转矩；η_m 为传递效率；Φ_m 为每级磁通；C_T 为电磁转矩常数。

从式 4.7.40~4.7.44 可以解出定子电流和输出转矩之间的关系。结合（4.7.44），可以得到由于增加了控制量 Δg 引起的电流变化，因而可以在进行气隙调节之前，通过预先计算判断出电流变化的大小，从而更好指导 PID 调节。

对于计算机语言，由于其采样的离散性，时域函数的连续函数积分与微分不能直接用于计算，因而需要做离散化处理。PID 时域表达式为：

$$u(t)=k_p[e(t)+\frac{1}{T_i}\int_0^t e(t)\mathrm{d}t+T_d\frac{\mathrm{d}e(t)}{\mathrm{d}t}] \tag{4.7.45}$$

式中：T_d 是微分时间常数；T_i 是积分时间常数。

这里，设离散采样周期为 T，用求和叠加的方式计算积分，用一阶向后差分的方式计算微分，可以得到近似变换：

$$t=kT \tag{4.7.46}$$

$$\int_0^t e(t)\mathrm{d}t\approx T\sum_0^i e(i) \tag{4.7.47}$$

$$\frac{\mathrm{d}e(t)}{\mathrm{d}t}\approx\frac{e(k)-e(k-1)}{T} \tag{4.7.48}$$

可以得到第 i 次误差的方程：

$$u(i)=k_p\left\{e(i)+\frac{T}{T_i}\sum e(i)+\frac{T_d}{T}[e(k)-e(k-1)]\right\} \tag{4.7.49}$$

完成连续过程向离散过程的转化。

结合执行环节和 PID 离散过程的设计，以三机驱动带式运输机为例，整体控制环节设计如图

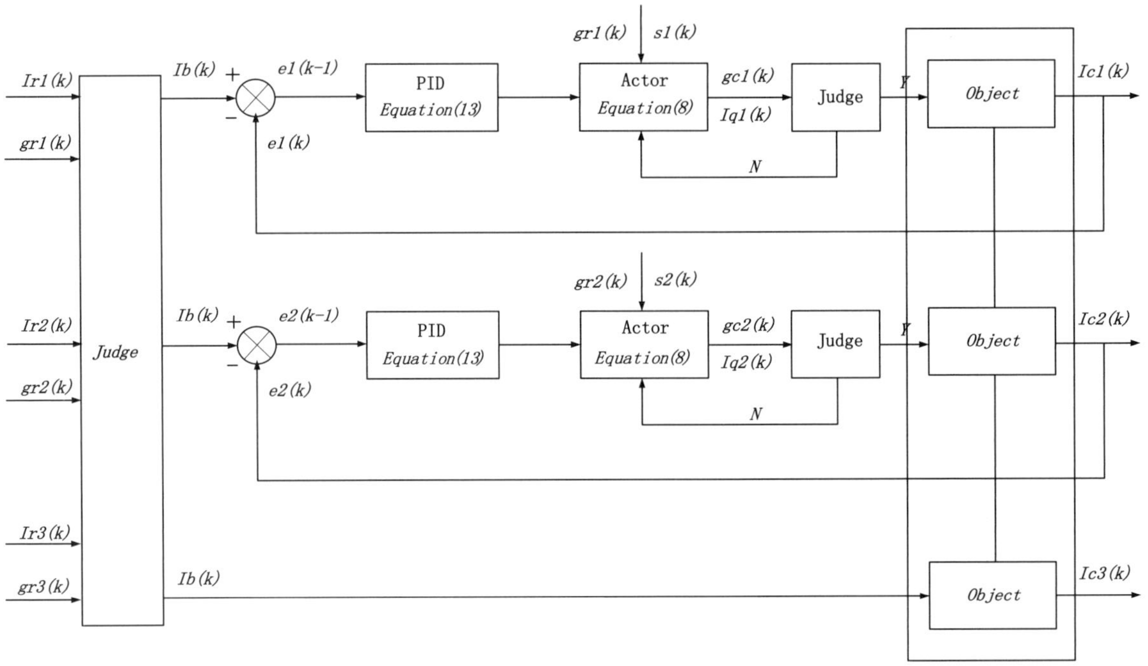

图 4.7.10　整体控制环节示意图

4.7.10 所示。由于三台设备之间电流存在偏差，执行功率调节之前，需要确立基准电流。基准电流的确立方法有很多种，通常选择带式输送机上出力最小的电机电流作为基准，并调整其他设备的电流值趋近于基准值。此处采用三机驱动带式运输机中与气隙最小的永磁调控装备相连接的电机作为基准电机。

如有两台或以上永磁调控装备均为最小气隙，那么选择其中电流最小的电机作为基准电机。作为基准的设备自身不做 PID 控制，依靠永磁调控装备自身特性的带动负载变化。对每个分系统均采用 PID 调节，同时根据 PID 计算出的调整量，结合当前的转差、气隙值计算出新的电流值，并进行判断评估：若二者相差较大，则适当减少调节量，从而减少 PID 超调带来的不利影响；若二者相差不大，则执行 PID 计算结果。最后，在控制目标上进行最后的校验并重新采集新的电流值。最终实现电机输出电流达到平衡，实现多机均衡调控，结果如图 4.7.11 所示。

（6）应用情况

目前永磁式矿山装备调控技术已成功应用于中海油 FPSO、大唐电厂、国投电厂、河北钢厂等石油石化、钢铁、电力等多个领域的风机、水泵离心式矿山装备节能改造现场，近三年平均节约电能 21.2%，平均年节电量 800 万 kW · h，折标准煤 3200t，节电金额约 1800 万元。

同时，该技术还成功应用于陕西、山西、内蒙古、山东等多家煤矿企业的带式输送机、刮板转载机等恒转矩负载调控现场，通过软启动及多机均衡智能调控方式，不仅缓解了单机重载启动及多机驱动出力不均引发的电机过载烧毁、滚筒磨损等问题，还可大幅降低电机启动电流，提高传动效率，保障多机场合按需出力，实现电网功率因数的极大提升，节能效果显著。目前，已实现年节电量 900kWh，折含标准煤 3500t，节电金额接近 2000 万元。

4.7.4　本节小结

本项目针对永磁调控技术应用于矿山装备电机传动系统存在的多场耦合机理、软启动及多机均衡智能调控、高精实时调速等难点开展研究，实现低速大转矩启动、温升不超限、调速过程精准顺畅、软启动及多机均衡智能化程度高等功能，最终研制出永磁式矿山装备调控技术及装备，保障电机系统高效、可靠、节能运行。

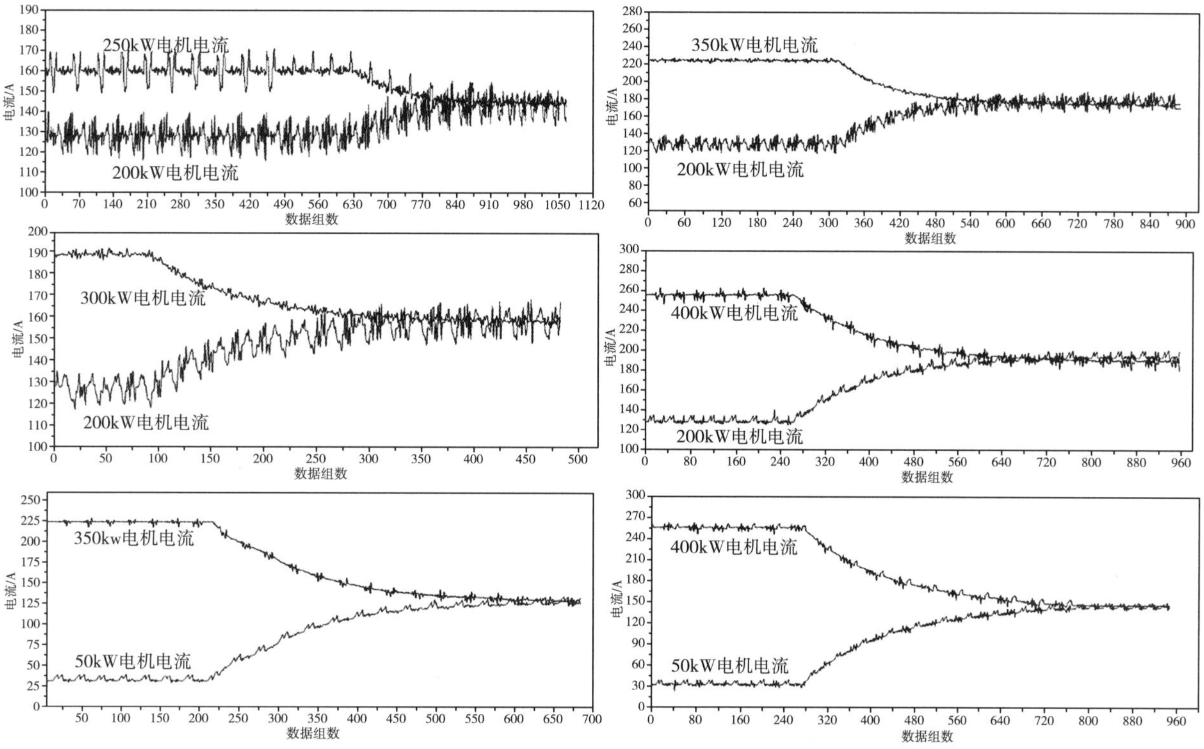

图 4.7.11　多机均衡调控电流图

4.8　石灰石破碎及长皮带输送改造

4.8.1　项目背景

（1）企业概况

达州利森水泥有限公司位于四川省大竹县的双拱镇江水桥村十、十一社，工厂紧靠 210 国道，交通十分便利，距达州市城区 38km，距大竹县城 27km。现有一条 3200t/d 水泥熟料生产线，年产硅酸盐水泥熟料 124×10^4t，硅酸盐水泥 160×10^4t。并配套一套 6MW 的纯低温余热发电系统。公司于 2011 年合并至中建材西南水泥有限公司。

（2）项目建设的必要性

本项目的石灰石矿山位于四川省大竹县双拱镇及蒲包乡境内，石灰石矿山至厂区的直线距离约 8km，石灰石从矿山至厂区运距约 21km。改造前生产用石灰石矿由汽车从矿山运至厂区，其中存在许多不利因素，主要有：

1）由于道路、运输车辆、天气等原因，造成到厂石灰石量不能满足生产线生产需求，造成生产瓶颈，制约生产线的连续生产。

2）近年来运输成本，道路维护成本的不断上涨，造成生产成本不断上涨。2011 年石灰石运费为 17.50 元/t，到今年涨至 19.94 元/t。以目前的情况看后期油价、人力等上涨幅度越来越大，汽车运输的成本也将不断增进。目前石灰石运输道路为泥结碎石路面，坡度较大，重载车辆通行比较困难。2011 年该道路的维护成本为 1.05 元/t，到今年涨至 1.39 元/t，今后每年需要花费在该道路维修上的成本也随着时间的加长而不断增加。综合汽车运输成本和道路运输成本，今年每吨石灰石的到厂运费价将是 21.33 元，以生产线每年需要 140×10^4t 石灰石计算，每年能节省 2986.20 万元。

3）汽车运输对周边环境，居民出行造成的不利影响凸显。由于运输道路为泥结碎石路面，晴天汽车运输的粉尘，雨天汽车运输的泥浆，对周边环境造成了很大的不利影响，仅2010年由于道路泥浆造成的青苗赔偿就达53亩，今年对此部分又进行了测算，目前蒲包乡已经测算完毕，比上次测算又增加了20亩。随着时间的推移此部分面积将越来越大，企业在此项上的支出将不断增加；另外由于泥浆的影响还造成了附近水库的淤塞。

4）目前的矿山道路运输条件较差，道路坡度大、道路窄、弯道急、车流量大，极易造成翻车、撞车等安全事故。详见图4.8.1、图4.8.2。

图4.8.1　原矿山内部道路

图4.8.2　原矿山外部道路

为了解决以上问题，本项目将厂区石灰石破碎系统移至石灰石矿山内，将公路运输改造为长皮带输送，提高了产品的市场竞争力及增加企业的效益，并且项目的建设大大减少了汽车运输对当地环境、交通运输等带来的恶劣影响，为推进绿色矿山建设做出了贡献。

4.8.2　成果简介

本项目位于四川省大竹县双拱镇及蒲包乡境内，由于原厂石灰石矿靠汽车运输很难满足生产用量，有时影响生产运行，加之成本高，影响产品市场竞争力及效益，所以本项目将厂区原石灰石破碎系统移至矿山上，并新建一条约 8.5km 长的石灰石长皮带将破碎后的石灰石输送至厂区预均化堆场。新建的长皮带输送系统能够实现年输送石灰石量 140×10^4t，本项目的静态总投资为 9894.28 万元，项目建成后能满足全厂石灰石的供应，年均节省石灰石运输费用 2986.20 万元，全投资财务内部收益率 25.49%，静态总投资回收期 4.40 年。本项目建设对投资者将有较好的回报，风险较小，能够很好地满足本厂水泥生产的需求，取得较好的经济效益与社会效益。

4.8.3　详细内容

（1）工艺设计条件与原则

本项目将把厂区内的石灰石破碎系统移至石灰石矿山重建，并新建由破碎至厂区的石灰石长皮带输送系统，年输送石灰石量 140×10^4t，满足本厂水泥生产的需要。

在经济合理的前提下，车间布置尽可能利用自然地形高差，以减少土方量；设备选型立足国内先进成熟的技术，但又十分重视国内目前的水泥技术与设备发展水平，更重视技术进步和设备运行的可靠性，综合考虑先进、可靠、节能、环保、投资省等诸多因素。主要设备均采取招标采购，各种类型的辅机也将“货比三家”、统一配套，从而使本项目建成投产后成为技术水平先进、建设周期短、工程质量高、达标达产快、投资效益好的“精品工程”。

（2）主要工艺方案

1）石灰石破碎：为满足水泥厂的生产要求，按照每年 140×10^4t 的石灰石需求，每年工作 290 天，每天工作 8 小时计算，每小时需要破碎的石灰石为 600t 左右。厂区原有的石灰石破碎系统为一台单段锤式破碎机，进料块度为 1000mm×1000mm×1500mm、出料粒度≤75mm（90%），生产能力为 600~800t/h，配套主电机功率：800kW，完全能够满足需求。因此，本项目将把厂区的石灰石破碎设备移至矿山使用，在矿山新建石灰石破碎厂房。

2）石灰石长皮带输送：石灰石长皮带的运输能力需要大于单段锤式破碎机的生产能力，根据前面的计算可知，破碎机的生产能力为 600~800t/h。因此，皮带的输送量需要大于 800t/h。

根据带式输送机的尽量依地形设计的原则，皮带机的总的高差为 433m，水平长度 8304.2m，皮带机总长度 8563.1m，总的斜度在 5.2%，同时平面转弯有 5 处，上下起伏有 10 处，整个建设的地形比较复杂，为保证石灰石在转弯与不同坡度的运输过程中不会在长皮带上滚动和脱落，需要控制皮带的传输速度和皮带的宽度。经过计算得出，为了满足石灰石破碎的输送量要求同时保持石灰石在坡度运送过程中的稳定性，本项目长胶带输送机的传动按照采用尾部 2×900kW，头部 900kW 配置，长皮带的传输速度为 3.15m/s，皮带的宽度为 1000mm，配备之后的带式输送机输送量大于 800t/h。成果见图 4.8.3。

（3）车间电力拖动及控制

1）电动机型式及电控设备：

电动机的容量、型式和调速方式由工艺专业在设备选型中确定。恒速交流电机容量大于等于 200kW 时，选用 10KV 电动机，容量小于 200kW 时选用 380V 电机。

下行皮带要求使用变频调速，以便于能量回馈。

对于胶带输送机设拉绳开关，以后每隔 60m 增设一拉绳开关。

对于胶带输送机设跑偏开关，以后每隔 200m 增设一组跑偏开关。

2）车间控制：

在电气室设 1 个现场站 LCS00，1 个操作员站 OS00，通过光纤与厂区通信。

图 4.8.3　现长皮带运输远景图

长皮带电机采用变频控制，中控需考虑电机同步问题。

矿山控制方式采用现场优先方式。所有由 PLC 控制的电气设备均在机旁设开停按钮，以便机旁检修及单机调试。在任何状态下均可在机旁停车。机旁按钮锁住时，在任何地方均不能开车，以保证检修人员的人身安全。

3）自动化生产车间：本项目的生产车间拟采用 PLC 控制，在新建石灰石破碎车间设置控制室。将采用分布式控制系统—DCS 进行自动控制与监视，其主要特点如下：①能满足生产过程控制与管理要求；②硬件先进，软件丰富，系统运行可靠、稳定；③系统操作维护方便，人机界面好；④控制点的设置以满足生产要求和工艺可靠运行为前提，生产的关键环节设置自动调节回路，一般环节设置检测显示、报警、报警打印、远程遥控等功能。

4）分布式控制系统（DCS）：控制范围包括石灰石破碎、石灰石长皮带输送、石灰石圆形预均化堆场堆料设备等。分布式控制系统由操作员站、工程师站、现场控制站、高速数据传输网络等组成。

本项目将在石灰石破碎设置操作员站，控制室的人员通过 CRT 所显示的动态画面掌握本项目生产过程的现状和趋势，操作人员通过键盘等输入工具，根据工艺操作要求调用所需显示的画面，发送控制指令，控制现场设备。

现场控制站设置在相应电气室内，除了拥有逻辑控制、顺序控制及检测报警功能外，更拥有模拟控制系统的全部功能，能够接受来自现场设备的各种测量信号，把其转换成标准的系统内部信号进行各种运算和处理。现场控制站通过高速数据总线向监控级操作站传输工艺过程的各种参数，同时接受监控级操作站的各种控制指令。工程师站用于对整个控制系统的编程及修改，同时具有操作员站的所有功能，工程师站将设置在中控室内。控制系统可预留与工厂生产信息管理系统（MIS）的接口。

（4）通风、空气调节及动力

1）通风：热车间、坑道的通风均将采用通过建筑物的自然通风来排除车间和坑道内的余热。配电站、电气室等均采取机械通风方式来排出各隧道内、室内的余热或进行事故排风。

2）空气调节：本项目中，控制室、车间电气室及 MCC 室等，由于设备对周围环境的温、湿度有一定的要求，设计中将按需设置空调。

3）动力：根据本项目所在地区气候特点和设备的用气量、用气压力及对压缩空气的气质要求，本项目拟在破碎站设置移动式空压机给各设备供气。从移动式空压机到用气点的压缩空气管道，将根据各建筑物的情况架空敷设。

（5）结构选型

石灰石破碎、皮带机转运站、配电站、电气室等为现浇钢筋混凝土框架结构。

地坑、地沟及地下通廊，采用集料级配密实防水砼，通过适当提高砼等级，涂刷防水剂等方法来保证其防水性能。

长胶带输送架空廊道主要采用钢桁架形式，主要为 24m 下沉式钢桁架，部分跨民房处钢桁架采用上翻式封闭钢桁架，跨河与跨池塘处钢桁架可能需做成非标，其中全封闭廊道约 600m。

廊道支架 10m 以下为砼支架，支架 10～15m 高度以上均为两腿钢支架，15m 以上为四腿钢支架，井架为砼支架，最高支腿高度 45.7m。

（6）采取的主要环保措施

1）粉尘治理。本项目的粉尘治理将执行《水泥工业大气污染物排放标准》（GB 4915—2004）中的排放标准（表 4.8.1）。

表 4.8.1　粉尘治理排放标准

生产设备名称	级别	粉尘排放极限	
		排放浓度（$mg \cdot m^{-3}$）	吨产品排放量（$kg \cdot t^{-1}$）
破碎机等及其他通风生产设备（单台）	二	30	0.024

为了有效地控制各个扬尘点的粉尘，工艺设计中将尽量采用密闭设备和降低物料转运的落差，含尘气体经高效除尘设备净化后有组织地排放，各扬尘点排放的设计粉尘浓度将小于 $30mg/Nm^3$，除尘器收下的粉尘将回到各自的工艺流程中，没有固体废弃物排出。

2）噪声治理。本项目的噪声治理将按照《工业企业厂界环境噪声排放标准》（GB 12348—2008）中Ⅱ类区标准执行（表 4.8.2）。

表 4.8.2　噪声治理排放标准

类别	适用范围	昼间/dB（A）	夜间/dB（A）
Ⅱ	工业区	60	50

同时，本项目还将按照《工业企业噪声控制设计规范》（GBJ 87—85）中的有关标准，设计考虑生产车间及作业场所（工人每天连续接触噪声 8h）的噪声限制值为<90dB（A）。

对于本项目中产生噪声的设备在设计时将采取以下措施对噪声加以控制：①选用加工精度高、装配质量好、产生噪声低的设备。②对于某些设备运行时振动产生的噪声，将考虑适当的设备基础隔振、减振。③对于属于空气动力产生噪声的设备如空压机、风机等，设计时将在设备的气流通道上加装消音器；并根据实际情况可能加装隔音罩。④固定岗位设立隔声值班室。⑤利用建筑物、构筑物和绿化植树来阻隔声波的传播。⑥在村庄及人口较密集的区域，长胶带输送机将采用部分低噪音托辊及架设全封闭廊道的方式，以减少噪音对周边居民的干扰。

（7）本项目工艺主机设备

本项目的各生产车间工艺主机设备如表 4.8.3。

表 4.8.3 工艺主机设备表

序号	项目名称	设备型号 规格、性能	台数	生产能力	装机容量	年利用率
				t/h · 台	kW/台	%
1	石灰石破碎	石灰石板喂机	1	800	55	28.5
		B2200×10000m				
		锤式破碎机	1	~700	800	28.5
		PCF2022				
		进料块度： ≤1000mm×1000mm×1500mm				
		出料粒度：<75mm				
2	石灰石长皮带输送	长皮带机	1	800	2700	28.5
		B1000×~8563.1m				
		带速：3.15m/s				

（8）创新点

1）通过利用皮带廊取代汽车运输能够满足水泥厂每年 140×10^4t 石灰石的需求，运输的过程不受天气、道路、交通的影响，能够稳定输送，不会制约生产线的连续生产；同时皮带廊运输能够大大降低运输成本进而降低生产城边，提高产品的市场竞争力，增加企业的效益。

2）皮带廊运输能够大大减低运输石灰石对周围居民出行及居住环境的影响，降低周围道路的车流量，减少安全事故的发生。

3）依地形设计的原则，整个皮带廊建设在高差约为 433m，水平长度 8304.2m，总的斜度在 5.2%，平面转弯有 5 处，上下起伏有 10 处的地形上，总长度达到 8563.1m，同时在运输的过程中需要保证石灰石不会滚动与滑落。因此，设计的皮带的传输速度为 3.15m/s，皮带的宽度为 1000mm，配备之后的带式输送机输送量大于 800t/h，年输送石灰石量 140×10^4t。

（9）本项目与当前国内外同类研究、同类技术的综合比较

本项目与其他的运输方式相比，皮带廊具有以下的几个优点：①输送物料的种类广泛，可以从很小的粉状到大块的矿石，能够以最小的落差输送破碎后的物料；②输送能力范围宽，皮带输送几乎可以满足任何要求的输送任务，包括小型的输送任务和每小时上千吨的输送任务；③输送线路的适应性强，能够适应不同地形以及坡度，能够避开铁路、公路及河流山脉的干扰；④可靠性强，皮带输送几乎可以不受天气、道路等因素的影响，是连续运行工作的重要生产单元；⑤安全性高，皮带输送所需要的人员较少，与其他运输方式相比发生事故的概率低很多；⑥费用低，皮带输送所需的劳动工时和能耗，在所有运输工具中通常是最低的，所占用维修人员的时间最少，维修和更换能够很快完成，维修费用低。

与其他皮带廊项目相比，本项目的皮带廊建设在高差约为 433m，水平长度 8304.2m，总的斜度在 5.2%，平面转弯有 5 处，上下起伏有 10 处的地形上，总长度达到 8563.1m，并且地处于四川大竹县，矿山到厂区之间的建设场地基本为山地，施工难度较大，并且当地雨水充沛，年平均降水量达到 1245.7mm，最大年降雨量达到 1495.9mm，年最大连续降雨日可以达到 19d，此气候下要实现皮带廊的连续正常工作并且输送能力为 140×10^4t/a 是相当困难的。

4.8.4 本节小结

本项目的静态总投资为 9998.40 万元，项目建成后能满足全厂石灰石的供应，年均节省费用 2143.60 万元，全投资财务内部收益率 25.49%，全投资静态投资回收期：4.40a（含建设期），本项目建设对投资者将有较好的回报，风险较小，具有明显的经济效益。

本项目建设一方面有利于企业自身的发展，另一方面也会产生巨大的社会效益。主要体现在以下几个方面：①改善周边的环境，长胶带输送运行以后，汽车运输将停止，对现有运矿道路的破坏将停止，不会再发生道路泥浆堵塞水库等现象，减少了水土流失现象；②利于周边的居民的出行，汽车运输停止后，公路沿线的居民出行将告别晴天一身土，雨天一身泥的情况，道路交通的条件将大大改善；③减少了交通事故的发生汽车运输停止后，该路段上的运矿卡车将大大减少，交通事故的发生率也将大大降低。

综上所述，本项目的建设有利于周边环境的改善，利于周边居民的居住，能起到很好的社会与经济效益。

参考文献

GB50215—2015《煤炭工业矿井设计规范》.

GB50388—2006《煤矿井下机车运输信号设计规范》.

陈新科，喻川，文智力 . 2018. UWB 定位技术在煤矿井下的应用［J］. 煤炭科学技术，46（增刊 1）：190-192.

郭东瑜 . 2016. 矿用防爆胶轮车调度管理系统的设计和实现［J］. 煤矿机械，37（11）：13-15.

申伟光 . 2018. 基于 UWB 技术的煤矿井下无线定位系统［J］. 煤矿安全，49（10）：131-134.

第5章　安全防护篇

5.1　采空区大规模坍塌的灾变理论与风险评估方法

5.1.1　项目背景

矿产资源是国民经济发展的基础和支柱，然而，资源开发后遗留采空区的大规模坍塌灾害成为制约其安全生产和可持续发展的重大难题。近年来发生的多起大范围采空区坍塌事故造成了严重的人员伤亡贺财产损失。例如，2004 年 6 月 12 日，广东省大宝山矿因爆破作业引发局部矿柱失稳、空区内灾害传递，最终造成数千万立方米岩体的失稳坍塌（中南大学资源与安全工程学院，2005）。2005 年 11 月，邢台市康立石膏矿由于不规范开采导致矿柱群失稳，诱发坍塌事故，245000 m^2 矿区遭到破坏，导致 33 人死亡，数十人受伤（Wang et al.，2008；Wang et al.，2012）。2015 年 12 月，山东省平邑石膏矿局部矿柱失稳诱发邻近矿区大规模坍塌，引发 4.0 级地震并导致 10 余人失联（新华网，2015）。类似事故时有发生，对行业带来了极大的负面影响。

为从根本上减少此类灾害事故，国家安全生产监督管理总局 2015 年发函全国开展金属非金属地下矿山采空区专项普查，国务院安委会办公室 2016 年专门印发了《金属非金属地下矿山采空区事故隐患治理工作方案》（国务院安委会办公室，2016），习近平总书记在十九大报告中进一步指出，坚持人与自然和谐共生，必须树立和践行绿水青山就是金山银山的理念，坚持节约资源和保护环境的基本国策。近年来，全国同行开展了采空区调查、研究和处治，坚决防范和有效遏制因采空区引发的重特大事故。

此前，众多学者在单矿柱的承载及破坏特征、矿柱群体系失稳的影响因素及矿柱与围岩失稳监测与评价等方面，取得了许多有意义的成果。然而，由于采空区自身形态、赋存环境、失稳影响因素的复杂性，人们对这种灾害发生机理和规律尚缺乏足够认识，目前还主要以事后调查和原因推测为主。当前不多的事故记录显示，矿柱破坏引起的矿山区域性失稳具有传递性，往往成片破坏（Zhou et al.，2017；Zhou et al.，2019；Zhou et al.，2020；周子龙等，2017）。具体表现为：矿柱群中某一个或几个矿柱失稳后，由于力的传递等原因造成相邻矿柱相继失稳，此时采空区群体系应力场演化机制可能已经超越经典力学范畴，不能用单个矿柱承载理论来解释，需要用系统学方法描述其行为特性与灾变机理。为此，本项目从采空区群系统行为和动力响应的角度出发，对采空区大规模坍塌的灾变失稳展开研究，揭示其机理的同时提出相应评估方法，为我国矿区生态环境的保护、绿色矿山的建设提供理论支撑。

5.1.2　成果简介

2014 年以来，项目组在国家重点研究基础发展计划、国家自然科学基金优秀青年基金等项目资助下，采用室内试验、理论分析、数值仿真与工程实践相结合的方法进行研究，获得了采空区围岩承载及灾害传递的时空演化规律，创新空区群系统失稳的灾变理论，提出了空区大规模坍塌灾害风险评估方法，取得创新成果如下：

1）采空区群承载及系统失稳的灾变机理与表征。提出多矿柱-顶板承载与失稳理论，建立水环境、应变率等因素作用下的矿柱强度衰减模型，揭示采空区局部破坏到区域坍塌的大规模灾变发生条件与传递机制。

2）采动诱发采空区群动力过载与灾变演化。揭示矿柱群对开采扰动的力学响应，获得连锁倒塌灾害的诱发机制与传递特征，提出动力诱发条件下的多矿柱-顶板承载及失稳传递理论，为认识采空区大规模坍塌提供了新思路。

3）采空区群系统协同变形与连锁倒塌风险评估。建立考虑矿柱强度不确定性和矿柱间相互影响的多矿柱连续倒塌概率方法，提出采空区群连续倒塌的可靠性分析模型和风险评估方法，实现采空区连续失稳风险的分级，为矿区大规模坍塌的灾变防控提供理论支撑。

项目研究成果在 *Int J Rock Mech Min*、*Rock Mech Rock Eng* 等行业权威期刊上发表学术论文 60 余篇，其中 4 篇入选 ESI 高被引论文，并有 2 篇成为领域热点，20 篇代表作累计引用超过 600 余次。项目成果应用于贵州省开阳磷矿、山东省三山岛金矿、湖南省黄金等国内多个矿区，保障了相关矿区生产安全，产生了较大社会、经济效益。

5.1.3　详细内容

（1）采空区群承载及系统失稳的灾变机理与表征

为揭示多因素影响下矿柱劣化机理，引入核磁共振技术获得饱水过程和干燥过程中岩石内部的水分布规律，并根据静、动态试验结果，建立了考虑水环境和应变率的岩石强度衰减模型，揭示了采空区矿柱承载性能劣化机制（Zhou et al.，2017；Zhou et al.，2018；Zhou et al.，2019）。针对外部载荷作用下矿柱体系的力学响应特征，建立多矿柱-顶板承载及失稳特征的室内试验系统（Zhou et al.，2018；Rong et al.，2020），选取力学性能相同和不同双矿柱体系开展压缩试验，发现压缩过程中，不同力学参数矿柱非同时失稳，低强度矿柱会向高强矿柱转移荷载，且低强度矿柱峰后无能量突然释放现象（图 5.1.1）。基于双矿柱体系承载与变形破坏特征的分析，提出以围岩能量的释放机制表征灾害强度；拓展工况开展数值模拟研究，发现两矿柱具有不同力学性能时整体承载-位移曲线会出现两个局部荷载极值；基于室内试验与数值模拟结果，建立双矿柱-顶板力学模型，提出双矿柱系统的非调和变形本构模型，以表征体系变形破坏过程中的力学特质，并将结果与单矿柱的力学特征进行对比分析，提出矿柱-顶板体系非调和共同承载理论。

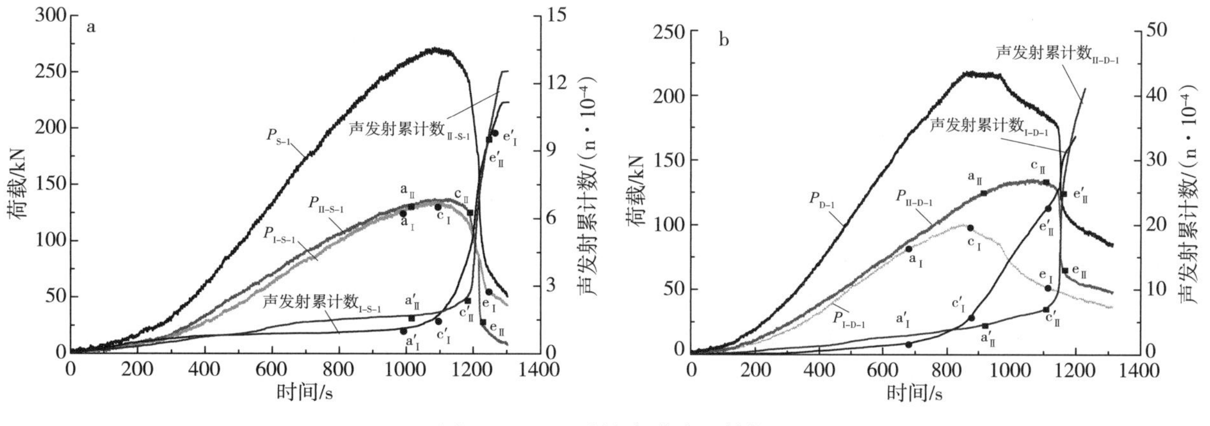

图 5.1.1　双矿柱力学表现特性

a—同力学参数；b—不同力学参数

针对多矿柱体系的破坏及失稳机制的研究，依托自主研发的复杂参数岩体力学相似模型试验系统开展相似材料模型试验（周子龙等，2018；Zhou et al.，2019），对模型整体声发射及应力进行实时监测，并引入非接触数字散斑测量技术监测全场位移，各矿柱内部埋有压力传感器以监测矿柱的应力变化。

通过试验研究发现，随外荷载的增大，矿柱表层逐渐剥落、顶板开裂，且矿柱或顶板的破坏均会造成失稳事件，伴随着整体承载能力的大幅下降。基于试验结果构建了多矿柱承载特征的本构模

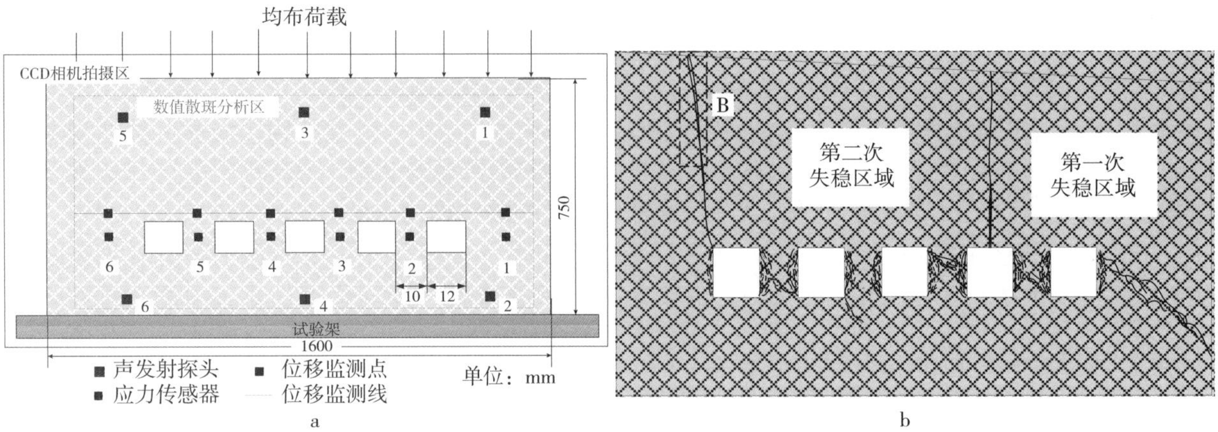

图 5.1.2　多矿柱体系试验系统及破坏形式

a—试验模型；b—失稳模式

型，并根据矿柱及顶板的承载特性对整体失稳破坏模式进行了分类，即：矿柱失稳顶板稳定、顶板破坏矿柱稳定、顶板矿柱均破坏三类；进而揭示了采空区局部破坏到区域坍塌的大规模灾变发生条件与传递机制，并提出采空区多矿柱-顶板体系的失稳破坏以局部承载结构的失效为诱发因素，以相对独立局部承载结构为基本失稳单元的灾变理论；从而实现了对采空区群坍塌灾害模式的定性描述，并能预测可能的坍塌范围。

（2）采动诱发采空区群动力过载与灾变演化

针对开采扰动诱发的采空区群动态失稳灾害的孕育机制等问题，通过不同工况的相似物理模型试验，再现了开采扰动造成矿柱群支撑荷载的重新分配，及上部空区岩体的坍塌灾害过程。发现：近区开采均会造成采空区的非稳定响应，但受矿柱承载能力的影响，岩层运动响应差异较大，且具有不同失稳诱发机制与传递规律。当矿柱承载能力较大时，开采扰动仅造成采空区的平衡调整，且最终形成稳定结构；而矿柱承载能力弱时，采空的平衡调整会诱发矿柱的连锁倒塌，灾害传递造成大规模坍塌。从而揭示了不同条件下空区体系失稳诱发机制与灾害传递规律，并提出以失稳传递的新思想理解采动诱发灾害的演化机制。

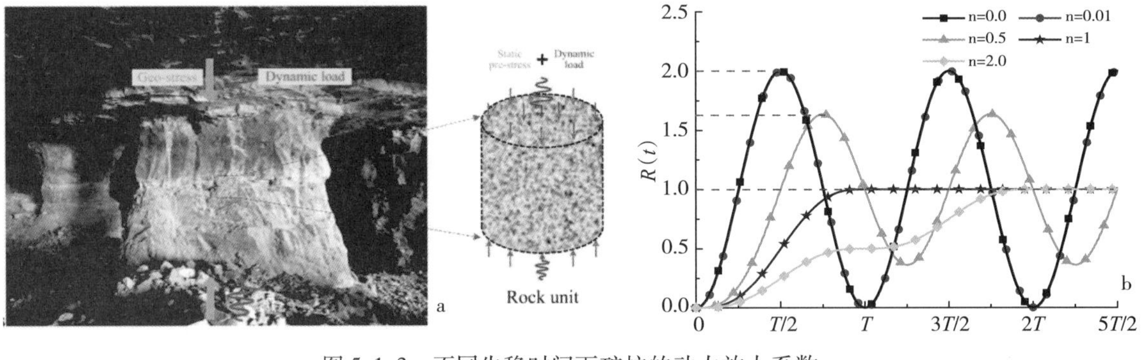

图 5.1.3　不同失稳时间下矿柱的动力放大系数

a—动力叠加原理；b—动力放大系数

$$R_{\max} = \max R(t) = \max \begin{bmatrix} \dfrac{1}{t_1}\left(t - \dfrac{T}{2\pi}\sin\dfrac{2\pi}{T}t\right) & t < t_1 \\ 1 - \dfrac{T}{\pi t_1}\cos\dfrac{2\pi}{T}\left(t - \dfrac{t_1}{2}\right)\sin\dfrac{\pi t_1}{T} & t \geqslant t_1 \end{bmatrix} \tag{5.1.1}$$

考虑矿柱回采诱发动力对相邻矿柱的影响，首先构建初始静应力作用、诱发动力干扰、荷载动态传递、矿柱连续动力过载等作用的动态失稳力学模型。其中动力叠加原理如图 5.1.3 所示，矿柱受静荷载 σ_v^0 和 $\Delta\sigma_s$ 共同作用，可依据结构动力学原理，推导动力放大系数（R）的计算方法（式 5.1.1），用以反映动力扰动作用时间和放大系数间的内在联系。

针对采空区内诱发动力传播分析难题，借助 PFC 离散元数值模拟软件，建立地下采空区的数值模型，重现地下矿柱回采过程中矿柱群在诱发动力作用下的响应行为，图 5.1.4 展示了中间矿柱回采产生的应力波在地下空区中的传播过程，图中分别是矿柱失稳后 1ms、2ms、5ms 和 10ms 时地下空区振动速度的云图。由此揭示了卸载波的传播和倒塌灾害从局部矿柱失稳发展到地下矿柱群整体破坏机制。

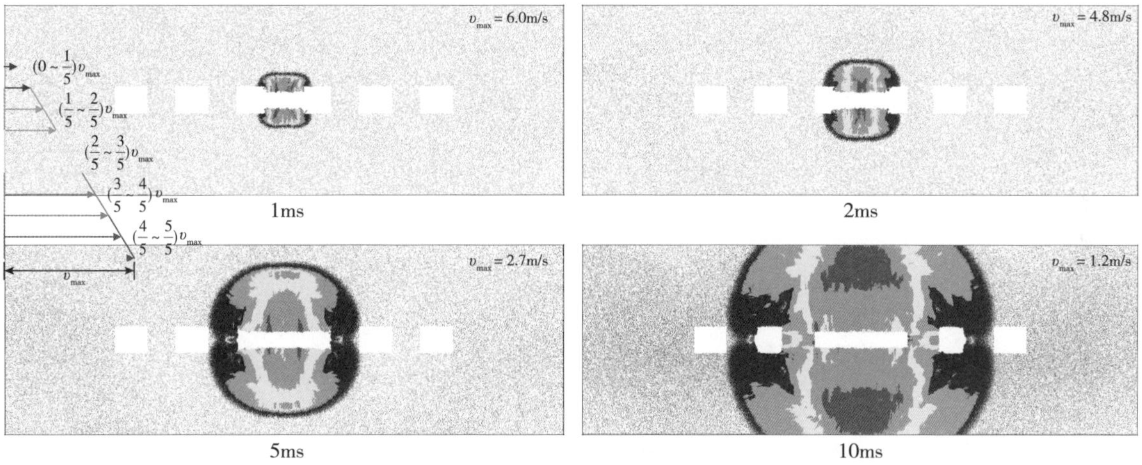

图 5.1.4　矿柱失稳后地下岩体振动速度的矢量图

为阐明采空区坍塌灾害的传递特征并预测灾害范围，提出综合考虑诱发动力、荷载传递、矿柱相继失稳、顶板剪切失效的失稳传递模型，并特别关注边界矿柱的切顶隔离作用，建立矿柱连续过载顶板剪切失稳力学模型，完善了多矿柱-顶板承载及失稳传递理论，为矿山灾害的防治及绿色矿山的建设提供了基础理论。

（3）采空区群系统协同变形与连锁倒塌风险评估

为进一步探索并再现矿柱群连锁失稳过程，量化不同工况下矿柱间的荷载传递效应，建立大规模矿柱群-顶板力学分析模型。通过删除某矿柱模拟其失稳破坏，并监测相邻矿柱应力的变化特征。基于试验结果提出以荷载传递率表征矿柱间传递效应（图 5.1.5），揭示了空区埋深、空区空间跨度、矿柱宽高比、开挖率、顶板刚度等指标对荷载传递的影响，并获得了荷载传递率的函数表达式。

基于矿柱劣化及荷载传递理论开展矿柱群系统稳定性评价，建立如图 5.1.6 所示的矿柱-顶板系统模型。模型中将矿柱简化为节点，各节点赋予相应的空间坐标（x_i，y_i），强度 S_i，载荷 L_i；矿柱间的顶板简化为线条，用线条的长度 d_{ij} 来表征矿柱间距。矿柱失稳后，对应节点的载荷流出，并通过线条流入相邻节点，且重新计算各节点的荷载。根据某矿区的工程条件，建立分析模型，发现矿区总矿柱 279 个，其中能够诱发整体失稳的矿柱个数为 14（定义为诱发大规模失稳的关键矿柱），占矿柱总个数的 5.02%；总体上可认为矿柱连锁失稳的风险为 5.02%，属于低危险性采空区，暂时不会发生连锁失稳。并结合可靠度理论，对空区内关键矿柱进行失效概率分析，进而实现对整个采空区体系开展失稳灾害风险评价，并确定相关风险区域。

为解决矿柱承载能力的不确定性对空区稳定性的评价的影响，引入灾害风险评估方法，划分空区坍塌灾害的危险等级，建立风险指标对矿柱群坍塌开展风险评估。项目先提出以对数正态分布表征矿柱强度概率分布，并结合荷载传递理论，对双矿柱系统的可靠性进行了分析（图 5.1.7）。

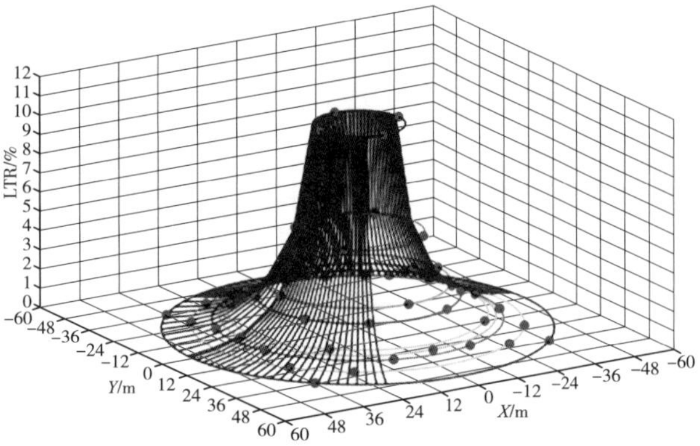

图 5.1.5　荷载传递规律

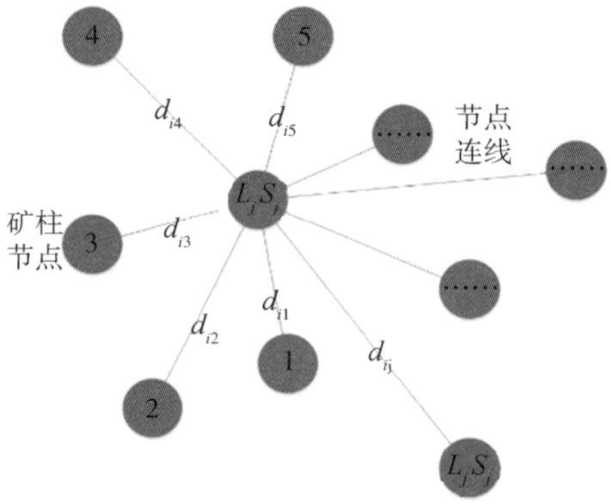

图 5.1.6　矿柱和顶板系统简化模型

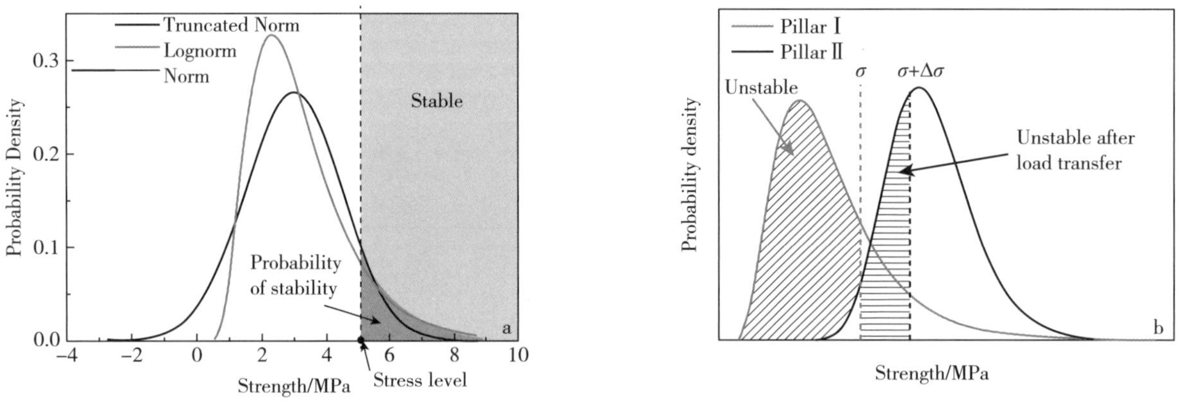

图 5.1.7　考虑系统效应的矿柱体系可靠度分析

a—矿柱强度概率密度；b—考虑载荷转移的矿柱系统可靠性示意图

结合风险等级概念，提出以矿柱强度标准差与均值的比表征矿柱强度的离散程度，并综合考虑局部矿柱失稳后的灾害程度对空区体系的影响及矿柱群整体连续倒塌的灾害程度对塌陷区域地表生态环境的影响，提出了空区群连续倒塌灾害风险进行评估方法。如图 5.1.8 所示，风险评估结果与现场调查的坍塌区域匹配程度较高，多数极高风险和高风险矿柱分布在坍塌区域内，且多数低宽高比矿柱被划分为高风险以上的矿柱。

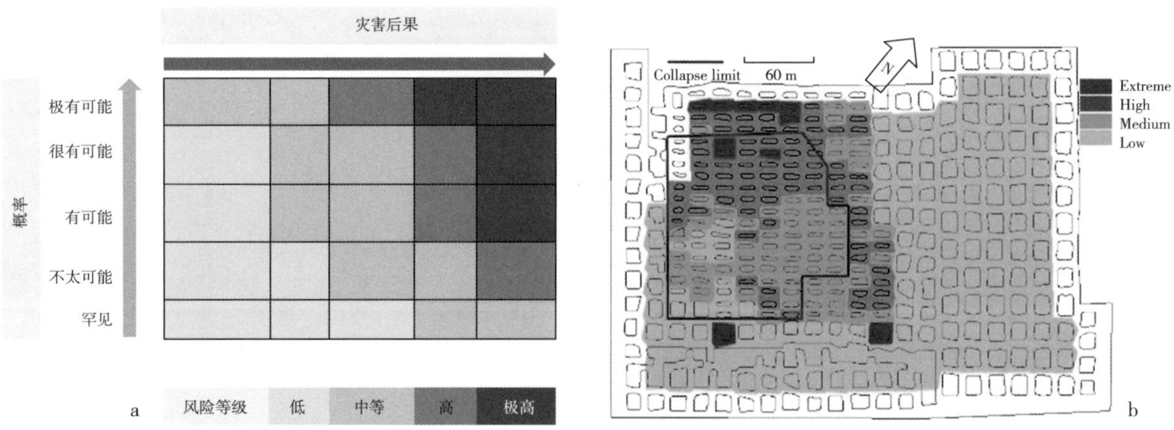

图 5.1.8　矿山坍塌风险评估

a—风险分析方法；b—某矿山矿柱群连续倒塌风险云图

5.1.4 本节小结

矿产资源开发过程中产生大量采空区，采空区的变形失稳与坍塌不仅会造成地下生产系统的损坏、地表塌陷，还会诱发水土流失、矿区生态环境破坏等次生灾害，对矿区经济发展和社会稳定造成极大负面影响。本项目通过对采空区围岩的非调和变形与破坏规律的研究，建立了考虑水环境和应变率等因素的岩石强度衰减模型，揭示了矿柱承载性能劣化机制，并提出了矿柱群-顶板体系共同承载理论，突破了单矿柱承载理论的局限；构建了采空区群承载及系统失稳模型，提出了采空区荷载及灾害的传递分析方法与理论，揭示了开采对相邻采空区的扰动效应，解决了相邻采区的相互影响的评价难题；并引入可靠度理论，考虑矿柱强度的不确定性及荷载的传递效应，对采空区大规模坍塌灾害风险进行评估。研究成果可为矿山设计和灾害防治提供理论依据，保障开采安全，实现矿山绿色开采。

5.2 煤矿立井井筒及其装备健康状态监测与预警系统

5.2.1 项目背景

煤矿立井是矿井提升运输煤炭（或矸石）、运送人员、材料和设备及通风和排水的重要设施，是煤矿生产的咽喉要道，实时掌握立井的安全状态，对可能发生的事故进行预警，这对矿山安全运行和煤矿高效生产具有非常重大的意义。国内外关于煤矿立井安全状态监测预警的系统较多，但其体系有待完善，监测变量不够全面，监测技术与防护方法有待提升及创新。研发团队围绕矿山智能监测领域开展科研攻关，致力于研发保障煤矿高效生产的智能监测预警系统，本项目得到了国家自然科学基金项目（51174258，51305003）、国家科技型中小企业技术创新基金（12C26213403209）、安徽省自然科学基金（11040606M103）、安徽省高校自然科学基金研究重大项目（KJ2015ZD19）及企业委托项目的支持，先后开展了实验研究、数值仿真、设备研发、现场应用等工作，开发了煤矿立井系统的多参量测量与精准预警、多特征提取与智能诊断、智能监测与安全防护的理论和技术。

5.2.2 成果简介

（1）成果所属科学技术领域

该成果属于矿井安全与煤矿智能化领域。

（2）成果的主要内容

本项目面向煤矿立井系统，以提升矿井安全生产及煤矿高效运行为出发点，开发了井筒及其装备的智能健康监测和预警系统；提出了一种分布式多参量的煤矿立井井筒健康状态实时监测和安全预警方法，设计了立井井筒温度、应变、形变等分布式传感器布置方案，探究了基于立井井筒参量的光纤传感器测量自补偿技术，实现了立井井筒健康状态的智能评估和精准预警；提出了基于改进经验模态分解的特征提取方法和基于深度学习的故障诊断技术，探讨提升系统监测的无线传感节点的自供电技术，实现了立井提升导向装置健康状态的精确判定；提出了相位法的激光定位新技术，构建了基于激光技术的煤矿立井绞车提升安全监测系统，形成了基于支持向量机的煤矿立井罐笼安全保护方法，实现了罐笼防飞车和断绳事故的准确预判。

（3）应用范围

本项目成果主要应用于煤矿立井井筒及其装备的安全智能监测领域。研究内容中涉及的分布式光纤测温技术也可应用于其他大范围温度场监测需求的场合；宽频多方向压电振动俘能装置也可应用于其他具有振动特性需要微型设备自供电的场合；相位法激光定位技术也可应用于其他需要进行定位的场合，各单项技术均具有较广的适用范围，可分开进行应用。

（4）技术特点

1）提出了一种分布式多参量的煤矿立井井筒健康状态实时监测和安全预警方法，探究了基于立井井筒参量的光纤传感器测量精度自补偿技术和智能预警技术，开发了光纤传感器数据解调、处理软硬件系统，实现了立井井筒健康状态的智能评估和精准预警。

2）提出了基于改进经验模态分解的特征提取方法和基于深度学习的故障诊断技术，探讨了用于提升系统监测的无线传感节点自供电技术，实现了立井提升导向装置健康状态的精确判定。

3）提出了相位法的激光定位技术，构建了基于激光技术的煤矿立井绞车提升安全监测系统，提出了基于支持向量机的煤矿立井罐笼安全保护方法，实现了罐笼防飞车和断绳事故的准确预判。

（5）主要性能指标

1）采用分布式光纤传感器和优化的萤火虫预测方法，相对误差降低了50%。

2）研制了拟合衰减差自补偿的分布式光纤温度传感器，温度监测精度为0.9℃。

3）立井提升导向装置故障诊断采用EMD-PNN方法，故障识别率达95%以上。

4）相位式激光测距技术来对提升容器进行定位，测距范围为0~1000m，监测误差为±5mm。

（6）创新性

1）项目成果首次提出融合了光纤分布测量技术、传感精度自补偿技术和基于萤火虫优化算法的煤矿立井井筒安全预警方法，开发了系列光纤传感与解调设备、光纤传感监测数据处理软件。

2）首次探讨了利用多特征提取技术、故障诊断技术和压电振动俘能技术对煤矿立井提升导向装置进行健康状态监测。

3）开发了基于激光定位技术的煤矿立井绞车提升安全监测系统；提出的基于支持向量机分类算法的煤矿立井罐笼防飞车防坠方法能够准确发现飞车和断绳事故。

（7）成果水平

项目授权国家发明专利7项，实用新型专利6项，发明专利实审6项，出版专著1本，发表学术论文8篇，获批软件著作权1项，成果鉴定为国内同类研究领先水平。

（8）应用效果及推广前景

该项目成果的应用，依托淮南矿业（集团）有限责任公司顾桥煤矿、淮北矿业股份有限公司许疃煤矿、中煤特殊凿井有限责任公司安徽路桥分公司、安徽恒源煤电股份有限公司钱营孜煤矿等开展的产学研合作项目“顾桥矿立井安全高效提升技术改造服务”“许疃矿井壁变形及井筒装备提升安全在线监测预警系统研究”“板集矿副井冻结孔光纤测温系统”“立井提升承载部件的动态载荷状态远程实时监测研究与应用”等，杜绝了井筒安全事故的发生，近三年新增加产值64440万元，增加利税19332万元左右，增收节支总额近6000万元，创造了良好的经济效益。项目成果技术成熟、通用性强，可应用于所有煤矿立井井筒及其装备的安全状态监测，其中一些分项技术还可以应用于其他工业领域，具有非常好的推广前景。

5.2.3 详细内容

（1）提出了基于萤火虫算法的煤矿立井井筒安全状态预警技术，探究了光纤自补偿的分布测量机理，构建了分布式立井井筒多参量测量方法，实现了立井井筒状态的智能预警

1）提出了基于萤火虫算法的煤矿立井健康状态预测方法，实现了立井井筒状态的安全预警。周孟然等（2013）提出将萤火虫算法用于灰色预测GM（1，1）的参数寻优，构建了FA-GM（1，1）预测算法（周孟然等，2013a；周孟然等，2013b；周孟然等，2013c；郑晓亮等，2009）。依据2018年10月27日采集某矿井井壁应力、温度和井筒周围岩土下沉的部分数据（图5.2.1），采用FA-GM（1，1）预测算法进行深度为70.8m处最大应变预测，图5.2.2结果表明，基于萤火虫算法的FA-GM（1，1）预测精度明显优于GM（1，1），实现了井筒健康状态精准预警，提升了井筒安全监测的智能化程度。

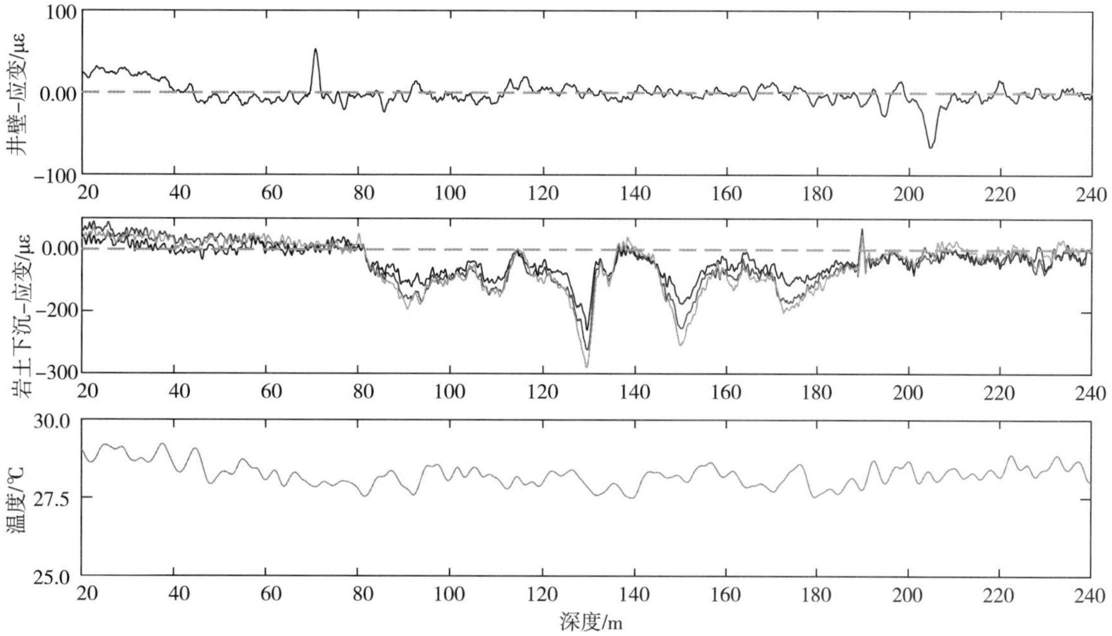

图 5.2.1　传感监测结果

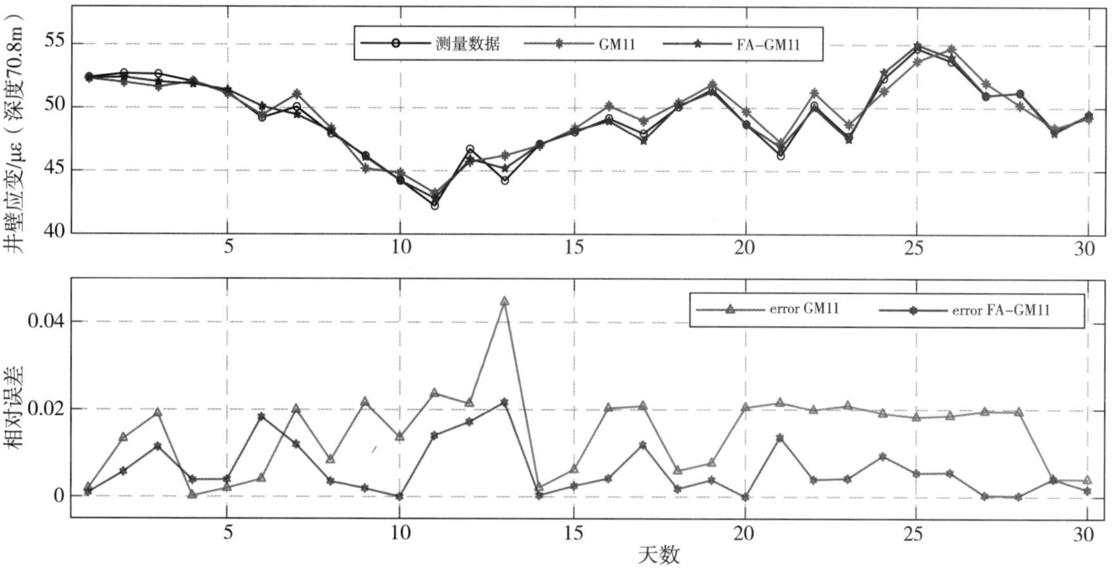

图 5.2.2　应变预测结果

2）提出了拟合衰减差自补偿的分布式光纤温度传感技术，实现了井筒温度测量精度的提升。针对斯托克斯光和反斯托克斯光的本质损耗和附加损耗以及瑞利噪声使井筒分布式光纤温度传感器产生测温误差的问题，郑晓亮等（2009）、马天兵等（2020）通过对分布式光纤温度传感器的温度解调原理的研究，提出了拟合斯托克斯光与反斯托克斯光之间衰减差的方法实现温度自补偿，建立了理论模型，揭示了温度补偿机理，搭建了分布式光纤测温系统，引入拟合衰减差后消除瑞利噪声解调出的温度模型：

$$T_l = \left\{\frac{k_B}{h\Delta v}\ln\left(\frac{(\phi_{st}(l)-\phi_{rst})(\phi_{as}(l_0)-\phi_{ras})}{(\phi_{as}(l)-\phi_{ras})(\phi_{st}(l_0)-\phi_{rst})}\right)-(\Delta\alpha(T_l)l-\Delta\alpha(T_0)l_0)+\frac{1}{T_0}\right\}^{-1} \quad (5.2.1)$$

经过三次修正后，测温精度提升了 3 倍（图 5.2.3），有效克服了温度测量精度对井筒安全预警系统准确性的影响，提升了井筒安全监测的可靠性。

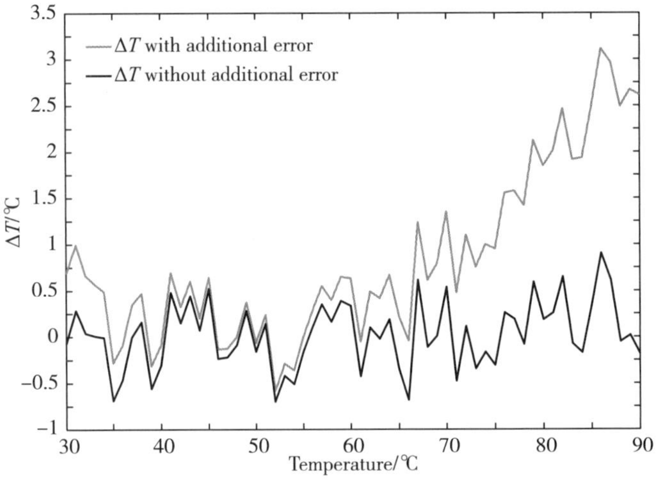

图 5.2.3　自补偿后的测温误差

3）提出了分布测量技术与精度自补偿技术、安全预警技术的融合方法，开发了分布式数据处理软件，实现了煤矿立井井筒多参量实时监测。以往主要通过监测井筒壁的变形量对煤矿立井井筒的健康状况进行判断，检测的参量不够全面，缺乏有效的安全预警系统。基于此，周孟然等（2011）、王静等（2012）、周孟然等（2013）设计了立井井筒温度、应变、形变、周围水位等分布式传感器的安装方案（图 5.2.4）（周孟然等，2011；王静等，2012；周孟然等，2013），融合了传感精度自补偿技术和井筒安全预警策略，开发一套专用的光纤传感器解调仪和输出数据处理软件（图 5.2.5），研发了井筒多参量实时监测系统（图 5.2.6），实现了井筒状态全面科学的预警和危险判别。

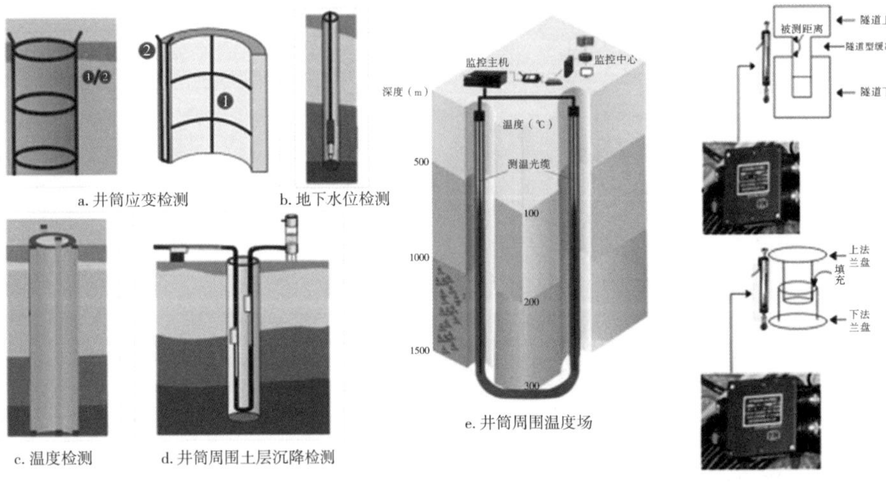

图 5.2.4　传感器的安装示意图

（2）提出了煤矿立井提升导向装置健康状态的多特征提取方法，开发了基于深度学习的故障诊断技术，探讨了矿用无线传感节点的自供电技术，实现了提升装备健康状态的智能诊断

1）提出了煤矿立井提升导向装置振动信号的多特征提取方法和智能故障诊断技术，实现了立井提升导向装置故障类型的精确诊断。针对噪声影响提升容器振动信号特征提取和故障诊断的准确性问题，马天兵等（2019）建立了罐道-提升容器-钢丝绳的耦合振动模型，研究了罐道的振动特征，提出了利用多传感器信息融合和深度学习的立井提升系统健康状态数据处理方法，探讨了面向立井提升装置状态数据挖掘的卷积神经网络、主成分分析网络和概率神经网络，运用基于经验模态

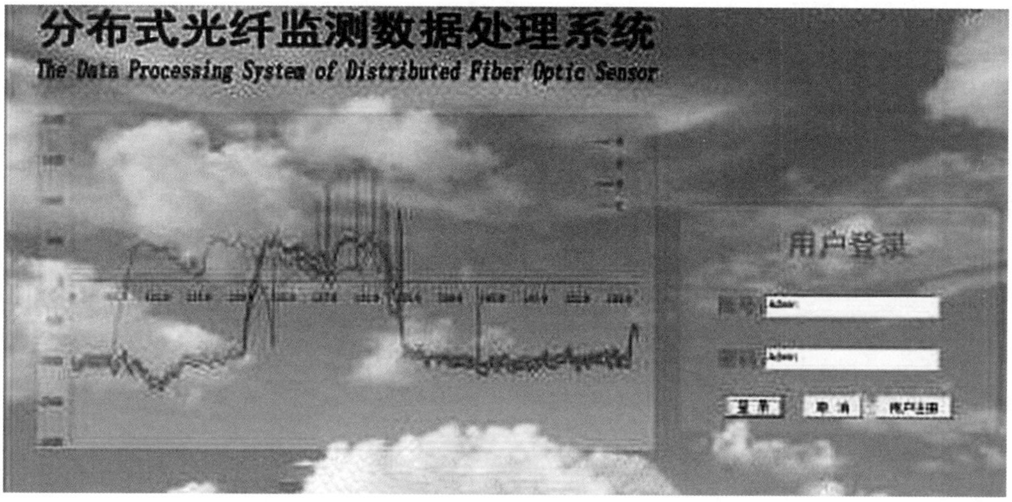

图 5.2.5　光纤传感监测数据处理系统登录界面

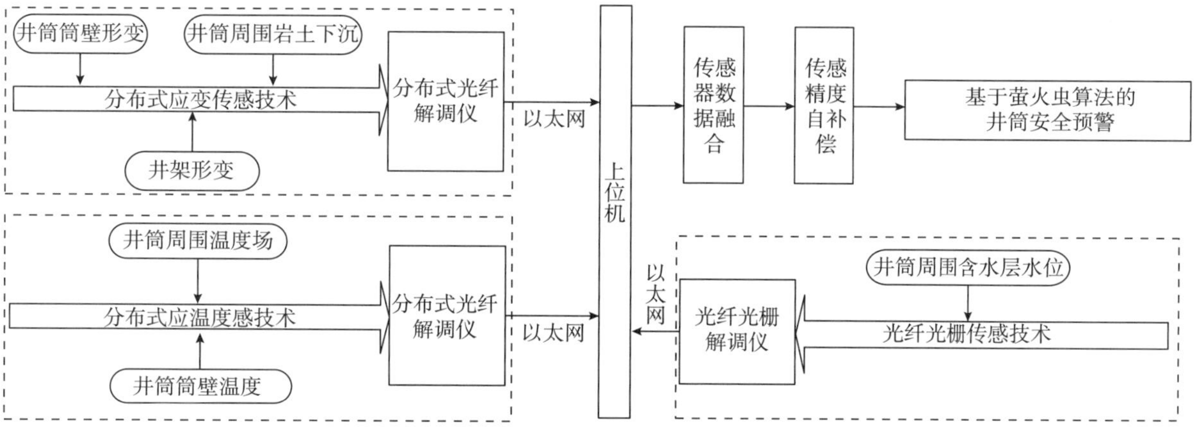

图 5.2.6　煤矿立井井筒多参量实时监测系统

分解和概率神经网络方法实现了煤矿立井提升导向装置状态特征的精准提取与诊断（图 5.2.7），提升了矿山装备状态诊断的智能化水平（马天兵等，2019）。

2）研制一种宽频多方向的压电振动俘能装置，实现对立井提升导向装置无线传感节点的自供电。根据提升容器的振动特性，Tian bing Ma 等（2019）开发了一种 Z 型压电振动俘能阵列装置（图 5.2.8），建立了该装置的静力学、动力学数学模型，仿真和实验研究了输出电压、输出功率、回收效率、频带宽度等关键技术指标（图 5.2.9），研究了结构和电路封装工艺，完成了提升容器三方向振动的能量采集，实现了对用于立井提升导向装置状态监测的低功耗无线传感节点自供电，保障了立井提升监测系统的可靠运行（Tian et al.，2019）。

（3）构建了基于激光技术的煤矿立井绞车提升安全监测系统，提出了基于支持向量机的煤矿立井罐笼安全保护方法，实现了提升安全的智能监测

1）提出了相位法的激光定位技术，构建了基于激光技术的煤矿立井绞车提升安全监测系统。周孟然（2007）提出将激光技术、FPGA 技术应用于提升机安全监测中，通过 FPGA 器件实现信号频谱分析来检测调制光波往返于被测距离上相位差的方法来安全监测定位提升机，建立了提升机安全监测定位系统的数值算法模型和激光测距相位检测的 FFT 算法模型，搭建了 FPGA 硬件结构，通过算法分析，建立了高精度的提升机位置监测系统（图 5.2.10），提升了立井提升安全检测的智能化水平（周孟然等，2007）。

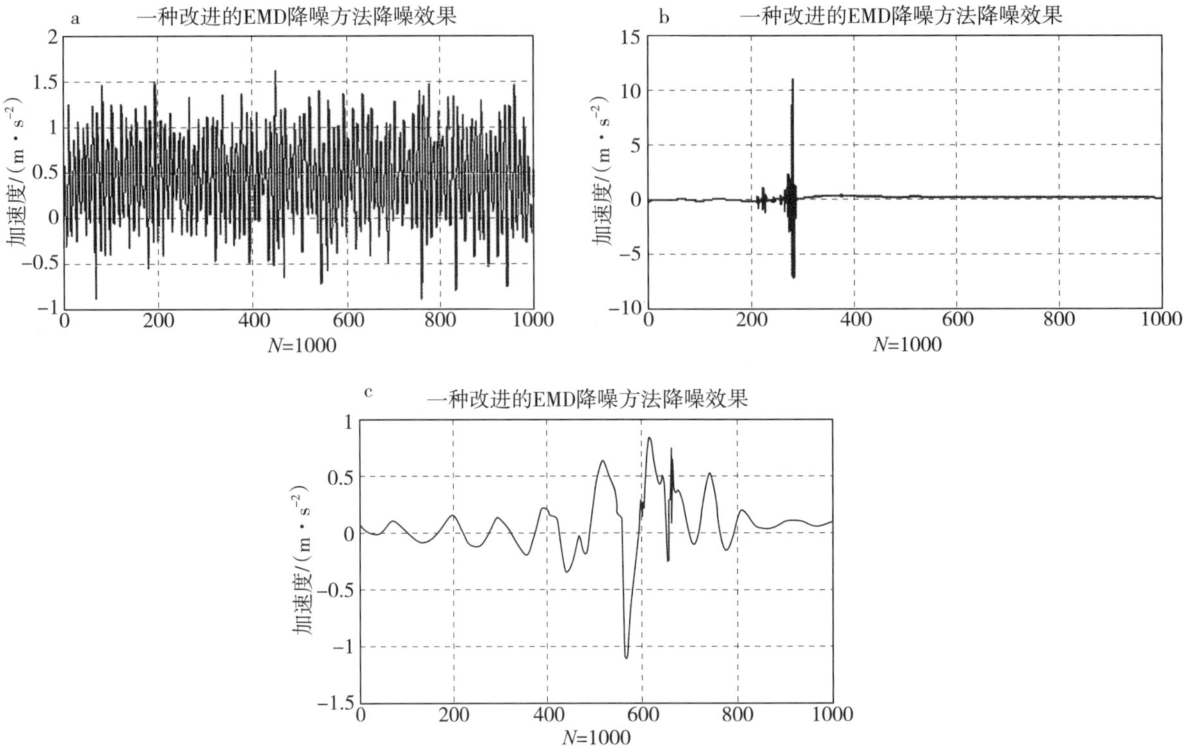

图 5.2.7　罐道三种典型振动特征

a—正常状态；b—接头错位故障；c—台阶凸起故障

图 5.2.8　压电振动俘能装置

2）提出基于支持向量机分类算法的煤矿立井罐笼防飞车防坠方法，实现罐笼防飞车和断绳事故的准确预判。周孟然等（2013d）提出一种基于支持向量机分类算法的煤矿立井罐笼防飞车防坠方法（图 5.2.11），通过对速度和提升绳张力两个因素的检测，并采用基于支持向量机的分类算法，能够准确发现飞车和断绳事故，弥补了传统提升机保护系统未考虑飞车和误动作率高这两个重要不足，并且准确动作，降低了煤矿立井提升系统生产的直接和间接的安全事故，对于保障矿山安全具有重要意义（周孟然等，2013d；王蓉丽等，2011；Olivier Louis et al.，2009）。

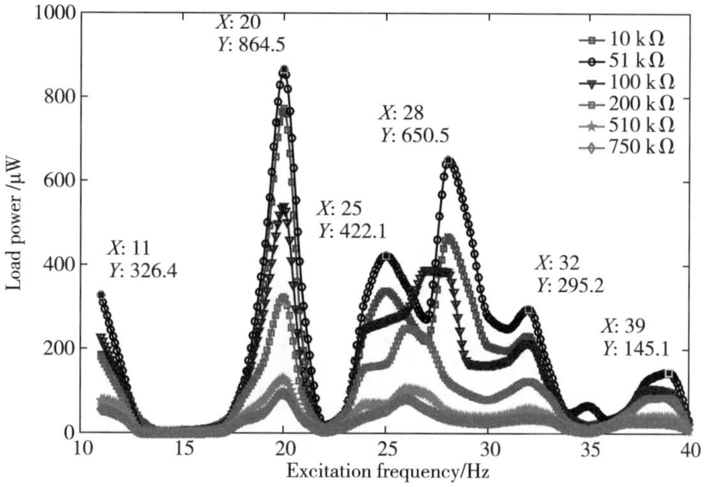

图 5.2.9　压电振动俘能装置输出功率

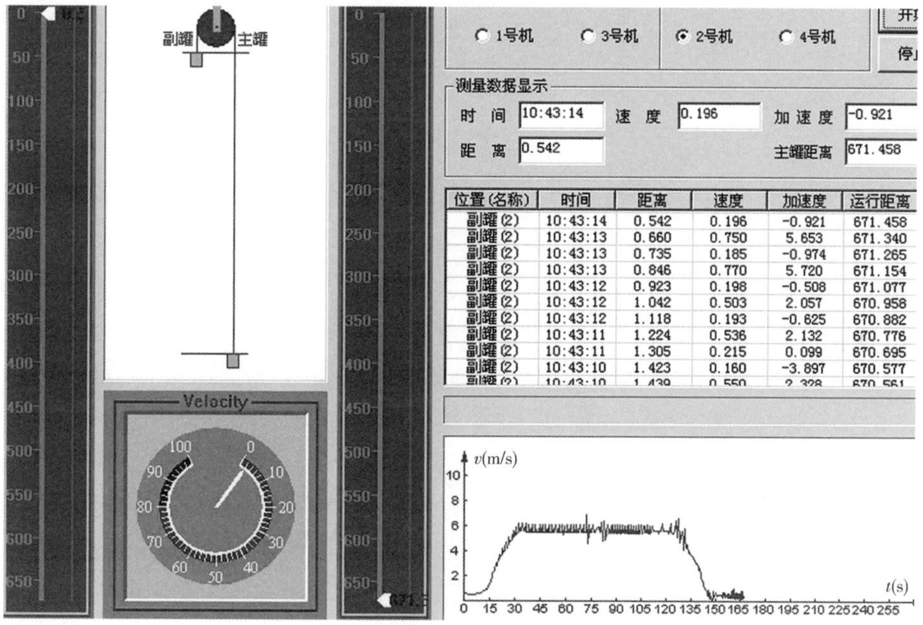

图 5.2.10　提升机安全监测系统

5.2.4　本节小结

煤矿立井是矿井提升运输煤炭（或矸石）、运送人员、材料和设备及通风和排水的重要设施，是煤矿生产的咽喉要道，实时掌握立井的安全状态，对可能发生的事故进行预警，这对煤矿安全高效生产具有非常重大的意义。国内外关于煤矿立井安全状态监测预警的系统较多，但其体系有待完善，监测变量不够全面，监测技术与防护方法有待提升及创新。因此，亟需研发一套用于煤矿立井系统及其装备健康状态监测与预警的智能系统。

本项目研究了煤矿立井井筒及其装备健康状态监测与预警系统多参量检测分布式传感器的布设方法、光纤传感器测量精度自补偿技术和智能预警技术、基于改进经验模态分解的特征提取方法和基于深度学习的故障诊断技术、基于支持向量机的煤矿立井罐笼安全保护方法；开发了光纤传感器数据解调处理软硬件系统、无线自供电传感节点和基于相位法激光定位技术煤矿立井绞车提升安全监测系统。

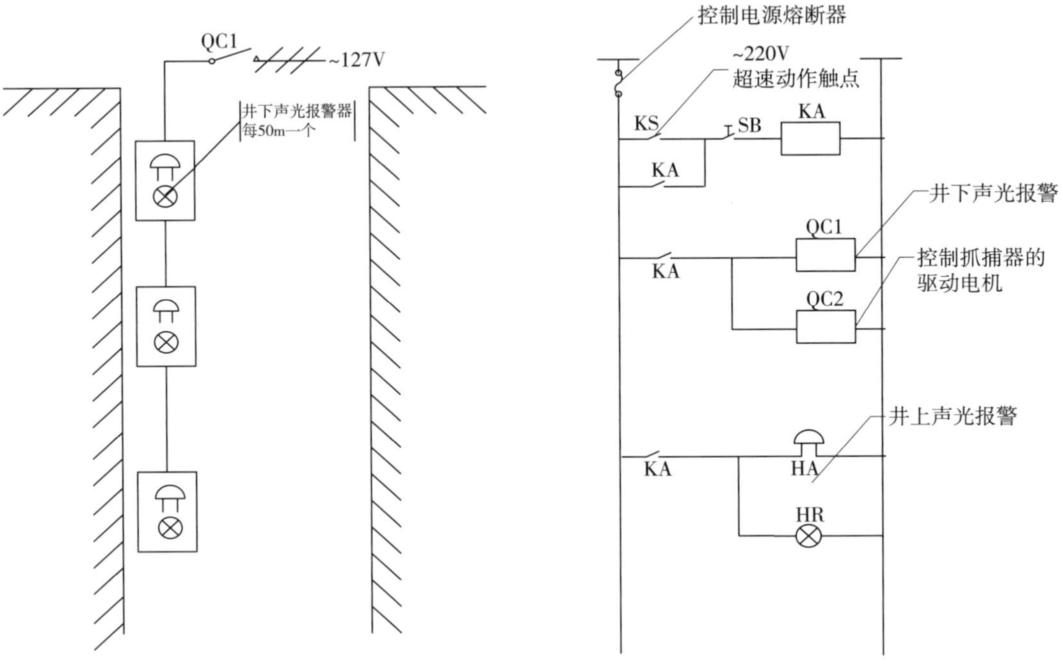

图 5.2.11　系统保护工作原理

项目成果首次提出融合了光纤分布测量技术、传感精度自补偿技术和基于萤火虫优化算法的煤矿立井井筒安全预警方法，开发了系列光纤传感与解调设备、光纤传感监测数据处理软件；首次探讨了利用多特征提取技术、故障诊断技术和压电振动俘能技术对煤矿立井提升导向装置进行健康状态监测；开发了基于激光定位技术的煤矿立井绞车提升安全监测系统；提出的基于支持向量机分类算法的煤矿立井罐笼防飞车防坠方法能够准确发现飞车和断绳事故。项目授权国家发明专利 7 项，实用新型专利 6 项，发明专利实审 6 项，出版专著 1 本，发表学术论文 8 篇，获批软件著作权 1 项，成果鉴定为国内同类研究领先水平。

该项目成果的应用，依托淮南矿业（集团）有限责任公司顾桥煤矿、淮北矿业股份有限公司许疃煤矿、中煤特殊凿井有限责任公司安徽路桥分公司、安徽恒源煤电股份有限公司钱营孜煤矿等开展的产学研合作项目“顾桥矿立井安全高效提升技术改造服务”“许疃矿井壁变形及井筒装备提升安全在线监测预警系统研究”“板集矿副井冻结孔光纤测温系统”“立井提升承载部件的动态载荷状态远程实时监测研究与应用”等。本项目研究成果具备在我国其他条件类似矿区广泛应用的条件，后期加强宣传推介，即可实现大面积的应用推广。

5.3　深厚表土薄基岩大采高采场矿压规律与围岩控制关键技术

5.3.1　项目背景

我国煤炭资源储量丰富且具有明显区域性分布特点，其中华东地区是我国重要的煤炭能源产地（张华磊等，2018；张广超等，2016；杜锋等，2017）。随着近几十年的大规模开采，华东地区浅部表土层下煤炭资源几近枯竭，大多数矿井正在开采第四系巨厚松散层覆盖下的煤炭资源，煤炭开采面临着大埋深、薄基岩、厚松散层等工程难题。与西部浅埋薄基岩煤层开采不同，厚松散层薄基岩条件下煤层开采过程中，由于覆岩破断规律及其形成的空间结构的特殊性，衍生出诸多矿井灾害，如工作面突水、支架压架、端面煤岩体冒漏，甚至突水淹井的重大工程灾害，造成巨大经济损失和人员伤亡（黄庆享等，2019；许家林等，2007），例如，皖北煤电集团祁东煤矿自投产以来，先后在 3222、7114、6130 等 8 个工作面发生了 17 次压架突水事故，其中首采面 3222 工作面发生压架突水事故并导致矿井被淹，恢复生产费用近 1 亿元，造成巨大经济损失和人员伤亡，严重影响煤炭安全高效开采。

巨野矿区位于山东省西南部，已探明地质储量 55.7×10^8t，以国家紧缺的焦煤、肥煤为主，具有高热值、低灰分、低含硫等特点，是华东地区新探明的最好、最大的特大型煤田，建设有新巨龙、赵楼、郭屯、万福、梁宝寺等 7 对矿井，每年可产煤 1800×10^4t，平均服务年限达 60 余年，有效解决了山东省乃至华东地区的能源供应紧张问题。随着煤炭资源的持续、高强度开发，走出一条集约、安全、高效、绿色回采之路已经成为我国现代煤矿工业所必须面临的严峻课题。通过调研发现，巨野矿区松散层厚度600m 以上、煤层厚度 5.8~9.9m 不等、基岩厚度 40~240m 不等，同时兼具了大埋深、薄基岩、厚松散层的赋存特点。在该类煤层开采过程中，覆岩破断过程及破断后形成的空间结构存在自身的特点，即基岩厚度较小，基岩破断具有突发性、短促性特点，无法形成长期稳定的覆岩平衡结构（方新秋等，2008；张华磊等，2017）。煤层开采后，引起覆岩变形、破坏和移动，产生导水裂缝通道，致使突水匮砂事故时有发生，特别是对于大采高采场来说，采场矿压显现极为强烈，易发生工作面压架事故，轻则引起工作面的涌水量增大和设备损坏，重则引起工作面停产，甚至导致人员的伤亡，造成巨大的经济损失。具体分析如下：

1）大采高采场顶板沿煤壁切落压架。在煤田开发初期，由于对矿山压力和矿压显现的认识不够深刻，认为基岩厚度薄，在开采过程中将随采随冒落无法形成周期性矿压规律，矿压显现较为缓和，支架压力较小，对工作面支架选型过于乐观；但在实际工程中，深厚表土薄基岩大采高工作面推进过程中，液压支架压力普遍较高、压架事故较为普遍。

2）端面煤壁片帮、冒顶严重。大采高采场推进过程中，由于一次开采煤层厚度增大，加之帮部煤体强度低且呈现松软特性，帮煤壁极易失稳发生片帮事故；煤壁发生片帮后，继而诱发端面顶板煤岩体的脱落，同时由于端面顶板多为泥岩伪顶，具有强度低、层理发育的特点，一旦失稳将发生大范围端面冒顶事故，严重影响工作面推进速度和生产潜力的发挥。

3）工作面突水威胁。巨野煤田属于第四系巨厚松散承压含水层这一水文地质条件，煤系上覆第四系松散层，第四含水组富水中等，煤层开采过程中覆岩裂隙发育至基岩表面，潜水流经张开裂缝进入工作面影响生产，造成采场溃水事故，造成工作面设备损毁、人员伤亡。

4）采动裂缝周期性出现。甚至发生大范围塌陷，地表连续性遭到破坏。基岩薄，岩层破断后不能形成稳定的砌体梁结构，甚至会出现“三带合一”现象，采动后地表发生非连续性变形，迅速产生裂缝甚至地堑，最终形成塌陷坑。第四系松散沙层底部潜水的存在，是地表植被存活的基础，浅埋煤层开采时，采动裂缝发育至基岩表面，潜水水位迅速下降，造成地表稀少植被枯亡，环境进一步恶化。

事实上，上述安全和环境问题都是岩层不同形式的运动造成的，灾变的发生及对生态环境的破坏是覆岩运动积累到一定程度，由微观破坏发育为宏观破坏的结果，对于上述灾害事故机理及其防治的研究，必须以岩层的有效控制为基础（张广超等，2016；张广超等，2016；汪锋等，2019），而岩层有效控制必须以了解不同位态、不同岩性顶板岩层的断裂和运动形态为基础。因此，分析煤炭开采过程中覆岩应力场演化特征，预测采动裂隙的发育演化规律，进而反演覆岩的破断形式及破坏后的运动特征，将为深埋薄基岩高强度采场围岩运动的有效控制提供重要理论基础。巨野煤田已有郭屯煤矿、彭庄煤矿、新巨龙煤矿、万福煤矿等年产百万吨级矿井，是山东省最大的原煤生产基地，若将深埋薄基岩大采高开采条件下覆岩的运动及其诱发的相关矿井灾害的机理进行全面系统研究，并据此提出相应的围岩控制手段，制约矿区生产能力的安全与环境问题将不复存在，可使巨野煤田实现真正的“安全、高产、高效”生产。

近年来，国内外学者的研究成果为深埋薄基岩大采高采场覆岩运动规律与岩层控制奠定了较好的基础，有利于进一步丰富和完善矿山压力与岩层控制理论体系；但从研究范围上来看，上述研究多集中在淮南、淮北、永城等矿区，松散层厚度200~400m，煤层厚度3.0~6.5m，基岩厚度18~43m，对于同时兼具大埋深、薄基岩、厚表土层特点的大采高采场矿压案例分析较少；从研究手段来说，上述研究多采用单纯模拟手段或小范围短时原位监测，由于煤矿现场工程地质条件的复杂性和不可确定性，对于特定条件下矿压显现规律，应基于全方位的现场监测并辅以数值模拟、理论计算等方法综合确定。就巨野矿区而言，根据不完全统计，仅2018年、2019年两年巨野矿区（郭屯、梁宝寺、万福）发生大范围片帮冒顶、支架压死事故10余次，造成了严重经济损失。因此，针对巨野矿区同时兼具大埋深、薄基岩、厚表土层特殊条件下的大采高采场矿压显现规律及覆岩破断机理展开深入系统研究已具有刻不容缓的必要性。

为了能较全面地掌握巨野矿区深厚表土薄基岩大采高采场矿压显现规律及上覆岩层破断机理，本项目以巨野矿区郭屯煤矿3301大采高工作面为工程背景，采用现场实测、理论分析、数值模拟的综合研究手段，开展工作面推采期间全过程矿压规律实测（包含支架工作阻力、支架几何位态、冒漏顶、煤壁片帮等），研究覆岩运动规律及应力位移场演化特征，建立覆岩结构模型，分析支架—围岩控制关系，为深埋薄基岩大采高采场矿压控制提供科学指导。

5.3.2 成果简介

本项目研究成果属于矿山开采技术领域。

本项目以巨野矿区郭屯煤矿3301工作面为工程背景，采用室内试验、现场调研、理论分析、数值模拟等相结合的综合方法，对深埋薄基岩大采高采场覆岩运动规律与安全开采技术进行研究，分析开采过程中支架压力、煤岩体片冒、围岩应力等信息变化规律，明确薄基岩大采高采场宏观矿压规律；建立覆岩结构整体力学模型，研究顶板失稳过程及力学判据，并揭示大采高采场煤壁失稳类型及控制原理；开发适用于深埋薄基岩大采高采场的支架工作阻力计算方法、软弱煤壁片帮控制技术及超前回采巷道桁架锚索加固技术等一整套技术内容，为深埋薄基岩大采高采场矿压控制提供科学指导，以保障工作面安全高效开采。主要研究内容如下：

1）现场实测采场支架液压信息和位态信息，得出支架安全阀开启率、来压动载系数及沿工作面长度方向载荷分布特征；统计端面煤岩体片帮、冒顶参数，研究其片帮和冒顶发生事件与液压支架工况的关联性。

2）模拟煤层开采时应力场和位移场演化特征，分析关键块体的破断和运移特点，揭示关键块失稳形式和判别准则；建立大采高采场软弱煤壁弧形滑动失稳力学模型，推导煤壁片帮失稳的类型及其临界力学条件，揭示煤壁片帮的力学机理。

3）结合薄基岩大采高采场矿压显现特点，建立适用于深埋薄基岩大采高采场支架工作阻力的科学计算方法；提出基于液压支架故障可靠性监测的大采高采场含夹矸软弱煤壁控制方法，及适用于大采高采场超前回采巷道围岩控制的桁架锚索加固技术。

该项目研究成果将有效地抑制深埋薄基岩大采高采场煤岩体冒落、片帮事故，降低煤炭开采成本，减轻工人劳动强度，提高了采场安全性和煤炭回收率，满足矿井高产、高效的目标。该技术获批国家发明专利10项，软件著作权1项，发表文章16余篇，近三年新增利润4.21亿元，取得了显著技术、社会和经济效益。

5.3.3 详细内容

1）基于深埋薄基岩大采高采场顶板—煤壁力学作用机制（软著：2019SR0540940），进行了煤岩组合体力学特性试验（图5.3.1），分析了承载过程中煤岩力学响应特性，揭示了加载速率对组合体变形破坏特征的影响机制（图5.3.2），为覆岩结构模型建立与破断失稳准则提出奠定了理论依据。

2）对工作面推采期间的支架工作阻力、支架几何位态、煤岩体片冒等信息进行了现场实测

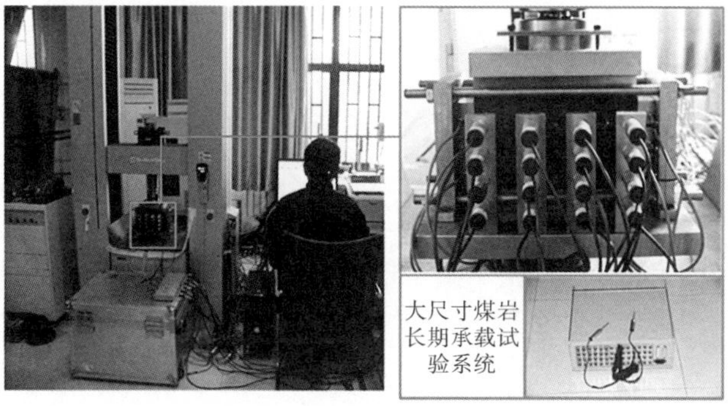

图 5.3.1　煤岩组合体力学特性实验系统

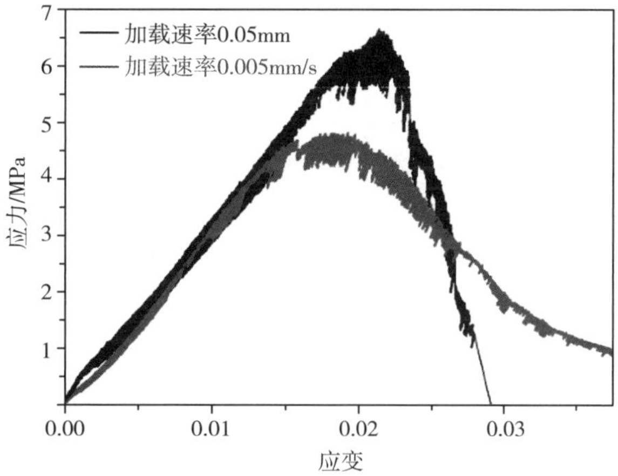

图 5.3.2　不同速率下组合体破坏应力应变曲线

（专利：ZL201611034536.0），阐明了深埋薄基岩大采高采场矿压显现初次和周期来压步距小、来压强度高的特点，建立了大采高采场端面煤体冒漏、煤壁片帮与液压支架工况的联系（图 5.3.3），为支架工作阻力计算与煤壁片帮控制提供了基础数据。

3）探讨了顶板岩体应力场与位移场变化规律及其与基岩厚度关系（图 5.3.4），发现了薄基岩大采高采场松散层梯形冒落特征；薄基岩大采高采场初次破断时顶板形成静定三铰拱式平衡结构，周期来压时形成“静定三铰拱-单关键块”式平衡结构（图 5.3.5），提出了深埋薄基岩采场顶板控制关键在于保证下位单关键块结构的稳定。

4）建立了深埋薄基岩大采高采场初采和正常回采阶段覆岩结构力学模型（专利：ZL201810398096.X，ZL201810657828.2），阐明了顶板破断→回转→稳定的运动演化过程及破断岩块特征（图 5.3.6），揭示了开采高度、基岩厚度、基岩强度、工作面长度等因素对岩块破断特征的影响机制。

5）揭示了深埋薄基岩大采高采场初次来压及周期来压覆岩结构的稳定性原理，建立了基于最小势能原理的破断岩块铰接平衡力学准则与判据（图 5.3.7），并对深埋薄基岩大采高采场顶板压架、煤岩体冒漏事故的影响因素进行了分析。

6）基于大采高采场覆岩运动规律及顶板-煤壁力学响应特征，建立了煤壁弧形滑动力学模型，分析了片帮起始破裂位置及对顶板冒漏的影响；建立了含软弱夹矸煤壁片帮力学模型，揭示了软弱煤壁片帮与支架阻力的定量关系；分析了直接顶与基本顶的力学作用关系，建立了以能量守恒原理及直接顶性质为基础的支架-围岩关系，提出了不同岩层组合条件下采场支架工作阻力计算方法式（5.3.1）。

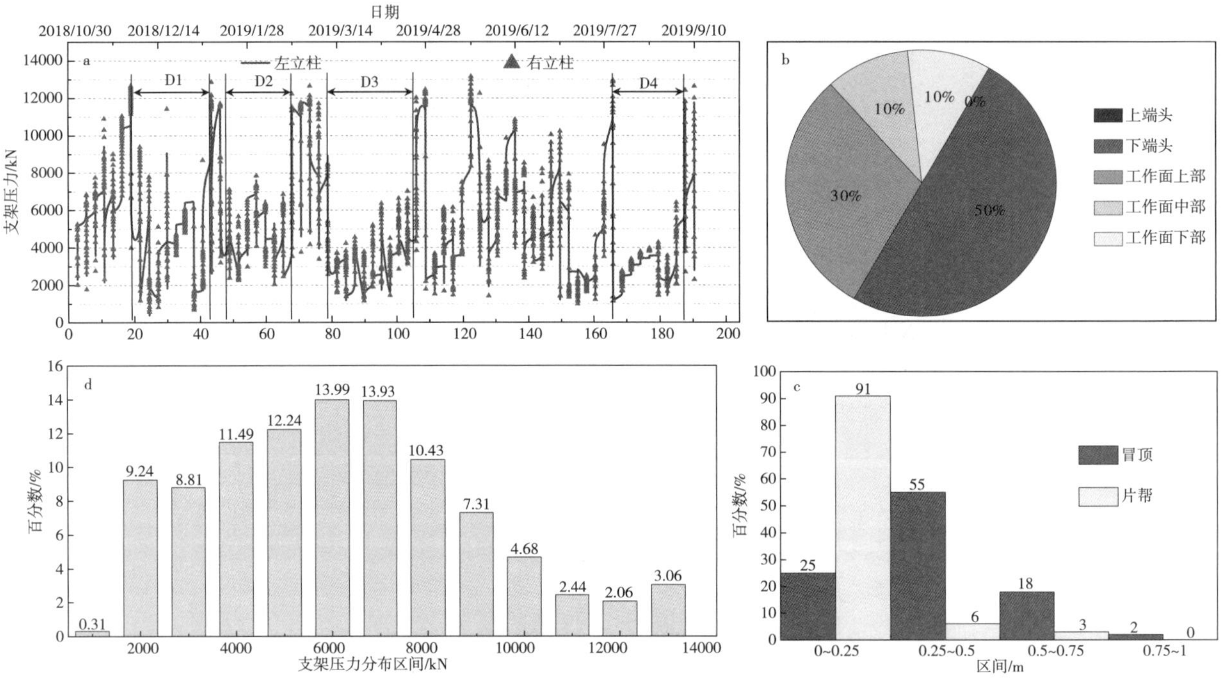

图 5.3.3　深埋薄基岩大采高采场矿压规律实测结果

a—液压支架工作阻力实时监测；b—端面距分布特征；c—液压支架工作阻力分布特征；d—片帮、冒顶统计结果

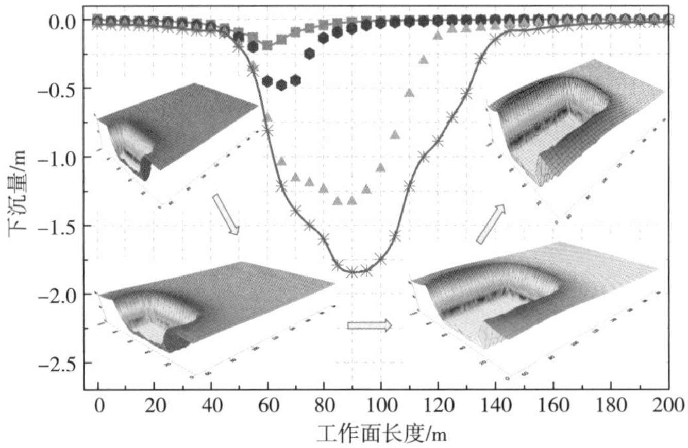

图 5.3.4　位移场分布特征与变化规律

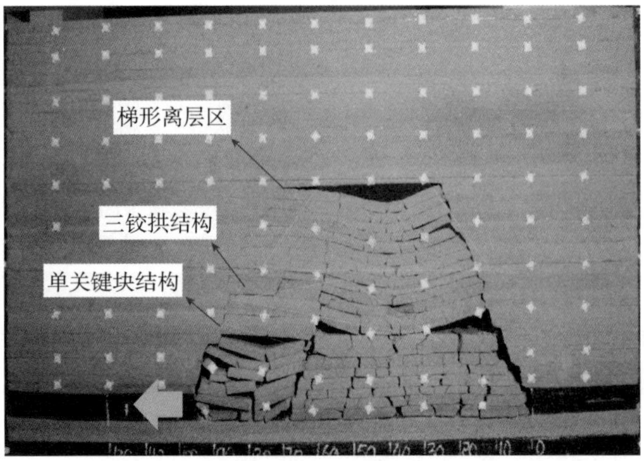

图 5.3.5　薄基岩大采高采场覆岩破断特征

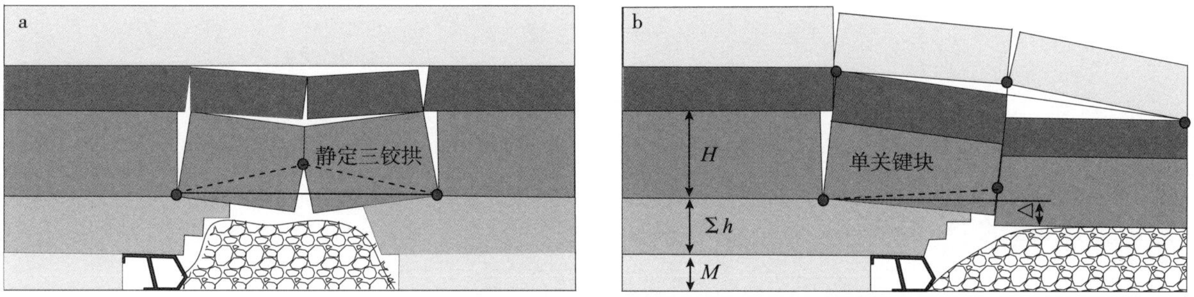

图 5.3.6　深埋薄基岩大采高采场基本顶破断结构模型

a—基本顶初次破断力学模型；b—基本顶周期破断力学模型

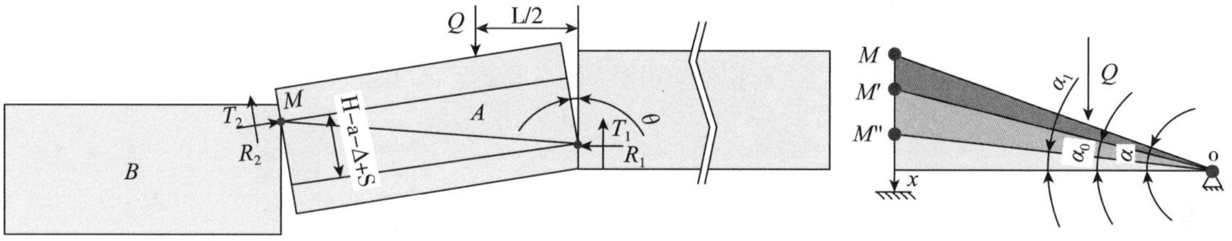

图 5.3.7　采场“静定三铰拱”结构周期破断岩块力学模型

支架工作阻力（图 5.3.8）：

$$P = B\left(Q_D + Q + \sqrt{Q^2 - \frac{bL_k}{a}}\right) \tag{5.3.1}$$

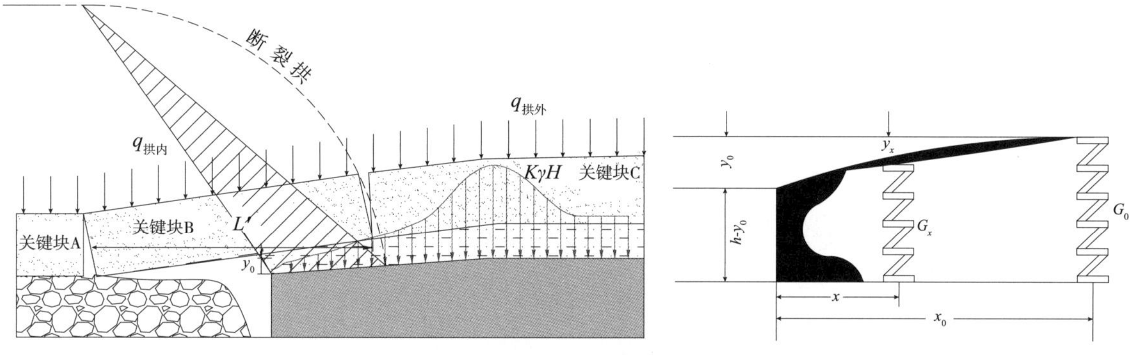

图 5.3.8　深埋薄基岩大采高采场液压支架工作阻力计算方法

7）研究了煤壁片帮与支架系统可靠性及支架故障检测之间的互馈关系，提出了基于支架系统可靠性的采场煤壁片帮控制方法，研发了 YHY 型液压泄漏故障的本安隔爆型检测仪和 GTS-602 型无损探伤仪，实现了液压支架故障检测准确定位和煤壁片帮安全控制；阐明了大采高采场超前回采巷道围岩结构特征及巷道围岩难点（专利：ZL201711473652.7），发明了以同轴型连接锁紧器为核心部件的新型高预应力锚索桁架结构及其防治巷道失稳方法（专利：ZL201711473633.4），阐明了其大范围复向施力、抗剪性强、锚点稳固和整体闭锁等特点（图 5.3.9），实现了对桁架锚索系统预紧力的定量设计（图 5.3.10），形成了大采高采场超前巷道围岩桁架锚索控制方法体系。

5.3.4　本节小结

本项目所揭示的深厚表土层薄基岩大采高采场覆岩运动规律将丰富和发展矿山压力及其控制理论，尤其是对大采高采场支架工作阻力计算、冒顶片帮治理及超前回采巷道桁架锚索控制具有重要

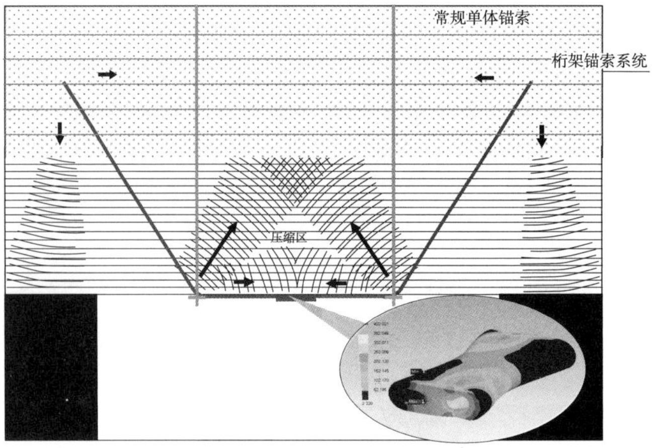

图 5.3.9　新型桁架锚索系统及其防治冒顶原理

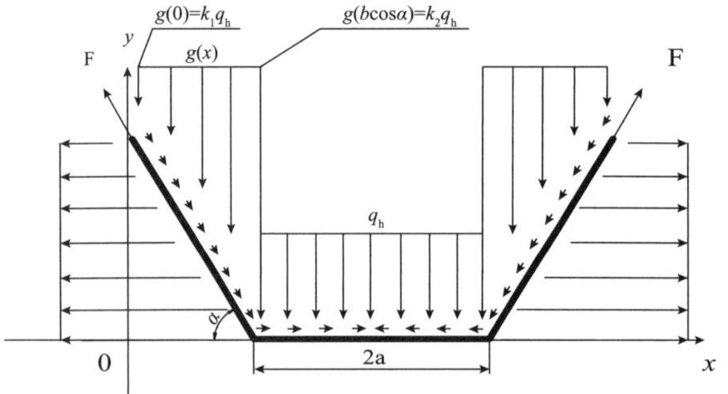

$$\sigma_{ten}=\frac{1}{2s_{cable}\sin\alpha}\int_{b\cos\alpha}^{2a+b\cos\alpha}q(x)\mathrm{d}x+\frac{1}{s_{cable}}\left[f_1\left(1+\lambda\tan\alpha\right)\right]\int_0^{b\cos\alpha}g(x)\mathrm{d}x$$

$$F'=\mu_1\cos^2\beta\int_b^{b+l\cos\beta}q(x)\mathrm{d}x+\int_0^b q(x)\mathrm{d}x+\frac{\cos\beta}{\sin\alpha+\sin\beta}\int_{-(a+l\cos\beta)}^{b+l\cos\beta}q(x)\mathrm{d}x$$

$$+\frac{\mu_1\cos\beta}{\sin\alpha+\sin\beta}\left[\int_{-(a+l\cos\beta)}^{0}q(x)\sin\beta\mathrm{d}x+\int_0^{b+l\cos\beta}q(x)\sin\alpha\mathrm{d}x\right]$$

图 5.3.10　桁架锚索系统支护参数计算

的指导性和决策意义。该项目的主要创新性结论如下：

1）分析了深埋薄基岩大采高采场顶板-煤壁组合体力学响应特性，实测了大采高采场矿压显现规律，阐明了顶板应力位移场迁移规律，揭示了覆岩梯形冒落特征与拱式平衡关系，为覆岩结构模型建立与破断失稳准则提出奠定了理论依据。

2）建立了顶板随采掘进程而不断动态扩展直至破断失稳的力学模型，分析了顶板失稳过程并形成失稳准则，阐释了薄基岩大采高采场压架机理；建立了大采高采场软弱煤壁弧形滑动失稳力学模型，揭示了煤壁片帮失稳类型及其临界力学条件。

3）提出了深埋薄基岩大采高采场支架工作阻力计算方法，形成了适用于大采高采场软弱煤壁片帮控制的液压支架故障检测方法，提出了大采高采场超前回采巷道新型桁架锚索控制技术与方法体系。

5.4　千米深井巷道围岩灾害精准感知及智能控制关键技术

5.4.1　项目背景

在能源危机日趋严峻的今天，煤依旧是中国重要的基础能源，在能源构成中依旧占据着重要地位。随着开发时间和采掘强度的增加，使得东部地区的浅部煤炭资源逐步减少甚至枯竭，深部开采矿井数量大幅增多，深部开采过程的冲击地压灾害是煤矿开采突出问题之一，同时，深部开采过程的矿压显现剧烈、巷道变形大及受动压影响巷道难以维护等问题，制约深部煤矿资源开发与利用。近年来我国发生了多起深部开采条件下巷道动力灾害事故，造成了严重人员伤亡和巨大财产损失。如何保障深部开采动力灾害危险区内的巷道支护稳定及可靠，如何采用系统科学方法保障开采安全，实现“三零”目标，是中国政府、学术界和企业界重要攻关方向，是所有煤矿工作者共同的追求。

尽管针对冲击地压国内外专家学者进行了大量细致深入的研究，但由于我国开采条件复杂，动压大埋深采场现有支护方式仍存在缺乏系统性和时效性及没有根据巷道矿压特点及应力分布状况进行针对性的设计等问题。以往对于深部支护围岩变形控制研究主要集中在提高支护材料强度、增大锚杆（索）长度及预紧力、增加支护密度三个方面（文志杰等，2018；文志杰等，2019a；文志杰等，2019b），对于浅埋矿井巷道支护具有一定的效果。然而，深部高应力、强冲击（突出）煤层受坚硬顶板破断震冲、构造应力突变挤压、采动应力迁移叠加等因素共同作用，巷道围岩控制仅依靠传统锚网支护技术往往难以保持稳定（文志杰等，2019；文志杰等，2019c；李磊等，2021）。

泰安泰烁岩层控制科技有限公司成立于 2013 年，是一家集巷道围岩控制技术研发、产品制造及现场服务于一体的高新技术企业，连续两年被评为泰安市科技创新 50 强企业，为山东省瞪羚企业。公司始终坚持以客户为中心，以解决现场实际问题为出发点，将“让矿山不再发生顶板事故”作为企业使命，以打造专业化的岩层控制产品服务平台为己任，建立了一支专业的经验丰富的技术服务团队，为煤矿用户提供巷道全寿命周期跟踪服务，技术服务平台现有教授专家 8 人，现场服务人员 16 人，研究生以上学历 8 人。现有产品 70 余种，涵盖支护材料、无机注浆加固材料、三防薄喷封闭材料、施工机具及相关工具、观测仪器仪表、双目钻孔成像仪、微震监测系统及冲击地压监测系统。泰烁公司已授权专利 21 项，软件著作权 3 项，产品已授权煤安标志 30 项，现正在申请的有 40 余项。与冲击地压矿井巷道支护有关的特色产品主要有：①高性能支护材料：吸能防冲锚杆（索），限位抗剪增锚锚杆（索），抗冲击锚索，高强中空注浆锚索，TSW 钢带锚索托盘，TS 巷道专用防护网等；②无机材料：无机快凝高强加固材料，无机高强亲泥性加固材料，无机封孔材料，无机薄喷封闭材料等；③施工机具：TSD 锚杆安装控制器（定载），注浆薄喷两用气动注浆泵等；④监测系统及装备：双目钻孔成像仪，微震监测系统，冲击地压监测系统，矿压监测系统，钻孔应力计等。泰安泰烁岩层控制科技有限公司多年来始终以“让矿山不再发生顶板事故”作为企业使命，以解决现场实际问题为出发点，通过与山东科技大学等科研院所展开联合攻关，基于煤矿巷道的现场条件，采用“现场调研及评价-理论分析、支护方案设计-井下施工与检测-矿压观测与设计优化-日常监测”的动态设计方法，提出了“动压巷道全寿命周期防冲技术体系研究”。该体系在保证围岩及支护系统整体性的基础上，针对不同地质条件及应力环境进行不同的支护设计，以达到巷道在服务期限内长效安全的目的。通过双目钻孔成像仪、微震监测系统、围岩应力监测系统、矿压监测系统、扭矩扳手、拉拔仪器及实验室实验等各种技术监测手段对围岩结构、围岩应力环境、围岩性质、工作面矿压、支护体受力状态进行系统性监测分析，通过分析结果对巷道掘进层位、采掘时空顺序、煤柱应力、矿压显现规律及支护系统的支护效率进行科学评价，并通过评价结果确定巷道支护方式及支护参数。项目研究建立了冲击地压巷道围岩吸能防冲支护技术体系，实现了深部动力影响复杂条件巷道围岩变形的有效控制。

“千米深井巷道围岩灾害精准感知及智能控制关键技术”科技创新项目，由泰安泰烁岩层控制科技有限公司、山东科技大学、山东东山王楼煤矿有限公司和内蒙古鄂尔多斯永煤矿业投资有限公司马泰壕煤矿开展科技攻关，研究建立了一套适用于煤矿深部动力影响区冲击地压巷道围岩吸能防冲支护技术体系及动压巷道全寿命周期防冲技术体系，实现深部动力影响区巷道在动载条件下围岩变形的有效控制，经现场检验，经济效益显著，为深部安全开采提供了有力保障。

5.4.2 成果简介

本项目针对深部大埋深及动压巷道矿压显现剧烈、巷道变形大及受动压影响巷道难以维护等问题，提出“动压巷道全寿命周期围岩释能主控技术体系”理念，研发优化相关支护材料、监测诊断及现场智能控制装备，建立一套适用于煤矿深部动力影响区巷道围岩控制体系，实现深地资源巷道围岩灾害精准感知及现场智能控制。

1）探究以通过矿压规律支护情况等技术的实地巷道诊断，根据实际诊断结果确定针对性围岩控制措施，并用以指导现场优化施工工艺及质量，完善现场施工监测标准用以巷道支护稳定性评价，最终建立支护技术规范，实现全寿命周期围岩控制评价技术，解决围岩控制时效性的难题。

2）采用微震与双目钻孔成像仪等多技术相结合的方法，详细分析诱发巷道破坏的采动应力，实现深地资源巷道围岩灾害精准感知。依托宏观采动应力动力区划围岩灾害风险等级，辨识高风险区域，最终实现远场、中场、近场进行采动应力变化特性定量识别和定位，形成渐进式的深部围岩孕灾超前预报技术。

3）优化相关支护及监测智能体系及技术装备，研发高强限位抗剪吸能防冲锚杆（索）及相关配套装置等，实现抑制孔壁围岩错动，提高杆体承受多次动载性能，将锚固性能、离层位置、预紧力施工、裂隙发育等多指标全寿命周期监测，确定限位抗剪吸能防冲锚杆（索）配套技术，形成通过精准感知、方案设计、现场智能控制并最终定量评价的动压巷道围岩释能主控技术体系。

通过本项目的研究，提出是针对动压巷道全寿命周期防冲技术体系及针对深部动压巷道围岩吸能防冲支护技术体系，提高矿井冲击地压的防治水平，实现矿井安全持续高效生产。系统构建了“采场结构+采动应力”耦合动压巷道灾害防控核心技术体系，进一步发展以“应力主控”为出发点的冲击地压巷道防冲支护基础理论，研发冲击地压巷道围岩吸能防冲支护技术系列装备及动力灾害释能主控技术方法。

5.4.3 详细内容

本项目采用“巷道全寿命周期围岩控制体系”“有效支护强度理念”等前言理念，从巷道诊断、针对性方案设计、现场施工工艺及质量标准规范建立、巷道支护稳定性评价，最终建立煤巷支护技术规范，“五位一体”的研究方法，建立一套适用于深部动压影响回采巷道全寿命周期围岩监测控制体系。

（1）以建立采场力学结构模型为基础提出基于应力梯度理论的支护理论

采动力学是研究在采掘过程中促使经受过变形、遭受过破坏的煤岩体发生“再”变形和“再”破坏的科学。采动应力是指采动后促使围岩向已采空间运动的力，这个力包括已采空间围岩相关岩体中的应力和采动引发的运动岩层在围岩边界（采动空间周壁）上的作用力两个部分。以采动应力为中心，研究采场推进过程中上覆岩层运动破坏范围及该范围内不同结构组成部分的特征，以及其运动发展的规律，确定影响采场结构模型形态的影响因素（图 5.4.1）。研究采场覆岩结构演化过程中采动应力孕育过程及相关性，采用机械模拟及理论分析研究不同采场覆岩结构产生、发展、稳定过程与采动应力演化过程相关性。以连续损伤力学模型为基础并引入材料力学领域中的应力梯度理论，推导出了考虑围岩塑性区与弹性区交界面处的平衡方程和边界条件，建立了基于 Mohr-Coulomb 准则、Drucker-Prager 准则以及 Hoek-Brown 准则下的围岩应力梯度求解模型，在此基础上得出了锚杆预紧力与围岩应力梯度的对应补偿关系并提出最优补偿比，确定了锚杆合理预紧力确定方法，为围岩锚固支护强度的判定提供了一种研究思路。

（2）建立了“五位一体”煤矿深部动力影响区巷道全寿命周期围岩控制体系

针对现有围岩评价缺乏系统性和时效性的问题，避免时间效应导致的围岩不同性态。探究以通

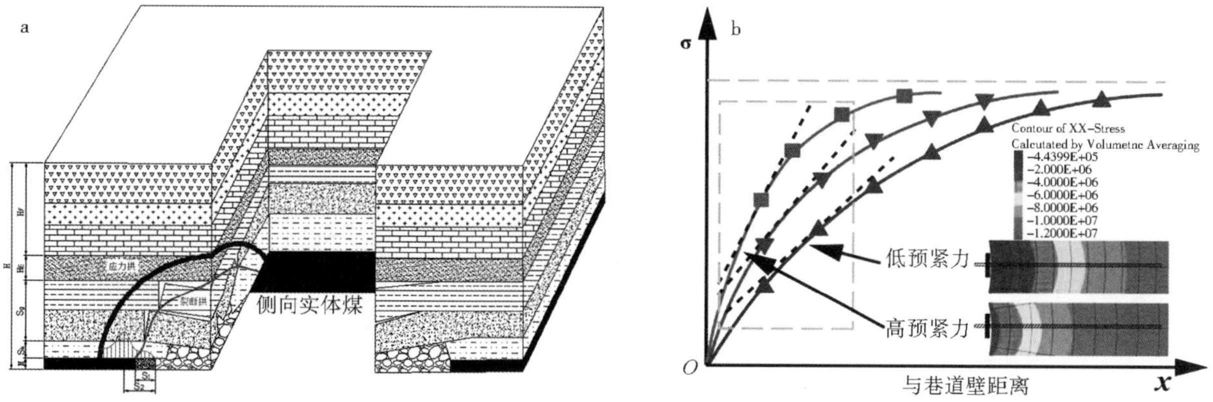

图 5.4.1　采场理论基础研究

a—采场力学模型示意图；b—应力梯度补偿示意图

过矿压规律支护情况等技术的实地巷道诊断，根据实际诊断结果确定针对性围岩控制措施，并用以指导现场优化施工工艺及质量，完善现场施工监测标准用以巷道支护稳定性评价，最终建立支护技术规范，实现全寿命周期围岩控制评价技术，解决围岩控制时效性的难题。建立从巷道诊断、针对性方案设计、现场施工工艺及质量标准规范建立、巷道支护稳定性评价，最终建立煤巷支护技术规范，“五位一体”矿深部动力影响区巷道全寿命周期围岩控制体系（图 5.4.2）。

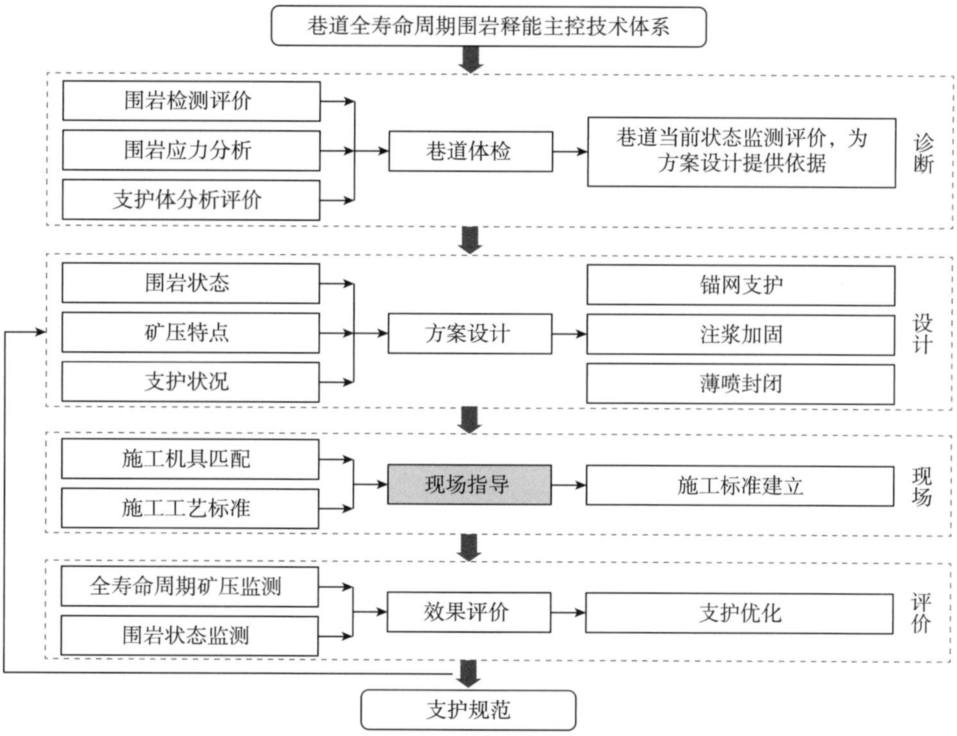

图 5.4.2　全寿命周期围岩释能主控技术体系

（3）形成了深部动力灾害围岩因素进行区域划分的方法

针对现有采场围岩定量预报孕灾技术的不足，采用微震与钻孔成像仪等多技术相结合的方法，详细分析诱发巷道破坏的采动应力力源。采用动载荷与静载荷相结合的方法，详细分析诱发巷道破坏的力源，然后对力源进行划分：宏观动力、远场、中场、近场力学划分，将威胁巷道稳定的力源区域划分后进行针对性设计。依托宏观采动应力动力区划围岩灾害风险等级，辨识高风险区域，最终实现远场、中场、近场进行采动应力变化特性定量识别和定位，形成渐进式的深部围岩孕灾超前预报技术（图 5. 4. 3）。

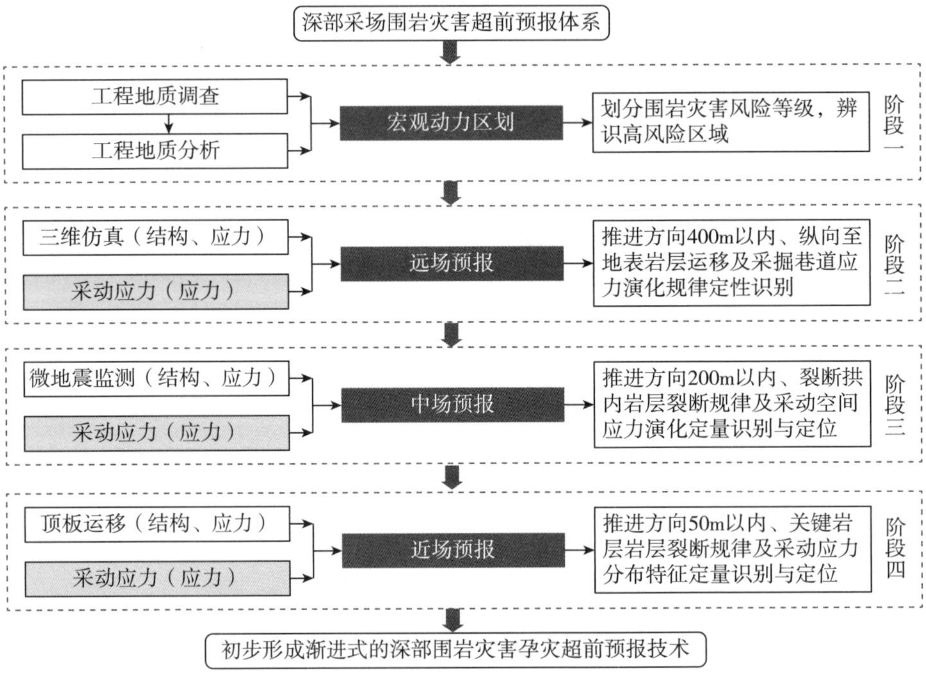

图 5. 4. 3　深部采场围岩灾害超前预报体系

（4）形成了深部动力危险区煤巷围岩支护体长期服役特性的监测方法

巷道支护长期的监测及支护系统稳定评价方法对巷道支护安全性的保证非常重要，传统上仅采用顶板离层监测，深部动力危险区煤巷围岩支护体长期服役特性的监测方法将锚固性能、离层量、离层位置、预紧力施工、变形量、裂隙发育、支护系统受力等各参数进行有机融合（图 5. 4. 4），形成较为全面的矿压监测方法，更系统进行巷道支护稳定性评价，实现通过诊断、设计、现场并最终定量评价的大埋深动压采场围岩释能主控关键技术。

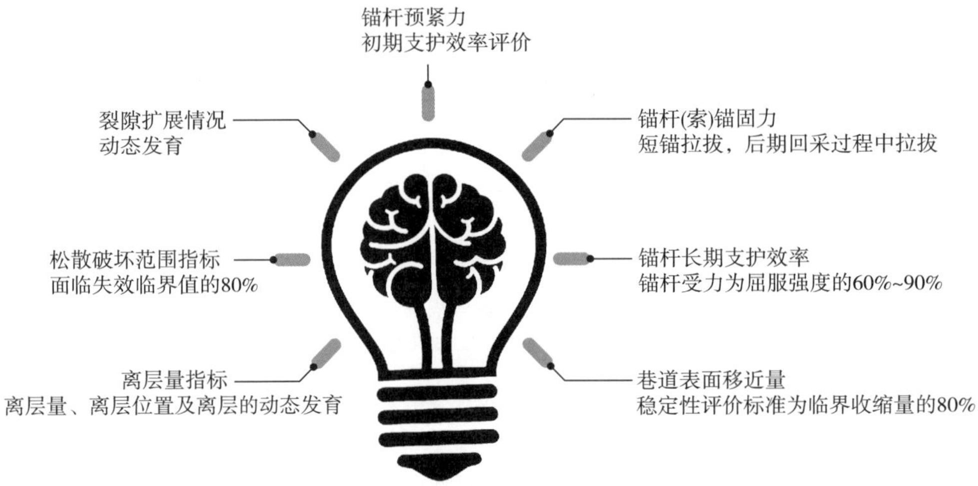

图 5. 4. 4　全寿命周期稳定性评价指标

（5）高抗剪吸能防冲高强锚杆的设计及力学特征研究

自主研发新型高抗剪吸能防冲高强锚杆，研发高强材质及抗剪切装置等一系列技术手段，实现抑制孔壁围岩错动，提高杆体吸能性能（图 5.4.5）。高抗剪吸能防冲高强锚杆的研发，解决了在动力灾害影响区大量锚杆破断的问题。高抗剪吸能防冲高强锚杆研究的基本原理是：通过抗剪切装置抑制钻孔壁围岩错动，有效避免高强锚杆发生剪切；高强锚杆材质的研发，将冲击吸收功由传统 34J，提升至 120J，杆体的吸能性能得到有效改善；锚杆配置变更：采用 Q345 材质锰板进行锚杆托盘加工，杆体螺母采用高强防冲螺母。

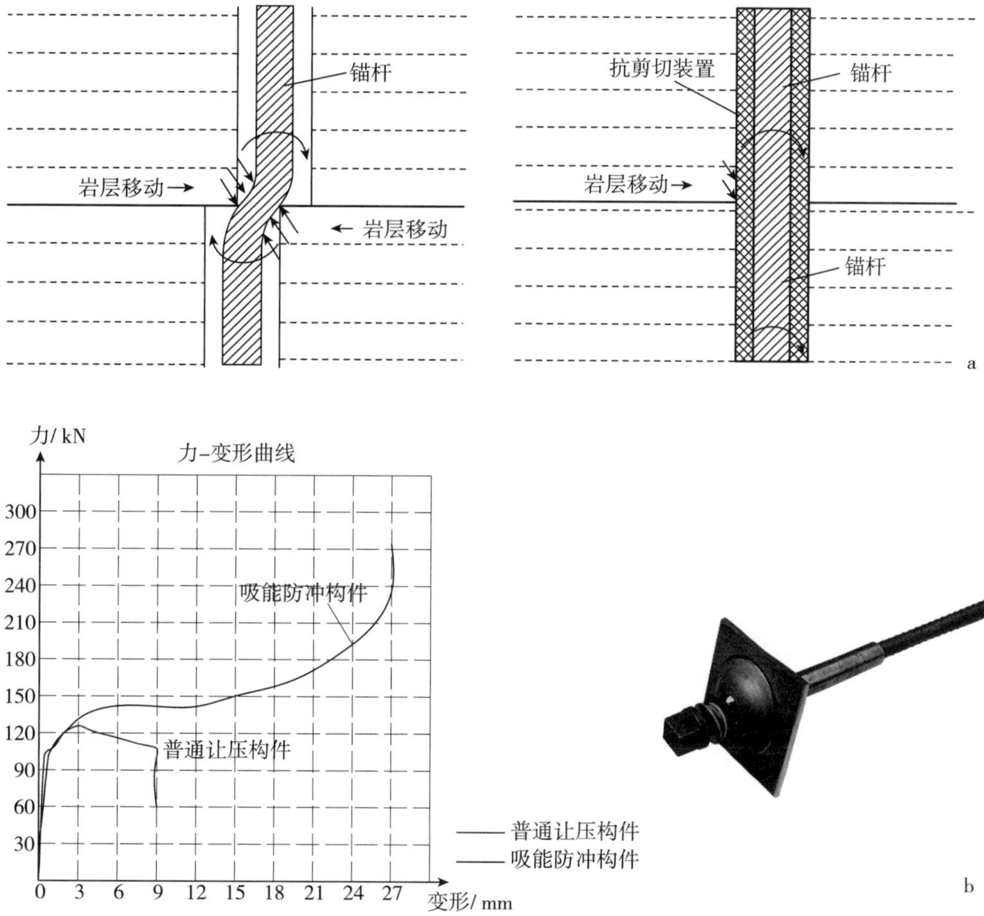

图 5.4.5　锚杆抗剪切原理示意图

a—抗剪切性能原理及结构示意图；b—吸能防冲锚杆原理及结构示意

5.4.4　本节小结

以深部采场力学结构模型为基础的基于应力梯度的支护理论及围岩力学特性动态探测为基础，以改善巷道围岩承载结构提高抗冲击能力为目标，以提高施工质量和管理水平为保障，以跟踪监测支护结构长期服役特性为依托，以研发新型高抗剪抗冲击高强锚杆为突破点，提出深部围岩控制体系和方法，最终为深部动力影响区巷道建立一套煤矿深部动力影响区巷道围岩控制体系，解决巷道变形大，投入成本高、安全性大的问题，实现在动力影响区巷道支护安全、经济、高效的目标。支护设计方案、支护材料标准和质量验收标准更贴合以实际，减轻工人劳动强度，提高工作面产出效率；建立完善的全寿命周期围岩控制及矿压观测体系，对支护系统稳定性进行了定量化评价，形成渐进式的深部围岩孕灾超前预报技术，顶板裂隙得到有效控制，同时巷道表面破碎范围得到有效控制，巷道支护稳定，取得了显著的经济及社会效益。煤矿深部动力影响区巷道围岩控制体系的研究，带动了动力灾害影响区巷道支护研究的发展，在国家能源集团、山东能源集团、永煤集团等成功应用并取得了显著的社会经济效益，具有较大的推广价值。

5.5 煤矿深部开采软岩大变形巷道波形钢腹板支护关键技术

5.5.1 项目背景

软岩是一种特定环境下具有显著塑性变形的复杂岩石力学介质，一般来说具有抗压强度低，来压快，变形量大，具有可塑性、膨胀性、崩解性、流变性和易扰动性等5个力学属性（刘刚等，2005）。地下工程软岩问题从20世纪60年代就作为世界性难题备受关注。国内外在软岩隧道工程施工中，均遇到出现围岩膨胀坍塌、挤压、支撑变形折断、隧底上鼓、衬砌开裂甚至倾陷等严重现象，如奥地利的阿尔贝格公路隧道、日本惠那山公路隧道、中国的成昆线碧鸡关隧道和梅七线的崔家沟隧道等。半个世纪来，美国、加拿大、挪威、日本、俄罗斯等国均在这类地层中和其他工程中进行过专门的研究。有关统计表明，巷道掘进速度约为6000km/年，其中软岩巷道占600km/年（何满潮，1996），而软岩支护方面，大约有100km/年（何满潮，江玉生等，1995）的软岩巷道需返修、维护。由于软岩本身的力学性能限制，采用硬岩的常规支护无法适应软岩的变形特点，为此，国内外学者在软岩隧道（巷道）的支护方面做了大量的试验和理论研究工作（何满潮等，2002；Wang et al.，2000；Franzen et al.，1992；陶龙光等，1995；刘森等，2011）。几十年来逐渐形成了包括锚喷、锚网喷、锚喷网架、外锚内砌、外锚内架及锚喷、拱形金属支架和钢筋混凝土联合支护、预应力锚索支护系列技术、金属钢架支护系列技术、钢筋混凝土支护系列技术、料石碹支护系列技术、注浆加固等一系列技术（何满潮，1997；何满潮等，1996）。

我国也在软岩支护领域进行了广泛而卓有成效的研究工作（李明远等，2001）：在20世纪五六十年代，硐室一般采用料石、混凝土砌碹，大巷以砌碹和木支架为主，随后推广预应力混凝土支架和金属支架；从60年代开始推广锚喷支护、各类金属支架；80年代后期开始将锚喷支护从基建矿井推向生产矿井，并在煤巷推广锚杆支护。近年来，随着开采深度、煤矿规模与产量的不断提高，采掘设备大型化、重型化，改变了回采巷道的整体结构状态和赋存条件，软岩支护变得越来越突出，一系列新型支护体系如可伸缩锚杆、锚索、锚注等新技术相继出现（张农，2004）。

根据软岩隧道（巷道）变形大，稳定性能差等特点，本项目提出采用波形腹板工型构件作为金属支架结构，称之为波形钢腹板支架。波形腹板工型构件由波形钢腹板与平翼缘钢板焊接而成（张庆林等，2008），如图5.5.1所示，腹板波折后较平腹板构件的受力性能得到了很大的改善，是一种新型高效型材。按腹板波折形式和翼缘截面形状的不同，可分为多种形式：腹板分为梯形波形腹板、正弦波形腹板、三角形波形腹板等（Abbas et al.，2006）；翼缘分为平翼缘和箱形翼缘等（李时等，2001）。由于它具有优越的受力性能、用料经济、加工迅速、便于运输等多方面的优点在门式刚架等轻型建筑钢结构，大型公用建筑结构、大跨度桥梁结构得到广泛应用。

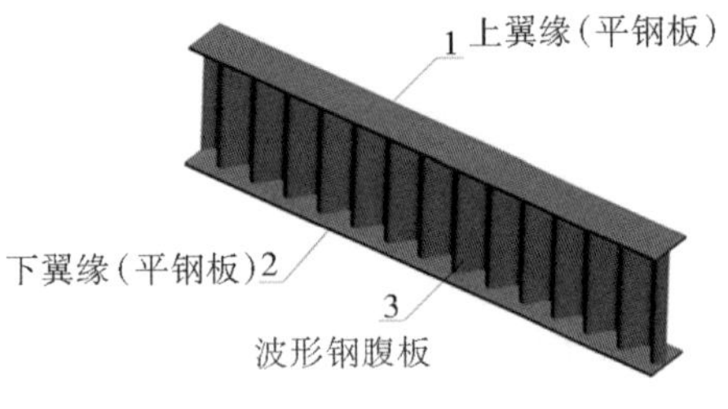

图5.5.1 波形腹板工型构件

与其他金属支架类似，波形钢腹板支架也可做成多种形状，其构造形式如图5.5.2所示。除了具有传统的工字钢、U型钢支架及钢管混凝土支架等支护结构的一些优点以外，波形腹板钢腹板支架（简称为“波钢支架”）结构还具有以下优点：

1）波钢支架的腹板呈波折状，相对平钢板腹板，具有更高的抗剪承载力，在较大的高厚比条件下也不易发生屈曲。

2）支架形状在围岩压力下的稳定性能良好，其最突出的优点是腹板类似“手风琴”，配合可缩节点构造，可适应软岩的大变形而产生轴向变形。

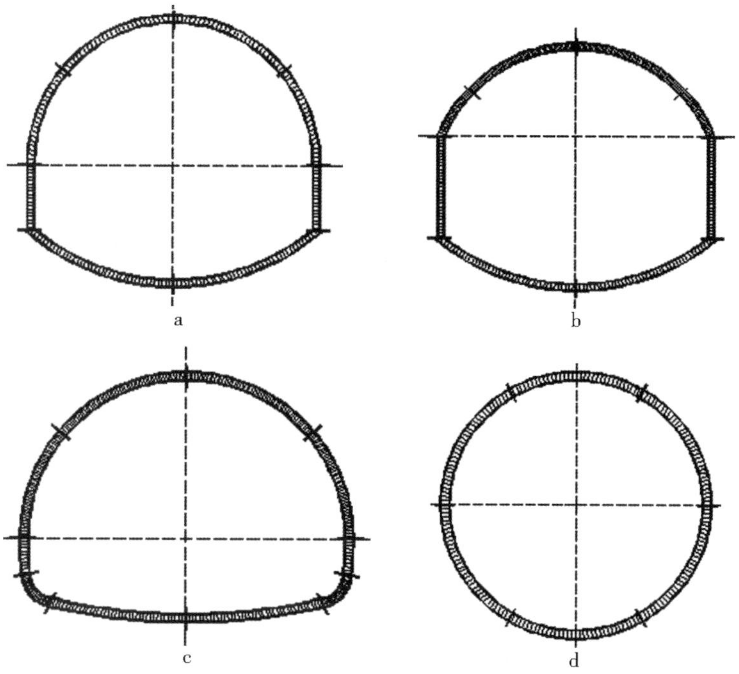

图 5.5.2　波形钢腹板支架形状示意图

a—直墙半圆拱加反底拱；b—直墙三心拱加反底拱；c—马蹄形；d—圆形

3）自重轻，安装就位方便，经济性好。可降低井下工人的劳动强度，提高劳动生产率，同时节约原材料、降低能耗，且巷道服务期满可拆卸，资源可回收，从而实现良好的社会、经济效益。

本项目系统研究了波形钢腹板支架结构的整体稳定、局部稳定及失稳破坏模式等问题，同时，发明了两种可缩连接构件，构建了针对软岩大变形巷道波形钢腹板支架的关键技术，研发出支架的成套机械化装备，为煤矿巷道绿色安全开采提供了一种先进的支护技术。

5.5.2　成果简介

本项目所属科学技术领域为矿山资源高效开发（采选），为实现煤矿高效开采提供一种新型高效的金属支架结构。

（1）主要成果

本项目提出一种适用于软岩巷道的新型波形钢腹板支架结构，支架截面由上、下平钢板翼缘和厚度很薄的波形腹板（可做到 3mm 左右）焊接而成，如图 5.5.1 所示。中国矿业大学（北京）联合清华大学、山东建筑大学，并得到山东几家企业的大力支持，经过十年的技术攻关，取得了以下主要创新性成果：

1）研发了适用于软岩大变形巷道支护的新型波形钢腹板支架结构。其支护承载力高、自重轻，且经济合理；开展了多种巷道断面波形钢腹板支架整体和局部稳定性能及失稳破坏形态研究，给出了纯压和压弯受力状态下波形钢腹板支架的承载力设计公式。通过波形钢腹板支架与矿用工字钢支架的对比分析表明：相同用钢量下，波形钢支架承载力是矿用工字钢 1.5~2.5 倍，变形量降低 30%~60%；相同承载力下，用钢量减少 20%~45%，可节约资源，实现矿山资源的绿色高效开采，巷道服务期满还可拆卸重复利用，绿色环保。

2）针对软岩大变形问题，研发出高强度螺栓和楔形件套筒两类可缩连接构件。其可缩量可达到 200~500mm，解决了传统可缩构件的偏心受力问题，且通过可缩卸压降低了作用在支架上的围岩荷载，提高了波形钢腹板支架支护结构的稳定性和服务周期。

3）开展了波形钢腹板支架工业性应用，支护效果良好；开发了波形钢腹板支架快速安装设备，实现了支架节段安全快速高效组装，形成了波形钢腹板支架支护成套装备技术。

（2）成果水平

该项目成果已在国内外重要学术期刊上发表高质量论文 17 篇，已授权国家发明专利 8 项，出版专著 2 部。经中关村绿色矿山产业联盟组织专家对本项目进行成果鉴定，专家鉴定委员会认为，该研究成果具有创新性，达到了国际先进水平。

（3）应用推广情况

目前该项目与山东深博巷道支护技术有限公司、山东华箭地下工程技术有限公司和山东贝斯特矿山安全技术装备有限公司等多家单位进行技术装备开发合作，并已在山东济矿鲁能煤电股份有限公司阳城煤矿、新汶矿业集团有限公司华丰煤矿等多个煤矿推广应用，应用效果良好，并为今后新型支护结构的发展提供了技术支持和科学依据。

5.5.3 详细内容

常规巷道支护体承载力不足，导致巷道大变形、难维护、频返修，如何提高支护体的有效承载力并适度让压是巷道支护亟待解决的卡脖子技术瓶颈。本项目针对巷道大变形难题，发明了波形钢腹板支架，采用波形钢腹板支架作为巷道的支护结构，能有效提升巷道结构的稳定性，而且具有用料经济、加工速度快、便于运输等诸多优点。以下简要介绍本项目开展的主要研究工作。

（1）基础研究

1）对矿用工字钢支架与波形钢腹板支架在不同的荷载组合工况下的承载力性能进行了分析与比对。计算结果表明：相同用钢量情况下，波形钢腹板支架比矿用工字钢的轴压承载力提高 10%~20%、弯曲、压弯承载力最大可分别提高约 80%和 169%；在承载力一定的情况下，轴心受压时，采用波形钢腹板构件用钢量可节省 5%~13%，纯弯和压弯时，波形腹板构件节省用钢量最大可达 30%和 44%，具有良好的经济效益。

2）针对围岩大变形特征，设计了波形钢腹板支架结构 6 个高强度螺栓连接和 1 个楔形件套筒连接可缩构件的轴压和压弯试验（部分试件如图 5.5.3 所示）。结果表明，两类可缩性节点构造可以实现滑动，且在滑动过程中能维持一定的摩擦力，说明它们能基本适应软岩变形而发生轴向变形，套筒连接节点的滑动摩擦力很大程度上取决于摩擦面的处理和楔子与构件之间的预紧力。可缩节点的最大可缩量可达到 400~800mm。

图 5.5.3 两类可缩性节点试验装置图

a—高螺栓连接轴心受压；b—套筒连接轴心受压；c—高强度螺栓偏心受压

3）对静水压力下马蹄形断面、圆形断面和直墙半圆拱断面分别进行了弹性屈曲分析与弹塑性屈曲分析，图 5.5.4 给出了圆形断面支架的部分分析结果，并研究了不同截面几何参数和长细比的影响，与此同时，拟合了弹塑性屈曲系数与长细比的函数关系式，给出了纯压和压弯波形钢腹板支架的承载力设计公式。

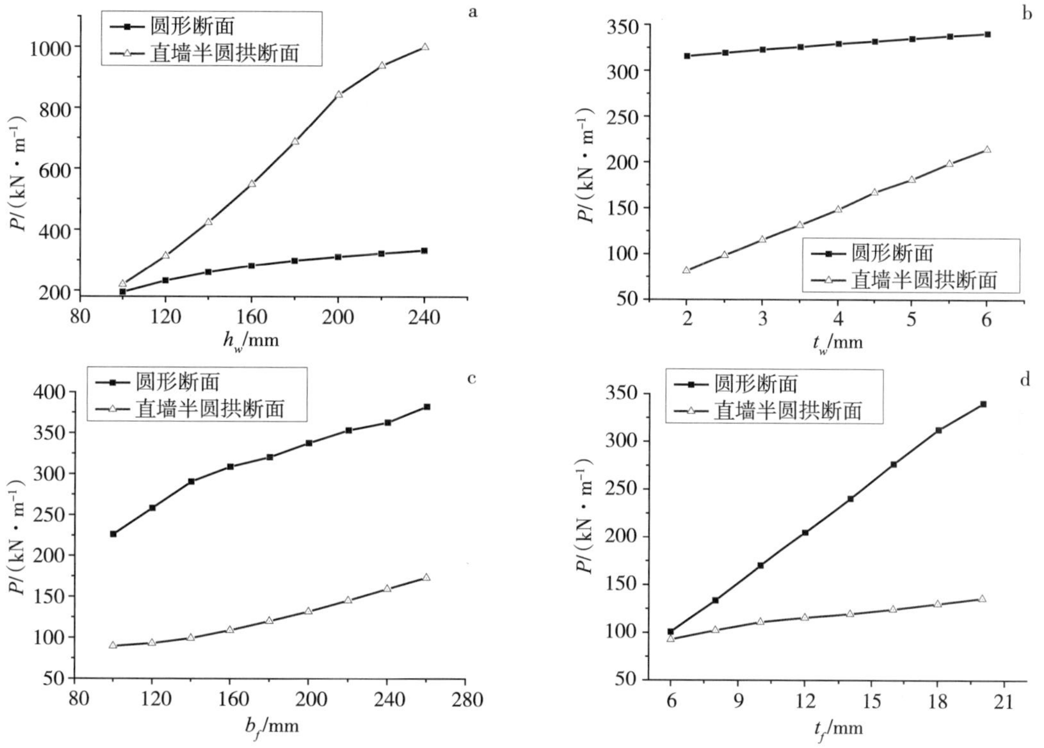

图 5.5.4　圆形断面和直墙半圆拱断面弹塑性分析

a—弹塑性稳定承载力与腹板高度关系；b—弹塑性稳定承载力与腹板厚度关系；
c—弹塑性稳定承载力与翼缘宽度关系；d—弹塑性稳定承载力与翼缘厚度关系

4）设计了一榀几何比例为 1：2 的马蹄形支架试验模型，3 榀原型尺寸的圆形断面及 2 榀直墙半圆拱断面的钢腹板支架稳定承载力模型试验，并同时加工了一榀同用钢量圆形断面的矿用工字钢支架模型与波形钢腹板支架进行对比，如图 5.5.5 所示。试验表明，马蹄形断面波形钢腹板支架稳定承载力是同等用钢量矿用工字钢的两倍以上，最大位移仅为后者的 1/3。圆形断面和直墙半圆拱断面的钢腹板支架稳定承载力约为同用钢量矿用工字钢的 1.3~1.5 倍以上，最大位移仅为后者的 70%~80%，受力性能显著提高。

5）分析了单一岩性圆形巷道、极软岩层圆形巷道和高应力软岩三种岩性下波形钢腹板支架与围岩的相互作用问题。结果表明考虑相互作用与否两种情况下支架的内力发展趋势相近，但是不考虑围岩与支架相互作用条件下的支架内力大于考虑两者相互作用时的受力，图 5.5.6 仅给出了极软地层围岩条件下的分析结果。

6）开展了 6 榀半圆拱形支架的局部稳定性能试验，并分别探究其在均布加载及多点加载下的局部失稳形态及内力的变化规律。对波形钢腹板拱结构进行弹性和弹塑性局部稳定的参数化分析，给出了支架板件宽厚比、高厚比限值建议值。图 5.5.7 给出了其中一榀波形钢腹板支架翼缘发生局部失稳的情况。

7）波形钢腹板支架的可缩性节点构造和施工技术研究。结合软岩隧道施工现场条件，提出波形钢支架结构的加工制作方法，现场快速装配工艺，构造措施（图 5.5.8），尤其是各节段构件拼接接头的可缩性处理，以及后期变形监测方法等一系列施工工艺。

图 5.5.5　各种断面形式支架的模型试验图

a—马蹄形断面波钢支架模型试验；b—圆形断面波钢支架模型试验；

c—圆形断面矿用工字钢支架模型试验；b—直墙半圆拱断面波钢支架模型试验

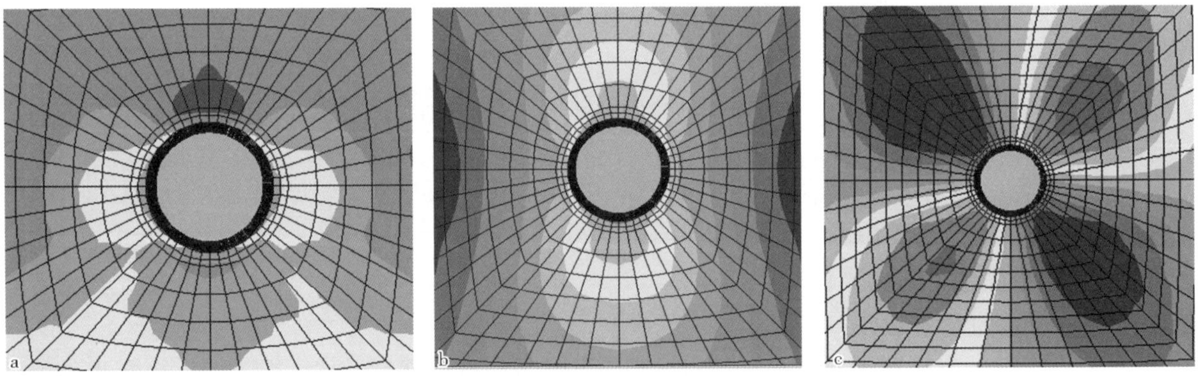

图 5.5.6　极软地层围岩波形腹板联合支护体系下围岩的应力分布图

a—σ_{xx} 分布图；b—σ_{zz} 分布图；c—τ_{xz} 分布图

8）结合本项目已在采矿与安全工程学报、煤炭学报、中国矿业大学学报等期刊公开发表高质量论文 17 篇，另一篇英文文章已被行业内重要影响力 SCI 一区期刊 *Tunnelling and Underground Space Technology* 录用。共申请 17 项专利，其中发明专利 10 项，实用新型专利 7 项，已授权发明专利 8 项，已授权实用新型专利 6 项，进入公开实审专利 1 项，初审发明专利和实用新型各 1 项。出版学术专著 2 部，培养 8 名硕士研究生，全部顺利毕业。

（2）应用情况

与多家煤矿企业建立合作关系，产生了良好的经济效益，具体情况如下：

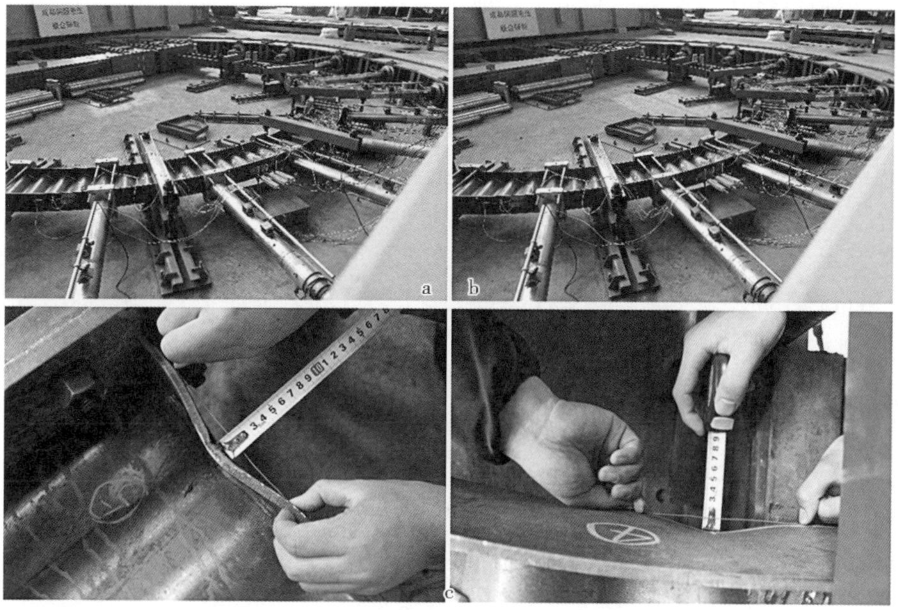

图 5.5.7　波形钢支架翼缘发生局部失稳的情况
a—试验前；b—试验后；c—支架翼缘发生局部失稳

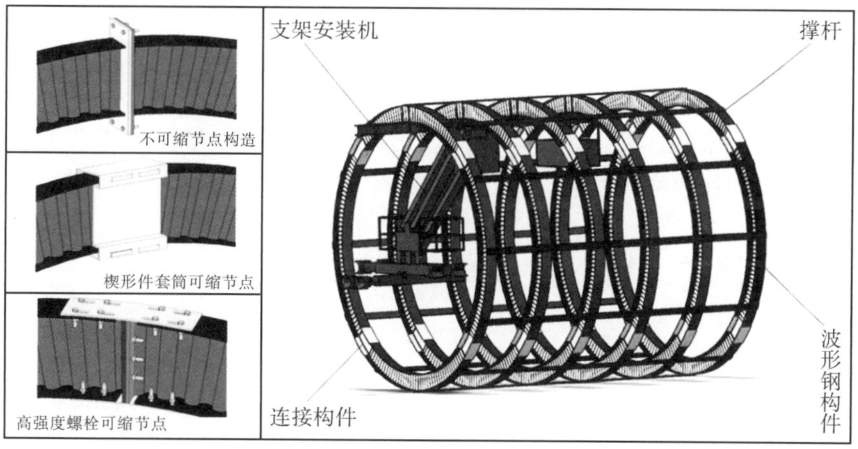

图 5.5.8　波形钢腹板支架结构的连接、安装示意图

1）济宁矿业集团阳城煤矿巷道围岩压力大，底鼓严重，反复试用 U 型钢等多种联合支护方式，效果均不理想。2017 年开始试用钢波形钢腹板支架支护技术，试验段支护 1 年后支架无明显变形，巷道保持稳定，近三年阳城煤矿使用波形钢腹板支架支护巷道 560m，巷道返修工作量大幅降低，每年节约大笔返修费用，延长了巷道服务年限。经测算，近三年本项目技术创新增销售分别为 450 万元、640 万元和 750 万元，其中新增利润分别为 153 万元、234 万元和 296 万元。

2）山东能源集团华丰煤矿为千米深井，围岩条件复杂，受高地应力和四、六层煤采动影响，巷道破坏严重，常规支护条件下巷道经常返修，部分地段返修间隔不足 1 年，由此给企业带来巨大的经济损失。采用基于波形钢腹板支架+锚网喷的复合支护技术后，巷道支护力大幅提升。以前深部岩巷平均 1 年返修一次，采用本项目技术后深部岩巷服务年限延长到 4~5 年，每年减少返修工程量约 1000m，每米巷道节省返修成本 12000 元，近三年为企业新增利润分别为 395 万元、425 万元、408 万元，同时企业新增纳税额分别为 95 万元、105 万元、103 万元。

3）山东深博巷道支护技术有限公司与本项目课题组建立长期合作，形成了波形钢腹板支架系列产品、自移式支架安装机等产品，制定了企业工法和企业标准，产品销售到山东能源集团等大型国有企业，支护效果良好，取得了良好的经济社会效益。基于本项目研发的波形钢腹板支架、自移式支架安装机，近三年为公司新增利润分别为 386 万元、402 万元和 370 万元，新增税收分别为 254 万元、274 万元和 257 万元。

4）本项目还与山东贝斯特矿山安全技术装备有限公司、山东华箭地下工程技术有限公司建立长期合作关系。采用本项目技术，山东贝斯特矿山安全技术装备有限公司近三年新增利润分别为 335 万元、352 万元和 368 万元，新增税收分别为 420 万元、372 万元和 386 万元；山东华箭地下工程技术有限公司近三年新增利润分别为 261 万元、282 万元和 289 万元，新增税收分别为 214 万元、222 万元和 223 万元。

5.5.4 本节小结

本项目创新点主要包括如下几个方面：

1）研发了适用于软岩大变形巷道支护的新型波形钢腹板支架结构，其支护承载力高、自重轻，且经济合理。开展了多种巷道断面波形钢腹板支架整体和局部稳定性能及失稳破坏形态研究，给出了纯压和压弯受力状态下波形钢腹板支架的承载力设计公式。通过波形钢腹板支架与矿用工字钢支架的对比分析表明：相同用钢量下，波形钢支架承载力是矿用工字钢 1.5~2.5 倍，变形量降低 30%~60%；相同承载力下，用钢量减少 20%~45%，可节约资源，实现矿山资源的绿色高效开采，巷道服务期满还可拆卸重复利用，绿色环保。

2）针对软岩大变形问题，研发出高强度螺栓和楔形件套筒两类可缩连接构件。其可缩量可达到 200~500mm，解决了传统可缩构件的偏心受力问题，且通过可缩卸压降低了作用在支架上的围岩荷载，提高了波形钢腹板支架支护结构的稳定性和服务周期。

3）开展了波形钢腹板支架工业性应用，支护效果良好。开发了波形钢腹板支架快速安装设备，实现了支架节段安全快速高效组装，形成了波形钢腹板支架支护成套装备技术。

5.6 国家标准《钨矿山地下开采安全生产规范》

5.6.1 项目背景

钨是稀有金属，也是重要的战略物资。我国是产钨大国，钨资源储量 520×10^4t，占世界总储量的 65%，产量及出口量均居世界第一。湖南、江西、河南三省的钨资源储量居全国的前三位，其中湖南、江西两省的钨资源储量占全国的 55.48%。

我国钨矿资源储量虽然居世界第一，但是经过近百年的开采，浅部易采钨矿床所剩不多，面临的将是大量贫、细、杂的黑白钨混合矿床及深部钨矿床，但矿山作业是一个高危行业，特别是地下钨矿山，涉及地质、采矿、通风、运输、安全、机械和电气、爆破、环境保护及企业管理等多方面内容，劳动强度大，作业条件差，不安全因素多，工作场所及工作本身都具有一定的危险性。井下生产工作空间狭窄，井下矿尘、火灾、水灾、顶板事故、井下爆破、机电设备等都直接威胁矿工的生命安全和健康。

据省安监局统计，2003 年至 2010 年期间，赣南钨矿山在地下开采生产作业过程中发生死亡事故共 89 起，共造成 96 人死亡，平均每年发生 12.7 起死亡事故，平均每年死亡 14 人，安全形势严峻。据调查，造成死亡事故的主要原因是人的不安全行为、不安全的物质状况、管理监督上的缺失等，但最根本的原因是企业在安全责任体系、队伍建设、生产设备设施、作业管理、隐患排查和治理、危险源辨识与风险控制、职业健康、应急救援、事故的报告和调查处理等方面未能实现标准化。

我国政府对企业开展安全生产标准化工作高度重视。2004年国务院颁布的《关于进一步加强安全生产工作的决定》（国发〔2004〕2号）指出："开展安全质量标准化活动。制定和颁布重点行业、领域安全生产技术规范和安全生产质量工作标准，在全国所有工矿、商贸、交通运输、建筑施工等企业普遍开展安全质量标准化活动。企业生产流程的各环节、各岗位要建立严格的安全生产质量责任制。生产经营活动和行为，必须符合安全生产有关法律法规和安全生产技术规范的要求，做到规范化和标准化"。2010年《国务院关于进一步加强企业安全生产工作的通知》（国发〔2010〕23号）第7条指出："全面开展安全达标。深入开展以岗位达标、专业达标和企业达标为内容的安全生产标准化建设，凡在规定时间内未实现达标的企业要依法暂扣其生产许可证、安全生产许可证，责令停产整顿；对整改逾期未达标的，地方政府要依法予以关闭"。因此，如何能安全高效开采出钨资源已成当务之急，而目前国内外尚无针对钨矿山地下开采安全生产的相关标准，急需制定符合我国国情的钨矿山地下开采安全生产规范的技术要求和标准。

5.6.2　成果简介

本项目属矿山安全领域。本项目通过2年的研究，针对我国钨矿山地下开采劳动强度大，作业条件差，不安全因素多，工作场所及工作本身都具有一定的危险性的现状，通过对国内主要钨矿山地下开采企业安全管理体系、生产工艺体系、典型事故案例等方面进行调研，依据《中华人民共和国安全生产法》、金属非金属矿山安全规程（GB 16423—2006）、地下矿山安全指南（AQ 2007.2—2006）等文件，本着与时俱进、切合实际、合理利用资源、促进科技进步、促进安全生产、节约安全成本、满足钨矿山企业需要基本原则，制定了钨矿山地下开采安全生产的组织管理、目标管理、教育与培训、设计、施工、生产、应急管理、安全报告与统计分析等过程中的相关要求，并形成了国家标准《钨矿山地下开采安全生产规范》。

该国家标准通过了全国有色金属标准化技术委员会组织的专家审定，并于2013年6月9日发布，2014年2月1日起实施。该标准为我国政府部门对钨矿山企业进行安全标准化建设的规范和指导依据，实现了钨矿山安全生产全过程的规范化、标准化，提高了企业职工的安全素质，达到了强化源头管理的目的。该标准对于全面加强我国钨矿山安全生产标准化建设，强化安全生产监督管理，规范钨矿山企业的安全生产，有效遏制重大、特大事故，促进经济发展和保持社会稳定，具有重大而深远的意义。

该国家标准实施后，在我国钨矿山企业尤其在江西省钨矿山企业得到广泛的应用，产生了良好的经济效益和社会效益；为我国钨矿全面提升绿色矿山建设水平，全域推进绿色矿山建设提供了技术支撑，并对我国钨行业深入践行生态文明理念，以及各级政府大力推进绿色矿业发展示范区建设奠定了坚实基础，目前该标准中的相关技术内容已纳入赣州市地方标准《钨矿绿色矿山建设规范》（DB3607/T001—2020）中，作为规范性引用文件引用。

5.6.3　详细内容

根据中国有色金属工业协会下发的《关于下达2009年第二批有色金属国家、行业标准制（修）订项目计划的通知》（中色协综字〔2010〕015号）的文件精神，国家标准《钨矿山地下开采安全生产规范》的制定工作由赣州有色冶金研究所负责起草，江西省安全生产科学技术研究中心参与起草，计划编号为20091868—T—610。

（1）总体思路

在《在中华人民共和国安全生产法》《中华人民共和国矿山安全法》《金属非金属矿山安全规程》（GB 16423—2006）等文件的基础上，以与时俱进、切合实际、合理利用资源、促进科技进步、促进安全生产、节约安全成本、满足市场需要、获取最大社会综合效益为基本原则，确保符合我国钨矿山地下开采生产实际，充分反映了当前国内矿山各生产企业的技术水平，促进安全生产，宜于企业应用。标准制定格式严格按照 GB/T 1.1《标准化工作导则第一部分：标准的结构与编写规则》的规定进行。

（2）技术方案

为了做好本标准的制定工作，赣州有色冶金研究所与江西省安全生产科学技术研究中心认真研究，从钨矿山企业地下开采生产实际出发，向江西钨业集团有限公司、江西稀有金属钨业控股集团有限公司、湖南柿竹园有色金属有限公司等国内主要钨矿山生产企业发出以现有安全管理体系、生产工艺体系、典型安全事故分析案例为主要内容的调研函，通过技术查询、市场调查等方式了解了国内钨矿山企业实际生产安全状况、安全规定及应用发展趋势，最终形成了国家标准《钨矿山地下开采安全生产规范》。

（3）创新成果

本标准是我国唯一一项具有自主知识产权、第一个针对钨矿山地下开采安全生产方面的国家标准，填补了国内空白。本标准首次针对钨矿山地下开采劳动强度大，作业条件差，不安全因素多，工作场所及工作本身都具有一定的危险性的特点，在广泛调研国内主要钨矿山企业地下开采生产实际情况的基础上，从安全生产组织管理、生产工艺安全要求、职业健康管理、安全应急管理、安全科技与经费保障、安全报告与统计分析等方面入手，制定了钨矿山企业安全生产全过程的规范化、标准化的国家标准。本标准对规范其他非煤矿山的安全开采具有一定的借鉴作用。

2011 年 11 月 23 日至 26 日，全国有色金属标准化技术委员会在浙江省杭州市组织召开标准工作会，来自中国有色金属工业标准质量计量研究所等 11 家单位 17 名专家对由赣州有色冶金研究所和江西省安全生产科学技术研究中心负责起草的《钨矿山地下开采安全生产规范》进行了审定，与会专家一致认为：该标准充分考虑了我国钨矿山企业生产体系和工艺技术水平状况及企业的使用要求，考虑了宝贵的钨资源综合利用问题。标准颁布实施后，大量贫、细、杂的黑白钨混合矿床及与其他金属矿床伴生的钨矿地下开采安全生产问题得到高度重视。目前尚无国际通行的钨矿山地下安全规范标准，标准达到国内先进水平。

（4）实施效果

国家标准《钨矿山地下开采安全生产规范》（GB/T 29521—2013）经中华人民共和国国家质量监督检验检疫总局和中国国家标准化管理委员会发布实施，已成为国内唯一一项具有自主知识产权、针对钨矿山地下开采的安全标准。该标准发布实施后，为钨矿山制定或修订安全生产的组织管理、目标管理、教育与培训、设计、施工、生产、应急管理、安全报告与统计分析等过程中的规章制度提供了标准依据，规范了钨矿山企业的安全生产，实现了矿山安全生产全过程的规范化、标准化，提高了企业职工的安全素质，有效遏制重大、特大事故，保护了宝贵的钨资源，达到了强化源头管理的目的。据省安监局统计，2014 年 2 月至 2020 年 6 月期间，江西省钨矿山企业发生死亡事故 33 起，死亡 33 人，平均每年发生死亡事故 4~5 起，平均每年死亡 4~5 人，与标准发布实施前大幅下降，取得了显著的社会效益。

（5）应用情况

该标准自 2013 年 6 月 9 日发布、2014 年 2 月 1 日起实施以来，已经在我国钨矿山地下开采企业广泛应用，得到了江西下垄钨业有限公司、江西铁山垅钨业有限公司、江西浒坑钨业有限公司、江西荡坪钨业有限公司、江西盘古山钨业有限公司等我国主要钨矿山生产企业的普遍认可。近年来，有效遏制了重特大安全事故的发生，取得了显著的社会效益。

本标准的发布实施，为各钨矿山生产企业制定或修订出安全生产的组织管理、目标管理、教育与培训、设计、施工、生产、应急管理、安全报告与统计分析等过程中一整套规章制度提供了标准支撑，实现了矿山安全生产全过程的规范化、标准化管理，提高了企业职工的安全素质，达到了强化源头管理的目的，社会效益明显。

5.6.4　本节小结

本标准的发布实施，为钨矿山制定或修订出安全生产的组织管理、目标管理、教育与培训、设计、施工、生产、应急管理、安全报告与统计分析等过程中的规章制度提供了标准依据，使钨矿山企业的安全生产实现规范化、标准化，大量贫、细、杂的黑白钨混合矿床及与其他金属矿床伴生的钨矿地下开采安全生产问题得到高度重视，在全面提升企业本质安全、有效防范生产安全事故、促进安全生产形势稳定好转、保护宝贵钨资源等方面具有重大社会效益。

本标准的发布实施，为我国钨矿全面提升绿色矿山建设水平，全域推进绿色矿山建设提供了技术支撑，并对我国钨行业深入践行生态文明理念，以及各级政府大力推进绿色矿业发展示范区建设奠定了坚实基础，目前该标准中的相关技术内容已纳入赣州市地方标准《钨矿绿色矿山建设规范》（DB3607/T001—2020）中，作为规范性引用文件引用。

另外，该标准可为国内其他非煤矿山地下开采企业安全生产管理具有一定的示范作用，应用前景广阔。

5.7　深部矿井大断面硐室支护减震控制关键技术研究

5.7.1　项目背景

随着矿井开采强度的增加，煤炭资源可采储量急剧衰减，特别是我国东部地区开采条件较好的煤炭资源越来越少，许多矿井面临着资源枯竭的窘境。东部地区矿井的采深以每年约 20m 的速度不断增加，例如，兖煤菏泽能化有限公司、徐州矿务集团有限公司、兖州煤业股份有限公司、山东天安矿业有限公司等矿井采深已达千米，最深的已超过 1500m。深度增加导致这些矿井的煤炭开采面临的问题更加复杂，由此产生的工程灾害更为严重，例如，矿压显现强烈，巷道维护困难，其中大断面硐室支护在矿震及地震作用下的减震性能设计极为关键。

对于目前已有的地下结构抗减震设计措施，根据抗减震措施机理不同，将其分为抗震措施和减震措施。地下结构减震措施一般为在土体和衬砌之间填充剪切刚度较低的材料，或采用具有让压、吸能等功能性锚杆及其附属构件等。

在支护结构中设置减震层，一般是在衬砌与围岩之间压浆注射充填一种软弱的聚合物材料，以减小地震过程中衬砌与围岩的相互作用，减震层主要采用泡沫混凝土、聚氨酯、橡胶系或沥青系减震材料制成。泡沫混凝土材料的物理力学性能差异较大，针对不同的地质条件及地震设防类别应进行有效设计，已有研究结果未考虑不同条件下泡沫混凝土材料的个性化设计；聚氨酯、聚硅酮、橡胶系或沥青系材料所构筑的减震层具有较好的剪切变形性能，但在沿径向的减震效果不明显，且不可回收。因此，亟须探索新型减震材料。

现场试验研究发现，锚杆让压支护的作用机理是：围岩与支护体系必须达到变形与应力的统一协调，就是保证围岩在弹性或者弹塑性变形阶段之内，并且锚杆（索）支护系统应适应围岩的变形和应力状态，满足实际情况下的安全性能要求。然而，在地震动荷载作用下，目前已有的让压锚杆的减震性能略显不足，无法适应地下硐室在往复动荷载作用条件。

闭孔泡沫铝是在 20 世纪 40 年代出现的一种泡沫金属材料，由于其特殊的孔结构，孔壁与孔棱部分所占的实体金属较少，其静态压缩试验曲线具有较长的应力平台阶段，能在几乎恒定的应力下持续地发生塑性变形来吸收能量。由于闭孔泡沫铝上述特殊的性能，可用于工程吸能减震领域。

与此同时，据我国用煤情况，燃用 1t 煤约产生 250~300kg 粉煤灰，大量粉煤灰如不加控制或处理，会造成大气污染，进入水体会淤塞河道，其中某些化学物质对生物和人体造成危害；煤矸石是采煤过程和洗煤过程中排放的固体废物，煤矸石弃置不用，占用大片土地，煤矸石中的硫化物逸出或浸出会污染大气、农田和水体，矸石山还会自燃发生火灾，或在雨季崩塌，淤塞河流造成灾害，中国积存煤矸石达 10×10^8t 以上，每年还将排出煤矸石 1×10^8t。因此，粉煤灰和煤矸石的资源化利用迫在眉睫。

综上，研究深部矿井在地震作用下的动力反应特性影响因素及其作用规律，探索新型支护结构减震层材料，建立新的土压力计算方法，提出减震锚杆及其附属构件并将研究成果推广应用，对于支护结构的抗减震研究具有重要的科学意义。

5.7.2　成果简介

本项目属于土木建筑工程行业，属于工程抗减震控制领域，涉及岩土工程、地震工程、防灾减灾与控制工程等科学技术领域。

我国采矿工作者一般把大于或者等于 800m 的称为深部开采。这个定义也不是绝对的，由于矿井的地质赋存条件和开采技术条件的不同，不同的矿井在采深不同时的显现特征不一样，在深部延伸时遇到的问题与采深有一定的差异。在巷道矿山压力显现方面，采深大于 700m 的巷道普遍显现出比较严重的底鼓现象。因此，深矿井开采支护技术的抗震减震性能十分关键。

项目针对深部矿井大断面硐室减震控制的关键技术难题，通过试验研究、理论分析、数值模拟、工程应用等方法，创造性地提出了深部矿井大断面硐室支护减震控制关键技术，形成以下主要科技创新成果：

1）研究了地下结构地震动力响应特性影响因素及规律，首次创造性地提出了将闭孔泡沫铝材料应用于地下结构减震技术领域，通过大型地震模拟振动台模型试验验证，设置减震层后衬砌结构在地震作用下的安全系数增加了 2 倍以上。

2）创新性提出了一种基于广义双剪应力屈服准则的土压力计算方法，以此为基础提出了一种考虑地震作用的挡土墙优化设计方法，能够在保证挡土墙安全性的前提下兼顾其经济性，避免常见的挡土墙设计过于保守而造成的浪费现象，该设计方法可用于地下结构设计中。

3）创新性研发了一系列对地下结构具有让压和吸能减震作用的锚杆及其附属构件。包括一种多级让压锚杆、一种梭形收缩式锚杆结构、一种减震吸能锚杆托盘和一种胀紧式可塑锚杆连接器，锚杆与其附属构件可以单独使用，也可组合使用来提高地下结构围岩与锚杆协同工作条件下的减震性能。

4）基于随机介质理论，首次提出了一种基于非均匀收敛模式的类矩形隧道地表变形预测方法，建立了基于非均匀收敛模式的类矩形隧道地表变形的随机介质预测模型，能够较好地预测隧道的地表沉降规律，研究成果可用于矿井巷道中。

5）在试验研究的基础上，研发了一种煤粉灰泡沫混凝土和一种煤矸石基泡沫地质聚合物，具有较好的能量吸收特性，易取材、无污染、不易燃，有利于粉煤灰和煤矸石的资源化利用；同时具有较好的能量吸收特性，可用于地下结构减震领域。

项目研究成果在实际工程项目中得到了应用，在围岩破碎、浅埋、偏压条件下大大提高了地下硐室支护端墙、翼墙在地震动力作用下的稳定性，经济效益和社会效益显著。项目研究成果授权发明专利 4 项，实用新型专利 1 项，申请发明专利 2 项，发表学术论文 23 篇，经鉴定，专家一致认为成果系国内首创，创新成果达到了国际先进水平，对我国地下结构的抗减震设计具有重要意义。

5.7.3　详细内容

（1）创新成果一

通过理论分析和数值模拟相结合的手段，分析了地下解耦股动力响应特性影响因素和地震波入射方向对地下结构动力响应特性的影响规律，创造性地提出了将闭孔泡沫铝材料应用于地下结构减震技术领域，试制闭孔泡沫铝衬砌结构减震层模型，开展大型地震模拟振动台模型试验（图 5.7.1），验证其实际减震效果。经对比，设置减震层后衬砌结构在地震作用下安全系数最小值增加 2 倍以上，有效提高了地下结构在地震作用下的安全性。

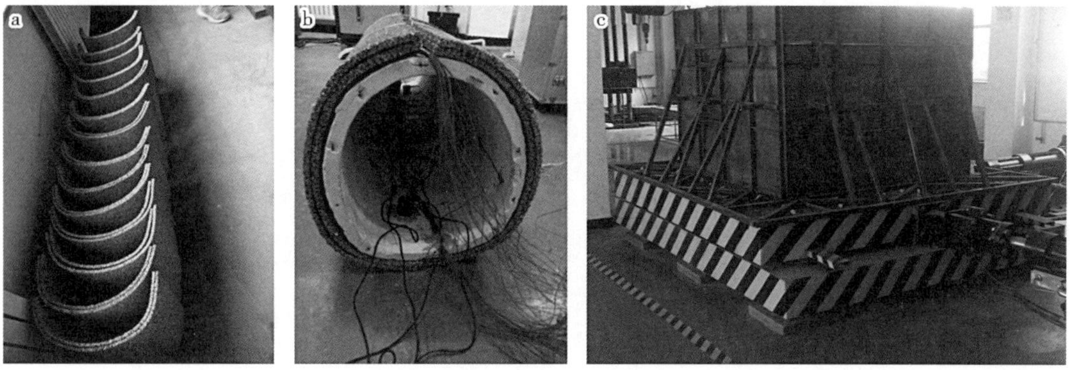

图 5.7.1　模型实验照片

a—减震层试制；b—支护结构模型；c—试验加载

闭孔泡沫铝材料具有独特的多孔结构，质轻、高比强度与比刚度等特性，特殊的孔结构使泡沫铝材料在压缩过程中具有典型的压缩平台曲线，使得它能够吸收大量的能量。项目采用单轴压缩试验研究方法对基本静力力学性能进行研究，采用落锤冲击试验对闭孔泡沫铝材料的中低速冲击动态压缩性能进行研究，获得了闭孔泡沫铝材料的静态和动态全面力学性能参数和能量吸收特性。在此基础上，结合地下结构工程在地震荷载作用下的实际受力条件进行理论分析，创新性提出适用于地下结构减震的闭孔泡沫铝减震层模型设计理论公式，并制作了减震层模型构件（图 5.7.1a）。研制并加工了地震模拟振动台试验专用模型箱，制备了围岩和地下结构模型相似材料，开展了大型地震模拟振动台模型试验。通过试验数据分析，设置减震层后（图 5.7.2、图 5.7.3 和表 5.7.1），衬砌结构在地震作用下安全系数增加了 2 倍以上，验证了闭孔泡沫铝减震层的实际减震效果。

表 5.7.1　加速度极值衰减系数统计表

Ka	减震层加速度峰值		无减震加速度峰值		加速度极值衰减系数	
加载工况	波峰	波谷	波峰	波谷	波峰	波谷
0.2gKobe 波	0.3582	−0.2818	0.5327	−0.5025	0.6724	0.5608
0.4gKobe 波	1.372	−1.3103	1.6848	−1.4888	0.8143	0.8801
0.5gKobe 波	2.324	−2.4154	2.6942	−2.4646	0.8626	0.9800
0.6gKobe 波	2.8915	−3.1178	3.1712	−2.9461	0.9118	1.0583
0.7gKobe 波	3.1468	−3.3971	3.3481	−3.4609	0.9399	0.9816
0.9gKobe 波	3.5208	−3.8025	3.7276	−3.8141	0.9445	0.9970
0.2gNorthridge 波	0.2608	−0.2532	0.3436	−0.2718	0.7590	0.9316
0.4gNorthridge 波	1.4219	−1.6255	1.8065	−1.6259	0.7871	0.9998
0.5gNorthridge 波	2.5352	−2.8875	2.7659	−2.9476	0.9166	0.9796
0.6gNorthridge 波	2.6439	−3.198	2.917	−3.3858	0.9064	0.9445
0.7gNorthridge 波	2.9403	−3.5659	3.132	−3.7725	0.9388	0.9452
0.9gNorthridge 波	3.2329	−4.0383	3.3893	−4.4886	0.9539	0.8997
0.2g 人工波	0.319	−0.262	0.3257	−0.329	0.9794	0.7964
0.4g 人工波	0.9667	−0.9404	1.2351	−1.1418	0.7827	0.8236
0.5g 人工波	1.5268	−1.5678	2.0723	−1.9264	0.7368	0.8138
0.6g 人工波	1.9607	−2.0898	2.518	−2.2633	0.7787	0.9233
0.7g 人工波	2.1115	−2.3055	2.6616	−2.3752	0.7933	0.9707
0.9g 人工波	2.8632	−2.9215	3.1818	−2.9097	0.8999	0.9041

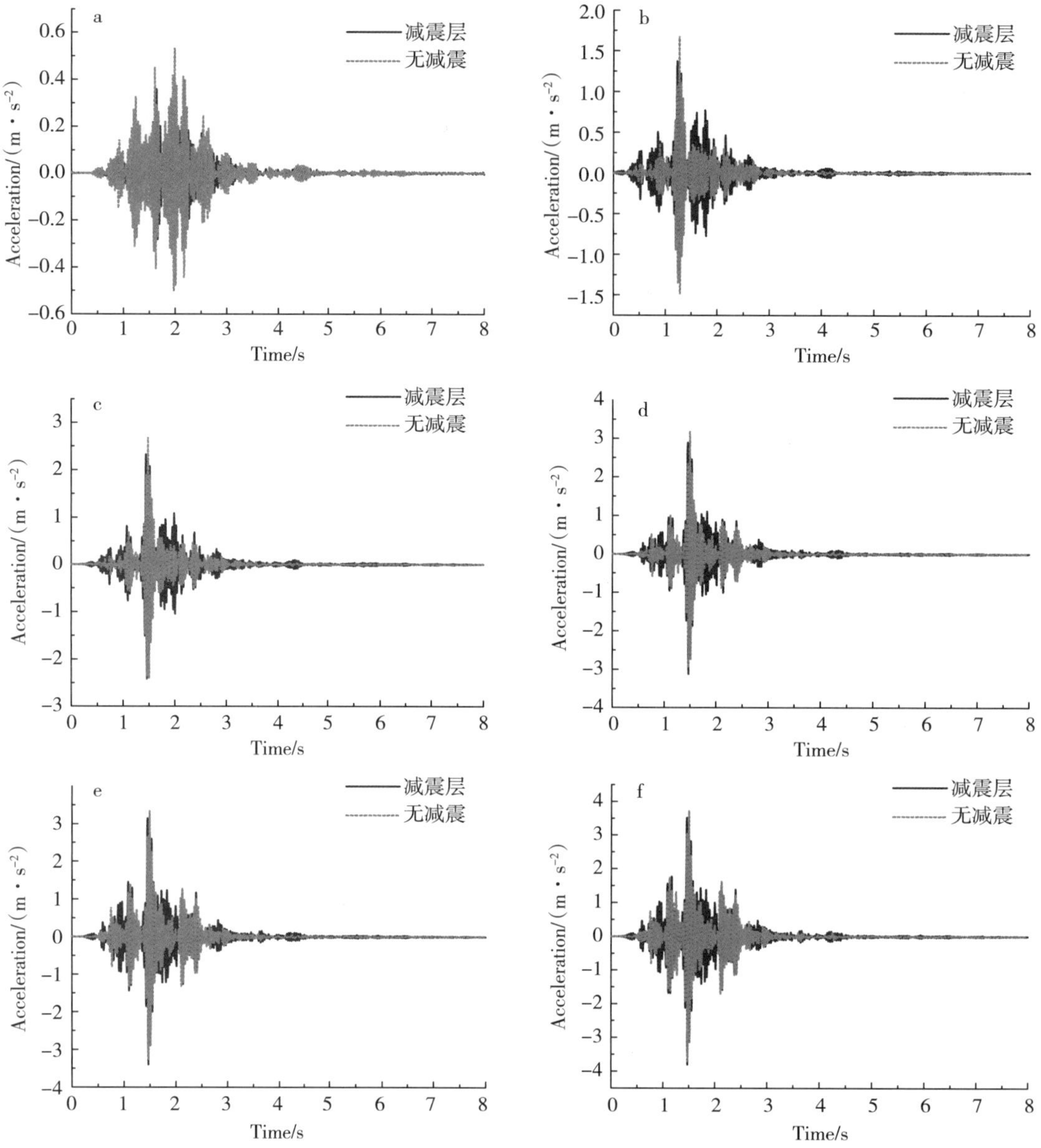

图 5.7.2　加载 Kobe 波不同工况有无减震层加速度响应时程曲线对比

a—0.2g 工况加速度时程曲线；b—0.4g 工况加速度时程曲线；c—0.5g 工况加速度时程曲线；d—0.6g 工况加速度时程曲线；e—0.7g 工况加速度时程曲线；f—0.9g 工况加速度时程曲线

基于地震波在岩土体中的传播规律，揭示了闭孔泡沫铝减震层的减震机理。通过对地震波反射和折射能量衰减理论的推导，得到了 SH 波、P 波和 SV 波基于反射和折射系数的能量衰减计算公式，引入能量耗散比 W 作为减震层中耗散能量的衡量指标，分析了能量耗散比随着入射角度的变化规律，揭示了不同监测点处减震效果各异的原因。

（2）创新成果二

项目基于广义双剪应力屈服准则，创新性地提出了一种基于广义双剪应力屈服准则的土压力计算方法，该方法考虑了两个较大剪应力或中主应力 σ_2 及应力罗代角 θ_σ 对屈服或破坏的影响，同时，还考虑了静水压力对屈服或破坏的影响以及材料的拉压强度不同的 S-D 效应。因此，广义双剪应力屈服准则较单一剪应力准则及其他能量屈服准则，具有明显的优点，更加适用于岩土类材料。基于此计算方法，依据土的极限平衡理论，创新性地提出了一种考虑地震作用的挡土墙优化设计方法，依据挡土墙在地震荷载作用下的抗滑移稳定性和抗倾覆稳定性要求，在保证挡土墙的安全

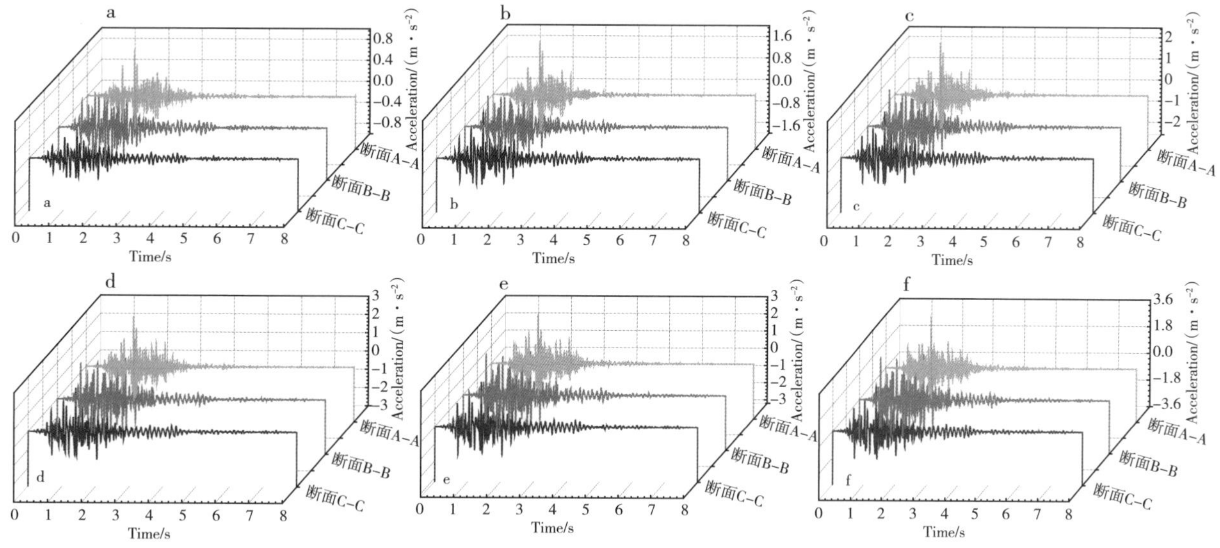

图 5.7.3　加载 Kobe 波不同工况各监测断面加速度响应时程曲线对比

a—0.2g 工况；b—0.4g 工况；c—0.5g 工况；d—0.6g 工况；e—0.7g 工况；f—0.9g 工况

性的前提下兼顾其经济性，得到了挡土墙优化设计理论公式，避免常见的挡土墙设计过于保守而造成的浪费现象。该设计方法可用于地下结构设计大大提高了挡土墙设计效率。

项目创新性提出基于广义双剪应力屈服准则的土压力计算方法，该方法考虑了两个较大主剪应力或中主应力 σ_2 及应力罗代角 θ_σ 对屈服或破坏的影响，同时，还考虑了静水压力对屈服或破坏的影响以及材料的拉压强度不同的 S-D 效应，然后基于土体处于极限平衡状态时的平衡条件计算主动极限状态下和被动极限状态下的土压力分布。与经典 Rankine 经典理论计算结果相比，本项目提出的改进土压力计算方法精度得到了提高，对主动土压力计算结果偏大，在土体未达到主动极限状态时即可提出预警，而被动土压力计算偏小，在未达到被动极限状态时即可预警，因此在实际工程中应用可提供一定的安全储备。基于此土压力计算方法，项目提出一种考虑地震作用的挡土墙优化设计方法，给出了其设计理论公式，不需要修改参数后进行多轮反复验算，保证了挡土墙的安全性，又兼顾了挡土墙的经济性，避免了传统挡土墙设计方法常见的浪费现象。

（3）创新成果三

创新性研发了一系列对地下结构具有让压和吸能减震作用的锚杆及其附属结构。为了克服目前已有的让压锚杆存在结构复杂、不利于制作、支护能力低等问题，提出一种可在岩体发生大变形时保持不同阻力的自动延伸，适用于大变形岩体的锚固的多级让压锚杆，其加工制作简单、支护阻力大、可多级让压，能够锚固具有高应力、大变形特点的岩体。研发了一种梭形收缩式锚杆结构，在地震荷载作用下可通过梭臂伸缩变形使锚杆与围岩保持接触状态，使锚杆与围岩在动荷载作用下协同工作，可回收利用、无需注浆直接与岩土体进行接触、能够解决传统锚杆长期在岩土中腐蚀所带来的锚固力下降的问题。研发了一种减震吸能锚杆托盘，能在多遇地震荷载（小冲击荷载）作用下依靠高强度弹簧发生弹性变形抵御冲击荷载，在罕遇地震荷载（大冲击荷载）作用下依靠碟形泡沫铝填充托盘发生塑性变形来消耗持续作用的冲击荷载能量。这种弹性与塑性变形结合的减震吸能方式能够避免锚杆托盘在一次冲击荷载作用下即失效的缺陷，使其在设计荷载强度作用下发生塑性变形吸收能量，提高其使用效率，即一次施工，多次使用。研发了一种胀紧式可塑锚杆连接器来实现传递荷载和保护锚杆端部。当围岩变形使载荷作用于仪器上，通过仪器将载荷传递到锚杆杆体，增大锚杆的工作阻力，充分发挥锚杆控制围岩变形的作用。

（4）创新成果四

基于随机介质理论，提出了一种基于非均匀收敛模式的类矩形隧道地表变形预测方法，将实际的隧道断面类比为类矩形隧道断面，在考虑隧道底部土体隆起的条件下，假定隧道断面产生非均匀收敛，建立了基于非均匀收敛模式的类矩形隧道地表变形的随机介质预测模型，通过反分析法由工程的实际监测数据获得模型中的未知参量。经过验证，本模型的方法预测结果与地表实测曲线变化较吻合，尤其表现于隧道中轴线处最大沉降位置，表明本方法能够较好地预测隧道的地表沉降规律。研究成果可用于矿井巷道中。

（5）创新成果五

为探索可大规模工程应用的新型多孔泡沫材料，对其他泡沫材料展开了一系列试验研究。在大量试验研究的基础上，研发了一种煤粉灰基泡沫混凝土，该泡沫混凝土具有轻质，流动等特点，便于施工，自身的封闭多孔结构，使其能够较好地传递和分散荷载，在压缩过程中吸收能量；通过在煤矸石基地聚合物基体中添加化学发泡剂，研发出一种可用作减震层材料的煤矸石基泡沫地质聚合物并对其力学性能、孔结构特征进行分析，证明该材料具有较好的吸能性能，可用于工程减震领域。

本项目制备了大量粉煤灰基泡沫混凝土试样并通过单轴压缩试验对其压缩破坏机理、破坏特征、力学参数、吸能性能等方面进行研究，分析了配合比设计、加载速率等因素对其力学性能的影响规律，在大量试验数据基础上建立了粉煤灰基泡沫混凝土的强度预测模型。制作泡沫混凝土所需原料为水泥和发泡剂，不含苯、甲醛等有害物质，易取材、无污染、不易燃，因此具有良好的防火性能和环保性能。制备过程环保无污染，有利于粉煤灰的资源化利用，在工程减震技术领域具有广泛的应用前景。项目制备了煤矸石基发泡地质聚合物试样并分析了配合比、养护龄期、加载条件等因素对其力学性能的影响规律，通过 X 射线衍射（XRD）测试分析了每种样品的化学成分，并通过扫描电子显微镜（SEM）获得了不同样品的微观结构图像。结果表明该材料在压缩过程中表现出良好的吸能性能，且具有低能耗、低二氧化碳排放、环保、废弃物利用等优点，适合在工程中大规模应用。

5.7.4 本节小结

本项目在试验研究的基础上，创新性地提出了地下结构闭孔泡沫铝减震层减震技术、基于广义双剪应力屈服准则的土压力计算方法和挡土墙设计方法、让压锚杆及其附属构件、基于非均匀收敛模式的隧道地表变形预测方法、新型多孔减震材料粉煤灰泡沫混凝土和煤矸石基发泡地质聚合物，有效提高了隧道等地下结构在地震作用下的安全性，可减轻地下结构在地震作用下的震害。在挡墙设计中保证其安全性的前提下兼顾其经济性，让压锚杆与围岩协同工作改善地下结构动力反应特性，将粉煤灰和煤矸石等固体废弃物资源化利用，制备成为新型多孔泡沫材料，是一种低能耗、低二氧化碳排放、环保、经济的新型减震材料。本项目研究成果在地下工程的工程应用中取得了显著的社会效益，具有广阔的推广应用前景。

5.8 神东矿区特大采高超长走向综采工作面防灭火技术研究

5.8.1 项目背景

我国煤矿自燃发火非常严重，有 56%的煤矿存在自燃发火问题，而我国统配和重点煤矿中具有自燃发火危险的矿井约占 47%，国有重点煤矿和国有地方煤矿中煤炭自燃火灾次数占矿井火灾总次数的 94%，可见煤炭自燃发火（如采空区遗煤、掘进巷道或回采工作面破碎煤体的自燃等）是煤矿火灾主要的致因之一，尤其是采空区煤自燃火灾，其发生的次数占总自燃火灾次数的 60%以上。同时煤矿火灾的发生还经常引发瓦斯爆炸、煤尘爆炸等一系列重大事故，严重威胁着矿工的生命安全，给国家带来了惊人的资源损失和设备破坏。神东矿区位于晋陕蒙交界，煤层赋存相对简单，基本实现了一井一面千万吨模式，在开拓布置上取消了盘区布置，实现了大巷条带式布置工作面，采煤工作面走向长度突破了 6000 m，倾斜长度突破了 300 m，采高相继突破了 7m、8m、8.8m。在煤层开采时采用“五快治火”（快掘、快安、快采、快撤、快闭），本煤层开采防火效果较好，但神东矿区多为浅埋深、近水平、近距离煤层群开采，开采煤种多为低阶长焰煤，挥发份高，燃点低。所属 10 个煤矿开采容易自燃煤层，自然发火期 1~3 个月，最短 18 天；3 个煤矿开采自燃煤层，自然发火期 3~6 个月，各矿井均存在采空区自然发火的危险。部分矿井受周边小煤矿开采影响，有的已出现发火迹象或形成火区，严重威胁矿井安全。随着开采强度和深度的增加、矿井地质条件的日趋复杂，各类内外因火灾隐患随之增加，尤其是步入下层煤开采后，由于采空区面积越来越大，且上下煤层之间易形成沟通裂隙，漏风通道越来越多，为防灭火工作也日趋艰难。外因火灾方面，神东矿区矿井采掘机械化程度高、电气设备多、功率大、电压等级高，井下电缆超过 4000km、胶带超过 700km、无轨胶轮车 2529 台，井下热源和可燃物多，若管理不善，极易引发火灾。

然而当前国内外煤矿防灭火工作治理技术理论居多，对现场防灭火工作实施开展指导性不强，很少有非常成功的防灭火治理经典案例。在防灭火工作过程中涉及采煤、机电、“一通三防”等多项专项技术未能依靠技术攻关克难来减轻劳动强度、节约经济成本、确保人身安全。针对煤矿防灭火工作治理技术也未形成对现场有具体操作指导的配套技术体系。针对特大采高超长走向综采工作面针对性的防灭火技术研究更是相对匮乏。因此，开展特大采高超长走向综采工作面防灭火技术研究和实践对于保障安全高效矿井生产具有明显的现实意义。本项目针对神东矿区特大采高超长走向综采工作面防灭火技术进行深入的研究。

5.8.2　成果简介

本项目针对神东矿区特大采高超长走向综采工作面的地质条件、煤层自燃倾向性、开采工艺等特点和现状，在现场调研和资料收集的基础上，进行了煤样的吸氧量实验、升温氧化实验、微观结构实验、热重实验等一系列煤自然发火基本参数的测定和实验，分析得出了补连塔煤矿特大采高超长走向综采工作面自燃机理及确定了适合其自燃危险性评价的方法；研究开发了两巷顶煤回收技术、井下防火密闭墙、综采工作面瓦斯巡检系统、采空区气体取样装置、风门组件及其控制方法、综采工作面远程控制局部反风技术等一系列成果，从开采设计、通防措施、监测监控、应急处置等多方面提出了适应于特大采高超长走向综采工作面火灾预防技术；应用了测氡法物探和钻探法相结合技术、“潜孔锤”钻孔施工技术、液态氮、液态 CO_2、三相泡沫、凝胶等灌注技术，研发了注氮机监控系统、浆液过滤回收及排渣装置等成果，提出了适合特大采高综采工作面防灭火措施，形成了神东矿区特大采高超长走向综采工作面防灭火技术，为特大采高超长走向工作面防灭火工作提供了技术支撑。本项目自主研发出了两巷顶煤回收技术、采空区气体取样装置、矿用灌浆装置等各项科学技术及先进设备，发表 10 篇科技论文，获得 9 项国家专利。该项目汇集了两巷顶煤回收等多项行业国内乃至世界多项领先防灭火技术，确保了神东补连塔煤矿 22307（7m 采高）、12511（8m 采高）等多个特大采高超长走向工作面的安全生产，防灭火效果显著。从实践应用效果来看，不仅消除了综采工作面采空区火灾的威胁，确保了矿井安全生产，而且技术成果的应用带来了巨大的经济效益与社会效益。同时，项目技术的应用使得煤矿开采过程中节省了大量人力、物力，降低了员工劳动强度，有效改善了作业环境，减少了职业病发生，而且发生“一通三防”灾变时有效确保现场作业人员的人身安全，在国内外煤炭行业起到了引领示范作用。

本项目的技术针对性强。该项目主要针对特大采高超长走向综采工作面防灭火技术展开研究，并在多个矿井多个综采工作面得到成功应用。本项目的技术体系成熟。该项目防灭火技术不仅理论依据可靠，而且汇集了一套“特大采高超长走向综采工作面及采空区火灾预防→监测监控→应急处理→火区治理”的过程管控与技术具体实施方案，具有很强的现场指导意义，是行业难得的防灭火治理经典案例。本项目的技术研究领先。该项目防灭火技术获得了两巷顶煤回收技术、采空区气体取样装置等九项国家专利，先进的技术装备减轻了劳动强度，节约了经济成本，同时也确保人身安全。本项目的现场应用效果理想。该项目从神东矿区特大采高超长走向综采工作面的开采设计、通防措施防灭火关键技术、监测监控防灭火关键技术、采空区火区治理关键技术多个方面研究出了一套煤炭行业领先国内外防灭火技术，并在国家能源集团神东煤炭集团补连塔煤矿 22307—22310（7m 采高）、12511—12512（8m 采高）等多个工作面的实践应用都取得了理想的效果。在神东寸草塔煤矿、柳塔煤矿等各矿井特大采高超长走向综采工作面得到广泛应用，应用效果非常理想。目前该项目技术正在全球首个 8.8m 特大采高综采工作面——神东上湾煤矿 12401 综采工作面应用，应用过程中暂时未发现技术问题，防灭火效果显著，可见该项目技术已经非常成熟。下一步，根据国家能源集团统一安排，该项目技术计划在国家能源集团所有煤炭行业单位推广应用，待适当时机，在全国范围内全面推广应用。

5.8.3 详细内容

（1）提出了神东矿区特大采高超长走向综采工作面防灭火技术机理及评价方法

1）针对神东矿区特大采高超长走向综采工作面的地质条件、开采工艺等特点，通过对煤样的吸氧量实验、升温氧化实验、微观结构实验、热重实验等一系列煤自然发火基本参数的测定，确定了适合补连塔煤矿 7m、8m 特大采高综采工作面自燃机理。

2）通过对神东补连塔煤矿煤样一系列煤自然发火基本参数的实验测定，提出了以红外探测、束管监测和煤体温度自动监测系统为主的自然发火早期预报技术体系。

（2）提出了神东矿区特大采高超长走向综采工作面火灾预防技术

1）从开采设计方面，上下煤层切眼、顺槽错位布置、减少联巷数量、留设隔离煤柱等技术有效减少了围岩支撑压力，减少各采空区漏风通道。自主研究了两巷顶煤回收技术，解决了顺槽顶煤回收的问题，不仅避免了煤炭损失，而且杜绝了煤炭自燃发火的可能性。

2）自主研发了煤矿井下防火密闭墙，墙体与煤帮之间无缝隙，墙体具有足够的强度，不会产生墙体由于矿压的作用自身产生裂隙，杜绝了采空区的气体通过墙体与煤帮之间缝隙或者墙体本身裂隙渗流到行人巷道。该防火密闭墙及构筑方法只选取极少量的普通特殊材料，不仅成本低廉，而且避免了井下水体遭受污染，避免了大量接触高分子材料对人员的身体危害。

3）自主研发了综采工作面瓦斯巡检系统，巡检系统可以自动记录瓦检员检查时间、姓名，不仅节省人力、物力，而且可以杜绝假检、漏检现象，同时系统自动生成瓦斯报表、数据变化曲线图。

4）自主研发了采空区气体取样装置，人员可以从采空区取得真实气样，从而确保了采空区气体检测分析数据的真实性与可靠性。自主研发了采空区观测装置，24 小时实时上传数据，实现了人员与地面对采空区内外指标气体浓度、压差情况实时掌握，实现人员在地面即可随时掌握采空区情况。

5）自主研发了风门组件、风门组件的控制方法和装置，实现了主运巷着火后通风系统调整的人工远程控制，一个人在地面就可以实现主运巷通风系统的调整，大幅提升了安全效益和经济效益。调整主运巷通风系统的整个过程仅需要 8 分钟，能够实现快速、高效调整通风系统，在最短的时间内将火灾造成的危害降到最低，为火灾应急救援处置赢得宝贵的时间。

6）自主研发了综采工作面远程控制局部反风技术，克服了采用其他方法处理综采工作面进风侧灾变在时间上的延续，消除了人力、物力、财力上的浪费，可以有效地处理灾变事故，从而确保在综采工作面进风侧发生通防灾变时确保现场作业人员的人身安全。

（3）提出了神东矿区特大采高超长走向综采工作面采空区火区治理技术

1）以测氡法物探和钻探法相结合的火区探测技术，快速查找高温区域，为高位采空区隐蔽火区治理提供了经验，大大缩短火区治理时间、节约费用。

2）“潜孔锤”钻孔施工技术首次推广应用，大大提高采空区钻孔施工进度，250m孔深的钻孔由3天缩短至1天完成。

3）自主研发了一种注氮机监控系统，一旦注氮机或者注氮管路发生泄漏或者注氮机周围气体环境不符合注氮机运行条件时，监测调度人员通过操作远程控制系统关闭注氮机和注氮管路，有效防止了氮气泄漏可能产生的巨大危害以及人工关闭和开启注氮机可能存在的风险。

4）灌注液态氮、液态 CO_2 采用专用灌注设备，可实现井下灌注、钻孔直注，有效防止冻管问题，保证灌注效果。

5）火区治理过程中采用注三相泡沫、注凝胶、注浆防灭火技术起到了理想的治理效果，为今后火区治理提供了宝贵经验。自主研发了矿用灌浆装置，在进行束管监测预警煤自燃火灾的同时充分利用束管监测预警系统铺设的管路，提供了一种矿用束管—灌浆共用系统，实现了在两个系统正常工作的前提下，整个系统更加的简单、经济和安全。

6）自主研发了一种浆液过滤回收及排渣装置，具有自动排除废渣、优化浆液回收工艺、高效清理废渣功能，解决了原工艺存在的耗费人工、卫生条件差，浆液回收工艺复杂、耗能高、磨损大、易引发电机浸水事故，室外清理废渣费时费力等问题。

5.8.4 本节小结

本项目由学校、生产企业共同承担，合作研发，发挥各自的优势，各方积极配合，共同努力完成课题预定的任务，达到预期的目标。神华神东煤炭集团公司作为项目的发起与主持单位，负责课题执行过程中总体目标及技术路线的制定、年度计划的安排落实、管理措施的实施、参与单位的任务协调及现场实施等；辽宁工程技术大学完成了技术方案的制定，负责数据分析整理，编写研究报告和成果总结。完成了技术方案的制定，负责数据分析整理，编写研究报告和成果总结；重庆工程职业技术学院为项目研究方案论证和成果验收提供咨询服务，在课题组负责人统一组织领导下，在以往科技攻关和研究成果的基础上，采用理论研究与工程实践相结合，高校与煤炭生产企业相结合，尤其要依靠省部重点实验室的良好管理模式和团队的运行管理机制，组织好项目的各项管理工作，力求解决项目研究中的普遍性、关键性的技术难题。在攻关组织形式上，合作各方以产学研为纽带，以项目实施基本任务为核心，本着既有明确分工，又在各个环节都有紧密合作的原则，充分发挥各自的优势，产学研团结协作，配合攻关，将攻关目标、内容，按专题进行分解，任务落实到人。经费采用滚动制，严格控制经费的使用，做到专款专用。定期检查、交流、总结，及时发现、解决攻关实施过程中存在的问题，滚动发展，确保攻关任务按计划全面完成。

本项目针对浅埋深特大采高超长走向综采工作面煤层赋存、开采工艺、灾害评估等特点，通过实验确定了浅埋深适合特大采高超长走向综采工作面自燃机理及自燃危险性评价方法。本项目研究开发了两巷顶煤回收技术、井下防火密闭墙、综采工作面瓦斯巡检系统、采空区气体取样装置、风门组件及其控制方法、综采工作面远程控制局部反风技术等一系列成果，从开采设计、通防措施、监测监控、应急处置等多方面提出了适应于特大采高超长走向综采工作面火灾预防技术。应用了测氡法物探和钻探法相结合技术、“潜孔锤”钻孔施工技术、液态氮、液态 CO_2、三相泡沫、凝胶等灌注技术，研发了注氮机监控系统、浆液过滤回收及排渣装置等成果，形成了浅埋深特大采高超长走向综采工作面防灭火技术。

该项目在神东煤炭集团补连塔煤矿22307、22308、22309、22310、12511、12512等多个7m、8m超大采高综采工作面的实践应用都取得了理想的效果。在神东寸草塔煤矿、柳塔煤矿等各矿井特大采高超长走向综采工作面得到广泛应用，应用效果非常理想。目前该项目技术正在全球首个8.8m特大采高综采工作面——神东上湾煤矿12401综采工作面应用，应用过程中暂时未发现技术问题，防灭火效果显著。

5.9 基于UWB技术的矿井单轨吊运输管理系统的应用与研究

5.9.1 项目背景

（1）项目研究的起因

随着我国煤矿机械化程度的提高，对井下辅助运输装备也提出了更高的要求。单轨吊车是一种矿山井下的运输机械，具有载重量大、运行速度快、噪声小、故障率低、检修与维护便捷等优势，所以在煤矿机电运输中得到广泛的应用。煤矿机电运输中单轨吊的动力是由随单轨吊整体运行的防爆特殊电源装置提供，目前国内以防爆蓄电池单轨吊车和柴油机单轨吊车为主要辅助运输。单轨吊通过直流牵引电机传动装置和摇臂机构，最终带动驱动轮，使单轨吊沿悬挂式单轨轨道运行。单轨吊车在井下辅助运输人员、运输一些松散的物料，在通风不好的井下及有易燃易爆气体的巷道内都能发挥重要的作用，很好地完成各种运输工作。

随着单轨吊车在我国煤矿的普及及应用，在运输过程中暴露出来许多问题，急需对单轨吊运输进行系统化管理，若缺少对运输过程中的安全管控，没有形成科学、合理的运输管理逻辑，则存在一定的安全隐患。例如，容易发生顶牛、撞风门、掉道等问题，严重影响了运输效率，同时增加了煤矿的安全管理风险，间接地影响了矿上的经济效益，同时制约着煤矿智能化发展的脚步。

（2）主要研究内容

1）研究运用精度较高的定位技术，实现车辆运输精准定位。

2）研究采用高清的音、视频摄像仪，具备低照度、宽动态、强光抑制、白光补光、透雾技术，将井下恶劣条件下的成像视频图像实时传输到控制中心。

3）研究采用可靠的WiFi无线传输技术，满足现场语音和数据传输时所需的延时、漫游及带宽等要求。

4）研究通过计算机集成技术，并采集运输链路中的硬件数据，实现远程统一调度，实现整个运输过程中的调度管理。

5）研究基于GIS地理信息技术，将车辆的动态位置信息显示在地图上，便于调车中心直观查看车辆的基本情况。

（3）国内外研究现状

我国煤矿辅助运输机械化起步较晚，直至20世纪70年代后期才开始相关研制工作。到目前为止，我国已先后引进国外先进设备并自主研制成功相关运输设备。例如，柴油机单轨吊、绳牵引卡轨车、无轨胶轮车等，并在我国多地多矿井生产实践中得到了推广应用，并产生了巨大的经济和社会效益。但总的来说，设备种类相对较为单一，未形成系统产品，缺乏系统监管，产品质量及产品功能有待完善。

国内常见单轨吊运输管理系统为在单轨吊巷道固定地点安装摄像仪，司机或跟车工通过手动或遥控器方式控制单轨吊运行前方的道岔。调车站通过泄露通讯对讲机或固定点有线电话与司机或跟车工进行通信，车辆的运行情况由司机或跟车工与调车站进行汇报，调车站根据汇报情况，进行车辆的调度。

这种解决方案存在如下问题：调车站与跟车工或司机沟通困难，沟通成本高；泄漏通信对讲信号易被干扰，固定点有线电话存在沟通滞后情况，沿线覆盖摄像仪成本较高，部分地点还存在盲区无法掌握车辆的运行情况及位置，进而导致调车站不能实时掌握车辆的位置，车辆的运行方向，以及车辆运行速度等，对车辆的调度效率低下；不能从根本上解决单轨吊辅助运输中遇到的问题，也无法真正做到少人和无人化煤矿生产需要。

国外煤矿辅助运输机械化起步较早，如原西德是世界采矿发达国家之一，20世纪50年代就开始研制单轨吊车，1967年研制出柴油机单轨吊，1979年研制出蓄电池单轨吊，之后法国、捷克、英国等国家相继引进或研制出单轨吊并在国内普遍使用，截至目前已形成相对健全的使用及管理系统制度。

（4）项目研究必要性

如何能够对井下单轨吊车辅助运输进行科学、合理的管理，达到资源的合理高效调配是系统化管理的首要任务。首先，应实现对单轨吊运行情况的实时监测和运行轨迹跟踪，以保证方便调度根据车辆运行情况安排运输任务；其次，要加强运输环节各角色之间的信息沟通，降低人员沟通成本，减少司机、跟车工、调度员的工作强度；最后，需加强运输环节中各个生产要素的紧密联系，降低运输过程中的安全风险，杜绝生产事故的发生，从而大幅度的提升运输效率。以上三点是煤矿井下单轨吊车辅助运输管理系统建设的主要方向和目标。单轨吊车作为煤矿井下重要的日常生产辅助运输工具，未来要逐步实现智能化、无人化，才能更好地服务于矿山建设生产。因此，建设一套现代化的煤矿井下单轨吊车辅助运输管理系统对于煤炭企业降低生产总成本，提高企业盈利水平和竞争力具有十分重要意义。

5.9.2 成果简介

系统采用全数字设计，实现井下机车的运输管理，融合调度通信，是国内领先的车辆运输管理系统。系统采用超宽带（UWB）无线定位技术，精度高，车辆标识卡识别速度快；结合 GIS 展示技术，通过 GIS 能显示井下车辆的位置、行进方向等信息，实现车辆位置及速度的显示，提高机车调度效率；系统集成度高，针对煤矿实际情况，集成车辆定位和车辆通信于一体，通过 1 台分站实现车辆精确定位和无线通信信号覆盖，实现机车位置定位和机车通信；根据用户业务流程及管理要求，可生成多种告警和预警，防患于未然，为井下辅助运输安全提供管理依据。系统预留多种扩展接口，实现单轨吊车日常调度管理。分站也预留多种接口，可作为井下作业人员管理系统分站读卡使用，可接入 CAN 总线设备、I/O 设备等进行管理。

5.9.3 详细内容

（1）精准定位技术与国内外同类技术比较

井下常用的井下定位技术有：有源射频识别卡技术、Zigbee 技术精确定位技术；用于煤矿人员及车辆定位的技术目前主要有：RFID 无线射频技术、Zigbee 信号技术、基于 UWB 的飞行时间的技术等。

1）RFID 无线射频技术。射频识别 RFID 技术，又称无线射频识别，可通过无线电讯号识别特定目标并读写相关数据，而无须识别系统与特定目标之间建立机械或光学接触，具有易于操控、读取方便快捷、识别速度快、数据容量大、使用寿命长，应用范围广、标签数据可动态更改、动态实时通信等优点，广泛被应用。但射频识别 RFID 技术识别范围小，无法实现被测物体的精确位置，目前只使用在区域定位的人员定位系统中。

2）Zigbee 信号技术。Zigbee 技术是一种短距离、低功耗的无线通信技术，具有低功耗、低成本、低速率、近距离、短时延、高容量、高安全等优势，目前被国内大多数厂家作为新一代煤矿人员定位技术使用。

Zigbee 信号基于场强，具有线性特点，覆盖距离 100~200m，通过信号调节可使精度达到 30m，无法达到人员及车辆的位置精确定位，目前使用在对位置精度要求不高的系统中。

3）超宽带 UWB 数据传输技术。超宽带（UWB）无线定位技术由于功耗低、抗干扰效果好、安全性高、系统复杂度低，尤其是能提供非常精确的定位精度等优点，而成为未来无线定位技术的热点和首选（张文杰等，2007）。

4）同类技术对比指标。通过以上几种技术的对比，基于 UWB 技术是目前几种技术中，对被测物体精度最高、成本较低的优势，结合煤矿井下实际情况，本次选用该技术作为车辆位置精确定位技术。采用基于 UWB 技术的飞行时间的测距技术，结合现代的信息技术及计算机技术，并结合现代矿井巷道及矿车情况，定制研发了煤矿车辆运输管理系统。

（2）项目技术水平

1）本项目采用国内第四代 UWB 精确定位技术（图 5.9.1），定位精度可达 1m，可提高对单轨吊车定位精度，可极大提升车辆调度效率。

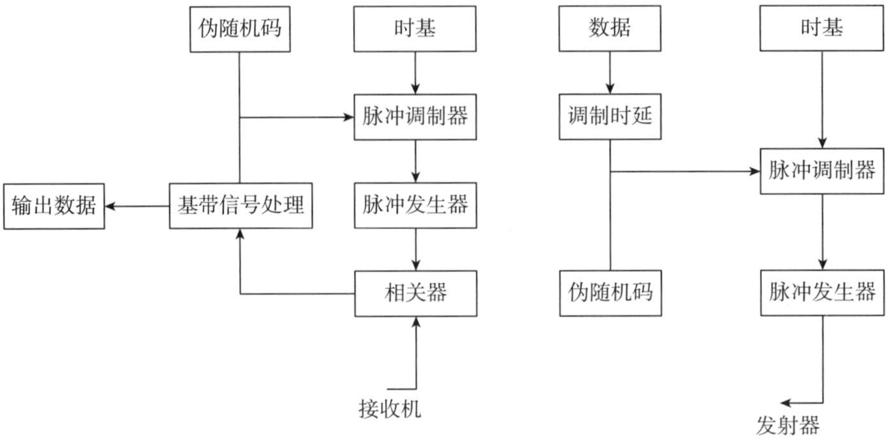

图 5.9.1　UWB 工作原理

2）本项目采用的车辆通信装置，为国内首发，专门为井下车辆通信定位的车载通信装置，具备通信距离远，通话声音清晰洪亮，电话直通，自带后备电源等特色实用功能。

3）本项目采用的运输信息化调度管理系统（图 5.9.2），是集井下车辆运输、管控、管理、调度于一体的信息化调度管理系统，是国内首个为井下单轨吊车井下运输、调度管理定制开发的系统，具备很高的先进性；同时兼顾了实用性，具有很高的推广价值。

（3）项目关键技术

1）低功耗融合分站设计技术。目前煤矿根据国家相关规范要求，需要安装定位、广播、安全监测等多系统，每个系统都需要独立安装一个管理分站用于井下数据传输到以太网环网中。这就造成了设备安装多、维护难度增加、多系统关联数据链路复杂等问题，而如果把多个系统进行一体化设计后，多数厂家不能满足单个本安电源供电的低功耗要求。为了达到煤矿安全规程的标准要求，低功耗融合分站设计方案采用了高效率、宽电压的开关型 DCDC 电源、低功耗高性能的 COTEX-M4 内核的处理器、使用高效率低功耗隔离总线通讯模块，设计充分贴合低功耗和高集成度的设计目标解决了上述问题。

2）本质安全型电路设计技术。本安型是本质安全型的简称，即在其内部的所有电路都是本质安全电路的电气设备，是目前煤矿井下设备的安全评价标准之一。本安型设备除了其安全性能外，更具有体积小、重量轻等特点，方便在煤矿井下运输、安装、维护。电子类设备其工作电流低，可以按照煤矿本质安全型检验标准进行电路设计和器件选型，满足煤矿安全需求、安装维护需求（霍磊等，2014）。

3）井下移动目标精确定位技术。煤矿井下定位技术至今已经经历了两次技术上革新，第一代只具备区域定位功能，根据定位分站的位置判断移动目标处于该基站的周围；第二代在原有的基础上升级了双向呼叫功能，但是依然只能做到区域定位。针对智能化矿山发展的需要，针对煤矿井下巷道条件，区域定位无法获取移动目标的精确位置，在遭遇应急救援时或者生产指挥时，地面调度人员无法对井下车辆/人员做出精确指挥，存在潜在的风险。本次项目研究采用基于 UWB 精确定位技术，通过测算信号的飞行时间，实现精确计算井下煤矿移动目标的准确位置，静止定位精度为 0.3m。

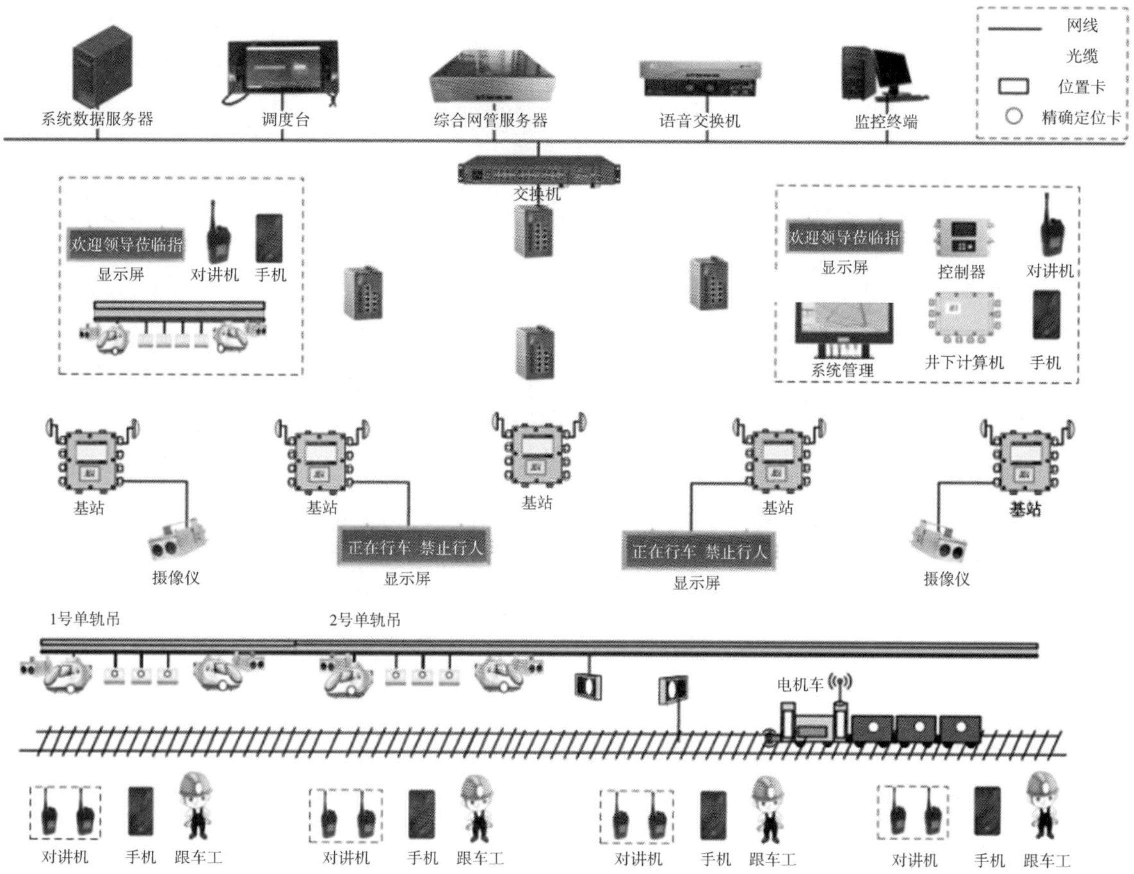

图 5.9.2　系统架构图

4）多协议封装技术。多功能融合分站需要同时具备 WIFI 通信、精确定位、以太网、CAN 等多种功能及协议接口，采用基于以太网 IPV4 传输的短延时、多通道的封装、加密、解析处理模块，解决 WIFI 通信、精确定位、控制等多种数据的封装与解析难题，实现在煤矿工业以太环网的统一数据传输。

5）超宽动态算法过滤技术。采用低照度、强光抑制、超宽动态等数字摄像技术使本安摄像仪拍摄的图像效果清晰，克服了井下部分场景摄像仪由于无法避免灯光的直射、环境能见度很暗等情况，解决画面大面积发白、图像呈现雪花点严重等技术问题，更利于监控中心观察（图 5.9.3）。

（4）关键设备研究成果

1）本安型通信及定位融合分站。本安型通信及定位融合分站是井下重要的无线设备，由终端或控制中心传来信号，信号通过基站的射频调制波发射或以太网电接口，构成无线或有线链路进行数据传输。同时具备标识卡读取功能，获取的车辆信息来进行分析处理，通过以太网传输到井上计算机等设备。

2）矿用本安型显示屏。矿用本安型显示屏基于 CAN 总线传输，接入到控制分站中，根据软件系统发出的控制指令，显示文字内容及发布语音提示。

3）矿用隔爆兼本安型计算机。矿用隔爆兼本安型计算机选用工控机主板，通过键盘进行控制，输出信号在显示屏上显示；主板输出的以太网电接口、RS485 和 USB 接口等隔爆信号经过本安隔离，转换为本安接口输出。

4）矿用浇封兼本安型显示器。矿用浇封兼本安型显示器是煤矿井下安全监控系统中对主要生产环节、重要设备及关键岗位进行实时图像监视的关键设备。

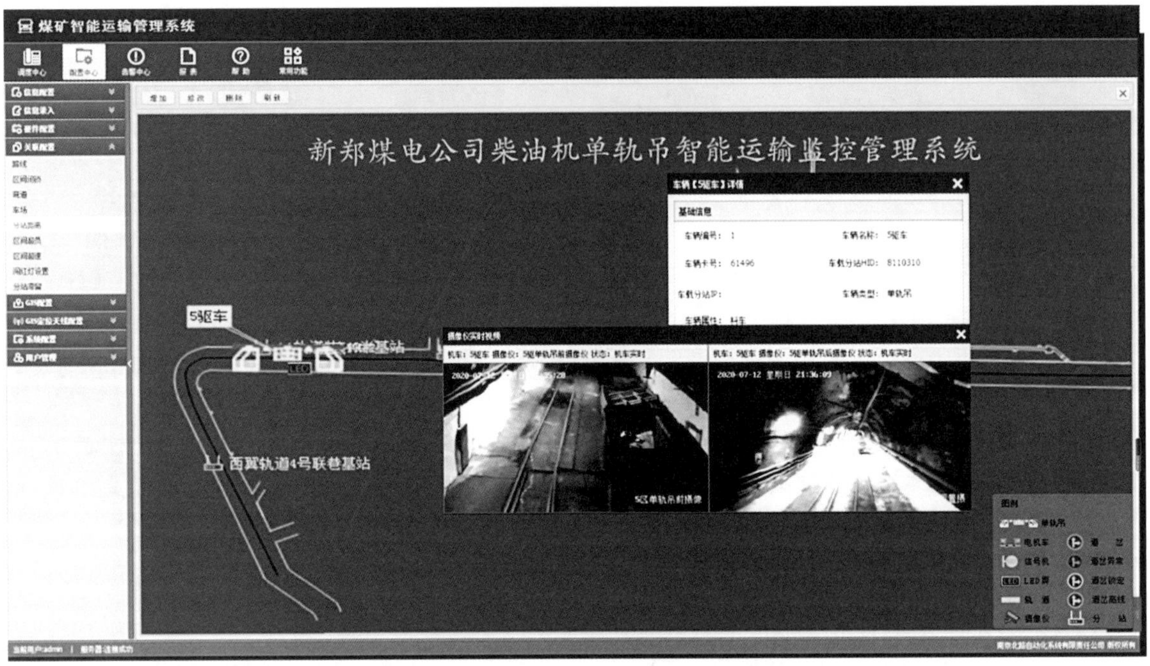

图 5.9.3　软件界面展示

5）车辆标识卡。车辆标识卡具有唯一性地址编码，可被矿用分站用于身份识别，安装在单轨吊车辆上，实现对单轨吊车辆的定位。

6）矿用本安型显示屏。矿用本安型显示屏接收 CAN 总线的命令，使信号牌发出相应信号声光提示。

（5）系统应用情况

郑煤集团赵家寨煤矿，年产量 300×10^4t，2019 年开始安装单轨吊运输管理系统，本次项目研究利用 UWB 精确技术，实现对下井人员的精确定位，实现设备、矿车等固定和移动设备的精确定位；同时可以应用到采掘工作面，对采煤机，掘进机的位置实时跟踪，精确定位进行综合解决。新建设的系统使地面调度中心和调车站能够实时了解井下单轨吊的实时位置、行进方向、车速等信息，实现了车辆位置实时动态显示及车辆速度监控；系统根据单轨吊运行方向和位置情况实现自动道岔切换，无线基站既能为司机和跟车工与调度之间提供双向语音通信，还能为车载视频、硬件控制数据等提供无线传输通道；系统安装使用后，提高车辆调度效率，提升了该矿的辅助运输工作效率，保障了辅助运输安全，通过对交通信号的管控，减少车辆行驶等待时间，综合提高车辆 30% 运输效率，达到了提高运输效率的目的。

系统建成后，原先的跟车人员、调度人员、司机人员以及维护检修人员减少一半，每班每车运输效率提升 2 倍，预计每年节省成本约 200 万元；通过管理系统，提升了矿井安全，减少了因安全事故而停产整顿时间，其产生的间接经济效益也相当可观。

5.9.4　本节小结

本项目面向国内煤矿，采用单轨吊车进行辅助生产运输，井下辅助运送人员、运输部分物料及设备等，对其整个运输过程进行统一调度、全程监控，科学管理。

项目成果已经在 10 多个井工矿井规模化使用，监管效果明显，大幅度提高了煤矿辅助运输管理水平。目前在无人驾驶方面还处在实验阶段，需进一步对解决方案优化，通过现场的应用不断对产品技术指标和功能进行优化，更好地为用户服务，提升工作效率，逐步实现煤矿进行生产从“少人化”向“无人化”目标转变。

5.10 数字化矿山及分布式协同演练平台

5.10.1 项目背景

目前，很多煤矿迫切要求提升自己的综合素质，对矿山模拟仿真与数字化矿山的建设也非常关注，迫切希望尽早建立一套结合自身煤矿的三维模拟仿真系统，能够快速实现矿山的数字化，来提高企业的技术应用与科学管理水平，这不但有利于培养高素质的煤矿工人，而且有利于管理者有效掌握煤矿实时状况，方便进行指挥部署，从而使企业成为国内科技先进、人员训练有素的一流煤矿企业。

在矿山安全技术培训演练方面，大多数煤矿的安全培训都仅局限于书面教育，学员学习时感觉枯燥、记忆不深刻，无法形成一个立体直观的感觉，以至于在真正操作的过程中不能完全按照操作规程去做或者当事故发生时感到不知所措（彭立峰等，2020）。这就是由于缺乏真实环境的演练所导致的。所以在煤矿系统建立安全培训虚拟演练系统就显得尤为重要，可以较为完善地解决上述所遇到的问题，使学员在遇到突发危险时能够按照演练过程有序地进行各项操作与行为，完成挽救生命和国家财产的一系列活动（Steve et al.，2016）。

虚拟现实技术应用在煤矿安全培训也发展了一段时间，同时暴露了一些问题，大多数培训进入“重体验、轻效果”的误区，许多学员在一起体验了一次“3D”电影的效果，却没有真正学到矿山安全知识，学员缺乏独立操作、独立思考的空间与协同配合的能力。

随着信息技术的飞速发展，“3D”技术近年来已经得到了广泛的应用，包括影视领域、建筑领域、煤矿领域等。“数字化矿山及分布式协同演练平台”通过CAVE平台、360°环形屏幕平台、大屏幕拼接展示平台，实现了煤矿事故仿真与分布式协同联合演练功能（Anonymous，2011；魏东明等，2019；朱臣武，2016）。

结合现阶段虚拟现实技术、分布式协同技术、三维建模技术、计算机图像处理技术的不断发展，已经具备了建设以大型沉浸式体验系统为基础，构建煤矿事故仿真、煤矿多人协同演练、分布式仿真演练的系统与平台，使煤矿三维模拟仿真与多人协同演练技术在煤矿安全生产上得到应用（韦才寿等，2020）。

5.10.2 成果简介

随着煤矿现代化事故仿真和安全实训技术的不断发展，虚拟现实技术逐渐成为煤矿安全培训演练工作的有效途径。沈阳院借鉴国际先进的大型煤矿虚拟现实培训基地的先进技术，搭建CAVE平台、360°环形屏幕平台、大屏幕拼接展示平台等硬件平台，开发了三维虚拟矿井仿真系统，包含资源管理系统、场景构建系统、交互式三维矿井仿真系统、多人协同应急救援模拟培训演练系统，实现煤矿漫游展示、事故仿真及分布式协同演练功能，形成数字化矿山及分布式协同演练平台。

数字化矿山及分布式协同演练平台是矿用设备事故仿真与模拟验证实验室建设项目的重要科技成果。平台应用虚拟现实技术研发了全矿井（采、掘、机、运、通等）三维模型资源库，具备资源编辑管理、模拟场景设计、生产及监测监控数据接入、辅助演算决策、通风网络解算、设备及生产安全培训、事故模拟仿真、多人协同应急救援模拟培训演练等功能（张军，2020；马义如等，2018）。为矿井仿真、三维数字化监控、事故模拟仿真、安全培训、应急救援演练提供了一套专业、系统、分布式、交互式的三维解决方案。平台可应用于环幕、CAVE、弧形幕等沉浸式模拟仿真硬件平台，并设计其专属的交互方式，实现身临其境的仿真效果。可应用于矿山三维数字化、三维自动化监控、事故模拟仿真培训、应急救援模拟演练等领域。

沈阳研究院已应用该平台以铁岭大兴矿为实例化矿井，建设了该矿的三维仿真矿井，实现了该矿地面工业广场、井下巷道布置、三维地质建模、中央变电站、水泵房、工作面等场景及各系统设备建模布置、通风系统解算、避灾线路模拟等功能，并实现了监测监控系统、人员定位系统、视频监控系统等数据的接入和实时监控（徐华龙，2017）。结合大兴矿应急救援演练预案，开发了矿井火灾、水灾、瓦斯、顶板等事故的应急救援演练模拟演练系统，实现了各事故发生、发展过程的模拟仿真和多人协同分布式应急救援演练模块。

5.10.3 详细内容

（1）总体思路

本项目以矿山安全技术领域为研发方向，围绕基于虚拟现实技术的煤矿仿真与多人分布式协同联合演练，针对煤矿事故安全培训实际痛点，基于虚拟现实技术、分布式技术、建模技术、图像处理技术等新技术，采用理论分析、技术研发、现场实践结合的方法，沿着“环境搭建—平台构建—资源管理—矿山数据仿真—分布式演练”的思路和路线，形成了矿山数字化及分布式协同演练软硬件平台。

（2）技术方案与创新成果

1）构建了 CAVE 平台、360°环形屏幕平台、大屏幕拼接展示平台多种形式的硬件平台，形成了符合煤矿集单人训练、多人集训、分布式联合演练为一体的交互平台。①CAVE 平台设计与搭建：CAVE 平台采用左、中、右、下四面屏幕，形成沉浸式观察环境（图 5.10.1）。结合六自由度位置追踪设备、立体声设备，能够在沉浸式环境下进行虚拟现实演练。②360°环形屏幕平台设计与搭建：通过对 360°环形屏幕设计、定向音源研制、高性能图形工作站的调配、光纤布线设计等工作完成了系统硬件平台的开发（图 5.10.2）。通过整体的测算与调试，最终开发了多图形工作站协同工作、网络高速传输、分辨率达 1080×8640 像素的环形硬件平台。③大屏幕拼接展示平台：平台采用三台主动立体投影机拼接成高 3m、宽 10m 的展示环境，在屏幕上划分分布式计算机场景画面，采用硬件融合机，实现多人分布式联合仿真演练同时在线观察的系统硬件展示平台（图 5.10.3）。

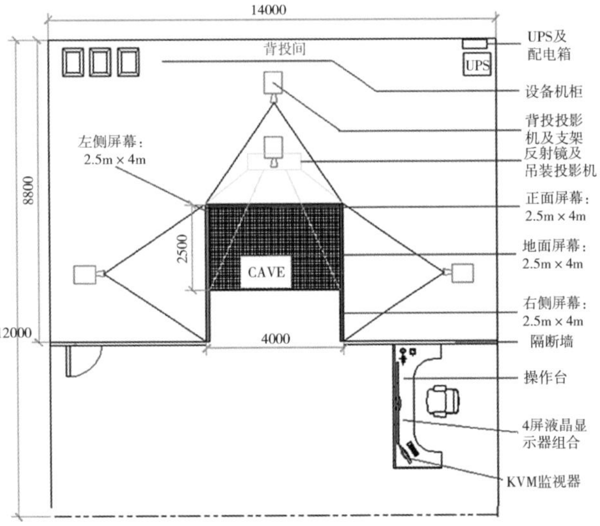

图 5.10.1 CAVE 平台设计图

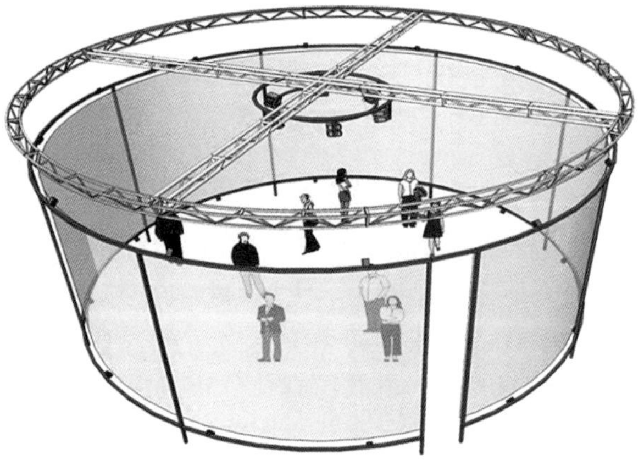

图 5.10.2 360°环形屏幕平台设计图

2）基于统一的虚拟现实平台，开发了资源编辑管理、场景编辑管理、交互式三维矿井仿真系统、多人协同模拟培训演练系统，从编辑到展示的有机系统，形成资源编辑、场景编辑、矿山数字化、分布式演练相结合的软件生态，能够实现快速的场景构建、实例化矿井等现场工作。

资源管理系统是平台运行的基础，提供交互式三维矿井仿真系统和多人协同应急救援模拟培训演练系统的资源和场景的编辑功能，方便其修改和更新，其功能与特点如下：①实现了对交互式三维矿井仿真系统和矿山多人协同应急救援模拟培训演练系统资源（图 5.10.4、图 5.10.5），如：设备、人员、界面、特效等资源的创建和编辑（卫鹏，2019）；②系统包含了全矿井（采、掘、机、

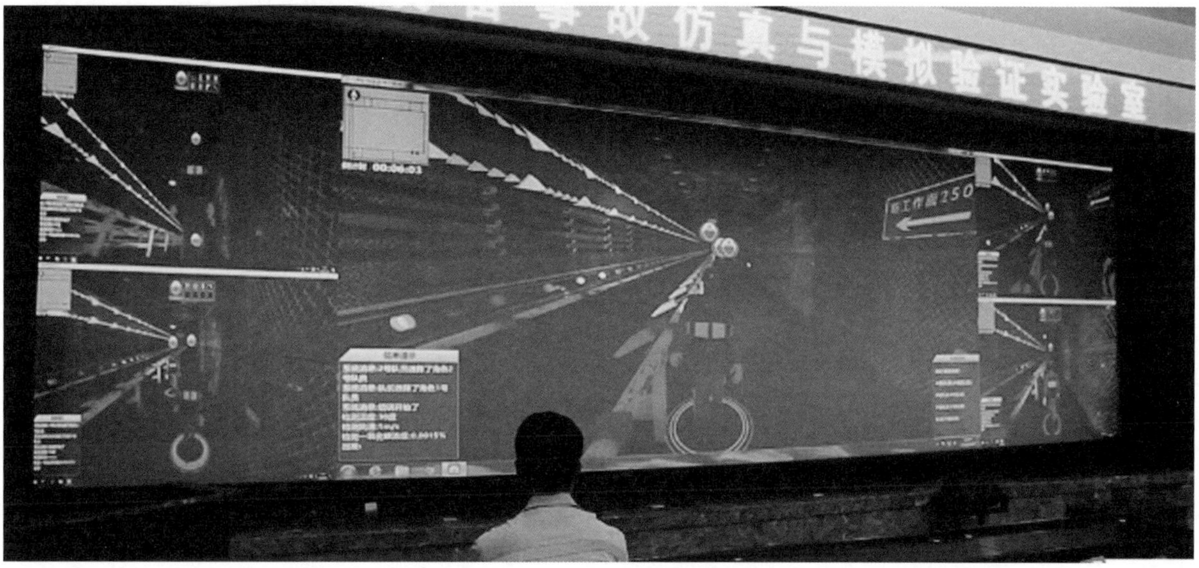

图 5.10.3　大屏幕拼接展示平台

运、通等）三维模型资源库，并支持多种主流三维模型格式，用户可自定义扩充资源库；③系统实现了自动化巷道建模，可以根据 CAD 图纸进行快速准确的巷道生成，并支持对巷道的断面结构、支护方式、尺寸、等做自由设置；④可以对液压支架、采煤机、刮板输送机、和运输机、进行快速自动建模；⑤系统实现了三维场景设计功能，可以应用系统模型资源进行矿井上下环境的模拟仿真设计；⑥具备通风网络、火灾避灾线路、水灾避灾线路、瓦斯避灾线路、运煤线路、运料线路的编辑功能；⑦计算巷道各个用风点风量和全矿的总需风量，自动生成配风计划，评价用户现行通风系统是否合理；⑧具备培训演练的任务编辑功能，场景资源布置方便、支持任务区域的配置和布置、支持任务脚本编辑。

图 5.10.4　人物资源编辑管理

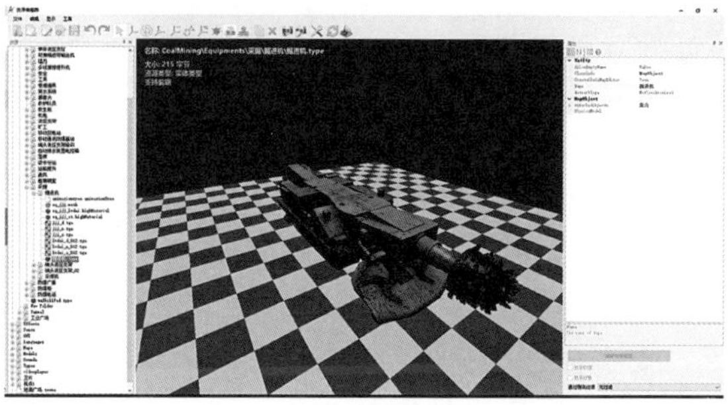

图 5.10.5　设备资源编辑管理

3）研制了资源管理系统和场景编辑系统，有效的支持矿井资源的创建和编辑，支持大地形编辑和显示，可以准确地进行矿井环境配置，搭建出用于矿井培训的演练场景。

通过资源编辑与场景编辑实现大型地图与场景的编辑与搭建（图 5.10.6、图 5.10.7），其功能与特点如下：①三维可视化所见即所得的操作方式；②巷道自动建模、巷道交叉处自动拼接，设备模型自动识别巷道两帮和顶底板；③支持图层分层管理、坐标系转换等功能；④系统提供三维模型库管理系统，用户可从库中快捷选取所需模型，对系统进行更新；⑤提供交互式三维矿井系统和三维矿井安全培训系统的编辑功能；⑥支持脚本开发扩展；⑦支持快速通风解算。

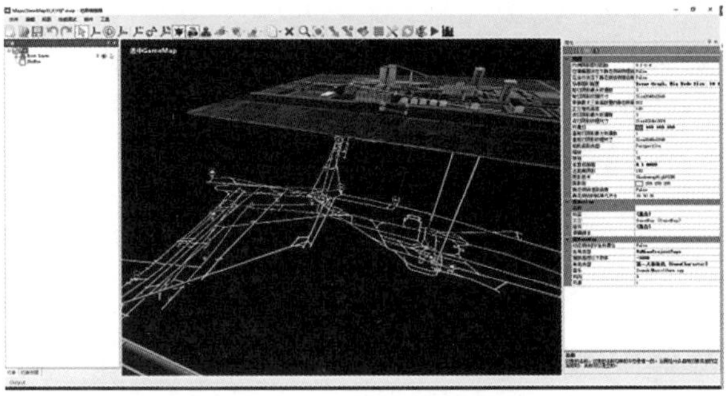

图 5.10.6　场景编辑管理

图 5.10.7　区域编辑管理

4）开发了交互式三维数字化矿井系统，包含人员定位、安全监控、等系统仿真。对各系统进行了科学的分层和自由的搜索，系统具备历史数据回放功能和敏感信息分层查询功能，为安全生产决策提供依据。

交互式三维数字化矿井系统应用资源管理系统搭建了具体矿井的三维仿真环境、通过融合矿山各系统的数据，实现矿山的三维数字化、可视化和自动化。其功能与特点如下：①构建了煤矿井上下三维仿真环境（图 5.10.8），支持以漫游、鹰眼地图和快捷视点快速定位等方式查看矿井地形地貌，以及井巷工程、采区、设备等空间分布情况；②设计了与瓦斯监测系统（图 5.10.9）、综合自动化系统、人员定位系统、视频监控系统等的通信接口，实现了在三维仿真环境中融合各系统的数据；③实现了各系统数据的实时监控、自动报警、热力图展示、历史数据查询分析，人员定位和人员轨迹回放，通风系统解算（图 5.10.10、图 5.10.11）、避灾线路展示等功能。

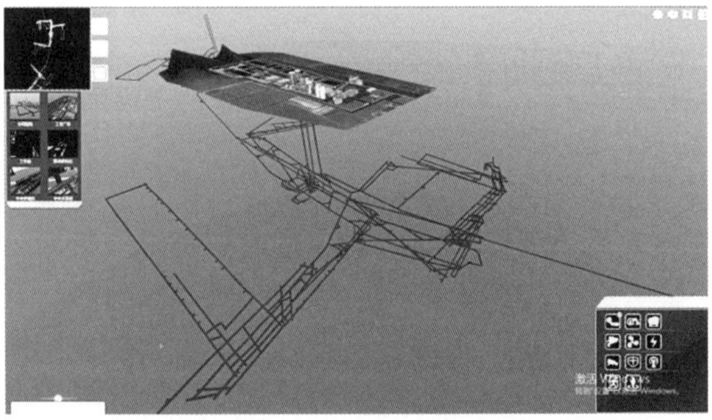

图 5.10.8　交互式三维数字化矿井图

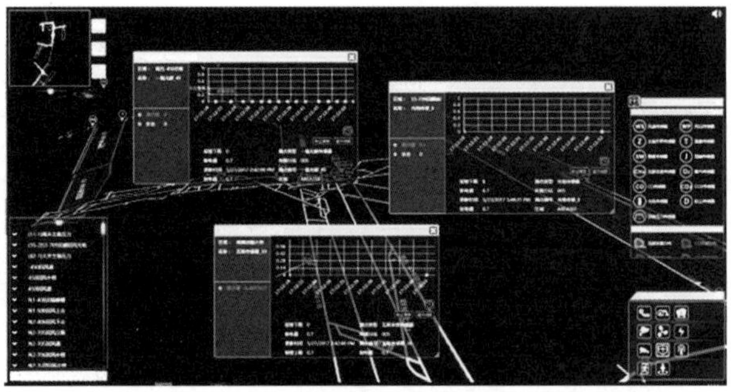

图 5.10.9　瓦斯监控系统展示图

5）开发了多人协同演练培训系统，支持多人联网条件下的协同演练，具有高仿真度的角色分工，为学员提供了独立思考和独立操作的空间，提高学员在实际救援与工作中协同配合能力。

多人协同演练培训系统以场景编辑、资源编辑为基础，可以灵活多变的设置脚本，快速实现模拟演练内容的整合与配置，完成以需求为实现目的的培训演练模块，其功能特点如下：①具备矿山的实景模拟、事故仿真、应急处置、联动指挥、多人协同应急救援培训演练功能；②系统提供多种事故类型（火灾、冒顶、水灾、煤尘、瓦斯泄漏等）的救援演练功能；③参加培训人员分别扮演不同的救援角色，以多人在线，分工合作、多人协同的方式来参加模拟培训演练（图 5.10.12），角色间可通过文字或语音进行交流、通过操作不同的技能（图 5.10.13），协同完成各自任务；④通过内置评估系统，自动生成评估报告，用户可及时的发现自身不足；⑤将传统文档与三维场景进行结合，可对设备的维护和操作进行学习，在三维空间中与设备进行交互；⑥具备鹰眼地图，倒计时、任务提示等辅助演练功能；⑦可通过第一人称和第三人称控制虚拟角色、支持游客模式，自由浏览演练的全局状况。

图5.10.10 水泵房系统展示图

图5.10.11 通风网络展示图

图5.10.12 多人协同应急救援展示图

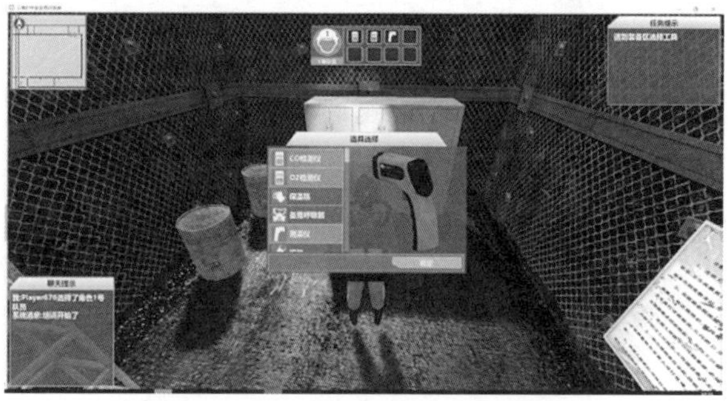

图5.10.13 选择操作工具展示图

6）结合三维技术，开发了文档式设备教学模块，围绕不同的矿山设备，进行模型展示、动画展示以及文档材料的搭配，实现文字与动画的联动，完成设备的教学与设备危险的识别。

设备教学模块以三维建模、三维动画为基础，以文档超链接驱动动画效果的方式，完成设备教学，其功能与特点如下：①具备矿山设备模拟、动画展示、文字超链接、联动处置、部件动画、部件单独展示等矿山设备学习培训功能（图5.10.14）；②采用局部放大及摄像头跟进方法，实现设备近距离查看功能，对设备细节进行浏览；③可以对设备进行旋转、平移、放缩等操作；④对于难以在文档中描述的设备细节（图5.10.15），可以通过视频进行展示。

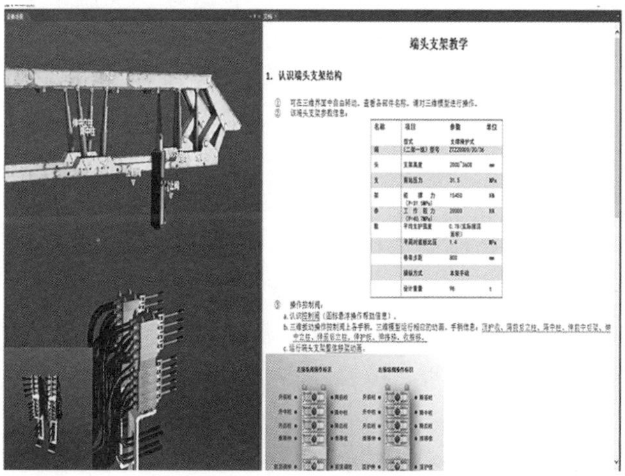

图5.10.14 文档与设备联动图

图5.10.15 设备细节展示图

5.10.4 本节小结

虚拟现实技术现在已经被各行业广泛采用，是煤矿安全培训演练、事故仿真、虚拟检验等方面的先进技术手段。本系统为煤矿安全生产提供良好的培训环境，是煤矿企业安全生产的保障，通过对矿工的各项技能培训，可以有效地提高生产效率、避免灾害的发生、提高矿工的自救能力和煤矿救援水平（张军，2020）。目前已经采用该套系统的有：鸡西、双鸭山、内蒙古、山西等分布全国各地的多个应用场地，虚拟现实培训已经成为国内煤矿安全培训演练的发展趋势。

随着产品的不断完善和发展，特别是煤矿各个专业的软件模块不断丰富，数字化矿山及分布式协同联合演练平台应用领域将会越来越多，项目也将促进煤矿安全事业健康发展（谭章禄等，2019）。同时，为煤矿事故仿真，设备安全性能模拟验证提供方便的实验平台，从总体上看，本项目为社会提供安全可靠、可低成本重复使用的煤矿培训手段，节省了安全培训演练投资和能源消耗，经济和社会效益显著。

5.11 急倾斜厚煤层采矿覆岩破断规律及巷道围岩控制技术及实践

5.11.1 项目背景

我国西北地区赋存大量35°以上的急倾斜、急倾斜厚煤层约占煤炭总储存量的14.05%，特别在山西、陕西、宁夏、甘肃和新疆等地，急倾斜煤层为许多矿区或矿井的主采煤层。随着煤炭开采强度的日益加大，东部地区浅部优质煤炭资源越来越少，加之国家“控制东部，稳定中部，大力发展西部”的煤炭发展战略，急倾斜煤层开采势在必行。急倾斜煤层开采时导致应力场重新分布，打破了原有的围岩应力状态，导致工作面巷道顶部松软破碎，给采场围岩控制、巷道支护和维护带来了巨大困难，容易造成采场片帮冒顶、U型棚腿折损、破坏及巷道变形严重等矿压显现。开展急倾斜厚煤层开采期间采场破坏特征及矿压显现规律的研究，为急倾斜煤层开采采场围岩控制及巷道支护提供科学依据，保障急倾斜煤层安全高效开采具有重大意义。

目前，急倾斜煤层开采、近距离煤层群开采等采场围岩破坏及控制机理的研究较多，但是急倾斜松软特厚煤层综放开采矿压显现规律及巷道围岩控制技术的研究较少；针对靖远矿区王家山矿急倾斜综放开采，需综合考虑防止相邻工作面采空区漏风和隔离采空区有害气体的基础上研究采场围岩控制机理，从而进一步对其采场围岩控制技术进行研究。

本项目研究急倾斜特厚松软煤层综放开采围岩控制的技术难题，分析急倾斜煤层开采期间场覆岩运动与破断规律，找出其破坏程度与煤层开采采场围岩稳定性的关系；分析走向开采时工作面采场围岩应力场、位移场分布规律，总结急倾斜特厚煤层综放开采巷道围岩破坏变形规律，为制定采场围岩控制技术提供理论依据。本项目成果提供了急倾斜厚及特厚煤层开采时巷道围岩控制的技术示范。

5.11.2 成果简介

本项目涉及矿山压力与岩层控制、矿山安全等领域，研究了急倾斜煤层开采场覆岩运动与破断规律，针对急倾斜煤层回采矿压显现的难题，以王家山煤矿急倾斜厚煤层开采巷道围岩控制为切入点，研发了“三高、三小、三及时、两协调、一让压”的锚网索喷支护成套技术。

1）建立了横纵荷载作用下急倾斜煤层基本顶初次断裂的薄板力学模型。

2）提出了急倾斜煤层基本顶初次破断符合“V-Y”型初次断裂模式，揭示了基本顶初次断裂时采场围岩应力场分布及矿压显现特征。

3）建立了急倾斜综放面推进过程中基本顶由小三角形悬板→大三角形悬板→斜梯形板转化的薄板力学模型。

4）分析了三类基本顶的上、下板面的应力分布，揭示了断裂线发育与破坏区演化过程。

5）实施了挑顶板破底板、正煤柱掘进与锚网索喷支护相结合的巷道围岩控制技术。

本项目已获专利 10 项，软件著作权登记 3 项，出版规划教材 1 部，发表论文 18 篇，其中，SCI 检索 3 篇，EI 检索 3 篇，CSCD 检索 4 篇，中文核心 7 篇。研究成果在王家山煤矿应用 5 年以上，取得了显著效果。

经甘肃省科技厅鉴定，本项目达到国际先进水平，已在靖远矿区推广应用，效果显著，为我国急倾斜煤层开采围岩控制提供了工程示范，进一步推动了矿山安全科技进步。

5.11.3　详细内容

（1）急倾斜煤层工作面回采倾斜剖面覆岩运动规律

通过倾向剖面相似材料模拟（图 5.11.1），分析王家山煤矿的工作面回采过程中顶板运移模式与规律，揭示顶板运动非对称性与矿山压力关系。得出以下结论：

1）急倾斜煤层回采后，直接顶冒落矸石沿倾斜方向向下滑移或滚落，在工作面下部形成小范围充填区域。工作面上部的未冒落煤柱仍然具备一定的支撑力，造成急倾斜煤层悬露顶板受力具有非对称特征（图 5.11.2）。

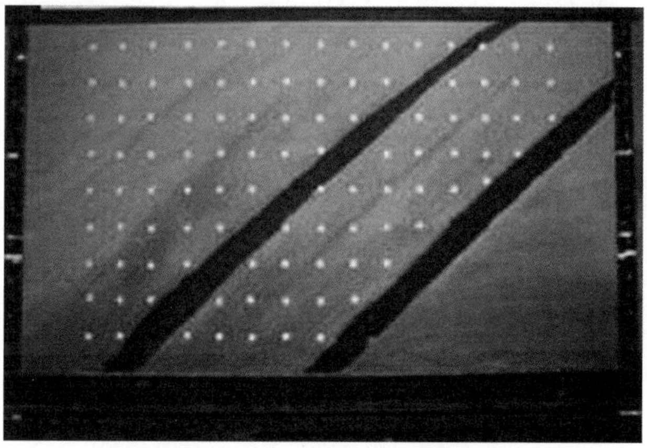

图 5.11.1　倾向剖面相似材料模拟图

图 5.11.2　47208 工作面推进长度 102m

2）2 煤基本顶垮落后工作面上、下部的基本顶不能充分垮落，上部悬顶结构由于断裂、垮落易导致诱发型冲击地压，下部悬顶结构不易断裂且形成储能结构易导致自发型冲击地压。由于下部顶板通常距离运输顺槽较近，能量得不到及时释放，所以会出现顶板巷强矿压显现次数与强度大于底板巷的现象。

3）急倾斜煤层采场基本顶垮落后，矸石充填采空区。采空区内的矸石结构明显包括三个区域（图 5.11.3）：即上部自由冒落区、中部铰接充填区和下部支撑压实区。上部自由冒落区内易形成瓦斯集中。中部铰接充填区具有临时稳定特征，相比于上部自由冒落区、下部支撑压实区要活跃。下部支撑压实区充填作用增强，吸收了大部分基本顶垮落形成的冲击力。是运输顺槽（顶板巷）在周期来压过程中变形量与冲击能较小的重要因素之一。

4）急倾斜煤层工作面基本顶垮落上、中、下部的顶板下沉量规律为：下部>上部>中部。基本顶运移规律为：工作面下部基本顶沉降仍基本符合下沉系数随着高度的增加而逐渐变小的规律。工作面中部基本顶垮落具有同步破断特征，顶板沿煤层法线、切线的位移量相差不大。工作面上部基本顶冒落后随着工作面中部顶板向下移动，在工作面上部形成空区。

5）基本顶断裂垮落的非对称性可以分为三个区域，即：上部活跃区、中部垮落区、下部稳定区。中部断裂区内顶板最先断裂，跨落后在采空区内形成铰接充填区，上部垮落区内顶板失去约束后随之垮落，垮落后沿倾向下滑，堆积在中部铰接矸石上与为断裂顶板形成断裂空间。下部基本顶未断裂，在倾斜剖面上形成近三角形的悬顶结构即下部悬顶区。

6）4煤煤柱失稳后，2煤与4煤采空区贯通导致顶板同步下沉，2煤主关键层断裂。2煤主关键层断裂区域主要集中在采空区的上部区域。可以推断，4煤工作面回采后形成2次见方时，往往会对上部2煤采空区的主关键层造成影响，但距工作面较远影响较小（图5.11.4）。

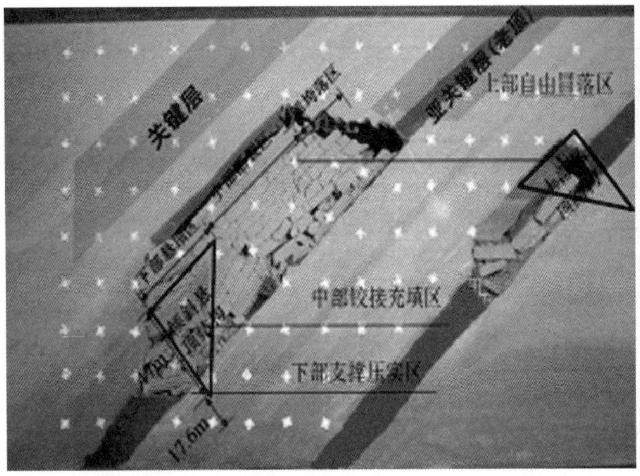

图5.11.3　2煤煤柱失稳后基本顶断裂

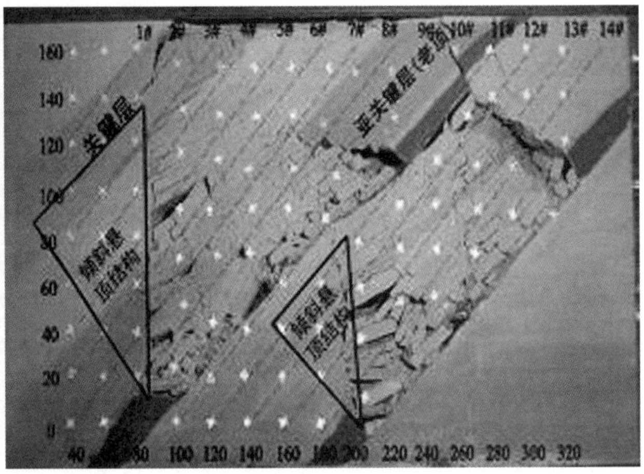

图5.11.4　4煤煤柱失稳后基本顶断裂

7）4煤煤柱失稳后，工作面上部悬顶随4煤顶板下沉而断裂。而下部悬顶仍会在下部悬顶区内形成近三角形悬顶。可见，急倾斜煤层下部悬顶不易自然断裂，是急倾斜煤层矿压防治的重点区域。

8）经过关键层理论推导可得，2煤第一坚硬层顶板为细砾岩，初次来压步距62m，周期来压步距25.3m。第二坚硬层顶板为细砂岩，初次来压步距117m，周期来压步距47.8m。4煤第一坚硬层顶板为粉砂岩，初次来压步距56.7m，周期来压步距23.1m。第二坚硬层顶板为粉砂岩，初次来压步距112.4m，周期来压步距45.8m。

（2）急倾斜煤层顶板初次断裂模式与过程

采用弹性力学方法，建立“倾斜板”力学模型（图5.11.5）对急倾斜煤层顶板断裂模式及演化过程进行分析。得出以下结论：

设出符合急倾斜煤层工作面开采坚硬顶板挠度试函数 $w(x, y)$：

$$w(x,\ y) = A\left(y + \frac{3b}{4}\right)\cos^2\left(\frac{\pi x}{a}\right)\cos^2\left(\frac{\pi y}{b}\right) \tag{5.11.1}$$

基于利兹法，计算出纵横向联合载荷作用下急倾斜煤层基本顶挠度函数 $w(x, y)$ 表达式：

$$w = \frac{\left\{C_3\cos\beta - \frac{11b\gamma_1\sin2\beta}{9}\left(1 - \frac{12}{11\pi^2}\right) - \frac{3q}{2b}\left(\frac{b}{2\pi}\sin\left(\frac{2\pi c}{b}\right) + c - \frac{b}{2}\right) - \frac{8}{ab^2}\sum_{n=3}^{\infty}\left(f_1(n) + f_2(n)\right)\right\}\left(y + \frac{3b}{4}\right)\cos^2\left(\frac{\pi x}{a}\right)\cos^2\left(\frac{\pi y}{b}\right)}{\pi^2 D\left(\frac{31\pi^2}{8b^3}\left(1 + \frac{30}{31\pi^2}\right) + \left(\frac{31b\pi^2}{8a^4} + \frac{31bF_2}{16a^2D}\right)\left(1 - \frac{30}{31\pi^2}\right) + \left(\frac{31\pi^2}{12a^2b} - \frac{93C_2\sin\beta}{16bD}\right)\left(1 - \frac{6}{31\pi^2}\right)\right) - \frac{3\pi^2}{8}\left(-\frac{39b\gamma_1\sin^2\beta}{40}\left(1 - \frac{135}{26\pi^2} + \frac{110}{13\pi^4}\right) + C_1\sin\beta\left(1 - \frac{6}{\pi^2}\right)\right)}$$

式中：a 为走向长度；b 为倾向长度；β 为煤层倾角；$\sum h_1$、E_1、γ_1、μ_1 分别为上覆岩层组的厚度、平均弹性模量、容重、泊松比；h_2、E_2、γ_2、μ_2 分别为坚硬基本顶厚度、弹性模量、容重、泊松

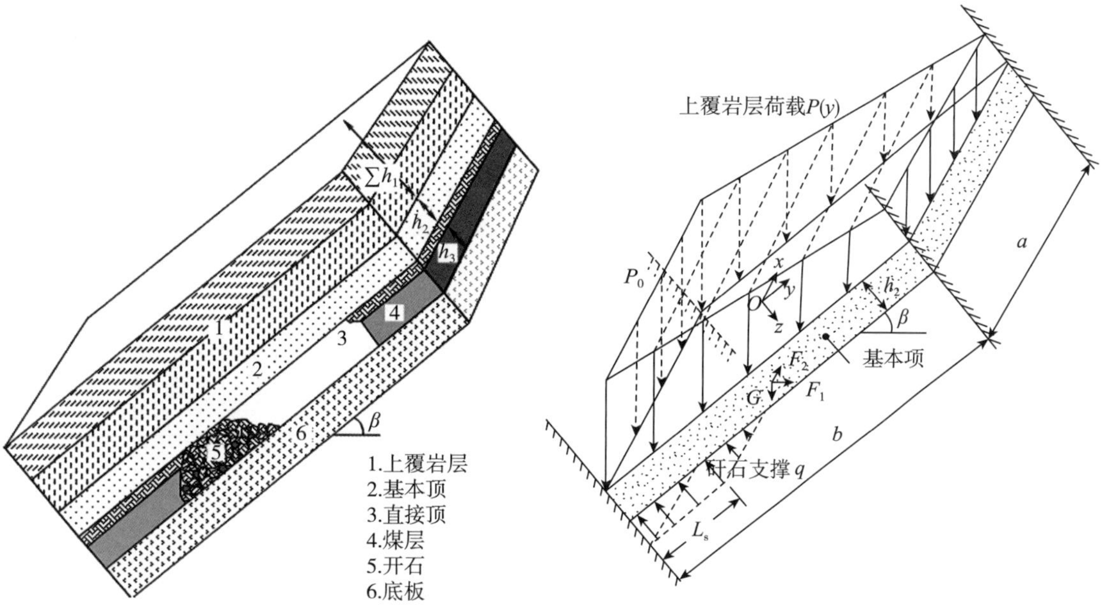

图 5.11.5　急倾斜煤层顶板薄板物理、力学模型

比；h_3、E_3、γ_3、μ_3 分别为煤层的厚度、弹性模量、容重、泊松比；P_0 为工作面下端头处上覆岩层荷载；P_{y0} 为 $y=0$ 处上覆岩层荷载；G 为坚硬顶板重力、F_1、F_2 分别为水平构造力。

$$D=\frac{Eh_2^3}{12(1-\mu_2^2)}；\ C_1=P_0+\gamma_2h_2-F_1；\ C_2=P_{y_0}+\gamma_2h_2-F_1；\ C_3=P_0+\gamma_2h_2+F_1；\ \mathrm{c}=\mathrm{b}/2-\mathrm{L_s}$$

$$\sum_{n=1}^{\infty}f_1(n)=\sum_{n=1}^{\infty}\frac{ac^2q(\cos(n\pi)-1)\cos(n\pi)}{\pi^3n^2(b^4n^4-8b^2c^2n^2+16c^4)}\begin{pmatrix}\pi b^4n^4\cos^2\left(\dfrac{\pi c}{b}\right)-4\pi b^2c^2n^2\cos^2\left(\dfrac{\pi c}{b}\right)\\+2b^3cn^2\sin\left(\dfrac{2\pi c}{b}\right)-2\pi b^2c^2n^2+8\pi c^4\end{pmatrix}$$

$$(n\neq 2,\ 4,\ \cdots)$$

$$\sum_{n=1}^{\infty}f_2(n)=\sum_{n=1}^{\infty}\frac{ab^2q(\cos(n\pi)-1)\cos(n\pi)(n^2-1)}{8\pi^2n^2(n-1)^2(n+1)^2}(n\neq 2,\ 4,\ \cdots)\tag{5.11.2}$$

得到急倾斜基本顶初次破断的 σ_x、σ_y、τ_{xy} 表达式：

$$\left.\begin{aligned}\sigma_x&=\frac{E_2zA}{1-\mu_2^2}\left\{\frac{\pi^2}{a^2}\left(\frac{3}{2}b+2y\right)\cos\left(\frac{2\pi x}{a}\right)\cos^2\left(\frac{\pi y}{b}\right)+\frac{3\mu_2\pi^2}{2b^2}\cos^2\left(\frac{\pi x}{a}\right)\left[\left(b+\frac{4}{3}y\right)\cos\left(\frac{2\pi y}{b}\right)+\frac{4b}{3\pi}\sin\left(\frac{2\pi y}{a}\right)\right]\right\}\\\sigma_y&=\frac{E_2zA}{1-\mu_2^2}\left\{\frac{\mu_2\pi^2}{a^2}\left(\frac{3}{2}b+2y\right)\cos\left(\frac{2\pi x}{a}\right)\cos^2\left(\frac{\pi y}{b}\right)+\frac{3\pi^2}{2b^2}\cos^2\left(\frac{\pi x}{a}\right)\left[\left(b+\frac{4}{3}y\right)\cos\left(\frac{2\pi y}{b}\right)+\frac{4b}{3\pi}\sin\left(\frac{2\pi y}{a}\right)\right]\right\}\\\tau_{xy}&=-\frac{E_2zA}{1+\mu_2}\left\{\frac{3\pi^2}{2ab}\cos\left(\frac{\pi y}{b}\right)\sin\left(\frac{2\pi x}{a}\right)\left[\left(b+\frac{4}{3}y\right)\sin\left(\frac{\pi y}{b}\right)-\frac{2b}{3\pi}\cos\left(\frac{\pi y}{b}\right)\right]\right\}\end{aligned}\right\}\tag{5.11.3}$$

利用式 5.11.2 求得基本顶上任意一点最大主应力 σ_1，σ_3 的公式，根据最大拉应力理论，令 $f(x,\ y)=\max\{\sigma_1,\ \sigma_3\}/[\sigma_T]$，则可利用应力比例函数 $f(x,\ y)$ 判断基本顶发生拉伸破坏的坐标点 $(x_i,\ y_i)$。最终获得急倾斜煤层开采顶板初次断裂的应力等值线图（图 5.11.6）、应力矢量图（图 5.11.7）、破坏场发育图（图 5.11.8）。获得以下几点结论：

1）急倾斜煤层基本顶上下板面应力分布呈非对称分布，上板面最大拉应力点位于长边中部偏上，拉应力区自基本顶长边的中上部至板内部呈斜线分布。

2）急倾斜煤层基本顶上下板面断裂线呈非对称发育。上部顶板主断裂线沿水平方向发育，中部顶板上表面主断裂线自长边沿斜线向下发育，下表面自板内中部向四周发育。下部顶板内没有主断裂线发育。断裂线不断发育会形成上部垮落区、中部断裂区、下部悬顶区。由图 5.11.7、图 5.11.8 可知，基本顶断裂的空间次序为顶板中部→上部→下部。

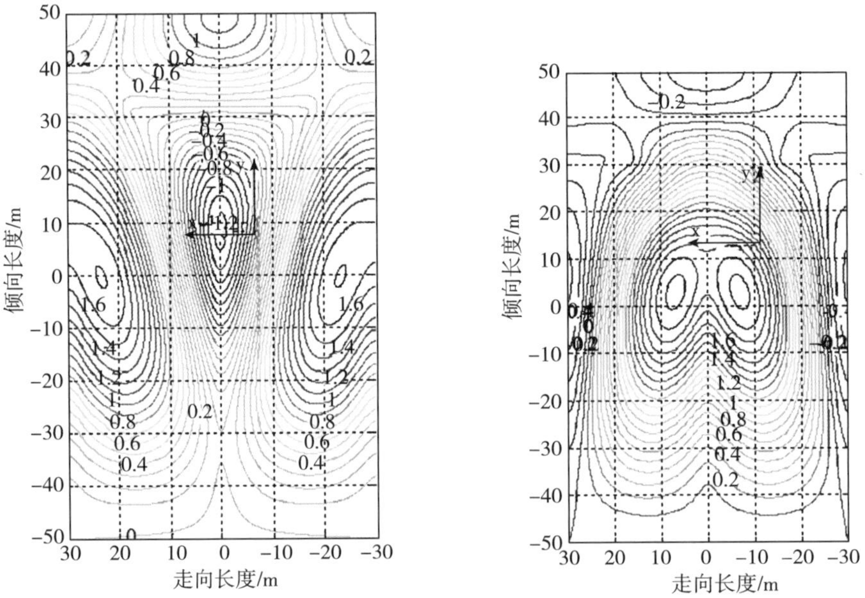

图 5.11.6 基本顶 $f(x, y)$ 应力比例函数等值线图

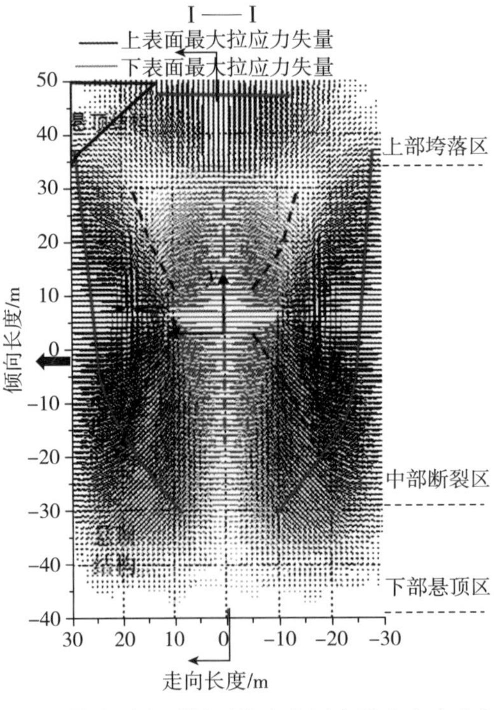

图 5.11.7 基本顶上下板面拉应力区内最大主应力矢量图

综上研究成果提出了急倾斜煤层老顶初次断裂模式可概括为“V－Y”型断裂模式（图 5.11.9）。即：首先，在基本顶的上板面长边（倾向）中上部区域起始断裂线（$y=56$m 处）附近形成拉伸裂隙，紧接着顶板下板面内部出现裂隙，并以椭圆形向四周扩散。上板面在长边（倾向）的拉伸裂隙逐渐由上至下向板内沿斜线延伸，随着裂隙不断发育形成上宽下窄的“V”型断裂带。

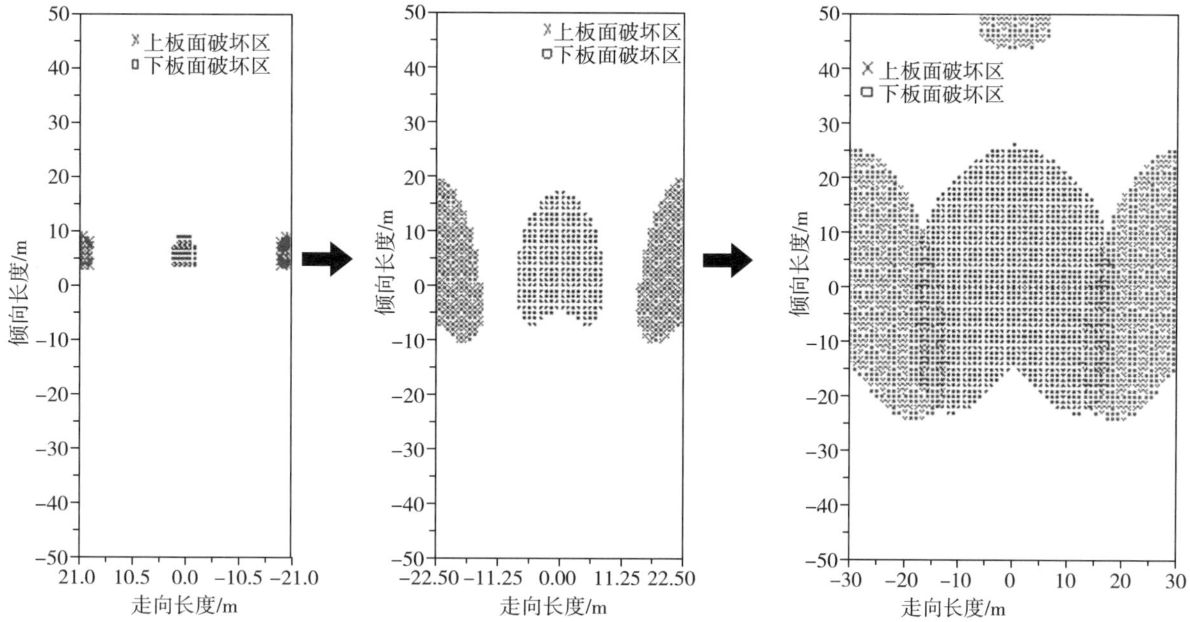

图 5.11.8　基本顶上下板面破坏区演化示意图

此时“V”型断裂带的中部顶板已经逐渐断裂、垮落，基本顶中部区域进入来压阶段。然后，短边的中央形成拉伸裂隙，沿短边不断延伸，在短边形成“一”型裂隙。随着上下板面的裂隙不断发育，上板面裂隙向下板面伸展，与下板面的裂隙逐渐形成塑性铰，最终上下板面裂隙贯通形成上宽下窄的“Y”型破断，此时工作面上部区域进入来压阶段。

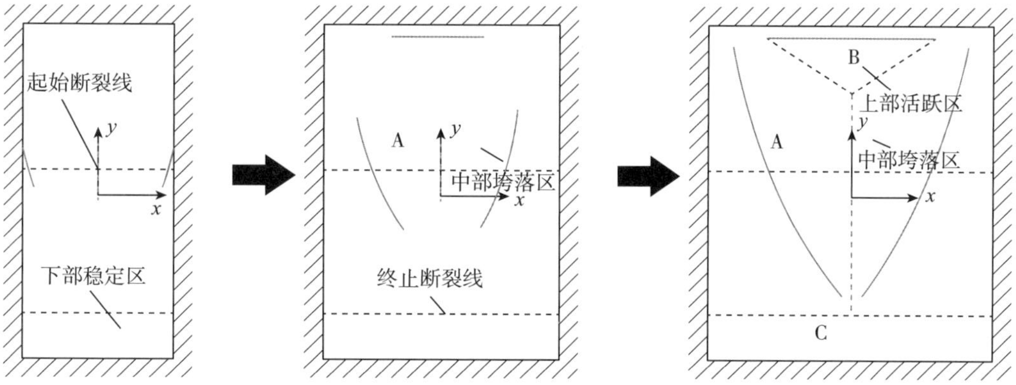

图 5.11.9　急倾斜煤层顶板断裂破坏过程示意图

（3）急倾斜松软特厚煤层回采巷道变形破坏形式

靖远矿区王家山煤矿中一采区深部所开采的煤层特点是急倾斜、特厚煤层、煤层松散破碎、煤层含1层至数层夹矸、0~1.5m的伪顶且极易垮落、直接顶板和老顶坚硬、顶板悬顶较大和周期性的垮落对采煤工作面和回采巷道均会造成强矿压显现。在该条件下回采巷道变形破坏有以下几种形式：

1）上帮重力沿层面的分力导致上帮墙体挤入。如图5.11.10所示，无论是运输平巷还是回风平巷，受煤层倾角的影响，在巷道上帮重力沿层面的分力作用下，巷道上帮煤体始终存在向巷内移动和垮落的趋势，在不支护的条件下上帮煤体必然要向巷内抽冒直至一定范围。

在支护构件对巷道顶部煤体控制较好的条件下，巷道上帮容易出现如图5.11.11所示的墙体挤入巷内的破坏形式，特别是在巷道拱顶部布置多根锚索而上帮墙体附近有弱面的条件下。

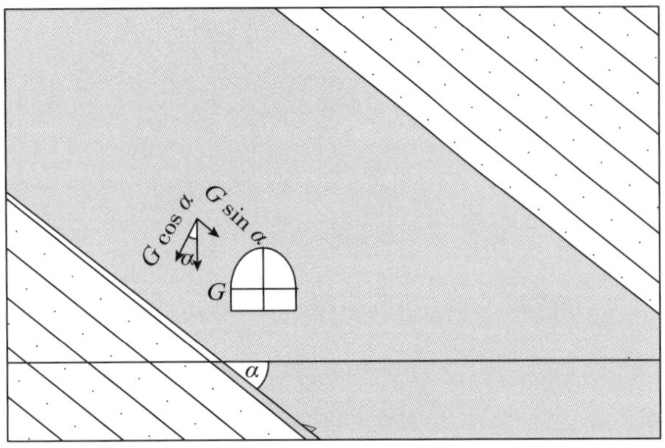

图 5.11.10　回采巷道上帮受力

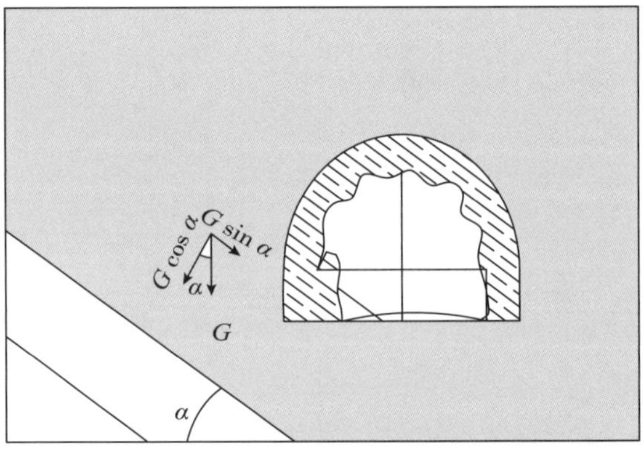

图 5.11.11　回采巷道上帮受力挤入巷内的破坏形式

针对急倾斜松软破碎特厚煤层条件，回采巷道上帮不仅要护好，而且要增加抵消重力沿层面分力的锚固力，在墙体部位增加锚索。对于回风平巷来说，要尽可能沿底板布置，甚至破底板掘进，使墙体部位的锚杆锚入底板岩层中。

2）全煤巷道四周来压变形破坏。如图 5.11.12 和图 5.11.13 所示，在特厚煤层条件下，所掘巷道的顶底板方向都可能保留一定厚度的顶煤和底煤，这样布置的回采巷道在采深加大和采动影响下必然是四周来压，有可能锚杆支护系统没有失效而巷道失效，断面不能满足使用要求。由于底板一般不支护，四周来压的情况下底鼓更为突出。

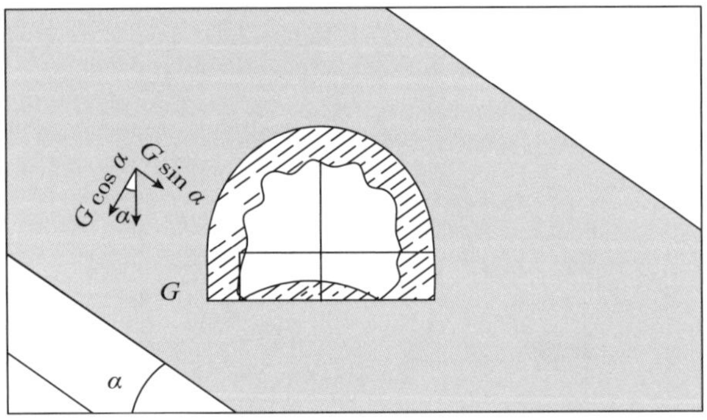

图 5.11.12　顶底板方向留煤导致的四周来压

图 5.11.13　顶底板方向留煤导致的四周来压

为减少四周来压，应充分利用强度较高、可锚性较好的顶底板岩层，根据回采巷道的功能不同，运输平巷应尽可能沿顶板布置，回风平巷尽可能沿底板布置，甚至挑顶板和破底板掘进。

3）巷道煤岩体薄弱部位的变形破坏。受先天沉积环境影响，煤岩体中存在着大量的宏观和微观弱面、节理、层理、裂隙或断裂，煤系地层中的各岩层岩性也不同，地层中这些弱面和软弱的岩层对巷道围岩控制是不利的，都可能成为巷道围岩控制的薄弱位置。

巷道的变形和破坏是从围岩控制的薄弱位置开始的，而薄弱位置所在巷道的位置（顶部或帮部）不同，相应的矿压显现差异较大。

如图 5.11.14 所示，在软弱岩层位于锚杆锚固端条件下，无论锚杆预紧力多高，都无法阻止离层发生，而中一采区 4$^{\#}$煤层之上普遍存在伪顶，如巷道在煤层中的相对位置选择不合理，有可能锚杆锚固在伪顶岩层中，导致如图 5.11.15 所示的变形破坏。因此，中一采区回采巷道锚杆的锚固端应尽可能避开这层伪顶岩层。

如图 5.11.16 所示，在深部回采巷道存在弱面且支护不到位的情况下，巷道的下帮也会出现墙体挤入的变形破坏。

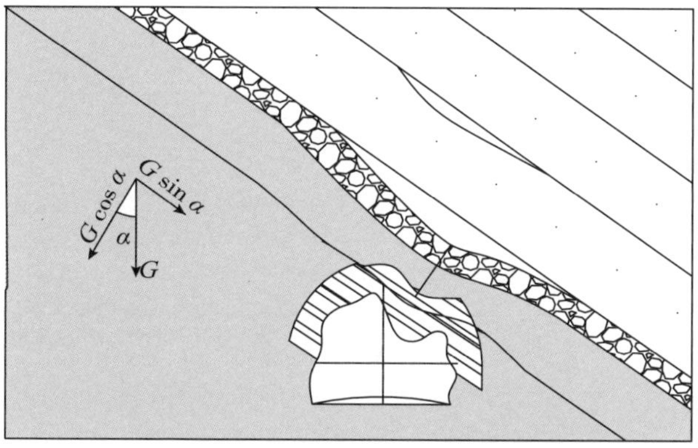

图 5.11.14　软弱岩层位于锚杆锚固端

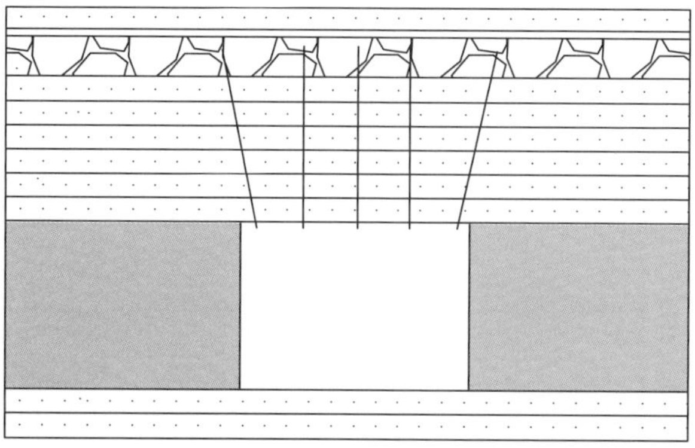

图 5.11.15　锚固端在伪顶岩层中导致的变形破坏

图 5.11.16　巷道下帮墙体挤入的变形破坏

（4）实施效果

以靖远矿区王家山 47408 综放工作面为例，通过采取巷道沿顶板布置、一部分段落挑掉伪顶掘进、使锚杆的锚固端避开了松散破碎的伪顶、锚杆支护采用了“三高、三小、三及时、两协调、一让压”、薄弱部位短锚索补强、较大托盘护表的锚网索喷支护技术，47408 水平、圆弧过渡综放工作面运输平巷矿压显现较为缓和，急倾斜松软特厚煤水平、圆弧过渡综放工作面运输平巷的围岩得到有效控制。

根据矿压观测结果，对观测数据较为完整的测点整理出矿压显现规律如图 5.11.17 ~ 图 5.11.21 所示，可以得出如下结论：

1）在顶底板方向上，巷道变形以底鼓为主，掘出后 192d 内，底鼓量为 265mm，顶板下沉量为 132mm。在两帮方向上，两帮最大闭合量为 431mm。

2）在开掘出 30d 后，顶板下沉速度、底鼓速度和两帮闭合速度明显下降。

3）在掘出 192d 后，顶板下沉速度、底鼓速度和两帮闭合速度下降至 1mm/d 以下，其中顶板下沉速度趋于 0.2mm/d，底鼓速度趋于 0.6 mm/d，两帮闭合速度趋于 0.8 mm/d。

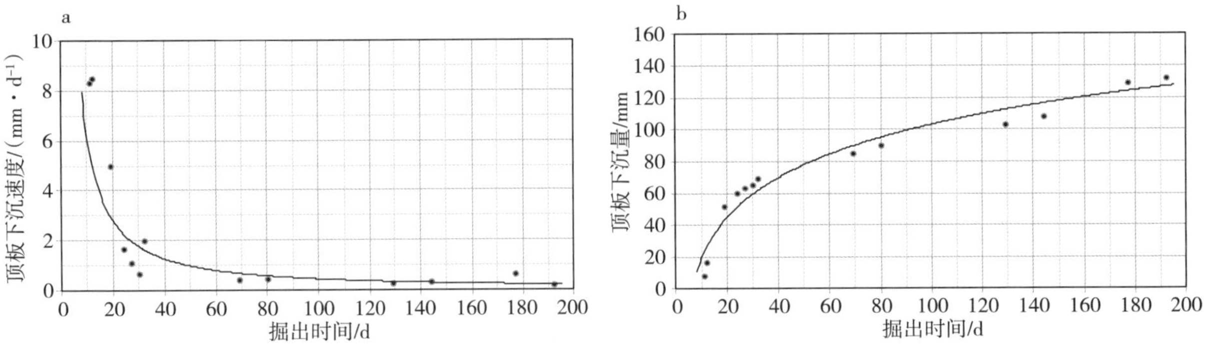

图 5.11.17　运输平巷测点顶板下沉

a—顶板下沉量；b—顶板下沉速度

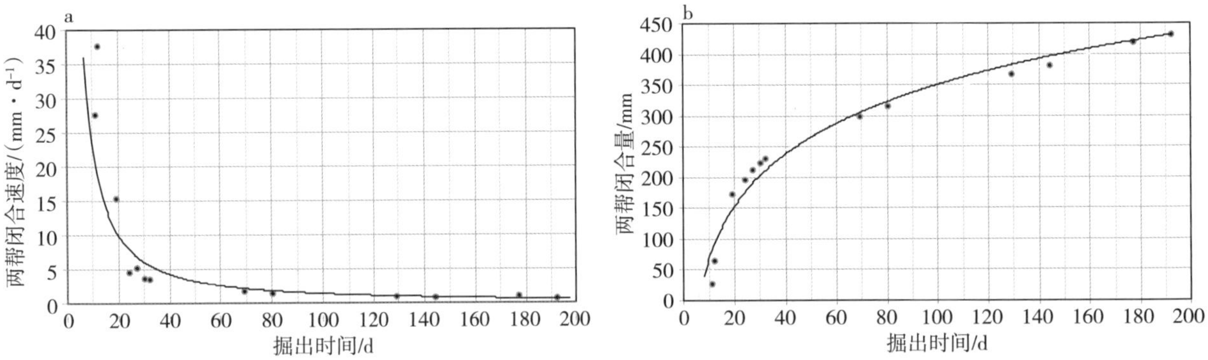

图 5.11.18　运输平巷测点两帮闭合

a—两帮闭合量；b—两帮闭合速度

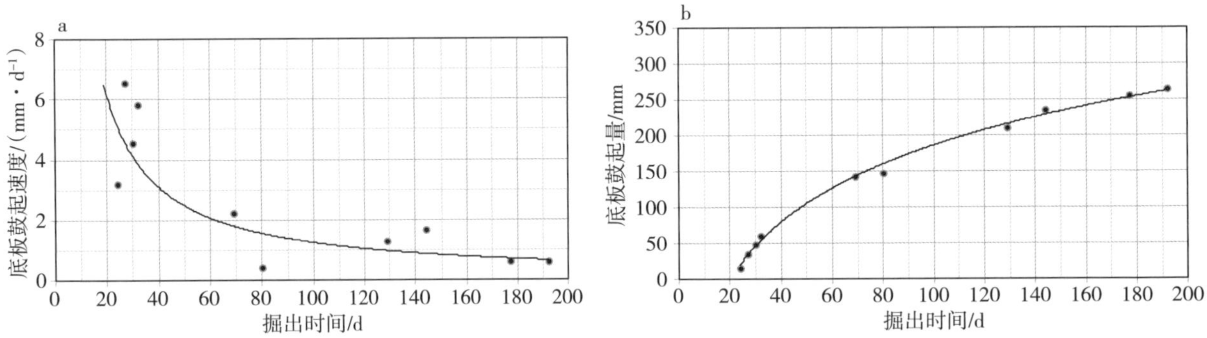

图 5.11.19　运输平巷测点底鼓

a—底鼓量；b—底鼓速度

图 5.11.20　运输平巷由东向西 150m 附近

图 5.11.21　运输平巷由东向西 300m 附近

5.11.4 本节小结

针对王家山煤矿急倾斜特厚煤层矿压显现特征的特殊性，通过开展相似材料实验、理论计算、数值模拟和现场监测，提出了急倾斜煤层覆岩断裂模式与破断演化过程，揭示了急倾斜煤层开采过程中应力分布与演化规律。在此基础上，创新提出急倾斜煤层定向弹性能释放方法，确定了合理开采部署和围岩控制技术参数，技术先进，经济合理、安全可靠，为急倾斜煤层开采矿压控制提供了科学依据。

5.12 煤自燃参数测试实验装置及火灾系统防控技术研究

5.12.1 项目背景

我国西北部地区煤炭资源丰富，是未来煤炭能源开发的主战场，但多数煤层具有自燃倾向性，煤炭自燃火灾是威胁煤矿安全生产的主要灾害。人们已对煤自燃特性和防治技术进行了大量研究工作，但在煤氧化自燃测试方法、测试装置、自燃“三带”划分以及煤柱自燃防治方面尚存在以下问题：

1）目前有关煤氧化自燃关键参数，如煤的体积耗氧速度、质量耗氧速度常数、CO 生成速度、CO 生成速度与耗氧速度比等，大都是通过开放式通气实验测定，工作量大、效率低、信息少。目前煤最短自然发火期测试装置的煤样量在 0.5~15t，操作上不够方便灵活，而小量煤样为 1~50g，影响了精度和稳定性。

2）现有的煤样氧化升温测定标志性气体实验装置笨重，不方便现场携带，将现场煤样带回实验室测试，费时费力，效率低。

3）不同煤在一定环境下的氧化临界氧浓度必定是不同的，目前业内划分采空区自燃氧化带采用的氧浓度指标大都是经验值，可能会给自燃三带划分造成比较大的误差。

4）巷道煤柱自燃指标气体在通风稀释下难以监测预警，利用人工巡检工作量大，且易遗漏发火点，难以实现火灾早期预防。

结合上述难题，本项目基于多年煤自燃火灾防治技术研究基础，以红庆梁煤矿 11301 首采工作面为研究对象，开展了煤自燃参数测试实验装置研发和煤矿自燃火灾防控技术研究。

5.12.2 成果简介

本项目针对红庆梁 3-1 煤层 11301 综采工作面自然发火特点，以 11301 综采工作面为工程对象，基于现有自燃防治理论、采用实验研究、现场观测与数值模拟等方法相结合的方法开展研究。本项目开发自燃参数测试实验装置，取多点多个煤样，测定煤炭自燃特征参数，测定分析自燃指标气体类型及其升温规律；结合现场观测与数值模拟，确定采空区自燃“三带”的分布及漏风影响规律，并根据煤的最短发火期，确定工作面最小推进速度；根据煤炭自燃指标气体及其与温度关系，总结和提取煤自燃预警指标参数，建立工作面煤自燃分阶段预警决策指标体系；制定 11301 综采工作面采空区和巷道周边煤炭自燃的综合防治技术措施并考察自燃防治效果，最终优化建立适合红庆梁煤矿实际生产条件的煤炭自燃防治技术体系，保障了工作面安全生产，提高了防灭火人员的专业素养。完成的主要技术指标如下：

1）研发了中量煤样多功能煤自燃氧化参数测试实验装置。该装置煤样重量 1.8 kg 左右，可以通过一次实验测试煤在不同氧浓度下的耗氧速度和煤耗氧生成 CO 比率，测定煤样常态下煤样不发生自燃的临界氧浓度，为自燃三带划分提供关键参数，信息量大；能够测试自然状态煤样氧化升温过程，测定煤的最短自然发火期，比目前大型吨位级煤样自然发火试验装置明显方便灵活。

2）研发了便携式煤自燃标志性气体测试装置。现有煤自燃标志性气体测试装置笨重，需要将煤样带回测试，费时费力，实验周期长；而本装置轻便灵活，可携带至煤矿现场，利用煤矿自然发火实验室的常规气体检测的气相色谱仪，实验测试在不同温度下煤样释放的气体成分，根据实验结果分析确定被测煤样的自燃标志性气体。

3）创立了利用实验指标确定的煤样氧化临界氧浓度来划分采空区自燃“三带”新方法。当井下环境下氧浓度低于一定值时具有自燃倾向性的煤将不再持续氧化升温，该氧气浓度即为煤氧化临界氧浓度，不同自燃特性的煤在一定环境下其氧化临界氧浓度不同，可通过封闭耗氧实验获得，据此提出了利用临界氧浓度划分采空区煤自燃“三带”新方法，与目前业内利用经验值（氧浓度10%）划分自燃“三带”相比更科学客观。

4）建立了红庆梁4296 m长距离煤巷自燃危险煤柱自燃早期预警和辨识方法。煤巷煤柱自燃指标气体在通风稀释下难以捕捉监测，加之长距离煤巷（4296m以上）人工巡检范围大，发火位置容易遗漏，难以实现火灾早期预防。利用SF_6示踪气体检测方法确定了11302巷道风流（自燃气体）通过煤柱向11301回采工作面漏风规律，据此建立了通过矿井束管监测系统监测11301工作面隅角气体来预警和辨识11302巷道煤柱自燃状态，结合背景CO浓度筛除工作车尾气信息的方法，找到可能发生自燃巷道段，再根据煤柱表面温度检测，确定发火危险位置。

5.12.3 详细内容

（1）研发了中量煤样多功能煤自燃氧化参数测试实验装置和便携式煤自燃标志性气体测试实验装置

该装置煤样重量1.8 kg左右，可以通过一次实验测试实现煤在不同氧浓度下的耗氧速度、煤耗氧生成CO速度和比率，测定煤样常态下煤样不发生自燃的临界氧浓度，为自燃三带划分提供关键参数，信息量大；能够测试自然状态煤样氧化升温过程，测定煤的最短自然发火期。比目前大型吨位级（0.5~15t）煤样自然发火试验装置明显方便、灵活，比小量煤样（1~50g）更稳定、精度高。

研制的多功能煤自燃氧化参数测试实验装置如图5.12.1所示，装置由密封罐、恒温箱、气体测定仪、流量计、气泵、金属预热管和导气胶管等组成，如图5.12.2所示。

图5.12.1 封闭耗氧实验装置

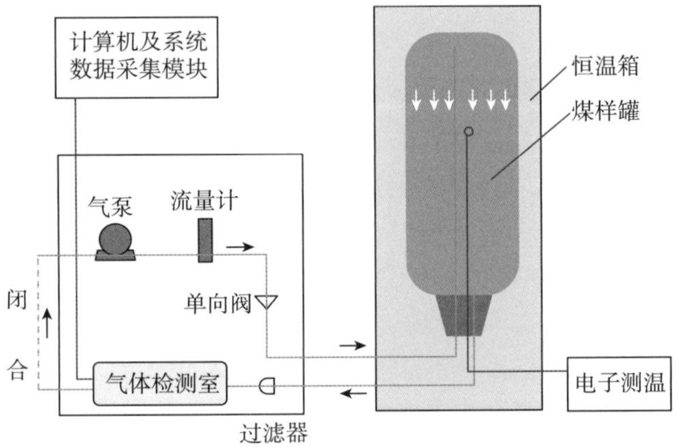

图5.12.2 实验装置管线系统

研发的便携式煤自燃标志性气体测试装置（图5.12.3），轻便灵活，可携带至煤矿现场，联合煤矿自然发火实验室常规气体检测的气相色谱仪（图5.12.4），测试不同温度下煤样释放的气体成分，根据实验结果分析确定被测煤样的自燃标志性气体。

图 5.12.3　便携式煤样程序升温实验装置

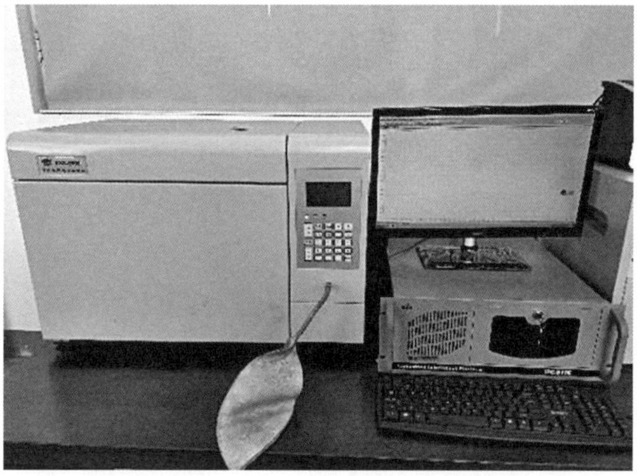
图 5.12.4　KSS-5690 煤矿用气相色谱仪

（2）创立了利用实验指标确定的煤样氧化升温临界氧浓度来划分采空区自燃“三带”的新方法

由于采空区中煤的自燃放热取决于煤氧化耗氧速度，而煤的耗氧速度又与氧浓度有关，当井下环境氧浓度低于某一值时，具有自燃倾向性的煤将不再持续氧化升温，该氧气浓度值即为煤氧化升温临界氧浓度，不同自燃特性的煤在一定环境下其氧化升温临界氧浓度不同。通过封闭耗氧实验，连续记录煤样罐中氧浓度，通过简化差商和拟合处理，获得煤耗氧速度 γ 与氧气体积分数 c 的对应关系。在封闭耗氧实验基础上，提出了利用煤氧化临界氧浓度来划分采空区自燃“三带”新方法，相比目前业内利用经验值（氧浓度 10%）划分氧化带和窒息带，更科学、适用。

在 11301 工作面皮带顺槽、上开切眼以及 11302 胶带顺槽对 3-1 煤层取样，进行封闭耗氧实验（图 5.12.5），选取其中氧化性最强的 11302 胶带顺槽煤样进行分析。确定 11301 工作面煤氧化升温临界氧浓度为 7.6%（图 5.12.6）。由此得到采空区煤自燃氧化带氧浓度划分指标为 7.6%～18.0%，确定 11301 工作面采空区自燃“三带”：进风侧氧化带宽度 133m，回风侧氧化带宽度 26m（图 5.12.7）。按煤的最短自然发火期 27 天推算得到安全推进度为 4.92m/d。

（3）建立了红庆梁煤矿 4296 m 长距离巷道煤柱自燃早期预警和辨识方法

巷道煤柱自燃指标气体在通风稀释下难以捕捉监测，11301 工作面（图 5.12.8）巷道底鼓、煤壁变形严重，断层构造、煤厚变化致使丢煤严重、推进缓慢，加之长距离煤巷（4296m 以上）人工巡检范围大，发火位置容易遗漏，难以实现煤柱火灾早期预防。

首先，充分利用矿井监测系统记录的背景 CO 浓度（剔除机车尾气干扰）的变化趋势进行巷道

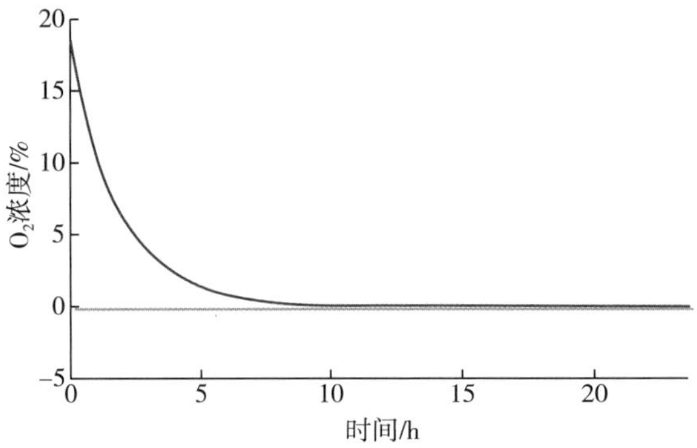

图 5. 12. 5　氧浓度变化曲线

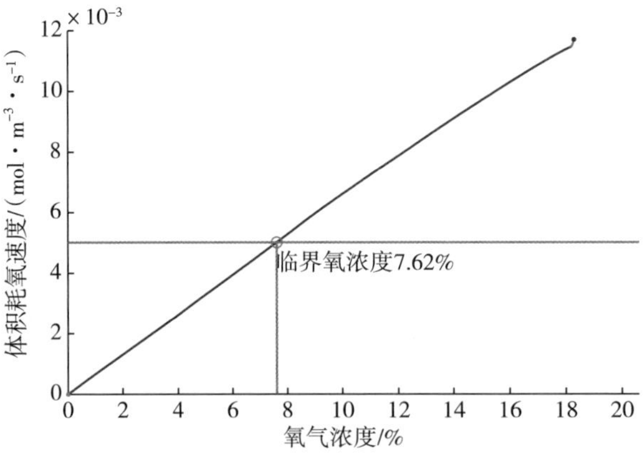

图 5. 12. 6　临界氧浓度的确定

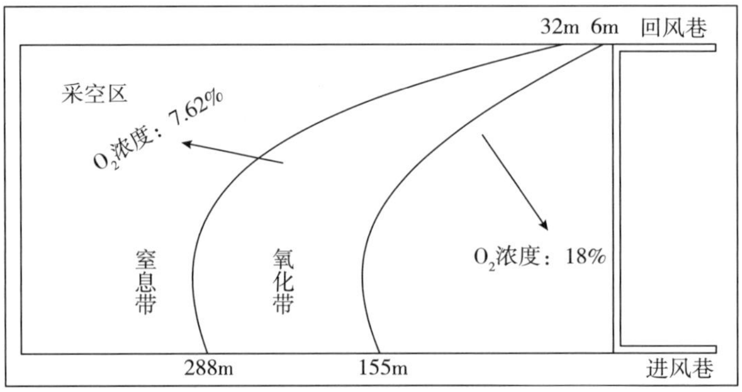

图 5. 12. 7　11301 工作面采空区自燃氧化带和窒息带边界划分

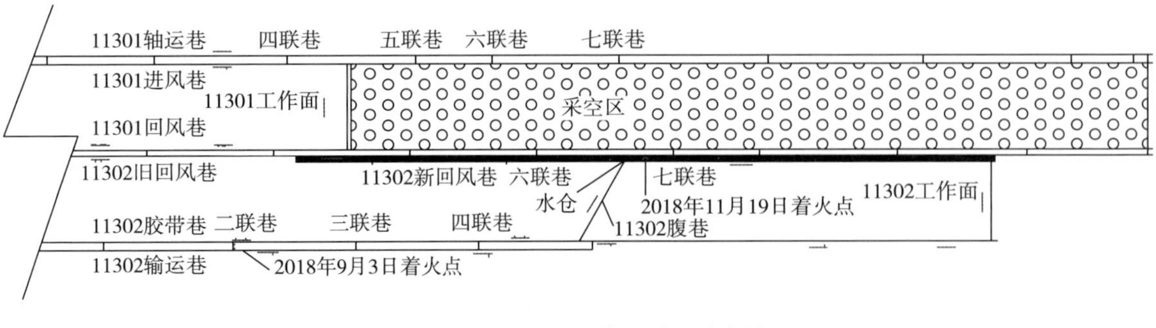

图 5. 12. 8　11301 工作面平面示意图

煤柱自燃早期预报。如果背景 CO 浓度长期连续走高（图 5.12.9），就可以断定沿途巷道有自燃高温点，在沿途巷道开展针对性排查。

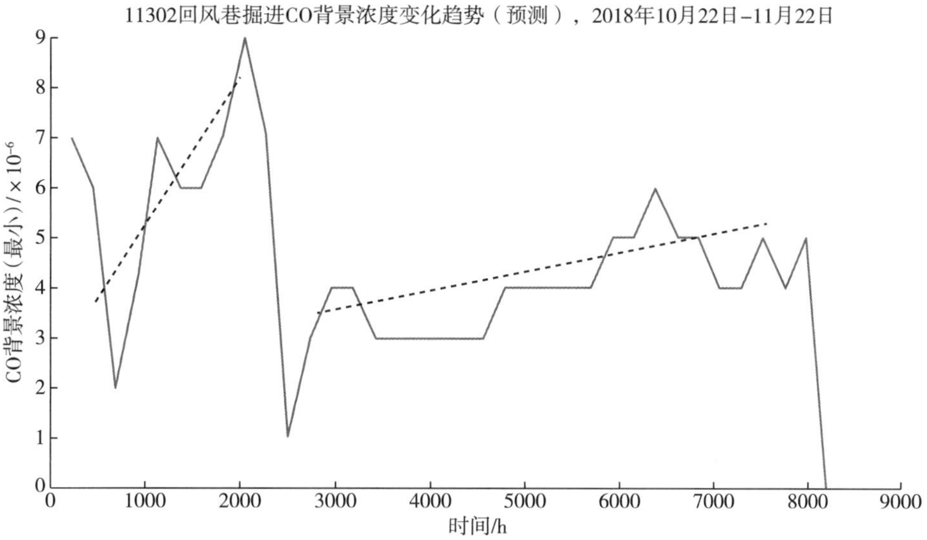

图 5.12.9　11302 回风掘进巷背景 CO 浓度变化趋势

其次，观测发现，由于 11302 新掘巷道与 11301 工作面存在裂隙漏风，11301 工作面采空区监测到烷烃气体的时机与 11302 新掘巷道煤柱自燃发生时机具有一致性（图 5.12.10），可通过 11301 采空区预埋束管监测预报巷道煤柱自燃。

经 SF6 漏风检测，漏风通道为：新 11302 回风巷的 15m 压酥煤柱→旧 11302 回风巷（底鼓报废）和联巷（密闭破损）→11301 采空冒落区→11301 采空区回风侧三、四联巷、11301 进风侧辅运三、四联巷束管→监测系统。

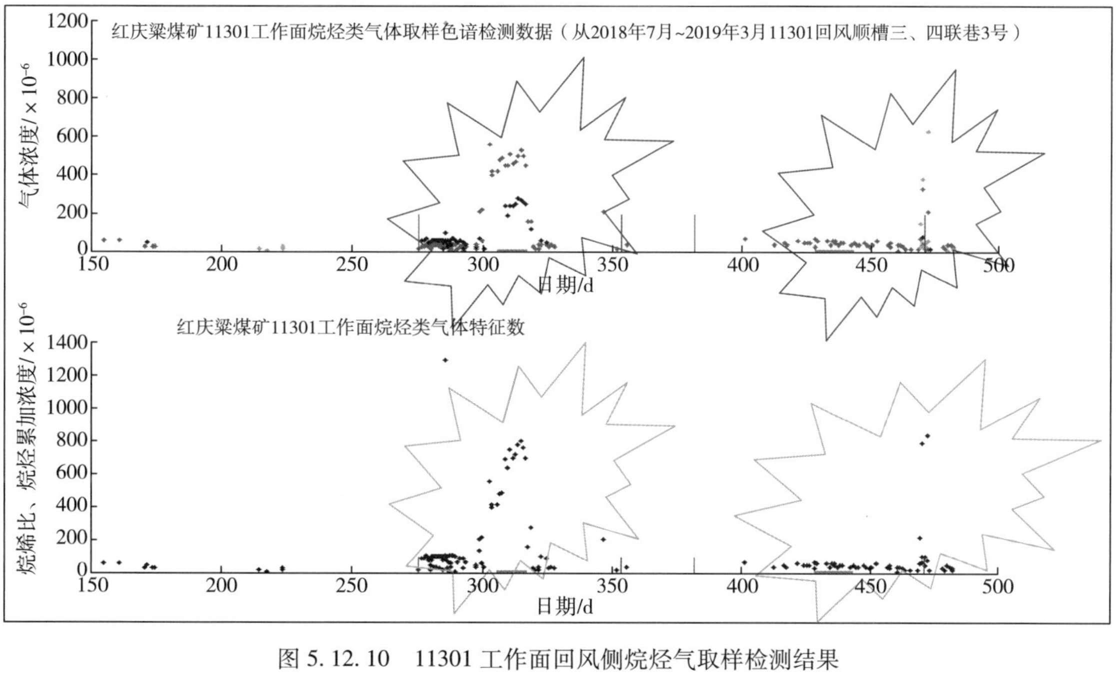

图 5.12.10　11301 工作面回风侧烷烃气取样检测结果

综合运用背景 CO 浓度（筛除尾气）、采空区束管监测，煤柱表温探测等手段，建立了红庆梁煤矿 4296m 煤巷煤柱自燃早期预警和辨识方法（图 5.12.11）。

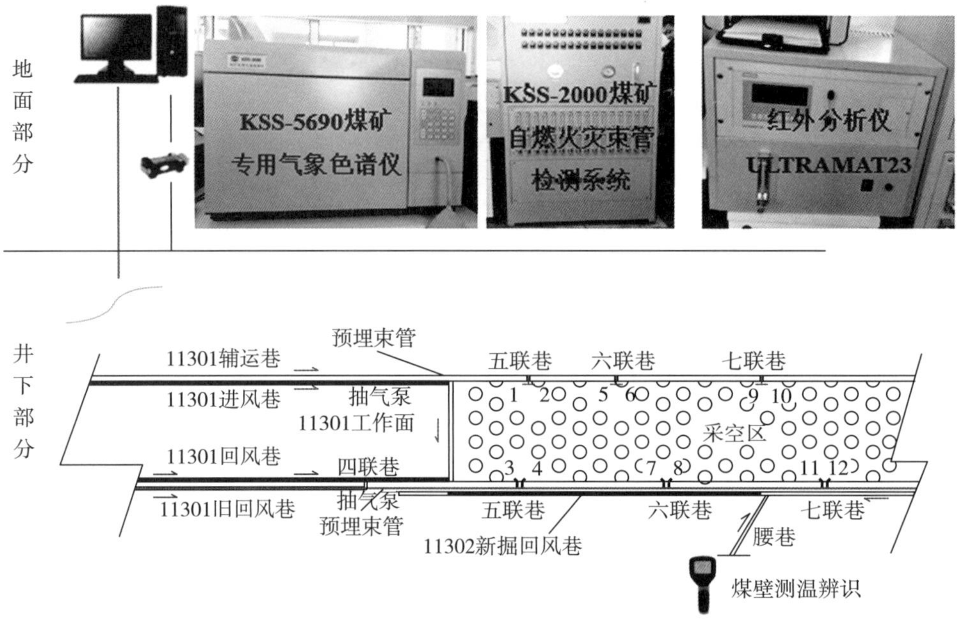

图 5.12.11　11302 长距离巷道煤柱自燃早期预警和辨识技术装备体系示意图

5.12.4　本节小结

1）研发了中量煤样多功能煤自燃参数测试实验装置，可实现一次实验测定煤氧化自燃临界氧浓度、耗氧产气，最短发火期等多个参量，方便灵活，稳定准确。

2）提出了利用封闭耗氧实验确定的煤氧化自燃临界氧浓度来划分自燃“三带”的新方法，与目前业内利用经验值划分自燃氧化带相比更切合煤矿现场实际、划分自燃“三带”更精准。

3）建立了长距离巷道煤柱自燃火灾预警与防控方法，综合利用气体束管监测，背景 CO 浓度态势研判和煤柱表面测温，实现早期辨识和预警发火危险区域，进而采取针对防灭火性措施。

5.13　基于精确测风的矿井智能通风关键技术研究与应用

5.13.1　项目背景

据统计，我国煤矿事故占工矿企业一次死亡 10 人以上重大事故的 72.8%～86.3%。其中，矿井通风系统复杂、井下致灾参数预警能力差、通风异常的自动化调控能力不强，是造成瓦斯、煤尘爆炸等重特大灾害发生及扩大的主要原因。

近年来，随着计算机技术、通信技术以及传感器技术的发展，各大生产矿井相继装备了各种现代化的通风监测仪表和各种通风安全监测系统，如风机自动监测系统、风门自动监测系统、瓦斯抽放监测系统等。借助上述现代化装备和信息管理技术，矿井通风管理水平确实得到了很大提高。但就风速测量而言，由于“以点代面”的原因，井巷风速不能得到准确的量测，在现有的矿井安全监控系统中，风速参数仅具有参考价值，安全监控系统的实际功效仍不能满足安全生产的要求，其中最主要的问题就是矿井的管理者不能及时地知晓矿井每一条巷道的风向，风速、风量和瓦斯分布。

矿井通风系统准确、平稳、安全运行对于矿井防尘、降温、灭火以及矿井火灾、瓦斯（煤尘）爆炸、煤与瓦斯突出等重大灾害的防治与应急具有关键作用。为避免煤矿事故的发生与适应煤炭市场经济发展的需求，高产高效矿井建设是中国煤炭发展的必然趋势。矿井通风仿真可视化与矿井通风系统智能化调控是建设高产高效矿井的关键内容。针对煤炭开采的智能通风关键理论与技术研究对于解决矿井生产中“监而不控、控而不及”的实际问题，实现正常生产时期与灾变时期按需供风，真正达到“通风可靠”，提升通风系统稳定性、可靠性与防灾抗灾能力具有重要意义。

5.13.2　成果简介

（1）主要内容

针对矿井开采中通风系统相对不稳定，通风设施不可靠、对通风参数“监而不控、控而不及”的实际问题，研究开采风量优化分配与最优化监测技术理论，研究矿井通风系统状态智能识别与超前预警技术，建立融合 RS-SVM 的矿井通风系统预警机制；通过研发井下巷道精确测风技术，以通风系统参数自动监测技术、数据自动采集技术为基础，基于大数据挖掘技术，开展基于大数据分析的矿井通风系统健康与安全评估，引入自动化监测与控制工程方法，研发矿井开采智能通风关键技术与装备，实现矿井通风仿真可视化与矿井通风系统智能化调控，实现矿井正常生产时期与灾变时期按需供风，真正达到“通风可靠”。

（2）创新点

创新点一：开发一种精准测风技术。项目针对目前煤矿井下“点风速”测量方法不准确的弊端，提出以大距离超声测风技术测量巷道中部的一条或多条超声扫描线的平均风速来代表整个巷道的平均风速，极大地提高了巷道风速测量的准确性和实时性，研制了一种精确测风煤矿用风速仪。YFC15 型煤矿用风速仪是一款利用超声波在空气中传播的时间差来测量风速的测量仪器。本仪器的风速测量精度达到±0.1m/s，能够测量正反向风速。

创新点二：基于控制论、灰色预测理论与智慧决策理论，建立矿井风量分配定量计算模型；基于井下巷道的布置方式与分布范围，建立矿井通风参数测点的优化布置模型，实现全矿井通风网络的无盲区监测。

创新点三：基于通风网络图的特点，制定网络图的自动绘制规则，利用节点树通路法建立通风网络图的自动生成模型，矿井通风系统三维仿真，建立基于 VentGIS 软件的监控中心平台，实时显示风量参数、通风阻力、风机工况多元在线监测数据。

创新点四：研发嵌入式变频局部通风机风量调节控制装置并实现区域联动控制；基于均压通风原理，研发矿井自动控制风门与风窗；研发适应现场的全断面高效泡沫除尘装置，可随时调节喷口空间姿态与除尘装置的控制面积，实现巷道全断面除尘。

（3）社会效益

1）变革矿井通风管理体制：系统将人们对矿井通风状态的认识由“模糊”变“清晰”，极大地提高通风和瓦斯的监控及管理水平。

2）减少通风安全事故：及时发现事故隐患，减少通风瓦斯安全事故的发生，减少由于通风安全事故而引发的人员伤亡事故，避免弱风、反风、环风引起的有害气体聚集问题，提高突发危机和事故的应急处理能力。

3）提高通风管理的工作效率：通过长期的实测数据统计和分析，了解矿井通风规律，充分了解每一段巷道的通风属性，发现通风薄弱环节，指导分风、调风和通风系统改造，从而提高通风系统的稳定性和运行效率，改善矿井井下工作环境。

5.13.3　详细内容

（1）总体思路

本项目采用理论研究、实验研究、数值模拟与现场应用相结合的方法研究煤炭开采智能通风关键理论与技术装备。通过研发矿井风量精准测量技术，以实现通风系统参数自动监测、数据自动采集技术为基础，基于大数据挖掘技术，开展基于大数据分析的矿井通风系统健康与安全评估，引入自动化监测与控制工程方法、研发矿井通风系统智能调控系统平台及成套的关键技术装备。

（2）技术方案与创新成果

1）矿井精准测风技术与装备研发。YFC15 型煤矿用风速仪是一款利用超声波在空气中传播的时间差来测量风速的测量仪器。

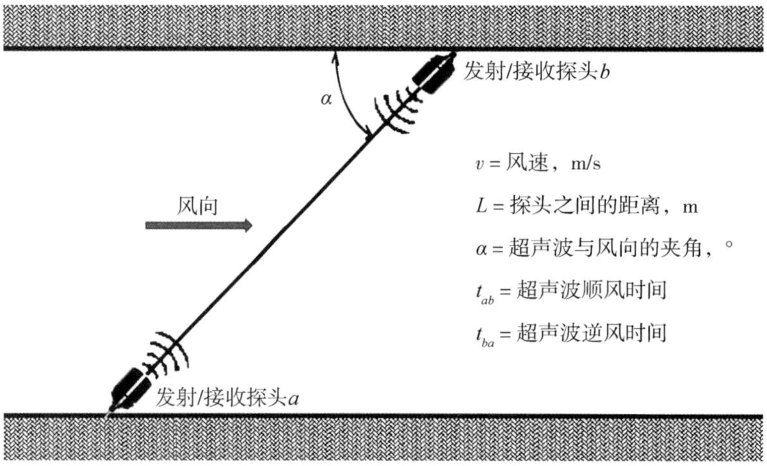

图 5.13.1　测风原理

测风原理：YFC15 型煤矿用风速仪主要由主机和两个超声波探头组成，用于监测宽度较大的巷道内的风流速度（图 5.13.1）。其利用声波在流体中顺流、逆流传播相同距离时存在时间差，而这个时间差与被测流体的流动速度有关系，由此测出时间的差异而得出流体的流速。主机通过两个超声波探头对风速进行信号采集，再经过数据处理的分析处理及计算，得出具体风速，并通过 RS485 信号方式直接或通过其他通信分站传输至地面。风速是指监测矿井中巷道内某个断面的风速，风量是由风速乘以巷道断面面积得到。本仪器的风速测量精度达到±0.1m/s，能够测量正反向风速。

测风方式：常规的矿井测风探头是安装在巷顶下 20cm 处（图 5.13.2 左为点测风），测量的是该处的“点风速”。显然，由于位置关系，用其来代表整个巷道的平均风速是极其不准确的。YFC15 型煤矿用风速仪精确测风系统改变了这种测风方式（图 5.13.2 右为超声扫描测风），以大距离超声测风技术测量巷道中部的一条或多条超声扫描线的平均风速来代表整个巷道的平均风速，极大地提高了巷道风速测量的准确性和实时性。

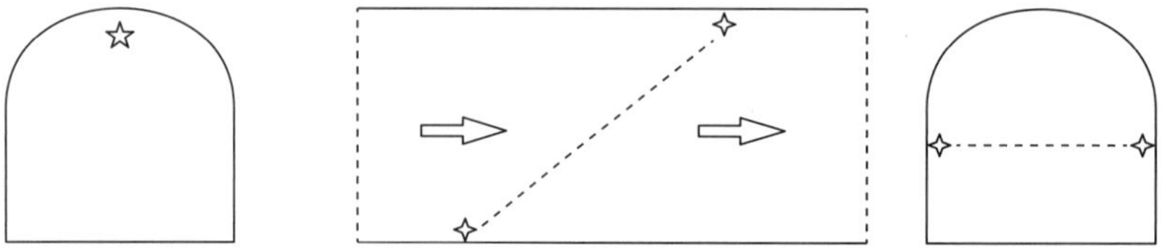

图 5.13.2　测风方式

2）矿井开采风量优化分配与最优化监测技术理论研究。基于控制论、灰色预测与智慧决策等，理论研究矿井开采中各区域风量的分配调节与通风参数与环境参数（瓦斯、粉尘、温度、O^2、风压、人员数量）综合作用的逻辑关系，建立矿井风量分配定量计算模型。基于流体力学理论、FLUENT 模拟结果和现场实测验证研究了巷道断面风速分布规律，分析监测点风速与平均风速的关系，建立风速监测数据快速校正模型。

基于矿井巷道分布、传感器的数量、安装位置，采用矩阵算法合理布置矿井监测系统的监控分站，保证监控分站与传感器之间的最大传输距离小于 2km；监控分站至监控主机、其他分站的最大传输距离小于 10 km。基于通风网络拓扑关系、分支信息、节点信息、分站的设置信息，采用广度优先搜索法（BFS 算法，图 5.13.3），建立以监控总线最短为目标的数学模型；基于可变模糊理论模型，结合传感器优化选址的因素指标体系，采用回路法确定风速传感器优化选址的权重信息；以矿井通风风流参数（风压和风速）监测点最少量、满足通风网络全部分支风阻实时解算需要、风流参数无盲区监测为目标函数，结合监控系统线缆优化布置模型，采用分步优化的思想，确定出风流参数传感器的安装位置、传感器与监控分站的隶属关系、以及监控主线的最优铺设方案。

基于现代物联网技术、云计算技术、传感技术、信号处理技术、自动控制技术，围绕构建全矿井风机监控系统（图 5.13.4）、基于物联网云计算的风机故障诊断系统、风机智能监控匹配系统和以井下光纤工业以太骨干环网为核心的矿山通风物联网实施，达到矿井通风机智能监控与故障诊断的目标。将独立分量分析（ICA）应用于风机工况信号的盲源分离，得到包含有用特征信息的一组独立变量，再利用支持向量机（SVM）对风机健康与故障状态进行模式识别，实现风机健康状态的准确感知。系统包括风机运行参数监测模块、控制模块、故障诊断模块和工控计算机模块。监测界面由主界面、风机监测、报表、风机曲线、数据浏览、实时报警、历史报警浏览等组成。通过测量风量、风压、风速、温度、一氧化碳、粉尘、电压、电流、有功功率、功率因素各类传感器，对风机运行的气动参数、环境参数、电量参数、振动参数进行采集，实现对风机健康状态的感知。

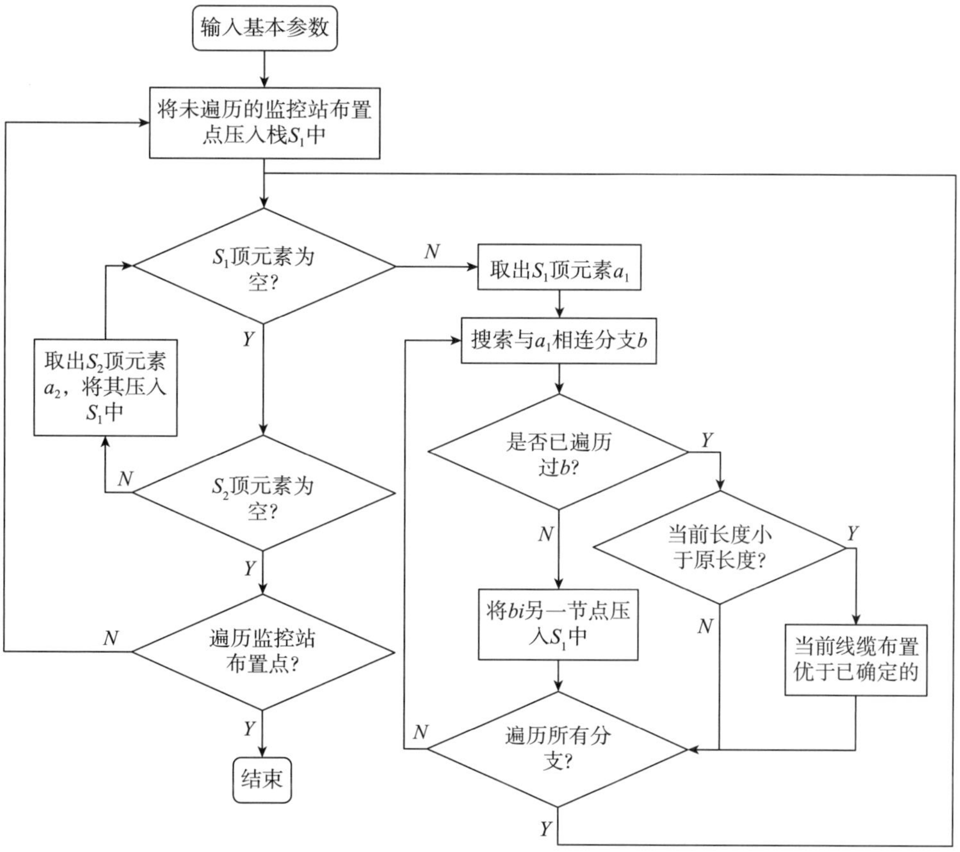

图 5.13.3　线缆最短长度的广度优先搜索法（BFS 算法）

3）矿井通风系统状态智能识别与超前预警技术研究。基于矿井通风网络数据采用 SPSS 软件以 Pearson 相关系数为基础对矿井通风网络特征参数（分支数、节点数、独立回路数、独立通路数、所有通路数、平均节点度、角联分支数、网络结构熵、平均路径长度、等效分支数与通风网络复杂度）进行双变量相关性分析。基于统计特征函数的通风参数跟踪与系统故障预测方法，建立

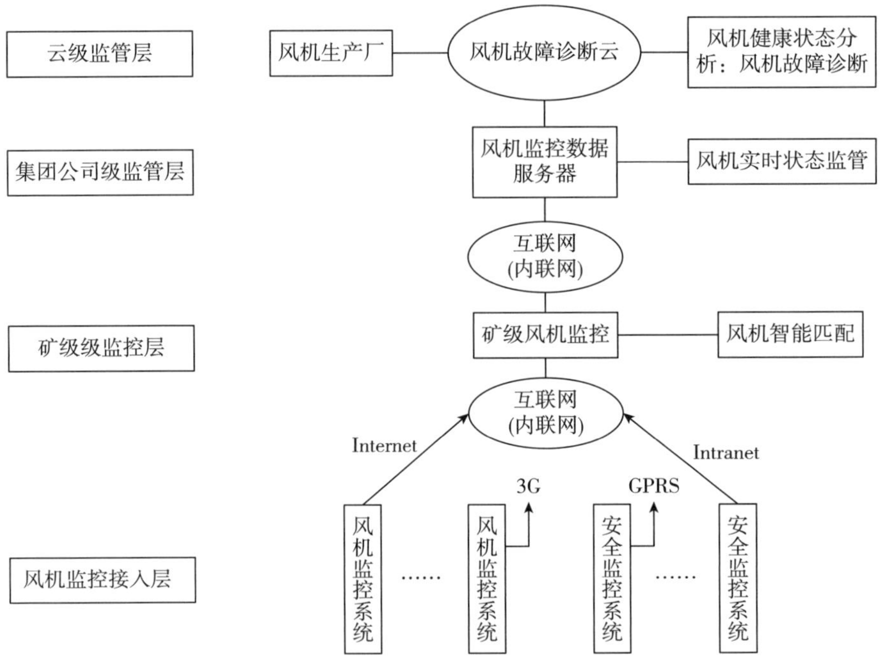

图 5.13.4　全矿井风机监控系统结构组成

Monte Carlo 随机抽样模型，实现通风系统可靠性评估预测；基于事故诱因与隐患识别技术与方法，研究结构模型理论方法，从通风物理组成、通风指标、人-机-环和通风能力这 4 个方面构建解析结构模型；分析矿井通风系统健康指数评价指标体系的层次结构，由目标层、因素层和指标层构成，建立矿井通风系统健康指数评价指标体系并量化诊断指标（图 5.13.5）。基于序关系分析法，得出矿井通风系统健康指数评价指标体系中指标的权重；建立矿井通风系统健康指数评价的未确知测度模型，采用加权平均法建立矿井通风系统健康指数计算模型；对矿井通风系统健康指数评价指标进行等级划分，确定指标分级标准。基于通风异常的前兆信息挖掘技术，建立融合 RS-SVM 的矿井通风系统预警机制（图 5.13.6）。

基于通风机状态信息感知、故障诊断、异常预警信息，实时采集风机轴向、径向的振动信号，实时监测振动位移、速度、加速度，利用傅里叶变换、小波变换等方法进行实时频谱分析，记录振动信号时频域与波形变化特性，实时显示质心振动轨迹，异常状态实时预警，研发基于振动信号的风机故障实时诊断系统，建立 ICA/SVM 的风机健康状态评估与故障状态预警模型，实现通风机异常状态的超前预测预警。

4）矿井开采智能通风关键技术与装备研发。基于插件机制与插件式软件设计思想，提出改进的矿井通风可视化仿真系统的开放式架构（图 5.13.7）。基于 .NET 框架，使用纯面向对象的设计语言 C#2010 和 VB 2010 开发通风仿真系统可视化基础 GIS 组件 MineMap。基于 PTDFG 法与矿井通风网络的特点，模拟树的生长规律找出所有的通路，建立最简准等效拓扑通风网络和最简模糊拓扑通风网络，实现复杂通风网络的等效与模糊自动简化，并基于通风网络参数等效与模糊变换对通风网络解算进行改进，实现实时解算。基于通风网络图的特点与网络图的自动绘制规则，利用节点树通路法实现通风网络图的自动生成，在通风网络图上反映风网的风量分配关系，实现矿井通风系统三维仿真；建立 VentGIS 软件平台，内嵌风量参数、通风阻力、风机工况多元在线监测数据，运用风网实时解算技术进行交叉验证，实现通风异常预警、态势发展研判、智能调控方案生成、通风异常恢复的辅助决策。

基于 PID 控制技术与变频技术的闭环自动控制方法，将变频器的发热功率器件部分嵌入到煤矿通风机的风道中，通过 DSPIC 嵌入式微控制器的数据采集与信号处理（CH_4、粉尘等），其输出

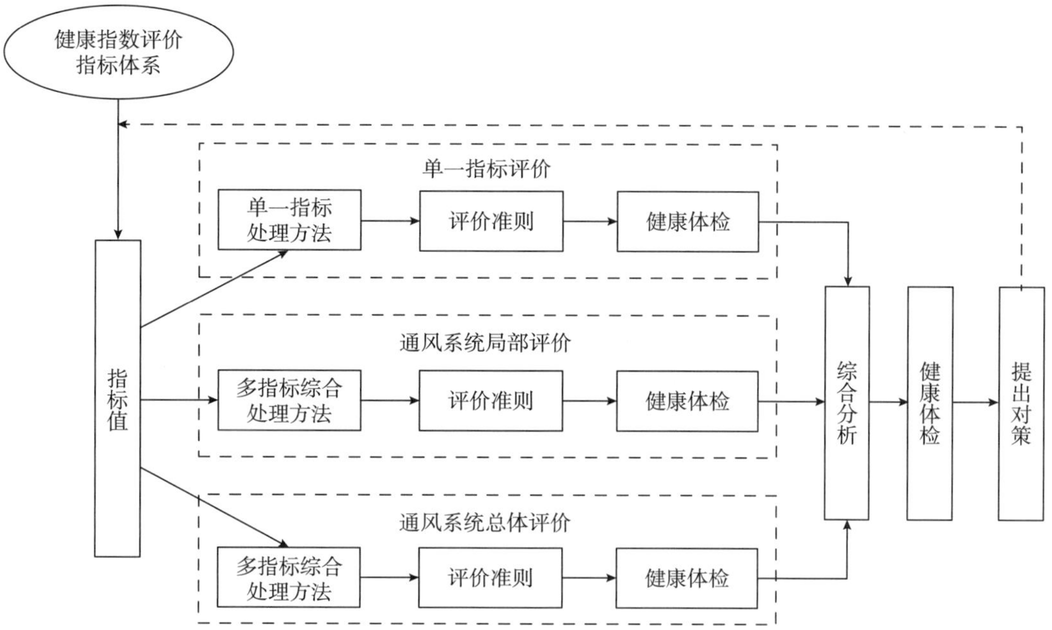

图 5.13.5　矿井通风系统健康指数评价层次体系

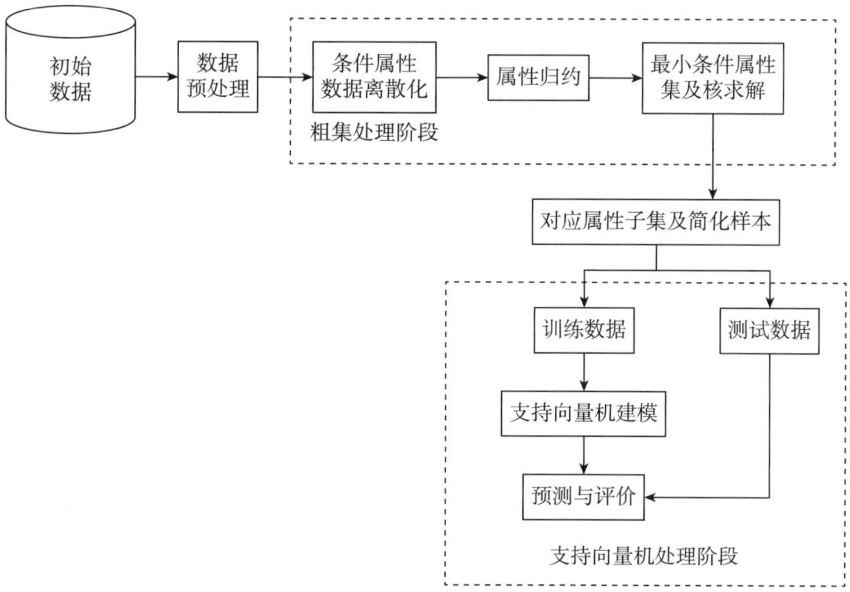

图 5.13.6　矿井通风系统预警模型技术路线

信号控制变频器对通风机电机进行调速控制，研发嵌入式变频风机（图 5.13.8），基于“按需供风”的原则实现自动调节风量；通过组态软件完成功能块之间的连接，选定功能块参数，进行网络组态，在网络运行过程中对系统实时采集数据、进行数据处理、计算，优化控制及逻辑控制报警、监视、显示、报表等；应用 CAN 现场总线技术，实现通风机信息远程传输。

基于 SPSS 软件，统计分析各区域、采掘生产区域粉尘产生源的分布，分析各区域和工作面的风量、风压及阻力分配状态，研究粉尘的分布特征、释放与扩散规律；采用模拟软件（Fluent、Comsol multiphysics）分析不同风量、风速条件下各区域、采掘工作面粉尘的流速、浓度分布的不均匀性，得出粉尘的流速场、浓度场的分布规律；采用滴液法与反向渗透润湿法测试粉尘的亲水性，确定除尘泡沫的合理配比；基于流体力学理论与粉尘的流速场、浓度场的分布规律，计算所需

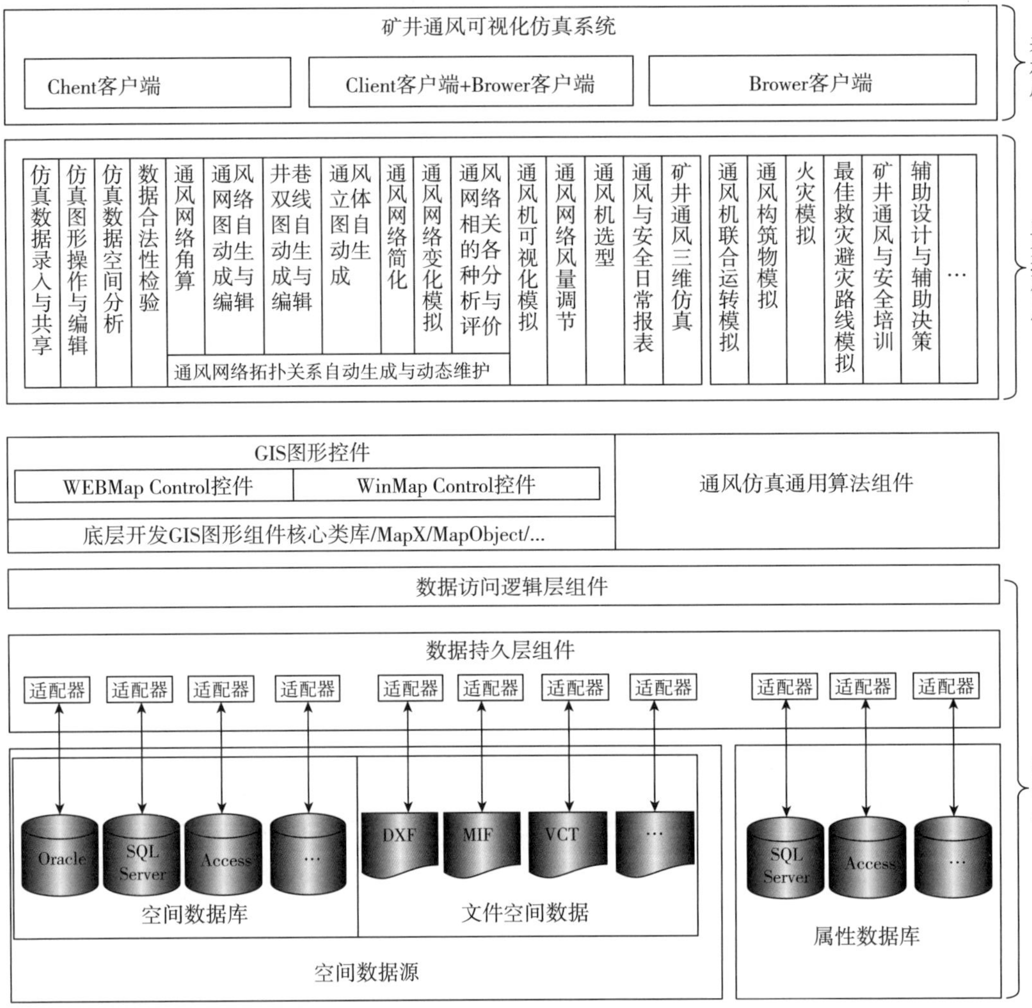

图 5.13.7　矿井通风仿真系统开放式架构

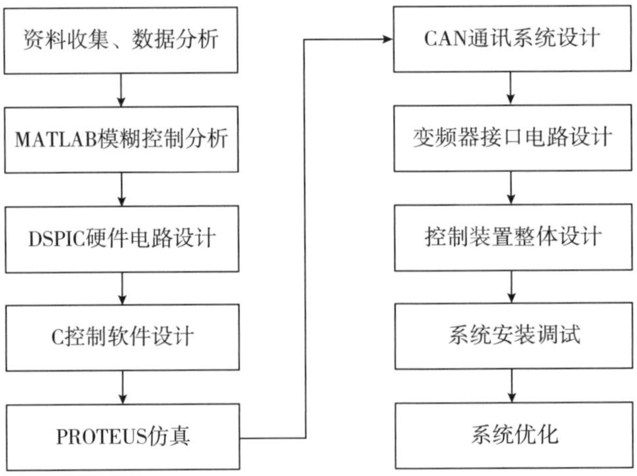

图 5.13.8　嵌入式变频风机研发技术路线

泡沫的流量，确定管径尺寸、储罐容积大小、喷口压力、管中压力等参数；根据粉尘的流速场、浓度场的分布规律及现场空间分布状态，确定泡沫喷出方式、喷口布置方式及数量、除尘断面控制方式，研制全断面高效泡沫除尘装置。

基于均压原理与矿井风量分配模型，依据通风参数（风阻、风速和风量）划分调节档次，采用 Simith 预估加 PID 控制调节方法设计自动调节风门/风窗（图 5.13.9）；主要由地面主站、监控分站、PLC 智能控制器、电动推杆、压差传感器、位置传感器、瓦斯和粉尘传感器构成；传感器采集信号传输至监控分站，PLC 控制电动推杆动作调节风门/风窗过风口面积，实现风量与风压的自动调节。

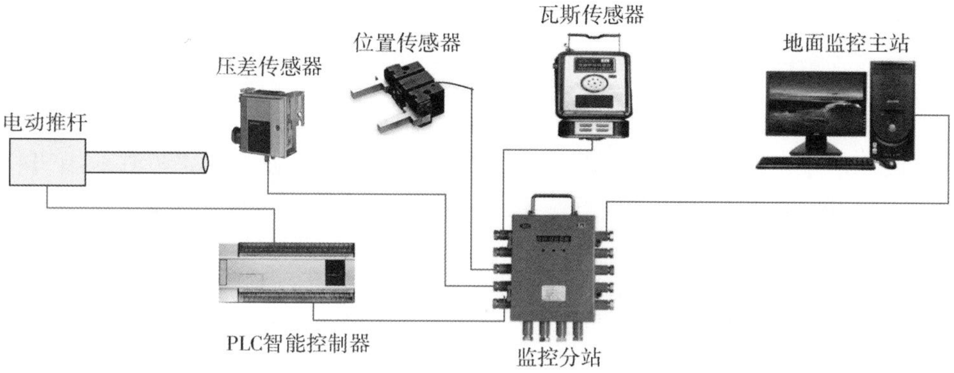

图 5.13.9　自动调节风门/风窗结构组成

5.13.4　本节小结

该成果针对矿井开采中通风系统相对不稳定，通风设施不可靠、对通风参数“监而不控、控而不及”的实际问题，研究了开采风量优化分配与最优化监测技术理论、矿井通风系统状态智能识别与超前预警技术，建立了融合 RS-SVM 的矿井通风系统预警机制。通过研发井下巷道精确测风技术，以通风系统参数自动监测技术、数据自动采集技术为基础，基于大数据挖掘技术，开展基于大数据分析的矿井通风系统健康与安全评估，引入自动化监测与控制工程方法，研发矿井开采智能通风关键技术与装备，实现了矿井通风仿真可视化与矿井通风系统智能化调控，实现矿井正常生产时期与灾变时期按需供风，真正达到“通风可靠”，对于提升通风系统稳定性、可靠性与防灾抗灾能力具有重要意义。

通过项目实施，解决了以下问题：

1）以大距离超声测风技术测量巷道中部的一条或多条超声扫描线的平均风速来代表整个巷道的平均风速，改变了传统的“以点代面”的监测方式，可精确量测矿井通风中的风向、风量、风速，从而保证数据的真实可靠性及精确性。精确测风可系统地反应矿井实时通风状态，实时测量掘进头、工作面、关键巷道及用风地点的精确风速与风量，构建矿井精确的风向、风速和风量监控体系。

2）矿井各生产区域风量分配与瓦斯、粉尘、温度、O_2、风压、人员数量等通风与环境相关参数综合作用的逻辑关系及其定量计算模型；矿井通风机状态参数、通风参数、环境参数的综合监测技术。

3）基于事故诱因与通风系统隐患识别技术与方法，建立了通风系统状态诊断指标体系与健康指数的定量评价模型；基于通风系统异常信息的深度挖掘技术，建立了融合 RS-SVM 的矿井通风系统预警机制。

4）基于 CAN 总线的 DSP 的模糊控制算法与局域网及无线网络数据传输技术，融合多变量模糊控制方法，根据区域的环境参数与风量需求研发了嵌入式变频通风机。

5.14　大采深巷道破碎围岩变形破坏特征与及时支护控制技术

5.14.1　项目背景

随着我国浅部易采煤炭资源的日益减少与我国能源需求的增加，煤炭资源开采的方向逐渐向深部发展，我国的国有重点煤矿正以 12 m/a 的延伸速度向深部递增。故大采深巷道开掘量逐渐增多，随着开采深度的增加，由于深部岩体力学性质的特殊性及赋存环境的复杂性，使得巷道围岩变形量增加，稳定性变差，巷道支护难度增加，采用原有的支护理念无法有效抑制巷道的变形，需不断地对巷道进行补强支护，严重影响煤炭的正常开采，如很多矿井在掘进初期巷道围岩变形大、来压快，表现出强烈的大变形行为，未及时支护导致后期需进行多次加强支护与返修，造成了巨大的经济与人力损失。

在深部高地应力开采不可避免会遇到破碎岩体，深部高应力条件下巷道破碎围岩的大变形一直是矿业界面临的难题。大量的大采深破碎围岩大变形案例表明除了受到高地应力、地质构造等影响外，巷道围岩大变形与巷道围岩体自身的力学性能也密切相关。破碎围岩与其他围岩相比，构造、节理裂隙发育，围岩极为破碎且受高应力作用，巷道开挖短时间内破碎围岩即出现较大的变形行为，围岩体表现出显著的大变形行为与侧向膨胀特征。导致大采深巷道底鼓速度快、总量大，两帮片帮严重，巷道断面收敛变形十分严重，支护体严重破坏，且时常造成局部冒顶，危及工人的生命安全，严重影响了煤矿的安全高效生产。

5.14.2 成果简介

本项目研究成果主要应用于掘进与巷道支护领域。围绕大采深巷道破碎围岩变形破坏特征这一关键科学问题和基于此理论的破碎围岩支护优化这一关键技术问题，本项目采用伺服试验研究了破碎岩体的轴向侧向变形特征等，并构建了反映破碎岩体大变形行为的本构模型；在此基础上基于物理模型和数值模拟试验，系统分析了巷道形状和地应力方向对大采深巷道破碎围岩的受力变形和破坏形态的影响，揭示了巷道形状及应力方向对大采深巷道破碎围岩结构稳定性的影响机制；根据大采深巷道破碎围岩变形破坏特征及模型构建，结合时空效应分析了合理的破碎围岩支护时机和支护强度，形成了以及时支护为主，包括主动支护、断面形状优化在内的控制大采深破碎巷道变形的关键理念和技术，最后将研究结果应用于现场大采深破碎巷道大变形的分析中，为大采深破碎围岩巷道设计、掘进、维护提供重要的指导作用。

5.14.3 详细内容

（1）破碎岩体侧向膨胀特征与非线性大变形本构模型

1）系统分析了围岩体破坏模式和侧向膨胀特性，破碎围岩体的侧向变形都包含五个阶段，即压密阶段、线弹性阶段、裂纹扩展阶段、峰后侧向扩容阶段、峰后脆性阶段。峰后侧向应变可看作轴向应变特征的放大，表现出明显的侧向膨胀特征。侧向变形和侧轴比大幅的增加过程，主要发生在轴向应力峰值强度后，这表明大部分破碎围岩样侧向变形急剧扩张主要发生在破碎围岩体压致拉裂破坏时，但也有部分破碎围岩样进入裂纹扩展阶段即发生侧向变形的扩张，这些特征对于破碎围岩巷开挖后巷帮变形研究具有重要的意义。

2）在分析了破碎岩体压缩过程中的力学行为的基础上，建立能够反应破碎岩体压缩过程中轴向应力-应变及轴向应变-侧向应变关系的本构模型，并对本构模型进行了验证，随后利用该模型中的相关参数描述了影响破碎围岩压缩过程中力学行为的诸多因素。

（2）大采深巷道结构稳定性及其影响因素分析的数值模拟与物理模型试验

1）针对大采深破碎围岩巷道掘进过程中所处的复杂赋存环境，基于数值模拟与物理模型试验定量分析了大采深巷道断面形状对巷道稳定性的影响，得出了相同应力水平下直墙拱形巷道产生的裂纹长度和深度均达到了圆形巷道的 8 倍，因此，在相同应力水平下对巷道进行掘进和加载时时，直墙拱形巷道产生的裂纹更长、深度更深。且不论是轴向应变还是环向应变，圆形巷道边墙中趋于稳定的位置比直墙拱形巷道距离边墙更近。表明圆形巷道受开采扰动的范围比直墙拱巷道的小。

分析了加载路径对不同截面形状大采深巷道的影响，揭示了圆形巷道和直墙拱巷道的围岩体进入塑性状态主要发生在两侧边墙中，巷道壁表面的位置主要发生拉伸破坏，围岩体内部主要发生剪切破坏的破坏机理，如图 5. 14. 1 所示。

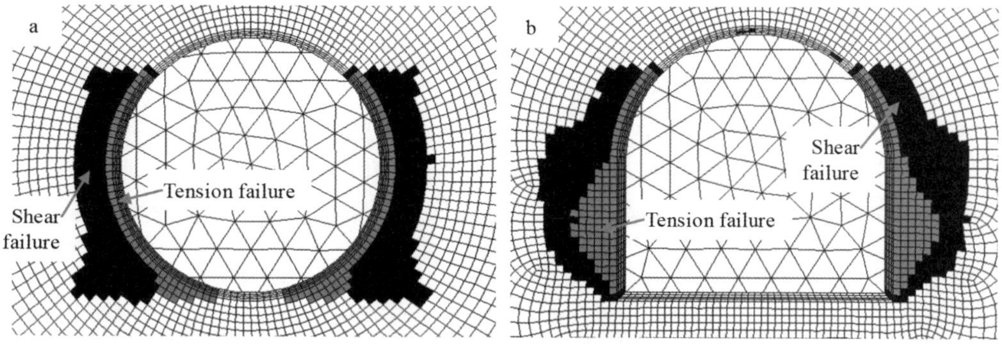

图 5. 14. 1　巷道围岩塑性区分布及破坏情况

指出边墙围岩内的裂缝均先最先从墙脚产生，然后向上、向外扩展，呈现典型的滑移线状破坏，在 1/2 边墙的高度达到离硐壁的最远距离后，开始向上、向内发展，并且该滑移线最终在拱脚附近与硐壁相交，形成了典型的高应力下围岩的 v 型破坏，并且载荷越大，硐室边墙围岩体起裂点越高，且向拱脚收敛的趋势越明显。

2）采用物理模拟和数值模型分析了应力水平和应力路径对巷道围岩位移特征、应力分布、裂纹扩展等巷道稳定性的影响，在巷道加载过程中，每加载一个新载荷围岩内都会产生新的裂纹，该新裂纹要么为新萌生裂纹，增大了松弛深度，或者在原有裂纹基础上继续扩展，增大了松弛程度，这种随着加载围岩层层破坏的现象，使得呈现片状剥落的特征，并且裂纹长度和深度均随着载荷的增大呈指数增长，裂纹长度相比深度增长速度更快。

应力水平越大，其位移影响范围呈现非线性快速增长，径向应变和环向应变位移形态符合指数增长，径向应变指数增长程度大于环向应变的指数程度。环向应变中，各应力路径下在距离边墙较近部位均出现了“回跳”现象，且载荷越大，回跳点距离边墙越远，回跳最大值越大，回跳现象越明显。

不同加载路径的巷道加载到相同载荷时，加载路径越长，巷道围岩体产生裂纹的长度越长、深度越深。但是随着载荷的增大，不同加载路径下的巷道围岩体产生裂纹的深度与长度的差距在减小，即载荷越大，加载路径对裂纹长度与深度的影响越小。不同应力路径的位移进行对比，应力路径为缓慢加载时，其整体破坏深度虽然在不断加深，但是均为静态型破坏，开裂程度较轻，位移量值相对较小，相反应力路径加载较快时，其破坏深度和程度均较剧烈，开裂程度较重，位移量值相对较大，但是也可以看到载荷越大，这种影响越小。

综上可以发现，对于不同应力路径，当加载较为缓慢时，由于渐进破坏作用，往往会导致更大的破坏深度，但是仍然具有较大的承载作用，位移量值相对较小，相反，当加载较为快速时，由于有一定的动载影响，破坏程度较大，导致开裂，致使位移较大，但是由于破坏时为整体承载力一起破坏，破坏深度相对较小。但是更需要注意的是上述应力路径的作用都在一定的加载量值内，随着载荷的增大，这种应力路径带来的影响越来越小，当达到一定的载荷后，主要为应力水平起作用。

（3）大采深巷道破碎围岩支护优化控制技术

1）由试验数据分析、理论推导及现场实测结果获得的大采深破碎巷道围岩变形破坏特征可知，大采深破碎围岩层巷道在开挖后短时间内就会发生较大变形，且该变形对巷道长期变形和围岩稳定性影响极大，因此控制开挖后的短时间变形对大采深破碎围岩层回采巷道围岩稳定性控制而言，是极为关键的，及时有效的支护能很好控制围岩变形的进一步非稳定扩展。故对开挖后短时间内就会发生较大变形的巷道应采取及时支护。

基于以上思想结合大型物理模型试验结果，提出了“及时支护”“支护断面优化”等大采深破碎巷道围岩控制原则，结合时空效应分析了合理的破碎围岩支护时机和支护强度，形成了以及时支护为主，包括主动支护和形状优化在内的控制大采深破碎巷道变形的关键理念和技术。

2）将提出的大采深巷道破碎围岩变形控制技术在现场进行应用后，巷道破碎围岩变形得到了有效控制。

阳煤集团二矿 81007 工作面布置如图 5. 14. 2 所示，其回风顺槽井下北为 81006 工作面采空区，东为 80702、80704 工作面采空区，西为十采准备巷道，南为 81008 工作面未回采，81006 工作面采空区与 81007 回风顺槽相邻，区间保护煤柱 20 m，81007 回风顺槽已掘进 900m，最大埋深 433m，81007 回风顺槽服务过程中将受到 81006 采空区动压和本工作面回采动压影响，巷道维护非常困难。

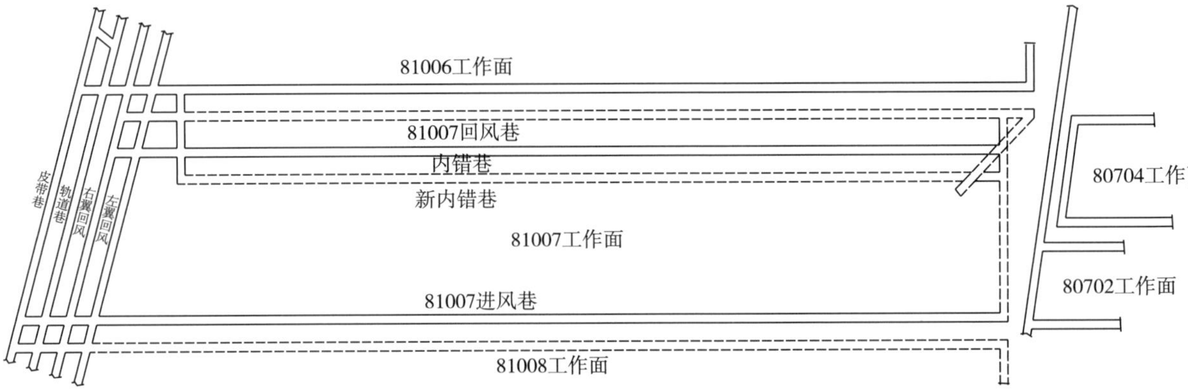

图 5. 14. 2　81007 工作面平面布置图

81007 回风顺槽原支护方案顶板采用锚网支护，锚索规格：Φ21. 6×8300mm，间排距 1025mm×800mm，每排 5 根；垂直顶板打设。帮部采用 2 根短锚索+1 根锚杆支护。锚杆规格：Φ20mm×2400mm，锚索规格：Φ21. 6mm×4500mm。上部锚索距顶板 900mm，锚索间距 1100mm，排距 800mm，底角打设 1 根帮锚杆与锚索间距 800mm，排距 800mm，垂直破碎围岩体打设。帮部锚杆锚索托盘采用长 800mm 的 14#槽钢制作，垫板规格为 300mm×300mm×10mm 厚钢板加工。81007 回风顺槽属于动压巷道。根据井下测量，该巷道变形主要以两帮位移底鼓为主。81007 回风顺槽掘进期间已掘段，巷道变形主要集中在 500~750m，巷道底鼓明显，底鼓 500~1000mm，两帮移进量最大 400~500mm。在该巷道调研期间，发现巷道 900m 处 1 根顶板锚索破断，从断口处判断该锚索为剪切破断，并有明显径缩。

基于以上问题，根据及时支护原则对 81007 回风顺槽的支护方案进行了优化设计，并对支护参数进行了定量设计，采用高预应力锚杆锚索组合支护系统在巷道开挖后对其及时进行初次支护，顶板锚杆规格：杆体为 22#左旋无纵筋螺纹钢筋，钢号为 335 号，长度 2. 4m，杆尾螺纹为 M24，锚杆排距 900mm，间距 850mm，每排布置 6 根锚杆。采用树脂加长锚固方式，采用高强锚杆螺母 M24，配合高强托板调心球垫和尼龙垫圈，托板采用拱形高强度托板，高度不低于 36mm，托板尺寸不小于 150mm×150mm×10mm，承载能力不低于 190kN。锚索材料为 Φ21. 6mm，1×7 股高强度低松弛预应力钢绞线，长度 6200mm，钻头直径 30mm，钻孔直径 30mm。采用一支 MSK23120 树脂锚固剂锚固，锚固长度 1400mm，每排锚杆打设 2 根锚索，锚索间距为 2000mm，排距为 900mm。帮部锚杆规格：杆体为 22#左旋无纵筋螺纹钢筋，钢号为 335 号，长度 2. 4m，杆尾螺纹为 M24。锚杆排距 900mm，每排每帮 4 根锚杆，间距 800mm。锚索材料为 21. 6mm，1×7 股高强度低松弛预应力钢绞线，长度 4500mm，钻孔直径 30mm。采用一支 MSK 23120 树脂锚固剂锚固，锚固长度 1400mm。要求顶板锚索初始张拉不低于 300kN，预紧力损失后不低于 240kN，帮锚索初始张拉不低于 200kN，预紧力损失后不低于 140kN，具体根据现场条件可调整。具体如图 5. 14. 3 所示。

采用高预应力强力锚杆锚索组合支护系统。在巷道开挖后及时进行初次支护，且提高锚杆预应

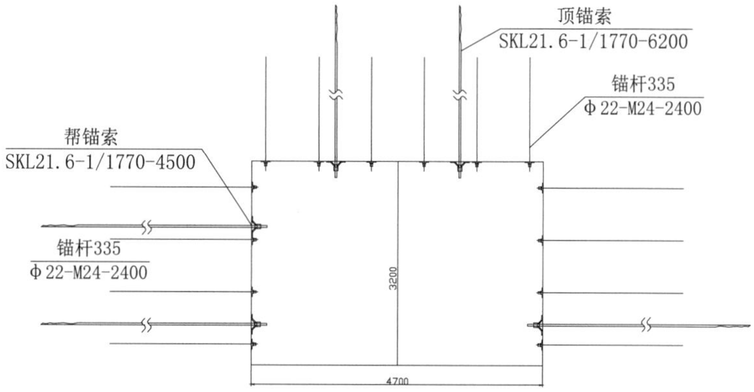

图 5.14.3　81007 回风顺槽锚杆锚索支护布置图

力，增加围岩强度，提供了足够的预应力抑制了巷道初期的大变形，避免了后期对巷道的多次支护，增加了巷道的服务年限，节约了支护材料，减少了人员投入；且减少了巷道的维修次数，节约了施工用品和施工人员的投入；且在提高锚杆预应力，保证支护系统可靠性的条件下，降低了支护密度，减少了单位面积的锚杆数量，提高了掘进速度，缩短了工期。近三年间缩短工期所节约费用累计 564.4 万元，节约材料费用 523.9 万元，节约人工费用 605.1 万元，该基于大采深巷道破碎围岩变形破坏特征提出的及时支护控制技术在巷道支护中有十分广阔的应用前景。

5.14.4　本节小结

1）克服了目前巷道破碎围岩支护不足及支护过量造成的资源浪费问题，构建了可反应破碎岩体压缩过程中变形特征的非线性弹性本构模型，探讨了破碎岩体非线性力学行为，可实现对巷道破碎围岩的支护强度和支护时机进行了定量设计，系统分析了破碎岩体侧向膨胀及峰后扩容特性。

2）基于数值模拟物理模型试验系统分析了巷道形状、加载路径对大采深巷道破碎围岩的受力变形和裂纹形态的影响，揭示了巷道形状及应力路径和方向对破碎围岩巷结构稳定性的影响机制，得出了相同应力水平下直墙拱形巷道产生的裂纹长度和深度均达到了圆形巷道的 8 倍，且加载路径越长，围岩体内产生裂纹的长度越长，深度越深；揭示了巷道硐壁表面的位置主要发生拉伸破坏，围岩体内部主要发生剪切破坏的特点。且发现动压下巷道围岩破坏程度较大，而静压下巷道围岩破坏深度较大。

3）基于所提大采深巷道破碎围岩变形破坏特征及模型构建，结合时空效应分析了合理的大采深巷道支护时机和支护强度，形成了以及时支护为主，包括主动支护和断面形状优化在内的控制大采深巷道破碎围岩变形的关键理念和技术，现场实施效果优异。

该支护理念的成功应用，将形成国内领先、国际上有重大学术影响的巷道支护学科创新研究群体；丰富和发展了大采深巷道破碎围岩变形破坏特征各向异性的基础研究，为大采深巷道支护研究提供理论支撑，不仅可以推广到集团的其他类似矿井，还可以应用到全国的其他矿井，为我国煤炭资源安全生产提供重大科技支撑，推广应用前景十分广阔。

5.15　高预应力支护系统及穿层软岩巷道灾害防控成套技术研究

5.15.1　项目背景

近年来，我国针对煤矿开采条件的不断复杂化，研究完成了高地应力条件下高强度、高刚度的巷道支护理论与技术，开发了配套的强力锚杆、强力锚索支护系统，同时，对破碎围岩的加固技术也得到进一步发展。与注浆加固技术相结合的钻-锚-注加固支护技术等为破碎软弱围岩条件下的巷道支护与修复提供了可靠的技术手段。

5.15.2 成果简介

本项研究就糯东煤矿井下的巷道变形情况及地质条件展开研究并通过实验对比分析，研究设计了锚杆、锚索高预紧力支护结合注浆进行围岩加固进行支护的支护方式。该项技术主特点主要是通过锚杆锚索进行预紧支护，再通过注浆使得围岩被加固，在裂隙发育区将夜填充裂隙后将围岩凝成一个整体，从而得到较好的支护效果。

5.15.3 糯东煤矿巷道支护现状调查

（1）支护形式

1#回风大巷、副平硐现有支护方式均为锚网索喷支护，煤巷-12003 回风顺槽：采用锚网索+M 钢带支护，锚索采用长短锚索交替布置，使用 14#槽钢迈步式布置锚索梁，紧贴岩面挂钢筋网片，喷浆厚度为 100mm，喷浆强度不低于 C20。

（2）巷道现状

巷道变形较大、围岩出现破裂，主要巷道多处发生返修情况，其稳定性受到不利影响（图 5.15.1）。

图 5.15.1 巷道破坏特征

（3）调查结论

糯东煤矿当前的巷道支护虽然采用了多种支护方式，但是效果都不理想，通过对糯东煤矿调研及对煤矿相关地质、生产资料进行查阅，分析其原因有是地质条件、构造应力、巷道受采动影响等情况不清，支护设计没有针对性和科学性，支护参数不合理。

5.15.4 巷道围岩力学参数测试

（1）巷道围岩成分测试试验

1）取样位置。分别在 4#联络巷、1260 轨道下山帮部、1260 运输平巷帮部、1260 底板运输帮部四个位置取样，并送往煤田地质局进行沉积岩中黏土矿物和常见非黏土矿物 X 射线衍射分析。

2）检测结果分析。经实验室黏土成分测试（表 5.15.1），4#联络巷岩样中的非黏土矿物主要以菱铁矿为主；1260 轨道下山和运输平巷岩样中的非黏土矿物主要以石英、方解石为主，1260 底板运输帮部岩样中的非黏土矿物主要以钾长石为主。

表 5.15.1　巷道围岩成分测试参数

来样编号	黏土矿物总量 %	石英 %	方解石 %	铁白云石 %	菱铁矿 %	黄铁矿 %	斜长石 %	钾长石 %	总百分含量 %
4#联络巷	0.00	15.35	0.00	31.16	36.54	0.00	16.95	0.00	100
1260 轨道下山帮部	12.13	45.74	17.71	0.00	4.86	10.81	8.76	0.00	100
1260 运输平巷帮部	0.00	40.20	54.13	0.00	5.66	0.00	0.00	0.00	100
1260 底板运输帮部	0.00	14.15	0.00	31.27	3.29	3.60	0.00	47.69	100

（2）锚杆支护构件匹配性试验

通过实验室将抗压强度实验如图 5.15.2 及表 5.15.2 所示。使用的锚杆破断最大强度为 520~640MPa，最大拉力值为 164.7~199.8kN，托盘抗压强度为 580MPa，最大力值 183.4kN（图 5.15.3）。

图 5.15.2　锚杆破断强度、托盘抗压强度测试

表 5.15.2　试验结果分析

样品名称	原长度/mm	实验后长度/mm	延伸率/%
nd1	150	200.8	33.87
nd2	137	179.9	31.31
nd3	160	182.7	14.19
nd4	250	300.1	20.04
nd5	150	186.7	24.47

样品编号：ND2　试验组数：01　试件编号：01
机器型号：WAW30300　环境温度：23℃　环境湿度：50%

试验编号：　材料名称：　材料编号：
材料规格：　试验方法：　依据标准：
其它项1　其它项2：　其它项3：
其它项4：　其它项5：　其它项6：
送检单位：　试验日期：2019年04月11日

原始标距：160.00mm 试样直径：20.00mm 试样面积：314.20mm*mm

最大力值/kN	169.5	断后伸长/mm	0
最大强度/MPa	540	断后伸长率/%	0
上屈服力/kN	118.1	断后直径/mm	0
上屈服强度/MPa	380	断面收缩率/%	0
下屈服力/kN	117.2	--------	------
下屈服强度/a	370	--------	------
Fp0.2/kN	0	--------	------
Rp0. 2/MPa	0	--------	------

试验力-位移曲线

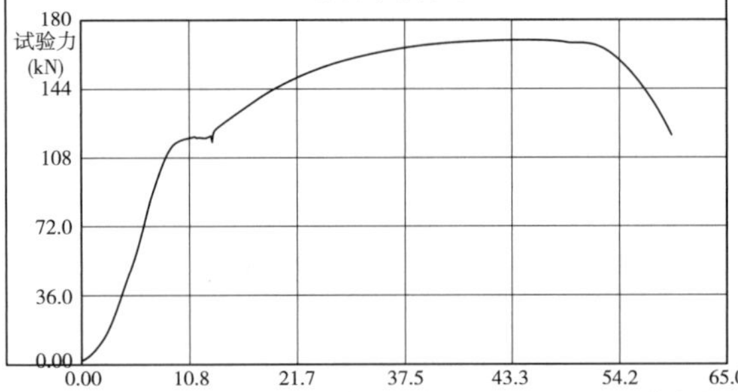

试验人：　试验单位（盖章）：　位移（mm）

样品编号：ND2　试验组数：01　试件编号：01
机器型号：WAW30300　环境温度：23℃　环境湿度：50%

试验编号：　材料名称：　材料编号：
材料规格：　试验方法：　依据标准：
其它项1　其它项2：　其它项3：
其它项4：　其它项5：　其它项6：
送检单位：　试验日期：2019年04月11日

引伸计标距：50.00mm 原始标距：137.00mm 试样直径：20.00mm 试样面积：314.20mm*mm

最大力值/kN	185.9	断后伸长/mm	0
最大强度/MPa	590	断后伸长率/%	0
上屈服力/kN	131	断后直径/mm	0
上屈服强度/MPa	420	断面收缩率/%	0
下屈服力/kN	127.1	--------	------
下屈服强度/a	400	--------	------
Fp0.2/kN	0	--------	------
Rp0. 2/MPa	0	--------	------

试验力-位移曲线

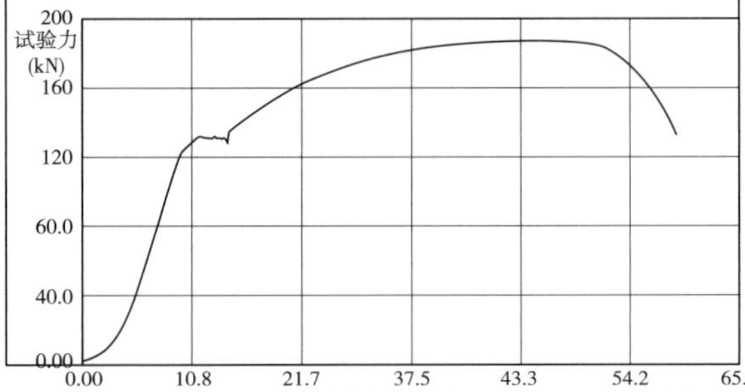

试验人：　试验单位（盖章）：　位移（mm）

样品编号：ND4　试验组数：01　试件编号：01
机器型号：WAW30300　环境温度：23℃　环境湿度：50%

试验编号：　材料名称：　材料编号：
材料规格：　试验方法：　依据标准：
其它项1　其它项2：　其它项3：
其它项4：　其它项5：　其它项6：
送检单位：　试验日期：2019年04月11日

引伸计标距：50.00mm 原始标距：160.00mm 试样直径：20.00mm 试样面积：314.20mm*mm

最大力值/kN	199.8	断后伸长/mm	0
最大强度/MPa	640	断后伸长率/%	0
上屈服力/kN	140.2	断后直径/mm	0
上屈服强度/MPa	450	断面收缩率/%	0
下屈服力/kN	137.3	--------	------
下屈服强度/a	440	--------	------
Fp0.2/kN	0	--------	------
Rp0. 2/MPa	0	--------	------

试验力-位移曲线

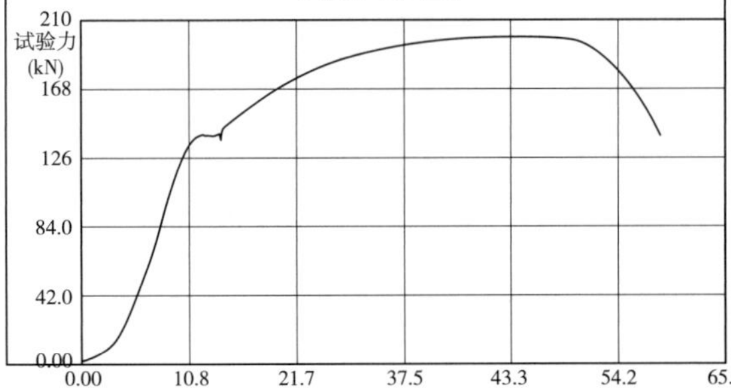

试验人：　试验单位（盖章）：　位移（mm）

样品编号：ND4　试验组数：01　试件编号：01
机器型号：WAW30300　环境温度：23℃　环境湿度：50%

试验编号：　材料名称：　材料编号：
材料规格：　试验方法：　依据标准：
其它项1　其它项2：　其它项3：
其它项4：　其它项5：　其它项6：
送检单位：　试验日期：2019年04月11日

引伸计标距：50.00mm 原始标距：250.00mm 试样直径：20.00mm 试样面积：314.20mm*mm

最大力值/kN	164.7	断后伸长/mm	0
最大强度/MPa	520	断后伸长率/%	0
上屈服力/kN	117.8	断后直径/mm	0
上屈服强度/MPa	370	断面收缩率/%	0
下屈服力/kN	113.3	--------	------
下屈服强度/a	360	--------	------
Fp0.2/kN	0	--------	------
Rp0. 2/MPa	0	--------	------

试验力-位移曲线

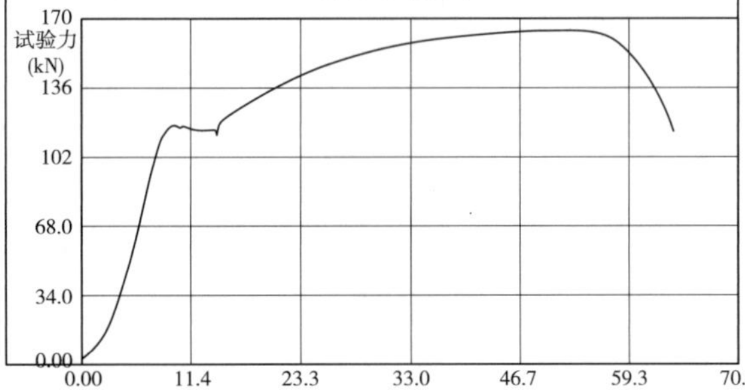

试验人：　试验单位（盖章）：　位移（mm）

图 5.15.3　锚杆破断强度曲线图

样品编号：ND6　　试验组数：01　　试件编号：01
机器型号：WAW30300　　环境温度：23℃　　环境湿度：50%

试验编号：　　材料名称：　　材料编号：
材料规格：　　试验方法：　　依据标准：
其它项1　　其它项2：　　其它项3：
其它项4：　　其它项5：　　其它项6：
送检单位：　　试验日期：2019年04月11日

引伸计标距：50.00mm 原始标距：150.00mm 试样直径：20.00mm 试样面积：314.20mm*mm

最大力值/kN	184.3	断后伸长/mm	0
最大强度/MPa	590	断后伸长率/%	0
上屈服力/kN	129.4	断后直径/mm	0
上屈服强度/MPa	410	断面收维率/%	0
下屈服力/kN	127.9	---------	------
下屈服强度/a	410	---------	------
Fp0.2/kN	0	---------	------
Rp0. 2/MPa	0	---------	------

试验力-位移曲线

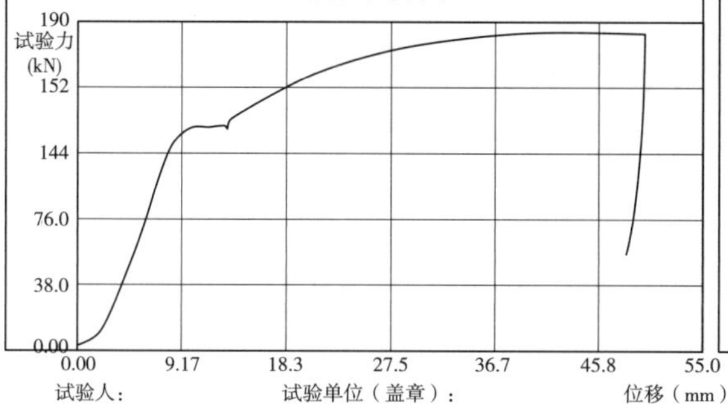

试验人：　　试验单位（盖章）：

样品编号：ND6　　试验组数：01　　试件编号：01
机器型号：WAW30300　　环境温度：23℃　　环境湿度：50%

试验编号：　　材料名称：　　材料编号：
材料规格：　　试验方法：　　依据标准：
其它项1　　其它项2：　　其它项3：
其它项4：　　其它项5：　　其它项6：
送检单位：　　试验日期：2019年04月11日

引伸计标距：50.00mm 原始标延：200.00mm 试样直径：20.00mm 试样面积：314.20mm*mm

最大力值/kN	184.3	断后伸长/mm	0
最大强度/MPa	590	断后伸长率/%	0
上屈服力/kN	0	断后直径/mm	0
上屈服强度/MPa	0	断面收维率/%	0
下屈服力/kN	0	---------	------
下屈服强度/a	0	---------	------
Fp0.2/kN	0	---------	------
Rp0. 2/MPa	0	---------	------

试验力-位移曲线

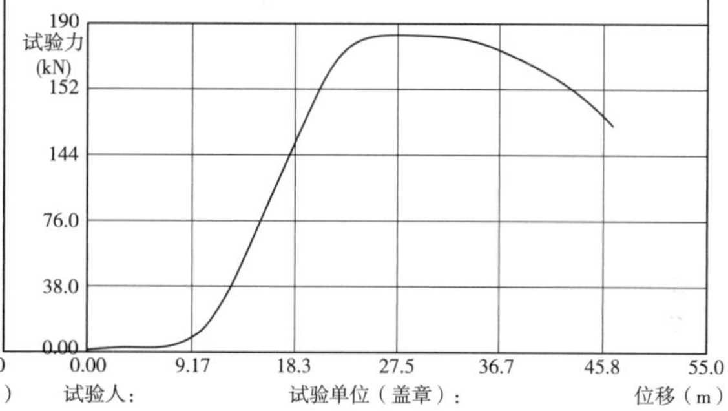

试验人：　　试验单位（盖章）：

图 5.15.3　锚杆破断强度曲线图（续）

（3）巷道围岩损伤程度探测

1）观测站布置。在北翼轨道Ⅰ、Ⅱ及Ⅲ测点的帮部和顶板各布置一个岩层离层窥视站，每个测点相隔 20m，每个测面设 2 个孔，在每个测面顶板中部及左帮（或右帮）中部各钻 1 个直径 32 mm 的孔，其布置如图 5.15.4 所示。

2）观测结果分析。通过对北翼轨道Ⅰ、Ⅱ和Ⅲ三个测点位置采用 CXK12（A）钻孔三维电视成像仪进行窥视，如图 5.15.5~图 5.15.7 所示，本次在 10 月 2 日和 10 月 9 日分别对北翼轨道Ⅱ测点进行窥视，顶板孔深 9m，帮部孔深 5.8m；并通过软件 JL-IDOI（H）2013 处理并分析影像数据。

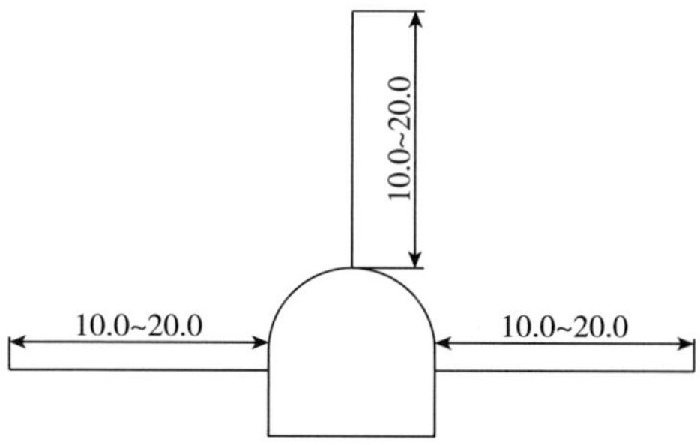

图 5.15.4　探孔布置图

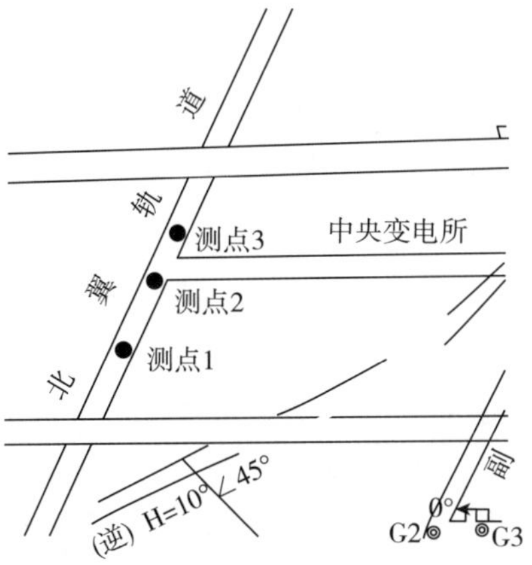

图 5.15.5　钻孔窥视仪测站布置图

由窥视的结果结合图像分析可知，10 月 2 日巷道围岩松动圈范围在 0~6.0m 处，10 月 9 日巷道围岩松动圈范围在 0~7.0m 处。随着时间的变化，北翼轨道巷道变形破坏加深，裂隙数量以及破碎程度随着时间的变化而加剧。

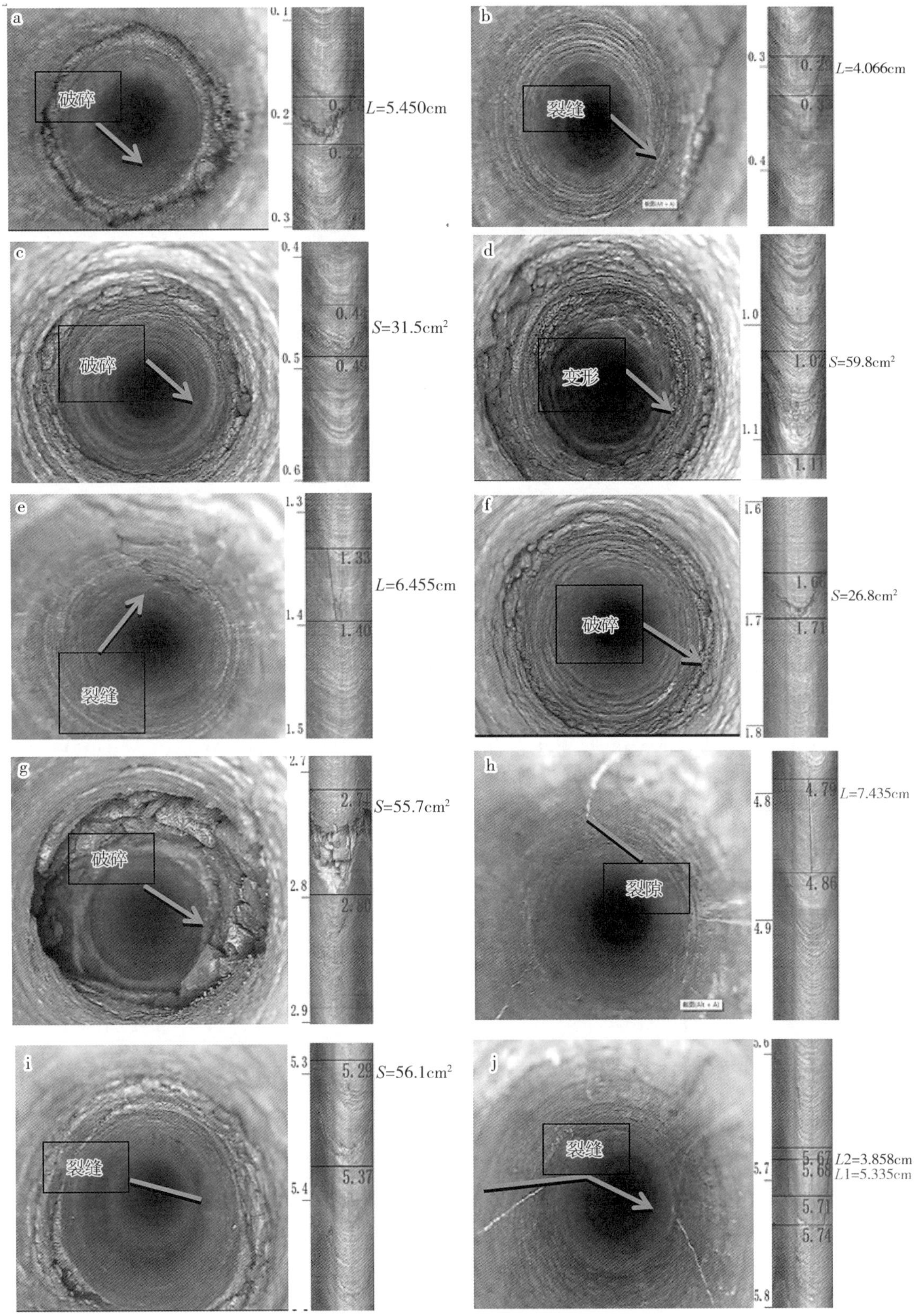

图 5.15.6　10 月 2 日北翼轨道Ⅱ测点顶板的裂隙变化情况

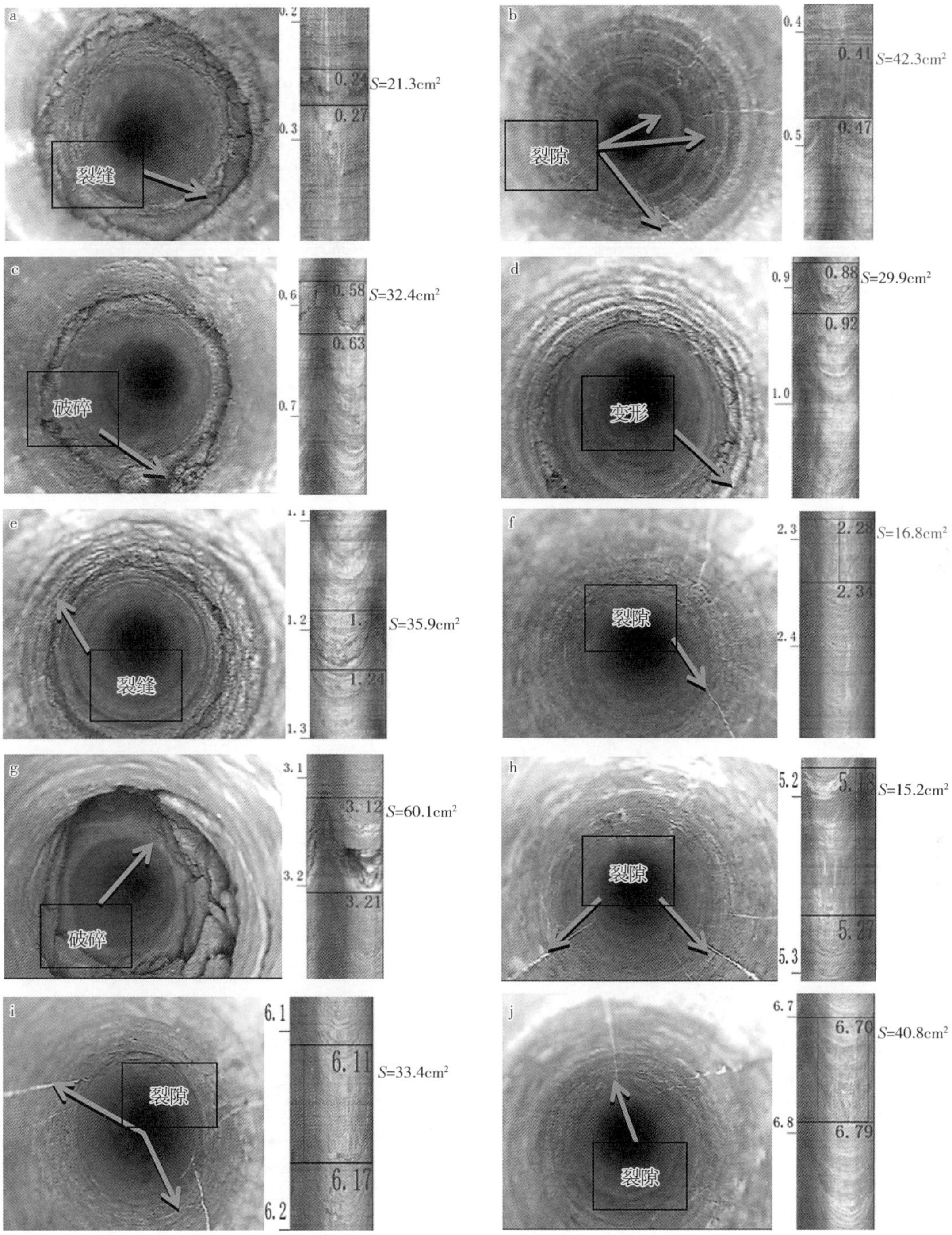

图 5. 15. 7　10 月 9 日北翼轨道Ⅱ测点顶板的裂隙变化情况

5. 15. 5　巷道围岩变形破坏数值模拟分析

（1）局部数值模型建立

根据整体模型获得初始地应力后，建立巷道局部模型，细化巷道周边网格，对多断层影响下的巷道围岩应力场和位移场进行模拟分析。如图 5. 15. 8 所示。

经过模型细化，最终模型分为三部分进行分析：

1）F04-05 数值模拟计算模型，如图 5. 15. 9 所示。该模型主要包括断层 F04、F05、副平硐以

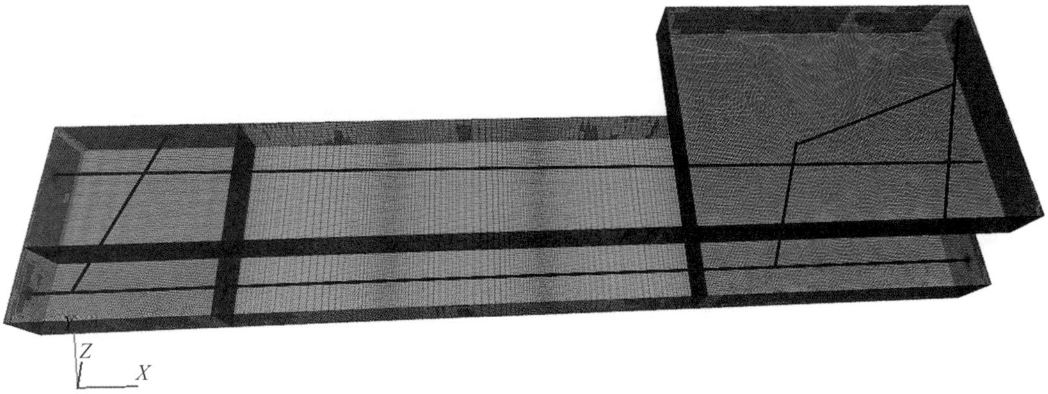

图 5.15.8 数值模拟计算整体模型

及 12000 回风底抽巷，共节点数 355267 个，单元个数为 250180 个。采用摩尔库伦模型模拟 F04、F05 断层对副平硐以及 12000 回风底抽巷的影响。

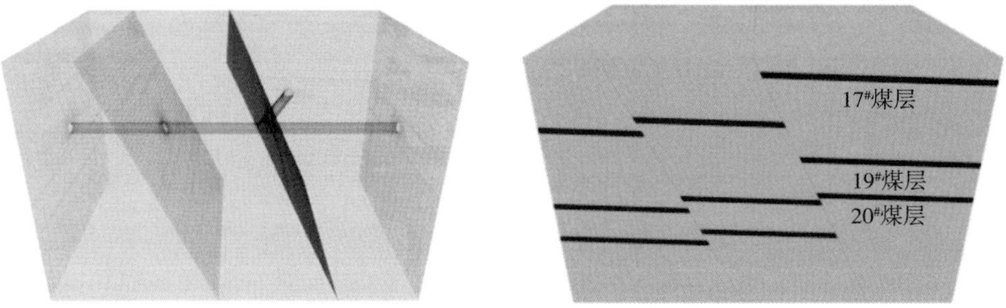

图 5.15.9 F04、F05 数值模拟计算模型

2）F06 数值模拟计算模型如图 5.15.10 所示，该模型主要包括断层 F06、副平硐，共节点数 304660 个，单元个数为 218739 个。采用摩尔库伦模型模拟 F06 断层对副平硐的影响。

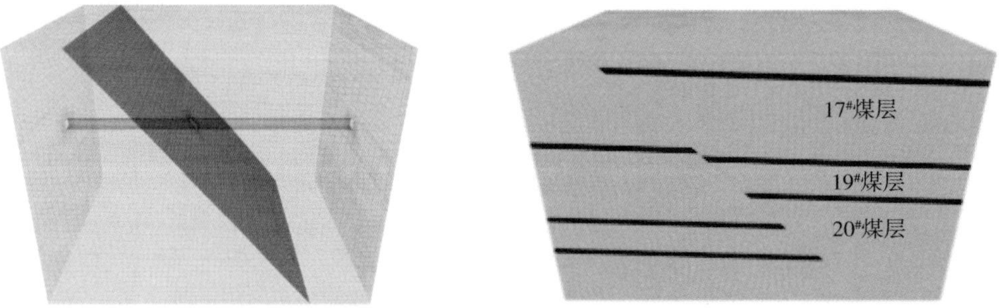

图 5.15.10 F06 数值模拟计算模型

3）F07 数值模拟计算模型如图 5.15.11 所示。该模型主要包括断层 F07、副平硐以及 12003 回风巷，共节点数 336517 个，单元个数为 225017 个。采用摩尔库伦模型模拟 F07 断层对副平硐以及 12003 回风巷的影响。

（2）1#回风大巷围岩变形分析

1）应力及塑性区分布。1#回风大巷应力及塑性区分布范围如图 5.15.12 所示。由图 5.15.12a、图 5.15.12c 的巷道垂直应力分布可知，垂直应力在顶底板方向上呈现发散形应力卸载，其应力卸载范围广，在生产过程中容易出现冒顶事故。由图 5.15.12b 巷道水平应力分布可知，巷道两帮浅部出现了一定程度的应力集中，深部出现了对称的翼形降低区，而在底角和肩角出现了触

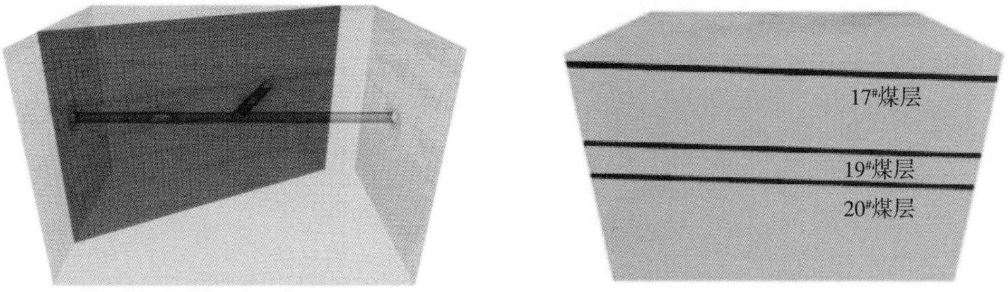

图 5.15.11　F07 数值模拟计算模型

角形状的应力卸载。

根据以上分析，并结合图 5.15.12c 中塑性区的分布可知，由于垂直应力较大，导致顶底帮破坏范围扩大，顶底板围岩不能有效抵抗地应力，导致地应力向两边转移，而转移过程中破坏了巷道的肩角及底角的巷道围岩，使得巷道顶板下沉，底板鼓出。

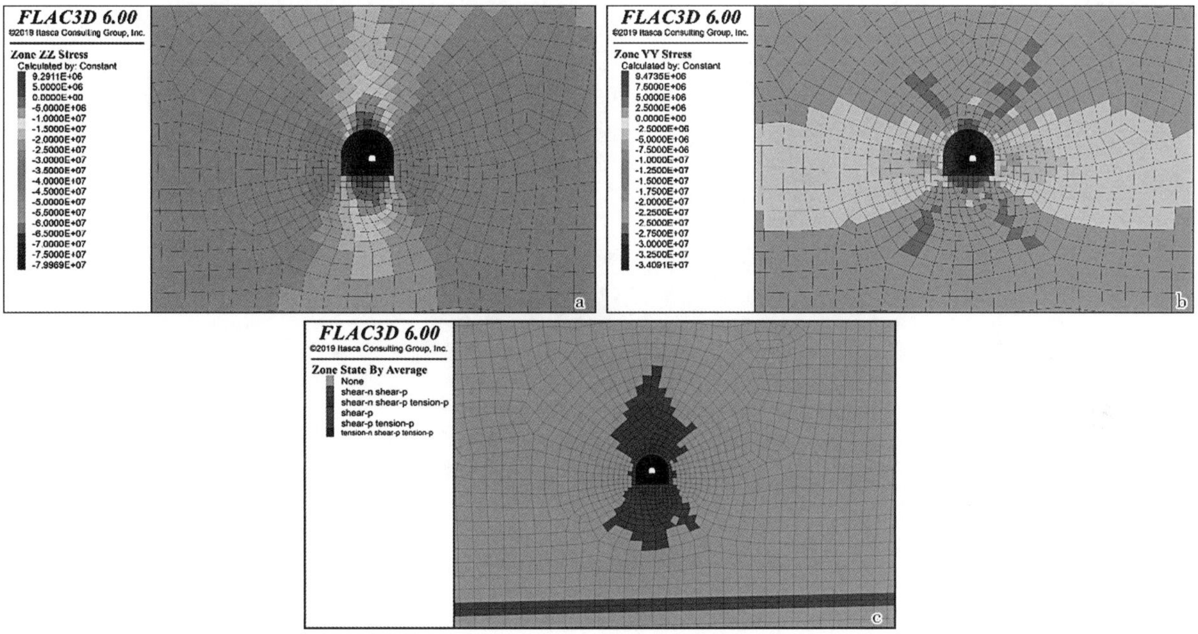

图 5.15.12　1#回风大巷应力及塑性区分布图

a—垂直应力云图；b—水平应力云图；c—1#回风大巷塑性区分布图

2）巷道变形分析。1#回风大巷位移云图如图 5.15.13 所示。由图 5.15.13 的位移云图可知，1#回风大巷位移云图与其应力云图呈现对应关系。1#回风大巷巷道围岩变形主要区域集中在顶、底板，且在巷道的肩角与底角呈现出触角形的水平位移增大。结合 1#回风大巷的应力及塑性区分布图可知，应对 1#回风大巷的顶底板以及肩角、底角处加强支护。

（3）锚杆支护参数对支护效果影响分析

1）锚杆预应力。锚杆预应力及预应力的扩散起着决定性作用（图 5.15.14）。根据巷道条件确定合理的预应力，并使预应力实现有效扩散是支护设计的关键。单根锚杆预应力的作用范围是很有限的，必须通过托板、钢带和金属网等构件将锚杆预应力扩散到离锚杆更远的围岩中。

2）锚杆长度。随着锚杆长度增加，有效压应力区范围与厚度增加，锚杆作用范围扩大。中上部分的压应力减小。在预应力一定的条件下，锚杆越长，预应力的作用越不明显。反过来，通过提高预应力，可适当减小锚杆长度。锚杆长度分别为 1.6~2.6m 的应力分布如图 5.15.15 所示。

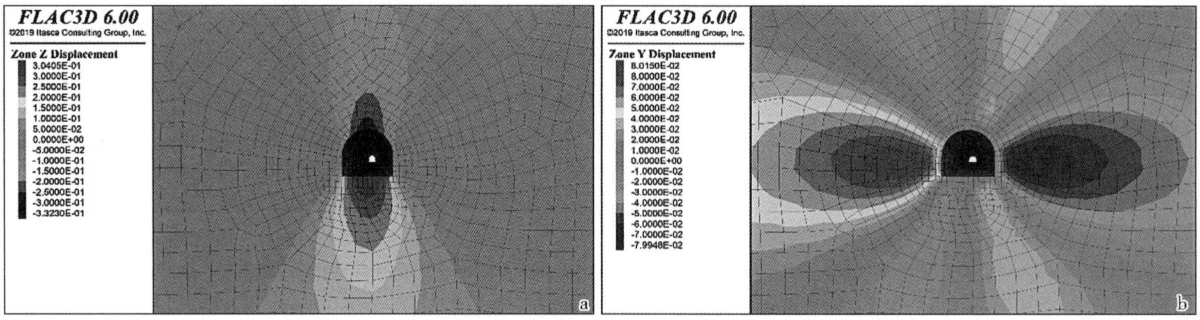

图 5.15.13　1#回风大巷位移云图

a—1#回风大巷垂直位移云图；b—1#回风大巷水平位移云图

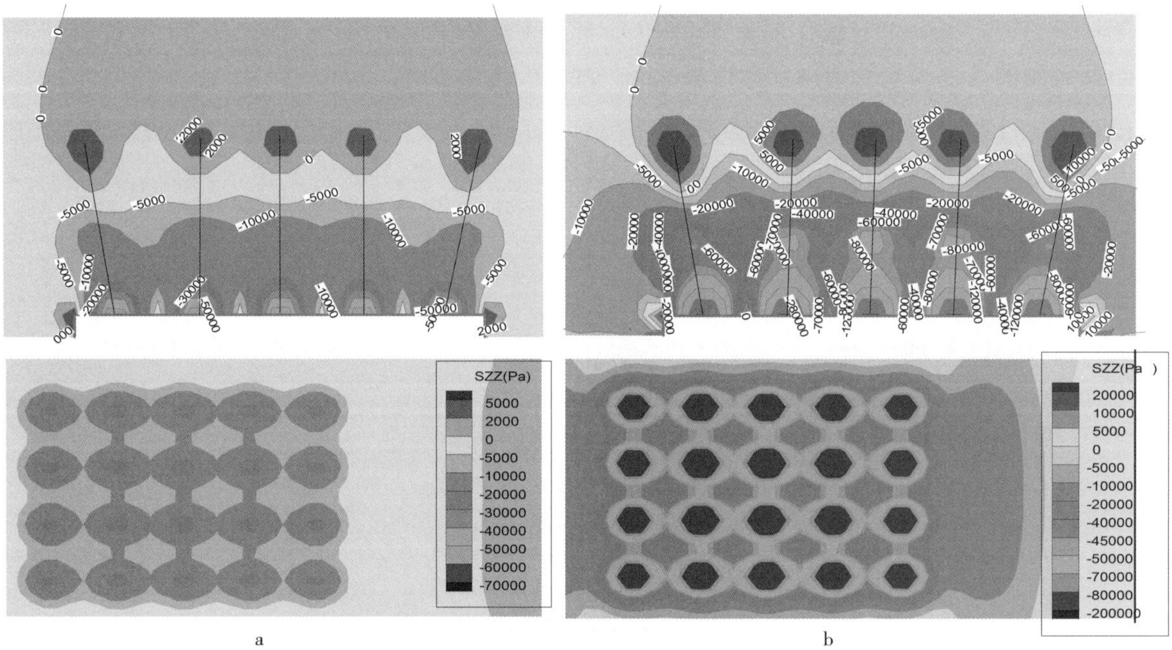

a　　　b

图 5.15.14　不同锚杆预应力形成的支护应力场分布

a—预应力 20kN；b—预应力 100kN

3）锚杆密度。在一定预应力下，单根锚杆周围形成了类似锥形的压应力分布区域，不能形成整体支护结构。随着锚杆间距缩小，锥形压应力区逐渐相互叠加，当锚杆增加到一定程度，对有效压应力区扩大、锚杆预应力的扩散作用变得不明显。通过提高锚杆的预应力，可增加锚杆的间排距，明显降低锚杆支护密度。不同锚杆间距的支护附加应力场如图 5.15.16 所示。

4）锚固方式。锚固方式不同，锚杆附加应力场分布有较大区别（图 5.15.17）。端部锚固锚杆预应力作用范围较大，但自由段中部压应力较小，形成“葫芦”形应力分布区；加长锚固锚杆预应力作用范围比端锚小，形成的有效压应力区厚度小，形成类似锥形的压应力分布区；全长锚固锚杆预应力作用范围更小，有效压应力区厚度小，形成类似“高脚杯”形的压应力分布区。综上所述，可通过提高预应力扩散效果适当减少锚杆长度。

5）锚杆角度。顶板角锚杆的角度对应力场分布有显著影响（图 5.15.18）。垂直布置时，有效压应力区相互连接与叠加，在顶板形成厚度较大的压应力区，预应力扩散与叠加效果最好。随着角锚杆角度增加，叠加区域越来越小。当角度达到 15°，两个压应力区明显分离。因此，在近水平煤层巷道中，顶板角锚杆最好垂直布置。上述锚杆支护参数的分析同样适用于锚索。

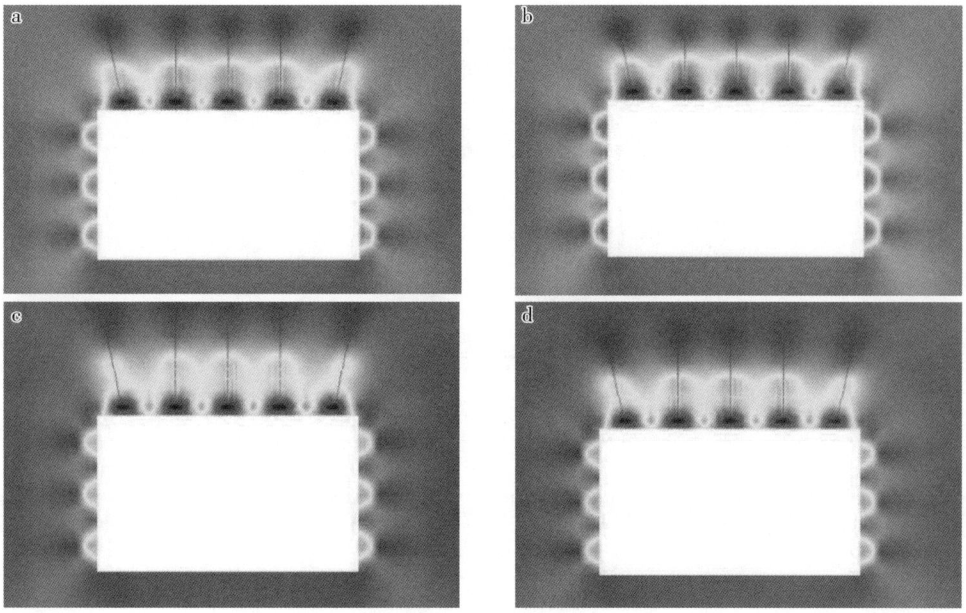

图 5.15.15　不同锚杆长度的应力分布

a—锚杆长度 1.6m 的应力分布；b—锚杆长度 2.0m 的应力分布；
c—锚杆长度 2.4m 的应力分布；d—锚杆长度 2.6m 的应力分布

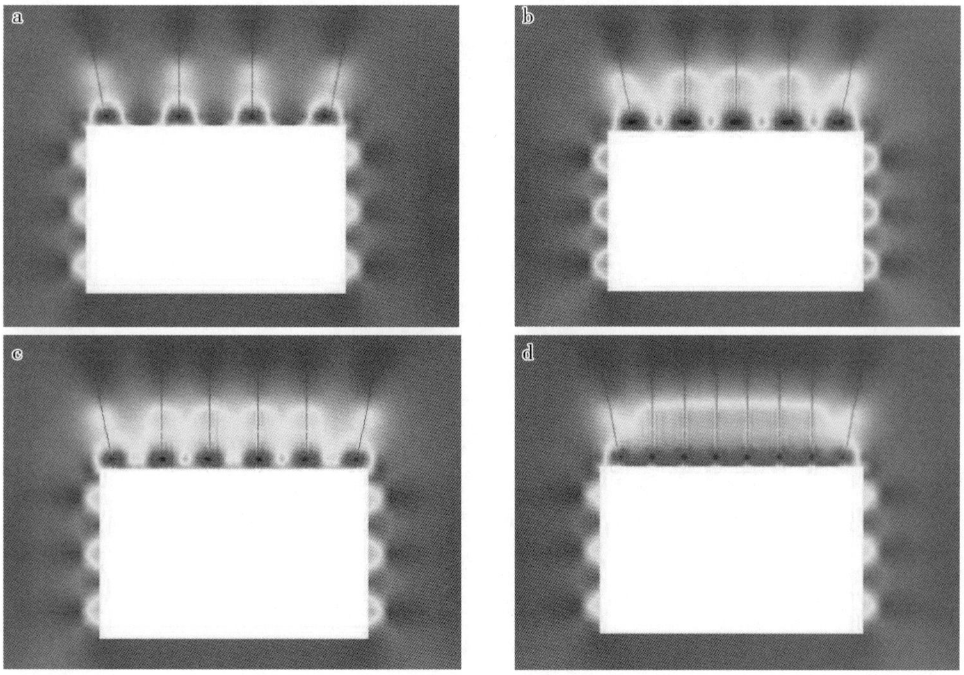

图 5.15.16　不同锚杆间距的支护应力场

a—4 根锚杆（间距 1.4m）的支护应力场；b—5 根锚杆（间距 1.0m）的支护应力场；
c—6 根锚杆（间距 0.8m）的支护应力场；d—8 根锚杆（间距 0.6m）的支护应力场

5.15.6　糯东煤矿巷道支护方案

依据各项研究分析，确定返修的主要井筒 1#回风大巷采用注浆与高预应力强力锚索联合加固，同时提出针对性的支护设计方案如下：①加固思路。整体加固思路为：先扩刷巷道至设计断面→喷浆→围岩注浆加固→注浆效果考察→锚索支护。②加固方案。

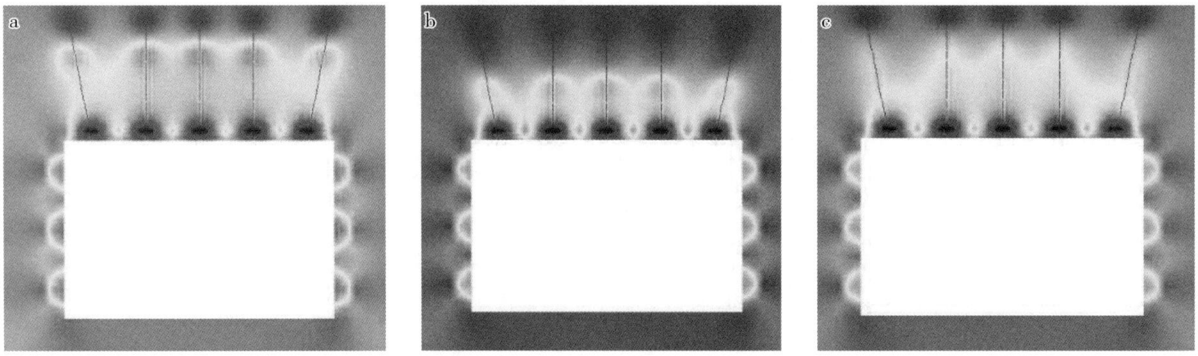

图 5.15.17　不同锚固方式锚杆的附加应力场分布

a—端部锚固；b—加长锚固；c—全长锚固

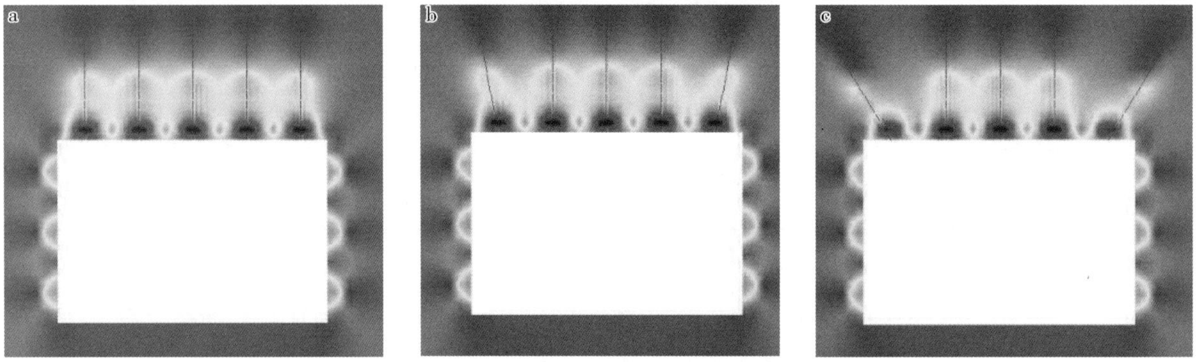

图 5.15.18　不同锚杆角度的附加应力场分布

a—垂直布置；b—与垂线夹角 10°；c—与垂线夹角 30°

（1）注浆方案

孔深：通过窥视可知巷道围岩破坏深度较大，但不能无限制注浆，所以本次注浆孔深度经计算后取略深于锚固长度，注浆孔深 10000mm。注浆孔钻孔排距 1600mm，间距 1600mm，按照图 5.15.19 布置。

注浆方式：埋孔口注浆管，孔内下射浆管，射浆管长度 8.5m，全长一次注浆。

成孔：使用 MQT120 锚索钻机配直径 Φ36mm 钻头成孔。

注浆材料：水泥浆、水泥水玻璃双液浆。

注浆压力：孔口注浆压力 2~3MPa，根据现场围岩情况、是否漏浆等进行调整。

（2）帮顶锚索支护

锚索规格：现场调研发现有较多锚杆破断现象，因此采用 1×19 股结构钢绞线，公称直径 22mm，（拉断载荷 607KN）锚索长度为 8300mm、4300mm 两种，300mm 为外露张拉长度。

锚索托板：配套托板为 300mm×300mm×16mm 高强度可调心托板及配套锁具，托板要求高度大于 56mm，承载能力大于 400kN。

钻孔：MQT120 锚索钻机打孔，钻头 28mm，孔深 6000mm。

锚索布置：每排 11 根，均匀布置，锚索间距 1200mm，排距 1200mm。

W 钢护板：W 钢护板厚 5mm，宽度为 280mm，长度 450mm。加强肩角处锚索护表能力。

锚索角度：锚索垂直岩面布置。

锚固方式：采用树脂端部锚固，三支树脂锚固剂，一支规格为 K2335（胶凝时间为 40~90 秒，等待时间 90~180 秒）放在孔底，另两支规格为 Z2360（胶凝时间 90~180 秒，等待时间 480 秒），要求施工过程中要均匀搅拌和注意胶凝和等待时间到了再进行张拉施加预应力。

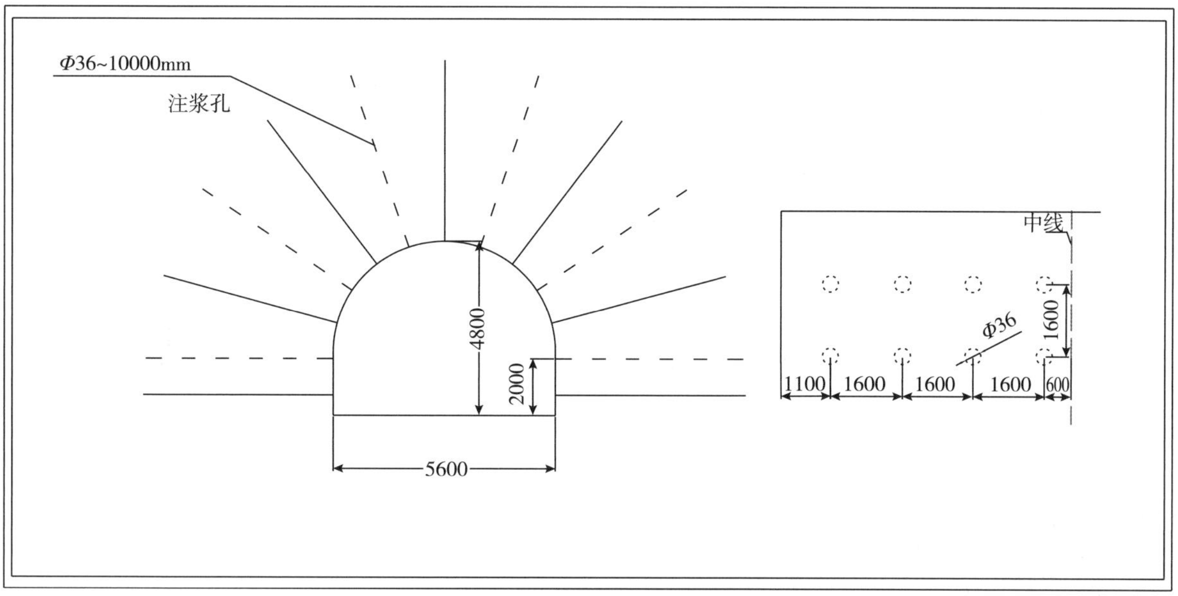

图 5.15.19　注浆孔布置图

预紧力：锚索预紧力≥300kN。

锚索支护布置如图 5.15.20。

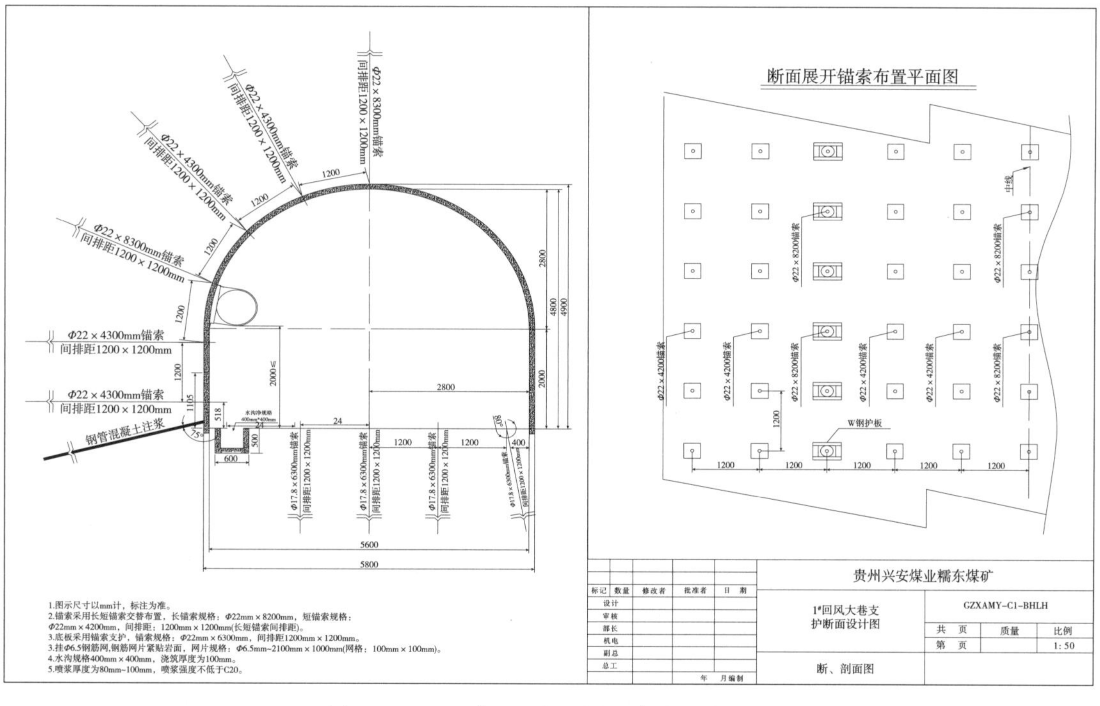

图 5.15.20　1#回风大巷锚网索支护布置图

（3）底板注浆孔预埋锚索支护

底板具有膨胀性底鼓和应力型底鼓的复合结构，已经拉底多次，针对现场实际问题，提出底板注浆加高预应力锚索支护的加固方案，具体如下：

成孔：首先使用 ZQS-65/2.5 手持式气动（防突）钻机，配 Φ42mm 螺旋钻杆和 Φ44mm 钻头打孔，孔深 6000mm（若无法成孔，则需要采用地质钻机 ZLJ250，采用 Φ44mm 钻杆，Φ56mm 钻头成孔）。

成孔布置：每排 4 个孔（由于一侧有水沟），孔间距 1200mm，底板孔距离两帮 400mm，孔排距 1200mm。成孔后进行预埋鸟笼锚索。

底角支护：采用钢管混凝土注浆。

底板注浆锚索形式和规格：采用鸟笼锚索，材料为 Φ17.8mm，1×7 股高强度低松弛预应力钢绞线，锚索长度 6300mm，延伸率 4%，配合高强度锁具和可调心托板。鸟笼锚索加工如图 5.15.21 所示。

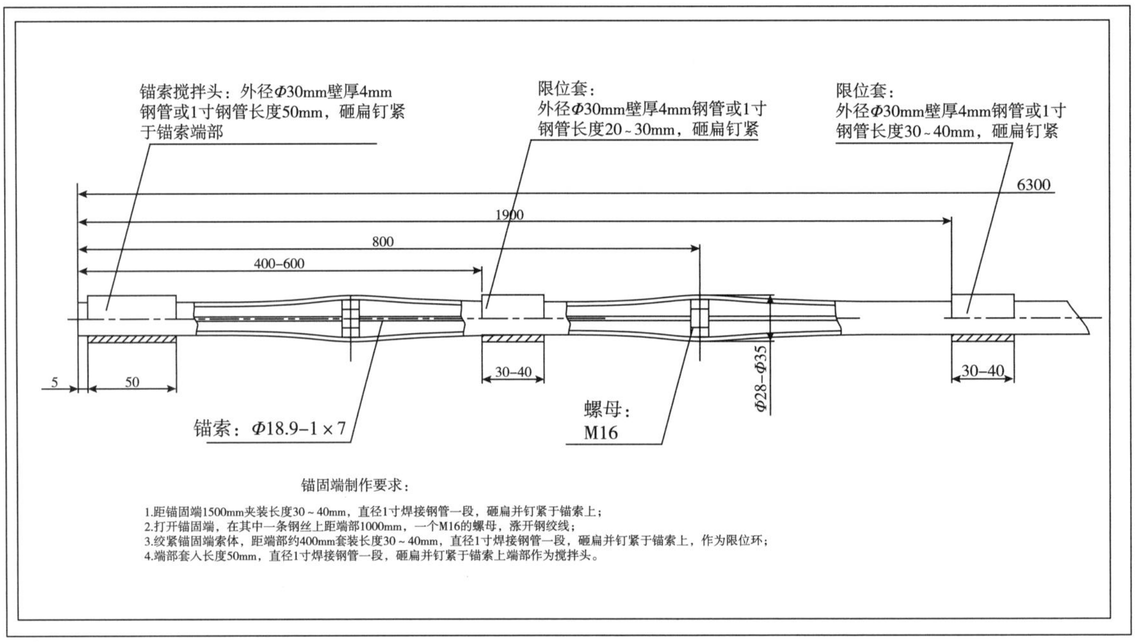

图 5.15.21　底板鸟笼锚索加工图

注浆锚索托板：配套托板为 300mm×300mm×14mm 高强度可调心托板及配套锁具，托板要求高度大于 56mm，承载能力大于 400kN。

锚固方式：预制具有一定流动性的混凝土，灌入锚索底端，用塑料管进行捣实。

混凝土锚固 7 天后，进行孔内注浆，注浆完毕一天后进行张拉。

注浆材料：水泥浆、水泥水玻璃双液浆。

注浆压力：孔口注浆压力 2～3MPa，根据现场情况进行调整。

注浆方式：埋孔口注浆管，孔内下射浆管，射浆管长度 800mm，全长一次注浆。

钢筋托梁：底板钢筋托梁规格如下：锚索配套钢筋托梁采用 Φ18mm 的钢筋焊接而成，宽度 210mm，钢筋托梁长 4100mm；钢筋托梁加工如下图 5.15.22，钢筋托梁规格和力学参数见表 5.15.3 和表 5.15.4。

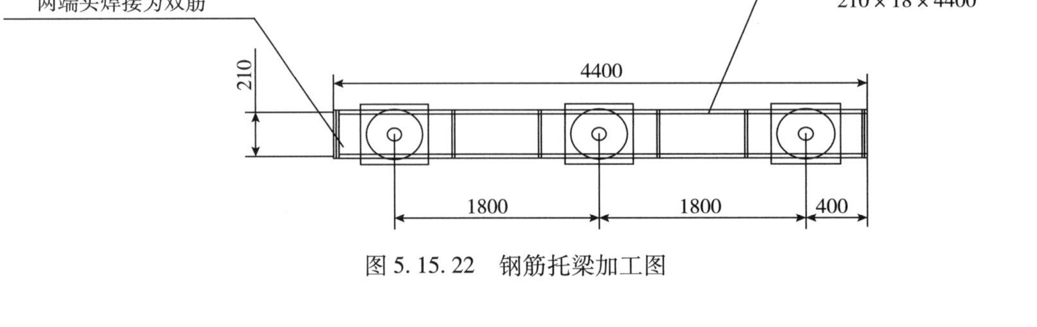

图 5.15.22　钢筋托梁加工图

表 5.15.3　钢筋托梁参数系列

钢筋直径 ϕ mm	托梁宽度 W mm	加强筋间距 L_2 mm	L_0 mm	长度 L m
14	60~100	60~100	100~200	2.0~4.5
16				2.4~6.0
18				3.0~6.0
20				3.2~4.0

表 5.15.4　钢筋托梁系列的力学参数

钢筋直径 mm	截面积 mm^2	屈服载荷 kN	拉断力 kN	惯性矩 mm^4
14	307.9	73.9	117.0	3771.5
16	402.1	96.5	152.8	6434.0
18	508.9	122.1	193.4	10306.0
20	628.3	150.8	238.8	15708.0

注：材质为 A3 钢，$\sigma_s=240MPa$，$\sigma_b=380Mpa$。

锚索角度：中部 3 根锚索垂直底板打设，两侧的 2 根下扎 10 度打设。

要求底板锚索初次张拉达到 250kN，预应力损失完成后不低于 200kN。

5.15.7　糯东煤矿 1#回风大巷支护效果监测

为检验该项目设计的可行性，糯东煤矿 1#回风大巷根据前一章节设计内容要求进行施工，施工后设置测点对该支护方式进行监测，并对该支护方式作出评价。

（1）监测内容

检测内容主要包括巷道两帮位移变形情况和顶板位移变形情况。本次检测共设置八个检测点，为直观反映出巷道位移变形情况，将观测平均数据整理为统计图（图 5.15.23、图 5.15.24）。

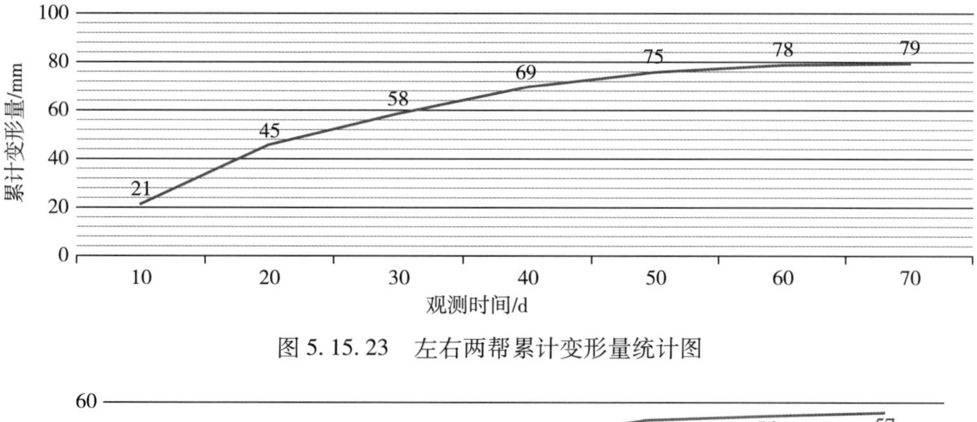

图 5.15.23　左右两帮累计变形量统计图

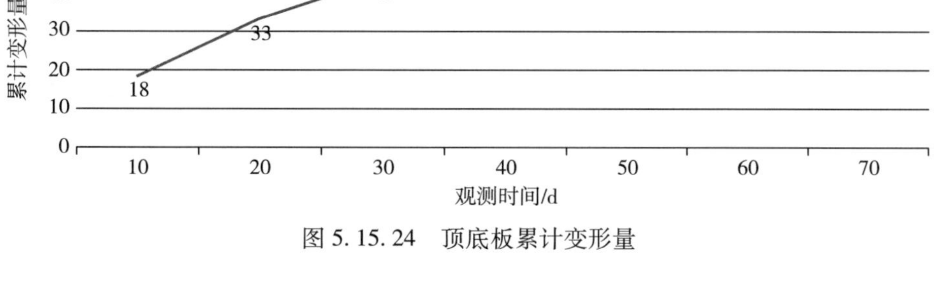

图 5.15.24　顶底板累计变形量

从图 5. 15. 23 中可明显看出 0~20 天内左右两帮变形位移量较大，变形较快，20 天后变形速度逐渐变慢，在 50 天后变形累计曲线趋于水平，巷道逐渐稳定，观测期间变形量未超过 100mm。

从图 5. 15. 24 中可看出顶底板位移量 0~10 天内顶底板变形位移量较大，变形较快，10 天后变形速度逐渐变慢，且在 50 天后变形累计曲线趋于水平，巷道顶底板逐渐稳定，观测期间变形量未超过 100mm。

（2）总结

从观测结果来看该设计实际应用效果较好，已有效控制了糯东煤矿 1#回风大巷的变形，为糯东煤矿节约了大量的巷修成本。但由于糯东煤矿煤层顶底板岩层主要为粉砂质泥岩，为确保巷道能持久稳定，糯东矿还需要在平时的工作中加强矿井防治水工作，避免因巷道积水或淹井浸泡导致巷道变形；另外，在平施工过程中应加强工程质量管控，确保工程质量符合设计标准。

（3）经济效益和社会效益

糯东煤矿 1#回风大巷使用该项技术进行支护加固后解决了巷修周期短（一年两次）的现状，根据糯东煤矿对 1#回风大巷的巷修成本统计：此后该巷道每年约为糯东 1320 万元，同时更提高了巷道的使用效率，加快煤矿的采掘效率。此外，该研究能为糯东煤矿、甚至贵州省内其他矿山类似条件的巷道支护与返修加固起到借鉴和示范作用，推动煤矿及公司复杂地质条件与穿层巷道支护技术的革新。

参考文献

GB 50388—2016　煤矿井下机车车辆运输信号设计规范.

GB 50533—2009　中国煤炭建设协会. 煤矿井下辅助运输设计规范.

GB/T 34679—2017　智慧矿山信息系统通用技术规范.

杜锋，郑金雷. 2017. 薄基岩综放采场支架-围岩关系研究［J］. 采矿与安全工程学报，34（3）：418-424.

方新秋，黄汉富，金桃. 2008. 厚表土薄基岩煤层开采覆岩运动规律［J］. 岩石力学与工程学报，（S1）：2700-2706.

国务院安委会办公室. 2016. 金属非金属地下矿山采空区事故隐患治理工作方案［N］.

何满潮. 1996. 中国煤矿软岩巷道支护理论与实践［M］. 徐州：中国矿业大学出版社，1-5.

何满潮. 1997. 煤矿软岩变形力学机制与支护对策［J］. 水文地质工程地质，24（2）：12-16.

何满潮，江玉生，徐华禄. 1995. 软岩工程力学的基本问题［J］. 东北煤炭技术，（10）：26-32.

何满潮，蒋宇静. 1996. 中国煤矿软岩巷道支护理论与实践［M］. 徐州：中国矿业大学出版社，8.

何满潮，景海河，孙晓明. 2002. 软岩工程力学［M］. 北京：科学出版社，5.

黄庆享，贺雁鹏，李锋，等. 2019. 浅埋薄基岩大采高工作面顶板破断特征和来压规律［J］. 西安科技大学学报，39（5）：737-744.

霍磊，王辉，王岩，王勇. 2014. 单轨吊车在煤矿辅助运输中的应用［J］. 中国煤炭，100-103.

李磊，文志杰. 2021. 上海庙矿区软岩反底拱优化加固技术及工程应用［J/OL］. 煤炭学报：1-10［2021-01-15］.

李明远，王连国，易恭猷，等. 2001. 软岩巷道锚注支护理论与实践［M］. 北京：煤炭工业出版社，15-18.

李时. 2001. 波折腹板梁非线性有限元分析［D］. 北京：清华大学.

林安川，彭立峰，马辰元，等. 2020. 智能化矿山建设关键技术的初步研究及应用简析［J］. 云南冶金，49（6）：5-12.

刘刚，王仁庭，董方庭. 2005. 井巷工程［M］. 徐州：中国矿业大学出版社.

刘森，耿磊，金万利等. 2011. 复杂条件下软岩区域支护技术研究［J］. 煤炭工程，（11）：41-45.

马天兵，王孝东，杜菲，等. 2019. 基于 GA-SVM 的刚性罐道故障诊断［J］. 工程设计学报，26（02）：170-176+222.

马天兵，訾保威，郭永存，等. 2020. 基于拟合衰减差自补偿的分布式光纤温度传感器研究［J］. 物理学报，69（3）：030701.

马义如，张骐，潘涛. 2018. 煤矿多人协同应急演练系统设计［J］. 工矿自动化，44（12）：93-97.

谭章禄，吴琦，肖懿轩 . 2019. 煤矿安全培训学习效果影响因素研究［J］. 煤矿安全，50（11）：249-253.
陶龙光，侯公羽 . 1995. 超前锚杆预支护机理的模拟实验与成拱力学模型研究［J］. 中国矿业大学学报，24（3）：35-42.
汪锋，陈绍杰，任梦梓，等 . 2019. 松散层拱结构及其对采动覆岩稳定性的影响［J］. 中国矿业大学学报，（5）：975-983.
王静，魏广庆，施斌，等 . 2012. 一种三分量光纤光栅振动传感器［P］. ZL201210293421. 9.
王蓉丽，方英姿，徐明 . 2011. 废弃矿山生态复绿技术研究进展［J］. 山西建筑，37（10）：200-202.
韦才寿，牛文静，潘桂海 . 2020. 地下矿山多夹层难采矿体矿废分离协同采矿方法研究［J］. 金属矿山，（5）：41-49.
卫鹏 . 2019. 智能虚拟矿工的建模与实现［D］. 西安：西安科技大学.
魏东明，郭豫蓉 . 2019. 基于数字化矿山的绿色地质勘查技术应用研究［J］. 世界有色金属，(19)：133+135.
文志杰，杜婉君，武凯，孟祥旭 . 大变形恒阻支护注浆锚杆、锚索及巷道定量支护方法［P］. 山东省：CN107237646B，2019-04-26.
文志杰，景所林，宋振骐，蒋宇静，等 . 2019b. 采场空间结构模型及相关动力灾害控制研究［J］. 煤炭科学技术，47（01）：52-61.
文志杰，卢建宇，肖庆华，等 . 2019a. 软岩回采巷道底臌破坏机制与支护技术［J］. 煤炭学报，44（07）：1991-1999.
文志杰，田雷，蒋宇静，左宇军，孟凡宝，等 . 2019. 基于应变能密度的非均质岩石损伤本构模型研究［J］. 岩石力学与工程学报，38（07）：1332-1343.
文志杰，张瑞新，杨涛，等 . 2018. 基于应力梯度理论的锚杆合理预紧力［J］. 煤炭学报，43（12）：3309-3319.
新华网 . 2015. 山东平邑石膏矿坍塌事故仍有 25 人被埋井下［N］.
徐华龙 . 2017. 矿山灾害仿真模拟与救援培训系统研究［J］. 中国煤炭，43（11）：69-73+96.
许家林，陈稼轩，蒋坤 . 2007. 松散承压含水层的载荷传递作用对关键层复合破断的影响［J］. 岩石力学与工程学院，26（4）：699-704.
张广超，何富连 . 2016. 大断面强采动综放煤巷顶板非对称破坏机制与控制对策［J］. 岩石力学与工程学报，35（4）：806-818.
张广超，何富连 . 2016. 大断面综放沿空巷道煤柱合理宽度与围岩控制［J］. 岩土力学，(6)：1721-1728.
张广超，何富连，来永辉，等 . 2016. 高强度开采综放工作面区段煤柱合理宽度与控制技术［J］. 煤炭学报，41（9）：2188-2194.
张华磊，涂敏，程桦，等 . 2017. 深埋薄基岩煤层采场顶板破断机制研究［J］. 采矿与安全工程学报，34（5）：825-831.
张华磊，涂敏，程桦等 . 2018. 薄基岩采场覆岩破断机理及风氧化带整体注浆加固技术［J］. 煤炭学报，43（8）：2126-2132.
张军 . 2020. 基于虚拟现实的矿井探测装备培训系统［J］. 能源与环保，42（3）：115-119.
张农 . 2004. 巷道滞后注浆围岩控制理论与实践［M］. 徐州：中国矿业大学出版社，6-9.
张庆林 . 2008. 波浪腹板工形构件稳定承载力设计方法研究［D］. 北京：清华大学.
张文杰，王艳芬 . 2007. Chirp-UWB 无线通信技术在煤矿井下的应用研究［J］. 工矿自动化，(2)：7-10.
郑晓亮，郭兆坤，谢鸿志，等. 2009. 基于分布式光纤传感技术的冻结温度场监测系统［J］. 煤炭科学技术，37（1）：18-23.
中南大学资源与安全工程学院 . 2005. 广东大宝山矿大型复杂塌陷原因调查与综合治理技术研究［R］. 长沙.
周孟然 . 2007. 激光技术在煤矿绞车提升安全监测中的应用［M］. 合肥：合肥工业大学出版社.
周孟然，胡居文，汪前军，等 . 2013d. 基于支持向量机算法的煤矿立井罐笼防飞车防坠方法［P］. ZL201310320391. 0.
周孟然，刘继平，陈银翠，等 . 2013a. 基于萤火虫算法的矿井井筒安全提升检测方法［P］. ZL201310099802. 8.
周孟然，刘继平，董祥林，等 . 2013b. 基于萤火虫算法的井壁变形安全预警系统［P］. ZL201320141965. 3.
周孟然，刘继平，董祥林，等 . 2013c. 煤矿立井井筒设备提升安全检测系统［P］. ZL201320141940. 3.
周孟然，孙超，虞钢，等 . 2011. 基于神经网络模型 BP 算法的嵌入式矿压检测方法［P］. ZL201110344945. 1.

周孟然，姚夕林，戴婳，等 . 2013. 基于光纤 Bragg 光栅传感网络的井下瓦斯检测方法［P］. ZL201310167688. 8.

周子龙，陈 璐，赵 源，等 . 2017. 双矿柱体系变形破坏及承载特性的试验研究［J］. 岩石力学与工程学报，36（2）：420–428.

周子龙，柯昌涛，王亦凡，等 . 2018. 基于颗粒离散元的矿柱群连锁失稳机理分析［J］. 中国地质灾害与防治学报，29（4）：78–84.

朱臣武 . 2016. 龙门塔矿水泵房系统监控程序及其接入数字化矿山平台的设计［J］. 煤矿安全，47（7）：140–142.

Abbas H H，Sause R. Driver R G. 2006. Behavior of Corrugated Web I–Girders under In–Plane Loads［J］. Journal of Engineering Mechanics，133（3）：347–355.

Anonymous. 2011. World's first integrated factory–level SCADA system for mining to be unveiled in Sydney［J］. Australian Mining.

Chen Lu，Zhou Zilong，Zang Chuanwei. 2019. Failure pattern of large–scale goaf collapse and a controlled roof caving method used in gypsum mine［J］. Geomechanics and Engineering，18（4）：449–457.

Franzen T. 1992. Shotcrete for Underground Support–A State of the Art Report with Focus on Steel Fibre Reinforcement［J］. Rock Support in Mining and Under–gound Construction.

Luo Rong，Li Guangyue，Chen Lu，et al. 2020. Ground subsidence induced by pillar deterioration in abandoned mine districts［J］. Journal of Central South University，27（7）：2160–2172.

Ma Tianbing，Chen Nannan，Wu Xiaodong，et al. 2019. Investigation on the design and application of 3–dimensional wide–band piezoelectric energy harvester for low amplitude vibration sources［J］. Smart Materials and Structures，28（10）：105013.

Olivier Louis，Stéphane Haag，Mirodatos Claude，et al. 2009. Oxidative coupling of methane using catalyst modified dense perovskite membrane reactors［J］. Catalysis Today，142（1–2）：34–41.

Steve Kral，William Gleason，Ken Goering. 2016. Technology rules at MINExpo 2016；44，000 attend three–day expo in Las Vegas［J］. Mining Engineering，68（12）.

Wang C，Wang Y，Lu S. 2000. Deformational Behaviour of Roadways in Soft rocks in Underground Coal Mines and Principles for Stability Control［J］. International Journal of Rock Mechanics and Mining Sciences，37（6）：937–946.

Wang J A，Li D Z，Shang X C. 2012. Creep failure of roof stratum above mined–out area［J］. Engineering Fracture Mechanics，45：533–546.

Wang J A，Shang X C，Ma H T. 2008. Investigation of catastrophic ground collapse in Xingtai gypsum mines in China［J］. International Journal of Rock Mechanics and Mining Sciences ，45（8）：1480–1499.

Zhou Zilong，Cai Xin，Chen Lu，et al. 2017. Influence of cyclic wetting and drying on physical and dynamic compressive properties of sandstone［J］. Engineering Geology，2020：1–12.

Zhou Zilong，Cai Xin，Li Xibing，et al. 2020. Dynamic response and energy evolution of sandstone under coupled static–dynamic compression：Insights from experimental study into deep rock engineering applications［J］. Rock Mechanics and Rock Engineering，53（3）：1305–1331.

Zhou Zilong，Cai Xin，Ma Dan，et al. 2019. Water saturation effects on dynamic fracture behavior of sandstone［J］. International Journal of Rock Mechanics and Mining Sciences，114：46–61.

Zhou Zilong，Chen Lu，Cai Xin，et al. 2018. Experimental investigation of the progressive failure of multiple pillar–roof system［J］. Rock Mechanics and Rock Engineering，51（5）：1629–1636.

Zhou Zilong，Chen Lu，Zhao Yuan，et al. 2017. Experimental and numerical investigation on the bearing and failure mechanism of multiple pillars under overburden［J］. Rock Mechanics and Rock Engineering，50（4）：995–1010.

Zhou Zilong，Zang Haizhi，Cao Wenzhuo，et al. 2019. Risk assessment for the cascading failure of underground pillar sections considering interaction between pillars［J］. International Journal of Rock Mechanics and Mining Sciences，124：104–142.

Zhou Zilong，Zhao Yuan，Cao Wenzhuo，et al. 2018. Dynamic response of pillar workings induced by sudden pillar recovery［J］. Rock Mechanics and Rock Engineering，51（10）：3075–3090.

第6章　环境保护篇

6.1　传统与非传统稳定同位素示踪矿山废水来源

6.1.1　项目背景

自工业革命以来，人类科技发展的进程不断加速，而矿产资源的开发是科技发展的重要支撑。然而，伴随着人类社会对矿产资源的需求越来越大，相关矿产的开采强度也愈发强烈，同时带来了诸多的矿山开采相关的环境问题。例如，酸性矿山排水问题是采矿和矿物加工活动相关的主要污染源，也是矿山修复、绿色矿山建设的主要问题之一。酸性矿山排水造成的污染具有隐蔽性强、影响范围大、迁移途径广等特点，因此传统的基于污染物浓度的检测与评价标准不能很好地反映酸性矿山排水对区域内水系的污染程度。金属矿山特别是有色金属矿山在我国的矿产资源开采行业中占有着举足轻重的地位。这些有色金属矿山的开发在助力我国社会经济发展的同时，其产生的冶炼尾矿等带来的相关环境问题也不断加剧，并且受到了广泛的关注。而钾盐矿山开采会使用大量水资源，并进而排放含有多种污染物（主要是K）的废水，造成区域水体污染，进一步加剧水资源利用困难。因此，准确的识别并量化相关污染物的来源至关重要。

针对上述的矿山环境问题及其污染物源解析的关键科学问题，本项目围绕我国矿产资源开采过程中的酸性矿山废水排放、有色金属矿山冶炼尾矿、钾盐尾矿污染等环境问题，将地球化学和同位素地球化学的方法和原理创新性的拓展到了矿山废水来源的识别中，结合水化学计量学、同位素质量平衡模型，对我国不同流域尺度下的矿山废水污染物的来源进行了系统的研究。手段和方法覆盖了传统同位素和非传统同位素，力争为矿山环境污染的溯源与防控提出地球化学方案。

6.1.2　成果简介

本项目属于矿山环境保护与污染物溯源领域，围绕我国矿产资源开采过程中的酸性矿山废水排放、有色金属矿山冶炼尾矿、钾盐尾矿污染等环境问题，利用碳（C）、硫（S）、氧（O）、铜（Cu）、锌（Zn）、钾（K）等传统与非传统稳定同位素地球化学指标，对我国不同流域尺度下的矿山废水污染物来源进行了系统的研究，取得了三项代表性的研究成果。

1）系统的研究了珠江和九龙江等不同流域尺度河水的C、S、O同位素组成及水化学特征，证实了河水受自然过程和人为输入影响的区域水文过程控制，且酸性矿山废水排放过程中的硫化物氧化和其他人为输入是影响珠江流域河水SO_4^{2-}来源和S循环的主要过程。同时指出了来源于酸性矿山排水的H_2SO_4确实参与了矿物的溶解，并增加了河流的C通量。

2）率先在国内开展了基于Cu、Zn同位素的金属矿山尾矿河流污染的定量源解析。结合重金属地球化学组成及端元混合模型等计算出了冶炼尾矿和自然过程等对河流悬浮颗粒物中铜和锌的相对贡献，为河流Cu、Zn尾矿污染的控制管理提供了有力的支撑。

3）建立首次在国内实验室中建立了完全自主的高精度K稳定同位素分析方法，并基于此开发了钾盐尾矿监测的非传统稳定同位素方法理论体系，突显了K同位素在钾盐尾矿监测等领域的应用潜力，助力相关矿山污染治理方案的制定，实现绿色矿山的目标。

研究成果在相关领域产生了重要的影响，在C、S、O等传统稳定同位素矿山环境应用的基础上，拓宽了Cu、Zn等非传统稳定同位素在有色金属矿山环境问题研究中的应用途径；同时也为更大尺度的地表碳的“源-汇”过程提供了数据支撑；还开发了基于K同位素的钾盐尾矿监测理论体系，相关成果已发表在《Journal of Environmental Quality》（Han et al.，2019）、《Exposure and Health》（Liu et al.，2020）、《International Journal of Environmental Research and Public Health》（Zeng et al.，2019）等重要国际学术期刊上。

6.1.3 详细内容

（1）酸性矿山排水的传统同位素示踪

酸性矿山排水问题是采矿和矿物加工活动相关的主要污染源，也是矿山修复、绿色矿山建设的主要问题之一。酸性矿山排水造成的污染具有隐蔽性强、影响范围大、迁移途径广等特点，因此传统基于污染物浓度的检测与评价标准不能很好地反应酸性矿山排水对区域内水系的污染程度。酸性排水主要来源于矿山中硫化物矿物在空气和水的参与下的氧化过程，其主要产物是硫酸，而生成的硫酸会大大地加速区域内矿物的溶解，释放大量的物质进入地表水与地下水，进而污染地表水、地下水资源与土壤。稳定同位素C、S、O可以很好反映出酸性矿山排水对流域内水资源的污染：硫化物氧化产生的硫酸与其参与的溶解过程产生的物质的C、S、O同位素组成与其他自然过程产生的物质的同位素组成有着显著的差异，并且在其发生迁移的途中不会轻易地发生改变。因此，C、S、O稳定同位素的耦合可以很好地量化酸性矿山排水对地表、地下水系的污染的贡献。利用同位素质量平衡模型与区域内河水、地下水样品C、S、O同位素的监测，可以探明潜在的污染源、污染物的迁移途径以及对区域性水资源的污染程度，从而获得较大区域内高空间分辨率污染程度的反馈。

项目通过对我国南方珠江和福建九龙江的河水样品的系统研究，基于河水的C、S、O同位素及河水水化学计量学等手段，在示踪酸性矿山排水方面取得重要进展。研究发现：珠江流域丰水期的河水中SO_4^{2-}浓度介于0.05~0.96 mmol/L（均值0.32 mmol/L），$\delta^{17}O-SO_4^{2-}$值范围为-9.1‰~5.1‰（均值-2.1‰），$\delta^{18}O-SO_4^{2-}$值范围为-0.4‰~10.8‰（均值-5.0‰），且$\delta^{17}O-SO_4^{2-}$值和$\delta^{18}O-SO_4^{2-}$值自上游至下游呈逐渐降低趋势。河水受自然过程和人为输入影响的区域水文过程控制，且酸性矿山废水排放过程中的硫化物氧化和其他人为输入是影响珠江流域河水SO_4^{2-}来源和S循环的主要过程。此外，对珠江枯水期河水的研究表明硫化物氧化产生的硫酸是促进岩石风化作用的主要因素，进一步使用质量平衡模型识别的河流SO_4^{2-}的人为活动贡献率（图6.1.1），同时评估了酸性矿山排水影响下的珠江河水的灌溉风险及饮用风险，指出了对河流水体进行长期监测的必要性。珠江流域的C同位素研究也进一步印证了酸性矿山排水参与下的矿物质溶解过程对流域风化

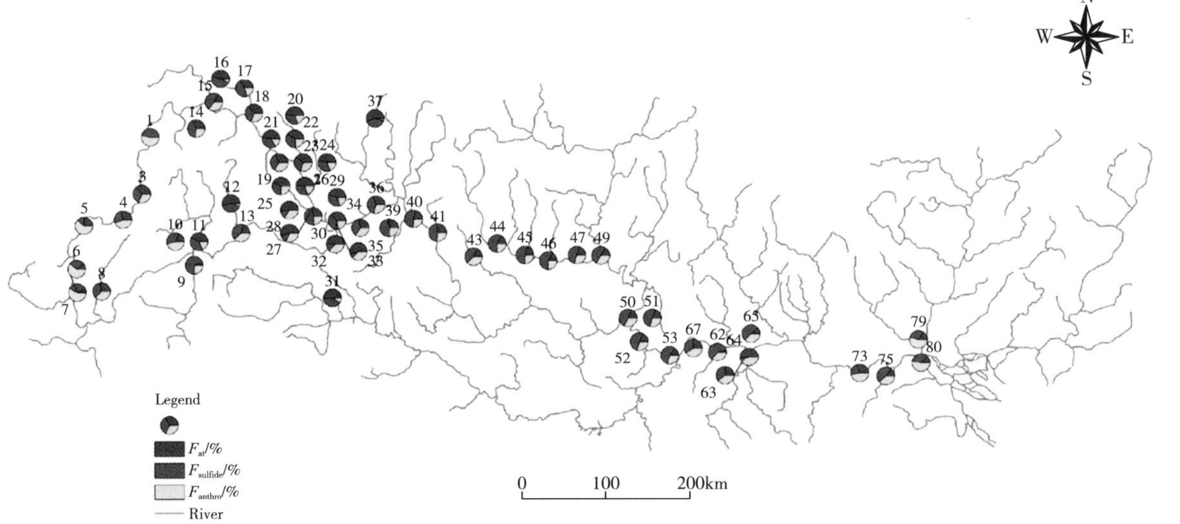

图6.1.1 基于同位素的酸性矿山废水排放影响的硫化物氧化对河水硫酸根的贡献率

的重要影响。而对九龙江的研究也发现河水溶质的季节变化是由碳酸盐矿物和硅酸盐矿物不同的水文条件和矿物溶解速率决定的。而主要来源于酸性矿山排水的 H_2SO_4 确实参与了矿物的溶解，并增加了河流的 C 通量。同位素组成表明，河流中 H_2SO_4 主要来源于硫化物氧化和人为污水输入。同时，在加速风化条件下，会导致河水面临着盐渍化的危险。

（2）金属矿山尾矿河流污染的 Cu、Zn 同位素定量源解析

金属矿山特别是有色金属矿山在我国的矿产资源开采行业中占有着举足轻重的地位。这些有色金属矿山的开发在助力我国社会经济发展的同时，其产生的冶炼尾矿等带来的相关环境问题也不断加剧，并且受到了广泛的关注。Cu 和 Zn 都是典型的有色金属矿产，在开采冶炼相关矿产资源时，会向环境中输入相应的 Cu、Zn 元素。尽管 Cu 和 Zn 是人体和生物必需的微量金属元素，普遍存在于各种环境介质中，但环境中 Cu 和 Zn 含量一旦超出人体或生物的耐受水平，就会对人体或生物产生诸多负面影响乃至中毒。Cu 和 Zn 矿山等排放的铜锌元素的主要环境体系是河流，而在河流生态系统中，悬浮颗粒物（SPM）作为 Cu 和 Zn 的重要载体，往往会对人类和水生生物构成潜在威胁。因此，确定 SPM 中 Cu 和 Zn 的富集水平以及 Cu 和 Zn 的来源至关重要。传统研究手段对 SPM 中 Cu 和 Zn 的来源解析大多停留在定性分析上，而近年来 Cu 和 Zn 同位素作为环境中 Cu 和 Zn 迁移和来源的有效示踪剂，得到了长足的发展，为定量解析 Cu 和 Zn 的来源提供了巨大潜力。

基于此，项目通过对我国南方最大的河流——珠江悬浮物样品的 Cu 和 Zn 含量、地球化学行为及 Cu 和 Zn 同位素组成的研究，在定量解析河流悬浮物的 Cu 和 Zn 来源，特别是冶炼尾矿方面取得重要进展。研究发现：珠江悬浮物的 Cu 含量为 14～96 mg/kg，大多数样品的 Cu 富集程度（富集系数，EF=1.6）相对较低。研究期内 5%～98%（均值 60%）的 Cu 在河流中以悬浮颗粒物的形式运输。初步报道了珠江悬浮物 Cu 同位素组成的空间差异，δ^{65}Cu 值介于 0.04‰～0.50‰之间。结合悬浮物中 Cu 的 EF 值和 δ^{65}Cu 值及各端元的 Cu 富集特征和同位素组成，识别了岩石风化、城市污泥和冶炼尾矿三个潜在端元，并进一步利用混合模型估算了三者的相对贡献，分别为 76.4%、15.4%和 8.2%（图 6.1.2）。珠江悬浮物的 Zn 含量为 49～733mg/kg，所有样品均表现出不同程度的 Zn 富集（富集系数 EF 最高达 20.8）。研究期内最高达 97%（均值 83%）的 Zn 在河流中以悬浮颗粒物的形式运输。珠江悬浮物 Zn 同位素组成存在空间差异，δ^{66}Zn 值介于−0.11‰～0.41‰之间。结合悬浮物中 Zn 的 EF 值和 δ^{66}Zn 值，识别了自然源和人为输入源（主要是冶炼尾矿

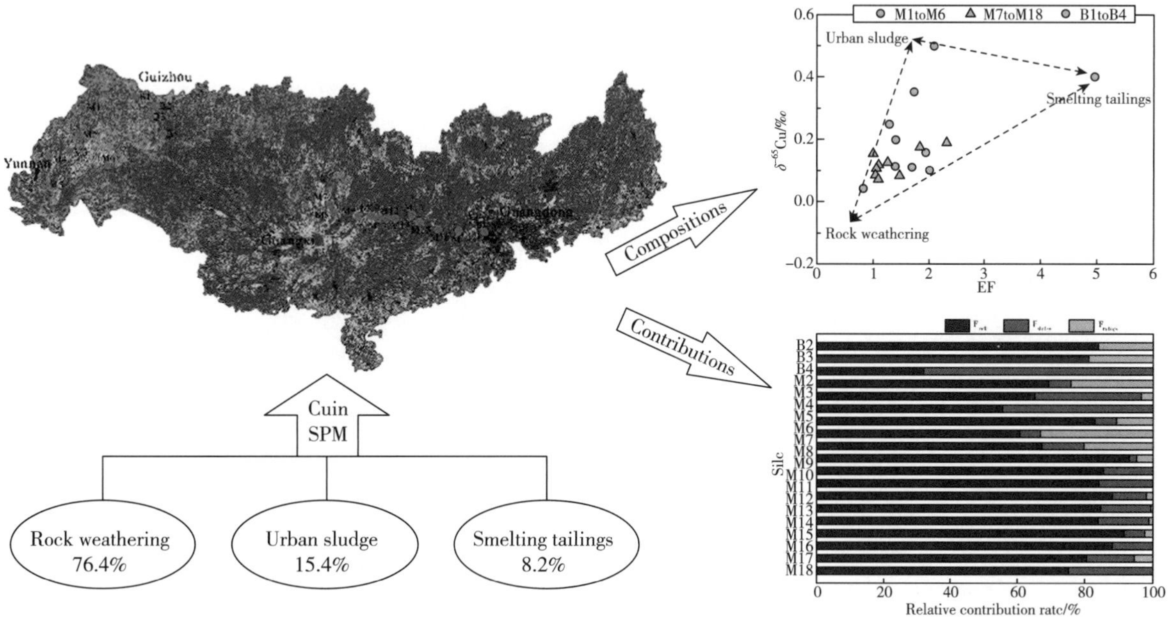

图 6.1.2　基于 Cu 同位素的珠江流域 SPM 中铜的矿山冶炼尾矿源贡献率

和生活污染）的混合过程，并利用混合模型初步估算了自然源和人为输入对河流悬浮物中 Zn 的相对贡献，分别为 69.8%和 30.2%。Cu 和 Zn 同位素在珠江悬浮物铜锌来源解析的初步应用对环境中 Cu 和 Zn 的溯源及其归趋具有重要意义，也为大型河流悬浮物 Cu 和 Zn 污染，特别是尾矿污染的控制和管理提供了数据支撑。

（3）基于 K 同位素的钾盐尾矿监测方法的开发

众所周知，钾肥是农业三大肥料之一，对绝大多数农作物都有明显的增产效果。中国是一个农业大国，但钾盐资源匮乏，钾肥自给率仅为 20%左右。为了保证开采的有效性，钾盐矿山开采会使用大量水资源，这些水资源利用后会含有多种污染成分，其直接排放会造成区域水体污染，进一步加剧水资源利用困难。钾盐矿中的钾元素具有异常高的 K 同位素值，与自然过程中水体低的 K 同位素值产生了鲜明的对比，利用这一特点可以通过监测周边水体中 K 同位素值来判别污水中的 K 是来自的钾盐尾矿还是自然过程，最大限度地减少矿业活动对生态环境的影响和破坏。然而，由于当前 K 元素的纯化方法较为落后，如过柱次数多，淋洗液体积大，空白高，回收率低等，以及仪器测试干扰多（$^{40}Ar^{+}$和$^{40}ArH^{+}$）难度大等原因，钾稳定同位素的高精度分析测试仍然十分困难，进而使得当前 K 稳定同位素在钾盐尾矿监测方面的研究几乎为零，且目前中国国内实验室此前尚无自主测定的高精度 K 稳定同位素数据报道。基于此，项目成员所在的中国地质大学（北京）表生环境地球化学实验开发了国内实验室首家自主高精度 K 稳定同位素分析方法。

项目建立了一柱分离方案和“冷”等离子体高精度 K 同位素分析测试方法，并进一步使用 Nu Plasma 3 型 MC-ICP-MS 对 23 个地质和环境标样进行了系统分析和对比验证。取得的主要发现包括：优化后的 K 元素一柱分离流程淋洗液仅需 22mL，上样量可低至 10~20μg 的 K，流程空白低于 10ng，可用于痕量 K 样品；在“冷”等离子体条件下，使用仪器配置的盲杯（Dummy bucket）和温控优化后的 Aridus 3 膜去溶系统实现了高灵敏度高精度的 K 同位素测试，长期外精度可达 0.06‰；报道了 14 个新的地质、环境和植物标样 K 同位素数据（图 6.1.3），发现硅酸盐岩和黄土中 K 同位素组成相对均一，与硅酸盐岩地球估计值相当，而沉积物、土壤和植物中 K 同位素组成变化较大。以上方法的建立，极大地提升了 K 同位素在示踪 K 元素循环和钾盐尾矿监测等领域的应用前景，进而使得在区域性污染探明的情况下，利用 K 同位素手段和技术，管理者可以集中人

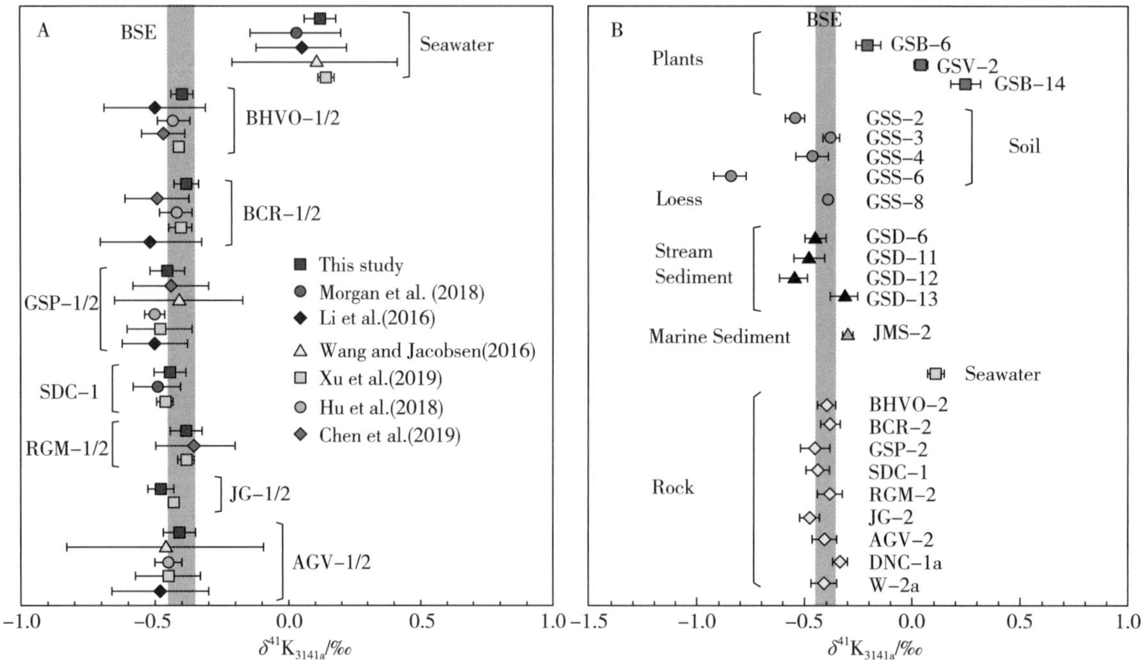

图 6.1.3　环境标样和地质矿物标样 K 同位素组成的高精度测试结果

力物力针对污染较重的区域进行优先治理，对污染较轻的区域进行监测，而这可以为钾盐矿山企业节约大量人力物力，帮助其更好地制定矿山污染治理方案，实现绿色矿山的目标。

（4）成果应用情况

项目的研究成果在相关领域产生了重要的影响，在 C、S、O 等传统稳定同位素矿山环境应用的基础上，拓宽了 Cu、Zn 等非传统稳定同位素在有色金属矿山环境问题研究中的应用途径；同时也为更大尺度的地表碳的“源-汇”过程提供了数据支撑；还开发了基于 K 同位素的钾盐尾矿监测理论体系，相关成果已发表在《Journal of Environmental Quality》、《Exposure and Health》、《International Journal of Environmental Research and Public Health》等国际重要学术期刊上。主要的研究成果已经成果的应用于我国南方最大的河流珠江以及福建省境内的九龙江，为这些不同尺度的流域酸性矿山排水、矿山冶炼污染等的治理防控提供了详实的科学依据和有力的支撑，而基于 K 同位素的钾盐尾矿监测方法技术也受到了学界和产业界的广泛关注，并已开始进入野外试验阶段。此外依托于相关的国际合作项目，这些传统稳定同位素和非传统稳定同位素的矿山废水示踪技术已拓展到“一带一路”沿线国家的流域矿山环境效应的研究中，促进我国与相关国家的科技交流的同时，助力了“一带一路”沿线国家绿色矿山和环境地球化学等学科的发展。

6.1.4　本节小结

项目针对矿山环境污染物的元素和同位素溯源这一关键科学问题，面向绿色矿山建设的重大科技需求，聚焦于受矿山环境污染影响下不同流域尺度的污染物的源-汇过程，创新性的将地球化学和同位素地球化学的方法和原理应用到了酸性矿山排水、有色金属矿山尾矿污染的溯源及钾盐尾矿污染的监测中，极大地推动了地球化学特别是同位素地球化学与绿色矿山科学的交叉融合与科技进步，在保障了矿山开采的同时，量化厘清了相关污染物对流域尺度河流的污染的贡献率，并进一步评估了其生态风险等，为保障流域内居民的生活、灌溉用水安全提供了极大助力，同时也为相关部门制定矿山污染控制管理措施提供了有力的科学依据。

6.2　多场耦合作用下废弃煤矿地下水污染机理及修复关键技术

6.2.1　项目背景

目前我国有矿业城市（镇）426 座，因采煤累计损毁土地 650×10^4 亩，形成废弃采空区 70×10^4 公顷，而地下水的影响范围远大于采空区范围。经过了几十年、上百年过度的、与环境不协调的开采，造成矿业城市环境严重恶化，已经严重地影响了矿区人民的生活水平和质量。随着矿井的关闭，地层结构长时间不稳定，继续大规模变形、破坏等地层结构演化，从而严重破坏地下水资源和地下水循环系统，伴随而来的地下水污染也越来越严重。表现为：①地表废弃固体淋滤污染。固体废渣积存达 70×10^8t，其中煤矸石山 1500 座，剧毒尾矿库 1600 座。矿山堆存固体废料在淋滤作用下渗入地表沉陷区、露天矿坑，经包气带进入浅部含水层中，还可能随岩体裂隙渗入地下，污染深层地下水。②低洼地积水污染。两淮、平顶山等矿区积水严重，积水中的酸性、碱性、毒性、含重金属矿物、有机物、微生物等会对该区域地下水造成污染。③井巷串水污染。煤矿开采时，矿井水大量抽排，形成降水漏斗。一旦矿井关闭，势必导致矿坑水的大量蓄积，水位大幅上升，反向补给含水层，进而造成矿区水环境系统严重污染。④采煤导致的塌陷及断裂、裂隙，沟通了地表径流、地下蓄水构造与矿坑之间的水力联系，使地表、地下径流渗透汇集到废旧采空区，形成地下暗湖。采煤遗留下的废旧采场、巷道等地下空间，仅阜新矿区达 $4\times10^8m^3$ 以上。据测算，山西省每年因采矿沉陷区诱发的水资源流失造成的直接损失达上百亿元。

废弃矿井水位抬升造成洁净含水层水大范围污染，危及附近居民的生活供水和工农业生产。我国的很多废弃矿井位于主要供水水源的地下水系统之中，这些地下水系统又位于或临近主要工业城市。近年，阜新临近闭坑矿井的居民水井的水质监测发现，除了显现高铁、高 SO_4^{2-} 外，F、Mn 等有害离子也明显超标。

基于此，项目以我国典型废弃矿山——阜新矿区为研究对象，研究废弃煤矿地下水污染形成机理，并研发污染修复关键技术，为废弃煤矿地下水污染控制与治理提供理论基础。

6.2.2 成果简介

项目针对废弃煤矿地下水环境污染问题，取得创新性成果如下：①采用“降半梯形分布法”和“相对距离法”协同改进的模糊综合评判法对阜新矿区 13 个矿井水质监测结果进行评价，获得了阜新煤矿地下水污染时空动态演化规律。②利用多种地球物理方法联合探测煤层采空区，建立了一套针对采空区地震波场的识别模式，并与钻探结果相互验证，获得了废弃煤矿采空区特征的可靠数据。③研发了一种矿山地下水污染的多场耦合模拟试验装置及方法，通过水浸试验、扫描电镜、XRD 分析、白光数字散相关方法、土柱试验和耦合模型试验，研究了矿井水对废弃煤矿充填体、泥岩、砂岩、煤岩体力学性质影响及典型污染物在岩体中的运移规律，阐明了废弃矿区地下水污染特征及水岩耦合作用机理。④建立了废弃煤矿地下水污染的应力-渗流-化学三场耦合动力学模型并进行数值求解，结合现场监测数据，验证了模型的可靠性。⑤提出了一种煤矿复合污染矿井水的天然和人工联合净化方法，并研发了煅烧蛇纹石负载羟基磷灰石新型吸附材料，揭示了其对高氟高铁锰地下水的同步吸附机理，为绿色矿山建设提供了技术支撑。

项目的研究取得了一系列的理论成果，发表高水平学术论文 52 篇，其中 SCI 检索 10 篇，EI 检索 12 篇，出版专著 3 部，授权及受理发明专利 16 项，授权软件著作权 4 项，实用新型专利 2 项。经鉴定，多场耦合模型试验装置、三场耦合模型建立等成果具有突出创新性，达到国际领先水平。

通过本项目实施，形成了废弃煤矿地下水污染控制和一体化修复关键技术，在辽宁阜新矿区、河北秦能三矿、宁夏积家井矿区、黑龙江鸡东煤矿等地进行了应用，取得了显著的经济效益、环境效益和社会效益。研究成果不仅可应用于废弃煤矿塌陷区治理、地下水污染控制与修复，也可为各类矿山水污染治理和水资源开发利用提供参考，具有广阔的应用前景。

6.2.3 详细内容

（1）研究内容及研究成果

1）通过现场调查、资料收集、水质监测、地球物理勘探等手段获得了阜新矿区区域面积、矿山开采历史、现状、地下水污染历史及现状、废弃矿山采空区积水情况、原始水文地质条件等情况，为废弃煤矿地下水污染研究奠定了良好基础（图 6.2.1）。

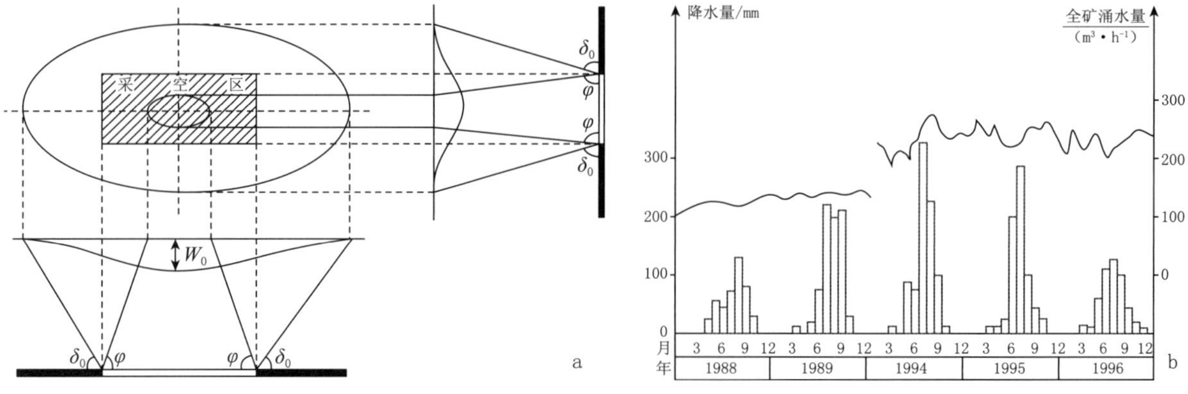

图 6.2.1 阜新矿区涌水及采空区积水情况

a—地表塌陷坑积水计算图；b—阜新王营矿涌水图

2）测定了矿区煤岩化学成分及矿物组成、抗压强度和渗透系数；开展定期水质监测及地下水位动态变化观测，并结合已有水质监测数据及水位观测数据，研究了废弃煤矿不同时间和空间地下水位和多组分污染物浓度变化的动态规律，探究废弃矿区地下水污染的影响因素及地下水污染特征，获得了阜新矿区地下水污染时空动态演化规律（图 6.2.2、图 6.2.3）。

图 6.2.2　阜新矿区取岩样及测试分析

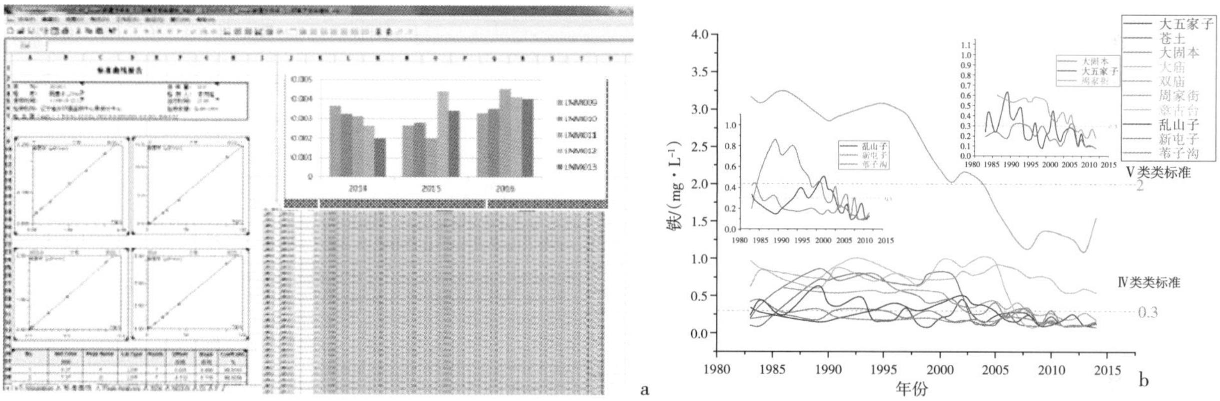

图 6.2.3　阜新矿区地下水数据分析系统及时空动态演化规律图

a—数据录入分析系统；b—铁离子时空动态变化规律分析

3）用改进模糊综合评判法，对矿井水水质进行了评价。针对传统模糊综合评判法权重的确定采用“污染物浓度超标加权法”存在的问题，提出“相对距离法”计算权重，引入“降半梯形分布法”对模糊综合评判法协同改进，编制了模糊综合评判法程序，并将其运用于阜新矿区各矿井水质评价中（图 6.2.4）。

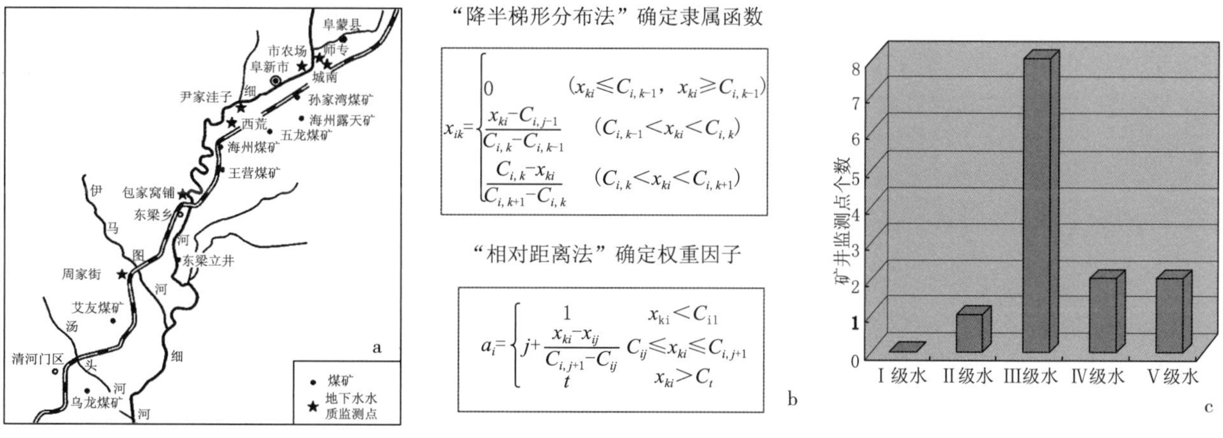

图 6.2.4　阜新矿区矿井水模糊综合评判

a—阜新矿区水质监测点；b—隶属函数和权重的确定；c—评价结果

4）通过动态土柱实验及砂箱模拟实验，模拟了废弃矿山矸石、废渣等地表固体废渣淋滤污染过程，提出了污染水土联合修复方法，揭示了矿山废渣淋滤液中重金属铬在不同尺度地下水系统中的时空动态运移规律，预测预报堆存场废渣渗滤液污染物迁移转化趋势（图 6.2.5、图 6.2.6）。

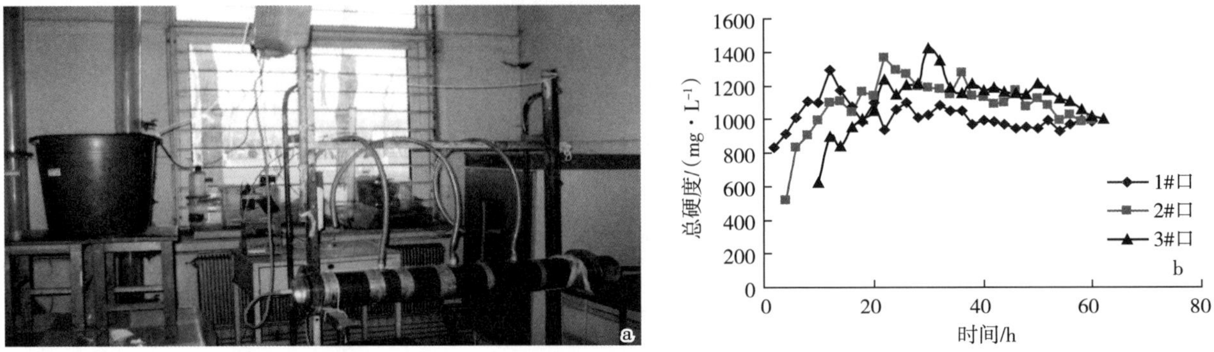

图 6.2.5　矿井水-煤岩体相互作用土柱实验

a—实验装置；b—总硬度变化趋势

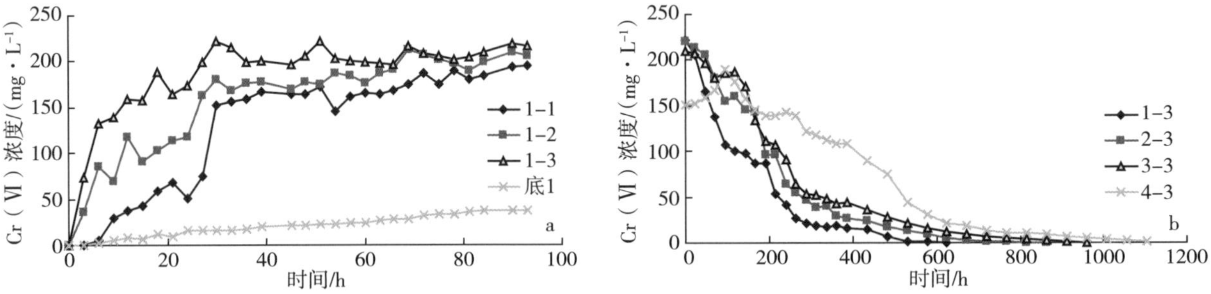

图 6.2.6　二维砂箱模拟 Cr（Ⅵ）浓度随时间变化曲线

a—污染源切断前；b—污染源切断后

5）利用多种地球物理方法联合探测煤层采空区，获得了废弃煤矿采空区特征，建立了一套针对采空区地震波场的识别模式，并与钻探结果相互验证，获得了采空区特征的可靠数据；提出了废弃煤矿采空区注浆新技术，有效解决了充水采空区形成注浆堆体难的问题，为项目研究提供了基础保障（图 6.2.7）。

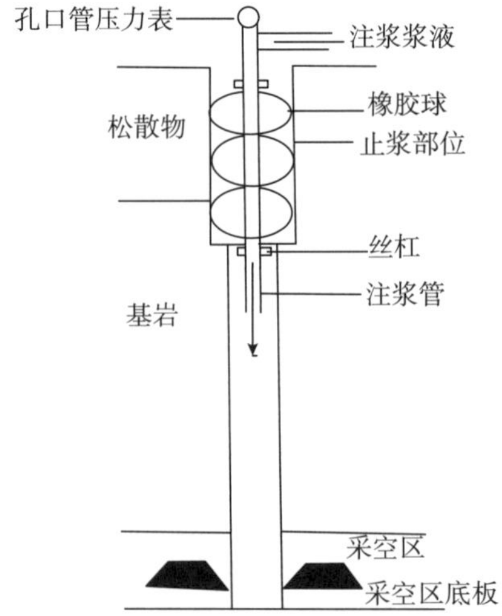

图 6.2.7　煤矿采空区全孔一次注浆示意图

6）通过水浸试验、扫描电镜、XRD 分析、白光数字散相关方法和耦合模型试验，研究了矿井水对废弃煤矿充填体、泥岩、砂岩、煤岩体力学性质影响，分析了岩体应力变化特征、地下水渗流特征、污染物浓度变化特征及水岩相互作用耦合特性，探究废弃矿区地下水污染特征及污染作用机制（图 6.2.8、图 6.2.9）。

图 6.2.8　泥岩在水中的崩解过程分析

a—10s；b—120s；c—150s；d—480s

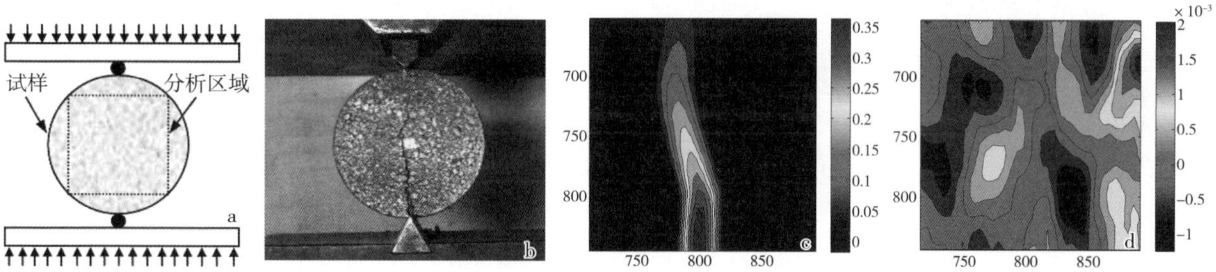

图 6.2.9　白光数字散斑分析不同含水率试件水平应变场演化规律

a—示意图；b—与加载步 8 对应的散斑图；c—加载步 1；d—加载步 8

7）研发了一种矿山地下水污染的多场耦合模拟试验装置及方法，并通过模拟试验，研究不同应力下，溶液中 SO_4^{2-}、Cl^-、Fe^{2+}、Fe^{3+}、Ca^{2+}、Mg^{2+} 等离子在岩柱中的运移规律，阐明了地下水污染的水岩耦合作用机理（图 6.2.10）。

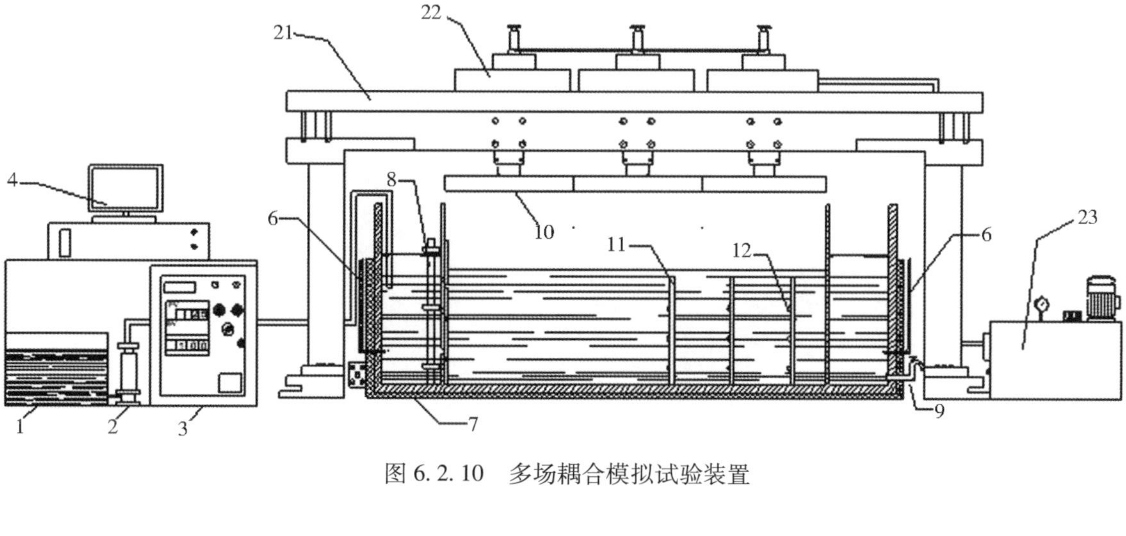

图 6.2.10　多场耦合模拟试验装置

8）建立了废弃煤矿地下水污染的应力-渗流-化学三场耦合动力学模型，并进行数值求解，运用 Visual Modflow、COMSOL Multiphysics 等软件对矿井关闭后矿井水串层污染、矿井中污染物运移和分布、污染组分浓度变化规律、溶质迁移路径及地下水污染趋势进行了模拟、识别、检验和预测，结合现场监测数据，验证了模型的可靠性，为废弃煤矿地下水污染控制与治理提供理论基础（图 6.2.11、图 6.2.12）。

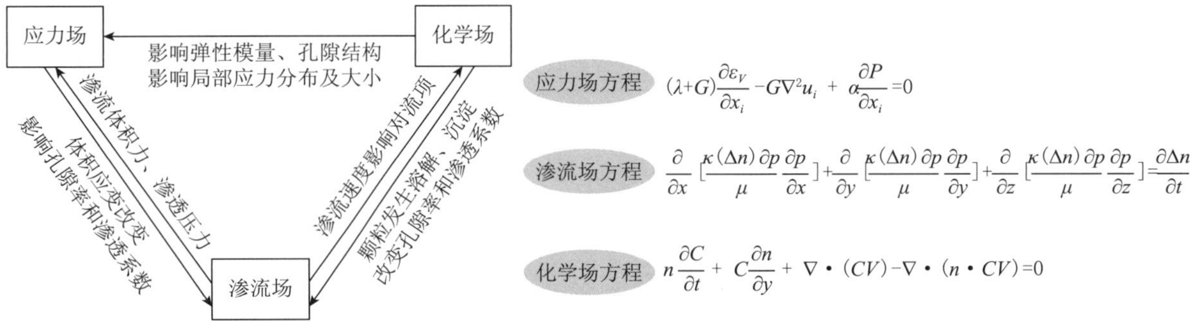

图 6.2.11　多场耦合关系分析及模型建立

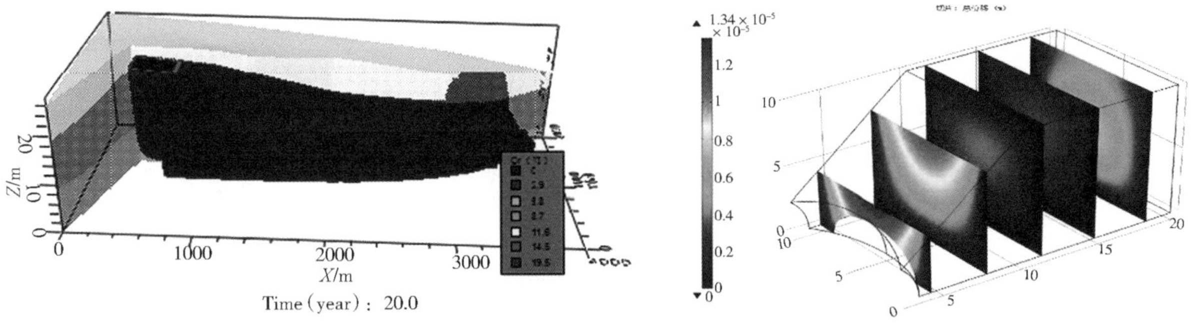

图 6.2.12　现场工程数值模拟

9）研发了一种煤矿复合污染矿井水的联合净化方法，针对复合型矿井水，构建天然坝体与人工坝体组成的地下水库，实现矿井水天然和人工联合净化。利用充填矸石实现了对矿井水中悬浮物、浑浊度、钙离子和一定量 COD，及 Pb^{2+}、Cd^{2+}、Cu^{2+} 和 Cr^{3+} 等重金属离子的天然自净化（图 6.2.13）。

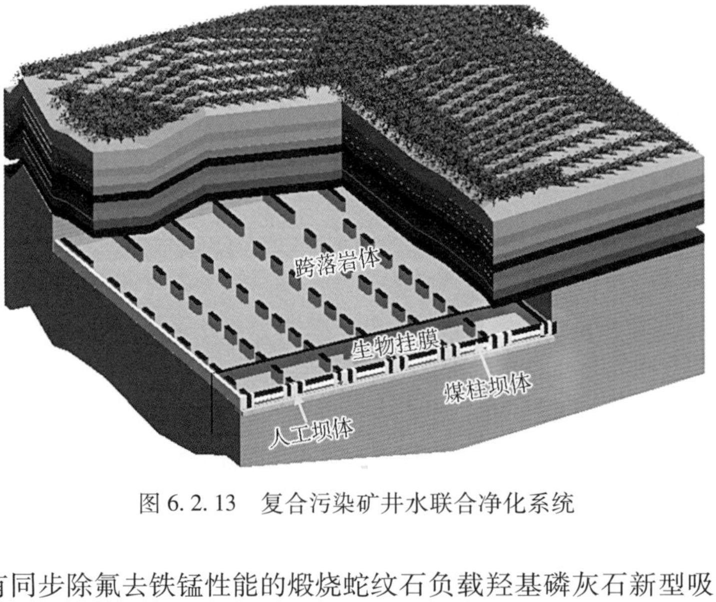

图 6.2.13　复合污染矿井水联合净化系统

10）研发了具有同步除氟去铁锰性能的煅烧蛇纹石负载羟基磷灰石新型吸附材料，采用 SEM、EDS、XRD、BET、FTIR 等表面表征方法进行微观表征，并研究其对 F^-、Fe^{2+}、Mn^{2+} 的静、动态吸附性能，建立等温吸附及反应动力学模型，为高氟高铁锰地下水污染的修复提供一种新型吸附剂修复技术。通过微观表征和分子动力学分析，揭示了新型吸附剂对高氟高铁锰地下水的同步吸附机理。以静态、动态试验为基础研究其同步除氟去铁锰性能，为地下水处理工程提供可靠技术支撑（图 6.2.14）。

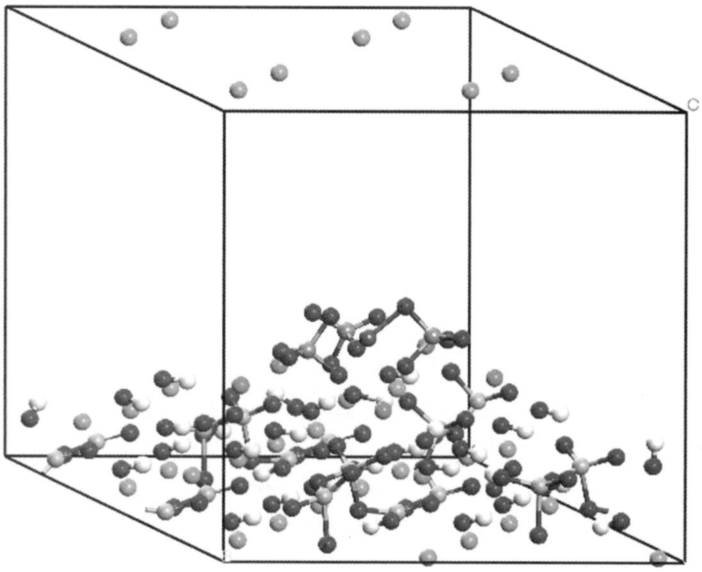

图 6.2.14　分子动力学分析新型吸附剂同步除氟去铁锰机理

（2）项目创新点

1）研发了一种矿山地下水污染的多场耦合模拟试验装置及方法，研究了废弃煤矿地下水和泥岩、砂岩、煤岩、充填体等不同岩体相互作用的水岩内在作用机制，揭示废弃煤矿地下水污染的耦合作用机理。

2）建立了废弃煤矿地下水污染的应力-渗流-化学三场耦合动力学模型，并采用有限差分法进行耦合迭代求解。

3）构建了煤矿复合污染地下水的天然和人工联合净化系统，实现了矿井水天然和人工原位联合净化，揭示了其对矿井水的联合净化机理。

4）研发了煅烧蛇纹石负载羟基磷灰石新型吸附剂，研究了新型吸附剂对地下水中 F^-、Fe^{2+}、Mn^{2+}的同步吸附性能，并通过宏观试验、微观表征和分子动力学分析揭示了新型吸附剂对高氟高铁锰地下水的同步吸附机理。

5）首次提出“相对距离法”计算权重，并引入“降半梯形分布法”对模糊综合评判法协同改进，实现了水质评价的科学化。

（3）项目推广应用情况

项目的研究成果已被中煤科工能源投资秦皇岛有限公司秦能三矿分公司、阜新弘霖矿业有限公司、沈阳焦煤鸡西盛隆矿业有限公司鸡东煤矿、宁夏银兴煤业有限公司等单位用于矿山环境灾害治理和水质净化利用工程之中，进行了 3 年的实践，取得了显著的经济、环境和社会效益。

1）中煤科工能源投资秦皇岛有限公司秦能三矿分公司将研究成果应用到河北秦能三矿。秦能三矿采用项目研究成果在废弃矿井建设救援钻机环境测试平台、矿山机器人环境测试平台等 6 个重大试验平台，进行了采空区及巷道淹水环境灾害治理、矿区地下水净化及利用，为工程实施提供了科学方案，有效解决了水环境灾害问题，取得了良好的经济效益、环境效益和社会效益。

2）阜新弘霖矿业有限公司将项目研究成果应用于阜新矿区水环境灾害评价、水污染治理及水资源利用工程中，为矿区矿井水资源化利用提供可靠依据，为矿区水环境灾害治理提供了合理方案，取得了明显的经济效益、环境效益和社会效益，可以在全国废弃矿山推广应用。

3）沈阳焦煤鸡西盛隆矿业有限公司鸡东煤矿将研究成果应用于黑龙江鸡东煤矿环境灾害治理工程中，解决了矿区地面沉陷等实际灾害问题，较原处理方案节省资金 3460 万元人民币，体现较强的经济效益、环境效益和社会效益。

4）宁夏银兴煤业有限公司将研究成果应用于宁夏积家井采煤沉陷区水环境灾害治理工程，通过煤矿采空区注浆水害治理技术实施，有效解决了充水采空区形成注浆堆体难的问题，产生效益8200万元人民币，通过实施矿区水环境灾害治理工程。

6.2.4 本节小结

针对废弃煤矿地下水环境污染问题，采用现场调研、理论分析、试验研究、数值计算和现场应用相结合的方法，探究废弃矿区地下水污染的影响因素及地下水污染特征；采用自制矿山地下水三维耦合模拟试验装置，模拟废弃煤矿水文地质条件，研究水岩相互作用耦合特性，揭示废弃煤矿地下水污染的水岩作用机理；建立应力场控制模型、地下水渗流模型和水岩相互作用的化学反应平衡模型并进行耦合，从而建立废弃煤矿地下水污染的应力-渗流-化学三场耦合数学模型，开发有限元程序，进行数值求解；通过数值模拟对地下水污染区域、污染浓度变化规律、溶质迁移路径及污染趋势进行定量化预测；针对煤矿区氟、铁、锰同步超标问题，研发一种煤矿复合污染地下水的联合净化系统和蛇纹石负载羟基磷灰石新型吸附剂，并将其应用在污染治理中，为废弃煤矿地下水污染控制与修复提供理论基础。项目的研究不仅为保护矿区环境、恢复生态平衡提供科学的技术支持，同时对完善和丰富采动岩体渗流理论、控制废弃矿区地下水污染具有重要理论和现实意义。

6.3 煤巷掘进全周期粉尘在线监测及多级细水雾分源降尘技术研究

6.3.1 项目背景

煤矿安全生产“十三五”规划中明确提出强化重点职业危害治理。推动淘汰煤矿职业危害防治落后工艺、材料和设备，组织研发典型职业病危害作业预防控制关键技术与装备。支持煤矿粉尘抑、减、捕源头治理的物理化学技术创新、机械装备结构优化升级改造，强化对爆炸性粉尘的局部预防和监控检测。实施粉尘综合治理工程，降低矿工尘肺、硅肺病发病率。

以掘进工作面和采煤工作面为防治重点，大力推进清洁生产技术，降低工作环境粉尘浓度，不断改善作业环境。当前煤矿职业健康形势依旧严峻，煤工尘肺和硅肺病人数长期占全国尘肺病人数半数以上。职业健康、职业危害的防治成为今后煤矿安全生产的突出矛盾和重点问题。

目前，尽管我国各类煤矿，在综合机械化掘进方面采用的防尘措施效果不是很理想，尤其是综掘工作面的粉尘浓度仍然处于严重超标的状态。由于掘进工作面的工序繁杂，产生粉尘的地点位置多变，要分别采取多种措施，实行综合防尘，才可能使整个作业过程中的粉尘降到国家标准以下。煤矿井巷掘进工作面是粉尘生成量大而集中的工作场地，尤其锚喷作业地点的粉尘飞扬严重。另外，岩石掘进工作面成为患硅肺病危险最大的地点。煤巷掘进工作面瓦斯涌出量较大，它同浓度很高的煤尘混合在一起，也提高了爆炸的危险性，又因为煤矿粉尘具有降低工作现场的能见度、增加机械的磨损率、降低现场设备的使用寿命、综掘工作面现场是主要产尘点以及我国大部分煤矿粉尘具有爆炸性等特点。因此，煤矿粉尘不但严重威胁着井下工作人员的职业安全健康，也影响企业生产的发展和社会的稳定。故必须对生产过程，尤其是综掘工作面现场的粉尘进行治理。综掘工作面高效除尘技术及工艺研究的成功，对有效防治综掘工作面现场粉尘、提高现场员工的职业安全健康程度具有极其重要的作用，对于指导工矿企业的安全生产也具有重要的理论意义和实用价值。

6.3.2 成果简介

本项目主要针对综掘工作面粉尘防治工作进行研究，属矿山安全工程领域。通过对掘进工作面粉尘分布及运移规律进行分析，并经过理论研究、现场实践和检验，最后探索出一套适合所有类似所研究矿井的高效降尘方案。

1）开发了“矿井粉尘全断面在线监测系统”，以实现不同时间粉尘浓度监测、不同地点粉尘浓度测试、不同粉尘类型的测试等功能。

得出了掘进巷道不同时间（掘进前、掘进中、掘进后）、不同地点（距掘进头距离、在巷道截面不同位置）、不同粉尘类型（呼吸性粉尘和全尘）的粉尘浓度的规律。

2）为了确定高浓度粉尘聚集区和最佳抑尘区，使降尘过程更具有针对性，利用数值计算仿真程序，直观、可视化地给出巷道内掘进机周边不同粒径粉尘颗粒的空间分布，分析掘进机头、沿程区域的粉尘浓度分布规律，确定高浓度粉尘聚集区和最佳抑尘区的位置所在，从而为降尘措施奠定基础。

3）针对掘进面炮头产尘源设计出聚焦型控源抑尘细水雾装置，针对迎头逸散出的粉尘研制出散射型隔断除尘细水雾装置，设备喷出散射水雾将整个巷道断面覆盖，对逃逸粉尘进行二次捕捉，防止其向后方飘散，保证后方工人的作业环境。

4）设计出水射流吸液装置，用于添加除尘材料。使湿润性黏尘剂被喷到煤壁上，会在湿润剂的作用下克服煤的疏水性渗透进入煤壁中，将煤尘颗粒包裹溶入液滴内部。被降尘喷雾吞并的煤尘颗粒继续在黏尘剂的作用下凝聚在一起，随着雾滴捕获粉尘数量的增加，液滴的重量迅速增大，加速煤尘的沉降，减少巷道内悬浮的粉尘。

此方案的实施，使整个工作面全尘和呼尘的平均沉降率分别高达93.9%和94.4%，较原先喷雾降尘技术提高30%以上。除尘效率的有效提升，极大地改善了作业环境和劳动卫生条件，突破性地解决了综掘面高浓度粉尘防治的难题，提高了井下工人职业安全健康水平，并有效降低了粉尘爆炸危险，提高了作业效率，提高经济效益。

6.3.3　详细内容

1）开发了“矿井粉尘全断面在线监测、预警和联动系统”，此系统实现了对掘进巷道不同时间（掘进前、掘进中、掘进后）、不同地点（距掘进头距离、在巷道截面不同位置），不同粉尘类型（呼吸性粉尘和全尘）的产生粉尘浓度的实时采集、数据趋势分析与预警、除尘器联动等功能。“矿井粉尘全断面在线监测、预警和联动系统”系统采C/S架构设计。系统架构包括数据库、类库支持层、业务逻辑层、展示层几个部分，简化后就是三层架构，再加上对外部服务的及对外接口的调用形成服务总线，架构如图6.3.1所示，展示层为了区分纯UI与控制逻辑，通过控制层和业务逻辑层进行交互对界面进行触入输出控制。

系统功能概述：①多级用户管理；②各个测点粉尘浓度分区实时显示，具备测点粉尘浓度实时走势图绘制功能；③粉尘浓度报警并与除尘器联动功能；④查询及报表输出功能，可以数据、曲线、柱图方式提供报表。

在线监控系统对粉尘的实时监控主界面如图6.3.2所示。

采用“五点法”优化了工作面全尘、呼尘、温度、湿度等传感器的位置布置，如图6.3.3所示。

可以实现如下功能：①不同时间粉尘浓度监测。为实现对掘进过程中不同时间，即掘进前中后整个作业过程中粉尘浓度的浓度分布情况，设计将传感器长期布置在井下。②不同地点粉尘浓度测试。为实现对距离迎头不同位置粉尘浓度分布的测试，设计传感器不随掘进面的推进而随时前移，这就保证了传感器在能够测试到距掘进面迎头不同位置的粉尘浓度情况；为实现断面不同位置粉尘浓度测试，在同一断面布置5台传感器同时测试，既能够实现断面不同位置粉尘浓度测试，又可以起到相互校验的作用。③不同粉尘类型的测试。采用粉尘浓度传感器可以对矿井掘进巷道全尘进行实时测试，采用两台粉尘采样器对同一位置呼尘和全尘进行测试，测试过程在掘进作时进行，测试位置为断面传感器布置位置，每天测试两次，根据比例换算，可以完成同一点位不同类型粉尘浓度的在线监测。

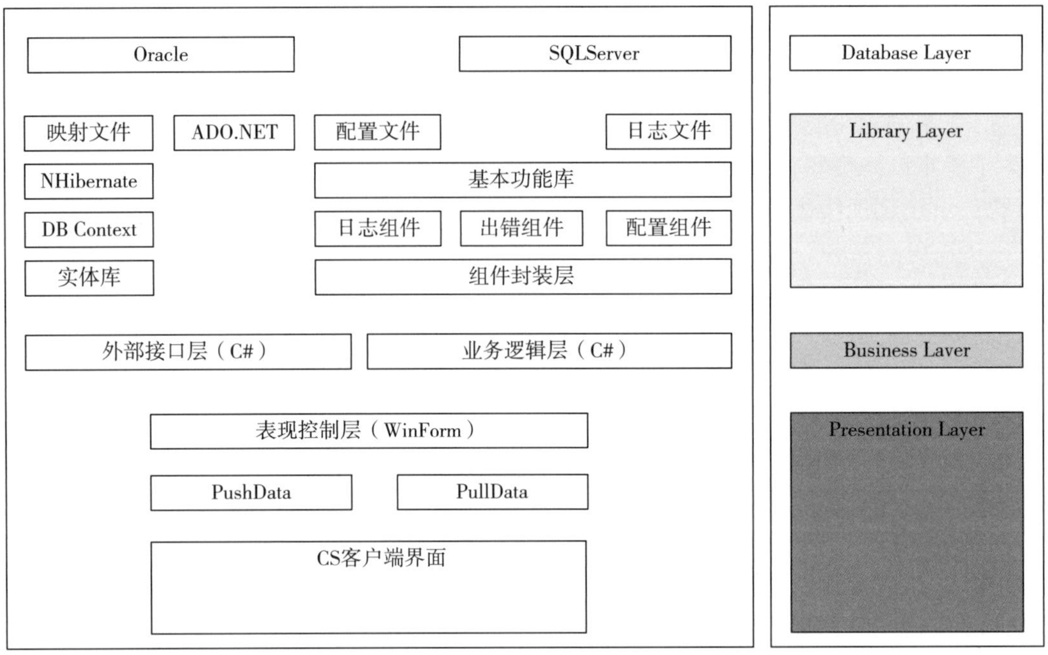

图 6.3.1　系统架构图

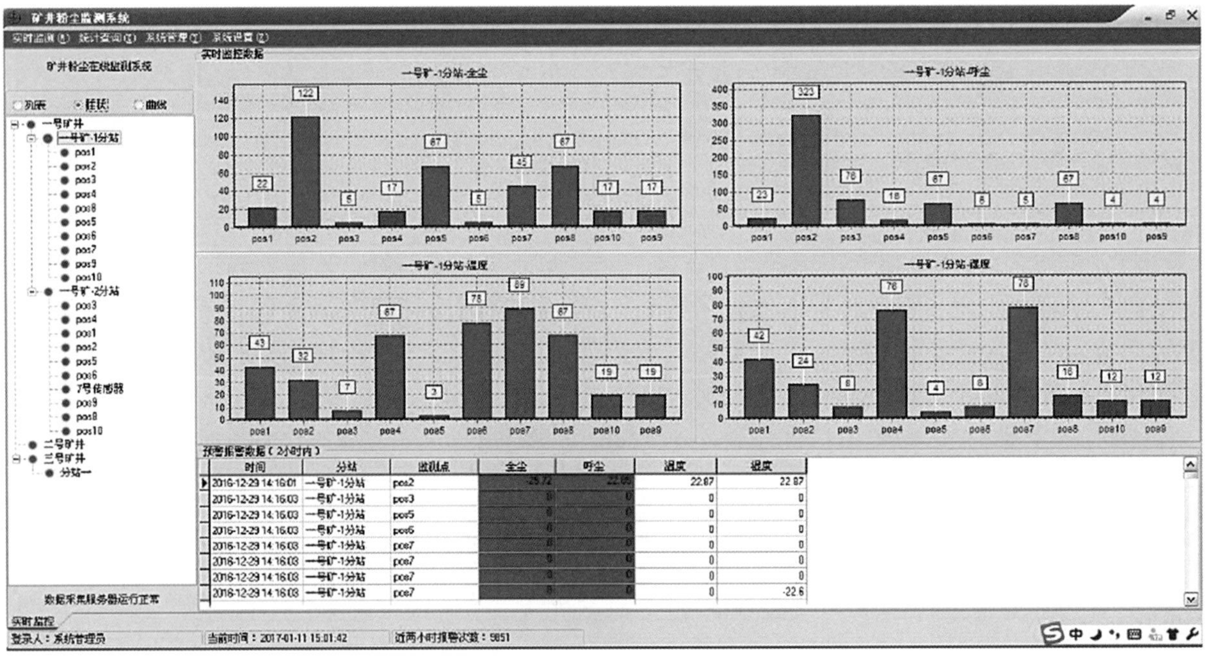

图 6.3.2　各点粉尘实时监控界面

2）利用数值计算仿真程序，直观、可视化地给出巷道内掘进机周边不同粒径粉尘颗粒的空间分布，分析掘进机头、沿程区域的粉尘浓度分布规律。如图 6.3.4 所示，为 $T=16$s 时，距离底板高度为 3.05m 的粉尘浓度图和粉尘速度矢量图。通过分析比较不同时间、不同高度及不同截面对应的粉尘浓度图及粉尘速度矢量图，得出以下结论：

在割煤过程中产生的煤尘如果没有被完全抑制会贴着远离风筒的煤壁快速运动，在掘进机后方 1~3m 区域的行人侧开始形成粉尘的高浓度区。

最佳抑尘区有两个，一个是对截齿切割煤壁过程中产生的粉尘在截齿与煤壁接触处进行直接抑

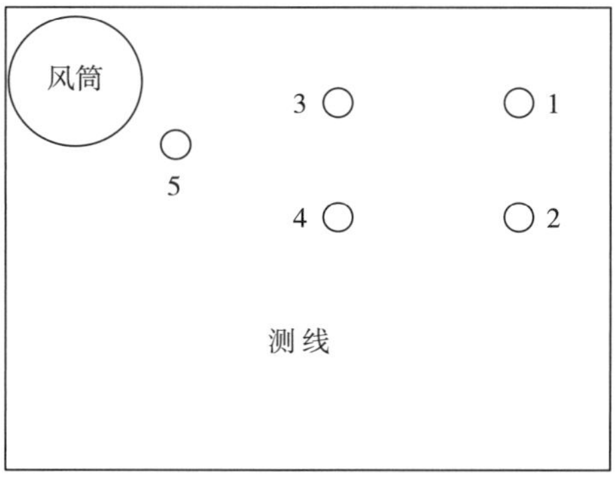

图 6.3.3　五点法粉尘质量浓度测线布置

制，从源头上控制或减少产尘量；另一个是在掘进机后 1~2m 的区间内，因为该区间内风流较为稳定，采用封闭式降尘措施，一方面可以阻止粉尘沿巷道向工人聚集区扩散，另一方面可以有效防止粉尘回流污染司机与副司机工作区。

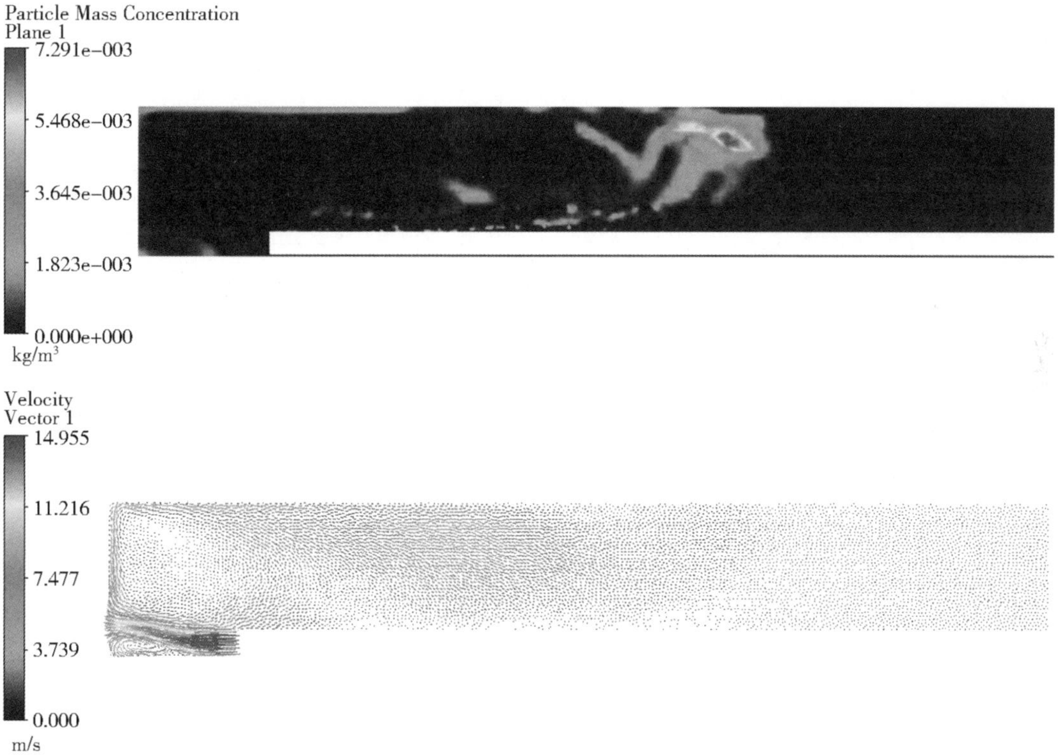

图 6.3.4　T=16s 时距离底板高度为 3.05m 的粉尘浓度图和粉尘速度矢量图

3）自主研制出了前端点对点细水雾喷射、后端全断面隔离喷雾装置。自主研制出由亲水剂、黏合剂、悬和剂、电解离子等组成的湿润型黏尘剂。根据粉尘来源，构建了迎头破煤处“点对点”喷射、后方区域巷道“面对面”隔离封闭分级除尘技术工艺。

经过对亭南煤业综掘面现场考察，最终确定对 3 盘区 307 掘进工作面采用不同方式区域封闭除尘方案，形成一整套除尘工艺，细水雾除尘系统如图 6.3.5 所示。

针对掘进面尘源处，采用水射流理论和风送原理相结合的方法将水雾喷射包围截割头，从而设计出前端点对点细水雾喷射装置，抑尘机理示意图如图 6.3.6 所示。装置喷出的水雾可对截割头产生点进行实时压制，从源头处控制粉尘的产生，以保障司机副司机操作视线、身体健康和工作效率。

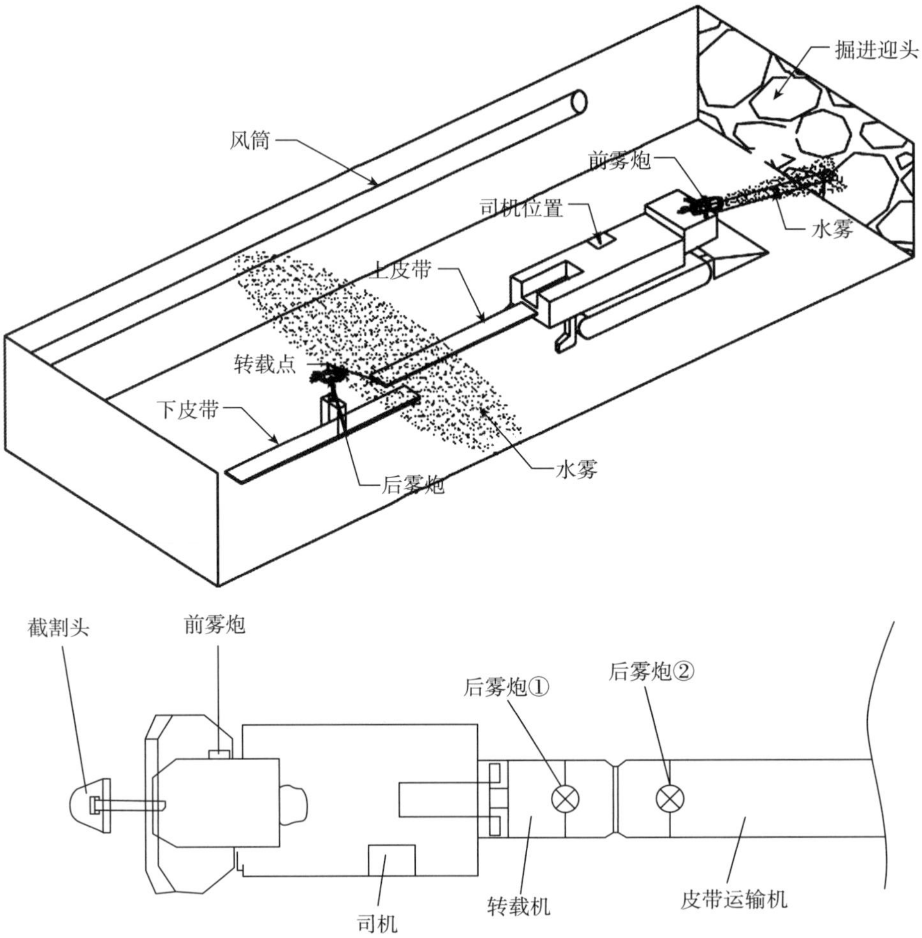

图 6.3.5　细水雾除尘系统立面及平面示意图

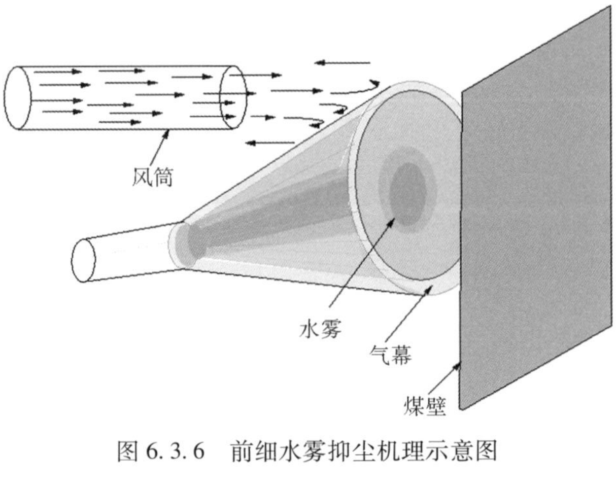

图 6.3.6　前细水雾抑尘机理示意图

针对迎头逸散出的粉尘，研制出面射型全断面隔离喷雾装置，除尘机理示意图如图 6.3.7 所示。细水喷雾将整个巷道断面覆盖，对逃逸粉尘进行二次捕捉，防止其向后方飘散，保证后方工人的作业环境。

细水雾设备整体呈圆柱形设计以减少水压损失，设备材质为不锈钢，具有防锈蚀、耐用等特点，以适应井下复杂的工作环境。设备整体小巧轻便，不妨碍操作司机视线且便于后期维护。细水雾装置底座采用万向球设计，保证其可以根据现场实际情况按需求调整方向至最佳喷射角度。设备

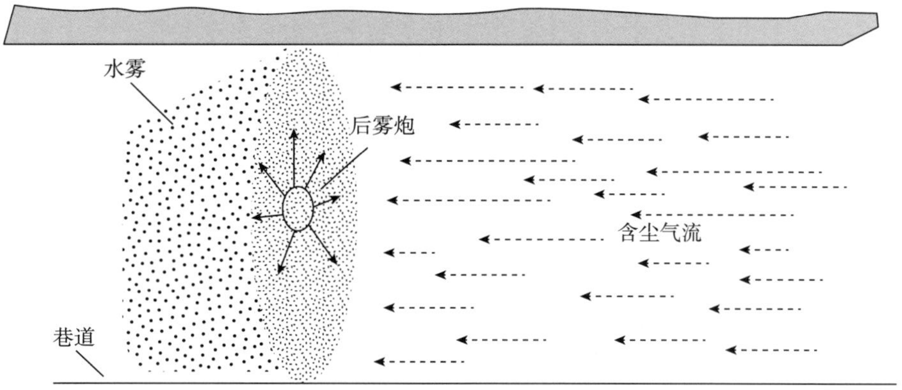

图 6.3.7　后细水雾除尘机理示意图

的压力射流腔和环形气流腔之间可进行伸缩滑动以调节风、水出口距离，改变水雾覆盖范围。

通过地面实验的分析对比，确定出前置聚焦型控源抑尘细水雾装置最佳喷射风水压力范围为风压 0.3~0.6MPa、水压 2.5~3.2MPa，此时喷出水雾距离可达到迎头煤壁，水雾面积可完全覆盖截割头且雾化效果适中，且不会出现影响司机视线问题。后置发散性隔断除尘细水雾装置最佳风水压力配比为风压 0.4~0.6MPa、水压 3~4.2MPa，此时喷出水雾完全隔断整个巷道断面且雾化效果极好。

为了在细水雾中添加除尘材料，设计出水射流吸液装置如图 6.3.8 所示，水射流吸液装置的设计主要借鉴液体射流泵的原理，液体射流泵是指通过注入动力液经射流喷嘴喷出后，动力液的总压头几乎全部转变为速度水头，在吸液腔内形成负压，在外界大气压力的作用下，将工作液吸入到吸液腔中。在此过程中动力液失去动量和动能，而工作液得到动量和动能，从而实现工作液的稳定添加。

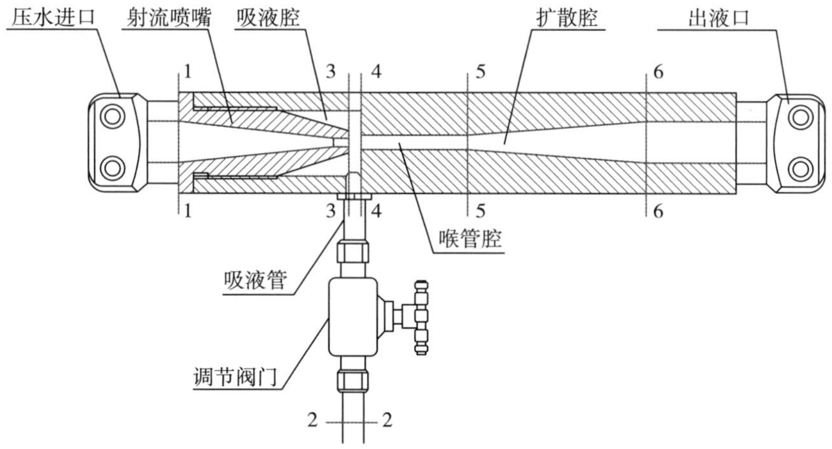

图 6.3.8　水射流吸液装置结构

细水雾添加的捕尘剂由亲水剂、黏合剂、悬和剂、电解离子等组成。亲水剂能改变湿润性黏尘剂溶液体系的界面状态，降低湿润性黏尘剂的界面张力，使煤尘更容易被湿润性黏尘剂捕捉湿润，黏合剂为湿润性黏尘剂提供含有大量活性基团的长链分子，在降低自身液体摩擦力的同时，增强湿润性黏尘剂形成网格的能力，把被湿润的煤尘凝聚在起加速沉降电解离子吸附煤尘表面的亲水晶格上使煤尘保持亲水性，增强湿润性黏尘剂对煤尘的湿润能力。

经过实验对比分析不同种类和比例的湿润剂、增效剂以及黏尘剂对煤粉沉降效率及黏度的影响，经过筛选及复配后确定湿润剂、黏尘剂、增效离子等其他助剂组成，效果图如图 6.3.9 和图 6.3.10 所示。

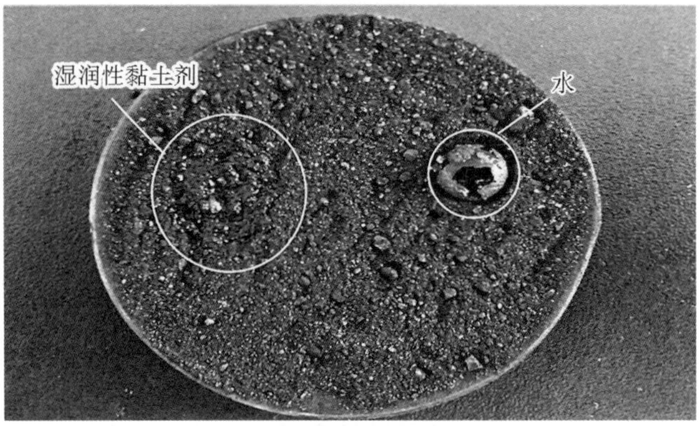

图 6.3.9　渗透对比图

图 6.3.10　湿润性黏尘剂与煤尘结合图

在煤矿井下应用中，湿润性黏尘剂被喷到煤壁上，会在湿润剂的作用下克服煤的疏水性渗透进入煤壁中，黏尘剂会与煤粒之间形成网络包裹，减少在掘进过程中截齿切割煤壁产生的扬尘。混合有湿润性黏尘剂的喷雾，在空气中会因为黏尘剂的作用而捕获煤尘，随后液滴中均匀存在的湿润剂克服煤尘的疏水性，将煤尘颗粒包裹溶入液滴内部。被降尘喷雾吞并的煤尘颗粒继续在黏尘剂的作用下凝聚在一起，随着雾滴捕获粉尘数量的增加，液滴的重量迅速增大，加速煤尘的沉降，减少巷道内悬浮的粉尘。

6.3.4　本节小结

（1）项目创新点

1）开发了“矿井粉尘全断面在线监测系统”，优化了煤巷掘进工作面全尘、呼尘、温度、湿度等传感器的位置布置，实现了对掘进巷道不同时间、不同地点、不同粉尘类型的产生粉尘浓度的实时采集、趋势分析与预警、除尘器联动等功能，预测准确率95%以上。

2）数值模拟巷道内掘进机头、沿程区域的不同粒径粉尘浓度分布规律，揭示了风量、温度、壁面条件等因素对粉尘浓度分布的影响规律。

3）针对司机位高浓度粉尘区和后方工作区域粉尘，根据水射流雾化机理及风送原理，自主研制出前置聚焦抑尘细水雾设备和后置隔断除尘细水雾设备。

4）根据煤尘自身的理化特性及与水的作用特征，自主研制出由湿润剂、黏尘剂、稳定剂和增效离子等其他助剂组成的湿润性黏尘剂。

5）研发了由风水协同原理工作的本安型迎头聚焦抑尘细水雾和后置发散除尘细水雾组成的综掘面区域封闭除尘技术工艺。

（2）与当前国内外同类研究、同类技术的综合比较

美国、俄罗斯等作为国外的主要产煤国，其机械化采掘水平较高，因此防尘技术应用的也较早，主要的防尘技术有：超声波除尘、生物试剂除尘、泡沫除尘、添加除尘机除尘等措施。我国随着掘进机技术和掘进工艺的发展，掘进的效率不断提高，同时伴随着粉尘浓度越来越高，除尘的技术也越来越成熟，手段也逐渐多样化。各个煤矿根据自己的实际情况均有不同的除尘措施，如通风除尘、喷雾除尘、泡沫除尘、煤层注水防尘和个体防护等措施等（表 6. 3. 1）。

表 6. 3. 1　项目技术比较

项目	国内外同类技术	该项目技术
综掘工作面全尘沉降率/%	61. 3	93. 9
综掘工作面呼尘沉降率/%	62. 8	94. 4
是否可以粉尘浓度趋势分析	否	是
是否可以粉尘浓度超标自动报警	否	是
是否可以粉尘浓度实时监测	否	是
是否可以二次捕捉	否	是

通风除尘效果好且布置简易方便，但是会造成已沉积的粉尘再次扬起，引起二次污染。

煤尘注水防尘是在煤壁内打孔，然后再将高压水注入孔内，使煤壁在开采前得到充分的湿润，同时使煤体的物理特性发生了变化，降低了煤体被破碎为细小粉尘颗粒的可能性，从源头上控制了煤尘的产生。但这种方法前期施工时间长，成本高。

喷雾降尘是煤矿降低粉尘最常用的手段之一。工作时压力水从喷嘴向外射出形成水雾进行除尘，喷雾可以有效润湿粉尘，降低粉尘浓度。

泡沫除尘法主要是通过自然空气、发泡剂和水按照合理的比例制成泡沫，粉尘被泡沫捕捉后会增加水分，同时水分增加的速度不断加快，这会加速它的沉降速度。这种方法成本高，且阻碍视线，应用较少。

本次研究分析了掘进工作面粉尘分布及运移规律，经理论研究、现场实践和检验，探索出一套矿井的高效降尘方案。开发了“矿井粉尘全断面在线监测、预警和联动系统”，此系统实现了对掘进巷道不同时间、不同地点，不同粉尘类型的产生粉尘浓度的实时采集、数据趋势分析与预警、除尘器联动等功能。实现了根据不同粉尘，不同地点采取不同降尘措施进行精细化除尘。

6.4　石化行业 VOCs 多级耦合关键控制技术与应用

6.4.1　项目背景

（1）国内外研究现状分析

非平衡态高能离子 VOCs 处理技术是集物理学、化学、生物学和环境科学于一体的全新技术，目前国内外对 VOCs 放电非平衡态高能离子联合处理技术的研究主要集中在放电非平衡态高能离子与吸附剂、催化剂以及铁电性物质的联合处理技术上。国内外大量研究表明，非平衡态高能离子联合技术比单独非平衡态高能离子作用或单独催化剂作用对 VOCs 的降解效果明显改善。竹涛团队采用非平衡态高能离子协同不同形式的催化剂的方法，针对提高 VOCs 降解效率、发展能量效率、控制反应副产物等问题展开研究，结果发现，该技术极大地提高了甲苯降解率（接近 99%），增加了能量效率（是单独作用的 2. 3 倍以上），有效地降低了反应副产物及臭氧的产量，显示了广阔的应用前景。

（2）立项的必要性及迫切性

我国 VOCs 治理与管控工作起步较晚，2010 年国务院办公厅发布《关于推进大气污染联防联

控工作改善区域空气质量指导意见的通知》，在国家层面首次将VOCs和硫化物、氮氧化物、颗粒物一起列为防控重点；2017年国务院发布《“十三五”节能减排综合工作方案》，方案首次将VOCs纳入减排目标，到2020年VOCs排放总量较2015年下降10%。因此，煤矿行业VOCs的治理迫在眉睫。本项目属于无害化控制，其目的是突破现有无害化技术的瓶颈，从而在更低成本下实现VOCs的高度分解。本项目成果有助于整体大气环境质量的改善，为国家将要制定的新种类的挥发性有机物排放标准提供了技术支持，为推动挥发性有机物处理进程提供了技术储备。

6.4.2 成果简介

（1）技术领域

本项目属于环境保护与节能减排技术领域。

（2）主要技术内容

1）非平衡态高能离子技术处理VOCs的机理分析。

2）非平衡态高能离子电源技术研究。

3）非平衡态高能离子-纳米催化协同技术研究。

4）非平衡态高能离子多级耦合技术研究。

（3）特点

1）研究预处理、非平衡态高能离子、纳米催化耦合增效机理，提出了非平衡态高能离子多级耦合工艺。

2）对纳米催化多功能复合材料进行了深入研究，形成了纳米催化剂的设计与制备技术和方法。

3）研发形成长期稳定的非平衡态高能离子纳秒级电源模块，降低了能耗。

非平衡态高能离子多级耦合控制技术与传统的工艺相比较，能起到深度净化污染物的效果，有效控制了反应副产物的生成，达到无害化。可同时处理多种VOCs污染物、适应性较广、实用性较强，更侧重于大规模的工业化应用，处于国际先进水平。

（4）应用推广情况

该技术成果已于2015—2018年分别应用于北京俱融集团有限公司、北京奥瑞奇环保科技有限公司、江苏新苏承环保设备有限公司和河北华阳生物科技有限公司，并建立了相应的示范工程6项。经第三方监测表明该工艺可以实现对VOCs排放综合高效控制，VOCs脱除率可达到90%以上，且设备能耗低，适合规模化应用。近三年产生经济效益20970余万元，社会和环境效益显著。

6.4.3 详细内容

（1）主要技术研究内容

1）非平衡态高能离子电源技术研究。

设计可调参数电源和变压器，组合不同参数的脉冲电源、高压变压器、等离子发生体进行参数优化，实现非平衡态高能离子反应器与脉冲电源匹配的电气参数优化。研发形成长期稳定的非平衡态高能离子高效、节能发生模块以及高频电源制作技术及方法，实现其规模化工业应用。

2）非平衡态高能离子-纳米催化协同技术研究。

研发形成纳米催化高性能材料制备技术及方法；研发非平衡态高能离子-纳米催化耦合增效机理关系和整体行为特征，揭示多单元过程组合参数对系统效能的影响机制，优化形成最佳耦合工艺，实现工业VOCs排放的高效控制和规模化工业示范应用。

3）非平衡态高能离子多级耦合技术研究。

研发预处理+非平衡态高能离子+纳米催化多级耦合工艺，解决了非平衡态高能离子能耗及副产物问题，使非平衡态高能离子技术进一步走向实用化，建立低成本的非平衡态高能离子VOCs无害化降解技术。

（2）具体实施方案

1）非平衡态高能离子电源技术研究。

a. 高频电源下的反应器发热研究。

同时对放电系统的电源进行研究，探讨了反应器高频电源发热的问题，建立了放热模型，并分别比较了直流、高频交流、工频交流及中频交流四种高压电源对 VOCs 降解效果的影响，甄选出较佳的电源参数。由图 6.4.1 可见，频率固定的情况下，反应器温度随电压升高和时间延长而上升，清楚显示了温度随电压和时间变化趋势，这是一种非线性的关系。通过上述研究，为该技术应用于工业废气的处理及室内空气净化打下基础。

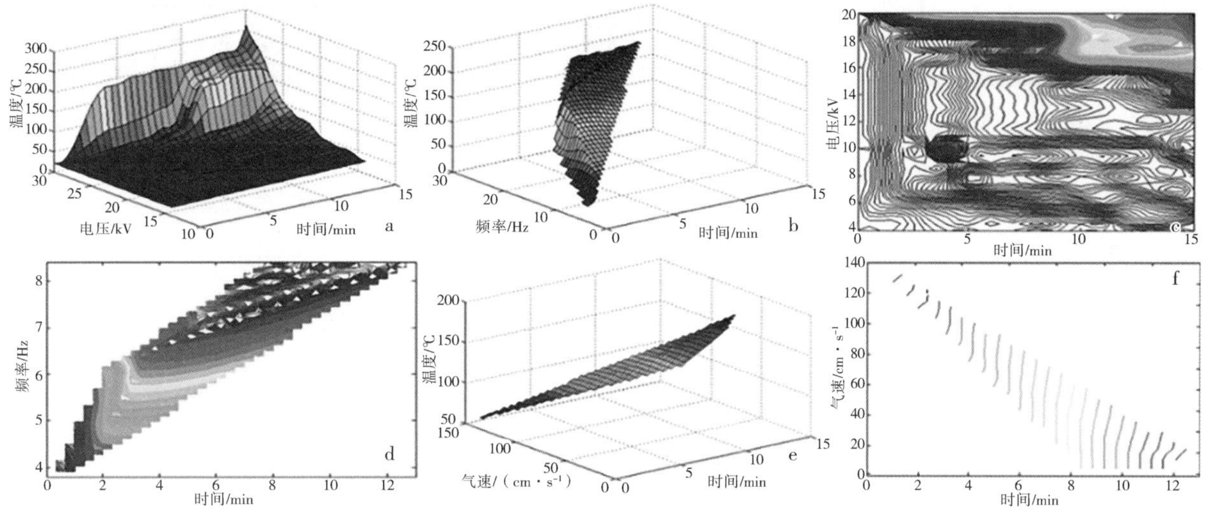

图 6.4.1　不同的放电参数与反应器温度的关系

a—温度分布图（4~5kHz）；b—温度分布图（20kV）；c—等温线平面图（4~5kHz）；
d—等温线平面图（20kV）；e—温度分布；f—等温线平面图

b. 电源比较实验研究。

作为非平衡态高能离子产生的能量来源，分别考察了直流高压电源、高频高压交流电源、工频高压交流电源及中频高压交流电源四种电源在 VOCs 降解过程中所起的贡献。由图 6.4.2 可知，随着电压和频率的升高，降解率也会相应地提高。当电压升到一定值，输入反应器能量继续增加，但大部分能量转化为热量，表现为反应器温度升高。由图 6.4.2b 和图 6.4.2c 可知，频率、功率和降解率之间关系并非单纯的线性关系，在谐振点 f_0 处，即频率 8 kHz，功率 300 W 时，降解率最高约为 80%。

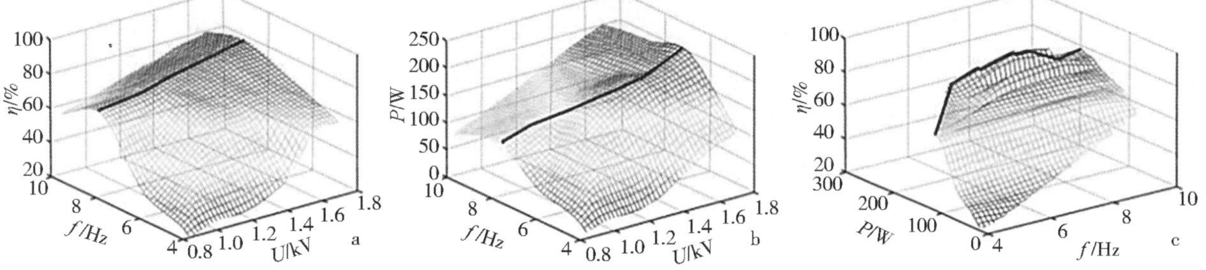

图 6.4.2　高频电源不同放电参数与降解率之间的关系

a—电压-频率-降解率关系；b—电压-频率-功率关系；c—频率-功率-降解率关系

课题组考察的工频和中频电源条件下，电场强度与降解率的关系、功率与电场强度的关系、频率与降解率的关系、频率与甲苯降解率及功率的关系，为今后工业上非平衡态高能离子技术的应用提供了基础参数。由图 6.4.3a 可见，随着电场强度的提高，输入反应器能量密度增大，功率不断增高。但反应器以频率 150 Hz 及电场强度 12 kV/cm 为拐点，出现了更多地反应器功率损失。同时由图 6.4.3b 可见，随着频率的变大，降解率并非呈现简单的线性增加的关系。图 6.4.3c 说明甲苯降解率与频率呈现一种周期性的类似于正弦函数的变化。

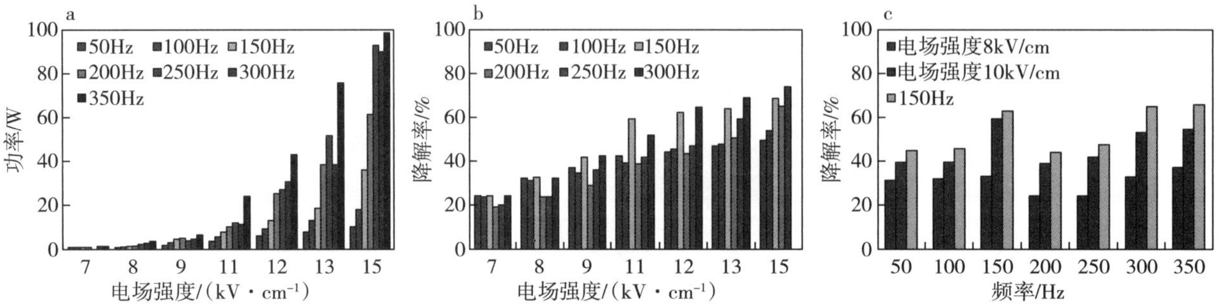

图 6.4.3　不同电源的电气参数对降解率的影响

a—不同频率电场强度与功率之间关系；b—不同频率下电场强度对降解率的影响；c—频率对降解率的影响

2）非平衡态高能离子-纳米催化协同技术研究。

VOCs 最好的去除方式应该是非平衡态高能离子与催化技术协同处理的方法，但是这种协同技术仍然存在处理过程中能耗较高、反应后出现有害副产物等缺陷。其中臭氧是气体放电过程中所产生的代表性物质，本部分采用非平衡态高能离子协同不同形式催化剂的方法目的在于提高甲苯的降解效率，发展能量效率，控制臭氧的形成及相关的反应副产物。

a. 深共熔溶剂（DES）形成机理及其催化材料制备。

团队分别采用 DES 直接改性、DES 制备碳点改性和核壳结构改性三种方法，改善影响材料性能主要因素，包括：微观形貌、晶体及结构构造和晶体表面理化性质，建立相应反应动力学模型。提出金属和深共熔溶剂双改性海泡石和菌渣活性炭技术，充分利用菌渣炭结构和海泡石与闪石硅镁结构中痕量金属与负载金属协同作用，高效催化净化 VOCs。以海泡石为载体，采用共沉淀法制备有合适孔道结构和酸位强 Mn-Cu-Ce/海泡石复合纳米材料，该材料具有较强的稳定性和高储放氧能力，实现选择性高效去除 VOCs（图 6.4.4）。通过碳点+溶液燃烧+溶胶凝胶+水热法合成了类核壳结构式碱土金属-钙钛矿型催化剂（$LaCoO_3$/CDs@ MgO）。该材料具备高选择性和高活性优点，克服材料烧结的缺点的同时，提供丰富吸附位点，提升 VOCs 吸附-解吸附能力，进而促进其活性（图 6.4.5）。

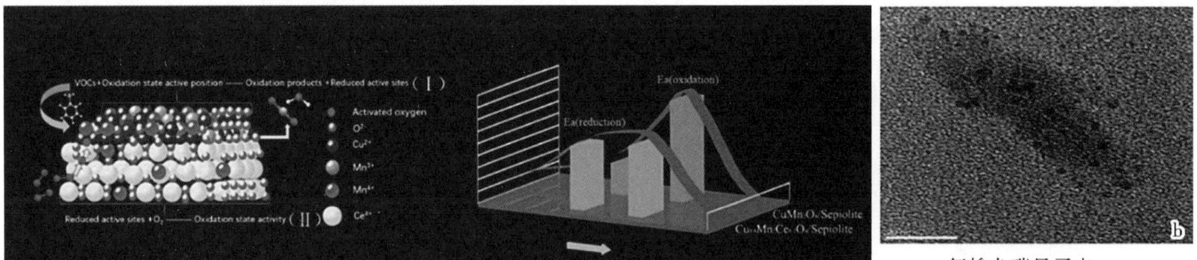

氮掺杂碳量子点

图 6.4.4　Mn-Cu-Ce/海泡石复合纳米材料结构图 a 和氮掺杂碳量子点 b

b. TiO_2-MnO_2/γ-Al_2O_3 催化降解实验。

本部分选取 TiO_2/γ-Al_2O_3 及 MnO_2/γ-Al_2O_3 作为催化剂协同低温等离子体技术进行了一系列降解甲苯的对比试验。由图 6.4.6 可见，在反应器能量输入密度（RED）相同时，甲苯的降解率：15wt%≈10wt%>5wt%>0wt%。由图 6.4.6b 可见，在输入反应器能量密度相同的情况下，能量效率随着 MnO_2 负载量的增加而增大。

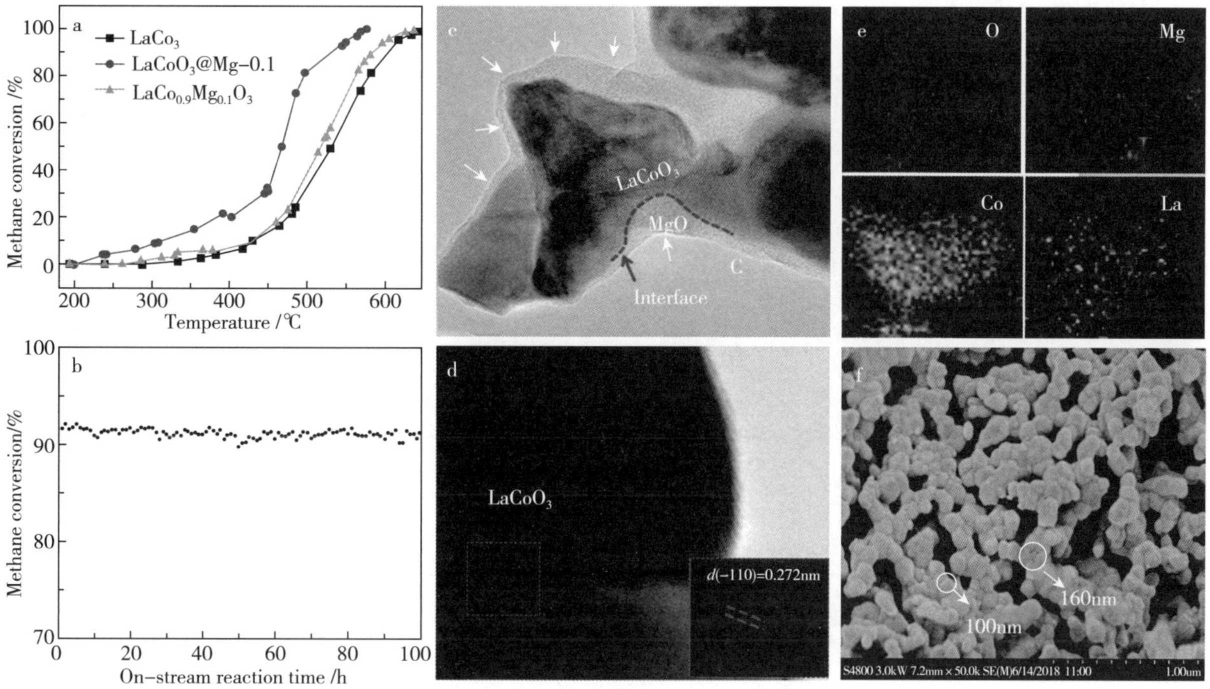

图 6.4.5　$LaCoO_3/CDs@MgO$ 深度净化 VOCs 示意图

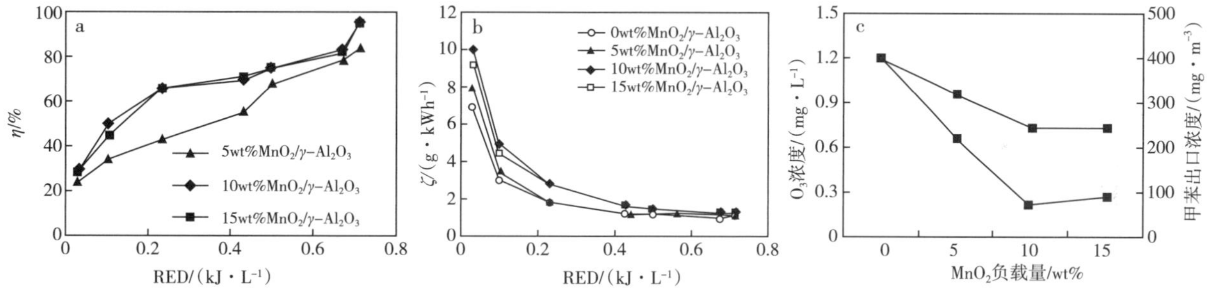

图 6.4.6　$MnO_2/\gamma-Al_2O_3$ 催化降解实验

a—MnO_2 载量变化对甲苯降解率影响；b—MnO_2 负载量与能量效率之间关系；c—MnO_2 负载量的变化对甲苯及臭氧浓度的影响

实验表明，$MnO_2/\gamma-Al_2O_3$ 催化剂在很大程度上对臭氧具有消解作用（图 6.4.7）。臭氧作为放电过程中产生的主要的存在周期较长的活性基团，被 $\gamma-Al_2O_3$ 负着于催化剂表面，并参与其表面的氧化反应，其反应过程如下：

$$O_3 + MnO_2 \rightarrow O(^3P) + {}^1\Delta O_2 \rightarrow O(^1D) + {}^3\sum O_2 \tag{6.4.1}$$

为了选出较好的配合物型催化剂来提高甲苯的降解率及增强能量利用率，有效的控制反应过程中代

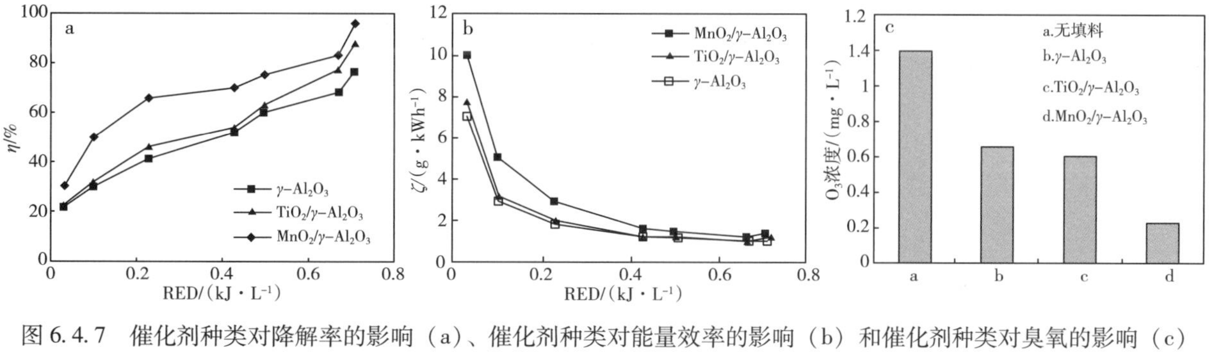

图 6.4.7　催化剂种类对降解率的影响（a）、催化剂种类对能量效率的影响（b）和催化剂种类对臭氧的影响（c）

表性副产物臭氧的产量以及副产物臭氧的控制，综合以上的实验结果，$MnO_2/\gamma-Al_2O_3$ 催化剂无疑是非平衡态高能离子降解 VOCs 的最佳选择。

c. 纳米 $Ba_{0.8}Sr_{0.2}Zr_{0.1}Ti_{0.9}O_3$ 介电材料协同降解实验。

纳米 $Ba_{0.8}Sr_{0.2}Zr_{0.1}Ti_{0.9}O_3$ 填料在相对较小的电场强度下就可以发生极化，从而强化非平衡态高能离子作用，提高反应器的能量利用率，生成效率更高的氧化物，进一步提高了甲苯的降解率（图 6.4.8）。臭氧是主要的长周期基团，它转移到纳米 $Ba_{0.8}Sr_{0.2}Zr_{0.1}Ti_{0.9}O_3$ 表面，并参与其表面的氧化反应历程。其反应途径如下：

$$e + O_2 \rightarrow 2O + e \tag{6.4.2}$$

$$O + O_2 + M \rightarrow O_3 + M \tag{6.4.3}$$

$$O + O_3 \rightarrow 2O_2 \tag{6.4.4}$$

$$e + O_3 \rightarrow O + O_2 + e \tag{6.4.5}$$

通过上述实验可以得出 $Ba_{0.8}Sr_{0.2}Zr_{0.1}Ti_{0.9}O_3$ 的填料发展能量效率，提高能量利用率，降低能耗方面的作用。

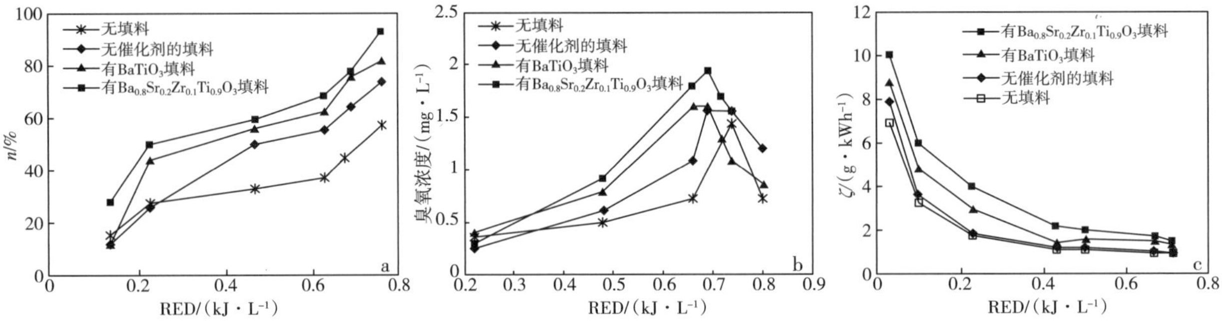

图 6.4.8 纳米材料对甲苯降解率影响（a）、纳米材料对臭氧浓度的影响（b）和纳米材料对能量效率的影响（c）

d. 非平衡态高能离子-复合纳米催化协同降解实验。

复合型催化剂由 $MnO_2/\gamma-Al_2O_3$（10wt%）及纳米 $Ba_{0.8}Sr_{0.2}Zr_{0.1}Ti_{0.9}O_3$ 催化剂等比例混合后，置于非平衡态高能离子反应器内。综合三者的优点，即采用吸附-非平衡态高能离子-纳米催化技术，以期解决非平衡态高能离子技术能耗较高及易产生放电副产物两大问题，使非平衡态高能离子净化技术进一步走向实用化。通过上述研究，复合催化剂的协同性能要好于任何单一的催化剂单独作用的结果（图 6.4.9）。

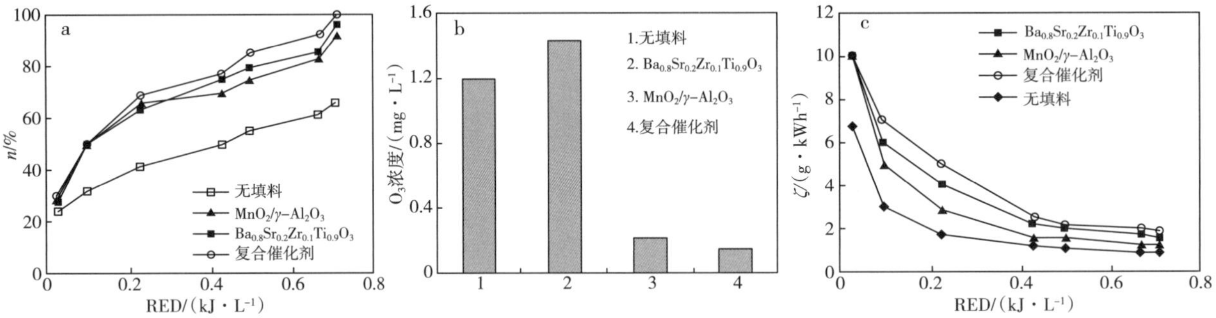

图 6.4.9 不同填料甲苯降解率的变化（a）、不同填料臭氧浓度的变化（b）和不同填料能量效率的变化（c）

3）多级耦合工艺的应用。

a. 污水系统中扩散源臭气的成分相当复杂，多为无组织，较难于捕集和收集，给治理带来困难。本部分利用非平衡态高能离子技术对污水处理厂排放的 H_2S 和 NH_3 等恶臭气体进行了去除研究。结果表明，该方法在处理低浓度、大风量恶臭气体，具有很强的实际应用操作性。

b. 在上海卷烟厂膨丝车间进行中试，考察了非平衡态高能离子技术对烟草废气中异味气体的净化效果。目前，非平衡态高能离子技术应用在卷烟厂除臭在我国尚属首次，净化效率将对我国烟草行业除臭技术的应用和排放标准的制定提供重要的实践依据。经上海烟草（集团）公司技术中心检测，工艺处理后 14 中 VOCs 污染物均能满足国家环保标准。

c. 垃圾中转站对周围环境影响较大的恶臭气体主要有氨气（NH_3）、硫化氢（H_2S）、甲硫醇（CH_3SH）、甲硫醚（$(CH_3)_2S$）等。通过非平衡态高能离子设备产生的高能电子直接轰击将污染物降解。同时废气中的细菌、病毒被迅速灭活。处理后达标的尾气排入 15 m 排气筒高空排放。

d. 针对印染厂 VOCs 和恶臭污染控制难题，在江阴市长泾宇恒印染有限公司定型机车间废气处理工艺基础上增加非平衡态高能离子技术，除臭效果显著，以氨气去除效率为例，非平衡态高能离子对氨气具有降解作用，延长废气的停留时间，臭氧、羟基等活性粒子与废气充分接触，氨气降解效率随停留时间延长而增高，废气在通过非平衡态高能离子设备后，当停留时间为 4 s 时，结果表明非平衡态高能离子对氨气降解效率达到 40%~45%左右。

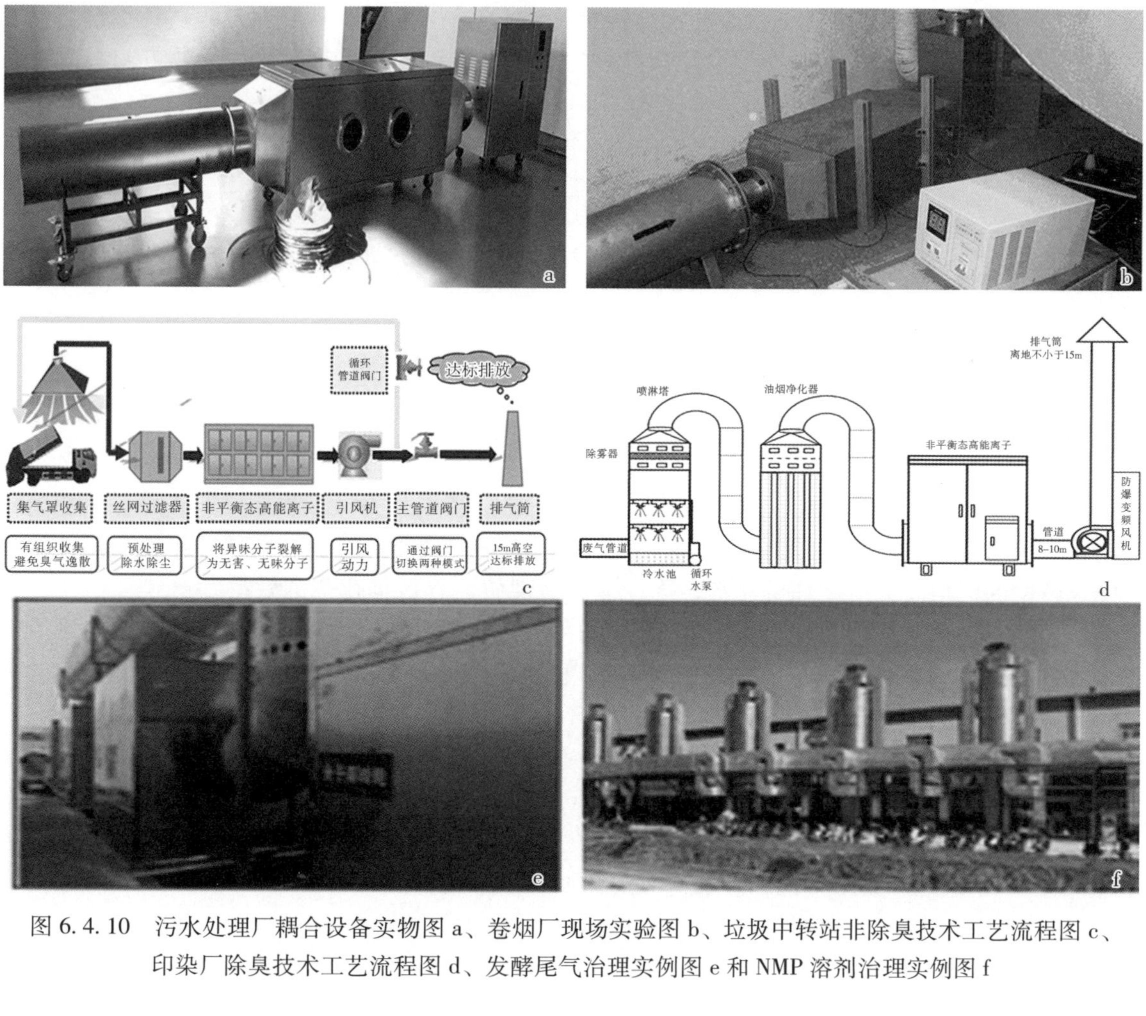

图 6.4.10　污水处理厂耦合设备实物图 a、卷烟厂现场实验图 b、垃圾中转站非除臭技术工艺流程图 c、印染厂除臭技术工艺流程图 d、发酵尾气治理实例图 e 和 NMP 溶剂治理实例图 f

e. 形成具有自主产权高效冷凝+吸附/吸收+低温等离子体+吸附催化剂的 VOCs 与恶臭深度净化系统。课题组完成国内首个抗生素发酵尾气治理系统，在华北制药集团进行应用，净化效率达到 95%以上，填补国内抗生素发酵废气无成熟处理技术空白，与盛禾（平潭）能源科技公司合作完成宁德 ATL、杭州万向 A123 和保定风帆涂布机尾气热能 &NMP 溶剂回收治理工程，相关技术在 20 多家企业应用。

6.4.4 本节小结

（1）项目创新性

1）提出了非平衡态高能离子耦合工艺。

团队建立了高效、低成本的非平衡态高能离子耦合 VOCs 无害化降解装备及工业应用体系，可同时处理多种 VOCs 污染物，适用性较广、实用性较强，现已成功建成示范工程 6 项，实现经济效益 2 亿多元。

2）形成了纳米催化剂的设计与制备技术和方法。

结合反应器结构与反应装置整体匹配性，开展高性能纳米催化剂与非平衡态高能离子协同降解 VOCs 的机理研究及装备研发，探究了催化耦合机理，进一步优化其催化吸附机理，形成最佳组合工艺。极大地提高了 VOCs 降解率、反应器能量利用率，抑制了反应副产物的生成。

3）研发形成长期稳定的非平衡态高能离子纳秒级电源模块，降低了能耗。

采用特殊介质阻挡材料、半导体材料等集成非平衡态高能离子发生模块专用电极，将多支电极通过耦合排列的方式，开发出产生高密度、大能量、低功耗的非平衡态高能离子纳秒级电源模块，使得非平衡态反应器向着系统化和模块化的方向发展，更加适应工业化的市场应用。

（2）项目先进性

非平衡态高能离子技术治理有机废气被认为是很有前途的方法，与国内外相关技术相比具有很多优点。

1）可在常温常压下操作，装置可以即时开与关。

2）有机化合物最终的产物为 CO_2、CO、H_2O。无中间产物，降低了有机物的毒性，同时避免了其他方法中的后期处理问题。

3）运行管理比较方便，运行费用低。

4）VOCs 的去除率高，对 VOCs 的适应性强。

5）整体设备的占地面积小。

目前国内外非平衡态高能离子和催化剂的耦合形式有多种。

不同耦合方式面对主要问题有：气相副产物的排放，特别是 O_3 的泄漏；非平衡态高能离子和催化剂的相互作用很小，未能有效利用非平衡态高能离子的功能，并且，前段非平衡态高能离子处理 VOCs 产生的气溶胶会沉积在催化剂表面，覆盖活性位，降低催化剂的效率。

多级耦合处理工艺采用复合催化剂的复合作用有效地抵消了较高浓度的 O_3 副产物的影响，且将高温稳定的纳米金属与高介电常数材料结合，既保持了非平衡态高能离子的强化功能，又具有纳米催化效果，弥补了二段式反应器在这一方面的不足。

在 20 世纪 60 年代，西方发达国家就开始研究非平衡态高能离子技术，到 20 世纪 80 年代，开始利用非平衡态高能离子技术处理环境污染物的问题。但是，大多数发达国家对该项技术也还只是处于理论研究或者是中试阶段，真正进入商业化的非常少。到目前，只有瑞士实现了该技术的商业化应用，生产出了利用低温等离子体技术处理 VOCs 的商业化产品——Plasmacat，申请了世界专利，并已经开始应用于一些国家 VOCs 的治理。

在国内，利用非平衡态高能离子技术处理 VOCs 技术主要还是处于高校的理论研究或是实验室的试验研究阶段，虽然有些已经发展成小试或者中试试验，但是能够直接应用于工业的商业化产品目前在国内仍然是空白。例如：复旦大学的于勇等人介质屏蔽降解 CF_3Br，降解率达到 55%（1.3kPa）；浙江大学黄立维等人利用脉冲电晕处理低浓度甲苯废气，在反应器中，甲苯的降解率达到 81%，能量利用率为 8.4 g/(kW · h)。

本项目提出的非平衡态高能离子多级耦合工艺可同时处理多种 VOCs 污染物、适用性较广、实用性较强，更侧重于大规模的工业化应用，填补了国内在该领域内的技术空白。

6.5　SCM 干法制砂工艺及装备技术

6.5.1　项目背景

（1）天然砂将逐步退出建筑用砂市场

天然砂是不可再生资源。我国经历了 40 余年的高强度开采，优质可采天然砂资源几近枯竭，同时生态环境遭到严重破坏。我国海砂资源虽然丰富，但由于氯离子超标，无法完全淡化，海砂拌和混凝土工程无法保证长期服役安全，因此，海砂不宜大规模开采和使用。

20 世纪 90 年代末，我国逐步限禁采天然砂，目前传统天然砂已全面实行限采禁采政策，沿海海砂也已基本停止了开采。

因此，随着天然砂退出建设用砂市场，发展大规模的、高效生产的、可替代天然砂的机制砂技术意义重大。

（2）机制砂将成为建筑用砂的主要组成，但须解决用石屑等生产合格机制砂的问题

机制砂原料来源较广，如矿山岩石、河道卵石、隧道洞渣、其他金属和非金属矿山废石、拆迁混凝土等。机制砂为机械加工而成，质量较为稳定。机制砂和机制碎石母岩一致性较好，有利于提高混凝土和易性、力学性和耐久性各项性能。

据推算，我国砂石骨料生产中，0~5mm 石屑年产量约 40×10^{8}t，0~5mm 石屑低价值利用或无序排放问题是全球砂石产业面临的难题。由于机制砂加工技术滞后，目前，干法制砂技术避开 0~5mm 石屑处理难题，造成干法制砂单产规模低、成本高、能耗高。

因此，发展以 0~5mm 石屑为主要原料的高效制砂技术将完善机制砂石生产工艺体系，提高砂石资源利用水平。

（3）我国对建筑用砂的大量需求将持续较长时间

目前，我国正快速推进城市地下工程、城市和城际快速交通体系、城镇化等工程建设。预计相对长的时间内，建筑用砂消耗量将持续增长。根据中国砂石协会预测，2030 年我国建设用砂消耗量将达到 100×10^{8}t。因此，加强机制砂大规模、低成本、高效生产关键技术研究和产业化工作迫在眉睫，是解决建筑用砂供需失衡、实现替代天然砂战略的主要途径。

6.5.2　成果简介

（1）研究主要内容

本项目开发一种以 0~5mm 石屑为原料生产机制砂的工艺，可完全替代天然砂，实现机制中砂的大规模、低成本生产。

通过对 0~5mm 石屑试验，发现其级配普遍存在 0.3~0.6mm 细颗粒级配不足，1.18~4.75mm 粗颗粒级配超标，同时 0.15mm 以下泥粉超标的问题，该问题也是传统机制砂普遍问题。根据这一特征，确定了分离（S）–细碎（C）–混合（M）的技术路线，即分离出级配超标的粗颗粒，进行细碎整形，用来弥补级配的细颗粒，同时提出泥粉控制含粉量，最后根据质量标准将各组分混合成合格机制砂。

（2）应用范围

0~5mm 石屑的制砂生产、传统不合格机制砂的提质加工、骨料生产线产生的 0~5mm 细骨料的制砂。

（3）技术特点

该技术路线基于“多筛少碎、精准细碎和二次脱粉”原则，预先脱除泥粉，降低了成品的二次脱粉难度和亚甲蓝超标概率，保证了脱粉效率；通过对石屑筛分可以一次性获得 70% 的合格中砂，避免重复加工，制砂机只需对超标的粗颗粒进行针对性细碎，节省大量能耗，降低石粉产生；

最后依据质量标准对各组分砂混合成合格机制砂。

（4）主要创新点

1）针对0~5mm石屑原料“两头多、中间少”的级配特征，研发了“分离-细碎-混合”加工工艺，分离石屑中的泥粉、粗颗粒和部分细砂，分离过程可进行整形，并对粗颗粒进行精准破碎，能耗低、成砂率高。

2）根据遗传算法和粒子群算法，开发了质量控制计算软件，实现了砂样质量检测数据与标准质量要求之间的偏差最小化，保障了机制砂产品的高质量与稳定性。

3）采用除泥、脱粉两段工艺，原料预先脱泥，成品砂混均前再次脱石粉，两次脱除的泥和粉分别单独收集。

4）研究开发了具有特殊腔体结构和二次冲击破碎反击板新型立轴冲击式制砂机，采用稀油润滑，实现了高转速（线速度60~80m/s），提高了细小物料的破碎效率。

（5）成果水平

SCM干法制砂工艺是江苏山宝集团和南京工业大学首次提出、共同研究和应用，相比现有制砂工艺，具有对原料适应性强、系统智能化程度高、单位吨耗低、机制砂成品质量高等优势。

（6）应用效果及推广前景

目前该技术入选了自然资源部《矿产资源节约与综合利用先进适用技术目录》，并且已于2018年顺利投产一套SCM干法制砂楼。利用客户0~5mm石屑作为原料，生产出的成品砂符合GB/T 14684—2011《建设用砂》二区Ⅰ类砂的标准和《高性能混凝土用骨料》Ⅰ级砂标准，机制砂产能可达120t/h以上，通过当地混凝土搅拌站验收。

6.5.3 详细内容

（1）技术目标

建立一套以0~5mm石屑为主要原料的高效制砂工艺系统，替代天然砂，提高砂石资源利用水平，缓解高品质机制砂石的市场短缺问题。该系统需具备经济性、节能型、推广适用性和智能化等特点。

（2）技术难点

①0~5mm石屑级配具有“两头多、中间少”的特点，转化成0~4.75mm全级配合格的机制砂需要同时解决粗颗粒、泥粉和细粉的比例含量问题。②泥粉含量大，物料易受潮，除泥脱粉难度大（风量过小脱不干净，导致粉量超标和亚甲蓝不合格，风量过大又会带走大量0.15~0.3mm细粒，加剧级配不合理问题）。③0~5mm石屑等粒型差、亚甲蓝超标问题突出。④传统制砂设备对3~5mm粗颗粒破碎难，且产生大量石粉，增加后续脱粉难度。⑤以上问题之间都是紧密关联的，任何一个处理不当就会加大其他问题解决难度。⑥本项目之前无对应和参考案例（前期对全国不同地区机制砂做了调研，情况如表6.5.1、图6.5.1、图6.5.2所示，我国机制砂产品普遍存在级配不合理、粒型差、针片状比例较高、亚甲蓝不合格等问题）。

表6.5.1 调研样本

检测项	调研样本					
	辽宁某石矿	四川某水电站	山西某石矿	河南某水泥厂	云南某石矿	安徽某石矿
亚甲蓝	不合格	合格	不合格	不合格	合格	不合格
石粉含量	15.9	8.3	27.5	12.3	7.1	18.2
细度模数	3.5	2.78	2.78	2.9	3.1	3.6
备注		棒磨机制砂，能耗高	产品为0~3mm，非全级配		选粉机脱粉	

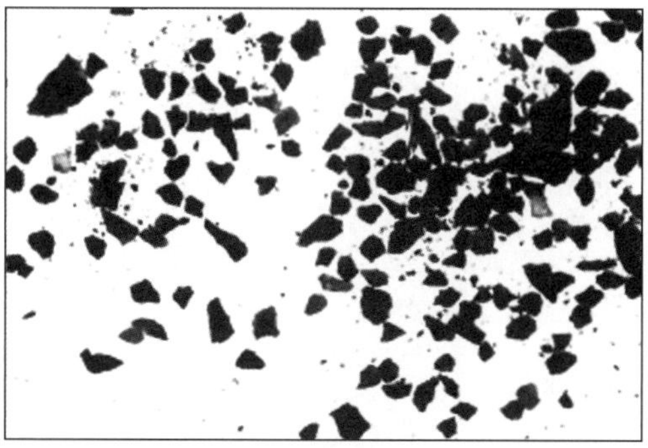

+0.5mm颗粒（8X）

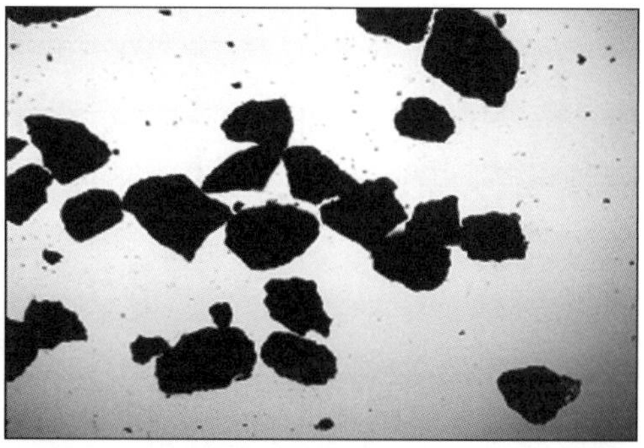

0.25~0.5mm颗粒（40X）

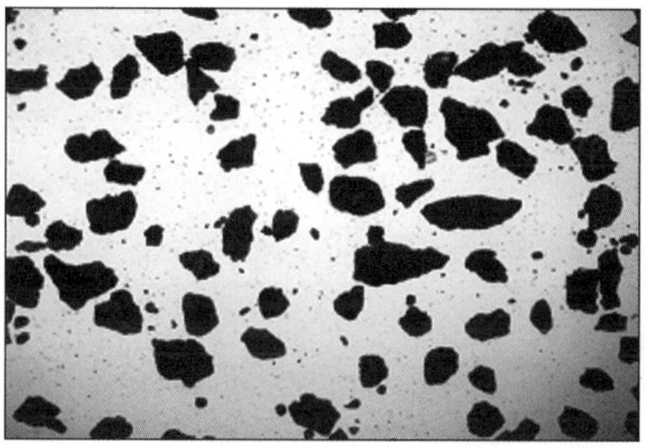

0.125~0.25mm颗粒（40X）

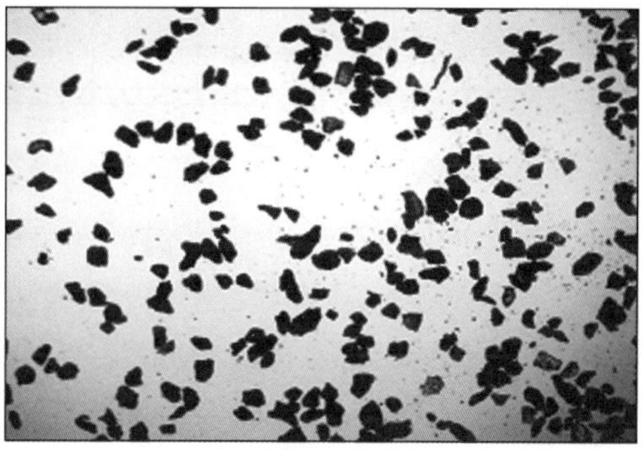

0.074~0.125颗粒（40X）

图 6.5.1　颗粒形貌分析

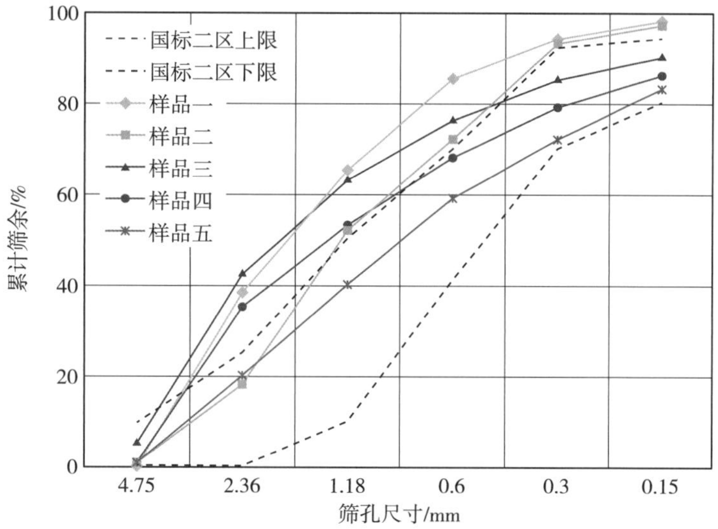

图 6.5.2　级配曲线（GB 14684—2011《建设用砂》标准）

（3）技术思路

根据“两头多、中间少”的整体特点，如图 6.5.3，本项目核心思路是预先脱除泥粉，将超标粗颗粒破碎，用来补充中间不足细颗粒，技术路线如表 6.5.2。

表 6.5.2　制砂技术路线

技术路线	主要工作
第一步：S（Separate）分离	预先分离出 0~5mm 石屑中的泥粉、超标粗颗粒、合格细砂，分离过程可进行整形
第二步：C（Crush）细碎	对超标粗颗粒进行精准细碎
第三步：M（Mix）混合	依据质量标准对各组分砂进行混合

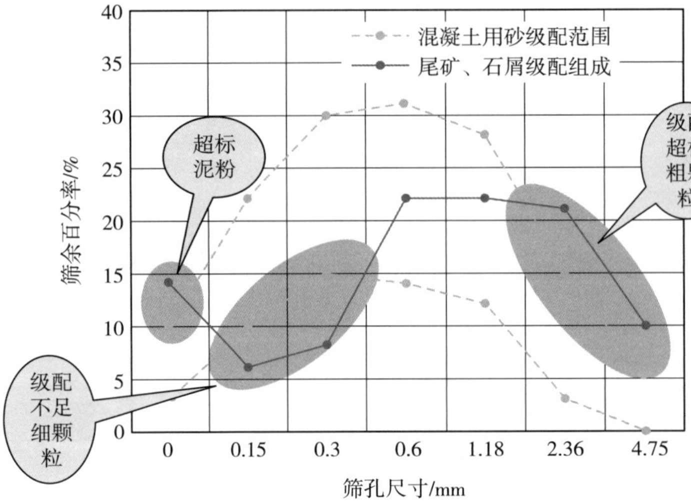

图 6.5.3　尾矿、石屑级配

该技术路线基于“多筛少碎、精准细碎和二次脱粉”原则，预先脱除泥粉，降低了成品的二次脱粉难度和亚甲蓝超标概率，保证了脱粉效率；通过对石屑筛分可以一次性获得 70%的合格中砂，避免重复加工，制砂机只需对超标的粗颗粒进行针对性细碎，节省大量能耗，降低石粉产生；最后依据质量标准对各组分砂混合成合格机制砂。根据技术路线确立的 SCM 干法制砂工艺流程如图 6.5.4。

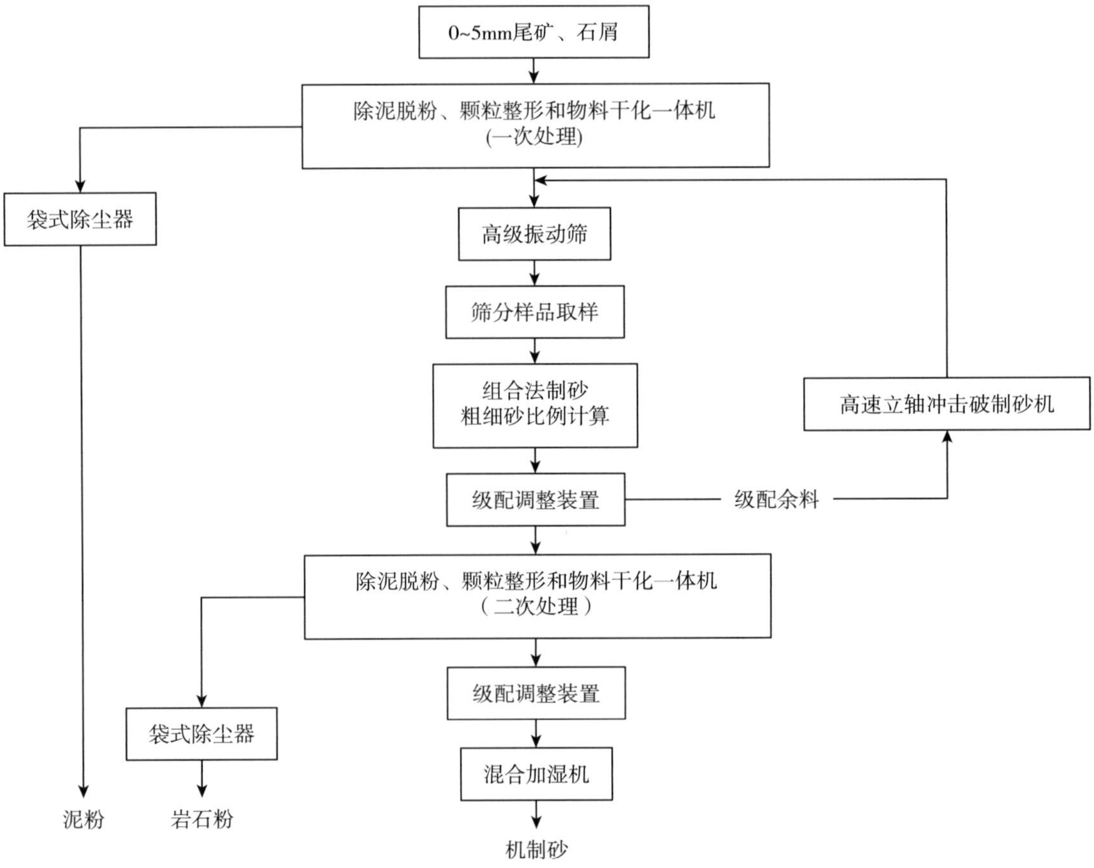

图 6.5.4　SCM 干法制砂工艺流程

（4）研究内容

1）机制砂级配和最小孔隙率研究：砂石是混凝土骨架材料，砂粒充填在碎石堆积的孔隙中，浆体材料充填在砂石堆积的孔隙中。砂石堆积孔隙越小，用于充填砂石堆积体孔隙的浆体材料越少，混凝土性能越优越。本项目揭示了密实充填状态下砂石颗粒级配与基孔隙率之间的规律、建立机制砂的级配与孔隙率之间的关系模型，确定机制砂的最优级配特征指标。

2）组合法制砂粗细砂混合比例计算模型研究：预先分离出石屑中符合天然砂特征的颗粒可避免重复加工。基于颗粒筛分中筛上筛下颗粒粒径重叠现象，本项目制定了石屑筛分成粗细不等的单级配砂样和依据建筑用砂标准进行粗细砂混合制砂的技术路线。本项目将重点研究粗细砂混合制砂比例计算模型和算法、开发计算软件，提高组合法制砂决策效率。

3）高效复合制砂机研究：针对 3~5mm 石屑超标粗颗粒难以破碎，对现有制砂机进行改进，增加物料冲击动能，强化细碎效率，减少物料循环破碎次数和循环量，减少粉料产生。

4）机制砂混凝土性能试验和机制砂使用技术研究：本项目对制砂产品进行混凝土工作性实验（坍落度、扩展度等指标）、力学性实验（抗压强度、抗折强度等指标）、机制砂和天然砂混凝土性能对比试验，总结机制砂混凝土配合比设计规律和性能特点，为优化机制砂混凝土拌和、施工和维护提供参考。

5）智能控制系统研究：整合设备运行参数、工艺参数、机制砂质量标准等内容，研制 DCS 智能集散控制系统，实现现场无人化操作。

（5）研究成果

SCM 干法制砂工艺技术是一个系统工程，由此研发了 SCM 干法制砂成套设备。SCM 干法制砂成套设备可以楼式布置，也可以平铺式布置，具体配置如图 6.5.5 和表 6.5.3 所示。

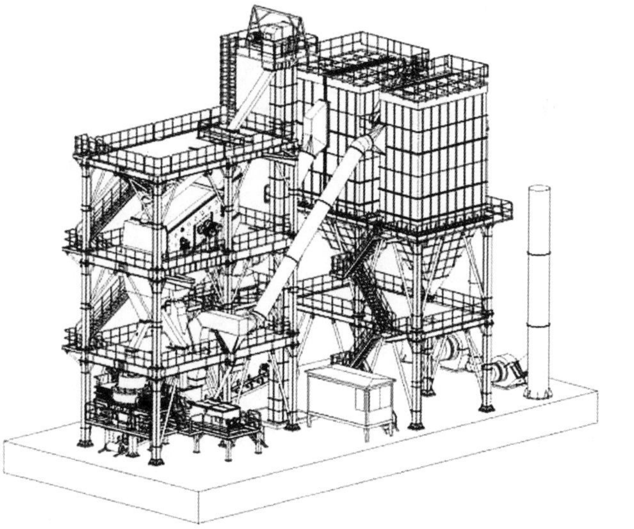

图 6.5.5　SCM 干法制砂楼结构简图

表 6.5.3　SCM-150 干法制砂楼设备配置

设备名称	型号	数量
智能控制室	SCM-150	1
复合除泥机	CDM-150	1
级控筛	GCS-150	1
复合制砂机	V8S1126	1
高效脱粉机	HPM-120	1
脉冲除尘器	XYMC-840-5	1
	XYMC-450-5	1
混合加湿机	MWM-150	1
斗式提升机	NSE300×26.5	1
	NSE300×13.3	1

研究内容中 1）和 2）的成果是 SCM 工艺参数优化系统，该系统是依据《一种可替代天然砂的机制砂制备方法》专利基础上编制的 SCM 法制砂参数优化计算软件（图 6.5.6~图 6.5.9）。主要

图 6.5.6 SCM 制砂系统登录界面

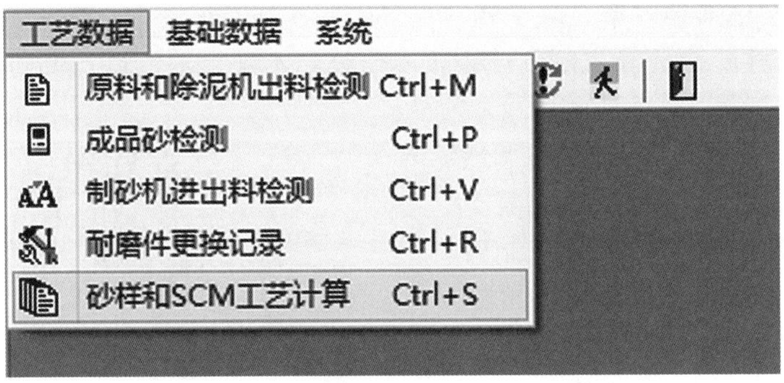

图 6.5.7 SCM 制砂系统计算检测功能界面

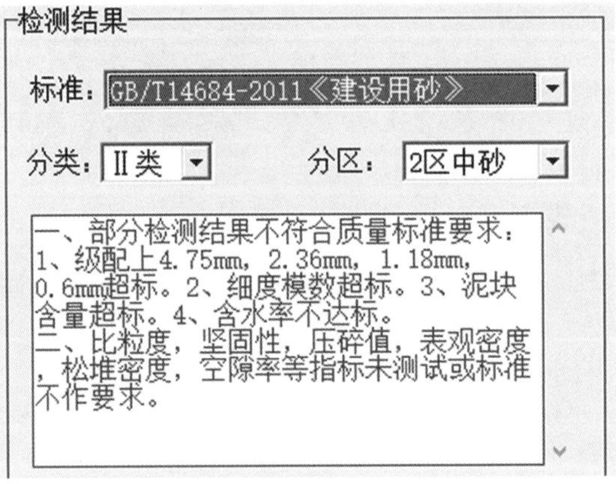

图 6.5.8 SCM 制砂系统检测结果界面

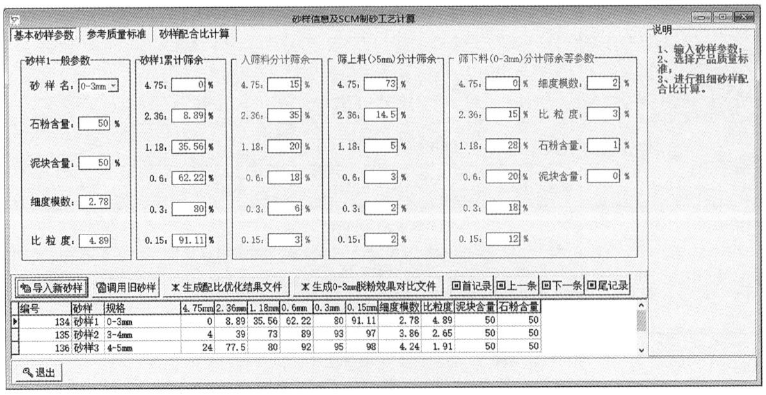

图 6.5.9 SCM 制砂系统数据库界面

功能如下：

①原料（或成品砂）数据储存和检测：原料（或成品砂）检测后，自动导入系统，同时基于系统对原料工艺要求（建设用砂相关标准）进行质量判断。②振动筛砂样检测数据和工艺参数优化：振动筛取样检测，数据自动导入系统，同时基于质量标准要求，计算粗细砂样最佳配比参数，为制砂楼控制提供最优工艺参数。③其他功能：包括砂样标准查看功能、用户管理功能、数据库功能等。

研究内容中 3）的成果是 V8S 系列复合制砂机，该设备优化了破碎腔设计，在转速、叶轮直径、布料锥大小不变的前提下，着眼于尽可能增大抛射点的半径 Ra，适当调整导料安置角 φ。

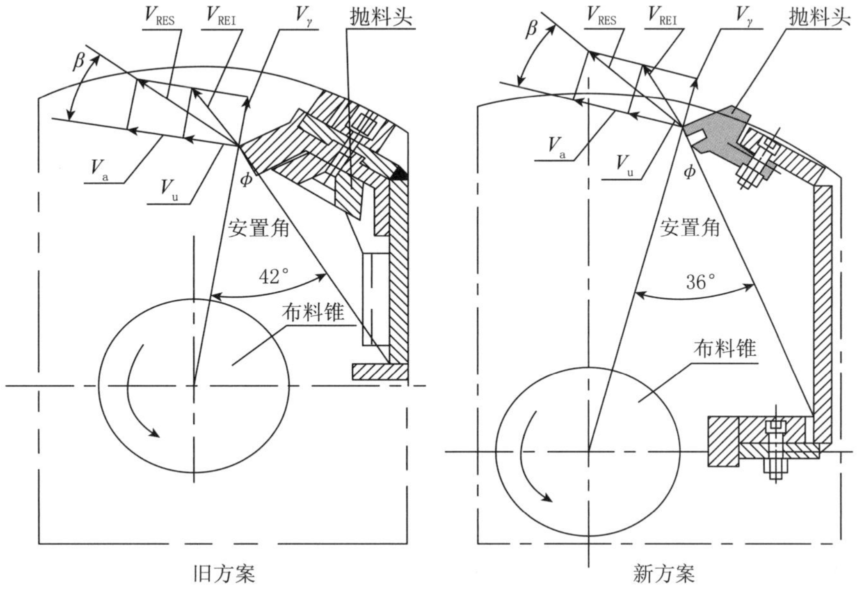

图 6.5.10　新旧方案破碎腔比较

表 6.5.4　新旧方案关键参数计算

序号	项目名称	代号（单位）	原方案	新方案
1	转子角速度	ω（rad/s）	146.6	146.6
2	抛射点线速度	Va（m/s）	44.4	61.57
3	石料径向速度	V_T（m/s）	40.47	58.79
4	导料板安置角	φ（°）	42	36
5	石料沿安置角方向速度	V_{REL}（m/s）	54.47	72.69
6	V_{REL} 切向分量	Vu（m/s）	36.45	42.71
7	石料冲击速度	V_{RES}（m/s）	90.41	119.65
8	石料抛射角	β（°）	26.66	29.36
9	砧板安置角	α（°）	63.3	60.64

从图 6.5.10 和表 6.5.4 可以看出，通过调整抛料头、护板、耐磨底板、安装立板零件的尺寸及其相互组合的位置关系，石料的冲击速度提高了 32.34%。另外叶轮上打击板两长两短设计，长打击板打击石料棱角，短打击板对低速石料二次加速，提高了石料破碎动能和整形效果。

V8S 复合制砂机对石灰岩的 0～5mm 石屑中 3～5mm 粗颗粒破碎效率可达 80%，试验结果如表 6.5.5 和图 6.5.11 所示。相较于传统立轴冲击式制砂机破碎效率有了大幅提高，减少了难碎物料的细碎循环次数和细碎循环量，降低了细碎过程中的石粉产量。

表 6.5.5 V8S 复合制砂机进出料分计筛余

筛孔/mm	高性能混凝土用骨料Ⅱ级		进料百分比 %	出料百分比 %
	机制砂上限	机制砂下限		
4.75	10	0	13.99	0.04
2.36	25	5	84.81	18.72
1.18	30	5	0.67	24.98
0.6	36	15	0.12	26.54
0.3	35	15	0.08	10.58
0.15	25	3	0.06	4.24
筛底	15	0	0.28	14.90

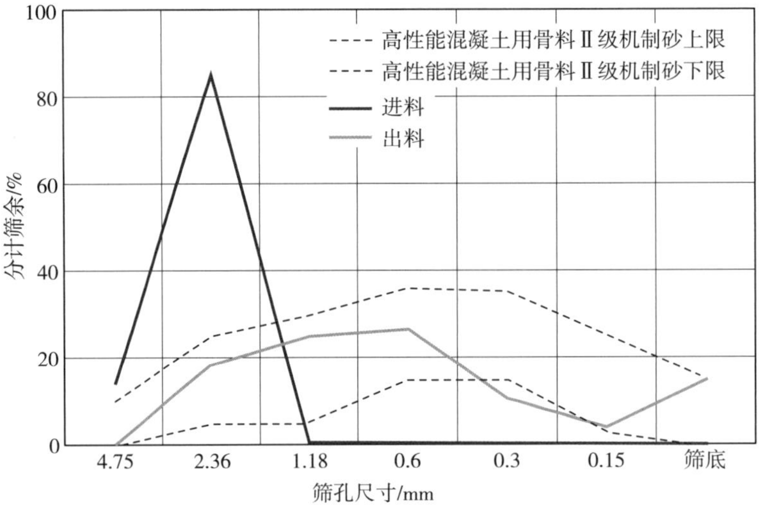

图 6.5.11 V8S 复合制砂机进出料级配曲线图

在以上基础上，又对 V8S 的叶轮线速与出料粒度情况作了试验研究（表 6.5.6）。

表 6.5.6 叶轮线速与出料粒度分布关系

序号	频率 Hz	叶轮线度 m/s	细度模数	制砂机出料分计筛余/%						
				4.75mm	2.36mm	1.18mm	0.60mm	0.30mm	0.15mm	筛底
1	50	77.0	2.99	0.04	18.72	24.98	26.54	10.58	4.24	14.90
2	45	69.3	3.29	1.28	30.87	20.64	22.32	8.69	3.89	12.31
3	40	61.6	3.85	4.83	45.33	21.96	15.33	2.54	1.30	8.71
4	35	53.9	4.27	8.54	59.39	14.97	10.63	0.82	0.54	5.11
5	30	46.2	4.60	11.05	69.98	12.22	3.09	0.49	0.31	2.86

研究内容中 4）的成果，对现场机制砂和天然砂进行混凝土 C40 试验，配合比及效果如表 6.5.7 所示。

研究发现：混合砂能够稳定的位于二区中砂范围内，与二区中砂中值线靠近，即工业化生产的机制砂质量非常稳定。配合比相同时，机制砂工作性不如天然砂，但力学性提升明显。这是因为天然砂表面光滑，有利于降低初拌混凝土内摩擦力；机制砂多棱角，具有一定的“棱角契合”效应，有利于提升混凝土后期力学性。机制砂具有一定吸水性，宜适当增加用水量 5%~10%左右。

表 6.5.7 机制砂和天然砂 C40 实验结果对比

编号	基本配方/（kg·m^{-3}）						试验结果				
	砂（细度模数）		石子	外加剂	水泥	矿粉	坍落度、扩展 mm		抗压强度/MPa		
	天然中砂 2.6	机制中砂 2.75	5-25	ZX300	崛荣	沙钢	初始	1h	7d	28d	56d
1	0	800	970	1.3%	250	100	190、370	140、—	36.0	57.4	58.8
2	780	0	1010	1.4%	270	80	195、475	175、390	27.7	50.9	56.6

研究内容中5）的成果是 SCM 智能控制系统。所有设备集中管理、在线监测和分散控制，具有一键启停、自动报警和数据统计分析等功能。通过温度、电流、电压传感系统，设置信号阈值，实现自动报警、停机，结合导入的试验数据，软件自动计算出执行机构需要调整的参数，在控制室内即可完成操作。

（6）应用成果

本项目涉及的 SCM 干法制砂工艺已经在安徽某客户现场取的成功应用，在项目的研发和应用过程中，先后获得已授权专利50余项，其中已授权发明专利5项，入选自然资源部《矿产资源节约与综合利用先进适用技术推广目录》。

SCM 干法制砂工艺坚持“设备和工艺”两条腿走路的方法，使得精品机制砂的生产不再局限于对设备功能的苛刻要求，具有精准性、高效性、节能型和经济性，为高品质机制砂生产提供了新的、普遍适用性的生产工艺方案。

6.5.4 本节小结

本项目该成果融合了“多筛少破、防堵筛分、精准破碎”等先进理念，开发了超细碎用高速立轴冲击式制砂机、机制砂级配控制等设备和装置，解决了行业石屑超细碎和级配精细化控制难题，实行了两段除泥脱粉方法，提高了成砂率和质量，有效降低了制砂成本。所生产的机制砂各项指标符合高性能混凝土用骨料标准要求。混凝土试验表明，SCM 工艺生产的机制砂可替代天然砂，经济、社会和生态效益显著，应用前景广阔。

6.6 乌山一期 SAB 流程提高磨矿产品细度研究及工程化应用

6.6.1 项目背景

中国黄金集团内蒙古矿业有限公司选矿厂（以下简称“乌山选矿厂”），2007 年开工建设，一期于 2009 年 9 月建成投产，设计单系列日处理能力 1.5×10^4t，共计两个系列；二期于 2012 年 7 月建成投产，设计单系列日处理能力 3.5×10^4t，项目总投资 58×10^8 元。碎磨系统是选矿厂的重要组成部分，投资占全厂总额的60%左右，生产经营成本占相当大的比例，同时也是进入浮选流程前最重要的一道作业。碎磨作业流程的设计以及技术水平提升和工艺流程的进一步优化，对选矿厂正常生产经营和依托科技进步创造更多的效益至关重要。

生产初期，选矿厂三个系列均采用了当时世界上先进的 SABC 碎磨工艺流程，但在生产实践过程中发现 SABC 流程不能很好地适应乌山矿石，针对流程存在的问题，乌山进行了深入的研究，2014 年通过工艺优化最终确定为现在的 SAB 流程。在 SAB 碎磨工艺流程中，半自磨机和球磨机是最主要的设备，肩负着生成新合格粒级产品的重任（大多数矿山以新生成目含量作为磨矿指标好坏的依据）。其中半自磨机以矿石本身作为主要磨矿介质，通过补加适量钢球实现半自磨机内顽石破碎的一种兼具破碎和磨矿的设备。半自磨工艺充分利用了矿石本身作为磨矿介质，给矿粒度大，磨碎比高，特别是通过矿石之间的磨剥作用，能使矿石按照解理面解离，单体解离度高，不易过粉碎和过磨，替代了原“老三段”流程中细碎作业，精简了碎磨工艺流程，特别是在提高单系列处理能力和处理易泥化矿石方面应用效果显著。球磨机也随着矿山规模的不断扩大而实现了设备大型化和自动化，但是基本原理没有太大变化。随着磨矿技术的不断进步与发展，SAB、SABC 工艺已广泛地应用于矿山碎磨工艺中，且在逐步发展改进。

乌山选矿厂一、二系列处理能力随着矿山发展的需要逐年增加，已由原单系列设计处理能力 15000 t/d 的增加到 21000 t/d，较原设计矿处理能力提高了 40%。处理能力的提高，给一、二系列整个生产工艺流程带来了巨大的挑战，特别是磨矿和浮选作业。现乌山选矿厂一期磨矿系统半自磨机的规格为 Φ8. 8m×4. 8m，原矿处理能力为 895 t/h，半自磨运行功率平均在 5000~5500 kW，设计额定功率为 6000 kW，电耗为 5. 73 kW · h/t，半自磨钢球充填率达到了 13%，半自磨机补加钢球直径为 120 mm。由于目前进行的针对半自磨机区间优化加球法技术已经在降低半自磨负荷和提高半自磨机排矿产品质量方面取得了一定成果，在保证设备安全运转前提下，还可进一步合理挖掘半自磨机设备潜能、提高半自磨磨矿产品质量，实现半自磨机与球磨的合理匹配，为球磨机“降负荷”；一、二系列溢流型球磨机规格为 Φ6. 2m×9. 5m，电耗为 7. 33 kW · h/t，球磨机运行功率基本在 6000 kW，达到了额定功率，整个磨矿系统负荷已基本达到了极限，球磨机补加钢球配比为 60mm：40mm = 1：2，钢球单耗约为 0. 64 kg/t，球磨机钢球充填率已经达到了 30%，充填率偏高，同时，通过对球磨机排矿粒度分析发现，粒级分布不合理，钢球级配需要进一步优化。由于每个系列是一台半自磨机与一台球磨机构成 SAB 流程，实际生产过程中发现，半自磨机与球磨机的有效容积配置不合理，导致球磨机负荷过高，磨矿效果受到极大限制（半自磨机有效容积为 297m^3，球磨机有效容积为 262 m^3），球磨机严重制约了产能提升，特别是由于磨矿细度与设计值存在一定差距，对后续选别作业极为不利。现在一、二系列磨矿产品旋流器溢流中 74μm 只有 61%~63%，而三系列磨矿产品细度则更低，只有 60%左右，磨矿最主要的工艺控制参数与选矿工艺可行性研究报告及选矿厂设计中的旋流器溢流产品 74μm 占 65%的技术要求相差较大，一二系列和三系列磨矿产品细度较设计指标分别低 2%~4%和 5%左右，这对后续铜钼混合浮选品位及回收率均造成极为不利影响，因此，现在的技术经济指标存在进一步提升的空间，通过采取多种措施，实现半自磨机与球磨机合理匹配，使磨矿细度达到设计要求，促使乌山选矿厂铜钼回收率指标的进一步提高，加快乌山走可持续科技创新发展的步伐。如何系统科学的优化碎磨流程来大幅度提高磨矿产品细度，使其达到设计要求，已成为乌山选矿厂优化“五率”、降本增效工作的创新点，更可能成为乌山科技创新的突破点和新亮点。

6. 6. 2　成果简介

通过对矿石力学性能及半自磨磨矿工艺技术指标的研究表明，最佳旋回破碎机排矿口尺寸以 185~190mm 为宜。球磨机钢球采用 Φ60mm：Φ40mm = 1：3. 33 钢球配比试验结果表明，磨矿细度 600 目 35. 03%，200 目 62. 20%。与全 Φ40mm 相比，600 目降低了 1. 78%，200 目增加了 0. 12%，因此，球磨机最佳钢球级配为 Φ60mm：Φ40mm = 1：3. 33（Φ60mm = 3t/d，Φ40mm = 10t/d），生产中采用此钢球配比。最终综合优化联合验证的一个月数据结果表明，一系列旋流器溢流 74μm 细度 62. 22%，达到技术指标要求。SAB 碎磨流程采用此工艺使磨矿细度、有用矿物单体解离度有较大提高，防止了过磨泥化，为后续浮选作业铜、钼回收率提高奠定良好基础。

技术经济分析结果表明，一系列增加效益 1288. 64×10^4 元/a，选矿厂三个系列现已全面推广，预计增加效益 5154. 56×10^4 元/a，经济效益十分显著。

6. 6. 3　详细内容

1）通过矿石力学性能研究与分析，探索不同旋回破碎机排矿口尺寸对半自磨磨矿工艺技术指标的影响。

采场采区及矿石力学性能研究。主要研究内容包括：①地质资料数据采集、分析与研究。②矿石性质研究。③优化采矿计划。④配矿研究。通过对矿石性质研究，摸清矿石主要力学性能，为后续开展旋回破碎机排矿口尺寸调整试验奠定基础。

在采场采区及矿石力学性质研究结果的基础上，根据不同矿石类型，分别开展旋回破碎机排矿口尺寸对半自磨机磨矿工艺技术指标影响的研究。根据待处理矿石的软硬程度，确定与矿石性质相适应的旋回破碎机排矿口尺寸，暂定排矿口尺寸按照 170mm、180mm、190mm 三个尺寸进行试验。通过大量试验，重点考查半自磨机设备运行参数、磨矿效果和技术经济指标及旋回破碎系统承受能力，探索出不同矿石类型、矿石硬度的最佳排矿口尺寸，并建立与之相对应的数据库。

2）通过对关键技术“高、中、低水平排矿法”的研究，确定最适宜的排矿方式，在保证半自磨机处理能力的前提下，提高半自磨机排矿产品中 74μm 含量。

通过对半自磨机格子板形式、开孔尺寸、开孔率、顽石窗大小及排布、排矿高度、矿浆提升器提升效果等开展研究，探索以上参数与矿浆排矿速度、矿石处理能力、磨矿产品细度及粒度组成之间的关系，从而确定针对不同硬度矿石最佳的处理矿量与半自磨排矿水平，在保证处理矿量不降低的前提下尽可能地提高半自磨排矿中 74μm 含量，降低球磨机给矿量，为球磨机多分担磨矿负荷。

3）半自磨机衬板形状及尺寸、材质优化对延长衬板使用寿命、提高半自磨机磨矿效果的关键技术研究。

半自磨机衬板形状及尺寸研究。近年来，计算机模拟在半自磨机衬板设计及优化方面得到了广泛应用，主要因为它不但节约时间及研发费用，而且模拟结果准确可靠。因此，根据现场磨机运行参数，重点模拟半自磨钢球充填率、筒体衬板基体厚度、衬板形状、提升条高度、提升条间距大小以及提升条迎面角等对钢球及物料运动轨迹的影响，在充分保证衬板对钢球及物料提升效果、确保钢球对顽石及物料冲击能力的前提下，降低钢球空砸衬板的概率。在衬板模拟最优结果的基础上，进行衬板试制与现场试验，根据试验的结果进行优化，在达到预期使用效果的前提下，进行推广应用。

半自磨机衬板材质及热处理工艺研究。通过筛选与半自磨衬板硬度及韧性、屈服强度等相适宜的材料进行衬板试制，并改善热处理工艺，进一步提高衬板的使用性能，从而较大幅度延长衬板的使用寿命。

4）球磨机钢球充填率、补加钢球直径及级配、降低球磨机钢球破碎率对球磨磨矿工艺技术指标探索优化试验。

球磨机钢球充填率变化对球磨机磨矿工艺技术指标影响的研究。

在处理矿量稳定的前提下，通过每班跟踪取球磨机排料样品，通过充填率变化与球磨机排料 74μm 含量及各粒级变化的对应关系，最终确定合适的球磨机钢球充填率，实现节球节电。

球磨机补加钢球直径及级配、降低球磨机钢球破碎率对球磨机磨矿细度及磨矿产品粒度组成影响研究。

通过对球磨机入料即旋流器沉砂样品的粒级筛析，摸清球磨机入料粒级分布特点，以及占比较大的粒级特点和球磨机入料中 F80 粒级。根据国外大型球磨机钢球配比的理论计算经验，通过理论计算公式计算出 Φ6. 2m×9. 5m 球磨机钢球配比，并且要符合矿方的实际钢球使用因素，通过小型试验验证计算的可靠性，最后按照优化后的钢球配比进行工业试验。根据现有生产实际情况，拟采用 Φ60mm：Φ40mm＝1：2. 25、1：3. 33、1：5. 5 三个级配进行试验，最终达到提高球磨机排矿 74μm 粒级含量到 65%的目的。

5）通过旋流器设备及工艺参数优化提高旋流器分级效率。

旋流器设备及工艺参数优化主要包括旋流器沉砂嘴尺寸、旋流器进料口尺寸、溢流管直径、溢流管插入深度，给矿浓度、给矿压力、返砂比等，通过以上参数优化，确定最适宜的设备及工艺运行参数，从而提高旋流器分级质效率，为后续选别作业提供最佳给矿产品。

6）创新点。

a. 独创半自磨+球磨工艺流程中球磨机球径选择的 SAB 球径选择经验公式。

通过国内外半自磨+球磨球径选择的生产实践应用证明：半自磨+球磨中磨矿介质选择若照搬常规磨机球径经验公式或老三段球磨机加球经验球径普遍偏大，会导致磨矿产品粒级分布不合理，达不到选别作业要求，影响有用金属回收。2014—2019 年乌山利用钢球球径与待磨粒子精准消磨关系的研究成果对常规拉夫莫夫球径经验公式（6.6.1）进行创新补充与系数修正，独创了适用于半自磨+球磨工艺流程中球磨机球径选择的 SAB 球径选择经验公式（6.6.2）。

拉夫莫夫球径经验公式。

$$D_b = 28(d)^{1/3} \tag{6.6.1}$$

式中：D 为给矿粒度，即 95%的过筛粒度，mm。

SAB 球径选择经验公式。

$$D_b = \frac{D}{k \cdot 10^4} \cdot 28\sqrt[3]{d_{最大}} \tag{6.6.2}$$

式中：D_b 为所需钢球直径 mm；D 为球磨机内径 mm；k 为经验修正系数，0.8；$d_{最大}$ 为最大给矿粒度，mm。

通过公式计算，乌山一期 SAB 磨矿工艺流程中球磨机最佳补加球径尺寸应为：D_b = 49mm。乌山实践证明其更适用于半自磨机工艺中球磨机磨矿介质的选择，填补了大型半自磨机中球磨机磨矿介质选择的技术空白。

b. 通过对关键技术“高、中、低水平排矿法”的研究，确定最适宜的排矿方式，在保证半自磨机处理能力的前提下，提高半自磨机排矿产品中 74μm 含量。在中水平排矿试验用木楔完整期间，半自磨机排矿产品中 200 目含量增加 1.57%。

c. 球磨机钢球级配 Φ60mm：Φ40mm = 1：3.33 通过 3 个月试验结果表明，旋流器溢流中 600 目 35.03%，200 目 62.20%，较其他三种钢球级配效果更好，600 目变化不大，200 目提高明显。因此，球磨机最佳钢球级配为 Φ60mm：Φ40mm = 1：3.33（Φ60mm = 3t/d，Φ40mm = 10t/d）。

d. 通过矿石力学性能研究与分析，探索不同旋回破碎机排矿口尺寸对半自磨磨矿工艺技术指标的影响，通过对矿石力学性能及半自磨磨矿工艺技术指标的研究表明，乌山矿最佳旋回破碎机排矿口尺寸以 185~190mm 为宜。

7）应用情况。

项目成果已在乌山矿选厂一系列推广应用，提高了旋流器溢流 74μu 粒级含量 2%，一段铜回收率提高 1.47%，一段钼回收率提高 1.01%，电耗降低 0.10kW·h/t，经济效益显著，应用前景广阔（表 6.6.1、表 6.6.2）。

表 6.6.1　一系列旋流器溢流不同 200 目含量与选厂生产指标平均值情况

旋流器溢流			一段回收率/%		原矿品位/%		混合精矿品位/%/		尾矿品位/%	
200 目含量/%	浓度/%	600 目含量/%	Cu	Mo	Cu	Mo	Cu	Mo	Cu	Mo
<56	37.95	30.16	84.78	79.26	0.270	0.034	20.45	2.34	0.041	0.007
56-57	37.00	31.89	84.9	77.5	0.76	0.033	19.58	2.31	0.043	0.007
57-58	36.44	31.70	86.96	80.06	0.267	0.033	20.04	2.48	0.035	0.007
58-59	37.35	32.15	87.25	78.83	0.268	0.031	19.32	2.42	0.035	0.007
59-60	37.03	34.01	87.03	79.97	0.268	0.035	19.26	2.46	0.035	0.007

续表

旋流器溢流			一段回收率/%		原矿品位/%		混合精矿品位/%/		尾矿品位/%	
200 目含量/%	浓度/%	600 目含量/%	Cu	Mo	Cu	Mo	Cu	Mo	Cu	Mo
60-61	36.48	34.08	86.58	81.93	0.266	0.032	18.37	2.15	0.036	0.006
61-62	35.61	34.51	87.08	81.87	0.269	0.032	18.64	2.23	0.035	0.006
62-63	35.05	35.27	88.04	82.94	0.269	0.031	18.76	2.31	0.033	0.005
63-64	34.70	35.72	86.15	81.09	0.274	0.031	18.26	2.26	0.038	0.006
64-65	33.29	35.77	87.03	78.15	0.273	0.037	18.26	2.34	0.036	0.008
65-66	33.86	39.65	85.57	81.78	0.259	0.034	19.06	2.39	0.038	0.006
>66	34.86	38.76	85.84	81.37	0.267	0.033	18.42	2.19	0.038	0.006
总计	35.71	34.48	86.77	81.10	0.269	0.032	18.91	2.30	0.036	0.006

表 6.6.2　一系列旋流器溢流不同 200 目含量技术经济效益比较结果

旋流器流 200 目含量/%	一段增加回收率/%		提高收益/万元		
	铜	钼	铜	钼	总计
<56	-1.80	-2.66	-1176.04	-858.39	-2034.43
56-57	-2.19	-4.48	-1430.85	-1445.71	-2876.56
57-58	0.38	-1.86	248.27	-600.23	-351.95
58-59	0.67	-3.09	437.75	-997.16	-559.41
59-60	0.45	-0.96	294.1	-632.50	-38.9
60-61	0.00	0.00	0.00	0.00	0.00
61-62	0.50	-0.06	326.68	-19.36	307.32
62-63	1.47	1.01	960.43	325.93	1286.36
63-64	-0.43	-0.84	-280.94	-271.07	-552.01
64-65	0.46	-3.78	300.54	-1219.82	-919.28
65-66	-1.01	-0.15	-659.89	-48.41	-708.29
>66	-0.74	-0.56	-483.48	-180.71	-664.20

6.6.4　本节小结

项目针对本科研项目开展前一、二系列磨矿细度 74μm 占 60%左右（有时达不到 60%）。为了进一步提高和稳定生产技术指标，最大化回收有价金属，中国黄金集团内蒙古矿业有限公司联合北京环磨科技有限公司在选矿厂一系列系列围绕半自磨+球磨+旋流器这三个作业点开展研究工作，探索出特大型半自磨机高中低水平排矿、特大型球跷机钢球配比的破优方案，找到了选厂最佳磨矿细度，已全面在乌山推广应用，取得了显著的经济效益，并且此项目对采用 SAB、SABC 流程的特大型矿山具有很好的示范效应。

通过对特大型半自磨机关键技术高、中、低水平排矿法的研究，确定最适宜的排矿方式，在保证半自磨机处理能力的前提下，显著提高半自磨机排矿产品中合格的 74μm 含量。

通过旋流器设备及工艺参数优化提高旋流器分级效率，调整旋流器开启台数，由 6 台增加到 7 台，溢流浓度控制在 33%~35%，球磨机给矿给水量控制在 60m^3/h 左右，溢流 74μm 粒级占比达到 62%以上。

在特大型半自磨+特大型球磨（SAB）工艺中球磨加球尺寸的选择上独辟蹊径，开创了特大型球磨机加球理论和实践的先河，取得了较好的经济和社会效益。

6.7 西部矿区煤炭高强度开采地下水减损关键技术及应用

6.7.1 项目背景

陕北侏罗纪煤田榆神府矿区 2019 年产量 4.63×10^8t，成为全国产煤大市，在国家能源战略中占据重要的地位，但由于矿区生态环境脆弱，水资源贫乏，煤炭高强度开发的生态环境矛盾突出，其科学合理开发，对于保障国家能源安全、促生态安全具有重要的意义（王双明等，2003；范立民，2005、2017；彭苏萍，2014）。

以 1996 年 1 月大柳塔煤矿建成投产为标志，矿区煤炭资源开发步入快车道，极大地带动了地方经济发展和人民生活水平提高。榆林市以 GDP 年均增长 18%、财政收入年均增长 42.95%的速度创造了举世瞩目的“陕北速度”。但早期榆林市煤炭资源开发并没有按照资源禀赋条件和生态环境容量进行科学布局，单位产出的资源消耗和污染排放水平过高，经济快速发展的同时也付出了资源环境代价（马雄德等，2017），经济发展与资源环境的矛盾日趋尖锐，人民群众对环境退化问题反应强烈。显然，这种状况与矿井布局不合理、开采方式不科学直接相关。如若不加快调整、转变煤炭开采方式，环境支撑不住，社会承受不起，经济发展亦将难以为继。

针对我国大型煤炭生产基地日益恶化的生态环境问题，2003 年，钱鸣高院士等以关键层理论为基础提出了绿色开采技术（钱鸣高等，2003；2007），绿色矿山建设技术迅猛发展（彭苏萍等，2020；邓久帅等，2020）。保水采煤技术作为绿色开采技术体系的重要组成部分，在近 30 年为陕西省煤矿绿色矿山建设提供了理论与技术支撑（范立民等，2019），尤其是《保水采煤技术规范》（DB61/T 1295—2019）的颁布，标志着保水采煤技术进入了规范化发展的新时期。

由于历史原因，榆神府矿区一部分矿井未采用保水采煤技术，大规模采煤过程不可避免地造成了地下水赋存状态的改变。据实测（范立民等，2016），水位降深大于 8m 的区域面积达到 758.9km^2。这说明煤层浅埋区，采煤引起的地下水位下降普遍存在。

如今，黄河流域生态保护和高质量发展已上升为国家战略，生态环境保护形势严峻（彭苏萍等，2020）。因此，揭示高强度采煤条件下地下水-土壤水-生态环境耦合作用机制，开发一套适合煤炭高强度开采的水资源与生态环境减损技术，促进黄河流域大型煤炭基地生态保护和高质量发展，已成为当务之急。

6.7.2 成果简介

我国西部煤炭资源储量占全国总量的 70%以上，具有储量大、煤质好、地质条件简单，适合整装勘查、整体开发等优势。但西部煤矿区地处干旱-半干旱带沙漠-黄土覆盖的生态脆弱区，水资源匮乏，植被稀少，煤层上覆基岩偏薄，煤层采动极易损伤含水层结构并导致地表生态环境问题，严重制约着煤炭绿色矿区建设。因此，如何确保高强度煤炭开采的同时，降低对地下水含水层结构的损伤，是困扰西部煤炭绿色安全高效开采的关键技术难题。

本项目以陕北侏罗纪煤田和渭北石炭纪、二叠纪煤田为研究区，从正确处理矿产资源开发与环境保护关系的角度出发，将采煤、水资源和生态环境作为一个系统工程，围绕地表水库、风沙滩区绿洲生态水位、岩溶湿地生态水位等保护目标，提出了多种水资源减损关键技术，取得了一系列原创成果。

1）提出了保水采煤概念，厘定了保水采煤的科学内涵，建立了保水采煤的技术体系。

2）首次引入微电阻率扫描成像技术，创新了土层中采动裂隙探测技术，识别出煤层上覆土层采动裂隙（下行裂隙）分布。以基岩与土层厚度为主控因素，基于基岩-土层复合导高实测结果，提出了厚基岩-厚土层、厚基岩-薄土层、薄基岩-薄土层及薄基岩-厚土层 4 种模式的导水裂隙带发育高度预计模型，实现了煤层上覆含水层及地表水体减损开采。

3）针对渭北矿区开发使岩溶泉域水位降低、湿地退化问题，发明了底板含水层注浆加固的成套技术，实现了渭北湿地生态水位保护，创建了煤层下伏含水层减损开采技术方法。

该项目获得授权发明专利 15 项、实用新型专利 9 项，软件著作权 3 项，发表论文 57 篇，出版专著 2 部。成套技术已在国内数十处煤矿推广应用，经济、社会（环境）效益显著。中关村绿色矿山产业联盟组织的成果鉴定结论为，总体达到国际先进水平，在高强度煤炭开采区地下水减损技术方面达到国际领先水平。

6.7.3　详细内容

1）提出了保水采煤概念，厘定了保水采煤的科学内涵，建立了保水采煤的技术体系。

a. 厘定了保水采煤定义和科学内涵，建立了保水采煤的技术体系。

1992 年作者提出了保水采煤的科学理念，2005 年提出了保水采煤的实现途径，近年来，保水采煤理念逐步被接受，但由于保水采煤涉及的专业门类较多，其内涵和外延一直没有给出明确的界定。经过 20 多年的持续研究，近年来，本研究厘定了保水采煤的概念和科学内涵（图 6.7.1），初

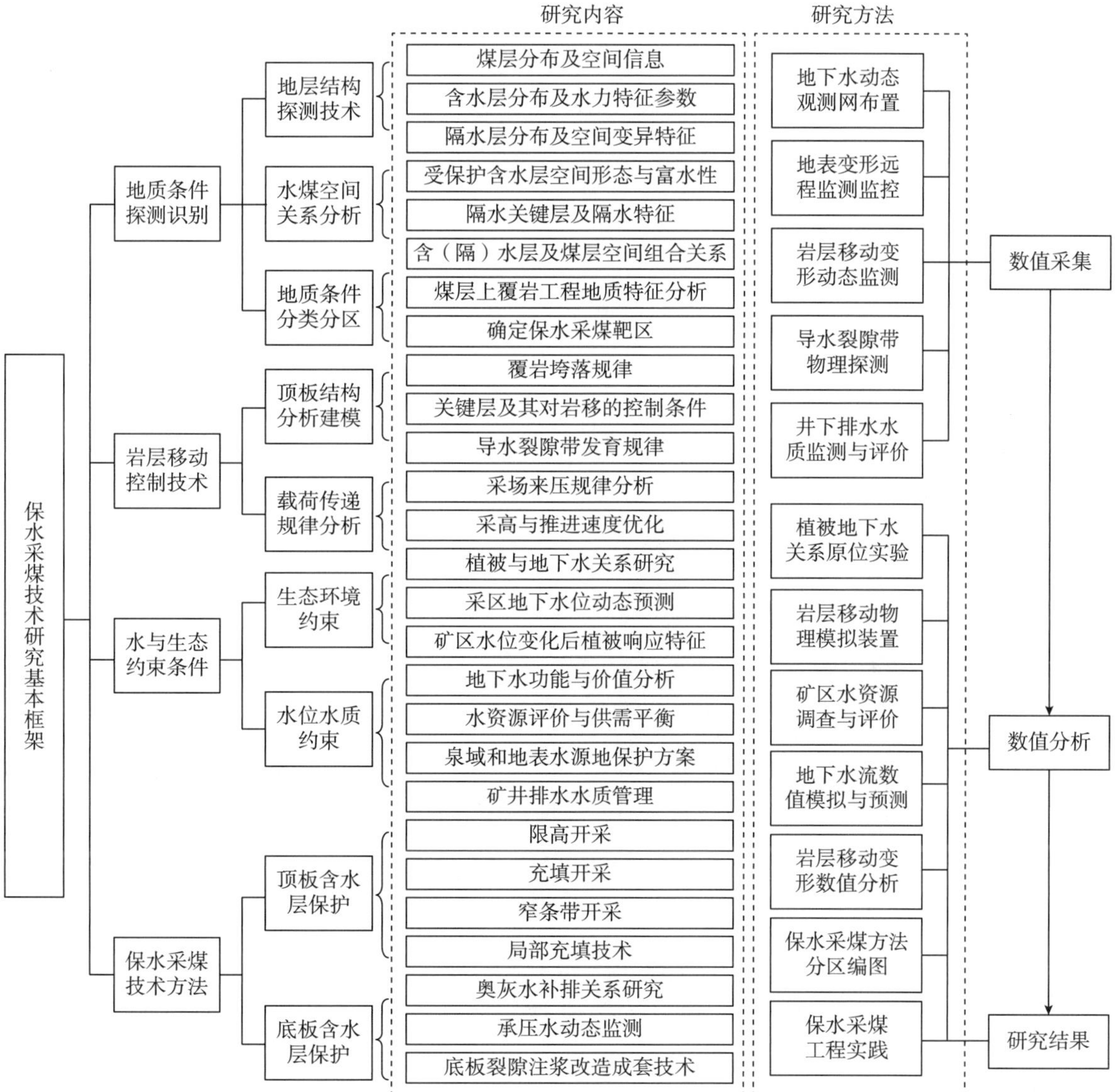

图 6.7.1　保水采煤的理论与技术体系

步建立了保水采煤的技术体系（范立民，2017；范立民等，2019），揭示了西部干旱半干旱矿区植被对地下水的依存关系，揭示了煤层开采对地下水及生态环境的影响规律，发明了水位、水量协同控制的保水采煤技术方法，为保水采煤理论研究奠定了基础。

b. 基于长序列野外土壤-地下水-植被观测，建立了非饱和水流模型与水均衡模型，发明了地下水位下限阈值和上限阈值的确定方法。在此基础上，以地下水埋深为依据划分了植被约束区、水位约束区和无约束区，如图 6.7.2 所示。

图 6.7.2　基于生态的保水采煤分区

c. 发明了采用钻孔显微成像技术探查地下水流速流向方法。采用钻孔显微成像技术实现了实时测量地下水的流速、流向及粒子大小，直观地反映了地下水流场动态变化，实现了地下水流场的实时动态监测（图 6.7.3）。

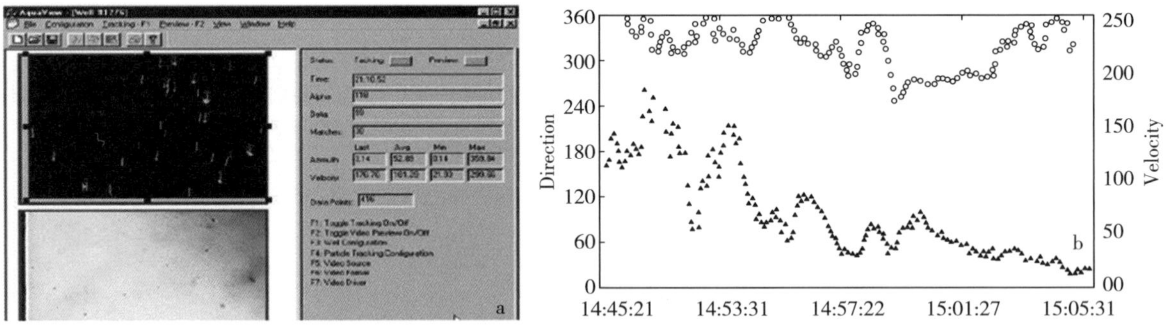

图 6.7.3　钻孔微成像探测仪成果示例

a—钻孔显微成像探测仪人机接口；b—探测结果

2）引入微电阻率扫描成像技术，创新了土层中采动裂隙探测技术，识别出煤层上覆土层采动裂隙（下行裂隙）分布。创建侏罗纪煤层基岩-土层复合导水裂隙带发育高度预计模型，发明了煤层上覆含水层及地表水体减损开采。

a. 发明了黄土层中采动裂隙探测技术。首次引入微电阻率扫描成像技术，创新了土层中采动裂隙探测技术，识别出煤层上覆土层采动裂隙（下行裂隙）分布，攻克了常规的现场观测方法难以判定土层中裂隙发育高度的难题（图 6.4.4）。

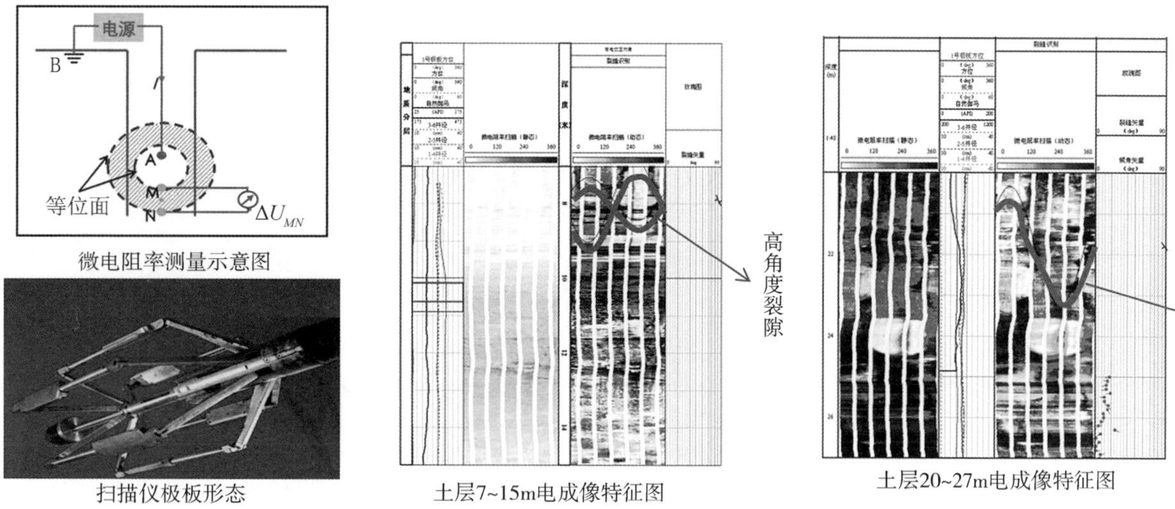

图 6.7.4　微电阻率扫描成像技术探测黄土中导水裂隙带

b. 创建侏罗纪煤层基岩-土层复合导水裂隙带发育高度预计模型。以基岩与土层厚度为主控因素，基于基岩-土层复合导高实测结果，给出了厚基岩-厚土层、厚基岩-薄土层、薄基岩-薄土层及薄基岩-厚土层 4 种模式的导水裂隙带发育高度预计模型（图 6.7.5）。

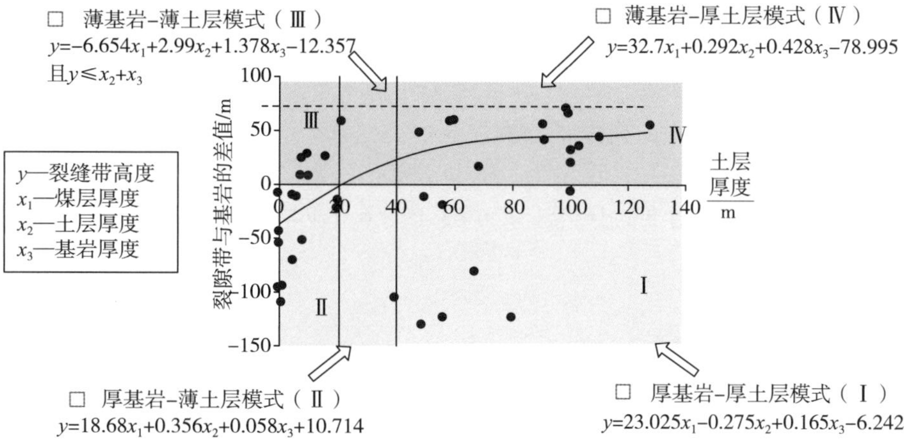

图 6.7.5　不同覆岩结构条件下导水裂隙带高度预计模型

c. 发明基于含水层结构保护的厚煤层限高开采方法。此前厚煤层一次采全高或放顶煤开采，覆岩变形剧烈，含水层破坏严重。本项目研发了限高开采及水资源保护方法。根据萨拉乌苏组含水层富水性、导水裂隙带高度和隔水层厚度的空间关系，将榆神府矿区划分为 3m 采高适用区、5m 采高适用区和 7m 及以上采高适用区。如榆树湾煤矿，开采 2^{-2} 煤层时，限采高度由图 6.7.3 确定。根据监测结果来看，回采结束后含水层结构保持稳定，矿区地下水位未发生较大变化（表 6.7.1）。

表 6.7.1　榆树湾煤矿采前、后水位变化对比表

孔号	YTI	YT2	YT3	YT4	YT5
采前/m	1291.5	1291.2	1288.0	1289.5	1291.8
采后/m	1293.9	1292.3	1290.8	1291.6	1289.5
变化值	+2.4	+1.1	+2.8	+2.12	−2.22

d. 发明了基于地表水体保护的煤柱留设方法。鉴于目前煤柱留设方法只考虑煤体和岩体的抗压强度，没有考虑含水层的深流特征，煤层回采后重要水体仍然遭受威胁。本发明采用将砂层潜水的分水岭刚好位于地表水体与潜水含水层交界处时作为判据，发明了煤（岩）柱留设方法，技术发明应用于常家沟水库北侧 4^{-2} 煤开采，以最优的煤柱留设方案实现了保水采煤，有效保护了地表水体。

3）针对渭北矿区开发使岩溶泉域水位降低、湿地退化问题，发明了底板隔水层注浆加固的成套技术（王苏健等，2015），包括研制绿色环保型注浆材料，钻孔分类注浆技术和管路淤堵防治材料与技术，实现了渭北湿地生态水位保护，创建了煤层下伏含水层减损开采方法。

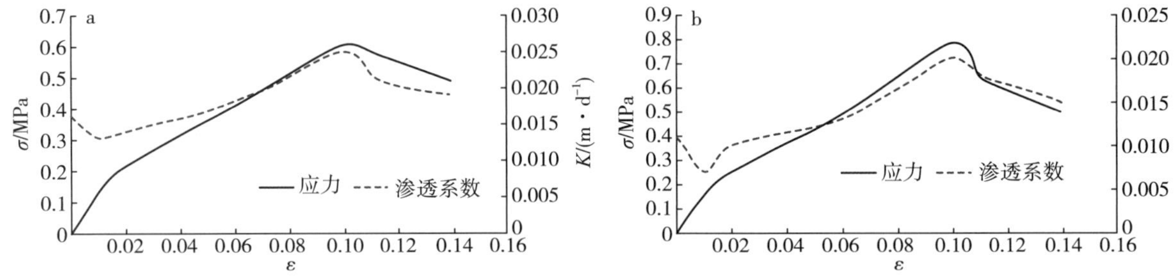

图 6.7.6　改性黄土注浆材料应力-应变-渗透性

a—常规黄土注浆材料；b—改性黄土注浆材料

a. 以浓缩高矿化度矿井水研制了高性能黏性土浆液。针对高矿化度矿井水排放污染环境和注浆材料成本控制的问题，研发了浓缩高矿化度矿井水代替化学添加剂配制高性能黏土浆液技术，显著改善了注浆效果（图 6.7.6），达到节能减排效果，实际应用减少 16% 注浆量，每个工作面约减少 $5\times10^4 m^3$ 高矿度矿井水。

b. 基于单孔富水性识别技术，研发了分类注浆的方法。

针对底板注浆工程中浆液注入的低效性，研发了单孔放水仪器及求取水文参数的算法，依据低成本获取的水文参数，研发出精准的分类注浆方法（图 6.7.7），实际应用降低注浆量 17.9% 条件下，达成煤炭资源安全开采。

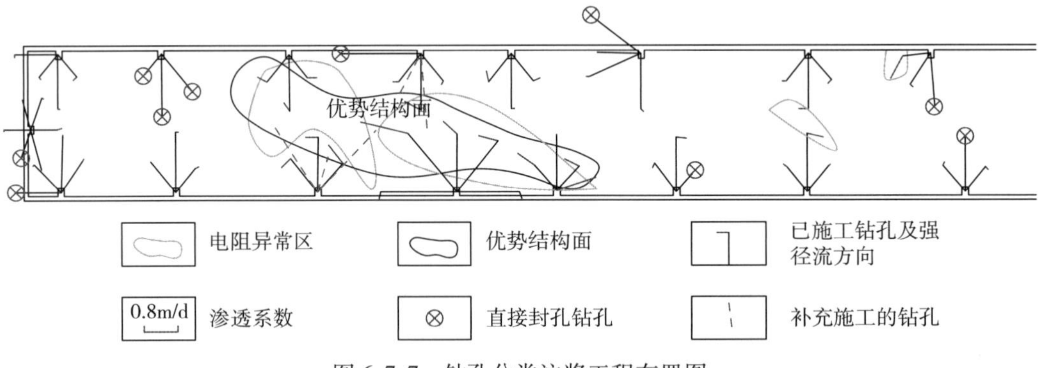

图 6.7.7　钻孔分类注浆工程布置图

6.7.4　本节小结

本项目以陕北侏罗纪煤田和渭北石炭纪、二叠纪煤田为研究区，以绿色矿区建设为目标，以高强度采煤条件下减轻含水层结构损伤为核心，将采煤、水资源和生态环境作为一个系统工程，围绕地表水库、风沙滩区绿洲生态水位、岩溶湿地生态水位等保护目标，提出了多种水资源减损关键技术，取得如下成果：

1）提出了保水采煤概念，厘定了保水采煤的科学内涵，建立了保水采煤的技术体系。

2）引入微电阻率扫描成像技术，创新了土层中采动裂隙探测技术，识别出煤层上覆土层采动裂隙（下行裂隙）分布。以基岩与土层厚度为主控因素，基于基岩-土层复合导高实测结果，提出了厚基岩-厚土层、厚基岩-薄土层、薄基岩-薄土层及薄基岩-厚土层4种模式的导水裂隙带发育高度预计模型，实现了煤层上覆含水层及地表水体减损开采。

3）针对渭北矿区开发使岩溶泉域水位降低、湿地退化问题，发明了底板含水层注浆加固的成套技术，实现了渭北湿地生态水位保护，创建了煤层下伏含水层减损开采技术方法。

6.8　矿山煤-水-电-材产业链生态工业园建设研究

6.8.1　项目背景

我国在经济社会快速发展的过程中面临着严重的资源短缺和环境污染等问题。在我国一次性能源结构中（邵震杰等，1993；中华人民共和国国土资源部，2017），煤炭占70%以上，国内富煤、贫油、少气的能源结构决定了我国能源以煤炭为主的局面在较长时间内难以改变，但是煤炭作为一种非再生资源，其开发和利用所造成的资源衰竭和生态环境的污染与破坏是十分严重的。煤炭行业资源开采与能源利用存在诸多问题并且产生了大量的环境问题。

发展循环经济是煤炭企业实现持续振兴的必然选择。传统的煤炭工业经济发展模式基本上是一种由“矿产勘查-矿产品-消费-污染排放”的单向流动的线性经济（吴季松，2005）；以“高开采、低利用、高排放”为特征，系统内物质流交流叠加很少，造成出入系统的物质流远远大于内部相互交流的物质流（秦国玉，2010）；产品生产链较短，表现为粗加工多、精产品少，矿产资源利用率低，粗加工产品长距离运输等；局部地区矿产品的过量开采造成不少环境问题，有些难以治理，通常注意到矿坑水、选矿废液的中和，少量矿山的复垦等，为末端治理。煤炭工业循环经济是一种“矿产勘查-矿产资源-产品-再生矿产资源-最终排放”的反馈式流程（张德明等，2010；鞠建华等，2017），所有的矿物质和能源在这个不断进行的经济循环中得到合理和持久的利用，从而减少对矿产资源的消耗，把矿产活动对自然环境的影响降低到尽可能小的程度，形成“低开采、高利用、低排放”，实现系统内以互联的方式进行矿物质交换，以最大限度地利用进入系统内的矿物质和能量，从而产品产业链得以延长，产品质量提高，使用寿命增长，矿物质的综合回收率大大提高，从根本上消解资源、环境与发展之间的尖锐冲突。

依据循环经济理念和工业生态学原理，通过在共生企业、共生产业之间形成工业生态网络，建立生态工业园（Ecology Industry Park，EIP），采用清洁生产技术，使生产过程的资源效率最大化，污染排放最小化，是从企业群层次上解决资源、环境与经济发展问题，实现矿区范围内规模循环，发展煤炭循环经济的重要途径。

6.8.2　成果简介

本项目以“煤-电-建材”产业链为核心，提出了生态工业园发展模式，并初步建成生态工业园；以水、电、能为主体，在章村矿生态工业园产业链中各节点单元之间建成了高效的物质、能量循环流动圈，实现了园区企业综合效益最大化；建设了一批构成循环经济产业链的关键单位和关键技术，包括：国内首家高变质无烟煤重介质洗选系统；矸石电厂；水泥厂；矿井水处理站；水泥厂低温余热电站；电厂废气脱硫及副产品脱硫石膏利用工艺；水泥厂利用电厂废渣工艺等；建立了符合章村矿实际的评价指标体系，采用模糊-层次综合评价方法对生态工业园可持续发展水平进行了评价；建立了一套科学、有效的管理制度和激励科技进步的创新机制，保障园区整体运行质量。

基于矿山煤-水-电-材产业链生态技术，章村矿在实现扭亏转盈后，累计投入达5000多万元用于安全设施建设，从根本上改善了井下生产环境，在抓好煤炭开采主业的同时，发展了选煤厂、电厂、水泥厂，在各企业内部大力开展清洁生产、节能减排技术，同时发展非煤产业，拓宽、拉长、延伸产业链，初步建立了“煤-电-水泥”产业链，已形成了自己独特的循环经济圈。通过开展章村矿生态工业园研究，对现有的循环经济工作进行总结、提升，研究建立章村生态工业园的发展模式，分析生态工业园建设中的关键技术，从矿区小区域层次上探讨解决煤炭行业实现可持续发展的问题，并结合章村矿在开展循环经济建设前后的指标数据，对章村矿生态工业园可持续发展水平进行了评价，为煤炭行业生态工业园建设与评价研究提供参考。

6.8.3 详细内容

（1）总体思路

以可持续发展理论、循环经济理论、清洁生产理论、生态工业理论、矿业经济学理论、现代企业管理理论为指导，深入研究国内外循环经济的理论、原则及实现方式；广泛调查章村矿煤炭资源开发现状，重点研究章村矿煤炭开采过程中，废弃物的综合利用现状、再生利用水平，以及对环境影响程度；对比研究区内外典型循环经济类型的经验教训，确立章村矿建设生态工业园的战略思路。研究方法以定性和定量相结合、理论和实践相结合。研究的具体路径为：循环经济-矿业循环经济-章村煤矿生态工业园-章村煤矿循环经济对其他煤矿（区）的启示；章村矿业线性开发现状-章村矿业循环经济模式-促进章村煤矿可持续发展目标的实现。

本项目总体研究思路如图 6.8.1 所示

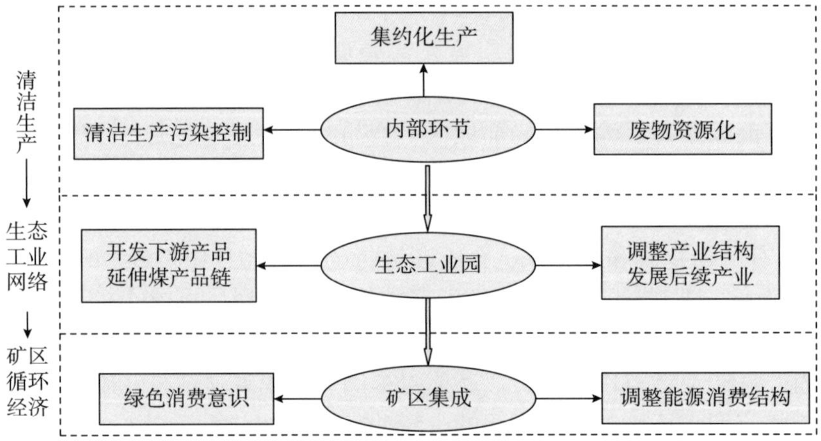

图 6.8.1 项目研究总体路线图

（2）研究内容

主要开展以下 5 个方面的研究。

1）进行国内外生态工业园现状调研与分析。

从循环经济理论基础、发展模式、有效载体形式等多个方面进行阐述，着重分析国内外煤炭行业生态工业园实践中可供借鉴的经验，总结了典型的煤炭生产循环经济产业链。

典型的煤炭生产循环经济产业链是从技术、经济和环境三方面进行考虑，技术上尽可能先进，经济上有利可图，环境上避免造成外部不经济性，提高企业环境效益。在实现煤炭生产循环经济产业链的过程中，众多学者提出了应用绿色开采技术作为技术支撑，并取得相应的研究成果。以绿色开采技术为核心的煤炭开采-资源循环利用流程如图 6.8.2 所示。

2）开展章村矿循环经济发展模式研究。

主要研究在章村矿区开展循环经济建设、节能减工作方面的现状和成果，建设生态工业园的必要性，对章村矿生态工业园进行园区规划、入园企业筛选、产业链建设途径分析。提出生态工业园发展模式，以“煤-电-建材”产业链为核心，初步建成生态工业园。

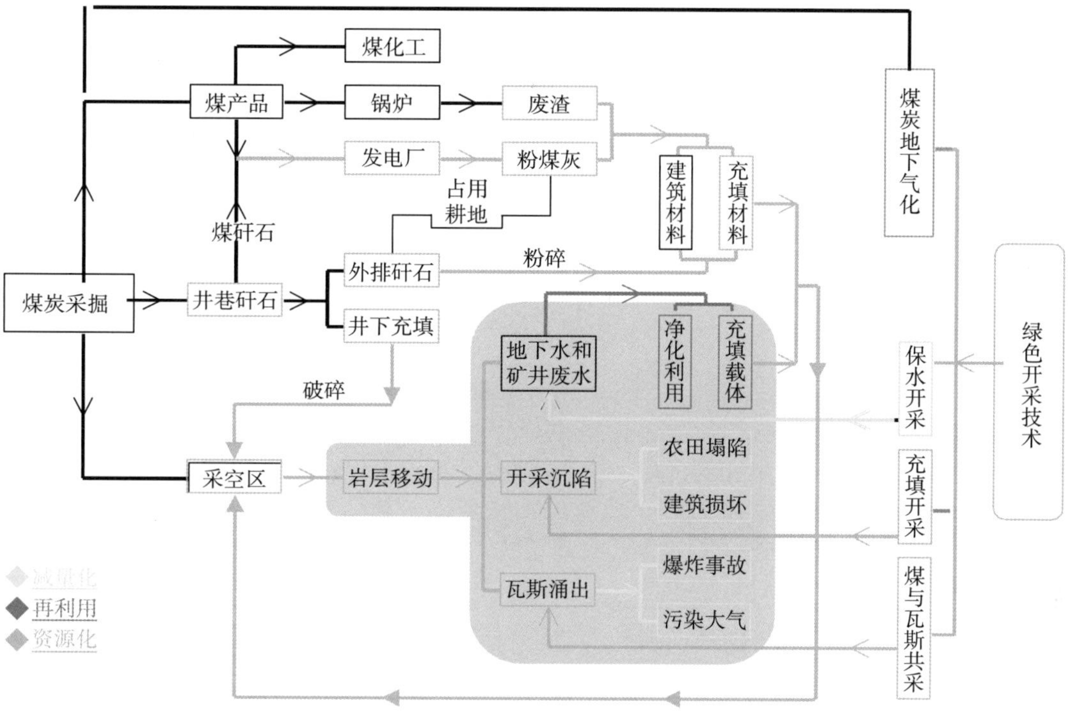

图 6.8.2　煤炭开采废弃物的减量化、再利用和资源化流程图

整个“煤（煤矸石、煤泥）、电、建材”产业链的运行流程大致如下：首先，原煤进入重介洗煤厂洗选，优质洗精煤作为工业用煤，为炼钢、化工产品的原料；洗煤副产品（煤泥、次中煤）以及煤矸石作为坑口电厂的燃料；井下对开拓矸石实施井下充填，实现了矸石不升井、不外排（图 6.8.3）；矿井水一部分直接供洗煤厂生产，一部分经过处理后，作为电厂的冷却循环水和厂区内生产及生活用水（图 6.8.4 和图 6.8.5）。建立坑口电厂发电主要满足矿井和水泥生产所需，矿区用电自给率达到 80%；电厂锅炉余热为矿区生产、生活供暖；电厂粉煤灰、炉渣等废弃物作为水泥配料用于水泥生产；电厂废弃硬水又补充到洗煤厂进行循环利用；水泥生产过程中产生的粉尘，通过除尘装置回收后直接进入生产系统；利用水泥厂回转窑窑头、窑尾产生的余热建设了一座

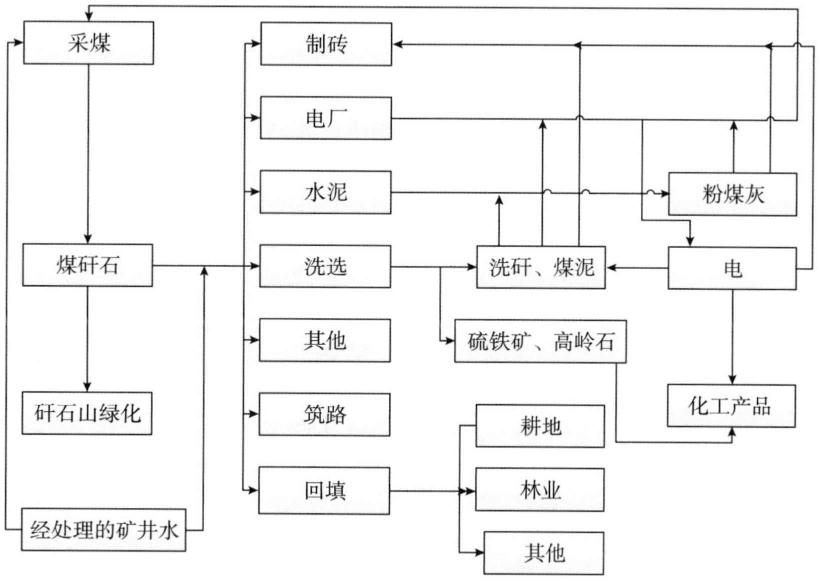

图 6.8.3　煤矸石综合利用图

装机容量为9MW的余热电站，直接供水泥生产自用。

通过“煤（煤矸石、煤泥）、电、建材”产业链的运行，解决了“三废”排放问题，章村矿采取积极主动的措施加以综合利用，变废为宝，最大限度地循环使用煤炭开采加工过程中的一切物资资源，实现废弃物资源化。

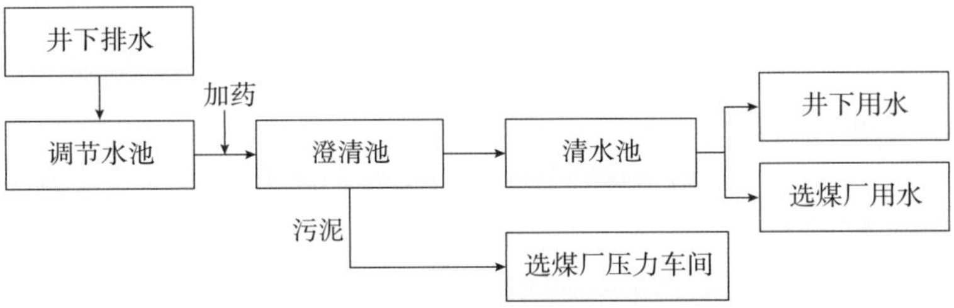

图6.8.4　矿井水处理工艺流程图

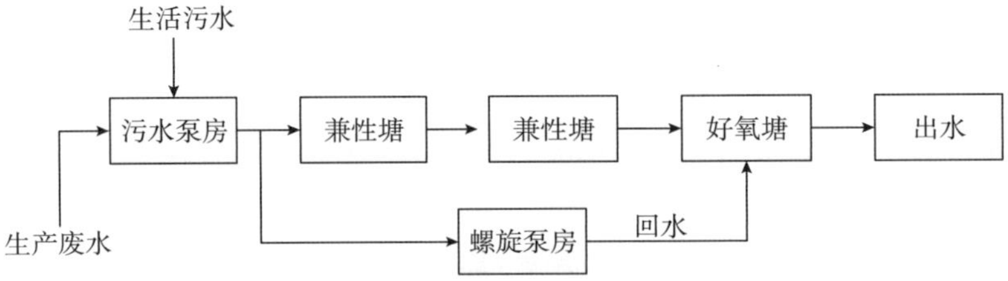

图6.8.5　生活污水处理工艺流程图

3）开展章村矿生态工业园关键环节及关键技术研究。

为促进工业园可持续发展，园区建设成功与否的关键技术或环节有以下方面：入园的企业内部要大力开展清洁生产技术、节能减排措施；在园区整体层面上开展水-电-煤的循环利用；在发展过程中，不断创新，采用国内外先进技术，这是园区能够可持续发展的重要动力之一。

生态工业园入园企业单元为4个：原煤生产矿井、选煤厂、电厂、水泥厂。要实现整个生态工业园效益最大化，园区内部企业单元之间应实现废物资源化与循环利用。通过各企业单元的努力，园区整体循环经济已具有初步较完整的规模，整个流程图如图6.8.6所示。

通过上图6.8.6可以看出，园区循环经济的建设主要通过以下途径开展：①矿井水的循环利用。②矸石的资源化及综合利用。③废气及余热的综合利用。④能源（电、原煤）的高效利用。⑤园区外排污染物（水、固、气）的无害化处置。

关键技术方面，最具有典型性的当属选煤厂高变质无烟煤重介质洗选技术应用研究、水泥厂窑头窑尾余热电站建设以及水泥厂开展的一系列节能减排废物资源化研究工作。

4）开展章村矿生态工业园可持续发展水平评价。

通过现场调查与专家咨询，建立一套适宜章村矿生态工业园的可持续发展水平评价指标体系，该指标体系由4层层次结构组成，随后采用模糊综合-层次分析法进行了可持续发展水平综合评价，评价数据采用章村矿在开展循环经济建设前后数据。并对2000年和2007年章村矿生态工业园可持续发展水平进行评价。通过该体系的评价，可以了解被评价生态工业园现实发展水平、可持续发展能力，深入认识园区结构及功能特性、监测生态工业园经济系统状态的变化趋势，提供园区企业、政府及社会公众可信赖的效益数据，指导、监督和推动生态工业园健康持续的发展。

a. 章村矿生态工业园评价指标体系构建。

本项目构建的章村矿生态工业园评价指标体系，优先从可持续发展指标角度出发选取循环经济特征指标“减量化、再使用、资源化”三个控制性指标，并强调由此带来的环境影响程度。同时，循环经济的发展水平与煤炭企业的经济发展状况、管理能力与协调水平、科技进步、信息化建设也

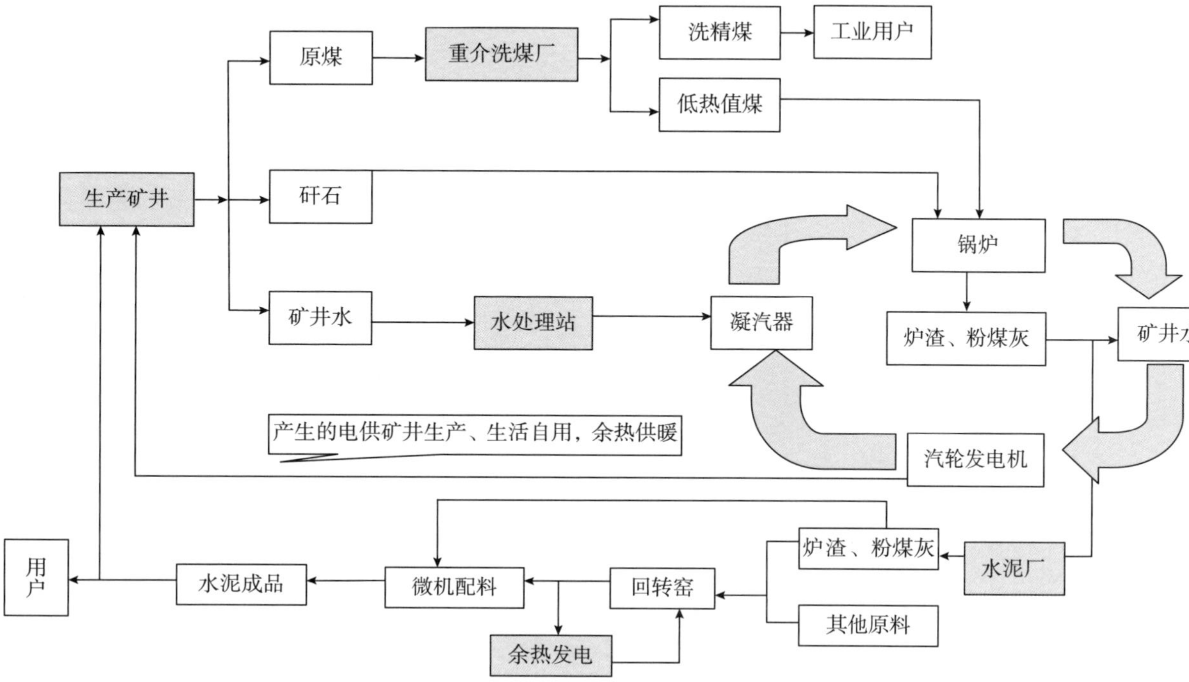

图 6.8.6　园区整体循环经济流程示意图

存在着密切联系，尤其体现在人均产值、非煤产业比重、科技研发投入等方面。设置经济指标、管理指标、生态环境指标、科学技术与信息指标，一方面可以体现它们为循环经济发展提供的强有力支撑，另一方面也能够较好地反映煤炭企业发展循环经济带来的一系列社会经济、环境效益（图 6.8.7）。

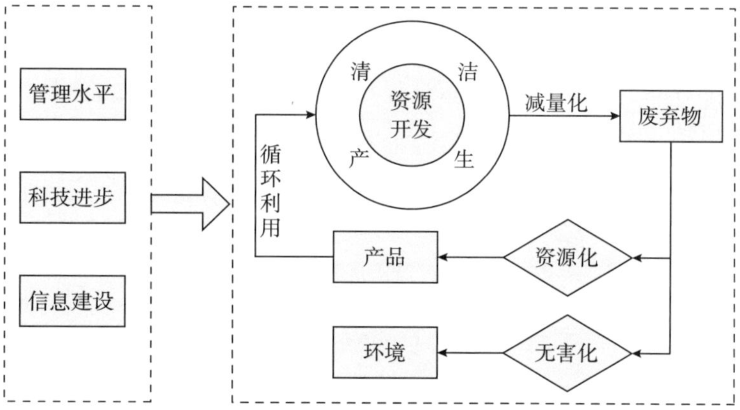

图 6.8.7　生态工业园评价指标设置思路

系统分析章村生态工业园循环经济系统，建立由各要素构成的四级递阶结构模型。该模型一级要素为生态工业园区循环经济发展总体水平评价 A，为总目标层；二级要素为准则层，包含系统的一级子目标，具体有资源利用与经济可持续发展水平 D1 和环境-管理-科技-信息协调水平 D2；三级要素为子准则层，包含系统的二级子目标，具体有资源开采与利用水平 P1、资源消耗水平 P2、经济发展水平 P3、经济发展质量 P4、污染排放指标 P5、循环利用及综合资源化指标 P6、自然生态与污染控制指标 P7、管理制度建设与实施 P8、人员及技术配置结构 P9 和信息共享水平 P10（图 6.8.8）。

b. 章村矿生态工业园可持续发展水平综合评价。

在建立章村矿生态工业园评价指标体系的基础上，选择 2000 年和 2007 年的指标数据，进行园

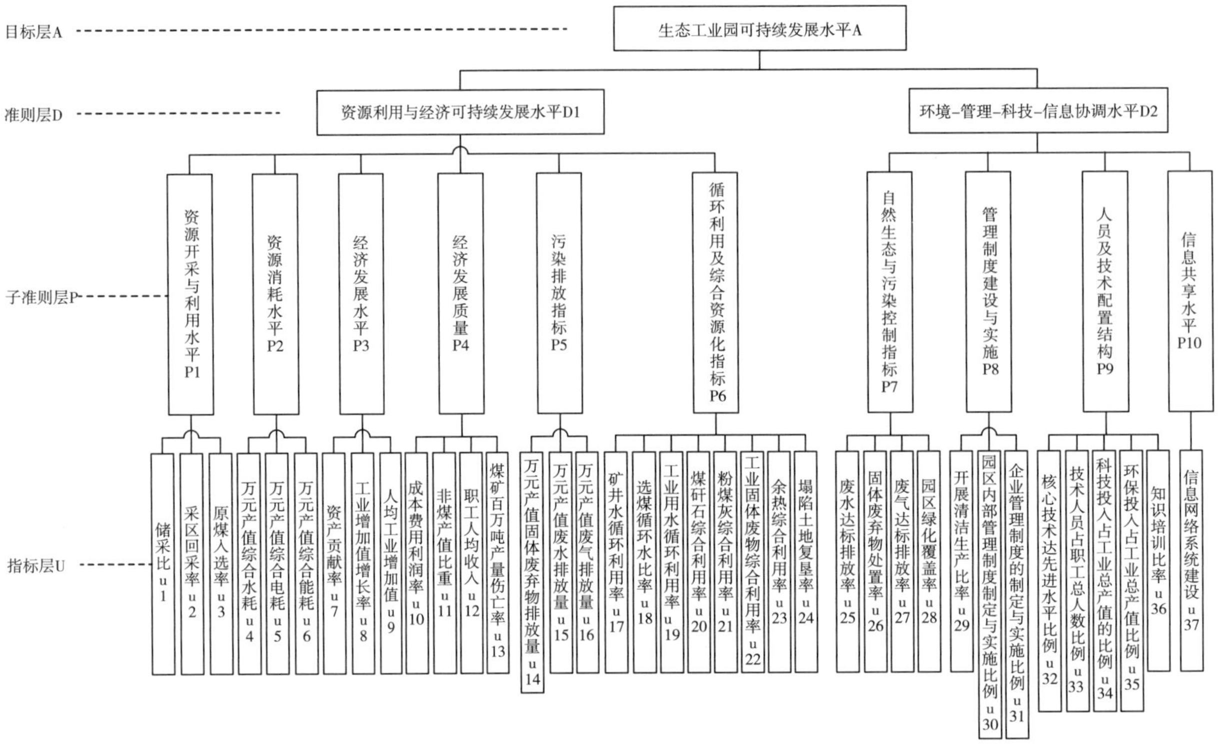

图 6.8.8 层次分析递阶层次结构

区可持续发展水平综合评价。

关于指标体系评价方法的研究成果较多，归纳评价方法的种类，主要有综合评价指数法、模糊评价法、层次分析法、主成分分析法、神经元网络评价方法、灰色关联度评价方法等。

本次工作评价方法选择模糊-层次综合评价法，基本思路为：总体评价采用模糊综合评判方法，在评价过程中，指标权重采用层次分析法确定。

根据各层次指标的权重，计算 U 层指标对 A 层指标的权重，并据此对 U 层技术指标进行排序，排序结果如表 6.8.1 所示。

表 6.8.1 可持续指标权重计算及排序结果

准则层	子准则层权值	各项指标层权重	总权重
资源利用与经济可持续发展水平 D1	资源开采与利用水平 P1	储采比（u1）	0.25828
		采区回采率（u2）	0.63699
		原煤入选率（u3）	0.10473
	资源消耗水平 P2	万元产值综合水耗（u4）	0.10473
		万元产值综合电耗（u5）	0.25828
		万元产值综合能耗（u6）	0.63699
	经济发展水平 P3	资产贡献率（u7）	0.5579
		工业增加值增长率（u8）	0.124
		人均工业增加值（u9）	0.318
	经济发展质量 P4	成本费用利润率（u10）	0.2622
		非煤产值比重（u11）	0.055286
		职工人均收入（u12）	0.1175
		煤矿百万吨产量伤亡率（u13）	0.56501

续表

准则层	子准则层权值	各项指标层权重	总权重
资源利用与经济可持续发展水平 D1	污染排放指标 P5	万元产值固体废弃物排放量（u14）	0.63699
		万元产值废水排放量（u15）	0.25828
		万元产值废气排放量（u16）	0.10473
	循环利用及综合资源化指标 P6	矿井水循环利用率（u17）	0.13509
		选煤循环水比率（u18）	0.13509
		工业用水循环利用率（u19）	0.13509
		煤矸石综合利用率（u20）	0.13509
		粉煤灰综合利用率（u21）	0.052957
		工业固体废物综合利用率（u22）	0.32711
		余热综合利用率（u23）	0.02661
		塌陷土地复垦率（u24）	0.052957
环境-管理-科技-信息协调水平 D2	自然生态与污染控制指标 P7	废水达标排放率（u25）	0.2622
		固体废弃物处置率（u26）	0.56501
		废气达标排放率（u27）	0.1175
		园区绿化覆盖率（u28）	0.055286
	管理制度建设与实施 P8	开展清洁生产比率（u29）	0.63699
		园区内部管理制度制定与实施比例（u30）	0.25828
		企业管理制度的制定与实施比例（u31）	0.10473
	人员技术配置结构 P8	核心技术达先进水平比例（u32）	0.51395
		技术人员占职工总人数比例（u33）	0.052868
		科技投入占工业总产值的比例（u34）	0.25797
		环保投入占工业总产值比例（u35）	0.12234
		知识培训比率（u36）	0.052868
	信息共享水平 P9	信息网络系统建设（u37）	1

根据表 6.8.1 的评价方法，分别计算章村矿各层次可持续发展水平，按照可持续发展阶段划分标准，章村矿区在 2000 年时还处于传统经济方式发展阶段，可持续发展水平较低，到 2007 年时，章村矿区循环经济建设已达到了初级可持续发展水平，具备了建设生态工业园的能力。评价结果与矿区循环经济建设实际情况相符。

5）章村矿生态工业园可持续发展保障体系建设研究。

结合矿区实际，从技术、环境、管理三个方面论述保障体系的建设内容。

（3）关键技术

1）以煤矿为核心，产业链整合，建立矿区循环经济模式。

2）生态工业园功能模块划分及发展模式。

3）优化配置社会、环境和经济效益，谋求煤炭企业综合效益最大化。

（4）应用情况

本项目提出的“煤-水-电-材产业链生态工业园建设”构想在章村煤矿得到应用，通过实施循环经济产业建设，章村矿的循环经济所辐射的范围越来越大，年产原煤 120×10^4t、水泥熟料 170×10^4t、水泥 135×10^4t、发电量 2.5×10^8kWh，取得了巨大的经济效益，循环经济建设产生的直接和间接经济效益达 26398.76×10^4 元。同时，每年可以减少外排污水 1700t，多回收煤泥 4×10^4t，粉煤灰、炉渣 17×10^4t，降低外排费用 321.5×10^4 元，章村矿及其附属企业产生的环境、社会效益则是无法用金钱来衡量的。

6.8.4 本节小结

1）章村矿以“煤-电-建材”产业链为核心，提出了生态工业园发展模式，并初步建成生态工业园。

2）以水、电、能为主体，在章村矿生态工业园产业链中各节点单元之间建成了高效的物质、能量循环流动圈，实现了园区企业综合效益最大化。

3）建设了一批构成循环经济产业链的关键单位和关键技术，包括：国内首家高变质无烟煤重介质洗选系统；矸石电厂；水泥厂；矿井水处理站；水泥厂低温余热电站；电厂废气脱硫及副产品脱硫石膏利用工艺；水泥厂利用电厂废渣工艺等。

4）建立了符合章村矿实际的评价指标体系，采用模糊-层次综合评价方法对生态工业园可持续发展水平进行了评价，2007 年章村矿生态工业园达到初级可持续发展水平。

5）建立了一套科学、有效的管理制度和激励科技进步的创新机制，保障园区整体运行质量。

6.9 典型固废活性增强及建材化关键技术研究与应用

6.9.1 项目背景

随着我国钢铁工业的迅速发展，铁矿石采选规模越来越大，磁选过程排放了大量铁尾矿废石，既占用土地资源，又污染生态环境和产生安全隐患。尾矿已成为我国目前产出量最大、堆存量最多的固体废弃物，环京津的河北省唐山、承德、保定区域尾矿库数量多储量大，高达 60 多亿吨，且每年还新增约 4 亿多吨尾矿。京津冀区域建设工程体量大，市场对混凝土、砖瓦、墙体材料等建材产品的市场需求量巨大，约为每年 10 亿多吨，需消耗几乎等量的硅酸盐矿物资源和砂石资源。因此开发尾矿在建材行业大规模资源化综合利用技术并推广应用，既能解决尾矿大量堆存的占地、污染和安全问题，又能满足京津冀区域现代化建设事业对建材产品的需求。社会、经济和环境效益巨大。

自 2010 年起，针对京津冀区域内尾矿产出量大，难以大规模高附加值应用的难点，项目成员开始研究开发工作，且参与单位和成员队伍逐年壮大，最终形成了以河北工程大学、北京建筑材料科学研究总院有限公司等单位产学研一体化“硅铝质固废活性增强及建材资源化利用关键技术研究与应用”项目组，并先后承担并完成 863 国家高技术研发计划、科技支撑计划、中国博士后科学基金、河北省科技计划、北京市科技计划等十几个项目，得到多方经费支持，具体如下：

1）“十一五”国家科技支撑计划“尾矿凝石技术”，项目编号：2006BAC21B03。

2）“十二五”国家科技支撑计划“保温与结构一体化墙体及屋面材料制造与应用技术研究”，项目编号：2011BAE14B05。

3）“十三五”国家科技支撑计划“新型低钙水泥熟料的研究及工业化应用”，项目编号：2014BAE05B00。

4）国家高技术研究发展计划（863 计划）“尾矿制备绿色环保新型建筑材料关键技术与示范”，项目编号：2012AA062405。

5）中国博士后科学基金特别资助“铁尾矿废石做骨料的掺铁尾矿混合材料混凝土固氯研究”，项目编号：2015T80095。

6）河北省科技计划项目“京津冀尾矿综合利用产业创新团队”，项目编号：16244106H。

7）河北科技计划项目“河北省尾矿综合利用产业技术研究院建设引导经费”项目编号：169676145D。

8）河北科技计划项目“尾矿综合利用科技成果转化应用”，项目编号：169676409G。

9）河北省自然基金项目“基于生态型人工鱼礁的全固废尾矿-钢渣材料在 CO_2 废烟气中养护的反应行为研究”，项目编号：E2015402057。

10）北京市科技计划项目“尾矿制备特种功能砂浆及高性能混凝土关键技术研究”，项目编号：Z161100002716019。

11）北京市科技计划项目“尾矿制造硅酸钙板关键技术研究”，项目编号：Z151100004915009。

12）北京市科技计划项目“尾矿综合利用共性关键检测技术攻关及成果转化平台建设”，项目编号：Z151100004915008。

13）北京市住房和城乡建设委员会调研课题“京津冀协同发展建筑砂石资源化利用调研”。

6.9.2　成果简介

本项目针对京津冀区域内尾矿产出量大、物化性能复杂的特点，为解决尾矿综合利用价值和利用率低所需亟待突破的一批技术瓶颈问题，进行了尾矿在建材行业大宗化、高附加值利用的关键技术研究与应用工作。

本项目主要研究内容：①尾矿作为骨料和矿物掺合料在预拌混凝土、干混砂浆、免烧砖等产业的大宗化关键技术研究与应用。②尾矿作为提供主要化学组分或校正组分在硅酸钙板、蒸压加气混凝土、发泡陶瓷、陶粒等产业的高附加值利用关键技术研究与应用。③尾矿综合利用共性关键检测技术研究及建材制品环境安全评价。项目的关键技术和创新如下：

1）结合京津冀地区尾矿特性，对尾矿硅酸盐矿物属性表面富含硅氧和铝氧断键的特征进行协同利用研究，利用尾矿和废石骨料与胶凝材料之间的界面键合理论及“粒级与活性双重协同优化”的技术原理，开发了尾矿废石制备混凝土和干混砂浆技术；以单矿物蒸压反应行为研究，揭示了尾矿中常见富硅矿物在碱性水热条件下的蒸压反应机理。

2）超贫钒钛磁铁矿采选比约 15∶1，尾矿废石排量巨大，开发了磁选工艺线协同生产建筑砂石和矿物掺合料，针对磁选工艺过程不同工艺环节排出的尾渣特性，嫁接砂石生产工艺线，制备出满足标准要求的建筑砂石，实现了尾矿的资源化综合利用。

3）开发了以粒径为 10~300μm 的钼尾矿作为填料、干抗压强度为 45~60MPa 的 α 石膏作为主要胶凝材料制备石膏基自流平砂浆，大幅提高了石膏基自流平砂浆的抗折抗压强度、流平性、耐久性能。

4）开发出利用尾矿作为硅质材料替代天然砂制备气孔分布均匀、水化产物洁净度高的 B06、A3.5 级蒸压加气混凝土。

6.9.3　详细内容

（1）理论创新

结合京津冀地区尾矿特性，对尾矿硅酸盐矿物属性表面富含硅氧和铝氧断键的特征进行协同利用研究，利用尾矿和废石骨料与胶凝材料之间的界面键合理论及“粒级与活性双重协同优化”的技术原理，充分挖掘尾矿微粉和其他矿物掺合料的火山灰活性效应与微集料效应的协同作用，在减少胶凝材料用量、提高耐久性、减排 CO_2 和降低混凝土生产能耗等方面取得原始创新的技术突破，并开发了尾矿废石在混凝土、干混砂浆、蒸压砖等产品的大规模应用技术。

研究了尾矿中 4 种常见的富含 SiO_2 矿物的蒸压反应行为的研究，进而得出复杂矿物体系在蒸压反应条件下物理、化学变化规律和物相演变规律以单矿物蒸压反应行为研究，拉长石、斜长石均可在碱性蒸压水热条件下发生水化反应，生成水钙铝榴石、斜托贝莫来石和 C—S—H 凝胶，角闪石、黑云母则无反应活性，由此揭示了尾矿中常见富硅矿物在碱性水热条件下的蒸压反应及对制品的性能影响机理，弥补了国内外在尾矿作为蒸压材料基础研究中的空白，开发了尾矿在加气混凝土、硅酸钙板等产品的高附加值应用技术。

（2）工艺创新

1）超贫钒钛磁铁矿选铁工艺线协同生产建筑砂石和矿物掺合料，达到矿山无尾排放。针对磁选工艺过程不同工艺环节排出的尾渣特性，嫁接砂石生产工艺线，制备出满足标准要求的建筑砂石。河北太行山、燕山山脉中的金属矿山铁矿占95%以上，其他的是金、铜、钼等。其中承德市以超贫钒钛磁铁矿为主，其采选比高达15（铁矿石：铁精粉=15：1），排出的尾矿量巨大。仅承德市有800余个尾矿库、储量约22×10^8t，且每年新产出月2.2×10^8t。磁选过程中各环节排出的尾矿转进砂石生产工艺，可将95%以上尾矿制成建筑砂石，用于混凝土和干混砂浆的生产（图6.9.1）。

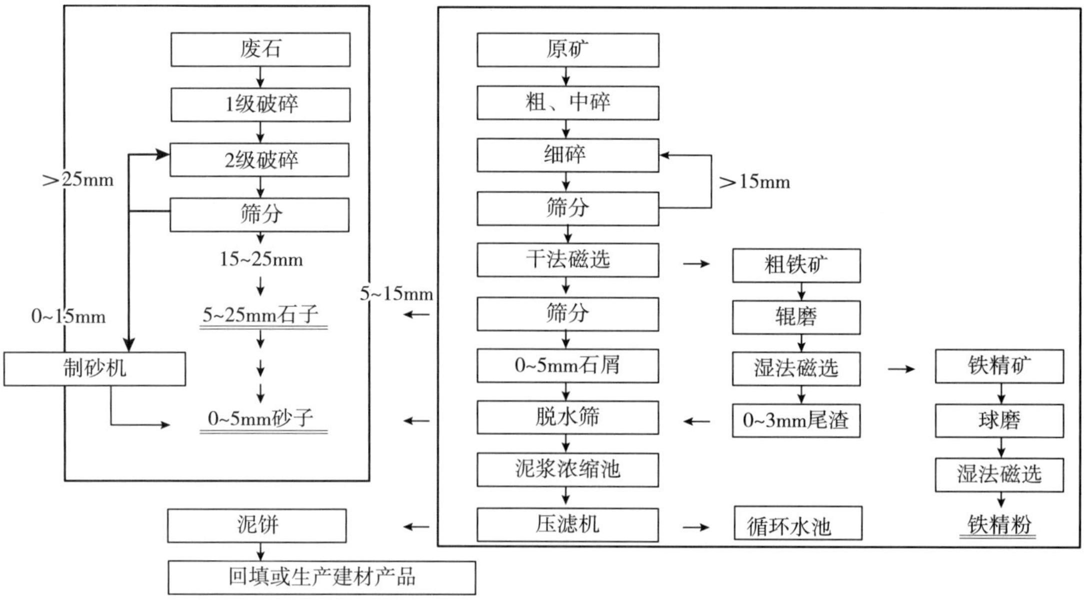

图6.9.1　超贫钒钛磁铁矿磁选工艺协同生产建筑砂石工艺技术

2）项目组将改进的骨料密实堆积原理（骨料均匀级配分布）、采用工作性因子和骨料级配分布因子控制新拌混凝土和易性，开发率尾矿废石骨料制备混凝土配合比设计和质量控制与质量控制方法（图6.9.2），并在生产和工程实践中得到应用。

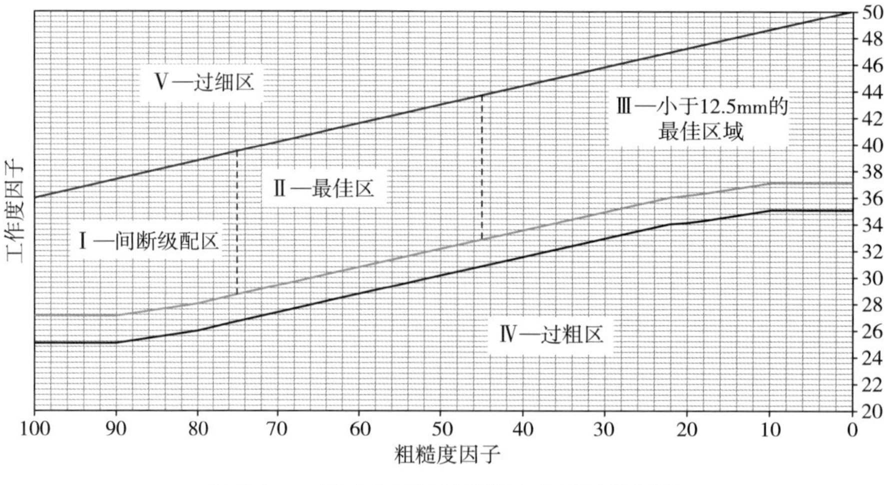

图6.9.2　尾矿废石骨料混凝土和易性控制图

3）开发出尾矿制备干混砂浆关键生产设备，实现了尾矿取代天然砂自动化、绿色化生产。从尾矿废石制备的机制砂和尾矿砂的粒形、级配等特性着手，开发出了干混砂浆专用机制砂制备工艺和集料精细化分集技术，研发出超细尾矿砂筛分机（图 6.9.3）和集料精细化分级技术，使得机制砂可分级为：0 ~ 0.10mm、0 ~ 0.60mm、0.60 ~ 1.18mm、1.18 ~ 2.36mm、2.36 ~ 7.00mm、0 ~ 2.36mm、0~7.00mm 等 7 个粒级，适用于不同特种功能砂浆的需求；通过系统研究散装干混砂浆筒仓构造与进出料过程、散装车的运输过程、移动筒仓的内部构造与进出料过程等散装物流关键环节对干混砂浆离析的影响规律，发现筒仓的内部构造对离析的影响最大；通过对储运与施工筒仓内部结构重新设计和多项配套装置开发，实现料流场、气场的均匀控制，辅以定料位及主、被动复合破拱等措施，形成散装干混砂浆的防离析技术，开发出进出料均匀度差≤2%的新型防离析移动筒仓（图 6.9.4），干混砂浆制品性能更加稳定。

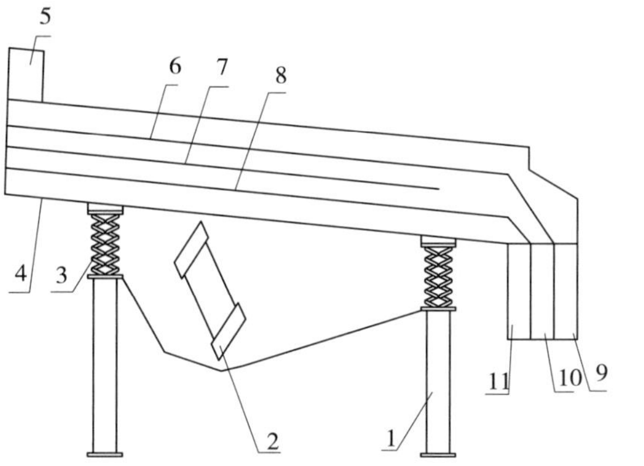

图 6.9.3　超细尾矿砂筛分机

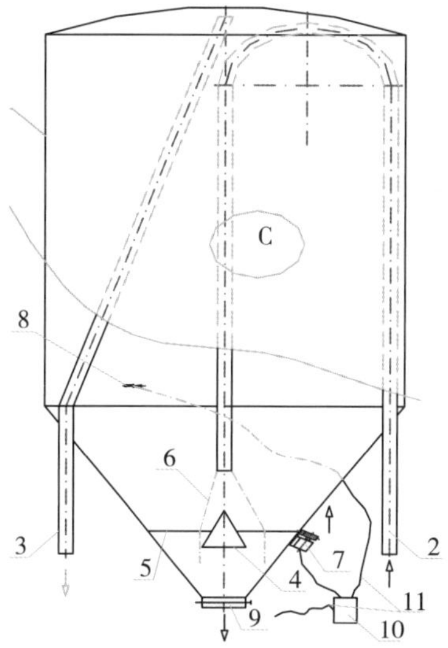

图 6.9.4　新型防离析筒仓

（3）技术创新

1）提出将尾矿砂分级为 0.10mm≤粒径<0.15mm、0.15mm≤粒径<0.20mm、0.20mm≤粒径<0.40mm 三个级配区域，按照一定比例进行组合 100%替代天然砂，制备出外保温用抹面砂浆、修补砂浆、黏结砂浆、自流平砂浆等产品（部分数据如表 6.9.1 所示），并研究了尾矿干混砂浆胶凝材料体系水化硬化机理。

表 6.9.1　尾矿细砂抹面砂浆配比和性能

抹面砂浆配比	尾矿砂/%	天然砂/%
0.2~0.4mm	25	62
0.15~0.2mm	20	
0.1~0.15mm	17	
OPC	23	23
FA	11	11
灰钙	1.5	1.5
硬脂酸钙	0.02	0.02
胶粉	2.2	2.2
纤维	0.1	0.1
减水剂	0.2	0.2
保水剂	0.1	0.1

抹面砂浆性能

项目		尾矿砂		天然砂	
		EPS	水泥板	EPS	水泥板
拉伸粘结强度/MPa	常温	0.16	0.57	0.11	0.51
	耐水	0.14	0.55	0.1	0.49
	抗冻	0.14	0.55	0.1	0.48
柔韧性	抗冲击/J	≥3.0		≥3.0	
	压折比	15.0/6.0=2.5		13.5/5.6=2.4	
稠度/mm		98		88	
可操作时间/h		2		2	
24h 吸水量/（$g\cdot m^{-2}$）		465		568	

2）以粒径为10~300μm的钼尾矿作为填料、干抗压强度为45~60MPa的α石膏作为主要胶凝材料制备石膏基自流平砂浆，其中α石膏以脱硫石膏为原料制备。该自流平砂浆具有较高的强度、良好的流平性，同时具有较低的体积变化率，大幅提高了石膏基自流平砂浆的性能（表6.9.2、表6.9.3）。

表6.9.2　尾矿制备石膏基自流平砂浆配合比

编号		1	2	3	4	5	6	7	8
尾矿细砂	0.3~0.5mm	30	35	20	25	25	50	15	45
	0.1~0.3mm	14	15	20	15	10	45	30	5
	<0.1mm	6	10	10	15	15	5	10	5
HG		45	35	42	40	38	0.11	40	40
OPC		5	5	8	5	12	0.05	5	5
减水剂		0.11	0.1	0.14	0.13	0.15	0.035	0.11	0.11
胶粉		0.05	0.1	0.05	0.06	0.1	0.06	0.06	0.05
缓凝剂		0.035	0.03	0.042	0.04	0.042	0.1	0.035	0.035
保水剂		0.06	0.05	0.08	0.06	0.08		0.06	0.06
消泡剂		0.1	0.1	0.18	0.15	0.2		0.1	0.1

表6.9.3　尾矿制备石膏基自流平砂浆性能

项目		1	2	3	4	5	6	7	8
流动度/mm	初始	145	140	148	140	148	125	130	152
流动度损失/mm	30min	1	1	2	2	2	5	3	10
凝结时间/min	初凝	105	115	110	110	115	95	95	155
	终凝	135	145	135	130	140	120	125	260
强度/MPa	24h 抗折	2.9	2.5	3	2.7	2.9	2.3	2.4	1.6
	24h 抗压	8.9	8.1	9	8.8	8.5	8	7.8	5
	绝干抗折	9.8	9	10.1	9.4	9.3	8.5	9	6.8
	绝干抗压	24.5	23.1	25.2	23.8	24.3	19.6	22.8	12.8
绝干拉伸黏结/MPa		1.98	1.82	2.01	1.84	1.96	1.56	1.68	0.98
收缩率/%		0.01	0.01	0.018	0.017	0.021	0.015	0.025	0.098

3）利用尾矿作为硅质材料替代粉煤灰或天然砂制备 B06、A3.5 级蒸压加气混凝土。以水泥和石灰作为混合钙质材料，所制备加气混凝土气孔分布均匀，水化产物洁净度高。优化后的铁尾矿加气混凝土的配合比（质量百分比）：铁尾矿掺量 62%，石灰掺量 24%、水泥掺量 9%、脱硫石膏掺量 5%、外加占上述干料总用量 0.56‰金属铝粉、0.256‰稳泡剂和 56%的水。制备条件为：料浆浇注温度为 45℃，发气和静停的环境温度为 55℃，静停养护 4 h。蒸压过程最高压力 1.25 MPa、温度 185℃条件下恒温恒压 8 h。经检测，所制备的产品达到《蒸压加气混凝土砌块标准》GB/T 11968—2006 国家标准中 A3.5、B06 级合格品的要求（表 6.9.4）。铁尾矿加气混凝土的微观结构分析表明，蒸压养护后的加气混凝土制品中的主要水化产物为托贝莫来石、水石榴石和 C—S—H 凝胶。

表 6.9.4 尾矿蒸压加气混凝土配比、性能

编号	原料配比/%				体积密度/(kg·m^{-3})	绝干强度/MPa	比强度
	铁尾矿	石灰	水泥	石膏			
A1	60	20	15	5	539	4.43	8.22
A2	60	25	10	5	531	4.43	8.34
A3	60	30	5	5	542	3.95	7.29
A4	62	18	15	5	529	3.13	5.92
A5	62	23	10	5	543	3.93	7.24
A6	62	28	5	5	542	3.50	6.46
A7	65	15	15	5	547	4.11	7.51
A8	65	20	10	5	540	4.23	7.83
A9	65	25	5	5	550	4.25	7.73

4）系统研究了不同类型尾矿、尾矿处理工艺等因素对制备硅酸钙板的性能影响，使用配比为：基准水泥 38%，钼尾矿 35%，石英粉 20%，木浆纤维 7%制备的硅酸钙板抗折强度>12MPa，密度在 1.25g/cm^3 左右，吸水率在 35%左右。经过蒸压形成大量托贝莫来石穿插生长，有利于提高制品抗折性能（图 6.9.5）。

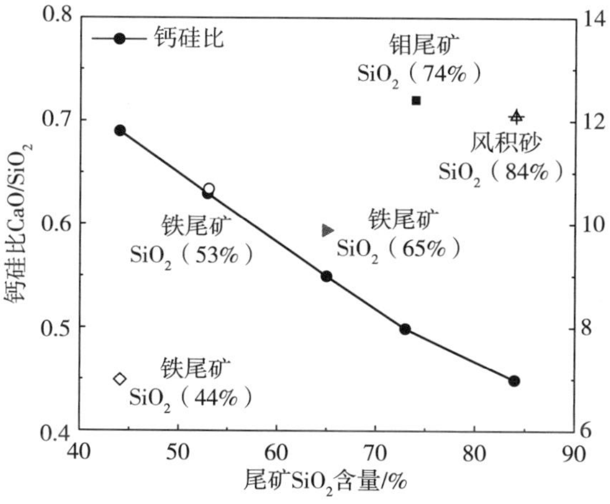

图 6.9.5 不同类型尾矿制备硅酸钙板的性能及硅钙板制品微观形貌

5）完成了尾矿制备蒸压砖技术开发，以 62%钼尾矿、15%水泥、21%石粉和 2%粉煤灰为原料，制备出满足 MU20 B 级混凝土实心砖的性能要求。钼尾矿免烧砖试块养护后，以石英、斜微长石和透长石为主的矿相起到骨架作用，体系内大量无定形水化硅酸钙（C—S—H）凝胶、针棒状钙矾石（$3CaO\cdot Al_2O_3\cdot 3CaSO_4\cdot 32H_2O$）晶体则是试块力学强度的来源（表 6.9.5）。

表 6.9.5 钼尾矿蒸压砖性能测试结果

测试项目	砖块密度 (kg·m⁻³)	抗压强度 MPa	饱和吸水率/%	相对含水率/%	干燥收缩率/%
测试数据	1890±7	20.4±0.9	11.6±0.2	15.5±0.3	0.030±0.004
标准要求	B 级 1681~2099	MU20	B 级≤13	干燥≤30	≤0.050

6）针对尾矿制备建材产业链，首次根据元素含量建立应用类别，为工业尾矿利用的原材料选择提供科学指南，填补工业尾矿产品风险评价体系的国内空白。采用 BCR 分析了尾矿及其制品中重金属形态的变化规律，结果表明建材制备过程中，胶凝材料水化硬化过程和烧结制品液相的形成都对重金属起到了一定的固化作用。利用优化 TCLP、SPLP 和水三种浸出方法分析了尾矿制备免烧和烧结 7 种建材产品的重金属浸出毒性，在此基础上分别形成了尾矿制备烧结和免烧建材产品的重金属浸出方法，并采用该方法对典型尾矿制备的建材产品重金属浸出进行了评价（图 6.9.6、图 6.9.7）。

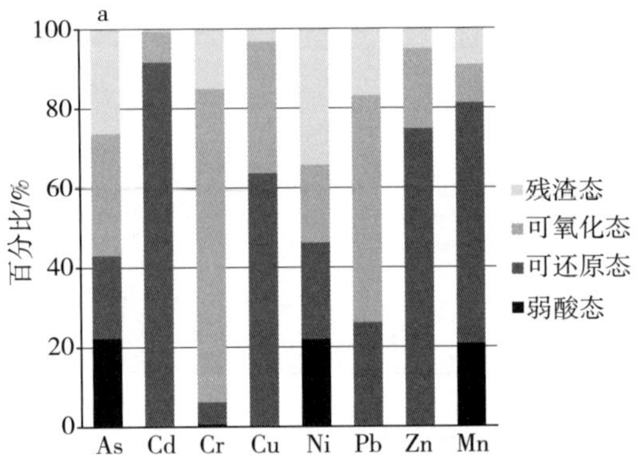

图 6.9.6 尾矿加气混凝土重金属赋存形态

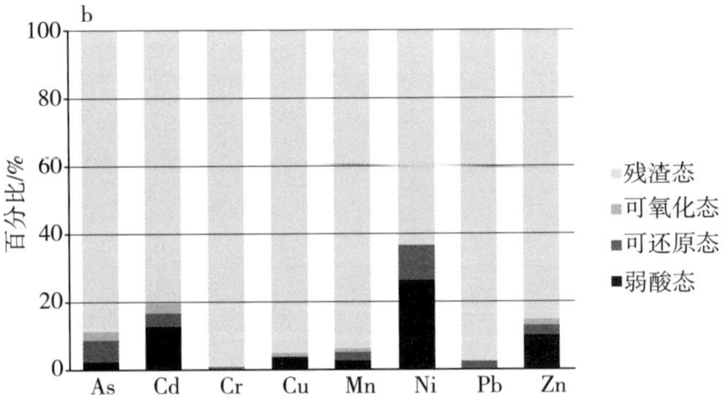

图 6.9.7 尾矿发泡陶瓷重金属赋存形态

6.9.4 本节小结

项目研究和应用中取得了授权专利 22 项（其中发明专利 13 项，实用新型专利 9 项），并有 13 项发明专利在审，6 项实用新型专利在审，发表了论文 119 篇（其中 SCI 论文 33 篇（TOP 期刊论文 10 篇），EI 论文 33 篇，核心 53 篇），出版著作 2 部，参编国家标准和行业标准 5 部。实现了具有国内外首创的多项核心技术关键突破，特别是在尾矿加气混凝土、尾矿砂浆、尾矿预拌混凝土方面，实现规模化生产与应用方面在国内外均未见报道。项目成果的整体技术水平达到了国内领先水平。项目成果的整体技术水平达到了国内领先水平（表 6.9.6）。

表 6.9.6 项目成果已获授权及在审发明专利

编号	申请号	专利名称	授权或公开日期
授权发明专利			
1	CN201110182930.X	一种利用铁尾矿制备活性粉末混凝土的工艺方法	2014.01.08
2	CN201210115342.9	一种利用铁尾矿制备低碳水泥熟料的方法	2016.03.23
3	CN201610241186.9	一种利用铁尾矿制备的免烧砖及其制备方法	2018.05.04
4	CN201610034418.3	一种利用新型干法回转窑系统生产高强度低碳水泥熟料的方法	2018.12.04
5	CN201710026467.7	一种以钼尾矿作为填料的石膏基自流平砂浆	2019.04.10
6	CN201310629141.5	一种用于输电杆塔基础的无水泥尾矿混凝土灌浆料	2015.08.05

续表

编号	申请号	专利名称	授权或公开日期
		授权发明专利	
7	CN201610575185.8	利用铁尾矿细砂制备的石膏基自流平砂浆及其制备方法	2018.07.20
8	CN201610034309.1	一种低碳水泥熟料及其制备方法和应用	2018.10.23
9	CN201410155278.6	一种铅锌尾矿和再生混凝土骨料制备蒸压灰砂砖的方法	2018.05.15
10	CN201210098280.5	一种利用低硅铁尾矿控制铁走向制备加气混凝土的方法	2013.12.11
11	CN201410198441.7	一种利用钨尾矿和钨矿废石制备蒸压砖的方法	2019.03.15
12	CN201610906524.6	一种利用钼尾矿制备蒸压砖的方法	2019.04.10
		授权实用新型专利	
1	CN201420556528.2	一种干砂筛分机	2015.02.18
2	CN201520906734.6	制备硅钙板的装置	2016.04.13
3	CN201620559789.9	纤维水泥板	2017.01.04
4	CN201620046679.2	一种石膏基自流平砂浆铺设的地暖地面结构	2016.07.06
5	CN201620562057.5	纤维水泥板抗冲击性能检测装置	2016.11.23
6	CN201620559158.7	吸音隔音复合纤维水泥板	2017.01.04
7	CN201520569192.8	地面用复合硅酸钙板	2015.12.02
8	CN201520311420.1	一种用于分离新拌混凝土中集料和溶液的装置	2015.10.28
9	CN201420556530.X	一种加气混凝土外挂板的套管型柔性连接件	2015.02.25
10	CN201420556529.7	一种加气混凝土外挂板的垫片式柔性连接件	2015.02.25
11	CN201420556527.8	一种干混砂浆防离析筒仓	2015.02.28
		在审发明专利	
1	CN201610906673.2	一种利用铅锌尾矿固化重金属制备蒸压灰砂砖的方法	2017.03.08
2	CN201410495475.2	一种利用煤矸石和铁尾矿制备加气混凝土的方法	2015.09.02
3	CN201810463812.8	用于混凝土的复合活性掺合料制备方法	2018.10.26
4	CN201710090476.2	利用矿山尾矿细砂制备的外墙外保温用抹面砂浆及其制备方法	2017.10.21
5	CN201810858024.9	一种全尾矿为原料的陶瓷基透水砖及制备方法	2018.12.18
6	CN201810558526.X	纤维水泥平板及其制备方法	2018.10.09
7	CN201810810546.1	一种钒尾矿水泥掺合料及其制备方法与应用	2018.12.21
8	CN201810810578.1	一种基于钒尾矿的泡沫混凝土及其制备方法	2018.12.21
9	CN201810810566.9	一种利用花岗岩废石及低硅铁尾矿制备高强混凝土的方法	2018.12.21
10	CN201810810566.9	一种利用钼尾矿和废石制备高性能混凝土的方法	2018.12.21

6.10 尾矿坝地震液化流滑破坏机理及绿色高性能加固材料研究

6.10.1 项目背景

尾矿坝是冶金、有色、建材、核工业、化工等行业贮存尾矿及澄清水的重要生产设施，同时又是重要的安全环保设施。随着我国工业化对矿产资源需求的日益增加，开采出来的矿石经破碎、磨矿、分选等多道工序才能选出精矿，在此过程中排出大量尾矿。2014 年，在此项目立项时，据统

计我国尾矿年产达 3×10^8t 以上，除少数被利用外，大部分以尾矿坝拦截储存，约有尾矿库 8540 座，累积堆存尾矿超 80×10^8t。

然而，尾矿颗粒较细，比重较大，亲水性弱，饱和疏松的尾矿是非常敏感的不稳定结构，而上游法尾矿坝容易形成复杂、混合的坝体结构，许多坝体的排水系统不完善或易淤堵，致使坝体内的浸润线抬高甚至从坝面溢出，大部分坝体处于饱和状态且比较疏松，容易引起坝体产生渗透破坏或滑坡、垮塌，在动荷载条件下强度低，动剪应力比变化范围小，地震时更易发生液化破坏。在地震作用下，倾斜土体内或其下部土层中如果发生液化，整个土体就可能流动或向没有支撑的一边作侧向移动，最终导致坝体发生流滑破坏。如 1978 年日本的 Mochikoshi 尾矿坝发生地震液化破坏，其中 1 号尾矿坝在地震结束时发生破坏，而 2 号尾矿坝则在震后约 24h 垮塌，近 $80000m^3$ 的尾矿水合物瞬间流向下游；1985 年智利 Veta de Agua 尾矿坝地震液化溃坝，向下游释放了 $280000m^3$ 尾矿，覆盖长达 5km 区域；1994 年加州地震中，Tapo Canyon 尾矿坝发生了流滑破坏，也给当地带来巨大的生态环境灾难；我国 1976 年唐山地震中，大石河尾矿坝沉积滩发生大量喷水冒砂，且有明显朝库区滑移现象。

综上所述，国内外针对尾矿坝地震液化流滑失稳机理及匹配的绿色高性能加固材料研究已经引起重视，但尚未达到实际应用的水平。

6.10.2 成果简介

本项目以世界科技前沿的热点、难点和新兴领域为着眼点，围绕尾矿坝地震液化流滑行为、地震液化流滑诱发的尾矿坝坡失效破坏机理及评价方法、基于韧性设计-主动消能-分布式耦合理念的加固方法和尾矿坝增稳的高性能绿色加固材料的研究，攻克了学术界、工程界和产业界的难题：地震液化流滑诱发的尾矿坝失效破坏机理、地震和地下水耦合作用下尾矿坝稳定性简易评价方法、基于韧性设计-主动消能-分布式耦合理念的加固机制和尾矿制备高性能绿色加固材料关键技术。

项目所发表的论文，被引用超过 3600 次，理论、方法与成果被国内外约 50 个机构的 80 多个科研小组引用，如美国地质调查局、瑞士苏黎世联邦理工学院、中国科学技术大学等。项目自主创新成果在不同行业领域尾矿坝工程中得到应用和推广，其中 7 个主要应用单位实现利润总额 6.78 亿元。

6.10.3 详细内容

（1）构建了尾矿坝地震液化后应力-应变关系的动力本构模型

通过现场钻探试验采集了大量的尾矿坝土样（≥1000 个），基于动三轴试验（GCTS 空心扭剪设备和 GCTS 共振柱），明确了相对密度、初始有效固结压力、液化安全率和抗液化应力比等主要因素对液化后尾矿坝土样静力再加载变形与强度特性的影响，提出了尾矿坝土样液化后静载试验条件下应力-应变曲线特征物理量的确定方法，避免了模型参数确定的随意性，并基于试验结果提出了尾矿坝饱和土样液化后应力-应变发展过程的动力本构模型（图 6.10.1、图 6.10.2 所示）。

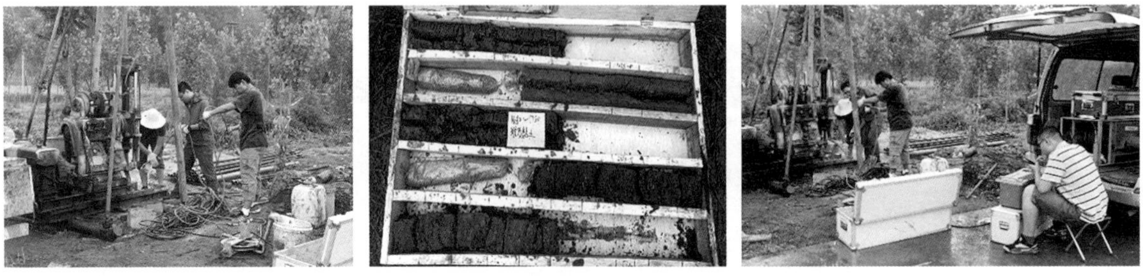

图 6.10.1 现场钻孔取样

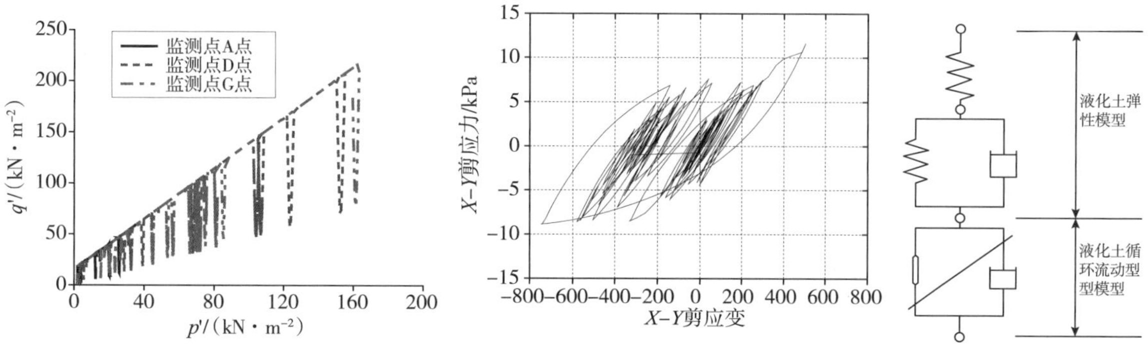

图 6.10.2　尾矿坝土体应力-应变液化本构的建立

(2) 地震液化流滑运动诱发的尾矿坝失效模式及加固位置确定

1) 确定了地震液化流滑运动诱发的尾矿坝失效破坏机理征。

基于大型地震模拟振动台试验，再现了尾矿坝地震液化流滑运动时的破坏过程，明确了地震作用下尾矿坝的破坏位置和破坏特征，揭示了地震作用下尾矿坝失效破坏模式。

在地震作用下，无地下水时，尾矿坝的拉裂破坏首先出现在坡顶，表现出明显的鞭梢效应，之后随着地震的持续作用尾矿坝坡脚开始出现破坏，直到尾矿坝在某一高度处剪出，发生滑坡并导致整体的破坏，且尾矿坝发生滑坡后出现了明显的圆弧形滑移面，如图 6.10.3 所示。而地震和地下水耦合时，尾矿坝的破坏首先发生在坡脚，地震激励后，孔隙水压力升高，使尾矿坝位于地下水下的砂土有效应力降低，坡脚出现了明显的裂缝，在地震和自重联合作用下发生拉裂破坏，且随着孔隙水压力的继续升高，坡脚砂土发生液化，此时坡脚土体有效应力降低为零，由于地下水的影响下坡脚的土体发生滑塌，其以上的土体悬空，支撑力减小，在地震和重力作用下最终发生了滑坡，地震激励结束后，可以发现尾矿坝发生了明显的震陷现象，如图 6.10.4 所示。本试验得出的尾矿坝破坏规律与汶川地震中实际的尾矿坝破坏规律具有一致性，即使是低矮的路堤尾矿坝，若是地基或填筑体是富含水的沙质地层或软弱黏性地层，也会因坡脚砂土液化或震陷造成尾矿坝的破坏。

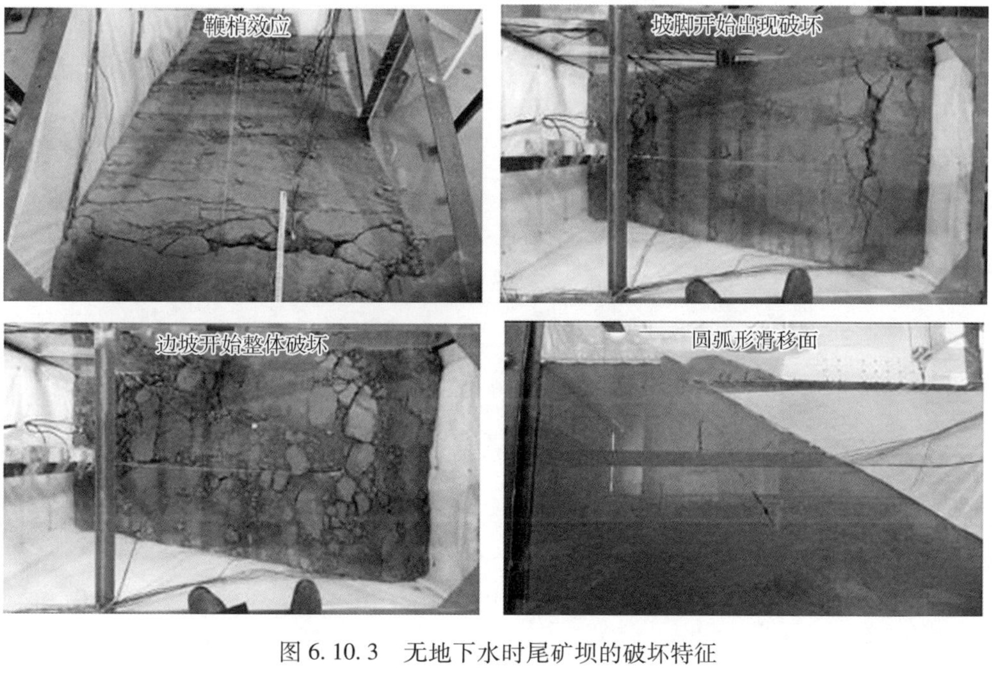

图 6.10.3　无地下水时尾矿坝的破坏特征

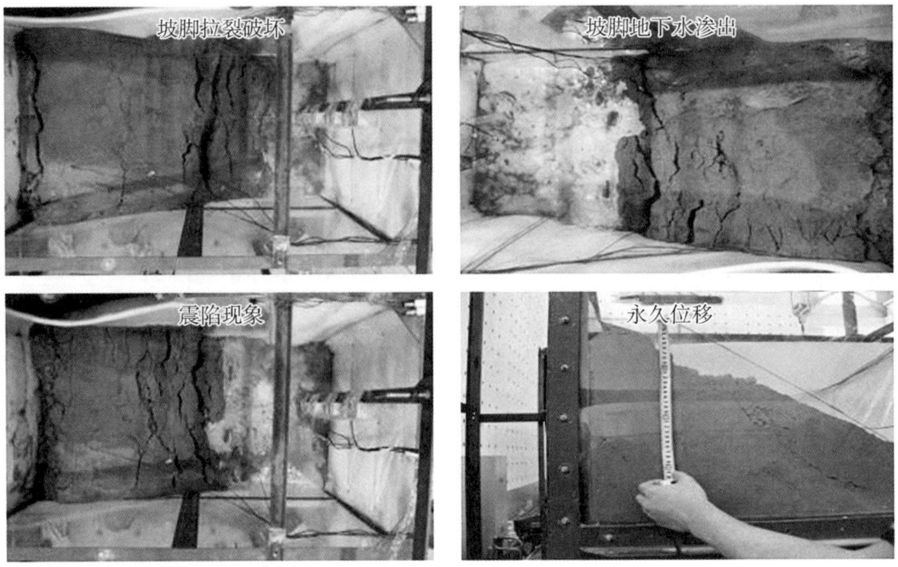

图 6.10.4　地震时尾矿坝液化流滑破坏特征

2）提出了地震和地下水耦合作用下尾矿坝的安全性评价方法

基于提出的尾矿坝液化后的动力本构模型，对数值模拟软件 ADINA 和 PLAXIS 进行二次开发，明确了地震和地下水耦合引起的尾矿坝动力损伤的初始位置和塑性区分布特征，揭示了尾矿坝在地震作用下的灾变行为及薄弱位置；最后基于 Newmark 滑块位移法，提出了考虑地震和地下水耦合作用的尾矿坝的安全性评价方法。

a. 地震和地下水耦合的数值模拟技术。孔隙水压力的产生、发展及扩散的演化过程与土体振动荷载作用下的变形稳定性具有直接的联系，不排水条件下地震作用时孔压迅速累积增加，动孔压的存在使尾矿坝在受较大动应力作用时塑性变形累积，造成尾矿坝的破坏加速（图 6.10.5～图 6.10.8）。

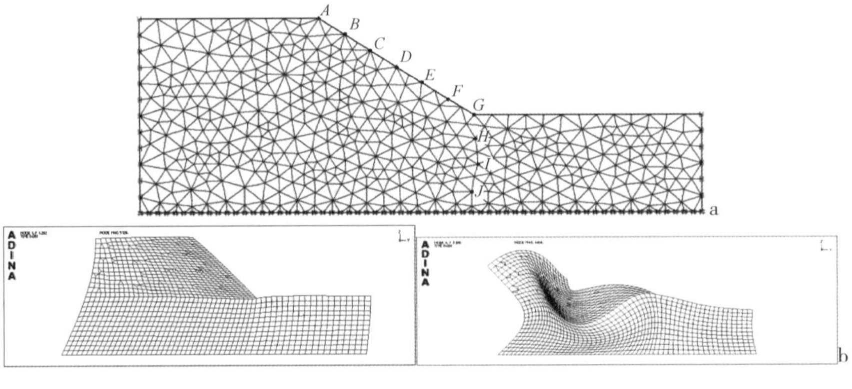

图 6.10.5　数值模拟

a—数值模型及地震波反应谱；b—模型的模态分析

b. 地震和地下水耦合作用下尾矿坝地震动力行为分析。随着地下水位上升，最大剪应变分布区域和塑性区域向尾矿坝深处扩展（图 6.10.9）。

随着地下水位的升高尾矿坝的最大水平位移开始出现在尾矿坝中上部，且表现出逐步向尾矿坝内部和底部扩展的趋势，说明随着水位的升高，滑动区几乎整个在渗流面之下，在地下水渗透力作用下，坡趾部位的土体有效应力下降使得坡趾位置的位移开始增大，直至尾矿坝发生滑坡破坏，如

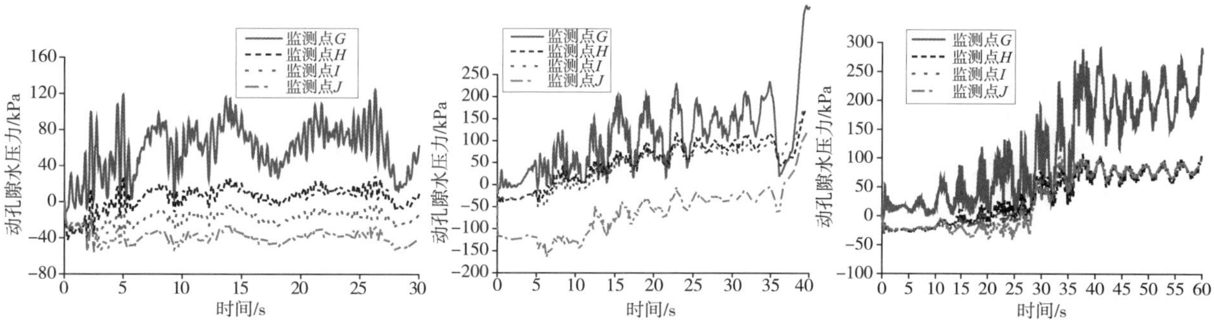

图 6.10.6　超孔隙水压力模拟

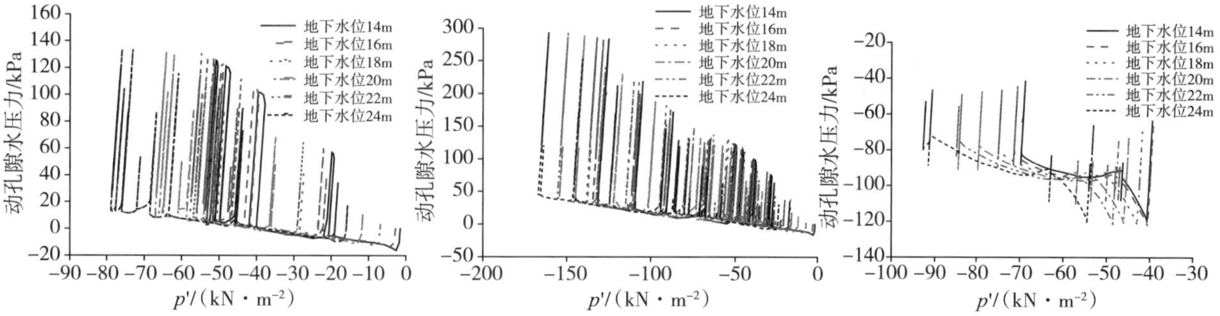

图 6.10.7　平均有效应力与超孔隙水压力的关系曲线模拟

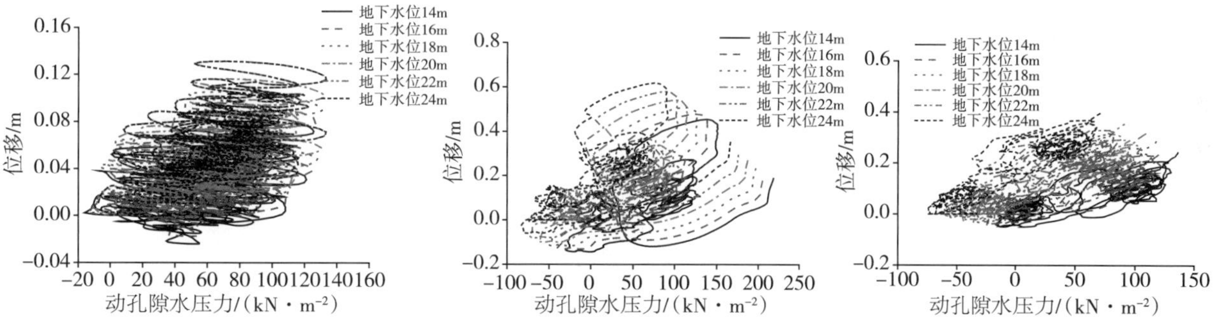

图 6.10.8　水平位移与超孔隙水压力的关系曲线模拟

图 6.10.10 所示。因此不同水位时尾矿坝的注浆加固位置是不同的。

c. 地震作用下尾矿坝的地震动力响应分析。

由于土体自身材料阻尼的存在，使得土体能吸收一部分波的能量，对高频段的地震波存在滤波作用；而存在地下水时，其对高频段地震波的滤波现象更为明显，对地震波低频段的能量起到放大作用，如图 6.10.11 所示。

远场地震作用对尾矿坝坡脚位置变形影响较大，而近场地震作用对尾矿坝坡顶位置变形影响较大，因此，地震作用下坡肩顶和坡趾位置均应作为重点防护位置。此外，远场地震作用下尾矿坝水平位移峰值要大于近场地震下的位移，因此，进行尾矿坝抗震加固时远场地震作用应该予以重视。综上所述，尾矿坝地下水的存在对尾矿坝水平位移有较大的影响，尤其是在远场地震作用下表现得更为明显，如图 6.10.12 所示。

（3）尾矿制备高性能绿色加固材料自主研发

1）尾矿等固废原料活性增强与活性控制。

基于“解聚-聚合-均布-特色组分微调”的思路，将建材与冶金行业有机地结合在一起，提出

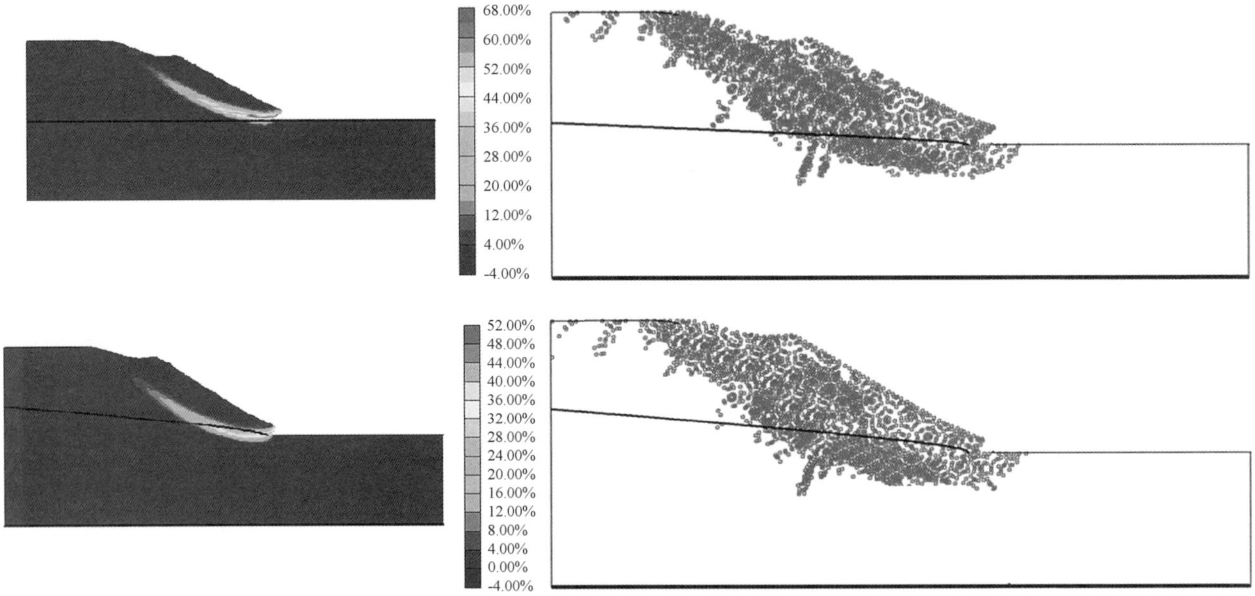

图 6.10.9　不同水位剪应变和塑性区分布

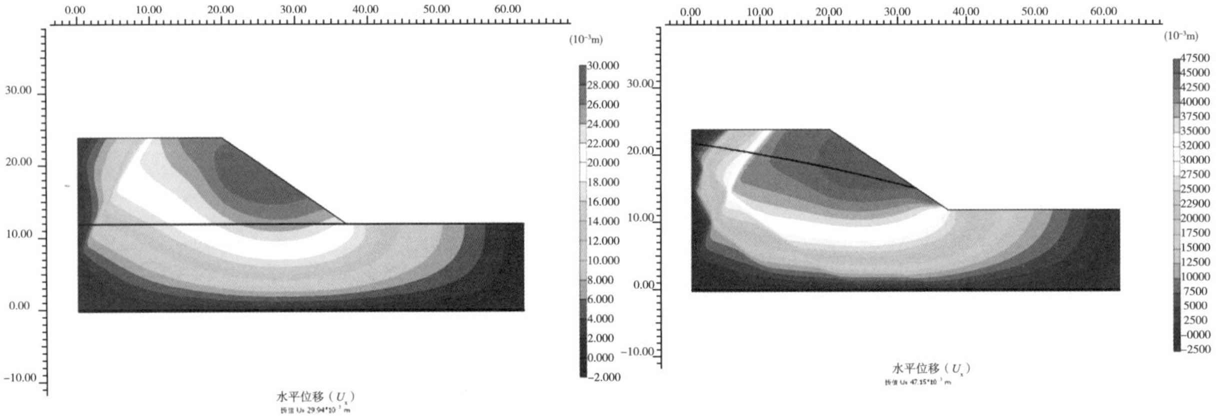

图 6.10.10　不同水位下尾矿坝变形

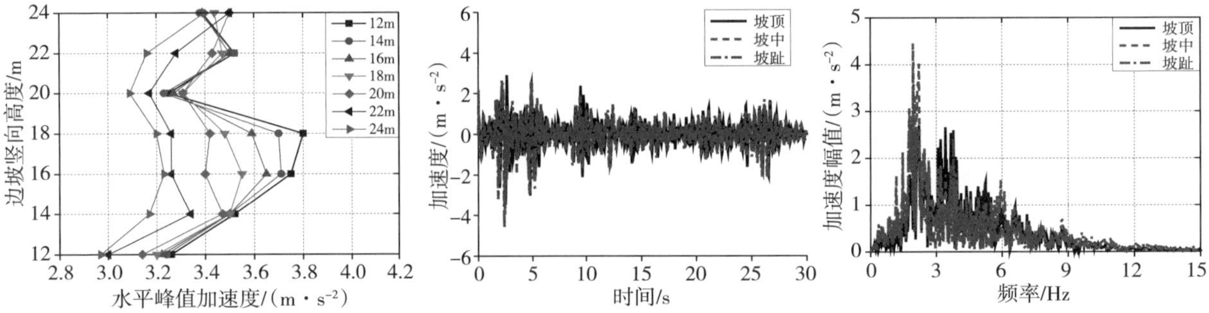

图 6.10.11　不同水位下的加速分析

了多目标多因素的复合活化方式，克服了硅铝质胶凝材料的安定性、赋存有害物质给尾矿的废弃物协同制备加固材料带来的难题。

以碱性固废解聚硅铝固废，硅铝固废稳定碱性固废，实现了硅铝质胶凝原料的活性增强，通过特色组分微调固废物料中重金属和有害物质，形成了胶凝原料中不安定组分、重金属和有

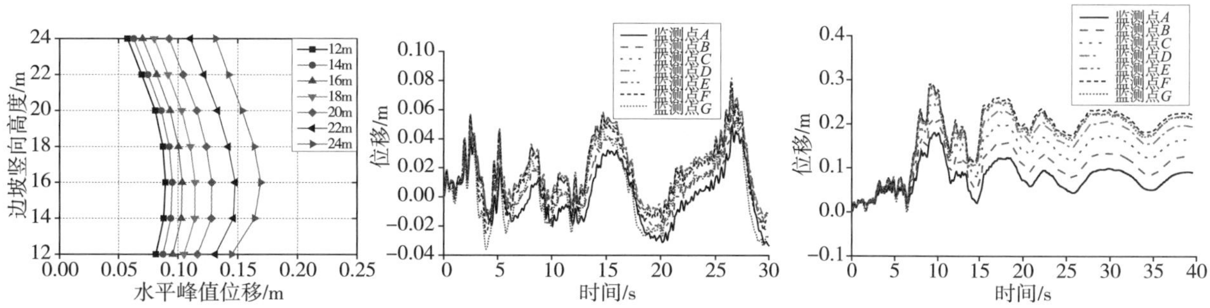

图 6. 10. 12　不同水位下的位移分析

害物质稳定控制方法，获得了尾矿等硅铝质原料制备加固材料的基础理论及技术（图 6. 10. 13、图 6. 10. 14）。

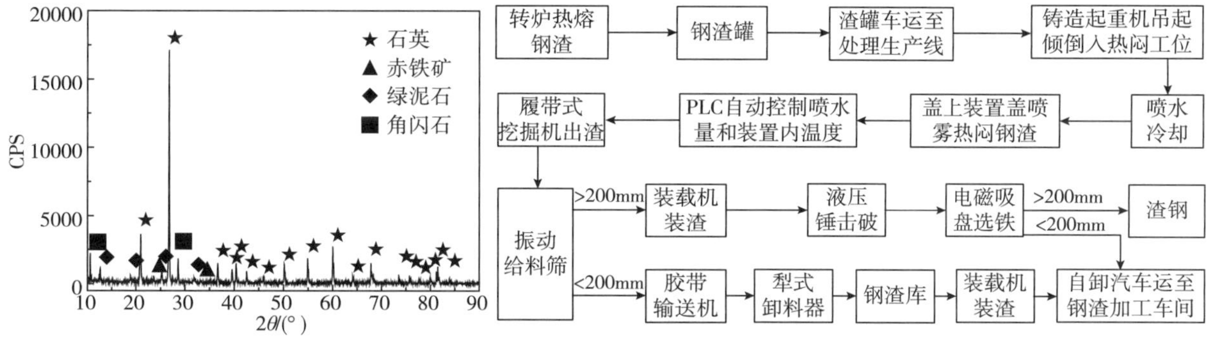

图 6. 10. 13　铁尾矿 XRD 图谱和转炉钢渣热闷处理工艺流程

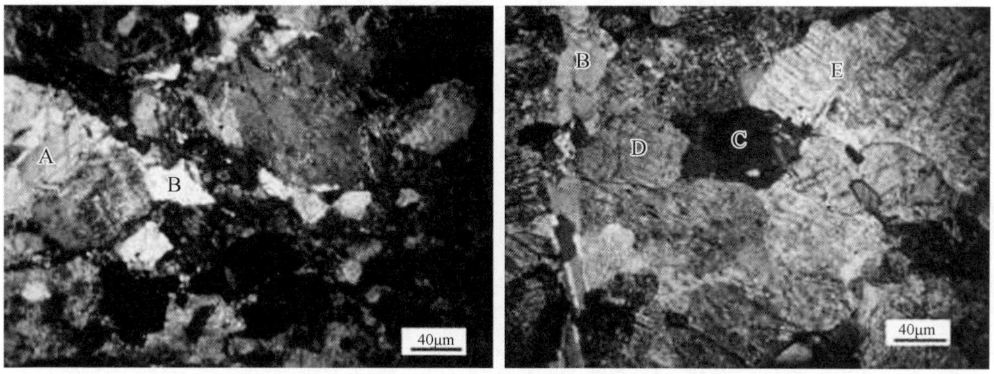

图 6. 10. 14　废石试样的正交偏光显微镜图片

2）尾矿基中钙体系胶凝材料微结构演变及协同效应。

以配位化学理论为指导，提出利用［Si（Al）O_4］聚合度评价尾矿基中钙体系胶凝材料活性的方法，发挥多固废的复合协同效应，克服了尾矿等固废制备胶凝材料资源化利用率低的难题。

从硅铝钙等配位结构、水化动力学和热力学层面，研究水化过程中硅对铝的配位同构效应，［Si（Al）O_4］四面体在缩聚和聚合过程中产生的电荷平衡效应，建立硅-铝-钙基水化产物空间结构模型，解决固废中有害离子固化问题，确立胶凝材料性能调控手段和方法，获得绿色高性能大掺量固废基中钙体系胶凝材料制备的基础理论及技术（图 6. 10. 15）。

三元胶凝体系各龄期的 SEM 结果如图 6. 10. 16～图 6. 10. 21 所示。以硫铝水泥和普通硅酸盐水泥为主的三元胶凝体系的微观形貌差异很大，以硫铝酸盐水泥为主三元胶凝体系中能看到大量的针棒状 AFt 晶体，而以普通硅酸盐水泥为主三元胶凝体系中水泥石中固相表面覆盖一层 C—S—H 膜。

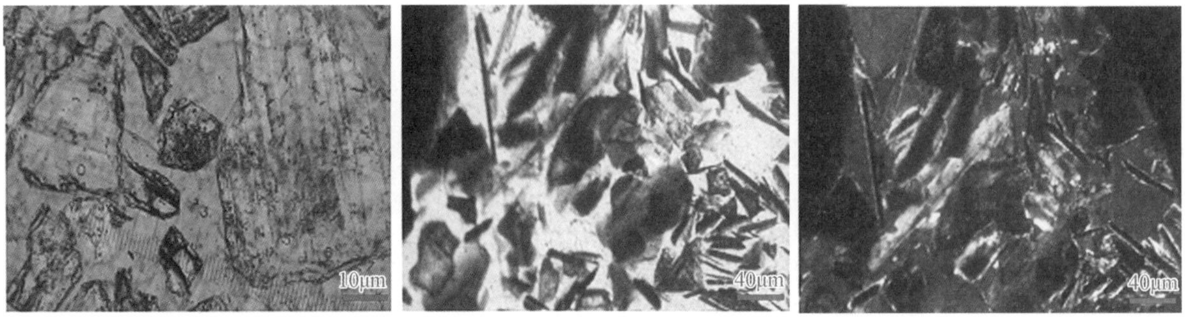

图 6.10.15　矿物的显微结构

图 6.10.16　蒸压角闪石体系的 FE-SEM 图片

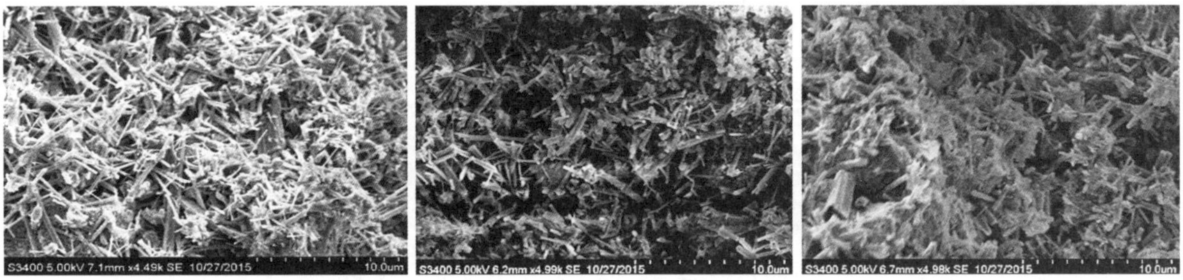

图 6.10.17　掺加高强石膏的硫铝水泥为主的三元胶凝体系 1d 的 SEM

图 6.10.18　掺加高强石膏的硫铝水泥为主的三元胶凝体系 3d 的 SEM

通过扫描电子显微镜得到天然砂和铁尾矿砂不同形貌的图像，图 6.10.22 和图 6.10.23 分别为天然砂和尾矿砂的微观形貌图像。天然砂颗粒呈不规则的圆形结构，颗粒表面平整且光滑，铁尾矿砂颗粒形状粗糙尖锐、棱角多且颗粒表面不平整且有微裂纹。

0.3~0.5mm、0.1~0.3mm、0~0.1mm 三个颗粒级配区域铁尾矿砂单独或者组合替代天然砂制备的石膏基自流平砂浆性能流动性比天然砂制备的石膏基自流平砂浆流动性差的原因之一就是铁尾矿表面粗糙棱角多，与表面平整光滑的天然砂相比，为保证一定的流动度需要更多水分，从而导致

图 6.10.19　掺加高强石膏的硫铝水泥为主的三元胶凝体系 28d 的 SEM

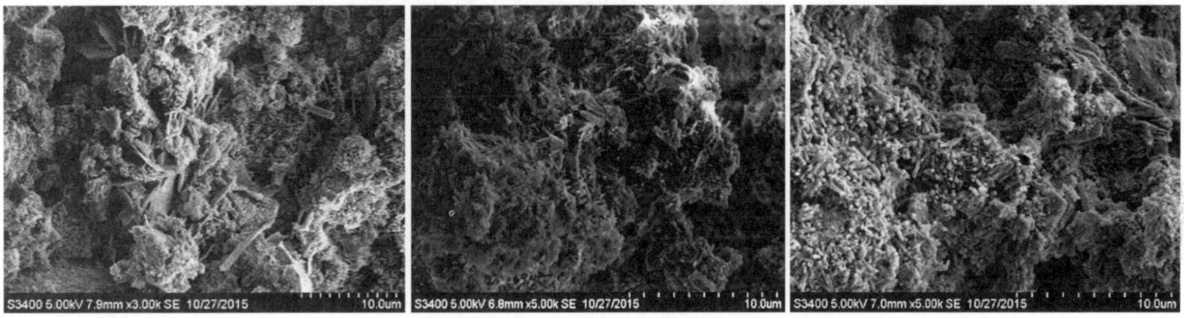

图 6.10.20　掺加高强石膏的普通硅酸盐水泥为主的三元胶凝体 1d 的 SEM

图 6.10.21　掺加高强石膏的普通硅酸盐水泥为主的三元胶凝体系 28d 的 SEM

图 6.10.22　天然砂微观形貌

在相同用水量情况下流动度会降低，特别是全尾矿替代天然砂时，保证相同流动度，需要增加15%的用水量。0.3~0.5mm、0.1~0.3mm、0~0.1mm 三个颗粒级配区域铁尾矿砂单独或者组合替代天然砂制备的石膏基自流平砂浆抗折、抗压强度有的高于天然砂制备的石膏基自流平砂浆的抗折、抗压强度，这也与尾矿砂的颗粒形貌有关，掺入部分具有棱角的尾矿砂有助于改善天然砂与水泥石之间的界面和黏结强度，从而提高石膏基自流平砂浆的抗折、抗压强度。

图 6.10.23　铁尾矿砂微观形貌

3）尾矿基绿色高性能加固材料的制备、硬化机理及长期性能调控技术。

以固废基中钙体系胶凝材料和尾矿砂石、废弃石粉为物质基础，兼顾紧密堆积与拌合物流动性，通过颗粒级配一体化设计理论，实现绿色高性能加固材料的科学制备；采用内-外协同养护技术，解决绿色高性能加固材料水化进程缓慢而需要高效养护的问题，在加固材料中固废用量可达到80%以上的同时，保证加固材料具备优异的性能（图 6.10.24、图 6.10.25；表 6.10.1、表 6.10.2）。

表 6.10.1　不同强度绿色高性能加固材料设计配合比　　单位：kg/m^3

标号	水胶比	砂率	水	水泥	粉煤灰	矿粉	砂	石	外加剂
C40	0.4	41%	170	293	68	64	737	1060	8.5
C50	0.33	40%	165	335	85	80	690	1035	10.6
C60	0.29	38%	160	375	94	83	653	1065	12.1

图 6.10.24　绿色高性能加固材料性能测试

表 6.10.2　绿色高性能加固材料耐久性能测试结果

测试项目	抗冻性-快冻法		抗渗性	抗氯离子渗透	碳化深度			
	相对动弹性模量/%	质量损失率/%	P12	28d/C	3d/mm	7d/mm	14d/mm	28d/mm
标准要求	≥60	≤5	≥P12	/	/	/	/	/
C40-W	68.1	2.6	>P12	696	2.4	3.3	4.4	5.4
C40-R	67.1	2.7	>P12	648	2.5	3.5	3.9	4.4
C50-W	78.3	2.4	>P12	600	0.4	0.5	0.6	0.6
C50-R	76.0	2.4	>P12	560	0.3	0.6	0.7	0.9
C60-W	82.1	2	>P12	525	0	0	0	0
C60-R	81.5	2	>P12	495	0	0	0	0

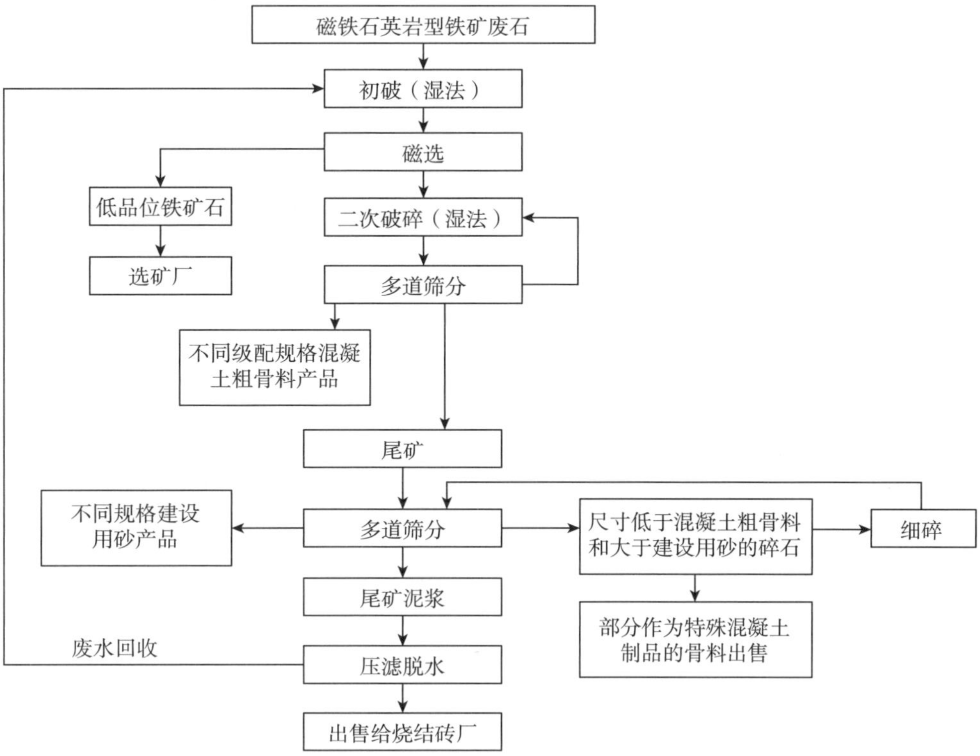

图 6.10.25 磁铁石英岩型铁矿废石生产混凝土粗骨料和建设用砂工艺流程示意图

（4）绿色高性能加固材料在尾矿坝地震加固中的应用

基于动三轴试验明确了研发的高性能绿色节能注浆材料加固后的动力反应，尤其是抗液化性能，并与传统的加固方法进行了对比，确定了绿色高性能加固材料加固液化土的抗液化性能；明确了土颗粒级配、注浆速度、土体相对密实度、平均粒径等因素对尾矿坝加固后的动力响应规律，实现了对绿色高性能加固材料配比的优化调整；开展了绿色高性能加固材料膨胀力、膨胀率、侧限条件下应力-应变关系试验以及渗透试验，明确了优化后的绿色高性能材料加固液化土样的受力变形性能，结合振动台试验，实现了绿色高性能加固材料在尾矿坝地震加固的应用（图 6.10.26～图 6.10.28）。

图 6.10.26 绿色高性能加固材料在尾矿坝地震加固中的应用

尾矿坝加固后尾矿坝的位移、加速度和动孔隙水压力明显减小。因此，我们提出的加固理念对于尾矿坝变形具有良好的固化效果，如图 6.10.29 所示。

由图 6.10.29 可知，由于动力放大效应，尾矿坝顶部在地震作用下位移最大。加固后尾矿坝最大位移减少 87%。因此，我们提出的加固理念对于尾矿坝变形具有良好的固化效果。

最后，我们为了确定采用我们提出的加固理念后尾矿坝的破坏程度，我们开展了振动台实验，确定了加固前后尾矿坝破坏程度，如图 6.10.30 所示。

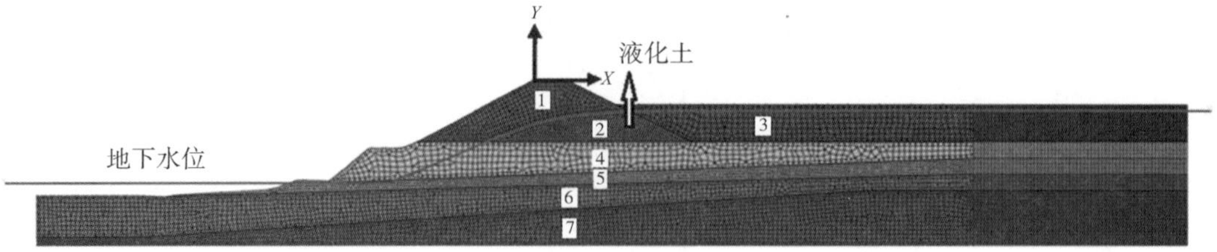

图 6.10.27　尾矿坝加固前后的数值模拟图

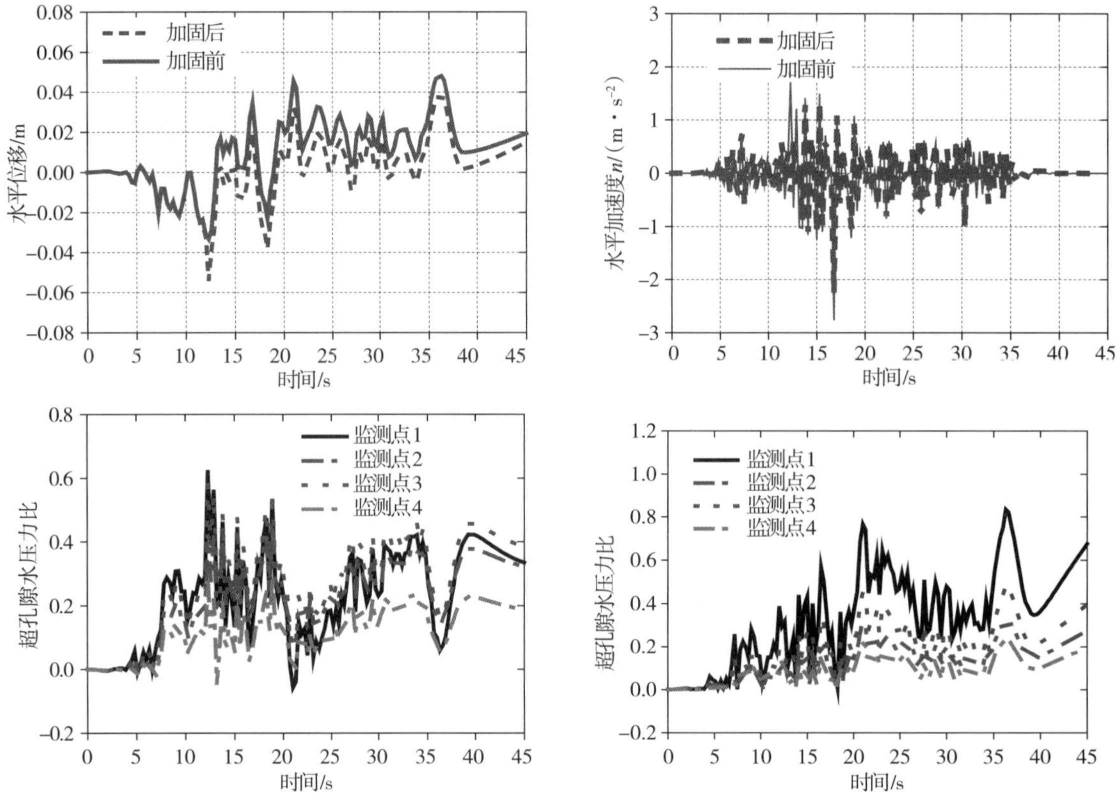

图 6.10.28　加固前后尾矿坝抗震性能指标变化

通过振动台试验我们可以明显的确定尾矿坝加固前后的破坏状态。加固之前，尾矿坝的破坏主要为坡脚的液化流滑破坏，且随着地震持续作用坡脚裂缝逐渐开展。同时，坡顶产生了明显的流滑现象。加固之后，尾矿坝的破坏也从坡脚开始，但是尾矿坝没有发生滑动，同时仅有轻微的裂缝产生。此外，我们发现尾矿坝没有产生液化现象，因此说明我们提出的加固理念是合理的。

6.10.4　本节小结

解决了尾矿基绿色高性能加固材料的制备、硬化机理及长期性能调控技术。

本项目的加固理论与方法已经应用在大量城市生命线工程中，直接受益部门包括：①煤矿地面工程建设、运营管理和设施养护等部门。②城市市政设施部门（燃气、供水、下水）。③电力、通信设施管理部门。④城乡建设相关部门。⑤城市规划、环境保护部门。

此外，项目组在提出的基于韧性设计-主动消能-分布式耦合理念的加固理论及方法的基础上，研制了绿色高性能加固材料，实现了规模化的生产及应用。所开发的绿色高性能加固材料，衍生的

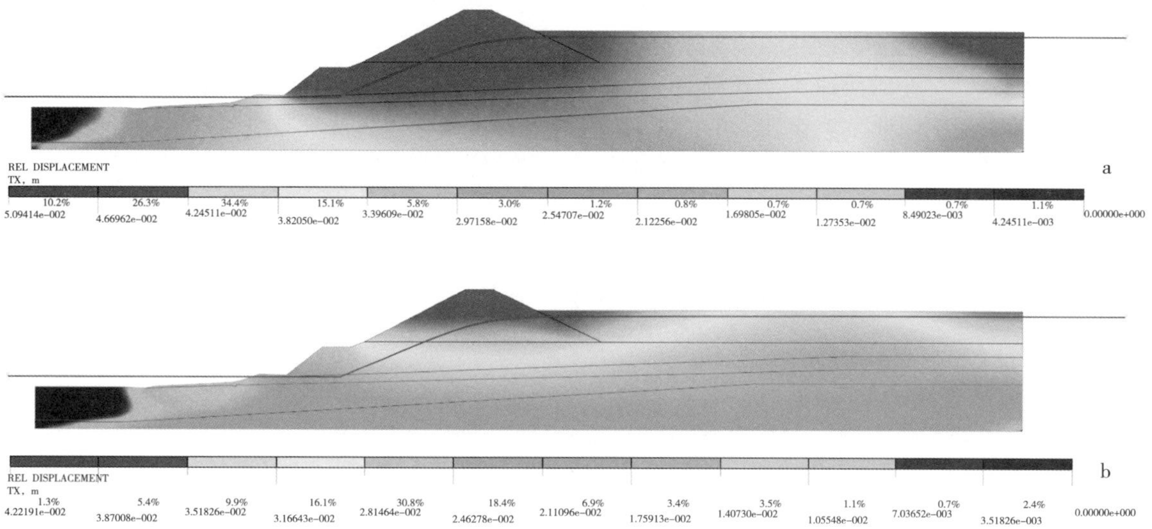

图 6.10.29　加固前后位移变化

a—加固前位移云图；b—加固后位移云图

图 6.10.30　加固前后尾矿坝的塑形破坏模式

a、b—尾矿坝加固前破坏模式；c、d—尾矿坝加固后破坏模式

全尾矿废石预拌混凝土技术、预应力构件混凝土技术、尾矿干混砂浆、尾矿保温建材及极低水泥熟料人工鱼礁混凝土技术，在利废比例方面、在减少水泥用量和减排 CO_2 方面、在产品性能指标方面以及矿山与城市建设融合方面都达到了国内外同行业的领先水平。本项目开发的绿色高性能加固材料的理论技术及创新，能够实现尾矿和废石的在城市建设水泥混凝土、建筑用砂石材料、保温材料等方面的大量的消纳及高附加值的应用，解决部分地区城市建设用资源短缺或匮乏。本项目取得的主要总结如下：

1）揭示了尾矿坝地震液化流滑动运动机理：明确了地震作用下尾矿坝地震液化流滑运动的形成条件；构建了尾矿坝地震液化后应力-应变关系的动力本构模型。

2）揭示了地震液化流滑运动诱发的尾矿坝失效破坏机理：确定了地震液化流滑运动诱发的尾矿坝失效破坏模式；提出了地震和地下水耦合作用下尾矿坝的安全性评价方法。

3）提出了基于韧性设计-主动消能-分布式耦合理念的尾矿坝加固理论与方法，实现了绿色高性能加固材料在尾矿坝地震液化加固中的工程应用。

4）发明了尾矿制备高性能绿色加固材料关键技术：实现了尾矿等固废原料活性增强与活性控制；确定了尾矿基中钙体系胶凝材料微结构演变及协同效应。

6.11 电极熔融法全资源回收垃圾焚烧飞灰关键技术与设备研发

6.11.1 项目背景

（1）资源短缺和环境污染的双重制约使开发城市矿山成为业界共识

近10年来，我国有色金属的产量和消费量连续翻了两番，多年位居世界第一（北京普华有策信息咨询有限公司，2018），这与我国有色金属矿产资源储量、品位及人均占有率形成巨大反差，导致对外依存度逐年上升；同时，矿产资源往往分布在生态脆弱的地区，开采过程中极易造成生态破坏、土壤污染及沉降、裂缝、塌陷等地质灾害。资源短缺和环境污染的双重障碍制约着我国有色金属工业的可持续发展，而充分利用好二次物料、发展循环经济是缓解矿产资源短缺、减少环境污染的有效途径。为此，开发城市矿山早已成为业界广泛共识。

生活垃圾焚烧飞灰作为城市矿山的重要组成部分，因含有高浓度的重金属和持久性有机污染物，在我国被定为危险废物。依据国家发改委、住建部发布的《“十三五”全国城镇生活垃圾无害化处理设施建设规划》，2020年全国城镇生活垃圾焚烧日处理规模将达到59. 14×10^4t，按飞灰3%~5%的产生量估算（蒋旭光等，2015），到“十三五”末我国年飞灰产生量将达800×10^4t左右。垃圾焚烧飞灰中重金属总量约占1%，其中Pb、Zn、Cu等占85%以上（岳阳，2019），是不可多得的可回收资源，即二次物料。

（2）现有垃圾焚烧飞灰处置技术无法实现全资源分类回收，亟须理论、技术和装备研发

资料显示，垃圾焚烧飞灰在国际上的处置技术为：美国仍以飞灰和底灰混合后填埋为主；德国和意大利也主要进行矿井填埋；荷兰鼓励资源化处置，其中30%的飞灰已成功用于沥青铺路，但添加量有限。日本和国内采用电极熔融技术普遍将飞灰熔化为玻璃态的惰性固体废弃物，即将重金属尽可能地固化在玻璃体中，并未将重金属等资源进行分离回收；熔融的玻璃化产物未充分解毒（重金属含量高），仍需进入填埋场填埋，既占用土地资源、造成矿产资源浪费，又有重金属析出污染土壤和地下水的风险。有专利描述可制成板材、棉或连续纤维，但能耗过高、未考虑熔融过程中氯盐和重金属的挥发，烟气处理工艺复杂，难以工业化实施推广（袁利民等，2014）。国内水泥窑协同处置飞灰工艺是将重金属固化在水泥产品中，重金属无法成为资源化的冶金原料，且要求入窑物料中氯元素含量不应大于0. 04%（中国环境科学研究院等，2013），而飞灰中氯含量高达10%~25%，因此飞灰在入窑前，还必须进行水洗脱氯预处理，由此还产生了需处理的大量高盐废水。上述技术均未能实现飞灰的全资源分类回收与利用。

为此，亟须从理论、技术上另辟蹊径，研发适用于垃圾焚烧飞灰成分复杂、波动性大、富含重金属和盐类等特点的电极熔融技术及配套设备，实现飞灰的全资源、无害化分类回收，既解决飞灰作为危险废物不易处理处置的难题，又弥补我国有色金属矿产资源的不足。

6.11.2 成果简介

本项目开展了垃圾焚烧飞灰中重金属分离提取回收作冶炼原料的理论研究、技术创新、设备研制、产业示范的全产业链研发。

针对传统熔融技术无法使垃圾焚烧飞灰充分实现资源化分类回收、熔融基质未充分解毒（重

金属含量高）而导致的熔融产物仍需填埋或利用时存在潜在污染风险等技术难题，突破传统固废热处理“重固化轻分离”的理论误区，创新性的运用“熔盐介质分离”原理，将垃圾焚烧飞灰含高浓度氯盐这一飞灰处理处置中的不利因素，转化为原料优势，充分挖掘其可作为导电介质、反应介质和分级介质的特性，研发了以飞灰中重金属分离提取回收作冶炼原料为主链的电极熔融法关键技术，实现了飞灰中重金属、盐类的全资源回收。回收的重金属中铜、铅、锌含量均高于《铜、铅、锌、银、镍、钼矿地质勘查规范》（DZ/T 0214—2002）中铜、铅锌矿床平均品位，综合回收率分别为 77. 05%、58. 14%、84. 85%；回收的盐类符合《工业盐》（GB/T 5462—2015）和《工业氯化钾》（GB/T 7118—2008）标准中二级产品要求，可分别用作冶金原料、工业盐、微晶玻璃和保温材料等原料。

为实现该技术产业化，针对传统熔融炉存在的运行费用偏高、推广受限等弊端，运用“熔盐蓄热”机理，研发了“压炉”技术；针对高温下易挥发性重金属和氯盐进入气相增大烟气处理难度及腐蚀设备的问题，运用“冷阱”原理，研发了“冷炉顶”技术。并且，集成“冷炉顶”“压炉”技术，研制了电极熔融成套设备，使单位飞灰处理运行费用较同类技术降低 32. 9%。

项目已在天津建成示范工程，实现了理论实践化、技术工程化、废物资源化的研发目标。获授权发明专利 5 项，申请发明专利 1 项；在含重金属固废资源化领域国家标准缺位的情况下，为国家标准《固体废物玻璃化处理产物技术要求》和《含有色金属固体废物回收利用规范》的编制，以及亚行技援“生活垃圾焚烧飞灰可持续管理项目”的完成提供了技术依据；近两年飞灰的处理处置和重金属等产品的销售收入约 690 万元，取得良好的经济、环境和社会效益。

6. 11. 3　详细内容

（1）技术方案

1）电极熔融法全资源分类回收飞灰成套技术研发（图 6. 11. 1）。

a. 运用“熔盐介质分离”原理，充分利用垃圾焚烧飞灰中高浓度氯盐可作为导电介质、反应介质和分级介质的特性，在飞灰中添加硅质校正辅料和助熔剂制备成混合料，送入电极熔融炉；混合料在炉内，以熔盐中的一价金属离子（如 Na^+、K^+）为导电载流体，实现电阻加热熔融飞灰混

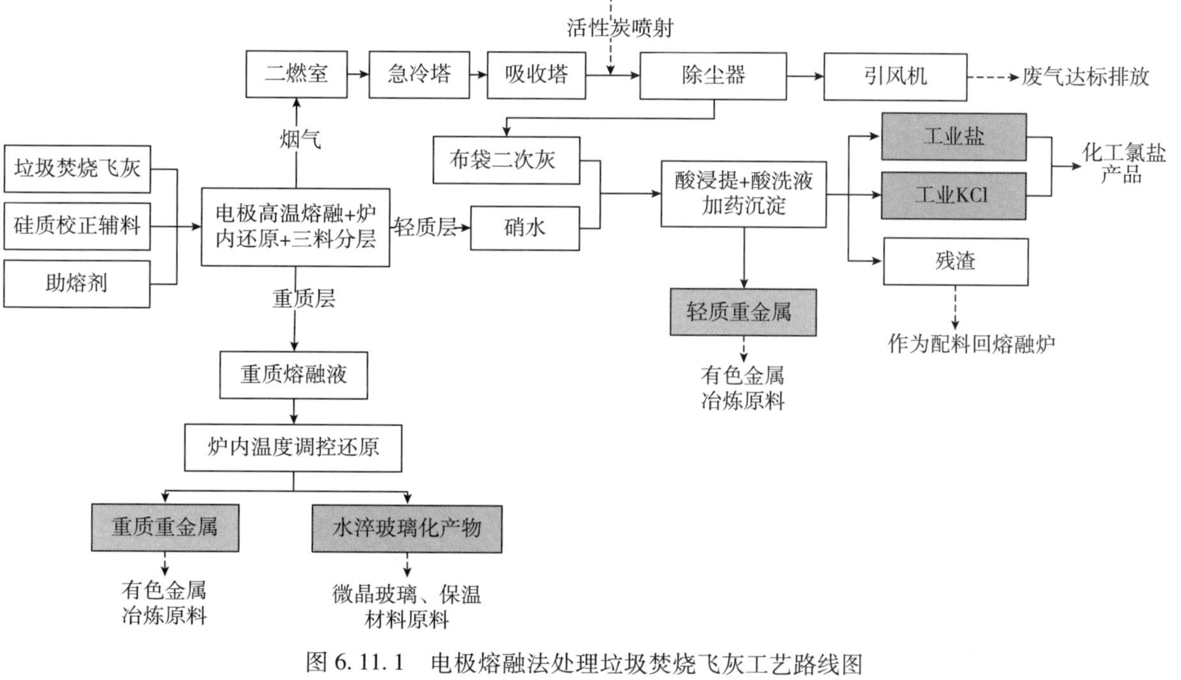

图 6. 11. 1　电极熔融法处理垃圾焚烧飞灰工艺路线图

合料；以熔盐为反应介质，通过控制熔融炉电极参数、调控炉内温度场（1280~1320℃），激发重质重金属与飞灰自身碳元素发生还原反应，实现重金属氯化挥发与还原分离；以熔盐为分级介质，实现熔融飞灰中的重金属、易溶盐、惰性组分的重力分级。

主要的化学反应方程式：$MeO+CaCl_2 \rightarrow MeCl_2+CaO$（式中 Me 代表金属元素）。

b. 轻质重金属漂浮在上层成为硝水的组成部分，重质重金属与玻璃液混合沉降至熔融炉下层，实现重质和轻质重金属的分层；再通过控制重质重金属在炉内还原区的停留时间，使重质层中重质重金属与玻璃液分离，最终使熔融液实现轻（硝水，以氯盐和轻质重金属为主）中（玻璃液）重（重质重金属）“三料分层”。

c. 运用湿法冶金技术，将破碎后的硝水冷却物与烟气净化得到的布袋二次灰混合，通过酸浸提+酸洗液加药沉淀，将轻质重金属和可溶盐进行分离；重质重金属和玻璃化产物分别在熔融炉的底部放渣口和侧面的玻璃液流出口采用水淬冷却的方式回收，实现飞灰中重金属、盐类和玻璃体的全资源回收（图 6.11.2）。

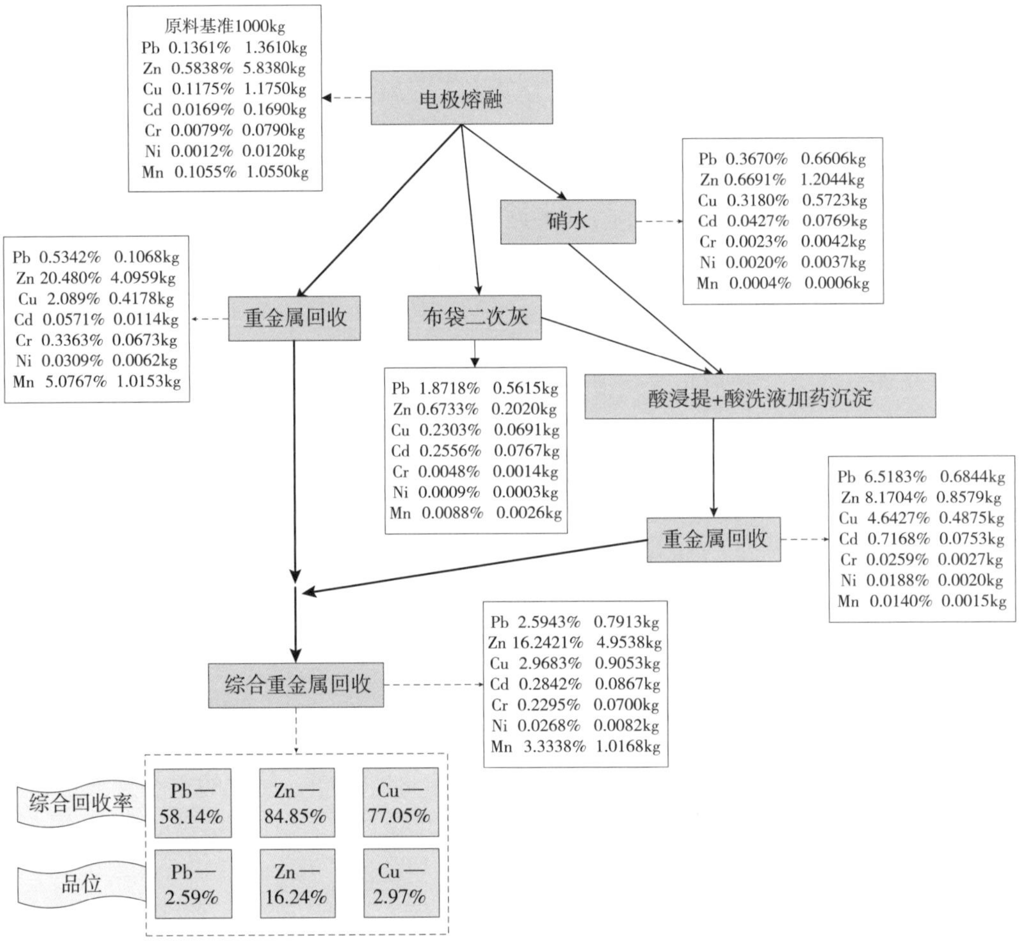

图 6.11.2 电极熔融法重金属流向图

d. 熔融炉出口烟气经二燃室、急冷塔，可去除及避免再次生成二噁英；再经吸收塔和活性炭吸附后，可将烟气中的 HCl、SO_2 去除；最后再经布袋收尘器除尘后，可达到《危险废物焚烧污染控制标准》（GB 18484—2001）中大气污染物排放标准要求。收集的布袋二次灰与破碎后的硝水冷却物混合进入轻质重金属和盐类回收工序。

2）电极熔融炉成套设备研发（图 6.11.3）。

a. 利用“冷阱”原理，开发了“冷炉顶”技术。采用厚料层垂直深层电熔设计，通过控制料

图 6.11.3　电极熔融法处理垃圾焚烧飞灰系统现场照片

层厚度将顶部温度保持在 200°C 以下。料层内部以凝结的方式捕集低沸点重金属、氯盐，形成硝水，减少低沸点重金属、氯盐挥发进入烟气，以提高硝水中的重金属含量。同时，料层含有未反应的 Ca（OH）$_2$ 可作为脱酸剂吸附烟气中的氯化物、硫化物等污染物质，实现烟气预净化。

b. 利用熔盐蓄热机理，开发了“压炉”技术。基于熔盐比热高、蓄热能力强的特性，采用波峰：波平：波谷=0~1：1~3：6~9 的电量设计，通过切断上、中层电流和降低下层电流的调节手段，在用电波平和波峰时段减少或停止熔融，利用熔盐蓄热特性，来保证系统正常运行最低温度需求，以此大幅度降低系统用电成本。

c. 集成“冷炉顶”“压炉”创新技术，研制了电极熔融设备。使高温熔融-氯化还原-重力分级-三料分层-全资源回收成套技术成功应用于垃圾焚烧飞灰无害化、资源化处理处置的产业化示范，并使烟气处理工艺简化、二次灰减量、充分利用波谷/波平电价差成为可能。

（2）项目成果应用及推广情况

1）技术及设备已实现小型产业化示范。

电极熔融法全资源回收垃圾焚烧飞灰关键技术已在天津实现小型产业化示范，属国内首例。示范工程位于天津市固废处置与综合利用中心内，技术及设备经两代升级改造后，于 2018 年正式投产运行，两年多来设备运行稳定，处置效果良好。

2）技术及产品已实现利税。

示范工程已服务于京津地区，年垃圾焚烧飞灰处理量约 1600t，回收的重金属产品主要用作有色金属冶炼原料销往建材行业和冶炼行业，生产的玻璃化原料主要销往建材行业，生产的工业盐主要销往化工行业，近两年飞灰的处理处置和重金属等产品的销售收入约 690 万元，总利润 195 万元，税收近 40 万元。

3）支撑了国标的制订。

本项目的研发及示范工程的建设，为国家标准《固体废物玻璃化处理产物技术要求》《含有色金属固体废物回收利用规范》的制订提供了技术依据，并可促进标准的实施和技术的转化。

4）可带动相关技术进步。

本项目在保证飞灰处理处置效果的同时，回收重金属、工业盐等资源，研发的成套设备使处理成本较普通电极熔融处理设备降低了 32.9%，为本技术的推广奠定了基础，已取得了发明专利 5 项，申请发明专利 1 项，对含重金属固体废物处理处置环保产业的发展和矿产资源的再生利用技术进步起到了积极的带动作用，拓宽了城市矿山的开发利用价值。

6.11.4 本节小结

本项目所涉及的电极熔融法回收垃圾焚烧飞灰中重金属关键技术与设备，兼顾飞灰无害化处理处置和重金属提取回收以及残余物的全资源化，国内外未见相关公开报道，具有以下创新。

（1）一项创新理论

运用“熔盐介质分离”原理，将飞灰含氯浓度高转化为有利因素，创造出“疏、堵、收”结合的固废热处理理论，突破了“重固化轻分离”的传统理论误区。

（2）一套关键技术

利用熔盐作为导电介质、反应介质和分级介质，研发了高温熔融-氯化还原-重力分级-三料分层-全资源回收的电极熔融成套技术，实现了飞灰中重金属高品位、盐类产品级的全资源性回收。

（3）两项创新设计

1）“冷炉顶”设计，采用厚料层垂直深层电熔设计，料层顶部温度在200℃以下，减少低沸点重金属挥发造成的尾气治理投资高、难度大等难题，有效增加硝水中重金属含量。

2）“压炉”设计，通过切断上、中层电流和降低下层电流，在用电波峰和波平时段减少或停止熔融，大幅降低系统用电成本。

（4）一套产业化设备

研制了集成“冷炉顶”“压炉”设计的电极熔融炉，实现本研发技术体系的产业化应用。

本项目实现了理论实践化、技术工程化、废物资源化的研发目标，既解决了垃圾焚烧飞灰作为危险废物不易处理处置的难题，又可弥补我国有色金属矿产资源的不足，有效缓解矿产资源过度开发对生态环境的破坏，具有良好的经济、社会及环境效益。项目研发的成套设备体量小、投资小、转化快，使电极熔融法回收垃圾焚烧飞灰中重金属技术产业化推广成为可能，具有巨大的市场前景。

6.12 极端工况下油气装备用动密封技术研究及应用

6.12.1 项目背景

石油天然气是关系国家能源安全的重要战略资源，加强自主油气资源开发已迫在眉睫，油气装备技术是资源高效、经济开发的核心和重要保证。我国油气勘探开发逐渐向非常规、深层、超深层和深海发展，复杂恶劣的服役环境对油气装备技术提出了极大挑战，特别是面对高温、高压环境下极易造成油气装备系统发生密封失效，导致油田钻井作业中断，甚至引发钻井事故（图6.12.1）。如压裂泵动密封的工作压力可达到70MPa，深部地层的钻井温度可达到250℃，钻井工具动密封寿命一般不超过100h。

目前现场动密封主要存在以下问题：①钻井泥浆和压裂液中的磨砺颗粒很容易嵌入密封的动密封面，钻井工具往复动密封的寿命一般不超过100h。②金属旋转动密封的密封面接触压力对钻井的高温高压环境和井底振动比较敏感，而橡胶旋转动密封在高温作用下的力学性能会逐渐下降，极大地影响了橡胶动密封的寿命。

为了解决现场遇到的密封失效问题，本项目主要从极端工况下油气装备往复式动密封的摩擦特性和性能退化机理、钻井连续变温影响下旋转动密封泄漏预测和钻井极端工况下旋转动密封多参数优化设计三个方面开展极端工况下动密封的性能研究，并通过校企合作模式将动密封创新成果应用于实际生产，取得了可观的经济效益。

6.12.2 成果简介

西南石油大学联合德阳涌鑫机电技术有限公司、成都若克石油技术开发有限公司开展极端工况

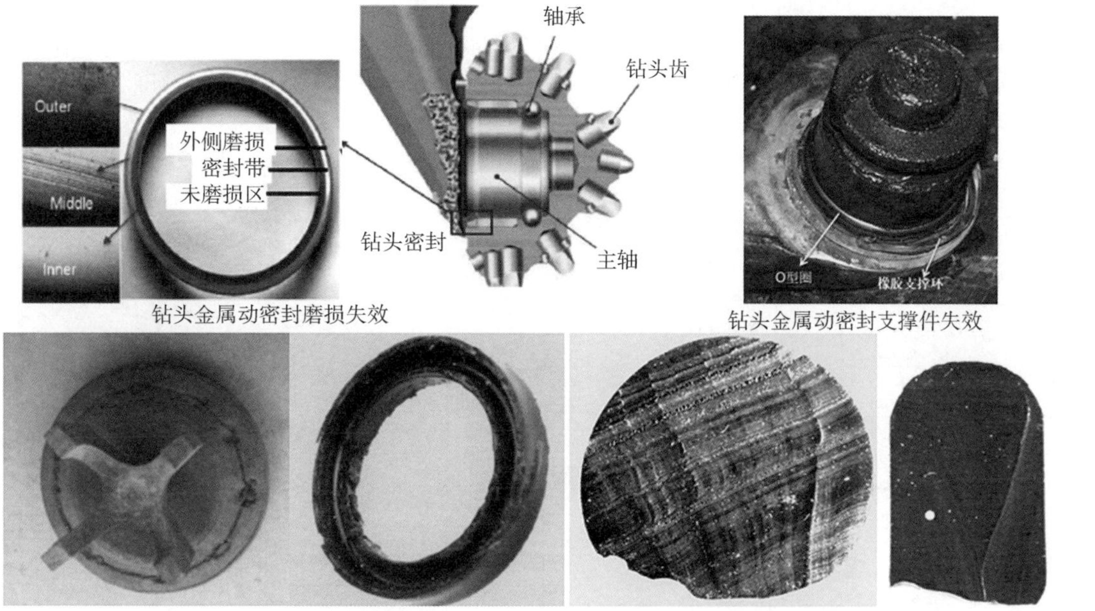

钻头金属动密封磨损失效　　钻头金属动密封支撑件失效

泥浆泵、压裂泵用往复式密封圈磨损失效　　钻头橡胶旋转密封烧毁

图 6.12.1　油气装备动密封失效情况

下油气装备用动密封技术研究。形成以下创新技术：

研究了往复动密封面的连续动态磨损仿真过程，揭示了往复密封中橡胶件的磨损失效机理，通过大量模拟实验，建立极端工况下往复密封的磨损模型和磨损评价数据库，研制了高温预压式 V 型组合密封和山型组合密封结构，极大提高了泥浆泵、压裂泵和井下冲击工具的寿命。针对旋转动密封，将井下高温和振动作为重要的设计依据，针对不同的地层特征，求解出钻井工况下动密封的泄漏率变化规律，为评价金属密封钻头的寿命提供了设计依据。基于热弹性流体动压润滑理论，使用有限差分法求解了组合密封圈在工作过程中的油膜状态分布。开发出能够产生周期性接触压力的动压波形橡胶密封，对井下冲击和高温有良好的适应性。提出应以牺牲密封面磨损为代价，尽可能地减小润滑油泄漏的设计思想，将密封的接触压力和泄漏率设为优化目标，采用神经网络和模糊加权系数法建立了密封优化的数学模型，形成钻井极端工况下旋转动密封多目标优化设计方法。

6.12.3　详细内容

（1）极端工况下往复密封性能退化机理和磨损评价技术

基于高温下橡胶密封的应力松弛模型，通过有限元分析了动密封连续磨损后接触压力的变化情况；模拟钻井现场高温、高压和泥浆杂质工况，通过实验确定了高温环境下橡胶密封材料的本构模型，并对目前的组合密封材质进行改性，形成了高温预压式 V 型组合密封、山型组合密封等系列产品，实现了往复动密封磨损后依然能实现较好的密封效果；通过实验研究了不同磨砺形状对磨痕的影响，联合密封厂家，通过大量现场模拟实验建立了钻井工况下磨损评价需要的数据库，依据数据库中的磨损模型对常用的格莱圈密封、Y 型密封进行结构创新设计。

（2）高温、振动影响下旋转动密封寿命预测和动压波形密封

极端工况下牙轮钻头、螺杆钻具传动轴和涡轮钻具减速器等井下装备普遍存在寿命短的问题。早期密封生产企业仅从密封的接触压力进行参数设计，并没有考虑井下高温、振动工况对油气装备中的动密封润滑性能的影响，导致密封过早失效。本项目针对金属旋转动密封，将高压环境和动密封热固耦合模型结合起来，完成了高压、中压和低压环境的耦合数值模拟，并开发了温度、扭矩和

油膜厚度测试的软件，搭建了井下工具动密封实验台。利用光学3D表面轮廓仪对密封环表面的磨损形态进行扫描。针对橡胶旋转动密封，建立了基于热弹性流体动压润滑理论的高压旋转运动的组合式橡胶密封的数学模型，求解出了工况参数和结构参数对密封发热和泄漏率的影响，形成一套井下动密封泄漏率预测方法。

通过数值模拟和室内实验研究，形成了一系列极端工况下旋转动密封的技术成果（图6.12.2）。

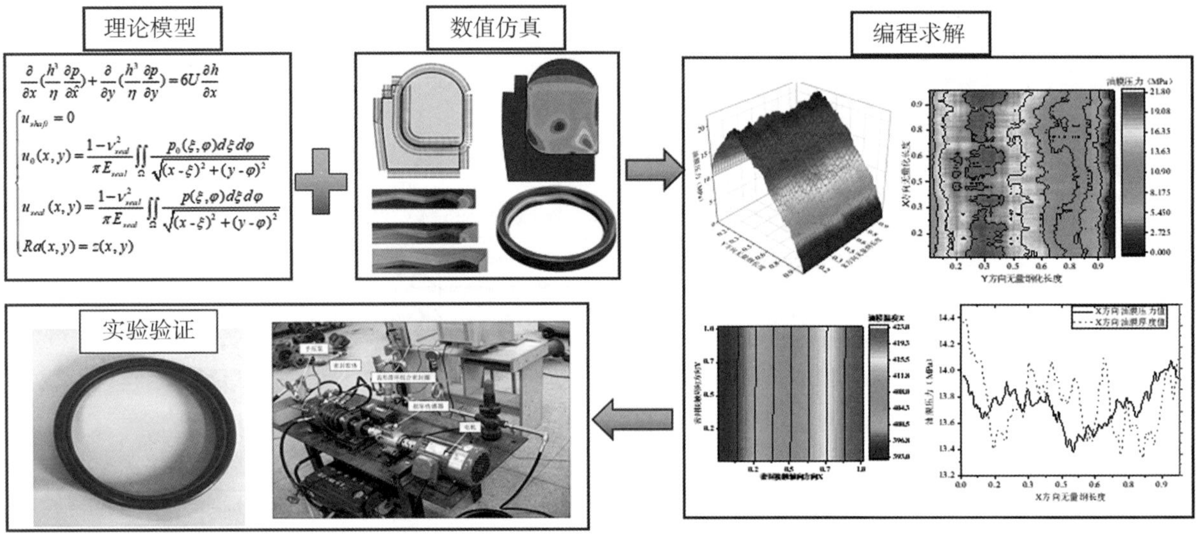

图6.12.2　橡胶旋转密封研究思路和主要成果

1）针对单金属密封，将井下高温、钻头振动对橡胶支撑环的影响作为重要的设计依据。联合钻头生产企业，对该密封支撑环结构和橡胶性能进行改良，针对不同的地层特征，求解出钻井工况下动密封的泄漏率，为评价金属密封钻头的寿命提供了设计依据。

2）针对橡胶动密封，基于热弹性流体动压润滑理论，建立了高压旋转的滑环式组合密封的数学模型，使用有限差分法求解了齿形滑环组合密封圈在工作过程中的油膜厚度分布和油膜压力分布。根据国外耐高温橡胶动密封产品的设计理念，开发出能够产生周期性接触压力的动压波形橡胶密封，该密封对井下的冲击和高温有良好的适应性。

（3）高温、振动影响下旋转动密封创新设计

提出应以牺牲密封面磨损为代价，尽可能地减小润滑油泄漏的设计思想。以钻井工况参数为设计依据，将密封的接触压力和泄漏率设定为优化目标，采用BP神经网络和模糊加权系数法建立密封优化的数学模型，确定出密封参数在一定取值范围内的最优值。结合钻井工况下往复密封磨损评价数据库，建立多种类型的往复密封优化数学模型，结合优化结果和实验对比，形成6个压力等级下的往复动密封系列产品；结合旋转密封多目标优化模型，对旋转密封的接触压力和泄漏率进行综合分析，确定了钻井工况下单金属密封和橡胶密封的材料性能参数及结构参数（图6.12.3）。

6.12.4　本节小结

本项目研究了高压环境下液体介质中的磨粒对密封性能的影响，建立了钻井工况下往复动密封磨损的数学模型；揭示了极端工况下油气装备往复式动密封的摩擦特性和性能退化机理。将井下高温、振动对单金属密封的影响作为设计依据，针对不同的地层特征，求解出不同井段变温影响下金属动密封的泄漏率，开发了变温影响下旋转动密封泄漏率预测方法。提出应以牺牲密封面磨损为代价，尽可能地减小润滑油泄漏的设计思想，形成钻井工况润滑油体积限制下旋转动密封多目标优化设计方法。

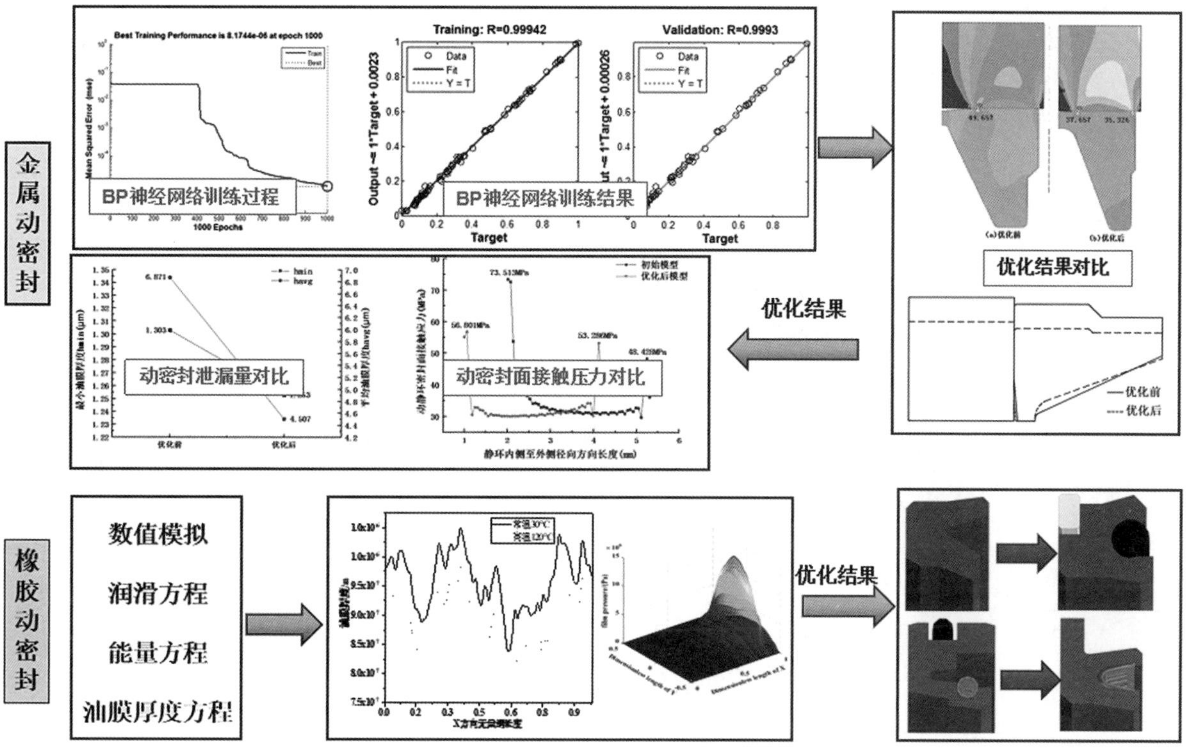

图 6.12.3　动密封产品创新设计思路和主要成果

6.13　利用氧化镁制备纳米氢氧化镁及其应用研究

6.13.1　项目背景

轻烧氧化镁学名氧化镁，化学式为 MgO，属于碱性氧化物，俗称菱苦土、活性镁砂，亦被叫作轻烧氧镁，常呈淡黄色或白色粉末，在酸和铵盐中极易溶解，难溶于水和有机溶剂乙醇，密度为 2.94g/cm^3（刘勇涛，2011）。轻烧氧化镁可由水镁石、天然菱镁矿石、斜方云石和由海水或卤水中分离提取出来的 Mg（$OH)_2$ 经高温下煅烧所得（Henrist et al.，2003）。氧化镁被认为是一种价格低廉、无毒无害、环保的吸附剂和抗菌剂（Gao et al. 2016），因其有优良的耐高温性、耐绝缘性、耐碱性、有着出色的导热性（Bai et al.，2017）和较大的热膨胀系数等优点（Xiong et al.，2015）。其在陶瓷、化工、环保、造纸、油漆、橡胶、医药等各个领域都有重要应用（张玉星等，2014）。轻烧镁粉是不可再生资源，我国虽然是菱镁资源最为富足的国家，不仅总量大，而且品类繁多。但是轻烧氧化镁是不可再生资源，到目前已经开采了数十年菱镁矿，高品位菱镁矿总量越来越少，提高产品质量得到各个国家的高度重视。中国的轻烧氧化镁的目前生产状况存在很多问题：资源利用率低，产品的产出率低并且大多处于低级的粗产品阶段，产业结构不合理，高品质产品少，这样不但对镁矿造成浪费，还影响了轻烧氧化镁资源的高效利用。所以，高效利用轻烧氧化镁，生产处高品质的镁产品尤其重要，将资源优势转化为经济优势是我们急需待解决的研究问题。

氨氮是废水中最常见的污染物之一，氨氮在水体中以非离子态 $NH_3 \cdot H_2O$ 和离子态 NH^{4+}—N 两种形式存在。随着各国经济的高速增长，城市污水与工业氨氮废水排放量越来越多，不仅对生活水源和海洋水环境造成了严重危害，而且给人们的身体健康也带来了不可估计的安全隐患，根据《2014 年环境统计年报》可知，全国排放工业废水中氨氮含量为 23.2×10^4t，占全国排放废水中氨氮总排放量的 9.7%。工业废水中的氨氮浓度往往较高于生活污水中氨氮浓度，工业上往往无法直接采用生化处理工业氨氮废水来达到氨氮排放要求，这就需要在生化处理前对高氨氮含量的废水进行预处理，降低工业废水中的氨氮浓度（邓俊强，2016）。因此能否安全无害的处理氨氮废水成了一个全球迫切需要解决的问题。当前已有研究多采用氯化镁或硫酸镁作为镁源沉淀剂处理高浓度氨氮废水，这种方法处理后废水中可溶性盐类浓度增加，给后续处理增加了难度。近年来研究发现，将轻烧氧化镁通过进一步加工处理可以获得纳米氢氧化镁，不但可以降低纳米氢氧化镁的制作成本，还可以利用纳米材料的特殊性能用于环境废水处理等多领域。

阻燃剂是指能使聚合物不容易着火和着火后使其燃烧变慢的一种助剂。按阻燃剂所含元素分类，有机阻燃剂可以分为磷系阻燃剂、卤系阻燃剂（包含氯系和溴系两种）和氮系阻燃剂；无机阻燃剂分为锑化合物、赤磷和磷酸类、硼化合物、氢氧化铝和氢氧化镁、锆化合物和铋化合物等。在众多的阻燃剂品种中，卤素阻燃剂以其阻燃效果好、不影响材料物化性能而得到广泛的应用。但是，加入卤素阻燃剂的聚合物在燃烧时发烟量大、易放出腐蚀性气体（如 HCl、HBr 等）和有害性气体，容易造成二次危害，而这种二次危害往往是造成火灾人员伤亡的主要原因之一。因此，随着科技的发展和人们环保意识的提高，当今世界的阻燃剂研究和应用正朝无卤化的方向发展。以氢氧化铝、氢氧化镁为代表的无机阻燃剂在应用时是依靠化学分解吸热以及释放出水而起到阻燃作用的，具有无毒性、抑制发烟以及分解产物（氧化铝、氧化镁）化学性质稳定等特点，因此不产生二次危害。近年来，无机阻燃剂的应用得到迅速的发展。氢氧化铝阻燃剂是无机阻燃剂中应用最广泛、用量最大的一种，而氢氧化镁阻燃剂则是应用研究发展最快的一种。

6.13.2 成果简介

本研究以轻烧氧化镁制备纳米级氢氧化镁及其处理氨氮废水和作为阻燃剂的应用基础研究为主要内容。通过机械力化学法/原位表面改性法制备高分散性纳米级氢氧化镁，对机械力化学效应机理、氧化镁水化过程机理和氢氧化镁结晶过程机理进行了理论分析，并通过实验探究了不同的原料添加量、搅拌磨搅拌速率-研磨时间、固液比、表面改性剂的种类和用量等对产物氢氧化镁的晶粒尺寸、沉降速度和分散性的影响，得出了最佳制备工艺条件。进一步将制备得到的高分散纳米氢氧化镁作为镁源沉淀剂，采用沉淀法处理含量为 200×10^{-6} 的模拟氨氮废水，通过正交试验、单因素对比实验探究了不同反应参数：n（P）/n（N）、混合时间、n（Mg）/n（N）、反应时间、搅拌速率对氨氮废水处理效果的影响，并确定了去除氨氮最优反应参数。项目研究表明改性氢氧化镁可以提高填充体系的阻燃等级。

1）通过实验分析得到采用机械力化学法/原位表面改性法制备高分散纳米氢氧化镁的最佳工艺条件为：反应浆料固液比为 1：4，超细搅拌磨的搅拌速度为 1300 r/min，反应研磨时间为 180 min，分散剂为 1%的聚乙二醇，可制备出 d_{50} 粒度为 1.04μm，d_{90} 粒度为 2.75μm，平均晶粒尺寸为 10.7nm 的高分散性纳米氢氧化镁。

2）对氢氧化镁样品经 XRD 测试分析，产物为结晶度较高的水镁石型氢氧化镁，氧化镁几乎完全水化成氢氧化镁，经计算得到产物沉降速度为 $V=0.067$mL/min，和未经改性的氢氧化镁沉降速度相比大大降低。对氢氧化镁样品进行了 SEM 测试，观察样品颗粒形貌为完整度较高的六方片状，薄片厚度为 5~10nm，分散性好，颗粒团聚现象较未经改性的氢氧化镁得到改善。

3）将上述实验制备得到的高分散纳米氢氧化镁作为处理氨氮废水实验的镁源沉淀剂原料，获得了较好的氨氮去除效果。采用正交实验分析氨氮去除效果的影响因素可得：磷酸添加量对氨氮的去除效果影响最大，氢氧化镁添加量次之，反应时间影响较小，混合时间影响微乎其微。

4）通过单因素对比实验确定了氨氮去除效果最优反应参数为：n（P）/n（N）为 0.8、混合时间为 20min，n（Mg）/n（N）为 2.0、搅拌时间为 18min、搅拌速率为 400r/min 时，制备得到水样的剩余氨氮极限浓度为 61mg/L，氨氮去除率为 69.5%。

5）未改性水镁石粉在 PP 基体中聚合成团难以分散。表面改性的水镁石粉在 PP 中可以均匀分散。用硅烷 A-174、硅烷 FR-693、铝酸酯 H-2 等单独对水镁石粉进行表面改性可以提高填充材料的阻燃性能。用硅烷 A-174、FR-693、铝酸酯 H-2 对水镁石粉进行表面改性预处理可以提高复合材料的悬臂梁缺口冲击强度、弯曲模量，但不能提高材料的断裂伸长率。其中铝酸酯 H-2 改性可以使材料的悬臂梁缺口冲击强度提高 1 倍；使用硅烷 A-174 改性可以提高 PP/水镁石复合材料的拉伸强度，而使用硅烷 FR-693 和铝酸酯 H-2 改性则使 PP/水镁石复合材料的拉伸强度有所下降。对 PVC 进行填充阻燃时，当水镁石粉/PVC＝100：100 时，复合材料的氧指数可以达到 32.5 以上，阻燃等级达到 UL94V-0 级；采取对超细水镁石进行复合表面改性以及在 PVC 与水镁石粉混炼时加入增塑剂 DOP 的措施后，复合材料的拉伸性能与纯 PVC 的相近。利用氧化镁制得的氢氧化镁取代水镁石能够进一步提高材料的阻燃等级。

6.13.3　详细内容

（1）机械研磨法制备纳米氢氧化镁

本节以分析纯轻烧氧化镁作为原料，采用机械力化学法和水化法制备得到纳米级氢氧化镁，探究了料浆固液比、原料添加量、搅拌磨搅拌速对产物粒度、产物形貌和结构的影响。对实验产品进行相关测试、结果讨论和机理分析，所得结论如下：

1）机械力化学法制备纳米氢氧化镁的最佳工艺条件：反应浆料固液比为 1：34，超细搅拌磨的搅拌速度为 1300 r/min，反应研磨时间为 180 min，可制备出 d_{50} 粒度为 1.04 μm，d_{90} 粒度为 2.27μm，平均晶粒尺寸为 6.3 nm 的六方片状纳米级氢氧化镁。

2）对最佳反应条件生成的样品进行了 XRD 测试，氧化镁几乎完全水化生成了结晶度较高的氢氧化镁，其晶型主要为水镁石型。对样品进行了 SEM 测试并观察了样品的表面形貌为较为完整的六方片状，薄片厚度大约为 5～20 nm，大量的六方形纳米氢氧化镁堆积在了一起，团聚现象较为严重。

（2）纳米氢氧化镁原位表面改性实验研究

本节以分析纯轻烧镁粉作为原料，结合前面所得结论，在原料 200g、研磨锆珠 800g、蒸馏水 800mL、搅拌速度 1300r/min、反应时长为 180min 的最佳工艺条件下，探究了分散剂用量和种类对氢氧化镁粒度、产物结构和性能的影响实验。对其进行了沉降速度、氢氧化镁粒度测试和 XRD、SEM 表征，得出以下结论如下：

1）最佳工艺条件：分散剂为 1%的聚乙二醇，此时样品粒度 d_{90} 为 2.75μm，沉降速度为 V＝0.067mL/min，I（001）/I（110）＝2.432。样品的分散性最好，并将此反应参数作为最佳反应参数，以此来进行接下来的实验的基础参数。

2）对最佳反应条件生成的样品进行了 XRD 测试分析产物为纯度高的水镁石型氢氧化镁，氧化镁水化率高，并通过谢乐公式计算晶粒尺寸为 10.7nm；对此样品进行了 SEM 测试并观察样品的表面形貌，产物纳米氢氧化镁颗粒表面形貌规则的六方片状，分散性好，薄片厚度大约为 5～10 nm，颗粒团聚现象较未经改性的氢氧化镁得到改善。

（3）高分散纳米氢氧化镁处理氨氮废水

本节采用沉淀法处理浓度为 200×10^{-6} 的模拟氨氮废水，分别考察了 n（P）/n（N）、混合时间、n（Mg）/n（N）、反应时间、搅拌速率对氨氮处理效果的影响。结论如下：

1）通过分析正交实验测试结果可知：各因素对废水中氨氮去除率影响主次顺序为 n（Mg）：n（N）>n（P）：n（N）>反应时间>混合时间。

2）当 n（P）：n（N）在 0.6~1.1 之间变化时，随着 n（P）：n（N）比值的升高，剩余氨氮浓度先降低后升高，氨氮去除率较低。但当 n（P）/n（N）>1 时，会导致处理后的水中余磷质量过高，从而引起磷的超标；考虑到氨氮与磷两者共同效果，因此选择最优条件为 n（P）：n（N）＝0.8：1，此时氨氮去除率达 42.5%。

3）通过对比不同反应时长对沉淀法去除氨氮的效果，同时考虑反应动力消耗会随反应时长的增长而增加，所以确定最优反应时长为 18min。

4）氢氧化镁的投加量对氨氮去除率的影响较大，当 n（Mg）：n（N）在 1.7~2.0 之间变化时，氨氮去除率均在 50%以上，可知影响波动不打；实验结果表明：当 n（Mg）：n（N）的比值为 2.0 时，氨氮去除效果最好，所以选择最优条件为 n（Mg）/n（N）= 2.0。

5）通过对比不同搅拌速度对沉淀法去除氨氮的效果，实验结果表明：当搅拌速率为 400r/min 时，氨氮去除效果最好，所以确定反应的最佳搅拌速率为 400 r/min。

6）通过一组正交试验与四组单因素实验可知：最优反应参数为 n（P）/n（N）为 0.8、混合时间为 20min，n（Mg）/n（N）为 2.0、搅拌时间为 18min、搅拌速率为 400r/min 时，剩余氨氮极限浓度为 61mg/L，氨氮去除率为 69.5%。

（4）超细活性水镁石的阻燃应用试验研究

本节研究了改性后的水镁石粉在 PP 和 PVC 中的填充阻燃试验，可以得出以下结论：

1）对 PP 进行阻燃时，中位径在 1μm 左右的未改性超细水镁石粉（$Mg(OH)_2$ 含量约为 90%）的用量达到 PP 质量的 1.2 倍时，PP/水镁石复合材料的 OI 可以达到 26.3，阻燃等级为 V-1 级。未改性水镁石粉在 PP 基体中以团聚体的形式存在，且与材料的界面十分明显；对水镁石进行表面改性可以提高其在 PP 中的分散性，填充后水镁石粉在 PP 中均匀分散。

2）用硅烷 A-174、硅烷 FR-693、铝酸酯 H-2 等单独对水镁石粉进行表面改性可以提高填充后复合材料的 OI 值，其中 OI 值提高幅度依次为硅烷 A-174、硅烷 FR-693、铝酸酯 H-2，其中使用经硅烷 A-174 改性可使材料的氧指数提高 4.4%；对于 PP：水镁石 = 100：120 的复合材料，表面改性可使材料的阻燃等级从 V-1 级提高到 V-0 级。

3）对 PP 进行阻燃时，未改性超细水镁石粉的用量达到 PP 质量的 1.2 倍时，PP/水镁石复合材料的力学性能有不同的变化：悬臂梁缺口冲击强度、拉伸强度、断裂伸长率、弯曲强度都有所降低，弯曲模量大幅度增大。用硅烷 A-174、FR-693、铝酸酯 H-2 对超细水镁石粉进行表面改性可以提高填充后材料的悬臂梁缺口冲击强度、弯曲模量，但对材料的断裂伸长率没有帮助。其中使用铝酸酯 H-2 改性可以使填充后材料的悬臂梁缺口冲击强度提高 1 倍；用硅烷 A-174 改性可提高填充后材料的拉伸强度，而用硅烷 FR-693 和铝酸酯 H-2 改性使填充后材料的拉伸强度下降；用三种改性剂改性后填充体系的断裂伸长率均有所下降。

4）对 PVC 进行填充阻燃时，当水镁石粉：PVC = 100：100 时，复合材料的氧指数可以达到 32.5 以上，阻燃等级达到 UL94V-0 级；对超细水镁石粉进行复合表面改性和在 PVC 与水镁石粉混炼时加入增塑剂 DOP 后，复合材料的拉伸性能与纯 PVC 的相近，可以满足应用的要求。

6.13.4 本节小结

我国镁矿品种齐全并且储量非常丰富，但是受到技术和经济条件制约，一直以来我国镁资源的有效利用远远落后于很多国外发达国家，如何更高效的利用镁资源，成为我国研究学者研究的热点。纳米氢氧化镁兼具氢氧化镁无毒、无污染、无烟、分解温度高等性能优点，又具备较高的表面活性和高比表面积，可以用于更多的行业领域，越来越受到人们的青睐。因此纳米氢氧化镁成为工业各个领域研究应用镁材料的首选高品质产品之一。但是我国对于纳米氢氧化镁的制备及其应用方面还有很多问题急需思考处理。

本项目利用机械力化学法将氧化镁转化为氢氧化镁，并通过原位改性法获得高品质的高分散纳米级氢氧化镁，并进行了两方面的应用，一个是利用氢氧化镁处理氨氮废水，另外一个是利用氢氧化镁作为阻燃剂填料。

氨氮是废水中最常见的污染物之一，会对生活水源和海洋水环境造成严重危害，而且也会给人们的身体健康带来不可估计的安全隐患。能否安全无害的处理氨氮废水成了一个全球迫切需要解决的问题。在氨氮废水处理中新兴起了磷酸镁铵沉淀法来处理废水中的氨氮，即在废水中添加入一定量含有 Mg^{2+} 和 PO_4^{3-} 离子的化学药品，与废水中的铵根离子反应生成磷酸镁铵沉淀，为鸟粪石的主要成分，可用作复合肥料，实现变废为宝的目的。本项目利用氧化镁制得的氢氧化镁处理氨氮废水能够不引入额外的可溶性盐类，不给后续处理增加难度，处理浓度为 200×10^{-6} 的氨氮废水去除率可以达到 69.5%。

同时纳米氢氧化镁以其独特的性能，同时作为环境友好型材料，被广泛应用在生活和工业的各个领域中。本项目利用氧化镁制得的氢氧化镁取代水镁石，项目制得的氢氧化镁具有杂质少、纯度高的优点，能够进一步提高材料的阻燃等级，项目研究表明改性氢氧化镁可以提高填充体系的氧指数，并且能够提高 UL94 阻燃等级，同时当改性氢氧化镁：PVC = 100：100 时，复合材料的氧指数可以达到 32.5 以上，阻燃等级达到 UL94V—0 级在 PVC 与氢氧化镁粉混炼时加入增塑剂 DOP 的措施后，复合材料的拉伸性能与纯 PVC 的相近，使用效果良好。项目产品目前在阻燃剂应用领域已经大量投入使用，展示出了良好的发展前景。

6.14　高密度运输车辆动态调度及精细化管理体系研究

6.14.1　项目背景

“国家在工业 4.0”和“中国制造 2025”战略的指引下，深入推进“两化”的高层次的深度融合，以信息化带动工业化、以工业化促进信息化，走新型工业化道路。其核心就是信息化支撑，追求可持续发展模式。目前，以互联网+为代表的新一代信息通信技术革命正从消费领域向产业领域快速扩展，通过传感器、物联网、互联网和大数据，把人、环境、设备、信息在时间和空间上互通互动，实现产品全生命周期、生产全工艺流程、企业全业务流程的自动化、信息化、智能化，从根本上提高矿山企业的安全管理水平。

矿山作为国民经济发展的重要支柱，随着露天矿产量规模的不断扩大、设备数量增多及设备的大型化、机械化、自动化程度的不断提高，采运成本占矿山生产成本的比例也越来越高。露天矿山车流调配是否合理，将直接影响着露天矿整个生产系统的生产效率和经济效益。人工调度由于不易实时掌握采、运设备的位置、状态，以及工程发展和排卸点的生产情况，在生产指挥调度中盲目性较大，卡车的空车行程，往往造成卡车赶堆，增加了电铲、卡车的非工作时间和卡车的空车行程，并难以实时监控设备运行和矿石质量。不利于设备效率的发挥，不便于生产管理，制约着露天矿经济效益的提高。

新疆天池能源有限责任公司准东煤田吉木萨尔县南露天煤矿（以下简称“南露天矿”）位于准东煤田西黑山矿区西北部，被列为西部大开发新开工建设 23 个重点项目之一，已建成绿色矿山、数字矿山、智能矿山露天煤矿生产系统，核准单体矿坑产能全国最大，煤炭产量位居新疆维吾尔自治区首位。随着南露天矿周边电厂、煤化工等用煤项目的建成投产，周边市场对南露天矿煤炭的需求量与日俱增，露天矿安全管控成为安全生产的最大难题，其严重制约了南露天矿的安全稳定生产。同时，受限于新疆地区的极端气候环境（冬季高寒、夏季高温、大风、高扬沙、粉尘）等，对设备的性能要求十分严苛，国内外目前的智能车载终端产品无法满足新疆地区的特殊环境要求。而且新疆地区的矿山基本都采用生产外包的形式，一个矿山由多个外包单位承揽矿山的采煤、剥离工程，设备小型化、型号多、密度大、单位众多，这也是和内地露天矿的显著差异，露天矿生产组织难度大，设备的安全管理也存在安全隐患，而目前国内从事该系统研究的一些厂商、研究单位的成果在系统核心调度算法、硬件设备环境适应度均无法满足新疆地区矿山的实际情况。因此，研究和开发一套露天矿的高密度运输车辆动态调度及精细化管理系统已经迫在眉睫。

在“中国制造 2025”的指引下，研发一套适应新疆地区特点的、包含车辆防撞安全预警、智能调度功能的高密度运输车辆动态调度及精细化管理系统，将给新疆地区的露天矿带来显著经济效益的同时，也能从安全角度（电子围栏预警、超速预警、防碰撞预警等）为社会的稳定做出重要贡献，推动新疆地区矿山总体智慧化的进程。

6.14.2 成果简介

（1）项目目标

本项目属于采矿工程领域，本项目目标是研发一套适应新疆地区特点、包含车辆防撞安全预警、智能调度功能的高密度运输车辆动态调度及精细化管理系统，旨在给新疆地区的露天矿带来显著经济效益、安全效益的同时，也能为社会的稳定做出重要贡献，推动新疆地区矿山总体智慧化的进程。

（2）研究内容

基于工业互联网新型网络技术、全球卫星定位技术、智能语音播报技术、大数据技术、云计算技术等人工智能技术的智能安全管控系统，主要针对露天矿运输环节卡车和辅助车辆等设备之间的碰撞事故及露天矿生产调度需求进行研究开发。设计出优化算法模型，研制适应露天矿极端气候条件的智能采集设备，实现降本增效、提高生产效率、提高行车安全的目的。

（3）项目特点

第一是能够适应新疆准东极端气候条件；第二是在大型露天煤矿的应用过程中，利用北斗+GPS 定位配合防撞预警算法模块，显著提高定位精度，降低防撞预警的误报率；第三是系统兼容性高，防撞预警与智能调度系统完美结合，在 Windows 系统中运行流畅，数据处理快，大大提升了系统的流畅性。

（4）应用推广情况及效益

该项目通过在南露天煤矿研究开发和调试完成，其研究成果在南露天煤矿成功应用，效果良好，并推广至将军戈壁二号露天煤矿，目前已经应用于 10 余家采剥工程公司车队，有效地解决了新疆天池能源南露天煤矿、将军戈壁二号露天煤矿生产作业设备安全管控不到位问题，安全事件发生率降低 50%以上，确保煤矿运输安全有效地进行；高效的调度使得设备使用率和煤炭开采效率提高 8%~15%。

6.14.3 详细内容

（1）总体思路

为解决露天矿目前所面临的生产作业设备众多，安全管控不到位，设备利用率较低等难题，亟须研发一套运输车辆动态调度及精细化管理系统，协助露天矿进行高效管理，提供安全生产的保障。该项目目的是利用全球卫星定位技术、智能语音播报技术、大数据技术、云计算技术等人工智能技术进行高密度运输车辆动态调度和精细化管理。

（2）技术方案

1）基于工业互联网的网络架构设计。

南露天矿区网流量具备多流向、高效转发的特点与要求，因此采用汇聚+接入两层扁平化的网络架构设计，并把汇聚通过 10G、40G 链路连接至统一核心交换机，各个区域内的流量通过汇聚直接进行转发，以降低带宽收敛比，提升整个矿区野外环境的高速转发效率。跨区域的流量通过核心设备转发，核心设备具备最高可靠性和转发性能，以及对各个网络进行充分隔离，针对高安全的运营网和各网络都独立分离，避免非授权的数据转发。

2）基于 MEC 边缘云技术的网络架构。

在本项目考虑将 MEC 边缘云部署在 LTE 网络中，MEC 边缘云有两种形态：

a. 作为基站的增强功能，通过软件升级或者新增版卡，与基站集成的内置方式。

b. 作为独立设备，部署在基站后或网关后的外置方式。

图 6. 14. 1 为中国联通 LTE 网络中 MEC 边缘云端到端组网架构，边缘云服务器位于基站与核心网之间，通过解析 S1 消息实现业务的分流。基站和核心网之间通常经过多个传输环：接入环、汇聚环、和核心环。根据业务类型、处理能力，网络规划等需求，可将边缘云部署于网络中的合适位置（图 6. 14. 2）。

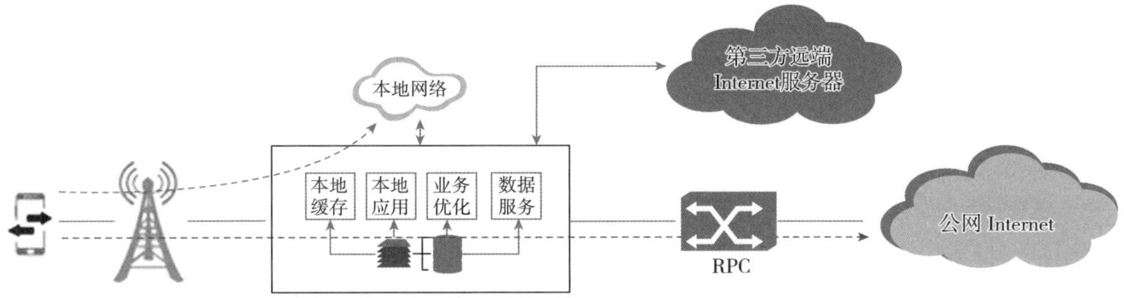

图 6. 14. 1　LTE 网络中 MEC 边缘云端到端组网架构图

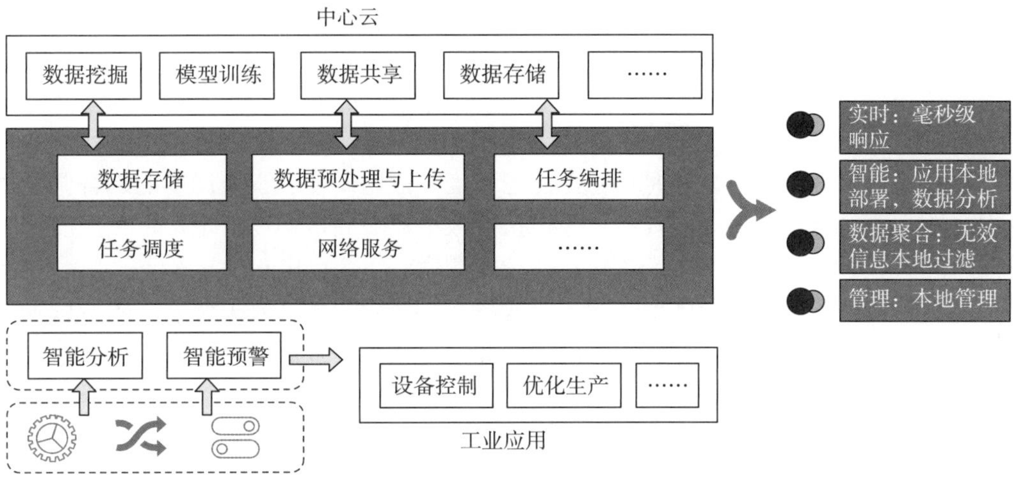

图 6. 14. 2　基于功能设计的网络架构图

3）现场实时数据采集。

从工业互联网的角度，按照上行和下行数据的维度，工业设备的数据可以分为两类：①上行的状态类数据：从设备采集的数据，包括终端 ID、司机编号、位置（*X*、*Y*、*Z*）、时间、速度、状态、装载物料等；②下行的控制类数据：设备接收到的数据，主要涉及对设备的控制类数据、配置类数据，例如预警信息、调度指令、警戒信息、远程配置信息等。

4）智能调度指挥功能设计。

目前国内已经实施的 GPS 智能调度系统，受限于调度算法、管理模式、设备精度等多种原因，基本采用人工固定调度功能，没有实现动态调度及精细化管理，因此亟须在此方面取得突破，以满足露天矿山的生产需要。

5）有效报警率优化研究。

目前国内有部分厂家已经开发出了针对露天矿山的高密度运输车辆防撞预警系统，主要是基于 GPS+RF 无线射频技术的防撞预警系统和基于毫米波雷达技术的防撞预警系统两种。但在实际使用过程中，误报率高、有效报警率低，频繁误报给司机造成了惯性思维，在真正事故发生时没有起到预警的作用，还有漏报现象，从而无法有效避免露天矿交通安全事故，因此对高密度运输车辆防撞预警的有效报警率提出了更高的要求。

6）设备的可靠性设计。

由于露天矿山的生产特殊性，常年24h作业不停产，对于运输车辆不停，司机倒班，因此对于防碰撞预警设备提出365d24h连续运转的要求，设备的可靠性设计要求非常严苛。对于露天矿山，震动、粉尘、高低温等应用环境十分恶劣，经多年的现场实际应用证明，目前的设备安全等级不够，造成冬季低温设备无法启动、夏季高温设备死机、高频震动、粉尘、潮湿进水等造成设备元器件损毁等现象比较突出，因此采用军工级标准设计才能保证设备的可靠运行。

（3）项目试验方案设计

1）系统软件平台试验设计。

a. 大数据流数据处理试验：该系统为实时性在线工业控制系统，每秒近1000条数据的并发处理，对系统的实时解算、数据分析处理必须保证稳定、可靠。因此在通讯模块研发成功后，需要虚拟500、1000、2000、3000个测试点的多种数据规模下进行大数据流冲击访问，测试通讯模块在实时性大数据流的冲击下的可靠性和处理效率，以保障系统的稳定性。

b. 优化算法模型模拟试验：抓取南露天矿现有一个月的实际生产数据，进行模拟调度，分析现有调度的效率，并对优化调度算法进行验证。

验证优化调度条件，分3种情况进行模拟验证：①以装点优先等级进行调度，满足装点的最优装车效率；②以卸点优先等级进行调度，满足卸点的最优卸车效率；③以装、卸点综合考虑，满足矿山总体综合效率。

c. 组合调度算法模拟试验

在系统进行小规模现场工业试验时，验证人工调度、固定调度、智能调度的综合调度效果。现场试验情况：①人工调度：测试调度效果，分析执行效率；②固定调度：定铲定车调度，结合生产过程中的随时调整，测试该模式下生产效率；③智能调度：以2台电铲为试验点，结合几种调度模型进行智能调度测试，分析每种调度模式的生产效率；④组合调度：人工调度、固定调度、智能调度几种调度模型相互组合，分析每种模式下的生产效率，找出符合矿山实际生产模式的调度方式。

d. 防撞预警算法模型模拟试验

针对设计的几种预警机制进行实验室模拟测试，验证每种模式下的运算效率、预警效果，并以此对算法模型进行优化升级。

2）智能车载终端可靠性验证试验设计。

a. 低温试验。

按GJB150. 4A—2009《军用装备实验室环境试验方法》中“第4部分：低温试验”的有关规定进行。具体条件如下：

低温贮存试验：试验温度：−45℃，试验时间：24h。

低温工作试验：试验温度：−40℃，试验时间：2h。

b. 高温试验。

按GJB150. 5A—2009《军用装备实验室环境试验方法》中“第5部分：高温试验”的有关规定进行。具体条件如下：

高温贮存试验：试验温度：90℃，试验时间：24h；

高温工作试验：试验温度：80℃，试验时间：2h。

c. 湿热试验。

按GJB150. 9A—2009《军用装备实验室环境试验方法》中“第9部分：湿热试验”的有关规定。

试验周期：10d。

d. 霉菌试验。

按GJB150. 10A—2009《军用装备实验室环境试验方法》中“第10部分：霉菌试验”的有关

规定，试验条件如下：

试验时间：28d。

试验菌种：黄曲霉、杂色曲霉、绳状青霉、球毛壳霉、黑曲霉霉菌试验后，受试产品的表面长霉等级应不大于 2 级。

e. 盐雾试验。

按 GJB150. 11A—2009《军用装备实验室环境试验方法》中“第 11 部分：盐雾试验”的有关规定。

使用交替进行的 24h 喷盐雾和 24h 干燥两种状态共 192h（4 个喷雾湿润阶段和 4 个干燥阶段）的盐雾试验。

f. 运输震动试验。

按 GJB150. 16A—2009《军用装备实验室环境试验方法》中“第 16 部分：振动试验”的有关规定执行运输振动试验。

在正常大气条件下，将地面维护监控设备（MMP）和包装箱进行外观、功能及性能测试项目检查，满足要求后安装在振动设备上。按照协议所规定的试验值和持续时间进行试验，试验期间不通电，测试结束后平板电脑的外观、结构测试项目进行检测应满足要求。试验后产品工作正常，且紧固件无松动。

g. 冲击试验。

试验条件：30g/11ms 半正弦波、3 轴 6 向、3 次/轴向，共 18 次。

试验方法：在正常大气条件下，将平板电脑进行外观、结构测试项目检查，满足要求后固定在冲击测试设备上。按规定的试验量值和持续时间进行冲击试验，基本设计冲击试验期间通电，试验过程中监测产品状态；试验结束后，对平板电脑的外观、结构测试项目进行检测并应满足要求，且紧固件应无松动。

h. 淋雨试验。

按 GJB150. 8A—2009《军用装备实验室环境试验方法》中“第 8 部分：淋雨试验”的有关规定。

试验样品为：用设备安全防护箱包装的地面维护启动监控设备。

淋雨强度如表 6. 14. 1 所示。

表 6. 14. 1　降水强度 0. 8mm/min 时的雨滴密度

试验程序	降雨强度	雨滴直径	试验时间
Ⅰ：降雨和吹雨试验	1. 7mm/min	（0. 5~4. 5）mm	每个可能淋雨面 30min

试验方法如下：

初始检验，试验样品放置于正常试验大气条件下，达到温度稳定后，检测设备外观及电气性能；试验中，将试验样品紧固在淋雨试验箱内，每面承受 30min 均匀的淋雨，恢复到标准大气条件；试验后检测，检测设备外观及电气性能。

6. 14. 4　本节小结

本项目从研究新疆大型露天煤矿矿用运输车辆安全管控为出发点，在现有特定生产方式基础上，应用了多种算法结合的技术，诸如遗传算法与蚁群算法相结合以及信号处理、神经网络、数据挖掘、云计算、并行计算等先进技术，设计一种卡车调度系统和防碰撞系统的两个功能融合管控的高密度运输车辆动态调度及精细化管理系统，从而为露天采矿生产提供自动、优化的管理方式。

本系统的智能车载终端设备采用军品技术研发，适应恶劣的工作环境，性能稳定。系统软件实现在出动设备数量相同的条件下提高生产效率，从而提高产量，给矿山带来显著的经济效益，安全预警模块对安全生产起到至关重要的作用。另外，该系统还具有设备维修（保养）、跟踪、配矿、监控设备状态信息、卸料点跟踪、处理大量的报表等功能。高密度运输车辆动态调度及精细化管理系统的软件与硬件兼容性良好，实现了防碰撞、智能调度软件于硬件的完美兼容，通过大量的试验测试，实现了在恶劣环境下高效、稳定运行，为保障安全生产、提高矿山的生产率以和经济效益发挥了巨大的作用。

参考文献

北京普华有策信息咨询有限公司 . 2018. 再生有色金属资源回收利用行业供需分析及市场前景预测研究报告 [R].
陈家庆，张宝生 . 2004. 流体动压径向橡胶密封圈的密封特性研究 [J]. 润滑与密封，(4)：1-4
邓久帅，王亮，姚俊，等 . 2020. 绿色矿山技术发展与应用 [M]. 北京：地质出版社.
邓俊强. 2016. 氨氮应急技术研究进展 [J]. 广东化工，43 (325)：110-111.
段其福 . 2010. 中国自磨技术 50 年回顾与展望 [J]. 现代业，12 (12)：1-39.
段其福，呼晓明 . 2009. 世界特大型磁铁矿山-中信泰富 SINO 铁矿 [J]. 现代矿业，(9)：1-7.
段其福，毛卫东 . 1997. 湿式自磨技术探索与评述 [J]. 中国矿业，(30)：128-133.
范立民 . 2005. 论保水采煤问题 [J]. 煤田地质与勘探，33 (5)：50-53.
范立民 . 2017. 保水采煤的科学内涵 [J]. 煤炭学报，42 (1)：27-35.
范立民，马雄德 . 2019. 保水采煤的理论与实践 [M]. 北京：科学出版社.
范立民，马雄德，蒋泽泉，等 . 2019. 保水采煤研究 30 年回顾与展望 [J]. 煤炭科学技术，47 (7)：1-30.
范立民，向茂西，彭捷，等 . 2016. 西部生态脆弱矿区地下水对高强度采煤的响应 [J]. 煤炭学报，41 (11)：2672-2678.
蒋旭光，常威 . 2015. 生活垃圾焚烧飞灰的处置及应用概况 [J]. 浙江工业大学学报，43 (1)：7-17.
鞠建华，强海洋 . 2017. 中国矿业绿色发展的趋势和方向 [J]. 中国矿业，26 (02)：7-12.
刘勇涛 . 2011. 除尘技术在轻烧氧化镁生产中的应用 [J]. 环境保护与循环经济，31 (12)：53-54.
马雄德，范立民，严戈，等 . 2017. 植被对矿区地下水位变化响应研究 [J]. 煤炭学报，42 (1)：44-49.
莫丽，贾杜平，何军，等 . 2019. 考虑橡胶弹性变形及织构直径对压裂泵柱塞密封摩擦学性能研究 [J]，机械设计与研究，35 (02)：91-95.
彭苏萍，邓久帅，王亮，等 . 2020. 绿色矿山评价指标条文释义 [M]. 北京：科学出版社.
彭苏萍，张博，王佟，等 . 2014. 煤炭资源与水资源 [M]. 北京：科学出版社.
钱鸣高，缪协兴，许家林 . 2007. 资源与环境协调（绿色）开采 [J]. 煤炭学报，32 (1)：1-7.
钱鸣高，许家林，缪协兴 . 2003. 煤矿绿色开采技术 [J]. 中国矿业大学学报，32 (4)：343-348.
秦国玉 . 2010. 金川集团公司发展矿业循环经济的实践与探索 [J]. 有色冶金节能，26 (01)：13-16.
邵震杰，任文忠，陈家良，等 . 1993. 煤田地质学 [M]. 北京：煤炭工业出版社.
盛放，段其福，曹国旗，等 . 2006. 选矿厂自磨-选别节约型新工艺与新设备研究 [J]. 矿业快报，(6)：227-279.
王双明，范立民，杨宏科 . 2003. 陕北煤炭资源可持续发展之开发思路 [J]. 中国煤田地质，15 (5)：6-8.
王苏健，邓世龙，邓增社，等 . 2015. 澄合矿区承压水体上安全采煤关键技术与应用 [M]. 北京：煤炭工业出版社.
吴季松 . 2005. 循环经济理念的最新规范与应用 [J]. 环境经济，(08)：13-15+7.
夏菊芳 . 2004. 半自磨工艺在我国矿山的应用现状 [J]. 中国矿山工程，(5)：37-39.
杨峰 . 2006. 半自磨技术在炉渣选矿中的应用研究 [J]. 铜业工程，(1)：19-26.
杨世亮，杨保东，李隆德，等 . 2013. SABC 工艺在国内生产实践中的探索 [J]. 黄金，(3)：53-57.
杨松荣 . 2013. 半自磨（自磨）工艺的选择及应用 [J]. 有色金属（选矿部分），增：41-49.
袁利民，伊浚源 . 2014. 一种垃圾焚烧飞灰无害化处理及利用方法 [P]. 201410028554. 2.
岳阳 . 2019. 典型重金属类危险废物高温协同处置工艺优化及其污染控制 [D]. 上海大学.
曾野 . 2013. 云南大红山铁矿 400 万 t/a 选矿厂半自磨系统设计 [J]. 工程建设，(3)：41-46.
张德明，贾晓晴，乔繁盛，等 . 2010. 绿色矿山评价指标体系的初步探讨 [J]. 再生资源与循环经济，3 (12)：11-13.

张晓东，张毅，李一岗，等 . 2013. 单金属密封总装设计和润滑理论分析［J］. 机械设计与研究，29（6）：132-137.

张玉星，陈建铭，宋云华 . 2014. 氧化镁两步法制备阻燃型氢氧化镁［J］. 无机化学学报，30：860-866.

中国环境科学研究院，中国建筑材料科学研究总院，金隅红树林环保技术有限责任公司，等 . 2013. 水泥窑协同处置固体废物环境保护技术规范（HJ662-2013）［S］.

中华人民共和国国土资源部编 . 2017. 中国矿产资源报告 2017 版［M］. 北京：地质出版社.

自磨联合试验组 . 1976. φ5. 5 米×1. 8 米湿式自磨机工业试验［J］. 有色金属选冶部分，(4)：48-50.

Bai Zongquan, Zheng Yajun, Zhang Zhiping. 2017. One-pot synthesis of highly efficient MgO for the removal of Congo red in aqueous solution. Journal of Materials Chemistry A, 5 (14): 6630-6637.

Dubiansky J, Uirich P. 2001. Logistics of designing, transporting and installing a large antogenous mill in a Siberian diamond mine [C]. SAG 2001. Vancouver, Canada: Department of Mining Engineering University of British Columbia, 217-226.

Gao Panpan, Tian Xike, Yang Chao, et al. 2016. Fabrication, performance and mechanism of MgO meso-/macroporous nanostructures for simultaneous removal of As (III) and F in a groundwater system [J]. Environmental Science: Nano, 3 (6): 1416-1424.

Han Guilin, Tang Yang, Wu Qixin, et al. 2019. Assessing contamination sources by using sulfur and oxygen isotopes of sulfate ions in Xijiang River basin, southwest China [J]. Journal of Environmental Quality, 48 (5): 1507-1516.

Henrist C, Mathieu J P, Vogels C, et al. 2003. Morphological study of magnesium hydroxide nanoparticles precipitated in dilute aqueous solution [J]. Journal of Crystal Growth, 249: 321-330.

Liu Jinke, Han Guilin. 2020. Distributions and Source Identification of the Major Ions in Zhujiang River, Southwest China: Examining the Relationships Between Human Perturbations, Chemical Weathering, Water Quality and Health Risk [J]. Exposure and Health, 12: 849-862.

Robert J M. 1990. Myine, Boliden mines ore makes Know-How [J]. E/MJ.

Shinkarenko A, Kligerman Y, Etsion I. 2009. The effect of surface texturing in soft elasto-hydrodynamic lubrication [J]. Tribology International, 42 (2): 284-292.

Xiong Chunmei, Wang Wei, Tan Fatang, et al. 2015. Investigation on the efficiency and mechanism of Cd (II) and Pb (II) removal from aqueous solutions using MgO nanoparticles [J]. Journal of hazardous materials, 299: 664-674.

Xu Yufu, Peng Yubin, Dearn Karl D, et al. 2017. Fabrication and tribological characterization of laser textured boron cast iron surfaces [J]. Surface & Coatings Technology, 313: 391-401.

Zeng Jie, Han Guilin, Wu Qixin, et al. 2019. Heavy metals in suspended particulate matter of Zhujiang River, southwest China: Contents, sources and Health Risks [J]. International Journal of Environmental Research and Public Health, 16 (10): 1843.

Zhang Yi, Zhang Xiaodong, Chang Xueping, et al. 2017. Wear morphology analysis and structural optimization of cone bit bearing seals [J]. Industrial Lubrication & Tribology, 70 (1): 59-67.

第 7 章　生态修复篇

7.1　CO_2 驱替开采生态环境影响监测与评估技术研究

7.1.1　项目背景

利用 CO_2 驱替开采石油或煤层气不仅能够增加油气的回收率，还能封存 CO_2，CO_2 驱替开采技术在近 10 年得到了广泛重视和使用，从先导性实验逐步走向工业化应用阶段。然而，CO_2 驱替开采项目中对生态环境影响的监测与评估一直是个难点和弱点。随着大量 CO_2 驱替开采项目进入规模化稳定运营阶段，生态环境的持续监测和研究对于增强公众信心、加强环境保护愈加重要。生态环境影响监测仍然是 CO_2 驱替开采亟待突破的技术壁垒之一。为进一步加强 CO_2 驱替开采项目环境影响的监测与评估工作，2016 年，环境保护部发布《二氧化碳捕集、利用与封存环境风险评估技术指南（试行）》。根据 CO_2 驱替开采项目环境影响监测与评估的需要，本成果重点解决了以下三个关键问题。

1）驱替 CO_2 流动和地层稳定性问题。CO_2 注入后在地层中的流动既决定着 CO_2 可注性和封存潜力，还决定着 CO_2 驱替石油、CH_4、水的效果，也影响着地层稳定性。但当前，科学界和工业界对多储层 CO_2 注入流固耦合响应过程认识还不充分。

2）驱替开采区 CO_2 泄漏应急监测问题。尽管尚未有 CO_2 驱替开采项目 CO_2 泄漏的报道，但欧美国家有关 CO_2 驱替开采的环境诉讼已引起广泛的关注。因此，建设应急监测体系对于保障公众安全和环境安全十分重要。如何针对 CO_2 及其在真实封存场地地表扩散条件来建设监测体系是加强 CO_2 驱替开采项目环境影响监测与评估的关键。

3）CO_2 泄漏的生态环境影响及其监测问题。目前，国内外已经有一些模拟实验开展了 CO_2 胁迫下土壤、植物、水、生物影响的研究。但相关研究大多处在模拟场景下，与真实 CO_2 封存工程结合较少，还缺少对区域植被生态生产力、土壤微生物及其恢复、浅层地下水性质的关注和研究。

针对这些问题，在“十二五”国家科技支撑计划“大规模燃煤电厂烟气 CO_2 捕集、驱油、封存技术开发及应用示范（2012BAC24B05）”外协子课题“CO_2 驱油示范区本底值环境监测-植被生态监测研究”、国家重点研发计划“碳捕集、封存、利用的示范及新一代技术研发（2016YFE0102500）”子课题“致密油藏 CO_2-EOR 机理及安全监测研究”、国家能源应用技术研究及工程示范项目（NY20111102-1）子课题“深部盐水层封存 CO_2 监测技术研究及安全性评价“CO_2 注入对上部煤层开采安全性评估研究”、国家自然科学基金项目“高阶煤储层结构三维模型构建及其 CO_2 注入的地球化学响应”4 个项目支撑下，中国矿业大学联合中石化江汉石油工程设计有限公司、延长油田股份有限公司靖边采油厂完成了 CO_2 驱替开采及生态环境影响监测与评估关键技术的研究工作。

7.1.2　成果简介

（1）技术框架

本项目针对封存 CO_2 流动和地层稳定性、CO_2 封存区泄漏应急监测、CO_2 泄漏的生态环境影响及其监测三大问题，按照关键科技问题识别→关键技术研发→科学规律发现→技术示范应用的总体流程展开研究，总体科学技术框架如图 7.1.1 所示。

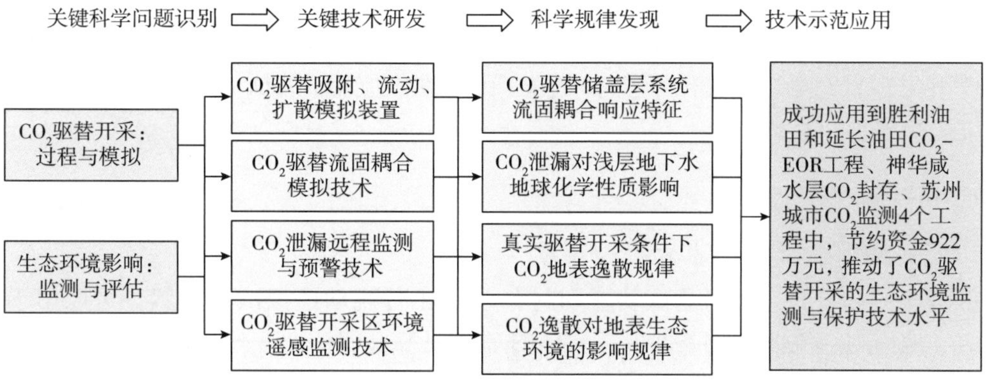

图 7.1.1　本项目的科学技术框架

（2）成果水平

研究期间，在 *International Journal of Greenhouse Gas Control*、土壤学报、测绘学报等国内外主流杂志上发表学术论文 33 篇，授权国家发明专利 7 项，实用新型专利 2 项，实质审查发明专利 2 项，获批软件著作权 3 项，参编生态环境部《二氧化碳捕集、利用与封存环境风险评估技术指南（试行）》。2020 年 11 月 4 日，中关村绿色矿山产业联盟组织中国工程院院士彭苏萍、国家杰青姚俊教授等专家对该成果进行鉴定。认为该成果为国内首创，其中 CO_2 驱替流固耦合模拟、CO_2 驱替开采区生产力和长势达到国际先进水平。该成果获批“2020 年中国绿色矿山科学技术奖一等奖”。

（3）推广应用

本成果的关键技术已经成功应用到国家能源投资集团有限责任公司（神华）煤制油分公司深部咸水层二氧化碳地质封存、燃煤电厂烟气 CCUS 全流程示范工程和中石化重大先导试验低渗透油藏二氧化碳驱提高采收率、延长石油集团碳捕集和驱油封存一体化示范、苏州市城市组织碳排放监测 4 个大型工程中，保障了这些工程的顺利、安全、环保运行，完善了这些工程的环境风险监管体系，提升了这些工程的示范效果。

1）国家能源投资集团有限责任公司（神华）煤制油分公司深部咸水层二氧化碳地质封存示范工程，该工程是中国首个，也是世界上规模最大的全流程煤基二氧化碳捕集和深部咸水层地质封存示范项目，位于内蒙古鄂尔多斯市，该工程采用了本项目中的封存 CO_2 驱替过程与泄漏风险评估技术、泄漏 CO_2 大气扩散的模拟和监测技术，完成 CO_2 泄漏对浅层地下水影响实验和持续 4 年的 CO_2 监测与预警工作。

2）国内外首个燃煤电厂烟气 CCUS 全流程示范工程和中石化重大先导试验低渗透油藏二氧化碳驱提高采收率工程，位于山东省东营市，该工程采用了 CO_2 封存区生态环境影响监测与评估技术，完成了高 89-1 区块的持续 4 年生态监测工作。

3）延长石油集团碳捕集和驱油封存一体化示范工程，该工程是中-澳碳捕集、利用与封存（CCUS）一体化国际合作示范项目，位于陕西省靖边县。该工程采用了 CO_2 封存区生态环境影响监测与评估技术，对地表形变和土壤生态环境分别进行了 24 次和 12 次监测。

4）苏州市城市组织碳排放监测工程，该工程由国家 863 计划课题“碳核查遥感技术体系研究”组织实施，采用了泄漏 CO_2 大气扩散的模拟和监测技术，在苏州市城区布设监测装置 50 套，2014—2017 年持续监测了城市居民校区、工业园区等组织的 CO_2 排放。

通过新技术的研发和应用，协助上述企业和重大示范工程完善了现有的 CO_2 驱替开采生态环境监测体系，积累和提供了科学数据，产生了较好的社会和环境效益，保障了 CO_2 驱替开采项目的安全持续运转，有效促进温室气体减排技术的推广，提高了企业技术水平和示范效应。

（4）应用潜力

本项目的学科交叉性明显，综合应用了地质环境、计算机模拟、遥感科学与技术、环境科学与技术的理论和方法，完善了现有的 CO_2 驱替开采生态环境监测体系，为保障积累提供了科学数据，为 CO_2 驱替开采项目安全运营提供了技术支撑，可以推广应用到 CO_2 封存、CO_2 驱替石油和煤层气项目环境影响评价和监测。

7.1.3 详细内容

（1）CO_2 驱替吸附、流动、扩散模拟装置

本项目研发了 CO_2 封存吸附测试装置和封存 CO_2 驱替流动模拟试验装置，可以用于开展地层温度、压力、地应力、流体介质条件下，岩样的 CO_2 驱替（CH_4、油、水等）试验，并进行基于稳态法和脉冲衰减法（非稳态法）的岩石气测渗透率测试实验、渗透率应力敏感性实验、应力-温度-流体多场耦合渗透实验、吸附解吸动态测试等模拟实验（张琨等，2016；刘世奇等，2019；Fang et al.，2019；Liu et al.，2020）。研发的模拟 CO_2 在土壤中均匀扩散的试验装置，将均匀稳定地扩散于土体中，从而模拟 CO_2 泄漏对农作物、土壤、地下水和生态等的影响，其工艺简单，成本低廉，气体均一化程度高，实用性强。

其中，CO_2 封存吸附测试装置设计压力 50MPa，设计温度 100oC，工作压力 40MPa，工作温度 90oC，压力测量精度 0.1%，温度测量精度±0.1oC。封存 CO_2 驱替流动模拟试验装置，设计压力 50MPa，工作压力 40MPa，设计温度 180oC，工作温度 150oC，驱替介质包括 He、CH_4、CO_2、水、油 5 种。模拟 CO_2 在土壤中均匀扩散装置实现 CO_2 沿同心圆向外均匀衰减，直径 5cm 衰减率仅 14.15%，土壤采样量小，试验可重复性好。

CO_2 驱替流动过程实验模拟装置（图 7.1.2）已经在沁水盆地南部 CO_2-ECBM 示范工程中成功应用。配套的“脉冲衰减法渗透率计算软件（简称：PCS-PDM）”（2018SR435190）是国内首个专业开展非稳态法渗透率测试分析的软件，突破了非稳态法渗透率测试分析的技术壁垒。本成果自主研发的大型 CO_2 泄漏模拟试验装置和方法，被加拿大滑铁卢大学 Pankaj Kumar Gupta 教授和韩国延世大学 Zahra Derakhshan-Nejad 等学者作为典型案例，充分肯定了在此模拟平台上的研究成果。

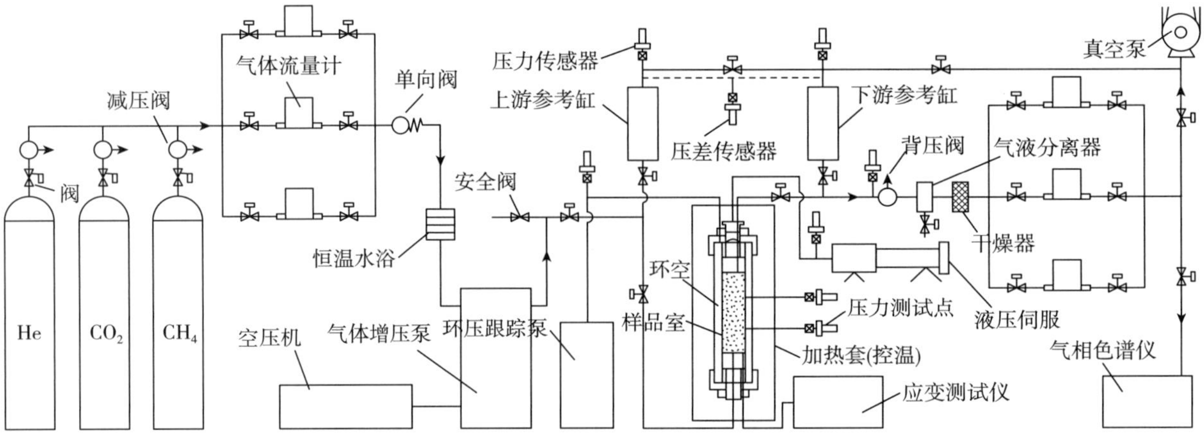

图 7.1.2 封存 CO_2 驱替流动过程实验模拟装置原理图

（2）CO_2 驱替流固耦合模拟技术

将 CO_2 注入到咸水层封存，在实现了 CO_2 深部岩层封存的同时，CO_2 的注入将引起地层应力变化，因而需要对 CO_2 注入引起的地层应力变化及其安全性作评价。由于 FLAC3D 只能模拟平面或三维问题，无法模拟轴对称模型，增加了模拟计算量。本项目将 Tough2 与 FLAC2D 软件进行了

搭接，有效地解决 CO_2 注入时轴对称问题的流固耦合模拟难题，模拟结果可靠，可视化效果较好，模拟结果如图 7.1.3 所示，具有模拟计算量较小的特点。模拟装置可以满足多种高温、高压、高地应力等复杂地质条件下，多种因素、驱替对象和测试目标下的模拟需求，提高了模拟环境的真实性。快捷经济，可信度较好，大大降低了工程探索和工程实施的风险（Zhu et al.，2015）。

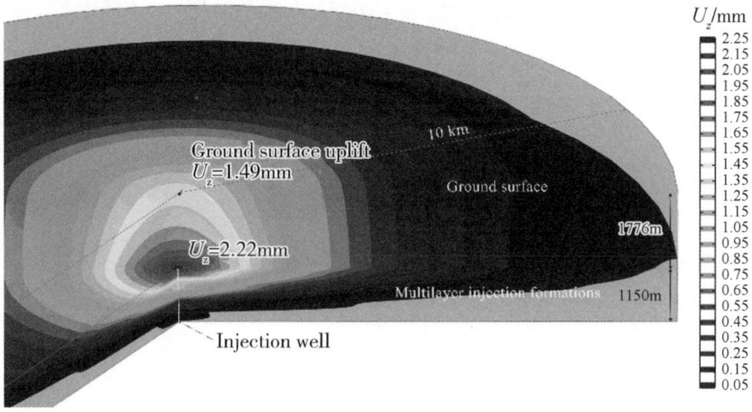

图 7.1.3　基于 Tough2-FLAC2D 方法的神华 CCS 示范项目场地变形模拟结果

本项目开发的 Tough2-FLAC2D 实现了轴对称问题的模拟，使得单井条件下三维模拟可以采用轴对称求解，更简便，已在神华咸水层 CO_2 封存项目中成功应用。科技成果在《*International Journal of Greenhouse Gas Control*》（2015）上发表，已被 Applied Energy 等杂志引用 22 次。模拟发现多储层的层间渗透的差异使各层 CO_2 分布存在明显的差异。CO_2 注入增加的孔压在注入区快速向侧向传递，但是缓慢地向低渗透盖层迁移。储层的垂向膨胀使盖层产生变形。储层最大抬升位移发生在最上一层盖层底部，并且向地表不断衰减。在低渗透夹层处，压缩变形产生向下位移，如图 7.1.4 所示。

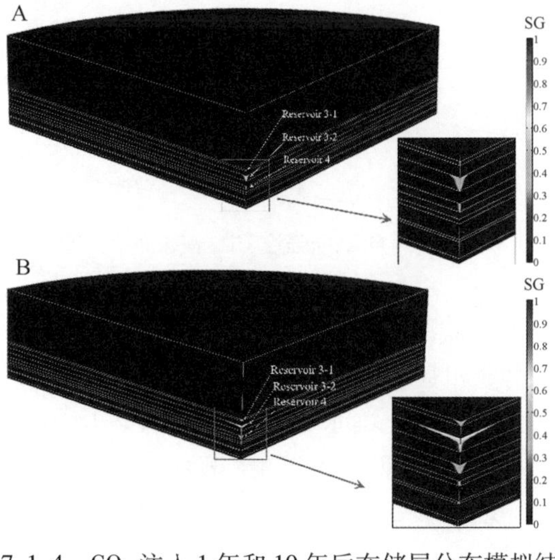

图 7.1.4　CO_2 注入 1 年和 10 年后在储层分布模拟结果

（3）CO_2 泄漏远程监测与预警技术

本项目研发的 CO_2 泄漏预警的无线远程监测装备与计算机系统，包括基于时态 GIS 的封存 CO_2 泄漏扩散模拟系统和二氧化碳无线监测系统，如图 7.1.5 所示。利用 CO_2 无线监测技术能够提高监测效率，实现监测数据获取途径无人化和数据传输远程化，以保证监测人员的人身安全。开发了的 CO_2 无线监测与预警系统可以实现数据接收系统和存储，并处理产生的海量检测数据，有效进行 CO_2 时空异常检测，为 CCUS 项目 CO_2 泄漏应急监测提供支撑（张燕等，2014）。

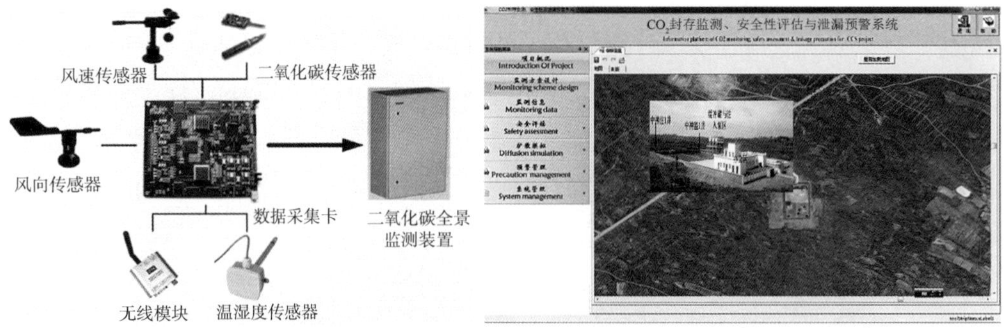

图 7.1.5　面向 CO_2 泄漏预警的无线远程监测装备与计算机系统

模拟实验和现场观测表明，在泄漏源与地表 CO_2 的影响区之间存在一定距离的 CO_2 泄漏影响空白区，监测点应设在潜在泄漏源下风向空白区之后。最大泄漏速度决定了监测点与潜在泄漏源的距离，随拟监测泄漏量增加，监测距离相应增加。泄漏速度和风速是影响 CO_2 泄漏后运移分布的两个最关键因素。影响范围面积随泄漏速度增加呈近似线性关系增加。喷射高度增加将增加稀释时间，使得泄漏危害范围减小（朱前林等，2018）。神华封存场地盛行风向不同强度 CO_2 泄漏的大气扩散状况模拟结果如图 7.1.6 所示。

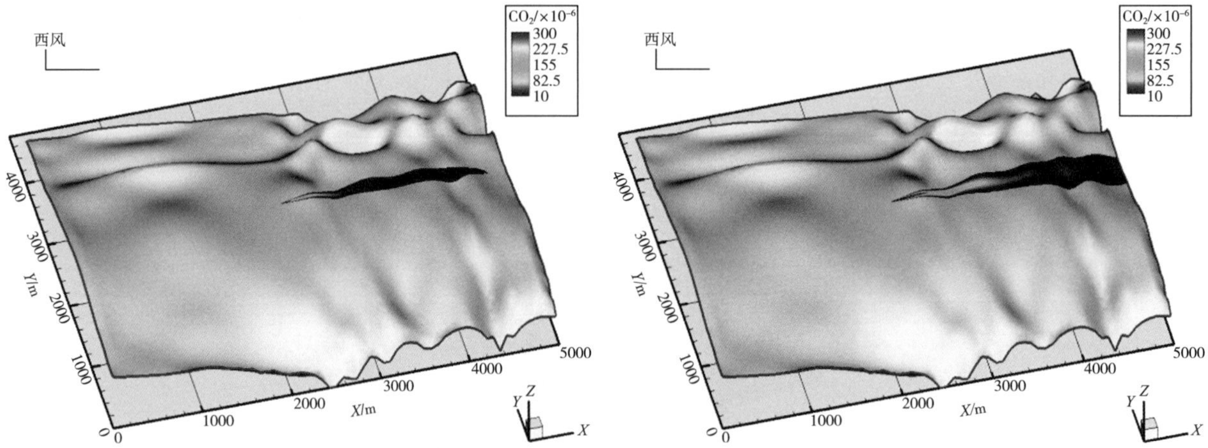

图 7.1.6　盛行风向不同强度 CO_2 泄漏的大气扩散状况

（4）CO_2 驱替开采区环境影响监测技术

本项目研发的改进 CASA 模型和基于半变异函数的植被净初级生产力和长势监测方法、基于临时相干目标的 CO_2-EOR 区地表形变和土壤水分监测方法（郭山川等，2019；Guo et al.，2019）。可以快速地提供 CO_2 封存区植被生态、地表形变和土壤水分的空间评估和异常诊断，覆盖范围广，提取植被净初级生产力、长势、地表形变、土壤水分 4 个关键参数，监测精度优于 80%，监测结果可以用于 CO_2 封存环境风险评估和应急处置。

完善了现有的 CO_2 驱替开采生态环境监测体系，将土壤微生物、植被生产力、作物长势、地下水环境纳入监测对象（郝绍金等，2014），识别了净初级生产力、NDVI 空间异质性、pH、Fe 离子是 CO_2 驱替开采生态环境影响监测的关键指标，获取了连续监测数据，这些科学数据可以为 CO_2 驱替开采生态环境影响监测、评估和缓解提供依据。

1）CO_2 驱替开采区生态监测。

CO_2-EOR 区储油罐 CO_2 排放并未改变区域集群和区域异质性所指示的农作物长势和初级生产力空间格局（图 7.1.7）。农作物生长的背景变化主要由土壤有机质，土壤水分和有效氮解释，而

CO_2 浓度不是统计学上重要的解释因素。逃逸的 CO_2 排放不稳定且快速扩散（图 7.1.8），逸散影响区 CO_2 持续浓度难以超过二倍大气 CO_2 浓度，未对农作物长势和生产力造成明显的负面或正面影响（张媛媛等，2014；Xu et al.，2016；Yang et al.，2017；郭山川等，2019）。

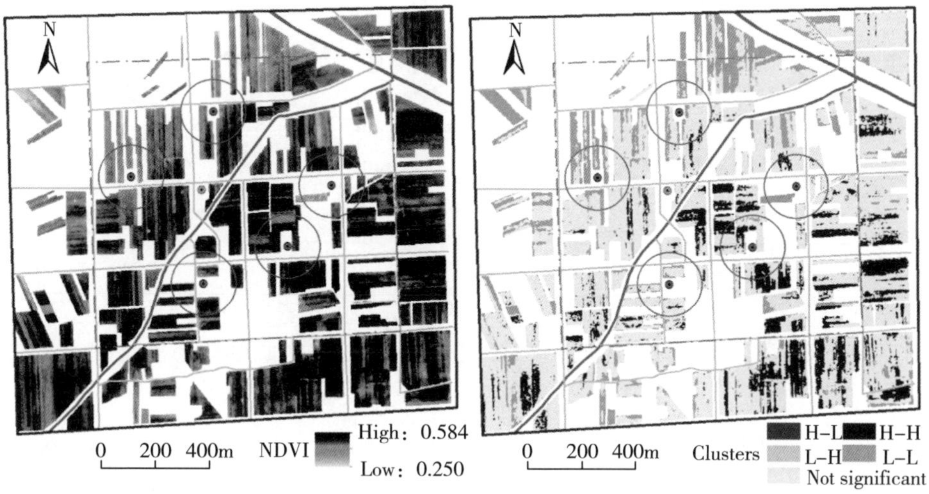

图 7.1.7　面向 CO_2 封存的区域生态环境关键参数（农作物长势）监测技术

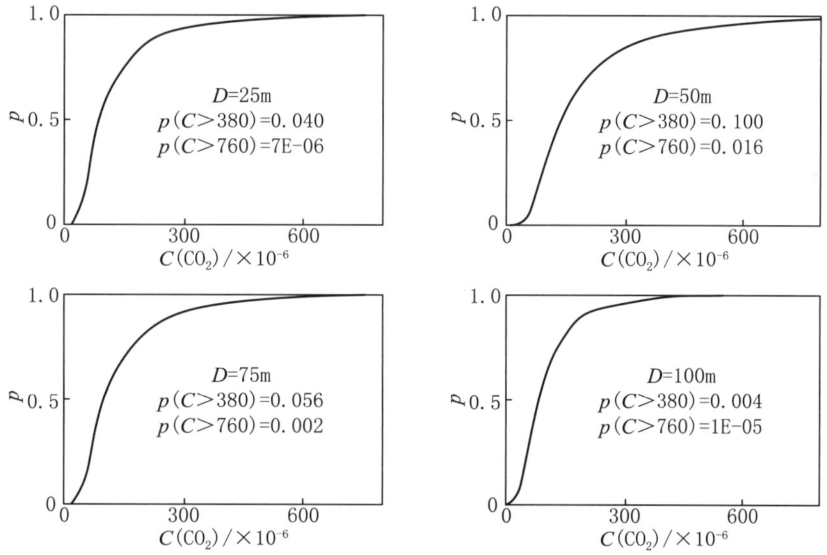

图 7.1.8　沿顺风方向在不同地点排放的 CO_2 浓度的概率

2）CO_2 封存对地下水的影响监测。

封存后 CO_2 的溶解和反应减少含水层的 pH 和增加了 TDS，Ca，Mg，HCO_3 和 F。F 与 HCO_3 的浓度和 F 与 Ca 的浓度之间呈线性近似关系，斜率分布为 0.0036 和 0.013。此外，TDS 和 Ca 和 Mg 的总摩尔浓度与 HCO_3 含量的增加呈线性关系（Zhu et al.，2015），如图 7.1.9 所示。

3）CO_2 泄漏对土壤微生物环境的影响。

模拟实验表明，CO_2 泄漏造成了土壤有机质持续增加，电导率、pH 和硝酸盐则持续下降，微生物群落 Chao1 和 Shannon 指数随着泄漏量持续加大分别增加了 18.40%±2.40%和 6.20%±1.20%。酸杆菌门、放线菌门、拟杆菌门、绿弯菌门、厚壁菌门、变形菌门等 6 个主要类群在不同 CO_2 泄漏胁迫下表现各异，其中拟杆菌目占比从 38.2%急剧下降至 7.90%，其他类群占比则有所上升，如图 7.1.10 所示。基于 OTU 分类的微生物群落 β 多样性与 CO_2 泄漏梯度存在显著相关，但是受土

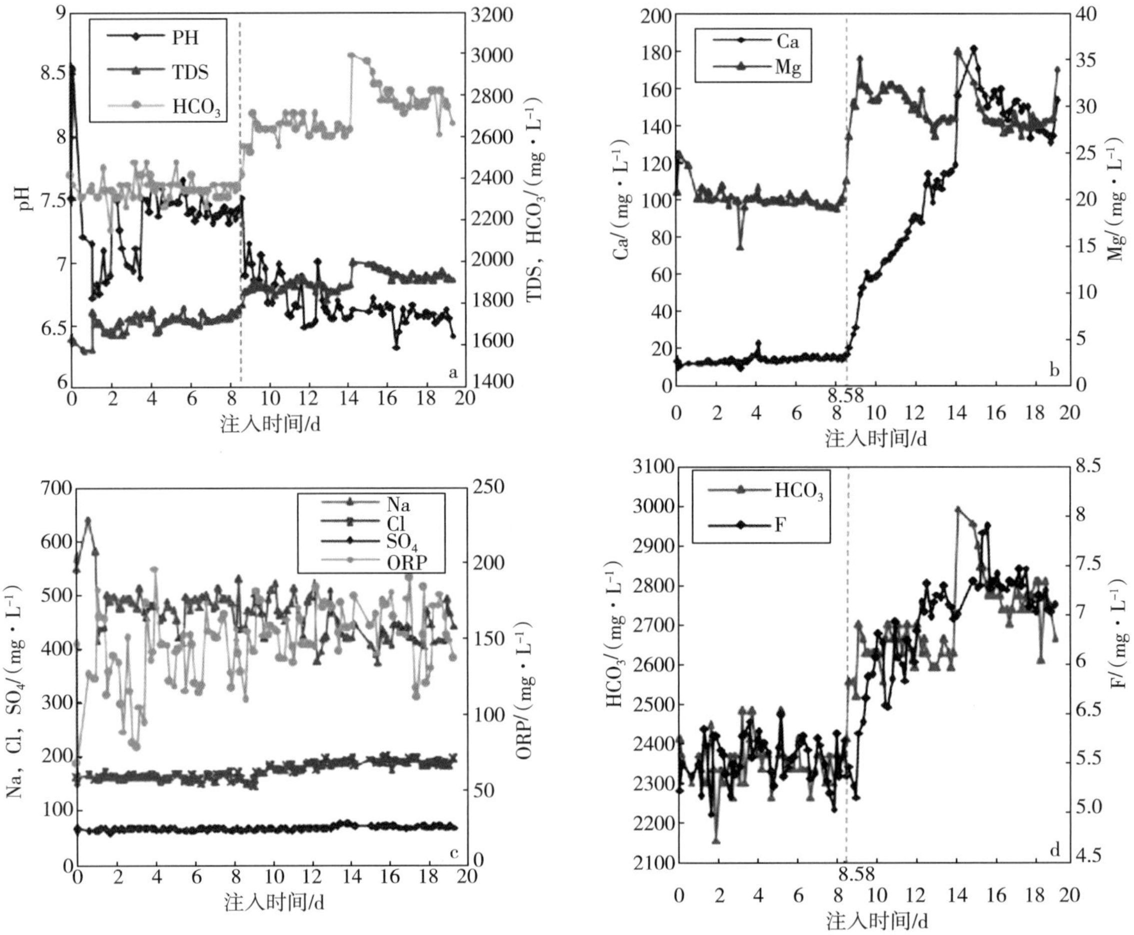

图 7.1.9　CO_2 注入后地下水化学性质的变化

壤 pH、EC 值和硝态氮的影响十分显著，2000g/(m^2·d) 组在停止通气 60d 后土壤微生物群落结构没有显著恢复（陈浮等，2016、2017；Chen et al.，2017；张旺园等，2017）。

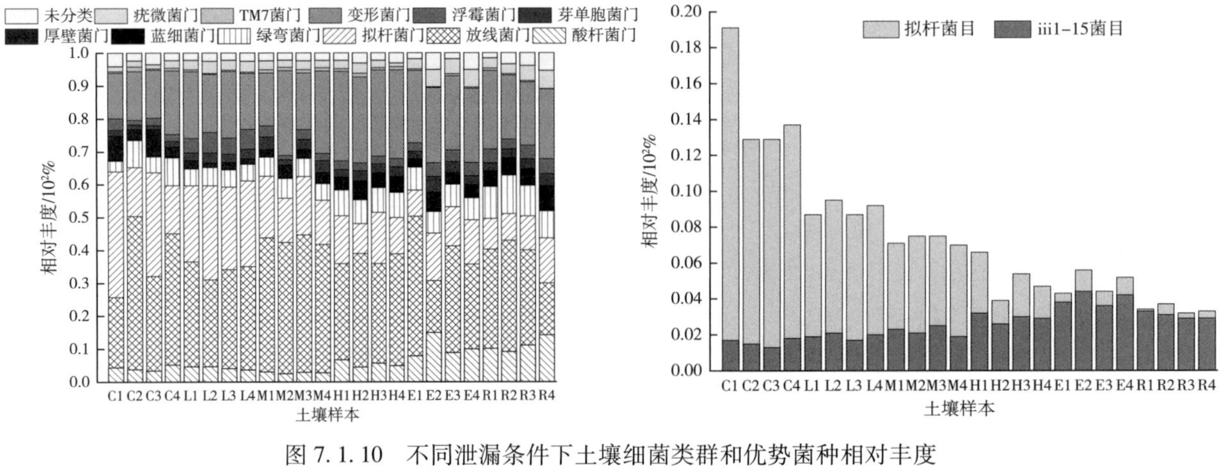

图 7.1.10　不同泄漏条件下土壤细菌类群和优势菌种相对丰度

7.1.4　本节小结

CO_2 驱替开采技术在近 10 年得到了广泛重视和使用，从先导性实验逐步走向工业化应用阶段。但 CO_2 驱替开采项目中对生态环境影响的监测与评估一直是个难点和弱点。本项目主要解决了驱

替 CO_2 流动和地层稳定性、驱替开采区 CO_2 泄漏应急监测、CO_2 泄漏的生态环境影响及其监测三方面的问题。

CO_2 驱替开采生态环境影响监测与评估技术的开发与应用保障了神华盐水层 CO_2 封存、胜利和延长油田 CO_2-EOR 的安全实施，有效促进温室气体减排技术的推广，提高了企业技术水平和示范效应，完善了现有的 CCUS 生态环境监测体系，提供了科学数据，产生了较好的社会和环境效益。

7.2　无土喷播快速复绿技术在矿山生态修复中的研究与应用

7.2.1　项目背景

遵循“边开采，边治理”原则，每个矿山地质、生产和环境条件千差万别，按照“一矿一策”的指导思想，尤其是在矿山生产和开采过程中，对于边坡，尤其是临时性边坡快速复绿的技术方法得到广泛应用。

多年来，由于“有矿快挖，有水快流”经济发展政策的惯性作用，矿产资源开发有力促进了区域经济社会发展，但也造成了严重的流域/区域生态功能破坏，造成了大量的土地资源浪费。为此，国家规定重点生态功能区是生态保护红线划定的重要组成部分之一。矿山生态环境损害被认为是影响区域生态安全的第一大诱因。制定生态保护红线区废弃矿山生态修复专项规划，开展矿山生态环境损害与功能修复技术研发，研究制定矿山生态修复也是国家的工作目标之一，市场需求巨大，刻不容缓。目前针对矿山修复的措施主要分为工程治理与生态治理。植被恢复是生态治理的主要手段，可达到植被护坡、恢复边坡景观的目的。而山体破坏的方式多种多样，形成的边坡立地条件非常复杂。为了应对复杂的边坡条件，实施矿山生态工程，已经开发出了许多各具特色的植被恢复工法，如坡面喷涂绿化技术（即液压喷播）、土工网植草护坡技术、客土喷播技术、植被混凝土防护技术、三维植被网喷播技术、飘台法、植生袋法、厚层基材喷播技术、爆破燕窝生态重建技术、藤本护坡技术等。这些技术工艺在不同发展阶段为我国矿山生态环境修复与景观效果提升做出了巨大贡献，但同时它们也有一定的局限性，如：施工条件限制、施工手段单一、施工成本过高等。为改进当前技术的不足，满足社会经济性修复的需求，我们针对矿山修复提出了“无土喷播矿山生态修复技术体系”，该技术便捷、灵活，复绿速度快，适用于各类地形地貌的生态修复，且与其他技术相比，有明显的经济性优势，可持续性强，能有效改良土壤基质。其中主要包括了微地形生态处治措施、功能型基质强化技术以及自稳定多维生态位植配技术。

7.2.2　成果简介

本项目属于矿山生态修复和科技创新领域。所用的无土喷播快速复绿技术在矿山永久和临时性边坡复绿中达到了较好效果。

按照《自然资源部办公厅关于做好 2019 年度绿色矿山遴选工作的通知》（自然资办函〔2019〕965 号）要求，在企业自评、第三方评估、省级推荐基础上，经实地抽查、材料审核，河北太行华信建材有限责任公司石灰石矿通过遴选进入国家级绿色矿山名录。企业充分认识到实现矿山可持续发展、稳步推进矿山综合治理、创建绿色生态友好型矿山是企业发展的必由之路。在生产经营活动中始终“坚持科学发展、确保安全生产、持续合理开采、综合利用资源、提高整体素质、创建生态矿山”，持续加大绿色矿山建设投入力度，严格按照建设绿色矿山的要求，在创建绿色矿山事业中取得了重要成果。

无土喷播快速复绿技术在矿山生态修复中应用，一是满足了生态环境部门和自然资源部部门绿色矿山的要求，二是企业通过科技创业，成果转化为生产力和效益。

该技术与传统矿山修复技术相比，“无土喷播快速矿山生态修复技术”成本可降低 30%~50%，并且有效的利用废弃物，实现资源化综合利用。通过该技术修复后，修复区域生物多样性好，土壤肥力可持续累积，在无自然灾害的情况下，可实现无人维护，极大地节约了企业成本。结果表明在修复后1年无人维护的情况下，可实现修复区域90%以上的复绿，在修复后2年无人维护的情况下，修复区域复绿可达95%以上。目前该技术已在河北省邯郸市峰峰矿区太行华信水泥石灰石矿临时边坡快速复绿、河北省邯郸市涉县金隅水泥有限公司涉县神头村南水泥用石灰石岩矿永久边坡复绿、陕西省泾阳县蔡家沟矿区水泥用灰岩矿临时边坡复绿、北京市房山区大石窝镇辛庄村村委会后山废弃矿山边坡复绿示范工程等项目中得到了试验与应用，并获得了良好的试验效果与社会效益。

7.2.3 详细内容

“无土喷播快速复绿矿山生态修复技术体系”是通过“微地形生态处治措施+功能型基质强化技术+自稳定多维生态位植配技术”的多重组合工艺技术，稳定钝化土壤中的重金属元素，塑造营养型基质层，实现山体快速复绿，最终构建一个良好稳定的矿山生态系统。微地形生态处治措施：微地形生态处治措施讲究因势用策，因坡定案，借助边坡的原有资源，因势利导，减少成本。构建排水、垄作、回填客土高差等地形措施，达到排酸排碱、抑制返酸排碱、降低冲刷的效果，以及提高客土种植区的保护能力；同时构建生态锚点——边坡表面以点状分布式建立重点生态修复区。在重点恢复区精细规划，达到以点带面，长期自然式复绿的效果。功能型基质强化技术：在基质底层施用长效缓释阻隔剂，在基质中施用长效缓释调理剂、长效复配生物菌肥、团粒剂、纤维，保水剂，炭基肥及多种营养配方。基质作为植物生长的物质能量来源。生长多年的边坡，植物生长吸收土壤中元素和地表水冲刷，造成播种基质层物质逐渐减少，土壤容重，孔隙度等变化。企业采购用于农林集成技术形成的针对酸性土壤的缓释长效调理剂，其能在土壤中缓慢释放能增加土壤孔隙度的颗粒，释放植物生长所需的营养元素，增加土壤的团粒性，改善长期生长植物后土壤物理性质非良性变化。自稳定多维生态位植配技术：讲究因季用草，草灌组配，构建拟生群落，以群落自稳定，自增强为目标。构建草藤灌立体组合绿化形式，种植高绿量藤本，短期内能快速复绿，不受边坡条件影响，藤本的落叶长时间在坡面累积，逐渐形成腐殖质层，能缓慢而持续的改良坡面土壤结构，起到自然演替的效果。在生态锚点区建立以适应酸性环境具有速生稳定固氮的灌木群落区为优势种，草本为先锋种的藤灌立体组合工艺，达到复绿、多维生态位及物种多样性的效果。

（1）创新点

1）柔性覆盖——高性能无土纤维采用喷播方式施工，初期形态为饱水纤维浆，施工时均匀喷洒在土层表面，覆盖均匀全面，适用于各种形状的边坡。

2）紧密贴合——高性能无土纤维具有较好的土壤黏合性，由于有柔性，可适应边坡的凹凸起伏，避免形成“架桥空洞”。

3）防风抗雨——高性能无土纤维形成的覆盖层能防止土颗粒直接受到风和雨的冲击，并且自身对一般降雨都有较好的抵抗力。

4）保水保肥——高性能无土纤维能吸收自身重量15倍的水量，保持优越的植被生长成活环境，植被的生长成活率是裸露土壤的8倍。作为覆盖隔离层，它还能降低下部土层水分蒸发，保持土壤温度恒定。

5）加速生长——采用的植物生长促进剂含有丰富的土壤渗透剂、腐殖酸以及超过200种对土壤有益的微生物，能够提高土壤的保水性和渗透性，更快地促进养分的吸收和转化，并且缩短种子发芽时间，加速根系生长以及加速植被成坪。

6）施工高效——高性能无土纤维喷播快速复绿采用先进的设备进行施工，操作简单，稳定持续，工作效率高，正常情况一台机器一个工作日可保守完成5000m^2。

7）质量可控——高性能无土纤维组合材料在工厂严格按照科学配比混合并包装，包装充分考虑了运输及存放过程中的质量保护，现场即开即用，无需再进行配料，避免了工人素质不齐导致的品质差异。所用草种均经过专家指导并进行过试种，避免了品种水土不服的风险。施工时喷播设备将材料混合均匀，并且材料呈蓝绿色，避免了偷工减料，漏喷少喷的情况。

（2）与当前国内外同类研究、同类技术的综合比较

与一般矿山生态修复技术相比，“无土喷播快速复绿矿山生态修复技术”成本可降低 30%～50%，并且有效的利用废弃物，实现节约集约资源化综合利用。通过该技术修复后，修复区域生物多样性好，土壤肥力可持续累积，在无自然灾害的情况下，可实现无人维护，通过试验结果显示，在修复后 1 年无人维护的情况下，可实现修复区域 90%的复绿，在修复后 2 年无人维护的情况下，修复区域可达 95%以上。该技术仿照拟生群落，用速生和慢生乡土水保灌木及冷季和热季草本构建了前期慢生灌木的荫庇环境，为灌木的生长创造了条件，增加了群落的多样性，尤其为建群种苗期度夏营造阴凉环境，为群落发育提供适宜条件，为加速群创造了微观有利影响因子。它还充分利用了自然界的植物枯落物和豆科及非豆科植物的固氮特性，进行坡面植生层的后续培肥，提高了地力，提高了群落的稳定性。草灌结合，因坡施策，因季用种，精确地构建了冬春季，旱雨季不同的草灌配方，既达到了早期覆绿免冲刷，又避免了因为生态位竞争，导致群落物种单一的矛盾，避免了早期先锋群落的过于单一，加强了生物多样性保护。该技术已通过长达 3 年多的试验，修复效果良好，经济效益好，在未来的矿山修复市场中值得广泛的推广及应用（表 7.2.1）。

表 7.2.1　国内外各类技术比较

	适合对象	优点	缺点
无土喷播技术	各类矿山	成本低，恢复快，稳定，景观好	多样性不高
工程技术措施	大型矿山	恢复较快，效果较好	成本过高，景观较差
综合修复技术	各类矿山	提高土壤的保水能力，增加了生物多样性	
美国	干旱地区矿山	注重植被的保水管理和植被重建	
加拿大	干旱高寒地区矿山	全局植被重建技术	成本较高，景观较差
巴西	热带多雨矿山	植被重建关键技术	成本过高，景观较差
澳大利亚	干旱地区矿山	全域植被重建关键技术	成本过高

（3）应用情况

“无土喷播快速复绿矿山生态修复技术”目前已在河北省峰峰矿区太行华信水泥石灰石矿临时边坡快速复绿、河北省涉县金隅水泥有限公司涉县神头村南水泥用石灰石岩矿永久边坡复绿、陕西省泾阳县蔡家沟矿区水泥用灰岩矿临时边坡复绿、北京市房山区大石窝镇辛庄村村委会后山废弃矿山边坡复绿示范工程中进行了试验与应用，并获得了良好的效果与社会的好评。

河北太行华信水泥石灰石矿观景台周边边坡裸露区快速复绿项目

观景台周边边坡裸露区面积，如图 7.2.1 所示，①区域一边坡面积为 7372m^2。②区域二边坡面积为 3045m^2。③区域三边坡面积为 1398m^2。④区域四边坡面积为 1967m^2。⑤区域五边坡面积为 3681m^2。⑥区域六边坡面积为 1516m^2，合计面积为 189780.8m^2。

使用了“无土喷播快速复绿矿山生态修复技术”，对重点区域进行分块专项处理，从而达到整体修复的目的。植被恢复原则宜林则林、宜草则草、草灌优先，恢复后的植被效果较好，植被类型与原有类型相似，与周边自然景观协调。

（4）经济效益

经济效益见表 7.2.2。

（5）社会效益

1）公司矿山始建于 1958 年，经过多年的发展，矿区周边已经发生了较大的变化，矿区的完整性受地方经济建设和交通建设的影响而受到破坏。绿色矿山建设，使区域内所有人因企业发展而受益，并得到当地政府和周边居民的好评。

图 7.2.1　观景台周边裸露边坡示意图

表 7.2.2　经济效益状况表　　单位：万元人民币

项目总投资额	24737 万元		回收期/年	2 年
栏目 年份	新增利润 万元	新增税收 万元	创收外汇	节支总额 万元
2017	2922.16	1100.62	0.00	2922.16
2018	5111.19	1279.55	0.00	5111.19
2019	4377.3	976.83	0.00	4377.3

各栏目的计算依据：

1. 废石、夹层综合利用节约成本

废石、夹层年综合利用量 $\times 10^4$t	节约倒运堆存成本 $\times 10^4$t	年节约成本 万元
42.5	4.2	178.5

2. 综合利用骨料生产利润

年度	综合利用骨料年生产量 $\times 10^4$t	新增税收/万元	年利润/万元
2017	121.8	1100.62	1763.66
2018	141.6	1279.55	3952.69
2019	108.1	976.83	3218.8

3. 城市生活垃圾处理资源化利用增加利润

城市生活垃圾年处理量 $\times 10^4$t	城市生活垃圾政府补贴 （元/t）	年收益/万元
10	98	980

2）绿色矿山建设成功经验和建设人才，被引入公司所在地峰峰矿区区委区政府实施的露天矿山深度综合治理中，使峰峰矿区露天矿山深度综合治理成功经验，被写入河北省人民政府办公厅《关于转发河北省矿山综合治理攻坚行动方案的通知》（冀政办字〔2020〕75 号）中。

7.3　矿山生态修复理论与实践

7.3.1　项目背景

我国是一个矿业大国，矿产资源在为国民经济发展注入“血液”，提供“食粮”的同时，也给生态环境造成了巨大破坏。党的十八大以来，以习近平同志为核心的党中央高度重视生态文明建设，对生态文明建设提出了一系列新思想、新观点、新论断，这也给我国矿山生态修复带来了难得的机遇，为破解矿山生态修复难题提供了新思维、新理念和新策略。该研究为安徽省国土资源厅科技项目——“矿山生态修复理论与方法研究”成果的应用与拓展，旨在满足全国开展的矿山生态环境修复，以及绿色矿山建设需要，契合自然资源部、生态环境部履行山水林田湖草系统管理职能需求，以矿山生态修复为主线，研究、完善矿山生态修复质量标准体系，集成和搭建矿山生态修复技术方法构架，为我国矿山生态修复工作提供理论依据和技术支撑。

7.3.2　成果简介

该研究将生态破坏最为典型的采矿权范围，以及矿业活动影响区作为研究对象，以生态修复为目的，介绍了矿山生态修复基础理论，进行了矿山生态破坏类型和生态修复模式划分，阐述了生态环境要素及调查方法，拟定了各修复模式的质量控制标准，构建了不同生态修复模式下的技术方法体系，并通过大量相关案例进一步诠释理论与技术方法的实际应用。

该研究可为矿山生态修复设计编制、修复工程施工、监理与验收、修复场地管护与监测，以及绿色矿山建设方案编制提供技术依据，亦可为从事自然资源与生态环境保护的行业管理人员、专业教学、科研人员系统地了解矿山生态修复理论与技术方法提供帮助。此外，该研究的基本理论与案例也可为其他场地生态修复工程所借鉴。

7.3.3　详细内容

（1）总体思路

在收集、分析与研究矿山生态修复相关资料，参加学习研讨、实地调研的基础上，运用基础理论与案例实践相结合的方法，从矿山生态修复基础理论、要素调查、工程设计、景观设计、修复后的质量评价以及“深度修复”5 个方面依次开展专题研究，在此基础上加强综合研究，使各种学科理论与技术方法围绕矿山生态修复实现高度集成和融合，试图建立矿山生态修复方法技术体系，最终形成研究成果并以书籍的形式公开出版（图 7.3.1）。

（2）首次划分矿山生态环境破坏类型与修复模式

开展矿山生态环境破坏类型和修复模式研究，有助于把握破坏生态环境要素的基本特征、内在规律。该研究系统地对矿山生态环境破坏类型与修复模式进行分类，并通过分析各个类型的基本特征，为矿山生态修复理论和技术方法研究奠定基础。

1）矿山生态环境破坏类型。

矿山生态环境破坏类型的划分是矿山生态修复研究的基础。矿山生态环境破坏类型取决于矿产资源类型、开采方式、生产设施及布局、选冶方式、废渣和废水中污染物及排放方式等因素。

根据影响矿山生态环境破坏类型的主导因素，将矿山生态环境破坏分为 6 个大类，即地貌景观破坏、土地土壤资源破坏、矿山地质灾害、矿山水土及大气环境污染、矿山水资源破坏和矿山生物资源破坏。亚类则根据开采的矿种、压占的建构筑物、地质灾害的种类、主要污染物、水资源类型等进行二级划分，大致可分 27 个亚类（表 7.3.1）。

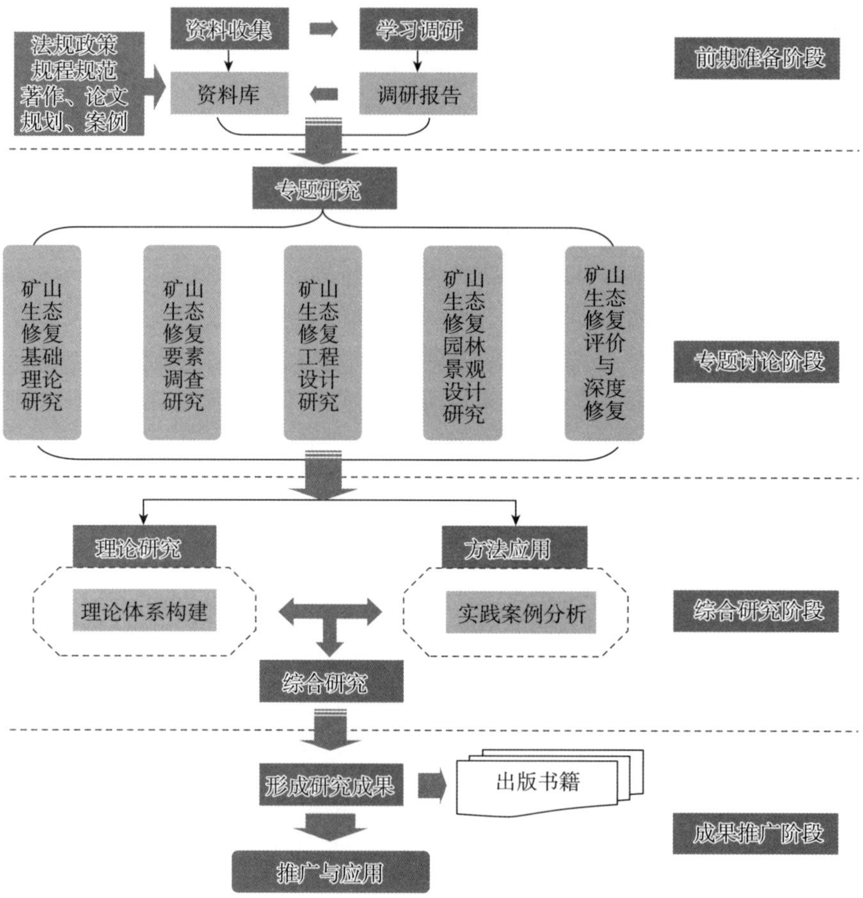

图 7.3.1　研究技术路线图

表 7.3.1　矿山生态环境破坏类型划分表

类	亚类	备注
地貌景观破坏	露采矿山破坏山体地形、植被景观	
	井采矿山采空塌陷损毁地貌景观	
土地土壤资源破坏	露采矿山挖损土地	露采场作为后期废石堆场时，为挖损和压占复合类型
	井采矿山主井、风井挖损土地	
	道路挖损土地	
	煤矿、金属及非金属矿采空塌陷损毁土地	
	地面沉降损毁土地	矿山疏干排水引发的地层压缩变形
	岩盐矿采空塌陷损毁土地	岩盐矿采取水溶法开采引发的盐溶腔失稳
	工业广场压占土地	工业广场、办公、生活区等在岗地、平原区一般为压占损毁土地，而在丘陵山区可能表现为先挖损、后压占土地
	排土场（表土堆场）压占土地	
	废石堆场压占土地	
	矸石堆场压占土地	
	尾矿库压占土地	
	赤泥堆场压占土地	
	办公、生活区压占土地	
	堆浸场压占土地	

续表

类	亚类	备注
矿山地质灾害	崩塌、滑坡	未将发生在井巷间接破坏生态的矿山地质灾害列入
	泥石流	
	岩溶塌陷	
矿山水土及大气环境污染	重金属污染	根据主要污染物划分（大气未细分）
	酸性等废水污染	
	大气污染	
矿山水资源破坏	地表水枯竭	
	地下含水层破坏	
矿山生物资源破坏	植物	
	动物	
	微生物	

2）矿山生态修复模式。

生态修复模式的确定不仅取决于待修复矿山的破坏类型和破坏程度，而且还与所处地区的自然地理条件和土地开发适宜性、利用规划等因素有关，在符合相关规划的前提下，应本着“宜耕则耕、宜园则园、宜林则林、宜牧则牧、宜渔则渔”原则，选择合理的生态修复方向和修复技术，实现对矿山受损生态的最优化的治理、恢复与利用。

根据矿山生态修复方向划分为 5 种修复模式，并依据矿山生态破坏单元的不同，再细分成若干修复单元（表 7.3.2）。从表 7.3.2 可知，不同的矿山修复单元可以有着相同修复模式，但不同的修复单元的修复模式有一定的指向性，这主要取决于生态修复的经济、技术层面。

表 7.3.2　矿山生态修复模式划分表

修复模式	修复单元
林草地	采空塌陷区林草地生态修复单元
	矿山露采场林草地生态修复单元
	工业广场、排土场、废石堆场林草地生态修复单元
	尾矿库“干滩区”林草地生态修复单元
	选矿场、堆浸场、尾矿库等污染场地林草地生态修复单元
耕地	采空塌陷区水田生态修复单元
	露采底盘区水田生态修复单元
	采空塌陷回填区、露采底盘耕地生态修复单元
湿地	采空塌陷积水区湿地生态修复单元
	露采场积水区湿地生态修复单元
	尾矿库“湿滩区”湿地生态修复单元
建设用地	采空塌陷区建设用地生态修复单元
	露采底盘区建设用地生态修复单元
	工业广场、排土场、废石堆场、生活区建设用地生态修复单元
矿山公园	根据系统修复需要，一般为整个矿区，以及相邻地区

对破坏面积较大、破坏类型多样、程度不一的矿山废弃地，可采取上述几种模式的集合，即“山水林田湖草”的综合修复。

（3）系统梳理矿山生态环境要素及调查因子

科学开展矿山生态修复，首先要查明矿山生态环境自然要素和人工要素特征，以及人工要素对自然要素的叠加作用，在此基础上，才能准确判定矿山生态环境要素破坏方式与程度，进而选择适宜的生态修复模式，制定修复方案，开展修复工程。将矿山相关的生态环境要素进行归类，分为地质矿产、开采设计、开采技术条件、土地、土壤、生物和“三废”等几大要素，并分别对不同要素的调查技术方法进行系统的梳理和总结（图 7.3.2）。

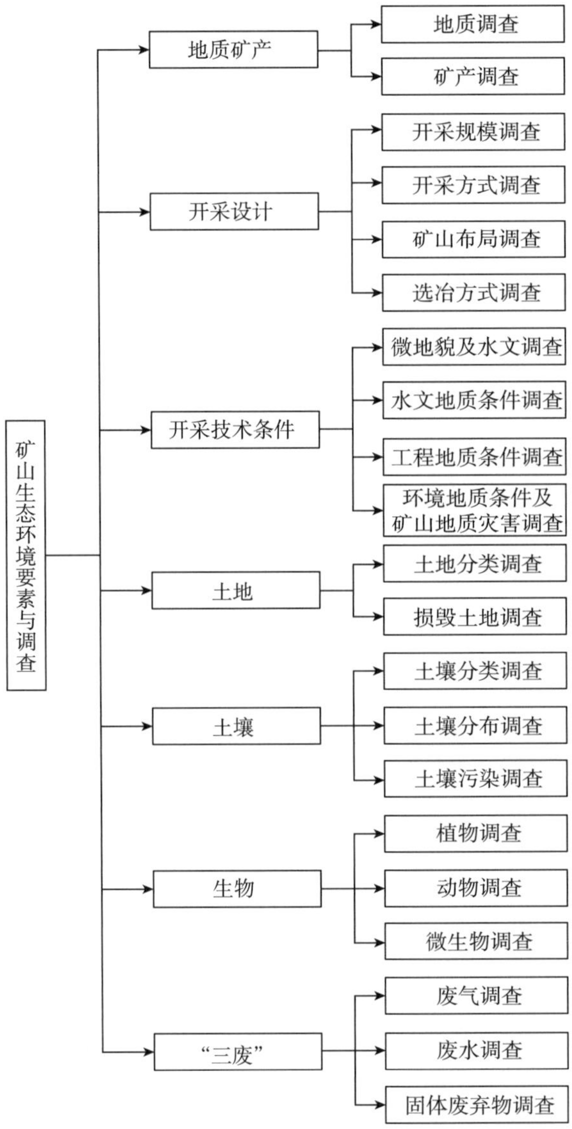

图 7.3.2　矿山生态环境要素调查图

（4）首次提出矿山生态修复相关质量控制标准

以《土地复垦质量控制标准》（TD/T 1036—2013）为基础，结合矿山生态修复的特点，针对林草地、耕地、湿地、建设用地、矿山公园等几大模式，根据不同生态修复类型的需求，明确和细化各基本指标的区间值和参考标准；由此初步拟定了一系列“矿山生态修复质量控制参考标准”，其实质是对《土地复垦质量控制标准》（TD/T 1036—2013）的完善、细化和拓展。

首次提出采煤塌陷场地用于建筑时修复工程质量控制标准和国家矿山公园生态修复质量控制标准。其中采煤塌陷区修复建设用地的质量控制标准研究成果填补了我国此类研究的空白。这些“标准”为矿山生态修复工程设计、修复质量控制与修复工程验收提供了依据。

1）采煤塌陷场地用于建筑时修复工程质量标准。

基于《土地复垦质量控制标准》（TD/T 1036—2013）中有关用于建设用地的基本要求，结合对采煤塌陷区的研究和工程实践，采煤塌陷场地用于建筑时修复工程质量标准详见表 7.3.3。

表 7.3.3　采煤塌陷场地用于建筑时修复工程质量控制标准

修复模式	修复单元	指标类型	基本指标	控制标准
建设用地模式	采煤塌陷区建设用地生态修复单元	相对稳沉	场地下煤层停采延续时间 T	$T_{总}=2.5H_0$（经验公式）
		残余变形	场地连续 6 个月地表的下沉量/mm	<10
			最大水平变形 ε/（mm · m^{-1}）	≤2.0
			曲率 K/（10^{-3} · m^{-1}）	≤0.2
			最大倾斜变形 i/（mm · m^{-1}）	≤3.0
		地基稳定性	承载力	满足《建筑地基基础设计规范》（GB 50007—2011）、《建筑抗震设计规范》（GB 50011—2010）
			建筑附加荷载影响	$H_{临}=H_{影}+H_{裂}+H_{安}$
		场地环境	场地标高	满足设计的建构筑物防洪排涝要求
			场地坡度	基本平整，或满足设计要求
			场地污染物	符合《土壤环境质量 建设用地土壤污染风险管控标准（试行）》（GB 36600—2018）

2）矿山公园生态修复标准。

根据《国家矿山公园申报工作指南》及相关要求，修复为国家矿山公园的质量标准可参考表 7.3.4。

（5）初步搭建矿山生态修复理论技术方法体系

根据矿山生态修复工程的需要，将相关学科的理论与方法进行了有机的集成和融合。通过分析国内外矿山生态修复研究进展，集成国内矿山生态修复政策法规、技术标准与规范规程，开展深入的综合研究，划分了矿山生态破坏类型，总结了矿山生态修复工程林草地、耕地、湿地、建设用地、矿山公园 5 种模式，阐述了五种模式的修复技术与工程设计的标准、方法和要求，介绍了土壤“深度修复”技术，归纳了矿山生态环境要素的相关调查与质量评价方法，并在将园林景观设计思想贯穿于生态修复工程设计方面进行了较好的尝试，初步建立了矿山生态修复理论体系和技术方法构架（图 7.3.3），为我国矿山生态修复法规制度的建设和完善以及修复工程实施提供技术依据。

（6）列举分析矿山生态修复各类工程案例

通过大量的安徽省矿山生态修复不同模式的各类工程案例分析，将该研究的技术方法与措施予以体现，为今后类似地区的生态修复设计与施工提供了范例。

1）矿山林草地生态修复案例。

列举了某水泥用石灰石矿生态修复、某煤矿矸石山生态修复、珠海斗门加油站高陡边坡生态修复等工程修复实例，说明修复标准的把握，以及修复技术方法的具体应用（图 7.3.4）。

2）矿山耕地生态修复案例。

以安徽淮北孟庄煤矿采煤沉陷区为例，介绍矿山耕地生态修复工程主要设计内容（图 7.3.5）。

3）采煤塌陷区湿地生态修复案例。

通过采煤塌陷区湿地生态修复的成功案例，阐述湿地生态修复规划和工程设计（图 7.3.6）。

表 7.3.4　国家矿山公园生态修复质量标准

<table>
<tr><th>修复模式</th><th>指标类型</th><th>基本指标</th><th>控制标准</th></tr>
<tr><td rowspan="20">国家矿山公园</td><td rowspan="6">矿业遗迹</td><td>矿业开发史籍</td><td>有重要矿床发现史、开发史及矿山沿革的记载和文献</td></tr>
<tr><td>矿业生产遗址</td><td>大型矿山采场（矿坑、矿硐），冶炼场、加工场、工艺作坊、窑址和其他矿业生产构筑物，废弃地，典型的矿山生态环境治理工程遗址等</td></tr>
<tr><td>矿业活动遗迹</td><td>矿业生产（探矿、采矿、选矿、冶炼、加工、运输等）及生活活动遗存的器械、设备、工具、用具等，包括探坑（孔、井），采掘、提升、通风、照明、排水供水、安全设施及生活用具等</td></tr>
<tr><td>矿业制品</td><td>珍贵的矿产制品，矿石、矿物工艺品</td></tr>
<tr><td>与矿业活动有关的人文景观</td><td>历史纪念建筑、住所、石窟、摩崖石刻、庙宇、矿政和商贸活动场所及其他具有鲜明地域特色的与矿业活动有关的人文景观</td></tr>
<tr><td>矿产地质遗迹</td><td>典型矿床的地质剖面、地层构造遗迹、古生物遗迹找矿标志物及提示矿物、地质地貌、水体景观，具有科学研究意义的矿山动力地质现象（地裂缝、地面塌陷、泥石流、滑坡、崩塌等）遗迹</td></tr>
<tr><td rowspan="6">公园建设</td><td>范围及权属</td><td>公园范围内土地权属明晰，开展了勘界工作</td></tr>
<tr><td>矿业活动</td><td>园内无探矿采矿权；采煤塌陷区已相对稳沉</td></tr>
<tr><td>园区、功能区</td><td>划分合理、要素齐全</td></tr>
<tr><td>博物馆</td><td>有以普及矿山采矿及环境保护知识为主，面积相应的博物馆及馆藏</td></tr>
<tr><td>研究与规划</td><td>对矿业遗迹进行了系统研究；编制了《矿山公园的规划》，并与相关规划衔接</td></tr>
<tr><td>机构与人员</td><td>有相对独立的管理机构；有地学专业管理人才 3~5 人</td></tr>
<tr><td rowspan="4">基本条件</td><td colspan="2">国际、国内著名的矿山或独具特色的矿山</td></tr>
<tr><td colspan="2">拥有一处以上稀有的或多处重要的矿业遗迹</td></tr>
<tr><td colspan="2">区位优越，自然与人文景观优美</td></tr>
<tr><td colspan="2">基础设施完善，具有吸引大量游客的潜在能力</td></tr>
<tr><td rowspan="2">水土环境</td><td colspan="2">符合土地利用规划；修复各地类符合相对应的质量标准</td></tr>
<tr><td colspan="2">消除矿山地质灾害或得到安全防护；水土指标满足环境功能区要求</td></tr>
</table>

4）安徽省淮北市采煤塌陷区建设用地生态修复案例。

安徽省淮北市是我国重要的煤炭基地，是典型的矿山城市，所谓“矿在城中，城在矿上”，作为老矿业城市，面临资源枯竭和产业转型的压力，当地政府和矿山企业在采煤塌陷废弃矿山修复为建设用地方面，取得了显著的成果和丰富的经验。主要对淮北采煤塌陷区修复为超高层建筑群建设用地从采空区勘察、稳定性评价、注浆加固处理以及修复后稳定性评估等方面进行了系统阐述（图 7.3.7）。

5）矿山公园生态修复案例。

通过列举几个国内外矿山公园的经典成功案例，如营造休闲空间的加拿大布查德花园、演绎地下创意主题文化的罗马尼亚盐矿主题公园以及展现煤矿文化的唐山开滦国家矿山公园，讨论矿山公园生态修复的原则与方法。

6）矿山生态修复园林景观设计案例。

上海辰山植物园位于上海松江区佘山国家旅游度假区内，于 2011 年 1 月 23 日正式对外开放，由上海市人民政府、中国科学院和国家林草局（原国家林业局）合作共建，是一座集科研、科普、观赏游览和休憩于一体的 AAAA 级综合性植物园。植物园亮点之一的矿坑花园，位于辰山植物园的西北角，邻近西北入口，由清华大学的朱育帆教授设计。花园的原址为一处采石场遗址，设计者

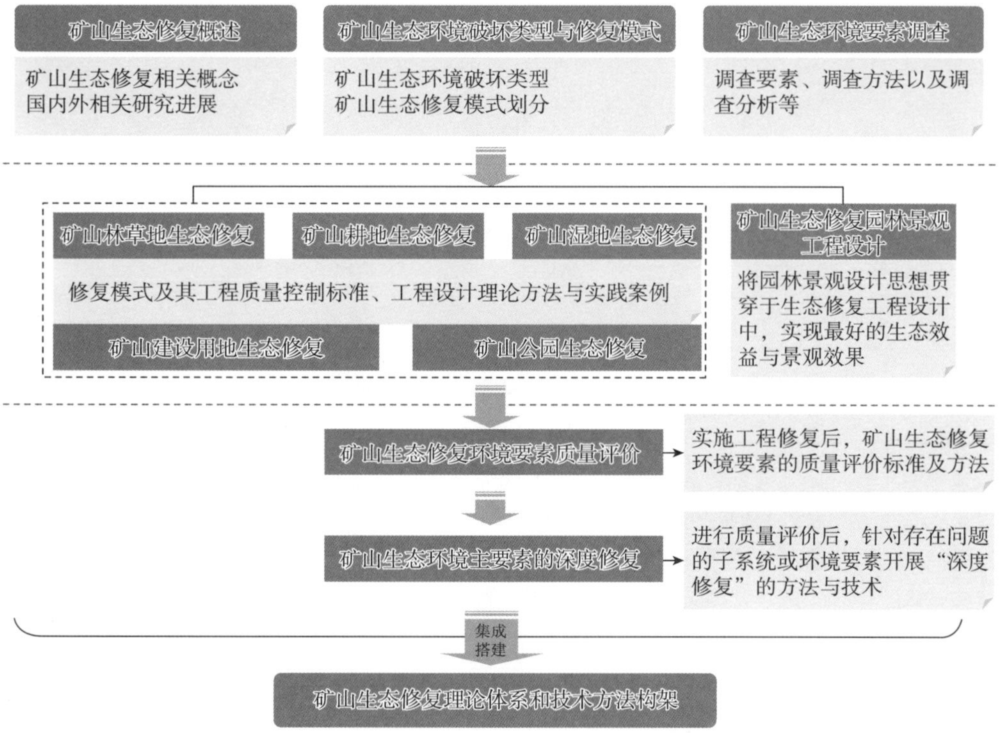

图 7.3.3　集成和搭建矿山生态修复理论体系和技术方法构架

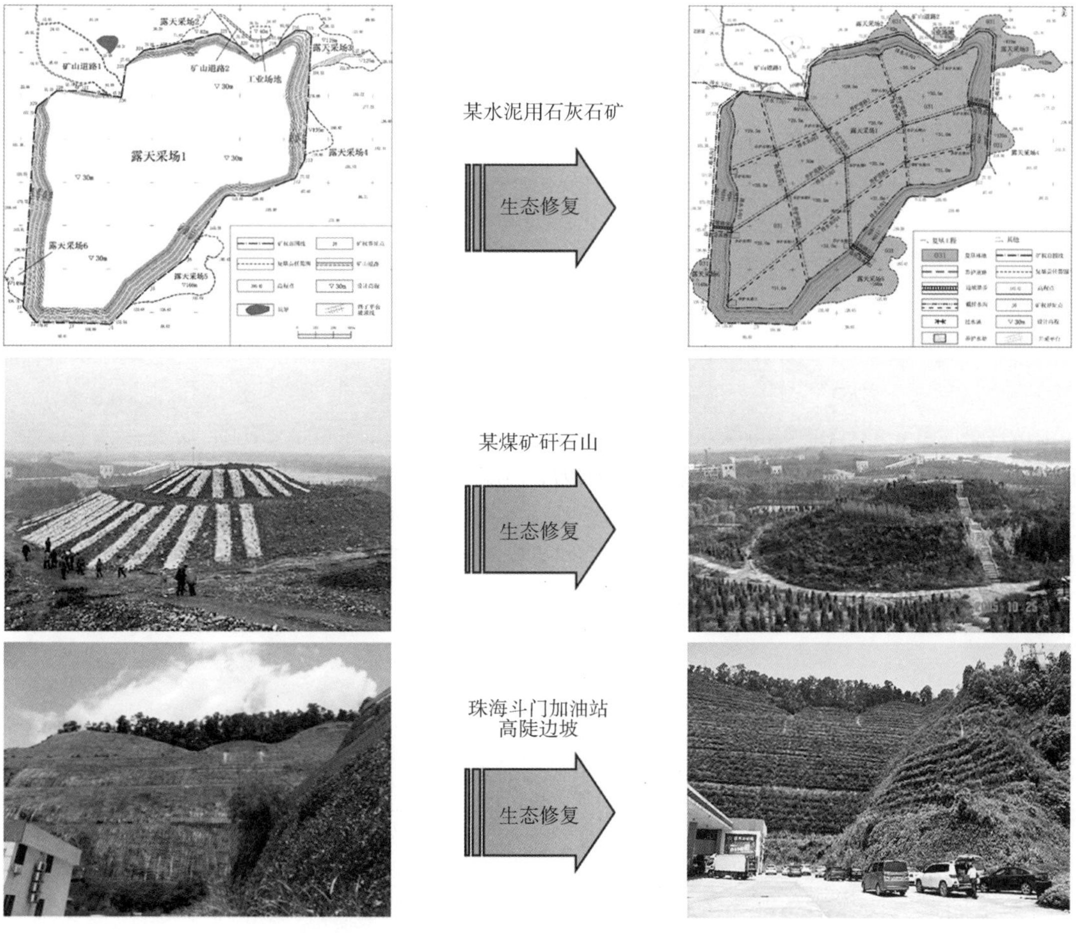

图 7.3.4　矿山林草地生态修复工程案例

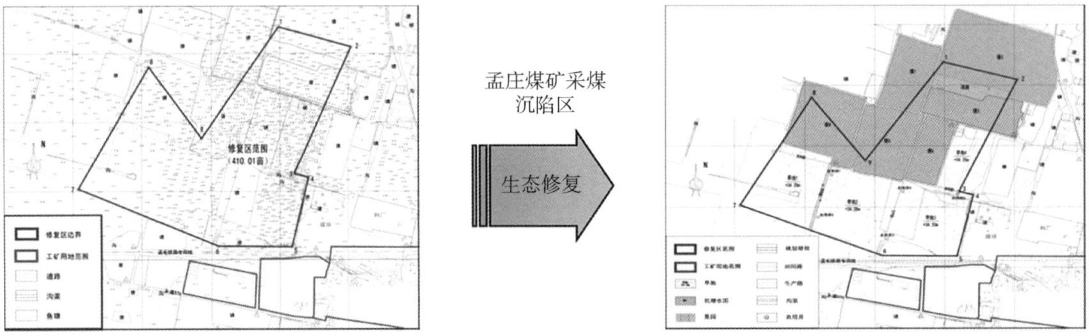

图 7. 3. 5　矿山耕地生态修复工程案例

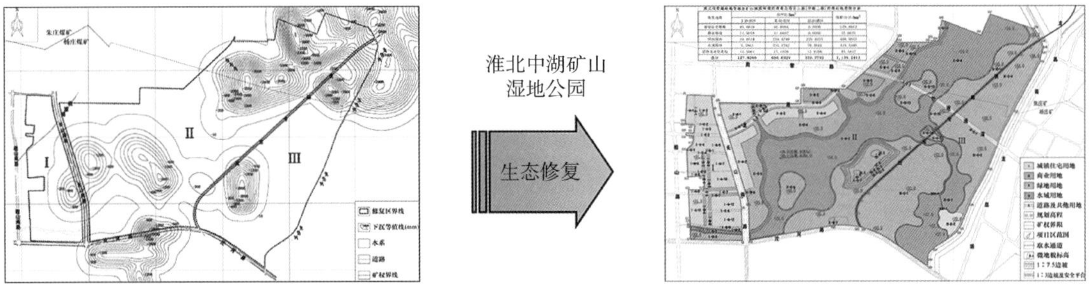

图 7. 3. 6　采煤塌陷区湿地生态修复工程案例

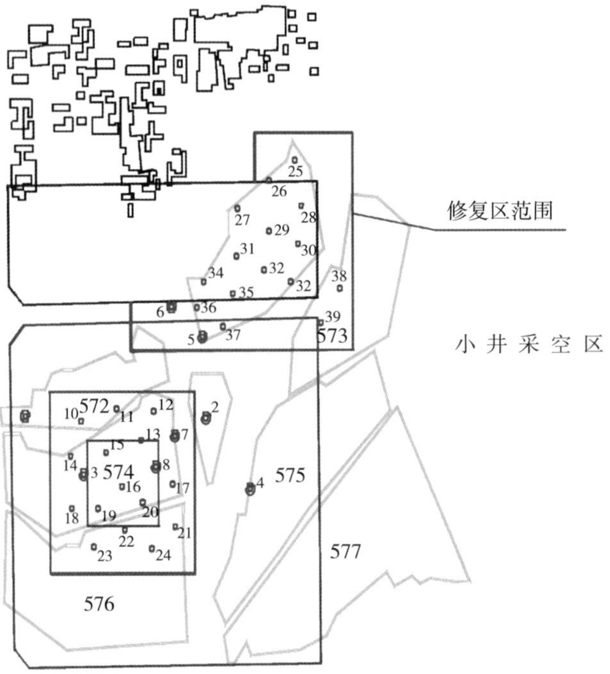

图 7. 3. 7　淮北采煤塌陷区注浆加固钻孔布置图

根据矿坑围护避险、生态修复要求，并结合中国古代“桃花源”隐逸思想，对深潭、坑体、迹地及山崖进行奇思妙想的改造，如在山顶修建了隐式的水池，储水用于瀑布、消防和植物浇灌，碧潭水与瀑布上下循环，构成了峭壁飞瀑、碧潭浮桥的景象，建成了一座独一无二的中国式沉床花园。该研究以上海辰山植物园矿坑花园为例，阐述矿山生态修复园林景观设计的原则与方法。

7.3.4 本节小结

该研究以矿山生态修复需求为导向，在基础理论知识的研究、矿山生态修复质量标准的完善、矿山生态修复技术方法体系的集成和搭建等方面进行了系统、综合的研究，具有显著的原始创新和集成创新性。该研究实现了多学科的集成与融合，体系健全、内容丰富；所提出的矿山生态环境破坏类型、矿山生态修复质量标准研究，尤其是采煤塌陷区修复为建设用地的质量控制标准研究等部分填补了我国此类研究的空白；所阐述的矿山生态修复理论与技术方法，条理清晰、通俗易懂；所讨论的矿山生态修复实践案例，大多为省内外已验收的项目，均已取得良好的生态效益与经济效益，具有很强的现实性、普适性和可复制的特点。

该研究主要成果已经被安徽省矿山生态修复工程所利用，充分体现出该科研项目以问题和需求为导向，科研直接为生产实际服务，科研成果快速转化为生产力，为矿山生态环境的源头保护、开发过程生态环境监管和末端修复提供了理论与技术依据。

7.4 石油烃及衍生物-重金属复合污染的环境修复研究

7.4.1 项目背景

中国经济的发展已经受到了环境因素的制约，排入各环境介质的污染物多种多样，其中重金属污染是一个不可回避的问题（Jiang et al.，2020）。2014 年发布的全国土壤污染状况调查公报显示（环境保护部等，2014），我国土壤污染总超标率为 16.1%，耕地超标率更是达到了 19.4%，在诸多重金属中，Cd 污染的情况尤为严重，单项超标率达到了 7%。传统物理、化学方法如客土置换、化学淋洗、电动修复、原位固化等，对重度污染的小型场地有较好的修复效果，但是由于其依赖重型设备、受地形限制，这类方法并不适用于修复大面积低-中度污染土壤。与传统手段相比，生物修复属于环境友好的修复方法，除了能提取或固化土壤中的污染物外，还能附带水土保持、美化环境、吸收温室气体的生态效应（Luo et al.，2017）。但生物修复最大的问题在于耗时过长，效率不够高。生物修复涉及物质来源、土壤系统和生态系统，而且修复过程又是动态的，各项生物指标和非生物指标之间往往相互影响，导致生物修复效果的评价十分困难，往往连修复某片区域所需的时间都不能确定，进而对制定详细的修复计划和土地利用规划产生了影响。所以，对生物修复效果的准确评价以及生物修复效率的切实提升是决定生物修复能否大范围推广利用的关键（Arnaud et al.，2019）。

结合我国矿山及受影响区域的环境现状，大面积的土壤为低-中程度污染，这些污染土壤中农用地占据了相当大的比例。这种情况决定了无论从经费投入还是土壤可用性角度，传统的物理-化学修复手段均不能胜任，而生物修复是较好的选择。

综上所述，如果要大范围使用植物修复，需要建立合理的修复效果评价方法，至少需要通过这个方法能计算出比较准确的修复时间，能评估修复后土壤系统的整体安全性。只有满足上述两个条件，才能在修复前制定合理的土壤修复、利用方案。同时，要完成这个评价不能有过多的经济投入，否则不能体现生物修复的优势。

7.4.2 成果简介

随着我国社会经济的高速发展，环境污染日益严重，迫切需要进行污染控制和环境修复。传统物理、化学方法对重度污染的小型场地有较好的修复效果，但是由于其依赖重型设备、受地形限制，并不适用于修复大面积低-中度污染土壤。与传统手段相比，生物修复属于环境友好的修复方法，除了能提取或固化土壤中的污染物外，还能附带水土保持、美化环境、吸收温室气体的生态效应（Luo et al.，2017）。但生物修复最大的问题在于耗时过长，效率不够高。结合我国矿山及受影响区域的环境现状，大面积的土壤为低-中程度污染，这些污染土壤中农用地占据了相当大的比例。这种情况决定了无论从经费投入还是土壤可用性角度，传统的物理-化学修复手段均不能胜任，而生物修复是较好的选择。

石油及有色金属勘探开发过程石油烃、重金属及石油烃-重金属复合污染普遍存在，缺乏合理有效的修复治理技术方法，准确、有效地对上述污染物进行健康风险评价亦至关重要（姜岩等，2020；李鸿博等，2020）。本项目在石油烃及其衍生物、重金属污染进行调研基础上，针对石油污染土壤、高盐度的油田采出水等提出高效微生物有效处理，分析了重金属和石油烃及其衍生物对土壤微生物活性和群落结构的影响，化学与生物技术联合，开展了有机-重金属复合污染的微生物、植物、环境催化修复研究。揭示了生物化学循环是一种修复土壤污染的具有环境友好性的方法，可促进持久性污染分子转化为低毒性和结构更简单的化合物（Xu et al.，2010）；重金属的亚细胞分布是影响重金属生物可给性的重要原因（Luo et al.，2018；He et al.，2019）；镉能降低土壤微生物酶活性，而PAHs的存在会进一步强化重金属的毒性（Cai et al.，2019；Luo et al.，2019）。

本项目通过环境地球化学、植物生理学、环境微生物学以及分子生物学等多学科交叉综合分析方法，开展了石油烃及其衍生物-重金属复合污染的微生物、植物、环境催化修复研究，研究成果可以应用于油田和有色金属矿山污染修复。

本项目创新点主要包括：①从保护矿区生态安全及人群健康角度出发，提出了优先控制污染物和重点修复区域的筛选方法；②通过定量研究矿区优控污染物的来源、赋存形态及迁移转化规律，探明了优控污染物的防控机理及并提出了具体防控措施；③从热力学角度构建了能够准确评价大尺度非均质复合污染场地生物修复效率的模型；④基于生物修复强化新策略，开发了广谱、高效的生物修复强化剂；⑤从系统整体物质循环角度研究污染物跨介质迁移规律，揭示了影响上述规律的生物和非生物要素；⑥开发了适用于复合污染土壤生物强化修复技术体系。

成果属于国际领先水平，已在广东省韩江三角洲（汕头市、普宁市、揭阳市），广东清远，湖北大冶进行了实地应用，评价了矿山尾矿及其受影响区域的生态风险，建立了适用于当地地质背景、地形地貌、气候条件的修复治理方法。该项目取得的科学结论发表了系列高水平文章，在国内外受到了广泛关注并得到了高度评价；项目研究过程中还获得了5个国家自然科学基金及4个省部级项目资助，有力促进了国内外土壤修复的研究，丰富了有机与重金属污染的环境效应研究。对我国油田和有色金属矿山环境保护和污染修复有重要意义，具有很好的应用效果和推广前景。

7.4.3 详细内容

（1）矿区污染物来源和生态风险的准确判断

土壤重金属来源分为自然源和人为源。在自然作用下富集的重金属，尤其是微量重金属元素，多以类质同象的形式存在，即赋存于矿物晶格中，具有较高的稳定性，不易向环境释放。而典型的人类活动排放的污染物在进入环境初期具有相当高的生物可利用度，极易被直接接触的各类生物吸收、富集。所以在制定土壤修复计划之前需要先行判断污染物来源，进而制定出合理的、具有持久性的污染修复方法，并揭示修复方法的主要工作机制及生态系统对它的响应（Wang et al.，2019）。

该项目高度归纳了广东省韩江三角洲农业地质与生态地球化学调查项目的基础数据，总结出了一套可以推广至相似地质背景和环境背景的物质来源判断工作方法，并对湖北大冶、广东惠州、顺德、揭阳地区环境介质中重金属的污染特征、主要来源和人群健康风险进行了系统研究。主要是应用单因子污染指数法、内梅罗综合污染指数法和Hakanson潜在生态危害指数法，对上述地区农田土壤的污染特征和生态风险进行评价。通过结合区域排放特征、多元统计（相关分析、聚类分析和主因子分析）、PMF模型和地统计（空间结构分析和GIS制图）以及赋存形态特征揭示上述地区农田土壤重金属的主要来源。结合国家相关食品卫生标准，运用单因子污染指数法和内梅罗综合污染指数法对上述地区主要农作物的重金属含量进行污染评价。利用总结出的数学模型对土壤-农作物系统中重金属的迁移转化规律及主控因素进行系统研究。利用健康风险评价模型定量分析区域人群重金属暴露的健康风险和致癌风险，并找出了影响研究区人群健康的主要风险因子及主要暴露途径。通过区域优先控制污染物识别和重点污染区圈定为后期的土壤有机污染物和重金属的修复，及土壤生态系统重构提供了理论依据。值得指出的是，该项目所总结的方法，尤其是对污染源解析过程中共线性问题的解决，可以推广至世界不同的地质背景和环境背景。

（2）污染物在环境介质中迁移、富集、转化行为的热力学模型

污染物，尤其是不能在环境中降解的重金属，在土壤系统中的去除过程，实质上是其由土壤向植物迁移的过程。在植物修复过程中，污染物除了空间分布发生变化外，存在形态也会发生变化（刘玥等，2020）。所以，探寻污染物在不同环境介质中的分布，影响分布的机理及描述分布变化的热力学参数是本项目的关键问题之一。

1）修复过程中污染物的分布变化。

随着修复的进行，污染物的含量和活性都是发生变化的，而随着污染物的毒性降低，土壤生态系统会逐步恢复进而对生物造成未知影响。总体而言生物修复的效果随着时间的推移逐渐降低（孙鑫等，2017）。基于此建立了一个动态的、非线性的模型，初步模拟生物修复过程中的易变参数如温度、降雨、生物区系等对难降解或不降解污染物的影响。除此之外，还考虑了污染物在土壤、植物、水系等环境介质内及环境介质间的迁移过程，并厘清了各环境介质之间污染物的汇源关系。

2）修复过程中污染物的形态变化。

污染物的存在形态决定其化学活性和毒性，是决定生物修复效果的关键因素（Wang et al.，2021）。项目重点研究了污染物在不同环境介质中的价态变化和化学形态的变化，阐明了污染物价态变化过程中的电子得失以及形态变化达到动态平衡的内部和外部条件。

3）修复过程中有机污染物的降解。

相比于无机污染物，有机污染物除了能被生物直接吸收，即发生跨介质迁移外，还会由于生物的介入加速降解。由于外部条件不同，相同的初始有机污染物降解的中间产物可能有所差异。这些中间产物的毒性往往差异很大，导致土壤生态系统有所差异，进而影响修复效果。项目阐明了修复过程中有机污染物降解的机理和途径，为达到最优修复效果提供理论支持。

4）为了描述修复过程中系统整体的热力学特征，采用了合理的方法描述污染物在迁移、形态变化、降解过程中的热力学状态，并揭示了污染物与系统其他因素达到平衡时的热力学状态，尤其是需要研究污染物跨介质迁移时的热力学状态，从热力学角度揭示控制污染物迁移速度和形态变化的要素。

本团队已通过大量实验揭示了部分污染物在不同环境介质的迁移、转化、富集行为，及这些行为对生态系统和植物修复效果产生的影响，并确立了部分有机污染物降解焓变的计算方法。

（3）复合污染土壤的修复技术研发和集成

针对场地有机污染物组分及其迁移特性，筛选了有机污染物高效降解菌群和植株，制备生物炭负载高效菌群的修复材料，开发了基于新型生物炭材料的微生物强化修复体系；针对植物修复技术存在的效率低，周期长的缺陷，开发了基于信号分子调控的高效、具有广泛适应性的植物强化修复技术体系；集成有机污染物的微生物修复技术及重金属污染物的植物修复，形成了适合复合污染土壤的、绿色的、可工程化应用的生物修复技术体系。

（4）基于系统整体的最优植物修复方案规划研究

任何土壤修复方法的最终目的或是降低污染物浓度，或是降低污染物的活性，根据修复后土壤的利用方式可能会附加一些条件如不能破坏土壤结构，不能降低土壤肥力等。植物修复是能同时满足上述要求的重要手段（Luo et al.，2019）。而土壤母质、污染物类型、污染物来源、污染历史、气候条件、地质背景、土地利用模式、植物种类等均会影响植物修复效果。重点研究的内容包括：

1）生物在真实场地去除微量污染物的机理。

以典型的非均质有机-无机复合污染场地为对象，研究了微量污染物如多环芳烃、正构烷烃、重金属、农药、药物在土壤-生物系统中的去除机理，并阐明了这些污染物在去除过程中对土壤生物、微生物群落特征的影响，构建污染物净化过程与土壤生态系统演化之间的关系。

2）建立了能在真实尺度场地实施的促进生物修复效果的辅助手段。

单纯的生物修复效率非常低，通常需要数十甚至几百年才能净化土壤中的某些污染物，所以项目辅以合适的辅助手段提升生物量或生物对污染物的富集能力以促进生物修复效果。在实验室内被验证有效的辅助手段如添加化学试剂、施用细胞分裂素、微生物接种、转基因、电场或磁场预处理、激光照射在真实场地实施可能会产生未知生态风险，或显著提高修复费用，导致这些方法难以在真实尺度场地实施。申报人研究了在调节自然光强度、频率和地磁场方向的情况下，生物量、微生物群落、根系分泌物、污染物形态等的变化，进而通过揭示自然光、地磁场对土壤-植物系统的影响机制达到利用广泛存在的自然资源促进真实尺度场地植物修复效果的目的。

上述内容已有比较扎实的研究基础。本项目团队已在室内和真实尺度场地开展了大量相关工作，取得了相当数量的学术和实用性成果。

（5）绿色可持续性场地土壤修复技术集成和示范

根据典型复合污染场地的环境现状调查，结合研制的高效菌剂材料、生物修复载体材料及强化修复助剂，集成生物修复、强化修复、电化学修复等技术，构建了适应特定复合污染场地的风险-修复效应评估体系；建立了典型复合染场地的土壤修复规模化示范基地，开展了验证性示范与长效性评估，修复效果达到目标污染物的修复目标值，并形成具了有推广意义的生物修复技术体系及应用方案。

7.4.4 本节小结

随着我国社会经济快速发展，环境污染日益严重，其中石油及有色金属勘探开发过程石油烃、重金属及石油烃-重金属复合污染普遍存在，威胁国家和社会安全，危害人民群众身体健康。本项目在石油烃及其衍生物、重金属污染进行调研基础上，针对石油污染土壤、高盐度的油田采出水等提出高效微生物有效处理，分析了重金属和石油烃及其衍生物对土壤微生物活性和群落结构的影响，化学与生物技术联合，开展了有机-重金属复合污染的微生物、植物、环境催化修复研究。揭示了生物化学循环是一种修复土壤污染的具有环境友好性的方法，可促进持久性污染分子转化为低毒性和结构更简单的化合物；重金属的亚细胞分布是影响重金属生物可给性的重要原因；镉能降低土壤微生物酶活性，而 PAHs 的存在会进一步强化重金属的毒性。本项目成果已在广东省韩江三角洲（汕头市、普宁市、揭阳市），广东清远，湖北大冶进行了实地应用，评价了矿山尾矿及其受影响区域的生态风险，建立了适用于当地地质背景、地形地貌、气候条件的修复治理方法。此外，本项目取得的科学结论在国内外受到了广泛关注并得到了高度评价，有力促进了国内外土壤修复的研究，丰富了有机与重金属污染的环境效应研究。总之，本项目有力地推动了我国石油烃及衍生物-重金属复合污染的环境修复科学技术方面的进步。

7.5 基于岩石土壤植物微生物四位一体边坡复绿技术的研究

7.5.1 项目背景

随着我国矿山的大量开采、路桥建设及大型重点工程项目的日益增多，遗留的环境问题特别是边坡治理复绿工程的需求和发展亟待解决。根据国家产业政策，“十三五”期间，矿山复绿成为治理的重点工作之一。可以预见，矿山治理绿化技术将在我国快速展开，以便有效降低矿山开采产生的视觉污染、空气污染及水质污染的负面影响。陡坡复绿工程技术在未来几年矿山治理工作中具有越来越好的市场前景。

然而，徐友宁等（2012）通过对长三角地区废弃矿山治理的情况进行实地调查和分析研究，边坡复绿工作仍有许多问题尚待解决，如土壤易坍塌，尤其在暴雨情况下；土壤贫瘠，易板结，这就导致植被不发芽，即使发芽，后期死亡风险也较高；植被单一、生态系统稳定性较低，后期浇水养护成本大等问题。特别是高陡光边坡，或不能治理，或削坡治理后形成二次破坏污染。

主流的一些客土喷播技术即铺设金属三维网，再用喷播机将喷播基材喷播上去，但很多实际情况却是坡度太大，基质即使起初尚能固定，但一段时间之后仍旧会垮塌，且仅能在坡度较缓（小于 60°）情况下有一定的效果，而在坡度 60°~70°情况下效果不理想，大于 70°情况下基本效果更差。

总体而言，目前国内矿山硬岩边坡常用的修复治理技术共分为以工程施工为主导的复绿技术和以生态培植为主导的复绿技术两大类，以及人工造坡复绿技术、台阶爆破削坡复绿技术、格构护坡复绿技术、鱼鳞坑客土培植复绿技术、人工槽板复绿技术、植被混凝土挂网喷播技术、速藤屏生态修复技术、生态植被袋技术、生态植被毯技术、轮胎护坡复绿技术和绿色屏障遮挡技术等 11 种方法。且以上边坡修复技术，普遍都忽略了微生物的作用，而且对高陡岩质边坡复绿效果均不甚理想。针对此技术难题，于 2017 年向中国煤炭地质总局提交“基于岩石、土壤、植物、微生物四位一体的边坡复绿技术”立项申请并获批。

7.5.2　成果简介

本研究成果是在不破坏坡面和山体结构的前提下，解决高陡边坡复绿的难题。在前期构建高陡岩石边坡植被恢复构建体的基础上，进而再提供一种减缓高陡矿山坡度的复绿方法，本研究采用前期室内试验研制的改良剂和工程措施相结合，将高陡边坡的坡度减缓至 70°以下再进行客土喷播复绿。在此基础上再利用一种高陡岩石边坡植被恢复构建体及其恢复种植方法。构建体主要包括：岩石边坡上层的土工格室、位于土工格室上层的三维金属网、土工格室与三维金属网构成的空间内充填的人造土壤以及位于人造土壤上层的立体多层次植被。该恢复种植方法通过土工格室、金属三维网和人造土壤构成一个统一整体。从表面看是一个结构非常坚固、稳定的整体，但底部的土工格室又将整体划分成了单元格，格室与格室之间又相互连通，通过植物的根系生长构成一个统一的、有机的岩石-土壤-植物-微生物四位一体的边坡复绿体系。

通过构建的岩石-土壤-植物-微生物四位一体的边坡复绿体系在湖州固废中心、大煤山矿区进行试验，试验结果得出：本研究采用的四位一体边坡复绿技术既能有效接纳降雨、利于渗透，还能降低土壤水分的蒸发；相比以前的研究，本试验可以有效降低土壤干燥化，提高土壤含水量，且土壤理化性质均有显著提升。

在对土壤微生物功能多样性分析表明，试验前后土壤微生物群落代谢活性显著提升，这是因为不同类型植被的土壤微生物群落组成以及供给土壤的碳源类型不同。边坡进行治理后，随着治理时间的增长，土壤含水量提升，给微生物生长提供了良好的条件；同时植物的根系释放了大量的碳源，以及植被凋谢物的分解转化提高了土壤中碳、氮、磷等养分的含量，进而影响了土壤微生物群落的代谢活性。丰富了土壤中的水分，从而促进了植物根际的发育以及提供给微生物群落更有利的生长环境。由此可见，在合理的工程措施基础上对矿山边坡添加适量的改良剂，可以显著改善土壤微生物环境，进而提升植被覆盖率，利于矿山生态修复，可以推广应用。

7.5.3　详细内容

（1）主要研究内容

根据项目研发目标，并针对现有边坡治理技术水平和存在的问题，制定本项目的主要研发内容如下：

施工工艺主要采取因地制宜的方式实施，主要包括以下 5 点。

1）在边坡坡面上，结合岩石本身性质，利用工程技术和特殊材料，构建坚实稳固的骨架体系，为后续的土壤基质附着提供基础；

2）在室内，研制不同配比的改良剂，并结合土壤和岩石本身的性质，研发具有超强黏性的活性土壤；试制不同功能的微生物种群，将其依附在一定的有机基质上，并最终与土壤混合，形成具有特殊功能的微生物活性土壤；

3）在室外，通过室内配制的改良剂，以及筛选出的微生物群落的土壤，附着在室外岩石上进行附着力试验验证；

4）在野外，筛选一些抗旱抗逆性的野生植物品种，并结合已有的植物品种，匹配成有利于植物多样性的种子搭配，通过在湖州固废中心进行野外中试试验，检验改良剂以及搭配工程措施后的复绿情况；

5）在野外中试试验取得成功基础上，进一步在大煤山矿区进行试验性推广应用，构建关于岩石、土壤、植被、微生物四位一体的交互体系。

（2）技术路线

本研究成果通过前期准备、室内试验、室外试验、野外中试、试验应用5个过程（图7.5.1）。前期准备通过野外考察、资料查阅、土样分析等工作，确定把高陡光坡的研究作为我们的研究目标；室内试验通过黏结剂配制、种子发芽试验、微生物菌剂筛选、改良剂配制等工作，研制适宜高陡光坡复绿用的基材及其配制；室外试验通过观测不同黏结剂附着试验以及室外小试观测基材生长情况；野外中试通过在湖州固废中心进行试验，包括野外选址、方案设计、土壤喷播、测试分析等工作，初步确定高陡光坡复绿用基材及其配制的可行性；试验应用通过在大煤山进行试验，将前期的研究工作及技术推广应用，包括前期现场踏勘、植物物种筛选、喷播试验、土样分析、复绿效果分析、社会效果影响分析等工作。

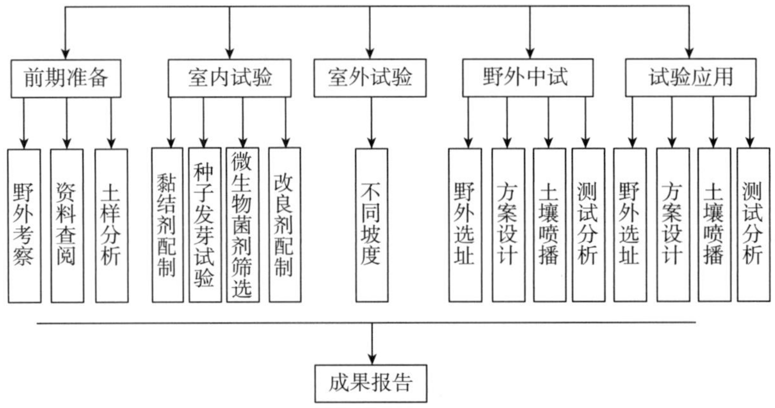

图7.5.1　技术路线图

（3）技术创新

本研究成果的技术创新点主要有以下几个方面：

1）提升土壤物理结构。

一方面增强土壤培养基的保水保肥能力，有利于植物生长，另一方面增加基质的渗水性，降低坡地结构的荷载，有效解决边坡坡度过陡而导致基材脱落的情况。

2）促进土壤中肥力的持续性释放。

依靠微生物的活性和固氮植物的种植来增加土壤自身的造肥功能，保持土壤基材养分供给的持续性和稳定性。

3）增强土壤附着力的同时保持土壤透气性。

一方面依靠新型改良剂能增强土壤附着在矿山岩石上的能力，另一方面改良剂的易分解能力能为后续的植物根系生长提供有利条件。

（4）推广应用情况

针对“常规运作模式”矿山环境恢复保证金流转不畅、长期沉淀，制约矿山企业积极性和主动性，严重抑制市场活力的弊端，中煤浙江生态结合国家有关部委提出的“社会广泛参与、市场化运作”的指导意见，在分析矿山生态修复市场形势、产业现状的基础上，创新性提出了“边开采、边治理、边返还”的矿山环境治理“三边模式”，该模式获得中国煤炭工业协会“2020 年煤炭企业管理现代化创新成果三等奖”。大煤山项目作为首次推广应用项目，此项目是从“政府治、企业治”向“社会治”的延伸，也是浙江长兴首个“三边模式”矿山治理项目，复绿边坡 $12\times10^4m^2$。解决了矿山企业的技术和资金难题，为探索矿山生态环境恢复治理模式迈出了全新的一步；也为矿山复绿工作进入冲刺阶段打下了良好基础，另外 2018 年中国矿业循环经济暨绿色矿业发展论坛、浙江省矿业绿色发展现场会及 2020 年全国绿色矿山高级研修班均将大煤山项目作为现场观摩点，项目所在地——大煤山矿区也因此入选 2019 年度国家绿色矿山名录，提升了推广知名度。

由于大煤山项目的成功推广，不仅解决了矿山企业的技术和资金难题，为探索矿山生态环境恢复治理模式迈出了全新的一步，也为矿山复绿工作进入冲刺阶段打下了良好基础。中煤浙江生态的业务也因此拓展到了浙江全省以及周边省份，现阶段更是成功打入云南、海南、内蒙古市场。现就近年来比较典型的推广项目列表如表 7. 5. 1 所示。

表 7. 5. 1　近三年部分推广应用项目列表

序号	工程名称	合同额/万元
1	湖州南方矿业有限公司大煤山石灰石矿+125m 平台以上边坡复绿项目	480
2	安徽省广德县荷叶岭溶剂用石灰岩矿边坡复绿工程	490
3	杭州山亚南方水泥有限公司大同石灰岩矿永久边坡生态环境恢复治理工程	735
4	上虞区梁湖街道任庄村玄武岩废弃矿山生态环境综合治理工程	3129
5	萧山公安分局涉案物品保管中心（警犬基地）项目边坡防治勘查与治理工程	709
6	常山南方水泥有限公司辉埠石灰岩矿绿色矿山提升工程	895
7	上海普陀区六横镇鸡爪村豁蛋岙建筑用石料（凝灰岩）矿矿山地质环境保护与恢复治理工程	1239
8	浙江省桐庐南方水泥有限公司阆苑石灰岩矿矿山生态环境提升工程	940
9	宁波恒大山水城 ZH09-03-02-02# 地块边坡治理工程	3750
10	宁波奉化恒大溪上桃花源二陶场地块山体支护施工工程	2506
11	上海辰山植物园辰山边坡安全隐患治理与防护工程	1364
12	芜湖南方水泥有限公司现有水泥生产线开展产品升级技术改造项目边坡治理工程	504

（5）经济及社会效益

1）经济效益。

中煤浙江生态通过经验总结、成果推广，进一步扩大了矿山生态修复市场的份额。在此之前，湖州中煤地质工程有限公司的矿山治理工作主要局限在长兴、湖州地区，随着社会影响力的扩大，迅速将相关的业务市场推广至浙江全省 11 个市，并逐步向周边省份扩展，业务量迅速增长，矿山治理也由单个矿山向整个矿产地（包含流域）的区域性治理方向发展。以“大煤山项目”为样板，连续对数十座生产（或废弃）矿山进行了生态修复，同时还承接了国内部分大型房企的建筑场地边坡治理工程，近两年治理面积达 $120\times10^4m^2$，取得了良好市场经济效益。

2013—2017 年间，“中煤浙江生态”相关的矿山环境治理产值一直维持在年度数百万元之间。

长兴大煤山项目实施时间为 2017 年 11 月至 2018 年 7 月，成果实施前一年度（2017 年）公司矿山环境恢复治理板块经营收入 625 万元；2018 年、2019 年成果实施期间经济效益明显增加，经营收入迅速增长，2018 年实现经营收入 1954 万元，2019 年实现经营收入 7113 万元，收入年均增长率为 212.64%，矿山环境恢复治理板块利润率也呈逐年递增趋势，从 4.8%提升至 5.7%。截至 2020 年，产值已达 11000 万元，为公司创造了良好的经济效益。近 8 年矿山环境治理业务产值变化趋势如图 7.5.2 所示。

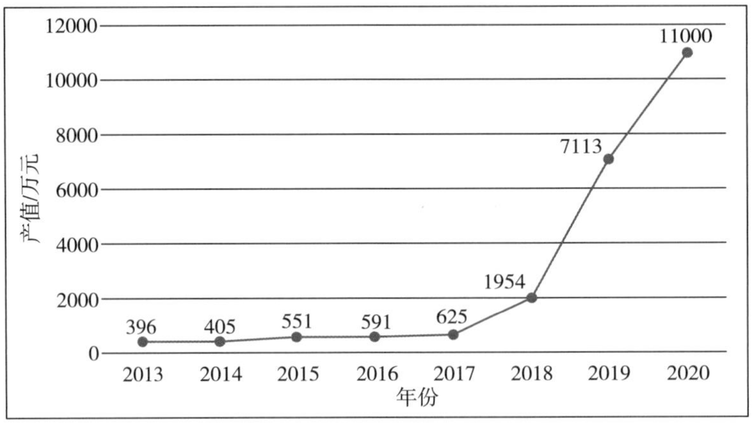

图 7.5.2　2013-2020 年矿山环境治理产值趋势图

2）社会效益。

该技术所推广的大煤山项目受到了浙江省政协副主席陈铁雄、原浙江省人大常委会副主任毛光烈、自然资源部矿权管理司司长姚华军、原国土资源部地质环境司副司长熊自力、长兴县委书记周卫兵、浙江省自然资源厅副厅长、浙江省地勘局局长张金根，湖州市副市长卢跃东、湖州市矿治办主任龚西征等领导的充分肯定。

从实施到完成受到湖州市及浙江省媒体的广泛关注与报道。湖州市电视台对中煤浙江生态环境发展有限公司（原湖州中煤地质工程有限公司）曾多次进行采访报道，对此项目所产生的生态效益进行表扬。除此之外，国土资源报、中煤地质报、长兴新闻报等都对此项目进行相关报道。2018 年 6 月，由中国矿业联合会召开的“2018 中国矿业循环经济暨绿色矿业发展论坛”选取大煤山进行现场观摩，让公众了解到如何实现资源保障与生态环境保护的协调发展，身临其境感受矿山复绿效果和绿色矿山的生机活力。

2020 年 6 月 16 日中关村绿色矿山产业联盟在浙江省举办第一期“绿色矿山评估研修班（高级）”到该项目现场参观考察，研修班考察团成员与中煤浙江生态相关人员就该技术展开了深度交流。

7.5.4　本节小结

该成果共计申请发明专利 4 项、实用新型专利 12 项，其中已授权发明专利 3 项、实用新型专利 10 项，实质审查中 3 项；发表科研论文 5 篇，取得软件著作权 1 份；该项目先后获得中关村绿色矿山产业联盟绿色矿山科学技术奖二等奖以及中国煤炭地质总局科学技术奖二等奖。以该创新技术为依托，我单位矿山生态修复项目迅速拓展，并成功获批中关村绿色矿山产业联盟绿色矿山突出贡献单位。先后获批国家级高新技术企业，国家、省级科技型中小企业，市级高企研发中心，知识产权管理体系贯标认证，以及市级专利示范企业。

2018 年中国矿业循环经济暨绿色矿业发展论坛、浙江省矿业绿色发展现场会及 2020 年全国绿色矿山高级研修班均将该项目作为现场观摩点。该项目采取的矿山治理“三边模式”以“两山”

理论为指引，通过优化矿山布局和提升产业结构，将传统的“政府治、企业治”向“社会治”延伸。同时项目推广应用地——大煤山石灰岩矿区入选 2019 年国家级绿色矿山名录，单位的业务也拓展到浙江全省以及周边十余个省份。并以此项目技术先后服务治理了国家级绿色矿山 10 座、浙江省绿色矿山 7 座。

7.6　绿色矿山建设与生态修复关键技术研究及工程应用

7.6.1　项目背景

煤炭作为推进我国经济发展的主体能源，煤炭生产在国民经济建设中具有重要地位。据不完全统计，长期以来在我国一次性能源结构中，煤炭资源约占 70%，并且在今后相当长一段时间内仍然是推动我国社会经济繁荣发展的主要能源，2019 年我国煤炭产量为 39.6×10^{8}t，在一次性能源结构中占 57%。多年煤炭开采在全国范围内形成了众多老旧矿区，在为国家经济发展贡献能源的同时也对生态环境造成了严重的破坏，给人类社会的发展和矿区居民的生活带来了严重的影响，因此，开展老旧矿区生态环境治理是我国当前社会发展的主要任务之一。

2018 年 9 月，习近平总书记在东北考察时明确指示，“要支持阜新海州矿、抚顺西露天矿等特大露天矿坑开展综合治理；要本着科学的态度，认真搞好评估论证，把综合治理同产业发展结合起来，决不能为治理而治理”。总书记的重要指示，为我们指明了方向，“阜新海州露天矿及周边地质灾害防控及生态修复示范工程建设”项目的设计与实施，是贯彻落实习近平总书记在辽宁考察时和在深入推进东北振兴座谈会上重要讲话精神的具体体现，也是资源枯竭城市在转型试点中，对生态恢复治理的有益探索。

平安矿业处于阜新海州露天矿及周边地质灾害防控及生态修复示范工程建设范围之内，自 1958 年 12 月建成投产至今，为国家提供了大量的煤炭资源，同时也给矿区环境带来了一系列的严重破坏，如地表沉陷、地表（下）水系污染、矿区内植被衰退、地质灾害频发等，上述由于矿山开采引起的环境问题给矿区生产及周边人民群众的生活带来了严重的影响和安全隐患。因此，进行绿色矿山建设、开展老旧矿区生态恢复是解决上述问题的必由之路。

平安矿业从转制建矿之初始终积极响应国家号召，按照国家要求开展绿色矿山建设工作，2014 年 7 月，国土资源部发布《关于第四批国家级绿色矿山试点单位名单的公告》（2014 年第 11 号），确认平安矿业为第四批国家级绿色矿山试点单位，于 2017 年 10 月通过国土资源部验收，正式被授予国家级绿色矿山称号。自 2018 年 10 月 1 日起，自然资源部（原国土资源部）正式实施《煤炭行业绿色矿山建设规范》（DZ/T 0315—2018），新行业标准的实施，生产能力的提高，以及采煤方法的转变，都对平安矿业绿色矿山建设提出了新的标准和要求。

由此可见，为落实矿山地质环境保护与土地复垦制度，有效保护与恢复矿山地质环境，对平安矿区生态环境进行系统规划和治理，对减小矿业活动对矿山环境的影响，促进矿业开发与矿山环境保护的协调发展，促进人类与矿山环境和谐相处，保持当地社会经济健康、稳定、可持续发展具有极其重要的意义。

7.6.2　成果简介

该成果依托“新型 DBPRBs 系统修复地下水渗滤液污染物模型及机理研究”（41102157）、“地下矿产开采地质环境致灾机理及协同防控技术研究与应用”（XLYC1802063）和“平安矿业绿色矿山建设（I）期——地质环境治理与生态修复工程设计”（2019—2026）等工程项目，围绕老旧矿区绿色矿山治理的必要性、地表变形监测、煤矸石山稳定性分析、矿区水资源综合利用和矿区微气候环境监测等关键问题进行了系统研究，主要研究成果如下：

1）针对老旧矿区绿色矿山治理进行了 SWOT（优势-劣势-机遇-挑战）分析，确定了平安矿绿色矿山建设的理念、目标及路径；

2）制定和优化无人机倾斜航摄方案，通过像控点联测、空三加密和三维重构等技术手段，获得了地面分辨率为 1.5cm 的三维实景模型；

3）确定了老旧矿区地表下沉影响范围和井下地应力二次分布的计算方法，得出开采影响区域、地表下沉量及地应力二次分布规律；

4）基于松散堆积体的物理力学性质，系统研究了新旧煤矸石山的基本特征和变形规律；

5）基于“资源利用高效化、矿山环境生态化”的总体发展理念，完成了总体规划、局部景观设计及施工图设计；

6）系统研究了平安矿区地下水的赋存特征和采动过程中矿井水灾害特征，建立了平安矿涌水量模型，提出了矿井水“防-控-用”关键技术措施；

7）确定了平安矿区对居民生活影响较大的微气候环境污染因子，建立了平安矿区生态环境评价指标体系和评价模型，设计了平安矿区微生态环境监测系统。

7.6.3 详细内容

（1）研究确定了平安矿绿色矿山治理理念及路径

以绿色发展理念为指导，对平安矿的绿色治理进行了 SWOT（优势-劣势-机遇-挑战）分析，其优势在于平安矿是我市唯一的第四批国家级“绿色矿山”试点单位，在高效开发、绿色开采、综合利用、环境保护、矿地和谐等方面树立了可推广、可复制的先进典型；劣势在于历史遗留的矿区环境问题较突出、任务重、难度大、绿色矿山管理体系尚未建立，缺乏先进的技术和管理能力。但生态文明建设加快推进，为绿色矿业发展带来了重大契机，国家对积极参与绿色矿山建设的单位给予一定的政策扶持，同时鼓励有实力的企业对行业内资源进行整合，以带动全面的绿色矿山建设，这既是绿色矿山治理的机遇，也是挑战。系统论证绿色矿山建设的必要性和可行性，提出了以打造具有特色的旅游形象和精品级旅游产品的绿色矿山治理理念，确定了平安矿绿色矿山建设的目标及路径，确定了以发展工业遗产旅游为目标的绿色矿山治理以及具体的绿色矿山建设的路径。

（2）老旧矿区及周边区域高精度三维实景建模

通过优选，组装了基于“哈瓦 MRGA-V8 无人机+YT-5POPCIII”的航测设备，系统优化了无人机倾斜航摄方案，通过像控点联测、空三加密和三维重构等技术手段，获得了地面分辨率（GSD）为 1.5cm 的高精度平安矿区及周边三维实景模型（图 7.6.1、图 7.6.2）。

（3）平安矿周边深部开采岩层移动及地表影响规律

采用理论分析与数值计算相结合的方法，对平安矿区在现状开采条件下地表下沉量进行计算，结果表明：所在区域预计地表最大下沉值 $W=4103$mm，最大水平变形值 $\varepsilon=15.55$mm/m，最大倾斜值 $i=28.05$mm/m，最大曲率值 $K=0.35\times10^{-3}$/m。在考虑 2020—2022 年计划开采区域的影响下，预计地表最大下沉值 $W=1948$mm，最大水平变形值 $\varepsilon=6.60$mm/m，最大倾斜值 $i=9.35$mm/m，最大曲率值 $K=0.10\times10^{-3}$/m，预计受到开采影响的总面积约为 1.196km^2，影响区域主要集中在平安煤矿的南部，建议采取抗变形措施（图 7.6.3、图 7.6.4）。

（4）煤矸石堆积体稳定性分析与加固技术

对平安矿矸石山的基本特征和变形规律进行了系统研究。根据粒径是决定散体颗粒性质的主要因素，粒径接近的散体颗粒性质基本相同这一原理可知，该矸石山不同部位处的矸石散体具有相近的性质（图 7.6.5、图 7.6.6）。

而基于临界堆载角度，通过建立散体介质单元在滑动斜面上的临界平衡方程并通过最终求解可得基于矸石山内部破坏的矸石山临界堆载高度计算公式。矸石散体由于荷载和自重作用所产生的压缩变形约为矸石堆积体初始高度的 10%~15%，18%~20%为其压缩变形量的理论上限值。

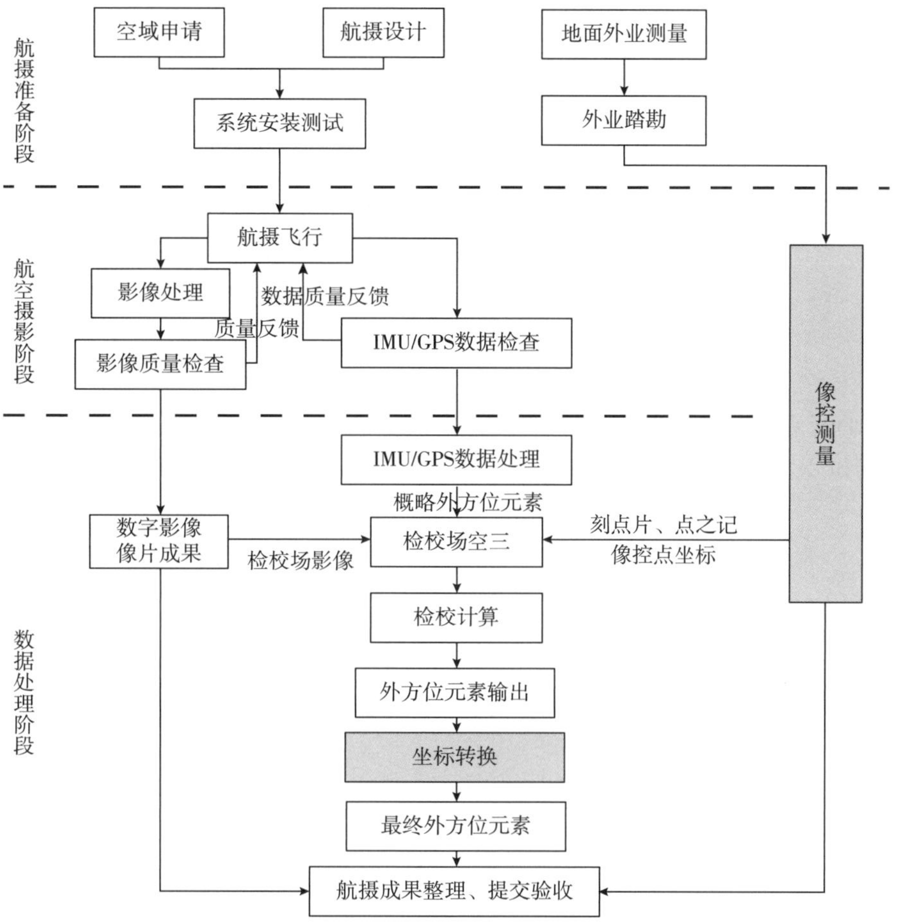

图 7.6.1　航空摄影技术路线

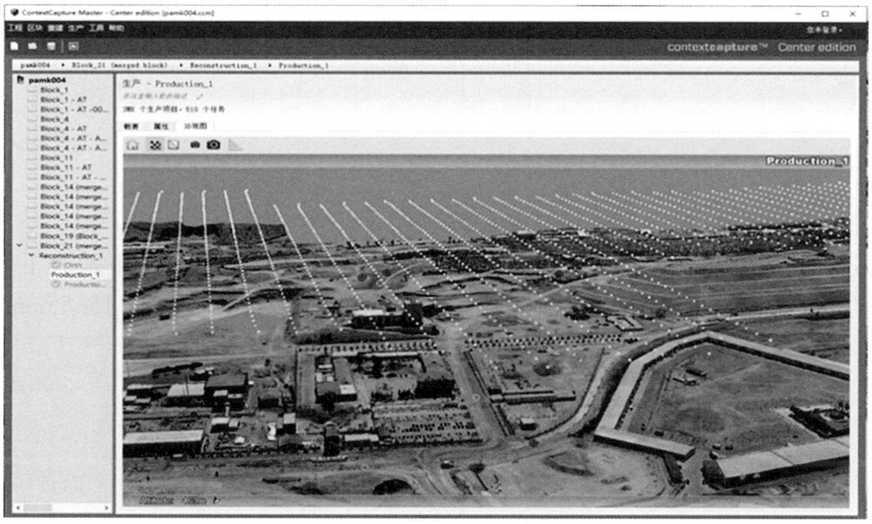

图 7.6.2　三维模型成果

$$H_{cr}=\frac{c}{\gamma}\frac{2\sin\beta\cos\varphi}{\sin(\beta-\theta)\sin(\theta-\varphi)} \tag{7.6.1}$$

通过方案经选，优选确定采用 CFG 桩技术对矸石山进行加固，并确定 CFG 桩施工技术参数，项目实施后有效地解决了平安矿业由矸石山所引发的灾害问题。

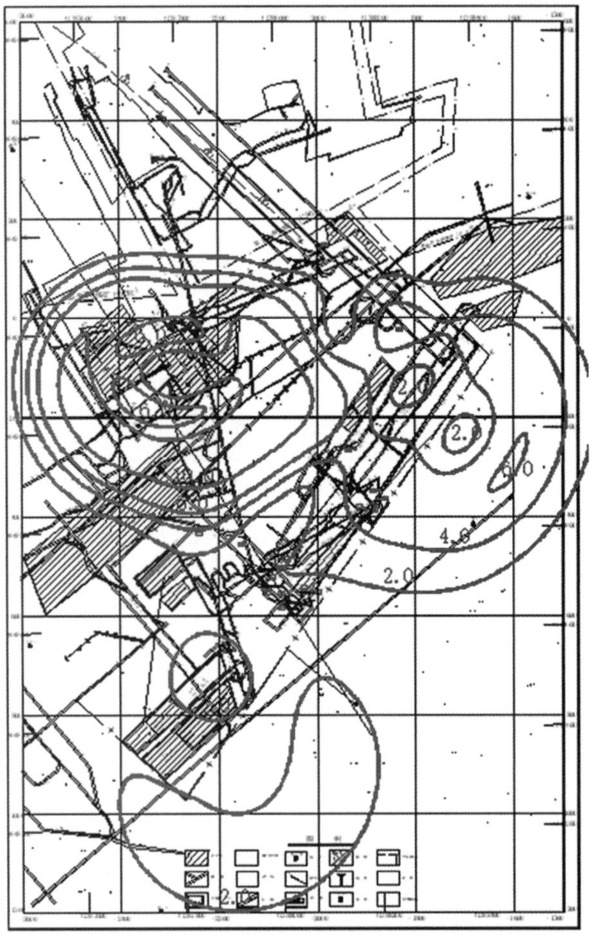

图 7.6.3　已采工作面预计地表水平变形等值线

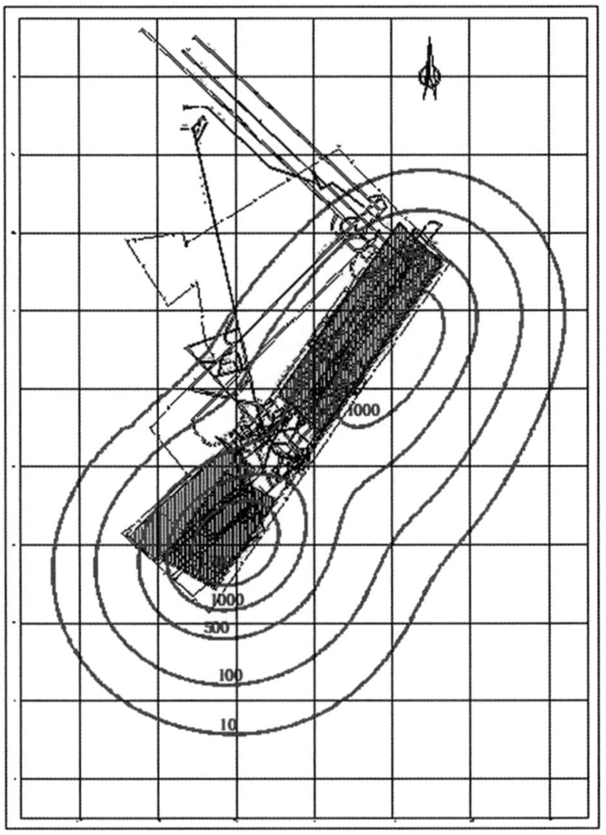

图 7.6.4　2020—2022 年预计地表水平变形等值线

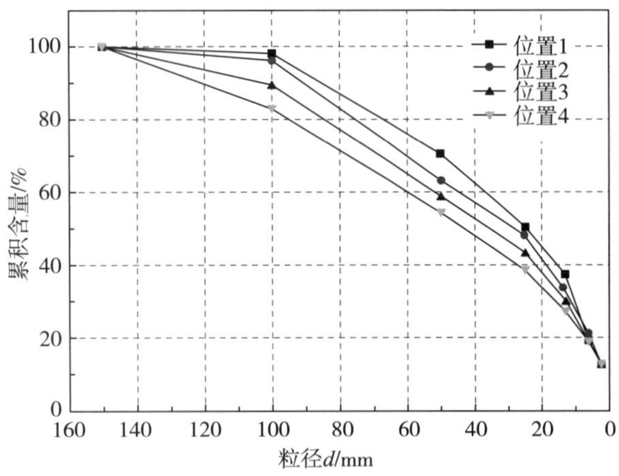

图 7.6.5　不同部位处矸石散体的粒径分布曲线

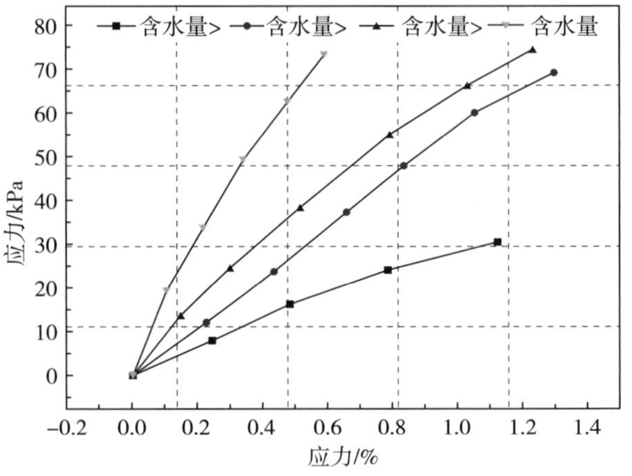

图 7.6.6　含水量对矸石散体的影响

（5）矿井下开采地应力二次分布规律研究及演化预测

对平安矿业井下开采地应力二次分布规律及演化进行了系统研究。通过对平安煤矿二槽煤层岩体应力计算，划分了 5 个应力升高区，3 个应力梯度区和 4 个应力降低区，应力升高区面积约为 1 km^2，应力升高区最大水平主应力值均为 26～31.5MPa；应力梯度区面积约为 0.77 km^2，应力值 20～26MPa；应力降低区面积约为 0.89 km^2，应力值为 16～20MPa；研究成果为保证平安矿安全生产和预防采后地表陷提供了理论指导（图 7.6.7、图 7.6.8）。

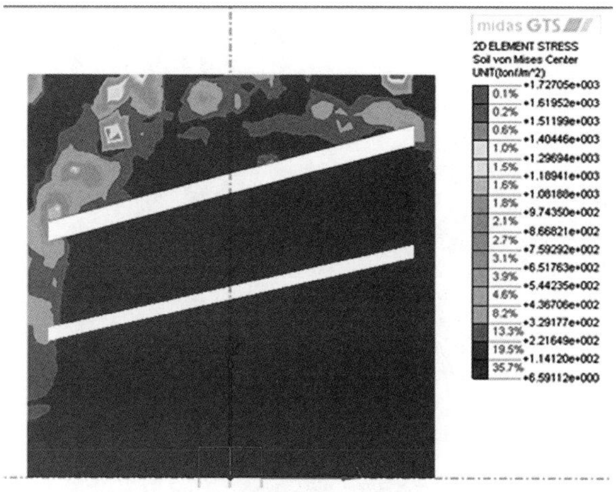

图 7.6.7　平安矿开采区 Mises 应力分布图

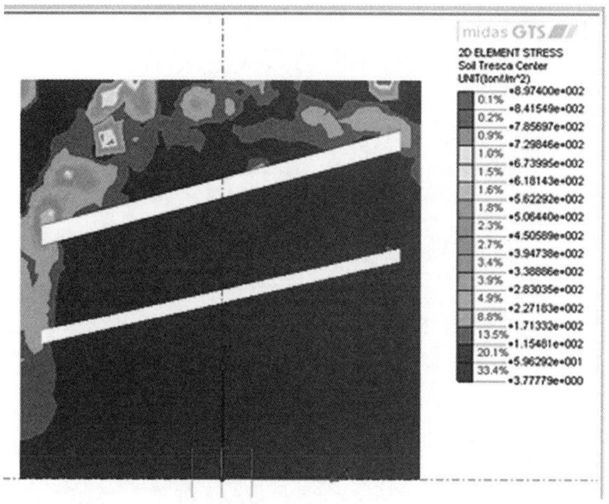

图 7.6.8　平安矿开采区 Tresca 应力分布图

（6）平安矿绿色矿山规划与建筑景观设计

基于平安矿业“开采方式科学化、资源利用高效化、企业管理规范化、生产工艺环保化、矿山环境生态化”的总体发展理念，根据国家有关标准和规范，完成了平安矿区绿色矿山建设的总体规划和局部景观设计，并配套完成了相应建设单元的施工图设计，构建了以发展工业遗产旅游为目标的绿色矿山治理思路，实现了安全生产与环境保护双赢（图 7.6.9、图 7.6.10）。

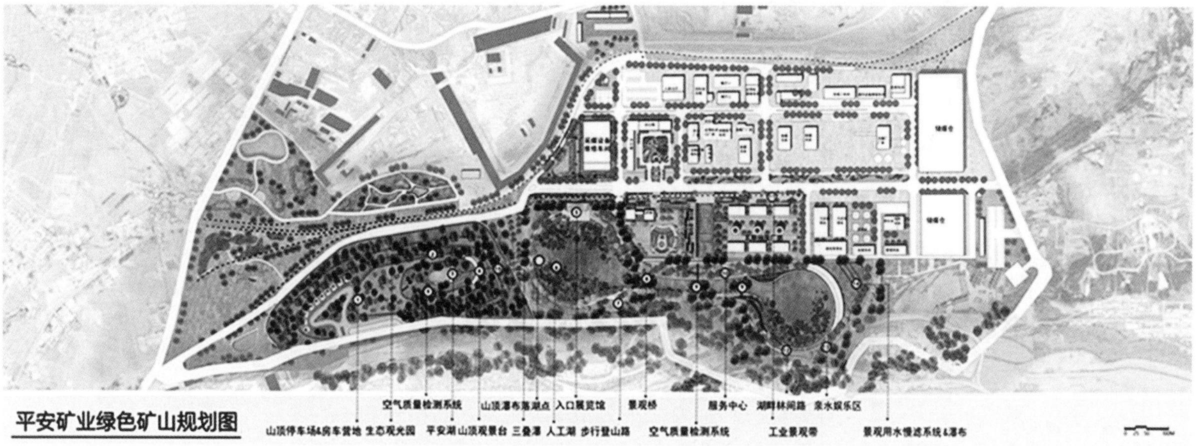

图 7.6.9　平安矿业绿色矿山总体规划图

（7）平安矿区水环境灾害特征及“防-控-用”关键技术

采用现场测试、理论计算和数值模拟相结合的研究方法，系统研究了平安矿区地下水的赋存特征和采动过程中矿井水灾害特征，基于 Visual Modflow 软件建立了平安矿涌水量模型，进一步研究得出工作面开采完毕后矿井的涌水量会达到 13.24 m^3/h；综合上述研究成果，确定了平安矿区矿井水资源的优化配置方案，实现了平安矿区水综合利用（图 7.6.11～图 7.6.13）。

（8）平安矿区微生态环境污染特征及评价

通过问卷调查的方式，确定了平安矿区对居民生活影响较大的微气候环境污染因子，建立了平安矿区生态环境评价指标体系和评价模型，揭示了平安矿区绿色矿山建设和生态环境恢复应重点考虑的问题，为今后进行环境治理指明了方向；进一步设计了平安矿区微生态环境监测系统，实现了平安矿区生态环境的实时、动态监测（图 7.6.14）。

图 7.6.10　沿湖景观路效果图

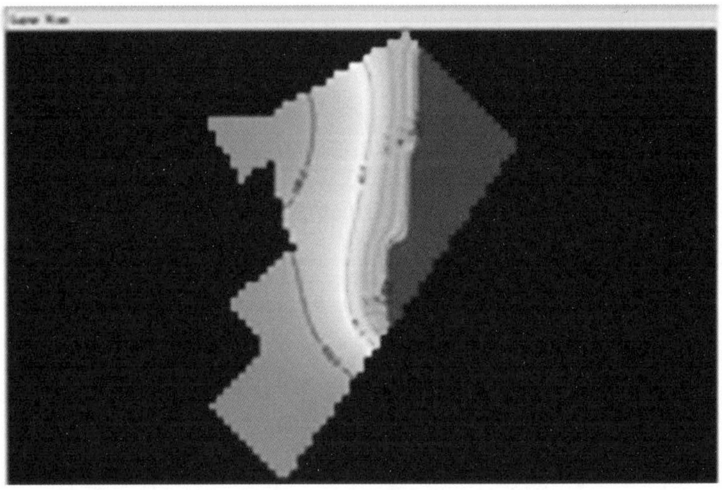

图 7.6.11　平安矿未来 10a 等水位线数值模拟

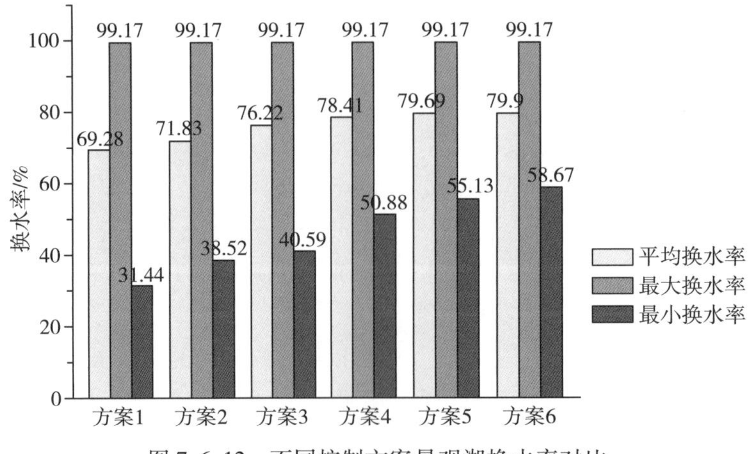

图 7.6.12　不同控制方案景观湖换水率对比

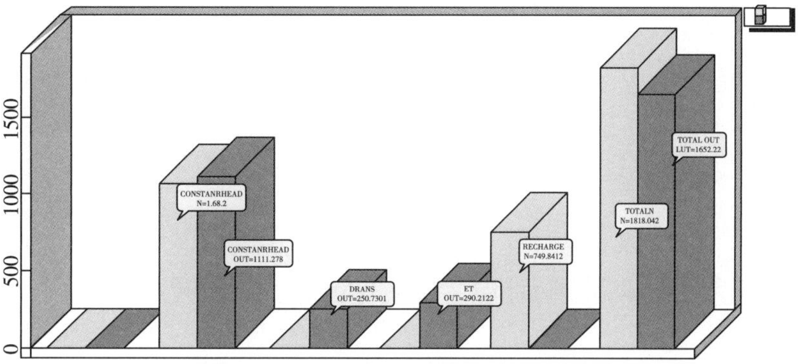

图 7.6.13 未来 10a 平安矿区水量均衡数值模拟

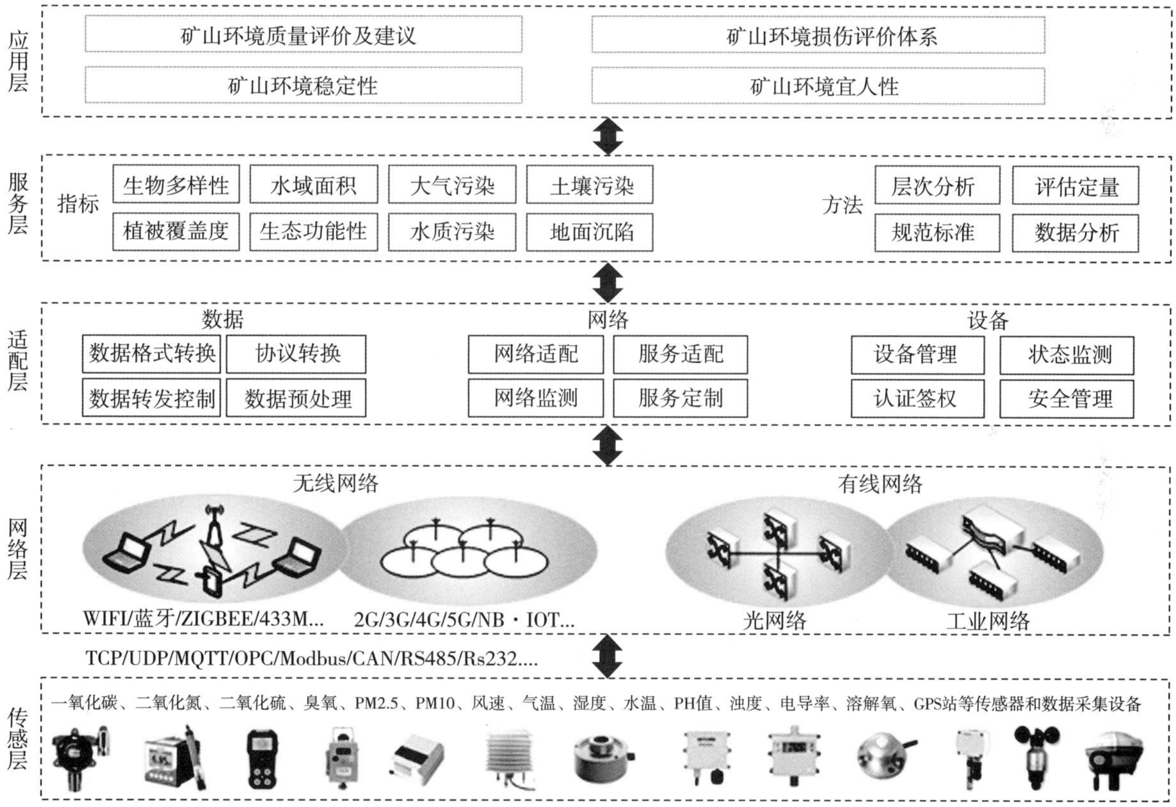

图 7.6.14 平安矿区微生态环境污

7.6.4 本节小结

该成果针对老旧矿区绿色矿山建设和生态环境恢复的技术难题，依托“新型 DBPRBs 系统修复地下水渗滤液污染物模型及机理研究”（41102157）、“地下矿产开采地质环境致灾机理及协同防控技术研究与应用”（XLYC1802063）和“平安矿业绿色矿山建设（I）期——地质环境治理与生态修复工程设计”（2019—2026）等项目，对相关问题进行了系统研究。以平安矿为例，对老旧矿区开展绿色矿山治理进行了 SWOT（优势-劣势-机遇-挑战）分析，系统论证绿色矿山建设的必要性和可行性，提出了以发展工业区域旅游为目标的绿色矿山治理思路，实现了安全生产与环境保护双赢；提出了基于“过程控制与采-治相结合”的绿色矿山建设思路，并在平安煤矿区生态环境治理、地下水资源利用、煤炭整合开采、矿区固废处理、矿区土地综合利用规划等方面进行了成功应用；对地下水径流规律、水环境灾害演化特征等基础问题进行了详细研究，确定了矿区水资源“防-控-用”综合利用方案，丰富了同类型矿区绿色矿山建设的思路；确定了影响矿区居民生活质量的微气候生态环境因子，建立了平安矿区微生态环境评价指标体系和评价模型，构建了矿区微生态环境监测系统。研究成果在平安矿成功应用，实现了安全生产与环境保护双赢，取得了良好的经济效益和社会效益，研究成果对相似条件的老旧矿区开展绿色矿山建设和矿区生态环境修复具有重要的借鉴意义。

7.7 矿山环境恢复治理遥感调查监测关键技术研究

7.7.1 项目背景

（1）立项背景

党的十八大报告将生态文明纳入五位一体总体布局后，良好生态文明的建设成为矿山企业重要任务目标，而这其中，矿山环境恢复治理占据了重要位置。在自然资源部迫切需要获取真正客观矿山环境恢复治理占地面积基础数据，亟须提矿山环境恢复治理监测能力的背景下，解译国家级自然保护区内矿山开发占损土地情况、矿山环境恢复治理情况、在建和生产矿山的矿山地质环境和综合治理情况以及研究自然保护区内人工因子与自然因子之间的转换、人类活动对自然保护区内自然资源的影响等相关工作愈发重要。根据国家、部委的管理需求，以先进的遥感技术手段为支撑，统一规划、合理部署、点面结合，利用高分辨率遥感数据，开展全国年度新增矿产恢复治理状况监测，查明新增矿山的恢复治理状况、在建和生产矿山的矿山地质环境和综合治理工作进展情况、国家级自然保护区内现存采矿权和关闭矿山的矿山地质环境问题，为国家绿色发展指数统计等工作提供技术支撑。

（2）项目简介

项目服务于自然资源部门快速获取真实客观的矿山环境恢复治理面积数据，提升矿山环境恢复治理调查监测能力的需求。利用国产高分遥感数据，开展了矿山开发占损土地、矿山地质灾害、矿山环境恢复治理、矿山环境污染等现状及年度变化信息提取研究；新增矿山开发占损土地图斑、新增矿山环境恢复治理图斑提取研究；国家级自然保护区开发占损土地、矿山环境恢复治理、在建和生产矿山的矿山地质环境和综合治理及人工因子与自然因子之间的转换信息提取研究；结合新疆北部地区特点，调整技术方法，开展适合新疆北部地区的矿山地质环境评价研究。

7.7.2 成果简介

项目极大提升了新疆北部地区（以下简称“北疆”）矿山环境遥感监测体系业务化水平，提高了遥感与 GIS 的服务效果。项目成果为国家、省、市县政府与矿山管理部门及时掌握矿山环境变化、矿山地质灾害发生趋势、矿山环境恢复治理效果等基础数据提供的方法，为新疆北部地区矿山环境管理、防灾减灾决策、生态环境保护治理，尤其是重点矿区综合整治与矿山环境保护综合保障等措施和政策制定中提供了有力的技术支撑。本项目成果的应用推动了省级矿山环境动态监测体系的建立。

本技术研究成果在矿山生态环境监测与保护、矿山地质灾害监测，矿山环境恢复治理效果监测、矿山开发秩序动态监测、矿产资源规划执行情况监测、矿山企业开采进度、矿山储量情况、绿色矿山建设进度、执法监察等相关自然资源涉矿领域和自然资源“十四五规划”等方面应用前景广阔。

创新性包括：①利用遥感技术建立了矿产资源规划执行情况监测算法模型、北疆地区矿山环境进行了评价算法模型。②结合北疆地貌特征以及北疆坡度图，将工作区划分为两个子区即Ⅰ区（低坡度区）、Ⅱ区（高坡度区），分别确定各项评价指标因子权重，采用层次分析法分别对两个分区进行地质环境评价。③搭建了国产遥感卫星数据处理与信息提取、外业验证平台。④全面设计建立了北疆地区矿山环境恢复治理遥感调查与监测的技术体系，探索出符合北疆地区矿山开发秩序、矿山环境、矿山恢复治理等具体状况的国家与地方合作的新机制，为“十四五”规划提供技术数据支撑。

本研究的施行取得了显著的生态、经济和社会效益。专家组一致认为，本次研究结合新疆地区特点调整各评价因子的权重系数开展适合新疆地区的矿山地质环境评价研究，具有原创性，关键技术具有自主知识产权，填补了新疆北部地区矿山地质环境区域性评价的技术空白。

7.7.3　详细内容

（1）技术路线

研究工作在前期已有工作的基础上，以遥感技术为调查手段，以服务国土空间用途管制工作为目标，利用国产高分卫星遥感数据开展研究区年度矿山地质环境状况、新增的矿山恢复治理面积、在建和生产矿山的矿山地质环境现状、国家级自然保护区矿山地质环境现状等遥感调查与监测等工作，为“精心服务国土资源中心工作”服务。

项目采取遥感数据与多源数据相结合、计算机信息提取与人机交互解译相结合、室内综合研究与实地调查相结合的技术路线，客观地对研究区内的矿产资源开发利用状况、矿山地质环境状况、矿产资源规划执行情况等实施调查工作。

工作过程中，根据研究内容与侧重点变化，对遥感数据做有针对性的处理（如图像增强处理等），对遥感信息进行多层次技术筛选、信息综合分析等，进行矿山地质环境多目标信息提取；通过综合分析和野外实地检查验证，进一步提高信息提取工作的精度；通过质量控制和中间成果的检查，促进项目成果表现形式的规范化、标准化；加强新技术方法的研究和引进，提升遥感监测技术水平，完善技术体系。

（2）创新型研究

1）全面设计建立了研究区矿山环境恢复治理遥感调查与监测的技术体系，探索了一条完全符合北疆地区特点的矿山开发秩序、矿山环境、矿山恢复治理等方面调查与监测的国家与地方配合互动的新手段。

2）为实现研究区矿产资源开发状况、矿山地质环境、矿山环境恢复治理（含复绿工程）状况等方面调查与监测工作的业务化运行，搭建了国产遥感卫星数据处理与信息提取、外业验证平台。

3）结合北疆地貌特征以及北疆坡度图，首次提出将研究区划分为两个子区即Ⅰ区（低坡度区）、Ⅱ区（高坡度区），并分别确定各项评价指标因子权重，采用层次分析法分别对两个分区进行矿山地质环境评价后，形成研究区总的矿山地质环境评价成果。

4）以研究区为单位，分别统计能源矿产、金属矿产、非金属矿产的合法开采、违规开采的占地情况及历年变化情况，指出开采占地比例较多的矿种及其开采方式改变的可能性；根据地表景观保护工作的需要，提出区域矿产资源勘查开采建议。

针对不同矿种，分别统计国有企业、集体企业、私营企业的矿山地质环境恢复治理情况，对区域矿山地质环境恢复治理的典型区域进行解剖，提出区域矿山地质环境恢复治理建议。

按地质灾害类型，分别统计矿山地质灾害（及隐患）的分布范围、规模及影响对象，圈定矿山地质灾害集中分布区和地质灾害隐患区；开展矿山地质环境与矿山地质灾害（及隐患）之间关系，不同矿种、不同开采方式与矿山地质灾害（及隐患）之间的关系等的研究，提出矿山地质环境保护、开发与恢复治理建议。

（3）目标任务完成情况

1）采用层次分析法，结合北疆地区特点，调整各评价因子的权重系数，开展适合新疆地区的矿山地质环境评价研究，基本完成了科技创新目标。

2）全面设计建立了北疆地区矿山环境恢复治理遥感调查与监测的技术体系，探索出符合北疆地区矿山开发秩序、矿山环境、矿山恢复治理等具体状况的国家与地方合作的新机制。

3）利用高分辨率遥感影像数据，完成了北疆地区新增的矿山开发占损土地现状及变化情况调查、新增的矿山环境恢复治理现状及变化情况调查研究，获取了北疆地区新增的矿山开发占损土地和矿山环境恢复治理状况、在建和生产矿山的矿山地质环境和综合治理工作进展情况、国家级自然保护区内现存采矿权和关闭矿山的矿山地质环境问题等数据。

（4）取得的成果

1）利用搭建国产遥感卫星数据处理与信息提取、外业验证平台，查明了北疆地区新增的矿山开发占损土地和矿山环境恢复治理状况，提交了成果数据及统计表，编制了区域1：100万矿山开发占损土地现状、矿山环境恢复治理现状、矿山地质灾害、矿山环境污染成果图。

2）利用建立的矿产资源规划执行情况监测算法模型、北疆地区矿山环境进行了评价算法模型，完成了北疆地区矿山地质环境评价，编制了区域1：100万矿山地质环境评价成果图1幅。

3）全面设计建立了北疆地区矿山环境恢复治理遥感调查与监测的技术体系，探索出符合北疆地区矿山开发秩序、矿山环境、矿山恢复治理等具体状况的国家与地方合作的新机制，查明了北疆地区国家级自然保护区内现存采矿权和关闭矿山的矿山地质环境问题。

（5）成果转化与应用服务

1）新增矿山恢复治理监测技术方法研究成果，为国家绿色发展指数考核工作提供了重要参考数据。

2）露天开采矿山占损土地状况调查研究相关成果提交，为蓝天保卫战三年行动计划提供了基础本底数据，为行动计划的具体部署实施提供了决策依据。

3）采用本项目技术研究方法形成的“自然保护区资源环境遥感监测图集”系列成果提交给国家林业和草原局，为自然保护地的监督管理提供基础数据，为实现对生态保护红线和自然保护区内的开发建设活动实时监控提供技术支撑。相关工作获得国家林业和草原局好评。

7.7.4 本节小结

本次研究成果极大提升了新疆北部地区矿山环境遥感监测体系业务化水平，提高了遥感与GIS的服务效果，在国内起到了示范带动作用，为国家、省、市县政府与矿山管理部门及时掌握矿山环境变化、矿山地质灾害发生趋势、矿山环境恢复治理效果等提供基础数据，为新疆北部地区矿山环境管理、防灾减灾决策、生态环境保护治理，尤其是重点矿区综合整治与矿山环境保护综合保障等措施和政策制定提供了有力的技术支撑。本项目成果的应用推动了省级矿山环境动态监测体系的建立。

本项技术研究成果在矿山生态环境监测与保护、矿山地质灾害监测、矿山环境恢复治理效果监测、矿山开发秩序动态监测、矿产资源规划执行情况监测、矿山企业开采进度、矿山储量情况、绿色矿山建设进度、执法监察等相关自然资源涉矿领域和自然资源“十四五规划”等方面应用前景广阔。

7.8 生态型尾矿库系统实施方法的专利群

7.8.1 项目背景

生态文明建设是关系人民福祉、关乎民族未来的大计，是实现中国梦的重要内容。习近平在纳扎尔巴耶夫大学回答学生问题时指出：“我们既要绿水青山，也要金山银山。宁要绿水青山，不要金山银山，而且绿水青山就是金山银山。”矿山领域是金山银山，但现在更要追求绿水青山。2020年12月26日中华人民共和国第十三届全国人民代表大会常务委员会第二十四次会议通过《中华人民共和国长江保护法》，自 2021 年 3 月 1 日起施行。此前《黄河流域生态保护和高质量发展规划纲要》出台，将保卫黄河提到同样的高度，同期国家发改委、应急管理部、生态环境部三部委联合下发《关于进一步做好嘉陵江上游尾矿库治理有关工作的通知》，尾矿库已经成为各水体污染的一个重要原因，尾矿库的环境保护问题已经是威胁各个流域生态环境建设的一个重大问题，所以进行生态型尾矿库建设势在必行。

尾矿成分及残留选矿药剂对生态环境的破坏是非常严重的，尤其是含重金属的尾矿，其中的硫化物产生酸性物质进一步淋浸重金属，其流失将对整个生态系统造成危害。尾矿库一旦发生事故，尾矿及库内水流入水系，会使地表水体和地下水源受到污染，毒害水生生物、危害人类饮水水源，有时甚至涉及相当长的河流沿线。

现阶段我国危、险、病库数量众多，随时都威胁着国家财产和人民生命的安全，且污染环境问题日益突出，故尾矿库的建设水平急需提高，为了减少现有尾矿库存在的环境问题，提高尾矿库建设标准，建设生态型尾矿库系统是十分必要的。通过本课题的研究可以提高尾矿库的安全环保水平，解决企业生产中的难题。本课题的研究符合中央和国务院关于生态文明建设的战略方针，具有重大环保效益、社会效益和经济效益。

7.8.2 成果简介

生态型尾矿库建设的主要发明是一种零排放尾矿库系统及实施方法，发明的主要内容为：采用防渗技术在库区形成完整的防渗层，保证库区污水在截渗坝位置收集选厂再利用，不污染地下水，库外洪水经截洪坝及坡面汇流截洪道截洪后排走，实现完全的清污分流，库内降水储存在尾矿库内，然后利用尾矿库内调节系统实现污水零排放；尾矿库污水零排放的实现，表明了尾矿库设计也可以做到零污染。具有显著的经济效益、环保效益和社会效益。

本发明核心价值如下：

1）采用勘察手段确定基岩渗透系数及其完整性，当渗透系数小于 1×10^{-7}cm/s 时，库区可利用基岩进行防渗，对不完整基岩可进行灌浆处理；采用垂直截渗体加基岩防渗，形成完整的尾矿库防渗结构。

2）库区两侧坡面汇流由槽栅式坡面汇流截洪道截走排至消力池，沟谷汇流由截洪坝截住，由排洪隧洞排至消力池，实现清污分流的同时使库区降水只存在库面范围内的降水，减少被污染水量。

3）库内水主要来源只有库面降水及尾矿水，库区可留出一定高度 H（根据尾矿库库面流域内所需储存的一次洪水总量确定）的库面调蓄库容收集库内洪水，保证库面降水可在尾矿库内储存，库内水经井管系统排至截渗库 A（截渗库库容大小由设计标准下的一次洪水总量和尾矿水量经过计算决定），该设计中可根据排水井控制水流方向，当库内水达到一定水位时，才能由井管系统排至截渗库，而截渗库内水可打回选厂利用，同时截渗库和尾矿库内水量也可慢慢蒸发，截渗库和库面两部分水域增大了蒸发面积，增大了蒸发量。双调节系统由此过程实现设计标准下污水完全不外排。

4）尾矿库防渗结构保证库外水无法进入库区，库内水不外渗，库内水经收集后打回尾矿库慢慢蒸发或打回选厂循环使用。截渗库与库面调蓄库容的大小确保能够满足一次设计标准下的降水量，降水完全不外排，留在库区蒸发或排至截渗库打回选厂利用，由此调节实现库内水量平衡。

7.8.3 详细内容

（1）研究内容

尾矿库最大的问题在于水污染，而解决水污染的最重要的就是解决防渗问题，通过研究我们提出了生态型尾矿库防渗结构、复合土膜截渗墙技术等，在解决防渗问题的基础上进一步拓展到尾矿库建设，总结出了生态型尾矿库建设方案：即在尾矿库库区采用基岩防渗，坝体下游采用垂直截渗体垂直截渗到基岩，库区周围采用槽栅式坡面汇流截洪道拦截雨水进入库内，上游截洪坝处也采用截渗墙拦截雨水，库区形成一个完整的防渗层，库区渗水最终收集到调节池最终可打回选厂循环利用，由多库调节实现污水零排放，封闭内循环。库外采用截洪坝及截洪沟实现清污分流。生态型尾矿库由上游拦洪坝、排洪隧洞、下游截渗坝、下游消力池、周边截洪道组成。上游截洪坝坝基采用截渗墙或帷幕灌浆等防渗技术截渗到基岩层，下游截渗坝坝基也采用截渗墙或帷幕灌浆等防渗技术截渗到基岩层，尾矿库库区全库区防渗或者采用基岩防渗，库区周围采用截洪道拦截雨水进入库内，库区形成一个完整的防渗层，库区渗水最终收集到调节池可打回选厂循环利用，实现封闭内循环，实现库内水零排放。利用防渗手段使尾矿库库区形成完整防渗结构，实现尾矿水不外渗。通过库外截洪坝及截洪道实现库内外清污分流，截渗库库容与库面调洪库容两部分通过库内可控式排水井双调节实现水量平衡，实现尾矿库在设计洪水标准下的零排放。

本发明采用防渗技术在库区形成完整的防渗层，保证库区污水在截渗坝位置处收集回选厂再利用，不污染地下水，库外洪水经截洪坝及坡面汇流截洪道截洪后排走，实现完全的清污分流，库内降水储存在尾矿库内，然后利用尾矿库内调节系统实现污水零排放。尾矿库污水零排放的实现，表明了尾矿库设计也可以做到零污染。

截洪坝和截渗坝位置修建垂直截渗体。在截渗坝和截洪坝之间及尾矿堆积体和尾矿坝的两侧设有截洪道。在截渗坝的下游设有消力池，消力池与截洪道相通。

在截洪坝和尾矿坝的下游均设有排水井。在尾矿堆积体和尾矿坝的底部设有排水管，第一排水井通过排水管将库内水区域 B 中的库内水排至截渗库区 A，大于校核标准的洪水最终通过第二排水井排至库外。在截洪坝的上游设有排洪隧洞。

在尾矿堆积体的上游位置设有第二垂直截渗体，在尾矿坝的下游设有第一垂直截渗体，在尾矿堆积体和尾矿坝的底部设有不透水基岩层，第一垂直截渗体和第二垂直截渗体的底部与不透水基岩层连接。坝体下游及库尾截洪坝都采用垂直截渗体垂直截渗，与不透水基岩形成完整防渗层，防止库内水外排、库外水进入库区造成水污染，库区形成完整防渗层，实现库区尾矿水不外渗。库外洪水区 C 中库外洪水的采用沟谷汇流公式计算截洪库所需库容及排洪隧洞所需泄流能力，库内降水采用平均降水深度及流域面积确定（图 7. 8. 1）。

图 7. 8. 1　3D 模拟图

生态型尾矿库建设内容主要包括以下方面：

1）复合土膜截渗墙结构。

复合土膜截渗墙结构包括坝体截渗体和截渗墙，坝体截渗体的底部与截渗墙的顶部连通，坝体截渗体的底部与截渗墙中均设有相互连通的复合土工膜，坝体截渗体设在上游坝坡的下方，截渗墙设在截渗槽中，渗墙槽设在上游坝坡底部与地面交界处的下方。可直接垂直截渗至基岩层，与基岩形成完整防渗层。

2）生态型防渗结构。

采用勘察手段确定基岩渗透系数及其完整性，当渗透系数小于 1×10^{-7}cm/s 时，库区可利用基岩进行防渗，对不完整基岩可进行灌浆处理；采用垂直截渗体垂直截渗加基岩防渗，形成完整的尾矿库防渗结构；库区两侧坡面汇流由坡面汇流槽栅式截洪道截走排至消力池，沟谷汇流由截洪坝截住，由排洪隧洞排至消力池，实现清污分流的同时使库区降水只存在库面范围内的降水，减少被污染水量；本尾矿库防渗结构库内水主要来源只有库面降水及尾矿水，库区可留出一定高度 H（可根据尾矿库库面流域内所需储存的一次洪水总量确定）的库面调蓄库容收集库内洪水，库内水经井管系统排至截渗库 A（截渗库库容大小由设计标准下的一次洪水总量和尾矿水量经过计算决定），该设计中可根据排水井控制水流方向，当库内水达到一定水位时，才能由井管系统排至截渗库，而截渗库内水可打回选厂利用，同时截渗库和尾矿库内水量也可慢慢蒸发。由此过程实现设计标准下污水完全不外排。

3）槽栅式坡面汇流截洪道。

尾矿库库区周围根据地形条件设置截洪沟，在其表面采用钢筋混凝土设置成栅格状，利用地形条件增大截洪道截流能力的同时避免杂物进入截洪道。槽栅式截洪道由主截洪道及次截洪道构成，周围山坡汇流先进入次截洪道后水流将泥沙、杂草等留在次截洪道，水流再进入主截洪道将不容易造成堵塞，主截洪道表面做成栅格状，避免山坡落石进入。库区两侧坡面汇流全部由坡面汇流槽栅式截洪道截流，实现库外水完全不进入库内，实现清污分流的同时减少库内水量（图 7. 8. 2）。

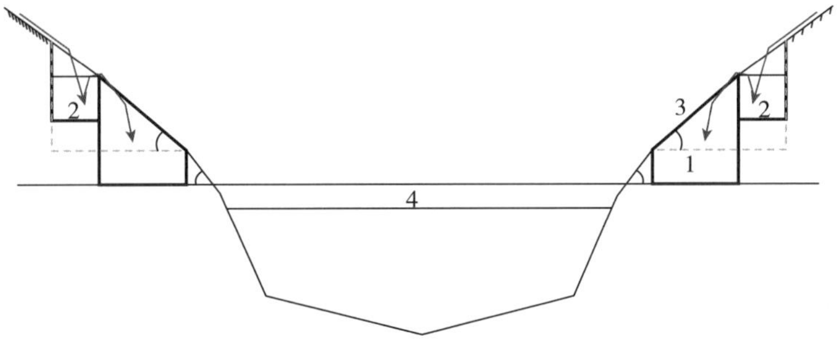

图 7. 8. 2　槽栅式坡面汇流截洪道剖面图

4）双库调节零排放系统。

零排放调节指库区形成完整防渗层的尾矿库根据库面调蓄库容和截渗库库容总量即可满足库面水域内一次洪水总量，库内水经排水井管系统排至截渗库内，可打回选厂回收利用，还有部分库内水可由库区蒸发减少，实现库内水完全不外排，设置可控式排水井，可调节当尾矿库库内水量高于库面调蓄库容时，水位达到库内排水井可外排水位时，由排水井管系统排至截渗库，从截渗库打回选厂利用，经过计算可以保证设计标准下的洪水量可由截渗库库容和库面调蓄库容全部储存，然后在水面慢慢蒸发。

（2）主要创新点及相关专利

已发明创造多项相关专利，形成一套完整的生态型尾矿库建设理论。

主要研究结论为专利《一种零排放尾矿库系统及实施方法》。

主专利引领下的分专利主要包括：

1）一种立体式尾矿库排渗系统及排渗方法；

2）一种立体式尾矿库排渗系统；

3）一种辐射式排渗井；

4）一种高危库扩容系统；
5）反坡加压尾矿库扩容系统；
6）强湿陷性黄土筑抗强酸溶液坝结构；
7）一种尾液库大坝加固中的斜卧式排渗结构；
8）复合土膜截渗墙结构；
9）一种解除湿陷性黄土地基湿陷性的防渗帷幕结构；
10）一种解除湿陷性黄土地基湿陷性的防渗帷幕与水平隔渗层结构；
11）一种互扣式排水井；
12）一种生态型尾矿库防渗结构；
13）一种槽栅式坡面汇流截洪道结构；
14）一种框架式排渗系统；
15）一种缆式排渗系统；
16）一种空间悬架；
17）一种柔性浮桥。

（3）推广应用情况

该成果现在主要应用于陕西八一铜矿、甘肃稀土新材料股份有限公司、甘肃厂坝铅锌矿柒家沟尾矿库等。

“大型辐射式排渗井”及“陶瓷压滤干尾砂反坡加压技术”在陕西八一铜矿高危尾矿库的加高扩容工程中成功应用。陕西八一铜矿火地沟尾矿库在整改加固中应用了“大型辐射式排渗井”和“陶瓷压滤干尾砂反坡加压技术”。当时陕西八一铜矿火地沟尾矿库大平台和初期坝顶等大面积出现沼泽化现象，且有向管涌发展的趋势，已经严重威胁到尾矿库的安全运行，即将面临溃坝的危机。经“大型辐射式排渗井”及“陶瓷压滤干尾砂反坡加压技术”整改后降水排渗效果明显且很好地降低了浸润线的高度，保证了大坝的稳定性避免了溃坝的危险。该技术的应用不仅保证了尾矿库的稳定性还大大增加了库容，延长了20年的服务年限，使得企业能够正常发展。

“复合土膜截渗墙及反坡加压技术”还成功应用于甘肃稀土新材料股份有限公司尾液库、甘肃厂坝铅锌矿柒家沟尾矿库加高扩容工程，不仅提高坝了坝体稳定、增加尾矿库库容，同时还解决了历史遗留的环保问题，对矿山企业有重大意义。现存尾矿库的生态型尾矿库建设的相关技术都已成功应用，后续需根据实际建设尾矿库的需要进一步推广应用。

7.8.4　本节小结

生态型尾矿库的主要设计要点在于：

1）满足渗透系数要求的基岩在经过特殊手段保证其完整性之后，形成封闭的水平防渗层，再在截渗坝及截洪坝位置采用垂直截渗体使整个库区形成完整防渗层，实现库内水不外渗；

2）库外洪水分为坡面汇流和沟谷汇流，沟谷汇流由截洪坝拦截由排洪隧洞排至截渗坝下游消力池，坡面汇流由库区两侧坡面汇流截洪道截流至消力池，由此保证库外水完全不进入库内，实现清污分流；

3）库内水主要为尾矿水和库面范围内的降水，周围坡面汇流槽栅式截洪道和截洪坝的利用减少了雨水被污染的可能，同时降低了库内水量。库内水主要由库面调蓄库容位置储存，若库内水量超过库面调蓄库容大小时，采用可控式排水井将超过设计水位的库内水排至截渗库，由截渗库打回选厂利用，由此双库调节系统实现设计标准下的尾矿水零排放。调节过程中截渗库库面水域及尾矿库库面水域的水都在进行蒸发，这又是库内水的另一消耗途径，由此实现封闭式内循环，库内水零排放。

参考文献

白建光，王建军，温楠 . 2014. 现浇网格矿山边坡生态修复技术研究［J］. 内蒙古农业大学学报：自然科学版，（1）：99-102.

陈浮，杨宝丹，马静，等 . 2016. CO_2 地质封存泄漏对土壤微生物群落的影响［J］. 中国矿业大学学报，45（6）：1285-1293+1299.

陈浮，杨宝丹，马静，等 . 2017. 高浓度 CO_2 地下泄漏对土壤微生物群落结构的影响［J］. 土壤学报，54（1）：180-190.

冯顺剑，徐礼根，余清仔 . 2006. 高速公路边坡的防护与复绿技术［J］. 岩土工程界，9（10）：55-57.

郭山川，张绍良，侯湖平，等 . 2019. 基于临时相干目标监测非城区地表形变［J］. 测绘学报，48（1）：106-116.

郝绍金，陈浮，杨永均，等 . 2014. CO_2 驱油示范区植被生态本底调查的指标与方法［J］. 江苏农业科学，42（9）：340-343.

何振邦 . 2007. 某矿区生态环境治理工程中的爆破削坡技术［J］. 中国水运：理论版，5（4）：113-114.

环境保护部，国土资源部 . 2014. 全国土壤污染状况调查公报 . 中国环保产业，36（5）：10-11.

姜岩，周和平，张哲，等 . 2020. 石油烃污染场地低温修复机制研究进展［J］. 化工进展，39（2）：419-428.

李鸿博，钟怡，张昊楠，等 . 2020. 生物炭修复重金属污染农田土壤的机制及应用研究进展［J］. 农业工程学报，36（13）：173-185.

李玉武，徐友宁，张江华 . 2015. 宁夏“三区两线”露天矿山复绿对策［J］. 宁夏工程技术，14（4）：380-383.

李悦，张绍良 . 2017. CO_2 驱油技术对作物生长的影响——以某示范工程区内玉米为例［J］. 江苏农业科学，45（13）：238-241.

刘世奇，方辉煌，桑树勋，等，2019. 基于多物理场耦合求解的煤层 CO_2-ECBM 数值模拟研究［J］. 煤炭科学技术，47（9）：51-59.

刘玥，牛婷雨，李天国，等 . 2020. 电动力学辅助植物修复重金属污染土壤的特征机制与机遇［J］. 化工进展，39（12）：5252-5265.

孙鑫，娄燕宏，王会 . 2017. 重金属污染土壤的植物强化修复研究进展［J］. 土壤通报，48（4）：1008-1013.

汤惠君，胡振琪 . 2004. 试论采石场的生态恢复［J］. 中国矿业，13（7）：38-42.

王登峰，吴国华 . 2013. 岩锚种植槽在高陡边坡复绿工程中的应用［J］. 岩土锚固工程，（3）：23-25.

王振宇 . 2013. 焦作市区北部灰岩矿岩石边坡复绿方法探讨［J］. 水土保持应用技术，（6）：15-16.

向茂西，贺卫中，李永红 . 2014. 陕西矿山地质环境问题浅析［J］. 地下水，36（4）：89-91.

徐友宁，何芳，袁汉春 . 2006. 中国西北地区矿山环境地质问题调查与评价［M］. 北京：地质出版社.

徐友宁，乔冈，张江华 . 2012. 宁夏石嘴山采煤塌陷地质环境嬗变［M］. 北京：地质出版社.

张琨，桑树勋，刘世奇，等 . 2016. CO_2-ECBM 技术可行性及存在问题［J］. 中国煤层气，13（2）：43-46.

张琨，桑树勋，刘世奇，等 . 2016. 铁法矿区 DT26 井 CO_2-ECBM 数值模拟及经济评价［J］. 煤炭技术，35（3）：94-97.

张绍良，秦霖天，李会军 . 2014. 一种二氧化碳无线监测系统的设计与实现［J］. 环境监控与预警，6（02）：10-14.

张旺园，张绍良，陈浮，等 . 2017. 模拟地下 CO_2 泄漏对土壤微生物群落的短期影响［J］. 农业环境科学学报，36（6）：1167-1176.

张霄 . 2016. 我国高速公路边坡生态修复研究综述［J］. 资源节约与环保，（3）：85.

张燕，陈浮，杨永均，等 . 2015. CO_2 驱油开采区生态监测的空间信息图谱方法［J］. 工业安全与环保，41（5）：55-56+48.

张燕，张绍良 . 2015. CCUS 煤层气开采项目经济可行性分析［J］. 中国矿业，24（11）：25-27+94.

张燕，张绍良，张懂庆 . 2014. CO_2—ECBM 地质空间数据库建设方法研究［J］. 工矿自动化，40（10）：90-93.

张媛媛，张煜，张建，等 . 2014. CO_2 驱油封存区域土壤气监测技术及应用［J］. 油气田环境保护，24（4）：49-51+83.

朱前林，范智涵，王闯，等 . 2018. CO_2 封存泄漏大气扩散规律及监测方案——以延长油田 CO_2-EOR 工程为例［J］. 安全与环境学报，18（4）：1432-1439.

Arnaud Jacobs, Nausica Noret, Alexandre Van Baekel, et al. 2019. Influence of edaphic conditions and nitrogen fertilizers on cadmium and zinc phytoextraction efficiency of *Noccaea caerulescens* [J]. Science of The Total Environment, 665 (5): 649-659.

Cai Limei, Wang Qiushuang, Luo Jie, et al. 2019. Heavy metal contamination and health risk assessment for children near a large Cu-smelter in central China [J]. Science of The Total Environment. 650: 725-733.

Chen Fu, Yang Yongjun, Ma Yanjun, et al. 2016. Effects of CO_2 leakage on soil bacterial communities from simulated CO_2-EOR areas [J]. Environ Sci Process Impacts, 18 (5): 547-554.

Chen Fu, Zhang Wangyuan, Ma Jing, et al. 2017. Experimental study on the effects of underground CO_2 leakage on soil microbial consortia [J]. International Journal of Greenhouse Gas Control, 63, 241-248.

Chen Jichuan, Gu Bin. 2014. Discussion on landscape application of planting bags on rock slope [J]. Soil and Water Conservation in China, (5): 32-35.

Fang Huihuang, Sang Shuxun, Liu Shiqi. 2019. Establishment of dynamic permeability model of coal reservoir and its numerical simulation during the CO_2-ECBM process [J]. Journal of Petroleum Science and Engineering, 179: 885-898.

Fang Huihuang , Sang Shuxun, Liu Shiqi. 2019. Numerical simulation of enhancing coalbed methane recovery by injecting CO_2 with heat injection [J]. Petroleum Science, 16 (1): 32-43.

Fang Huihuang, Sang Shuxun, Liu Shiqi. 2019. The coupling mechanism of the thermal-hydraulic-mechanical fields in CH_4-bearing coal and its application in the CO_2-enhanced coalbed methane recovery [J]. Journal of Petroleum Science and Engineering, 181: 106177.

Fang Huihuang, Sang Shuxun, Liu Shiqi, et al. 2019. Experimental simulation of replacing and displacing CH_4 by injecting supercritical CO_2 and its geological significance [J]. International Journal of Greenhouse Gas Control, 81: 115-125.

Guo Shanchuan, Bai Xuyu, Chen Yu, et al. 2019. An improved approach for soil moisture estimation in gully fields of the loess plateau using sentinel-1a radar images [J]. Remote Sensing, 11 (3): 349.

Guo Shanchuan, Zheng Hongrui, Yang Yongjun, et al. 2019. Spatial estimates of surface deformation and topsoil moisture in operating CO_2-EOR project: Pilot environmental monitoring using SAR technique [J]. Journal of Cleaner Production, 236: 117606.

He Mei, Chen Wenjie, Tian Lei, et al. 2019. Plant-microbial synergism: An effective approach for the remediation of shale-gas fracturing flowback and produced water [J]. Journal of Hazardous Materials, 363: 170-178.

Jia Jinlong, Sang Shuxun, Cao Liwen, et al. 2018. Characteristics of CO_2/supercritical CO_2 adsorption-induced swelling to anthracite: An experimental study [J]. Fuel, 216: 639-647.

Jiang Huihao, Cai Limei, Wen Hanhui, et al. 2020. An integrated approach to quantifying ecological and human health risks from different sources of soil heavy metals [J]. Science of The Total Environment, 701 (1): 1-10.

Liu Shiqi, Fang Huihuang, Sang Shuxun, et al. 2020. CO_2 injectability and CH_4 recovery of the engineering test in qinshui Basin, China based on numerical simulation [J]. International Journal of Greenhouse Gas Control, 95: 102980.

Liu Shiqi, Ma Jingsheng, Sang Shuxun, et al. 2018. The effects of supercritical CO_2 on mesopore and macropore structure in bituminous and anthracite coal [J]. Fuel, 223 (1): 32-43.

Luo Jie, Cai Limei, Qi Shihua, et al. 2017. A multi-technique phytoremediation approach to purify metals contaminated soil from e-waste recycling site [J]. Journal of Environmental Management, 204 (1): 17-22.

Luo Jie, He Wenxiang, Yang Dan, et al. 2019. Magnetic field enhance decontamination efficiency of Noccaea caerulescens and reduce leaching of non-hyperaccumulated metals [J]. Journal of Hazardous Materials, 368: 141-148.

Luo Jie, Yang Dan, Qi Shihua, et al. 2018. Using solar cell to phytoremediate field-scale metal polluted soil assisted by electric field [J]. Ecotoxicology and Environmental Safety, 165: 404-410.

Ma Wenbao, Ji Huijuan, Su Yiming, et al. 2013. Characteristics and application of vegetation blanket slope protection [J]. Soil and Water Conservation in China, (1): 30-33.

Wang Hanzhi, Cai Limei, Wang Qiushuang, et al. 2021. A comprehensive exploration of risk assessment and source quantification of potentially toxic elements in road dust: A case study from a large Cu smelter in central China [J]. Catena. 196, 104930.

Wang Suo, Cai Limei, Wen Hanhui, et al. 2019. Spatial distribution and source apportionment of heavy metals in soil from a typical county-level city of Guangdong Province, China [J]. Science of The Total Environment, 655: 92-101.

Xu Yaohui, Lu Mang. 2010. Bioremediation of crude oil-contaminated soil: Comparison of different biostimulation and bioaugmentation treatments [J]. Journal of Hazardous Materials, 183: 395-401.

Xu Yaqin, Zhang Shaoliang, Hou Huping, et al. 2016. Influence of CO_2 leakage from oil-producing wells on crop growth based on improved CASA model [J]. International Journal of Remote Sensing, 37: 2, 290-308

Yang Yongjun, Li Yue, Zhang Shaoliang, et al. 2017. Monitoring the impact of fugitive CO_2 emissions on wheat growth in CCS-EOR areas using satellite and field data [J]. Journal of Cleaner Production, 151: 34-42.

Zhu Qianlin, Li Xiaochun, Jiang Zhenbo, et al. 2015. Impacts of CO_2 leakage into shallow formations on groundwater chemistry [J]. Fuel Processing Technology, 135: 162-167.